T0224850

Taschenbuch der Mathematik und Physik

Ekbert Hering · Rolf Martin · Martin Stohrer[†]

Taschenbuch der Mathematik und Physik

6., aktualisierte Auflage

Unter wissenschaftlicher Mitarbeit von:
Professor Dr. Dirk Flottmann, Hochschule Aalen
Professor Dr. Rainer Gräf, Hochschule Esslingen
Professor Dr. Karlheinz Schüffler, Fachhochschule Niederrhein
Dr. Wolfgang Schulz, Wave GmbH Stuttgart

 Springer Vieweg

Prof. Dr. rer. nat. Dr. rer. pol. Dr. h. c. Ekbert Hering
Hochschule Aalen
Aalen, Deutschland

Prof. Dr. rer. nat. Dr. h. c. Rolf Martin
Hochschule Esslingen
Esslingen, Deutschland

Prof. Dr. rer. nat. Martin Stohrer †

ISBN 978-3-662-53418-2   ISBN 978-3-662-53419-9 (eBook)
DOI 10.1007/978-3-662-53419-9

Die Deutsche Nationalbibliothek verzeichnet diese Publikation in der Deutschen Nationalbiblio-
grafie; detaillierte bibliografische Daten sind im Internet über http://dnb.d-nb.de abrufbar.

Springer Vieweg
© Springer-Verlag GmbH Deutschland 1994, 1995, 2001, 2005, 2009, 2017

Gedruckt auf säurefreiem und chlorfrei gebleichtem Papier.

Springer Vieweg ist Teil von Springer Nature
Die eingetragene Gesellschaft ist Springer-Verlag GmbH Deutschland
Die Anschrift der Gesellschaft ist: Heidelberger Platz 3, 14197 Berlin, Germany

Vorwort zur sechsten Auflage

Das Taschenbuch für Mathematik und Physik erscheint nunmehr in seiner sechsten Auflage. Von unseren Lesern werden vor allem zwei Vorzüge genannt. Zum einen werden in diesem Werk sowohl die Grundlagen der Mathematik als auch die wichtigsten Gebiete der Physik behandelt. Deshalb brauchen unsere Leser für diese beiden wichtigen Grundlagen in den Natur- und Ingenieurwissenschaften statt zweier Bücher nur ein Werk. Zur Abrundung des Taschenbuches wurden auch die wichtigen Grundlagen der Informatik und der Chemie aufgenommen sowie aktuelle Themen der Energie- und Umwelttechnik vorgestellt. Zum anderen werden der Übersichtscharakter und die strukturierte, kompetente und komprimierte Darstellung der Sachgebiete als sehr gelungen, lese- und lernfreundlich empfunden. Vor allem die vielen Beispielrechnungen in der Mathematik bieten unseren Lesern einen schnellen und verständnisvollen Einstieg in die entsprechenden mathematischen Verfahren.

In der sechsten Auflage wurden die genannten Vorzüge beibehalten, aber erforderliche Aktualisierungen wie neue Normen oder die Zahlenwerte der Naturkonstanten vorgenommen. Auch Korrekturen und noch treffendere Formulierungen haben das Profil dieses Werkes im Sinne der strukturierten und komprimierten Darstellung weiter geschärft.

Wie in den vergangenen über 20 Jahren des erfolgreichen Einsatzes dieses Werkes, so wünschen wir, dass dieses Werk weiterhin für Studierende, für Praktiker und für Anwender von großem Nutzen sein wird. Wir freuen uns auch weiterhin auf eine kritische Begleitung durch unsere Leser.

Heubach, Köngen
März 2017

Ekbert Hering
Rolf Martin

Vorwort zur fünften Auflage

Die ersten vier Auflagen des Taschenbuchs der Mathematik und Physik wurden von unseren Lesern sehr gut aufgenommen. Diese haben uns auch ermuntert, die Struktur des Werkes beizubehalten und die Inhalte übersichtlich, strukturiert und kompakt darzustellen. So ist ein Werk entstanden, welches nicht nur die Mathematik und die Physik behandelt, sondern auch die Informatik und die Chemie. Ebenso ist je ein Kapitel der Umwelttechnik und der Energietechnik gewidmet, da die naturwissenschaftlichen Erkenntnisse auch in diesen technischen Disziplinen die Grundlage bilden. In der fünften Auflage wurden die erwähnten Merkmale der Strukturierung, der Klarheit und des Kompakten des Buches noch konsequenter umgesetzt, die Fehler verbessert und die neuesten Normen eingearbeitet. Ein sehr umfangreiches Sachwortverzeichnis hilft beim Auffinden der einzelnen Themen.

Mit großer Erschütterung haben wir erleben müssen, dass unser Koautor Martin Stohrer durch einen tragischen Bergunfall tödlich verunglückt ist. Wir verlieren mit ihm einen exzellenten Fachmann insbesondere auf dem Gebiet der Akustik und der Wärme- und Stoffübertragung, einen maßgebenden Verfechter der Struktur dieses Werkes und einen liebenswerten Freund. Seine Verbesserungen in den von ihm konzipierten Kapiteln konnten wir noch einarbeiten. Möge dieses Werk in seiner fünften Auflage ihm ein ehrendes Andenken wahren.

Wir wünschen uns, dass dieses vorliegende Nachschlagewerk nach wie vor von großem Nutzen für Studierende, Anwender und Praktiker ist. Wir freuen uns auf eine weitere kritische Begleitung sowie auf die Verbesserungsvorschläge und Wünsche unserer Leser.

Heubach, Köngen
März 2009

Ekbert Hering
Rolf Martin

Vorwort zur vierten Auflage

Die ersten drei Auflagen des Kompendiums der Mathematik und Physik fanden ein erfreuliches Echo. Dies ermunterte uns, den eingeschlagenen Weg, die Zusammenhänge in der Mathematik und der Physik in einem Werk komprimiert und kompetent darzustellen, konsequent fortzusetzen. So entstand die vierte Auflage des Werkes, in der im wesentlichen Fehler beseitigt, der Übersichtscharakter noch klarer strukturiert wurde, die Informatik komprimiert und die Chemie erweitert wurde. Wir wünschen uns, dass das Werk für alle Anwender, den Studierenden wie den Praktikern von großem Nutzen ist. Über Anregungen zur weiteren Verbesserung des Nachschlagewerkes und eine weitere kritische Begleitung durch unsere Leser würden wir uns freuen.

Heubach, Esslingen, Stuttgart
August 2004

Ekbert Hering
Rolf Martin
Martin Stohrer

Vorwort zur zweiten Auflage

Die erste Auflage dieses Werkes fand ein erfreulich großes Echo und machte bereits nach gut einem Jahr eine Neuauflage erforderlich. In dieser nun vorliegenden zweiten Auflage wurden Fehler berichtigt und geringfügige Ergänzungen vorgenommen. Möge das Werk vielen Nutzern bei der Alltagsarbeit helfen! Über Anregungen zur weiteren Verbesserung des Nachschlagewerkes würden wir uns sehr freuen.

Heubach, Esslingen, Stuttgart
Juli 1995

Ekbert Hering
Rolf Martin
Martin Stohrer

Vorwort zur ersten Auflage

Das Physikalisch-Technische Taschenbuch ist ein Kompendium und Nachschlagewerk für Ingenieure und Naturwissenschaftler in Studium und Berufspraxis. Das Werk fasst alle wichtigen Formeln der Mathematik, Physik und Technik in einem Band zusammen. Dabei sind neben klassischen Gebieten auch moderne Bereiche wie Optoelektronik, Nachrichtentechnik, Informatik und Umweltschutz berücksichtigt. Es ersetzt kein Lehrbuch, doch werden kompakt und handlich die wesentlichen Zusammenhänge erläutert. Häufig gebrauchte Stoffwerte, Konstanten und Umrechnungen von Einheiten sowie die Eigenschaften der chemischen Elemente sind in Tabellen zusammengestellt, um den schnellen Zugriff sicherzustellen.

Der Inhalt umfasst im einzelnen: Mathematik – Fehlerrechnung – physikalische Grundlagen – Gravitation – Technische Mechanik – Hydro- und Aeromechanik – Festigkeitslehre – Wärme- und Stoffübertragung – Elektrotechnik und Elektronik – Magnetismus – Metalle und Halbleiter – Optoelektronik – Festkörperphysik – Nachrichtentechnik – Atom- und Kernphysik – Relativitätstheorie – Energietechnik – Eigenschaften der chemischen Elemente – Informatik und Umwelttechnik.

Ein klar gegliedertes Inhaltsverzeichnis und ein ausführliches Sachwortverzeichnis erleichtern dem Leser das Auffinden der gesuchten Information. Autoren und Verlag wünschen ihren Lesern einen erfolgreichen Einsatz dieses Werkes und freuen sich auf konstruktive Kritik und Verbesserungsvorschläge.

Heubach, Esslingen, Stuttgart
Mai 1994

Ekbert Hering
Rolf Martin
Martin Stohrer

Inhaltsverzeichnis

A	**Mathematik**		1
A.1	Mathematische Zeichen und Normzahlen		1
	A.1.1	Mathematische Symbolik	1
	A.1.2	Mathematische Logik	2
	A.1.3	Normzahlen	3
A.2	Reelle Zahlen ($\mathbb{R}$)		4
A.3	Komplexe Zahlen ($\mathbb{C}$)		6
A.4	Logarithmus und Logarithmengesetze		9
A.5	Trigonometrische Funktionen		10
A.6	Analytische Geometrie der Ebene		13
A.7	Geometrische Sätze		22
A.8	Flächen und Körper		24
A.9	Vektorrechnung		26
A.10	Funktionen		29
A.11	Algebraische Gleichungen		44
A.12	Matrizenrechnung und Determinanten		50
A.13	Differenzialrechnung		56
A.14	Integralrechnung		64
A.15	Summen, Folgen und Reihen		88
A.16	Fourier-Reihen		93
A.17	Fourier-Transformation		96
A.18	Gewöhnliche Differenzialgleichungen		99
	A.18.1	Differenzialgleichung $y' = f(x, y)$	99
	A.18.2	Lineare Differenzialgleichung 1. Ordnung	100
	A.18.3	Separierbare Differenzialgleichungen	101
	A.18.4	Exakte Differenzialgleichungen	103
	A.18.5	Lineare Differenzialgleichung 2. Ordnung	104
	A.18.6	Differenzialgleichungen 2. Ordnung und Energie-Satz	105
	A.18.7	Spezielle Differenzialgleichungen höherer Ordnung	105
A.19	Elemente der Wahrscheinlichkeitstheorie		107
	A.19.1	Kombinatorik	107
	A.19.2	Wahrscheinlichkeiten	108
	A.19.3	Verteilungsfunktionen	109
B	**Fehlerrechnung**		111
B.1	Messgenauigkeit		111
B.2	Analyse statistischer Messwertverteilungen		111

B.3   Fehlerfortpflanzung 114
B.4   Regression – Kurvenanpassung 114
B.5   Ausgleichsgeradenkonstruktion 122
B.6   Korrelationsanalyse 122

C   **Physikalische Größen und Konstanten** 125

C.1   Physikalische Basisgrößen und Definitionen 125
C.2   Umrechnungen gebräuchlicher Größen 125
C.3   Naturkonstanten 125

D   **Kinematik** 137

D.1   Eindimensionale Kinematik 137
       D.1.1   Geschwindigkeit 137
       D.1.2   Beschleunigung 137
       D.1.3   Kinematische Diagramme 137
       D.1.4   Spezialfälle 138
D.2   Dreidimensionale Kinematik 140
       D.2.1   Ortsvektor und Bahnkurve 140
       D.2.2   Geschwindigkeitsvektor 140
       D.2.3   Beschleunigungsvektor 140
       D.2.4   Kreisbewegungen 141
       D.2.5   Wurfbewegungen 141

E   **Dynamik** 145

E.1   Grundgesetze der klassischen Mechanik 145
       E.1.1   Die Newton'schen Axiome 145
       E.1.2   Wechselwirkungskräfte der Mechanik 147
E.2   Dynamik in bewegten Bezugssystemen 150
       E.2.1   Geradlinig bewegtes Bezugssystem 150
       E.2.2   Gleichförmig rotierende Bezugssysteme 151
E.3   Arbeit, Leistung und Energie 153
       E.3.1   Arbeit W 153
       E.3.2   Leistung P 153
       E.3.3   Energie E 155
E.4   Impuls und Stoßprozesse 156
       E.4.1   Systeme materieller Punkte 157
       E.4.2   Stoßprozesse 158
       E.4.3   Raketengleichung 162

E.5 Drehbewegungen 163
    E.5.1 Drehmoment 163
    E.5.2 Drehimpuls 163
    E.5.3 Dynamisches Grundgesetz der Rotation 166
    E.5.4 Arbeit, Leistung und Energie bei der Drehbewegung 166
E.6 Erhaltungssätze der Mechanik 168
E.7 Mechanik starrer Körper 168
    E.7.1 Freiheitsgrade und Kinematik 168
    E.7.2 Statik 168
    E.7.3 Dynamik 171

F   **Gravitation** 175

F.1 Newton'sches Gravitationsgesetz 175
F.2 Gravitationsfeldstärke 175
F.3 Gravitations- oder Hubarbeit 177
F.4 Potenzielle Energie der Gravitation 177
F.5 Gravitationspotenzial 177
F.6 Planetenbewegung 178
F.7 Schwereeigenschaften der Erde 180

G   **Festigkeitslehre** 183

G.1 Spannung und Spannungszustand 183
G.2 Verformungsarten 184
G.3 Zugversuch nach DIN EN 10 002 186
G.4 Elementare Belastungsfälle 187
    G.4.1 Biegung 189
    G.4.2 Knickung 191
    G.4.3 Torsion 192
G.5 Bruchmechanik 192
G.6 Schwingende Beanspruchung 193
G.7 Zeitstandverhalten 194
G.8 Energie 194
G.9 Härte 195

H   **Hydro- und Aeromechanik** 197

H.1 Ruhende Flüssigkeiten 199
    H.1.1 Druck, Kompressibilität, Volumenausdehnung 199
    H.1.2 Kolbendruck, Schweredruck und Seitendruck 200
    H.1.3 Auftrieb 200

H.1.4   Bestimmung der Dichte 202
H.1.5   Grenzflächeneffekte.. 202
H.2   Ruhende Gase 204
H.2.1   Druck und Volumen 204
H.2.2   Schweredruck 204
H.3   Strömende Flüssigkeiten und Gase 206
H.3.1   Ideale (reibungsfreie) Strömungen 206
H.3.2   Strömungen realer Flüssigkeiten und Gase 213
H.3.2.1 Laminare Strömung 213
H.3.2.2 Turbulente Strömung 215
H.4   Molekularbewegungen 220
H.4.1   Diffusion 220
H.4.2   Lösungen 220

J   Schwingungen und Wellen 223

J.1   Schwingungen 224
J.1.1   Freie ungedämpfte Schwingung 225
J.1.1.1 Grundlagen 225
J.1.1.2 Allgemeine Beschreibung durch eine Differenzialgleichung 225
J.1.1.3 Schwingungssysteme 225
J.1.1.4 Gesamtenergie 225
J.1.2   Freie gedämpfte Schwingung 228
J.1.3   Erzwungene Schwingung.. 232
J.1.3.1 Erzwungene mechanische Schwingung 232
J.1.3.2 Erzwungene elektrische Schwingung 235
J.1.4   Überlagerung von Schwingungen 237
J.1.4.1 Überlagerung in gleicher Raumrichtung und mit gleicher Frequenz 238
J.1.4.2 Überlagerung in gleicher Raumrichtung und mit geringen
        Frequenzunterschieden (Schwebung) 239
J.1.4.3 Überlagerung in gleicher Raumrichtung und mit großen
        Frequenzunterschieden 240
J.1.4.4 Überlagerung in gleicher Raumrichtung mit ganzzahligen
        Frequenzverhältnissen (Fourier-Analyse) 240
J.1.4.5 Überlagerung von Schwingungen mit ganzzahligen Frequenzverhältnissen,
        die senkrecht aufeinander stehen (Lissajous-Figuren) 242
J.1.5   Gekoppelte Schwingungen 244
J.1.6   Orts- und zeitabhängige Schwinger 244
J.2   Wellen 245
J.2.1   Harmonische Wellen 245
J.2.2   Energietransport 245
J.2.3   Phasengeschwindigkeit 249
J.2.4   Gruppengeschwindigkeit 250

J.2.5   Doppler-Effekt 250
J.2.6   Interferenz 251

K   Akustik 255

K.1   Schallausbreitung 255
    K.1.1   Schallfrequenz 255
    K.1.2   Schallgeschwindigkeit 255
    K.1.3   Schallwellenlänge 257
    K.1.4   Schallwiderstand (Schallkennimpedanz) 257
    K.1.5   Schalldruck 257
    K.1.6   Schallschnelle 259
    K.1.7   Energiedichte 259
    K.1.8   Schallintensität 259
    K.1.9   Schallleistung 260
    K.1.10   Dämpfungskoeffizient der Schallabsorption 260
K.2   Schallwandler 260
    K.2.1   Schallpegel 260
    K.2.2   Gesamtschallpegel 262
    K.2.3   Schallfrequenzspektrum, Bandfilter 262
K.3   Schallwelle an Grenzflächen 262
    K.3.1   Schallreflexionsgrad 263
    K.3.2   Schalltransmissionsgrad 264
    K.3.3   Schallabsorptionsgrad 264
K.4   Schalldurchgang durch Trennwände 266
    K.4.1   Schalltransmissionsgrad 266
    K.4.2   Schalldämmmaß einer Trennwand 266
    K.4.3   Spuranpassungs-Schallwellenlänge 267
    K.4.4   Spuranpassungsfrequenz 267
K.5   Physiologische Akustik 268
    K.5.1   Lautstärke 268
    K.5.2   Lautheit 269
    K.5.3   A-bewerteter Schallpegel 269
    K.5.4   Äquivalenter Dauerschallpegel 270
K.6   Raumakustik 270
    K.6.1   Äquivalente Absorptionsfläche 270
    K.6.2   Schallleistungspegel des diffusen Schallfeldes 270
    K.6.3   Nachhallzeit 271
    K.6.4   Hallradius 271
K.7   Technische Akustik und Bauakustik 271
    K.7.1   Luftschall-Dämmmaß 271
    K.7.2   Norm-Trittschallpegel 272
    K.7.3   Körperschall-Isolierungswirkungsgrad 272

K.7.4   Strömungsgeräusche 274
K.8   Ultraschall 275

L   Optik 277

L.1   Geometrische Optik 277
       L.1.1   Lichtstrahlen und Abbildung 278
       L.1.2   Reflexion des Lichts 278
       L.1.2.1   Reflexion an ebenen Flächen 278
       L.1.2.2   Reflexion an gekrümmten Flächen 279
       L.1.3   Brechung des Lichts 280
       L.1.3.1   Brechungsgesetz 280
       L.1.3.2   Lichtwellenleiter 280
       L.1.3.3   Brechung an Prismen 282
       L.1.3.4   Brechung an Kugelflächen 282
       L.1.4   Abbildung durch Linsen 284
       L.1.4.1   Dünne Linsen 284
       L.1.4.2   Dicke Linsen 284
       L.1.4.3   Linsensysteme 285
       L.1.5   Blenden 285
       L.1.6   Abbildungsfehler 287
       L.1.7   Optische Instrumente 287
       L.1.7.1   Das menschliche Auge 287
       L.1.7.2   Vergrößerungsinstrumente 288
       L.1.7.3   Fotoapparat 289
L.2   Fotometrie 289
       L.2.1   Strahlungsphysikalische Größen 290
       L.2.2   Lichttechnische Größen 292
L.3   Wellenoptik 295
       L.3.1   Interferenz und Beugung 295
       L.3.1.1   Kohärenz 295
       L.3.1.2   Interferenzen an dünnen Schichten 295
       L.3.1.3   Interferometer 297
       L.3.1.4   Beugung am Spalt 297
       L.3.1.5   Auflösungsvermögen optischer Instrumente 297
       L.3.1.6   Beugung am Gitter 299
       L.3.1.7   Spektralapparate 299
       L.3.1.8   Röntgenbeugung an Kristallgittern 299
       L.3.1.9   Holografie 299
       L.3.2   Polarisation des Lichts 301
       L.3.2.1   Polarisationsformen 301
       L.3.2.2   Erzeugung von polarisiertem Licht 302
       L.3.2.3   Technische Anwendungen
                  der Doppelbrechung 303

L.3.2.4   Optische Aktivität 303
L.4   Quantenoptik 305
L.4.1   Lichtquanten 305
L.4.2   Laser 305
L.4.3   Materiewellen 306

M   Elektrizität und Magnetismus 309

M.1   Elektrisches Feld 311
M.1.1   Elektrische Feldstärke 312
M.1.2   Elektrische Kraft 314
M.1.3   Elektrisches Potenzial 315
M.1.4   Materie im elektrischen Feld 315
M.2   Gleichstromkreis 322
M.2.1   Stromstärke 322
M.2.2   Elektrische Spannung 322
M.2.3   Widerstand und Leitwert 323
M.2.4   Elektrische Arbeit, elektrische Leistung und Wirkungsgrad 326
M.2.5   Ohm'sches Gesetz 326
M.2.6   Elektrische Netze – Kirchhoff'sche Regeln 327
M.2.7   Messung von Strom und Spannung 332
M.2.8   Ausgewählte Messverfahren 332
M.3   Ladungstransport in Flüssigkeiten 334
M.4   Ladungstransport im Vakuum und in Gasen 337
M.4.1   Ladungstransport im Vakuum 337
M.4.2   Stromleitung im Vakuum 340
M.4.3   Stromleitung in Gasen 341
M.5   Magnetisches Feld 342
M.5.1   Beschreibung 342
M.5.2   Magnetische Feldstärke (magnetische Erregung) 343
M.5.3   Magnetische Flussdichte (Induktion) 344
M.5.4   Materie im Magnetfeld 349
M.6   Wechselstromkreis 360
M.6.1   Wechselspannung und Wechselstrom 360
M.6.2   Wechselstromkreis 360
M.6.3   Arbeit und Leistung 366
M.6.4   Transformation von Wechselströmen 366
M.6.5   Ein- und Ausschalten einer Spule 369
M.7   Elektrische Maschinen 369
M.8   Elektromagnetische Schwingungen 371
M.8.1   Ungedämpfte elektromagnetische Schwingung 371
M.8.2   Gedämpfte elektromagnetische Schwingung 371

N   Nachrichtentechnik 373

N.1   Informationstheorie 373
N.2   Signale und Systeme 373
    N.2.1   Zeit- und Frequenzbereich 373
    N.2.2   Abtasttheorem 375
    N.2.3   Modulation 376
    N.2.4   Pegel und Dämpfungsmaß 379
    N.2.5   Verzerrungen 380
    N.2.6   Rauschen 382
N.3   Nachrichtenübertragung 382
    N.3.1   Sender 382
    N.3.2   Übertragungsmedium 383
    N.3.3   Empfänger 385

O   Thermodynamik 387

O.1   Grundlagen 387
    O.1.1   Thermodynamische Grundbegriffe 387
    O.1.2   Temperatur 389
    O.1.3   Thermische Ausdehnung 389
    O.1.4   Allgemeine Zustandsgleichung idealer Gase 390
O.2   Kinetische Gastheorie 391
    O.2.1   Gasdruck 391
    O.2.2   Thermische Energie und Temperatur 392
    O.2.3   Geschwindigkeitsverteilung von Gasmolekülen 392
O.3   Hauptsätze der Thermodynamik 393
    O.3.1   Wärme 393
    O.3.2   Erster Hauptsatz der Thermodynamik 394
    O.3.3   Wärmekapazität idealer Gase 395
    O.3.4   Spezielle Zustandsänderungen idealer Gase 396
    O.3.5   Kreisprozesse 398
    O.3.6   Zweiter Hauptsatz der Thermodynamik 402
    O.3.7   Thermodynamische Potenziale 405
    O.3.8   Dritter Hauptsatz der Thermodynamik 405
O.4   Reale Gase 406
    O.4.1   Van-der-Waals'sche Zustandsgleichung 406
    O.4.2   Gasverflüssigung (Joule-Thomson-Effekt) 406
    O.4.3   Phasenumwandlungen 409
    O.4.3.1 Thermodynamisches Gleichgewicht 410
    O.4.3.2 Koexistenz dreier Phasen 412
    O.4.4   Dämpfe und Luftfeuchtigkeit 412

P   Wärme- und Stoffübertragung 415

P.1   Wärmeleitung 415
P.2   Konvektion 420
P.3   Wärmestrahlung 425
P.4   Wärmedurchgang 427
P.5   Stoffübertragung 429

Q   Energietechnik 431

Q.1   Energieträger 431
Q.2   Energiewandler 434
Q.3   Energiespeicher 436
Q.4   Energieverbrauch 438

R   Umwelttechnik 441

R.1   Abwassertechnik 443
      R.1.1   Entstehung von schadstoffbelastetem Abwasser 443
      R.1.2   Verminderung der Ausschleppungen 443
      R.1.3   Standzeitverlängerung des Wirkbades 443
      R.1.4   Spültechnik 443
      R.1.5   Kreislaufführung des Spülwassers (Ionenaustauscher) 445
      R.1.6   Abwasseraufbereitung (-behandlung) 446
R.2   Reinhaltung der Luft 447
      R.2.1   Entstehung von Luftverunreinigungen 447
      R.2.2   Auswirkungen von Luftverunreinigungen 448
      R.2.3   Primärmaßnahmen der Schadstoffbegrenzung 448
      R.2.4   Sekundärmaßnahmen der Schadstoffbegrenzung 448
R.3   Abfallwirtschaft 451
      R.3.1   Entstehung von Abfällen 451
      R.3.2   Grundsatz der Abfallwirtschaft 451
      R.3.3   Primärmaßnahmen der Abfallvermeidung 451
      R.3.4   Sekundärmaßnahmen der Abfallvermeidung 452

S   Atomphysik 455

S.1   Atombau und Spektren 455
S.2   Systematik des Atombaus 455
    S.2.1   Aufbau der Atome 455
    S.2.2   Atommasse und Anzahl der Atome 456
S.3   Quantentheorie 458
S.4   Atomhülle 458
    S.4.1   Atommodelle 458
    S.4.2   Wasserstoff-Atommodell 460
    S.4.3   Quantenzahlen 460
    S.4.4   Röntgenstrahlung 464
S.5   Molekülspektren 465
    S.5.1   Rotations-Schwingungs-Spektren 465
    S.5.2   Raman-Effekt 466
S.6   Quanten-Hall-Effekt 467

T   Kernphysik 469

T.1   Radioaktiver Zerfall 470
    T.1.1   Stabilität des Kerns 470
    T.1.2   Zerfall 472
T.2   Dosisgrößen 478
T.3   Strahlenschutz 478
    T.3.1   Wechselwirkung von Strahlung mit Materie (Schwächung) 478
    T.3.2   Dosismessverfahren 478
    T.3.3   Biologische Wirkung der Strahlung 478
    T.3.4   Schutz vor Strahlenbelastung 478
T.4   Kernreaktionen 488
    T.4.1   Energetik 488
    T.4.2   Wirkungsquerschnitt 490
T.5   Kernfusion 491
T.6   Elementarteilchen 491
    T.6.1   Fundamentale Wechselwirkungen 491
    T.6.2   Erhaltungssätze 492
    T.6.3   Einteilung 492

U   Relativitätstheorie 497

U.1   Relativität des Bezugssystems 497
U.2   Lorentz-Transformation 497
U.3   Relativistische Effekte 498
U.4   Relativistische Dynamik 498

U.5   Relativistische Elektrodynamik 499
U.6   Doppler-Effekt des Lichtes 501

V   Festkörperphysik 503

V.1   Arten der Kristallbindung 503
V.2   Kristalline Strukturen 504
        V.2.1   Kristallsysteme und dichteste Kugelpackungen 504
        V.2.2   Richtungen und Ebenen im Kristallgitter 506
        V.2.3   Gitterfehler 506
V.3   Makromolekulare Festkörper 507
V.4   Thermodynamik fester Körper 509
        V.4.1   Schwingendes Gitter (Phononen) 509
        V.4.2   Molare und spezifische Wärmekapazität 510
        V.4.3   Wärmeleitfähigkeit 512

W   Metalle und Halbleiter 513

W.1   Energiebänder 513
W.2   Metalle 514
        W.2.1   Energiezustände und Besetzung 514
        W.2.2   Elektrische Leitung 515
W.3   Halbleiter 515
        W.3.1   Eigenleitung 515
        W.3.2   Störstellenleitung 517
        W.3.3   pn-Übergang 517
        W.3.4   Transistor 517
        W.3.4.1   Bipolarer Transistor 522
        W.3.4.2   Feldeffekt-Transistor (FET) 522
W.4   Supraleitung 527

X   Optoelektronik 531

X.1   Halbleiter-Sender 531
        X.1.1   Strahlungsemission aus Halbleitern 532
        X.1.2   Lumineszenzdiode 532
        X.1.3   Laserdiode 532
X.2   Halbleiter-Detektoren 534
        X.2.1   Strahlungsabsorption in Halbleitern 534
        X.2.2   Fotowiderstand 534
        X.2.3   Fotodiode 535
        X.2.4   Solarzelle 535

X.2.5   Fototransistor 536
X.3   Optokoppler 537

Y   **Informatik** 539

Y.1   Digitaltechnik... 539
    Y.1.1   Zahlensysteme 539
    Y.1.2   Kodes 540
    Y.1.3   Logische Verknüpfungen 542
    Y.1.4   Digitale Bauelemente 543
    Y.1.5   Schaltzeichen 544
    Y.1.6   Speicherbauelemente 545
    Y.1.7   Mikroprozessoren 546
    Y.1.8   Leitungen digitaler Signale 548
    Y.1.9   ASIC 549
Y.2   Schnittstellen, Bussysteme und Netzwerke 549
    Y.2.1   Schnittstellen 551
    Y.2.2   Bussysteme 553
    Y.2.3   Netze.. 554
Y.3   Programmstrukturen 558
Y.4   Datenstrukturen 562
Y.5   Sprachen 565

Z   **Technische Chemie** 567

Z.1   Atom und chemische Bindung... 567
    Z.1.1   Periodensystem der Elemente 567
    Z.1.2   Basisgröße „Stoffmenge" 567
    Z.1.3   Edelgaskonfiguration und Atombindung 568
    Z.1.3.1   Hybridisierung 568
    Z.1.3.2   Polare Atombindungen
           und Elektronegativität 569
    Z.1.3.3   Mehrfachbindungen 570
    Z.1.3.4   Komplexbindungen.. 570
    Z.1.4   Die Ionenbindung 571
    Z.1.5   Metallische Bindung und Metallstrukturen 571
Z.2   Wässrige Lösungen 572
    Z.2.1   Lösevorgänge und Konzentrationsangaben 572
    Z.2.2   Ionenprodukt des Wassers.. 573
    Z.2.3   Säuren und Basen 574
    Z.2.4   pH-Wert.. 575
    Z.2.5   Redoxreaktionen in wässriger Lösung 576
Z.3   Verbindungsklassen der organischen Chemie 577

Z.3.1   Alkane (gesättigte Kohlenwasserstoffe, Paraffine) 577
Z.3.2   Erdöl 577
Z.3.3   Ungesättigte Kohlenwasserstoffe 578
Z.3.4   Benzol und Aromaten 578
Z.3.5   Weitere Verbindungsklassen der organischen Chemie 580
Z.4   Elektrochemie 581
Z.4.1   Elektrolyse 581
Z.4.2   Galvanische Zellen 581
Z.4.2.1   Die Spannungsreihe 583
Z.4.2.2   Die Nernst'sche Gleichung 583
Z.4.3   Elektrochemische pH-Messung 583
Z.4.4   Elektrochemische Stromerzeugung (Batterien) 584
Z.4.4.1   Der Bleiakkumulator 584
Z.5   Industrielle anorganische Chemie... 586
Z.5.1   Schwefelsäure 586
Z.5.2   Ammoniak 586
Z.5.2.1   Ammoniak-Synthese 586
Z.5.2.2   Verwendung von Ammoniak 587
Z.5.3   Alkalichlorid-Elektrolyse – Erzeugung von Cl_2, NaOH und H_2 587
Z.5.4   Gewinnung von Eisen und Stahl 588
Z.6   Industrielle organische Chemie 590
Z.6.1   Erdöl 590
Z.6.2   Erdgas 590
Z.6.3   Kohle 590
Z.6.4   Biomasse 590
Z.6.5   Olefine 591
Z.6.6   Schmier- und Mineralöle... 592
Z.6.7   Tenside 592
Z.6.8   Polymere 593
Z.6.8.1   Allgemeines... 593
Z.6.8.2   Lineare Polyester 594
Z.7   Chemische Elemente und ihre Eigenschaften 595

Sachverzeichnis 615

A Mathematik

A.1 Mathematische Zeichen und Normzahlen

A.1.1 Mathematische Symbolik

Übersicht A-1. Mathematische Zeichen.

Standardzeichen	
$=$	Gleichheitszeichen
$\approx$	ungefähr gleich; im Rahmen numerischer Vergleiche zweier Terme, Größen gebräuchlich
$\cong$	zueinander kongruent
$\sim$	proportional, also $y \sim x$, falls es ein $k \in \mathbb{R}$ (reelle Zahlen) gibt mit $y = k \cdot x -$ Linearität
$<, \leq, >, \geq$	Symbole für kleiner–größer Beziehungen reeller Zahlen
$:=$	häufig gebrauchtes Symbol für eine definitorische Festlegung innerhalb der Ebene von Formelausdrücken; so wird z. B. in „$e^{jx} := \cos x + j \sin x$" das Symbol e^{jx} vermöge der bekannten rechten Seite, $\cos x + j \sin x$, als komplexe Zahl definiert.
$\cdot, *, \times$	Multiplikationssymbole; das Zeichen $\times$ kennzeichnet auch das Vektorprodukt in $\mathbb{R}^3$.
$/, \div$	Divisionssymbole
$\triangleq$	„entspricht der Aussage …"
Δ	allgemeingebräuchliches Differenzensymbol
	$$\frac{\Delta y}{\Delta x} = \frac{y_2 - y_1}{x_2 - x_1} = \text{Sekantensteigung, Differenzenquotient}$$
	Symbol für den Laplace-Operator
$n!$	n Fakultät, wobei n eine natürliche Zahl ist $n! = 1 \cdot 2 \cdot 3 \cdots n$
$\binom{n}{k}$	Binomialkoeffizienten: Für $k, n \in \mathbb{N}, 0 \leq k \leq n$ ist $\binom{n}{k} = \dfrac{n!}{k!(n-k)!}$
	Anwendungen: Kombinatorik,
	Binomialformel: $(a+b)^n = \sum\limits_{k=0}^{n} \binom{n}{k} a^k b^{n-k}$
	für $k, n \in \mathbb{N}$, a, b reelle (oder komplexe) Zahlen.
	Ermittlung der $\binom{n}{k}$-Ausdrücke mittels Pascal'schem Dreieck.
$\sqrt[n]{}$	n-te Wurzel: $y := \sqrt[n]{x} \Leftrightarrow x = y^n$
	(bei geradem n für $x \geq 0$ definiert, bei ungeradem n in ganz $\mathbb{R}$)
$\log$	Logarithmus-Symbol; für $a > 0$ folgendermaßen definiert:
	$y := \log_{|a}(x) \Leftrightarrow x = a^y$
	Gebräuchlich sind: ln für den Fall $a = $ e (Euler'sche Zahl, natürlicher Logarithmus)
	lg für $a = 10$, ld für $a = 2$.
$\dfrac{\mathrm{d}}{\mathrm{d}x}$	Differenziationssymbolik (wie üblich);
	$$f'(x) = \frac{\mathrm{d}f}{\mathrm{d}x}(x) = \lim_{h \to 0} \frac{f(x+h) - f(x)}{h}$$
$\in$	Elementzeichen; Bedeutung: $x \in M \triangleq x$ gehört zur Menge M
	Beispiel: $2 \in \mathbb{N} \triangleq$ Die Zahl 2 gehört zur Menge der natürlichen Zahlen
	$2 \notin [3, 4] \triangleq$ Die Zahl 2 gehört nicht zum Intervall $[3, 4]$

© Springer-Verlag GmbH Deutschland 2017
E. Hering, R. Martin, M. Stohrer, *Taschenbuch der Mathematik und Physik*, DOI 10.1007/978-3-662-53419-9_1

Übersicht A-1. (Fortsetzung).

Zahlenbereiche		
$\mathbb{N}$	Menge der natürlichen Zahlen	$\{0, 1, 2, \ldots\}$
$\mathbb{Z}$	Menge der ganzen Zahlen	$\{0, \pm 1, \pm 2, \ldots\}$
$\mathbb{Q}$	Menge der rationalen Zahlen	$\{^{p}/_{q} | p, q \in \mathbb{Z}, q \neq 0\}$
$\mathbb{R}$	Menge der reellen Zahlen	$\{x/x \text{ rational oder } x \text{ irrational}\}$
$\mathbb{C}$	Menge der komplexen Zahlen	$\{z = x + iy | x, y \in \mathbb{R}\}$

Mathematische Konstanten	
0	neutrales Element der Addition in $\mathbb{R}$ und $\mathbb{C}$
1	neutrales Element der Multiplikation in $\mathbb{R}$ und $\mathbb{C}$
e	Symbol der sogenannten Euler'schen Zahl; $$e = \sum_{k=0}^{\infty} \frac{1}{k!} = \lim_{n \to \infty} \left(1 + \frac{1}{n}\right)^{n} = 2{,}718282\ldots$$ e ist eine irrationale Zahl, transzendent
π	Kreiszahl; π ist definierbar als Fläche des Kreises (Radius 1), Länge des Halbkreisbogens (Radius 1) π ist irrational, transzendent $\pi = 3{,}14159\ldots$; gute Näherung ist $\frac{22}{7}$
$\frac{\pi}{180} \cdot \alpha$	Bogenmaß x eines im $0 \leq \alpha < 360°$ gemessenen Winkel α; numerisch: $x \cong \alpha \cdot 0{,}017453\ldots$
$\sqrt{2}, \sqrt{3}$	Diese (und andere) in zahlreichen Formeln auftretenden Wurzeln belässt man möglichst in dieser Form – allenfalls in Endergebnissen könnten numerische Näherungen wie $1{,}41421\ldots$ bzw. $1{,}73205\ldots$ benutzt werden
j(i)	Symbol für die so genannte imaginäre Einheit; man definiert j als eine Lösung der Gleichung: $x^2 + 1 = 0$, d. h. $j^2 = -1$

A.1.2 Mathematische Logik

Mathematischen Aussagen $(A, B, C \ldots)$ werden so genannte „Wahrheitswerte" W (wahr) oder F (falsch) zugeordnet mit folgenden Grundregeln und Aussageverbindungen.

Grundregel 1: Eine Aussage A ist entweder wahr oder falsch (ausschließende Alternative)

Grundregel 2: Die Verneinung (Negation) einer Aussage A – häufig mit ¬A notiert – ist festgelegt durch

A	$\neg A$
W	F
F	W

Grundregel 3: Zwei Aussagen A, B heißen äquivalent (in Zeichen $A \Leftrightarrow B$), wenn sie die gleichen Wahrheitswerte besitzen.

Grundregel 4: Die Aussage „A und B" ($A \wedge B$), die Aussage „A oder B" ($A \vee B$), die Aussage „Aus A folgt B" ($A \Rightarrow B$, Implikation, Folgerung) sind gemäß nachstehender Tabelle festgesetzt.

A	B	$A \wedge B$	$A \vee B$	$A \Rightarrow B$	$A \Leftrightarrow B$
W	W	W	W	W	W
W	F	F	W	F	F
F	W	F	W	W	F
F	F	F	F	W	W

Man leitet hieraus logische Regeln ab, wie zum Beispiel

① $[(A \Rightarrow B) \text{ und } (B \Rightarrow A)] \Leftrightarrow [A \Leftrightarrow B]$

② $\neg(A \wedge B) \Leftrightarrow \neg A \vee \neg B$ ⎫ Verneinung von

③ $\neg(A \vee B) \Leftrightarrow \neg A \wedge \neg B$ ⎭ Und- und Oder-Aussagen

④ $[A \Rightarrow B] \text{ und } [B \Rightarrow C] \Rightarrow [A \Rightarrow C]$,

Kettenschluss

⑤ $A \wedge (B \vee C) \Leftrightarrow (A \wedge B) \vee (A \wedge C)$,

Distribution

⑥ $[A \Rightarrow B] \Leftrightarrow [\neg B \Rightarrow \neg A]$,

indirekter Beweis

A.1.3 Normzahlen

In der DIN-Verordnung 323 ist dieser – aus dem neunzehnten Jahrhundert stammende – Begriff noch anzutreffen. Bezogen auf den speziellen Vergrößerungsfaktor 10 lautet die Aufgabe („geometrische Progression"):
Sei $n \geq 1$, $a > 0$ gegeben.
Bestimme $n + 1$ Zahlen (sog. Stufen)
$x_0, x_1, x_2, \ldots, x_n$ mit

1) $a = x_0 < x_1 \ldots < x_n = 10a$

2) $\dfrac{x_{k+1}}{x_k} = \text{const (bezügl. } k)$

Die Lösung ist – mit $q := \sqrt[n]{10}$ – die geometrische Folge aq^k, und betrachtet man die komplette Skala aq^k, $k \in \mathbb{Z}$, so hat man eine feingliedrige Abstufung der Zehnerpotenzskala $a10^k$, $k \in \mathbb{Z}$. Speziell sind in früheren Zeiten die Abstufungen $n = 5$, $n = 10$, $n = 20$, $n = 40$ und $n = 80$ gewählt worden – entsprechend spricht man von den Grundreihen R5, R10 usw. Diese „Reihen" sind Auflistungen der Folgen

$$\left(\sqrt[n]{10}\right)^k, \quad k = 0, 1, \ldots, n$$

($n = 5/10/20/40/80$) und zwar in verschiedenen Näherungen und Genauigkeitsangaben hinsichtlich der numerischen Werte der Zahlen $\left(\sqrt[n]{10}\right)^k$ (deren Berechnung in früheren Zeiten verständlicherweise Probleme bereitete). Nennwerte elektrischer Bauelemente, wie Widerstände und Kondensatoren, werden nach E-Reihen gestuft:

Reihe	E6	E12	E24
Stufensprung	$\sqrt[6]{10}$	$\sqrt[12]{10}$	$\sqrt[24]{10}$

Übersicht A-2. Normzahlen und E-Reihen.

Normzahlen (DIN 323)

Grundreihen				Genauwerte	
R5	R 10	R20	R40		lg
1,00	1,00	1,00	1,00	1,0000	0,0
			1,06	1,0593	0,025
		1,12	1,12	1,1220	0,05
			1,18	1,1885	0,075
	1,25	1,25	1,25	1,2589	0,1
			1,32	1,3335	0,125
		1,40	1,40	1,4125	0,15
			1,50	1,4962	0,175
1,60	1,60	1,60	1,60	1,5849	0,2
			1,70	1,6788	0,225
		1,80	1,80	1,7783	0,25
			1,90	1,8836	0,275
	2,00	2,00	2,00	1,9953	0,3
			2,12	2,1135	0,325
		2,24	2,24	2,2387	0,35
			2,36	2,3714	0,375
2,50	2,50	2,50	2,50	2,5119	0,4
			2,65	2,6607	0,425
		2,80	2,80	2,8184	0,45
			3,00	2,9854	0,475
		3,15	3,15	3,1623	0,5
			3,35	3,3497	0,525
		3,55	3,55	3,5481	0,55
			3,75	3,7584	0,575
4,00	4,00	4,00	4,00	3,9811	0,6
			4,25	4,2170	0,625
		4,50	4,50	4,4668	0,65
			4,75	4,7315	0,675
	5,00	5,00	5,00	5,0119	0,7
			5,30	5,3088	0,725
		5,60	5,60	5,6234	0,75
			6,00	5,9566	0,775
6,30	6,30	6,30	6,30	6,3096	0,8
			6,70	6,6834	0,825
		7,10	7,10	7,0795	0,85
			7,50	7,4989	0,875
	8,00	8,00	8,00	7,9433	0,9
			8,50	8,4140	0,925
		9,00	9,00	8,9125	0,95
			9,50	9,4409	0,975
10,0	10,0	10,0	10,0	10,0000	1,0

Übersicht A-2. (Fortsetzung).

E-Reihen (DIN IEC 60063)

E6	E12	E24
1,0	1,0	1,0
		1,1
	1,2	1,2
		1,3
1,5	1,5	1,5
		1,6
	1,8	1,8
		2,0
2,2	2,2	2,2
		2,4
	2,7	2,7
		3,0
3,3	3,3	3,3
		3,6
	3,9	3,9
		4,3
4,7	4,7	4,7
		5,1
	5,6	5,6
		6,2
6,8	6,8	6,8
		7,5
	8,2	8,2
		9,1
10,0	10,0	10,0

A.2 Reelle Zahlen ($\mathbb{R}$)

Der Aufbau des Zahlensystems geschieht über den Prozess der Zahlbereichserweiterungen.

Natürliche Zahlen:

$\mathbb{N} := \{1, 2, 3, \dots\}$, die Menge der natürlichen Zahlen, kann als gegebene (abzählbare) Zahlenmenge vorliegen (aber auch aus abstrakten mengentheoretischen Axiomen gewonnen werden).

In $\mathbb{N}$ gibt es die bekannte Addition und Ordnung ($n < m \Leftrightarrow$ es gibt ein $k \in \mathbb{N}$ mit $m = n+k$).

Die wesentlichste Eigenschaft in $\mathbb{N}$ ist das Prinzip der vollständigen Induktion:

Prinzip der vollständigen Induktion

Für jedes $n \in \mathbb{N}$ seien $A(n)$ (mathematische) Aussagen, für welche zunächst nicht bekannt ist, ob sie wahr oder falsch sind. Dann gilt:

Ist erstens $A(1)$ wahr und zweitens aus $A(n)$ wahr folgt auch $A(n+1)$ wahr, so folgt:

$A(n)$ ist wahr für alle $n \in \mathbb{N}$.

Ganze Zahlen:

$\mathbb{Z} := \{0, \pm1, \pm2\dots\}$, die Menge der ganzen Zahlen, wird aus $\mathbb{N}$ durch Hinzunahme der Lösungen der Gleichungen $n + x = 0 \Leftrightarrow x = -n$ gewonnen, wobei 0 als neutrales Element der Addition zu $\mathbb{N}$ hinzugenommen wird.

Rationale Zahlen:

$\mathbb{Q} := \{{}^p/_q | p, q \in \mathbb{Z}, q \neq 0\}$, die Menge der rationalen Zahlen (Brüche), wird aus $\mathbb{Z}$ gewonnen vermöge der Hinzunahme der Lösungen der Gleichungen $qx = p \Leftrightarrow x = {}^p/_q$.

Addition, Multiplikation und Ordnung werden von $\mathbb{N}$ bzw. $\mathbb{Z}$ auf $\mathbb{Q}$ übertragen (es entsteht die Bruchrechnung), so ist z. B.

$$\frac{p}{q} + \frac{p'}{q'} = \frac{pq' + p'q}{qq'}$$

$$\frac{p}{q} < \frac{p'}{q'} \Leftrightarrow pq' < p'q \text{ (für positive } q \text{ und } q')$$

Eine einfache Überlegung zeigt den Zusammenhang zur Dezimaldarstellung:

Jede rationale Zahl ${}^p/_q$ besitzt eine periodische Dezimaldarstellung, und umgekehrt kann jede periodische Dezimalzahl als Bruch geschrieben werden:

Beispiele: $0,\overline{3} = \frac{1}{3}, 0,\overline{9} = 1(!)$,
$1,\overline{27} = 1 + \frac{27}{99} = \frac{126}{99} = \frac{14}{11}$

Reelle Zahlen:

$\mathbb{R}$:= Menge der rationalen und irrationalen Zahlen, wobei x irrational ist genau dann, wenn x eine nichtperiodische Dezimaldarstellung hat.

Beispiele für Irrationalzahlen:

- $\sqrt{2}$, $\sqrt{3}$, $\sqrt{5}$ (allgemein: alle Zahlen $\sqrt{n}$, wenn $n \in \mathbb{N}$ und falls $\sqrt{n}$ nicht ganzzahlig ist)
- 0,123456789101112...
- π, e (so genannte transzendente Zahlen, das sind per Def. Zahlen, welche nicht Lösung einer polynomialen Gleichung $a_n x^n + a_{n-1} x^{n-1} + \cdots + a_0 = 0$ mit $a_0, a_1, \ldots, a_n \in \mathbb{Z}$ sind (letztere – also Lösungen solcher Gleichungen – heißen algebraisch).

Die meisten reellen Zahlen sind transzendent. Wurzelausdrücke (aus ganzen Zahlen), wie z. B. $\sqrt{2}$, $\sqrt[3]{1 - \sqrt[4]{7}}$ sind dagegen algebraisch.

In $\mathbb{R}$ gibt es die Addition und Multiplikation sowie eine *Totalordnung*:

Für je zwei reelle Zahlen gilt stets $x < y$ oder $x = y$ oder $x > y$.

Dies gestattet die Konstruktion von Intervallen:

$$[a, b] := \{x \in \mathbb{R} \mid a \leq x \leq b\},$$
abgeschlossenes Intervall
$$]a, b[:= \{x \in \mathbb{R} \mid a < x < b\},$$
offenes Intervall
$$]a, b] := \{x \in \mathbb{R} \mid a < x \leq b\}$$
halboffenes Intervall
$$[a, \infty[:= \{x \in \mathbb{R} \mid a \leq x\}$$
abgeschlossenes Intervall (!)

Satz: Die rationalen Zahlen $\mathbb{Q}$ liegen *dicht* in $\mathbb{R}$; d. h.

1) Zu je zwei reellen Zahlen $a, b \in \mathbb{R}$ (mit $a < b$) gibt es mindestens eine (sogar unendlich viele) rationale Zahl r mit $a < r < b$
2) Sei $a \in \mathbb{R}$, dann gibt es eine Folge rationaler Zahlen $x_1, x_2, x_3, \ldots$ mit $x_n \to a$ bei $n \to \infty$

Schrankenbegriffe

Sei $M \subset \mathbb{R}$ (eine Teilmenge von $\mathbb{R}$).
Jedes $b \in \mathbb{R}$, für welches gilt [$x \leq b$ für alle $x \in M$], heißt obere Schranke von M. Die kleinste obere Schranke einer Menge M heißt Supremum von M (sup M). Beispiel: $M = \{-\frac{1}{n} \mid n \in \mathbb{N}\}$, dann ist sup $M = 0$. Beachte, dass das Supremum einer Menge nicht selbst

Übersicht A-3. Rechenregeln für Ungleichungen.

Ungleichungen	
allgemein	Beispiele
1) $x < y \Rightarrow x + a < y + a$ $(x, y, a \in \mathbb{R})$ 2) $x < y$ und $a > 0 \Rightarrow xa < ya$ 3) $x < y$ und $a < 0 \Rightarrow xa > ya$ 4) $x^2 < a^2 \Leftrightarrow -a < x < a$ (für $a > 0$) $\quad x^2 > a^2 \Leftrightarrow x < -a$ oder $x > a$ (für $a \geq 0$)	$2x - 4 < 5x + 2$ $\Leftrightarrow -6 < 3x$ $\Leftrightarrow -2 < x$
Beträge	
Für $x \in \mathbb{R}$ definiert man $\|x\| := \begin{cases} x, x \geq 0 \\ -x, x \leq 0 \end{cases}$ 1) $\|x + y\| \leq \|x\| + \|y\|$ 2) $\|ax\| = \|a\| \cdot \|x\|$ 3) $\|x\| \leq a \Leftrightarrow -a < x < a$	$\|x + 2\| > 1$ $\Leftrightarrow x + 2 > 1$ oder $(x + 2) < -1$ $\Leftrightarrow \quad x > -1$ oder $\quad\quad x < -3$

zur Menge gehören muss. Ein weiteres Beispiel ist $M = \{\arctan x \,|\, x \in \mathbb{R}\} \Rightarrow \sup M = \frac{\pi}{2}$. Dagegen gilt für das Maximum einer Menge die Forderung: $a = \max M \Leftrightarrow a$ ist obere Schranke von M und $a \in M$. Ähnlich sind Infimum (größte untere Schranke) und Minimum einer Menge definiert. Man nennt eine Menge $M \in \mathbb{R}$ beschränkt $\Leftrightarrow$ es gibt $a, b \in \mathbb{R}$ mit $M \subset [a, b]$.

Die fundamentalste Eigenschaft von $\mathbb{R}$ ist folgendes Theorem:

Theorem
(Supremumsaxiom und Vollständigkeit)

① Jede beschränkte Menge hat ein Supremum und ein Infimum

② $\mathbb{R}$ ist vollständig, d. h.: jede Cauchy-Folge besitzt einen Grenzwert

Zusatz: Die Aussagen ① und ② sind äquivalent.

Hierbei heißt eine Zahlenfolge $(x_n)_{n \in \mathbb{N}}$ Cauchy-Folge, wenn die Bedingung erfüllt ist:
[Zu jedem $\varepsilon > 0$ gibt es ein N mit der Eigenschaft, dass $|x_m - x_n| < \varepsilon$ ist, sobald $n > N$ und $m > N$ ist].

Mittelwerte

Für $x_1, x_2, \ldots, x_n$ definiert man

1) das arithmetische Mittel:
$$A := \frac{1}{n}(x_1 + \cdots + x_n)$$

2) das geometrische Mittel:
$$G := \sqrt[n]{x_1 \cdots x_n}$$

3) das harmonische Mittel:
$$H := \left[\frac{1}{n}\left(\frac{1}{x_1} + \cdots + \frac{1}{x_n}\right)\right]^{-1}$$

4) das quadratische Mittel:
$$Q := \sqrt{\frac{1}{n}(x_1^2 + \cdots + x_n^2)}$$

Sie gehorchen folgendem Vergleich:
$$H \leq G \leq A \leq Q$$

Anwendungen: A: gewöhnliche, arithmetische Durchschnitte

G: Progressionen, Zuwachsfaktoren, Zinsrechnung

H: Frequenzanalysen

Q: Fehlerrechnung, Regression

A.3 Komplexe Zahlen ($\mathbb{C}$)

Übersicht A-4. Komplexe Zahlen. Darstellungsformen und Rechenoperationen.

Komplexe Zahlen

Komplexe Zahl Z
$Z = a + jb = Z(\cos \varphi + j \sin \varphi)$
↑ ↑ Imaginärteil
Realteil

Euler'sche Formel
$$e^{j\varphi} = \cos \varphi + j \sin \varphi$$
$$Z = Z \cdot e^{j\varphi}$$

$j = \sqrt{-1}$

$Z = a + jb$ komplexe Zahl

$|Z| = \sqrt{a^2 + b^2}$ Betrag

$\tan \varphi = \dfrac{b}{a}$ Richtung

$\left(\sin \varphi = \dfrac{b}{|Z|} \,;\, \cos \varphi = \dfrac{a}{|Z|}\right)$

$\overline{Z} = a - jb$ konjugiert-komplexe Zahl

$Z \cdot \overline{Z} = (a + jb)(a - jb) = a^2 + b^2 = |Z|^2$

Übersicht A-4. (Fortsetzung).

Darstellungsform	komplex	konjugiert-komplex
Real- und Imaginärteil trigonometrische Form	$Z = a + jb$ $Z = \lvert Z\rvert(\cos\varphi + j\sin\varphi)$	$\overline{Z} = a - jb$ $\overline{Z} = \lvert Z\rvert(\cos\varphi - j\sin\varphi)$
	Euler'sche Formel	
	$e^{j\varphi} = \cos\varphi + j\sin\varphi$	$e^{-j\varphi} = \cos\varphi - j\sin\varphi$
Exponential-Form	$Z = \lvert Z\rvert e^{j\varphi}$	$\overline{Z} = \lvert Z\rvert e^{-j\varphi}$
Gleichungen	Gauß'sche Zahlenebene	Beispiel

Addition/Subtraktion

$Z_1 + Z_2 = (a_1 + a_2) + j(b_1 + b_2)$ $Z_1 - Z_2 = (a_1 - a_2) + j(b_1 - b_2)$ Real- und Imaginärteil müssen getrennt berechnet werden	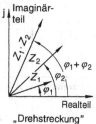	$Z_1 = 3 + 2j$ $Z_2 = 1 + 1{,}2j$ $Z_1 + Z_2 = 4 + 3{,}2j$

Multiplikation/Division

$Z_1 Z_2 = \lvert Z_1\rvert\lvert Z_2\rvert(\cos(\varphi_1 + \varphi_2) + j\sin(\varphi_1 + \varphi_2))$

$Z_1 Z_2 = \lvert Z_1\rvert\lvert Z_2\rvert e^{j(\varphi_1 + \varphi_2)}$

$\lvert Z_1\rvert\lvert Z_2\rvert = \sqrt{(a_1 a_2 - b_1 b_2)^2 + (a_1 b_2 + b_1 a_2)^2}$

$\tan(\varphi_1 + \varphi_2) = \dfrac{a_1 b_2 + a_1 b_2}{a_1 a_2 - b_1 b_2}$

$Z_1/Z_2 = \lvert Z_1\rvert/\lvert Z_2\rvert(\cos(\varphi_1 - \varphi_2) + j\sin(\varphi_1 - \varphi_2))$

$Z_1/Z_2 = \lvert Z_1\rvert/\lvert Z_2\rvert e^{j(\varphi_1 - \varphi_2)}$

$\lvert Z_1\rvert/\lvert Z_2\rvert = \sqrt{\dfrac{a_1^2 + b_1^2}{a_2^2 + b_2^2}}$;

$\tan(\varphi_1 - \varphi_2) = \dfrac{b_1 a_2 - a_1 b_2}{a_1 a_2 + b_1 b_2}$

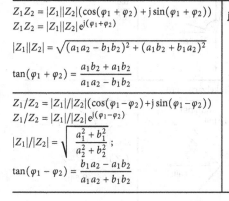

„Drehstreckung"

$Z_1 = 3 + 2j$

$Z_2 = 1 + 1{,}2j$

$\lvert Z_1\rvert/\lvert Z_2\rvert = \sqrt{\dfrac{9 + 4}{1 + 1{,}44}}$

$\qquad = 2{,}3$

$\tan(\varphi_1 - \varphi_2)$

$\quad = \dfrac{2\cdot 1 - 3\cdot 1{,}2}{3\cdot 1 + 2\cdot 1{,}2} = -0{,}296$

$(\varphi_1 - \varphi_2) = -0{,}287$

$(Z_1/Z_2) = 2{,}3\, e^{j(-0{,}287)}$

Übersicht A-4. (Fortsetzung).

Potenzieren/Wurzelziehen

$Z^n = |Z^n|(\cos n\varphi + j\sin n\varphi)$ $Z^n = |Z^n| \cdot e^{jn\varphi}$ $\sqrt[n]{Z} =$ $\sqrt[n]{|Z|}\left(\cos\left(\dfrac{\varphi + k \cdot 2\pi}{n}\right) + j\sin\left(\dfrac{\varphi + k + 2\pi}{n}\right)\right)$ $(k = 0, \pm 1, \pm 2, \ldots, \pm(n-1))$ $= \sqrt[n]{|Z|}\,e^{j\left(\frac{\varphi + k \cdot 2\pi}{n}\right)}$	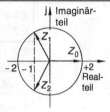	$Z = \sqrt[3]{8}$ Radius $|Z| = \sqrt[3]{8} = 2$ $\quad k = 0$ $|Z_0| = \sqrt[3]{8}(\cos(0)$ $\quad + j\sin(0)) = +2$ $\quad k = 1$ $Z_1 =$ $2\left(\cos\left(\dfrac{2\pi}{3}\right) + j\sin\left(\dfrac{2\pi}{3}\right)\right)$ $Z_1 = -1 + j\sqrt{3}$ $\quad k = 2$ $Z_2 =$ $2\left(\cos\left(\dfrac{4\pi}{3}\right) + j\sin\left(\dfrac{4\pi}{3}\right)\right)$ $Z_2 = -1 - j\sqrt{3}$

Differenziation (bzgl. Winkelvariablen)

$Z = |Z|\,e^{j(\omega t+\varphi)}$ $\dfrac{dZ}{dt} = j\omega|Z|\,e^{j(\omega t+\varphi)}$ $\dfrac{dZ}{dt} = j\omega Z$ Drehung um $+90°$, Streckung aufs ω-fache	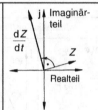	$Z = 3 + 2j$ $Z = 3{,}6\,e^{j(1{,}57t+33{,}69)}$ $\dfrac{dZ}{dt} = 1{,}57jZ$

Integration (bzgl. Winkelvariablen)

$Z = |Z|\,e^{j(\omega t+\varphi)}$ $\int Z\,dt = \int |Z|\,e^{j(\omega t+\varphi)}\,dt$ $= |Z|\,e^{j\varphi}\int e^{j\omega t}\,dt$ $\int Z\,dt = -\dfrac{j}{\omega}|Z|\,e^{j(\omega t+\varphi)} + C$ $= -\dfrac{j}{\omega} \cdot Z + C$	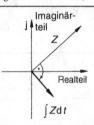	$Z = 3 + 2j$ $Z = \sqrt{13}\,e^{j(1{,}57t+\arctan 2/3)}$ $Z = 3{,}6\,e^{j(1{,}57t+33{,}69°)}$ $\int Z\,dt = -\dfrac{j}{1{,}57}Z$ $= -0{,}64jZ$

A.4 Logarithmus und Logarithmengesetze

Ist bei einer Potenzfunktion die Variable im Exponenten (Exponentialfunktion, Abschnitt A.10), kann der Wert der Variablen durch *Logarithmieren* (Logarithmusfunktion, Abschnitt A.10) ermittelt werden.

Übersicht A-5. Logarithmen.

Definition					
Exponent$\downarrow$					
b^x	$=$ a	$\leftrightarrow$	x	$=$ $\log_b$	a
$\uparrow$Basis	$\uparrow$Potenzwert		$\uparrow$Exponent	$\uparrow$Basis	$\uparrow$Potenzwert $(b>0; b\neq 1;$
3^2	$=$ 9		2	$=$ $\log_3$	9 x beliebig, reell$)$

besondere Fälle	
allgemein	Beispiel
$\log_b(b^a)=a$	$\log_3(3^2)=2$
$\log_b b=1$	$\log_3 3=1\left(3^1=3\right)$
$\log_b 1=0$	$\log_3 1=0\left(3^0=1\right)$
$b^{\log_b a}=a$	$3^{\log_3 4}=4$
$e^{\ln a}=a$	$e^{\ln 18}=18$

Logarithmensysteme	
dekadische Logarithmen	natürliche Logarithmen
Basis 10	Basis e
	$e\lim\limits_{n\to\infty}\left(1+\dfrac{1}{n}\right)^n=2{,}718281\ldots$
$\log 10=\lg$	$\log_e=\ln$
$10^x=a$	$e^x=a$
$x=\lg a$	$x=\ln a$

Umrechnungen	
$\lg a=\dfrac{\ln a}{\ln 10}\approx 0{,}4329\ln a$	$\ln a=\lg a\ln 10\approx 2{,}30259\lg a$
allgemein: $\log_b a=\dfrac{\log_c a}{\log_c b}=\dfrac{\ln a}{\ln b}$	

Übersicht A-5. (Fortsetzung).

Logarithmengesetze	
allgemein	Beispiel
$\log_b(ca) = \log_b c + \log_b a$	$\lg(10x) = \lg 10 + \lg x = 1 + \lg x$
$\log_b\left(\dfrac{c}{a}\right) = \log_b c - \log_b a$	$\ln\left(\dfrac{20}{x}\right) = \ln 20 - \ln x$
$\log_b(a^n) = n\log_b a$	$\lg(4^8) = 8 \cdot \lg 4$
$\log_b\left(\sqrt[n]{a}\right) = \dfrac{1}{n}\log_b a$	$\ln\left(\sqrt[3]{18}\right) = \dfrac{1}{3}\ln 18$

A.5 Trigonometrische Funktionen

Übersicht A-6. Trigonometrische Funktionen.

Definitionen		

Rechtwinkliges Dreieck:
Seitenverhältnisse

$$\sin\alpha = \frac{\text{Gegenkathete}}{\text{Hypotenuse}} = \frac{a}{c}$$

$$\cos\alpha = \frac{\text{Ankathete}}{\text{Hypotenuse}} = \frac{b}{c}$$

$$\tan\alpha = \frac{\text{Gegenkathete}}{\text{Ankathete}} = \frac{a}{b}$$

$$\cot\alpha = \frac{\text{Ankathete}}{\text{Gegenkathete}} = \frac{b}{a}$$

Einheitskreis:
Funktion der
Bogenlänge x
$\sin x$: Ordinate von P
$\cos x$: Abszisse von P

$$\tan x = \frac{\sin x}{\cos x}$$

$$\cot x = \frac{1}{\tan x} = \frac{\cos x}{\sin x}$$

$$x = \frac{2\pi}{360°} \cdot \alpha \quad (0 \le x \le 2\pi)$$

$x(0 \le x < 2\pi)$ ist das
Bogenmaß des Winkels α im
Gradsystem ($0 \le \alpha < 360°$). Dann ist
$\sin x = \sin\alpha$; $\cos x = \cos\alpha$; $\tan x = \tan\alpha$.

Komplemente	Vorzeichen
$\sin\alpha = \cos(90° - \alpha)$	
$\cos\alpha = \sin(90° - \alpha)$	
$\tan\alpha = \cot(90° - \alpha)$	
$\cot\alpha = \tan(90° - \alpha)$	

Übersicht A-6. (Fortsetzung).

Reduktionsformen	Verlauf

Winkel Funktion	$-\alpha$	$90°\pm\alpha$	$180°\pm\alpha$	$270°\pm\alpha$	$360°\pm\alpha$
$\sin\alpha$	$-\sin\alpha$	$+\cos\alpha$	$\mp\sin\alpha$	$-\cos\alpha$	$-\sin\alpha$
$\cos\alpha$	$+\cos\alpha$	$\mp\sin\alpha$	$-\cos\alpha$	$\pm\sin\alpha$	$+\cos\alpha$
$\tan\alpha$	$-\tan\alpha$	$\mp\cot\alpha$	$\pm\tan\alpha$	$\mp\cot\alpha$	$-\tan\alpha$
$\cot\alpha$	$-\cot\alpha$	$\mp\tan\alpha$	$\pm\cot\alpha$	$\mp\tan\alpha$	$-\cot\alpha$

Sinus und Kosinus

periodisch in $2\pi\,(360°)$

Tangens und Kotangens in $\pi w\,(180°)$

Polstellen für Tangens

$+\infty:\quad n\dfrac{\pi}{2}$

$-\infty:\; -n\dfrac{\pi}{2}$

Polstellen für Kotangens

$+\infty: +0,\, n\pi$

$-\infty: -0,\, -n\pi$

Übersicht A-7. Zusammenhänge und Umwandlungen trigonometrischer Funktionen.

Zusammenhänge zwischen trigonometrischen Funktionen

$$\sin^2\alpha + \cos^2\alpha = 1 \qquad\qquad \tan\alpha\cot\alpha = 1 \qquad\qquad \cos\alpha = \frac{1-\tan^2\left(\dfrac{\alpha}{2}\right)}{1+\tan^2\left(\dfrac{\alpha}{2}\right)}$$

$$\tan\alpha = \frac{\sin\alpha}{\cos\alpha} = \frac{1}{\cot\alpha} \qquad\qquad 1 + \tan^2\alpha = \frac{1}{\cos^2\alpha}$$

$$\cot\alpha = \frac{\cos\alpha}{\sin\alpha} = \frac{1}{\tan\alpha} \qquad\qquad 1 + \cot^2\alpha = \frac{1}{\sin^2\alpha}$$

Umwandlungen

Funktion \ Funktion	$\sin\alpha$	$\cos\alpha$	$\tan\alpha$	$\cot\alpha$
$\sin\alpha$	–	$\pm\sqrt{1-\cos^2\alpha}$	$\pm\dfrac{\tan\alpha}{\sqrt{1+\tan^2\alpha}}$	$\pm\dfrac{1}{\sqrt{1+\cot^2\alpha}}$
$\cos\alpha$	$\pm\sqrt{1-\sin^2\alpha}$	–	$\pm\dfrac{1}{\sqrt{1+\tan^2\alpha}}$	$\pm\dfrac{\cot\alpha}{\sqrt{1+\cot^2\alpha}}$
$\tan\alpha$	$\pm\dfrac{\sin\alpha}{\sqrt{1-\sin^2\alpha}}$	$\pm\dfrac{\sqrt{1-\cos^2\alpha}}{\cos\alpha}$	–	$\dfrac{1}{\cot\alpha}$
$\cot\alpha$	$\pm\dfrac{\sqrt{1-\sin^2\alpha}}{\sin\alpha}$	$\pm\dfrac{\cos\alpha}{\sqrt{1-\cos^2\alpha}}$	$\dfrac{1}{\tan\alpha}$	–

Übersicht A-8. Winkelbeziehungen trigonometrischer Funktionen.

Addition/Subtraktion

$$\sin(\alpha \pm \beta) = \sin\alpha\cos\beta \pm \cos\alpha\sin\beta$$

$$\cos(\alpha \pm \beta) = \cos\alpha\cos\beta \mp \sin\alpha\sin\beta$$

$$\sin(\alpha + \beta)\sin(\alpha - \beta) = \cos^2\beta - \cos^2\alpha$$

$$\cos(\alpha + \beta)\cos(\alpha - \beta) = \cos^2\beta - \sin^2\alpha$$

$$\tan(\alpha \pm \beta) = \frac{\tan\alpha \pm \tan\beta}{1 \mp \tan\alpha\tan\beta}$$

$$\cot(\alpha \pm \beta) = \frac{\cot\alpha\cot\beta \mp 1}{\cot\beta \pm \cot\alpha}$$

Summen und Differenzen

$$\sin\alpha \pm \sin\beta = 2\sin\frac{\alpha \pm \beta}{2} \cdot \cos\frac{\alpha \mp \beta}{2}$$

$$\cos\alpha + \cos\beta = 2\cos\frac{\alpha + \beta}{2} \cdot \cos\frac{\alpha - \beta}{2}$$

$$\cos\alpha - \cos\beta = -2\sin\frac{\alpha + \beta}{2} \cdot \sin\frac{\alpha - \beta}{2}$$

$$\tan\alpha \pm \tan\beta = \frac{\sin(\alpha \pm \beta)}{\cos\alpha \cdot \cos\beta}$$

$$\cot\alpha \pm \cot\beta = \frac{\sin(\beta \pm \alpha)}{\sin\alpha \cdot \sin\beta}$$

doppelte Winkel

$$\sin 2\alpha = 2\sin\alpha \cdot \cos\alpha$$
$$\cos 2\alpha = \cos^2\alpha - \sin^2\alpha$$
$$\tan 2\alpha = 2/(\cot\alpha - \tan\alpha)$$
$$\cot 2\alpha = (\cot\alpha - \tan\alpha)/2$$
$$\sin 3\alpha = 3\sin\alpha - 4\sin^3\alpha$$
$$\cos 3\alpha = 4\cos^3\alpha - 3\cos\alpha$$

halbe Winkel

$$\sin\frac{\alpha}{2} = \pm\sqrt{\frac{1 - \cos\alpha}{2}}$$

$$\cos\frac{\alpha}{2} = \pm\sqrt{\frac{1 + \cos\alpha}{2}}$$

$$\tan\frac{\alpha}{2} = \pm\sqrt{\frac{1 - \cos\alpha}{1 + \cos\alpha}} = \pm\frac{1 - \cos\alpha}{\sin\alpha} = \pm\frac{\sin\alpha}{1 + \cos\alpha}$$

$$\cot\frac{\alpha}{2} = \pm\sqrt{\frac{1 + \cos\alpha}{1 - \cos\alpha}} = \pm\frac{1 + \cos\alpha}{\sin\alpha} = \pm\frac{\sin\alpha}{1 - \cos\alpha}$$

Übersicht A-8. (Fortsetzung).

Produkte

$$\sin\alpha\sin\beta = \frac{1}{2}\left[\cos(\alpha - \beta) - \cos(\alpha + \beta)\right]$$

$$\cos\alpha\cos\beta = \frac{1}{2}\left[\cos(\alpha - \beta) + \cos(\alpha + \beta)\right]$$

$$\sin\alpha\cos\beta = \frac{1}{2}\left[\sin(\alpha + \beta) + \sin(\alpha - \beta)\right]$$

$$\cos\alpha\sin\beta = \frac{1}{2}\left[\sin(\alpha + \beta) + \sin(\beta - \alpha)\right]$$

$$\tan\alpha\tan\beta = \frac{\tan\alpha + \tan\beta}{\cot\alpha + \cot\beta}$$

$$\cot\alpha\cot\beta = \frac{\cot\alpha + \cot\beta}{\tan\alpha + \tan\beta}$$

$$\tan\alpha\cot\beta = \frac{\tan\alpha + \cot\beta}{\cot\alpha + \tan\beta}$$

$$\cot\alpha\tan\beta = \frac{\cot\alpha + \tan\beta}{\tan\alpha + \cot\beta}$$

Potenzen

$$\sin^2\alpha = \frac{1}{2}(1 - \cos 2\alpha)$$

$$\sin^3\alpha = \frac{1}{4}(3\sin\alpha - \sin 3\alpha)$$

$$\cos^2\alpha = \frac{1}{2}(1 + \cos 2\alpha)$$

$$\cos^3\alpha = \frac{1}{4}(3\cos\alpha - \cos 3\alpha)$$

Euler'sche Formel

$$y = e^{\pm j\varphi} = \cos\varphi \pm j\sin\varphi$$

$$\sin\varphi = \frac{e^{j\varphi} - e^{-j\varphi}}{2j} \qquad (j = \sqrt{-1})$$

$$\cos\varphi = \frac{e^{j\varphi} + e^{-j\varphi}}{2}$$

$$\tan\varphi = \frac{-j\left(e^{j\varphi} - e^{-j\varphi}\right)}{e^{j\varphi} + e^{-j\varphi}}$$

$$\cot\varphi = \frac{j\left(e^{j\varphi} + e^{-j\varphi}\right)}{e^{j\varphi} - e^{-j\varphi}}$$

Übersicht A-8. (Fortsetzung).

Näherungsformeln für kleine Winkel

$\sin x \approx x - \dfrac{x^3}{6}$ (Fehler < 1%   für $\alpha < 58°$)

$\sin x \approx x$ (Fehler < 1%   für $\alpha < 14°$)

$\cos x \approx 1 - \dfrac{x^2}{2}$ (Fehler < 1%   für $\alpha < 37°$)

$\cos x \approx 1$ (Fehler < 1%   für $\alpha < 8°$)

wobei $\alpha = \dfrac{x}{2\pi} \cdot 360°$

				Winkeleinheiten			
Einheit	°	′	″	rad	gon	cgon	mgon
1°	= 1	60	3600	0,017453	1,1111	111,11	1111,11
1′	= 0,016667	1	60	–	0,018518	1,85185	18,5185
1″	= 0,0002778	0,016667	1	–	0,0003086	0,030864	0,30864
1 rad	= 57,2958	3437,75	206 265	1	63,662	6366,2	63 662
1 gon	= 0,9	54	3240	0,015708	1	100	1000
1 cgon	= 0,009	0,54	32,4	–	0,01	1	10
1 mgon	= 0,0009	0,054	3,24	–	0,001	0,1	1

1 rad = 10^3 mrad = 10^6 µrad

1 rad = $\dfrac{1 \text{ m Bogen}}{1 \text{ m Radius}} = \dfrac{360°}{2\pi} = 57,296° \approx 57,3°$

1 gon = $\dfrac{\pi}{200}$ rad

1 Vollwinkel = 2π rad = 6,28318 rad
= 360° = 400 gon

A.6 Analytische Geometrie der Ebene

Übersicht A-9. Koordinatensysteme.

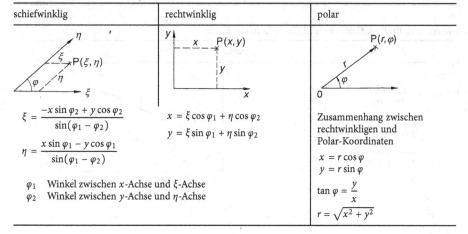

schiefwinklig	rechtwinklig	polar
$\xi = \dfrac{-x \sin\varphi_2 + y \cos\varphi_2}{\sin(\varphi_1 - \varphi_2)}$ $\eta = \dfrac{x \sin\varphi_1 - y \cos\varphi_1}{\sin(\varphi_1 - \varphi_2)}$ φ_1 Winkel zwischen x-Achse und ξ-Achse φ_2 Winkel zwischen y-Achse und η-Achse	$x = \xi \cos\varphi_1 + \eta \cos\varphi_2$ $y = \xi \sin\varphi_1 + \eta \sin\varphi_2$	Zusammenhang zwischen rechtwinkligen und Polar-Koordinaten $x = r \cos\varphi$ $y = r \sin\varphi$ $\tan\varphi = \dfrac{y}{x}$ $r = \sqrt{x^2 + y^2}$

Übersicht A-9. (Fortsetzung).

Transformation rechtwinkliger Koordinaten		
Parallelverschiebung	Drehung	Parallelverschiebung und Drehung

 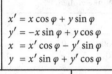 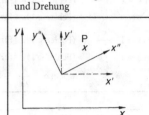

$x' = x - a$	$x' = x \cos \varphi + y \sin \varphi$	$x'' = (x - a) \cos \varphi + (y - b) \sin \varphi$
$y' = y - b$	$y' = -x \sin \varphi + y \cos \varphi$	$y'' = -(x - a) \sin \varphi + (y - b) \cos \varphi$
$x = x' + a$	$x = x' \cos \varphi - y' \sin \varphi$	$x = x'' \cos \varphi - y'' \sin \varphi + a$
$y = y' + b$	$y = x' \sin \varphi + y' \cos \varphi$	$y = x'' \sin \varphi - y'' \cos \varphi + b$

Zylinderkoordinaten	Kugelkoordinaten

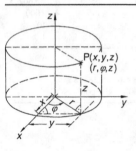

$$x = r \cos \varphi$$
$$y = r \sin \varphi$$
$$z = z$$
$$\tan \varphi = \frac{y}{x}$$

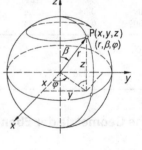

$$x = r \sin \beta \cos \varphi$$
$$y = r \sin \beta \sin \varphi$$
$$z = r \cos \beta$$

$$\cos \beta = \frac{z}{r} \; ;$$
$$\cos \varphi = \frac{x}{\sqrt{x^2 + y^2}}$$
$$r = \sqrt{x^2 + y^2 + z^2}$$

Übersicht A-10. Punkt, Strecke und Dreiecke in der Ebene.

Strecke	

Steigung
$$\tan \alpha = m = \frac{y_2 - y_1}{x_2 - x_1}$$
Entfernung

$$\overline{P_1 P_2} = \sqrt{(x_2 - x_1)^2 + (y_2 - y_1)^2}$$

$$\overline{P_1 P_2} = \sqrt{r_1^2 + r_2^2 - 2 r_1 r_2 \cos (\varphi_2 - \varphi_1)}$$

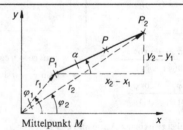

Teilpunkt P

$$\lambda = \frac{\overline{P_1 P}}{\overline{P P_2}} \; ; \quad x_P = \frac{x_1 + \lambda x_2}{1 + \lambda} \; ; \quad y_P = \frac{y_1 + \lambda y_2}{1 + \lambda}$$

$$0 \leq \lambda \leq 1$$

Mittelpunkt M

$$x_M = \frac{x_1 + x_2}{2} \; ; \quad y_M = \frac{y_1 + y_2}{2}$$

Übersicht A-10. (Fortsetzung).

Dreieck

Schwerpunkt

$x_S = \frac{1}{3}(x_1 + x_2 + x_3)$

$y_S = \frac{1}{3}(y_1 + y_2 + y_3)$

Für Punktmassen m_1, m_2, m_3

$x_S = \dfrac{m_1 x_1 + m_2 x_2 + m_3 x_3}{m_1 + m_2 + m_3}$

$y_S = \dfrac{m_1 y_1 + m_2 y_2 + m_3 y_3}{m_1 + m_2 + m_3}$

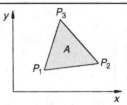

Fläche

$A = \frac{1}{2}\left[x_1(y_2 - y_3) + x_2(y_3 - y_1) + x_3(y_1 - y_2)\right]$;   mit Determinantenrechnung:

$A = \dfrac{1}{2}\begin{vmatrix} x_1 & y_1 & 1 \\ x_2 & y_2 & 1 \\ x_3 & y_3 & 1 \end{vmatrix}$

Übersicht A-11. Punkt, Strecke und Dreiecke im Raum.

Punkte und Strecken im Raum

Entfernung $\left|\overline{P_1 P_2}\right|$ $(P_1(x_1, y_1, z_1))$; $(P_2(x_2, y_2, z_2))$

$\left|\overline{P_1 P_2}\right| = \sqrt{(x_1 - x_2)^2 + (y_1 - y_2)^2 + (z_1 - z_2)^2}$

Teilung von $\overline{P_1 P_2}$ im Verhältnis λ

$x_P = \dfrac{x_1 + \lambda x_2}{1 + \lambda}$; $y_P = \dfrac{y_1 + \lambda y_2}{1 + \lambda}$; $z_P = \dfrac{z_1 + \lambda z_2}{1 + \lambda}$;

$\lambda > 0$ innerer Teilpunkt

$\lambda < 0$ äußerer Teilpunkt

Mittelpunkt M

$x_M = \dfrac{x_1 + x_2}{2}$; $y_M = \dfrac{y_1 + y_2}{2}$; $z_M = \dfrac{z_1 + z_2}{2}$;

Dreiecke im Raum

Schwerpunkt

$x_S = \dfrac{x_1 + x_2 + x_3}{3}$; $y_S = \dfrac{y_1 + y_2 + y_3}{3}$;

$z_S = \dfrac{z_1 + z_2 + z_3}{3}$

Übersicht A-11. (Fortsetzung).

Dreiecke im Raum

Für Punktmassen m_1, m_2, m_3

$x_S = \dfrac{m_1 x_1 + m_2 x_2 + m_3 x_3}{m_1 + m_2 + m_3}$;

$y_S = \dfrac{m_1 y_1 + m_2 y_2 + m_3 y_3}{m_1 + m_2 + m_3}$;

$z_S = \dfrac{m_1 z_1 + m_2 z_2 + m_3 z_3}{m_1 + m_2 + m_3}$

Fläche

$A = \sqrt{A_1^2 + A_2^2 + A_3^2}$,   mit

$A_1 = \dfrac{1}{2}\begin{vmatrix} y_1 & z_1 & 1 \\ y_2 & z_2 & 1 \\ y_3 & z_3 & 1 \end{vmatrix}$; $A_2 = \dfrac{1}{2}\begin{vmatrix} z_1 & x_1 & 1 \\ z_2 & x_2 & 1 \\ z_3 & x_3 & 1 \end{vmatrix}$

$A_3 = \dfrac{1}{2}\begin{vmatrix} x_1 & y_1 & 1 \\ x_2 & y_2 & 1 \\ x_3 & y_3 & 1 \end{vmatrix}$

Übersicht A-11. (Fortsetzung).

Volumen des Tetraeders P_1, P_2, P_3, P_4

(P_1 Spitze)

$$V = \frac{1}{6} \begin{vmatrix} x_1 & y_1 & z_1 & 1 \\ x_2 & y_2 & z_2 & 1 \\ x_3 & y_3 & z_3 & 1 \\ x_4 & y_4 & z_4 & 1 \end{vmatrix}$$

$$= \frac{1}{6} \begin{vmatrix} (x_1 - x_2) & (y_1 - y_2) & (z_1 - z_2) \\ (x_1 - x_3) & (y_1 - y_3) & (z_1 - z_3) \\ (x_1 - x_4) & (y_1 - y_4) & (z_1 - z_4) \end{vmatrix}$$

Übersicht A-12. Gerade in der Ebene.

Zwei-Punkte-Form

$$\frac{y - y_1}{x - x_1} = \frac{y_2 - y_1}{x_2 - x_1} \; ;$$

$$\begin{vmatrix} x & y & 1 \\ x_1 & y_1 & 1 \\ x_2 & y_2 & 1 \end{vmatrix} = 0$$

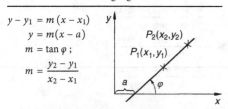

Punkt-Steigungs-Form

$$y - y_1 = m(x - x_1)$$
$$y = m(x - a)$$
$$m = \tan \varphi \; ;$$
$$m = \frac{y_2 - y_1}{x_2 - x_1}$$

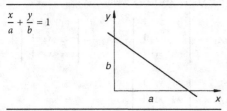

Achsenabschnitts-Form

$$\frac{x}{a} + \frac{y}{b} = 1$$

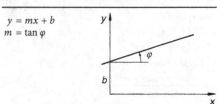

Übersicht A-12. (Fortsetzung).

Normalform

$$y = mx + b$$
$$m = \tan \varphi$$

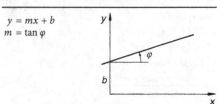

allgemeine Gleichung

$$Ax + By + C = 0$$
(A, B, C sind Konstanten; A und B nicht gleichzeitig null)

Hesse'sche Normalform

$$x \cos \beta + y \sin \beta - p = 0$$

$$\frac{Ax + By + C}{\pm \sqrt{A^2 + B^2}} = 0$$

$+$ für: $C < 0$;
$-$ für: $C > 0$

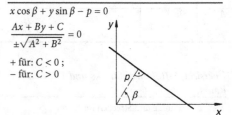

Polarform

$$r = \frac{p}{\cos(\alpha - \varphi)}$$

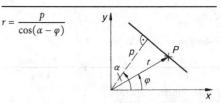

Abstand d des Punktes $P_1 (x_1, y_1)$ von der Geraden

$$d = x_1 \cos \beta + y_1 \sin \beta - p$$

$$d = \frac{Ax_1 + By_1 + C}{\pm \sqrt{A^2 + B^2}}$$

$$d = \frac{|y_1 - mx_1 - b|}{\sqrt{1 + m^2}}$$

Übersicht A-12. (Fortsetzung).

Schnittwinkel β zweier Geraden

$$\tan \beta = \frac{m_2 - m_1}{1 + m_1 m_2}$$

$$\tan \beta = \frac{A_1 B_2 - A_2 B_1}{A_1 A_2 + B_1 B_2}$$

$m_1 = \tan \varphi_1;$
$m_2 = \tan \varphi_2$

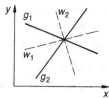

senkrechte $m_1 m_2 = -1$
Geraden: $A_1 A_2 + B_1 B_2 = 0$

parallele $m_1 = m_2$
Geraden: $A_1/A_2 = B_1/B_2$

Winkelhalbierende zweier Geraden

$$\frac{A_1 x + B_1 y + C_1}{\pm\sqrt{A_1^2 + B_1^2}} \pm \frac{A_2 x + B_2 y + C_2}{\pm\sqrt{A_2^2 + B_2^2}} = 0$$

Hesse'sche Normalform
$x (\cos \beta_1 \pm \cos \beta_2) + y (\sin \beta_1 \pm \sin \beta_2)$
$\quad - (p_1 \pm p_2) = 0$

Übersicht A-13. Gerade im Raum.

Zwei-Punkte-Form

$$\frac{x - x_1}{x_2 - x_1} = \frac{y - y_1}{y_2 - y_1} = \frac{z - z_1}{z_2 - z_1}$$

allgemeine Gleichung

Schnitt zweier beliebiger Ebenen
$A_1 x + B_1 y + C_1 z + D_1 = 0$
$A_2 x + B_2 y + C_2 z + D_2 = 0$

Winkel zwischen Gerade und Achsen

$$\left.\begin{array}{l} E_1 = 0 \\ E_2 = 0 \end{array}\right\} \cos \alpha = \frac{1}{N} \begin{vmatrix} B_1 & C_1 \\ B_2 & C_2 \end{vmatrix} ; \; \cos \beta = \frac{1}{N} \begin{vmatrix} C_1 & A_1 \\ C_2 & A_2 \end{vmatrix}$$

N: Normalenvektor

$$\cos \gamma = \frac{1}{N} \begin{vmatrix} A_1 & B_1 \\ A_2 & B_2 \end{vmatrix}$$

$$N^2 = \begin{vmatrix} B_1 & C_1 \\ B_2 & C_2 \end{vmatrix}^2 + \begin{vmatrix} C_1 & A_1 \\ C_2 & A_2 \end{vmatrix}^2 + \begin{vmatrix} A_1 & B_1 \\ A_2 & B_2 \end{vmatrix}^2$$

$$\cos^2 \alpha + \cos^2 \beta + \cos^2 \gamma = 1$$

Gerade durch Punkt $P_1 (x_1, y_1, z_1)$

$$\frac{x - x_1}{\cos \alpha} = \frac{y - y_1}{\cos \beta} = \frac{z - z_1}{\cos \gamma}$$

in Parameterform:

$x = x_1 + t \cos \alpha ; \quad y = y_1 + t \cos \beta$
$z = z_1 + t \cos \gamma$

Parameterdarstellung

$x = a_1 t + a_2 ; \quad y = b_1 t + b_2 ; \quad z = c_1 t + c_2$

Schnittwinkel zweier Geraden

$$\cos \beta = \cos \alpha_1 \cos \alpha_2 + \cos \beta_1 \cos \beta_2 + \cos \gamma_1 \cos \gamma_2$$

Übersicht A-14. Ebene.

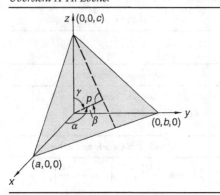

Achsenabschnitts-Form

$$\frac{x}{a} + \frac{y}{b} + \frac{z}{c} = t$$

Hesse'sche Normalform

$$x \cos \alpha + y \cos \beta + z \cos \gamma - p = 0$$

α, β, γ Winkel zur x-, y-, z-Achse;
p Länge der Normalen durch den Nullpunkt

allgemeine Gleichung

$$E: Ax + By + Cz + D = 0$$

$$a = -\frac{D}{A}; \quad b = -\frac{D}{B}; \quad c = -\frac{D}{C}$$

$$\cos \alpha = \frac{A}{\sqrt{A^2 + B^2 + C^2}}; \quad \cos \beta = \frac{B}{\sqrt{A^2 + B^2 + C^2}}$$

$$\cos \gamma = \frac{C}{\sqrt{A^2 + B^2 + C^2}}; \quad p = \frac{D}{\sqrt{A^2 + B^2 + C^2}} < 0$$

Ebene durch einen Punkt

$P_1(x_1, y_1, z_1)$ parallel zur Geraden	$P_1(x_1, y_1, z_1)$ senkrecht zur Geraden
$\begin{vmatrix} x - x_1 & y - y_1 & z - z_1 \\ \cos \alpha_1 & \cos \beta_1 & \cos \gamma_1 \\ \cos \alpha_2 & \cos \beta_2 & \cos \gamma_2 \end{vmatrix} = 0$	$(x - x_1) \cos \alpha + \\ + (y - y_1) \cos \beta + \\ + (z - z_1) \cos \gamma = 0$

Übersicht A-14. (Fortsetzung).

Ebene durch drei Punkte

$$\begin{vmatrix} x & y & z & 1 \\ x_1 & y_1 & z_1 & 1 \\ x_2 & y_2 & z_2 & 1 \\ x_3 & y_3 & z_3 & 1 \end{vmatrix} = 0;$$

$$\begin{vmatrix} (x - x_1) & (y - y_1) & (z - z_1) \\ (x_2 - x_1) & (y_2 - y_1) & (z_2 - z_1) \\ (x_3 - x_1) & (y_3 - y_1) & (z_3 - z_1) \end{vmatrix} = 0$$

Abstand eines Punktes von der Ebene

$$d = \frac{Ax_1 + By_1 + Cz_1 + D}{\pm\sqrt{A^2 + B^2 + C^2}}$$
$$d = x_1 \cos \alpha + y_1 \cos \beta + z_1 \cos \gamma - p$$

Winkel δ zweier Ebenen

$$\cos \delta = \frac{A_1 A_2 + B_1 B_2 + C_1 C_2}{\sqrt{A_1^2 + B_1^2 + C_1^2} \cdot \sqrt{A_2^2 + B_2^2 + C_2^2}}$$

Orthogonalität und Parallelität

orthogonal: zwei Ebenen $\perp$
$$A_1 A_2 + B_1 B_2 + C_1 C_2 = 0$$
$$\cos \alpha_1 \cos \alpha_2 + \cos \beta_1 \cos \beta_2 + \cos \gamma_1 \cos \gamma_2 = 0$$

parallel: zwei Ebenen $\parallel$
$$A_1/A_2 = B_1/B_2 = C_1/C_2 \qquad \text{oder}$$
$$\cos \alpha_1/\cos \alpha_2 = \cos \beta_1/\cos \beta_2 = \cos \gamma_1/\cos \gamma_2$$

Übersicht A-15. Kreis.

Mittelpunktgleichungen

$$(x - x_M)^2 + (y - y_M)^2 = r^2$$

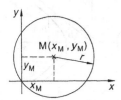

Mittelpunkt im Ursprung   Scheitel-Gleichung

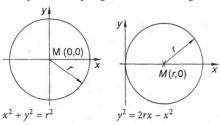

$$x^2 + y^2 = r^2 \qquad y^2 = 2rx - x^2$$

allgemeine Kreisgleichung

$$Ax^2 + Ay^2 + 2Dx + 2Ey + F = 0$$

Mittelpunkt M: $(-D/A, -E/A)$

Radius r: $r = \dfrac{1}{A}\sqrt{D^2 + E^2 - AF}$

Parametergleichung

$$x = r\cos t + x_M$$
$$y = r\sin t + y_M$$

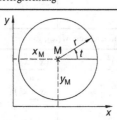

Polarkoordinaten

$$\varrho^2 - 2\varrho\varrho_0 \cos(\varphi - \varphi_0) + \varrho_0^2 = r^2$$

Übersicht A-15. (Fortsetzung).

Schnittpunkte Gerade und Kreis

Kreis: $x^2 + y^2 = r^2$;   Gerade $y = mx + b$

$$x_{1/2} = \frac{1}{1 + m^2}\left(-mb \pm \sqrt{m^2 b^2 + (r^2 - b^2)(1 + m^2)}\right)$$

Diskriminante $D = r^2(1 + m^2) - b^2$

für $D > 0$:   2 Schnittpunkte
       $D = 0$:   1 Schnittpunkt
       $D < 0$:   kein Schnittpunkt

Tangente und Normale

Kreis: $x^2 + y^2 = r^2$
Tangente: $xx_P + yy_P = r^2$

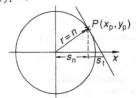

Steigung: $m_t = -\dfrac{x_P}{y_P}$

Länge: $t = \left|\dfrac{ry_P}{x_P}\right|$

Subtangente: $s_t = \left|\dfrac{y_P^2}{x_P}\right|$

Normale
$yx_P - xy_P = 0$
Steigung $m_n = \dfrac{y_P}{x_P}$;   Länge $n = r$;
Subnormale $s_n = x_P$

Winkel im Kreis

Mittelpunktwinkel $\triangleq$ doppelter Umfangswinkel

$$\alpha = 2\gamma$$
$$360° - \alpha = 2\delta$$

Sehnentangenten-
winkel $\triangleq$ halbem
Mittelpunktswinkel

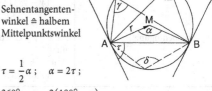

$$\tau = \frac{1}{2}\alpha; \quad \alpha = 2\tau;$$

$$360° - \alpha = 2(180° - \tau)$$

Alle Umfangswinkel sind also gleich groß

Übersicht A-16. Ellipse, Hyperbel, Parabel.

1. Normallage	Ellipse $M(0,0)$	Hyperbel $M(0,0)$
Schaubild		
Kurvengleichung	$\dfrac{x^2}{a^2} + \dfrac{y^2}{b^2} = 1$	$\dfrac{x^2}{a^2} - \dfrac{y^2}{b^2} = 1$
Parametergleichungen	$x = a \cos t$ $y = b \sin t$	$x = \dfrac{a}{\cos t}\,;\, y = \pm b \tan t$ $x = \pm a \cosh t\,;\, y = b \sinh t$
Tangente mit Berührpunkt $P_1\,(x_1, y_1)$	$t: \dfrac{x_1 x}{a^2} + \dfrac{y_1 y}{b^2} = 1$	$t: \dfrac{x_1 x}{a^2} - \dfrac{y_1 y}{b^2} = 1$
Asymptote	$-$	$y = \pm \dfrac{b}{a} x$
Tangentenbedingung $(y = mx + c)$ $(Ax + By + C = 0)$	$c^2 = a^2 m^2 + b^2$ $a^2 A^2 + b^2 B^2 - C^2 = 0$	$c^2 = a^2 m^2 - b^2$ $a^2 A^2 - b^2 B^2 - C^2 = 0$
Normale im Kurvenpunkt $P_1(x_1, y_1)$	$n: y - y_1 = -\dfrac{a^2 y_1}{b^2 x_1}(x - x_1)$	$n: y - y_1 = \dfrac{a^2 y_1}{b^2 x_1}(x - x_1)$
Exzentrizität	$e = \sqrt{a^2 - b^2}$	$e = \sqrt{a^2 + b^2}$
numerische Exzentrizität	$\epsilon = \dfrac{e}{a}$	
Fläche	$A = ab\pi$	$-$
Scheitelgleichung (Brennpunkt auf x-Achse)	$y^2 = 2px - \dfrac{p}{a}x^2$	$y^2 = 2px + \dfrac{p}{a}x^2$
2. Achsen parallel zu Koordinatenachsen $M(x_0, y_0)$		
Kurvengleichung	$\dfrac{(x - x_0)^2}{a^2} + \dfrac{(y - y_0)^2}{b^2} = 1$	$\dfrac{(x - x_0)^2}{a^2} - \dfrac{(y - y_0)^2}{b^2} = 1$
Tangente mit Berührpunkt $P_1(x_1, y_1)$	$\dfrac{(x - x_0)(x_1 - x_0)}{a^2}$ $+ \dfrac{(y - y_0)(y_1 - y_0)}{b^2} = 1$	$\dfrac{(x - x_0)(x_1 - x_0)}{a^2}$ $- \dfrac{(y - y_0)(y_1 - y_0)}{b^2} = 1$
Tangentenbedingung	$Ax + By + C = 0$ für: $A^2 a^2 + B^2 b^2$ $- (Ax_0 + By_0 + C)^2 = 0$	$Ax + By + C = 0$ für: $A^2 a^2 - B^2 b^2$ $- (Ax_0 + By_0 + C)^2 = 0$

Übersicht A-16. (Fortsetzung).

Parabel mit $S(0,0)$

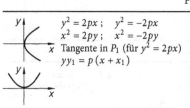 $\begin{aligned} &y^2 = 2px ; \quad y^2 = -2px \\ &x^2 = 2py ; \quad x^2 = -2py \\ &\text{Tangente in } P_1 \text{ (für } y^2 = 2px) \\ &yy_1 = p(x + x_1) \end{aligned}$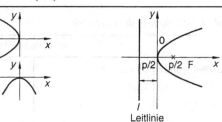

Leitlinie

Tangentenbedingung für $y = mx + c$

$p = 2cm$

Parametergleichung

$x = t^2; \; y = \pm ct$

Parabel mit $S(x_S, y_S)$	
Parabelachse parallel x-Achse	Parabelachse parallel y-Achse

$p > 0:$  $p < 0:$ 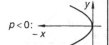 | $p > 0$  $p < 0$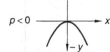

Kurvengleichung	
$(y - y_S)^2 = \pm 2p(x - x_S)$	$(x - x_S)^2 = \pm 2p(y - y_S)$

Tangente in $P_1(x_1, y_1)$	
$(y_1 - y_S)(y - y_S) = \pm p(x + x_1 - 2x_S)$	$(x_1 - x_S)(x - x_S) = \pm p(y + y_1 - 2y_S)$

Tangentenbedingung: $Ax + By + C = 0$	
für: $\pm pB^2 - 2A(Ax_S + By_S + C) = 0$	für: $\pm pA^2 - 2B(Ax_S + By_S + C) = 0$

allgemeine Form der Kegelschnitt-Gleichungen

Scheitelgleichung: $\qquad y^2 = 2px - \left(1 - \varepsilon^2\right) x^2$ $\left.\begin{aligned}\end{aligned}\right\}$ $\begin{aligned} \varepsilon &< 1: \quad \text{Ellipse} \\ \varepsilon &> 1: \quad \text{Hyperbel} \\ \varepsilon &= 1: \quad \text{Parabel} \end{aligned}$

Polargleichung: $\qquad r = \dfrac{p}{1 - \varepsilon \cos \varphi}$

allgemeine Gleichung: $\quad Ax^2 + By^2 + Cx + Dy + E = 0$

Ellipse: $\quad AB > 0 \quad (A = B : \text{Kreis})$
Hyperbel: $\quad AB < 0$
Parabel (Achse parallel x-Achse):
$A = 0 \quad \text{und} \quad BC \neq 0$
Parabel (Achse parallel y-Achse):
$B = 0 \quad \text{und} \quad AD \neq 0$

beliebige Lage: $\quad Ax^2 + 2Bxy + Cy^2 + 2Dx + 2Ey + F = 0 \quad \left(A^2 + B^2 + C^2 > 0\right)$

Drehwinkel α: $\tan(2\alpha) = \dfrac{2B}{A - C} \quad (A \neq C)$

A.7 Geometrische Sätze

Übersicht A-17. Sätze in der Geometrie.

		rechtwinkliges Dreieck	
Satz des Pythagoras	$c^2 = a^2 + b^2$	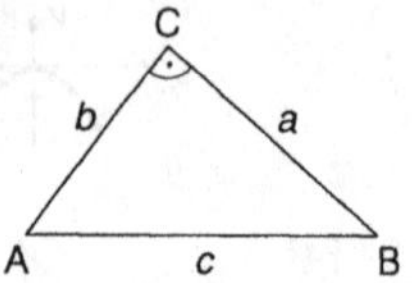	a, b Katheten c Hypothenuse
Kathetensatz	$a^2 = cp$ $b^2 = cq$	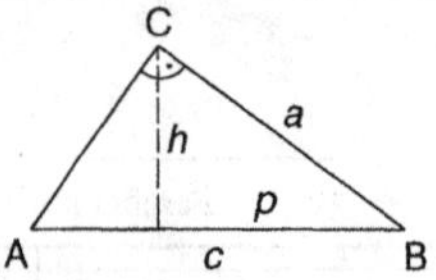	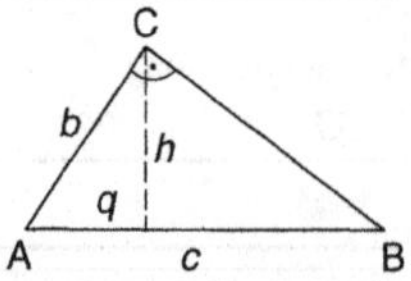
Höhensatz	$h^2 = pq$	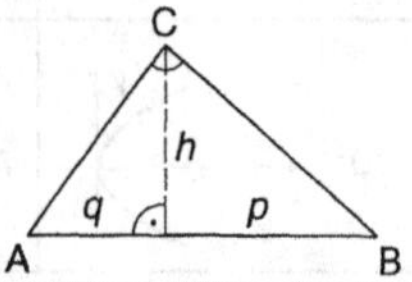	
Strahlensätze wenn $AB \parallel A'B'$, dann gilt	1. $\overline{SA} : \overline{SA'} = \overline{SB} : \overline{SB'}$ $\overline{SA} : \overline{AA'} = \overline{SB} : \overline{BB'}$ 2. $\overline{AB} : \overline{A'B'} = \overline{SA} : \overline{SA'}$	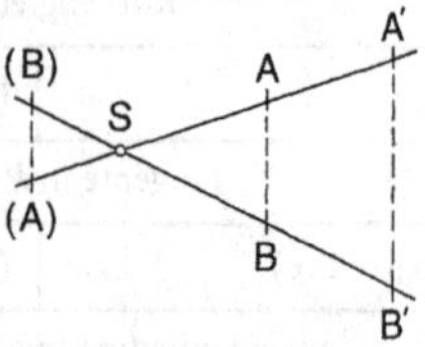	

Übersicht A-17. (Fortsetzung).

allgemeine Dreiecke		
Sinussatz findet Anwendung, wenn eine Seite, der gegenüberliegende Winkel und eine zweite Seite oder ein zweiter Winkel gegeben sind	$\dfrac{a}{b} = \dfrac{\sin\alpha}{\sin\beta}$; $\dfrac{b}{c} = \dfrac{\sin\beta}{\sin\gamma}$ $a : b : c = \sin\alpha : \sin\beta : \sin\gamma$	
Kosinussatz findet Anwendung, wenn drei Seiten bzw. zwei Seiten und der eingeschlossene Winkel bekannt sind	$a^2 = b^2 + c^2 - 2bc\cos\alpha$ $b^2 = a^2 + c^2 - 2ac\cos\beta$ $c^2 = a^2 + b^2 - 2ab\cos\gamma$	
Geometrie am Kreis		
Sekanten-Tangenten-Satz	$\overline{PA} \cdot \overline{PB} = \overline{PA'} \cdot \overline{PB'} = \overline{PT}^2$	
Sehnen-Halbsehnen-Satz	$\overline{PA} \cdot \overline{PB} = \overline{PA'} \cdot \overline{PB'} = \overline{PS}^2$	

A.8 Flächen und Körper

Übersicht A-18. Inhalt von Flächen.

Art der Fläche		Flächeninhalt A
Dreieck	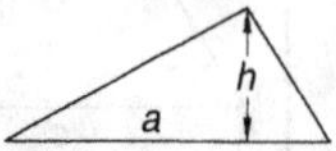	$A = \dfrac{ah}{2}$
Trapez	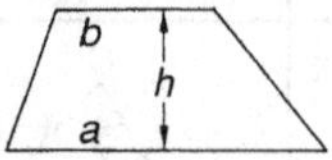	$A = \dfrac{a+b}{2}h$
Parallelogramm	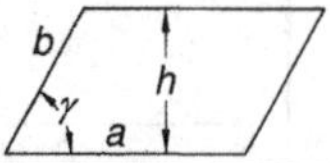	$A = ah = ab\sin\gamma$
Kreis	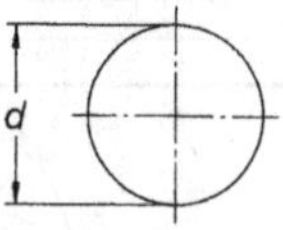	$A = \dfrac{\pi d^2}{4} = \pi r^2$ Umfang $U = \pi d = 2\pi r$
Kreisring	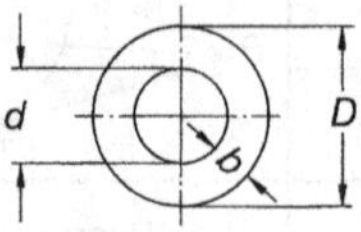	$A = \dfrac{\pi}{4}\left(D^2 - d^2\right) = \dfrac{\pi}{2}(D+d)b$
Kreisausschnitt	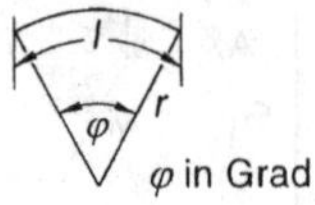 φ in Grad	$A = \dfrac{\pi r^2 \alpha}{360°}$ (Gradmaß) $A = r^2\dfrac{\varphi}{2}$ (Bogenmaß) Bogenlänge $l = \dfrac{\pi r \alpha}{180°}$ (Gradmaß) $l = r\varphi$ (Bogenmaß)
Kreisabschnitt	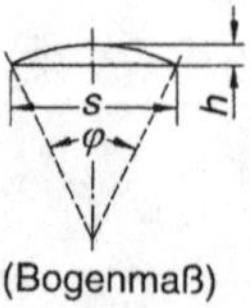 φ (Bogenmaß)	$A = \dfrac{r^2}{2}(\varphi - \sin\varphi) \approx hs\left[{}^2/_3 + {}^1/_2\left(\dfrac{h}{s}\right)^2\right]$ Sehnenlänge $s = 2r\sin\dfrac{\varphi}{2}$ Bogenhöhe $h = r\left(1 - \cos\dfrac{\varphi}{2}\right) = \dfrac{s}{2}\tan\dfrac{\varphi}{4} = 2r\sin^2\dfrac{\varphi}{4}$
Sechseck	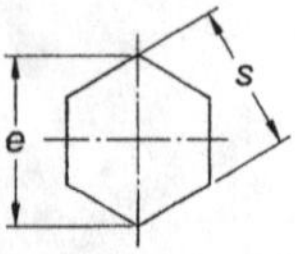	$A = \dfrac{\sqrt{3}}{2}s^2$ Eckenmaß $e = \dfrac{2s}{\sqrt{3}}$

Übersicht A-18. (Fortsetzung).

Art der Fläche	Flächeninhalt A
Ellipse	$A = \dfrac{\pi}{4} D \cdot d = a \cdot b \cdot \pi$ Umfang $U \approx 0{,}75\pi(D + d) - 0{,}5\,\pi\sqrt{Dd}$
1. Guldin'sche Regel	Rotation der ebenen Kurve C um die x-Achse ergibt einen (räumlichen) Rotationskörper. Dessen Mantelfläche habe den Flächeninhalt A. Es sei L die Länge von C, und $S \in \mathbb{R}^2$ sei der Schwerpunkt von C mit dem Abstand r_s von der Drehachse. Dann ist $A = \underbrace{2\pi r_s}\;\cdot L$. Weg des Schwerpunktes bei Rotation

Übersicht A-19. Inhalt und Oberfläche von Körpern.

Art des Körpers	Inhalt V, Oberfläche S, Mantelfläche M
Kreiszylinder	$V = \dfrac{\pi d^2}{4} h$ $M = \pi d h$; $\quad S = \pi d(d/2 + h)$
Pyramide	$V = \dfrac{1}{3} A h$
Kreiskegel	$V = \dfrac{\pi d^2 h}{12}$ $M = \dfrac{\pi d s}{2} = \pi r s = \pi r \sqrt{r^2 + h^2}$
Kegelstumpf	$V = \dfrac{\pi h}{12}\left(D^2 + Dd + d^2\right)$ $M = \dfrac{\pi(D + d)s}{2} \quad s = \sqrt{\dfrac{(D - d)^2}{4} + h^2}$
Kugel	$V = \dfrac{\pi d^3}{6}$ $S = \pi d^2$
Kugelabschnitt (Kalotte)	$V = \dfrac{\pi h}{6}\left(3a^2 + h^2\right) = \dfrac{\pi h^2}{3}(3r - h)$ $M = 2\pi r h = \pi\left(a^2 + h^2\right)$

Übersicht A-19. (Fortsetzung).

Art des Körpers		Inhalt V, Oberfläche S, Mantelfläche M
Kugelausschnitt (Kugelsektor)		$V = \dfrac{2\pi r^2 h}{3}$ $S = \pi r (2h + a)$
Kugelzone	 r Kugelhalbmesser	$V = \dfrac{\pi h}{6}\left(3a^2 + 3b^2 + h^2\right)$ $M = 2\pi r h$
zylindrischer Ring		$V = \dfrac{\pi^2}{4} D d^2 = 2\pi R \cdot \pi r^2$ $S = \pi^2 D d = 2\pi R \cdot 2\pi r$
Ellipsoid	d_1, d_2, d_3 Länge der Achsen	$V = \dfrac{\pi}{6} d_1 d_2 d_3$
kreisrundes Fass	D Durchmesser am Spund d Durchmesser am Boden h Abstand der Böden	$V \approx \dfrac{\pi h}{12}\left(2D^2 + d^2\right)$
2. Guldin'sche Regel		Wird ein ebenes Flächenstück (Inhalt A) (welches in $y > 0$ liegen möge) um die x-Achse rotiert, so entsteht ein Rotationskörper (Torus) reifenähnlicher Art. Sei S der Flächenschwerpunkt und r_S dessen y-Koordinate (d. h. Abstand vom Flächenschwerpunkt zur Drehachse). Dann gilt für das Volumen V des Rotationskörpers $V = 2\pi r_S \cdot A$ $\underbrace{}$ Weg des Schwerpunktes bei Rotation

A.9 Vektorrechnung

Übersicht A-20. Vektordarstellung und Gerade.

Vektordarstellung

$r = x_1 e_x + y_1 e_y + z_1 e_z$
e　Einheitsvektor
x_1, y_1, z_1　Komponenten des Vektors

Übersicht A-20. (Fortsetzung).

Vektordarstellung

Schreibweise als Zeilen- oder Spaltenvektor:

$$r = (x_1, y_1, z_1) \quad \text{oder} \quad r = \begin{pmatrix} x_1 \\ y_1 \\ z_1 \end{pmatrix}$$

Betrag　$|r| = \sqrt{x_1^2 + y_1^2 + z_1^2}$

Winkel　$\cos(r, x) = \dfrac{x_1}{|r|}$;　$\cos(r, y) = \dfrac{y_1}{|r|}$;

$$\cos(r, z) = \dfrac{z_1}{|r|};$$

$$\cos^2(r, x) + \cos^2(r, y) + \cos^2(r, z) = 1$$

Übersicht A-20. (Fortsetzung).

Winkel und Abhängigkeiten zwischen zwei Vektoren

$$r_1 = (x_1, y_1, z_1) \; ; \quad r_2 = (x_1, y_2, z_2)$$

$$\cos \varphi = \frac{x_1 x_2 + y_1 y_2 + z_1 z_2}{\sqrt{x_1^2 + y_1^2 + z_1^2} \cdot \sqrt{x_2^2 + y_2^2 + z_2^2}}$$

orthogonal: $\quad x_1 x_2 + y_1 y_2 + z_1 z_2 = 0$

linear abhängig: $u r_1 + v r_2 = 0 \quad$ oder
$$u x_1 + v x_2 = 0 ; \quad u y_1 + v y_2 = 0 ;$$
$$u z_1 + v z_2 = 0 \quad (u, v \neq 0)$$

Entfernung und Teilung

Entfernung: $d = r_2 - r_1$

Länge:

$$|d| = |r_2 - r_1|$$

$$|d| = \sqrt{(r_2 - r_1) \cdot (r_2 - r_1)}$$

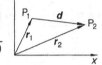

Teilung im Verhältnis λ:

$$r_T = \frac{r_1 + \lambda r_2}{1 + \lambda}$$

$\lambda = 1$: Mittelpunkt
der Strecke

$$r_M = \frac{r_1 + r_2}{2}$$

Übersicht A-20. (Fortsetzung).

Gerade g

Punkt-Steigungs-Form:

$$r = r_1 + \lambda a$$

Zwei-Punkte-Form:

$$r = r_1 + \lambda (r_2 - r_1)$$

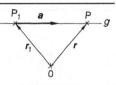

Schnitt zweier Ebenen:

$$A_1 x + B_1 y + C_1 z + D_1 = 0 \quad \text{und}$$

$$A_2 x + B_2 y + C_2 z + D_2 = 0$$

Übersicht A-21. Multiplikation von Vektoren.

skalares Produkt	Vektorprodukt
Multiplikation zweier Vektoren, sodass Ergebnis ein Skalar.	Multiplikation zweier Vektoren, sodass Ergebnis ein Vektor.
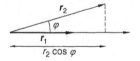	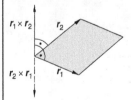 (Hinweis: dreidimensionaler Raum muss orientiert sein; Darstellung gilt für rechtshändige kartesische Orthogonalsysteme)
$r_1 r_2 = \|r_1\| \|r_2\| \cdot \cos(r_1, r_2)$	Betrag: $\quad \|r_1 \times r_2\| = \|r_1\| \|r_2\| \cdot \sin(r_1, r_2)$
	Richtung: senkrecht zur Ebene, welche die Vektoren r_1 und r_2 aufspannen
Skalarprodukt = 0: orthogonal $(r_1 r_2) = 0$ $x_1 x_2 + y_1 y_2 + z_1 z_2 = 0$	Vektorprodukt = 0: parallel $r_1 \times r_2 = 0$

Übersicht A-21. (Fortsetzung).

Komponentendarstellung

$$r_1 = x_1 e_x + y_1 e_y + z_1 e_z$$
$$r_2 = x_2 e_x + y_2 e_y + z_2 e_z$$

$$(r_1 r_2) = \boxed{x_1 x_2 e_x^2} + x_1 y_2 e_x e_y + x_1 z_2 e_x e_z$$
$$+ y_1 x_2 e_y e_x + \boxed{y_1 y_2 e_y^2} + y_1 z_2 e_y e_x$$
$$+ z_1 x_2 e_z e_x + z_1 y_2 e_z e_y + \boxed{z_1 z_2 e_z^2}$$

alle $e_x e_y$, $e_x e_z$, $e_y e_z = 0$,
da senkrecht aufeinander

$$(r_1 r_2) = x_1 x_2 + y_1 y_2 + z_1 z_2$$

$$r_1 \times r_2 =$$
$$x_1 x_2 \underbrace{[e_x \times e_x]}_{=0} + x_1 y_2 \underbrace{[e_x \times e_y]}_{e_z} + x_1 z_2 \underbrace{[e_x \times e_z]}_{e_y}$$
$$+ y_1 x_2 \underbrace{[e_y \times e_x]}_{-e_z} + y_1 y_2 \underbrace{[e_y \times e_y]}_{=0} + y_1 z_2 \underbrace{[e_y \times e_z]}_{-e_x}$$
$$+ z_1 x_2 \underbrace{[e_z \times e_x]}_{e_y} + z_1 y_2 \underbrace{[e_z \times e_y]}_{-e_x} + z_1 z_2 \underbrace{[e_z \times e_z]}_{=0}$$

$$r_1 \times r_2 = \quad (y_1 z_2 - z_1 y_2) \cdot e_x$$
$$- (x_1 z_2 - z_1 x_2) \cdot e_y$$
$$+ (x_1 y_2 - y_1 x_2) \cdot e_z$$

Matrizen- und Determinantenschreibweise

$$r_1 r_2 = (x_1 y_1 z_1) \begin{pmatrix} x_2 \\ y_2 \\ z_2 \end{pmatrix}$$
$$= x_1 x_2 + y_1 y_2 + z_1 z_2$$

$$r_1 \times r_2 = \begin{vmatrix} e_x & e_y & e_z \\ x_1 & y_1 & z_1 \\ x_2 & y_2 & z_2 \end{vmatrix}$$
$$= (y_1 z_2 - z_1 y_2) e_x$$
$$- (x_1 z_2 - z_1 x_2) e_y$$
$$+ (x_1 y_2 - y_1 x_2) e_z$$

Übersicht A-21. (Fortsetzung).

Beispiele	
Arbeit $W = Fs$ (konstante Kraft F) $W = \lvert F \rvert \parallel s \rvert \cos(F, s)$ $F = F_x e_x + F_y e_y + F_z e_z$ $s = s_x e_x + s_y e_y + s_z e_z$ $Fs = \begin{pmatrix} F_x F_y F_z \end{pmatrix} \begin{pmatrix} s_x \\ s_y \\ s_z \end{pmatrix}$ $\quad = F_x s_x + F_y s_y + F_z s_z$ $F = (3, -2, 4)$ N $s = (1, 2, -3)$ m $W = (3 \ -2 \ 4)$ N $\begin{pmatrix} 1 \\ 2 \\ -3 \end{pmatrix}$ m $\quad = 3\,\mathrm{Nm} - 4\,\mathrm{Nm} - 12\,\mathrm{Nm}$ $W = -13\,\mathrm{Nm}$	Drehmoment $M = r \times F$ 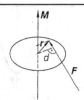 $M = \lvert r \rvert \cdot \lvert F \rvert \cdot \sin(r, F)$ da $\quad r\sin(r, F) = d$ $M = Fd$ $M = \begin{vmatrix} e_x & e_y & e_z \\ r_x & r_y & r_z \\ F_x & F_y & F_z \end{vmatrix}$ $M = (r_y F_z - r_z F_y)\,e_x$ $\quad - (r_x F_z - r_z F_x)\,e_y$ $\quad + (r_x F_y - r_y F_x)\,e_z$ $r = (1, -1, 3)$ m $F = (2, 3, -1)$ N $M = \begin{vmatrix} e_x & e_y & e_z \\ 1 & -1 & 3 \\ 2 & 3 & -1 \end{vmatrix} \begin{matrix} \mathrm{m} \\ \mathrm{N} \end{matrix}$ $M = (1\,\mathrm{Nm} - 9\,\mathrm{Nm})e_x - (-1\,\mathrm{Nm} - 6\,\mathrm{Nm})e_y$ $\quad + (3\,\mathrm{Nm} + 2\,\mathrm{Nm})e_z$ $M = -8e_x\,\mathrm{Nm} + 7e_y\,\mathrm{Nm}$ $\quad + 5e_z\,\mathrm{Nm}$ $M = (-8, 7, 5)\,\mathrm{Nm}$

A.10 Funktionen

Übersicht A-22. Übersicht über Funktionen.

lineare Funktion	
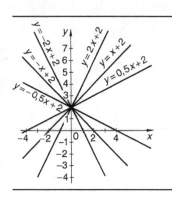	$y = a_1 x + a_0$: Geradengleichung a_0 Achsenabschnitt (y-Achse) a_1 Steigung; $m = \tan \alpha$ $a_1 > 0$: positive Steigung $a_1 < 0$: negative Steigung

Übersicht A-22. (Fortsetzung).

quadratische Funktion

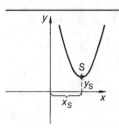

$y = a_2 x^2 + a_1 x + a_0$:   quadratische Parabel
$a_2 > 0$: nach oben offen   (Achse parallel zur y-Achse)
$a_2 < 0$: nach unten offen
$|a_2| < 1$: Parabel flach; $|a_2| > 1$: Parabel steil;
$|a_2| = 1$: Normalparabel

Scheitel $S\left(-\dfrac{a_1}{2a_2} \; ; \; -\dfrac{a_1^2}{4a_2} + a_0 \right)$

$y = x^2 + px + q$: Normalform $(a_2 = 1)$

$$S\left(-\frac{p}{2} \; ; \; -\left[\left(\frac{p}{2}\right)^2 - q \right] \right)$$

Funktion 3. Grades

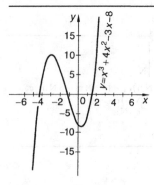

$y = a_3 x^3 + a_2 x^2 + a_1 x + a_0$

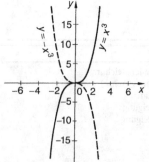

Sonderfall: kubische Normalparabel
$y = x^3$
$y = -x^3$

Übersicht A-22. (Fortsetzung).

gerade Potenzfunktionen mit positivem Exponenten

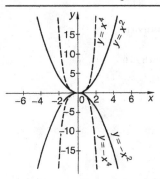

$y = x^{2n} \quad (n \in N)$
(nach oben geöffnet)

$y = -x^{2n} \quad (n \in N)$
(nach unten geöffnet)

gerade Potenzfunktionen mit negativem Exponenten

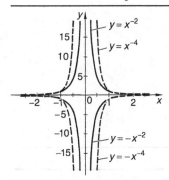

$y = x^{-2n} \quad (n \in N)$
(1. und 2. Quadrant)

$y = -x^{-2n} \quad (n \in N)$
(3. und 4. Quadrant)

ungerade Potenzfunktionen mit positivem Exponenten

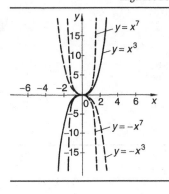

$y = x^{2n+1} \quad (n \in N)$
(1. und 3. Quadrant)

$y = -x^{2n+1} \quad (n \in N)$
(2. und 4. Quadrant)

Übersicht A-22. (Fortsetzung).

ungerade Potenzfunktionen mit negativem Exponenten

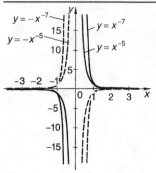

$y = x^{-(2n+1)}$ $(n \in N)$
(1. und 3. Quadrant; symmetrisch zu 0)

$y = -x^{-(2n+1)}$ $(n \in N)$
(2. und 4. Quadrant; symmetrisch zu 0)

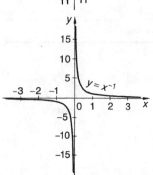

Sonderfall: gleichseitige Hyperbel
$$y = \frac{1}{x} = x^{-1}$$

ungerade Wurzelfunktionen

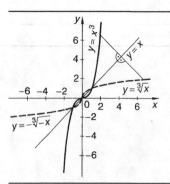

$y = \sqrt[2n-1]{x}$ für $x \geq 0$

$y = -\sqrt[2n-1]{-x}$ für $x < 0$

Übersicht A-22. (Fortsetzung).

gerade Wurzelfunktionen

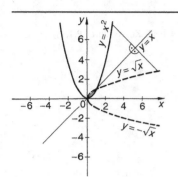

$$y = \sqrt[2n]{x} \quad \text{oder} \quad y = -\sqrt[2n]{x}$$

Exponentialfunktionen

für $a > 1$

$$y = a^x$$

(für $a > 0$: alle Kurven durch P(0,1))

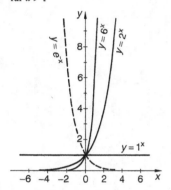

für $0 < a < 1$

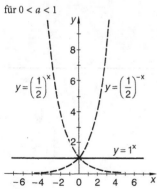

Übersicht A-22. (Fortsetzung).

Logarithmusfunktion

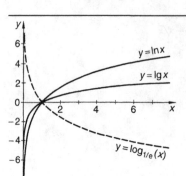

$y = \log_a(x)$
(für $x > 0$; $a > 0$; $a \neq 1$: alle Kurven durch $P(1, 0)$)

trigonometrische Funktionen

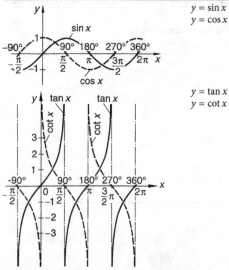

$y = \sin x$
$y = \cos x$

$y = \tan x$
$y = \cot x$

Übersicht A-22. (Fortsetzung).

Arcusfunktionen

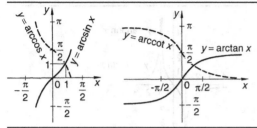

Zusammenhänge	Zusammenhang mit Logarithmus
$\arcsin(x) = \dfrac{\pi}{2} - \arccos(x) = \arctan\left(\dfrac{x}{\sqrt{1-x^2}}\right)$	$\arcsin(x) = -\mathrm{j}\ln\left(x\mathrm{j} + \sqrt{1-x^2}\right)$
$\arccos(x) = \dfrac{\pi}{2} - \arcsin(x) = \operatorname{arccot}\left(\dfrac{x}{\sqrt{1-x^2}}\right)$	$\arccos(x) = -\mathrm{j}\ln\left(x + \sqrt{x^2-1}\right)$
$\arctan(x) = \dfrac{\pi}{2} - \operatorname{arccot}(x) = \arcsin\left(\dfrac{x}{\sqrt{1+x^2}}\right)$	$\arctan(x) = \dfrac{1}{2\mathrm{j}}\ln\left(\dfrac{1+\mathrm{j}x}{1-\mathrm{j}x}\right)$
$\operatorname{arccot}(x) = \dfrac{\pi}{2} - \arctan(x) = \arccos\left(\dfrac{x}{\sqrt{1+x^2}}\right)$	$\operatorname{arccot}(x) = -\dfrac{1}{2\mathrm{j}}\ln\left(\dfrac{\mathrm{j}x+1}{\mathrm{j}x-1}\right)$

Symmetrien

$\arcsin(-x) = -\arcsin(x)$; $\arccos(-x) = \pi - \arccos(x)$;
$\arctan(-x) = -\arctan(x)$; $\operatorname{arccot}(-x) = \pi - \operatorname{arccot}(x)$

Hyperbelfunktionen

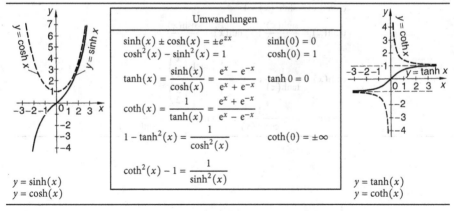

Umwandlungen	
$\sinh(x) \pm \cosh(x) = \pm e^{zx}$	$\sinh(0) = 0$
$\cosh^2(x) - \sinh^2(x) = 1$	$\cosh(0) = 1$
$\tanh(x) = \dfrac{\sinh(x)}{\cosh(x)} = \dfrac{e^x - e^{-x}}{e^x + e^{-x}}$	$\tanh 0 = 0$
$\coth(x) = \dfrac{1}{\tanh(x)} = \dfrac{e^x + e^{-x}}{e^x - e^{-x}}$	
$1 - \tanh^2(x) = \dfrac{1}{\cosh^2(x)}$	$\coth(0) = \pm\infty$
$\coth^2(x) - 1 = \dfrac{1}{\sinh^2(x)}$	

$y = \sinh(x)$
$y = \cosh(x)$

$y = \tanh(x)$
$y = \coth(x)$

Übersicht A-22. (Fortsetzung).

Areafunktionen

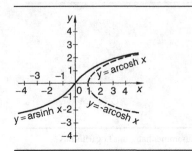 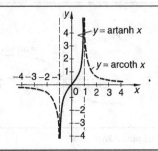

Übersicht A-23. Zusammenhänge bei Hyperbelfunktionen.

Hyperbelfunktionen

$$\sinh(x) = \frac{e^x - e^{-x}}{2} \; ; \quad \cosh(x) = \frac{e^x + e^{-x}}{2}$$

$$\tanh(x) = \frac{e^x - e^{-x}}{e^x + e^{-x}} \; ; \quad \coth(x) = \frac{e^x + e^{-x}}{e^x - e^{-x}}$$

Symmetrien

$$\sinh(-x) = -\sinh(x) \; ; \quad \cosh(-x) = \cosh(x)$$

$$\tanh(-x) = -\tanh(x) \; ; \quad \coth(-x) = -\coth(x)$$

Zusammenhänge

$$\sinh(x) + \cosh(x) = e^x \; ; \quad \sinh(x) - \cosh(x) = -e^{-x}$$

$$\cosh^2(x) - \sinh^2(x) = 1$$

$$\tanh(x) = \frac{\sinh(x)}{\cosh(x)} \; ; \quad \coth(x) = \frac{\cosh(x)}{\sinh(x)}$$

$$\coth(x) = \frac{1}{\tanh(x)} \; ; \quad e^x = \frac{1 + \tanh\left(\frac{x}{2}\right)}{1 - \tanh\left(\frac{x}{2}\right)}$$

$$1 - \tanh^2(x) = \frac{1}{\cosh^2(x)} \; ; \quad \coth^2(x) - 1 = \frac{1}{\sinh^2(x)}$$

Übersicht A-23. (Fortsetzung).

Umrechnungen

Funktion \\ Funktion	$\sinh(x)$	$\cosh(x)$	$\tanh(x)$	$\coth(x)$
$\sinh(x)$	–	$\pm\sqrt{\cosh^2(x)-1}$	$\dfrac{\tanh(x)}{\sqrt{1-\tanh^2(x)}}$	$\dfrac{1}{\sqrt{\coth^2(x)-1}}$
$\cosh(x)$	$\sqrt{\sinh^2(x)+1}$	–	$\dfrac{1}{\sqrt{1-\tanh^2(x)}}$	$\dfrac{\coth(x)}{\sqrt{\coth^2(x)-1}}$
$\tanh(x)$	$\dfrac{\sinh(x)}{\sqrt{\sinh^2(x)+1}}$	$\dfrac{\sqrt{\cosh^2(x)-1}}{\cosh(x)}$	–	$\dfrac{1}{\coth(x)}$
$\coth(x)$	$\dfrac{\sqrt{\sinh^2(x)+1}}{\sinh(x)}$	$\dfrac{\cosh(x)}{\sqrt{\cosh^2(x)-1}}$	$\dfrac{1}{\tanh(x)}$	–

Übersicht A-24. Zusammenhänge bei Areafunktionen.

Beziehungen zum Logarithmus

$$\operatorname{arsinh}(-x) = -\operatorname{arsinh}(x)$$
$$\operatorname{arcosh}(x) = \ln\left(x \pm \sqrt{x^2-1}\right) \quad (x \geq 1)$$
$$\operatorname{arsinh}(-x) = -\operatorname{arsinh}(x)$$
$$\operatorname{artanh}(x) = \frac{1}{2}\ln\left(\frac{1+x}{1-x}\right) \quad |x| < 1$$
$$\operatorname{arcoth}(x) = \frac{1}{2}\ln\left(\frac{x+1}{x-1}\right) \quad |x| > 1$$

Symmetrien

$$\operatorname{arsinh}(-x) = -\operatorname{arsinh}(x)$$
$$\operatorname{artanh}(-x) = -\operatorname{artanh}(x)$$
$$\operatorname{arcoth}(-x) = -\operatorname{arcoth}(x)$$

Übersicht A-24. (Fortsetzung).

Umrechnungen

	arsinh(x)	arcosh(x)	artanh(x)	arcoth(x)
arsinh(x)	–	$\pm\text{arcosh}\left(\sqrt{x^2+1}\right)$	$\text{artanh}\left(\dfrac{x}{\sqrt{x^2+1}}\right)$	$\text{arcoth}\left(\dfrac{\sqrt{x^2+1}}{x}\right)$
arcosh(x) $x \geqq 1$	$\text{arsinh}\left(\sqrt{x^2-1}\right)$	–	$\text{artanh}\left(\dfrac{\sqrt{x^2-1}}{x}\right)$	$\text{arcoth}\left(\dfrac{x}{\sqrt{x^2-1}}\right)$
artanh(x) $|x| < 1$	$\text{arsinh}\left(\dfrac{x}{\sqrt{1-x^2}}\right)$	$\pm\text{arcosh}\left(\dfrac{1}{\sqrt{1-x^2}}\right)$	–	$\text{arcoth}\left(\dfrac{1}{x}\right)$
arcoth(x) $|x| > 1$	$\text{arsinh}\left(\dfrac{1}{\sqrt{x^2-1}}\right)$	$\pm\text{arcosh}\left(\dfrac{x}{\sqrt{x^2-1}}\right)$	$\text{artanh}\left(\dfrac{1}{x}\right)$	–

Die oberen Vorzeichen gelten für $x > 0$, die unteren für $x < 0$.

Summen und Differenzen

$$\text{arsinh}\,x \pm \text{arsinh}\,y = \text{arsinh}\left(x\sqrt{1+y^2} \pm y\sqrt{1+x^2}\right)$$

$$\text{arcosh}\,x \pm \text{arcosh}\,y = \text{arcosh}\left(xy \pm \sqrt{(x^2-1)(y^2-1)}\right)$$

$$\text{artanh}\,x \pm \text{artanh}\,y = \text{artanh}\,\frac{x \pm y}{1 \pm xy}$$

$$\text{arcoth}\,x \pm \text{arcoth}\,y = \text{arcoth}\,\frac{1 \pm xy}{x \pm y}$$

Übersicht A-25. Ebene Kurven.

Kreisevolvente

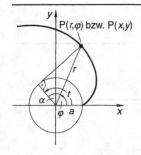

Abwicklung eines gespannten Fadens von einem gegebenen Kreis (Radius a)

$$x = a(\cos t + t \sin t)$$
$$y = a(\sin t - t \cos t)$$

Polarkoordinaten:

$$r = \frac{a}{\cos \alpha} = \frac{a}{\sqrt{1+t^2}}$$

$$\varphi = \tan \alpha - \alpha = \frac{\tan t - t}{1 + t \cdot \tan t}$$

a Kreisradius
t Wälzwinkel

Übersicht A-25. (Fortsetzung).

Zykloide (Radkurve)

gewöhnliche Zykloide

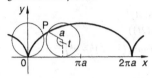

Punkt eines Kreises mit Radius a, der auf einer
Geraden abrollt (ohne zu gleiten)
$$x = a(t - \sin t); \quad y = a(1 - \cos t)$$
$$x = a \arccos\left(\frac{a - y}{a}\right) - \sqrt{y(2a - y)} \quad \text{(Periode } 2\pi a)$$
$$\overline{OP} = 8a \sin^2(t/4)$$
voller Zykloidenbogen: $l = 8a$
Fläche unter Zykloidenbogen: $A = 3\pi a^2$

verlängerte Zykloide (Trochoide)

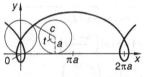

erzeugender Punkt liegt im Abstand c vom
Mittelpunkt entfernt $(c > a)$
$$x = at - c \sin t$$
$$y = a - c \cos t$$

verkürzte Zykloide (Trochoide)

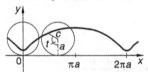

erzeugender Punkt liegt im Abstand c innerhalb des
Rollkreises $(c < a)$
$$x = at - c \sin t$$
$$y = a - c \cos t$$

Epizykloide

Epizykloide

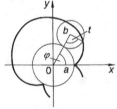

a Radius des festen Kreises
b Radius des rollenden Kreises
t Wälzwinkel
φ Drehwinkel

Kreis mit Radius b rollt auf der Außenseite
eines Kreises
$$x = (a + b) \cos\left(\frac{b}{a}t\right) - b \cos\left(\frac{a + b}{a}t\right)$$
$$y = (a + b) \sin\left(\frac{b}{a}t\right) - b \sin\left(\frac{a + b}{a}t\right)$$
oder
$$x = (a + b) \cos\varphi - b \cos\left(\frac{a + b}{a}\varphi\right)$$
$$y = (a + b) \sin\varphi - b \sin\left(\frac{a + b}{a}\varphi\right)$$

Bogenlänge $l_1 = \dfrac{8(a + b)}{m}$

voller Bogen $l = 8(a + b)$
$(a/b$ ganzzahlig$)$

Fläche unter vollem Bogen
$$A = \frac{\pi b^2(3a + 2b)}{a}$$

Übersicht A-25. (Fortsetzung).

Epizykloide

Kardioide (Herzkurve)

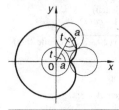

$a = b$

$x = a(2\cos t - \cos(2t))$

$y = a(2\sin t - \sin(2t))$

$\left(x^2 + y^2 - a^2\right)^2 = 4a^2\left((x - a)^2 + y^2\right)$

$r = 2a(1 - \cos\varphi)$

(Pol bei $(x; y) = (a; 0)$)

Hypozykloide

---

normale Hypozykloide

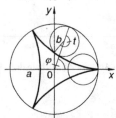

Punkt rollt auf der Innenseite eines Kreises

$$x = (a - b)\cos\left(\frac{b}{a}t\right) + b\cos\left(\frac{a - b}{a}t\right)$$

$$y = (a - b)\sin\left(\frac{b}{a}t\right) - b\sin\left(\frac{a - b}{a}t\right)$$

a Radius des festen Kreises
b Radius des rollenden Kreises
t Wälzwinkel; φ Drehwinkel

oder

$$x = (a - b)\cos\varphi + b\cos\left(\frac{a - b}{b}\varphi\right)$$

$$y = (a - b)\sin\varphi - b\sin\left(\frac{a - b}{b}\varphi\right)$$

Astroide (Sternlinie)

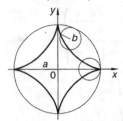

$$b = \frac{1}{4}a$$

$$x = a\cos^3\left(\frac{1}{4}t\right)$$

$$y = a\sin^3\left(\frac{1}{4}t\right)$$

oder
$$x^{2/3} + y^{2/3} = a^{2/3}$$

für $b = \dfrac{a}{2}$ eine Geradführung

(Umwandlung einer Drehbewegung in eine Hin- und Herbewegung)

Länge L des Zweiges $L = 24a$

Übersicht A-25. (Fortsetzung).

Spiralen

logarithmische Spirale

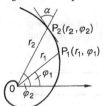

$$r = \alpha\,e^{k\varphi} \qquad (k > 0)$$

schneidet alle Ursprungsgeraden unter dem
gleichen Winkel α
$\cot\alpha = k$

Länge des Bogens: $P_1 P_2 = \dfrac{r_2 - r_1}{\cos\alpha}$

Archimedi'sche Spirale

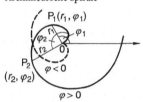

Punkt bewegt sich auf einem Leitstrahl mit
konstanter Geschwindigkeit; der Leitstrahl dreht
sich mit konstanter Winkelgeschwindigkeit um
den Pol.

$$r = a\varphi \qquad (\varphi = \varphi_2 - \varphi_1)$$

Länge des Bogens
$$P_1 P_2 = \frac{a}{2}\left(\varphi\sqrt{\varphi^2 + 1} + \operatorname{arsinh}\varphi\right)$$

Fläche des Sektors $P_1 O P_2$
$$A = \frac{a^2}{6}\left(\varphi_2^3 - \varphi_1^3\right)$$

Kettenlinie

$y = \cosh\dfrac{x}{a}$

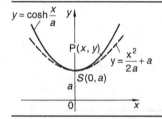

an zwei Punkten aufgehängte Kette (Seil)

$$y = \frac{a}{2}\left(e^{x/a} + e^{-x/a}\right) = a\cosh\left(\frac{x}{a}\right)$$

Am tiefsten Punkt Näherungsformel
(Parabel): $y = \dfrac{1}{2a}x^2 + a$

Länge des Bogens: $l = a\sinh\left(\dfrac{x}{a}\right)$

Neil'sche Parabel (semikubische Parabel)

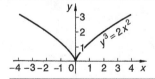

$$y^3 = ax^2$$

Übersicht A-25. (Fortsetzung).

Schleppkurve (Traktrix)

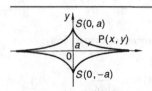

$$x = a \operatorname{arcosh}\left(\frac{a}{y}\right) \mp \sqrt{a^2 - y^2}$$

Ein Fadenende wird längs einer Geraden bewegt. Der Massepunkt am anderen Fadenende verläuft auf der Schleppkurve.

Zissoide

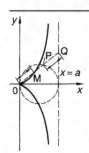

$OM = PQ$

$$y^2(a - x) = x^3$$

oder

$$r = a \sin \varphi \tan \varphi$$

Strophoide

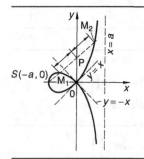

$M_1 P = PM_2 = OP$

$$(a - x)y^2 = (a + x)x^2$$

oder

$$r = \frac{-a \cos 2\varphi}{\cos \varphi}$$

Cartesisches Blatt

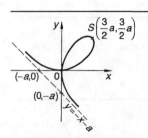

$$x^3 + y^3 = 3axy$$

oder

$$r = \frac{3a \sin \varphi \cos \varphi}{\sin^3 \varphi + \cos^3 \varphi}$$

Übersicht A-25. (Fortsetzung).

Konchoide des Nikomedes

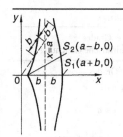

$$(x - a)^2 \left(x^2 + y^2\right) = b^2 x^2$$

oder

$$r = \frac{a}{\cos \varphi} \pm b$$

$S_2(a-b,0)$
$S_1(a+b,0)$

Cassini'sche Kurven

$F_1 P \cdot F_2 P = a^2$.

$$\left(x^2 + y^2\right)^2 - 2e^2 \left(x^2 - y^2\right) = a^4 - e^4 \;\; (F_1, F_2(\pm e; 0) \text{ oder } F_1 F_2 = 2e)$$

$$r^2 = e^2 \cos(\varphi 2) \pm \sqrt{e^4 \cos^2(\varphi 2) + a^4 - e^4}$$

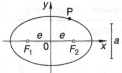

$a^2 \geq 2e^2$

$a^2 < 2e^2$
$a^2 > e^2$

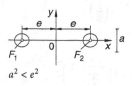

$a^2 < e^2$

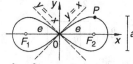

$a^2 = e^2$
Lemniskate
$$\left(x^2 + y^2\right)^2 = 2a^2 \left(x^2 - y^2\right)$$

$$\overline{F_1 P} \cdot \overline{F_2 P} = \left(\frac{\overline{F_1 F_2}}{2}\right)^2$$

$$r = a\sqrt{2 \cos(2\varphi)}$$

A.11 Algebraische Gleichungen

Übersicht A-26. Arten algebraischer Gleichungen.

lineare Gleichung (Gleichung 1. Grades)

$a_1 x + a_0 = 0 \quad (a_1 \neq 0)$

Lösung: $x = -\dfrac{a_0}{a_1}$

quadratische Gleichung (Gleichung 2. Grades)

$a_2 x^2 + a_1 x + a_0 = 0 \quad (a_2 \neq 0)$

$x^2 + \dfrac{a_1}{a_2} x + \dfrac{a_0}{a_2} = x^2 + px + q = 0$

Diskriminante $D = a_1^2 - 4a_0 a_2 = \dfrac{p^2}{4} - q$

Fallunterscheidungen

$D > 0$:
(reell)

$$x_{1/2} = \frac{-a_1 \pm \sqrt{a_1^2 - 4a_0 a_2}}{2a_2}$$

$$= -\frac{p}{2} \pm \sqrt{\frac{p^2}{4} - q}$$

$D = 0$:
(zusammenfallend)

$$x_1 = x_2 = \frac{-a_1}{2a_2}$$

$D < 0$:
(komplex)

$$x_{1/2} = \frac{-a_1 \pm j\sqrt{4a_0 a_2 - a_1^2}}{2a_2}$$

$$= -\frac{p}{2} \pm j\sqrt{\left| q - \frac{p^2}{4} \right|}$$

Beziehungen zwischen x_1 und x_2
(Vieta'sche Wurzelsätze)

$x_1 + x_2 = -p$

$x_1 \cdot x_2 = q$

Kubische Gleichung
Rückführung auf quadratische Gleichung

symmetrische Gleichung 3. Grades

$a_3 x^3 + a_2 x^2 + a_2 x + a_3 = 0$

Lösung: $x_1 = -1$

$\qquad a_3 x^2 + (a_2 - a_3) x + a_3 = 0$

$\qquad$ (quadratische Gleichung)

Übersicht A-26. (Fortsetzung).

Gleichung 4. Grades
Rückführung auf quadratische Gleichung

symmetrische Gleichung 4. Grades

$a_4 x^4 + a_3 x^3 + a_2 x^2 + a_3 x + a_4 = 0$

$a_4 \left(x^2 + \dfrac{1}{x^2} \right) + a_3 \left(x + \dfrac{1}{x} \right) + a_2 = 0$

für $u = x + \dfrac{1}{x}$ und $u - 2 = x^2 + \dfrac{1}{x^2}$:

$a_4 u^2 + a_3 u + (a_2 - 2a_4) = 0$

(quadratische Gleichung)

biquadratische Gleichung

$a_4 x^4 + a_2 x^2 + a_0 = 0$

für $u = x^2$:

$a_4 u^2 + a_2 u + a_0 = 0 \quad$ (quadratische Gleichung)

kubische Gleichung (Gleichung 3. Grades)

$a_3 x^3 + a_2 x^2 + a_1 x + a_0 = 0$

Substitution: $x = u - \dfrac{a_2}{3a_3}$

$u^3 + pu + q = 0$

Diskriminante: $D = \left(\dfrac{q}{2} \right)^2 + \left(\dfrac{p}{3} \right)^3$

Fallunterscheidungen

$D > 0 \quad u_1 = w + z$

$$u_{2/3} = -\frac{w + z}{2} \pm j\left(\frac{w - z}{2} \sqrt{3} \right)$$

$$w = \sqrt[3]{-\frac{q}{2} - \sqrt{\left(\frac{q}{2} \right)^2 + \left(\frac{p}{3} \right)^3}}$$

$$z = \sqrt[3]{-\frac{q}{2} + \sqrt{\left(\frac{q}{2} \right)^2 + \left(\frac{p}{3} \right)^3}}$$

$D = 0 \quad u_1 = 2\sqrt[3]{-\dfrac{q}{2}}$

$$u_{2/3} = -\sqrt[3]{-\frac{q}{2}}$$

Übersicht A-26. (Fortsetzung).

$D < 0$

$$u_1 = 2\sqrt{\frac{|p|}{3}}\cos\left(\frac{\varphi}{3}\right)$$

$$u_2 = -2\sqrt{\frac{|p|}{3}}\cos\left(\frac{\varphi}{3} - \frac{\pi}{3}\right)$$

$$u_3 = -2\sqrt{\frac{|p|}{3}}\cos\left(\frac{\varphi}{3} + \frac{\pi}{3}\right)$$

$$\left(\cos\varphi = \left(-\frac{q}{2}\right)\Big/\left(\sqrt{\left(\frac{|p|}{3}\right)^3}\right)\right)$$

Gleichung n-ten Grades

$$a_n x^n + a_{n-1}x^{n-1} + a_{n-2}x^{n-2} + \ldots + a_0 = 0$$
$$x^n + b_{n-1}x^{n-1} + b_{n-2}x^{n-2} + \ldots + b_0 = 0$$

Produktdarstellung

$$x^n + b_{n-1}x^{n-1} + b_{n-2}x^{n-2} + \ldots + b_0$$
$$= (x - x_1)(x - x_2)\ldots(x - x_n)$$

mit komplexen $x_1, x_2, \ldots x_n$ (im Allgemeinen)

Übersicht A-26. (Fortsetzung).

Gleichung n-ten Grades

$x_1, x_2 \ldots x_n$: Wurzeln der Gleichung (Nullstellen)
Wurzelsatz von Vieta:

$$x_1 + x_2 + x_3 + \ldots + x_n \qquad = -b_{n-1}$$

$$\left.\begin{array}{l} x_1 x_2 + x_1 x_3 + \ldots + x_1 x_n \\ \quad + x_2 x_3 + \ldots + x_2 x_n \\ \qquad \ldots \\ \qquad + x_{n-1}x_n \end{array}\right\} = b_{n-2}$$

$$\left.\begin{array}{l} x_1 x_2 x_3 + x_1 x_2 x_4 + \ldots + x_1 x_2 x_n \\ \quad x_1 x_3 x_4 + \ldots + x_1 x_3 x_n \\ \qquad \ldots \\ \qquad + x_{n-2}x_{n-1}x_n \end{array}\right\} = -b_{n-3}$$

$$\qquad\qquad \ldots$$
$$x_1 \cdot x_2 \cdot x_3 \cdot \ldots \cdot x_n \qquad = (-1)^n b_0$$

Übersicht A-27. Numerische Nullstellenbestimmung.

lineare Interpolation (Regula falsi)

Kurve wird durch Sehne durch P_1 und P_2 ersetzt.
Start:

$$x_3 = x_1 - \frac{(x_2 - x_1)f(x_1)}{f(x_2) - f(x_1)}$$

Iteration:

$$x_{n+2} := x_n - \frac{(x_{n+1} - x_n)f(x_n)}{f(x_{n+1}) - f(x_n)}$$

führt (bei z. B. streng monotonem Verlauf durch
die Nullstelle) zur Konvergenz, $x_1 \to x_0$

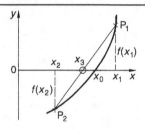

Tangentennäherung (Newton'sches Verfahren)

Kurve wird durch Tangente durch P_1 ersetzt.
Start:

$$x_2 = x_1 - \frac{f(x_1)}{f'(x_1)} \qquad (f'(x_1) \neq 0)$$

Iteration:

$$x_{n+1} := x_n - \frac{f(x_n)}{f'(x_n)}$$

führt (unter der Bedingung $\left|\dfrac{f(x)f''(x)}{(f'(x))^2}\right| < 1$

in der Umgebung der Nullstelle x_0) zur
Konvergenz, $x_n \to x_0$

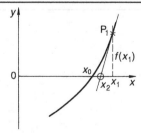

Übersicht A-27. (Fortsetzung).

Iterationsverfahren

Die Gleichung $f(x) = 0$ wird umgeformt zu $\varphi(x) = x$, wobei φ so zu wählen ist, dass $|\varphi'(x)| < 1$ ist in der Nähe einer zu bestimmenden Nullstelle x_0 (deren ungefähre Lage durch Schätzung ermittelt wird). Ist dann x_1 ein Näherungswert von $\varphi(x) = x$ bei x_0, so führt die Iterationsfolge

$$x_{n+1} := \varphi(x_n), \quad n \in \mathbb{N}, \quad x_1 \text{ Startwert}$$

zur Lösung, $x_n \to x_0$.

---

graphische Lösung

Beispiel:
Die Gleichung $x^3 - 3x - 1 = 0$ ist gleichwertig zu $x^3 = 3x + 1$.
Man zeichnet $y_1(x) = x^3$ und $y_2(x) = 3x + 1$ und bestimmt die Schnittpunkte, was graphisch die Näherungslösungen

$$x_1 \approx -1{,}5; \quad x_2 \approx -0{,}35; \quad x_3 \approx 1{,}9$$

ergibt.

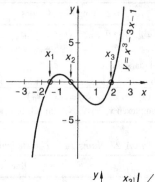

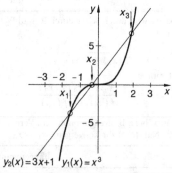

Übersicht A-28. Lineare Gleichungssysteme.

Eigenwerte, Eigenvektoren	
allgemein	Beispiel

Sei A eine (n, n)-Matrix.
Ein Vektor $x \in \mathbb{R}^n, x \neq 0$, heißt Eigenvektor zu A, wenn es ein $\lambda \in \mathbb{R}$ gibt mit

$$Ax = \lambda x, \text{ also } \begin{matrix} a_{11}x_1 + \cdots + a_{1n}x_n = \lambda x_1 \\ \vdots \qquad \vdots \qquad \vdots \\ a_{n1}x_1 + \cdots + a_{nn}x_n = \lambda x_n \end{matrix}$$

Man nennt ein solches λ auch Eigenwert (mit Eigenvektor x)

$$(A - \lambda E)(x) = \begin{pmatrix} a_{11} - \lambda & a_{12} & a_{1n} \\ a_{21} & a_{22} - \lambda & a_{2n} \\ \vdots & \vdots & \vdots \\ a_{n1} & a_{n2} & a_{nn} - \lambda \end{pmatrix} \begin{pmatrix} x_1 \\ \vdots \\ x_n \end{pmatrix} = 0$$

Für die Existenz und Bestimmung eines solchen Eigenwertes λ ist dann hinreichend und notwendig, dass

$$p(\lambda) := \det(A - \lambda E) = 0$$

ist. $p(\lambda)$ ist ein Polynom n-ten Grades in λ (charakteristisches Polynom von A). Ist λ Nullstelle von $p(\lambda)$, so findet man alle Eigenvektoren zu λ, indem man das homogene Gleichungssystem $(A - \lambda E)(x) = 0$ löst.

Beispiel:

$$A = \begin{pmatrix} 1 & 2 \\ 4 & 3 \end{pmatrix} \ (A - \lambda E) = \begin{pmatrix} 1 - \lambda & 2 \\ 4 & 3 - \lambda \end{pmatrix}$$

$$p(\lambda) = (1 - \lambda)(3 - \lambda) - 8 = \lambda^2 - 4\lambda - 5$$

$$\lambda_{1,2} = 2 \pm \sqrt{4 + 5} = 5 \quad \text{oder} \quad -1$$

$$(A - \lambda_1 E)(x) = \begin{bmatrix} -4x_1 + 2x_2 = 0 \\ 4x_1 - 2x_2 = 0 \end{bmatrix} \Rightarrow x = \alpha(1, 2), \\ \alpha \in \mathbb{R}$$

$x = (1, 2)$ (und alle Vielfachen hiervon) ist Eigenvektor zu $\lambda_1 = 5$.

$$(A - \lambda_2 E)(x) = \begin{bmatrix} 2x_1 + 2x_2 = 0 \\ 4x_1 + 4x_2 = 0 \end{bmatrix} \Rightarrow x = \alpha(1, -1), \\ \alpha \in \mathbb{R}$$

$x = (1, -1)$ (und alle Vielfachen hiervon) ist Eigenvektor zu $\lambda_2 = -1$.

allgemein	Beispiel
Darstellung des Gleichungssystems	

$$\begin{matrix} a_{11}x_1 + a_{12}x_2 + \ldots + a_{1n}x_n = b_1 \\ a_{21}x_1 + a_{22}x_2 + \ldots + a_{2n}x_n = b_2 \\ \vdots \qquad \vdots \qquad \vdots \qquad \vdots \\ a_{n1}x_1 + a_{n2}x_2 + \ldots + a_{nn}x_n = b_n \end{matrix}$$

$$\begin{matrix} x_1 - x_2 + 2x_3 = 7 \\ 3x_1 - 3x_2 + 5x_3 = 17 \\ 3x_1 - 2x_2 - x_3 = 12 \end{matrix}$$

Übersicht A-28. (Fortsetzung).

allgemein	Beispiel

Matrizenform

$$\underbrace{\begin{pmatrix} a_{11} & a_{12} & \cdots & a_{1n} \\ a_{21} & a_{22} & \cdots & a_{2n} \\ \vdots & \vdots & & \vdots \\ a_{n1} & a_{n2} & \cdots & a_{nn} \end{pmatrix}}_{A} \underbrace{\begin{pmatrix} x_1 \\ x_2 \\ \vdots \\ x_n \end{pmatrix}}_{x} = \underbrace{\begin{pmatrix} b_1 \\ b_2 \\ \vdots \\ b_n \end{pmatrix}}_{b}$$

Koeffizientenmatrix

$$\begin{pmatrix} 1 & -1 & 2 \\ 3 & -3 & 5 \\ 3 & -2 & -1 \end{pmatrix} \begin{pmatrix} x_1 \\ x_2 \\ x_3 \end{pmatrix} = \begin{pmatrix} 7 \\ 17 \\ 12 \end{pmatrix}$$

Lösung: $A^{-1}Ax = A^{-1}b$
$x = A^{-1}b$

(A^{-1} inverse Matrix; existiert nur, wenn $\det A \neq 0$)

Lösung nach Cramer'scher Regel

Bedingung:

Determinante der Koeffizientenmatrix $\neq 0$:
$\det A \neq 0$

$$\det A = \begin{vmatrix} 1 & -1 & 2 \\ 3 & -3 & 5 \\ 3 & -2 & -1 \end{vmatrix} = 1 \cdot (3 + 10) + 1 \cdot (-3 - 15) \\ + 2 \cdot (-6 + 9) = 1$$

1. Berechnung der Determinanten

$$\det A = \begin{vmatrix} a_{11} & a_{12} & \cdots & a_{1n} \\ a_{21} & a_{22} & \cdots & a_{2n} \\ \vdots & \vdots & & \vdots \\ a_{n1} & a_{n2} & \cdots & a_{nn} \end{vmatrix}$$

2. Determinanten für die Variablen

2.

$$D_{x_1} = \begin{vmatrix} b_1 & a_{12} & \cdots & a_{1n} \\ b_2 & a_{22} & \cdots & a_{2n} \\ \vdots & \vdots & \vdots & \vdots \\ b_n & a_{n2} & \cdots & a_{nn} \end{vmatrix}$$

$$D_{x_1} = \begin{vmatrix} 7 & -1 & 2 \\ 17 & -3 & 5 \\ 12 & -2 & -1 \end{vmatrix} = 18$$

$$D_{x_2} = \begin{vmatrix} a_{11} & b_1 & \cdots & a_{1n} \\ a_{21} & b_2 & \cdots & a_{2n} \\ \vdots & \vdots & & \vdots \\ a_{n1} & b_n & \cdots & a_{nn} \end{vmatrix}$$

$$D_{x_2} = \begin{vmatrix} 1 & 7 & 2 \\ 3 & 17 & 5 \\ 3 & 12 & -1 \end{vmatrix} = 19$$

$$D_{x_n} = \begin{vmatrix} a_{11} & a_{12} & \cdots & b_1 \\ a_{21} & a_{22} & \cdots & b_2 \\ \vdots & \vdots & & \vdots \\ a_{n1} & a_{n2} & \cdots & b_n \end{vmatrix}$$

$$D_{x_3} = \begin{vmatrix} 1 & -1 & 7 \\ 3 & -3 & 17 \\ 3 & -2 & 12 \end{vmatrix} = 4$$

Übersicht A-28. (Fortsetzung).

<table>
<tr><td colspan="2" align="center">Lösung nach Cramer'scher Regel</td></tr>
<tr>
<td>

3. Lösungen

$$x_1 = \frac{D_{x_1}}{\det A} \; ; \quad x_2 = \frac{D_{x_2}}{\det A} \dots$$

$$x_n = \frac{D_{x_n}}{\det A}$$

</td>
<td>

3.

$$x_1 = \frac{18}{1} = 18$$

$$x_2 = \frac{19}{1} = 19$$

$$x_3 = \frac{4}{1} = 4$$

</td>
</tr>
</table>

Lösung nach Gauß'schem Eliminationsverfahren

(1) $a_{11}x_1 + a_{12}x_2 + \dots + a_{1n}x_n = b_1 \;\Big\vert \times \left(-\dfrac{a_{21}}{a_{11}}\right)\Big\vert \times \left(-\dfrac{a_{31}}{a_{11}}\right)$	(1) $x_1 - x_2 + 2x_3 \quad = 7 \vert \times (-3) \vert \times (-3)$
(2) $a_{21}x_1 + a_{22}x_2 + \dots + a_{2n}x_n = b_2 \;\xleftarrow{+(2)}$	(2) $3x_1 - 3x_2 + 5x_3 = 17 \xleftarrow{+}$
(3) $\quad \vdots \qquad \vdots \qquad \vdots \qquad \vdots \;\xleftarrow{+(3)}$	(3) $3x_1 - 2x_2 - x_3 = 12 \xleftarrow{+}$
(n) $a_{n1} + a_{n2}x_2 + \dots + a_{nn}x_n = b_n \;\xleftarrow{+(n)}$	
$\Downarrow$	(1a) $-3x_1 + 3x_2 - 6x_3 = -21$
$a'_{22}x_2 + a'_{23}x_3 + \dots + a'_{2n}x_n = b'_2 \;\Big\vert \times -\dfrac{a'_{32}}{a'_{22}}$	(2) $\quad 3x_1 - 3x_2 + 5x_3 = 17$
$a'_{32}x_2 + a'_{33}x_3 + \dots + a'_{3n}x_n = b'_3 \;\xleftarrow{\quad}$	$\quad 0 \qquad 0 \quad - x_3 = -4$
$\vdots$	$\Rightarrow x_3 = 4$
$a'_{n2}x_2 + a'_{n3}x_3 + \dots + a'_{nn}x_n = b'_n$	(1a) $-3x_1 + 3x_2 - 6x_3 = -21$
$\Downarrow$	(3) $\quad 3x_1 - 3x_2 + \; x_3 = 12$
$a''_{33}x_3 + \dots + a''_{3n}x_n = b'_3$	$\quad 0 \qquad x_2 - 7x_3 = -9$
$\vdots$	$\uparrow$
$a_{nn}^{(n-1)} x_n = b_n^{(n-1)}$	4
stufenweise Reduzierung der Gleichung durch Elimination von $x_1, x_2 \dots x_{n-1}$.	$\Rightarrow x_2 = 19 \quad$ (in (1)):
	$x_1 - 19 + 8 = 7$
	$\Rightarrow x_1 = 18$

A.12 Matrizenrechnung und Determinanten

Übersicht A-29. Übersicht Matrizen.

allgemein	Beispiel
Definition	
Matrix: rechteckige Anordnung von Zahlen in m Zeilen und n Spalten. $$A = \begin{pmatrix} a_{11} & a_{12} & \cdots & \boxed{a_{1k}} & \cdots & a_{1n} \\ a_{21} & a_{22} & \cdots & a_{2k} & \cdots & a_{2n} \\ \vdots & \vdots & & \vdots & & \vdots \\ \boxed{a_{i1} \quad a_{i2} \quad \cdots \quad a_{ik} \quad \cdots \quad a_{in}} \\ \vdots & \vdots & & \vdots & & \vdots \\ a_{m1} & a_{m2} & \cdots & a_{mk} & \cdots & a_{mn} \end{pmatrix}$$ ← Zeile i ↑ Spalte k a_{ik} Koeffizienten der Matrix	3,4-Matrix: 3 Zeilen, 4 Spalten $$A = \begin{pmatrix} 2 & 3 & 5 & 6 \\ 4 & 9 & 12 & 1 \\ 3 & 2 & -4 & 7 \end{pmatrix}$$
spezielle Matrizen	
quadratische Matrix: Anzahl m Zeilen = Anzahl n Spalten $a_{11}, a_{22}, a_{33}, \ldots a_{nn}$ Hauptdiagonale $a_{1n}, a_{2n-1}, a_{3n-2}, \ldots$ Nebendiagonale $$A = \begin{pmatrix} a_{11} & a_{12} & \cdots & a_{1n} \\ a_{21} & a_{22} & \cdots & a_{2n} \\ \vdots & \vdots & & \vdots \\ a_{n1} & a_{n2} & \cdots & a_{nn} \end{pmatrix}$$	3-3-Matrix $$A = \begin{pmatrix} 2 & 3 & 5 \\ 4 & 9 & 12 \\ 3 & 2 & 7 \end{pmatrix}$$ Hauptdiagonale $a_{11} = 2$; $a_{22} = 9$; $a_{33} = 7$
Einheitsmatrix E: Hauptdiagonale: 1 andere Elemente: 0 neutrales Element der Matrix-Multiplikation $E \cdot A = A$	$$E = \begin{pmatrix} 1 & 0 & 0 \\ 0 & 1 & 0 \\ 0 & 0 & 1 \end{pmatrix}$$
transponierte Matrix: Vertauschen von Zeilen und Spalten $B = A^{\mathrm{T}}$ $(b_{ki} = a_{ik})$ $1 \leq i \leq m$; $1 \leq k \leq n$ quadratische Matrix: A^{T} entsteht durch Spiegelung der Elemente an der Hauptdiagonalen	$$A = \begin{pmatrix} 1 & 2 & 3 & 4 \\ 5 & 6 & 7 & 8 \\ 9 & 10 & 11 & 12 \end{pmatrix} \qquad A^{\mathrm{T}} = \begin{pmatrix} 1 & 5 & 9 \\ 2 & 6 & 10 \\ 3 & 7 & 11 \\ 4 & 8 & 12 \end{pmatrix}$$
symmetrische, quadratische Matrix: $A = A^{\mathrm{T}}$ $a_{ik} = a_{ki}$ $1 \leq i, k \leq n$	$$A^{\mathrm{T}} = \begin{pmatrix} 1 & -3 & 5 \\ -3 & 2 & 8 \\ 5 & 8 & 3 \end{pmatrix} = A$$

Übersicht A-29. (Fortsetzung).

schiefsymmetrische, quadratische Matrix: Elemente der Hauptdiagonale sind null; gespiegelte haben umgekehrtes Vorzeichen $$A = -A^T \quad a_{ik} = -a_{ki} \quad a_{kk} = 0$$	$$A = \begin{pmatrix} 0 & -3 & 5 \\ 3 & 0 & 8 \\ -5 & -8 & 0 \end{pmatrix}$$
konjugiert-komplexe Matrix: $$\bar{A} = (\bar{a}_{ik})$$ Eine Matrix heißt – hermitesch $\Leftrightarrow A = \bar{A}^T \ (a_{ik} = \bar{a}_{ki})$ – schiefhermitesch $\Leftrightarrow A = -\bar{A}^T \ (a_{ik} = -\bar{a}_{ki})$ – orthogonal $\Leftrightarrow A^T = A^{-1}$ – unitär $\Leftrightarrow A^{-T} = A^{-1}$	$$A = \begin{pmatrix} 1+2j & 4-3j \\ 2+j & -4 \end{pmatrix}$$ $$\bar{A} = \begin{pmatrix} 1-2j & 4+3j \\ 2-j & -4 \end{pmatrix}$$ $$A = \begin{pmatrix} 1 & 2+j \\ 2-j & 3 \end{pmatrix}$$ $$A = \begin{pmatrix} j & 3-j \\ -3-j & 2j \end{pmatrix}$$

Matrizengesetze

Addition $$A + B = (a_{ik} + b_{ik})$$ (Addition der entsprechenden Koeffizienten) Kommutativgesetz: $\quad A + B = B + A$ Assoziativgesetz: $\quad (A + B) + C = A + (B + C)$	$$\begin{pmatrix} 1 & 3 & 5 \\ 7 & 4 & 2 \\ 6 & 8 & 9 \end{pmatrix} + \begin{pmatrix} 3 & 2 & 1 \\ 2 & 0 & 5 \\ 8 & 6 & 3 \end{pmatrix} = \begin{pmatrix} 4 & 5 & 6 \\ 9 & 4 & 7 \\ 14 & 14 & 12 \end{pmatrix}$$
Multiplikation mit reeller Zahl $$\lambda A = (\lambda a_{ik}) = A\lambda$$ Distributivgesetz: $\quad \lambda(A + B) = \lambda A + \lambda B$ Assoziativgesetz: $\quad \mu(\lambda A) = (\mu\lambda)A = \mu\lambda A$	$$\begin{pmatrix} 3 & 9 & 15 \\ 21 & 12 & 6 \\ 18 & 24 & 27 \end{pmatrix} = 3 \begin{pmatrix} 1 & 3 & 5 \\ 7 & 4 & 2 \\ 6 & 8 & 9 \end{pmatrix}$$
Differenzieren und Integrieren Koeffizienten werden einzeln differenziert bzw. integriert $$\frac{d}{dt}A(t) = \left(\frac{d}{dt}a_{ik}(t)\right)$$ $$\int_a^b A(t)\,dt = \left(\int_a^b a_{ik}(t)\,dt\right)$$ (a_{ik} differenzierbar bzw. integrierbar)	$$\frac{d}{dt}\begin{pmatrix} 3t & 4t^2 \\ 2 & 5t+1 \end{pmatrix} = \begin{pmatrix} 3 & 8t \\ 0 & 5 \end{pmatrix}$$ $$\int_a^b \begin{pmatrix} 3 & 8t \\ 0 & 5 \end{pmatrix} dt = \begin{pmatrix} 3(b-a) & 4(b^2-a^2) \\ 0 & 5(b-a) \end{pmatrix}$$

Übersicht A-29. (Fortsetzung).

Matrizenprodukt
Falk'sches Schema

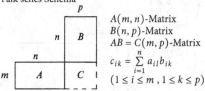

$A(m, n)$-Matrix
$B(n, p)$-Matrix
$AB = C(m, p)$-Matrix

$$c_{ik} = \sum_{i=1}^{n} a_{il}b_{ik}$$
$(1 \le i \le m, 1 \le k \le p)$

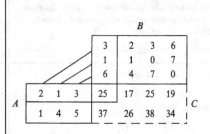

Koeffizienten c_{ik} der Matrix $C = AB$ stehen im
Kreuzungspunkt der i-ten Zeile der Matrix A
und der k-ten Spalte der Matrix B

Multiplikation von drei Matrizen
$A(m, n); B(n, p); C(p, q)$
$(AB)C = A(BC) = ABC$

Beachte: $AB \ne BA$
(auch für quadratische Matrizen gilt im
Allgemeinen nicht $AB = BA$)

Übersicht A-30. Matrix-Invertierung.

Sei A eine quadratische (n, n)-Matrix.
Wann gibt es eine (n, n)-Matrix B mit
$BA = E = AB$?
Antwort: Genau dann, wenn die Determinante
von A (Bezeichnung $\det A$ oder $|A|$)
nicht null ist.•

Diese Bedingung hat zahlreiche gleichwertige
Kriterien:

Theorem: Für eine (n, n)-Matrix A sind äquivalent
(1) $\det A \ne 0$
(2) die Zeilen von A sind linear
unabhängig
(3) die Spalten von A sind linear
unabhängig
(4) das homogene Gleichungssystem
$Ax = 0$, also $\begin{bmatrix} a_{11}x_1 + a_{12}x_2 + \cdots + a_{1n}x_n = 0 \\ \vdots \qquad \vdots \qquad \qquad \vdots \\ a_{n1}x_1 + a_{n2}x_2 + \cdots + a_{nn}x_n = 0 \end{bmatrix}$
hat nur die Lösung $x = (0, \ldots, 0)$

(5) Für jedes $b \in \mathbb{R}^n$ ist das inhomogene lineare
Gleichungssystem
$Ax = b$, also $\begin{bmatrix} a_{11}x_1 + \cdots + a_{1n}x_n = b_1 \\ a_{n1}x_1 + \cdots + a_{nn}x_n = b_n \end{bmatrix}$
eindeutig lösbar.
Ist eine – und damit jede andere dieser Bedingungen – erfüllt, so gibt es eine solche Matrix B
– man schreibt dann $B = A^{-1}$,

$Ax = b \Leftrightarrow x = A^{-1}b$

Man erhält mit A^{-1} z. B.
a) mittels Gauß'schem Alogrithmus
b) mittels der Formel

$$A^{-1} = \frac{1}{\det A}U,$$

wobei U die „Adjunkten-Matrix" ist
(Matrix der Unterdeterminanten).

Übersicht A-30. (Fortsetzung).

allgemein	Beispiel
Bildung der Inversen (Fall $n = 3$)	

$$A = \begin{pmatrix} a_{11} & a_{12} & a_{13} \\ a_{21} & a_{22} & a_{23} \\ a_{31} & a_{32} & a_{33} \end{pmatrix}$$

$$A = \begin{pmatrix} 2 & 1 & -2 \\ 3 & 2 & 2 \\ 5 & 4 & 3 \end{pmatrix}$$

$$\det A = a_{11} \begin{vmatrix} a_{22} & a_{23} \\ a_{32} & a_{33} \end{vmatrix} - a_{12} \begin{vmatrix} a_{21} & a_{23} \\ a_{31} & a_{33} \end{vmatrix}$$
$$+ a_{13} \begin{vmatrix} a_{21} & a_{22} \\ a_{31} & a_{32} \end{vmatrix}$$

(Entwicklung nach der 1. Zeile)

mit $\begin{vmatrix} \alpha & \beta \\ \gamma & \delta \end{vmatrix} = \alpha\delta - \gamma\beta$

$$\det A = 2 \begin{vmatrix} 2 & 2 \\ 4 & 3 \end{vmatrix} - 1 \begin{vmatrix} 3 & 2 \\ 5 & 3 \end{vmatrix} - 2 \begin{vmatrix} 3 & 2 \\ 5 & 4 \end{vmatrix}$$
$$= 2 \cdot (-2) - 1 \cdot (-1) - 2 \cdot 2 = -7$$

Bestimmungen der Matrix U der Unterdeterminanten

$$U = \begin{pmatrix} + \begin{vmatrix} a_{22} & a_{23} \\ a_{32} & a_{33} \end{vmatrix} & - \begin{vmatrix} a_{21} & a_{23} \\ a_{31} & a_{33} \end{vmatrix} & + \begin{vmatrix} a_{21} & a_{22} \\ a_{31} & a_{32} \end{vmatrix} \\ - \begin{vmatrix} a_{12} & a_{13} \\ a_{32} & a_{33} \end{vmatrix} & + \begin{vmatrix} a_{11} & a_{13} \\ a_{31} & a_{33} \end{vmatrix} & - \begin{vmatrix} a_{11} & a_{12} \\ a_{31} & a_{32} \end{vmatrix} \\ + \begin{vmatrix} a_{12} & a_{13} \\ a_{22} & a_{23} \end{vmatrix} & - \begin{vmatrix} a_{11} & a_{13} \\ a_{21} & a_{23} \end{vmatrix} & + \begin{vmatrix} a_{11} & a_{12} \\ a_{21} & a_{22} \end{vmatrix} \end{pmatrix}$$

$$U = \begin{pmatrix} + \begin{vmatrix} 2 & 2 \\ 4 & 3 \end{vmatrix} & - \begin{vmatrix} 3 & 2 \\ 5 & 3 \end{vmatrix} & + \begin{vmatrix} 3 & 2 \\ 5 & 4 \end{vmatrix} \\ - \begin{vmatrix} 1 & -2 \\ 4 & 3 \end{vmatrix} & + \begin{vmatrix} 2 & -2 \\ 5 & 3 \end{vmatrix} & - \begin{vmatrix} 2 & 1 \\ 5 & 4 \end{vmatrix} \\ + \begin{vmatrix} 1 & -2 \\ 2 & 2 \end{vmatrix} & - \begin{vmatrix} 2 & -2 \\ 3 & 2 \end{vmatrix} & + \begin{vmatrix} 2 & 1 \\ 3 & 2 \end{vmatrix} \end{pmatrix}$$
$$= \begin{pmatrix} -2 & 1 & 2 \\ -11 & 16 & -3 \\ 6 & -10 & 1 \end{pmatrix}$$

Bildung der Transponierten U^T

$$U = \begin{pmatrix} U_{11} & U_{12} & U_{13} \\ U_{21} & U_{22} & U_{23} \\ U_{31} & U_{32} & U_{33} \end{pmatrix}; \quad U^T = \begin{pmatrix} U_{11} & U_{21} & U_{31} \\ U_{12} & U_{22} & U_{32} \\ U_{13} & U_{23} & U_{33} \end{pmatrix}$$

U^T: Vertauschen von Spalten und Zeilen

$$U^T = \begin{pmatrix} -2 & -11 & 6 \\ 1 & 16 & -10 \\ 2 & -3 & 1 \end{pmatrix}$$

Inverse berechnen

$$A^{-1} = \frac{1}{\det A} U^T$$

$$A^{-1} = \begin{pmatrix} \frac{2}{7} & \frac{11}{7} & -\frac{6}{7} \\ -\frac{1}{7} & -\frac{16}{7} & \frac{10}{7} \\ -\frac{2}{7} & \frac{3}{7} & -\frac{1}{7} \end{pmatrix}$$

Kontrolle

$$A \cdot A^{-1} = E$$

$$\begin{pmatrix} 2 & 1 & -2 \\ 3 & 2 & 2 \\ 5 & 4 & 3 \end{pmatrix} \begin{pmatrix} \frac{2}{7} & \frac{11}{7} & -\frac{6}{7} \\ -\frac{2}{7} & -\frac{16}{7} & \frac{10}{7} \\ -\frac{2}{7} & -\frac{3}{7} & -\frac{1}{7} \end{pmatrix} = \begin{pmatrix} 1 & 0 & 0 \\ 0 & 1 & 0 \\ 0 & 0 & 1 \end{pmatrix}$$

Übersicht A-31. Determinantenrechnung.

Sei A eine (n, n)-Matrix ($n \times n$-Matrix)

$$A = \begin{pmatrix} a_{11} & \cdots & a_{1n} \\ \vdots & & \vdots \\ a_{n1} & \cdots & a_{nn} \end{pmatrix}$$

dann ist für ein beliebiges $j \in \{1, \ldots, n\}$

$$\det A = \sum_{k=1}^{n} (-1)^{k+j} a_{jk} \det A_{jk}$$

wobei A_{jk} diejenige $(n-1, n-1)$-Matrix ist, die dadurch entsteht, dass in der Matrix A die j-te Zeile und die k-te Spalte herausgenommen werden (solche Matrizen heißen „Adjunkten", und die $n \times n$-Matrix, welche an der Stelle (j, k) die Determinante von A_{jk} stehen hat, heißt Adjunkten-Matrix). Diese Formel heißt *Laplace'sche Entwicklungsformel* – und zwar Entwicklung nach der j-ten Zeile. Die Berechnung der Determinanten der Matrizen $A_{j1}, \ldots, A_{jn}$ wird nun ebenso durchgeführt – also zurückgeführt auf Determinanten von $(n-2), (n-2)$-Matrizen usw. bis man schließlich auf $(2, 2)$ – oder auch $(3, 3)$-Matrizen stößt, bei denen die Determinantenberechnung auf einem einfachen Schema beruht.

$$A = \begin{pmatrix} 1 & 2 & 3 & 0 \\ 4 & 1 & 2 & 3 \\ 0 & 2 & 3 & 1 \\ 4 & 8 & 1 & 6 \end{pmatrix}$$

$$A_{23} = \begin{pmatrix} 1 & 2 & 0 \\ 0 & 2 & 1 \\ 4 & 8 & 6 \end{pmatrix}$$

Entwicklung nach der 1. Zeile:

$$\det A = 1 \cdot \begin{vmatrix} 1 & 2 & 3 \\ 2 & 3 & 1 \\ 8 & 1 & 6 \end{vmatrix} - 2 \cdot \begin{vmatrix} 4 & 2 & 3 \\ 0 & 3 & 1 \\ 4 & 1 & 6 \end{vmatrix}$$

$$+ 3 \cdot \begin{vmatrix} 4 & 1 & 3 \\ 0 & 2 & 1 \\ 4 & 8 & 6 \end{vmatrix} - 0 \cdot \begin{vmatrix} 4 & 1 & 2 \\ 0 & 2 & 3 \\ 4 & 8 & 1 \end{vmatrix}$$

$$= 1 \cdot (18 + 16 + 6 - 1 - 24 - 72)$$
$$- 2 \cdot (72 + 8 + 0 - 4 - 0 - 36)$$
$$+ 3 \cdot (48 + 4 + 0 - 32 - 0 - 24)$$
$$= -57 - 80 - 12 = -149$$

Wert einer zweireihigen Determinante

$$\det A = \begin{vmatrix} a_{11} & a_{12} \\ a_{21} & a_{22} \end{vmatrix} = a_{11}a_{22} - a_{21}a_{12}$$

$$\det A = \begin{vmatrix} 2 & 3 \\ 5 & 6 \end{vmatrix} = 12 - 15 = -3$$

Wert einer dreireihigen Determinante (Sarrus)

$$\det A = \begin{vmatrix} a_{11} & a_{12} & a_{13} & a_{11} & a_{12} \\ a_{21} & a_{22} & a_{23} & a_{21} & a_{22} \\ a_{31} & a_{32} & a_{33} & a_{31} & a_{32} \end{vmatrix}$$

Die ersten beiden Spalten werden nochmals hingeschrieben.

Summe der Produkte parallel der Hauptdiagonalen (positiv) und parallel der Nebendiagonalen (negativ)

$$\det A = a_{11}a_{22}a_{33} + a_{12}a_{23}a_{31}$$
$$+ a_{13}a_{21}a_{32} - a_{31}a_{22}a_{13}$$
$$- a_{32}a_{23}a_{11} - a_{33}a_{21}a_{12}$$

$$\det A = \begin{vmatrix} a_{11} & a_{12} & a_{13} & a_{11} & a_{12} \\ a_{21} & a_{22} & a_{23} & a_{21} & a_{22} \\ a_{31} & a_{32} & a_{33} & a_{31} & a_{32} \end{vmatrix}$$

$$= 3 + 2 \cdot 5 \cdot 6 + 3 \cdot 4 \cdot 2$$
$$- 6 \cdot 3 \cdot 3 - 2 \cdot 5 \cdot 1 - 1 \cdot 4 \cdot 2$$
$$= 3 + 60 + 24 - 54 - 10 - 8$$
$$= 15$$

Übersicht A-31. (Fortsetzung).

Satz (Determinantenregeln)	
allgemein	Beispiel

(1) $\det A = \det A^{\mathrm{T}}$

(2) Vertauscht man in A zwei Zeilen oder zwei Spalten, so ändert sich das Vorzeichen von det. Das heißt: Ist $\tilde{A}$ diejenige Matrix, welche aus A entsteht, indem man zwei Zeilen (oder Spalten) vertauscht, so gilt

$$\det \tilde{A} = -\det A$$

$$\det \begin{pmatrix} 2 & 1 & 0 \\ 3 & 4 & 1 \\ 0 & 2 & 1 \end{pmatrix} = 1 = -\det \begin{pmatrix} 3 & 4 & 1 \\ 2 & 1 & 0 \\ 0 & 2 & 1 \end{pmatrix}$$

(3) Addiert man zu einer Zeile von A (bzw. Spalte von A) beliebige Vielfache anderer Zeilen von A (bzw. Spalten von A), so ändert sich die Determinante nicht.

$$A = \begin{pmatrix} 1 & 2 & 3 \\ 0 & 2 & 1 \\ 3 & 1 & 4 \end{pmatrix}, \quad \tilde{A} = \begin{pmatrix} 1 & 2 & 3 \\ 0 & 2 & 1 \\ 5 & 7 & 11 \end{pmatrix}$$

$\Rightarrow \det A = \det \tilde{A} = -5$

$\tilde{A}$: Addieren von 2×1. Zeile $+ 1 \times 2$. Zeile von A zur 3. Zeile

(4) $\det A = 0 \Leftrightarrow$ Zeilen von A (bzw. Spalten von A) sind linear abhängig, d. h. es gibt eine Zeile (bzw. Spalte) von A, welche sich als Summe von Vielfachen anderer Zeilen (bzw. Spalten) darstellen lässt.

$$A = \begin{pmatrix} 1 & 2 & 0 & 4 \\ 2 & 1 & 3 & 8 \\ 0 & 4 & -1 & 1 \\ 0 & 15 & -6 & 3 \end{pmatrix} \begin{array}{l} \\ \\ \\ \leftarrow 2 \times 1. \text{ Zeile} - 1 \times 2. \text{ Zeile} \\ +3 \times 3. \text{ Zeile} \end{array}$$

$\Rightarrow \det A = 0$

(5) Ist A eine $n \times n$-Matrix, so ist $\det(\lambda A) = \lambda^n \det A$

$$\det \begin{pmatrix} \lambda a_{11} & \dots & \lambda a_{1n} \\ \vdots & & \vdots \\ \lambda a_{n1} & \dots & \lambda a_{n1} \end{pmatrix} = \lambda^n \det A$$

Wird aber nur eine einzige Zeile (bzw. Spalte) mit einem Faktor $\lambda \in \mathbb{C}$ multipliziert, so erhält man $\lambda \det A$,

$$\det \begin{pmatrix} a_{11} & \dots & a_{1n} \\ \vdots & & \vdots \\ \lambda a_{j1} & \dots & \lambda a_{jn} \\ \vdots & & \vdots \\ a_{n1} & \dots & a_{nn} \end{pmatrix} = \lambda \det \begin{pmatrix} a_{11} & \dots & a_{1n} \\ \vdots & & \vdots \\ a_{n1} & \dots & a_{n1} \end{pmatrix}$$

$A = \begin{pmatrix} 2 & 3 \\ 1 & 2 \end{pmatrix} \Rightarrow \det A = 4 - 3 = 1$

$\tilde{A} = \begin{pmatrix} 14 & 21 \\ 7 & 14 \end{pmatrix} \Rightarrow \det \tilde{A} = 196 - 147 = 40$

$= 7^2 \cdot \det A$

$\tilde{A} = \begin{pmatrix} 14 & 21 \\ 1 & 2 \end{pmatrix} \Rightarrow \det \tilde{A} = 28 - 21 = 7 = 7 \cdot \det A$

(6) Multiplikationssatz: Seien A und B $n \times n$-Matrizen. Dann ist das Matrixprodukt $A \cdot B$ ebenfalls eine $n \times n$-Matrix, und es gilt die wichtige Formel

$$\boxed{\det(A \cdot B) = \det A \cdot \det B}$$

$A = \begin{pmatrix} 2 & 1 \\ 3 & 4 \end{pmatrix}; \quad B = \begin{pmatrix} 1 & -1 \\ 0 & 2 \end{pmatrix} \Rightarrow AB = \begin{pmatrix} 2 & 0 \\ 3 & 5 \end{pmatrix}$

$\det(AB) = 10 = \det A \cdot \det B = 5 \cdot 2$

A.13 Differenzialrechnung

Übersicht A-32. Differenzen- und Differenzialquotient.

Differenzenquotient:
Steigung der Sekante $\overline{P_0 P}$

$$\frac{\Delta y}{\Delta x} = \frac{f(x) - f(x_0)}{x - x_0} = \frac{f(x_0 + \Delta x) - f(x_0)}{\Delta x}$$

$$\frac{\Delta y}{\Delta x} = \tan \beta$$

Differenzialquotient:
Steigung der Tangente im Punkt P_0

$$\frac{dy}{dx} = f'(x)$$

Funktion $y = f(x) \rightarrow$ Ableitung $y' = \dfrac{dy}{dx} = f'(x)$

In der Physik wird die zeitliche Ableitung mit einem · gekennzeichnet:

$$y = f(t); \text{ Ableitung } \dot{y} = \frac{dy}{dt} = \dot{f}(t)$$

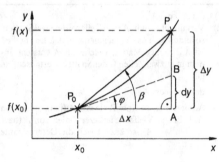

Übersicht A-33. Differenziationsregeln.

Potenzregel	
$y(x) = x^n (n \in \mathbb{N}) \rightarrow y'(x) = nx^{n-1}$ $y(x) = x^{-n} (n \in \mathbb{N}) \rightarrow y'(x) = -nx^{-n-1}$ $y(x) = x^s (s \in \mathbb{R}) \rightarrow y'(x) = sx^{s-1}$ (für Exponenten $s < 1$ existiert die Ableitung nur in $\mathbb{R} \setminus \{0\}$)	$y(x) = 3x^2 \rightarrow y'(x) = 6x$ $y(x) = \dfrac{1}{x^4} \rightarrow y'(x) = -\dfrac{4}{x^5}$ $y(x) = \sqrt[3]{x^2} = x^{2/3} \rightarrow y'(x) = \dfrac{2}{3}\dfrac{1}{\sqrt[3]{x}}$ $y(x) = x^{\sqrt{2}} \rightarrow y'(x) = \sqrt{2}x^{\sqrt{2}-1}$
Summenregel	
$(f + g)'(x) = f'(x) + g'(x)$ $(af)'(x) = af'(x) \quad (a \in \mathbb{R})$ falls F, y differenzierbar sind Merke: Konstante Faktoren bleiben beim Ableiten erhalten.	$y(x) = x^5 + \dfrac{1}{x} \rightarrow y'(x) = 5x^4 - \dfrac{1}{x^2}$ $y(x) = 5x + 6x^7 + 2 \rightarrow y'(x) = 5 + 42x^6$
Produktregel	
$y = uv$ $y' = u'v + uv'$ $y = uvw$ $y' = u'vw + uv'w + uvw'$	$y = \underbrace{(x + 3)}_{u} \underbrace{(x^2 + 4)}_{v}$ $y' = 1(x^2 + 4) + 2x(x + 3) = 3x^2 + 6x + 4$ $y = (x^2 + 2x)(x^3 + 1)(x - 5)$ $y' = (2x + 2)(x^3 + 1)(x - 5) + (x^2 + 2x)(3x^2)(x - 5)$ $\quad + (x^2 + 2x)(x^3 + 1) \cdot 1$

Übersicht A-33. (Fortsetzung).

allgemein	Beispiel
Quotientenregel	
$y = \dfrac{u}{v}$ $y' = \dfrac{vu' - uv'}{v^2}$	$y = \dfrac{x^2 - 3x}{5x - 1}$ $y' = \dfrac{(5x-1)(2x-3) - 5(x^2-3x)}{(5x-1)^2} = \dfrac{5x^2 - 2x + 3}{(5x-1)^2}$
Kettenregel	
$y = f(\varphi(x))$ $y' = \dfrac{\mathrm{d}y}{\mathrm{d}x} = \underbrace{\dfrac{\mathrm{d}f}{\mathrm{d}\varphi}}_{} \cdot \underbrace{\dfrac{\mathrm{d}\varphi}{\mathrm{d}x}}_{}$ äußere Ableitung innere Ableitung	$y = (x^2 - 3x)^3$ $y' = 3(x^2 - 3x)^2(2x - 3)$
Logarithmusfunktion	
$y = \ln x$ $y' = \dfrac{1}{x}$ $y = \ln(f(x))$ $y' = \dfrac{f'(x)}{f(x)}$	$y = \ln(3x)$ $y' = \dfrac{3}{3x} = \dfrac{1}{x}$
allgemeiner Logarithmus $y = \log_c x$ 1. Umschreiben auf ln $y = \log_c x = \dfrac{\ln x}{\ln c}$ 2. Ableiten $y' = \dfrac{1}{x \ln c}$	$y = \log_{10}(3x)$ 1. $y = \dfrac{1}{\ln 10} \ln(3x)$ 2. $y' = \dfrac{1}{x \ln 10}$
Beachten der Logarithmengesetze	
$y = \log_c x^m = m \log_c x$	$y = \log_3 x^2 = 2\log_3 x = \dfrac{2}{\ln 3} \ln x$ $y' = \dfrac{2}{x \ln 3}$
$y = \log_c(ax) = \log_c a + \log_c x$	$y = \log_4(3x) = \log_4 3 + \log_4 x$ $y = \log_4 3 + \dfrac{1}{\ln 4} \ln x$ $y' = \dfrac{1}{x \ln 4}$

Übersicht A-33. (Fortsetzung).

allgemein	Beispiel
Logarithmusfunktion	

$y = \log_c\left(\dfrac{a}{x}\right) = \log_c a - \log_c x$

$y = \log_5\left(\dfrac{4x}{3x^2+1}\right) = \log_5(4x) - \log_5(3x^2+1)$

$y = \dfrac{1}{\ln 5}\ln(4x) - \dfrac{1}{\ln 5}\ln(3x^2+1)$

$y' = \dfrac{1}{x\ln 5} - \dfrac{1}{\ln 5}\cdot\dfrac{1}{(3x^2+1)}\cdot(6x)$

| **Exponentialfunktion** | |

$y = \underbrace{\text{konst}\cdot\text{Basis}^{\text{Exponent}}}_{\text{alte Funktion}}\quad y = c\cdot a^{f(x)}$

$y' = \text{alte Funktion}\cdot\ln\text{Basis}\ y' = y\cdot\ln a\cdot f'(x)$
$\cdot\text{Ableitung des Exponenten}$

$y = 3\cdot 10^{x^2+4}$
$y' = 3\cdot 10^{x^2+4}\cdot\ln 10\cdot 2x$
$y = e^x$
$y' = e^x\cdot\underbrace{\ln e}_{1}\cdot 1 = e^x$

| **trigonometrische Funktion** | |

$y = \sin x \to y' = \cos x$
$y = \cos x \to y' = -\sin x$
$y = \tan x \to y' = \dfrac{1}{\cos^2 x} = 1 + \tan^2 x$
$y = \cot x \to y' = -\dfrac{1}{\sin^2 x} = -1(1+\cot^2 x)$

$y = \sin(2x) \to y' = 2\cos(2x)$
$y = \cos(2x) \to y' = -2\sin(2x)$
$y = \tan(x^2) \to y' = 2x(1+\tan^2(x^2))$
$y = \cot(4x) \to y' = -4(1+\cot^2(4x))$

Übersicht A-34. Wichtige Ableitungen.

y	y'
const	0
x	1
x^n	nx^{n-1}
$\sqrt{x}$	$\dfrac{1}{2\sqrt{x}}$
e^x	e^x
a^x	$a^x\ln a$
$\ln x$	$\dfrac{1}{x}$
$\log_a x$	$\dfrac{1}{x\ln a}$

Übersicht A-34. (Fortsetzung).

y	y'
$\dfrac{1}{x}$	$-\dfrac{1}{x^2}$
$\sin x$	$\cos x$
$\cos x$	$-\sin x$
$\tan x$	$\dfrac{1}{\cos^2 x}$
$\cot x$	$-\dfrac{1}{\sin^2 x}$
$\dfrac{1}{\sin x}$	$\dfrac{\cos x}{\sin^2 x}$
$\dfrac{1}{\cos x}$	$\dfrac{\sin x}{\cos^2 x}$

Übersicht A-34. (Fortsetzung).

y	y'
$\ln(\sin x)$	$\cot x$
$\ln(\cos x)$	$-\tan x$
$\ln(\tan x)$	$\dfrac{2}{\sin(2x)}$
$\ln(\cot x)$	$-\dfrac{2}{\sin(2x)}$
$\sinh x$	$\cosh x$
$\cosh x$	$\sinh x$
$\tanh x$	$\dfrac{1}{\cosh^2 x}$
$\coth x$	$-\dfrac{1}{\sinh^2 x}$
$\arcsin x$	$\dfrac{1}{\sqrt{1-x^2}}$

Übersicht A-34. (Fortsetzung).

y	y'
$\arccos x$	$-\dfrac{1}{\sqrt{1-x^2}}$
$\arctan x$	$\dfrac{1}{1+x^2}$
$\operatorname{arccot} x$	$-\dfrac{1}{1+x^2}$
$\operatorname{arsinh} x$	$\dfrac{1}{\sqrt{x^2+1}}$
$\operatorname{arcosh} x$	$\dfrac{1}{\sqrt{x^2-1}}$
$\operatorname{artanh} x$	$\dfrac{1}{1-x^2}$
$\operatorname{arcoth} x$	$\dfrac{1}{x^2-1}$

Übersicht A-35. Ableitung spezieller Funktionen.

allgemein	Beispiel
implizite Funktionen	

$y' = \dfrac{\mathrm{d}y}{\mathrm{d}x} = -\dfrac{\dfrac{\partial f}{\partial x}}{\dfrac{\partial f}{\partial y}} = -\dfrac{f_x}{f_y}$ $y'' = \dfrac{\mathrm{d}^2 y}{\mathrm{d}x^2} = -\dfrac{f_{xx}f_y^2 - 2f_{xy}f_x f_y + f_{yy}f_x^2}{f_y^3}$	$f(x;y) = 3x^3 + x^2 y - y^3 = 0$ $\dfrac{\partial f}{\partial x} = f_x = 9x^2 + 2xy;\quad \dfrac{\partial f}{\partial y} = f_y = x^2 - 3y^2$ $f_{xx} = 18x + 2y;\; f_{yy} = -6y$ $f_{xy} = 2x = f_{yx}$ Eingesetzt ergibt sich $y' = -\dfrac{9x^2 + 2xy}{x^2 - 3y^2}$

$$y'' = -\frac{(18x+2y)(x^2-3y^2)^2 - 4x(9x^2+2xy)(x^2-3y^2) - 6y(9x^2+2xy)^2}{(x^2-3y^2)^3}$$

Übersicht A-35. (Fortsetzung).

allgemein	Beispiel

Funktionen in Polarkoordinaten

$r = r(\varphi)$

$\dfrac{dr}{d\varphi} = r \cot \varepsilon$

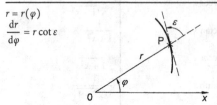

ε　Winkel zwischen 0P und Tangente in P

Zusammenhang mit kartesischem Koordinatensystem:

$x = r \cos \varphi; \quad y = r \sin \varphi$

$y' = \dfrac{dy/d\varphi}{dx/d\varphi} = \dfrac{\dfrac{dr}{d\varphi} \sin \varphi + r \cos \varphi}{\dfrac{dr}{d\varphi} \cos \varphi - r \sin \varphi}$

Beispiel:

$r = 1 + 2 \sin \varphi$

$\dfrac{dr}{d\varphi} = 2 \cos \varphi$

$y' = \dfrac{2 \cos \varphi \sin \varphi + r \cos \varphi}{2 \cos^2 \varphi - r \sin \varphi}$

$y' = \dfrac{\sin 2\varphi + r \cos \varphi}{2 \cos^2 \varphi - r \sin \varphi}$

Funktionen in Parameterform

$x = \varphi(t); \quad y = \psi(t)$

$y' = \dfrac{\dfrac{dy}{dt}}{\dfrac{dx}{dt}} = \dfrac{\psi_t}{\varphi_t} \quad (\varphi_t \neq 0)$

$Y'' = \dfrac{\psi_{tt} \varphi_t - \varphi_{tt} \psi_t}{(\varphi_t)^3} = \dfrac{d\left(\dfrac{dy}{dx}\right)}{dt} \cdot \dfrac{dt}{dx}$

Beispiel:

$x = \varphi(t) = 1 + t^2; \quad y = \psi(t) = 1 - \ln t$

$\varphi_t = 2t; \quad \psi_t = -\dfrac{1}{t}$

$\varphi_{tt} = 2; \quad \psi_{tt} = \dfrac{1}{t^2}$

$y' = \dfrac{-\dfrac{1}{t}}{2t} = -\dfrac{1}{2t^2}$

$y'' = \dfrac{\dfrac{1}{t^2} \cdot 2t - 2 \cdot \left(-\dfrac{1}{t}\right)}{(2t)^3} = \dfrac{\dfrac{4}{t}}{(2t)^3} = \dfrac{1}{2t^4}$

$y'' = \dfrac{d}{dt}\left(-\dfrac{1}{2t^2}\right) \cdot \dfrac{dt}{dx} = \dfrac{1}{t^3} \cdot \dfrac{1}{2t} = \dfrac{1}{2t^4}$

Übersicht A-36. Ableitungsbegriffe bei Funktionen mehrerer Veränderlicher.

allgemein	Beispiel
$y = f(x_1, \ldots, x_n) = f(x), x \in \mathbb{R}^n$ $\dfrac{\partial y}{\partial x_1}(x) = \lim\limits_{h \to 0} \dfrac{f(x_1 + h, x_2 \ldots, x_n) - f(x_1, \ldots, x_n)}{h}$ analog sind $\dfrac{\partial y}{\partial x_k}, 2 \le k \le n$ definiert $\dfrac{\partial y}{\partial x_k}$ heißt k-te partielle Ableitung von f	Für den Fall $n = 2$ $y = f(x, z) = x\sin(z^2)$ $\dfrac{\partial y}{\partial x} = \sin(z^2)$ $\dfrac{\partial y}{\partial z} = 2xz\cos(z^2)$
Der Vektor, gebildet aus den partiellen Ableitungen, heißt *Gradient* von f, $\operatorname{grad} f(x) = \left(\dfrac{\partial y}{\partial x_1}(x), \ldots, \dfrac{\partial y}{\partial x_n}(x) \right)$ $(\operatorname{grad} f(x), h)$ (Skalarprodukt in $\mathbb{R}^n$) := $h_1 \dfrac{\partial y}{\partial x_1}(x) + \cdots + h_n \dfrac{\partial y}{\partial x_n}(x)$ heißt Richtungsableitung von f im Punkt $x \in \mathbb{R}^n$ in Richtung $h \in \mathbb{R}^n$ und ist definitionsgemäß gleich $\lim\limits_{t \to 0} \dfrac{f(x + th) - f(x)}{t}$	$\operatorname{grad} y = (\sin(z^2), 2xz\cos(z^2))$ Ist $h = (3, 4)$ eine Richtung, so ist $\dfrac{\partial y}{\partial h} := 3\sin(z^2) + 8xz\cos(z^2)$
Die Funktionen $\dfrac{\partial y}{\partial x_k}, 1 \le k \le n$, sind selber wieder Funktionen der Variablen $x_1, \ldots, x_n$. Falls diese partiell differenzierbar sind, erhält man die $n \times n$-Matrix der 2. Ableitungen – kurz Hessematrix von f, $Hf(x) = \begin{pmatrix} \dfrac{\partial^2 f}{\partial x_1 \partial x_1}, & \cdots, & \dfrac{\partial^2 f}{\partial x_1 \partial x_n} \\ \vdots & & \vdots \\ \dfrac{\partial^2 f}{\partial x_n \partial x_1}, & \cdots, & \dfrac{\partial^2 f}{\partial x_n \partial x_n} \end{pmatrix}$ mit $\dfrac{\partial^2 f}{\partial x_i \partial x_j} = \dfrac{\partial}{\partial x_i} \left(\dfrac{\partial f}{\partial x_j} \right) \equiv f_{x_j x_i}$	$y_{xx} = 0$ $y_{xz} = 2z\cos(z^2)$ $y_{zx} = 2z\cos(z^2)$ $y_{zz} = 2x\cos(z^2) - 4xz^2\sin(z^2)$ $Hf(x) = \begin{pmatrix} 0 & 2z\cos(z^2) \\ 2z\cos(z^2) & 2x\cos(z^2) - 4xz^2\sin(z) \end{pmatrix}$
Falls diese 2. partiellen Ableitungen alle stetig sind, ist die Hessematrix symmetrisch, d. h. $\dfrac{\partial^2 f}{\partial x_i \partial x_j} = \dfrac{\partial^2 f}{\partial x_j \partial x_i} \quad (1 \le i, j \le n)$	

Übersicht A-36. (Fortsetzung).

Der Ausdruck $dy = \dfrac{\partial y}{\partial x_1}\,dx_1 + \cdots + \dfrac{\partial y}{\partial x_n}\,dx_n$ heißt *totales Differenzial* von y und seine Bedeutung ist diese:

Ist $x \in \mathbb{R}^n$ ein Arbeitspunkt (Messdatensatz) und ist $h = (h_1, \ldots, h_n)$ eine Störung von x (was bedeutet: Bestimmung von x_k möge nur in den Toleranzen $[x_k - h_k, x_k + h_k]$ möglich sein), so ist der mögliche Fehler der Messgröße $y = y(x_1, \ldots, x)$ im Punkte x in „erster Näherung" durch

$$f(x + h) - f(x) \approx df(x)(h) := \frac{\partial y}{\partial x_1}h_1 + \cdots + \frac{\partial y}{\partial x_n}h_n = \frac{\partial y}{\partial h}$$

gegeben. Eine verfeinerte Darstellung der Differenzen $f(x + h) - f(x)$ benutzt die 2. Ableitungen und man hat

$$f(x + h) - f(x) \approx df(x)(h) + \frac{1}{2}\big(h, Hf(x)(h)\big) \leftarrow \text{Skalarprodukt in } \mathbb{R}^n$$

mit $\big(h, Hf(x)(h)\big) = \displaystyle\sum_{i,j=1}^{n} \frac{\partial^2 f}{\partial x_i \partial x_j} h_i h_j$

Übersicht A-37. Hauptsätze der Differenzialrechnung.

Voraussetzungen:	Sei $f \colon [a, b] \to \mathbb{R}$ stetig und im Innern, also in $a < y < b$, differenzierbar
Monotonie-Satz:	$f'(x) > 0$ in $]a, b[\Rightarrow f$ streng monoton wachsend $f'(x) < 0$ in $]a, b[\Rightarrow f$ streng monoton fallend schwächer: $f'(x) \geq 0 (\leq 0) \Leftrightarrow f$ monoton wachsend (fallend) Das Beispiel $f(x) = x^3$ zeigt, dass nicht gilt: $[f$ streng monoton wachsend $\Rightarrow f'(x) > 0$ für alle $x]$. Dabei heißt f monoton wachsend (streng monoton wachsend) $\Leftrightarrow$ $[x_1 < x_2 \Rightarrow f(x_1) \leq f(x_2)$ (bzw. $f(x_1) < f(x_2))]$ Der Monotonie-Satz ist ein Spezialfall des Schranken-Satzes und ist zu diesem gleichwertig.
Schranken-Satz:	Gilt $m < f'(x) < M$ für alle $x \in]a, b[$, so ist $m(x_2 - x_1) \leq f(x_2) - f(x_1) < M(x_2 - x_1)$ für $a \leq x_1 < x_2 \leq b$
Mittelwert-Satz:	Zu $a \leq x_1 < x_2 \leq b$ gibt es ein x_0 mit $x_1 < x_0 < x_2$, so dass $\dfrac{f(x_2) - f(x_1)}{x_2 - x_1} = f'(x_0)$); geometrisch: Zu jeder Sekante gibt es eine parallele Tangente.
Satz von Rolle:	Ist $f(b) = f(a)$, so gibt es ein x_0 mit $a < x_0 < b$, so dass $f'(x_0) = 0$ ist. (Dies ist ein Spezialfall des Mittelwertsatzes, welcher äquivalent zu ihm ist.)
Verallgemeinerter Mittelwert-Satz:	Ist $g \colon [a, b] \to \mathbb{R}$ stetig und in $a < x < b$ differenzierbar mit $g'(x) \neq 0$ für alle x, so gilt: Ist $a \leq x_1 < x_2 \leq b$, so gibt es ein x_0 mit $x_1 < x_0 < x_2$, so dass $\dfrac{f(x_2) - f(x_1)}{g(x_2) - g(x_1)} = \dfrac{f'(x_0)}{g'(x_0)}$ Der verallgemeinerte MWS ist äquivalent zum MWS, welcher wiederum ein Spezialfall ist (mit $y(x) = x$)
Anwendung:	Die Hauptsätze der Differenzialrechnung sind die Grundlage der Analysis schlechthin. Insbesondere finden sie unmittelbar Anwendung bei Kurvendiskussionen, Extremwertbestimmungen, Ungleichungen und Grenzwertbestimmungen.

Übersicht A-38. Kurvendiskussion, Extremwertaufgaben, Ungleichungen und Grenzwertrechnung.

Kurvendiskussion

Ist eine Funktion $f(x)$ vermöge Funktionsvorschrift (Formel) gegeben, so sind gefragt:
(1) Definitionsgebiet und gegebenenfalls Symmetrien, Nullstellen
(2) Pole (Unstetigkeits- oder Unendlichkeitsstellen)
(3) kritische Punkte ($= f'(x) = 0$-Stellen, waagerechte Tangenten)
   Extremstellen (= lokale Maximum- oder Minimumstellen) sind kritische Stellen (aber nicht umgekehrt – siehe $f(x) = x^3$ für $x = 0$!).

Satz (Extremstellen-Test)

   $f'(x_0) = 0$ und f' hat Vorzeichenwechsel ($\pm \mp$ Muster) $\Leftrightarrow$ f hat in x_0 ein lokales $<{}^{\text{Maximum}}_{\text{Minimum}}$.
   Die Bedingung $f''(x_0) > 0$ bzw. $f''(x_0) < 0$ impliziert dagegen nur, dass ein lokales Minimum bzw. Maximum vorliegt, nicht umgekehrt.
   (Beispiel $f(x) = x^4 \Rightarrow x_0$ ist Minimum, aber $f''(0) = 0$)

(4) Konvexität – Konkavität: $f''(x) > 0(< 0)$ in $]a, b[\Rightarrow f$ konvex (konkav) (linksgekrümmt bzw. rechtsgekrümmt). Punkte x_0, in denen sich die Krümmung ändert (konvex $\leftrightarrow$ konkav) heißen Wendepunkte.

Satz (Wendepunkt-Test)

   $f''(x_0) = 0$ und f'' hat Vorzeichenwechsel in x_0 (was zum Beispiel bei $f'''(x_0) \neq 0$ eintritt) mit Muster ($\pm \mp$) $\Leftrightarrow$ x_0 ist Wendepunkt (mit ${}^{\text{konvex}\to\text{konkav}}_{\text{konkav}\to\text{konvex}}$). Das Beispiel $y = x^4$ (überall konvex) zeigt, dass $x = 0$ kein Wendepunkt ist (obwohl $y''(0) = 0$ ist)!

(5) Grenzwerte, Asymptoten (meist für $x \to \pm\infty$)
(6) Skizze der Funktion $y = f(x)$ anhand der Daten aus (1) bis (5).

Beispiel: $f(x) = \dfrac{x}{x^2 - 1}$

Definitionsbereich: $\mathbb{R}$ ohne ± 1, wo Polstellen sind. Da $x^2 - 1 = (x - 1)(x + 1)$, sind $x_1 = 1$ und $x_2 = -1$ Nullstellen des Nenners mit Vorzeichenwechsel; sie sind daher Polstellen von f mit entgegenzeigenden Ästen.

$f(-x) = -f(x)$ und 0 ist einzige Nullstelle. Es ist $f'(x) = -\dfrac{x^2 + 1}{(x^2 - 1)^2} < 0$ in Def(f), $\lim\limits_{x \to \pm\infty} f(x) = 0$.

f ist stets monoton fallend (was wegen der Polstellen möglich ist). Desweiteren ist $f''(x) = 2x\dfrac{x^2 + 3}{(x^2 - 1)^3}$ mit

Wendestelle $x = 0$ (da einfache Nullstelle von f'' – also mit Vorzeichenwechsel; das Vorzeichen von f'' kann leicht abgelesen werden – also konvex–konkav-Bestimmung möglich).

Tabelle

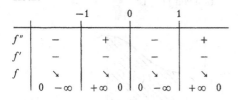

	-1		0		1	
f''	$-$		$+$		$-$	$+$
f'	$-$		$-$		$-$	$-$
f	$\searrow$		$\searrow$		$\searrow$	$\searrow$
	0 $-\infty$	$+\infty$ 0	0 $-\infty$	$+\infty$ 0		

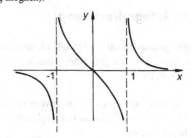

Extremwertaufgaben sind Textaufgaben

Umsetzung in mathematische Formulierung führt auf die Aufgabe, Maxima/Minima in einem gegebenen Bereich zu bestimmen.

Übersicht A-38. (Fortsetzung).

Ungleichungen

Ungleichungen können bei folgenden Voraussetzungen (und Differenzierbarkeitsvoraussetzungen) so behandelt werden:

Ist $f'(x) < g'(x)$ für $a < x$ und ist $f(a) \leq g(a) \Rightarrow f(x) < g(x)$ für $a < x$

Beispiel: $f(x) = \arctan x, g(x) = x : f'(x) = \dfrac{1}{1+x^2} < 1 = g'(x)\ (x > 0), f(0) = \arctan 0$

$= 0 = g(a)$ also $f(x) = \arctan x < x = g(x)$ für $x > 0$

Grenzwertrechnung

Grenzwertrechnung bei unbestimmten Ausdrücken: Hier dient die Regel von l'Hospital:

Gilt $f(x) \to f(x_0) = 0(\infty), g(x) \to g(x_0) = 0(\infty)$ bei $x \to 0$, so gilt:

Ist $a = \lim\limits_{x\to 0} \dfrac{f'(x)}{g'(x)}$ so ist $a = \lim\limits_{x\to 0} \dfrac{f(x)}{g(x)}$.

Beispiel: $\lim\limits_{x\to 0} \dfrac{\sin x}{x} = \lim\limits_{x\to 0} \dfrac{\cos x}{1} = 1 \quad \left(\dfrac{0}{0}\text{-Form}\right)$

Andere unbestimmte Ausdrücke – wie $0 \cdot \infty$ (Bsp. $x \cdot \cot x$) oder 0^0 (wie $x^{\sin x}$) oder $\infty - \infty$

$\left(\text{wie } \left(\dfrac{1}{x-2} - \dfrac{8}{x^2 + 4x - 12}\right)\right)$ können durch Manipulation oder algebraische Umformung auf $\dfrac{0}{0}$- oder $\dfrac{\infty}{\infty}$-

Form gebracht werden, denn nur dort kann man l'Hospitals Regel anwenden.

Beispiel: $\lim\limits_{x\to 0} x^{\sin x} = \lim\limits_{x\to 0} (e^{\ln x})^{\sin x} = \lim\limits_{x\to 0} e^{\sin x \ln x} = \lim e^{x \ln x \cdot \frac{\sin x}{x}}$.

Da $\dfrac{\sin x}{x} \to 1$ bei $x \to 0$, ist nur $\lim\limits_{x\to 0} x \ln x\, (0 \cdot \infty)$ zu berechnen.

Man schreibt $\lim\limits_{x\to 0} x \ln x = \lim\limits_{x\to 0} \dfrac{\ln x}{1/x} = \lim\limits_{x\to 0} \dfrac{1/x}{-1/x^2} = -\lim\limits_{x\to 0} x = 0$,

also $\lim\limits_{x\to 0} x^{\sin x} = e^0 = 1$.

A.14 Integralrechnung

Es gibt grundsätzlich zwei Möglichkeiten zu sagen, was „das" Integral einer Funktion $f(x)$, $a \leq x \leq b$, ist:

– Einerseits soll dies – bei positivem $f(x)$ die Flächeninhaltsfunktion sein (vgl. nebenstehende Figur)

$$F(x) =: \int_a^x f(t)\,\mathrm{d}t := \text{Flächeninhalt unter}$$

$$\text{Graph } f(x)$$

– Andererseits soll dies eine Funktion f sein, deren Ableitung gerade die gegebene Funktion $f(x)$ ist, also $F'(x) = f(x), a \leq x \leq b$.

Man sagt dann, dass $F(x)$ eine Stammfunktion von $f(x)$ ist.

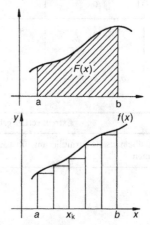

Die Flächeninhaltsfunktion $F(x)$ wird hierbei als Grenzwert ermittelt:

Indem das Intervall $[a, x]$ in n gleichbreite Rechtecke unterteilt wird, erhält man gemäß Skizze eine Annäherung zum gesuchten Flächeninhalt, i. e.:

$$F(x) = \lim_{n \to \infty} \left(\sum_{k=0}^{n-1} \frac{x-a}{n} \cdot f(x_k) \right)$$

Riemann'sche Summen

mit $x_k = a + k \dfrac{x-a}{n}, k = 0, \ldots, n-1$

Theorem (Hauptsatz der Differenzial- und Integralrechnung)

Die vorstehende „Flächeninhaltsfunktion" $F(x)$ ist eine Stammfunktion von $f(x)$. Es gibt im Wesentlichen nur „eine" Stammfunktion zu einer Funktion $f(x)$: Sind nämlich $F(x)$ und $G(x)$ Stammfunktionen zu ein und derselben Funktion $f(x)$, so ist $F(x) - G(x) = \text{const.}$ Sie unterscheiden sich also nur durch eine additive Konstante.

$$\boxed{F(x) = G(x) + C}\,,$$

$F(x)$ und $G(x)$ sind Stammfunktionen zu $f(x)$

Folgerung: Sind $F(x)$ und $G(x)$ zwei Stammfunktionen zu $f(x)$, so ist
$$F(x_2) - F(x_1) = G(x_2) - G(x_1)$$

Folgerung: $\int_{x_1}^{x_2} f(t)\,dt = F(x_2) - F(x_1) \equiv F(x)\big|_{x_1}^{x_2}$ wobei $F(x)$ irgendeine Stammfunktion von $f(x)$ ist.

Während die Integration als Grenzwert Riemann'scher Summen technisch kaum durchführbar ist (von einfachsten Fällen abgesehen), so gibt es dagegen zur Ermittlung von Stammfunktionen einige weit reichende Methoden und Regeln:

Übersicht A-39. Rechenregeln für Integrale.

Im Folgenden steht das Symbol $\int f(t)\,dt$ für

a) Stammfunktion von f

b) unbestimmte Integrale, also $F(x) := \int f(t)\,dt$

c) bestimmte Integrale, also $\int_a^b f(t)\,dt = F(b) - F(a)$

wobei $F(x)$ irgendeine Stammfunktion zu $f(x)$ ist. Alle Funktionen seien stetig.

allgemein	Beispiel
$\int [f(x) + g(x)]\,dx = \int f(x)\,dx \pm \int g(x)\,dx$	$\int (x^2 - \sin x)\,dx = \dfrac{1}{3}x^3 + \cos x$
$\int c f(x)\,dx = c \int f(x)\,dx$ für $c \in \mathbb{R}$	$\int_0^1 20x^3\,dx = [5x^4]_0^1 = 5$
$\int_a^b f(x)\,dx = \int_a^c f(x)\,dx + \int_c^b f(x)\,dx$ $(a < c < b)$	
$\int_b^a f(x)\,dx = -\int_a^b f(x)\,dx$	
$\dfrac{d}{dx} \int_a^x f(t)\,dt = f(x)$	
$\dfrac{d}{dx} \int_{a(x)}^{b(x)} f(t)\,dt = f(b(x))b'(x) - f(a(x))a'(x)$	$\dfrac{d}{dx} \int_0^{\sin x} e^t\,dt = e^{\sin x} \cos x$

Übersicht A-39. (Fortsetzung).

Mittelwertsatz der Integralrechnung

Es gibt ein ξ, $a < \xi < b$ mit

$$f(\xi) = \frac{1}{b-a} \int_a^b f(t)\,dt$$

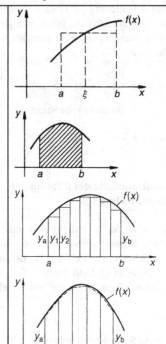

Für $f \geq 0$ in $[a, b]$:

Umwandlung der Fläche in gleichgroßes Rechteck
$\int_a^b f(t)\,dt$ ist der Flächeninhalt unter dem
Funktionsgraph gemäß Skizze

Merkregel: Nur für $f(x) \geq 0$ ist $\int_a^b f(x)\,dx$ der Flächeninhalt unterhalb des Graphen! Die Interpretation als Flächeninhalt – bzw. die Näherung mittels Riemann'scher Summen – führt zu zahlreichen numerischen Integrationsmethoden

– Rechteckformel

$$\int_a^b f(x)\,dx \approx \frac{b-a}{n}(y_a + y_1 + y_2 + \ldots + y_{n-1})$$

n Anzahl gleich großer Intervalle

– Trapezformel

$$\int_a^b f(x)\,dx \approx \frac{b-a}{2n}(y_a + 2y_1 + 2y_2 + \ldots$$
$$+ 2y_{n-1} + y_b)$$

– Tangentenformel

$$\int_a^b f(x)\,dx \approx \frac{2(b-a)}{n}(y_1 + y_3 + y_5 + \ldots + y_{n-1})$$

n gerade

– Simpson'sche Regel

$$\int_a^b f(x)\,dx \approx \frac{b-a}{3n}(y_a + 4y_1 + 2y_2 + 4y_3 +$$
$$2y_4 + \ldots + 2y_{n-2} + 4y_{n-1} + y_b)$$

– Reihenentwicklung

Sei $f(x) = \sum\limits_{k=0}^{\infty} a_k(x - x_0)^k$ die analytische Entwicklung einer Funktion $f(x)$ (sofern möglich), welche im Intervall $]x_0 - R, x_0 + R[$ konvergieren möge. Sind dann a, b aus diesem Intervall, so gilt:

$$\int_a^b f(x)\,dx = \sum_{k=0}^{\infty} a_k \int_a^b (x - x_0)^k\,dx$$

$$= \sum_{k=0}^{\infty} a_k \frac{1}{k+1}(x - x_0)^{k+1}\Big|_a^b$$

$e^{x^2} = \sum\limits_{n=0}^{\infty} \dfrac{x^{2n}}{n!}$, konvergiert in ganz $\mathbb{R}$, also ist

$$\int_0^x e^{t^2}\,dt = \sum_{n=0}^{\infty} \frac{x^{2n+1}}{(2n+1)\,n!}$$

Es gibt zu e^{x^2} keine elementare Stammfunktion.

Übersicht A-40. Uneigentliches Integral.

allgemein	Beispiel
Integrale mit unendlichen Grenzen oder Integrale von Funktionen, deren Funktionswerte im Integrationsintervall unendlich werden oder allgemein von Funktionen, welche Unstetigkeitsstellen aufweisen. $$\int_a^\infty f(x)\,dx = \lim_{b\to+\infty} \int_a^b f(x)\,dx$$ $$\int_{-\infty}^b f(x)\,dx = \lim_{a\to-\infty} \int_a^b f(x)\,dx$$ $$\int_{-\infty}^{+\infty} f(x)\,dx = \lim_{\substack{a\to-\infty \\ b\to+\infty}} \int_a^b f(x)\,dx$$ Ist $f(x)$ stetig in $]a,b]$, aber vielleicht nicht in a, so ist $$\int_0^b f(t)\,dt = \lim_{\varepsilon\to 0} \int_{a+\varepsilon}^b f(t)\,dt$$	$$\int_1^\infty \frac{1}{t^2}\,dt = \lim_{b\to\infty}\left[-\frac{1}{t}\right]_1^b = \lim_{b\to\infty}\left(1-\frac{1}{b}\right) = 1$$ $$\int_0^1 \frac{1}{\sqrt{t}}\,dt = \lim_{\varepsilon\to 0}\left[2\sqrt{t}\right]_\varepsilon^1 = 2$$

Übersicht A-41. Grundintegrale.

unbestimmte Grundintegrale	
$f(x)$	$\int f(x)\,dx$ (Stammfunktion)
x^n	$\dfrac{x^{n+1}}{n+1} \quad (n\neq -1)$
a^x	$\dfrac{a^x}{\ln a} = a^x \log_a e$
e^x	e^x
$\dfrac{1}{x}$	$\ln|x|$
$\dfrac{1}{1+x^2}$	$\arctan x = -\operatorname{arccot} x$
$\dfrac{1}{1-x^2}$	$\operatorname{artanh} x = \dfrac{1}{2}\ln\dfrac{1+x}{1-x}$ $(|x|<1)$ $\operatorname{arcoth} x = \dfrac{1}{2}\ln\dfrac{x+1}{x-1}$ $(|x|>1)$
$\dfrac{1}{x^2-1}$	$-\operatorname{arcoth} x = \dfrac{1}{2}\ln\dfrac{x-1}{x+1}$ $(|x|>1)$
$\dfrac{1}{\sqrt{x^2+1}}$	$\operatorname{arsinh} x = \ln(x+\sqrt{x^2+1})$

Übersicht A-41. (Fortsetzung).

unbestimmte Grundintegrale	
$f(x)$	$\int f(x)\,dx$ (Stammfunktion)
$\dfrac{1}{\sqrt{x^2-1}}$	$\operatorname{arcosh} x = \ln(x + \sqrt{x^2-1})$
$\sin x$	$-\cos x$
$\cos x$	$\sin x$
$\dfrac{1}{\sin^2 x}$	$-\cot x$
$\dfrac{1}{\cos^2 x}$	$\tan x$
$\sinh x$	$\cosh x$
$\cosh x$	$\sinh x$
$\dfrac{1}{\sinh^2 x}$	$-\coth x$
$\dfrac{1}{\cosh^2 x}$	$\tanh x$

bestimmte Grundintegrale, uneigentliche Integrale	
$\int_a^b f(x)\,dx$	Wert
$\int_{-1}^{+1} a^x\,dx$	$\dfrac{a^2-1}{a\ln a}$
$\int_0^\infty e^{-x^2}\,dx$	$\dfrac{1}{2}\sqrt{\pi}$
$\int_0^\infty e^{-x} x^n\,dx$	$n!$
$\int_0^\infty \dfrac{x}{e^x+1}\,dx$	$\dfrac{\pi^2}{12}$
$\int_0^\infty \dfrac{x}{e^x-1}\,dx$	$\dfrac{\pi^2}{6}$
$\int_0^\infty \dfrac{1}{x^2+a^2}\,dx$	$\dfrac{\pi}{2a}$
$\int_0^a \dfrac{1}{x^2-a^2}\,dx$	$-\infty$
$\int_0^a \dfrac{1}{\sqrt{a^2-x^2}}\,dx$	$\dfrac{\pi}{2}$
$\int_a^b \dfrac{1}{\sqrt{(x-a)(b-x)}}\,dx$	π
$\int_0^1 \dfrac{1}{\sqrt{1-x^2}}\,dx$	$\dfrac{\pi}{2}$

Übersicht A-41. (Fortsetzung).

bestimmte Grundintegrale, uneigentliche Integrale	
$f(x)$	$\int_a^b f(x)\,dx$ (Stammfunktion)
$\int_0^1 \dfrac{x}{\sqrt{1-x^2}}\,dx$	1
$\int_0^\infty \dfrac{1}{(1-x)\sqrt{x}}\,dx$	0
$\int_0^a \dfrac{x^2}{\sqrt{ax-x^2}}\,dx$	$\dfrac{3\pi a^2}{8}$
$\int_0^1 \dfrac{\ln x}{x+1}\,dx$	$-\dfrac{\pi^2}{12}$
$\int_0^1 \dfrac{\ln x}{x-1}\,dx$	$\dfrac{\pi^2}{6}$
$\int_0^1 \dfrac{\ln x}{x^2-1}\,dx$	$\dfrac{\pi^2}{8}$
$\int_0^\infty \dfrac{\sin(ax)}{x}\,dx$	$\dfrac{\pi}{2}: \quad a>0$
	$-\dfrac{\pi}{2}: \quad a<0$
$\int_0^\infty \dfrac{\cos(ax)}{x}\,dx$	∞
$\int_0^\pi \sin(ax)\,dx$	$\dfrac{1-\cos(a\pi)}{a}$
$\int_0^\pi \cos(ax)\,dx$	$\dfrac{\sin(a\pi)}{a}$
$\int_0^{\pi/2} \dfrac{1}{1+\cos x}\,dx$	1
$\int_0^\infty \dfrac{\sin x}{\sqrt{x}}\,dx = \int_0^\infty \dfrac{\cos x}{\sqrt{x}}\,dx$	$\sqrt{\dfrac{\pi}{2}}$
$\int_0^{\pi/4} \tan x\,dx$	$\dfrac{1}{2}\ln 2$

Übersicht A-42. Integrationstechniken.

partielle Integration (Produktintegration)	
allgemein	Beispiel
$\int uv'\,dx = uv - \int vu'\,dx$	$\int x\sin x\,dx \qquad u=x;\quad v'=\sin x$
	$\hphantom{\int x\sin x\,dx \qquad} u'=1;\quad v=-\cos x$
	$= -x\cos x - \int 1\cdot(-\cos x)\,dx$
	$= -x\cos x + \sin x$

Übersicht A-42. (Fortsetzung).

Substitution

Ist $F(u)$ eine Stammfunktion von $f(u)$, so ist $G(x) := F(u(x))$ eine Stammfunktion von $f(u(x))u'(x)$ und umgekehrt.

$$\int_a^b f(u)\,du = \int_{u^{-1}(a)}^{u^{-1}(b)} f(u(x))u'(x)\,dx$$

Zur Anwendung kommt die Substitutionsregel zumeist in der Situation, dass die Funktion $f(x)$ von der Struktur $f(x) = g(u(x))$ ist. Indem man $u = u(x)$ als neue Variable einführt, also $x = x(u)$ (umstellen), $dx = x'(u)\,du$, gelangt man zum Integral

$$\int g(u)x'(u)\,du$$

Gesetzt der Fall, letzteres wäre lösbar und die Stammfunktion wäre $G(u)$, so ist $F(x) := G(u(x))$ die gesuchte Stammfunktion zu $f(x)$. Sehr oft allerdings wendet man Substitutionsformen an, die im algebraischen Ausdruck für $f(x)$ nicht vorliegen.

Spezialfall:
Ist $F(u)$ Stammfunktion zu $f(u)$ (Variable: u), so offenbar auch $F(ax + b)$ zu $af(ax + b)$ (Variable: x)
Häufig kann folgende Struktur des Integranden erkannt bzw. manipulativ eingerichtet werden:

$$f(x) = g(u(x))u'(x)$$

Ist dann $G(u)$ Stammfunktion von $g(u)$, so ist

$$F(x) := G(u(x))$$

das gewünschte Integral.

Insbesondere ist die Stammfunktion von $\dfrac{u'(x)}{u(x)}$ durch $\ln|u(x)| + c$ gegeben, was bei Differenzialgleichungen häufig vorkommt.

$\displaystyle\int \frac{dx}{3x-1}$ $u = 3x - 1$

$du = 3\,dx$ $dx = \dfrac{1}{3}\,du$

$\dfrac{1}{3}\displaystyle\int \frac{du}{u} = \dfrac{1}{3}\ln|u| = \dfrac{1}{3}\ln|3x - 1|$

$\displaystyle\int \sqrt{1 - x^2}\,dx:$ $x = \cos t,\ dx = -\sin t\,dt,$

$\rightarrow \displaystyle\int \sqrt{1 - \cos^2 t}\cdot(-\sin t)\,dt = -\int \sin^2 t\,dt$

Die Stammfunktion von $\sin^2 t$ wird partiell ermittelt, also:

$\displaystyle\int \sin t\sin t\,dt = -\sin t\cos t + \int \underbrace{\cos^2 t}_{1 - \sin^2 t}\,dt$

$= -\sin t\cos t + t - \displaystyle\int \sin^2 t\,dt,$ also

$\displaystyle\int \sin^2 t\,dt = \dfrac{1}{2}\{t - \sin t\cos t\}$ und die

Rücksubstitution $(t = \arccos x)$ ergibt

$\displaystyle\int \sqrt{1 - x^2}\,dx = -\dfrac{1}{2}(\arccos x - x\sqrt{1 - x^2})$

$\displaystyle\int \dfrac{1}{u^2}\,du = F(u) = -\dfrac{1}{u},$ also

$\displaystyle\int \dfrac{1}{(ax+b)^2}\,dx = -\dfrac{1}{a}\cdot\dfrac{1}{ax+b}$

$\displaystyle\int \dfrac{x}{\sqrt{a^2 - x^2}}\,dx$ $u = a^2 - x^2,\ dx = -\dfrac{du}{2x},$

$\rightarrow \displaystyle\int \dfrac{x}{\sqrt{u}}\cdot\left(-\dfrac{1}{2x}\right)du = -\dfrac{1}{2}\int u^{-1/2}\,du$

$= -u^{1/2} = -\sqrt{a^2 - x^2}$

$\displaystyle\int \dfrac{x}{x^2 + 3}\,dx = \dfrac{1}{2}\int \dfrac{2x}{x^2 + 3}\,dx = \dfrac{1}{2}\ln(x^2 + 3)$

$\displaystyle\int \tan x\,dx = \int \dfrac{\sin x}{\cos x}\,dx = \int -\dfrac{(\cos x)'}{\cos x}\,dx$

$= -\ln|\cos x|$

Übersicht A-42. (Fortsetzung).

Partialbruchzerlegung

Es ist $P(x)/Q(x)$ zu integrieren; P, Q Polynome.
Durch Abspalten (Polynomdivision) muss zunächst gewährleistet sein, dass Grad P < Grad Q ist (sowie keine gemeinsamen Nullstellen). Die weitere Vorgehensweise ist abhängig von der Nullstellenstruktur des Nenners. Es sei Grad $Q = n$.

1. Fall: Q hat genau n (einfache), verschiedene, reelle Nullstellen
$$Q(x) = (x - x_1)(x - x_2) \ldots (x - x_n)$$
↝ Es gibt Konstanten $A_1, A_2, \ldots, A_n$ mit
$$\frac{P(x)}{Q(x)} = \frac{A_1}{x - x_1} + \frac{A_2}{x - x_2} + \ldots + \frac{A_n}{x - x_n}$$

2. Fall: Q hat mit Vielfachheiten genau n reelle Nullstellen (manche also vielleicht mehrfach), also
$$Q(x) = (x - x_1)^{n_1}(x - x_2)^{n_2} \ldots (x - x_m)^{n_m}$$
$$(n_1 + n_2 + \ldots + n_m = n)$$
↝ Dann ist nur folgender Ansatz erfolgreich
$$\frac{P(x)}{Q(x)} = \frac{A_{11}}{x - x_1} + \frac{A_{12}}{(x - x_1)^2} + \ldots + \frac{A_{1n_1}}{(x - x_1)^{n_1}}$$
$$+ \frac{A_{21}}{x - x_2} + \frac{A_{22}}{(x - x_2)^2} + \ldots + \frac{A_{2n_2}}{(x - x_2)^{n_2}}$$
$$+ \frac{A_{m1}}{(x - x_m)} + \ldots + \frac{A_{mn_m}}{(x - x_m)^{n_m}}$$

3. Fall: Q hat auch komplexe Nullstellen (welche allerdings konjungiert auftreten: Ist $z_{1,2} = \alpha \pm i\beta$ eine solche Nullstelle, so ist
$$(z - z_1)(z - z_2) = (z - z_1)(z - \bar{z}_1)$$
$$= z^2 - 2\alpha z + |z_1|^2 \text{ ein quadratischer Faktor von } Q)$$
und Q ist von der Form
$$Q(x) = \underbrace{(x - x_1)^{n_1} \ldots (x - x_r)^{n_r}}_{\text{reelle Nullstellen}}$$
$$\cdot \underbrace{\left(x^2 - 2\alpha_1 x + (\alpha_1^2 + \beta_1^2)\right)^{m_1} \ldots \left(x^2 - 2\alpha_s x + (\alpha_s^2 + \beta_s^2)\right)^{m_s}}_{\text{konjugiert komplexe Nullstellen}}$$
↝ Der Partialbruchansatz lautet
$$\frac{P(x)}{Q(x)} = \sum_{k=1}^{r} \left(\sum_{j=1}^{n_k} \frac{A_{kj}}{(x - x_k)^j} \right)$$
$$+ \sum_{k=1}^{s} \left(\sum_{j=1}^{m_k} \frac{B_{kj}x + C_{kj}}{\left[x^2 - 2\alpha_k x + (\alpha_k^2 + \beta_k^2)\right]^j} \right)$$

Rechte Spalte zum 3. Fall:

$$\frac{x^2 + 4}{(x - 1)^2(x^2 + 2x + 4)} = \frac{P(x)}{Q(x)}$$

$x^2 + 2x + 4 = (x + 1)^2 + 3$ nullstellenfrei in $\mathbb{R}$, also *PBZ*-Ansatz

$$\frac{x^2 + 4}{(x - 1)^2(x^2 + 2x + 4)}$$
$$= \frac{A_1}{x - 1} + \frac{A_2}{(x - 1)^2} + \frac{Bx + C}{x^2 + 2x + 4}$$

Übersicht A-42. (Fortsetzung).

Partialbruchzerlegung

<table>
<tr><td>

Die Bestimmung der Koeffizienten A_{kj}, B_{kj}, C_{kj} erfolgt so:

- Multiplikation des *PBZ*-Ansatzes mit Nenner Q
  $\rightarrow$ Polynomgleichheit, dann
- Berechnung der A, B, C-Konstanten durch
  a) Nullstellen einsetzen
  b) Koeffizientenvergleich
  c) Differenzieren, erneut vergleichen (bei mehrfachen Nullstellen geeignet)

</td><td>

$x^2 + 4 = A_1(x-1)(x^2 + 2x + 4) + A(x^2 + 2x + 4)$
$\qquad\qquad + (Bx + C)(x-1)^2$
$\qquad$ (Polynomgleichheit)

$x = 1$ ergibt: $5 = A_2 \cdot 7, A_2 = \dfrac{5}{7}$

Koeff. verg. (x^3): $0 = A_1 + B$
Koeff. verg. (x^0): $4 = -4A_1 + 4A_2 + C$
Differenzieren ergibt für $x = 1$
$\qquad\qquad 2 = A_1(7) + A_2(2 \cdot 1 + 2) + 0$
woraus $A_1 = -\dfrac{6}{49}, B = \dfrac{6}{49}, C = \dfrac{32}{49}$ folgt.

$\displaystyle\int \frac{x^2 + 4}{(x-1)^2(x^2 + 2x + 4)}\, \mathrm{d}x =$

$-\dfrac{6}{49}\ln|x-1| - \dfrac{5}{7} \cdot \dfrac{1}{x-1} + \dfrac{3}{49}\left[\ln(x^2 + 2x + 4)\right.$

$\left. +\dfrac{26}{9}\sqrt{3}\arctan\dfrac{x+1}{\sqrt{3}}\right]$

</td></tr>
</table>

Übersicht A-43. Wichtige Integrale.

rationale Funktionen	
$f(x)$	$\int f(x)\, \mathrm{d}x + C$
$(ax+b)^n$	$\dfrac{(ax+b)^{n+1}}{a(n+1)} \qquad (n \neq -1)$
$x(ax+b)^n$	$\dfrac{(ax+b)^{n+2}}{a^2(n+2)} - \dfrac{b(ax+b)^{n+1}}{a^2(n+1)}$ $(n \neq -2; n \neq -1)$
$\dfrac{1}{ax+b}$	$\dfrac{1}{a}\ln|ax+b|$
$\dfrac{x}{(ax+b)^2}$	$\dfrac{1}{a^2}\left(\ln|ax+b| + \dfrac{b}{ax+b}\right)$
$\dfrac{x}{(ax+b)^n}$	$\dfrac{a(1-n)x - b}{a^2(n-1)(n-2)(ax+b)^{n-1}}$ $(n \neq 1; n \neq 2)$
$\dfrac{1}{x(ax+b)}$ (für $b \neq 0$)	$-\dfrac{1}{b}\ln\left|\dfrac{ax+b}{x}\right|$
$\dfrac{1}{x^2 + a^2}$	$\dfrac{1}{a}\arctan\left(\dfrac{x}{a}\right)$

Übersicht A-43. (Fortsetzung).

irrationale Funktionen	
$\sqrt{a^2 - x^2}$	$\frac{1}{2}\left(x\sqrt{a^2 - x^2} + a^2 \arcsin\frac{x}{a} \right)$ $(|x| < a)$
$x\sqrt{a^2 - x^2}$	$-\frac{1}{3}\sqrt{(a^2 - x^2)^3}$
$\dfrac{\sqrt{a^2 - x^2}}{x}$	$\sqrt{a^2 - x^2} - a\ln\left| \dfrac{a + \sqrt{a^2 - x^2}}{x} \right|$
$\dfrac{1}{\sqrt{a^2 - x^2}}$	$\arcsin\dfrac{x}{a}$
$\sqrt{x^2 + a^2}$	$\frac{1}{2}\left(x\sqrt{x^2 + a^2} + a^2 \operatorname{arsinh}\frac{x}{a} \right)$
$x\sqrt{x^2 + a^2}$	$\frac{1}{3}\sqrt{(x^2 + a^2)^3}$
$\dfrac{\sqrt{x^2 + a^2}}{x}$	$\sqrt{x^2 + a^2} - a\ln\left| \dfrac{a + \sqrt{x^2 + a^2}}{x} \right|$
$\dfrac{1}{\sqrt{x^2 + a^2}}$	$\operatorname{arsinh}\dfrac{x}{a} = \ln\left| x + \sqrt{x^2 + a^2} \right|$
$\dfrac{x}{\sqrt{x^2 + a^2}}$	$\sqrt{x^2 + a^2}$
$\dfrac{x^2}{\sqrt{x^2 + a^2}}$	$\dfrac{x}{2}\sqrt{x^2 + a^2} - \dfrac{a^2}{2}\operatorname{arsinh}\dfrac{x}{a}$
$\dfrac{1}{x^2\sqrt{x^2 + a^2}}$	$-\dfrac{\sqrt{x^2 + a^2}}{a^2 x}$
$\sqrt{x^2 - a^2}$	$\frac{1}{2}\left(x\sqrt{x^2 - a^2} - a^2 \operatorname{arcosh}\frac{x}{a} \right)$
$\dfrac{1}{\sqrt{x^2 - a^2}}$	$\operatorname{arcosh}\dfrac{x}{a} = \ln\left| \dfrac{x + \sqrt{x^2 - a^2}}{a} \right|$
$\dfrac{x}{\sqrt{x^2 - a^2}}$	$\sqrt{x^2 - a^2}$
$\dfrac{x^2}{\sqrt{x^2 - a^2}}$	$\dfrac{x}{2}\sqrt{x^2 - a^2} + \dfrac{a^2}{2}\operatorname{arcosh}\dfrac{x}{a}$

Übersicht A-43. (Fortsetzung).

trigonometrische Funktionen	
$\sin(cx)$	$-\dfrac{1}{c}\cos(cx)$
$x\sin(cx)$	$\dfrac{\sin(cx)}{x^2} - \dfrac{x\cos(cx)}{c}$
$\dfrac{\sin(cx)}{x}$	$cx - \dfrac{(cx)^3}{3\cdot 3!} + \dfrac{(cx)^5}{5\cdot 5!} - +\ldots$
$\dfrac{1}{\sin(cx)}$	$\dfrac{1}{c}\ln\left|\tan\left(\dfrac{cx}{2}\right)\right|$
$\dfrac{1}{1+\sin(cx)}$	$\dfrac{1}{c}\tan\left(\dfrac{cx}{2} - \dfrac{\pi}{4}\right)$
$\dfrac{1}{1-\sin(cx)}$	$\dfrac{1}{c}\tan\left(\dfrac{cx}{2} + \dfrac{\pi}{4}\right)$
$\cos(cx)$	$\dfrac{1}{c}\sin(cx)$
$x\cos(cx)$	$\dfrac{\cos(cx)}{c^2} + \dfrac{x\sin(cx)}{c}$
$\dfrac{\cos(cx)}{x}$	$\ln|cx| - \dfrac{(cx)^2}{2\cdot 2!} + \dfrac{(cx)^4}{4\cdot 4!} - +\ldots$
$\dfrac{1}{\cos(cx)}$	$\dfrac{1}{c}\ln\left|\tan\left(\dfrac{cx}{2} + \dfrac{\pi}{4}\right)\right|$
$\dfrac{1}{1+\cos(cx)}$	$\dfrac{1}{c}\tan\left(\dfrac{cx}{2}\right)$
$\dfrac{1}{1-\cos(cx)}$	$-\dfrac{1}{c}\cot\left(\dfrac{cx}{2}\right)$
$\tan(cx)$	$-\dfrac{1}{c}\ln|\cos(cx)|$
$\dfrac{1}{\tan(cx)+1}$	$\dfrac{x}{2} + \dfrac{1}{2c}\ln|\sin(cx)+\cos(cx)|$
$\dfrac{1}{\tan(cx)-1}$	$-\dfrac{x}{2} + \dfrac{1}{2c}\ln|\sin(cx)-\cos(cx)|$
$\cot(cx)$	$\dfrac{1}{c}\ln|\sin(cx)|$

Übersicht A-43. (Fortsetzung).

Hyperbelfunktionen	
$\sinh(cx)$	$\dfrac{1}{c}\cosh(cx)$
$x\sinh(cx)$	$\dfrac{1}{c}x\cosh(cx) - \dfrac{1}{c^2}\sinh(cx)$
$\sinh^2(cx)$	$\dfrac{1}{4c}\sinh(2cx) - \dfrac{x}{2}$
$\cosh(cx)$	$\dfrac{1}{c}\sinh(cx)$
$x\cosh(cx)$	$\dfrac{1}{c}x\sinh(cx) - \dfrac{1}{c^2}\cosh(cx)$
$\cosh^2(cx)$	$\dfrac{1}{4c}\sinh(2cx) + \dfrac{x}{2}$
$\tanh(cx)$	$\dfrac{1}{c}\ln|\cosh(cx)|$
$\coth(cx)$	$\dfrac{1}{c}\ln|\sinh(cx)|$

Arcusfunktionen	
$\arcsin\left(\dfrac{x}{c}\right)$	$x\arcsin\left(\dfrac{x}{c}\right) + \sqrt{c^2 - x^2}$
$\arccos\left(\dfrac{x}{c}\right)$	$x\arccos\left(\dfrac{x}{c}\right) - \sqrt{c^2 - x^2}$
$\arctan\left(\dfrac{x}{c}\right)$	$x\arctan\left(\dfrac{x}{c}\right) - \dfrac{c}{2}\ln(c^2 + x^2)$
$\text{arccot}\left(\dfrac{x}{c}\right)$	$x\,\text{arccot}\left(\dfrac{x}{c}\right) + \dfrac{c}{2}\ln(c^2 + x^2)$

Areafunktionen	
$\text{arsinh}\left(\dfrac{x}{c}\right)$	$x\,\text{arsinh}\left(\dfrac{x}{c}\right) - \sqrt{x^2 + c^2}$
$\text{arcosh}\left(\dfrac{x}{c}\right)$	$x\,\text{arcosh}\left(\dfrac{x}{c}\right) - \sqrt{x^2 - c^2}$
$\text{artanh}\left(\dfrac{x}{c}\right)$	$x\,\text{artanh}\left(\dfrac{x}{c}\right) + \dfrac{c}{2}\ln|c^2 - x^2| \quad (|x| < |c|)$
$\text{arcoth}\left(\dfrac{x}{c}\right)$	$x\,\text{arcoth}\left(\dfrac{x}{c}\right) + \dfrac{c}{2}\ln|x^2 - c^2| \quad (|x| > |c|)$

Übersicht A-43. (Fortsetzung).

Exponentialfunktionen	
e^{cx}	$\dfrac{1}{c}\,e^{cx}$
$x\,e^{cx}$	$\dfrac{e^{cx}}{c^2}(cx-1)$
$\dfrac{e^{cx}}{x}$	$\ln|x| + \dfrac{cx}{1\cdot 1!} + \dfrac{(cx)^2}{2\cdot 2!} + \ldots$
$e^{cx}\sin(bx)$	$\dfrac{e^{cx}}{c^2+b^2}\big(c\sin(bx)-b\cos(bx)\big)$
$e^{cx}\cos(bx)$	$\dfrac{e^{cx}}{c^2+b^2}\big(c\cos(bx)+b\sin(bx)\big)$

Logarithmusfunktionen	
$\ln x$	$x\ln x - x$
$(\ln x)^2$	$x(\ln x)^2 - 2x\ln x + 2x$
$\dfrac{1}{\ln x}$	$\ln|\ln x| + \ln x + \dfrac{(\ln x)^2}{2\cdot 2!} + \dfrac{(\ln x)^3}{3\cdot 3!} + \ldots$
$\dfrac{1}{x\ln x}$	$\ln|\ln x|$
$\sin(\ln x)$	$\dfrac{x}{2}\big[\sin(\ln x) - \cos(\ln x)\big]$
$\cos(\ln x)$	$\dfrac{x}{2}\big[\sin(\ln x) + \cos(\ln x)\big]$

Übersicht A-44. Anwendungen der Integralrechnung in der Geometrie.

Flächenberechnung			
allgemein			Beispiel
Funktion positiv	Funktion negativ	Flächen zwischen zwei Kurven	$A = \displaystyle\int_0^{\pi/2} \sin x\,\mathrm{d}x = \big[-\cos x\big]_0^{\pi/2}$ $= 0 + 1 = 1$

$A = \displaystyle\int_a^b f(x)\,\mathrm{d}x$	$A = -\displaystyle\int_a^b f(x)\,\mathrm{d}x$	$A = \displaystyle\int_a^b |f(x)-g(x)|\,\mathrm{d}x$	

Übersicht A-44. (Fortsetzung).

Flächenberechnung	
allgemein	Beispiel

Parameterdarstellung

$$x = \varphi(t); \, y = \psi(t)$$

$$A = \int_{y_1}^{y_2} x \, dy = \int_{t_1}^{t_2} \varphi(t)\psi'(t) \, dt$$

$$A = \frac{1}{2} \int_{t_1}^{t_2} (xy' - yx') \, dt$$

Beispiel:
$$x = \varphi(t) = 1 + t^2; \, t_1 = 0{,}5, \, t_2 = 2$$
$$y = \psi(t) = 3t; \, \psi'(t) = 3$$

$$A = \int_{0{,}5}^{2} (1 + t_2); \, 3 \, dt = 3 \int_{0{,}5}^{2} (1 + t^2)$$

$$A = 3 \left[t + \frac{1}{3}t^3 \right]_{0{,}5}^{2} = 12{,}375$$

Für geschlossene Randlinie

$$A = \frac{1}{2} \oint (xy' - yx') \, dt$$

(Leibniz'sche Sektorenformel)

Polarkoordinaten

$$r_1 = f(\varphi_1); \, r_2 = f(\varphi_2)$$

$$A = \frac{1}{2} \int_{\varphi_1}^{\varphi_2} r^2 \, d\varphi$$

Beispiel:
$$r = 1 + 2\sin\varphi; \, \varphi_1 = 0, \, \varphi_2 = \pi/2$$

$$A = \frac{1}{2} \int_{0}^{\pi/2} (1 + 2\sin\varphi)^2 \, d\varphi$$

$$= \frac{1}{2} \int_{0}^{\pi/2} (1 + 4\sin\varphi + 4\sin^2\varphi) \, d\varphi$$

$$A = \frac{1}{2} \left[\varphi - 4\cos\varphi + 2\left(\varphi - \frac{1}{2}\sin 2\varphi\right) \right]_{0}^{\pi/2}$$

$$A = \frac{3}{4}\pi + 2$$

Bogenlängen (Rektifikation)	

für $y = f(x)$

$$s = \int_{x_1}^{x_2} \sqrt{1 + y'^2} \, dx$$

$$s = \int_{y_1}^{y_2} \sqrt{1 + \left(\frac{dx}{dy}\right)^2} \, dy$$

Zykloide von $t_1 = 0$ bis $t_2 = \pi$
$$x = \varphi(t) = r(t - \sin t); \, \dot{\varphi} = r(1 - \cos t)$$
$$y = \psi(t) = r(1 - \cos t); \, \dot{\psi} = r\sin t$$

$$s = \int_{0}^{\pi} \sqrt{r^2(1 - \cos t)^2 + r^2\sin^2 t} \, dt$$

$$s = r\sqrt{2} \int_{0}^{\pi} \sqrt{1 - \cos t} \, dt$$

Parameterform: $x = \varphi(t); \, y = \psi(t)$

$$s = \int_{t_1}^{t_2} \sqrt{\dot{\varphi}^2 + \dot{\psi}^2} \, dt$$

Benutze $\cos t = 1 - 2\sin^2\left(\dfrac{t}{2}\right)$

Polarkoordinaten: $r = f(\varphi)$

$$s = \oint_{\varphi_1}^{\varphi_2} \sqrt{r^2 + \left(\frac{dr}{d\varphi}\right)^2} \, d\varphi = \int_{r_1}^{r_2} \sqrt{1 + r^2\left(\frac{d\varphi}{dr}\right)^2} \, dr$$

$$s = 2r \int_{0}^{\pi} \sin\left(\frac{t}{2}\right) dt = \left[-4r\cos\left(\frac{t}{2}\right) \right]_{0}^{\pi}$$

$$s = 4r$$

Übersicht A-44. (Fortsetzung).

Mantelflächen von Rotationskörpern (Komplanation)		
um x-Achse	um y-Achse	$y = 3x + 5$ $x_1 = 0,\ x_2 = 3$
Kurve $y = f(x)$	$x = g(y)$	$y' = 3$

$$M_x = 2\pi \int_0^3 (3x + 5)\sqrt{1 + 3^2}\,dx$$

$$M_x = 2\pi\sqrt{10} \int_0^3 (3x + 5)\,dx$$

$$M_x = 2\pi\sqrt{10} \left[\frac{3}{2}x^2 + 5x\right]_0^3 = 367{,}6$$

$M_x = 2\pi \int_{x_1}^{x_2} y\sqrt{1 + y'^2}\,dx$	$M_y = 2\pi \int_{y_1}^{y_2} x\sqrt{1 + \left(\dfrac{dx}{dy}\right)^2}\,dy$	

Parameterform $x = \varphi(t);\ y = \psi(t)$		$r = \sin\varphi$ $\varphi_1 = 0,\ \varphi_2 = \pi$
$M_x = 2\pi \int_{t_1}^{t_2} \psi$ $\cdot \sqrt{\dot\varphi^2 + \dot\psi^2}\,dt$	$M_y = 2\pi \int_{t_1}^{t_2} \varphi$ $\cdot \sqrt{\dot\varphi^2 + \dot\psi^2}\,dt$	$\dfrac{dr}{d\varphi} = \cos\varphi$ $M_x = 2\pi \int_0^\pi r\sin\varphi\sqrt{\sin^2\varphi + \cos^2\varphi}\,d\varphi$

Polarkoordinaten $r = f(\varphi)$		$= 1$
$M_x = 2\pi \int_{\varphi_1}^{\varphi_2} r\sin\varphi$ $\cdot \sqrt{r^2 + \left(\dfrac{dr}{d\varphi}\right)^2}\,d\varphi$	$M_y = 2\pi \int_{\varphi_1}^{\varphi_2} r\cos\varphi$ $\cdot \sqrt{r^2 + \left(\dfrac{dr}{d\varphi}\right)^2}\,d\varphi$	$M_x = 2\pi \int_0^\pi r\sin\varphi\,d\varphi = 2\pi \int_0^\pi \sin^2\varphi\,d\varphi$ $= \pi[\varphi - \sin\varphi\cos\varphi]_0^\pi = \pi^2$

Volumen von Rotationskörpern (Kubatur)		
um x-Achse	um y-Achse	$y = 3x + 5;\ x_1 = 0,\ x_2 = 3$
Kurve $y = f(x)$	$x = g(y)$	um y-Achse
$V_x = \pi \int_{x_1}^{x_2} y^2\,dx$	$V_y = \pi \int_{y_1}^{y_2} (g(y)^2)\,dy$ $V_y = \pi \int_{x_1}^{x_2} x^2 y'\,dx$	$x = \dfrac{1}{3}(y - 5);\ y' = 3$ $V_y = \dfrac{\pi}{g} \int_0^3 (y - 5)^2 \cdot 3\,dx = \dfrac{\pi}{3} \int_0^3 (3x)^2\,dx$ $V_y = 3\pi \int_0^3 x^2\,dx = \pi[x^3]_0^3 = 27\pi$

Übersicht A-44. (Fortsetzung).

Parameterform $x = \varphi(t)$; $y = \psi(t)$		$x = \varphi(t) = \dfrac{1}{t}$; $t_1 = 1, t_2 = 2$
$V_x = \pi \int\limits_{t_1}^{t_2} \psi^2 \lvert \dot\varphi \rvert \, dt$	$V_y = \pi \int\limits_{t_1}^{t_2} \varphi^2 \lvert \dot\psi \rvert \, dt$	$\dot\varphi = \dfrac{1}{t^2}$; $y = \psi(t) = 1 + t$ $$V_x = \pi \int\limits_{1}^{2} (1+t)^2 \cdot \dfrac{1}{t^2} = \pi \int\limits_{1}^{2} \left(\dfrac{1}{t^2} + \dfrac{2}{t} + 1 \right) dt$$ $$V_x = \pi \left[-\dfrac{2}{t^3} + \dfrac{1}{t^2} + t \right]_{1}^{2} = 5{,}5\pi$$

Polarkoordinaten $r = f(\varphi)$	$r = \text{const} = R, \quad 0 \le \varphi < \pi$
x-Achse: $$V_x = \pi \int\limits_{\varphi_1}^{\varphi_2} r^2 \sin^2 \varphi \left\lvert \dfrac{dr}{d\varphi} \cos\varphi - r \sin\varphi \right\rvert d\varphi$$ y-Achse $$V_y = \pi \int\limits_{\varphi_1}^{\varphi_2} r^2 \cos^2 \varphi \left\lvert \dfrac{dr}{d\varphi} \sin\varphi - r \cos\varphi \right\rvert d\varphi$$	$$V_x = \pi R^2 \int\limits_{0}^{\pi} \sin^3 \varphi R \, d\varphi = \pi R^3 \int\limits_{0}^{\pi} \sin^3 \varphi \, d\varphi = \dfrac{4\pi}{3} R^3$$ wobei $$\int\limits_{0}^{\varphi} \sin^3 t \, dt = \int\limits_{0}^{\varphi} \sin t (1 - \cos^2 t) \, dt$$ $$= -\cos\varphi + \dfrac{1}{3}\cos^3 \varphi + \dfrac{2}{3}$$

Übersicht A-45. Anwendung der Integralrechnung in der Physik.

allgemein	Beispiel
Arbeit	

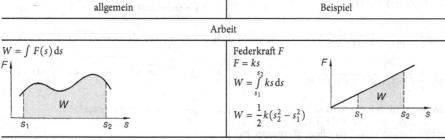

allgemein	Beispiel
$W = \int F(s)\,ds$	Federkraft F $F = ks$ $W = \int\limits_{s_1}^{s_2} ks\,ds$ $W = \dfrac{1}{2}k(s_2^2 - s_1^2)$

Impuls

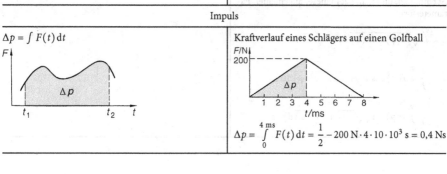

allgemein	Beispiel
$\Delta p = \int F(t)\,dt$	Kraftverlauf eines Schlägers auf einen Golfball $$\Delta p = \int\limits_{0}^{4\,\text{ms}} F(t)\,dt = \dfrac{1}{2} - 200\,\text{N} \cdot 4 \cdot 10 \cdot 10^3\,\text{s} = 0{,}4\,\text{Ns}$$

Übersicht A-45. (Fortsetzung).

statische Momente, Schwerpunkte

homogenes, ebenes Kurvenstück, $y = f(x)$

Gesamtlänge ($\cong$ Gesamtmasse, da $\varrho \equiv$ const):

$$L = \int\limits_a^b \sqrt{1 + (f'(x))^2}\,dx$$

Schwerpunkt $\zeta = (x_s, y_s)$ ist gegeben durch

$$x_s = \frac{1}{L} \int\limits_a^b x\sqrt{1 + (f'(x))^2}\,dx =: \frac{1}{L} \cdot M_y$$

$$y_s = \frac{1}{L} \int\limits_a^b f(x)\sqrt{1 + (f'(x))^2}\,dx =: \frac{1}{L} \cdot M_x$$

M_x und M_y heißen *statische Momente* der Kurve; aus $M_x = L \cdot y_s$, $M_y = L \cdot x_s$ ergibt sich ihre Interpretation als gemittelte Drehmomente.

Ist allgemeiner das Kurvenstück in Parameterform $(x, y) = (\varphi(t), \psi(t))$, $t_1 \le t \le t_2$, gegeben, so ist

$$L = \int\limits_{t_1}^{t_2} \sqrt{\dot\varphi^2(t) + \dot\psi^2(t)}\,dt,$$

$$x_s = \frac{1}{L} \int\limits_{t_1}^{t_2} \varphi(t)\sqrt{\dot\varphi^2(t) + \dot\psi^2(t)}\,dt,$$

$$y_s = \frac{1}{L} \int\limits_{t_1}^{t_2} \psi(t)\sqrt{\dot\varphi^2(t) + \dot\psi^2(t)}\,dt.$$

Der Spezialfall Polarkoordinaten:
$x = r\cos\varphi$, $y = r\sin\varphi$ und $r = r(\varphi)$, $\varphi_1 \le \varphi \le \varphi_2$ ist enthalten, und man hat in dieser allgemeinen Parameterform

$$L = \int\limits_{\varphi_1}^{\varphi_2} \sqrt{r^2(\varphi) + \dot r^2(\varphi)}\,d\varphi$$

$$x_s = \frac{1}{L} \int\limits_{\varphi_1}^{\varphi_2} r(\varphi)\cos\varphi\sqrt{r^2(\varphi) + \dot r^2(\varphi)}\,d\varphi$$

$$y_s = \frac{1}{L} \int\limits_{\varphi_1}^{\varphi_2} r(\varphi)\sin\varphi\sqrt{r^2(\varphi) + \dot r^2(\varphi)}\,d\varphi$$

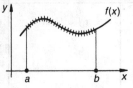

$y(x) = \sqrt{r^2 + x^2}$, $0 \le x \le r$,
(Graphenform)

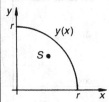

$$L = \int\limits_0^r \sqrt{1 + (y'(x))^2}\,dx = \int\limits_0^r \sqrt{1 + \frac{x^2}{r^2 - x^2}}\,dx$$

$$= r \int\limits_0^r \frac{1}{\sqrt{r^2 - x^2}}\,dx = \left[r \cdot \arcsin\frac{x}{r} \right]_0^r = \frac{\pi}{2} r$$

$$M_y = r \int\limits_0^r \frac{x}{\sqrt{r^2 - x^2}}\,dx = \left[-r\sqrt{r^2 - x^2} \right]_0^r = r^2$$

$$M_x = \int\limits_0^r \sqrt{r^2 - x^2} \cdot \sqrt{1 + \frac{x^2}{r^2 - x^2}}\,dx = \int\limits_0^r r\,dx = r^2$$

$$x_s = \frac{r^2}{\frac{\pi}{2} r} = \frac{2r}{\pi} = y_s \ (\text{also etwa } 0{,}63\,r)$$

Übersicht A-45. (Fortsetzung).

homogenes, ebenes Flächenstück	

Sei $y = f(x) \geq 0$ und F sei die Fläche unterhalb des Graphen gemäß Skizze. Dann sind

$A = \int\limits_a^b f(x)\,dx$ (Flächeninhalt)

$M_y = \int\limits_a^b x f(x)\,dx, \quad M = \frac{1}{2}\int\limits_a^b f^2(x)\,dx$

(statische Momente)

$x_s = \dfrac{M_y}{A}$ und $y_s = \dfrac{M_x}{A}$ (Koordinaten des Flächenschwerpunktes)

Ist F von zwei Funktionsgraphen begrenzt (gemäß Skizze), so sind

$A = \int\limits_a^b (f_2(x) - f_1(x))\,dx$

$M_x = \frac{1}{2}\int\limits_a^b (f_2^2(x) - f_1^2(x))\,dx$

$M_y = \int\limits_a^b x(f_2(x) - f_1(x))\,dx$

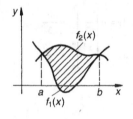

$f_1(x) = x^2,\; f_2(x) = 4,$
$F = \{(x,y)\,|\,0 \leq x \leq 2,\; x^2 \leq y \leq 4\}$

$A = \int\limits_0^2 (4 - x^2)\,dx = \left[4x - \frac{1}{3}x^3\right]_0^2 = \frac{16}{3}$

$M_x = \frac{1}{2}\int\limits_0^2 (16 - x^4)\,dx = \left[8x - \frac{1}{10}x^5\right]_0^2 = 12{,}8$

$M_y = \int\limits_0^2 x(4 - x^2)\,dx = \left[2x_2 - \frac{1}{4}x^4\right]_0^2 = 4$

$x_s = \dfrac{4}{\frac{16}{3}} = \dfrac{3}{4},\; y_s = \dfrac{12{,}8}{\frac{16}{3}} = \dfrac{12}{5}$

Trägheitsmomente

allgemeine physikalische Definition, Massenträgheitsmoment

$J = \int\limits_{\text{Vol}} r^2\,dm \quad dm = d(\varrho V) = \varrho\,dV$ für $\varrho = $ const
$dV = $ Volumenelement
$r = $ Abstand von dm zur Drehachse

Das Trägheitsmoment eines Massenpunktes m bezüglich der Rotation um einen Punkt, Abstand r beträgt

$J = m \cdot r^2$
Drehpunkt

Hieraus erhält man durch Aufsummieren die wichtige Formel

$J_{\text{Scheibe}} = \frac{1}{2}MR^2$ (Trägheitsmoment einer Scheibe, Masse M, Radius R bzg. Rotation um Scheibenachse)

Übersicht A-45. (Fortsetzung).

Trägheitsmoment eines Kurvenbogens	
Bei Rotation des „Drahtes" $\{(x, f(x)) \mid a \le x \le b\}$ um die x-Achse bzw. y-Achse $$I_x = \int_a^b y^2(x)\,ds(x) = \int_a^b y^2(x)\sqrt{1+(y'(x))^2}\,dx$$ $$I_y = \int_a^b x^2\,ds(x) = \int_a^b x^2\sqrt{1+(y'(x))^2}\,dx$$ In Parameterform $(x, y) = (\varphi(t), \psi(t))$ ergibt sich $$I_x = \int_{t_1}^{t_2} \psi^2(t)\sqrt{\dot\varphi^2(t)+\dot\psi^2(t)}\,dt$$ $$I_y = \int_{t_1}^{t_2} \varphi^2(t)\sqrt{\dot\varphi^2(t)+\dot\psi^2(t)}\,dt$$	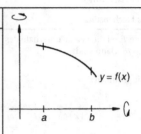

Trägheitsmoment einer Fläche	

äquatoriales Trägheitsmoment
der Fläche A
allgemein
$$I_x = \int_A y^2\,dA; \quad I_y = \int_A x^2\,dA$$
(dA Flächenelement)

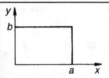

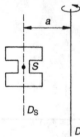

Satz von *Steiner*
$$I_D = I_{D_S} + Aa^2$$

$I_{D_S} :=$ Trägheitsmoment bezüglich der durch den Schwerpunkt S parallel verschobenen Drehachse (D_S)
$A =$ Flächeninhalt
$a =$ Abstand Schwerpunkt-Drehachse (D)

$f(x) = b$
$$I_x = \int_A y^2\,dA = \int_0^b y^2 a\,dy = a\left[\frac{y^3}{3}\right]_0^b = \frac{ab^3}{3}$$
$$I_y = \int_A x^2\,dA = \int_0^a x^2 b\,dx = b\left[\frac{x^3}{3}\right]_0^a = \frac{a^3 b}{3}$$

$$I_x = \frac{1}{3}\int_{x_1}^{x_2}(f_2^3(x) - f_1^3(x))\,dx$$
$$I_y = \int_{x_1}^{x_2} x^2 (f_2(x) - f_1(x))\,dx$$

$$I_p = I_x + I_y = \frac{ab^3 + a^3 b}{3}$$

$$I_x = \frac{1}{3}\int_{x_1}^{x_2}(f(x))^3\,dx$$
$$I_y = \int_{x_1}^{x_2} x^2 f(x)\,dx$$

Bezug auf den Schwerpunkt

$$I_x = \frac{1}{12}ab^3$$
$$I_y = \frac{1}{12}a^3 b$$

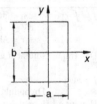

polares Trägheitsmoment (Ursprung)
$$I_p = \int_A r^2\,dA = I_x + I_y$$

zentrifugales Trägheitsmoment
$$I_{xy} = \int_A xy\,dA$$

Übersicht A-45. (Fortsetzung).

Trägheitsmoment eines Rotationskörpers

Der Rotationskörper K entstehe durch Rotation der Fläche $\{(x,y)|a \le x \le b, 0 \le y \le f(x)\}$ um die x-Achse. Dann ist das Trägheitsmoment von K gleich

$$I_x = \frac{\pi}{2} \int_a^b (f(x))^4 \, dx$$

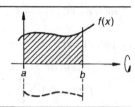

Übersicht A-46. Kurvenintegrale.

Sei C eine parametrisierte Kurve $\{(x(t), y(t)), a \le t \le b\}$, gegeben seien ferner zwei auf C stetige Funktionen $P(x,y)$ und $Q(x,y)$ (Vektorfeld). Dann heißt das Integral

$$\int_C P \, dx + Q \, dy$$

Linien- oder Kurvenintegral (längs C), und es wird wie folgt berechnet:

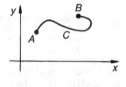

$$\int_C P \, dx + Q \, dy = \int_a^b (P(x(t), y(t))x'(t) + Q(x(t), y(t))y'(t)) \, dt.$$

Dabei ist das Integral unabhängig bezüglich der speziellen Wahl der Parametrisierung von C – im Allgemeinen ist das Integral aber abhängig vom Verlauf von C. Das heißt: Ist $\tilde{C}$ eine andere Kurve mit gleichen Endpunkten A und B, so ist im Allgemeinen

$$\int_{\tilde{C}} P \, dx + Q \, dy \ne \int_C P \, dx + Q \, dy \qquad \text{(Wegabhängigkeit)}$$

Ist $A = B$, so spricht man von geschlossenen Integralen. Ein Kurvenintegral ist offenbar wegunabhängig, wenn alle entsprechenden Integrale des „Vektorfeldes" $(P(x,y), Q(x,y))$ längs geschlossener Wege verschwinden. Es gilt folgendes Fundamentalkriterium (Satz von Poincaré):

Satz (Exaktheit und Wegunabhängigkeit)
Seien $P(x,y)$ und $Q(x,y)$ differenzierbare Funktionen in einem Gebiet $\Omega \subset \mathbb{R}^2$, welches keine Löcher haben darf! Dann sind äquivalent:

(1) $\int_C P \, dx + Q \, dy$ hängt nur von den Endpunkten A, B der Kurve $C \subset \Omega$ ab

(2) $\oint_C P \, dx + Q \, dy = 0$ für alle geschlossenen Kurven C in Ω

(3) $\dfrac{\partial P}{\partial y}(x,y) = \dfrac{\partial Q}{\partial x}(x,y)$ (Exaktheitsbedingung)

Übersicht A-46. (Fortsetzung).

---

(4) Es gibt eine sogenannte Potenzialfunktion $f(x, y)$ des Vektorfeldes P, Q, das heißt: Es gibt eine Funktion f
auf Ω mit $P(x, y) = \dfrac{\partial f}{\partial x}(x, y)$ und $Q(x, y) = \dfrac{\partial f}{\partial y}(x, y)$

Beispiel: $P(x, y) = 2xy^2 + xy$, $Q(x, y) = 2xy$, $C = \{(x, y)|x = t, y = t^2, 0 \le t \le 1\}$
Endpunkte von C sind $(0, 0)$ und $(1, 1)$.
Dann ist mit $dx = dt$, $dy = 2t\,dt = 2x\,dx$

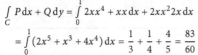

$$\int_C P\,dx + Q\,dy = \int_0^1 2xx^4 + xx\,dx + 2xx^2 2x\,dx$$

$$= \int_0^1 (2x^5 + x^3 + 4x^4)\,dx = \frac{1}{3} + \frac{1}{4} + \frac{4}{5} = \frac{83}{60}$$

Ist jetzt $\tilde{C}$ parallel zu den Achsen – auch A mit B verbindend –,

$\tilde{C} = \{(x, 0)|0 \le x \le 1\} \cup \{(1, y)|0 \le y \le 1\}$, so ist $\displaystyle\int_{\tilde{C}} P\,dx + Q\,dy$

$$= \int_0^1 0\,dx + \int_0^1 2 \cdot 1 \cdot y\,dy = 1.$$

Beide Werte sind verschieden – die Exaktheitsbedingung ist schließlich verletzt:
$$\frac{\partial P}{\partial y} = 4xy + x \ne \frac{\partial Q}{\partial x} = 2y.$$

Das Kurvenintegral einer skalaren Funktion $f(x, y)$, welche auf einer Kurve $C \subset \mathbb{R}^2$ stetig ist,
$C = \{(x(t), y(t))|t \in [a, b]\}$ lautet

$$\int_C f\,ds := \int_a^b f(x(t), y(t))\sqrt{\dot{x}^2(t) + \dot{y}^2(t)}\,dt.$$

Dies ist ein Spezialfall des Kurvenintegrals zuvor, nämlich

$$P(x(t), y(t)) = \frac{f(x(t), y(t))\dot{x}(t)}{\sqrt{\dot{x}^2(t) + \dot{y}^2(t)}}, \quad Q(x(t), y(t)) = \frac{f(x(t), y(t))\dot{y}(t)}{\sqrt{\dot{x}^2(t) + \dot{y}^2(t)}}$$

Übersicht A-47. Mehrfachintegrale.

Doppelintegrale

Sei $R = [a, b] \times [c, d]$ ein Rechteck in $\mathbb{R}^2$ und f stetig auf R. Dann ist

$$\int_R f\,dy\,dx = \int_a^b \int_c^d f(x, y)\,dy\,dx = \int_a^b \underbrace{\left(\int_c^d f(x, y)\,dy\right)}_{\text{Funktion von }x}\,dx,$$

das Integral wird also iteriert berechnet. Ist nun ein Gebiet A (krumme Begrenzungen) gegeben, so führt ein
Ausschöpfungsprozess mittels Rechtecke und anschließender Grenzwertbildung zum Integral
$$\int_A f(x, y)\,dx\,dy$$

Bedeutung: 1) $f \equiv 1 \Rightarrow \displaystyle\int_A dy\,dx = |A| \equiv$ Flächeninhalt von A

2) $f > 0 \Rightarrow \displaystyle\int_A f(x, y)\,dy\,dx \equiv$ Inhalt des säulenartigen Körpers
$$K = \{(x, y, z) \in \mathbb{R}^3|(x, y) \in A, 0 \le z \le f(x, y)\}$$

Übersicht A-47. (Fortsetzung).

Doppelintegrale

Ist die Fläche A in der Form

$A = \{(x, y) | a \le x \le b, g_1(x) \le y \le g_2(x)\}$

durch zwei Begrenzungsfunktionen $g_1(x)$, $g_2(x)$ gegeben (Skizze), so gilt:

$$\int_A f(x, y)\,dx\,dy = \int_a^b \left(\int_{g_1(x)}^{g_2(x)} f(x, y)\,dy \right) dx.$$

Beispiel: $\quad f(x, y) = x^2 + 2xy$
$\qquad\qquad g_1(x) = x^2$
$\qquad\qquad g_2(x) = \sqrt{x}$
$\qquad\qquad A = \{(x, y) | 0 \le x \le 1, x^2 \le y \le \sqrt{x}\}$

und A soll der durch $g_1(x)$ und $g_2(x)$ begrenzte Bereich sein, also

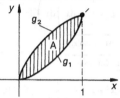

$$\int_A f(x, y)\,dx\,dy = \int_0^1 \int_{x^2}^{\sqrt{x}} (x^2 + 2xy)\,dy\,dx$$

$$= \int_0^1 [x^2 y + xy^2]_{x^2}^{\sqrt{x}}\,dx = \int_0^1 (x^2\sqrt{x} + x \cdot x - x^4 - xx^4)\,dx$$

$$= \int_0^1 (x^{\frac{5}{2}} + x^2 - x^4 - x^5)\,dx = \left[\frac{2}{7}x^{\frac{7}{2}} + \frac{1}{3}x^3 - \frac{1}{5}x^5 - \frac{1}{6}x^6 \right]_0^1$$

$$= \frac{2}{7} + \frac{1}{3} - \frac{1}{5} - \frac{1}{6} = \frac{53}{210}$$

Die Substitutionsregel (Koordinaten-Transformation) lautet $(x = x(u, v), y = y(u, v))$:

$$\int_A f(x, y)\,dx\,dy = \int_{\tilde{A}} f(x(u, v), y(u, v)) \cdot |J(u, v)|\,du\,dv$$

wobei $J(u, v)$ die Determinante der sogenannten Jacobi'schen Matrix ist,

$$\begin{pmatrix} \dfrac{\partial x}{\partial u} & \dfrac{\partial x}{\partial v} \\ \dfrac{\partial y}{\partial u} & \dfrac{\partial y}{\partial v} \end{pmatrix} \equiv \text{Jacobi'sche Matrix der Koordinaten-Transformation}$$

und $\tilde{A}$ ist das durch (u, v) beschriebene Gebiet A, d. h. $(u, v) \in \tilde{A} \Leftrightarrow (x(u, v), y(u, v)) \in A$. Für Polarkoordinaten $(x = r \cos\varphi, y = r \sin\varphi)$ ist die Jacobi-Determinante gerade gleich r, also

$$\int_A f(x, y)\,dx\,dy = \int_{\tilde{A}} \tilde{f}(r, \varphi) r\,dr\,d\varphi$$

mit $\tilde{f}(r, \varphi) = f(r \cos\varphi, r \sin\varphi)$.

Anwendungen: Sei A eine Fläche in $\mathbb{R}^2$ (begrenzt durch $x = a, x = b, y = g_1(x), y = g_2(x)$)

$I_x = \int_A y^2\,dx\,dy \qquad\qquad$ Axiales Flächenträgheitsmoment

$I_y = \int_A x^2\,dx\,dy \qquad\qquad$ Axiales Flächenträgheitsmoment

$I_p = \int_A \underbrace{(x^2 + y^2)}_{r^2}\,dx\,dy \qquad$ Polares Flächenträgheitsmoment

Übersicht A-47. (Fortsetzung).

Dreifach-Integrale, Volumen-Integrale

Es sei: $V \subset \mathbb{R}^3$ eine offene Menge und $f: V \to \mathbb{R}$ eine stetige Funktion dreier Variablen x, y, z. Dann ist das Volumen-Integral

$$\int_V f(x, y, z) \, dV = \int_V f(x, y, z) \, dx \, dy \, dz$$

erklärbar als (additive) Zusammensetzung von Integralen über Würfel (welche als Grenzwert die Menge V ausschöpfen). Ist W der Würfel $a_1 \leq x \leq b_1$, $a_2 \leq y \leq b_2$, $a_3 \leq z \leq b_3$, so ist

$$\int_W f \, dV = \int_{a_3}^{b_3} \Bigg(\int_{a_2}^{b_2} \underbrace{\bigg(\int_{a_1}^{b_1} f(x, y, z) \, dx \bigg)}_{\text{Funktion von } x, y} dy \Bigg) dz$$

$$\underbrace{\phantom{\int_{a_3}^{b_3} \Bigg(\int_{a_2}^{b_2} \bigg(\int_{a_1}^{b_1} f(x, y, z) \, dx \bigg) dy \Bigg) dz}}_{\text{Funktion von } z}$$

Beispiel: $f(x, y, z) = x^2 - 2yz + \dfrac{1}{z+2}$, $\quad W = [0, 1]^3$

$$\int_W f \, dV = \int_0^1 \Bigg(\int_0^1 \bigg(\int_0^1 \Big(x^2 - 2yz + \frac{1}{z+2} \Big) dx \bigg) dy \Bigg) dz = \int_0^1 \Bigg(\int_0^1 \Big[\frac{1}{3}x^3 - 2xyz + \frac{x}{z+2} \Big]_0^1 dy \Bigg) dz$$

$$= \int_0^1 \Bigg(\int_0^1 \Big(\frac{1}{3} - 2yz + \frac{1}{z+2} \Big) dy \Bigg) dz = \int_0^1 \Big[\frac{1}{3}y - zy^2 + \frac{y}{z+2} \Big]_0^1 dz$$

$$= \int_0^1 \Big(\frac{1}{3} - z + \frac{1}{z+2} \Big) dz = \Big[\frac{1}{3}z - \frac{1}{2}z^2 + \log|z+2| \Big]_0^1$$

$$= \frac{1}{3} - \frac{1}{2} + \log \frac{3}{2} = \log \frac{3}{2} - \frac{1}{6}$$

Der häufig auftretende Fall, dass über einen „Säulenkörper" integriert wird, sei an einem Beispiel durchgeführt.

Beispiel: Es sei V definiert durch die Bedingungen $a \leq x \leq b$, $g_1(x) \leq y \leq g_2(x)$, $f_1(x, y) \leq z \leq f_2(x, y)$
Dann ist

$$\int_V f \, dV = \int_a^b \Bigg(\int_{g_1(x)}^{g_2(x)} \bigg(\int_{f_1(x,z)}^{f_2(x,y)} f(x, y, z) \, dz \bigg) dy \Bigg) dx$$

Übersicht A-47. (Fortsetzung).

Dreifach-Integrale

---

und für $a = 0, b = 2, g_1(x) = \dfrac{1}{2}x, g_2(x) = \sqrt{x}, f_1(x, y) = 0, f_2(x, y) = 1 + x^2 - y^2,$
$f(x, y, z) = 1$ ist

$$\int\limits_V f\,\mathrm{d}V = \int\limits_0^2 \left(\int\limits_{\frac{1}{2}x}^{\sqrt{x}} \left(\int\limits_0^{1+x^2+y^2} 1\,\mathrm{d}z \right) \mathrm{d}y \right) \mathrm{d}z = \int\limits_0^2 \left(\int\limits_{\frac{1}{2}x}^{\sqrt{x}} \left(1 + x^2 + y^2 \right) \mathrm{d}y \right) \mathrm{d}x$$

$$= \int\limits_0^2 \left[y + yx^2 + \frac{1}{3}y^3 \right]_{\frac{1}{2}x}^{\sqrt{x}} \mathrm{d}x = \int\limits_0^2 \left(x^{\frac{1}{2}} + x^{\frac{5}{2}} + \frac{1}{3}x^{\frac{3}{2}} - \frac{1}{2}x - \frac{1}{2}x^3 - \frac{1}{24}x^3 \right) \mathrm{d}x$$

$$= \left[\frac{2}{3}x^{\frac{3}{2}} \frac{2}{7}x^{\frac{7}{2}} + \frac{2}{15}x^{\frac{5}{2}} - \frac{1}{4}x^2 - \frac{1}{8}x^4 - \frac{1}{96}x^4 \right]_0^2$$

$$= \sqrt{2}\left(\frac{2}{3} \cdot 2 + \frac{2}{7} \cdot 8 + \frac{2}{15} \cdot 4 \right) - 1 - 2 - \frac{1}{6} = \frac{436}{105} \cdot \sqrt{2} - \frac{19}{6}$$

Bedeutung: Wird die Funktion $f(x, y, z) \equiv 1$ über einen Bereich $V \subset \mathbb{R}^3$ integriert, so folgt

$$\int\limits_V 1\,\mathrm{d}V = \int\limits_V \mathrm{d}x\,\mathrm{d}y\,\mathrm{d}z = \mathrm{Vol}(V) \quad \text{(Volumen)}.$$

Transformationsformel: Bei Einführung neuer Koordinaten muss die Determinante der Jacobi-Matrix berechnet werden und miteinbezogen werden, analog zum 2-dimensionalen Fall. Im Fall der häufig vorkommenden Kugelkoordinaten ist

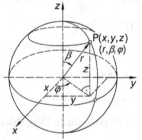

$$x = r\sin\beta\cos\varphi$$
$$y = r\sin\beta\sin\varphi$$
$$z = r\cos\beta$$
$$\cos\beta = \frac{z}{r};$$
$$\cos\varphi = \frac{x}{\sqrt{x^2 + y^2}}$$
$$r = \sqrt{x^2 + y^2 + z^2}$$

$$J = \begin{pmatrix} \dfrac{\partial x}{\partial r} & \dfrac{\partial x}{\partial \beta} & \dfrac{\partial x}{\partial \varphi} \\[2mm] \dfrac{\partial y}{\partial r} & \dfrac{\partial y}{\partial \beta} & \dfrac{\partial y}{\partial \varphi} \\[2mm] \dfrac{\partial z}{\partial r} & \dfrac{\partial z}{\partial \beta} & \dfrac{\partial z}{\partial \varphi} \end{pmatrix} = \begin{pmatrix} \sin\beta\cos\varphi & r\cos\beta\cos\varphi & -r\sin\beta\sin\varphi \\ \sin\beta\sin\varphi & r\cos\beta\sin\varphi & r\sin\beta\cos\varphi \\ \cos\beta & -r\sin\beta & 0 \end{pmatrix}$$

$$\det J = r^2\sin\beta$$

A.15 Summen, Folgen und Reihen

Übersicht A-48. Summen, Folgen und Reihen.

Summen

Unter Summen versteht man gewöhnlich die Addition endlich vieler Zahlen $a_1, \ldots, a_n \in \mathbb{C}$

$$\sum_{k=1}^{n} a_k = a_1 + a_2 + \ldots + a_n;$$

unter Reihen dagegen die Addition unendlich vieler Summanden – letzteres wird über eine Grenzwertbetrachtung geführt.

Summen oder Reihen heißen alternierend, falls die Summanden abwechselnd verschiedene Vorzeichen haben. Beispiele für Summen:

(1) $a + (a + d) + (a + 2d) + \ldots + (a + (n-1)d) = \sum_{k=0}^{n-1} (a + kd) = n \cdot a + \dfrac{n}{2}(n-1)d$

   (diese Summe heißt arithmetische Summe; die Differenz aufeinander folgender Glieder ist konstant (d))

(2) $1 + 2 + 3 + \ldots + n = \sum_{k=1}^{n} k = \dfrac{1}{2}n(n+1)$ (ein Spezialfall von (1))

(3) $1 \cdot 2 + 2 \cdot 3 + \ldots + (n-1)n = \dfrac{1}{3}(n-1)n(n+1)$

(4) $1^2 + 3^2 + \ldots + (2n-1)^2 = \dfrac{1}{3}n(2n-1)(2n+1)$

(5) $1^2 + 2^2 + 3^2 + \ldots + n^2 = \dfrac{1}{6}n(n+1)(2n+1)$

(6) $1^3 + 2^3 + 3^3 + \ldots + n^3 = \dfrac{1}{4}n^2(n+1)^2$

(7) Die geometrische Summe ist dadurch gekennzeichnet, dass der Quotient aufeinander folgender Glieder konstant ist. Das heißt:

   $a_1 = a_0 \cdot q, a_2 = a_1 \cdot q = a_0 \cdot q^2, \ldots, a_n = a_0 \cdot q^n$

   $$\sum_{k=0}^{n} = a_0 \sum_{k=0}^{n} q^k = a_0(1 + q + q^2 + \ldots + q^n) = a_0 \frac{1 - q^{n+1}}{1 - q}.$$

Die geometrische Summe – ebenso wie die geometrische Reihe – hat eine außerordentliche, anwendungsbezogene Bedeutung:

Prozentuale Zuwächse, progressive Vorgänge werden durch Zahlenfolgen

$a, aq, aq^2, \ldots$

beschrieben, wie z. B. die Zinsrechnung im Finanzwesen:

Vorgang 1: Ein Kapital (K_0) wird n Jahre mit Zinseszins verzinst.

   Zinssatz $i = \dfrac{p}{100}$ (p heißt Zinsfuß)

   Auf-, Abzinsfaktor $q_+ = 1 + i$ bzw. $q_- = 1 - i$

   K_n bezeichnet das Kapital am Ende der n-ten Zinsperiode (i. d. R. ein Jahr)

$$\boxed{K_n = K_0 q_+^n = K_0 \left(1 + \frac{p}{100}\right)^n}$$

Übersicht A-48. (Fortsetzung).

Vorgang 2: Es werden während der Zinsperioden regelmäßige Einzahlungen konstanten Betrages (E) getätigt, welche mit $p\%$
- innerhalb der Zinsperiode linear
- desweiteren mit Zinseszins
verzinst werden. (z. B. monatliche Einzahlungen von 100 € auf ein Sparbuch, Jahreszins 5%).
Nach Ablauf von n Jahren beträgt das angesparte Kapital K_n (bei vorschüssigem Einzahlungsmodus)

$$K_n = m \cdot E \left(1 + \frac{m+1}{2m} \cdot \frac{p}{100} \right) \frac{q^n - 1}{q - 1}$$

Folgen

Eine Folge $(a_n)_{n \in \mathbb{N}}$ (mit $a_i \in \mathbb{R}$ oder $\mathbb{C}$) heißt konvergent, wenn es eine Zahl $a \in \mathbb{R}$ ($\mathbb{C}$) gibt mit folgender Eigenschaft:
Für jedes $\varepsilon > 0$ gibt es ein N, sodass für $n \geq N$ gilt

$$|a_n - a| < \varepsilon.$$

Man sagt dann: $a_n \xrightarrow[n \to \infty]{} a, \, a = \lim_{n \to \infty} a_n$
Eine nicht konvergente Folge heißt divergent.

Regeln: 1) $a_n \to a, b_n \to b \quad \Rightarrow a_n + b_n \to a + b$
2) $a_n \to a, b_n \to b \quad \Rightarrow a_n \cdot b_n \to a \cdot b$
3) $\left. \begin{array}{l} a_n \to a, \ b_n \to b \\ \text{und } b \neq 0 \end{array} \right\} \Rightarrow \dfrac{a_n}{b_n} \to \dfrac{a}{b}$
4) $a_n \to a \qquad\qquad \Leftrightarrow |a_n - a| \xrightarrow[n \to \infty]{} 0$
5) Sei $0 \leq b_n \leq a_n$.
   Ist dann $a_n \to 0$, so gilt auch $b_n \to 0$.

Eine Funktion $f(x)$ heißt stetig in x_0, falls gilt:

$$x_n \xrightarrow[n \to \infty]{} x_0 \Rightarrow f(x_n) \xrightarrow[n \to \infty]{} f(x_0)$$

Der Ausdruck $\lim_{n \to x_0} f(x) = a$ bedeutet:
Für jede Folge $(x_n)_{n \in \mathbb{N}}$ mit $x_n \to a$ gilt $\lim_{n \to \infty} f(x_n) = a$.

Beispiele: $\left(\dfrac{1}{n} \right) \to 0$
$\left(1 + \dfrac{1}{n} \right)^n \to e \qquad$ (Euler'sche Zahl)
$x^n \qquad \to 0 \Leftrightarrow |x| < 1$
$(\sin n)_{n \in \mathbb{N}}$ ist divergent
$((-1)^n)_{n \in \mathbb{N}}$ ist divergent

Wichtiger Satz (Bolzano-Weierstraß)
Ist $(a_n)_{n \in \mathbb{N}}$ eine Folge (in $\mathbb{R}/\mathbb{C}$), welche beschränkt ist – d. h. es gibt eine Konstante $K > 0$ mit $|a_n| \leq K$ für alle n – so gibt es eine unendliche Teilauswahl der a_n („Teilfolge"), welche konvergent ist.

Übersicht A-48. (Fortsetzung).

Reihen

Gegeben ist eine Folge von Summanden $a_1, a_2, \ldots$ Man setzt

$S_n := \sum\limits_{k=1}^{n} a_k$ (n-te „Partialsumme")

Dann: Die Reihe der a_k heißt *konvergent* $\Leftrightarrow$ die Folge $(S_n)_{n \in \mathbb{N}}$ ist konvergent

und $\sum\limits_{k=1}^{\infty} a_k = \lim\limits_{n \to \infty} \left(\sum\limits_{k=1}^{n} a_k \right) = \lim\limits_{n \to \infty} S_n = S$

Falls nicht konvergent: Reihe divergent

Beispiele: konvergente Reihen

$1 = \sum\limits_{n=1}^{\infty} \dfrac{1}{n(n+1)} = \dfrac{1}{1 \cdot 2} + \dfrac{1}{2 \cdot 3} + \dfrac{1}{3 \cdot 4} + \ldots$

$\dfrac{1}{2} = \sum\limits_{n=1}^{\infty} \dfrac{1}{(2n-1)(2n+1)} = \dfrac{1}{1 \cdot 3} + \dfrac{1}{3 \cdot 5} + \dfrac{1}{5 \cdot 7} + \ldots$

$\dfrac{1}{4} = \sum\limits_{n=1}^{\infty} \dfrac{1}{n(n+1)(n+2)} = \dfrac{1}{1 \cdot 2 \cdot 3} + \dfrac{1}{2 \cdot 3 \cdot 4} + \ldots$

$2 = \sum\limits_{n=0}^{\infty} \dfrac{1}{2^n} = 1 + \dfrac{1}{2} + \dfrac{1}{4} + \dfrac{1}{8} + \ldots$

$\ln 2 = \sum\limits_{n=1}^{\infty} (-1)^{n+1} \dfrac{1}{n} = 1 - \dfrac{1}{2} + \dfrac{1}{3} - \dfrac{1}{4} + - \ldots$

$e = \sum\limits_{n=0}^{\infty} \dfrac{1}{n!} = 1 + \dfrac{1}{1!} + \dfrac{1}{2!} + \ldots$

$\dfrac{1}{e} = \sum\limits_{n=0}^{\infty} (-1)^n \dfrac{1}{n!} = 1 - \dfrac{1}{1!} + \dfrac{1}{2!} - \dfrac{1}{3!} + - \ldots$

$\dfrac{\pi}{4} = \sum\limits_{n=1}^{\infty} (-1)^{n+1} \dfrac{1}{2n-1} = 1 - \dfrac{1}{3} + \dfrac{1}{5} - \dfrac{1}{7} + - \ldots$

$\dfrac{\pi^2}{6} = \sum\limits_{n=1}^{\infty} \dfrac{1}{n^2} = \dfrac{1}{1^2} + \dfrac{1}{2^2} - \dfrac{1}{3^2} + \ldots$

$\dfrac{\pi^2}{8} = \sum\limits_{n=0}^{\infty} \dfrac{1}{(2n+1)^2} = \dfrac{1}{1^2} + \dfrac{1}{3^2} + \dfrac{1}{5^2} + \ldots$

$\dfrac{\pi^2}{12} = \sum\limits_{n=1}^{\infty} (-1)^{n+1} \dfrac{1}{n^2} = \dfrac{1}{1^2} - \dfrac{1}{2^2} + \dfrac{1}{3^2} - + \ldots$

$\sum\limits_{k=0}^{\infty} q^k = 1 + q + q^2 + \ldots$ konvergent $\Leftrightarrow |q| < 1$ und $\sum\limits_{k=0}^{\infty} q^k = \dfrac{1}{1-q}$

---

divergente Reihen

$\sum\limits_{n=0}^{\infty} (-1)^n$ $\sum\limits_{n=1}^{\infty} \dfrac{1}{n} = 1 + \dfrac{1}{2} + \dfrac{1}{3} + \ldots$ $(= \infty)$

(harmonische Reihe)

Wichtige Konvergenz-Tests:

① $\left| \sum\limits_{n=1}^{\infty} a_n \right| < \infty \Rightarrow a_n \to 0$ (aber nicht „$\Leftarrow$")

② $a_n \to 0$ mit $0 < a_{n+1} < a_n \Rightarrow \sum\limits_{n=0}^{\infty} (-1)^n a_n$ konvergent (Leibniz)

③ Gilt $\left| \dfrac{a_{n+1}}{a_n} \right| \leq q < 1$ für alle $n \geq n_0$, so ist $\sum\limits_{n=1}^{\infty} a_n$ konvergent (Quotientenkriterium)

Übersicht A-49. Reihenentwicklung von Funktionen.

Potenzreihen

Satz von Taylor: Ist $f(x)$ im Intervall $a < x < b$ $(n+1)$-mal differenzierbar,
ist $x_0 \in \,]a, b[$, so ist

$$\left\| f(x_0 + h) = f(x_0) + \frac{h}{1!} f'(x_0) + \ldots + \frac{h^n}{n!} f^{(n)}(x_0) + R_n \right\| \quad \text{Taylor-Formel}$$

wobei $R_n = R_n(x_0, h) = \dfrac{h^{n+1}}{(n+1)!} f^{(n+1)}(x_0 + \delta h)$ mit einem gewissen $0 \le \delta \le 1$ das

sogenannte Lagrange-Restglied ist.

Falls nun $f(x)$ beliebig oft differenzierbar ist, falls ferner $R_n \xrightarrow[n \to \infty]{} 0$ (was leider nicht immer gilt), so ge-
winnt man aus der Taylor-Formel die Taylor-Reihe/McLaurin'sche Reihe/analytische Entwicklung der Funk-
tion f (um x_0). Im Folgenden einige Spezialfälle.

Binomische Reihen

$$\binom{m}{n} = \frac{m(m-1) \cdot \ldots \cdot (m-n+1)}{n!}$$

$$(1 \pm x)^n = 1 \pm \binom{n}{1} x + \binom{n}{2} x^2 \pm \binom{n}{3} x^3 + \pm \ldots \quad |x| \le 1$$

$$(1 \pm x)^{\frac{1}{2}} = 1 \pm \frac{1}{2} x - \frac{1}{8} x^2 \pm \frac{1}{16} x^3 - \frac{5}{128} x^4 \pm \frac{7}{256} x^5 - \frac{21}{1024} x^6 \pm \ldots \quad |x| \le 1$$

Exponentialfunktionen

$$e^x = 1 + \frac{x}{1!} + \frac{x^2}{2!} + \ldots = \sum_{i=0}^{\infty} \frac{x^i}{i!} \quad |x| < \infty$$

$$a^x = e^{x \ln a} = 1 + \frac{x \ln a}{1!} + \frac{x^2 \ln^2 a}{2!} + \ldots \quad |x| < \infty$$
$$a > 0$$

Logarithmusfunktionen

$$\ln x = \frac{x-1}{1} - \frac{(x-1)^2}{3} + \frac{(x-1)^3}{3} - + \ldots \quad 0 < x \le 2$$

$$\ln(1 + x) = x - \frac{x^2}{2} + \frac{x^3}{3} - \frac{x^4}{4} + - \ldots \quad -1 < x \le 1$$

$$\ln(1 - x) = -\left(x + \frac{x^2}{2} + \frac{x^3}{3} + \ldots \right) \quad -1 < x < 1$$

$$\ln \frac{(1+x)}{(1-x)} = 2 \operatorname{artanh} x = 2 \left(x + \frac{x^3}{3} + \frac{x^5}{5} + \ldots \right) \quad |x| < 1$$

$$\ln \frac{(x+1)}{(x-1)} = 2 \operatorname{arcoth} x = 2 \left(\frac{1}{x} + \frac{1}{3x^3} + \frac{1}{5x^5} + \ldots \right) \quad |x| > 1$$

Übersicht A-49. (Fortsetzung).

trigonometrische Funktionen

$$\sin x = x - \frac{x^3}{3!} + \frac{x^5}{5!} - \frac{x^7}{7!} + - \ldots \qquad |x| < \infty$$

$$\cos x = 1 - \frac{x^2}{2!} + \frac{x^4}{4!} - \frac{x^6}{6!} + - \ldots \qquad |x| < \infty$$

$$\tan x = x + \frac{1}{3}x^3 + \frac{2}{15}x^5 + \frac{17}{315}x^7 + \ldots \qquad |x| < \frac{\pi}{2}$$

$$\cot x = \frac{1}{x} - \frac{1}{3}x - \frac{1}{45}x^3 - \frac{2}{945}x^5 - \ldots \qquad 0 < |x| < \pi$$

zyklometrische Funktionen

$$\arcsin x = x + \frac{1}{2}\frac{x^3}{3} + \frac{1 \cdot 3}{2 \cdot 4}\frac{x^5}{5} + \frac{1 \cdot 3 \cdot 5}{2 \cdot 4 \cdot 6}\frac{x^7}{7} + \ldots \qquad |x| < 1$$

$$\arccos x = \frac{\pi}{2} - x - \frac{1}{2}\frac{x^3}{3} - \frac{1 \cdot 3}{2 \cdot 4}\frac{x^5}{5} - \frac{1 \cdot 3 \cdot 5}{2 \cdot 4 \cdot 6}\frac{x^7}{7} + \ldots \qquad |x| < 1$$

$$\arctan x = x - \frac{x^3}{3} + \frac{x^5}{5} - \frac{x^7}{7} + - \ldots \qquad |x| < 1$$

$$\text{arccot}\, x = \frac{\pi}{2} - x + \frac{x^3}{3} - \frac{x^5}{5} + \frac{x^7}{7} - + \ldots \qquad |x| < 1$$

Hyperbelfunktionen

$$\sinh x = x + \frac{1}{3!}x^3 + \frac{1}{5!}x^5 + \frac{1}{7!}x^7 + \ldots \qquad |x| < \infty$$

$$\cosh x = 1 + \frac{1}{2!}x^2 + \frac{1}{4!}x^4 + \frac{1}{6!}x^6 + \ldots \qquad |x| < \infty$$

$$\tanh x = x - \frac{1}{3}x^3 + \frac{2}{15}x^5 - \frac{17}{315}x^7 + - \ldots \qquad |x| < \frac{\pi}{2}$$

$$\coth x = \frac{1}{x} + \frac{x}{3} - \frac{x^3}{45} + \frac{2x^5}{945} - + \ldots \qquad 0 < |x| < \pi$$

Areafunktionen

$$\text{arsinh}\, x = x - \frac{1}{2}\frac{x^3}{3} + \frac{1 \cdot 3}{2 \cdot 4}\frac{x^5}{5} - \frac{1 \cdot 3 \cdot 5}{2 \cdot 4 \cdot 6}\frac{x^7}{7} + \ldots \qquad |x| < 1$$

$$\text{arcosh}\, x = \pm \left\{ \ln(2x) - \frac{1}{2} \cdot \frac{1}{2x^2} - \frac{1 \cdot 3}{2 \cdot 4} \cdot \frac{1}{4x^4} - \frac{1 \cdot 3 \cdot 5}{2 \cdot 4 \cdot 6} \cdot \frac{1}{6x^6} \right\} \qquad x > 1$$

$$\text{artanh}\, x = x + \frac{x^3}{3} + \frac{x^5}{5} + \frac{x^7}{7} + \ldots \qquad |x| < 1$$

$$\text{arcoth}\, x = \frac{1}{x} + \frac{1}{3} \cdot \frac{1}{x^3} + \frac{1}{5} \cdot \frac{1}{x^5} + \ldots \qquad |x| > 1$$

Übersicht A-49. (Fortsetzung).

Näherungen (ε sehr klein)	
$(1 \pm \varepsilon)^n \approx 1 \pm n\varepsilon \quad |\varepsilon| \ll 1$	$\dfrac{1}{\sqrt[\ell]{(1 \pm \varepsilon)^q}} \approx 1 \mp \dfrac{q}{p}\varepsilon$
$(a \pm \varepsilon)n \approx a^n \approx a^n\left(1 \pm n\dfrac{\varepsilon}{a}\right)$	$e^\varepsilon \approx 1 + \varepsilon; \quad a^\varepsilon \approx 1 + \varepsilon \ln a$
$\sqrt{1 \pm \varepsilon} \approx 1 \pm \dfrac{1}{2}\varepsilon$	$\ln(1 + \varepsilon) \approx \varepsilon$
$\sqrt{a \pm \varepsilon} \approx \sqrt{a}\left(1 \pm \dfrac{\varepsilon}{2a}\right)$	$\ln\left(\dfrac{1+\varepsilon}{1-\varepsilon}\right) \approx 2\varepsilon; \quad \ln(\varepsilon + \sqrt{\varepsilon^2 + 1}) \approx \varepsilon$
$\dfrac{1}{1 \pm \varepsilon} \approx 1 \mp \varepsilon$	$\sin \varepsilon \approx \varepsilon; \quad \cos \varepsilon \approx 1 - \dfrac{1}{2}\varepsilon^2$
$\dfrac{1}{a \pm \varepsilon} \approx \dfrac{1}{a}\left(1 \mp \dfrac{\varepsilon}{a}\right)$	$\tan \varepsilon \approx \varepsilon; \quad \cot \varepsilon \approx \dfrac{1}{\varepsilon}$
$\dfrac{1}{\sqrt{1 \pm \varepsilon}} \approx 1 \mp \dfrac{1}{2}\varepsilon$	$\arcsin \varepsilon \approx \varepsilon; \quad \arctan \varepsilon \approx \varepsilon$
$\dfrac{1}{\sqrt{a \pm \varepsilon}} \approx \dfrac{1}{\sqrt{a}}\left(1 \mp \dfrac{\varepsilon}{2a}\right)$	$\sinh \varepsilon \approx \varepsilon; \quad \cosh \varepsilon \approx 1 + \dfrac{\varepsilon^2}{2}$
$\sqrt[\ell]{(1 + \varepsilon)^q} \approx 1 \pm \dfrac{q}{p}\varepsilon$	$\tanh \varepsilon \approx \varepsilon; \quad \coth \varepsilon \approx \dfrac{1}{\varepsilon}$
	$\text{arsinh } \varepsilon \approx \varepsilon; \quad \text{artanh } \varepsilon \approx \varepsilon$
	allgemein: $f(\varepsilon) \approx f(0) + \varepsilon f'(0)$

Diese Entwicklungen können für Näherungen verwendet werden, sowie die Taylorentwicklung selbst:
$f(h) = f(0) + h \cdot f'(0) + R_2$ mit $R_2 \approx h^2$

A.16 Fourier-Reihen

Übersicht A-50. Fourier-Reihen.

Kurvenform	Fourier-Reihe
Rechteckimpulse	$f(x) = \dfrac{4a}{\pi}\left\{\dfrac{\cos b}{1}\sin x + \dfrac{\cos 3b}{3}\sin(3x) + \right.$ $\left. + \dfrac{\cos 5b}{5}\sin(5x) + \ldots\right\}$
	$f(x) = \dfrac{2a}{\pi}\left\{\dfrac{b}{2} + \dfrac{\sin b}{1}\cos x + \dfrac{\cos(2b)}{2}\cos(2x) + \right.$ $\left. + \dfrac{\sin(3b)}{3}\cos(3x) + \ldots\right\}$

Übersicht A-50. (Fortsetzung).

Kurvenform	Fourier-Reihe

Rechteckkurve

$$f(x) = \frac{4a}{\pi}\left\{ \cos x - \frac{\cos(3x)}{3} + \frac{\cos(5x)}{5} - + \dots \right\}$$

$$f(x) = \frac{4a}{\pi}\left\{ \sin x - \frac{\sin(3x)}{3} + \frac{\sin(5x)}{5} - + \dots \right\}$$

Dreieckimpuls

$$f(x) = \frac{ab}{2\pi} + \frac{2a}{\pi^2}\left\{ \frac{(1-\cos b)}{1^2}\cos x + \frac{1-\cos(2b)}{2^2}\cos(2x) \right.$$
$$\left. + \frac{1-\cos(3b)}{3^2}\cos(3x) + \dots \right\}$$

$$f(x) = \frac{a}{2}\left\{ 1 + \frac{8}{\pi^2}\left(\cos x + \frac{\cos(3x)}{3^2} + \frac{\cos(5x)}{5^2} + \dots \right) \right\}$$

$$f(x) = \frac{a}{2}\left\{ 1 - \frac{8}{\pi^2}\left(\cos x + \frac{\cos(3x)}{3^2} + \frac{\cos(5x)}{5^2} + \dots \right) \right\}$$

Dreieckkurve

$$f(x) = \frac{8a}{\pi^2}\left\{ \frac{\sin x}{1^2} - \frac{\sin(3x)}{3^2} + \frac{\sin(5x)}{5^2} - + \dots \right\}$$

$$f(x) = \frac{8a}{\pi^2}\left\{ \frac{\cos x}{1^2} - \frac{\cos(3x)}{3^2} + \frac{\cos(5x)}{5^2} - + \dots \right\}$$

Übersicht A-50. (Fortsetzung).

Kurvenform	Fourier-Reihe
Sägezahnkurve 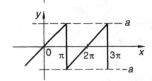	$$f(x) = -\frac{2a}{\pi}\left\{\sin x + \frac{\sin(2x)}{2} + \frac{\sin(3x)}{3} + \ldots\right\}$$
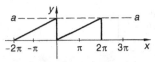	$$f(x) = \frac{2a}{\pi}\left\{\frac{\sin x}{1} - \frac{\sin(2x)}{2} + \frac{\sin(3x)}{3} - + \ldots\right\}$$
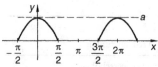	$$f(x) = \frac{a}{2}\left\{1 - \frac{2}{\pi}\left(\frac{\sin x}{1} + \frac{\sin(2x)}{2} + \frac{\sin(3x)}{3} + \ldots\right)\right\}$$
gleichgerichteter Wechselstrom (Einweggleichrichtung) 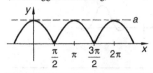	$$f(x) = \frac{a}{\pi}\left\{1 + \frac{\pi}{2}\cos x + \frac{2}{1\cdot 3}\cos(2x) - \right.$$ $$\left. -\frac{2}{3\cdot 5}\cos(4x) + \frac{2}{5\cdot 7}\cos(6x) - + \ldots\right\}$$
gleichgerichteter Wechselstrom (Zweiweggleichrichtung)	$$f(x) = \frac{2a}{\pi}\left\{1 + \frac{2}{1\cdot 3}\cos(2x) - \frac{2}{3\cdot 5}\cos(4x) + \right.$$ $$\left. + \frac{2}{5\cdot 7}\cos(6x) - + \ldots\right\}$$

A.17 Fourier-Transformation

Übersicht A-51. Fourier-Transformation.

Lösungsansatz

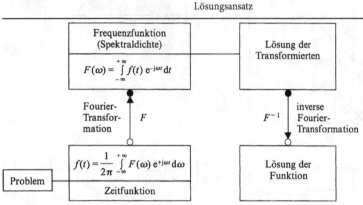

Frequenzfunktion
(Spektraldichte)

$$F(\omega) = \int\limits_{-\infty}^{+\infty} f(t)\, e^{-j\omega t}\, dt$$

Lösung der
Transformierten

Fourier-
Transfor-
mation F

F^{-1} inverse
Fourier-
Transformation

$$f(t) = \frac{1}{2\pi} \int\limits_{-\infty}^{+\infty} F(\omega)\, e^{+j\omega t}\, d\omega$$

Problem

Zeitfunktion

Lösung der
Funktion

Zeitfunktion: zeitlicher Verlauf des Signals
Frequenzfunktion: Frequenzen, Amplituden und Phasen

Eigenschaft der Verschiebung

Verschiebung des Spektrums um ω_0

Zeitfunktion	Frequenzfunktion
amplitudenmodulierte Kosinusfunktion	Spektrum ist um $\pm\omega_0$ verschoben

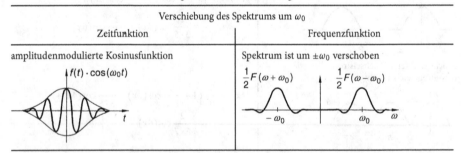

$f(t) \cdot \cos(\omega_0 t)$

$\frac{1}{2} F(\omega + \omega_0)$ $\frac{1}{2} F(\omega - \omega_0)$

$-\omega_0$ ω_0 ω

Eigenschaft der Ähnlichkeit

reziprokes Verhalten der Breite der Zeitfunktion Δt und der Breite der Frequenzfunktion $\Delta \omega$.
$\Delta t \cdot \Delta \omega = 1$
Physik: $\Delta x \cdot \Delta p_x \geq h$ Unschärferelation
Δx Ortsschärfe; Δp_x Impulsschärfe in x-Richtung;
h Planck'sches Wirkungsquantum; $h = 6{,}626 \cdot 10^{-34}\ \text{J} \cdot \text{s}$
Nachrichtentechnik: $T \cdot 2B = 1$ Shannon'sches Abtasttheorem
T Abtastintervall; B Bandbreite

Übersicht A-51. (Fortsetzung).

Eigenschaft der Ähnlichkeit	
Zeitfunktion	Frequenzfunktion
breite Zeitfunktion 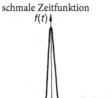	schmale Frequenzfunktion 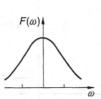
schmale Zeitfunktion 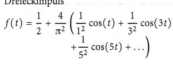	breite Frequenzfunktion

Fourier-Transformation	
Zeitfunktion	Frequenzfunktion
Rechteckimpuls $f(t) = \dfrac{4}{\pi}\left(\sin(t) + \dfrac{1}{3}\sin(3t) + \dfrac{1}{5}\sin(5t) + \ldots\right)$	$F(\omega) = \dfrac{2\sin(\omega T)}{\omega}$
Dreieckimpuls $f(t) = \dfrac{1}{2} + \dfrac{4}{\pi^2}\left(\dfrac{1}{1^2}\cos(t) + \dfrac{1}{3^2}\cos(3t) \right.$ $\left. \quad + \dfrac{1}{5^2}\cos(5t) + \ldots\right)$ 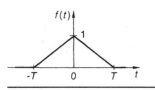	$F(\omega) = \dfrac{4\sin^2(\omega T/2)}{T\omega^2}$ 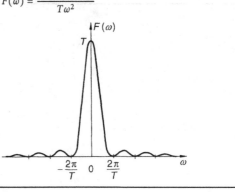

Übersicht A-51. (Fortsetzung).

Fourier-Transformation	
Zeitfunktion	Frequenzfunktion

Impuls einer $\cos^2$-Funktion

$f(t) = \cos^2\left(\dfrac{\pi}{2T} \cdot t\right)$

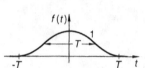

$F(\omega) = \dfrac{\sin(\omega T)}{\omega T} \cdot \dfrac{T}{1 - \left(\dfrac{\omega T}{\pi}\right)^2}$

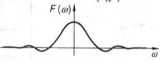

Impuls einer Gauß-Funktion

$f(t) = e^{-t^2/2T^2}$

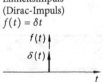

$F(\omega) = \sqrt{2\pi} \cdot T \cdot e^{-\frac{1}{2}(\omega T)^2}$

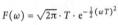
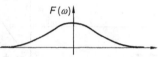

Exponentialimpuls

$f(t) = e^{-t/T}$

$F(\omega) = \dfrac{T}{1 + j\omega T}$

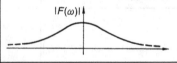

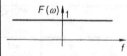

Einheitsimpuls
(Dirac-Impuls)

$f(t) = \delta t$

$F(\omega) = 1$

A.18 Gewöhnliche Differenzialgleichungen

Differenzialgleichungen sind Gleichungen, bei welchen als Lösungen Funktionen gesucht sind. Handelt es sich bei diesen gesuchten Funktionen um solche einer einzigen Variablen, so spricht man von gewöhnlichen Differenzialgleichungen – ansonsten von „partiellen Differenzialgleichungen". Die allgemeine (oder implizite) Form einer gewöhnlichen Differenzialgleichung lautet

$$F(x, y, y', \ldots, y^{(n)}) = 0,$$

und man nennt die höchste in der Gleichung auftretende Ableitungsordnung der zu suchenden Funktion $y(x)$, die – in $F(x, y, y', \ldots, y^{(n)}) = 0$ eingesetzt – der Gleichung genügt, die Ordnung der Differenzialgleichung. Kann die Gleichung $F(x, y, y', \ldots, y^{(n)}) = 0$ explizit nach $y^{(n)}$ aufgelöst werden, so liegt mit

$$y^{(n)} = f(x, y, \ldots, y^{(n-1)})$$

die allgemeine, explizite Form einer Differenzialgleichung n-ter Ordnung vor.

z. B.: $x \cdot e^{y y''} = 1 \Leftrightarrow y'' = \dfrac{-1}{y} \ln x$.

Bei mehreren, gekoppelten Gleichungen für mehrere (ebenso viele) gesuchte Funktionen spricht man von Differenzialgleichungssystemen; Differenzialgleichungen höherer Ordnung können in der Regel in Systeme 1. Ordnung überführt werden.

In Physik und Technik sind insbesondere die beiden (expliziten) Grundtypen wichtig:

$y' = f(x, y)$ (Differenzialgleichung 1. Ordnung)

$y'' = f(x, y, y')$ (Differenzialgleichung 2. Ordnung)

A.18.1 Differenzialgleichung $y' = f(x, y)$

Es sei $f: I x M \to \mathbb{R}$ eine stetige Funktion; I und M seien Intervalle in $\mathbb{R}$. Gesucht ist eine Funktion $y: \tilde{I} \to \mathbb{R}$, welche differenzierbar ist und für die die Wohldefiniertheitsbedingung $\tilde{I} \subset I$ und $y(\tilde{I}) \subset M$ gilt, sodass

$$y'(x) = f(x, y(x)) \qquad \text{für alle} \quad x \in \tilde{I}$$

identisch erfüllt ist. Solche Differenzialgleichungen haben i. Allg. viele Lösungen, nämlich

a) eine Funktionsschar $y_k(x)$, (die „allgemeine Lösung") abhängig von einem reellen Parameter $\lambda \in \mathbb{R}$
b) sogenannte „singuläre Lösungen", das sind solche, die in der allgemeinen Lösung nicht vorkommen

Beispiel:

Für die Differenzialgleichung

$$y' = x(y - 2)^2$$

hat man die Lösungen

$$y_\lambda(x) = \frac{2}{\lambda - x^2} \qquad (\lambda \in \mathbb{R})$$

und

$$y = \text{const} = 2$$

Zentrale Bedeutung für die gesamte Theorie und Praxis der Differenzialgleichungen hat der Existenz- und Eindeutigkeitssatz.

Theorem (Existenz- und Eindeutigkeitssatz)

Es sei $f: I x M$ stetig und sei $x_0 \in I$. Dann hat für jedes $y_0 \in M$ das sogenannte Anfangswertproblem (AWP)

$$y' = f(x, y)$$
$$y(x_0) = y_0$$

mindestens eine Lösung. Ist die Funktion f sogar noch differenzierbar auf $I \times M$ (allgemeiner: lokal gleichmäßig lipschitzstetig bzgl. y), so hat das Anfangswertproblem genau eine Lösung. (Die Vorgabe von y_0 kann also als Parameter λ der allgemeinen Lösung (lokal um x_0) dienen).

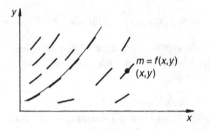

Eine *geometrische* Vorstellung der Lösungsschar der Differenzialgleichung $y' = f(x, y)$

bekommt man durch Zeichnen des Richtungsfeldes: Ist nämlich $y(x)$ eine Lösung, so ist $y'(x)$ einerseits die Steigung an diese Kurve in x und andererseits gleich dem Wert $f(x, y(x))$. Durch Zeichnen vieler kleiner Steigungsgeraden erhält man das Richtungsfeld und durch glattes Verbinden gelangt man zu den Lösungskurven.

A.18.2 Lineare Differenzialgleichung 1. Ordnung

Sie lautet:

$$y' + g(x)y = h(x)$$

mit stetigen Funktionen g und h auf einem Intervall I. Die Gleichung heißt homogen $\Leftrightarrow$ $h(x) = 0$, sonst inhomogen. Es gibt mehrere Lösungsmöglichkeiten:

allgemein	Beispiel
Methode 1 (Lösung nach Formel): $y(x)$ löst die gegebene Differenzialgleichung $\Leftrightarrow$ $y(x) = \left[k + \int_{x_0}^{x} \left[h(t) e^{\int^{t} g(s)\,ds} \right] dt \right] e^{-\int_{x_0}^{x} g(s)\,ds}$ Hierbei ist $k \in \mathbb{R}$ beliebig, $x_0 \in I$ beliebig. Offenbar gilt dann auch $y(x_0) = k$	$y' + 2y = 3x^2 + 1$ $y(x) = \left[k + \int_{0}^{x} \left((3t^2 + 1)\,e^{2t} \right) dt \right] e^{-2x}$ $= k\,e^{-2x} + \left\{ 3e^{2x} \left(\dfrac{x^2}{2} - \dfrac{x}{2} + \dfrac{1}{4} \right) + \dfrac{1}{2} \right\} e^{-2}$ $= k\,e^{-2x} + \dfrac{3}{2}x^2 - \dfrac{3}{2}x + \dfrac{5}{4} \qquad (k \in \mathbb{R})$
Methode 2 (Variation der Konstanten): Dies ist eine spezielle Form eines Ansatzverfahrens, welches in 2 Schritten verläuft: 1. Lösung der homogenen Gleichung: Ist $G(x) = \int_{x_0}^{x} g(s)\,ds$ irgendeine Stammfunktion von $g(x)$, so ist die Gesamtheit aller Lösungen von $y' + g(x)y = 0$ durch $y(x) = k\,e^{-G(x)}, \qquad k \in \mathbb{R}$ gegeben. 2. „Variation der Konstanten": Der spezielle Ansatz $y(x) = k(x)\,e^{-G(x)}$ führt auf die Bedingung $k'(x)\,e^{-G(x)} = h(x)$, also $k(x) = \int_{x_0}^{x} \left[h(t)\,e^{G(t)} \right] dt$ in Übereinstimmung mit der angegebenen Formel.	$y' + 2y = 3x^2 + 1$ $G(x) = \int_{x_0}^{x} 2\,ds = 2x$ $\Rightarrow y(x) = k\,e^{-2x}, \qquad k \in \mathbb{R}$ Ansatz: $y(x) = k(x)\,e^{-2x}$ $k(x) = \int_{x_0}^{x} \left[(3t^2 + 1)\,e^{2t} \right] dt$ $= \left(\dfrac{3}{2}x^2 - \dfrac{3}{2}x + \dfrac{5}{4} \right) e^{2x} + C$ $\Rightarrow y(x) = C \cdot e^{-2x} + \dfrac{3}{2}x^2 - \dfrac{3}{2}x + \dfrac{5}{4}, \qquad C \in \mathbb{R}$

allgemein	Beispiel
Methode 3 (Spezielle Ansatzmethode) Ist die Inhomogenität $h(x)$ von einem bestimmten Funktionstyp (z. B. ein Polynom) und ist der Zuwachsfaktor $g(x)$ ähnlichen Typs, so sind auch oftmals Lösungsansätze erfolgreich, bei der eine Lösung $y(x)$ ebenfalls von diesem Typ ist, dargestellt durch unbekannte Parameter, welche durch Einsetzen in die Differenzialgleichung bestimmt werden. Hat man auf diese Weise eine Lösung y der inhomogenen Differenzialgleichung gefunden, so lautet die allgemeine Lösung $y(x) = y_0(x) + y_{sp}(x) \quad \text{mit} \quad y_0' + g(x)y_0 = 0.$	$y' + 2y = 3x^2 + 1$ $y_0(x) := k\,e^{-2x}$ ist die allgemeine Lösung der homogenen Differenzialgleichung. Für eine spezielle Lösung der inhomogenen Differenzialgleichung macht man den Ansatz $y(x) = \alpha x^2 + \beta x + \gamma$ $y' + 2y = 2\alpha x + \beta + 2\alpha x^2 + 2\beta x + 2\gamma$ $\quad\quad = 3x^2 + 1$ Koeffizientenvergleich ergibt: $\alpha = \dfrac{3}{2}, \quad \beta = -\dfrac{3}{2}, \quad \gamma = \dfrac{5}{4}$ $\Rightarrow y(x) = k\,e^{-2x} + \dfrac{3}{2}x^2 - \dfrac{3}{2}x + \dfrac{5}{4}, \quad k \in \mathbb{R}$

A.18.3 Separierbare Differenzialgleichungen

Eine Differenzialgleichung ist von separierter Form, falls

$$y' = h(x)g(y),$$

sodass man auch schreibt: $\dfrac{dy}{g(y)} = h(x)\,dx$ (die Variablen x und y erscheinen auf getrennten Seiten der Gleichung).

Eine Differenzialgleichung heißt separierbar, falls man sie durch Umformungen auf separierte Form bringen kann.

Besonders wichtige Beispiele für separierte Differenzialgleichungen liefern die sogenannten „homogenen" Differenzialgleichungen (nicht zu verwechseln mit den „homogenen linearen" Differenzialgleichungen). Historisch bedingt, heißt eine Differenzialgleichung der Form

$$y' = f\left(\frac{y}{x}\right)$$

allgemein	Beispiel
Lösung der separierten Differenzialgleichung $y' = h(x)g(y)$. Zunächst Achtung: Jede Nullstelle von $g(y)$ liefert eine konstante, singuläre Lösung: $g(y_0) = 0 \Rightarrow y(x) = y_0$ ist eine Lösung. Allgemeine Lösungen lassen sich nur in Intervallen I angeben, in denen $g(y)$ nullstellenfrei ist. Vorgehensweise: 1. Integriere $\dfrac{1}{g(y)}$ bzgl. y, also $G(y) := \displaystyle\int^{y} \dfrac{1}{g(t)}\,dt$ 2. Integriere $h(x)$ bzgl. x, also $H(x) := \displaystyle\int^{x} h(t)\,dt$	$y' = k(a - y)^n$ (chemische Reaktionsgleichung n-ter Ordnung) Singuläre Lösung: $y \equiv a$ Allgemeine Lösung: $\dfrac{y'}{(a-y)^n} = k$ $\Leftrightarrow \dfrac{1}{1-n}(a-y)^{1-n} = kx + c$ $\Leftrightarrow y(x) = a - \big((1-n)kx + c\big)^{\frac{1}{1-n}}, \quad C \in \mathbb{R}$ $y' = ky(a - y)$ (logistische Differenzialgleichung)

homogen. Geometrisch bedeutet dies, dass das Richtungsfeld auf allen Halbstrahlen $y = \alpha x$ konstant ist.

allgemein	Beispiel
3. Die implizite Darstellung der allgemeinen Lösung lautet $G(y) = H(x) + C, \qquad C \in \mathbb{R}.$ Umstellen nach y (sofern möglich) liefert die explizite Lösung $y(x)$.	Singuläre Lösungen $y \equiv 0$ oder $y \equiv a$ Allgemeine Lösung: $\dfrac{y'}{y(a-y)} = k$ $\Leftrightarrow \dfrac{1}{a}\left\{\dfrac{1}{y} + \dfrac{1}{a-y}\right\} y' = k$ $\Leftrightarrow \ln y - \ln(a-y) = akx + c$ $\Leftrightarrow \dfrac{y}{a-y} = k\,e^{akx}, \qquad k > 0$ $\Leftrightarrow y(x) = a - \dfrac{a}{1 + k\,e^{akx}}$ logistische Gleichung für $k > 0$

allgemein	Beispiel
Die Differenzialgleichung ist separierbar: Man setzt $u = \dfrac{y}{x}$, also $y(x) = xu(x) \Rightarrow y'(x) = u(x) + xu'(x)$ $\Rightarrow u'(x) = (y'(x) - u(x))/x = \dfrac{f(u) - u}{x}$ Dies ist eine separierte Differenzialgleichung für u. Ist $u(x)$ bekannt, so erhält man die Lösung $y(x)$ der ursprünglichen Differenzialgleichung aus dem Transformationsansatz, $y(x) = x \cdot u(x).$	$xy' = y + \sqrt{x^2 + y^2}$, also $y' = \dfrac{y}{x} + \sqrt{1 + \left(\dfrac{y}{x}\right)^2};$ mit $u = \dfrac{y}{x}$ erhalten wir eine Differenzialgleichung für u, nämlich $u' = \dfrac{u + \sqrt{1 + u^2} - u}{x} = \dfrac{1}{x}\sqrt{1 + u^2}$ $\Leftrightarrow \dfrac{u'}{\sqrt{1 + u^2}} = \dfrac{1}{x}$ $\Rightarrow \operatorname{arsinh} u = \ln|x| + c$ $\Rightarrow 2u = 2\sinh(\ln|x| + c)$ $\qquad = e^{(\ln|x|+c)} - e^{-(\ln|x|+c)}$ $\qquad = k|x| - \dfrac{1}{k|x|} \qquad (k > 0)$ $\Rightarrow y = \dfrac{1}{2}kx^2 - \dfrac{1}{2k} \qquad (k \in \mathbb{R})$

A.18.4 Exakte Differenzialgleichungen

Symbolisch kann die Differenzialgleichung $y' = f(x, y)$ auch so geschrieben werden:

$$\mathrm{d}y - f(x, y)\,\mathrm{d}x = 0,$$

sodass man mit einer zunächst willkürlichen Aufspaltung $f(x, y) = \dfrac{g(x, y)}{h(x, y)}$ auf die Form

$$g(x, y)\,\mathrm{d}x + h(x, y)\,\mathrm{d}y = 0$$

kommt. Angenommen, es gäbe eine Funktion $V(x, y)$ („Potenzial") mit

$$\frac{\partial V}{\partial x}(x, y) = g(x, y)$$

und

$$\frac{\partial V}{\partial y}(x, y) = h(x, y),$$

dann wird durch die Gleichung $V(x, y) = $ const eine implizit gegebene Abhängigkeit zwischen x und y erzwungen, lokal ist $y = y(x)$, und man hat

$$\frac{\mathrm{d}}{\mathrm{d}x} V(x, y(x)) = 0 = \frac{\partial V}{\partial x} + \frac{\partial V}{\partial y} \frac{\mathrm{d}y}{\mathrm{d}x}.$$

Das bedeutet: Die Gleichung $y(x, y)\,\mathrm{d}x + h(x, y)\,\mathrm{d}y = 0$ ist erfüllt. Die Theorie ist in folgendem Theorem zusammengefasst, welches sagt, wann eine solche Potenzialfunktion existiert und wie man sie berechnet.

Theorem (Exakte Differenzialgleichungen)

Gegeben ist eine Differenzialgleichung in der Form $g(x, y)\,\mathrm{d}x + h(x, y)\,\mathrm{d}y = 0$, wobei g und h stetige Funktionen sind auf einem 2-dimensionalen Bereich, welcher keine Löcher hat („einfach zusammenhängendes Gebiet"). Dann sind äquivalent

(a) Die Differenzialgleichung ist exakt – d. h. per definitionem: Es gibt eine Potenzialfunktion $V(x, y)$ mit

$$\frac{\partial V}{\partial x} = g \quad \text{und} \quad \frac{\partial V}{\partial y} = h$$

(b) Die Integrabilitätsbedingung

$$\frac{\partial g}{\partial y}(x, y) = \frac{\partial h}{\partial x}(x, y)$$

ist überall erfüllt.

(c) Das Kurvenintegral $\displaystyle\int\limits_{(x_0, y_0)}^{(x, y)} g\,\mathrm{d}x + h\,\mathrm{d}y$ ist wegunabhängig.

Folgerung: Ist eine Differenzialgleichung in der Form $g(x, y)\,\mathrm{d}x + h(x, y)\,\mathrm{d}y = 0$ gegeben, so prüft man mittels Integrabilitätsbedingung (b), ob die Gleichung exakt ist. Ist dies der Fall, so lässt sich die Potenzialfunktion $V(x, y)$ als Kurvenintegral finden,

$$V(x, y) = \int\limits_{(x_0, y_0)}^{x, y} g\,\mathrm{d}x + h\,\mathrm{d}y$$

$$= \int\limits_{a}^{b} g(x(t), y(t))x'(t)\,\mathrm{d}t$$

$$\quad + h(x(t), y(t))y'(t)\,\mathrm{d}t,$$

wobei $[a, b] \ni t \to (x(t), y(t)) \in \mathbb{R}^2$ eine Parametrisierung eines Weges von (x_0, y_0) nach (x, y) ist. Eine für viele Fälle praktische Methode besteht in folgender achsenparalleler Integration:

Setze

$$V(x, y) = \int\limits_{x_0}^{x} g(t, y)\,\mathrm{d}t + C(y)$$

$$V(x, y) = \int\limits_{y_0}^{y} h(x, t)\,\mathrm{d}t + D(x)$$

und bestimme C und D durch Vergleich.

Beispiel:

$$2x\,\mathrm{d}x + 4y\,\mathrm{d}y = 0$$

Die Integrabilitätsbedingung (b) ist erfüllt. Dann ist

$$V(x, y) = \int\limits^{x} 2t\,\mathrm{d}t + C(y) = x^2 + C(y)$$

$$V(x, y) = \int\limits^{y} 4t\,\mathrm{d}t + D(x) = 2y^2 + D(x);$$

also ist $D(x) = x^2 + C$ und $C(y) = 2y^2 - C$, man hat

$$V(x, y) = x^2 + 2y^2 + C,$$

und die Gleichung

$$x^2 + 2y^2 = \text{const} =: r^2$$

liefert Ellipsen als Lösungskurven der Differenzialgleichung.

Methode des „integrierenden Faktors":

Die Differenzialgleichung

$$g(x, y) \, dx + h(x, y) \, dy = 0$$

ist gleichwertig zu derjenigen, wenn man sie mit einer beliebigen Funktion $\mu(x, y)$ multipliziert ($\mu \neq 0$)

$$\underbrace{\mu(x, y)g(x, y)}_{\tilde{g}(x, y)} \, dx + \underbrace{\mu(x, y)h(x, y)}_{\tilde{h}(x, y)} \, dy = 0$$

Ist nun die Integrabilitätsbedingung (b) für die Differenzialgleichung $g(x, y) \, dx + h(x, y) \, dy = 0$ verletzt, so versucht man durch geschickte Wahl eines sogenannten integrierenden Faktors $\mu(x, y)$, dass die neue Differenzialgleichung $\mu(x, y)g(x, y) \, dx + \mu(x, y)h(x, y) \, dy = 0$ diese Bedingung erfüllt.

A.18.5 Lineare Differenzialgleichung 2. Ordnung

Grundlegend für alle Schwingungsprobleme der Mechanik wie auch der Elektrotechnik ist die Differenzialgleichung

$$y'' + ay' + by = h(x)$$

mit konstanten Koeffizienten $a, b \in \mathbb{R}$ und einer – bis auf eventuelle Sprungstellen – stetigen Inhomogenität $h(x)$. Aufgrund der Linearität der Gleichung ist die Vorgehensweise so:

(I) Man ermittelt die Gesamtheit aller Lösungen y_0 der homogenen Differenzialgleichung,

$$y'' + ay' + by = 0;$$

dies ist eine von 2 reellen Parametern abhängende Funktionsschar.

(II) Man versucht irgendwie, eine (einzige) Lösung y_{sp} der inhomogenen Gleichung zu ermitteln. Die allgemeine Lösung der Differenzialgleichung lautet dann

$$y(x) = y_{sp}(x) + y_0(x),$$

wobei y_0 die Gesamtheit der Lösungen der homogenen Gleichung durchläuft.

Methode zu I:

Universelle Methode liefert der Ansatz $y_0(x) = e^{\lambda x}$ mit unbekanntem $\lambda \in \mathbb{C}$. Dann ist

$$y_0''(x) + ay_0'(x) + by_0(x) = 0$$
$$\Leftrightarrow \lambda^2 + a\lambda + b = 0$$

mit den beiden Nullstellen $\lambda_1, \lambda_2 \in \mathbb{C}$.

Aus dem Lösungscharakter dieser quadratischen Gleichung ergeben sich 3 Fälle:

① $\lambda_1, \lambda_2 \in \mathbb{R}$ und $\lambda_1 \neq \lambda_2$:

Dann sind alle Lösungen der homogenen Differenzialgleichung von der Form

$$y_0(x) = c_1 e^{\lambda_1 x} + c_2 e^{\lambda_2 x}$$
$$\text{mit} \quad c_1, c_2 \in \mathbb{R}$$

② $\lambda_1, \lambda_2 \in \mathbb{R}$ und $\lambda_1 = \lambda_2$:

Dann sind alle Lösungen der homogenen Differenzialgleichung von der Form

$$y_0(x) = e^{\lambda_1 x}(c_1 + c_2 x)$$
$$\text{mit} \quad c_1, c_2 \in \mathbb{R}$$

③ λ_1 und λ_2 sind komplex (dann ist automatisch $\lambda_2 = \overline{\lambda}_1$):

Dann sind die Lösungen der homogenen Differenzialgleichung von der Form

$$y_0(x) = e^{\alpha x}(c_1 \cos \omega x + c_2 \sin \omega x)$$
$$\text{mit} \quad c_1, c_2 \in \mathbb{R}$$
$$\text{und} \quad \lambda_1 = \alpha + j\omega, \lambda_2 = \alpha - j\omega$$

Methoden zu II:

1) Geeignete Ansätze vom Typ der Inhomogenität $h(x)$
2) Grundlösungsverfahren, Faltungsintegral: Man wählt die Parameter c_1, c_2 so, dass die Lösung y_0 der homogenen Gleichung zusätzlich die Bedingungen

$$y_0(x_0) = 0, \quad y_0'(x_0) = 1$$

erfüllt (wobei x_0 fixiert ist). Dann ist

$$y_{sp}(x) = \int_{x_0}^{x} h(t) y_0(x_0 + x - t)\, dt$$

eine Lösung der inhomogenen Differenzialgleichung.
3) Variation der Konstanten (der Lösungsschar der homogenen Differenzialgleichung).

Beispiel:

$$y'' + 2y' + 2y = x^2 + x - 1$$

Mit $e^{\lambda x}$ löst man die homogene Gleichung,

$$\lambda^2 + 2\lambda + 2 = 0 \Leftrightarrow \lambda_{1,2} = -1 \pm j$$

$$\Rightarrow y_0(x) = e^{-x}\{c_1 \cos x + c_2 \sin x\};$$

die inhomogene Gleichung löst man durch Ansatz:

$$y(x) = ax^2 + bx + c$$

mit unbekannten $a, b, c \in \mathbb{R}$

$$2a + 2\{2ax + b\} + 2\{ax^2 + bx + c\}$$
$$= x^2 + x - 1$$
$$\Leftrightarrow 2ax^2 + x\{4a + 2b\} + 2a + 2b + 2c$$
$$= x^2 + x - 1$$
$$\Leftrightarrow 2a = 1, \quad 4a + 2b = 1$$
$$\text{und } 2a + 2b + 2c = -1$$
$$\Leftrightarrow a = \frac{1}{2}, \ b = -\frac{1}{2}, \ c = -\frac{1}{2}$$
$$\Rightarrow y(x) = e^{-x}\{c_1 \cos x + c_2 \sin x\}$$
$$+ \frac{1}{2}(x^2 - x - 1)$$

A.18.6 Differenzialgleichungen 2. Ordnung und Energie-Satz

Fehlt in der Differenzialgleichung $y'' + ay' + by = 0$ der „Reibungsterm" ay' (d. h. ist $a = 0$), so liegt ein Sonderfall der allgemeinen Form einer expliziten Differenzialgleichung 2. Ordnung vor:

$$y'' = f(y).$$

Diese Gleichung kann man sofort einmal integrieren – mittels beidseitiger Multiplikation mit y' erhält man

$$y'' y' = y' f(y).$$

Ist nun $F(y) = \int^{y} f(y)\, dy$, so ist

$$\frac{d}{dx}(y')^2 = 2y' y'' \quad \text{und} \quad \frac{d}{dx} F(y) = f(y) \cdot y',$$

also

$$y'' = f(y) \Leftrightarrow \boxed{\frac{1}{2}(y')^2 - F(y) = \text{const}},$$

was gewöhnlich als Energiesatz bezeichnet wird.

A.18.7 Spezielle Differenzialgleichungen höherer Ordnung

Lineare Differenzialgleichungen höherer Ordnung mit konstanten Koeffizienten,

$$y^{(n)} + a_{n-1} y^{(n-1)} + \ldots + a_0 y = h(x),$$

$$\left(y^{(k)} = \frac{d^k}{dx^k} y \right)$$

mit $a_k \in \mathbb{R}$ und gegebener Inhomogenität $h(x)$ werden so behandelt:

Erstens bestimmt man die Gesamtheit V_0 aller Lösungen der homogenen Gleichung ($h(x) = 0$). Diese Gesamtheit ist ein reell n-dimensionaler Raum und man erhält ihn so: Mit dem Ansatz $y(x) = e^{\lambda x}$ mit unbekanntem $\lambda \in \mathbb{C}$ erhält man die Gleichwertigkeit von Differenzialgleichung und polynomialer Gleichung, nämlich

$$y^{(n)} + a_{n-1}y^{(n-1)} + a_{n-2}y^{(n-2)} + \ldots + a_0 y = 0,$$

$$\Leftrightarrow \lambda^n + a_{n-1}\lambda^{n-1} + a_{n-2}\lambda^{n-2} + \ldots + a_0\lambda = 0,$$

(charakteristische Gleichung)

In $\mathbb{C}$ besitzt diese charakteristische Gleichung mit Vielfachheiten genau n Lösungen. Weil die Koeffizienten a_k reell sind, ist mit jeder Wurzel $\lambda \in \mathbb{C}$ auch $\overline{\lambda}$ eine Lösung der charakteristischen Gleichung gleicher Vielfachheit, sodass sich folgende allgemeine Vorgehensweise ergibt:

- Es seien $\lambda_1, \ldots, \lambda_r$ die reellen (paarweise verschiedenen) Nullstellen mit Vielfachheiten $n_1, \ldots, n_r$
- Es seien $\alpha_1 \pm j\beta_1, \ldots, \alpha_s + j\beta_s$ die (konjungiert) komplexen Nullstellen mit Vielfachheiten $m_1, \ldots, m_s$

Dann ist der Lösungsraum V_0 gegeben durch $y \in V_0 \Leftrightarrow y(x)$ hat folgende Darstellung

$$y(x) = e^{\lambda_1 x}P_1(x) + \ldots + e^{\lambda_r x}P_r(x)$$
$$+ e^{\alpha_1 x}\{Q_1(x)\cos\beta_1 x + R_1(x)\sin\beta_1 x\}$$
$$+ \ldots + e^{\alpha_s x}\{Q_s(x)\cos\beta_s x + R_s(x)\sin\beta_s x\}$$

Hierbei ist P_k ein beliebiges Polynom vom Grad $< n_k$ $(k = 1, \ldots, r)$,
Q_k und R_k sind beliebige Polynome vom Grad $< m_k$ $(k = 1, \ldots, s)$.

Zweitens sucht man irgendeine Lösung y_{sp} der inhomogenen Differenzialgleichung, wobei geeignete Ansätze für y_{sp} vorteilhaft sind. Rechnerische Methoden liefern die Laplace-Transformation sowie die Variation aller Konstanten, welche bei der Lösung der homogenen Gleichung auftreten. Die allgemeine Lösung ergibt sich dann aus Gründen der Linearität der Differenzialgleichung zu

allgemein	Beispiel
$y(x) = y_{sp}(x) + y_0(x)$ mit $y_0(x) \in V_0$	$y^{(4)} + 2y^{(2)} + 8y' + 5y = 5x^2 + 26x + 5$
	Lösung der homogenen Gleichung mit e^{2x}, und die charakteristische Gleichung lautet
	$P(\lambda) = \lambda^4 + 2\lambda^2 + 8\lambda + 5 = 0$,
	es gilt: $P(\lambda) = [(\lambda - 2)^2 + 1][\lambda + 1]^2$
	mit den Nullstellen $\lambda_1 = -1$ (Vielfachheit 2) und $\lambda_2 = 2 \pm j$ (Vielfachheit 1)
	$y_0(x) = e^{-x}\{a_1 + b_1 x\} + e^{2x}\{a_2 \cos x + b_2 \sin x\}$
	ist die allgemeine Darstellung der reellen Lösungen der homogenen Gleichung mit den 4 freien Parametern $a_1, b_1, a_2, b_2 \in \mathbb{R}$.
	Für die inhomogene Gleichung macht man einen Polynomansatz gleichen Grades wie die vorliegende Inhomogenität:
	$y_{sp}(x) = ax^2 + bx + c$
	$\Rightarrow y^{(4)} = 0, y^{(2)} = 2a, y' = 2ax + b$, also
	$2 \cdot 2a + 8(2ax + b) + 5(ax^2 + bx + c)$ $= 5x^2 + 26x + 5$
	$\Leftrightarrow 5ax^2 + x\{16a + 5b\} + \{4a + 8b + 5c\}$ $= 5x^2 + 26x + 5$
	$\Leftrightarrow 5a = 5, 5b + 16a = 26, 4a + 8b + 5c = 5$
	$\Leftrightarrow a = 1, b = 2, c = -3$

A.19 Elemente der Wahrscheinlichkeitstheorie

A.19.1 Kombinatorik

Die Kombinatorik befasst sich mit Anzahlproblemen endlicher Mengen (das sind Mengen mit endlich vielen Elementen). Eine typische Fragestellung lautet etwa: Auf wie viele Weisen kann man bei einer Menge mit n Elementen Teilmengen mit k Elementen entnehmen (wobei noch gewisse Bedingungen – wie die Reihenfolge der Elemente u.a. – eine Rolle spielen können). Diese Anzahlprobleme lassen sich strukturieren in die Prozesse:

> Permutationen, Kombinationen
> (mit und ohne Wiederholungen) und
> Variationen
> (mit und ohne Wiederholungen).

Bezeichnungen:

Ist M eine Menge mit n Elementen, $M = \{a_1, \ldots, a_n\}$, so schreibt man $|M| = n$ (manchmal auch $\#M = n$). Für $n \in \mathbb{N}$ ist $n! = 1 \cdot 2 \cdots n$, $0! = 1$ und für $0 \leq k \leq n$ ist

$$\binom{n}{k} = \frac{n!}{k!(n-k)!} \quad \text{(Binomialkoeffizient)}$$

Grundregeln für Anzahlen bei endlichen Mengen:

(1) $M_1 \cap M_2 = \emptyset \Rightarrow |M_1 \cup M_2| = |M_1| + |M_2|$

(2) $|M_1 \times M_2| = |M_1||M_2|$;
allgemein
$|M_1 \times M_2 \times \ldots \times M_k| = |M_1||M_2| \ldots |M_k|$

(3) $|P(M)| = 2^{|M|}$
$(P(M) = \{N / N \text{ ist Teilmenge von } M\})$

(4) $|M_1| = |M_2| \Leftrightarrow$ es gibt eine umkehrbar eindeutige (bijektive) Abbildung
$\varphi : M_1 \to M_2$

Permutation:

Sei $|M| = n$. Unter einer Permutation von M versteht man

(a) eine bijektive Abbildung $\varphi: M \to M$

(b) eine bijektive Abbildung
$\varphi: \{1, \ldots, n\} \to M$

(c) ein – hinsichtlich der Aufreihung – modifiziertes Anordnen (Aufschreiben) aller Elemente von M
Beispiel: Alle Permutationen der 3 elementigen Menge $M = \{a, b, c\}$ sind: (a, b, c), (a, c, b), (b, a, c), (b, c, a), (c, a, b), (c, b, a). Eine Permutation von M ist eine Anordnung der Elemente von M.

Satz (Permutationen)

$|M| = n \Rightarrow$ Es gibt $n!$ Permutationen von M
Ist $M = \{a_1, \ldots, a_n\}$, also $|M| = n$, so kann man auf folgende 4 unterschiedliche Weisen sogenannte „k-Proben" von Elementen von M bilden, das heißt „k-Plätze mit Elementen aus M belegen"; hierbei sei $k \in \mathbb{N}$

I   Es kommt auf die Reihenfolge an;
    Wiederholungen sind erlaubt
II Es kommt auf die Reihenfolge an;
    Wiederholungen sind nicht erlaubt
III Die Reihenfolge spielt keine Rolle;
    Wiederholungen sind erlaubt
IV Die Reihenfolge spielt keine Rolle;
    Wiederholungen sind nicht erlaubt

I und II nennt man Variationen mit/ohne Wiederholung von n Elementen zur k-ten Klasse.
III und IV nennt man Kombinationen mit/ohne Wiederholung von n Elementen zur k-ten Klasse.
„Wiederholung" bedeutet, dass in einem k-Tupel ein Element von M mehrmals auftreten kann.
Beispiel:
Sei $|M| = 4$, $M = \{a, b, c, d\}$ und $k = 2$

zu I: (a,a), (a,b), (b,a), (a,c), (c,a), (a,d), (d,a), (b,b), (b,c), (c,b), (b,d), (d,b), (c,c), (c,d), (d,c) und (d,d)
(das sind $16 = 4^2$ Möglichkeiten)

zu II: (a,b), (b,a), (a,c), (c,a), (a,d), (d,a), (b,c), (c,b), (b,d), (d,b), (c,d) und (d,c)
$\left(\text{das sind } 12 = \dfrac{4!}{2!} = 4\cdot 3 \text{ Möglichkeiten}\right)$

zu III: (a,a), (a,b), (a,c), (a,d), (b,b), (b,c), (b,d), (c,e), (c,d) und (d,d)
$\left(\text{das sind } 10 = \dbinom{4+2-1}{2} \text{ Möglich-}\right.$

keiten $\Big)$

zu IV: (a,b), (a,c), (a,d), (b,c), (d,b) und (c,d)
$\left(\text{das sind } 6 = \dbinom{4}{2} \text{ Möglichkeiten}\right)$

Satz (Grundformeln der Kombinatorik)

Es bezeichne $a_{n,k}(x)$ die Anzahl der Möglichkeiten, aus einer n-elementigen Menge k-Proben zu entnehmen (mit x entweder Typ I, II, III oder IV)

$$a_{n,k}(\text{I}) = n^k$$

(geordnet, mit Wiederholung)

$$a_{n,k}(\text{II}) = \binom{n}{k} k! = n\cdot(n-1)\cdots(n-k+1)$$

(geordnet, ohne Wiederholung)

$$a_{n,k}(\text{III}) = \binom{n+k-1}{k}$$

(ungeordnet, mit Wiederholung)

$$a_{n,k}(\text{IV}) = \binom{n}{k}$$

(ungeordnet, ohne Wiederholung)

A.19.2 Wahrscheinlichkeiten

Das zugrunde liegende Konzept kann am besten im Falle eines endlichen „Ereignisraumes E" entwickelt werden:

Es sei $E = \{w_1, \ldots, w_n\}$ eine endliche Menge mit n Elementen. Jedes Element w_k stellt – als Teilmenge $\{w_k\} \subset E$ – ein sogenanntes Elementarereignis dar. Der Raum aller Ereignisse aus E ist nichts anderes als $P(E) = \{A | A \text{ ist Teilmenge von } E\}$, und ein Wahrscheinlichkeitsmaß p auf E ist eine Funktion

$$p: P(E) \to [0,1]$$

mit folgenden Eigenschaften:

(1) $p(E) = 1$ (E heißt „sicheres Ereignis")
(2) $p(\emptyset) = 0$ (die leere Menge $\emptyset$ ist das „unmögliche Ereignis")
(3) $p(A \cup B) = p(A) + p(B)$ für $A \cap B = \emptyset$
($A \subset E$ mit $0 < p(A) < 1$ heißt „zufälliges Ereignis")

Aus diesen definierenden Eigenschaften leiten sich folgende Rechenregeln ab:

(1) $p(E \backslash A) = 1 - p(A)$
($E \backslash A = \{w \in E | w \notin A\}$
(2) $p(B) \leq p(A)$ für $B \subseteq A$
(3) $p(A \cup B) = p(A) + p(B) - p(A \cap B)$
(4) Ist $A = \{w_i | i \in I \subset \{1, \ldots, n\}\}$,
so ist $p(A) = \sum\limits_{i \in I} p(w_i)$

Eine Menge E mit einem Wahrscheinlichkeitsmaß p heißt Wahrscheinlichkeitsraum (E, p).
Wichtiger Spezialfall:

Gleichverteilung:

$$p(\{w_k\}) = \frac{1}{n} \qquad k = 1, \ldots, n$$

(alle Elementarereignisse, $\{w_k\}$, sind „gleichwahrscheinlich", Laplace'scher W-Raum)

Ist (E, p) ein Wahrscheinlichkeitsraum, so ist die *„bedingte"* Wahrscheinlichkeit $p(B|A)$ ($B \subset E$, $A \subset E$) diejenige Wahrscheinlichkeit für das Eintreten des Ereignisses B unter der

Voraussetzung, dass das Ereignis A schon eingetreten ist; es gilt definitionsgemäß

$$p(B|A) = \begin{cases} p(B \cap A)/p(A) & (\text{für } p(A) \neq 0) \\ 0 & (\text{für } p(A) = 0) \end{cases}$$

Zwei Ereignisse A und B heißen stochastisch unabhängig, wenn

$$p(A|B) = p(A) \quad \text{und} \quad p(B|A) = p(B)$$

gilt. Folgender Satz liefert die grundlegendsten Formeln:

Theorem (Bedingte Wahrscheinlichkeit)

① Ist $p(A_1 \cap A_2 \cap \ldots \cap A_{k+1}) \neq 0$, so ist
$p(A_1 \cap A_2 \cap \ldots \cap A_{k+1}) = p(A_1) \cdot p(A_2|A_1) \cdot$
$p(A_3|A_1 \cap A_2) \ldots p(A_{k+1}|A_1 \cap \ldots \cap A_k)$

② Sind $p(A) \neq 0$ und $p(B) \neq 0$, so gilt:
A und B unabhängig
$\Leftrightarrow p(A \cap B) = p(A) \cdot p(B)$

③ Sind $B_1, \ldots, B_k \in E$ mit

(a) $p(B_i) \neq 0 \quad (i = 1, \ldots, k)$
(b) $B_i \cap B_j \neq 0 \quad (i, j \in \{1, \ldots, k\}, i \neq j)$
(c) $E = B_1 \cup \ldots \cup B_k$

so heißt $\{B_1, \ldots, B_k\}$ ein (für (E, p)) *vollständiges Ereignissystem*.

Satz über die vollständige Wahrscheinlichkeit:

Es sei $\{B_1, \ldots, B_k\}$ ein vollständiges Ereignissystem für den W-Raum (E, p). Dann gilt für $A \subset E$:

$$p(A) = \sum_{j=1}^{k} p(A|B_j) p(B_j)$$

④ *Formel von Bayes*
Es sei $\{B_1, \ldots, B_k\}$ ein vollständiges Ereignissystem für den W-Raum (E, p). Dann gilt für $A \subset E$:

$$p(B_j|A) = \frac{p(A|B_j) p(B_j)}{\sum_{i=1}^{k} p(A|B_i) p(B_i)}$$

A.19.3 Verteilungsfunktionen

Es sei $p \colon P(M) \to [0, 1]$ eine Wahrscheinlichkeitsfunktion (additive auf disjunkten Teilmengen, $p(M) = 1$, $p(\emptyset) = 0$); dann lässt sich die Wahrscheinlichkeit folgendermaßen für eine „Zufallsvariable X" definieren:

Sei M eine Menge und

$$X \colon M \to \mathbb{R}$$

eine (messbare) Funktion. Dann ist

$$F(a) := p(X \leq a), \quad F \colon \mathbb{R} \to [0, 1]$$

die Wahrscheinlichkeitsverteilung (bezüglich des Maßes p) der Zufallsvariablen X. Berechnung: $F(a)$ ist die p-Wahrscheinlichkeit, dass die Größe X Werte zwischen $-\infty$ und a annimmt. In der Regel wird nun das Maß p durch eine „Dichtefunktion" f dargestellt,

– das heißt: Es gibt eine (o. E.) stetige Funktion $f(x)$, $f \geq 0$, mit

$$\int_{-\infty}^{\infty} f(t)\, dt = 1 \quad \text{mit}$$

$$F(a) = \underbrace{\int_{-\infty}^{a} f(t)\, dt}_{\text{Inhalt der Fläche gemäß Skizze}}$$

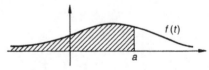

Mit Hilfe der Dichtefunktion lassen sich Quantile, Erwartungswerte, Standardabweichungen u. a. wie folgt beschreiben:

– $\int_{a}^{\infty} f(t)\, dt = p(X \geq a) = a$-Quantil

– Ist $\varphi \colon \mathbb{R} \to \mathbb{R}$ eine Funktion, so ist mit X auch $\varphi(X)$ eine messbare Funktion auf M und

$$E(\varphi(X)) = \int_{-\infty}^{\infty} \varphi(t) f(t)\, dt$$

heißt Erwartungswert von $\varphi(X)$ – also

$$E(X) = \int_{-\infty}^{\infty} t f(t)\,\mathrm{d}t = \mu$$

ist *Erwartungswert* der Zufallsvariablen X.

$$(t - \mu)^2 f(t)\,\mathrm{d}t = \sigma^2$$

heißt *Varianz* = (Standardabweichung)^2 von X.

Normalverteilung: Die Funktion

$$f(t) = \frac{1}{\sqrt{2\pi}\sigma} \cdot e^{-\frac{(t-\mu)^2}{2\sigma^2}}$$

ist die Dichte der sogenannten Normalverteilung mit den Parametern (μ, σ) – und die Zufallsvariable X mit

$$p(X < a) = \frac{1}{\sqrt{2\pi}\sigma} \int_{-\infty}^{a} e^{-\frac{(t-\mu)^2}{2\sigma^2}}\,\mathrm{d}t$$

ist dann normal (μ, σ)-verteilt. Die Parameter μ und σ^2 sind hierbei Erwartungswert und Varianz von X.

B Fehlerrechnung

Tabelle B-1. Wichtige Normen.

Norm	Bezeichnung
DIN 1319	Grundlagen der Messtechnik
DIN 13 303	Stochastik
DIN 55 350	Qualitätssicherung und Statistik

B.1 Messgenauigkeit

In der Regel weisen die Wiederholungsmessungen einer physikalischen Größe G Abweichungen auf, die kennzeichnend für die Messgenauigkeit sind. Dabei ist zwischen den *systematischen*, für das Messverfahren charakteristischen Abweichungen und den *zufälligen* oder *statistischen*, vom Experimentator abhängigen Abweichungen zu unterscheiden.

Zur grafischen Analyse der Messwertschwankungen dient das *Histogramm* (Bild B-1). In dieses wird balkenförmig über dem Messwert x_j die *relative Häufigkeit* h_j des Messwerts aufgetragen:

$$h_j = \frac{N_j}{N} ; \qquad (B-1)$$

h_j relative Häufigkeit des Messwertes x_j,
N Gesamtanzahl der Messungen der Größe x,
N_j Anzahl der Messungen mit dem Messwert x_j.

Bei statistischen Messabweichungen ist die Häufigkeitsverteilung symmetrisch zu einem *häufigsten Wert*, dem *Erwartungswert* μ. Starke Asymmetrien im Histogramm sind im Allgemeinen ein Hinweis auf systematische Abweichungen.

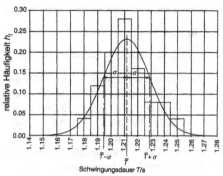

Bild B-1. *Histogramm der Verteilungsdichte $h_j(T)$ bei einer Schwingungsdauermessung sowie die Normalverteilungskurve nach Gl. (B–2) für $\mu = \overline{T}$ und $\sigma^2 = s_T^2$ mit $T = 1{,}2116$ s und $s_T = 0{,}0172$ s.*

B.2 Analyse statistischer Messwertverteilungen

Bei statistischen Abweichungen der Messwerte geht die Häufigkeitsverteilung $h(x_j)$ in eine *glockenförmige Normalverteilung* der Messwerte über, wenn die Anzahl der Wiederholungsmessungen stark erhöht wird. Im Grenzfall $N \to \infty$ liegen die Werte des Histogramms auf der von C. F. GAUSS aufgestellten Verteilungsfunktion $h(x)$:

$$h(x) = \frac{1}{\sqrt{2\pi\sigma^2}}\, e^{-\frac{(x-\mu)^2}{2\sigma^2}} ; \qquad (B-2)$$

$h(x)$ Wahrscheinlichkeitsdichte für die Messung des Messwerts x,
σ^2 Varianz der Normalverteilung,
μ Erwartungswert der Normalverteilung bzw. Messgröße x mit der höchsten Messwahrscheinlichkeit.

© Springer-Verlag GmbH Deutschland 2017
E. Hering, R. Martin, M. Stohrer, *Taschenbuch der Mathematik und Physik*, DOI 10.1007/978-3-662-53419-9_2

Die Funktion $h(x)$ ist zum Erwartungswert μ symmetrisch und durch den Faktor $1/\sqrt{2\pi\sigma^2}$ auf die Wahrscheinlichkeit 1 so normiert, dass gilt:

$$\int_{-\infty}^{\infty} h(x)\,dx = 1 \,. \tag{B-3}$$

Die *Varianz* σ^2 ist ein Maß für die Breite der Verteilungsfunktion $h(x)$: 68,3% der Messwerte liegen im Bereich $x = \mu \pm \sigma$ und 95,4% im Bereich $x = \mu \pm 2\sigma$. Die Varianz σ^2 lässt sich aus der *Halbwertsbreite* $b_{1/2}$, d.h. der Breite der Glockenkurve in halber Höhe des Maximums $h(\mu)$ der Normalverteilung, bestimmen:

$$\sigma^2 = \frac{b_{1/2}^2}{8\ln 2} = 0,18\,b_{1/2}^2 \,. \tag{B-4}$$

Bei einer endlichen Anzahl N von Messungen der m diskreten Messwerte $x_1, x_2, \ldots, x_m$ las-sen sich für den Erwartungswert μ und die Varianz σ^2 aus der Häufigkeitsverteilung $h(x_j)$ nach der Theorie der Beobachtungsfehler von GAUSS *Schätzwerte* berechnen.

Demnach ist der beste Schätzwert für μ der *arithmetische Mittelwert* $\overline{x}$ nach Gl. (B-5) in Tabelle B-2. Für $\overline{x}$ ist die *Fehlersumme FS* [$FS = \sum(x_i - \overline{x})^2$ mit $i = 1, \ldots, N$] *minimal* und lässt sich nach Gl. (B-6) berechnen. Mit der auf die Anzahl der Wiederholungsmessungen $N-1$ normierten minimalen Fehlersumme $FS_{\min}$ er-rechnet sich nach Gl. (B-7) die *Standardabweichung s*, deren Quadrat der beste Schätzwert für σ^2 ist.

Eine Erhöhung der Anzahl N der Messungen vermindert nicht die Standardabweichung s, welche die Breite der Häufigkeitsverteilung bestimmt und damit die Genauigkeit des verwendeten Messverfahrens beschreibt. Dagegen erhöhen Wiederholungsmessungen die Genauigkeit, sodass der berechnete arithmetische Mittelwert $\overline{x}$ mit dem Erwartungswert μ der Messgröße übereinstimmt. Glei-

Tabelle B-2. Beziehungen zur Berechnung der Kennwerte der Fehlerrechnung.

Kennwerte der Fehlerrechnung		Beziehungen	
$\overline{x}$	arithmetischer Mittelwert; Schätzwert für den Erwartungswert	$\overline{x} = \dfrac{1}{N} \sum\limits_{i=1}^{N} x_i$	(B-5)
$FS_{\min}$	minimale Fehlersumme einer Anzahl von N Messwerten	$FS_{\min} = \sum\limits_{i=1}^{N} (x_i - \overline{x})^2$	
		$= \sum\limits_{i=1}^{N} x_i^2 - N\overline{x}^2$	(B-6)
s	Standardabweichung des Messwerts bzw. Messverfahrens; Schätzwert für die Varianz	$s = \sqrt{\dfrac{FS_{\min}}{N-1}}$	(B-7)
s_{rel}	relative Standardabweichung des Messwerts bzw. Messverfahrens	$s_{\text{rel}} = \dfrac{s}{\overline{x}}$	(B-8)
$\Delta\overline{x}$	Standardabweichung des arithmetischen Mittelwerts	$\Delta\overline{x} = \dfrac{s}{\sqrt{N}}$	(B-9)
$\Delta\overline{x}_{\text{rel}}$	relative Standardabweichung des arithmetischen Mittelwerts	$\Delta\overline{x}_{\text{rel}} = \dfrac{\Delta\overline{x}}{\overline{x}}$	(B-10)
u_z	Zufallskomponente der Messunsicherheit mit t_P-Faktor der Student-Verteilung	$u_z = \Delta\overline{x}\,t_P$	(B-11)

chung (B–9) in Tabelle B-2 für die Standardabweichung $\Delta\overline{x}$ des arithmetischen Mittelwerts ist das Maß für die nach N Messungen bestehende Abweichung des Schätzwerts $\overline{x}$ zum wahren Wert μ.

Bei einer geringen Anzahl von Wiederholungsmessungen ist das arithmetische Mittel $\overline{x}$ als Schätzwert für μ sehr ungenau. Charakteristischer für die Genauigkeit der Bestimmung des Erwartungswerts μ ist in diesem Fall der *Vertrauensbereich* $\overline{x} - u$ bis $\overline{x} + u$ *um den arithmetischen Mittelwert*, in dem der Erwartungswert μ der Messgröße mit einer vorzugebenden Wahrscheinlichkeit, der *statistischen Sicherheit P*, liegt. Die Grenzen des Vertrauensbereichs um den arithmetischen Mittelwert werden durch die *Messunsicherheit* $u = u_z + u_s$ angegeben, welche sich aus dem Anteil der *statistischen Messunsicherheit* u_z und der *systematischen Messunsicherheit* u_s zusammensetzt.

Die systematische Messunsicherheit u_s muss geschätzt werden. Die statistische Messunsicherheit u_z wird nach Gl. (B–11) in Tabelle B-2 mit Hilfe der Standardabweichung $\Delta\overline{x}$ des arithmetischen Mittelwerts berechnet und mit dem t_P-Faktor der *Student-Verteilung* nach Tabelle B-3 gewichtet. Je nach gewählter statistischer Sicherheit P ist dieser unterschiedlich. In der physikalischen Messtechnik rechnet man mit der statistischen Sicherheit $P = 68{,}3\%$. In der Industrie ist ein Wert $P = 95{,}4\%$ üblich.

Das Ergebnis von N Messungen der Messgröße x mit einem Messverfahren, dessen Messgenauigkeit durch die Standardabweichung s und den Vertrauensbereich u_z mit der statistischen Sicherheit P gekennzeichnet ist, wird in folgender Form angegeben:

$$x_P = \overline{x} \pm u_z = \overline{x} \pm t_P \frac{s}{\sqrt{N}} \; ; \qquad \text{(B-12)}$$

x_P Ergebnis der Messwertanalyse der Messwerte x,

$\overline{x}$ wahrscheinlichster Wert für die Messgröße x,

u_z Grenzwert des Vertrauensbereichs mit der statistischen Sicherheit P,

t_P Student-Faktor nach Tabelle B-3,

s Standardabweichung nach Gl. (B–7),

N Gesamtanzahl der Messungen der Messgröße x.

Tabelle B-3. Zahlenwerte nach DIN 1319-3 und Anpassungspolynom des t-Faktors der Vertrauensgrenzen für verschiedene statistische Sicherheiten.

Anzahl der Wiederholungsmessungen $n_w = N - k$	statistische Sicherheit P	
	68,3% $t_{0,68}$	95,4% $t_{0,95}$
1	1,84	12,71
2	1,32	4,30
3	1,20	3,18
4	1,15	2,78
5	1,11	2,57
7	1,08	2,37
10	1,06	2,25
20	1,03	2,09
50	1,01	2,01
100	1,00	1,98
> 100	1,00	1,96
Anpassungspolynom	$t_{0,68} = 1$ $+ \dfrac{0{,}584}{n_w} - \dfrac{0{,}032}{n_w^2} + \dfrac{0{,}288}{n_w^3}$	$t_{0,95} = 1{,}96$ $+ \dfrac{3{,}012}{n_w} - \dfrac{1{,}273}{n_w^2} + \dfrac{8{,}992}{n_w^3}$

B.3 Fehlerfortpflanzung

Tabelle B-4. Beziehungen für die Kennwerte der Fehlerrechnung indirekt gemessener physikalischer Größen.

Kennwerte der Fehlerfortpflanzung der Fehlerrechnung		Beziehungen	
$\overline{f}$	wahrscheinlichster Wert der indirekt gemessenen physikalischen Größe f	$\overline{f} = f(\overline{x}, \overline{y}, \overline{z}, \ldots)$	(B–13)
s_f	Standardabweichung der Größe f bzw. des indirekten Messverfahrens für f	$s_f = \sqrt{\left(\dfrac{\partial f}{\partial x}\right)^2 s_x^2 + \left(\dfrac{\partial f}{\partial y}\right)^2 s_y^2 + \left(\dfrac{\partial f}{\partial z}\right)^2 s_z^2 + \ldots}$	(B–14)
Δf	absoluter Größtfehler der Größe f bzw. des Messverfahrens für f	$\Delta f = \left\|\dfrac{\partial f}{\partial x}\right\| \Delta\overline{x} + \left\|\dfrac{\partial f}{\partial y}\right\| \Delta\overline{y} + \left\|\dfrac{\partial f}{\partial z}\right\| \Delta\overline{z} + \ldots$	(B–15)
Δf_{rel}	relativer Größtfehler der Größe f bzw. des Messverfahrens für f	$\Delta f_{\mathrm{rel}} = \dfrac{\Delta f}{\overline{f}}$	(B–16)
$\Delta f_{\mathrm{rel,\,PP}}$	relativer Größtfehler eines Potenz-produkts $f = x^k y^m z^n$	$\Delta f_{\mathrm{rel,\,PP}} = \left\|k\dfrac{\Delta\overline{x}}{x}\right\| + \left\|m\dfrac{\Delta\overline{y}}{y}\right\| + \left\|n\dfrac{\Delta\overline{z}}{z}\right\|$	(B–17)

$\overline{x}, \overline{y}, \overline{z}, \ldots$	arithmetische Mittelwerte der Teilmessgrößen $x, y, z, \ldots$
$s_x, s_y, s_z, \ldots$	Standardabweichungen der Teilmessgrößen $x, y, z, \ldots$
$\dfrac{\partial f}{\partial x}, \dfrac{\partial f}{\partial y}, \dfrac{\partial f}{\partial z}, \ldots$	partielle Ableitungen der Funktion $f(x, y, z, \ldots)$ nach den Teilgrößen $x, y, z, \ldots$ an der Stelle $\overline{x}, \overline{y}, \overline{z}, \ldots$

B.4 Regression – Kurvenanpassung

Die Regressionsmethode lässt sich dazu verwenden, Theorien von Naturvorgängen messtechnisch zu überprüfen und die Parameter $a_1, a_2, a_3, \ldots$ solcher Theorien zu bestimmen. Dazu werden für die in $i = 1, 2, \ldots N$ Messreihen verschieden eingestellten Messvariablen $x_{1i}, x_{2i}, x_{3i}, \ldots$ (auch Beobachtungen genannt), die durch das experimentelle Vorgehen festgelegt werden, die Messwerte f_i der Größe f gemessen, mit den aus der Theorie ermittelten Werten $f(x_{1i}, x_{2i}, x_{3i}, \ldots; a_1, a_2, a_3, \ldots)$ verglichen und die Theorieparameter $a_1, a_2, a_3, \ldots$ so gewählt, dass die theoretischen Werte der physikalischen Größe f im Rahmen der Mess-

genauigkeit mit den Messwerten möglichst gut übereinstimmen.

Ist die Anzahl N der Messreihen gerade so groß wie die Anzahl der zu bestimmenden Theorieparameter, dann lassen diese sich aus den N Bestimmungsgleichungen ausrechnen. Mit der Methode der Fehlerfortpflanzung können dann die Standardabweichungen der Theorieparameter aus den Messfehlern der Messvariablen x_i und der Messwerte f_i bestimmt werden. Dieses Vorgehen hat aber das Risiko, dass schon bei einer Fehlmessung der Messvariablen oder Messwerte die ermittelten Regressionsparameter vollkommen falsch sind.

In der Messpraxis führt man daher in der Regel weit mehr Messreihen aus, als Theorieparameter zu bestimmen sind. Dadurch entstehen unterschiedliche Wertesätze für die Theorieparameter, welche die Messungenauigkeit der Messvariablen und Messwerte widerspiegeln. Wird davon ausgegangen, dass die Messfehler zufällig und voneinander unabhängig sind, dann sollte sich ein Wertesatz für die Theorieparameter ergeben, der bei der Analyse der Messreihen gehäuft auftritt, der also mit größter Wahrscheinlichkeit bei einer weiteren Messreihe zu erwarten ist. Ziel der Ausgleichsrechnung oder Regression ist es, aus der Ausgleichung der Differenzen zwischen gemessener und theoretischer Größe f diesen wahrscheinlichsten Satz für die Theorieparameter a als Regressionsparameter zu bestimmen.

Nach der *Theorie der Beobachtungsfehler* von Gauss sind die Theorieparameter a_1, $a_2, \ldots$ am wahrscheinlichsten und damit die zu bestimmenden Regressionsparameter, für die bei N Messreihen die Fehlersumme FS, d. h. die Summe der Quadrate der Abweichungen zwischen dem Messwert f_i und dem theoretischem Wert $f(x_{1i}, x_{2i}, \ldots; a_1, a_2, \ldots)$, ein Minimum ist:

$$FS = \sum_{i=1}^{N} g_i [f_i - f(x_{1i}, x_{2i}, x_{3i}, \ldots ;$$

$$a_1, a_2, a_3, \ldots)]^2 \to \text{Minimum} . \tag{B-18}$$

Durch die Gewichte g_i können die Beiträge einzelner Messreihen i zur Fehlersumme unterschiedlich gewichtet werden.

Die Forderung dieser *Regressionsmethode der kleinsten Quadrate* führt auf ein *System von Normalgleichungen* für die Regressionsparameter $a_1, a_2, \ldots$:

$$-2 \sum_{i=1}^{N} g_i [f_i - f(x_{1i}, x_{2i}, \ldots; a_1, a_2, \ldots)]$$

$$\cdot \frac{\partial f}{\partial a_1} = 0 , \tag{B-19a}$$

$$-2 \sum_{i=1}^{N} g_i [f_i - f(x_{1i}, x_{2i}, \ldots; a_1, a_2, \ldots)]$$

$$\cdot \frac{\partial f}{\partial a_2} = 0 ; \tag{B-19b}$$

g_i Gewicht der Messung i,
f_i Messwert der Messung i,
$x_{1i}, x_{2i}, \ldots$ Werte der Messvariablen $x_1, x_2, \ldots$ bei der Messung i,
$a_1, a_2, \ldots$ anzupassende Regressionsparameter.

Für Linearkombinationen der Regressionsparameter $a_1, a_2, \ldots$ ist das Normalgleichungssystem linear und geschlossen lösbar; im anderen Fall müssen in der Fachliteratur behandelte Reihenentwicklungen angewendet werden. Manchmal kann durch eine Koordinatentransformation $v = v(f)$ ein lineares Normalgleichungssystem für die Regressionsparameter erreicht werden; dadurch entsteht jedoch in der Regel eine andere Gewichtung der Messreihen. Ist die Standardabweichung s_f für alle Messwerte f_i gleich und kann der Messfehler der Messvariablen $x_{1i}, x_{2i}, \ldots$ vernachlässigt werden, dann ergeben sich die Gewichte g_i aus

$$g_i = \frac{1}{\left(\dfrac{\partial v(f_i)}{\partial f_i}\right)^2 s_f^2} . \tag{B-20}$$

Übersicht B-1 vermittelt einen Überblick über die Regression verschiedener Funktionen mit linearen Normalgleichungen. Die Mittelwerte der M Regressionsparameter $\bar{a}_1, \bar{a}_2, \ldots, \bar{a}_M$ folgen direkt aus der Lösung des Normalgleichungssystems; die Standardabweichungen s_{a1}, $s_{a2}, \ldots$ folgen aus dem Wert des Minimums der Fehlersumme $FS_{\min}$, der Anzahl der Wiederholungsmessungen $n_w = N - M$ und den Gewichten g_i der Messreihen.

Spezialfälle der Regression mit zwei Regressionsparametern a_0 und a_1 sind die lineare

Übersicht B-1. Funktionen mit einem linearen Normalgleichungssystem für die Parameter der Kurvenanpassung.

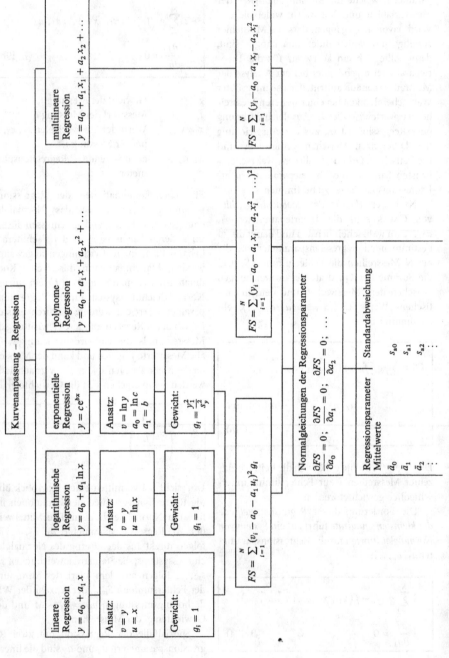

Übersicht B-2. Kurvenanpassung durch lineare, logarithmische und exponentielle Regression.

Einlesen
Anzahl Messpunkte N
Messwerte x_i y_i

Regressionsfall

logarithmische	lineare	exponentielle
$v_i = y_i$ $u_i = \ln x_i$ $g_i = 1$	$v_i = y_i$ $u_i = x_i$ $g_i = 1$	$v_i = \ln y_i$ $u_i = x_i$ $g_i = y_i^2$

$$A = \sum_{i=1}^{N} g_i \qquad D = \sum_{i=1}^{N} g_i v_i$$

$$B = \sum_{i=1}^{N} g_i u_i \qquad E = \sum_{i=1}^{N} g_i u_i v_i$$

$$C = \sum_{i=1}^{N} g_i u_i^2 \qquad F = \sum_{i=1}^{N} g_i v_i^2$$

$$a_0 = \frac{CD - BE}{AC - B^2} \qquad s_{a0} = \left(\frac{(F - 2a_0 D - 2a_1 E + 2a_1 a_0 B + a_0^2 A + a_1^2 C)C}{(N-2)(AC - B^2)} \right)^{1/2}$$

$$a_1 = \frac{AE - BD}{AC - B^2} \qquad s_{a1} = \left(\frac{(F - 2a_0 D - 2a_1 E + 2a_1 a_0 B + a_0^2 A + a_1^2 C)A}{(N-2)(AC - B^2)} \right)^{1/2}$$

Ausgabefall

logarithmische Regression	lineare Regression	exponentielle Regression
Ansatz: $y = c_0 + c_1 \ln x$ Anpassung: $c_0 = a_0 \quad s_{c0}$ $c_1 = a_1 \quad s_{c1} = s_{a1}$	Ansatz: $y = c_0 + c_1 x$ Anpassung: $c_0 = a_0 \quad s_{c0} = s_{a0}$ $c_1 = a_1 \quad s_{c1} = s_{a1}$	Ansatz: $y = c_0\, \mathrm{e}^{c_1 x}$ Anpassung: $c_0 = \mathrm{e}^{a_0} \quad s_{c0} = s_{a0}\, \mathrm{e}^{a_0}$ $c_1 = a_1 \quad s_{c1} = s_{a1}$

Regression (Geradenanpassung) und die logarithmische und exponentielle Regression, die sich beide durch eine Koordinatentransformation $v = v(y)$ und $u = u(x)$ in eine Geradendarstellung $v = a_0 + a_1 u$ bringen lassen, wobei sich zum Teil die Gewichte g_i ändern (Übersicht B-1). Die Regressionsparameter Achsenabschnitt a_0 und Steigung a_1 der Regressionsgeraden lassen sich entweder grafisch durch eine Ausgleichsgerade oder rechnerisch aus den Normalgleichungen der Fehlersumme FS ermitteln:

$$FS = \sum_{i=1}^{N} g_i [v_i - a_0 - a_1 u_i]^2 ; \qquad (\text{B-21})$$

g_i Gewicht der Messung i nach Gl. (B-20),
v_i Messwert i des Ordinatenwerts der Regressionsgeraden,
u_i Messwert i des Abszissenwerts der Regressionsgeraden,
a_0 Regressionsparameter Achsenabschnitt,
a_1 Regressionsparameter Steigung der Regressionsgeraden.

Übersicht B-3. Matrizenmethode der polylinearen Regression.

Bezeichnungen

f_i	Messwerte $(i = 1 \ldots N)$

$$f_1 = a_1 x_{11} + a_2 x_{21} + \ldots + a_m x_{M1}$$
$$f_2 = a_1 x_{12} + a_2 x_{22} + \ldots + a_m x_{M2}$$
$$\vdots \quad \ldots \ldots \ldots \ldots \ldots$$
$$f_N = a_1 x_{1N} + a_2 x_{2N} + \ldots + a_m x_{MN}$$

(B–22)

a_j	Regressionsparameter $(j = 1 \ldots M)$
x_{ji}	Messvariable/Beobachtungen $(j = 1 \ldots M;\ i = 1 \ldots N)$
g_i	Gewichte der Messwerte $f_i\,(i = 1 \ldots N)$
	(alle Gewichte gleich: $g_i = 1$)

Sonderfälle

$x_{1i} = 1$	multilineare Regression
$x_{ji} = x_i^{j-1}$	polynome Regression
$x_{ji} = x_i^{j-1}$	lineare Regression mit $M = 2$

Beispiel:	Bestimmung der Abhängigkeit der Nußelt-Zahl Nu von der Prandtl-Zahl Pr und der Reynolds-Zahl Re bei der Wärmeübertragung an einem geraden Wärmeübertragerrohr entsprechend dem theoretischen Ansatz:

$$Nu = k\,Pr^m Re^n \ .$$

k, m, n sind Wärmeübertrager-Kennwerte, die aus Messungen von Nu bei definierten Werten für Pr und Re bestimmt werden sollen.

Durch Logarithmieren kann die Bestimmungsgleichung zu einem Problem der multilinearen Regression gemacht werden:

$$\ln Nu = \ln k + m \ln Pr + n \ln Re$$

mit $v_i = \ln f_i = \ln Nu_i$, $x_{1i} = 1$, $x_{2i} = \ln Pr_i$, $x_{3i} = \ln Re_i$ und den Regressionsparametern $a_1 = \ln k$, $a_2 = m$ sowie $a_3 = n$.

Gewichte:	Durch die Transformation verändern sich die Gewichte g_i der Messungen. Wegen $v(f_i) = \ln f_i$ gilt $\partial v/\partial f_i = f_i^{-1} = Nu_i^{-1}$. Nach Gl. (B-20) sind demnach $g_i = (Nu_i/s_{Nu})^2$.

Um bei der EDV-Anwendung Rundungsproblemen entgegenzuwirken, wird der konstante Faktor $s_{Nu} = 100$ gesetzt; dadurch liegen die Gewichte g_i in der rechentechnisch günstigen Größenordnung von ungefähr eins.

In der Übersicht B-2 sind die Algorithmen zur Berechnung der Mittelwerte der Regressionsparameter mit den zugehörigen Standardabweichungen zusammengestellt.

Mit Hilfe von Computern lassen sich die umfangreichen Regressionsrechnungen wesentlich einfacher und mit weniger Rechenfehlern ausführen. Dazu eignet sich jedoch die Fehlerrechnung in Matrizenschreibweise wesentlich besser. In der Übersicht B-3 ist die Vorgehensweise für die Programmierung der *polylinearen Regression* zusammengestellt. Die Mittelwerte $\bar{a}_1, \bar{a}_2, \ldots \bar{a}_M$ der M Regressionsparameter ergeben sich als Elemente des Regressionsparametervektors a von Gl. (B–25), deren Standardabweichungen $s_{a1}, s_{a2}, \ldots s_{aM}$ als Quadratwurzeln aus den Elementen des Vektors s_a^2 von Gl. (B–28).

Übersicht B-3. (Fortsetzung).

Wertetabelle: 5 Messungen entsprechend Gl. (B–22)

i	Nu	Nu^2	f_i $\ln Nu$	x_{1i}	Pr	x_{2i} $\ln Pr$	Re	x_{3i} $\ln Re$
1	101	10 201	4,615	1	7,00	1,946	16 000	9,680
2	113	12 769	4,727	1	3,57	1,273	26 000	10,166
3	137	18 769	4,920	1	4,33	1,466	30 000	10,309
4	154	23 716	5,037	1	2,56	0,940	45 000	10,714
5	200	40 000	5,298	1	3,00	1,099	58 000	10,968

Aufstellen der Regressionsmatrizen

A Koeffizienten- oder Modellmatrix der Beobachtungen (N,M-Rechenmatrix)

$$A = \begin{bmatrix} x_{11} & x_{12} & x_{13} & \dots & x_{1M} \\ x_{21} & x_{22} & x_{23} & \dots & x_{2M} \\ x_{31} & x_{32} & x_{33} & \dots & x_{3M} \\ \vdots & \vdots & \vdots & & \vdots \\ x_{N1} & x_{N2} & x_{N3} & \vdots & x_{NM} \end{bmatrix}$$

f Messwert-Vektor (1,N-Matrix)

$$f = \begin{bmatrix} f_1 \\ f_2 \\ f_3 \\ \vdots \\ f_N \end{bmatrix}$$

g Gewichtsmatrix der Messwerte (N,N-Diagonalmatrix)

$$g = \begin{bmatrix} g_1 & 0 & 0 & \dots & 0 \\ 0 & g_2 & 0 & \dots & 0 \\ 0 & 0 & g_3 & \dots & 0 \\ \vdots & \vdots & \vdots & & \vdots \\ 0 & 0 & 0 & \dots & g_N \end{bmatrix}$$
für $g_i = 1$: $g = E$
E Einheitsmatrix

Aufstellen der Regressionsmatrizen

A Koeffizienten- oder Modellmatrix der Beobachtungen (5,3-Rechenmatrix)

$$A = \begin{bmatrix} 1 & 1.946 & 9.680 \\ 1 & 1.273 & 10.166 \\ 1 & 1.466 & 10.309 \\ 1 & 0.940 & 10.714 \\ 1 & 1.099 & 10.968 \end{bmatrix}$$

f Messwert-Vektor (5,1-Matrix)

$$f = \begin{bmatrix} 4.615 \\ 4.727 \\ 4.920 \\ 5.037 \\ 5.298 \end{bmatrix}$$

g Gewichtsmatrix der Messwerte (5,5-Diagonalmatrix)

$$g = \begin{bmatrix} 1.0201 & 0 & 0 & 0 & 0 \\ 0 & 1.2769 & 0 & 0 & 0 \\ 0 & 0 & 1.8769 & 0 & 0 \\ 0 & 0 & 0 & 2.3716 & 0 \\ 0 & 0 & 0 & 0 & 4.0000 \end{bmatrix}$$

Die polylineare Regression enthält als Spezialfälle die multilineare und polynome Regression sowie die lineare Regression der Geradenanpassung.

Die Vertrauensgrenzen u_z, welche die statistische Messungenauigkeit begrenzen, ergeben sich je nach geforderter statistischer Sicherheit P aus dem Faktor $t(n_W)$ von Tabelle B-3; $n_W = N - M > 0$ ist dabei die Anzahl der Wiederholungsmessungen, die sich aus der Anzahl N der Messreihen und der Anzahl M der Regressionsparameter ergibt. Das Ergebnis der Kurvenanpassung liefert als ermittelte wahrscheinlichste Regressionsparameter ein-

Übersicht B-3. (Fortsetzung).

Matrizenoperationen	Matrizenoperationen

A^T transponierte Koeffizienten- oder
Modellmatrix (Spiegelung von A an
Hauptdiagonale zur (M,N)-Matrix)

$$A^T = \begin{bmatrix} x_{11} & x_{21} & x_{31} & \cdots & x_{N1} \\ x_{12} & x_{22} & x_{32} & \cdots & x_{N2} \\ x_{13} & x_{23} & x_{33} & \cdots & x_{N3} \\ \vdots & \vdots & \vdots & & \vdots \\ x_{1M} & x_{2M} & x_{3M} & \vdots & x_{NM} \end{bmatrix}$$

N Normalgleichungsmatrix
(symmetrische M,M-Matrix)

$$N = \begin{bmatrix} n_{11} & n_{12} & n_{13} & \cdots & n_{1M} \\ n_{21} & n_{22} & n_{23} & \cdots & n_{2M} \\ n_{31} & n_{32} & n_{33} & \cdots & n_{3M} \\ \vdots & \vdots & \vdots & & \vdots \\ n_{M1} & n_{M2} & n_{M3} & \vdots & n_{MM} \end{bmatrix} = A^T q\, A \quad (B-23)$$

Q inverse Normalgleichungsmatrix
(symmetrische M, M-Matrix)
(Berechnung der Matrixelemente q
über $NQ = E$ Einheitsvektor
mit Computerroutine)

$$Q = \begin{bmatrix} q_{11} & q_{12} & q_{13} & \cdots & q_{1M} \\ q_{21} & q_{22} & q_{23} & \cdots & q_{2M} \\ q_{31} & q_{32} & q_{33} & \cdots & q_{3M} \\ \vdots & \vdots & \vdots & & \vdots \\ q_{M1} & q_{M2} & q_{M3} & \vdots & q_{MM} \end{bmatrix}$$
$$= N^{-1} = (A^T q\, A)^{-1} \quad (B-24)$$

c Absolutgliedvektor

$$c = \begin{bmatrix} c_1 \\ c_2 \\ c_3 \\ \vdots \\ c_M \end{bmatrix} = A^T q\, f$$

Spur Q Spurvektor der
inversen Normalgleichungsmatrix Q

$$\textit{Spur }Q = \begin{bmatrix} q_{11} \\ q_{22} \\ c_{33} \\ \vdots \\ q_{MM} \end{bmatrix}$$

A^T transponierte Koeffizienten- oder
Modellmatrix (Spiegelung von A an
Hauptdiagonale zur (3,5)-Matrix)

$$A^T = \begin{bmatrix} 1 & 1 & 1 & 1 & 1 \\ 1.946 & 1.273 & 1.466 & 0.940 & 1.099 \\ 9.680 & 10.166 & 10.309 & 10.714 & 10.968 \end{bmatrix}$$

N Normalgleichungsmatrix
(symmetrische 3,3-Matrix)

$$N = \begin{bmatrix} 10.5455 & 12.9874 & 111.486 \\ 12.9874 & 16.8927 & 136.206 \\ 111.486 & 136.207 & 1180.44 \end{bmatrix}$$

Q inverse Normalgleichungsmatrix
(symmetrische 3,3-Matrix)
(Berechnung der Matrixelemente q
über $NQ = E$ Einheitsvektor
z. B. mit Computerroutine)

$$Q = \begin{bmatrix} 302.830801 & -31.7898600 & -24.9325887 \\ -31.7898600 & 4.18716644 & 2.51923616 \\ -24.9325887 & 2.51923616 & 2.06490758 \end{bmatrix}$$

c Absolutgliedvektor (3,1-Matrix)

$$c = \begin{bmatrix} 53.116 \\ 64.901 \\ 562.55 \end{bmatrix}$$

Spur Q Spurvektor der
inversen Normalgleichungsmatrix Q
(3,1-Matrix)

$$\textit{Spur }Q = \begin{bmatrix} 302.830801 \\ 4.18716644 \\ 2.06490758 \end{bmatrix}$$

Übersicht B-3. (Fortsetzung).

Regressionsergebnis	**Regressionsergebnis**

Regressionsergebnis

a) Mittelwerte der angepassten Regressionsparameter $a_1, \ldots a_M$

a Regressionsparameter der Mittelwerte

$$a = \begin{bmatrix} a_1 \\ a_2 \\ a_3 \\ \vdots \\ a_M \end{bmatrix} = N^{-1}c = (A^\mathrm{T}q\,A)^{-1}\,(A^\mathrm{T}q\,f) \qquad (B-25)$$

b) Standardabweichung der Regressionsparameter $s_{a1}, \ldots, s_{aM}$

v Vektor der Abweichungen

$$v_i = f_i - f(x_{1i}, \ldots, x_{Mi};\, a_i, \ldots a_m)$$

$$v = \begin{bmatrix} v_1 \\ v_2 \\ v_3 \\ \vdots \\ v_N \end{bmatrix} = f - A\,a \qquad (B-26)$$

v^T transponierter Vektor der Abweichungen

$$v^\mathrm{T} \quad [v_1\ v_2\ v_3 \ldots v_n]$$

$FS_{\min}$ Wert der Fehlersumme im Minimum (Skalar)

$$FS_{\min} = v^\mathrm{T}q\,v \qquad (B-27)$$

s_a^2 Vektor der quadratischen Standardabweichungen

$$s_a^2 = \begin{bmatrix} s_{a1}^2 \\ s_{a2}^2 \\ s_{a3}^2 \\ \vdots \\ s_{aM}^2 \end{bmatrix} = \frac{FS_{\min}}{N-M}\ Spur\ Q \qquad (B-28)$$

Regressionsergebnis

a) Mittelwerte der angepassten Regressionsparameter a_1, a_2, a_3

a Regressionsparameter der Mittelwerte (3,1-Matrix)

$$a = \begin{bmatrix} -3.9307585 \\ 0.4050047 \\ 0.8010658 \end{bmatrix} \qquad \begin{aligned} k &= e^{a1} = 0.01963 \\ m &= a_2 = 0.40500 \\ n &= a_3 = 0.80107 \end{aligned}$$

b) Standardabweichung der Regressionsparameter s_{a1}, s_{a2}, s_{a3}

v Vektor der Abweichungen (5,1-Matrix)

$$v_i = f_i - f(x_{1i}, \ldots, x_{Mi};\, a_i, \ldots, a_m)$$

$$v = \begin{bmatrix} 0.0033027 \\ -0.0014471 \\ -0.0011654 \\ 0.0044354 \\ -0.0024310 \end{bmatrix}$$

v^T transponierter Vektor der Abweichungen (1,5-Matrix)

$$v^\mathrm{T} \quad [0.0033027\ -0.0014471\ -0.0011654 \\ 0.0044354\ -0.0024310]$$

$FS_{\min}$ Wert der Fehlersumme im Minimum (Skalar)

$$FS_{\min} = 0.00050655$$

s_a^2 Vektor der quadratischen Standardabweichungen (3,1-Matrix)
Es gilt: $N - M = 5 - 3 = 2$

$$\delta a_1 = k^{-1}\delta k$$

$$s_a^2 = \begin{bmatrix} 0.07670006 \\ 0.00106051 \\ 0.00052299 \end{bmatrix} \qquad \begin{aligned} s_k &= k\sqrt{s_{a1}^2} = 0.00544 \\ s_m &= \sqrt{s_{a2}^2} = 0.0326 \\ s_n &= \sqrt{s_{a3}^2} = 0.0229 \end{aligned}$$

---

schließlich Vertrauensgrenzen:

$$\boxed{a_\mathrm{P} = \overline{a} \pm t_\mathrm{P}(n_\mathrm{W})\,\frac{s_a}{\sqrt{N}}\ ;} \qquad (B-29)$$

$\overline{a}$ Mittelwert des Regressionsparameters,

$t_\mathrm{P}(n_\mathrm{W})$ t-Faktor nach Tabelle B-3 bei n_W Wiederholungsmessungen und der statistischen Sicherheit P,

s_a Standardabweichung des Regressionsparameters a,

N Anzahl der Messreihen der Regressionsanalyse.

B.5 Ausgleichsgeraden-konstruktion

Die zeichnerische Darstellung der Messpunkte in einem Diagramm eignet sich besonders gut für die Analyse, ob die theoretische Kurve im Rahmen der Messgenauigkeit mit den Messwerten übereinstimmt. Wird ein linearer Zusammenhang $f = a_1 + a_2x$ zwischen der Messvariablen x und dem Messwert f erwartet, so kann im Messdiagramm die *Ausgleichsgerade* auch grafisch durch die Messwerte gezogen und a_1 aus dem Achsenabschnitt sowie a_2 aus der Steigung bestimmt werden (Bild B-2).

Als Maß für den Messfehler der Ausgleichsgeradenkonstruktion werden die Standardabweichungen Δa_1 und Δa_2 der Geradenparameter genommen, welche sich aus den beiden *Grenzgeraden* I und II an die Messwerte abschätzen lassen. Diese müssen durch die in den Gln. (B–30) und (B–31) in Tabelle B-5 angegebenen Koordinaten (f_S, x_S) des *Schwerpunkts der Messwerte* gezogen werden. Aus den der Zeichnung entnommenen Werten a_1^{I}, a_2^{I} sowie a_1^{II} und a_2^{II} der Grenzgeraden werden mit Hilfe der Gl. (B–32) die Standardabweichung Δa_1 des Achsenabschnitts und mit Gl. (B–33) Δa_2 der Geradensteigung errechnet.

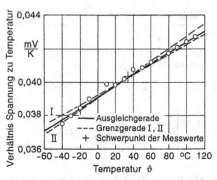

Bild B-2. *Grafische Kurvenanpassung für das Thermoelement Cu-CuNi an die Eichkurve nach DIN EN 60 584.*

Dabei ist Δf_S die geschätzte Standardabweichung der Ordinate f_S des Schwerpunkts der Messwerte.

B.6 Korrelationsanalyse

Die *Methode der Ausgleichsgeraden* wird in der Messwertanalyse benutzt, um zu untersuchen, ob zwischen den N Messwerten x_i und y_i ein linearer Zusammenhang besteht. Dazu werden die Messwerte y_i über den Messvariablen x_i in einem Diagramm aufgetragen und durch

Tabelle B-5. *Schwerpunkt und Standardabweichung der Ausgleichsgeradenkonstruktion.*

Kennwerte der Konstruktion der Grenzgeraden		Beziehungen	
f_S, x_S	Koordinaten des Schwerpunkts S der N Messwerte	$f_S = \dfrac{1}{N} \sum\limits_{i=1}^{N} f_i$	(B–30)
		$x_S = \dfrac{1}{N} \sum\limits_{i=1}^{N} x_i$	(B–31)
Δa_1	Standardabweichung des Achsenabschnitts der Ausgleichsgerade aus den Grenzgeraden I und II	$\Delta a_1 = \pm\left(\left\| \dfrac{a_1^{\mathrm{I}} - a_1^{\mathrm{II}}}{2} \right\| + \|\Delta f_S\| \right)$	(B–32)
Δa_1	Standardabweichung des Steigungsparameters der Ausgleichsgerade aus den Grenzgeraden I und II	$\Delta a_2 = \pm\left\| \dfrac{a_2^{\mathrm{I}} - a_2^{\mathrm{II}}}{2} \right\|$	(B–33)

Tabelle B-6. Kennwerte der Korrelationsanalyse.

Kennwerte und Betrag des Korrelationskoeffizienten		Beziehungen	
$\bar{x}$	Mittelwert der Merkmale x_i	$\bar{x} = \dfrac{1}{N} \sum\limits_{i=1}^{N} x_i$	(B–34)
$\bar{y}$	Mittelwert der Merkmale y_i	$\bar{y} = \dfrac{1}{N} \sum\limits_{i=1}^{N} y_i$	(B–35)
m_r	Steigung der Regressionsgeraden	$m_r = \dfrac{\sum\limits_{i=1}^{N} (x_i y_i - N\bar{x}\,\bar{y})}{\sum\limits_{i=1}^{N} (x_i^2 - N\bar{x}^2)}$	(B–36)
r	Korrelationskoeffizient	$r = \left| \dfrac{\sum\limits_{i=1}^{N} (x_i - \bar{x})(y_i - \bar{y})}{\sqrt{\sum\limits_{i=1}^{N} (x_i - \bar{x})^2 \sum\limits_{i=1}^{N} (y_i - \bar{y})^2}} \right|$	(B–37)
		$r = \left| m_r \sqrt{\dfrac{\sum\limits_{i=1}^{N} (x_i^2 - N\bar{x}^2)}{\sum\limits_{i=1}^{N} (y_i^2 - N\bar{y}^2)}} \right|$	(B–38)

eine Ausgleichsgerade analysiert. Liegen die Merkmale y_i mehr oder weniger auf einer Regressionsgeraden, so ist von einer Korrelation der Merkmale x_i und y_i auszugehen. Die Regressionsgerade geht durch den Schwerpunkt S der Merkmale x_i und y_i nach den Gln. (B–34) und (B–35); die Steigung ergibt sich rechnerisch aus der Gl. (B–36) der Tabelle B-6.

Quantitativ ist der *Korrelationskoeffizient r* ein Maß für die Wahrscheinlichkeit, dass zwischen den Merkmalen x_i und y_i eine Ab-hängigkeit besteht, sie also eventuell korreliert sind. Mit Hilfe von Gl. (B–37) oder Gl. (B–38) der Tabelle B-6 lässt sich der Korrelationskoeffizient r der Merkmale x_i und y_i berechnen. Liegt der Korrelationskoeffizient nahe bei $r = 1$ (also $0{,}8 < r \leq 1$), dann besteht mit großer bis bestimmter Wahrscheinlichkeit eine Korrelation zwischen den Merkmalen. Ein linearer Zusammenhang ist unwahrscheinlich bis ausgeschlossen, wenn der Korrelationskoeffizient $0 \leq r < 0{,}5$ beträgt.

C Physikalische Größen und Konstanten

C.1 Physikalische Basisgrößen und Definitionen

Eine *physikalische Größe* kennzeichnet Eigenschaften und beschreibt Zustände sowie Zustandsänderungen von Objekten der Umwelt. Eine physikalische Größe G besteht immer aus einer *quantitativen Aussage* (ausgedrückt durch den *Zahlenwert*) und einer *qualitativen Aussage* (ausgedrückt durch die *Einheit*). Für die physikalischen Größen dürfen nur noch die *SI-Einheiten* (Système International d'Unités) verwendet werden. Durch *Vorsätze* oder *Präfixe* können dezimale Vielfache oder Teile der Maßeinheiten angegeben werden (Tabelle C-1).

Tabelle C-1. Bezeichnung der dezimalen Vielfachen und Teile von Einheiten.

Zehner-potenz	Vorsilbe	Kurz-zeichen	Beispiel
10^{24}	Yotta	Y	$Y\Omega$
10^{21}	Zetta	Z	$Z\,s^{-1}$
10^{18}	Exa	E	Em, EJ
10^{15}	Peta	P	Pm, PJ
10^{12}	Tera	T	Tm, TJ
10^{9}	Giga	G	Gm, GJ
10^{6}	Mega	M	Mm, MJ
10^{3}	Kilo	k	km, kJ
10^{2}	Hekto	h	hPa, hJ
10^{1}	Deka	da	dag, daJ
10^{-1}	Dezi	d	dm, dJ
10^{-2}	Zenti	c	cm, cJ
10^{-3}	Milli	m	mm, mJ
10^{-6}	Mikro	µ	µm, µJ
10^{-9}	Nano	n	nm, nJ
10^{-12}	Piko	p	pm, pJ
10^{-15}	Femto	f	fm, fJ
10^{-18}	Atto	a	am, aJ
10^{-21}	Zepto	z	zm
10^{-24}	Yocto	y	ym

Die Einheiten aller physikalischen Größen können auf *sieben Basisgrößen* zurückgeführt werden (Tabelle C-2).

C.2 Umrechnungen gebräuchlicher Größen

In Tabelle C-3 sind die wichtigsten physikalischen Größen und ihre Einheiten zusammengestellt. Die weiteren Tabellen zeigen die Umrechnungen der Längen- (Tabelle C-4), der Flächen- (Tabelle C-5) und der Volumeneinheiten (Tabelle C-6) sowie der Kraft (Tabelle C-7), des Drucks (Tabelle C-8), der Energie (Tabelle C-9), der Leistung (Tabelle C-10), der Zeit (Tabelle C-11) und der Geschwindigkeit (Tabelle C-12).

C.3 Naturkonstanten

In den physikalischen Gesetzen befinden sich universelle Naturkonstanten. Die wichtigsten sind in Tabelle C-13 zusammengestellt.

© Springer-Verlag GmbH Deutschland 2017
E. Hering, R. Martin, M. Stohrer, *Taschenbuch der Mathematik und Physik*, DOI 10.1007/978-3-662-53419-9_3

Tabelle C-2. Basisgrößen, Basiseinheiten und Definitionen im SI-Maßsystem.

Basisgröße	Basiseinheit	Symbol	Definition	relative Unsicherheit
Zeit	Sekunde	s	1 Sekunde ist das 9 192 631 770fache der Periodendauer der dem Übergang zwischen den beiden Hyperfeinstrukturniveaus des Grundzustands von Atomen des Nuklids ^{133}Cs entsprechenden Strahlung.	10^{-14}
Länge	Meter	m	1 Meter ist die Länge der Strecke, die Licht im Vakuum während der Dauer von 11 299 892 458 Sekunden durchläuft.	10^{-14}
Masse	Kilogramm	kg	1 Kilogramm ist die Masse des internationalen Kilogrammprototyps.	10^{-9}
elektrische Stromstärke	Ampere	A	1 Ampere ist die Stärke eines zeitlich unveränderlichen Stroms, der, durch zwei im Vakuum parallel im Abstand von 1 Meter voneinander angeordnete, geradlinige, unendlich lange Leiter von vernachlässigbar kleinem kreisförmigem Querschnitt fließend, zwischen diesen Leitern je 1 Meter Leiterlänge die Kraft $2 \cdot 10^{-7}$ Newton hervorruft.	10^{-6}
Temperatur	Kelvin	K	1 Kelvin ist der 273,16te Teil der thermodynamischen Temperatur des Tripelpunktes des Wassers.	10^{-6}
Lichtstärke	Candela	cd	1 Candela ist die Lichtstärke in einer bestimmten Richtung einer Strahlungsquelle, die monochromatische Strahlung der Frequenz 540 THz aussendet und deren Strahlstärke in dieser Richtung 1/683 W/sr beträgt.	$5 \cdot 10^{-3}$
Stoffmenge	Mol	mol	1 Mol ist die Stoffmenge eines Systems, das aus ebenso viel Einzelteilchen besteht, wie Atome in 12/1000 Kilogramm des Kohlenstoffnuklids ^{12}C enthalten sind. Bei Benutzung des Mol müssen die Einzelteilchen des Systems spezifiziert sein und können Atome, Moleküle, Ionen, Elektronen sowie andere Teilchen oder Gruppen solcher Teilchen genau angegebener Zusammensetzung sein.	10^{-6}

Tabelle C-3. Wichtigste physikalische Größen und ihre Einheiten.

Größe und Formelzeichen	gesetzliche Einheiten			Beziehung
	SI	weitere	Name	
1. Länge, Fläche, Volumen				
Länge l	m		Meter	
		sm	Seemeile	1 sm = 1852 m
Fläche A	m^2		Quadratmeter	
		a	Ar	$1\,a = 100\,m^2$
		ha	Hektar	$1\,ha = 100\,a = 10^4\,m^2$
Volumen V	m^3		Kubikmeter	
		l	Liter	$1\,l = 1\,dm^3$
2. Winkel				
(ebener) Winkel α, β usw.	rad		Radiant	$1\,rad = \dfrac{1\,m\,Bogen}{1\,m\,Radius}$
		°	Grad	$1\,rad = 180°/\pi$
		′	Minute	$= 57{,}296° \approx 57{,}3°$ $1° = 0{,}017453\,rad$
		″	Sekunde	$1° = 60′ = 3600″$
		gon	Gon	$1\,gon = (\pi/200)\,rad$
Raumwinkel Ω	sr		Steradiant	$1\,sr = \dfrac{1\,m^2\,Kugeloberfläche}{1\,m^2\,Kugelradius}$
3. Masse				
Masse m	kg		Kilogramm	
		g	Gramm	
		t	Tonne	$1\,t = 1\,Mg = 10^3\,kg$
		Kt	metr. Karat	$1\,Kt = 0{,}2\,g$
Dichte ϱ	kg/m^3			$1\,kg/dm^3 = 1\,kg/l$
		$\dfrac{kg}{cm^3}$		$= 1\,g/dm^3$
		$\dfrac{kg/l}{g/cm^3}$		$= 1000\,kg/m^3$
Trägheitsmoment J (Massenträgheitsmoment, Massenmoment 2. Grades)	$kg \cdot m^2$			$J = m \cdot i^2$ $i =$ Trägheitsradius

Tabelle C-3. (Fortsetzung).

Größe und Formelzeichen	gesetzliche Einheiten			Beziehung
	SI	weitere	Name	

4. Zeitgrößen

Größe und Formelzeichen	SI	weitere	Name	Beziehung
Zeit, t	s		Sekunde	
Zeitdauer, Zeitspanne		min	Minute	1 min = 60 s
		h	Stunde	1 h = 60 min
		d	Tag	1 d = 24 h
		a	Jahr	1 a = 365,25 d = 8766 h
Frequenz f	Hz		Hertz	1 Hz = 1/s
Drehzahl, n (Umdrehungs-frequenz)	s^{-1}			$1\,s^{-1} = 1/s$
		min^{-1}		$1\,min^{-1} = 1/min = (1/60)\,s^{-1}$
Kreisfrequenz ω $\omega = 2\pi f$	s^{-1}			
Geschwindigkeit v	m/s	km/h		1 km/h = (1/3,6) m/s
		kn	Knoten	1 kn = 1,852 km/h
Beschleunigung a	m/s^2			
Winkel-geschwindigkeit ω	rad/s			
Winkel-beschleunigung α	rad/s^2			

5. Kraft, Energie, Leistung

Größe und Formelzeichen	SI	weitere	Name	Beziehung
Kraft F Gewichtskraft G	N N		Newton	$1\,N = 1\,kg \cdot m/s^2$
Druck, allg. p	Pa		Pascal	$1\,Pa = 1\,N/m^2$
absoluter Druck p_{abs}		bar	Bar	$1\,bar = 10^5\,Pa$ $= 10\,N/cm^2$
Atmosphären-druck p_{amb}				$1\,\mu bar = 0,1\,Pa$ $1\,mbar = 1\,hPa$

Überdruck p_e $p_e = p_{abs} - p_{amb}$	Überdruck usw. wird nicht mehr beim Einheitenzeichen angegeben, sondern beim Formelzeichen. Unterdruck wird als negativer Überdruck angegeben. Beispiele:

bisher   jetzt
3 atü, p_e = 2,94 bar ≈   3 bar
10 ata, p_{abs} = 9,81 bar ≈ 10 bar
0,4 atu, p_e = −0,39 bar ≈ −0,4 bar .

Tabelle C-3. (Fortsetzung).

Größe und Formelzeichen		gesetzliche Einheiten			Beziehung
		SI	weitere	Name	
mechanische Spannung	σ, τ	N/m^2			$1\,N/m^2 = 1\,Pa$
			N/mm^2		$1\,N/mm^2 = 1\,MPa$
Härte		Als Einheit bei Brinell- und Vickershärte wird nicht mehr kp/mm^2 angegeben. Statt dessen wird hinter den bisherigen Zahlenwert das Kurzzeichen der betr. Härte (gegebenenfalls mit Angabe der Prüfkraft usw.) als Einheit geschrieben.			
Energie, Arbeit	E, W	J		Joule [dschul]	$1\,J = 1\,N \cdot m = 1\,W \cdot s$ $= 1\,kg \cdot m^2/s^2$
Wärme, Wärmemenge	Q	$W \cdot s$		Wattsekunde	
			$kW \cdot h$	Kilowattstunde	$1\,kW \cdot h = 3,6\,MJ$
			eV	Elektronenvolt	$1\,eV = 1,60218 \cdot 10^{-19}\,J$
Drehmoment	M	$N \cdot m$		Newtonmeter	
Leistung Wärmestrom	P $\dot{Q}, \Phi$	W		Watt	$1\,W = 1\,J/s = 1\,N \cdot m/s$

6. Viskosimetrische Größen

dynamische Viskosität	η	$Pa \cdot s$		Pascalsekunde	$1\,Pa \cdot s = 1\,N \cdot s/m^2$ $= 1\,kg/(s \cdot m)$
kinematische Viskosität	ν	m^2/s			$1\,m^2/s = 1\,Pa \cdot s/\left(kg/m^3\right)$

7. Temperatur und Wärme

Temperatur	T	K		Kelvin	$t = (T - 273{,}15\,K)\,\dfrac{°C}{K}$
	t, ϑ		°C	Grad Celsius	
Temperaturdifferenz	ΔT	K		Kelvin	$1\,K = 1\,°C$
	$\Delta t,$ $\Delta \vartheta$		°C	Grad Celsius	
		Temperaturdifferenzen bei zusammengesetzten Einheiten in K angeben, z. B. $kJ/(m \cdot h \cdot K)$; Schreibweise bei Toleranzangaben für Celsiustemperaturen z. B. $t = (40 \pm 2)\,°C$ oder $t = 40\,°C \pm 2\,°C$ oder $t = 40\,°C \pm 2\,K$.			

Wärmemenge und Wärmestrom siehe unter 5.

spezifische Wärmekapazität (spez. Wärme)	c	$\dfrac{J}{kg \cdot K}$			
molare Wärmekapazität	C_m	$\dfrac{J}{mol \cdot K}$			

Tabelle C-3. (Fortsetzung).

Größe und Formelzeichen	gesetzliche Einheiten			Beziehung
	SI	weitere	Name	
Wärmeleitfähigkeit λ	$\dfrac{W}{m \cdot K}$	$\dfrac{kJ}{m \cdot h \cdot K}$		$1\,W/(m \cdot K)$ $= 3{,}6\,kJ/(M \cdot h \cdot K)$

8. Elektrische Größen

elektrische Stromstärke I	A		Ampere	
elektrische Spannung U	V		Volt	$1\,V = 1\,W/A$
elektrischer Leitwert G	S		Siemens	$1\,S = 1\,A/V = 1/\Omega$
elektrischer Widerstand R	Ω		Ohm	$1\,\Omega = 1/S = 1\,V/A$
Elektrizitätsmenge Q	C		Coulomb	$1\,C = 1\,A \cdot s$
		$A \cdot h$	Amperestunde	$1\,A \cdot h = 3600\,C$
elektrische Kapazität C	F		Farad	$1\,F = 1\,C/V$
elektrische Flussdichte, Verschiebung D	C/m^2			
elektrische Feldstärke E	V/m			$1\,V/m = 1\,N/C$

9. Magnetische Größen

magnetischer Fluss Φ	Wb		Weber	$1\,Wb = 1\,V \cdot s$
magnetische Flussdichte, Induktion B	T		Tesla	$1\,T = 1\,Wb/m^2$
Induktivität L	H		Henry	$1\,H = 1\,Wb/A$
magnetische Feldstärke H	A/m			

10. Lichttechnische Größen

Lichtstärke I	cd		Candela	
Leuchtdichte L	cd/m^2			
Lichtstrom Φ	lm		Lumen	$1\,lm = 1\,cd \cdot sr$ (sr = Steradiant)
Beleuchtungsstärke E	lx		Lux	$1\,lx = 1\,lm/m^2$

Tabelle C-3. (Fortsetzung).

Größe und Formelzeichen	gesetzliche Einheiten			Beziehung
	SI	weitere	Name	
11. Atomphysikalische u. a. Größen				
Energie W		eV	Elektronenvolt	$1\,\text{eV} = 1{,}60218 \cdot 10^{-19}$ J $1\,\text{MeV} = 10^6$ eV
Aktivität einer radioaktiven Substanz A	Bq		Becquerel	$1\,\text{Bq} = 1\,\text{s}^{-1}$
Energiedosis D	Gy		Gray	$1\,\text{Gy} = 1\,\text{J/kg}$
Energiedosisrate $\dot{D}$	W/kg			
Ionendosis I	C/kg	R	Röntgen	$1\,\text{R} = 2{,}580 \cdot 10^{-4}$ C/kg
Ionendosisrate $\dot{I}$	A/kg			$1\,\text{A/kg} = 1\,\text{C/(kg\,s)}$
Äquivalentdosis H	Sv		Sievert	$1\,\text{Sv} = 1\,\text{J/kg}$
		rem		$1\,\text{rem} = 0{,}01\,\text{J/kg}$
Äquivalent- dosisrate $\dot{H}$	Sv/s			$1\,\text{Sv/s} = 1\,\text{W/kg}$
Stoffmenge n, ν	mol		Mol	

Tabelle C-4. Umrechnung der Längeneinheiten.

Einheit	pm	nm	μm	mm	cm	dm	m	km
1 nm =	10^3	1	10^{-3}	10^{-6}	10^{-7}	10^{-8}	10^{-9}	10^{-12}
1 μm =	10^6	10^3	1	10^{-3}	10^{-4}	10^{-5}	10^{-6}	10^{-9}
1 mm =	10^9	10^6	10^3	1	10^{-1}	10^{-2}	10^{-3}	10^{-6}
1 cm =	10^{10}	10^7	10^4	10	1	10^{-1}	10^{-2}	10^{-5}
1 dm =	10^{11}	10^8	10^5	10^2	10	1	10^{-1}	10^{-4}
1 m =	10^{12}	10^9	10^6	10^3	10^2	10	1	10^{-3}
1 km =	10^{15}	10^{12}	10^9	10^6	10^5	10^4	10^3	1

Einheit	in	ft	yd	mile	n mile	mm	m	km
1 in =	1	0,08333	0,02778	–	–	25,4	0,0254	–
1 ft =	12	1	0,33333	–	–	304,8	0,3048	–
1 yd =	36	3	1	–	–	914,4	0,9144	–
1 mile =	63 360	5280	1760	1	0,86898	–	1609,34	1,609
1 n mile =	72 913	6076,1	2025,4	1,1508	1	–	1852	1,852

Einheit	in	ft	yd	mile	n mile	mm	m	km
1 mm =	0,03937	$3{,}281 \cdot 10^{-3}$	$1{,}094 \cdot 10^{-3}$	–	–	1	0,001	10^{-6}
1 m =	39,3701	3,2808	1,0936	–	–	1000	1	0,001
1 km =	39 370	3280,8	1093,6	0,62137	0,53996	10^6	1000	1

in = inch, ft = foot, y = yard, mile = statute mile, n mile = nautical mile

Weitere anglo-amerikanische Einheiten:

1 µin (microinch) = 0,0254 µm
1 mil (milliinch) = 0,0254 mm
1 link = 201,17 mm
1 rod = 1 pole = 1 perch = 5,5 yd = 5,0292 m
1 chain = 22 yd = 20,1168 m
1 furlong = 220 yd = 201,168 m
1 fathom = 2 yd = 1,8288 m

Astronomische Einheiten:

1 Lj (Lichtjahr) = $9,46053 \cdot 10^{15}$ m
         (von elektromagnetischen Wellen in 1 Jahr
         zurückgelegte Strecke)
1 AE (astronomische Einheit) = $1,496 \cdot 10^{11}$ m
         (mittlere Entfernung Erde–Sonne)
1 pc   (Parsec, Parallaxensekunde) = 206 265 AE
         = $3,0857 \cdot 10^{16}$ m
         (Entfernung, von der aus die AE unter
         einem Winkel von 1 Sekunde erscheint)

Tabelle C-5. Umrechnung der Flächeneinheiten.

Einheit	in^2	ft^2	yd^2	$mile^2$	cm^2	dm^2	m^2	a	ha	km^2
1 in^2	= 1	–	–	–	6,4516	0,06452	–	–	–	–
1 ft^2	= 144	1	0,1111	–	929	9,29	0,0929	–	–	–
1 yd^2	= 1296	9	1	–	8361	83,61	0,8361	–	–	–
1 $mile^2$	= –	–	–	1	–	–	–	–	259	2,59
1 cm^2	= 0,155	–	–	–	1	0,01	–	–	–	–
1 dm^2	= 15,5	0,1076	0,01196	–	100	1	0,01	–	–	–
1 m^2	= 1550	10,76	1,196	–	10 000	100	1	0,01	–	–
1 a	= –	1076	119,6	–	–	10 000	100	1	0,01	–
1 ha	= –	–	–	–	–	–	10 000	100	1	0,01
1 km^2	= –	–	–	0,3861	–	–	–	10 000	100	1

in^2 = square inch (sq in), yd^2 = square yard (sq yd), ft^2 = square foot (sq ft), $mile^2$ = square mile (sq mile)

Weitere anglo-amerikanische Einheiten:

1 mil^2 (square mil) = 10^{-6} in^2 = 0,0006452 mm^2
1 cir mil (circular mil) = $\frac{\pi}{4}$ mil^2 = 0,0005067 mm^2
(Kreisfläche mit Durchmesser 1 mil)
1 cir in (circular inch) = $\frac{\pi}{4}$ in^2 = 5,067 cm^2
(Kreisfläche mit Durchmesser 1 in)
1 $line^2$ (square line) = 0,01 in^2 = 6,452 mm^2
1 rod^2 (square rod) = 1 $pole^2$ (square pole) = 1 $perch^2$
(square perch) = 25,29 m^2
1 $chain^2$ (square chain) = 16 rod^2 = 404,684 m^2
1 rood = 40 rod^2 = 1011,71 m^2
1 acre = 4840 yd^2 = 4046,86 m^2 = 40,4686 a
1 section (US) = 1 $mile^2$ = 2,59 km^2
1 township (US) = 36 $mile^2$ = 93,24 km^2

Papierformate: (DIN 476)

Maße in mm

A0	841 × 1189
A1	594 × 841
A2	420 × 594
A3	297 × 420
A4	210 × 297
A5	148 × 210
A6	105 × 148
A7	74 × 105
A8	52 × 74
A9	37 × 52
A10	26 × 37

Tabelle C-6. Umrechnung der Volumeneinheiten.

Einheit		in^3	ft^3	yd^3	gal (GB)	gal (US)	cm^3	dm^3 (l)	m^3
1 in^3	=	1	–	–	–	–	16,3871	0,01639	–
1 ft^3	=	1728	1	0,03704	6,229	7,481	–	28,3168	0,02832
1 yd^3	=	46 656	27	1	168,18	201,97	–	764,555	0,76456
1 gal (GB)	=	277,42	0,16054	–	1	1,20095	4546,09	4,54609	–
1 gal (US)	=	231	0,13368	–	0,83267	1	3785,41	3,78541	–
1 cm^3	=	0,06102	–	–	–	–	1	0,001	–
1 dm^3 (l)	=	61,0236	0,03531	0,00131	0,21997	0,26417	1000	1	0,001
1 m^3	=	61 023,6	35,315	1,30795	219,969	264,172	10^6	1000	1

in^3 = cubic inch (cu in), yd^3 = cubic yard (cu yd), ft^3 = cubic foot (cu ft), gal = gallon

Weitere Volumeneinheiten

Schiffsvolumen
1 RT (Registerton) = 100 ft^3
    = 2,832 m^3; BRT (Brutto-RT)
    = gesamter Schiffsinnenraum,
    Netto-Registerton = Laderaum eines Schiffes.
BRZ = (Bruttoraumzahl) = gesamter
    Schiffsraum (Außenhaut) in m^3.
1 ocean ton = 40 ft^3 = 1,1327 m^3.

Großbritannien (GB)
1 min (minim) = 0,059194 cm^3
1 fluid drachm = 60 min = 3,5516 cm^3
1 fl oz (fluid ounce) = 8 fl drachm = 0,028413 l
1 gill = 5 fl oz = 0,14207 l
1 pt (pint) = 4 gills = 0,56826 l
1 qt (quart) = 2 pt = 1,13652 l
1 gal (gallon) = 4 qt = 4,5461 l
1 bbl (barrel) = 36 gal = 163,6 l

für Trockengüter:
1 pk (peck) = 2 gal = 9,0922 l
1 bu (bushel) = 8 gal = 36,369 l
1 qr (quarter) = 8 bu = 290,95 l

Vereinigte Staaten (US)
1 min (minim) = 0,061612 cm^3
1 fluid dram = 60 min = 3,6967 cm^3
1 fl oz (fluid ounce) = 8 fl dram
    = 0,029574 l
1 gill = 4 fl oz = 0,11829 l
1 liq pt (liquid pint) = 4 gills = 0,47318 l
1 liq quart = 2 liq pt = 0,94635 l
1 gal (Gallon) = 231 in^3 = 4 liq quarts
    = 3,78541 l
1 liq bbl (liquid barrel) = 119,24 l
1 barrel petroleum = 42 gal = 158,99 l

für Trockengüter:
1 dry pint = 0,55061 dm^3
1 dry quart = 2 dry pints = 1,1012 dm^3
1 peck = 8 dry quarts = 8,8098 dm^3
1 bushel = 4 pecks = 35,239 dm^3
1 dry bbl (dry barrel) = 7056 in^3
    = 115,63 dm^3

Tabelle C-7. Umrechnung der Krafteinheiten.

Einheit		N	lbf
1 N (Newton)	=	1	0,224809
1 lbf (pound-force)	=	4,44822	1

Tabelle C-8. Umrechnung der Druckeinheiten.

Einheit		Pa	μbar	hPa	bar	N/mm^2	at	lbf/in^2	lbf/ft^2	tonf/in^2
1 Pa = 1 N/m^2	=	1	10	0,01	10^{-5}	10^{-6}	–	–	–	–
1 μbar	=	0,1	1	0,001	10^{-6}	10^{-7}	–	–	–	–
1 hPa = 1 mbar	=	100	1000	1	0,001	0,0001	–	0,0145	2,0886	–
1 bar	=	10^5	10^6	1000	1	0,1	1,0197	14,5037	2088,6	–
1 N/mm^2	=	10^6	10^7	10 000	10	1	10,197	145,037	20 886	0,06475
Anglo-amerikanische Einheiten										
1 lbf/in^2	=	6894,76	68 948	68,948	0,0689	0,00689	0,07031	1	144	–
1 lbf/ft^2	=	47,8803	478,8	0,4788	–	–	–	–	1	–
1 tonf/in^2	=	–	–	–	154,443	15,4443	157,488	2240	–	1

lbf/in^2 = pound-force per square inch (psi), lbf/ft^2 = pound-force per square foot (psf),
tonf/in^2 = ton-force (UK) per square inch, 1 pdl/ft^2 (poundal per square foot) = 1,48816 Pa, 1 barye =
1 μbar; 1 pz (pièce) = 1 sn/m^2 (sthène/m^2) = 10^3 Pa.

Tabelle C-9. Umrechnung der Energieeinheiten.

Einheit		J	kW · h	ft · lbf	Btu
1 J	=	1	277,8 · 10^{-9}	0,73756	947,8 · 10^{-6}
1 kW · h	=	3,6 · 10^6	1	2,6552 · 10^6	3412,13
Anglo-amerikanische Einheiten					
1 ft · lbf	=	1,35582	376,6 · 10^{-9}	1	1,285 · 10^{-3}
1 Btu	=	1055,06	293,1 · 10^{-6}	778,17	1

ft lbf = foot pound-force, Btu = British thermal unit
1 in ozf (inch ounce-force) = 0,007062 J
1 in lbf (inch pound-force) = 0,112985 J
1 ft pdl (foot poundal) = 0,04214 J
1 hph (horsepower hour) = 2,685 · 10^6 J = 0,7457 kW · h
1 thermie (franz.) = 1000 frigories (franz.) = 4,1868 MJ
1 kg SKE (Steinkohleneinheiten) = 29,3076 MJ = 8,141 kWh
1 t SKE (Steinkohleneinheiten) = 29,3076 GJ = 8,141 MWh
1 kcal = 4,1868 kJ

Tabelle C-10. Umrechnung der Leistungseinheiten.

Einheit		W	kW	hp	Btu/s
1 W	=	1	0,001	1,341 · 10^{-3}	947,8 · 10^{-6}
1 kW	=	1000	1	1,34102	947,8 · 10^{-3}
Anglo-amerikanische Einheiten					
1 hp	=	745,70	0,74570	1	0,70678
1 Btu/s	=	1055,06	1,05506	1,4149	1

hp = horsepower
1 ft · lbf/s = 1,35582 W
1 ch (cheval vapeur) (franz.) = 0,7355 kW
1 poncelet (franz.) = 0,981 kW
menschliche Dauerleistung ≈ 0,1 kW

Tabelle C-11. Umrechnung der Zeiteinheiten.

Einheit		s	min	h	d
1 s (Sekunde)	=	1	0,01667	$0,2778 \cdot 10^{-3}$	$11,574 \cdot 10^{-6}$
1 min (Minute)	=	60	1	0,01667	$0,6944 \cdot 10^{-3}$
1 h (Stunde)	=	3600	60	1	0,041667
1 d (Tag)	=	86 400	1440	24	1

1 bürgerliches Jahr = 365 (bzw. 366) Tage = 8760 (8784) Stunden (für Zinsberechnungen im Bankwesen
1 Jahr = 360 Tage)
1 Sonnenjahr = 365,2422 mittlere Sonnentage = 365 d, 5 h, 48 min, 46 s
1 Sternenjahr = 365,2564 mittlere Sonnentage

Tabelle C-12. Umrechnung der Geschwindigkeitseinheiten.

1 km/h = 0,27778 m/s	1 m/s = 3,6 km/h
1 mile/h = 1,60934 km/h	1 km/h = 0,62137 mile/h
1 kn (Knoten) = 1,852 km/h	1 km/h = 0,53996 kn
1 ft/min = 0,3048 m/min	1 m/min = 3,28084 ft/min
x km/h $\hat{=} \dfrac{60}{x}$ min/km $= \dfrac{3600}{x}$ s/km	x mile/h $\hat{=} \dfrac{37,2824}{x}$ min/km $= \dfrac{2236,9}{x}$ s/km
x s/km $= \dfrac{3600}{x}$ km/h	

Tabelle C-13. Wichtige Naturkonstanten (CODATA-Werte von 2016).

Bezeichnung	Symbol	Wert	relative Unsicherheit
Vakuum-Lichtgeschwindigkeit	c	$2,99792458 \cdot 10^8 \dfrac{\text{m}}{\text{s}}$	0
Gravitationskonstante	G	$6,67408 \cdot 10^{-11} \dfrac{\text{N} \cdot \text{m}^2}{\text{kg}^2}$	$4,7 \cdot 10^{-5}$
Avogadro-Konstante	N_A	$6,022140857 \cdot 10^{23} \text{ mol}^{-1}$	$1,2 \cdot 10^{-8}$
Elementarladung	e	$1,6021766208 \cdot 10^{-19} \text{ A} \cdot \text{s}$	$6,1 \cdot 10^{-9}$
Ruhemasse des Elektrons	m_{0e}	$9,10938356 \cdot 10^{-31} \text{ kg}$	$1,2 \cdot 10^{-8}$
Ruhemasse des Protons	m_{0p}	$1,672621898 \cdot 10^{-27} \text{ kg}$	$1,2 \cdot 10^{-8}$
Planck'sches Wirkungsquantum	h	$6,62607004 \cdot 10^{-34} \text{ J} \cdot \text{s}$	$1,2 \cdot 10^{-8}$
Sommerfeld'sche Feinstrukturkonstante	α	$7,2973525664 \cdot 10^{-3}$	$2,3 \cdot 10^{-10}$
elektrische Feldkonstante	ε_0	$8,854187817 \cdot 10^{-12} \dfrac{\text{A} \cdot \text{s}}{\text{V} \cdot \text{m}}$	0
magnetische Feldkonstante	μ_0	$4\pi \cdot 10^{-7} \dfrac{\text{V} \cdot \text{s}}{\text{A} \cdot \text{m}}$	0
Faraday-Konstante	F	$9,648533289 \cdot 10^4 \dfrac{\text{A} \cdot \text{s}}{\text{mol}}$	$6,2 \cdot 10^{-9}$
universelle Gaskonstante	R_m	$8,3144598 \dfrac{\text{J}}{\text{mol} \cdot \text{K}}$	$5,7 \cdot 10^{-7}$
Boltzmann-Konstante	k	$1,38064852 \cdot 10^{-23} \dfrac{\text{J}}{\text{K}}$	$5,7 \cdot 10^{-7}$
Stefan-Boltzmann-Konstante	σ	$5,670367 \cdot 10^{-8} \dfrac{\text{W}}{\text{m}^2 \cdot \text{K}^4}$	$2,3 \cdot 10^{-6}$

D Kinematik

In der Kinematik wird die Bewegung materieller Körper und Systeme untersucht, ohne die verursachenden Kräfte zu betrachten. In diesem Abschnitt wird lediglich die *Kinematik des Punktes* behandelt. Auf die Besonderheiten der *Kinematik starrer Körper* wird im Abschnitt E.7 eingegangen.

D.1 Eindimensionale Kinematik

Bei geführter Bewegung längs einer vorgegebenen Bahn, z. B. Gerade, Kreis, Achterbahn, hat ein Punkt nur einen *Freiheitsgrad*. Zur Beschreibung des Ortes des Punktes genügt eine Koordinate.

D.1.1 Geschwindigkeit

Der Zusammenhang zwischen der Geschwindigkeit eines Punktes und dem längs der Bahn vom Anfangspunkt A aus gemessenen Weg geht aus der Übersicht D-1 hervor. Bei Kreisbewegungen ist es sinnvoll, die Lage eines Punktes durch einen Winkel zu beschreiben und anstatt der *Bahngeschwindigkeit* die *Winkelgeschwindigkeit* zu benutzen.

D.1.2 Beschleunigung

Eine beschleunigte Bewegung liegt vor, wenn die Geschwindigkeit nicht konstant ist (Übersicht D-2).

D.1.3 Kinematische Diagramme

In einer Darstellung der Beträge des Weges (Winkels), der Geschwindigkeit (Winkelgeschwindigkeit) und der Beschleunigung (Winkelbeschleunigung) über der Zeit (Bild D-1) gilt:

- Die Geschwindigkeit ist die Steigung der Kurve im Weg-Zeit-Diagramm,

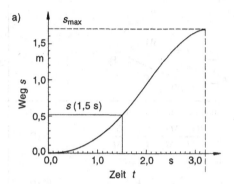

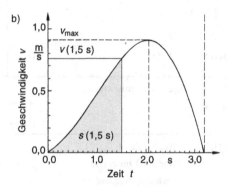

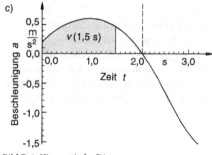

Bild D-1. Kinematische Diagramme.
a) Weg-Zeit-Diagramm,
b) Geschwindigkeit-Zeit-Diagramm,
c) Beschleunigung-Zeit-Diagramm.

© Springer-Verlag GmbH Deutschland 2017
E. Hering, R. Martin, M. Stohrer, *Taschenbuch der Mathematik und Physik*, DOI 10.1007/978-3-662-53419-9_4

Übersicht D-1. Geschwindigkeiten.

Bahngeschwindigkeit	Winkelgeschwindigkeit

mittlere Geschwindigkeit	mittlere Winkelgeschwindigkeit

mittlere Geschwindigkeit

$$v_\mathrm{m} = \frac{s(t + \Delta t) - s(t)}{(t + \Delta t) - t} = \frac{\Delta s}{\Delta t} \tag{D-1}$$

Momentangeschwindigkeit

$$v = \lim_{\Delta t \to 0} \frac{\Delta s}{\Delta t} = \frac{\mathrm{d}s}{\mathrm{d}t} = \dot{s} \tag{D-3}$$

$[v] = 1 \ \mathrm{m/s}$

Weg

$$s(t_1) = s_0 + \int_{t_0}^{t_1} v(t)\,\mathrm{d}t \tag{D-5}$$

mittlere Winkelgeschwindigkeit

$$\omega_\mathrm{m} = \frac{\varphi(t + \Delta t) - \varphi(t)}{(t + \Delta t) - t} = \frac{\Delta \varphi}{\Delta t} \tag{D-2}$$

momentane Winkelgeschwindigkeit

$$\omega = \lim_{\Delta t \to 0} \frac{\Delta \varphi}{\Delta t} = \frac{\mathrm{d}\varphi}{\mathrm{d}t} = \dot{\varphi} \tag{D-4}$$

$[\omega] = 1 \ \mathrm{rad/s} = 1 \ \mathrm{s}^{-1}$

Winkel

$$\varphi(t_1) = \varphi_0 + \int_{t_0}^{t_1} \omega(t)\,\mathrm{d}t \tag{D-6}$$

Verknüpfungen für Kreisbewegung

$$\varphi = s/r \tag{D-7}$$

$$\omega = 2\pi n = 2\pi/T \tag{D-8}$$

$$\omega = v/r \tag{D-9}$$

$s(t_1)$	Weg zur Zeit t_1	$\varphi(t_1)$	Winkel zur Zeit t_1
s_0	Weg $s(t_0)$ zur Zeit t_0	φ_0	Winkel $\varphi(t_0)$ zur Zeit t_0
n	Drehzahl, -frequenz	T	Periodendauer

- die Beschleunigung ist die Steigung der Kurve im Geschwindigkeit-Zeit-Diagramm,
- der Wegzuwachs ist die Fläche unter der Kurve im Geschwindigkeit-Zeit-Diagramm,
- der Geschwindigkeitszuwachs ist die Fläche unter der Kurve im Beschleunigung-Zeit-Diagramm.

D.1.4 Spezialfälle

Die kinematischen Beziehungen für die Spezialfälle *gleichmäßige Geschwindigkeit* sowie *gleichmäßige Beschleunigung* sind mit den zugehörigen Diagrammen in der Übersicht D-3 zusammengestellt.

Übersicht D-2. Beschleunigungen.

Bahnbeschleunigung	Winkelbeschleunigung
mittlere Beschleunigung	mittlere Winkelbeschleunigung
$a_m = \dfrac{v(t + \Delta t) - v(t)}{(t + \Delta t) - t} = \dfrac{\Delta v}{\Delta t}$ (D–10)	$\alpha_m = \dfrac{\omega(t + \Delta t) - \omega(t)}{(t + \Delta t) - t} = \dfrac{\Delta \omega}{\Delta t}$ (D–11)
Momentanbeschleunigung	momentane Winkelbeschleunigung
$a = \lim\limits_{\Delta t \to 0} \dfrac{\Delta v}{\Delta t} = \dfrac{dv}{dt} = \dot{v} = \dfrac{d^2 s}{dt^2} = \ddot{s}$ (D–12)	$\alpha = \lim\limits_{\Delta t \to 0} \dfrac{\Delta \omega}{\Delta t} = \dfrac{d\omega}{dt} = \dot{\omega} = \dfrac{d^2 \varphi}{dt^2} = \ddot{\varphi}$ (D–13)
$[a] = 1 \text{ m/s}^2$	$[\alpha] = 1 \text{ rad/s}^2 = 1 \text{ s}^{-2}$
Geschwindigkeit	Winkelgeschwindigkeit
$v(t_1) = v_0 + \int\limits_{t_0}^{t_1} a(t)\, dt$ (D–14)	$\omega(t_1) = \omega_0 + \int\limits_{t_0}^{t_1} \alpha(t)\, dt$ (D–15)

Verknüpfung für Kreisbewegung

$\alpha = a/r$ (D–16)

Δv	Geschwindigkeitsänderung	$\Delta \omega$	Änderung der Winkelgeschwindigkeit
Δt	Zeitspanne	$\omega(t_1)$	Winkelgeschwindigkeit zur Zeit t_1
$v(t_1)$	Geschwindigkeit zur Zeit t_1	ω_0	Winkelgeschwindigkeit $\omega(t_0)$ zur Zeit t_0
v_0	Geschwindigkeit $v(t_0)$ zur Zeit t_0		

Übersicht D-3. Spezielle Bewegungsformen.

gleichmäßige Geschwindigkeit $v = v_0$			
Beschleunigung	$a = 0$		
Geschwindigkeit	$v = v_0$	(D–17)	
Weg Anfangsbedingung: $s(0) = 0$	$s = v_0 t$	(D–18)	
$s(0) = s_0$	$s = v_0 t + s_0$	(D–19)	

Übersicht D-3. (Fortsetzung).

	gleichmäßige Beschleunigung $a = a_0$		
Beschleunigung	$a = a_0$		
Geschwindigkeit Anfangsbedingung: $v(0) = 0$ $s(0) = 0$	$v = a_0 t = \sqrt{2a_0 s}$ $v_\mathrm{m} = a_0 t/2 = s/t$	(D–20)	
$v(0) = v_0$ $s(0) = s_0$	$v = a_0 t + v_0 = \sqrt{v_0^2 + 2a_0(s - s_0)}$ $v_\mathrm{m} = v_0 + a_0 t/2 = (s - s_0)/t$	(D–21)	
Weg Anfangsbedingung: $v(0) = 0$ $s(0) = 0$	$s = \frac{1}{2}a_0 t^2$	(D–22)	
$v(0) = v_0$ $s(0) = s_0$	$s = \frac{1}{2}a_0 t^2 + v_0 t + s_0$	(D–23)	

D.2 Dreidimensionale Kinematik

D.2.1 Ortsvektor und Bahnkurve

Bei einer allgemeinen Bewegung hat ein Punkt drei Freiheitsgrade. Zur eindeutigen Lagebeschreibung sind drei Koordinaten erforderlich. Dies sind die Komponenten des Ortsvektors r, der in kartesischen Koordinaten lautet:

$$r(t) = \begin{pmatrix} x(t) \\ y(t) \\ z(t) \end{pmatrix} . \qquad (D–24)$$

D.2.2 Geschwindigkeitsvektor

Der Vektor v der Geschwindigkeit ergibt sich durch Differenziation des Ortsvektors $r(t)$ nach der Zeit.

$$v = \frac{dr}{dt} = \dot{r} = \begin{pmatrix} \dot{x} \\ \dot{y} \\ \dot{z} \end{pmatrix} . \qquad (D–25)$$

Der Vektor v der Geschwindigkeit liegt stets tangential zur Bahnkurve.

Ist e_tan der *Einheitsvektor* in Richtung der Tangente an die Bahnkurve, dann gilt

$$v = v \cdot e_\mathrm{tan} \qquad (D–26)$$

$v = |v| = ds/dt$ ist der Betrag der Geschwindigkeit.

D.2.3 Beschleunigungsvektor

Der Vektor a der Beschleunigung ist als Ableitung des Geschwindigkeitsvektors v nach der

Zeit t definiert:

$$a = \frac{\mathrm{d}v}{\mathrm{d}t} = \dot{v} = \begin{pmatrix} \dot{v}_x \\ \dot{v}_y \\ \dot{v}_z \end{pmatrix} = \begin{pmatrix} \ddot{x} \\ \ddot{y} \\ \ddot{z} \end{pmatrix} . \qquad \text{(D–27)}$$

Im Allgemeinen steht der Beschleunigungsvektor a schief zur Bahnkurve und kann in zwei Komponenten zerlegt werden (Bild D-2):

$$a = a_{\tan} + a_{\mathrm{norm}} \quad \text{mit}$$
$$a_{\tan} = \frac{\mathrm{d}v}{\mathrm{d}t} e_{\tan} \quad \text{und} \quad a_{\mathrm{norm}} = \frac{v^2}{R} e_{\mathrm{norm}} ;$$
$$\text{(D–28)}$$

$a_{\tan}$ Tangentialkomponente der Beschleunigung,

a_{norm} Normalkomponente der Beschleunigung,

$e_{\tan}, e_{\mathrm{norm}}$ Einheitsvektoren tangential und normal zur Bahnkurve,

v Momentangeschwindigkeit,

R Krümmungsradius der Bahnkurve.

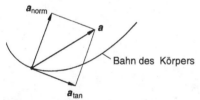

Bild D-2. Tangential- und Normalkomponente des Beschleunigungsvektors.

D.2.4 Kreisbewegungen

Bei Kreisbewegungen weist die Normalbeschleunigung stets zum Kreismittelpunkt und wird als *Zentripetalbeschleunigung* a_{zp} bezeichnet:

$$a_{\mathrm{zp}} = v^2/r = r\omega^2 = \omega v ; \qquad \text{(D–29)}$$

v Bahngeschwindigkeit,
ω Winkelgeschwindigkeit,
r Kreisradius.

Die Übersicht D-4 enthält die vektorielle Beschreibung der Winkelgeschwindigkeit und -beschleunigung.

D.2.5 Wurfbewegungen

Beim Wurf im Schwerefeld der Erde (Übersicht D-5) gilt unter Vernachlässigung des Luftwiderstands für die Beschleunigung

$$a = \begin{pmatrix} 0 \\ -g \end{pmatrix} ; \qquad \text{(D–30)}$$

$g = 9{,}81 \text{ m/s}^2$ Erdbeschleunigung.

Durch zweimalige Integration in x- und y-Richtung ergeben sich der Geschwindigkeitsvektor v und der Ortsvektor r sowie die Bahnkurve.

Übersicht D-4. Vektoren der Kreisbewegung.

perspektivische Darstellung	ebene Darstellung

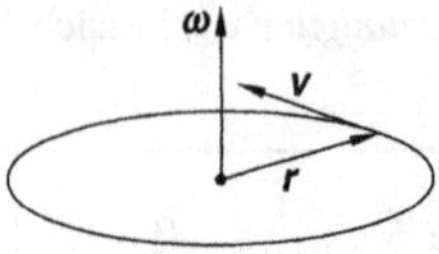

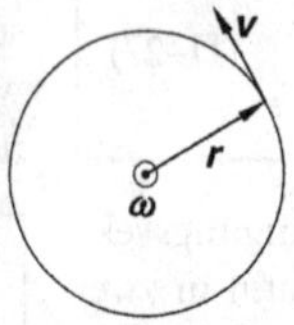

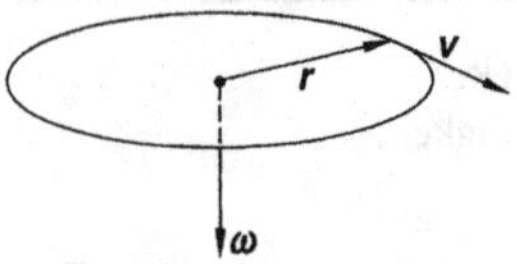

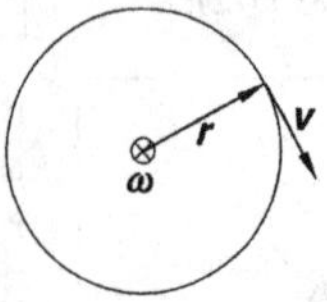

Verknüpfungen

$$v = \omega \times r \qquad \text{(D-30)}$$
$$a_{\tan} = \alpha \times r \qquad \text{(D-32)}$$

$$a_{zp} = \omega \times v = -\omega^2 r \qquad \text{(D-31)}$$

v	Geschwindigkeit
ω	Winkelgeschwindigkeit
r	Ortsvektor
a_{zp}	Zentripetalbeschleunigung
$a_{\tan}$	Tangentialbeschleunigung

Übersicht D-5. Wurfbewegungen.

Wurfarten / Berechnungen	schiefer Wurf β beliebig	senkrechter Wurf $\beta = 90°$	waagerechter Wurf $\beta = 0°$	Grafik
Grundgleichungen 1. Geschwindigkeiten	$v_x = v_0 \cos\beta$ (1) $v_y = v_0 \sin\beta - g\,t$ (2) 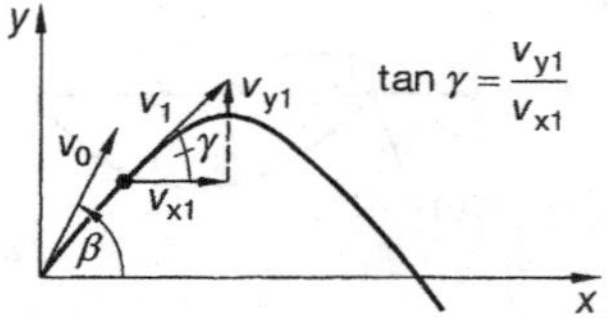 $\tan\gamma = \dfrac{v_{y1}}{v_{x1}}$ $|v_1| = \sqrt{v_{x1}^2 + v_{y1}^2}$	$v_x = 0$ $v_y = v_0 - g\,t$	$v_x = v_0$ $v_y = -g\,t$ 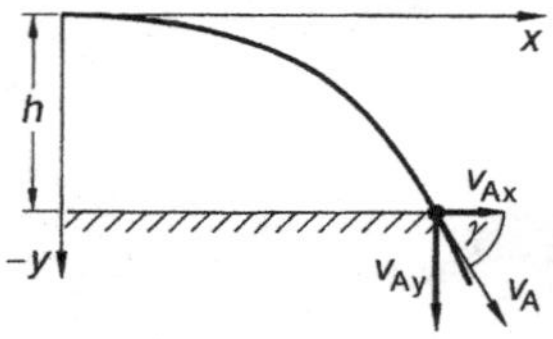 $\tan\gamma = \dfrac{v_{Ay}}{v_{Ax}}$ $|v_A| = \sqrt{v_{Ax}^2 + v_{Ay}^2}$	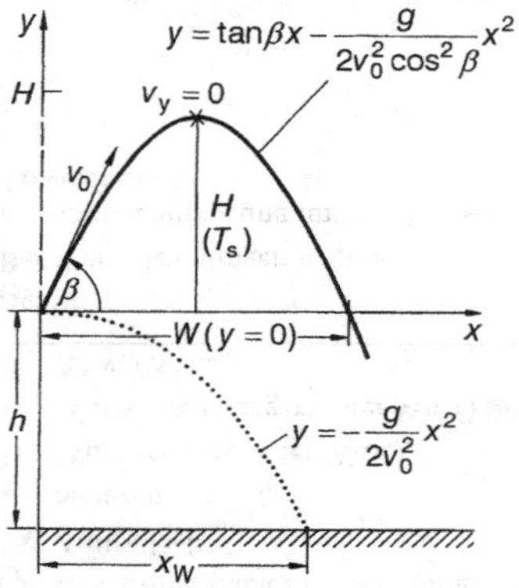
2. Wege	$x = v_0 t \cos\beta$ (3) $y = v_0 t \sin\beta - \dfrac{g}{2} t^2$ (4)	$x = 0$ $y = v_0 t - \dfrac{g}{2} t^2$	$x = v_0 t$ $y = -\dfrac{g}{2} t^2$	
Bahngleichung	$y = \tan\beta\, x - \dfrac{g}{2 v_0^2 \cos^2\beta} x^2$		$y = -\dfrac{g}{2 v_0^2} x^2$	$y = \tan\beta\, x - \dfrac{g}{2 v_0^2 \cos^2\beta} x^2$ $y = -\dfrac{g}{2 v_0^2} x^2$

(a)

Übersicht D-5. (Fortsetzung).

Wurfarten / Berechnungen	schiefer Wurf β beliebig	senkrechter Wurf $\beta = 90°$	waagerechter Wurf $\beta = 0°$	
Spezialfälle: Steigzeit T_S $(v_y = 0)$	$(2) = 0$ $T_S = \dfrac{v_0}{g}\sin\beta$ (5)	$T_S = \dfrac{v_0}{g}$	$T_S = 0$	g Erdbeschleunigung $(g = 9{,}81\ \mathrm{m/s^2})$ h Höhe beim waagerechten Wurf H Wurfhöhe (schiefer und senkrechter Wurf) v_0 Anfangsgeschwindigkeit v_x Geschwindigkeit in x-Richtung v_y Geschwindigkeit in y-Richtung T_A Auftreffzeit T_S Steigzeit W Wurfweite (schiefer Wurf) x_W Wurfweite (waagerechter Wurf) β Abwurfwinkel
Wurfhöhe $(v_y = 0)$	(4) und (5) $H = \dfrac{v_0^2}{2g}\sin^2\beta$	$H = \dfrac{v_0^2}{2g}$	$h = 0$	**Achtung!** Bei allen Gleichungen liegt der Koordinatenursprung im Abwurfpunkt.
Auftreffzeit T_A $(y = 0)$	$(4) = 0$ und $t_1 = 0$ $T_A = \dfrac{2v_0}{g}\sin\beta = 2T_S$	$T_A = \dfrac{2v_0}{g} = 2T_S$	$T_S = 0$	
Wurfweite W	aus (3): $W = v_0 T_A \cos\beta$ $W = \dfrac{v_0^2}{g}\sin 2\beta$ $W_{\max}$ für $\beta = 45°$	$W = 0$	aus (a): $-y = h = \dfrac{g}{2v_0^2}x_W^2$ $x_W = W = v_0\sqrt{\dfrac{2h}{g}}$	

E Dynamik

Die Dynamik untersucht die Ursachen für die Bewegung eines Körpers. Dieser hat eine *Masse* und eine geometrische Ausdehnung, d. h. ein *Volumen*. Bei der Modellvorstellung des materiellen Punktes ist die Masse des Körpers in einem Punkt ohne räumliche Ausdehnung vereinigt, der nicht rotieren und sich verformen kann und somit eine mathematisch einfachere Beschreibung seiner Reaktionen auf Einwirkungen von außen erlaubt. Wie materielle Punkte lassen sich Körper behandeln, deren Volumen klein ist im Vergleich zu den Dimensionen (Abmessungen, Abstände), in denen er sich bewegt. Aus materiellen Punkten bauen sich im Allgemeinen *Systeme materieller Punkte* auf; sind die Abstände der materiellen Punkte in Systemen konstant, dann werden diese Körper als *starre Körper* bezeichnet.

E.1 Grundgesetze der klassischen Mechanik

E.1.1 Die Newton'schen Axiome

Die von I. NEWTON im Jahre 1687 veröffentlichten Grundprinzipien der Dynamik sind in Tabelle E-1 zusammengestellt. Als *Grundgesetze der klassischen Mechanik* beschreiben sie die dynamischen Vorgänge exakt; sie versagen, wenn die Geschwindigkeiten nicht mehr erheblich kleiner als die Lichtgeschwindigkeit sind (Relativitätstheorie) oder bei Wechselwirkungen in der mikroskopischen Welt (Quantentheorie).

Dichte ϱ

Die Masse m und das Volumen V der Körper sind über eine materialspezifische Größe, die *Dichte ϱ*, definiert:

$$\varrho = \frac{m}{V} \qquad \text{(E–1)}$$

Die Dichte fester, flüssiger oder gasförmiger Körper (Tabelle E-2) ist mehr oder minder stark temperatur- und druckabhängig. Bei Gasen ist die Dichte im Vergleich zu Festkörpern und Flüssigkeiten etwa tausendmal kleiner und ändert sich besonders stark mit der Temperatur und dem Gasdruck.

Die mittlere Dichte ϱ_m, von Körpern mit einem Gesamtvolumen V, das sich aus unterschiedlichen Materialien zusammensetzt, wie z. B. bei Lochsteinen oder Verbundwerkstoffen, errechnet sich folgendermaßen:

$$\varrho_m = \frac{\varrho_1 V_1 + \varrho_2 V_2 + \dots}{V} \; ; \qquad \text{(E–2)}$$

$\varrho_1, \varrho_2, \dots$ Dichte der Körperanteile,
$V_1, V_2, \dots$ Teilvolumina der Körperanteile,
V Gesamtvolumen des Körpers
     $(V = V_1 + V_2 + \dots)$.

Kraft

Das *zweite Newton'sche Axiom* definiert die *Kraft F* als Ursache einer Bewegungsänderung und stellt den Zusammenhang zwischen

© Springer-Verlag GmbH Deutschland 2017
E. Hering, R. Martin, M. Stohrer, *Taschenbuch der Mathematik und Physik*, DOI 10.1007/978-3-662-53419-9_5

Tabelle E-1. Die Newton'schen Axiome.

Newton'sche Axiome	Formulierung	Beziehung
1. Axiom Trägheitsgesetz	Jeder Körper behält seine Geschwindigkeit nach Betrag und Richtung so lange bei, wie er nicht durch äußere Kräfte gezwungen wird, seinen Bewegungszustand zu ändern.	allgemein: $F = \dfrac{d}{dt}(mv)$
2. Axiom Aktionsgesetz Grundgesetz der Mechanik	Die zeitliche Änderung der Bewegungsgröße des Schwerpunktes, des Impulses $p = mv$, ist gleich der resultierenden Kraft F. Um eine konstante Masse zu beschleunigen, ist eine Kraft F erforderlich, die gleich dem Produkt aus Masse m und Beschleunigung a des Schwerpunktes ist.	speziell: $F = ma$
3. Axiom Wechselwirkungsgesetz actio = reactio	Wirkt ein Körper 1 auf einen Körper 2 mit der Kraft F_{12}, so wirkt der Körper 2 auf den Körper 1 mit der Kraft F_{21}; beide Kräfte haben den gleichen Betrag, aber entgegengesetzte Richtungen.	$F_{12} = -F_{21}$

Tabelle E-2. Dichten von Materialien in kg/m^3 beim Normdruck 101325 Pa.

Festkörper		Flüssigkeiten			Gase (0 °C)		
Platin	21 400	Quecksilber		13 546	Xenon		5,90
Gold	19 290	Schwefelsäure		1834	Chlor		3,21
Blei	11 340	Glycerin		1260	CO_2		1,98
Kupfer	8930	Schweres Wasser D_2O		1105	Sauerstoff		1,43
Messing	≈ 8500	Wasser H_2O	0 °C	999,84	Stickstoff		1,25
Stahl	≈ 7800		4 °C	999,97	Luft	0 °C	1,29
Eisen	≈ 7500		20 °C	998,21		−100 °C	2,04
Marmor	≈ 2700		60 °C	983,21		+100 °C	0,95
Glas	≈ 2500		100 °C	958,35		+1000 °C	0,28
Normalbeton	≈ 2400	Petroleum	20 °C	810	Ammoniak		0,77
PVC-Kunststoff	1400	Alkohol (100%)	20 °C	790	Methan		0,72
Eis	920	Kfz-Benzin		780	Helium		0,18
Fichtenholz	≈ 700	Leichtbenzin		700	Wasserstoff		0,09

der Bewegungsgröße eines Körpers, also dessen *Impuls,* und der Einwirkung von *Kräften* als Ursache der Bewegungsänderung her:

$$F = \frac{d}{dt}p = \frac{d}{dt}(mv) = m\frac{dv}{dt} + v\frac{dm}{dt} \; ; \quad \text{(E-3)}$$

F Kraft auf den Körper,
p Impuls des Körpers ($p = mv$),
v Momentangeschwindigkeit des Körpers,
m Masse des Körpers.

Bleiben die Massen bei den dynamischen Vorgängen konstant ($dm/dt = 0$), dann folgt aus

dem zweiten Newton'schen Axiom das *Newton'sche Grundgesetz der Mechanik:*

$$F = m\frac{dv}{dt} = ma \; ; \quad \text{(E-4)}$$

a Beschleunigung des Körpers.

Die Kraft F ist eine vektorielle Größe, deren Richtung parallel zur Beschleunigung a und deren Betrag $F = ma$ ist. Die Einheit für die Kraft ist $[F] = 1$ N (Newton) $= 1$ kg · m/s^2.

Für die Addition von Kräften und die Zerlegung einer Kraft in verschiedene Kraftrichtun-

Tabelle E-3. Kräftediagramm und Kraftzerlegung.

$F = F_1 + F_2$	Kräfteparallelogramm	Kräfte	Richtungswinkel
Kräfte-addition; gegeben F_1, F_2, α, β		$F_x = F_1 \cos\alpha + F_2 \cos\beta$ $F_y = F_1 \sin\alpha + F_2 \sin\beta$ $F = \sqrt{F_x^2 + F_y^2}$ $F = \sqrt{F_1^2 + F_2^2 + 2F_1 F_2 \cos(\beta - \alpha)}$	$\gamma = \arctan \dfrac{F_1 \sin\alpha + F_2 \sin\beta}{F_1 \cos\alpha + F_2 \cos\beta}$
Kräfte-zerlegung; gegeben F, γ, α, β oder F, γ, F_1, F_2		$F_1 = F \dfrac{\sin(\beta - \gamma)}{\sin(\beta - \alpha)}$ $F_2 = F \dfrac{\sin(\gamma - \alpha)}{\sin(\beta - \alpha)}$	$\alpha = \gamma - \arccos \dfrac{F^2 + F_1^2 - F_2^2}{2FF_1}$ $\beta = \gamma + \arccos \dfrac{F^2 + F_2^2 - F_1^2}{2FF_2}$

gen gelten die Regeln der *Vektorrechnung* (Tabelle E-3).

Kräftegleichgewicht

Das *dritte Newton'sche Axiom* beschreibt die *Wechselwirkungen* zwischen Körpern über Kräfte und sagt aus, dass es eine einzelne isolierte Kraft nicht gibt. Wird eine Systemgrenze vorgegeben, dann kann zwischen *äußeren Kräften*, die von einem Körper außerhalb der Systemgrenzen herrühren, und *inneren Kräften*, die nur innerhalb des Systems wirken, unterschieden und die Beschreibung dynamischer Vorgänge wesentlich vereinfacht werden (Abschnitt E.4.1).

Ist die nach dem Newton'schen Aktionsprinzip resultierende Kraft auf den Körper null, dann ist auch nach Gl. (E-4) die Beschleunigung des Körpers $a = 0$ und er verharrt in seinem Bewegungszustand; war er also vorher in Ruhe, dann bleibt er in Ruhe. Dies ist die Bedingung des *statischen Kräftegleichgewichts*:

$$\sum_{i=1}^{N} F_i = F_1 + F_2 + \ldots = 0 . \qquad (E-5)$$

E.1.2 Wechselwirkungskräfte der Mechanik

Schwer- oder Gewichtskraft F_G

Auf der Erdoberfläche fallen im freien Fall alle Körper konstanter Masse mit der konstanten Fallbeschleunigung g, wenn andere Wechselwirkungen, z. B. die Luftreibung, vernachlässigbar sind. Die Ursache dieser gleichmäßig beschleunigten Fallbewegung ist die *Schwer- oder Gewichtskraft F_G* auf die Masse m des Körpers: ·

$$F_G = mg ; \qquad (E-6)$$

g Fallbeschleunigung auf der Erdoberfläche (in Paris: $g = 9{,}81 \text{ m/s}^2$).

Die Schwerkraft ist, wie die Fallbeschleunigung, zum Erdmittelpunkt hin gerichtet. Ursache der Schwerkraft ist die Gravitationskraft zwischen der Erd- und der Körpermasse (Abschnitt F).

Hangabtriebskraft F_H

Die Schwerkraft führt, wie Bild E-1 zeigt, bei Körpern auf einer *schiefen Ebene* zu einer hangabwärts, parallel zur schiefen Ebene gerichteten

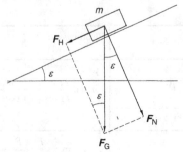

Bild E-1. Kräfte auf schiefer Ebene mit Neigungswinkel ε.

gleichmäßig beschleunigenden Kraft, der *Hangabtriebskraft* F_H, mit dem Betrag

$$F_H = mg \sin \varepsilon \; ; \qquad (E\text{--}7)$$

ε Neigungswinkel der schiefen Ebene.

Senkrecht zur schiefen Ebene entsteht durch die Gewichtskraft die *Normalkraft* F_N mit dem Betrag

$$F_N = mg \cos \varepsilon \; . \qquad (E\text{--}8)$$

Zentripetalkraft F_{zp}

Nach dem Newton'schen Grundgesetz ist die Kraft, die einen Körper bei der gleichförmigen Kreisbewegung (Abschnitt D.2.4) auf der Kreisbahn hält, die *Zentripetalkraft F_{zp}*:

$$F_{zp} = ma_{zp} = -m\omega^2 r \; ; \qquad (E\text{--}9)$$

m Masse des Körpers,
a_{zp} Zentripetalbeschleunigung nach
   Gl. (D–29),
ω Winkelgeschwindigkeit des Körpers auf
   der Kreisbahn,
r Radiusvektor (Ortsvektor) der Kreisbahn.

Die Zentripetalkraft ist antiparallel zum Radiusvektor *r*, d. h. zum Mittelpunkt der Kreisbahn hin gerichtet.

Elastische oder Federkraft F_{el}

Kräfte verursachen nicht nur beschleunigte Bewegungen (dynamische Kraftwirkung), sondern ändern auch die geometrische Form von Körpern (Deformationswirkung). Umgekehrt üben daher deformierte Körper Kräfte aus, die *elastischen oder Federkräfte F_{el}*. Nach dem dritten Newton'schen Axiom sind die elastischen Kräfte F_{el} entgegengesetzt gleich der von außen wirkenden deformierenden Kraft F_a.

Alle Festkörper zeigen innerhalb maximaler Deformationsgrenzen ein *elastisches Verhalten* (Abschnitt G). Nach dem *Hooke'schen Gesetz* ist die Längenänderung *s* (Bild E-2) der elastischen Deformation ein Maß für die *elastische Kraft F_{el}*:

$$F_{el} = -ks \; ; \qquad (E\text{--}10)$$

s Längenänderung des elastischen Körpers
   ($s \uparrow\downarrow F_{el}$),
k Richtgröße oder Federkonstante.

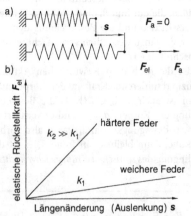

Bild E-2. Elastische Deformation. a) äußere Kraft F_a und elastische Rückstellkraft F_{el} b) Federkonstante k.

Tabelle E-4. Resultierende Federkonstante.

Federkopplung	Resultierende Federkonstante
Parallelkopplung	$k_{res} = k_1 + k_2 + k_3 + \ldots$ (E–11)
Serienkopplung	$k_{res} = \dfrac{1}{\dfrac{1}{k_1} + \dfrac{1}{k_2} + \dfrac{1}{k_3} + \ldots}$ (E–12)
Zwischenkopplung	$k_{res} = \dfrac{1}{\dfrac{1}{k_1} + \dfrac{1}{k_2}} + \dfrac{1}{\dfrac{1}{k_3} + \dfrac{1}{k_4}}$ (E–13)

Tabelle E-5. Reibungskräfte.

	äußere Reibung Festkörperreibung (Newton'sche Reibung)	innere Reibung Flüssigkeitsreibung (Stokes'sche Reibung)	turbulente Reibung Luftreibung (Coulomb'sche Reibung)
Reibungskraft			
Ansatz	$F_R = \mu F_N$ (E–14)	$F_R = dv$ (E–15)	$F_R = bv^2$ (E–16)
Proportionalitätsfaktor	μ: Reibungszahl μ ist unabhängig von der Kontaktfläche zwischen Körper und Unterlage; hängt ab von der Kontaktgeometrie und den Materialien von Körper und Unterlage.	d: Zähigkeitskoeffizient d hängt von der Form des Körpers und der Viskosität der Flüssigkeit ab. Es wird laminare Strömung vorausgesetzt.	b Luftreibungskoeffizient b hängt von der Anströmfläche und der Oberflächenbeschaffenheit des Körpers sowie von der Dichte und Art des strömenden Mediums ab.
Spezialfälle	μ_R Rollreibung μ_G Gleitreibung μ_H Haftreibung	$d = 6\pi\eta r$ laminare Umströmung einer Kugel vom Radius r in einem Medium mit der Zähigkeit η.	$b = \frac{1}{2} c_w \varrho A$ Körper mit Anströmfläche A und dem Widerstandsbeiwert c_w im Medium der Dichte ϱ.

Tabelle E-4 zeigt die *resultierende Federkonstante* k_{res} für gekoppelte Federn.

Reibungskraft F_R

Durch Reibung an der Unterlage (*Festkörperreibung*), an der Grenzschicht zur umgebenden Flüssigkeit (*Flüssigkeitsreibung*) oder dem umgebenden Gas (*Luftreibung*) wird die Bewegung von Körpern verlangsamt. Die Ursache der Bewegungsänderung ist die *Reibungskraft* F_R; sie ist der Richtung der Momentangeschwindigkeit v des Körpers stets entgegengerichtet: $F_R \uparrow\downarrow v$. Der Betrag von F_R setzt sich je nach Situation in unterschiedlicher Weise aus den drei Grenzfällen in Tabelle E-5 zusammen.

Die Festkörperreibung hängt von der Oberflächenbeschaffenheit der beiden reibenden Körper ab. Die *Haft- und Gleitreibungszahlen* unterscheiden sich stark (Tabelle E-6). Bei niedrigen Geschwindigkeiten ist auch die Rollreibung noch näherungsweise proportional zur Normalkraft des Rades auf die Unterlage. In diesem Fall lässt sich die *Rollreibungszahl* μ_R, definieren; sie ist abhängig

Tabelle E-6. Haft-, Gleit- und Rollreibungszahlen.

Stoffpaar	μ_H	μ_G	μ_R
Stahl auf Stahl	0,15	0,12	0,002
Stahl auf Holz	0,5 bis 0,6	0,2 bis 0,5	
Stahl auf Eis	0,027	0,014	
Holz auf Holz	0,65	0,2 bis 0,4	
Holz auf Leder	0,47	0,27	
Gummi auf Asphalt	0,9	0,85	0,02 bis 0,05
Gummi auf Beton	0,65	0,5	
Gummi auf Eis	0,2	0,15	

vom Radius R der aufeinander abrollenden Körper. Beispielsweise gilt für das Abrollen von Kugeln auf einer ebenen Unterlage $\mu_R = f/R$ wobei der Faktor f vom Material und von der Oberflächenbeschaffenheit abhängt. So gilt für Stahlkugeln auf einer ebenen Kunststoffunterlage $f = 0{,}0013$ cm. In Tabelle E-6 sind die Werte von μ_R für Eisenbahn- und Autoräder angegeben.

Nur Bewegungen mit Festkörperreibung verlaufen gleichmäßig beschleunigt oder verzögert; bei den anderen Reibungsarten sind die Bewegungsgesetze komplizierter.

E.2 Dynamik in bewegten Bezugssystemen

E.2.1 Geradlinig bewegtes Bezugssystem

Für den Fall geradlinig gleichmäßig gegeneinander beschleunigter Bezugssysteme sind im Bild E-3 die Vektoren für die Beschreibung der Bahnkurve eines Punktes P aufgezeichnet und die Transformationsgleichungen für die Orts-, Geschwindigkeits- und Beschleunigungsvektoren angegeben, welche sich zwischen dem ruhenden System S (x, y, z) und dem sich gegenüber S mit der Beschleunigung a_S bewegenden Bezugssystem S' (x', y', z') ergeben. Dabei ist die für Geschwindigkeiten klein gegenüber der Lichtgeschwindigkeit zulässige Transformationsbedingung einer absoluten Zeit, also einer von den Koordinatensystemen unabhängigen Zeitkoordinate $t = t'$, angewandt worden (*Galilei-Transformation*); der Fall hoher Relativgeschwindigkeiten wird in Abschnitt U (Relativitätstheorie) beschrieben.

Trägheitskraft F_t

Wird in jedem der beiden Bezugssysteme S und S' die gemessene Beschleunigung auf die Wirkung einer beschleunigenden Kraft zurückge-

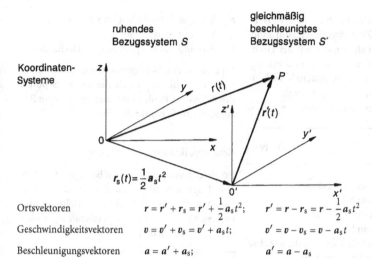

Bild E-3. *Galilei-Transformation in gleichmäßig gegeneinander beschleunigten Bezugssystemen.*

führt, so ergibt sich im ruhenden System S die Kraft $F = ma$, und in S' die Kraft $F' = ma' = ma - ma_S$. Die Differenz ist die nur im bewegten Bezugssystem als Scheinkraft auftretende Trägheitskraft F_t:

$$F_t = -ma_S ; \qquad (E\text{–}17)$$

a_S Beschleunigung des bewegten Koordinatensystems S' in Bezug auf das ruhende System S: $a_S \, \uparrow\downarrow \, F_t$.

Die Trägheitskraft wirkt im beschleunigten Bezugssystem auf alle Massen. Durch Messung der Trägheitskraft auf einen Körper im beschleunigten Bezugssystem S' lässt sich somit a_s bestimmen.

Prinzip von D'ALEMBERT

Nach dem Prinzip von D'ALEMBERT (1717 bis 1783) ist in einem, geradlinig gleichmäßig beschleunigten Bezugssystem die Trägheits-

kraft F_t zu der resultierenden Kraft F_{res} aus den Wechselwirkungskräften vektoriell zu addieren. Demnach ist in bewegten Bezugssystemen S' ein Körper im Gleichgewicht ($a' = 0$), wenn das *dynamische Kräftegleichgewicht* erfüllt ist:

$$F_{res} + F_t = \sum_{i=1}^{N} F_i - ma_S = 0 ; \qquad (E\text{–}18)$$

a_S Beschleunigung des bewegten Bezugssystems,
F_i Wechselwirkungskräfte auf den Körper mit der Masse m im bewegten Bezugssystem.

E.2.2 Gleichförmig rotierende Bezugssysteme

In rotierenden Bezugssystemen treten wegen der beschleunigten Bewegung ebenfalls Scheinkräfte auf, die nur der mitbewegte Beobachter wahrnimmt. Zum einen verspürt der bewegte

Beobachter eine Kraft, die ihn von der Drehachse wegtreibt, die *Zentrifugalkraft*; zum anderen eine weitere, bei allen nicht mit der Drehachse von S' übereinstimmenden Geschwindigkeitsrichtungen im bewegten System S' wirkende abtreibende Kraft, die *Coriolis-Kraft*.

Es besteht der Zusammenhang:

$$v' = v - \omega \times r \; ; \qquad \text{(E-19)}$$

v Geschwindigkeit im ruhenden Koordinatensystem S,
v' Geschwindigkeit im bewegten Koordinatensystem S',
ω Winkelgeschwindigkeit des um die z-Achse rotierenden Koordinatensystems S'.

Für die Beschleunigung $a' = \mathrm{d}v'/\mathrm{d}t$ im rotierenden Bezugssystem S' ergibt sich aus Gl. (E-19) folgende Verknüpfung:

$$a' = a - 2\omega \times v' - \omega \times (\omega \times r) \; ; \qquad \text{(E-20)}$$

$a' = \mathrm{d}v'/\mathrm{d}t$ Beschleunigung im rotierenden Bezugssystem,
$a = \mathrm{d}v/\mathrm{d}t$ Beschleunigung im ruhenden Bezugssystem.

Ist R die Komponente des Ortsvektors r, die senkrecht zur Winkelgeschwindigkeit ω steht, dann geht Gl. (E-20) über in

$$a = a' \underset{\substack{\text{Coriolis-}\\\text{Beschleunigung}}}{- 2v' \times \omega} \underset{\substack{\text{Zentripetal-}\\\text{Beschleunigung}}}{- \omega^2 R} \; ; \qquad \text{(E-21)}$$

a' Beschleunigung im rotierenden Koordinatensystem,
a Beschleunigung im ruhenden Koordinatensystem,
ω Winkelgeschwindigkeit des rotierenden Koordinatensystems

v' Bahngeschwindigkeit im rotierenden Koordinatensystem,
R Abstand des Körpers von der Drehachse.

Im rotierenden Bezugssystem wirken also zwei weitere Beschleunigungen, die vom Standpunkt des ruhenden Beobachters aus für bewegte Bezugssysteme Scheinkräfte sind.

Zentrifugalkraft F_{zf}

Im gleichförmig rotierenden Bezugssystem tritt eine Trägheitskraft auf, die *Zentrifugalkraft* F_{zf}. Sie ist senkrecht zur Drehachsenrichtung und entgegengesetzt der Zentripetalkraft F_{zp} radial nach außen gerichtet.

$$F_{zf} = +m\omega^2 r \; ; \qquad \text{(E-22)}$$

m Masse des Körpers,
r Ortsvektor des Körpers auf der Kreisbahn,
ω Winkelgeschwindigkeit der Drehbewegung.

Die Beträge von Zentrifugal- und Zentripetalkraft sind gleich, die Richtungen jedoch entgegengesetzt: $F_{zf} \updownarrow F_{zp}$.

Coriolis-Kraft F_C

Verläuft in einem rotierenden Bezugssystem der vom mitbewegten Beobachter gemessene Geschwindigkeitsvektor nicht parallel zur Drehachse, dann erfährt der bewegte Körper der Masse m eine weitere Trägheitskraft, die *Coriolis-Kraft* F_C:

$$\overset{*}{F}_C = +2m(v' \times \omega) \; ; \qquad \text{(E-23)}$$

m Masse des Körpers,
v' Bahngeschwindigkeit des Körpers im bewegten System S',
ω Winkelgeschwindigkeit des bewegten Bezugssystems um die Drehachse.

Die Coriolis-Kraft hat den Betrag $F_C = 2mv'\omega \cdot \sin(v', \omega)$ und ist senkrecht zur Drehachsenrichtung ω und senkrecht zur Geschwindigkeit v' gerichtet.

E.3 Arbeit, Leistung und Energie

E.3.1 Arbeit W

Wirkt eine Kraft F auf einen Körper und verschiebt ihn dabei um ein Wegelement Δs, so ist durch die Wirkung dieser Kraft der Zustand des Körpers verändert worden; die Kraft hat an dem Körper *Arbeit* verrichtet. Die *mechanische Arbeit* dW auf dem Weg ds ist durch das Skalarprodukt zwischen der Kraft F und dem Wegelement ds definiert (Bild E-4):

$$dW = F \cdot ds = |F||ds| \cos(F, ds) ; \quad \text{(E–24)}$$

Ist der Weg von s_1 nach s_2 gekrümmt oder die Kraft $F(r, t)$ nicht konstant, dann ergibt sich die Arbeit aus der Integration der Einzelbeiträge dW auf dem Wegelement ds:

$$W_{12} = \int_{s_1}^{s_2} dW = \int_{s_1}^{s_2} F \cdot ds . \quad \text{(E–25)}$$

W_{12} mechanische Arbeit für die Verschiebung des Körpers vom Wegpunkt s_1 nach dem Wegpunkt s_2.

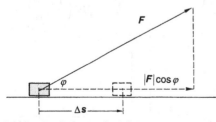

Bild E-4. Zur Definition der Arbeit.

Eine Kraft F, die senkrecht auf das Wegelement ds wirkt, verrichtet keine Arbeit, dW ist null.

In Tabelle E-7 ist die Arbeit W_{12} zusammengestellt, welche gegen die im erdnahen Gravitationsfeld näherungsweise konstante Schwerkraft F_G und die von ihr verursachte Hangabtriebskraft F_H sowie die auf dem Verschiebungsweg konstante Festkörper-Reibungskraft F_R aufzuwenden ist. Mit aufgenommen ist die *Beschleunigungsarbeit* gegen die Trägheitskraft F_t der beschleunigten Masse, welche nur von der Differenz der Quadrate der Geschwindigkeiten zu Beschleunigungsbeginn und Beschleunigungsende abhängt.

Die Verformungsarbeit beim Dehnen und Stauchen von elastischen Körpern und die Hubarbeit gegen die Gravitationskraft werden gegen ortsabhängige Kräfte verrichtet; Tabelle E-8 enthält die für diese Fälle sich ergebenden Arbeiten W_{12}.

E.3.2 Leistung P

Die Leistung P ist das Maß dafür, in welcher Zeitspanne Δt die Arbeit ΔW verrichtet wird:

$$P = \frac{\Delta W}{\Delta t} . \quad \text{(E–32)}$$

Die Einheit der Leistung ist $[P] = 1\,\text{N} \cdot \text{m/s} = 1\,\text{J/s} = 1\,\text{W}$ (Watt).

Die *Momentanleistung* P zu einem Zeitpunkt t ergibt sich aus Gl. (E-32) für ein unendlich kurzes Zeitintervall dt:

$$P = \frac{dW}{dt} = \frac{F\,ds}{dt} = F \cdot v ; \quad \text{(E–33)}$$

dW Arbeit im Zeitintervall dt,
F momentan wirkende Kraft, mit der Arbeit verrichtet wird,
s Ortsvektor des Körpers,
v Momentangeschwindigkeit des Körpers.

Tabelle E-7. Arbeit gegen ortsunabhängige Kräfte.

	Geometrie	erforderliche konstante Kraft	Weg	verrichtete Arbeit
Hubarbeit gegen Gewichtskraft F_G		$F = mg$	$s = h_2 - h_1 = h$	$W_{12} = mgh$ nur abhängig von der Höhendifferenz (E–26)
Arbeit auf reibungsfreier schiefer Ebene gegen Hangabtriebskraft F_H		$F = mg \sin\alpha$	$s = \dfrac{h}{\sin\alpha}$	$W_{12} = mgh$ nur abhängig von der Höhendifferenz (E–27)
Festkörperreibungsarbeit gegen Reibungskraft F_R		$F = \mu F_N$ $= \mu mg$	$s = s_2 - s_1$	$W_{12} = \mu mgs$ Reibungszahl μ auf Weg konstant (E–28)
Beschleunigungsarbeit ohne Reibung gegen Trägheitskraft F_t		$F = ma$	$s = \dfrac{v_2^2 - v_1^2}{2a}$	$W_{12} = \frac{1}{2}m(v_2^2 - v_1^2)$ nur abhängig von Anfangs- und Endgeschwindigkeit (E–29)

Tabelle E-8. Arbeit gegen ortsabhängige Kräfte.

	System	Kraftgesetz	Arbeit
Verformungsarbeit	Feder-Masse-System	$F_{rück} = -kx$	$W_{12} = \frac{1}{2}k\left(x_2^2 - x_1^2\right)$ (E–30) normiert: $W = 0$ für $x_1 = 0$
Hubarbeit gegen die Gravitationskraft	Zentralgestirn und Satellit	$F_G = -G\dfrac{mM}{r^2}\dfrac{\mathbf{r}}{r}$	$W_{12} = GMm\left(\dfrac{1}{r_1} - \dfrac{1}{r_2}\right)$ (E–31) normiert: $W = 0$ für $r_2 \to 0$

Die *mittlere Leistung* P_m im Zeitraum t_g ergibt sich wie folgt:

$$P_m = \frac{W_g}{t_g} \; ; \qquad (E-34)$$

t_g Zeitraum für die mittlere Leistungsbestimmung,

W_g gesamte, in der Zeit t_g verrichtete Arbeit.

Aus der in der Zeitspanne t_g in messbare Reibungsarbeit bzw. Reibungswärme umgewandelten Arbeit lassen sich Leistungen von Antrieben bestimmen.

Wirkungsgrad

Der *mechanische Wirkungsgrad* η eines Antriebs oder eines mechanischen Wandlers ist

$$\eta = \frac{W_{ab}}{W_{zu}} = \frac{\int_{t'_0}^{t'_1} P_{eff}\, dt}{\int_{t_0}^{t_1} P_N\, dt} \; ; \qquad (E-35)$$

W_{zu} zugeführte Arbeit im Zeitraum $\Delta t = t_1 - t_0$,

W_{ab} abgeführte Nutzarbeit im Zeitraum $\Delta t' = t'_1 - t'_0$,

P_N momentan zugeführte Nennleistung,

P_{eff} effektive momentane Leistungsabgabe.

Der Wirkungsgrad ist dimensionslos, der Wertebereich $0 \leqq \eta \leqq 1$.

Stimmen bei Leistungswandlern die Zeitintervalle der *zugeführten Nennleistung* P_N und der abgegebenen *effektiven Leistung* P_{eff} überein, dann ergibt sich als *Wirkungsgrad* η:

$$\eta = \frac{P_{eff}}{P_N} = 1 - \frac{P_V}{P_N} \; ; \qquad (E-36)$$

P_V Leistungsverluste durch Reibung oder andere Verlustmechanismen wie beispielsweise Abstrahlung von Wärme ($P_V = P_N - P_{eff}$),

P_N momentane zugeführte Nennleistung.

Werden mehrere Antriebe und Wandler hintereinandergeschaltet, dann ist der *Gesamtwirkungsgrad* η_{ges} der Anlage:

$$\eta_{ges} = \eta_1 \cdot \eta_2 \cdot \eta_3 \ldots \qquad (E-37)$$

E.3.3 Energie E

Körper und Systeme aus materiellen Punkten unterscheiden sich in ihrem physikalischen Zustand dadurch, in welchem Maße ihnen mechanische Arbeit zugeführt oder entnommen wurde. Das Maß hierfür ist die Körpereigenschaft *Energie* E. Die Änderung der Energie durch Zufuhr oder Abfuhr von Arbeit W wird durch den *Energiesatz der Mechanik* beschrieben:

$$\Delta E = E_{nachher} - E_{vorher} = W \; . \qquad (E-38)$$

Ein Körper besitzt demnach die mechanische Energie:

$$E_{mech} = E_{kin} + E_{pot}$$
$$= \tfrac{1}{2}mv^2 + (\tfrac{1}{2}ks^2 + mgh) \; ; \qquad (E-39)$$

m Masse des Körpers,

k Federkonstante oder Richtgröße des Körpers,

v Momentangeschwindigkeit des Körpers,

s Weg der elastischen Verformung,

h Höhe der Lage des Körpers.

Die Energieanteile des Körpers hängen davon ab, wo das Bezugsniveau $h = 0$ und der verformungsfreie Ausgangszustand $s = 0$ liegen und auf welches Bezugssystem die Geschwindigkeit v bezogen ist.

Die Reibungsarbeit kann im Gegensatz zu den anderen mechanischen Arbeitsformen nicht vollständig in die anderen Arbeitsarten übergeführt werden; die Reibungsarbeit verändert den Wärmezustand des Körpers. Die mechanische Energie eines Körpers umfasst nur Energieanteile, die vollständig ineinander umwandelbar sind.

Energieerhaltungssatz

In einem abgeschlossenen System, also einem System aus Körpern, in das weder ein Massenstrom fließt noch Arbeit zu- oder abgeführt wird, gehorchen alle Naturerscheinungen einem fundamentalen Gesetz, dem *Satz von der Erhaltung der Energie*:

> In einem abgeschlossenen System bleibt der Energieinhalt konstant. Energie kann weder vernichtet werden noch aus nichts entstehen; sie kann sich in verschiedene Formen umwandeln oder zwischen Teilen des Systems ausgetauscht werden.

Nach allen Erfahrungen mit Energieumwandlungsprozessen gibt es kein *perpetuum mobile erster Art*. Es ist also unmöglich, eine Maschine zu bauen, die dauernd Arbeit verrichtet, ohne dass ihr von außerhalb des Maschinensystems ein Energiebetrag zugeführt wird.

Ist ein mechanisches System abgeschlossen, wird also keine äußere Arbeit verrichtet ($W = 0$), und sind die Verluste durch Reibungsarbeit vernachlässigbar, dann gilt für die kinetische und potenzielle Energie des Systems materieller Punkte bzw. Körper der Energieerhaltungssatz der Mechanik:

$$E_{\text{kin}} + E_{\text{pot}} = \text{(räumlich und zeitlich)} \quad \text{konstant} . \quad \text{(E--40)}$$

Sind die Voraussetzungen des Energieerhaltungssatzes der Mechanik erfüllt, dann ergibt sich für zwei Zeitpunkte t und t' die folgende Gleichung, ohne dass der zeitliche Verlauf der einzelnen Geschwindigkeiten und Koordinaten dazwischen bekannt sein muss:

$$\tfrac{1}{2} m_1 \left(v_1^2 - v_1'^2 \right) + \tfrac{1}{2} m_2 \left(v_2^2 - v_2'^2 \right) + \dots$$
$$\tfrac{1}{2} k_1 \left(s_1^2 - s_1'^2 \right) + \tfrac{1}{2} k_2 \left(s_2^2 - s_2'^2 \right) + \dots$$
$$m_1 g \left(h_1 - h_1' \right) + m_2 g \left(h_2 - h_2' \right) + \dots = 0 \quad \text{(E--41)}$$

E.4 Impuls und Stoßprozesse

Nach dem zweiten Newton'schen Axiom haben Körper eine *Bewegungsgröße* als Körpereigenschaft, den *Impuls* p; dieser ist definiert als

$$p = m\,v ; \quad \text{(E--42)}$$

m Masse des bewegten Körpers,
v Momentangeschwindigkeit des Körpers.

Der Impuls hat die Einheit $[p] = 1\,\text{kg} \cdot \text{m/s} = 1\,\text{N} \cdot \text{s}$. Nach dem Newton'schen Grundgesetz der Mechanik ändert sich nach Gl. (E--3) der Impuls p unter dem Einfluss einer Kraft F gemäß $F = \mathrm{d}p/\mathrm{d}t$.

Die Wirkung einer Kraft F im Zeitintervall $\Delta t = t_2 - t_1$ wird als Kraftstoß bezeichnet; durch ihn ändert sich der Impuls eines Körpers um Δp:

$$\Delta p = p(t_1) - p(t_2) = \int_{t_1}^{t_2} F(t)\,\mathrm{d}t . \quad \text{(E--43)}$$

Im Allgemeinen hängt die wirkende Kraft von der Zeit ab, wie Bild E-5a zum Ausdruck bringt. Ist die Kraft während der Kontaktzeit Δt des

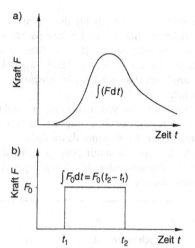

Bild E-5. *Kraftstöße mit a) zeitabhängigem Kraftverlauf und b) zeitlich konstanter Kraft.*

Kraftstoßes konstant, wie im Bild E-5b, dann vereinfacht sich Gl. (E-43) zu

$$\Delta p = F_0 \Delta t = F(t_2 - t_1) \;. \qquad \text{(E-44)}$$

E.4.1 Systeme materieller Punkte

Der *Gesamtimpuls* $p = \sum_{k=1}^{N} p_k$ von Systemen aus mehreren materiellen Punkten der Masse m_k und mit dem Einzelimpuls p_k, wie beispielsweise die N Kügelchen einer abgeschossenen Schrotladung oder die N beteiligten Körper bei Stoßprozessen, gehorcht einem mit dem zweiten Newton'schen Axiom vergleichbaren *Impulssatz für ein System materieller Punkte*:

$$F_a = \sum_{k=1}^{N} F_{ak} = \frac{\mathrm{d}}{\mathrm{d}t} \sum_{k=1}^{N} p_k = \frac{\mathrm{d}p}{\mathrm{d}t} \;; \qquad \text{(E-45)}$$

F_{ak} äußere Kraft auf den materiellen Punkt k,
p_k Impuls des materiellen Punkts k,

p Gesamtimpuls des Systems,
N Gesamtanzahl der materiellen Punkte des Systems.

In den Bewegungsgleichungen nach Gl. (E-3) für die N materiellen Punkte unter den *inneren Wechselwirkungskräften* $F_{i,jk}$ und den *äußeren Kräften* F_{ak} im Bild E-6 kompensieren sich nämlich nach dem dritten Newton'schen Axiom gerade die inneren Kräfte:

$$\sum_{k,\,j=1\,(k \neq j)}^{N} F_{i,jk} = 0 \;.$$

Als Wechselwirkungskraft auf das System materieller Punkte bleibt also nur die Summe der äußeren Kräfte F_a auf die einzelnen Massen m_k übrig.

Der Impulssatz für ein System materieller Punkte stimmt formal mit dem Newton'schen Grundgesetz Gl. (E-4) für einen einzelnen Massenpunkt überein, wenn der *Massenmittelpunkt* oder *Schwerpunkt* S eingeführt wird, dessen Ortsvektor r_S folgendermaßen definiert ist:

$$r_S(t) = \frac{\sum_{k=1}^{N} m_k r_k(t)}{m} \;; \qquad \text{(E-46)}$$

m Gesamtmasse des Systems materieller Punkte $\left(m = \sum_{k=1}^{N} m_k \right)$

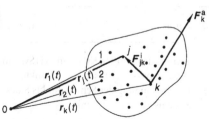

Bild E-6. *Kräfte auf Punkt k in einem System materieller Punkte.*

m_k Masse des k-ten materiellen Punkts,
$r_k(t)$ momentaner Ortsvektor des materiellen Punkts.

Weisen Systeme von Massenpunkten mit gleichen Massen eine Symmetrieachse auf, dann liegt der Schwerpunkt S auf dieser Achse.

Die *Schwerpunktsgeschwindigkeit* $v_S(t)$ ergibt sich aus der Differenziation von Gl. (E–46):

$$v_S(t) = \frac{dr_S(t)}{dt} = \frac{\sum\limits_{k=1}^{N} m_k \dfrac{d}{dt} r_k(t)}{m}$$

$$= \frac{\sum\limits_{k=1}^{N} p_k(t)}{m} = \frac{p}{m} ; \qquad (E-47)$$

p Gesamtimpuls der N materiellen Punkte,
m Gesamtmasse der N materiellen Punkte.

Mit der *Schwerpunktsbeschleunigung* $a_S = dv_S/dt$ und dem Impulssatz von Gl. (E–45) folgt für ein System materieller Punkte der *Schwerpunktssatz*:

Der Schwerpunkt S eines Systems materieller Punkte bewegt sich so, als sei im Schwerpunkt die Gesamtmasse m des Körpers vereinigt, und als würden alle äußeren Kräfte im Schwerpunkt angreifen.

Mit dem Schwerpunktssatz lautet das Newton'sche Grundgesetz für die Bewegung von Systemen materieller Punkte unter der Wirkung äußerer Kräfte F_a:

$$F_a = m a_S ; \qquad (E-48)$$

F_a Summe der äußeren Kräfte auf das System,
m Gesamtmasse der materiellen Punkte,
a_S Beschleunigung des Schwerpunkts S des Systems materieller Punkte.

Sind die Abstände der materiellen Punkte in den Systemen konstant, dann handelt es sich

um *starre Körper*; auch für diese gelten der beschriebene Impuls- und Schwerpunktssatz nach Gl. (E–45) und Gl. (E–48). Wegen ihrer großen Bedeutung in der Praxis wird die Dynamik der starren Körper im Abschnitt E.7 beschrieben.

Wirkt auf ein System materieller Punkte oder starrer Körper keine resultierende äußere Kraft, ist also $F_a = 0$ und damit $dp/dt = 0$, dann ist der Gesamtimpuls p konstant. Für die Einzelimpulse des Systems gilt der *Impulserhaltungssatz*:

$$p_1 + p_2 + \ldots + p_N = p$$
$$= \text{(zeitlich) konstant.} \qquad (E-49)$$

Bei einem Stoßprozess erlaubt der Impulserhaltungssatz auch ohne die genaue zeitliche Beschreibung des Stoßvorgangs die Berechnung der Impulsänderungen $p_k - p_k'$ der beteiligten Körper:

$$m_1 v_1 + m_2 v_2 + \ldots + m_N v_N$$
$$= m_1 v_1' + m_2 v_2' + \ldots + m_N v_N' ; \qquad (E-50)$$

$m_1, m_2, \ldots m_N$ Massen der am Stoß beteiligten Körper,
$v_1, v_2, \ldots v_N$ Geschwindigkeiten der Körper vor dem Stoß,
$v_1', v_2', \ldots v_N'$ Geschwindigkeiten der Körper nach dem Stoß.

Gl. (E–50) gilt auch eingeschränkt auf die Zeitpunkte kurz vor und kurz nach dem Stoß, wenn äußere Kräfte wirken.

E.4.2 Stoßprozesse

Bei einem Stoßprozess berühren sich die Stoßpartner kurzzeitig mit kleinen Stoßzeiten und ändern ihre jeweiligen Bewegungszustände. Bei Stoßvorgängen wird prinzipiell zwischen Stößen ohne Energieverlust in der Stoßzeit, den

Tabelle E-9. Klassifikation der Stoßprozesse.

Stoßart	Bild	Charakteristika
gerade		Die Geschwindigkeitsvektoren liegen auf einer Geraden.
schief		Die Geschwindigkeitsvektoren liegen in einer Ebene und schließen einen Winkel ein.
zentral		Die Schwerpunkte der Stoßpartner liegen auf der Normalen zur Berührungsebene durch den Berührungspunkt (Stoßnormale).
exzentrisch		Die Schwerpunkte liegen nicht auf der Stoßnormalen. Es tritt Rotation auf.

elastischen Stößen, und jenen mit Energieumwandlungen, den *inelastischen Stößen*, unterschieden.

Dazu kommt noch die Unterscheidung der Stoßarten nach der Stoßgeometrie, wie diese in Tabelle E-9 klassifiziert sind.

Die Geschwindigkeitsvektoren v_1 und v_2 zweier Stoßpartner vor dem Stoß spannen die *Stoßebene* auf. Bis auf den exzentrischen Stoß verlaufen die Bahnen der Stoßpartner auch nach dem Stoß in der Stoßebene. Im x, y-Koordinatensystem der Stoßebene gelten dann der *Impulserhaltungssatz* nach Gl. (E–49):

$$m_1 v_{1x} + m_2 v_{2x} = m_1 v'_{1x} + m_2 v'_{2x} , \quad \text{(E–51)}$$

$$m_1 v_{1y} + m_2 v_{2y} = m_1 v'_{1y} + m_2 v'_{2y} , \quad \text{(E–52)}$$

Nach dem *Energiesatz der Mechanik* von Gl. (E–38) ist für den Energieaustausch anzusetzen:

$$\tfrac{1}{2} m_1 \left(v_{1x}^2 + v_{1y}^2 \right) + \tfrac{1}{2} m_2 \left(v_{2x}^2 + v_{2y}^2 \right)$$
$$= \tfrac{1}{2} m_1 \left(v_{1x}'^2 + v_{1y}'^2 \right) + \tfrac{1}{2} m_2 \left(v_{2x}'^2 + v_{2y}'^2 \right) + \Delta W ; \quad \text{(E–53)}$$

ΔW Energieverlust beim Stoß durch inelastische Verformungsarbeit und dissipative Reibungsvorgänge,

m_1, m_2 Massen der am Stoß beteiligten Körper,

v_{1x}, v_{2x} Geschwindigkeitskomponenten der Körper in x-Richtung *vor* dem Stoß,

v_{1y}, v_{2y} Geschwindigkeitskomponenten der Körper in y-Richtung *vor* dem Stoß,

v'_{1x}, v'_{2x} Geschwindigkeitskomponenten der Körper in x-Richtung *nach* dem Stoß,

v'_{1y}, v'_{2y} Geschwindigkeitskomponenten der Körper in y-Richtung *nach* dem Stoß.

Zur Beschreibung der inelastischen Stöße genügen die Gln. (E–51) bis (E–53) nicht; dazu sind zusätzlich im Fall des zentralen Stoßes noch eine weitere Randbedingung und beim schiefen Stoß sogar zwei weitere Angaben bezüglich der Energieumwandlung oder der Geschwindigkeiten nach dem Stoß notwendig.

In Tabelle E-10 sind die Stoßverläufe und die Stoßgleichungen der Stöße zusammengestellt, für die einfache Beziehungen aus den Gln. (E–51) bis (E–53) folgen.

Tabelle E-10. Stoßgleichungen zentraler, gerader und schiefer Stöße.

Stoßart	Stoßverlauf	Randbedingung	Stoßgleichungen	Anmerkungen
gerade zentral elastisch	vor dem Stoß v_1 v_2 nach dem Stoß v_1' v_2'	$v_1 \parallel v_2$ $\Delta W = 0$	$$v_1' = \frac{(m_1 - m_2)v_1 + 2m_2 v_2}{m_1 + m_2} \quad (E\text{-}54)$$ $$v_2' = \frac{2m_1 v_1 + (m_2 - m_1)v_2}{m_1 + m_2} \quad (E\text{-}55)$$	Spezialfälle sind der Stoß gleichgroßer Massen $(m_1 = m_2)$, bei dem $v_1' = v_2$ und $v_2' = v_1$ wird und die Stoßpartner die Geschwindigkeit, den Impuls und die kinetische Energie nur austauschen, sowie der Stoß gegen eine feste Wand $(m_2 \gg m_1)$ bei dem die stoßende Masse mit $v_1' = -v_1$ direkt reflektiert wird.
gerade zentral inelastisch	vor dem Stoß v_1 m_1 v_2 m_2 nach dem Stoß v_1' m_1 v_2' m_2	$v_1 \parallel v_2$ ΔW gegeben	$$v_1' = \frac{m_1 v_1 + m_2 v_2}{m_1 + m_2} - \frac{m_2(v_1 - v_2)}{m_1 + m_2}\sqrt{1 - 2\,\frac{m_1 + m_2}{m_1 m_2 (v_1 - v_2)^2}\,\Delta W} \quad (E\text{-}56)$$ $$v_2' = \frac{m_1 v_1 + m_2 v_2}{m_1 + m_2} + \frac{m_1(v_1 - v_2)}{m_1 + m_2}\sqrt{1 - 2\,\frac{m_1 + m_2}{m_1 m_2 (v_1 - v_2)^2}\,\Delta W} \quad (E\text{-}57)$$	Sind der relative Stoßenergieverlust ξ bzw. der relative Stoßenergieübertrag $\eta = 1 - \xi$ bekannt, so errechnet sich der Energieverlust daraus zu $\Delta W = \frac{1}{2} \xi (m_1 v_1^2 + m_2 v_2^2)$.

Tabelle E-10. (Fortsetzung).

Stoßart	Stoßverlauf	Randbedingung	Stoßgleichungen	Anmerkungen
gerade zentral unelastisch	vor dem Stoß (m_1, v_1; m_2, v_2) nach dem Stoß (m_1+m_2, v')	$v_1 \parallel v_2$ $v_1' = v_2'$ mit Stoß mit Kopplung	$v' = v_1' = v_2' \dfrac{m_1 v_1 + m_2 v_2}{m_1 + m_2}$ (E-58) $\Delta W_{\mathrm{unelast}} = \dfrac{1}{2}\dfrac{m_1 m_2}{m_1 + m_2}(v_1 - v_2)^2$ (E-59)	Stößt ein Körper der Masse m_1 einen ruhenden Körper ($v_2 = 0$) gleicher Masse ($m_2 = m_1$) unelastisch, so geht nach Gl. (E-57) genau die Hälfte der kinetischen Energie als Verformungs- und Reibungsarbeit verloren.
schief zentral elastisch	(Diagramme: m_1, v_1, v_{1x}, v_{1y}, β_1; m_2, v_2, v_{2x}, v_{2y}, β_2; m_1, v_1', v_{1x}', v_{1y}', β_1'; m_2, v_2', v_{2x}', v_{2y}', β_2')	$m_1 v_{1x}' = m_1 v_{1x}$ $m_2 v_{2x}' = m_2 v_{2x}$ $\Delta W = 0$	$v_{2x}' = v_{2x}$; $v_{2y}' = \dfrac{2m_1 v_{1y} + (m_2 - m_1)v_{2y}}{m_1 + m_2}$ (E-60) $v_{1x}' = v_{1x}$; $v_{1y}' = \dfrac{(m_1 - m_2)v_{1y} + 2m_2 v_{2y}}{m_1 + m_2}$ (E-61)	Sind die Massen der Stoßpartner gleich ($m_1 = m_2$), und ist der gestoßene Körper vor dem Stoß in Ruhe ($v_2 = 0$), dann folgt im elastischen Fall ($\Delta W = 0$) aus Gl. (E-51) $v_1^2 = v_1'^2 + v_2'^2$. Nach dem schiefen, zentralen, elastischen Stoß stehen also die Geschwindigkeitsrichtungen senkrecht aufeinander: $\sphericalangle(v_1, v_2) = \beta_1' + \beta_2' = 90°$. Erfolgt der schiefe Stoß eines Körpers gegen eine Wand ($m_2 \gg m_1$), dann folgt aus Gl. (E-58) die Beziehung $v_{1y}' = -v_{1y}$ und damit $\beta_1' = \tan(v_{1y}'/v_{1x}') = \tan(v_{1y}/v_{1x}) = \beta_1$. Die Bahn eines elastisch gegen eine Wand geworfenen Körpers gehorcht also dem Reflexionsgesetz: Der Ausfallswinkel ist gleich dem Einfallswinkel.

Bei den geraden, zentralen Stößen bewegen sich die Stoßpartner nach dem Stoß auf derselben Stoßlinie wie vor dem Stoß. Wird daher die x-Achse in diese Stoßlinie gelegt, dann sind die y-Komponenten in Gl. (E–52) null.

Ohne spezielle, problemabhängige Angaben zum Energieübertrag während des Stoßzeitpunkts lassen sich die Stoßgleichungen schiefer Stöße nicht angeben. In die Tabelle E-10 aufgenommen ist der schiefe, zentrale, elastische Stoß. Ohne Verformungsarbeit wirken keine Reibungskräfte, welche eine Kraft senkrecht zur Stoßgeraden des schiefen Stoßes, also der x-Richtung, übertragen können. Damit ist die Impulsänderung der x-Komponenten der Stoßpartner nach dem Impulssatz Gl. (E–45) null, und es gilt $p'_{1x} = p_{1x}$ und $p'_{2x} = p_{2x}$.

E.4.3 Raketengleichung

Bei einer Rakete ist bei der Bewegungsänderung die Masse des Körpers nicht konstant, der Raketenimpuls also $p = m(t)v(t)$; durch den Massenausstoß heißer Gase gemäß Bild E-7 wird die Schubkraft der Rakete erzeugt. Der Impulssatz nach Gl. (E–45) für die Raketenbewegung lautet

$$F_a = \frac{\mathrm{d}p}{\mathrm{d}t} = m\frac{\mathrm{d}v}{\mathrm{d}t} - v_{rel}\frac{\mathrm{d}m}{\mathrm{d}t} = ma - F_{schub} ;$$

$$(E-67)$$

F_a äußere Gesamtkraft, z. B. Gravitation, Reibung,

F_{schub} Schubkraft ($F_{schub} = v_{rel}\mathrm{d}m/\mathrm{d}t$),

$v(t)$ Momentangeschwindigkeit der Rakete,

v_T Absolutgeschwindigkeit der Treibgase,

v_{rel} Strahlgeschwindigkeit der Treibgase bezüglich der Rakete [$v_{rel} = v_T - (v + \mathrm{d}v)$].

Die Schubkraft ist dabei der Relativgeschwindigkeit v_{rel} der ausströmenden Gase entgegengesetzt.

Die in der Tabelle E-11 zusammengestellten Bewegungsgleichungen der Rakete ergeben sich, wenn Gl. (E–67) unter den folgenden Randbedingungen integriert wird:

– Der Treibstoff wird im Zeitintervall $0 \leqq t \leqq t_B$ bis zur Brennschlusszeit t_B ausgestoßen;

Tabelle E-11. Raketengleichungen nach K. ZIOLKOWSKIJ.

Bahnparameter	zum Zeitpunkt t nach Zündung mit Anfangsgeschwindigkeit v_0		bei Brennschluss t_B nach Start von Erdoberfläche $v_0 = 0$	
Raketen-Beschleunigung	$a(t) = \dfrac{\Phi_m}{m_0 - \Phi_m t}v_{rel} - g_0$	(E-62)	$a(t_B) = \dfrac{\Phi_m}{m_{leer}}v_{rel} - g_0$	
Raketen-Geschwindigkeit	$v(t) = v_{rel}\ln\left(\dfrac{m_0}{m_0 - \Phi_m t}\right) - g_0 t + v_0$	(E-63)	$v(t_B) = v_{rel}\ln\left(\dfrac{m_0}{m_{leer}}\right) - g_0 t_B$	(E-64)
Raketen-Steighöhe	$h(t) = \dfrac{v_{rel}(m_0 - \Phi_m t)}{\Phi_m}$ $\times\left[\dfrac{m_0}{m_0 - \Phi_m t} - 1 - \ln\left(\dfrac{m_0}{m_0 - \Phi_m t}\right)\right]$ $-\frac{1}{2}g_0 t^2 + v_0 t$	(E-65)	$h(t_B) = \dfrac{v_{rel}m_{leer}}{\Phi_m}$ $\times\left[\dfrac{m_0}{m_{leer}} - 1 - \ln\left(\dfrac{m_0}{m_{leer}}\right)\right]$ $-\frac{1}{2}g_0 t_B^2$	(E-66)

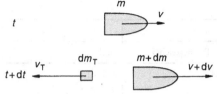

Bild E-7. *Massen und Geschwindigkeiten von Rakete und Treibstoff zur Zeit t + dt.*

- die Strahlgeschwindigkeit v_{rel} ist während der Brennzeit konstant;
- der Massenstrom dm/dt ist konstant und ergibt sich aus der Differenz der Anfangsmasse m_0 der mit Treibstoff beladenen Rakete und der Masse m_{leer} der bis zur Brennschlusszeit t_B ausgebrannten Rakete zu $dm/dt = -\Phi_m = -(m_0 - m_{leer})/t_B$;
- die Zeitabhängigkeit der Raketenmasse ist linear entsprechend $m(t) = m_0 - \Phi_m t$;
- der Luftwiderstand ist vernachlässigbar;
- die Erdbeschleunigung $g(h)$ wird näherungsweise als konstant angenommen und damit die Schwerkraft auf die Rakete mit $F_G(t) = m(t)g_0$ angesetzt.

Mit der Geschwindigkeit $v(t_B)$ nach Gl. (E-64) erreicht die Rakete nach Brennschluss in der Höhe $h(t_B)$ noch eine zusätzliche Steighöhe von $h_{zusätzlich} = v^2(t_B)/(2g_0)$.

E.5 Drehbewegungen

Drehbewegungen von Systemen (insbesondere starrer Körper) werden durch Gleichungen beschrieben, die strukturell gleich gebaut sind wie jene der Translation (Tabelle E-12), wenn die folgenden charakteristischen Größen der Rotation definiert werden.

E.5.1 Drehmoment

Um einen Körper in Rotation um eine vorgegebene Drehachse zu versetzen, muss ein Drehmoment auf ihn ausgeübt werden. Das *Drehmo-* ment M definiert die Wirkung einer Kraft bezüglich eines Punktes; es ist als Vektorprodukt definiert:

$$M = r \times F ; \qquad (E-68)$$

F Kraftvektor,
r Ortsvektor zum Angriffspunkt der Kraft,
M Drehmoment der Kraft F bezüglich des Koordinatennullpunkts.

Das Drehmoment hat die Einheit $[M]$ = $1\,N \cdot m$ und den Betrag $M = rF\sin(r, F) = rF\sin\beta$, der Drehmomentvektor steht senkrecht auf der Ebene, die von r und F aufgespannt wird (Bild E-8).

E.5.2 Drehimpuls

Ein materieller Punkt m führt am Ort r auf einer Bahnkurve (Bild E-9), mit der Momen-

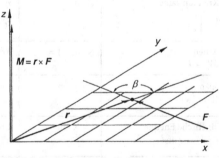

Bild E-8. *Zur Definition des Drehmoments M.*

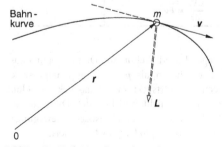

Bild E-9. *Zur Definition des Drehimpulses L.*

Tabelle E-12. Analogie Translation und Rotation.

Translation		Rotation	
Größe, Formelzeichen	Einheit	Größe, Formelzeichen	Einheit
Weg s, ds	m	Winkel φ, $d\varphi$	rad = 1
Geschwindigkeit $v = \dfrac{ds}{dt}$	m/s	Winkelgeschwindigkeit $\omega = \dfrac{d\varphi}{dt}$	rad/s = 1/s
Beschleunigung $a = \dfrac{dv}{dt} = \dfrac{d^2s}{dt^2}$	m/s²	Winkelbeschleunigung $\alpha = \dfrac{d\omega}{dt} = \dfrac{d^2\varphi}{dt^2}$	rad/s² = 1/s²
Masse m	kg	Massenträgheitsmoment $J = \sum\limits_{i} \Delta m_i r_i^2$	kg · m²
Kraft $F = ma = \dfrac{dp}{dt}$	kg · m/s² = N	Drehmoment $M = J\alpha = \dfrac{dL}{dt}$	N · m
Impuls $p = mv$	kg · m/s = N · s	Drehimpuls $L = J\omega$	kg · m²/s = N · m · s
Kraftkonstante $k = \left\lvert \dfrac{F}{s} \right\rvert$	N/m	Winkelrichtgröße $k_t = \left\lvert \dfrac{M}{\varphi} \right\rvert$	N · m/rad = N · m
Arbeit $dW = Fds$	N · m = J = W · s	Arbeit $dW = Md\varphi$	N · m = J = W · s
Spannarbeit $W = \frac{1}{2}ks^2$	J = N · m	Spannarbeit $W = \frac{1}{2}k_t\varphi^2$	N · m · rad² = J
kinetische Energie $E_{\text{kin}}^{\text{trans}} = \frac{1}{2}mv^2$	J = N · m	kinetische Energie $E_{\text{kin}}^{\text{rot}} = \frac{1}{2}J\omega^2$	J = N · m
Leistung $P = \dfrac{dW}{dt} = Fv$	W = J/s	Leistung $P = \dfrac{dW}{dt} = M\omega$	W = J/s

tangeschwindigkeit v eine Drehbewegung aus, wenn sein Impuls p eine Komponente senkrecht zum Ortsvektor r hat, das Vektorprodukt $r \times p$ also nicht verschwindet. Diese für die Drehbewegung charakteristische Bewegungsgröße wird als *Drehimpuls L* definiert:

$$L = r \times p \, ; \tag{E–69}$$

r Ortsvektor des Körpers,
p Impuls des Körpers auf der Bahnkurve ($p = mv$).

Der Drehimpuls hat die Einheit $[L] = 1\,\text{N}\cdot\text{m}\cdot\text{s}$. L steht senkrecht auf den Richtungen des Ortsvektors r und der Momentangeschwindigkeit v. Bei Bewegung in einer Ebene zeigt der Drehimpuls L in Richtung der Drehachse der Drehbewegung und ist

$$L = J\omega\,;\qquad\text{(E–70)}$$

ω Winkelgeschwindigkeit der Drehbewegung des Körpers,
J Massenträgheitsmoment.

Durch Einsetzen von $v = \omega \times r$ aus Übersicht D-4 in Gl. (E–69) lässt sich für die Drehbewegung eines materiellen Punkts dessen *Massenträgheitsmoment J* herleiten:

$$J = mr^2\,;\qquad\text{(E–71)}$$

m Masse des materiellen Punkts,
r Abstand des materiellen Punkts von der Drehachse.

Für starre Körper, bei denen alle materiellen Punkte mit derselben Winkelgeschwindigkeit ω rotieren, lässt sich ebenfalls über $J = \sum m_k r_k^2$ ein Massenträgheitsmoment definieren, wie Gl. (E–97) zeigt, für Systeme materieller Punkte dagegen ist dies nicht sinnvoll.

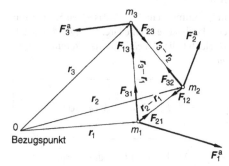

Bild E-10. System aus drei materiellen Punkten.

Unter Berücksichtigung der verschiedenen Winkelgeschwindigkeiten ω_k der Systemteile ist der *Gesamtdrehimpuls L* eines Systems materieller Punkte (Bild E-10)

$$L = \sum_{k=1}^{N} m_k r_k^2 \omega_k = \sum_{k=1}^{N} J_k \omega_k\,;\qquad\text{(E–72)}$$

m_k Masse des k-ten von N materiellen Punkten,
r_k Abstand des k-ten materiellen Punkts von der Drehachse,
ω_k Winkelgeschwindigkeit des k-ten materiellen Punkts,
J_k Massenträgheitsmoment des k-ten materiellen Punkts.

Die zeitliche Differenziation der Gl. (E–69) liefert den Drehimpulssatz der Rotation:

> Die zeitliche Änderung des Drehimpulses ist gleich dem Drehmoment der äußeren Kräfte auf den Körper.

$$\frac{\mathrm{d}L}{\mathrm{d}t} = M\,;\qquad\text{(E–73)}$$

L Drehimpuls des Körpers oder Gesamtdrehimpuls des Systems materieller Punkte mit Einzeldrehimpulsen L_k
$$\left(L = \sum_{k=1}^{N} L_k\right),$$

M Gesamtdrehmoment der äußeren Kräfte auf den Körper oder das System materieller Punkte
$$\left(M = \sum_{k=1}^{N} M_k\right)$$

Der Drehimpulssatz der Rotation für ein System materieller Punkte (Bild E-10) entspricht Gl. (E–73) völlig; in diesem Fall ist der *Gesamtdrehimpuls L* der Drehimpulse L_k der einzelnen materiellen Punkte und das *Gesamtdrehmoment M* der am System angreifenden äußeren Drehmomente $M_{a,k}$ einzusetzen. Die Drehmomente der inneren Kräfte $F_{i,jk}$ kompensieren sich wegen des dritten Newton'schen Axioms.

Zentralkräfte, z. B. die Gravitationskraft (Abschnitt F), die entgegengesetzt zum Radiusvektor $r(F \uparrow\downarrow r)$ des materiellen Punkts gerichtet sind, üben auf diesen wegen $r \times F = 0$ kein Drehmoment aus; der Bahndrehimpuls L der Körper ist konstant.

Die Integration von Gl. (E–73) ergibt die als *Drehmomentenstoß* bezeichnete Drehimpulsänderung ΔL:

$$\Delta L = L(t_2) - L(t_1) = \int\limits_{t_1}^{t_2} M \mathrm{d}t \; . \qquad \text{(E–74)}$$

Bei einem konstanten äußeren Drehmoment M_0 ist der Drehmomentenstoß, also die Drehimpulsänderung, $\Delta L = M_0 \Delta t$.

Drehimpulserhaltungssatz

Wirken auf ein System von materiellen Punkten oder starren Körpern keine äußeren Drehmomente oder kompensieren sich die Drehmomente äußerer Kräfte, sodass das Gesamtdrehmoment $M = 0$ ist, dann ist nach dem Drehpulssatz und der Gl. (E–73) die Drehimpulsänderung $\mathrm{d}L/\mathrm{d}t = 0$ und somit der Gesamtdrehimpuls L konstant. Für das System aus N starren Körpern folgt dann für zwei beliebige Zeitpunkte t_1 und t_2 aus Gl. (E–72) der *Drehimpulserhaltungssatz*

$$\begin{aligned} J_1 \omega_1(t_1) + J_2 \omega_2(t_1) + &\ldots + J_N \omega_N(t_1) \\ = J_1 \omega_1(t_2) + J_2 \omega_2(t_2) + &\ldots + J_N \omega_N(t_2) \; ; \\ &\text{(E–75)} \end{aligned}$$

$J_1, J_2, \ldots J_N$ Massenträgheitsmoment der N Körper,
$\omega_1, \omega_2, \ldots \omega_N$ Winkelgeschwindigkeiten der N Körper.

E.5.3 Dynamisches Grundgesetz der Rotation

Mit der Gl. (E–70) lässt sich Gl. (E–73) umschreiben in eine der Newton'schen Grundgleichung vergleichbare Differenzialgleichung für die Drehbewegung:

$$M = J\alpha + \omega \frac{\mathrm{d}J}{\mathrm{d}t} \; ; \qquad \text{(E–76)}$$

α Winkelbeschleunigung der Drehbewegung ($\alpha = \mathrm{d}\omega/\mathrm{d}t = \mathrm{d}^2\varphi/\mathrm{d}t^2$),
ω Winkelgeschwindigkeit ($\omega = \mathrm{d}\varphi/\mathrm{d}t$),
φ Drehwinkel,
M Gesamtdrehmoment der äußeren Kräfte,
J Massenträgheitsmoment.

Ist das Massenträgheitsmoment von Körpern konstant, wie beispielsweise bei einem starren Körper oder einem Massenpunkt auf einer Kreisbahn, dann geht Gl. (E–76) über in das *dynamische Grundgesetz der Rotation* für den Drehwinkel φ der Rotationsbewegung:

$$M = J\alpha = J\frac{\mathrm{d}\omega}{\mathrm{d}t} = J\frac{\mathrm{d}^2\varphi}{\mathrm{d}t^2} \; . \qquad \text{(E–77)}$$

E.5.4 Arbeit, Leistung und Energie bei der Drehbewegung

Arbeit

Ein Drehmoment $M(\varphi)$, das einen Körper um eine Drehachse in eine Drehbewegung versetzt, verrichtet die *Arbeit* W_{rot} *der Rotationsbewegung*:

$$W_{\mathrm{rot}} = \int\limits_{s_0}^{s_1} F(s)\mathrm{d}s = \int\limits_{\varphi_0}^{\varphi_1} M(\varphi)\mathrm{d}\varphi \; ; \quad \text{(E–78)}$$

$M(\varphi)$ Drehmoment auf den Körper mit Drehbewegung $[M(\varphi) = r \times F(\varphi)]$, d$\varphi$ Drehwinkeländerung,

ds Wegelement auf der Bahnkurve im Abstand r von der Drehachse (ds = d$\varphi \times r$).

Für ein konstantes Drehmoment M_0 parallel zur Winkeländerung dφ gilt $W_{\text{rot}} = M_0(\varphi_1 - \varphi_0)$.

Zur Torsion von Körpern im elastischen Bereich oder bei Torsionsfedern ist ein Drehmoment aufzuwenden, das proportional zum Drehwinkel φ ansteigt: $M = k_t \varphi$. Analog zum Hooke'schen Gesetz wird die Proportionalitätskonstante k_t mit der Einheit $[k_t] = 1\,\text{N} \cdot \text{m}$ als *Richtmoment* oder *Drehfederkonstante* bezeichnet. Aus der Integration der Gl. (E-78) für das Drehmoment der Torsion ergibt sich als *Torsionsarbeit* W_{Torsion}:

$$W_{\text{Torsion}} = \tfrac{1}{2}k_t(\varphi_1^2 - \varphi_0^2)\,; \qquad \text{(E-79)}$$

φ Drehwinkel der Torsion,

k_t Richtmoment der elastischen Torsion oder der Torsionsfeder.

Die *Beschleunigungsarbeit* W_{rot}, welche gegen das Drehmoment der Trägheitskraft zur Erhöhung der Winkelgeschwindigkeit ω eines Körpers zu verrichten ist, ergibt sich für Körper mit einem konstanten Massenträgheitsmoment J, wenn in Gl. (E-78) die Gl. (E-77) des dynamischen Grundgesetzes der Rotation und dφ = ωdt eingesetzt wird, zu

$$W_{\text{rot}} = \int_{\varphi_0}^{\varphi_1} J\alpha\, \text{d}\varphi = \tfrac{1}{2}J(\omega_1^2 - \omega_0^2)\,; \qquad \text{(E-80)}$$

φ_0, φ_1 Ausgangs- und Enddrehwinkel der Drehbeschleunigung,

J Massenträgheitsmoment des rotierenden Körpers,

ω_0, ω_1 momentane Winkelgeschwindigkeit des Körpers zu den Zeitpunkten t_0 und t_1 bei den Drehwinkeln φ_0 und φ_1.

Leistung

Aus Gl. (E-78) folgt die *momentane Leistung P* der Kraft, welche das Drehmoment und die Drehbewegung bewirkt:

$$P_{\text{rot}} = \frac{\text{d}W}{\text{d}t} = M\omega\,; \qquad \text{(E-81)}$$

M wirkendes momentanes Gesamtdrehmoment auf den Körper,

ω momentane Winkelgeschwindigkeit des Körpers,

W Dreharbeit.

Energie

Die Zufuhr oder Entnahme von Torsionsarbeit W_{Torsion} ändert die *potenzielle Energie* $E_{\text{pot, rot}}$ der Torsionskörper:

$$E_{\text{pot, rot}} = \tfrac{1}{2}k_t\varphi^2\,; \qquad \text{(E-82)}$$

k_t Drehfederkonstante des elastisch verdrehten Körpers,

φ Drehwinkel der elastischen Torsion.

Die Beschleunigungsarbeit W_{rot}, welche die Geschwindigkeit der rotierenden Körper verändert, erhöht als Rotationsanteil die kinetische Energie der Körper, welche um eine Drehachse rotieren. Ein rotierender Körper besitzt demnach die *kinetische Rotationsenergie* $E_{\text{kin, rot}}$:

$$E_{\text{kin, rot}} = \tfrac{1}{2}J\omega^2\,; \qquad \text{(E-83)}$$

J Massenträgheitsmoment des rotierenden Körpers,

ω Winkelgeschwindigkeit des rotierenden Körpers.

Im allgemeinen Bewegungsfall müssen im Energiesatz der Mechanik nach Gl. (E-38) die rotatorischen Energieanteile zu E_{kin} und E_{pot} dazu genommen werden. Für reine Rotationsbewegungen ohne Arbeitszufuhr oder -abfuhr durch äußere Drehmomente, wie beispielsweise bei freien Drehschwingungen von Torsionskörpern, lässt sich ein *Energieerhaltungssatz der Rotation* formulieren:

$$\frac{1}{2}J\omega^2 + \frac{1}{2}k_t\varphi^2 = \frac{1}{2}J\omega'^2 + \frac{1}{2}k_t\varphi'^2$$
$$= \text{konstant} ; \hspace{2cm} \text{(E–84)}$$

k_t Drehfedersteifigkeit der Torsionsfeder,
J Massenträgheitsmoment des Torsionskörpers,
φ Drehwinkel der Torsionsfeder zum Zeitpunkt t,
φ' Drehwinkel der Torsionsfeder zum Zeitpunkt t',
ω Winkelgeschwindigkeit zum Zeitpunkt t bei φ,
ω' Winkelgeschwindigkeit zum Zeitpunkt t' bei φ'.

E.6 Erhaltungssätze der Mechanik

Mit den Erhaltungssätzen für die mechanischen Größen Energie, Impuls und Drehimpuls lassen sich viele Probleme auf elegante Art und Weise lösen. In Tabelle E-13 sind die Erhaltungssätze und die Voraussetzungen für ihre Anwendbarkeit dargestellt.

E.7 Mechanik starrer Körper

Der starre Körper ist ein makroskopisches System von Massenpunkten, die starr miteinander verbunden sind. Unabhängig von der Beanspruchung durch äußere Kräfte behält der starre Körper seine Form bei.

Tabelle E-13. *Erhaltungssätze der Mechanik.*

Energieerhaltungssatz

In einem abgeschlossenen System, in dem nur konservative Kräfte wirksam sind, bleibt die Gesamtenergie konstant:

$E_{kin} + E_{pot} = \text{const},$

$dE_{kin} = -dE_{pot}.$

Ein abgeschlossenes System nimmt weder von der Umgebung Arbeit auf, noch gibt es Arbeit nach außen ab.

Impulserhaltungssatz

Haben die auf ein System einwirkenden äußeren Kräfte keine Resultierende, dann bleibt der Gesamtimpuls des Systems konstant:

$p = \sum p_k = \text{const}$, oder

$dp = 0$, falls $F_{res, a} = \sum F_{k, a} = 0$.

Ist die Resultierende der äußeren Kräfte null, dann ist die Geschwindigkeit des Schwerpunkts konstant:

$v_s = \text{const}$, falls $F_{res, a} = 0$.

Drehimpulserhaltungssatz

Ist die Vektorsumme aller an einem System angreifenden äußeren Drehmomente null, dann bleibt der Gesamtdrehimpuls konstant:

$L = \sum L_k = \text{const}$, oder

$dL = 0$, falls $M_{res, a} = 0$.

In einem Zentralkraftsystem bleibt die Flächengeschwindigkeit konstant (Flächensatz, 2. Kepler'sches Gesetz).

E.7.1 Freiheitsgrade und Kinematik

Ein starrer Körper benötigt zur vollständigen Beschreibung seiner Lage im Raum sechs Koordinaten; er hat sechs *Freiheitsgrade,* die in je drei Freiheitsgrade der *Translation* und der *Rotation* zerlegt werden können (Bild E-11).

E.7.2 Statik

Aus der Voraussetzung der Formstabilität starrer Körper folgt, dass Kräfte, die am starren

a)

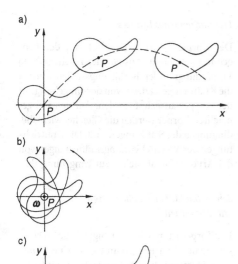

b)

c)

Bild E-11. Bewegung eines starren Körpers.
a) Translation, b) Rotation,
c) zusammengesetzte Bewegung.

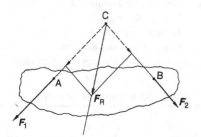

Bild E-12. Konstruktion der Resultierenden.

Körper angreifen, längs ihrer *Wirkungslinie* beliebig verschoben werden können:

Kräfte am starren Körper sind linienflüchtig.

Bild E-12 zeigt die zeichnerische Konstruktion der resultierenden Kraft, wenn an einem starren Körper zwei Kräfte, die in einer Ebene verlaufen, an verschiedenen Punkten angreifen.

Die Reduktion einer ebenen Kräftegruppe mit mehrere Kräften kann grafisch mit Hilfe des *Seileckverfahrens* durchgeführt werden (Bild E-13). Betrag und Richtung der resultierenden Kraft F_R werden grafisch im *Kräfteplan* ermittelt. Die *Polstrahlen* R1, 12, 23, 34 und 4R zu einem beliebig wählbaren Pol P werden parallel verschoben in den *Lageplan*. Durch den Schnittpunkt der Geraden R1 und 4R ist die Lage der Resultierenden F_R festgelegt.

Kräftepaar

Zwei gleich große antiparallele Kräfte $F = -F'$, die nicht auf einer Wirkungslinie liegen, werden als *Kräftepaar* bezeichnet (Bild E-14). Ihre Resultierende ist null ($F + F' = 0$); sie

a)

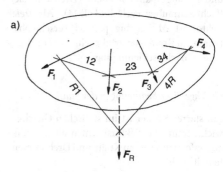

b)

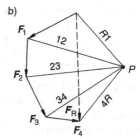

Bild E-13. Kraft- und Seileck.
a) Lageplan, Seileck, b) Kräfteplan, Krafteck.

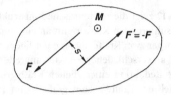

Bild E-14. Kräftepaar.

können daher keine Translationsbeschleunigung hervorrufen. Ein Kräftepaar übt auf den Körper ein Drehmoment aus vom Betrag

$$M = Fs \ ; \qquad\qquad (E-85)$$

M Drehmoment,
F Betrag einer Kraft,
s Abstand der beiden Kräfte.

Der Vektor M steht senkrecht auf der von F und F' aufgespannten Ebene (Drehsinn nach Rechtsschraubenregel, Bild E-14). Als *freier* Vektor ist M beliebig parallel verschiebbar. Durch ein Kräftepaar erfährt ein starrer Körper eine Winkelbeschleunigung.

Gleichgewichtsbedingungen der Statik

Ein starrer Körper ist im statischen Gleichgewicht, wenn die Vektorsummen aller an ihm angreifenden äußeren Kräfte und Drehmomente null sind:

$$\sum F_a = 0 \ , \qquad\qquad (E-86)$$
$$\sum M_a = 0 \ . \qquad\qquad (E-87)$$

Bei der ebenen Kräftegruppe sind die Gleichgewichtsbedingungen erfüllt, wenn Kraft- und Seileck geschlossen sind. Greifen nur drei Kräfte am starren Körper an, dann müssen die Wirkungslinien aller drei Kräfte durch einen Punkt gehen, und das Krafteck muss geschlossen sein.

Freimachen eines Körpers

Der Körper wird als losgelöst von der Umgebung betrachtet. Anstelle der mechanischen Verbindungs- oder Berührungsstellen werden die Kräfte eingesetzt, die von der Umgebung auf den Körper ausgeübt werden. Auf den frei gemachten Körper werden die Gleichgewichtsbedingungen der Statik angewandt. Die Kraftrichtungen der Wechselwirkungskräfte hängen von der Art der Kontaktstellen zur Umgebung ab.

Schwerpunkt, potenzielle Energie, Standsicherheit

Ein Körper ist in jeder beliebigen Lage im statischen Gleichgewicht, wenn er im *Schwerpunkt* oder *Massenmittelpunkt* unterstützt wird (Tabelle E-14).

Die potenzielle Energie eines starren Körpers im Schwerefeld der Erde ist

$$E_{\text{pot}} = \sum_{k=1}^{N} m_k g z_k = m g z_S \ ; \qquad (E-90)$$

E_{pot} potenzielle Energie,
m_k Masse des Massenpunkts k,
g Erdbeschleunigung,
z_k Höhenkoordinate des Punkts k,
m Gesamtmasse des Körpers,
z_S Höhenkoordinate des Schwerpunkts.

Tabelle E-14. Schwerpunktskoordinaten.

N diskrete Punktmassen	$r_S = \dfrac{\sum\limits_{k=1}^{N} m_k r_k}{m}$	(E-88)
homogene Dichte	$r_S = \dfrac{1}{V} \iiint\limits_{\text{Vol}} r \, dV$	(E-89)

r_S Ortsvektor des Schwerpunkts
r_k Ortsvektor des Punktes k
m_k Masse des Punktes k
m Gesamtmasse

Abhängig davon, ob bei einer Auslenkung des Körpers aus seiner Ruhelage die Höhenkoordinate z_S des Schwerpunkts steigt, fällt oder konstant bleibt, unterscheidet man die Gleichgewichtsfälle *stabil*, *labil* und *indifferent*.

E.7.3 Dynamik

Kinetische Energie

Eine beliebige Bewegung eines starren Körpers ist darstellbar als Überlagerung der Translationsbewegung des Schwerpunkts S und der Rotation aller Teile um S. Entsprechend lässt sich die kinetische Energie als Summe von *Translations-* und *Rotationsenergie* berechnen (Tabelle E-15).

Drehimpuls

Der Drehimpuls eines starren Körpers setzt sich aus einem *Bahndrehimpuls* und einem *Eigendrehimpuls* zusammen (Tabelle E-16).

Tabelle E-15. Kinetische Energie des starren Körpers.

Gesamtenergie	$E_{kin}^{ges} = E_{kin}^{trans} + E_{kin}^{rot}$	(E–91)
Translations-energie	$E_{kin}^{trans} = \dfrac{1}{2} m v_S^2$	(E–92)
Rotations-energie	$E_{kin}^{rot} = \dfrac{1}{2}\left(\sum_k m_k r_{Sk}^2\right)\omega^2 = \dfrac{1}{2} J_S \omega^2$	(E–93)

m Masse des Körpers
v_S Geschwindigkeit des Schwerpunkts
m_k Masse des Massenpunkts k
r_{Sk} Abstand des Massenpunkts k von der Drehachse durch den Schwerpunkt
ω Winkelgeschwindigkeit der Rotation
J_S Massenträgheitsmoment bezüglich der Drehachse durch den Schwerpunkt

Tabelle E-16. Drehimpuls des starren Körpers.

Gesamtdrehimpuls	$L_{ges} = L_S + L$	(E–94)
Bahndrehimpuls	$L_S = m r_S \times v_S$	(E–95)
Eigendrehimpuls bezüglich einer Achse durch den Schwerpunkt	$L = \sum_k m_k r_{Sk} \times (\omega \times r_{Sk})$ $= J_S \omega$	(E–96)

m Masse des Körpers
r_S Ortsvektor des Schwerpunkts
v_S Geschwindigkeit des Schwerpunkts
m_k Masse des Massenpunkts k
r_{Sk} Ortsvektor vom Schwerpunkt zum Massenpunkt k in einem körperfesten Koordinatensystem
ω Winkelgeschwindigkeit des rotierenden Körpers
J_S Massenträgheitsrnoment (Trägheitstensor)

Massenträgheitsmoment

Das Massenträgheitsmoment eines Körpers berechnet sich als Summe aller Punktmassen, multipliziert mit dem Quadrat ihres Abstands von einer Bezugsachse (Tabellen E-17 und E-18).

Trägheitstensor

Bei der Rotation eines beliebig geformten Körpers um eine in beliebiger Richtung durch den Schwerpunkt gehende Achse ist im Allgemeinen die Richtung des Drehimpulses L nicht parallel zum Vektor der Winkelgeschwindigkeit ω. Gleichung (E–96) zur Berechnung des Drehimpulses ist nur richtig, wenn J als Tensor definiert wird:

$$J = \begin{pmatrix} J_{xx} & J_{xy} & J_{xz} \\ J_{yx} & J_{yy} & J_{yz} \\ J_{zx} & J_{zy} & J_{zz} \end{pmatrix}$$

172   E Dynamik

Tabelle E-17. Massenträgheitsmoment.

diskrete Massen-verteilung	$J_P = \sum_k m_k + r_{Pk}^2$	(E–97)
kontinuierliche Massenverteilung	$J_P = \int\limits_{Vol} r^2 \, dm$	
	$= \int\limits_{Vol} \varrho(r) r^2 \, dV$	(E–98)
homogene Dichte	$J_P = \varrho \int\limits_{Vol} r^2 \, dV$	(E–99)
Trägheitsradius	$i = \sqrt{J_P/m}$	(E–100)
Steiner'scher Satz	$J_P = J_S + m r_{SP}^2$	(E–101)

J_P Massenträgheitsmoment bezüglich einer Achse durch P
m_k Masse des Massenpunkts k
r_{Pk} Abstand des Massenpunkts k von der Bezugsachse durch P
r Abstand des Volumelements dV von der Bezugsachse
ϱ Dichte
m Masse des Körpers
J_S Massenträgheitsmoment bezüglich Schwerpunktsachse
r_{SP} Abstand von zwei parallelen Achsen durch S bzw. P

mit den Trägheitsmomenten

$$J_{xx} = \int\limits_{Vol} (y^2 + z^2)\varrho \, dV$$

$$J_{yy} = \int\limits_{Vol} (z^2 + x^2)\varrho \, dV$$

$$J_{zz} = \int\limits_{Vol} (x^2 + y^2)\varrho \, dV$$

und den Deviations- oder Zentrifugalmomenten

$$J_{xy} = J_{yx} = -\int\limits_{Vol} xy\varrho \, dV$$

$$J_{yz} = J_{zy} = -\int\limits_{Vol} yz\varrho \, dV$$

$$J_{zx} = J_{xz} = -\int\limits_{Vol} zx\varrho \, dV$$

Für den Vektor L des Drehimpulses gilt dann nach den Regeln der Matrizenmultiplikation:

$$L = J \cdot \omega \, .$$

Ein Körper kann nur dann ohne dynamische Lagerkräfte um eine Achse rotieren, wenn bezüglich dieser Achse die Deviationsmomente verschwinden. Eine solche Achse wird als *freie Achse* oder *Hauptträgheitsachse* bezeichnet. Jeder Körper hat drei senkrecht aufeinander stehende Hauptträgheitsachsen. Die zugehörigen Massenträgheitsmomente J_I, J_{II} und J_{III} heißen *Hauptträgheitsmomente*. Das kleinste und das größte Massenträgheitsmoment eines Körpers (jeweils bezüglich Schwerpunktsachsen) bilden zwei der Hauptträgheitsmomente.

Trägheitsellipsoid

Bestimmt man die Massenträgheitsmomente eines Körpers um verschiedene Schwerpunktachsen und trägt in Polarkoordinaten jeweils in Achsenrichtung die Länge $R = \text{const}/\sqrt{J}$ ab, so liegen alle Endpunkte auf einem Ellipsoid (*Poinsot*-Konstruktion). Die Hauptachsen des Ellipsoids werden durch die Hauptträgheitsachsen gebildet. Aus dem Trägheitsellipsoid kann das Massenträgheitsmoment bezüglich willkürlicher Schwerpunktsachsen grafisch oder analytisch bestimmt werden. Bei rotationssymmetrischen Körpern ist das Trägheitsellipsoid ein Rotationsellipsoid, bei hochsymmetrischen Körpern wie Kugel, Würfel, Tetraeder usw. bekommt es Kugelform. Diese Körper besitzen keine Deviationsmomente.

Kreisel

Ein schnell rotierender starrer Körper wird als Kreisel bezeichnet. Ein konstantes Drehmoment M, das senkrecht zur Kreiselachse steht, verursacht eine *Präzession*, wobei der Vektor L versucht, sich auf dem kürzesten Weg parallel zu M einzustellen (Bild E-15, Tabelle E-19).

Tabelle E-18. Massenträgheitsmomente ausgewählter Körper.

	Hohlzylinder	$J_x = \frac{1}{2}m(r_a^2 - r_i^2)$ $J_y = J_z = \frac{1}{4}m(r_a^2 - r_i^2 + \frac{1}{3}l^2)$
	dünnwandiger Hohlzylinder	$J_x = mr^2$ $J_y = J_z = \frac{1}{4}m(2r^2 + \frac{1}{3}l^2)$
	Vollzylinder	$J_x = \frac{1}{2}mr^2$ $J_y = J_z = \frac{1}{4}mr^2 + \frac{1}{12}ml^2$
	dünne Scheibe ($l \ll r$)	$J_x = \frac{1}{2}mr^2$ $J_y = J_z = \frac{1}{4}mr^2$
	dünner Stab ($l \gg r$) unabhängig von der Form des Querschnitts	$J_x = \frac{1}{2}mr^2$ $J_y = J_z = \frac{1}{12}ml^2$
	dünner Ring	$J_x = mr^2$ $J_y = J_z = \frac{1}{2}mr^2$
	Kugel, massiv	$J_x = J_y = J_z = \frac{2}{5}mr^2$
	dünne Kugelschale	$J_x = J_y = J_z = \frac{2}{3}mr^2$
	Quader	$J_x = \frac{1}{12}m(b^2 + h^2)$ $J_y = \frac{1}{12}m(l^2 + h^2)$ $J_z = \frac{1}{12}m(l^2 + b^2)$

Tabelle E-19. Kreiselpräzession.

Ursache	Auswirkung	Zusammenhang
Dreh-moment	Präzession	$\omega_P = \dfrac{M}{L} = \dfrac{M}{J\omega}$ (E–105)
		$\omega_P = \dfrac{L \times M}{L^2}$
Zwangs-drehung	Dreh-moment	$M = L \times \omega_P$ (E–106)

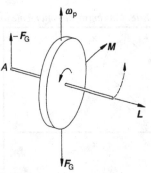

Bild E-15. Präzession eines einseitig aufgehängten Kreisels. **M** *Drehmoment aus Gewichtskraft* **F**$_G$ *und Stützkraft* −**F**$_G$ *im Punkt A.*

ω_P Winkelgeschwindigkeit der Präzession
M Drehmomente senkrecht zur Kreiselachse
L Drehimpuls
J Massenträgheitsmoment des Kreisels
ω Winkelgeschwindigkeit des Kreisels
M   vom Kreisel auf die Umgebung ausgeübtes Moment
$\boldsymbol{\omega}_P$ Winkelgeschwindigkeit der Zwangsdrehung

F Gravitation

Die *Gravitation* bezeichnet die gegenseitige Anziehung von Körpern $i = 1, 2, 3 \ldots$ mit den jeweiligen Massen m_i (*Massenanziehung*). Die physikalische Beschreibung dieser Kraftwirkung zwischen einer Masse und anderen Massen wurde von ISAAC NEWTON aus den in Tabelle F-1 dargestellten, von JOHANNES KEPLER empirisch aus astronomischen Beobachtungen abgeleiteten Gesetzmäßigkeiten der Planetenbewegung aufgestellt.

r_{12} Abstandsvektor der Körper 1 und 2,
G Gravitationskonstante

Die *Gravitationskonstante G* hat als Proportionalitätskonstante des Gravitationsgesetzes den experimentell mit der Gravitationsdrehwaage bestimmten Wert

$$G = (6{,}67408 \pm 0{,}00031) \cdot 10^{-11} \, \frac{\mathrm{m}^3}{\mathrm{kg} \cdot \mathrm{s}^2} \, .$$

F.1 Newton'sches Gravitationsgesetz

Zwischen zwei Körpern mit den Massen m_1 und m_2 wirkt eine *anziehende* Kraft, die Gravitationskraft F_G; sie ist dem Abstandsvektor r_{12} der Massenschwerpunkte S_1 und S_2 der beiden Körper entgegengerichtet (Bild F-1), und hat den Betrag

$$|F_G| = G \frac{m_1 m_2}{r_{12}^2} \, ; \qquad \text{(F–1)}$$

F_G Gravitationskraft,
m_1, m_2 Massen der Körper 1 und 2,

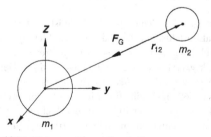

Bild F-1. Massenanziehung, Gravitation.

F.2 Gravitationsfeldstärke

Die Massenanziehungskräfte F_{i0} verschiedener Körper $i = 1, 2, \ldots$ summieren sich am Ort r_0 eines Körpers mit der Masse m_0 *vektoriell*. Nach dem Gravitationsgesetz ergibt sich für die resultierende Kraft F_{G0} auf den Probekörper mit der Masse m_0:

$$\begin{aligned}
F_{G0} = &-m_0 G \frac{m_1}{r_{10}^2} \frac{r_{10}}{|r_{10}|} \\
&-m_0 G \frac{m_2}{r_{20}^2} \frac{r_{20}}{|r_{20}|} - \ldots \, ;
\end{aligned} \qquad \text{(F–2)}$$

F_{G0} resultierende Kraft auf den Körper mit der Masse m_0,
m_1, m_2 Massen der Körper, welche auf m_0 eine Massenanziehung ausüben,
r_{10}, r_{20} Abstandsvektoren von den Körpern 1 bzw. 2 zum Körper der Masse m_0,
G Gravitationskonstante.

Das Minuszeichen berücksichtigt, dass die Gravitationskräfte F_G und die Abstandsvektoren r *antiparallel* gerichtet sind.

Die *Gravitationsfeldstärke* $g(r)$ am Ort $r = r_0$ fasst die Wirkung der Massenanziehungen der umgebenden Körper $i = 1 \ldots N$ ortsbezo-

© Springer-Verlag GmbH Deutschland 2017
E. Hering, R. Martin, M. Stohrer, *Taschenbuch der Mathematik und Physik*, DOI 10.1007/978-3-662-53419-9_6

Tabelle F-1. Die Kepler'schen Gesetze.

1. Kepler'sches Gesetz (Astronomia nova 1609)	Die Planeten bewegen sich auf Ellipsen, in deren gemeinsamen Brennpunkt die Sonne steht.	
2. Kepler'sches Gesetz (Astronomia nova 1609)	Der von der Sonne zum Planeten gezogene Radiusvektor r überstreicht in gleichen Zeiten Δt gleiche Flächen ΔA: $$\frac{\Delta A}{\Delta t} = \text{konstant.}$$	
3. Kepler'sches Gesetz (Harmonices mundi 1619)	Die Quadrate der Umlaufzeiten T_1, T_2 zweier Planeten verhalten sich wie die Kuben der großen Halbachsen a_1 und a_2: $$\frac{T_1^2}{T_2^2} = \frac{a_1^3}{a_2^3}.$$	

gen, aber unabhängig von der Masse m_0 des Probekörpers zusammen:

$$g(r) = \frac{F_{G0}}{m_0} = -G \sum_{i=1}^{N} \frac{m_i}{r_{i0}^2} \frac{r_{i0}}{|r_{i0}|} ; \qquad \text{(F-3)}$$

m_i Masse des i-ten Körpers, welche auf den Probekörper mit der Masse m_0 eine Massenanziehung ausübt,
r_{i0} Abstandsvektor vom i-ten Körper zum Probekörper mit m_0,
G Gravitationskonstante.

Durch Messung der Gravitationskraft $F(r)$ am Ort r auf eine Probemasse m_0 lässt sich die Gravitationsfeldstärke $g(r)$ experimentell bestimmen.

Fallen Körper nur unter dem Einfluss der Gravitationskraft bzw. sind andere Kräfte wie Coriolis- oder Reibungskräfte vernachlässigbar, dann ist die Fallbeschleunigung gleich der Gravitationsfeldstärke g. Auf der Erdoberfläche beträgt die Gravitationsfeldstärke der Erdmasse

$$g_E = G \frac{m_E}{r_E^2} ; \qquad \text{(F-4)}$$

m_E Erdmasse ($m_E = 5{,}972 \cdot 10^{24}$ kg),
r_E Erdradius ($r_E = 6370$ km).

Wegen der Geoidform der Erde ist die Gravitationsfeldstärke bzw. die Fallbeschleunigung abhängig von der geografischen Breite φ; es gilt $g_E(\varphi) = (9{,}832 - 0{,}052 \cos^2 \varphi)$ m/s^2. Der *Normwert der Fallbeschleunigung* $g_{E,\text{Norm}} = 9{,}80665$ m/s^2 gilt für Meereshöhe in etwa $45°$ geografischer Breite. In der Technik wird im Allgemeinen mit einer *mittleren Fallbeschleunigung* $g_{E,m} = 9{,}81$ m/s^2 gerechnet.

F.3 Gravitations- oder Hubarbeit

Wird ein Körper der Masse m_2 von einem Körper der Masse m_1 wegtransportiert oder angehoben, so ist gegen (deshalb Minuszeichen) die Gravitationskraft F_G zwischen den beiden Körpern *Gravitations-* oder *Hubarbeit* W_{12} zu verrichten. Da nur Kraftkomponenten in Wegrichtung dr zur Hubarbeit beitragen, ergibt sich

$$W_{12} = - \int_{r_1}^{r_2} F_G \cdot dr = + \int_{r_1}^{r_2} G \frac{m_1 m_2}{r_{12}} dr_{12} \, ;$$
$$\text{(F-5)}$$

r_1 Ortsvektor des Körpers mit der Masse m_2 in der Ausgangslage,
r_2 Ortsvektor des Körpers mit der Masse m_2 in der Endlage,
r_{12} Abstand der beiden Körper mit den Massen m_1 und m_2,
m_1, m_2 Massen der Körper 1 und 2,
G Gravitationskonstante.

Unabhängig vom Weg, auf dem der Körper mit der Masse m_2 gegen den Körper mit der Masse m_1 angehoben wird, ergibt sich als *Gravitations-* oder *Hubarbeit* W_{12}:

$$W_{12} = G m_1 m_2 \left(\frac{1}{r_1} - \frac{1}{r_2} \right) \, ;$$
$$\text{(F-6)}$$

r_1 Abstand der beiden Körper in der Ausgangslage,
r_2 Abstand der beiden Körper in der Endlage nach der Hubarbeit,
m_1, m_2 Massen der Körper 1 und 2,
G Gravitationskonstante.

F.4 Potenzielle Energie der Gravitation

Die Gravitationsarbeit wird als potenzielle Energie E_{pot} des Körpers mit der Masse m_2,

bezogen auf den Körper m_1, gespeichert. Die potenzielle Energie der Gravitation ist so normiert, dass für einen unendlich großen Abstand der beiden Körper $E_{pot} = 0$ ist. Wird von dieser Ausgangslage der Körper mit der Masse m_2 auf den Körper mit der Masse m_1 zu bewegt, dann wird Arbeit frei, und es vermindert sich mit dem Massenschwerpunktsabstand die *potenzielle Energie* E_{pot} des Körpers mit der Masse m_2 auf:

$$E_{pot} = -G \frac{m_1 m_2}{r} \, ;$$
$$\text{(F-7)}$$

m_1, m_2 Massen der Körper 1 und 2,
r Abstand des Massenschwerpunkts des Körpers 2 von demjenigen des Körpers 1,
G Gravitationskonstante.

F.5 Gravitationspotenzial

Die potenzielle Energie eines Körpers mit der Masse m_0, der von mehreren Körpern $1 \ldots N$ angezogen wird, setzt sich additiv aus den potenziellen Energien zusammen, die er bezüglich der umgebenden Körper im Abstand r_1 bis r_N zu ihm hat. Das *Gravitationspotenzial* $\varphi_G(r)$ fasst, bezogen auf den Ort r des Probekörpers und dessen Probemasse m_0, die Beiträge der umgebenden Körper zusammen:

$$\varphi_G = - \sum_{k=1}^{N} G \frac{m_k}{r_k} \, ;$$
$$\text{(F-8)}$$

m_k k-ter Körper mit der Masse m_k,
r_k Abstand des k-ten Körpers zum Probekörper mit der Masse m_0,
G Gravitationskonstante.

Äquipotenzialflächen sind Flächen im Raum, auf denen das Gravitationspotenzial einer räumlichen Massenverteilung konstant ist.

Ist der Gravitationspotenzialverlauf φ_G im Raum bekannt, so ergibt sich die potenzielle Energie E_{pot} zu:

$$E_{pot}(r) = m_0\varphi_G(r) ; \qquad \text{(F-9)}$$

m_0 Masse eines Körpers am Ort r,
$\varphi_G(r)$ Gravitationspotenzial der räumlichen Massenverteilung am Ort r.

Aus dem Gradienten des Gravitationspotenzials berechnet sich die Gravitationskraft $F_G(r)$:

$$F_G(r) = -m_0\left(\frac{\partial\varphi_G}{\partial x}, \frac{\partial\varphi_G}{\partial y}, \frac{\partial\varphi_G}{\partial z}\right)$$
$$= -m_0\,\text{grad}\,\varphi_G(r) ; \qquad \text{(F-10)}$$

m_0 Masse eines Probekörpers am Ort r,
$\text{grad}\,\varphi_G(r)$ Gradient des Gravitationspotenzials $\varphi_G(r)$ am Ort r.

F.6 Planetenbewegung

Die Bahnkurve der Planeten mit der Masse m im Gravitationsfeld einer großen Sonnenmasse M mit der Gravitationskraft als Zentralkraft ist eben und daher am besten in *Polarkoordinaten* zu beschreiben. Die Bahngleichung lässt sich aus folgenden Erhaltungssätzen der Mechanik herleiten:

Energiesatz:

$$\frac{1}{2}mv^2 - G\frac{mM}{r} = \frac{1}{2}mv_0^2 - G\frac{mM}{r_0}$$

Drehimpulssatz:

$$|L| = m\left|\left(rx\frac{dr}{dt}\right)\right| = mr^2\frac{d\varphi}{dt} = \text{konstant}$$
$$= m2C .$$

$dA = (1/2)r(r\,d\varphi)$ ist die Fläche, die der Ortsvektor r der Bahnkurve bei einer Drehung um $d\varphi$ überstreicht. $C = dA/dt = 1/2r^2(d\varphi/dt) = (1/2)r^2\omega = (1/2)rv$ entspricht also gerade der *Flächengeschwindigkeit* $\Delta A/\Delta t$ in Tabelle F-1. Der Drehimpulserhaltungssatz bestätigt somit das 2. Kepler'sche Gesetz.

Mit den Beziehungen $v^2 = (dr/dt)^2 + r^2(d\varphi/dt)^2$ und $dr/dt = (dr/d\varphi)(d\varphi/dt)$ lassen sich die obigen Gleichungen integrieren; als Bahnkurve ergibt sich die *Polargleichung der Kegelschnitte*, in Übereinstimmung mit dem 1. Kepler'schen Gesetz:

$$r(\varphi) = \frac{p}{1 - \varepsilon\cos\varphi} \qquad \text{(F-11)}$$

$r(\varphi)$ Betrag des Planeten-Radiusvektors,
φ Polwinkel des Planetenorts,
p Kegelschnitt-Parameter,
ε numerische Exzentrizität.

Die Parameter der Bahngleichung der Planetenbewegung sind

$$p = \frac{4C^2}{GM} \qquad \text{(F-12)}$$

$$\varepsilon = \frac{2C}{GM}\sqrt{v_0^2 - \frac{2GM}{r_0} + \frac{G^2M^2}{4C^2}} ; \qquad \text{(F-13)}$$

p Kegelschnitt-Parameter,
C Flächengeschwindigkeit $C = L/(2m)$ der Bewegung des Planeten mit der Masse m und dem Drehimpuls L,
M Masse des Zentralkörpers der Planetenbahn (Sonnenmasse),
v_0 Geschwindigkeit des Planeten am Ort r_0, z. B. im Bahnscheitel,
ε numerische Exzentrizität der Bahnkurve,
G Gravitationskonstante.

Das Verhältnis der kinetischen Energie $E_{kin} = 1/2mv_0^2$ eines Planeten, Satelliten oder ballistischen (antriebslosen) Flugkörpers der Masse m und der Bahngeschwindigkeit v_0 in der Entfernung r_0 von der Zentralmasse M zur potenziellen Energie der Gravitation $E_{pot} = GmM/r_0$ an diesem Bahnpunkt bestimmt die Bahnkurve (Tabelle F-2). Körper mit einer Geschwindigkeit kleiner als die *1. kosmische Geschwindigkeit* v_{k1} fallen wieder auf den Zentralkörper, beispielsweise die Erde oder Sonne, zurück; genau genommen sind damit alle Wurfbahnen auf der Erde elliptische Bahnkurven und nicht Wurfparabeln, wie in der Näherung einer konstanten Gravitationskraft hergeleitet wird. Für Bahngeschwindigkeiten zwischen den beiden kosmischen Geschwindigkeiten v_{k1} und v_{k2} sind die Umlaufbahnen elliptisch, eingeschlossen der Spezialfall der Kreisbahn. Ab der *2. kosmischen Geschwindigkeit* ist die Bahngeschwindigkeit ausreichend, um das Gravitationsfeld einer Zentralmasse auf einer parabel- oder hyperbelförmigen Bahnkurve zu verlassen.

Für Ellipsenbahnen mit der großen Halbachse a gilt $p = a(1 - \varepsilon^2)$ bzw. $1 - \varepsilon^2 - p/a$. Demnach beträgt unter Berücksichtigung der Gl. (F-12) der Flächeninhalt A der Bahnellipse $A = \pi a^2 \sqrt{1 - \varepsilon^2} = \pi a^2\, 2C/\sqrt{GMa}$. Dieser ist andererseits aber nach dem Flächensatz über $A = CT$ mit der Umlaufdauer T auf der El-

lipsenbahn verknüpft. Die Gleichsetzung ergibt das *3. Kepler'sche Gesetz für Planetenbahnen*:

$$\frac{T^2}{a^3} = \frac{4\pi^2}{GM} = k_Z ; \qquad \text{(F–16)}$$

T Umlaufdauer auf der Ellipsenbahn,
a große Halbachse der Ellipsenbahn,
p Ellipsenparameter,
M Masse des Zentralkörpers der Ellipsenbahn (Sonnenmasse),
k_Z Zentralkörperkonstante
($k_{Z,\,Erde} = 1{,}01 \cdot 10^{13}\ \mathrm{m^3/s^2}$;
$k_{Z,\,Sonne} = 3{,}36 \cdot 10^{18}\ \mathrm{m^3/s^2}$),
G Gravitationskonstante.

Durch Einsetzen von Gl. (F-12) und Gl. (F-13) in die Ellipsenbeziehung $p = a(1 - \varepsilon^2)$ lässt sich die *Gesamtenergie E_{ges} der Planetenbewegung* auf der Ellipsenbahn berechnen:

$$E_{ges} = \frac{1}{2}mv_0^2 - G\frac{mM}{r_0} = -G\frac{mM}{2a} ; \qquad \text{(F–17)}$$

m Masse des Planeten bzw. Satelliten,
M Masse des Zentralkörpers (Sonnenmasse),
a große Halbachse der Ellipsenbahn,

Tabelle F-2. Bahnkurven um Zentralkörper.

Bahnkurven	numerische Exzentrizität	Energiebilanz	Bahngeschwindigkeit	
Kreis	$\varepsilon = 0$	$\frac{1}{2}mv_0^2 = \frac{1}{2}G\frac{mM}{r_0}$	$v_0 = \sqrt{G\dfrac{M}{r_0}} = v_{k1}$	(F–14)
			1. kosmische Geschwindigkeit	
Ellipse	$\varepsilon < 1$	$\frac{1}{2}mv_0^2 < G\frac{mM}{r_0}$	$v_0 < \sqrt{2G\dfrac{M}{r_0}}$	
Parabel	$\varepsilon = 1$	$\frac{1}{2}mv_0^2 = G\frac{mM}{r_0}$	$v_0 = \sqrt{2G\dfrac{M}{r_0}} = v_{k2}$	(F–15)
			2. kosmische Geschwindigkeit	
Hyperbel	$\varepsilon > 1$	$\frac{1}{2}mv_0^2 > G\frac{mM}{r_0}$	$v_0 > \sqrt{2G\dfrac{M}{r_0}}$	

v_0 Bahngeschwindigkeit des Planeten oder Satelliten am Bahnort r_0, z. B. im Ellipsenscheitel,

G Gravitationskonstante.

Auf Ellipsenbahnen, zu denen auch die Kreisbahn zählt, ist die Gesamtenergie nur von der großen Halbachse a der Bahnkurve, der Zentralmasse m und der Masse m des Umlaufkörpers abhängig.

Eine Übersicht über die Daten der Planeten des Sonnensystems gibt die Tabelle F-3.

F.7 Schwereeigenschaften der Erde

Mit der Erdmasse $m_E = 5{,}972 \cdot 10^{24}$ kg als Zentralmasse und dem Erdradius $r_E = 6{,}371 \cdot 10^6$ m ergeben sich die speziellen Beziehungen der Tabelle F-4 für die Gravitationswirkungen der Erde. Zum Teil sind diese auf die Höhe h der Körper über der Erdoberfläche umgerechnet.

Daten der Erde, des Monds und der Mondbahn sind in Tabelle F-5 zusammengestellt.

Tabelle F-3. Planetendaten des Sonnensystems.

Sonnenmasse $m_S = 1{,}989 \cdot 10^{30}$ kg
Sonnenradius $r_S = 6{,}96 \cdot 10^5$ km
mittlere Sonnendichte $\varrho_S = 1410$ kg/m^3

Planet	große Bahnhalbachse a in m	Umlaufzeit T in s	numerische Exzentrizität der Ellipsenbahn ε	Radius Erdradius Erdradius $r_E = 6{,}371 \cdot 10^6$ m	Masse Erdmasse Erdmasse $m_E = 5{,}972 \cdot 10^{24}$ m	mittlere Dichte ϱ in kg m^{-3}	Fallbeschleunigung $g_{\text{Äquator}}$ in m/s^2	Rotationsdauer in s	Anzahl der Monde
Merkur	$5{,}79 \cdot 10^{10}$	$7{,}60 \cdot 10^6$	0,206	0,383	0,055	$5{,}4 \cdot 10^3$	3,7	$5{,}07 \cdot 10^6$	0
Venus	$1{,}08 \cdot 10^{11}$	$1{,}94 \cdot 10^7$	0,00677	0,950	0,815	$5{,}2 \cdot 10^3$	8,9	$2{,}10 \cdot 10^7$	0
Erde	$1{,}50 \cdot 10^{11}$	$3{,}16 \cdot 10^7$	0,0167	1,00	1,00	$5{,}5 \cdot 10^3$	9,78	$8{,}62 \cdot 10^4$	1
Mars	$2{,}28 \cdot 10^{11}$	$5{,}93 \cdot 10^7$	0,0934	0,532	0,107	$3{,}9 \cdot 10^3$	3,7	$8{,}86 \cdot 10^4$	2
Jupiter	$7{,}78 \cdot 10^{11}$	$3{,}74 \cdot 10^8$	0,0484	10,97	317,8	$1{,}3 \cdot 10^3$	23	$3{,}57 \cdot 10^4$	17
Saturn	$1{,}43 \cdot 10^{12}$	$9{,}29 \cdot 10^8$	0,0542	9,14	95,2	$0{,}69 \cdot 10^3$	8,7	$3{,}84 \cdot 10^4$	18
Uranus	$2{,}87 \cdot 10^{12}$	$2{,}64 \cdot 10^9$	0,0472	3,98	14,5	$1{,}3 \cdot 10^3$	8,6	$6{,}21 \cdot 10^4$	20
Neptun	$4{,}50 \cdot 10^{12}$	$5{,}17 \cdot 10^9$	0,00859	3,87	17,1	$1{,}6 \cdot 10^3$	11	$5{,}80 \cdot 10^4$	8

Tabelle F-4. Satellitendaten bei Erdgravitation.

physikalische Größe	Beziehung	
Gravitationsfeldstärke, Erdbeschleunigung g		
auf der Erdoberfläche	$g_0 = G \dfrac{M_E}{r_E^2} = 9{,}81 \dfrac{\mathrm{m}}{\mathrm{s}^2}$	(F–18)
in der Höhe h	$g(h) = g_0 \left(1 + \dfrac{h}{r_E}\right)^{-2}$	(F–19)
Umlaufdauer T eines Erdsatelliten auf einer Kreisbahn in der Höhe h	$T(h) = 2\pi \sqrt{\dfrac{r_E}{g_0} \left(1 + \dfrac{h}{r_E}\right)^3}$	
	$= 5060 \ \mathrm{s}(1 + h/r_E)^{3/2}$	(F–20)
Bahnradius r eines Erdsatelliten mit der Umlaufdauer T	$r = \left(\dfrac{r_E^2 g_0}{4\pi^2} T^2\right)^{1/3}$	
	$= 2{,}16 \cdot 10^4 \dfrac{\mathrm{m}}{\mathrm{s}^{2/3}} T^{2/3}$	(F–21)
Bahngeschwindigkeit v eines Erdsatelliten		
in der Höhe h	$v(h) = \sqrt{r_E g_0 \dfrac{1}{1 + h/r_E}}$	
	$= 7{,}91 \cdot 10^3 \dfrac{\mathrm{m}}{\mathrm{s}} (1 + h/r_E)^{-1/2}$	(F–22)
mit der Umlaufdauer T	$v(T) = \left(\dfrac{2\pi r_E^2 g_0}{T}\right)^{-1/3}$	
	$= 1{,}36 \cdot 10^5 \dfrac{\mathrm{m}}{\mathrm{s}^{2/3}} \cdot T^{-1/3}$	(F–23)
Höhe eines Erd-Synchronsatelliten über der Erdoberfläche	$h_S = \left(\dfrac{g_0 r_E^2 T_E^2}{4\pi^2}\right)^{1/3} - r_E$	
	$= 35\,800 \ \mathrm{km}$	(F–24)
1. kosmische Geschwindigkeit v_{k1} (Erdoberfläche)	$v_{k1} = \sqrt{r_E g_0} = 7{,}91 \cdot 10^3 \dfrac{\mathrm{m}}{\mathrm{s}}$	(F–25)
2. kosmische Geschwindigkeit v_{k2} (Erdoberfläche)	$v_{k2} = v_{k1}\sqrt{2} = 11{,}2 \cdot 10^3 \dfrac{\mathrm{m}}{\mathrm{s}}$	(F–26)

Tabelle F-5. Daten der Erde und des Erdmonds.

Parameter	Erde	Erdmond
Masse	$m_E = 5{,}972 \cdot 10^{24}$ kg	$m_M = 0{,}0549\ m_E$ $= 7{,}352 \cdot 10^{22}$ kg
Radius im Mittel	$r_{E,\,m} = 6371$ km	$r_M = 0{,}273\ r_E = 1738$ km
Äquatorradius	$r_{E,\,\ddot{A}} = 6378{,}160$ km	
Polradius	$r_{E,\,P} = 6356{,}775$ km	
mittlere Dichte	$\varrho_E = 5514$ kg/m^3	$\varrho_M = 0{,}61\ \varrho_E = 3342$ kg/m^3
Fallbeschleunigung auf der Oberfläche	$g_E = 9{,}80665$ m/s^2	$g_M = 0{,}166 g_E = 1{,}63$ m/s^2
Rotationsdauer	$T_{R,\,E} = 23$ h, 56 min, 3,95 s $= 8{,}616395 \cdot 10^4$ s	$T_{R,\,M} = 2{,}36 \cdot 10^6$ s $= T_{U,\,M}$ (gebundene Rotation)
große Bahnhalbachse (Kreisbahnradius)	$a_E = 1{,}496 \cdot 10^8$ km	$a_M = 3{,}844 \cdot 10^5$ km
Ellipsenparameter	$p_E = 1{,}496 \cdot 10^8$ km	$p_M = 3{,}832 \cdot 10^5$ km
numerische Exzentrizität der Ellipsenbahn	$\varepsilon_E = 0{,}017$	$\varepsilon_E = 0{,}0549$
Umlaufdauer (siderische Umlaufzeit)	$T_{U,\,E} = 365$ d, 5 h, 48 min, 46 s $= 3{,}1556926 \cdot 10^7$ s	$T_{U,\,M} = 27$ d, 7 h, 43 min $= 2{,}360580 \cdot 10^6$ s

G Festigkeitslehre

Unter dem Einfluss von *Kräften* und *Momenten* treten *Form-* oder *Gestaltänderungen* auf, die beim praktischen Einsatz von Werkstoffen und geometrisch geformten Werkstücken von Bedeutung sind. Bei den *elastischen* Formänderungen gehen die Verformungen nach Ende der Belastung wieder vollständig zurück; bei den *plastischen* Formänderungen nicht.

Tabelle G-1. Wichtigste DIN-Normen.

Norm	Nummer	Bezeichnung
DIN EN ISO	6892	Metallische Werkstoffe; Zugversuch
DIN	13 316	Mechanik ideal elastischer Körper
DIN	51 200	Werkstoffprüfmaschinen
DIN EN ISO	148	Prüfung metallischer Werkstoffe; Kerbschlagbiegeversuch
DIN	50 125	Prüfung metallischer Werkstoffe; Zugproben
DIN EN ISO	6506	Metallische Werkstoffe – Härteprüfung nach Brinell
DIN EN ISO	6507	Metallische Werkstoffe – Härteprüfung nach Vickers
DIN EN ISO	6508	Metallische Werkstoffe – Härteprüfung nach Rockwell
DIN EN ISO	7438	Metallische Werkstoffe – Biegeversuch
DIN EN ISO	14 577	Metallische Werkstoffe, Instrumentierte Eindringprüfung zur Bestimmung der Härte und anderer Werkstoffparameter

G.1 Spannung und Spannungszustand

Übersicht G-1. Spannung und Spannungszustand für isotrope Materialien.

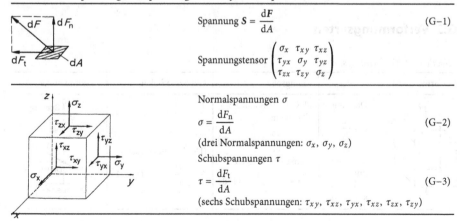

Spannung $S = \dfrac{\mathrm{d}F}{\mathrm{d}A}$ (G–1)

Spannungstensor $\begin{pmatrix} \sigma_x & \tau_{xy} & \tau_{xz} \\ \tau_{yx} & \sigma_y & \tau_{yz} \\ \tau_{zx} & \tau_{zy} & \sigma_z \end{pmatrix}$

Normalspannungen σ

$$\sigma = \frac{\mathrm{d}F_n}{\mathrm{d}A} \qquad (G–2)$$

(drei Normalspannungen: σ_x, σ_y, σ_z)

Schubspannungen τ

$$\tau = \frac{\mathrm{d}F_t}{\mathrm{d}A} \qquad (G–3)$$

(sechs Schubspannungen: τ_{xy}, τ_{xz}, τ_{yx}, τ_{yz}, τ_{zx}, τ_{zy})

© Springer-Verlag GmbH Deutschland 2017
E. Hering, R. Martin, M. Stohrer, *Taschenbuch der Mathematik und Physik*, DOI 10.1007/978-3-662-53419-9_7

Übersicht G-1. (Fortsetzung).

Einachsiger Spannungszustand

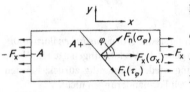

Beanspruchung nur mit Zugkraft F_x

$$\sigma_x = \frac{dF}{dA}\;;\quad \sigma_y = \sigma_z = 0$$

$$\tau_{xy} = \tau_{xz} = \tau_{yz} = 0$$

Für die Fläche A^+ unter Winkel φ gilt:

$$\sigma_\varphi = \frac{F_N}{A^+} = \frac{F}{A}\cos^2\varphi = \sigma_x \cos^2\varphi$$

oder   (G–4)

$$\sigma_\varphi = \frac{\sigma_x}{2}\left[1 + \cos(2\varphi)\right]$$

$$\tau_\varphi = \frac{F_t}{A^+} = \frac{F}{A}\sin\varphi\cos\varphi$$

(G–5)

$$\tau_\varphi = -\frac{\sigma_x}{2}\sin(2\varphi)$$

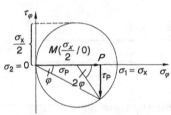

Mohr'scher Spannungskreis:

$$\left(\sigma_\varphi - \frac{\sigma_x}{2}\right)^2 + \tau_\varphi^2 = \left(\frac{\sigma_x}{2}\right)^2 \tag{G–6}$$

Mittelpunkt $M\left(\dfrac{\sigma_x}{2}\Big/\,0\right)^2$; Radius $r = \dfrac{\sigma_x}{2}$

dA	Flächenelement	F_t	Tangentialkraft
A^+	Fläche unter Winkel φ	$\sigma_{x,\,y,\,z}$	Normalspannungen in x-, y-, z-Richtung
dF	Kraftelement	$\tau_{i,\,k}$	Schubspannungen in i-, k-Richtung
F_n	Normalkraft		

G.2 Verformungsarten

Tabelle G-2. Verformungsarten.

Verformungsart		Kenngröße	Gesetzmäßigkeit	Zusammenhang
	Dehnung ε $\varepsilon = \dfrac{\Delta l}{l_0}$ (Formänderung und Volumenänderung)	Elastizitätsmodul E allgemein: $E_{\sigma,\,t} = \dfrac{d\sigma}{d\varepsilon}$ (G–7) Hooke'sches Gesetz: $E = \dfrac{\sigma}{\varepsilon}$ (G–8)	$\dfrac{F}{A} = E\dfrac{\Delta l}{l}$ (G–9) $\sigma = E\varepsilon$ (G–10) (Hooke'sches Gesetz) $\Delta l = \dfrac{\sigma l}{E}$ (G–11)	

Tabelle G-2. (Fortsetzung).

Verformungsart	Kenngröße		Gesetzmäßigkeit	Zusammenhang
	Querdehnung ε_q $\varepsilon_q = \dfrac{\Delta d}{d}$ (Formänderung und Volumenänderung)	Querdehnungszahl μ (Poisson-Zahl) $\mu = -\dfrac{\varepsilon_q}{\varepsilon}$ (G-12)	$\varepsilon_q = \dfrac{\Delta d}{d} = -\mu\,\dfrac{\Delta l}{l}$ (G-13) $\varepsilon_q = -\mu\varepsilon$ (G-14) $\dfrac{\Delta V}{V} = \varepsilon(1-2\mu)$ (G-15) $0 < \mu < 0{,}5$	–
	allseitige Kompression (nur Volumenänderung)	Kompressionsmodul K Kompressibilität $\varkappa$	$\dfrac{\Delta V}{V} = 3\varepsilon$ (G-16) $K = -\dfrac{\Delta p V}{\Delta V}$ (G-17) $\dfrac{1}{K} = \varkappa$ (G-18) $\Delta V = -\dfrac{1}{K}V\Delta p$ $= -\varkappa V \Delta p$ (G-19)	$K = \dfrac{E}{3(1-2\mu)}$ (G-20)
	Scherung (nur Formänderung)	Schubmodul (Torsionsmodul) G allgemein: $G_{\tau,t} = \dfrac{d\tau}{d\gamma}$ (G-21) speziell: $G_{\tau,t} = \dfrac{\tau}{\gamma}$ (G-22)	$\tau = \dfrac{F_t}{A} = G\gamma$ (G-23)	$G = \dfrac{E}{2(1+\mu)}$ (G-24) $\dfrac{E}{3} < G < \dfrac{E}{2}$ (G-25)

A	Fläche	Δp	Druckunterschied
$d, \Delta l$	Dicke, Dickenunterschied	$V, \Delta V$	Volumen, Volumenänderung
E	Elastizitätsmodul	ε	Dehnung
F	Kraft	ε_q	Querdehnung
G	Schubmodul	σ	Spannung
K	Kompressionsmodul	μ	Querdehnungszahl, Poisson-Zahl
l_0	Ausgangslänge	γ	Scherwinkel
$l, \Delta l$	Länge nach Dehnung, Längenunterschied	τ	Schubspannung

Tabelle G-3. Elastische Kenngrößen einiger Werkstoffe.

Werkstoff	Elastizitäts-modul E GN/m^2	Querdehnungs-zahl μ	Kompressions-modul K GN/m^2	Schubmodul G GN/m^2	Bruch-dehnung R_m	Zug- bzw. Druckfestigkeit σ_B GN/m^2
Eis	9,9	0,33	10	3,7		
Blei	17	0,44	44	5,5 bis 7,5		0,014
Al (rein)	72	0,34	75	27	0,5	0,013
Glas	76	0,17	38	33		0,09
Gold	81	0,42	180	28	0,5	0,14
Messing (kaltverf.)	100	0,38	125	36	0,05	0,55
Kupfer (kaltverf.)	126	0,35	140	47	0,02	0,45
V2A-Stahl	195	0,28	170	80	0,45	0,7

Tabelle G-4. Räumliche Spannungszustände.

	Normalspannung σ	Dehnung ε	Schubspannung τ	Schiebung γ
x-Komponente	$\sigma_x = \dfrac{E}{1+\mu}\left(\varepsilon_x + \dfrac{\mu\varepsilon}{1-2\mu}\right)$	$\varepsilon_x = \dfrac{1}{E}\left[\sigma_x - \mu(\sigma_y + \sigma_z)\right]$	$\tau_{xy} = G\gamma_{xy}$	$\gamma_{xy} = \dfrac{1}{G}\tau_{xy}$
y-Komponente	$\sigma_y = \dfrac{E}{1+\mu}\left(\varepsilon_y + \dfrac{\mu\varepsilon}{1-2\mu}\right)$	$\varepsilon_y = \dfrac{1}{E}\left[\sigma_y - \mu(\sigma_z + \sigma_x)\right]$	$\tau_{xz} = G\gamma_{xz}$	$\gamma_{xz} = \dfrac{1}{G}\tau_{xz}$
z-Komponente	$\sigma_z = \dfrac{E}{1+\mu}\left(\varepsilon_z + \dfrac{\mu\varepsilon}{1-2\mu}\right)$	$\varepsilon_z = \dfrac{1}{E}\left[\sigma_z - \mu(\sigma_x + \sigma_y)\right]$	$\tau_{yz} = G\gamma_{yz}$	$\gamma_{yz} = \dfrac{1}{G}\tau_{yz}$

G.3 Zugversuch nach DIN EN 10 002

Zur Bestimmung von Zug und Druck wird häufig die *Flächenpressung* $p = F/A$ angegeben. Sie ist bestimmt durch die Druckbeanspruchung in der Berührungsfläche (Bild G-1).

Im Zugversuch nach DIN EN 10 002 wird der *Spannungs-Dehnungs-Verlauf* verschiedener Werkstoffe untersucht. Üblicherweise wird die 0,2%-Dehngrenze $R_{p0.2}$ ermittelt. Beim *nicht stetigen Übergang* wird eine *obere*

Streckgrenze R_{eH} und eine *untere Streckgrenze* R_{eL} unterschieden. Eine weitere wichtige Werkstoffkenngröße ist die *Bruchdehnung* ε_B, bei der das Material bricht (Bild (G-2)).

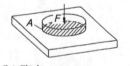

$$p = \frac{F}{A}$$

Bild G-1. Flächenpressung p.

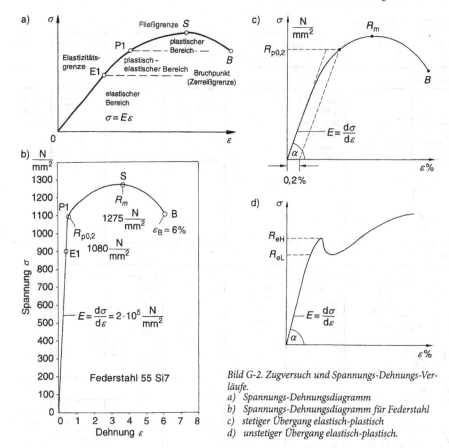

Bild G-2. Zugversuch und Spannungs-Dehnungs-Verläufe.
a) Spannungs-Dehnungsdiagramm
b) Spannungs-Dehnungsdiagramm für Federstahl
c) stetiger Übergang elastisch-plastisch
d) unstetiger Übergang elastisch-plastisch.

G.4 Elementare Belastungsfälle

Tabelle G-5. Elementare Belastungsfälle.

Skizze	Bemerkung	Normal-spannung σ	Schub-spannung τ	Dehnung ε	Schiebung γ	Beispiele
Zug bzw. Druck						
Zug: F_y positiv Druck: F_y negativ	Kraft F_y greift im Flächen-schwer-punkt S des Quer-schnitts A an.	$\sigma_y = \dfrac{F_y}{A}$ $\sigma_x = \sigma_z = 0$	0	$\varepsilon_y = \dfrac{\sigma_y}{E}$ $\varepsilon_x = \varepsilon_z$ $= -\mu \dfrac{\sigma_y}{E}$	0	Seile, Ketten, Zugstäbe, Stützen, Kolben-stangen, Druck-spindeln

Tabelle G-5. (Fortsetzung).

Skizze	Bemerkung	Normal-spannung σ	Schub-spannung τ	Dehnung ε	Schiebung γ	Beispiele
Scherung						
	Meist tritt Scherung in Verbindung mit Biegung auf	0	$\tau_{yz} = -\dfrac{F_z}{A}$ $\tau_{zy} = \dfrac{F_z}{A}$ sonst $\tau = 0$	0	$\gamma_{yz} = \dfrac{\tau_{yz}}{G}$ sonst $\gamma = 0$	Scher-glieder, Nieten
Biegung						
$J_x = \dfrac{bh^3}{12}$	reines Biege-moment $M_b = M_x$	$\sigma_{y(z)} = -\dfrac{M_x}{J_x}z$ sonst $\sigma = 0$	0	$\varepsilon_{y(z)} = \dfrac{\sigma_{y(z)}}{E}$ $\varepsilon_{x(z)} = \varepsilon_{z(z)}$ $= -\mu\dfrac{\sigma_{y(z)}}{E}$	0	Krag-balken, Achsen
Torsion						
$J_y = \dfrac{\pi d^4}{32}$	reines Torsions-moment $M_t = M_y$	0	$\tau_{xy} = -\dfrac{M_y}{J_y}z$ $\tau_{yx} = -\dfrac{M_y}{J_y}z$ sonst $\tau = 0$	0	$\gamma_{xy} = \dfrac{\tau_{xy}}{G}$ sonst $\gamma = 0$	Torsions-stäbe

A	Querschnittsfläche	E	Elastizitätsmodul ($E = \sigma/\varepsilon$)	τ	Schubspannung
F	Kraft	G	Schubmodul ($G = \gamma/\tau$)	ε	Dehnung
b	Breite	J	Flächenträgheitsmoment	γ	Scherung
h	Höhe	M	Drehmoment	μ	Querdrehzahl
d	Durchmesser	σ	Normalspannung		

G.4.1 Biegung

Wird ein Bauteil um die x-Achse auf Biegung beansprucht, dann wächst das Biegemoment M_b vom Lastangriffspunkt ($M_b = 0$) bis zum höchsten Wert an der Einspannstelle.

Übersicht G-2. Belastungsfälle bei Biegung.

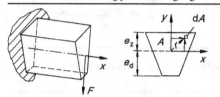

Maximale Biegespannung
(Randspannung)

$$\sigma_b = \frac{M_b}{W_b}$$

Biegemoment M_b

$$M_b = \int \sigma(y)\,dAy \qquad (G{-}27)$$

$$M_b = \sigma_z \frac{\int dAy^2}{e_z} = \sigma_d \frac{\int dAy^2}{e_d} = \sigma_z \frac{I_x}{e_z} = \sigma_d \frac{I_x}{e_d} = \sigma_z W_{xz} - \sigma_d W_{xd} \qquad (G{-}28)$$

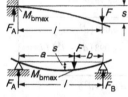

$F_A = F$

$M_{b\,max} = lF$

$s = \dfrac{l^3}{3} \cdot \dfrac{F}{EI_a}$

$F_A = \dfrac{b}{l}F; \quad F_B = \dfrac{a}{l}F$

$M_{b\,max} = \dfrac{ab}{l}F$

$s = \dfrac{a^2 b^2}{3l} \cdot \dfrac{F}{EI_a}$

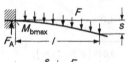

$F_A = F$

$M_{b\,max} = \dfrac{l}{2}F$

$s = \dfrac{l^3}{8} \cdot \dfrac{F}{EI_a}$

$F_A = F_B = \dfrac{F}{2}$

$M_{b\,max} = \dfrac{l}{8}F$

$s \approx \dfrac{l^3}{77} \cdot \dfrac{F}{EI_a}$

Flächenträgheitsmoment I

---

axiale Flächenträgheitsmomente I_a

$$I_x = \int dAy^2; \quad I_y = \int dAx^2 \qquad (G{-}29)$$

polare Flächenträgheitsmomente I_p

$$I_p = \int r^2\,dA = \int (x^2 + y^2)\,dA = I_y + I_x \qquad (G{-}30)$$

Steiner'scher Satz bei paralleler Achse
nicht durch den Schwerpunkt S:

$$I_B = I_x + Ad^2 \qquad (G{-}31)$$

Widerstandsmoment W_b

$$W_{xz} = \frac{I_x}{e_z}; \quad W_{xd} = \frac{I_x}{e_d} \qquad (G{-}32)$$

Übersicht G-2. (Fortsetzung).

A, dA	Fläche, Flächenelement	x, y	Koordinatenachsen
a, b	Abstand von den Aufhängepunkten	s	maximale Durchbiegung
e_z, e_d	Abstand der äußersten Faser auf der Zug- bzw. Druckseite	l	Länge
		d	Abstand vom Schwerpunkt
F	Kraft	r	Radius
E	Elastizitätsmodul	$\sigma_{z,d}$	Zug- bzw. Druckspannung
I	Flächenträgheitsmoment		
W	Widerstandsmoment		

Tabelle G-6. Widerstandsmomente und Flächenträgheitsmomente einiger Geometrien.
NL = „Neutrale Faser"

	Widerstandsmoment W_b bei Biegung W_t bei Torsion	Flächenträgheitsmoment I_a axial, bezogen auf NL I_p, polar, bezogen auf den Schwerpunkt
d NL	$W_b = 0,098\,d^3$ $W_t = 0,196\,d^3$	$I_a = 0,049\,d^4$ $I_p = 0,098\,yd^4$
d_0 d NL	$W_b = 0,098\left(d^4 - d_0^4\right)/d$ $W_t = 0,196\left(d^4 - d_0^4\right)/d$	$I_a = 0,049\left(d^4 - d_0^4\right)$ $I_p = 0,098\left(d^4 - d_0^4\right)/d$
b a NL	$W_b = 0,098\,a^2 b$ $W_t = 0,196\,ab^2$	$I_a = 0,049\,d^3 b$ $I_p = 0,196\,\dfrac{a^3 b^3}{a^2 + b^2}$
b a_0 a NL b_0	$W_b = 0,098\left(a^3 b - a_0^3 b_0\right)/a$ $W_t = 0,196\left(ab^3 - a_0 b_0^3\right)/b$	$I_a = 0,049\left(a^3 b - a_0^3 b_0\right)$ $I_p = 0,196\,\dfrac{n^3\left(b^4 - b_0^4\right)}{n^2 + 1}$
a NL	$W_b = 0,118\,a^3$ $W_t = 0,208\,a^3$	$I_a = 0,083\,a^4$ $I_p = 0,140\,a^4$
h NL b	$W_b = 0,167\,bh^2$ $W_t = xb^2 h$	$I_a = 0,083\,bh^3$ $I_p = \eta b^3 h$
NL d	$W_b = 0,104\,d^3$ $W_t = 0,188\,d^3$	$I_a = 0,060\,d^4$ $I_p = 0,115\,d^4$

Tabelle G-6. (Fortsetzung).

	Widerstandsmoment W_b bei Biegung W_t bei Torsion	Flächenträgheitsmoment I_a axial, bezogen auf NL I_p, polar, bezogen auf den Schwerpunkt
	$W_b = 0{,}120\, d^2$ $W_t = 0{,}188\, d^2$	$I_a = 0{,}060\, d^4$ $I_p = 0{,}115\, d^4$
	$W_b = \dfrac{h^2(a^2 + 4ab + b^2)}{12(2a + b)}$	$I_a = \dfrac{h^3(a^2 + 4ab + b^2)}{36(a + b)}$
	$W_b = \dfrac{bh^3 - b_0 h_0^3}{6h}$	$I_a = \dfrac{bh^3 - b_0 h_0^3}{12}$
	$W_b = \dfrac{bh^3 + b_0 h_0^3}{6h}$	$I_a = \dfrac{bh^3 + b_0 h_0^3}{12}$

G.4.2 Knickung

Um ein seitliches Ausknicken eines gedrückten Stabes zu vermeiden, muss die Druckspannung $\sigma = F/A$ stets kleiner sein als die *zulässige Knickspannung* $\sigma_{k,zul}$. Die zulässige Knickspannung $\sigma_{k,zul}$ wird aus der Knickspannung σ_k berechnet, unter Berücksichtigung eines Sicherheitsfaktors S (je nach Angriffspunkt der Kraft zwischen 3 und 6). Für die Berechnungen wird

Übersicht G-3. Knickung und Knickfälle.

Knickung

$$\sigma_{k,zul} = \frac{\sigma_k}{S}$$

$$\lambda = l_k \sqrt{I_a/A}$$

für schlanke Stäbe gilt

$$\sigma_k = \pi^2 \frac{E}{\lambda^2} \approx 10\, \frac{E I_a}{l_k^2 A}$$

Übersicht G-3. (Fortsetzung).

Knickfälle

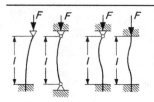

Fall 1	Fall 2	Fall 3	Fall 4
$l_k = 2\,l$	$= l$	$= 0{,}707\,l$	$= 0{,}5\,l$

A	Querschnittsfläche
E	Elastizitätsmodul
I_a	axiales Flächenträgheitsmoment
l_k	Knicklänge
S	Sicherheitsfaktor
λ	Schlankheitsgrad
σ_k	Knickspannung
$\sigma_{k,zul}$	zulässige Knickspannung

Tabelle G-7. Näherungsformeln für die Knick-Spannungen σ_k.

Werkstoff	schlanke Stäbe (λ groß) $\sigma_k \approx 10\dfrac{EI_a}{l_k^2 A}$	nicht schlanke Stäbe (λ kleiner) σ_k in N/mm²
Stahl St 37	$\lambda \geq 100$	$\sigma_k = 284 - 0{,}8\lambda$
Stahl St 52	$\lambda \geq \sqrt{E/R_e}$	$\sigma_k = 578 - 3{,}74\lambda$
Grauguss GG 25	$\lambda \geq 80$	$\sigma_k = 760 - 12\lambda$
Nadelholz	$\lambda \geq 100$	$\sigma_k = 29 - 0{,}19\lambda$ $+\,0{,}05\lambda^2$

der *Schlankheitsgrad* λ eingeführt, der mit der *freien Knicklänge* l_k zusammenhängt.

G.4.3 Torsion

Übersicht G-4. Torsionsbeanspruchung.

Drehwinkel

$$\varphi = \frac{lM}{GI_p} = \frac{lW_t\tau}{GI_p} \qquad (G-39)$$

zylindrischer Stab

$$\varphi = \frac{2lM}{\pi G r^4} = k_t M \qquad (G-40)$$

Torsionsspannung τ

$$\tau = \frac{M_t}{W_t}$$

Drehfedersteifigkeit k_t

$$k_t = \frac{\pi G r^4}{2l} \qquad (G-41)$$

k_t	Drehfedersteifigkeit
G	Schubmodul
I_p	polares Flächenträgheitsmoment
M	Drehmoment
l	Länge des Körpers
r	Radius des Zylinders
W_t	Widerstandsmoment bei Torsion
φ	Drehwinkel
τ	Torsionsspannung

G.5 Bruchmechanik

Für glatte Stäbe gelten je nach Beanspruchungsfall verschiedene Nennspannungen σ_n. Kerben (z. B. Rillen und Bohrungen) und *Querschnittsänderungen* (z. B. Absätze und Kröpfungen) er

Übersicht G-5. Formzahlen α_k verschiedener Geometrien und Kerbformen.

Nennspannungen σ_n

$$\left.\begin{array}{ll}\text{Zug:} & \sigma_n = F/A \\ \text{Biegung:} & \sigma_n = M_b/W_b \\ \text{Torsion:} & \tau_n = M_t/W_t \end{array}\right\} \quad (G-40)$$

maximale Spannung σ_{max}

$$\sigma_{max} = \alpha_k \sigma_n \qquad (G-41)$$

A	Querschnittsfläche
F	Kraft
M_b, M_t	Drehmoment der Biegung bzw. Torsion
W_b, W_t	Widerstandsmoment der Biegung bzw. Torsion
σ_n, τ_n	Nennspannung
σ_{max}	Maximalspannung
α_k	Formzahl

Formzahlen α_k für Flachstäbe

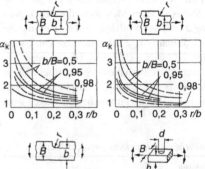

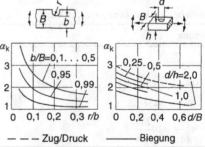

- - - - Zug/Druck　——— Biegung

Übersicht G-5. (Fortsetzung).

Formzahlen α_k für Flachstäbe

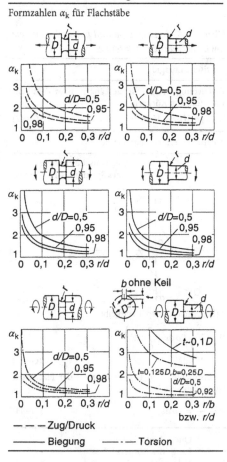

– – – – Zug/Druck
——— Biegung   —·—·— Torsion

zeugen höhere Spannungen σ_{max}, die mittels *Formzahlen* α_k berücksichtigt werden.

Um ein Versagen des Werkstoffes durch Verformung oder Bruch zu verhindern, dürfen die Grenzspannungen σ_{gr} bzw. τ_{gr} in der Praxis nicht erreicht werden. Dazu wird ein Sicherheitsfaktor S eingeführt, mit dem die zulässige Spannung σ_{zul} bzw. τ_{zul} berechnet wird ($\sigma_{zul} = \sigma_{gr}/S$ bzw. $\tau_{zul} = \tau_{gr}/S$). Es gilt für zähe Werkstoffe $S = 1,2$ bis 4 und für spröde Werkstoffe $S = 2$ bis 10.

G.6 Schwingende Beanspruchung

Wenn die Beanspruchung zwischen zwei Spannungen, dem oberen Spannungswert σ_o und dem unteren σ_u, schwankt, dann treten *geringere* Grenzspannungen σ_{gr} auf. Die *größte* um eine gegebene Mittelspannung schwingende Spannung, bei der gerade noch kein Bruch oder keine Verformung auftritt, wird *Dauerschwingfestigkeit* σ_D genannt. Schwankt die Spannung zwischen zwei entgegengesetzt gleich großen Grenzwerten (Mittelspannung $\sigma_m = 0$), dann spricht man von *Wechselfestigkeit* σ_W. Zwischen der Wechselfestigkeit σ_W und der statischen Bruchfestigkeit σ_B bestehen folgende Zusammenhänge:

Stahl (Zug-Druck) $\sigma_W = (0{,}30 \text{ bis } 0{,}45)\sigma_B$,

Stahl (Biegung) $\sigma_W = (0{,}40 \text{ bis } 0{,}45)\sigma_B$,

Tabelle G-8. Relaxation verschiedener Werkstoffe.

Werkstoff	Bauteil	σ_B	Anfangs-spannung	Temperatur	Zeit	Relaxation
		N/mm^2	N/mm^2	$^{\circ}C$	h	%
Z Al4 Cu1	Gewinde	280	150	20	500	30
Mg Al8 Zn1	Druck-probe	157	60	150	500	63
Al Si12 (Cu)		207	60	150	500	3,3
Cq35	Schraube	800	540	160	500	11
40Cr Mo V47	Zugstab	850	372	300	1000	12

Nichteisenmetalle $\sigma_W = (0{,}20 \text{ bis } 0{,}40)\sigma_B$,
(Zug-Druck)
Nichteisenmetalle $\sigma_W = 0{,}30 \text{ bis } 0{,}50 \ \sigma_B$.
(Zug-Druck)

G.7 Zeitstandverhalten

Werden Werkstoffe über *lange Zeit erhöhten Temperaturen* oder *hohen Spannungen* ausgesetzt, dann kann *Kriechen* oder *Relaxation* einsetzen. Dabei ist *Kriechen* eine *gleichbleibende Verformung* bei gleicher Belastung und gleicher Spannung. Bei der *Relaxation* lassen die *Spannungen* bei der konstanten Verformung nach.

G.8 Energie

Übersicht G-6. Elastische und plastische Energie sowie mechanische Hysterese.

Elastische Energie

Verformungsenergie für die Längen- bzw. Volumenänderung von Körpern

$$W = \int \sigma A l \, d\varepsilon = V \int \sigma \, d\varepsilon \qquad (G\text{-}42)$$

Plastische Verformungsenergie

---

mechanische Hysterese eines Spannungs-Dehnungs-Zyklus

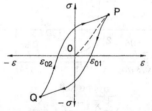

Arbeit, die im Körper verbleibt:

$$W = V \left(\int_P^Q \sigma \, d\varepsilon + \int_Q^P \sigma \, d\varepsilon \right)$$
$$= V \int \sigma \, d\varepsilon \qquad (G\text{-}43)$$

Verlustdichte $w = W/V$ entspricht der Fläche der Hysteresekurve

$$w = \frac{W}{V} = \int \sigma \, d\varepsilon \qquad (G\text{-}44)$$

A	Querschnittsfläche
l	Länge des Körpers
V	Volumen
W	Arbeit
w	Verlustdichte
σ	Spannung
ε	Dehnung

G.9 Härte

Tabelle G-9. Härteprüfverfahren.

Bezeichnung	Brinell-Verfahren DIN EN ISO 6506	Vickers-Verfahren DIN EN ISO 6507	Rockwell-Verfahren DIN EN ISO 6508	
Messprinzip	D Durchmesser der Prüfkugel d Durchmesser des Kugeleindrucks	$d = \dfrac{d_1 + d_2}{2}$	Härtewert	
Berechnung	$HB = 0{,}102\,\dfrac{F}{A}$ $= \dfrac{0{,}102 \cdot 2F}{\pi D(D - \sqrt{D^2 - d^2})}$	$HV = 0{,}102\,\dfrac{F}{A}$ $= 0{,}189\,\dfrac{F}{d^2}$	**Rockwell-B (HRB)** $F_0 = 98$ N 2 µm je Härteeinheit $F_1 = 883$ N Prüfkörper: Stahlkugel ($D = \frac{1}{16}''$ $\approx$ 1,5875 mm)	**Rockwell-C (HRC)** $F_0 = 98$ N 2 µm je Härteeinheit $F_1 = 1373$ N Prüfkörper: Diamantkegel Kegelwinkel 120° Bezugshärtewert 100
Angabe der Prüfbedingung	280 HB 2,3/160/20 $D = 2{,}3$ mm, $F = \dfrac{160\ \text{N}}{0{,}102} = 1568$ N, $t = 20$ s	700 HV 50/30 $F = \dfrac{50\ \text{N}}{0{,}102} = 490$ N, $t = 30$ s	–	
Bemerkung	vergleichbare Härtewerte für $0{,}2D < d < 0{,}7D$	HB $\approx$ 0,95 HV für $F > 49$ N und Belastungsgrad (Brinell) $0{,}102\,\dfrac{F}{D^2}$ von 30 bis 4070 HV	automatische Härtemessung	
Anwendungsgebiete	weiche Werkstoffe (max. 450 HB)	weiche Werkstoffe $(1{,}96 < F < 49$ N), z. B. Blei 3 HV harte Werkstoffe $(49 < F < 980$ N), z. B. Hartmetall 1500 HV	mittelharte Werkstoffe (zwischen 35 HRB und 100 HRB)	gehärtete und angelassene Stähle (zwischen 20 HRC und 70 HRC)

H Hydro- und Aeromechanik

Die Hydro- und Aeromechanik beschreibt Zustände und Bewegungen von *Flüssigkeiten* und *Gasen*. *Flüssigkeiten* sind kaum zusammendrückbar (*inkompressibel*), aber ihre Moleküle lassen sich leicht gegeneinander bewegen (*unbestimmte Gestalt*). *Gase* haben dagegen weder eine bestimmte Gestalt, noch ein bestimmtes Volumen (*kompressibel*). Sind die Flüssigkeiten oder Gase in Ruhe, so gelten die Gesetze der *Hydro-* und *Aerostatik*. Bewegen sich Flüssigkeiten oder Gase, gelten die Gleichungen der *Hydro-* und *Aerodynamik*.

In der *Hydrostatik* sind der *Kolbendruck*, der *Schweredruck* und der *Auftrieb* von Bedeutung, in der *Aerostatik* der Zusammenhang zwischen Druck und Volumen (*Boyle-Mariotte'sches Gesetz*) sowie die Abhängigkeit des Drucks von der Höhe (*Barometrische Höhenformel*).

In der *Hydro- und Aerodynamik* unterscheidet man *ideal-reibungsfreie*, *laminare* und *turbulente Strömungen*. Ihnen liegen die Newton'schen Gesetze der Flüssigkeitsbewegungen zugrunde, die in den *Navier-Stokes-Gleichungen* zusammengefasst sind. Bei den ideal-reibungsfreien Flüssigkeiten und Gasen gilt die *Bernoulli'sche Gleichung*, bei den *laminaren* Strömungen sind die Strömungsverhältnisse für Rohre, Kugeln und Platten von Bedeutung. Bei den *turbulenten* Strömungen treten Wirbel auf, die zum *Strömungswiderstand* führen und eine *Strömungsleistung* erfordern. Der Übergang von laminarer zu turbulenter Strömung wird durch die *Reynolds-Zahl* bestimmt, die aus *Ähnlichkeitsgesetzen* berechnet wird.

Übersicht H-2. Übersicht über die wichtigsten DIN-Normen.

DIN 1304-5	Formelzeichen für die Strömungsmechanik
DIN 1314	Druck; Grundbegriffe, Einheiten
DIN 4044	Hydromechanik im Wasserbau; Begriffe
DIN ISO 3019	Fluidtechnik – Hydraulik; Hydropumpen und -motoren
DIN ISO 4391	Fluidtechnik – Hydraulik; Pumpen, Motoren und Kompaktgetriebe

© Springer-Verlag GmbH Deutschland 2017
E. Hering, R. Martin, M. Stohrer, *Taschenbuch der Mathematik und Physik*, DOI 10.1007/978-3-662-53419-9_8

Übersicht H-1. Übersicht über Hydro- und Aeromechanik.

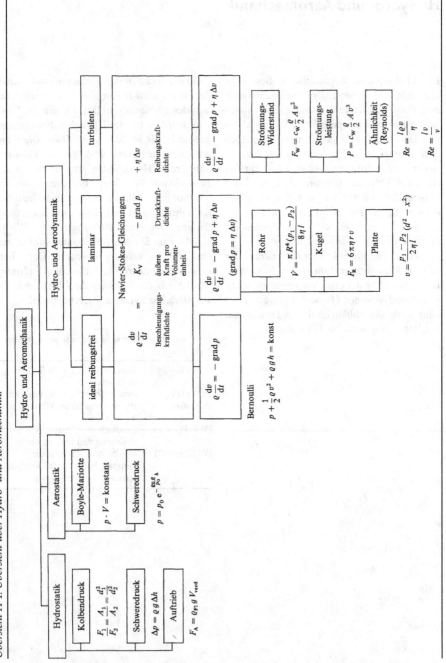

H.1 Ruhende Flüssigkeiten

Flüssigkeiten haben keine Gestalt, sondern nehmen die des Gefäßes an. Unter dem Einfluss einer Kraft stehen die *Oberflächen* der Flüssigkeiten immer *senkrecht* zur wirkenden Kraft. Deshalb gilt:

Unter dem Einfluss der Schwerkraft ist der Flüssigkeitsspiegel, *unabhängig* von der *Gefäßform*, stets waagrecht und bei *verbundenen* Gefäßen *gleich hoch.*

H.1.1 Druck, Kompressibilität, Volumenausdehnung

An jeder Stelle der Flüssigkeit wirkt ein Druck p.

Übersicht H-3. Druck, Kompressibilität und Volumenausdehnungskoeffizient.

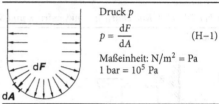

Druck p

$$p = \frac{dF}{dA} \tag{H-1}$$

Maßeinheit: $N/m^2 = Pa$
$1\ bar = 10^5\ Pa$

Kompressibilität $\varkappa$

Verhältnis der relativen Volumenänderung $\Delta V / V$ zur erforderlichen Druckänderung Δp

$$\varkappa = -\frac{\Delta V}{V \cdot \Delta p} = \frac{\Delta \varrho}{\varrho \cdot \Delta p} \tag{H-2}$$

$$\Delta V = -\varkappa \Delta p V$$
$$dV = -\varkappa\, dpV \tag{H-3}$$

Volumenausdehnungskoeffizient γ

Relative Volumenänderung $\Delta V / V$ ist proportional zur Temperaturänderung $\Delta \vartheta$

$$\frac{\Delta V}{V_0} = \gamma \Delta \vartheta \tag{H-4}$$

(wegen $\varrho_0 = m / V_0$ und $\Delta V = V_0 (1 + \gamma \Delta \vartheta)$)

$$\varrho = \frac{m}{V} = \frac{\varrho_0}{1 + \gamma \Delta \vartheta} \tag{H-5}$$

Flüssigkeiten: γ klein
ideale Gase: $\gamma = 1/T_n = 1/273{,}15\ K^{-1} = 0{,}00366\ K^{-1}$

dA	Flächenelement
dF	Kraftelement
m	Masse
$\Delta V / V$	relative Volumenänderung
Δp	Druckänderung
V_0	Volumen bei $0\,°C$
T_n	Normal-Temperatur ($T_n = 273{,}15\ K$)
γ	Volumenausdehnungskoeffizient
$\Delta \vartheta$	Temperaturdifferenz
$\Delta \varrho / \varrho$	relative Dichteänderung
$\varkappa$	Kompressibilität

Tabelle H-1. Kompressibilität $\varkappa$ einiger Flüssigkeiten bei einer Temperatur von 20 °C.

Flüssigkeit	Kompressibilität $\varkappa$ $1/(10^9\ Pa)$
Aceton	1,28
Benzol	0,87
Brom	0,67
Chloroform	1,16
Essigsäure	0,83
Ethanol	1,18
Glyzerin	0,21
Methanol	1,21
Nitrobenzol	0,45
Olivenöl	0,63
Paraffin	0,85
Pentan	1,45
Petroleum	0,83
Quecksilber	0,039
Rizinusöl	0,48
Schwefelsäure	2,85
Terpentinöl	0,83
Tetrachlorkohlenstoff	1,15
Toluol	0,91
Wasser	0,47
Xylol	0,87

H.1.2 Kolbendruck, Schweredruck und Seitendruck

In Gefäßen eingeschlossene Flüssigkeiten haben überall den gleichen Druck, wenn der Schweredruck vernachlässigbar ist. Bei *unterschiedlichen Kolbenflächen* A werden deshalb *verschiedene* Kräfte F wirksam. Angewandt wird dieser Zusammenhang bei *hydraulischen*

Pressen, wie beispielsweise Hebebühnen, Wagenhebern, Druckwandlern und hydraulischen Bremsen.

H.1.3 Auftrieb

Der Schweredruck von Flüssigkeiten und Gasen ist dafür verantwortlich, dass alle in Flüssigkeiten oder Gasen eingetauchte Körper

Übersicht H-4. Kolbendruck, Schweredruck und Seitendruck.

Kolbendruck

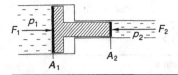

$$p = \frac{F_1}{A_1} = \frac{F_2}{A_2} \tag{H-6.1}$$

$$\frac{F_1}{F_2} = \frac{A_1}{A_2} = \frac{d_1^2}{d_2^2} \tag{H-6.2}$$

Schweredruck p_s

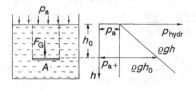

Entspricht der Gewichtskraft einer Flüssigkeitssäule F_G bezogen auf die Fläche A

$$p_s = \varrho g h \tag{H-7.1}$$

Druck ist unabhängig von der Gefäßform: nur die Füllhöhe ist entscheidend (hydrostatisches Paradoxon)

Hydrostatischer Druck p_{hydr} = statischer Druck p_a + Schweredruck p_s

$$p_{hydr} = p_a + \varrho g h \tag{H-7.2}$$

Seitendruck

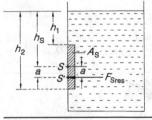

Seitenkraft F_S

$$F_S = \int_{h_1}^{h_2} \varrho g h \, dA = \varrho g \int_{h_1}^{h_2} h \, dA = \varrho g h_S A_S \tag{H-8.1}$$

$$F_S = \frac{\varrho g I}{a} \; ; \quad I = \int_{h_1}^{h_2} h^2 \, dA \tag{H-8.2}$$

$$a = \frac{I}{h_S A_S} = \frac{I}{M_S}$$

A	Fläche	h	Höhe
A_S	Seitenfläche	h_S	Höhe bis zum Flächenschwerpunkt S
dA	Flächenelement	I	Flächenträgheitsmoment
a	Druckmittelpunktsabstand	M_S	statisches Moment
F	Kraft		$(M_S = h_S A_S)$
F_S	Seitenkraft	ϱ	Dichte
g	Erdbeschleunigung ($g = 9{,}81 \text{ m/s}^2$)		

leichter sind als außerhalb dieser Medien. Die *Kraft*, die den *scheinbaren* Gewichtsverlust ermöglicht, wird *Auftriebskraft* F_A genannt. Sie errechnet sich aus der Differenz aus den unterschiedlichen Druckkräften auf der Unterseite (F_2) und der Oberseite (F_1) des Körpers.

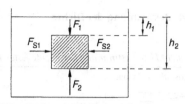

Bild H-1. Kräfte auf einen eingetauchten Körper.

$$F_A = F_2 - F_1 = A(p_2 - p_1)$$
$$= A\varrho_{\text{fl}} g(h_2 - h_1) \ . \qquad \text{(H-9)}$$

Da $A(h_2 - h_1)$ das Volumen des Körpers bzw. das durch den eingetauchten Körper *verdrängte Flüssigkeitsvolumen* V_{verd} ist, gilt:

Die Auftriebskraft F_A ist demnach die Gewichtskraft des verdrängten Flüssigkeits- bzw. Gasvolumens.

Je nach dem Gewicht F_G des eingetauchten Körpers sind drei Fälle zu unterscheiden:

$$\boxed{F_A = \varrho_{\text{fl}} g V_{\text{verd}} = m_{\text{verd}} g = F_{G,\text{verd}} \ ; \qquad \text{(H-10)}}$$

ϱ_{fl} Dichte der Flüssigkeit,
g Erdbeschleunigung ($g = 9{,}81 \ \text{m/s}^2$),
V_{verd} Verdrängtes Flüssigkeitsvolumen,
m_{verd} Masse der verdrängten Flüssigkeit,
$F_{G,\text{verd}}$ Gewichtskraft der verdrängten Flüssigkeit.

$\boxed{\begin{aligned} &F_G < F_A\text{: Der Körper } \textit{schwimmt.} \\ &F_G = F_A\text{: Der Körper } \textit{schwebt.} \\ &F_G > F_A\text{: Der Körper } \textit{sinkt.} \end{aligned}}$

Beim Schwimmen können Stabilitätsprobleme auftreten, weil die Auftriebskraft F_A im Schwerpunkt S_{fl} der verdrängten Flüssigkeitsmenge angreift, und die Gewichtskraft F_G im Schwerpunkt S_K des Körpers.

H.1.4 Bestimmung der Dichte

Übersicht H-5. Bestimmung der Dichte fester Körper und der Dichte von Flüssigkeiten.

Hydrostatische Waage

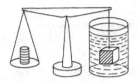

Ermitteln der Auftriebskraft F_A aus dem Gewichtsunterschied zwischen dem Körper in Luft $F_{G,L}$ und in der Flüssigkeit $F_{G,E}$

$$F_{G,L} - F_{G,E} = F_A = \varrho_{fl} V g = \varrho_{fl} \frac{m}{\varrho_K} g = \frac{\varrho_{fl}}{\varrho_K} F_{G,L} \qquad (H-11)$$

Dichte fester Körper ϱ_K

$$\varrho_K = \varrho_{fl} \frac{F_{G,L}}{F_{G,L} - F_{G,E}} = \frac{\varrho_{fl}}{1 - (F_{G,E}/F_{G,L})} \qquad (H-12)$$

Dichte von Flüssigkeiten ϱ_{fl}

$$\varrho_{fl} = \varrho_K (1 - F_{G,E}/F_{G,L}) \qquad (H-13)$$

Eintauchen in Flüssigkeiten unterschiedlicher Dichte ϱ_{fl1} und ϱ_{fl2}

$$\varrho_{fl1} = \varrho_{fl2} \frac{F_{G,L} - F_{G,E1}}{F_{G,L} - F_{G,E2}} \qquad (H-14)$$

F_A	Auftriebskraft
$F_{G,L}$	Gewicht des Körpers in Luft
$F_{G,E}$	Gewicht des Körpers in Flüssigkeit eingetaucht
m	Masse des Körpers
g	Erdbeschleunigung ($g = 9{,}81 \ \mathrm{m/s^2}$)
V	Volumen des Körpers
ϱ_{fl}	Dichte der Flüssigkeit
ϱ_{fl}	Dichte des Körpers

H.1.5 Grenzflächeneffekte

Kohäsion und Adhäsion

Anziehende Kräfte, die zwischen *gleichartigen Atomen* oder *Molekülen* eines Stoffes wirken, werden *Kohäsionskräfte* (Zusammenhangskräfte) genannt. Die auch als *van-der-Waals'sche Kräfte* bezeichneten zwischenmolekularen Kräfte haben elektrischen Ursprung. Während bei Festkörpern und Flüssigkeiten starke Kohäsionskräfte auftreten, sind sie bei Gasen relativ klein und nur bei tiefen Temperaturen (nahe der Kondensationstemperatur) feststellbar; sie verursachen Abweichungen vom idealen Gasverhalten.

Anziehungskräfte, die zwischen den Molekülen zweier verschiedener Stoffe wirken, werden *Adhäsionskräfte* genannt. Sie können zwischen festen Körpern, zwischen festen Körpern und Flüssigkeiten sowie zwischen Flüssigkeiten und Gasen wirken.

Oberflächenspannung

Im Inneren einer Flüssigkeit heben sich die Kohäsionskräfte auf. An der Oberfläche dagegen fehlen die nach außen gerichteten Kräfte.

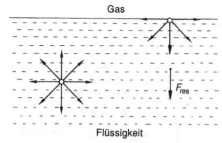

Bild H-2. *Oberflächenspannung.*

Deshalb entsteht eine ins Innere der Flüssigkeit gerichtete resultierende Kraft F_{res}.

Um ein Molekül an die Oberfläche zu bringen, muss deshalb gegen diese Kraft Arbeit verrichtet werden, weshalb die Moleküle an der Oberfläche eine *Oberflächenenergie* (potenzielle Energie) aufweisen. Wird die Arbeit dW zur Oberflächenvergrößerung auf die Oberflächenänderung dA bezogen, dann ergibt sich die *Oberflächenspannung* σ:

$$\sigma = \mathrm{d}W/\mathrm{d}A \; ; \qquad (\text{H-15})$$

Weil in der Physik das Gesetz der *Minimierung der potenziellen Energie* gilt, sind Flüssigkeitsoberflächen stets *Minimalflächen*. Zur Messung der Oberflächenspannung σ wird die *Drahtbügelmethode* nach Bild H-3 herangezogen.

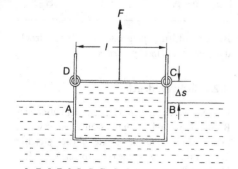

Bild H-3. *Drahtbügelmethode zum Messen der Oberflächenspannung.*

Es gilt:

$$\sigma = \frac{\Delta W}{\Delta A} = \frac{F\Delta s}{2l\Delta s} = \frac{F}{2l} \; ; \qquad (\text{H-16})$$

F Zugkraft am Bügel,
$2l$ gesamte Randlänge der Flüssigkeitshaut (Vorder- und Rückseite),
Δs Abstand zwischen Flüssigkeitsoberfläche im Bügel und in der Umgebung.

Aus Gl. (H-16) lässt sich der Druck p in einer Flüssigkeitskugel mit dem Radius r ermitteln:

$$p = \frac{2\sigma}{r} \; . \qquad (\text{H-17})$$

Der Druck ist umso größer, je kleiner der Radius der Kugel ist.

Kapillarität

Bei der Berührung von Flüssigkeitstropfen mit einer festen Unterlage kommt es, je nach Überwiegen der Adhäsions- über die Kohäsionskräfte, zu einer Benetzung oder nicht.

Von besonderer Bedeutung ist die *Kapillarwirkung* in engen Röhren. Es gilt für die kapillare Steighöhe h_{steig}:

$$h_{steig} = \frac{2\sigma_{12}\cos\alpha}{\varrho g r} \; ; \qquad (\text{H-18})$$

σ_{12} Oberflächenspannung zwischen gasförmiger und flüssiger Phase,
α Winkel zwischen fester Phase und Flüssigkeitsoberfläche,
ϱ Dichte der Flüssigkeit,
g Erdbeschleunigung ($g = 9{,}81 \text{ m/s}^2$),
r Radius des Rohres.

Wie Gl. (H-18) zeigt, hängt die Steighöhe h_{steig} neben Materialkonstanten nur vom Radius r ab: Je kleiner der Radius, desto höher die Steighöhe: $h_{steig} \sim 1/r$.

Tabelle H-2. Kapillarität und Benetzung.

Benetzungsform	Benetzung	keine Benetzung
Ursache	Adhäsionskräfte > Kohäsionskräfte	Adhäsionskräfte < Kohäsionskräfte
Wirkung	Ausbreitung der Flüssigkeit auf der Oberfläche des festen Körpers	Flüssigkeit zieht sich tropfenförmig zusammen
Skizze		
Gleichung	$\sigma_{12} \cos \alpha = \sigma_{13} - \sigma_{23}$	
Randwinkel	$0 \leq \alpha \leq \dfrac{\pi}{2}$	$\dfrac{\pi}{2} < \alpha \leq \pi$
Kapillarität	Kapillaraszension	Kapillardepression

H.2 Ruhende Gase

Bei Gasen sind die Kohäsionskräfte vernachlässigbar klein. Deshalb sind sie *unbestimmt* in Gestalt und Volumen.

H.2.1 Druck und Volumen

Sind Temperatur T und Stoffmenge ν konstant, dann gilt das *Boyle-Mariott'sche Gesetz*, nach dem das Produkt von Druck p und Volumen V konstant ist:

$$pV = \text{konstant oder } \frac{p_1}{p_2} = \frac{V_1}{V_2} ; \qquad \text{(H–19)}$$

p_1, p_2 Anfangs- bzw. Enddruck des Gases,
V_1, V_2 Anfangs- bzw. Endvolumen des Gases.

Der Gasdruck wird häufig als *Überdruck* $p_{\ddot{u}}$ (Differenz zwischen Innendruck p und äußerem Luftdruck $p_L = 10^5$ Pa) angegeben:

$$p_{\ddot{u}} = p - p_L . \qquad \text{(H–20)}$$

Ist der Luftdruck p_L größer als der Gasdruck, dann existiert ein *Unterdruck*.

H.2.2 Schweredruck

Der Schweredruck p (Druck der über der Bezugsebene stehenden Gassäule) eines Gases fällt mit *zunehmender Höhe h* (bei gleicher Temperatur) *exponentiell* (*barometrische Höhenformel*).

Übersicht H-6. Barometrische und internationale Höhenformel.

Barometrische Höhenformel

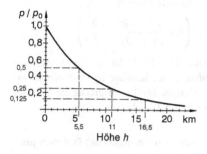

$$p = p_0\, e^{-\frac{\varrho_0 T_0 g h}{p_0 T}} \tag{H-21}$$

p	Luftdruck in Höhe h
p_0	Luftdruck an der Erdoberfläche
ϱ_0	Dichte der Luft an der Erdoberfläche
	($\varrho_0 = 1{,}293\ \text{kg/m}^3$)
g	Erdbeschleunigung ($g = 9{,}81\ \text{m/s}^2$)
h	Höhe über der Erdoberfläche
T, T_0	Temperatur, $T_0 = 273{,}15\ \text{K}$

Alle 8 m verringert sich an der Erdoberfläche der Luftdruck um 100 Pa. In 5,4 km Höhe ist der Luftdruck halb so groß wie an der Erdoberfläche.

Für $p_0 = 1{,}01325 \cdot 10^5$ Pa und $\vartheta = 0\,^\circ$C gilt:

$$p = p_0\, e^{-h/7{,}99\ \text{km}} \tag{H-22}$$

oder

$$h = 18{,}4\ \text{km}\,\lg\left(\frac{p_0}{p}\right)$$

Internationale Höhenformel

Berücksichtigt die Temperaturabnahme mit steigender Höhe. Gilt bis zur Tropopause (11 km).

$$p = 1{,}013 \cdot 10^5\ \text{Pa}\left(1 - \frac{6{,}5}{288\ \text{km}} \cdot h\right)^{5{,}255} \tag{H-23}$$

p_n	Normdruck (entspricht dem Jahresmitteldruck auf Meereshöhe)
	$p_n = 101\,325\ \text{Pa}$ (1013,25 hPa)

Der tatsächliche Luftdruck ist von der Temperatur, dem Ort und dem Wetter abhängig.

Dichteverlauf

$$\varrho = 1{,}2255\ \text{kg/m}^3\left(1 - \frac{6{,}5}{288} \cdot h\right)^{4{,}255} \tag{H-24}$$

H.3 Strömende Flüssigkeiten und Gase

In der *Strömungsmechanik* wird der Transport von Massen (Flüssigkeiten oder Gasen) beschrieben, der wegen der *Schwerkraft* oder aufgrund von *Druckdifferenzen* unter Berücksichtigung der *Reibungskräfte* zustandekommt. Nach dem Newton'schen Gesetz treten Beschleunigungen (Summe der Kräfte dividiert durch die Masse) auf, wenn die Summe dieser drei Kräfte nicht null wird. Wird die Bewegungsgleichung auf *Kraftdichten* (Kraft pro Volumen) umgerechnet, dann ergibt sich als Bewegungsgleichung die *Navier-Stokes'sche Gleichung* für inkompressible Medien (Übersicht H):

$$\underbrace{\varrho \frac{\mathrm{d}v}{\mathrm{d}t}}_{\substack{\text{Kraft-}\\\text{dichte}}} = \underbrace{K_V}_{\substack{\text{äußere}\\\text{Kraft}\\\text{pro}\\\text{Volumen}}} - \underbrace{\operatorname{grad} p}_{\substack{\text{Druck-}\\\text{kraft-}\\\text{dichte}}} + \underbrace{\eta \Delta v;}_{\substack{\text{Reibungs-}\\\text{kraft-}\\\text{dichte}}}$$

$$(\text{H–25})$$

ϱ Dichte der Flüssigkeit (des Gases),
$\mathrm{d}v/\mathrm{d}t$ Beschleunigung des Teilchens am Ort des Teilvolumens,
K_V äußere Kraft pro Volumeneinheit,

$\operatorname{grad} p$ Gradient des Druckes,
η dynamische Viskosität,
Δ Laplace-Operator

$$\left(\Delta = \frac{\partial^2}{\partial x^2} + \frac{\partial^2}{\partial y^2} + \frac{\partial^2}{\partial z^2} \right)$$

Wie Übersicht H zeigt, können die Strömungen in *reibungsfreie, laminare* und *turbulente* eingeteilt werden, für die entsprechende Teile der Navier-Stokes-Gleichungen gelten.

H.3.1 Ideale (reibungsfreie) Strömungen

Die Strömung idealer Flüssigkeiten und Gase ist *reibungsfrei*. Hierbei gilt der in Übersicht H dargestellte Teil der Navier-Stokes-Gleichung.

Für die idealen Strömungen gelten zwei Gleichungen:

1. *Massen-Erhaltungssatz (Kontinuitätsgleichung)*
2. *Energie-Erhaltungssatz (Bernoulli-Gleichung)*

Für diesen Fall lassen sich analoge Gesetzmäßigkeiten auch auf die Wärmelehre (Transport von Wärme) und die Elektrizitätslehre (Transport von Ladungen) übertragen. Dabei können mit Hilfe der *Potenzialtheorie* und mit *komplexen Funktionen* strömungstechnische Probleme gelöst werden.

Tabelle H-3. Analogie der Felder in der Hydrodynamik, der Wärmelehre und der Elektrizitätslehre.

Gebiet	Hydrodynamik	Wärmelehre	Elektrizitätslehre
Voraussetzungen	Strömung ist inkompressibel und quellen- und senkenfrei.	Die Wärmeleitfähigkeit des Materials ist isotrop und konstant. Wärmequelle und -senke liegen außerhalb des betrachteten Raumes.	Die elektrische Leitfähigkeit des Materials ist isotrop und konstant. Quellen und Senken (felderzeugende Ladungen) liegen außerhalb des betrachteten Raumes.
Transportgröße Φ	Masse Φ_H	Wärme Φ_W	Ladung Φ_{el}
Transportflussdichte $j = \dfrac{\text{Transportgröße } \Phi}{\text{Zeit} \cdot \text{Fläche}}$	$j_H = \dfrac{\text{Masse}}{\text{Zeit} \cdot \text{Fläche}} = \varrho_H v$	$j_W = \dfrac{\text{Wärmemenge}}{\text{Zeit} \cdot \text{Fläche}} = q$	$j_{el} = \dfrac{\text{Ladung}}{\text{Zeit} \cdot \text{Fläche}}$
Ursache:	Gradient des Geschwindigkeitspotenzials U	Gradient der Temperatur T	Gradient des elektrischen Potenzials φ (Spannung)
Transportfeldstärke E	$v = E_H = -\operatorname{\mathbf{grad}} U$	$E_W = -\operatorname{\mathbf{grad}} T$	$E_{el} = -\operatorname{\mathbf{grad}} \varphi$
Kontinuitätsgleichung	$\operatorname{div} E_H = \dfrac{\partial E_{Hx}}{\partial x} + \dfrac{\partial E_{Hy}}{\partial y} + \dfrac{\partial E_{Hz}}{\partial z} = 0$	$\operatorname{div} E_W = \dfrac{\partial E_{Wx}}{\partial x} + \dfrac{\partial E_{Wy}}{\partial y} + \dfrac{\partial E_{Wz}}{\partial z} = 0$	$\operatorname{div} E_{el} = \dfrac{\partial E_{elx}}{\partial x} + \dfrac{\partial E_{ely}}{\partial y} + \dfrac{\partial E_{elz}}{\partial z} = 0$
Zusammenhang zwischen Feldstärke und Transportflussdichte	$j_H = \varrho_H E_H = \varrho_H v$ (ϱ_H: Dichte)	$j_W = \dfrac{1}{\varrho_T} E_W = \lambda E_W$ (ϱ_T: spez. Wärmedurchlaßwiderstand, λ: Wärmeleitfähigkeit)	$j_{el} = \dfrac{1}{\varrho_{el}} E_{el} = \varkappa E_{el}$ (ϱ_T: spez. elektrischer Widerstand, $\varkappa$: elektrische Leitfähigkeit)
Laplace-Gleichung	$\Delta U = \operatorname{div} \operatorname{\mathbf{grad}} U = -\operatorname{div} E_H = 0$ $\dfrac{\partial^2 U}{\partial x^2} + \dfrac{\partial^2 U}{\partial y^2} + \dfrac{\partial^2 U}{\partial z^2} = 0$	$\Delta T = \operatorname{div} \operatorname{\mathbf{grad}} T = -\operatorname{div} E_W = 0$ $\dfrac{\partial^2 T}{\partial x^2} + \dfrac{\partial^2 T}{\partial y^2} + \dfrac{\partial^2 T}{\partial z^2} = 0$	$\Delta \varphi = \operatorname{div} \operatorname{\mathbf{grad}} U = -\operatorname{div} E_{el} = 0$ $\dfrac{\partial^2 \varphi}{\partial x^2} + \dfrac{\partial^2 \varphi}{\partial y^2} + \dfrac{\partial^2 \varphi}{\partial z^2} = 0$

Übersicht H-7. Massen- und Energie-Erhaltungssatz.

Massen-Erhaltungssatz (Kontinuitätsgleichung)

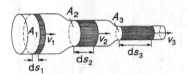

Massenstrom $\dfrac{dm}{dt} = \dot{m} =$ konstant

Für inkompressible Flüssigkeiten gilt (da ϱ konstant):

Volumenstrom $\dfrac{dV}{dt} = \dot{V} =$ konstant

(kleine Flächen, hohe Durchflussgeschwindigkeiten und umgekehrt)

$$dm/dt = \varrho_1 v_1 A_1 = \varrho_2 v_2 A_2 = \varrho v A = \text{konstant} \qquad (26.1)$$

$$dV/dt = (dm/dt)/\varrho = Av = \text{konstant} \qquad (26.2)$$

Energie-Erhaltungssatz (Bernoulli-Gleichung)

$$\frac{m}{\varrho}p \quad + \quad \frac{1}{2}mv^2 \quad + \quad mgh \quad = \text{konstant} \qquad (H\text{–}26)$$

Druckenergie + kinetische Energie + potenzielle Energie = konst.

Auf den Druck p umgerechnet, ergibt sich die Bernoulli-Gleichung

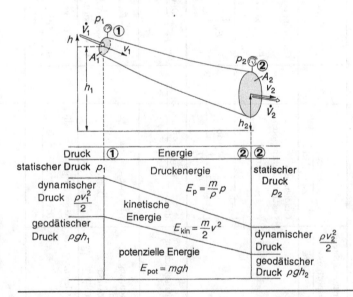

Übersicht H-7. (Fortsetzung).

$$p_1 + \tfrac{1}{2}\varrho v_1^2 + \varrho g h_1 = p_2 + \tfrac{1}{2}\varrho v_2^2 + \varrho g h_2 = \text{konstant} \qquad \text{(H-27)}$$

oder

$$p \quad + \quad \frac{1}{2}\varrho v^2 \quad + \quad \varrho g h \quad = \text{konstant}$$

statischer + dynamischer Druck + Schweredruck = konstant
Druck   (Staudruck)   (geodätischer
                                 Druck)

A	Durchflussfläche des strömenden Mediums	p	Druck
dm/dt	Massenstrom	h	Höhe
dV/dt	Volumenstrom	m	Masse
v	Geschwindigkeit der Strömung	ϱ	Dichte des strömenden Mediums
g	Erdbeschleunigung ($g = 9{,}81$ m/s^2)		

Tabelle H-4. Druckmessung in Strömungen.

Bezeichnung	Drucksonde	Pitot-Rohr	Prandtl'sches Staurohr
Skizze			**Differenzmessung von Pitot-Rohr und Drucksonde**
Messgröße	statischer Druck	statischer Druck und Staudruck	Staudruck, Strömungsgeschwindigkeit
Berechnungs-Formel	$p = p_{\text{stat}}$	$p_{\text{ges}} = p_{\text{stat}} + \dfrac{\varrho v^2}{2}$	$p_{\text{dyn}} + \dfrac{\varrho v^2}{2}$ $v = \sqrt{\dfrac{2 p_{\text{dyn}}}{\varrho}}$

Übersicht H-8. Volumenstrommessung durch Drosselgeräte nach DIN EN ISO 5167.

Venturi-Düse	Einlaufdüse	Blende

Berücksichtigung der Reibungsarbeit W_R und des Kompressionsverlustes W_K am Drosselgerät:

$$p_1 + \frac{1}{2}\varrho_1 v_1^2 = p_2 + \frac{1}{2}\varrho_2 v_2^2 + \frac{W_R}{\Delta V} + \frac{W_K}{\Delta V} \qquad\text{(H–28)}$$

Die Verlustanteile werden auf die kinetische Energie der Strömung bezogen und als *Expansionszahl* ε (Kompressionsverlust) oder als *Durchflusszahl* α (Reibungsverlust) berücksichtigt:

$$\varepsilon = \sqrt{1 - \frac{W_K/\Delta V}{\frac{1}{2}\varrho_2 v_2^2}} \qquad\text{(H–29)}$$

$$\alpha = \sqrt{1 - \frac{W_R/\Delta V}{\frac{1}{2}\varrho_2 v_2^2}} \qquad\text{(H–30)}$$

Strömungsgeschwindigkeit v_2 an der Drosselstelle:

$$v_2 = \alpha\varepsilon \sqrt{\frac{2(p_1 - p_2)}{\varrho_2\left(1 - \frac{\varrho_2}{\varrho_1} \cdot \frac{A_2^2}{A_1^2}\alpha^2\varepsilon^2\right)}} \qquad\text{(H–31)}$$

Volumenstrom $dV/dt = A_2 v_2$:

$$dV/dt = \alpha\varepsilon A_2 \sqrt{\frac{2(p_1 - p_2)}{\varrho_2\left(1 - \frac{\varrho_2}{\varrho_1} \cdot \frac{A_2^2}{A_1^2}\alpha^2\varepsilon^2\right)}} \qquad\text{(H–32)}$$

Das Korrekturfaktorprodukt $\alpha\varepsilon$ ist von der Bauweise des Drosselgerätes abhängig (für Normdrosseln in DIN EN ISO 5167 tabelliert). Für Venturi-Rohre, die häufig zur Bestimmung der Strömungsgeschwindigkeiten eingesetzt werden, ist $\alpha\varepsilon = 1$.

A_1, A_2	Fläche der Eintrittstelle, Austrittstelle (Drosselstelle)	ΔV	Volumenelement
		W_R, W_K	Reibungsarbeit, Kompressionsverlust
v_1, v_2	Geschwindigkeit an der Eintrittstelle, Drosselstelle	ϱ_1, ϱ_2	Dichte an der Eingangstelle, Drosselstelle
		α	Durchflusszahl (Reibungsverlust)
p_1, p_2	Druck an der Eintrittstelle, Drosselstelle	ε	Expansionszahl (Kompressionsverlust)

Übersicht H-9. Ausfließen von Flüssigkeiten.

kleine Bodenöffnung

$$v = \mu\sqrt{2gh}$$

$$\frac{dV}{dt} = \mu A\sqrt{2gh} \qquad (H-34)$$

$\mu = \varphi\alpha$ Ausflusszahl
φ Geschwindigkeitsziffer
    (Wasser: $\varphi = 0{,}97$)
α Kontraktionszahl
    (Ausflussform; scharfkantig: $\alpha \approx 0{,}61$)

kleine Seitenöffnung

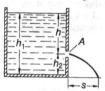

$$v = \mu\sqrt{2gh}$$

$$\frac{dV}{dt} = \mu A\sqrt{2gh} \qquad (H-35)$$

$$s = 2\mu\sqrt{hh_2}$$

große Seitenöffnung

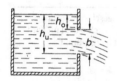

$$\frac{dV}{dt} = \mu\frac{2}{3}b\sqrt{2g}\left(h_u^{3/2} - h_o^{3/2}\right) \qquad (H-36)$$

Druck p_a auf Flüssigkeitsspiegel

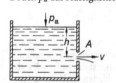

$$v = \mu\sqrt{2\left(gh + \frac{p_a}{\varrho}\right)}$$

$$\frac{dV}{dt} = \mu A\sqrt{2\left(gh + \frac{p_a}{\varrho}\right)} \qquad (H-37)$$

Druck p_a an der Ausflussstelle

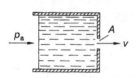

$$v = \mu\sqrt{\frac{2p_a}{\varrho}}$$

$$\frac{dV}{dt} = \mu A\sqrt{\frac{2p_a}{\varrho}} \qquad (H-38)$$

Übersicht H-10. Saugeffekte durch Erhöhen der Strömungsgeschwindigkeit.

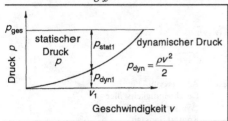	Mit zunehmender Strömungsgeschwindigkeit nimmt der Betriebsdruck p ab. Es entstehen *Saugeffekte*.
Effekt $p + \dfrac{\varrho}{2}v^2 = $ konst.	Beschreibung
Zerstäuber 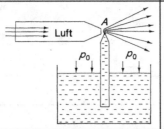	Punkt A: Strömungsgeschwindigkeit v nimmt zu; dadurch wird der Betriebsdruck p kleiner. Der Luftdruck p_0 lässt die Flüssigkeit im Steigrohr steigen, so dass sie zerstäubt.
Wasserstrahlpumpe 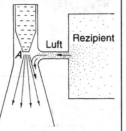	Punkt A: Höhere Strömungsgeschwindigkeit v; dadurch nimmt Umgebungsdruck p ab, Luft wird angesaugt und ein Rezipient leergepumpt.
Aerodynamisches Paradoxon 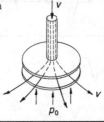	Platten: Hohe Strömungsgeschwindigkeit zwischen den Platten; dadurch nimmt der statische Druck p ab; der Luftdruck p_0 drückt die Platten aneinander.
Magnus-Effekt 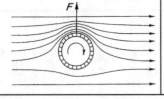	Oberfläche: Durch Rotation des Zylinders nimmt die Strömungsgeschwindigkeit v an der Oberseite zu; dadurch nimmt der statische Druck p ab, so dass eine Querkraft F (Magnuskraft) entsteht.

H.3.2 Strömungen realer Flüssigkeiten und Gase

H.3.2.1 Laminare Strömung

Laminare Strömungen sind, wie Übersicht H anhand der Navier-Stokes'schen Gleichung zeigt, Strömungen mit *innerer Reibung*. Dabei gleiten die einzelnen Flüssigkeitsschichten (Laminate) mit *verschiedenen Geschwindigkeiten* übereinander, ohne sich zu vermischen. Es entsteht ein Geschwindigkeitsgefälle dv/dx.

Übersicht H-11. Laminare Strömung.

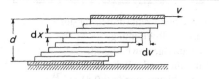

Reibungskraft	$F_R = \eta A \dfrac{dv}{dx}$	(H–39)
Schubspannung	$\tau = \dfrac{F_R}{A} = \eta \dfrac{dv}{dx}$	(H–40)

Temperaturabhängigkeit der dynamischen Viskosität η

Flüssigkeiten	$\eta = B\,e^{b/T}$	(H–41.1)
Gase	$\eta = \eta_0 \sqrt{T/T_0}$	(H–41.2)

(nicht druckabhängig, wenn mittlere freie Weglänge der Moleküle wesentlich kleiner als Gefäßdimensionen)

Fluidität	$\varphi = \dfrac{1}{\eta}$	(H–42)
kinematische Viskosität	$\nu = \dfrac{\eta}{\varrho}$	(H–43)

A	Berührungsfläche
B, b	empirisch ermittelte Konstanten
F_R	Reibungskraft
T, T_0	Temperatur, Bezugstemperatur
dv/dx	Geschwindigkeitsgefälle
η, η_0	dyn. Viskosität, dyn. Viskosität bei T_0
ϱ	Dichte

Tabelle H-5. Dynamische Viskosität η und kinematische Viskosität ν einiger Flüssigkeiten (bei 20 °C) und Gase (bei 0 °C).

Flüssigkeit	dynamische Viskosität η 10^{-3} Pa · s	kinematische Viskosität ν mm^2/s
Aceton	0,33	0,41
Ameisensäure	1,80	1,45
Benzol	0,65	0,74
Chloroform	0,58	0,37
Essigsäure	1,23	1,17
Ethanol	1,21	1,50
Glyzerin	1485	1175
Methanol	0,59	0,75
Nitrobenzol	2,0	1,68
Olivenöl	81	88
Pentan	0,23	0,37
Quecksilber	1,56	0,12
Rizinusöl	985	1932
Schwefelsäure	30	15
Terpentinöl	1,47	1,72
Tetrachlorkohlenstoff	0,98	0,62
Toluol	0,59	0,68
Wasser	1	1
Xylol	0,59	0,70

Gas	dynamische Viskosität η 10^{-6} Pa · s	kinematische Viskosität ν mm^2/s
Chlorwasserstoff	13,0	8,1
Ethan	8,7	6,4
Ethylen	9,3	7,5
Helium	18,9	104,5
Kohlendioxid	13,8	7,0
Kohlenmonoxid	16,7	13,5
Krypton	23,5	6,3
Luft	17,4	13,5
Methan	10,1	14,3
Neon	30,1	33,3
Propan	7,7	3,8
Sauerstoff	19,5	13,5
Schwefeldioxid	11,7	4,0
Schwefelwasserstoff	11,7	7,5
Stickoxid	18,1	13,3
Stickstoff	16,4	13,3
Wasserstoff	8,4	94,1
Xenon	21,2	3,6

Bernoulli-Gleichung bei Reibung

Die Reibungskraft F_R verursacht in einer Strömungsröhre (Übersicht H-7) einen Druckverlust p_v und vermindert dadurch die Druckdifferenz $p_1 - p_2$. Es gilt:

$$\varrho g h_1 + \frac{1}{2}\varrho v_1^2 + p_1 = \varrho g h_2 + \frac{1}{2}\varrho v_2^2 + p_2 + p_v ; \tag{H–43}$$

ϱ Dichte des Mediums,
g Erdbeschleunigung ($g = 9{,}81$ m/s^2),
h_1 Höhe an der Stelle 1,
h_2 Höhe an der Stelle 2,
v_1 Geschwindigkeit an der Stelle 1,
v_2 Geschwindigkeit an der Stelle 2,
p_1 Druck an der Stelle 1,
p_2 Druck an der Stelle 2,
p_v Druckverlust infolge der Reibung.

In der Praxis wird der Druckverlust oft als *Verlusthöhe* h_v angegeben. Sie entspricht derjenigen Höhe, um die der Zufluss angehoben werden muss, um am Ausfluss denselben Druck wie im reibungsfreien Fall zu erreichen. Es gilt:

$$p_v = \varrho g h_v . \tag{H–44}$$

Für die Verlusthöhe h_v in geraden Rohrleitungen mit konstantem Querschnitt gilt:

$$h_v = \lambda \frac{l v^2}{2 d g} ; \tag{H–45}$$

λ Rohrreibungszahl (dimensionslos),
l Länge der Rohrleitung,
v Strömungsgeschwindigkeit,
d Durchmesser des Rohres,
g Erdbeschleunigung ($g = 9{,}81$ m/s^2).

Übersicht H-12. Laminare Strömungen in einem Rohr (Hagen-Poiseuille'sches Gesetz), um eine Kugel (Stokes'sches Reibungsgesetz) und zwischen Platten.

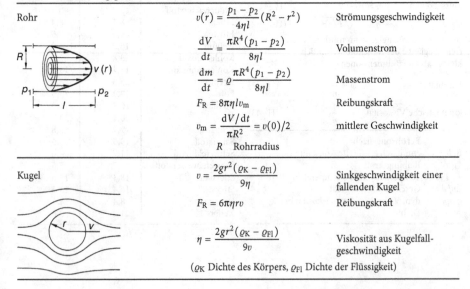

Rohr		
	$v(r) = \dfrac{p_1 - p_2}{4\eta l}(R^2 - r^2)$	Strömungsgeschwindigkeit
	$\dfrac{dV}{dt} = \dfrac{\pi R^4 (p_1 - p_2)}{8\eta l}$	Volumenstrom
	$\dfrac{dm}{dt} = \varrho\,\dfrac{\pi R^4 (p_1 - p_2)}{8\eta l}$	Massenstrom
	$F_R = 8\pi\eta l v_m$	Reibungskraft
	$v_m = \dfrac{dV/dt}{\pi R^2} = v(0)/2$	mittlere Geschwindigkeit
	R Rohrradius	

Kugel		
	$v = \dfrac{2 g r^2 (\varrho_K - \varrho_{Fl})}{9\eta}$	Sinkgeschwindigkeit einer fallenden Kugel
	$F_R = 6\pi\eta r v$	Reibungskraft
	$\eta = \dfrac{2 g r^2 (\varrho_K - \varrho_{Fl})}{9 v}$	Viskosität aus Kugelfallgeschwindigkeit

(ϱ_K Dichte des Körpers, ϱ_{Fl} Dichte der Flüssigkeit)

Übersicht H-12. (Fortsetzung).

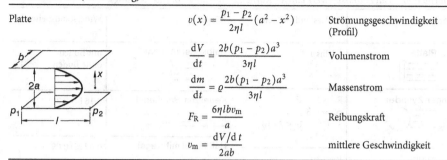

Platte	$v(x) = \dfrac{p_1 - p_2}{2\eta l}(a^2 - x^2)$	Strömungsgeschwindigkeit (Profil)
	$\dfrac{\mathrm{d}V}{\mathrm{d}t} = \dfrac{2b(p_1 - p_2)a^3}{3\eta l}$	Volumenstrom
	$\dfrac{\mathrm{d}m}{\mathrm{d}t} = \varrho\,\dfrac{2b(p_1 - p_2)a^3}{3\eta l}$	Massenstrom
	$F_R = \dfrac{6\eta l b v_m}{a}$	Reibungskraft
	$v_m = \dfrac{\mathrm{d}V/\mathrm{d}t}{2ab}$	mittlere Geschwindigkeit

H.3.2.2 Turbulente Strömung

Bei der *turbulenten* Strömung entstehen *Wirbel* und damit eine *Widerstandskraft* F_W. Sie setzt sich aus zwei Anteilen zusammen, der *Reibungskraft* F_R an der Körperoberfläche und der *Kraft der Druckdifferenz* vor und hinter dem umströmten Körper.

Grenzschicht

Bei der Umströmung von Körpern bildet sich eine *Grenzschicht* der Dicke D aus, innerhalb der die Strömungsgeschwindigkeit von $v = 0$ m/s auf den vollen Wert ansteigt. Es wird zunächst eine laminare und später eine turbulente Grenzschicht gebildet.

Übersicht H-13. Strömungswiderstand und Strömungsleistung.

reiner Reibungswiderstand	reiner Druckwiderstand	Reibungs- und Druckwiderstand
längs überströmte Platte	quer angeströmte Platte	überströmte Kugel

Widerstandskraft	$F_W = c_W \dfrac{\varrho}{2} A v^2$	(H–47)
Strömungsleistung	$P = c_W \dfrac{\varrho}{2} A v^3$	(H–48)

A	gegen die Strömung stehender Querschnitt (Schattenfläche)
F_W	Widerstandskraft
P	Strömungsleistung
c_W	Widerstandsbeiwert (dimensionslos)
v	Relativgeschwindigkeit zwischen Körper und Medium
ϱ	Dichte des strömenden Mediums

Tabelle H-6. Widerstandsbeiwert einiger Körper.

Körper	Widerstandsbeiwert c_W
Platte	1,1 bis 1,3
langer Zylinder	$Re > 5 \cdot 10^5$ $c_W = 0,35$ $5 \cdot 10^2 < Re \leq 5 \cdot 10^5$ $c_W = 1,2$
Kugel	$Re > 10^6$ $c_W = 0,18$ $10^3 < Re < 10^5$ $c_W = 0,45$
Halbkugel (vorn)	mit Boden 0,4 ohne Boden 0,34

Tabelle H-6. (Fortsetzung).

Körper	Widerstandsbeiwert c_W
Halbkugel (hinten)	mit Boden 1,2 ohne Boden 1,3
Kegel mit Halbkugel	0,16 bis 0,2
Halbkugel mit Kegel	0,07 bis 0,09
Stromlinienkörper	0,055

Übersicht H-14. Laminare und turbulente Grenzschichten.

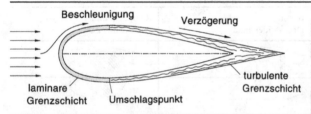

	laminare Grenzschicht	turbulente Grenzschicht
Geschwindigkeitsverteilung		
Grenzschicht D	$D_l = 3,46\sqrt{v\dfrac{l}{\nu}}$	$D_t = 0,37\sqrt[5]{v\dfrac{l^4}{\nu}}$ ν kinematische Viskosität

Ähnlichkeitsgesetze

Um Strömungsvorgänge im Labor studieren zu können, werden sie in *ähnlichen Modellen* abgebildet. Dabei unterscheidet man zwischen *geometrischer* und *hydromechanischer* Ähnlichkeit.

ϱ Dichte des strömenden Mediums,
v Relativgeschwindigkeit zwischen Körper und Medium,
η dynamische Viskosität,
ν kinematische Viskosität.

Reynolds-Zahl Re

Wirken äußere Druck- und Reibungskräfte, so ist für die hydromechanische Ähnlichkeit die *Reynolds-Zahl Re* maßgebend. Die Variable L ist eine *charakteristische Länge*. Sie wird durch den Versuchsaufbau bestimmt, mit dem die Reynolds-Zahl gemessen wird (z. B. ein Rohr- oder Kugeldurchmesser oder die Länge einer Platte).

$$Re = \frac{L\varrho v}{\eta} = \frac{Lv}{\nu} \; ; \qquad (H-48)$$

Tabelle H-8. Kritische Reynolds-Zahl Re_{krit} sowie Rohrreibungszahl λ bzw. Widerstandsbeiwert c_W (bei $Re < Re_{krit}$) für verschiedene Strömungsgeometrien.

	Re_{krit}	λ; c_W
kreisrundes Rohr	2320	$\lambda = \dfrac{64}{Re}$
Kugel	$1{,}7 \cdot 10^5$ bis $4 \cdot 10^5$	$c_W = \dfrac{12}{Re}$
Platte	$3{,}2 \cdot 10^5$ bis 10^6	$c_W = \dfrac{1{,}328}{\sqrt{Re}}$

Tabelle H-7. Rohrreibungszahl λ und Widerstandsbeiwert c_W für Rohre mit dem Durchmesser D und Platten mit der Länge l in Abhängigkeit von der Rauigkeit k und der Reynolds-Zahl.

	laminare Grenzschicht	turbulente Grenzschicht		
		hydraulisch glatt	hydraulisch rau	Übergangsgebiet
Rohre	$\lambda = \dfrac{64}{Re}$	Blasius $\lambda = \dfrac{0{,}3164}{\sqrt[4]{Re}}$ $(2320 < Re < 10^5)$ Prandtl/Karman $\dfrac{1}{\sqrt{\lambda}} = 2\lg\left(\dfrac{Re\sqrt{\lambda}}{2{,}3 l}\right)$ $c_W \approx \dfrac{0{,}0309}{\lg(Re/7)^2}$	Nikuradse $\dfrac{1}{\sqrt{\lambda}} = 2\lg\left(\dfrac{D}{k}\right) + 1{,}14$	Colebrook $\dfrac{1}{\sqrt{\lambda}} = -2\lg\left(\dfrac{2{,}5 l}{Re\sqrt{\lambda}} + 0{,}27\dfrac{k}{D}\right)$
Platten	$c_W = \dfrac{1{,}328}{\sqrt{Re}}$	$c_W = \dfrac{0{,}0745}{\sqrt[5]{Re}}$	Voraussetzung: $Re\dfrac{k}{l} \geq 100$ $c_W = \dfrac{0{,}418}{\left(2 + \lg\left(\dfrac{l}{k}\right)\right)}$	c_W aus empirischen Tabellenwerken

Reynolds-Zahlen, oberhalb derer die Strömung turbulent wird, werden *kritische Reynolds-Zahlen* genannt.

In der Praxis ist man auf empirische Messungen angewiesen, die laminare und turbulente Bereiche beschreiben.

Froude-Zahl Fr

Sie beschreibt die Ähnlichkeit von Strömungen, wenn vor allem die *Schwerkraft F_G* von Bedeutung ist (z. B. beim Fördern von Sand oder Bewegen von Schiffen in Gewässern). Ihre Gleichung lautet:

$$Fr = \frac{v}{\sqrt{Lg}} \; ; \tag{H-49}$$

v Relativgeschwindigkeit zwischen Körper und Medium,
L charakteristische Länge des Körpers (z. B. Rohrdurchmesser, Kugeldurchmesser, Plattenlänge),
g Erdbeschleunigung ($g = 9{,}81$ m/s^2).

Auftrieb bei umströmten Körpern

Treten bei der Umströmung von Körpern an der Oberseite höhere Geschwindigkeiten als an

Übersicht H-15. Dynamischer Auftrieb an umströmten Körpern.

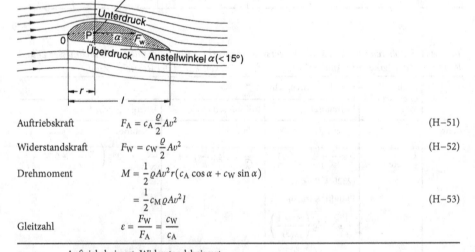

Auftriebskraft	$F_A = c_A \dfrac{\varrho}{2} A v^2$	(H–51)
Widerstandskraft	$F_W = c_W \dfrac{\varrho}{2} A v^2$	(H–52)
Drehmoment	$M = \dfrac{1}{2} \varrho A v^2 r (c_A \cos\alpha + c_W \sin\alpha)$	
	$= \dfrac{1}{2} c_M \varrho A v^2 l$	(H–53)
Gleitzahl	$\varepsilon = \dfrac{F_W}{F_A} = \dfrac{c_W}{c_A}$	

c_A, c_W	Auftriebsbeiwert, Widerstandsbeiwert
c_M	Momentenbeiwert ($c_M l = r(c_A \cos\alpha + c_W \sin\alpha)$)
A	Flügelfläche
F_A, F_W	Auftriebskraft, Widerstandskraft
M	Drehmoment
l	Flügellänge
r	Abstand zum Schwerpunkt
α	Anstellwinkel
ε	Gleitzahl
ϱ	Dichte

der Unterseite auf, dann entsteht an der Oberseite ein Gebiet des Unterdrucks und auf der Unterseite ein Gebiet des Überdrucks, und daraus eine *Auftriebskraft* F_A. Zusammen mit der Widerstandskraft F_W entsteht eine resultierende Kraft F_0. Sie greift am *Druckpunkt P* an.

Bernoulli-Gleichung für kompressible Medien

Gase zeigen bei hohen Strömungsgeschwindigkeiten ($v > 0{,}3c$; c: Schallgeschwindigkeit) nicht vernachlässigbare Dichteänderungen.

Pumpen

Pumpen sind Arbeitsmaschinen zum Fördern flüssiger Medien von einem niedrigen Energieniveau h_e zu einem höheren h_a. Pumpenkennlinien zeigen die Förderhöhe H_A in Abhängigkeit

Übersicht H-16. *Bernoulli-Gleichung für kompressible Medien.*

Allgemeine Bernoulli-Gleichung

$$\frac{v^2}{2} + \int \frac{dp}{\varrho} = \text{konstant} \tag{H-54}$$

Adiabatische Strömungen idealer Gase:

$$p/\varrho^\varkappa = \text{konstant}$$

$$\frac{v^2}{2} + \frac{\varkappa}{\varkappa - 1}\frac{p}{\varrho} = \text{konstant} \tag{H-55}$$

Ideale Gase: $\varkappa = c_p/(c_p - R_i)$

$$\frac{v^2}{2} + c_p T = \text{konstant} \tag{H-56}$$

c_p, c_v spezifische Wärmekapazität bei konstantem Druck, Volumen
p Druck
R_i individuelle Gaskonstante
T Temperatur
v Geschwindigkeit
$\varkappa$ Isentropenexponent ($\varkappa = c_p/c_v$)

Übersicht H-17. *Pumpe und Pumpenkennlinie.*

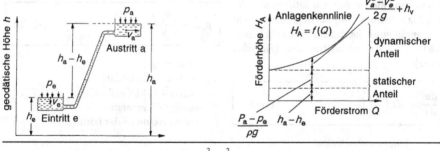

Förderhöhe $$H_A = (h_a - h_e) + \frac{p_a - p_e}{\varrho g} + \frac{v_a^2 - v_e^2}{2g} + h_v \tag{H-57}$$

$$H_A = (h_a - h_e) + \frac{p_a - p_e}{\varrho g} + \frac{Q^2/A_a^2 - Q^2/A_e^2}{2g} + h_v$$

h_a, h_e, h_v Austrittshöhe, Eintrittshöhe, Verlusthöhe
A_a, A_e Austrittsfläche, Eintrittsfläche
g Erdbeschleunigung ($g = 9{,}81$ m/s^2)
p_a, p_e Austrittsdruck, Eintrittsdruck
Q Förderstrom ($Q = A \cdot v$)
v_a, v_e Austrittsgeschwindigkeit, Eintrittsgeschwindigkeit
H_A Förderhöhe
ϱ Dichte des zu fördernden Mediums

vom Förderstrom $Q (Q = Av)$. Die Kennlinie zeigt einen *statischen Anteil*, der vom Förderstrom unabhängig ist und einen *dynamischen Anteil*, der eine Funktion des Förderstroms Q ist.

H.4 Molekularbewegungen

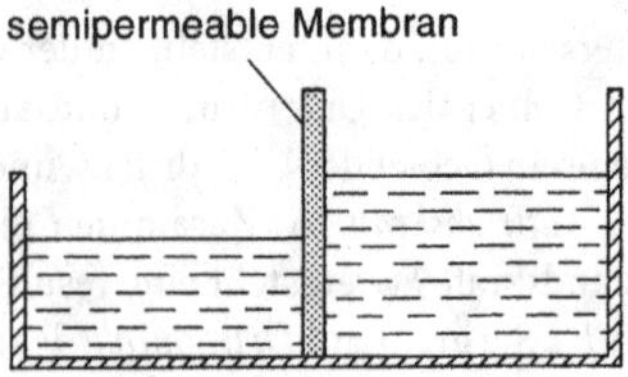

Bild H-4. Osmotischer Druck.

Während die Atome in Festkörpern um einen festen Punkt im Kristallgitter schwingen, bewegen sich die Moleküle in Flüssigkeiten um eine veränderliche augenblickliche Lage. Bei Gasen fehlt die Kohäsionskraft weitgehend, weshalb sich dort die Moleküle mit relativ hohen Geschwindigkeiten bewegen können. Die regellose Bewegung in Flüssigkeiten und Gasen wird *Brown'sche Molekularbewegung* genannt.

H.4.1 Diffusion

Unter Diffusion versteht man die Mischung zweier Stoffe (meist von Flüssigkeiten und Gasen) ohne Einwirkung von äußeren Kräften. Der Massenstrom dm/dt folgt dabei dem *Konzentrationsgefälle*, das durch den Dichteunterschied $d\varrho/dx$ beschrieben wird (*Fick'sches Gesetz*):

$$\frac{dm}{dt} = -DA\frac{d\varrho}{dx} ; \qquad (H-57)$$

D Diffusionskoeffizient
       (Einheit: z. B. m^2/s),
$d\varrho/dx$ Dichtegefälle in x-Richtung,
A senkrecht durchströmte Fläche.

Osmose

Unter Osmose versteht man eine Diffusion in *nur einer Richtung*. Häufig findet sie bei Flüssig-

keiten statt, die durch eine *semipermeable Scheidewand* getrennt sind. In diesem Fall können nur die Moleküle einer Sorte durchdiffundieren, weil die Poren so groß sind, dass nur die Moleküle der *einen Sorte* durchgehen. Dadurch entsteht in dem einen Raum ein Überdruck, der *osmotische Druck*. Die Osmose ist dann beendet, wenn der osmotische Druck p_{osm} so groß ist, dass ebenso viele Moleküle wieder durch die semipermeable Wand zurückgedrückt werden, wie hineindiffundieren.

Der osmotische Druck p_{osm} gehorcht dem Gasgesetz (Abschn. O.1.4):

$$p_{osm} = \frac{\nu R_m T}{V} ; \qquad (H-58)$$

ν Stoffmenge,
R_m molare Gaskonstante
      ($R_m = 8{,}314\,J/(mol \cdot K)$),
T absolute Temperatur,
V Gesamtvolumen der Lösung.

H.4.2 Lösungen

Wenn Teile eines Stoffes gleichmäßig in einem andern verteilt sind, spricht man von *dispersen* Lösungen. Je nach Aggregatzustand des gelösten Stoffes in der Lösung sind andere Bezeichnungen üblich.

Tabelle H-9. Bezeichnungen von Lösungen.

gelöster Stoff / Lösung	fest	flüssig	gasförmig
fest	festes Sol (Glas)	feste Emulsion, Gel	poröser Körper
flüssig	Suspension dispers (Gleichverteilung) molekular-dispers (Teilchen in Molekülgröße) kolloid-dispers (sehr kleine Stoffteile: 10^{-4} mm bis 10^{-8} mm)	Emulsion	Schaum
gasförmig	Rauch, Aerosol	Aerosol, Nebel	

J Schwingungen und Wellen

Übersicht J-1. Wichtige Normen.

DIN 1311	Schwingungen und schwingungsfähige Systeme
Teil 1:	Grundbegriffe, Einteilung
Teil 2:	Lineare zeitinvariante schwingungsfähige Systeme mit einem Freiheitsgrad
Teil 3:	Lineare zeitinvariante schwingungsfähige Systeme mit endlich vielen Freiheitsgraden
Teil 4:	Schwingende Kontinua, Wellen

Bei Schwingungen und Wellen finden *periodische Zustandsänderungen* statt. In mechanischen Systemen (im festen, flüssigen und gasförmigen Zustand) werden die potenzielle und kinetische Energie periodisch bewegt, und in elektromagnetischen Systemen betrifft dies die elektrische und die magnetische Feldenergie. Die *Periodizität* des Energieaustausches wird beschrieben durch die *Schwingungsdauer* T für einen Energieaustauschzyklus

Tabelle J-1. Einteilung der harmonischen Schwingungen.

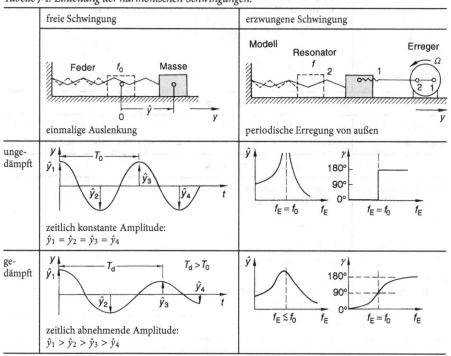

E. Hering, R. Martin, M. Stohrer, *Taschenbuch der Mathematik und Physik*, DOI 10.1007/978-3-662-53419-9_9

bzw. durch die *Frequenz f*, die die Anzahl der Zyklen je Zeiteinheit angibt:

$$f = 1/T \ . \qquad \text{(J-1)}$$

J.1 Schwingungen

Bei *freien* Schwingungen wird ein Schwinger *einmalig* aus seiner Ruhelage entfernt und sich selbst überlassen. Er schwingt im *ungedämpften*

Fall mit einer *konstanten Eigenfrequenz* f_0, und seine Auslenkung $y(t)$ schwankt zwischen zwei *konstanten Maximalwerten* (Amplituden $\hat{y}$). Bei *gedämpften* freien Schwingungen nimmt die *Amplitude* im zeitlichen Verlauf ab. Ferner ist die *Frequenz* der *gedämpften Schwingung* f_d kleiner als die Eigenfrequenz f_0 der ungedämpften freien Schwingung.

Wird einem schwingungsfähigen System (*Oszillator*) durch einen *Erreger* eine Erregerfrequenz f_E aufgezwungen, so werden *erzwungene* Schwingungen stattfinden. Ist die

Tabelle J-2. Charakteristische Kenngrößen ungedämpfter Schwingungen.

Kenngröße	Bedeutung
Periodizität	
Periodendauer T	Zeitspanne zwischen zwei aufeinander folgenden, gleichen Schwingungszuständen (z. B. zeitlicher Abstand zwischen zwei Maxima oder Minima)
Frequenz f	Anzahl der Schwingungen je Zeit
	$f = \dfrac{1}{T} \quad 1\,\text{Hz} = 1\,\text{s}^{-1}$
Kreisfrequenz ω	$\omega = 2\pi f = \dfrac{2\pi}{T} \quad \text{s}^{-1}$
Auslenkungen	
Augenblickswert $y(t)$	momentane Auslenkung zur Zeit t
Amplitude $\hat{y}$	maximaler Wert der Auslenkung (für $\sin(\omega t + \varphi_0)$ oder $\cos(\omega t + \varphi_0) = 1$)
Phasenwinkel	
Nullphasenwinkel φ_0 (Anfangsphase)	Anfangslage des schwingenden Systems zur Zeit $t = 0$. Er folgt aus $y(t) = \hat{y}\cos(\omega t + \varphi_0)$:
	$\varphi_0 = \arccos \dfrac{y(0)}{\hat{y}}$
	$\varphi_0 > 0$: voreilend
	$\varphi_0 < 0$: nacheilend
allgemeiner Phasenwinkel φ	$\varphi = \omega t + \varphi_0$
	Summe der Phasenlage eines Punktes zur Zeit $t(\omega t)$ und des Nullphasenwinkels φ_0
Phase	
Phase	augenblicklicher Zustand einer Schwingung (bestimmt durch zwei Schwingungsgrößen, z. B. Weg und Zeit)

Erregerfrequenz f_E gleich der Eigenfrequenz f_0 des Oszillators, dann tritt *Resonanz* ein. Im *ungedämpften* Fall wächst die Amplitude auf einen unendlich großen Wert an (*Resonanzkatastrophe*); im *gedämpften* Fall erreicht die Amplitude einen endlichen *Maximalwert*.

J.1.1 Freie ungedämpfte Schwingung

J.1.1.1 Grundlagen

Die wichtigste Eigenschaft aller Schwingungen ist die *Periodizität*, d. h., bestimmte Zustände kehren in konstanten Zeitabständen wieder.

Dies wird mathematisch durch die *harmonischen* Funktionen Sinus bzw. Kosinus beschrieben.

J.1.1.2 Allgemeine Beschreibung durch eine Differenzialgleichung

Differenzialgleichungen der harmonischen Schwingung werden mit dem in der Übersicht J-3 zusammengestellten Ansatz gelöst. Dabei ergeben sich auch die Verläufe des *Weg-Zeit-Gesetzes*, des *Geschwindigkeits-Zeit-Gesetzes* und des *Beschleunigungs-Zeit-Gesetzes* mit ihren maximalen Werten für die Auslenkung, die Geschwindigkeit und die Beschleunigung.

J.1.1.3 Schwingungssysteme

Für das *mathematische Pendel* (punktförmige Masse an einem unelastischen Faden aufgehängt) gelten die Angaben nur für *kleine* Winkel β. Tabelle J-4 zeigt den Korrekturfaktor der Schwingungsdauer T_0 für größere Auslenkungen.

Mit dem *Torsionspendel* können *Massenträgheitsmomente* J_A um den Drehpunkt A experimentell ermittelt werden.

J.1.1.4 Gesamtenergie

Für Schwingungen gilt zu *jedem Zeitpunkt* der *Energieerhaltungssatz*. Die Gesamtenergie E_{ges} ist *proportional* zum Quadrat der Schwingungsamplitude $\hat{y}^2$ bzw. der Maximalgeschwindigkeit $\hat{v}^2$.

Übersicht J-2. Mathematische Beschreibung harmonischer Schwingungen.

Cosinus-Schwingung

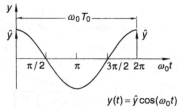

$$y(t) = \hat{y}\cos(\omega_0 t)$$

Sinus-Schwingung

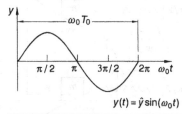

$$y(t) = \hat{y}\sin(\omega_0 t)$$

Phasenverschobene Schwingung

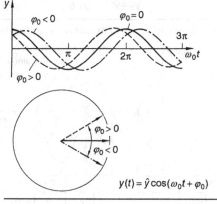

$$y(t) = \hat{y}\cos(\omega_0 t + \varphi_0)$$

$y(t)$	Auslenkung,
$\hat{y}$	Amplitude,
ω_0	Kreisfrequenz,
t	Zeit,
φ_0	Nullphasenwinkel.

Übersicht J-3. Ansatz zur Lösung der Differenzialgleichung; zeitlicher Verlauf von Auslenkung, Geschwindigkeit und Beschleunigung.

Gleichungen	
Weg-Zeit-Gleichung:	$y(t) = \hat{y}\cos(\omega_0 t + \varphi_0)$
Geschwindigkeit-Zeit-Gleichung:	$v(t) = -\hat{y}\omega_0 \sin(\omega_0 t + \varphi_0)$
Beschleunigungs-Zeit-Gleichung:	$a(t) = -\hat{y}\omega_0^2 \cos(\omega_0 t + \varphi_0)$

Schwingungsverlauf

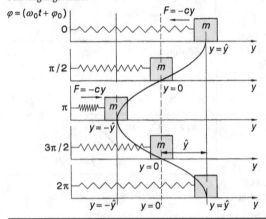

Periodische Funktionen der Auslenkung y, der Geschwindigkeit v und der Beschleunigung a

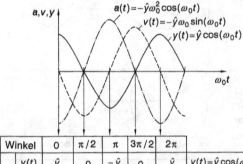

Winkel	0	$\pi/2$	π	$3\pi/2$	2π		
$y(t)$	$\hat{y}$	0	$-\hat{y}$	0	$\hat{y}$	$y(t) = \hat{y}\cos(\omega_0 t)$	$y_{max} = \hat{y}$
$v(t)$	0	$-v_{max}$	0	v_{max}	0	$v(t) = -\hat{y}\omega_0\sin(\omega_0 t)$	$v_{max} = \hat{y}\omega_0$
$a(t)$	$-a_{max}$	0	a_{max}	0	$-a_{max}$	$a(t) = -\hat{y}\omega_0^2\cos(\omega_0 t)$	$a_{max} = \hat{y}\omega_0^2$

(Größe)

$y(t)$ Auslenkung,	a_{max} maximale Beschleunigung,
$\hat{y}$ Amplitude,	ω_0 Kreisfrequenz,
v Geschwindigkeit,	φ_0 Nullphasenwinkel,
v_{max} maximale Geschwindigkeit,	t Zeit.
a Beschleunigung,	

Tabelle J-3. Schwingungssysteme, ihre Differenzialgleichungen und Lösungen.

Schwingungssystem	Kraft-Momentenansatz Differenzialgleichung	$\omega_0 = 2\pi f_0$ $= \dfrac{2\pi}{T_0}$	f_0	T_0
Feder-Masse-System	$F = ma$ $-ky = m\ddot{y}$ $\ddot{y} + \dfrac{k}{m}y = 0$	$\sqrt{\dfrac{k}{m}}$	$\dfrac{1}{2\pi}\sqrt{\dfrac{k}{m}}$	$2\pi\sqrt{\dfrac{m}{k}}$
mathematisches Pendel	$F = ma$ $-mg\beta = ml\ddot{\beta}$ $\ddot{\beta} + \dfrac{g}{l}\beta = 0$	$\sqrt{\dfrac{g}{l}}$	$\dfrac{1}{2\pi}\sqrt{\dfrac{g}{l}}$	$2\pi\sqrt{\dfrac{l}{g}}$
Torsionspendel	$M = J_A\alpha$ $-k_t\beta = mJ_A\ddot{\beta}$ $\ddot{\beta} + \dfrac{k_t}{J_A}\beta = 0$	$\sqrt{\dfrac{k_t}{J_A}}$	$\dfrac{1}{2\pi}\sqrt{\dfrac{k_t}{J_A}}$	$2\pi\sqrt{\dfrac{J_A}{k_t}}$
physikalisches Pendel	$M = J_A\alpha$ $-mgr\beta = J_A\ddot{\beta}$ $\ddot{\beta} + \dfrac{mgr}{J_A}\beta = 0$	$\sqrt{\dfrac{mgr}{J_A}}$	$\dfrac{1}{2\pi}\sqrt{\dfrac{mgr}{J_A}}$	$2\pi\sqrt{\dfrac{J_A}{mgr}}$
Flüssigkeitspendel	$F = ma$ $-2Agy = m_{ges}\ddot{y}$ $\ddot{y} + \dfrac{2A\varrho g}{m_{ges}}y = 0$ $\ddot{y} + \dfrac{2g}{l}y = 0$	$\sqrt{\dfrac{2A\varrho g}{m_{ges}}}$ $\sqrt{\dfrac{2g}{l}}$	$\dfrac{1}{2\pi}\sqrt{\dfrac{2A\varrho g}{m_{ges}}}$ $\dfrac{1}{2\pi}\sqrt{\dfrac{2g}{l}}$	$2\pi\sqrt{\dfrac{2A\varrho g}{m_{ges}}}$ $2\pi\sqrt{\dfrac{l}{2g}}$
elektromagnetischer Schwingkreis	$u_C - u_L = 0$ $u_L = -L\dfrac{d^2q}{dt^2}$ $u_C = \dfrac{1}{C}q$ $\ddot{q} + \dfrac{1}{LC}q = 0$	$\sqrt{\dfrac{1}{LC}}$	$\dfrac{1}{2\pi}\sqrt{\dfrac{1}{LC}}$	$2\pi\sqrt{LC}$

A	Querschnitt,	q	Ladung,
a	Beschleunigung,	L	Induktivität,
k	Federkonstante,	F	Kraft,
C	Kapazität,	M	Drehmoment,
k_t	Drehfedersteife,	J_A	Massenträgheitsmoment um die Drehachse A,
g	Erdbeschleunigung,	y	Auslenkung,
l	Pendellänge, Länge des Wassers,	α	Winkelbeschleunigung,

Tabelle J-3. (Fortsetzung).

r	Abstand vom Aufhängepunkt zum Schwerpunkt,	β	Winkel,
m	Masse,	ϱ	Dichte,
u_L	Spannung an der Spule,		$\ddot{y} = \dfrac{d^2 y}{d t^2}$; $\ddot{\beta} = \dfrac{d^2 \beta}{d t^2}$; $\ddot{q} = \dfrac{d^2 q}{d t^2}$
u_C	Spannung am Kondensator,		

Übersicht J-4. Energieverlauf und Energieerhaltungssatz für den ungedämpften Einmassenschwinger.

Energie-Erhaltungssatz

$E_{ges} = E_{pot}(t) + E_{kin}(t) = const$

$$E_{ges} = \frac{1}{2} k \hat{y}^2 = \frac{1}{2} m \omega_0^2 \hat{y}^2 = \frac{1}{2} m \hat{v}^2 \rightarrow \omega_0 = \sqrt{\frac{k}{m}}$$

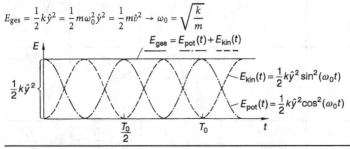

k	Federkonstante,	$\hat{v}$	maximale Geschwindigkeit,
E_{ges}	Gesamtenergie,	$\hat{y}$	Amplitude,
E_{kin}	kinetische Energie,	t	Zeit,
E_{pot}	potenzielle Energie,	ω_0	Kreisfrequenz.
m	Masse,		

Tabelle J-4. Korrekturfaktoren für T_0 für größere Winkel des mathematischen und physikalischen Pendels.

Winkel	Korrekturfaktor
1°	1,00002
5°	1,00048
10°	1,00191
30°	1,01741
45°	1,03997

J.1.2 Freie gedämpfte Schwingung

Reibungskräfte F_R bringen eine freie Schwingung im Laufe der Zeit zur Ruhe (Tabelle J-5). Je nach Ansatz für die Reibungskraft F_R entstehen unterschiedliche Differenzialgleichungen.

Im Folgenden wird die *geschwindigkeitsproportionale Reibung* untersucht, bei der die Reibungskraft F_R proportional zur Geschwindigkeit zunimmt (*Newton'sches Reibungsgesetz*).

Tabelle J-6 zeigt die drei möglichen Fälle: den Schwingfall, den Kriechfall und den aperiodischen Grenzfall.

Schwingfall für $\omega_0 > \delta\,(\vartheta < 1)$

Wie die Lösung nach Tabelle J-6 und der Kurvenverlauf zeigen, ist die Kreisfrequenz ω_d der gedämpften Schwingung *kleiner* als die der ungedämpften $\omega_0\,(\omega_d < \omega_0)$. Entsprechend gilt: $T_d > T_0$. Wie die Lösungsgleichung nach Tabelle J-6 ferner zeigt, nehmen die Amplituden entsprechend der Exponentialfunktion $e^{-\delta t}$ ab. Das bedeutet, dass die *Amplitudenverhältnisse*

Tabelle J-5. Unterschiedliche Reibungskräfte und Differenzialgleichungen für das Feder-Masse-System.

Reibungskraft	geschwindigkeits-unabhängige Reibungskraft $F_R = \mu F_N$	geschwindigkeits-abhängige viskose Reibungskraft $F_R = dv$	geschwindigkeits-abhängige Luftreibungskraft $F_R = bv^2$
Differenzialgleichung des Feder-Masse-Systems	$m\ddot{y} \pm \mu F_N + ky = 0$ Substitution: $y_0 = \dfrac{\mu F_N}{k}$ $s = y \pm y_0$ $\ddot{s} = \ddot{y}$ $\boxed{\ddot{s} = \dfrac{k}{m}s = 0}$	$m\ddot{y} + d\dot{y} + ky = 0$ $\boxed{\ddot{y} + \dfrac{d}{m}\dot{y} + \dfrac{k}{m}y = 0}$	$m\ddot{y} + b\dot{y}^2 + ky = 0$ $\boxed{\ddot{y} + \dfrac{b}{m}\dot{y}^2 + \dfrac{k}{m}y = 0}$

Übersicht J-5. Gedämpfte Schwingung.

Geschwindigkeitsproportionale Reibung

$F_R = -dv$

Differenzialgleichung

$$\ddot{y} + \frac{d}{m}\dot{y} + \frac{k}{m}y = 0$$

$$\ddot{y} + 2\vartheta\omega_0\dot{y} + \omega_0^2 y = 0$$

Abklingkoeffizient	$\delta = \dfrac{d}{2m} = \dfrac{\ln(\hat{y}_i/\hat{y}_{i+1})}{T_d} = \dfrac{\Lambda}{T_d}$
Dämpfungsgrad	$\vartheta = \dfrac{\delta}{\omega_0} = \dfrac{d}{2m\omega_0} = \dfrac{d}{2\sqrt{mk}}$
Verlustfaktor	$d^* = 2\vartheta = \dfrac{d}{m\omega_0} = \dfrac{d}{\sqrt{mk}}$
Güte	$Q = \dfrac{1}{d^*} = \dfrac{1}{2\vartheta} = \dfrac{m\omega_0}{d}$ $= \dfrac{\sqrt{mk}}{d}$
Amplituden-verhältnis	$\dfrac{\hat{y}_i}{\hat{y}_{i+1}} = e^{\delta T_d} = c$
n-te Amplitude	$\dfrac{\hat{y}_i}{\hat{y}_{i+n}} = c^n$
logarithmisches Dekrement	$\Lambda = \ln\left(\dfrac{\hat{y}_i}{\hat{y}_{i+1}}\right) = \ln(c) = \delta T_d$

Übersicht J-5. (Fortsetzung).

d	Dämpfungskoeffizient,
k	Federkonstante,
m	Masse,
c	Amplitudenverhältnis,
$\hat{y}_i$	Amplitude i,
$\hat{y}_{i+1}$	Amplitude $i + 1$,
v	Geschwindigkeit,
T_d	Schwingungsdauer der gedämpften Schwingung,
Λ	logarithmisches Dekrement,
ω_0	Kreisfrequenz der ungedämpften Schwingung.

---

gleich sind (Amplitudenverhältnis c). Zur Bestimmung des Abklingkoeffizienten δ wird dieses logarithmiert und das *logarithmische Dekrement* Λ gebildet (Übersicht J-5).

Kriechfall für $\omega_0 < \delta \, (\vartheta > 1)$

Wie Tabelle J-6 zeigt, tritt *keine Schwingung* auf; die Amplitude nimmt monoton ab. Die Anfangsbedingungen für $y(0)$ und $\dot{y}(0)$ bestimmen die beiden Integrationskonstanten $\hat{y}_1$ und $\hat{y}_2$.

Tabelle J-6. Lösungen für die drei Fälle der gedämpften Schwingung.

	Schwingfall	Kriechfall	aperiodischer Grenzfall
Lösung	$\vartheta < 1$ $\omega_0 > \delta$	$\vartheta > 1$ $\omega_0 < \delta$	$\vartheta = 1$ $\omega_0 = \delta$
Bedingung	$y(t) = \hat{y}_0\, e^{-\delta t} \cos(\omega_d t + \varphi_0)$ $\omega_d = \sqrt{\dfrac{k}{m} - \dfrac{d^2}{4m^2}}$ $\omega_d = \sqrt{\omega_0^2 - \delta^2}$ $\omega_d = \omega_0 \sqrt{1 - \vartheta^2}$ $\omega_d < \omega_0$	$y(t) = \hat{y}_1\, e^{(-\delta + \sqrt{\delta^2 - \omega_0^2})t}$ $\quad + \hat{y}_2\, e^{(-\delta - \sqrt{\delta^2 - \omega_0^2})t}$ $y(t) = \hat{y}_1\, e^{-\omega_0(\vartheta - \sqrt{\vartheta^2 - 1})t}$ $\quad + \hat{y}_2\, e^{-\omega_0(\vartheta + \sqrt{\vartheta^2 - 1})t}$ ω_d imaginär	$y(t) = (\hat{y}_1 + \hat{y}_1 \delta t)\, e^{-\delta t}$ $y(t) = (\hat{y}_1 + \hat{y}_1 \delta t)\, e^{-\omega_0 \vartheta t}$ $\omega_d = 0$
Graph der Funktion			

d	Dämpfungskoeffizient,
k	Federkonstante,
ϑ	Dämpfungsgrad ($\vartheta = \delta/\omega_0$),
T_d	Schwingungsdauer der gedämpften Schwingung,
T_0	Schwingungsdauer der ungedämpften Schwingung,
$y(t)$	Auslenkung,
$\hat{y}$	Amplitude,
δ	Abklingkoeffizient ($\delta = \omega_0 \vartheta$)
ω_0	Kreisfrequenz der ungedämpften Schwingung,
ω_d	Kreisfrequenz der gedämpften Schwingung,
t	Zeit.

Aperiodischer Grenzfall für $\omega_0 = \delta\,(\vartheta = 1)$

In diesem Fall tritt gerade *eben keine Schwingung* mehr auf. Der aperiodische Grenzfall spielt für viele Messgeräte eine wichtige Rolle, wenn Schwingungen vermieden und die Messwerte möglichst schnell angezeigt werden sollen. Die Lösung ist in Tabelle J-6 zu erkennen. Die beiden Integrationskonstanten werden aus den Anfangsbedingungen $y(0)$ und $\dot{y}(0)$ ermittelt.

Mechanische und elektromagnetische gedämpfte
Schwingungen

Übersicht J-6. Vergleich mechanischer und elektromagnetischer gedämpfter Schwingungen.

mechanisch	elektromagnetisch
$\dfrac{d^2 y}{dt^2} + \dfrac{d}{m}\dfrac{dy}{dt} + \dfrac{k}{m} y = 0$	$\dfrac{d^2 i}{dt^2} + \dfrac{R}{L}\dfrac{di}{dt} + \dfrac{1}{LC} i = 0$
Masse m	Induktivität der Spule L
Dämpfungskonstante d	Widerstand R
Federkonstante k	Kehrwert der Kapazität $\dfrac{1}{C}$
Auslenkung y	Ladung q
Geschwindigkeit v	Strom i
Federkraft $F = ky$	Kondensatorspannung $u_c = \dfrac{1}{C} q$
potenzielle Energie $E_{\text{pot}} = \frac{1}{2} k y^2$	elektrische Energie $E_{\text{el}} = \dfrac{1}{2C} q^2$
kinetische Energie $E_{\text{kin}} = \frac{1}{2} m v^2$	magnetische Energie $E_{\text{magn}} = \frac{1}{2} L i^2$
ungedämpfte Kreisfrequenz ω_0	
$\omega_0 = \sqrt{\dfrac{k}{m}}$	$\omega_0 = \sqrt{\dfrac{1}{LC}}$
Dämpfungsfrequenz ω_d	
$\omega_d = \sqrt{\dfrac{k}{m} - \left(\dfrac{d}{2m}\right)^2}$	$\omega_d = \sqrt{\dfrac{1}{LC} - \left(\dfrac{R}{2L}\right)^2}$
Abklingkoeffizient δ	
$\delta = \dfrac{d}{2m}$	$\delta = \dfrac{R}{2L}$
Dämpfungsgrad D	
$\vartheta = \dfrac{\delta}{\omega_0} = \dfrac{d}{2}\sqrt{\dfrac{1}{mk}}$	$D = \dfrac{\delta}{\omega_0} = \dfrac{R}{2}\sqrt{\dfrac{C}{L}}$
Güte Q	
$Q = \dfrac{1}{2\vartheta} = \dfrac{\sqrt{mk}}{d}$	$Q = \dfrac{1}{2\vartheta} = \dfrac{1}{R}\sqrt{\dfrac{L}{C}}$

J.1.3 Erzwungene Schwingung

Bei einer *erzwungenen Schwingung* wird einem mechanischen (oder elektrischen) System (dem *Resonator*) von einem *äußeren Erreger* eine *periodische Kraft* (oder Spannung) aufgezwungen.

Nach der Einschwingdauer schwingt das System mit der Frequenz des Erregers Ω.

J.1.3.1 Erzwungene mechanische Schwingung

Übersicht J-7 zeigt als *Resonator* ein schwingungsfähiges Feder-Masse-System, auf das ein

Übersicht J-7. Erzwungene Schwingung.

Erzwungene Schwingung

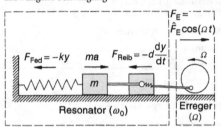

Differenzialgleichung

$$\ddot{y} + \frac{d}{m}\dot{y} + \frac{k}{m}y = \frac{\hat{F}_E}{m}\cos(\Omega t)$$

$$\ddot{y} + 2\vartheta\omega_0\dot{y} + \omega_0^2 y = \frac{\hat{F}_E}{m}\cos(\Omega t)$$

Schwingungsverhalten des Systems

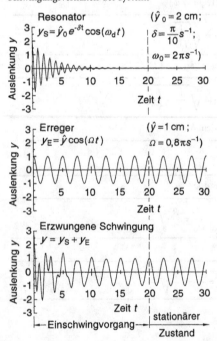

Übersicht J-7. (Fortsetzung).

Kraft als komplexer Zeiger

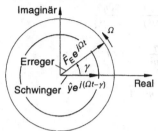

Amplituden-Resonanzfunktion

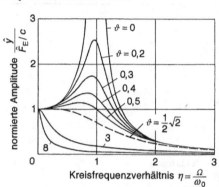

$$\hat{y} = \frac{\hat{F}_E}{m\sqrt{(\omega_0^2 - \Omega^2)^2 + (2\vartheta\omega_0\Omega)^2}}$$

$$\hat{y} = \frac{\hat{F}_E}{k\sqrt{(1 - \eta^2)^2 + (2\vartheta\eta)^2}}$$

$(\eta = \Omega/\omega_0)$

Resonanzamplitude

$$\hat{y}_{Res} = \frac{\hat{F}_E}{k2\vartheta\sqrt{1 - \vartheta^2}} = \frac{\hat{y}_{stat}}{2\vartheta\sqrt{1 - \vartheta^2}}$$

Resonanzfrequenz

$$\eta_R = \frac{\omega_R}{\omega_0} = \sqrt{1 - 2\vartheta^2}$$

Güte des Schwingkreises

$$Q = \frac{1}{2\vartheta} = \frac{\hat{y}_{Res}}{\hat{y}_{stat}}$$

Erreger mit der Kreisfrequenz Ω periodisch einwirkt. Dabei wirken drei Kräfte:

- Federkraft $F_{Fed} = -ky$,
- Reibungskraft $F_R = -d\dfrac{dy}{dt}$
- Erregende Kraft $F_E = \hat{F}_E \cos(\Omega t)$.

Wie Übersicht J-7 zeigt, findet eine Überlagerung der Schwingungen des gedämpften Systems (mit der Kreisfrequenz ω_d) mit den

Schwingungen des erregenden Systems (Kreisfrequenz der erregenden Schwingung ω_E) statt. Nach der *Einschwingdauer* schwingt das *gesamte System* mit der Kreisfrequenz der erregenden Schwingung ω_E. Die erregende Kraft F_E ist ein komplexer Zeiger $\hat{F}_E e^{j(\Omega t)}$, der mit der erregenden Kreisfrequenz Ω schwingt. Die Auslenkung des Schwingers $\hat{y}e^{j(\Omega t - \gamma)}$ rotiert als Zeiger mit derselben Frequenz Ω, jedoch um die Phasenverschiebung γ verzögert. Die

Übersicht J-7. (Fortsetzung).

Phasen-Resonanzfunktion

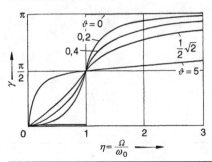

$$\tan \gamma = \frac{2\vartheta\Omega\omega_0}{(\omega_0^2 - \Omega^2)} = \frac{2\vartheta\eta}{(1 - \eta^2)}$$

$$\gamma = \arctan \frac{2\vartheta\eta}{1 - \eta^2} \qquad \eta < 1$$

$$= \frac{\pi}{2} - \arctan \frac{2\vartheta}{\eta^2 - 1} \qquad \eta > 1$$

d	Dämpfungskoeffizient ($d = 2m\delta$),
k	Federkonstante,
ϑ	Dämpfungsgrad ($\vartheta = \delta/\omega_0$),
F_{Fed}, F_R, F_E	Federkraft, Reibungskraft, erregende Kraft,
j	imaginäre Einheit ($j = \sqrt{-1}$),
y	Auslenkung des Schwingers,
$\hat{y}_{\text{res}}$	Amplitude im Resonanzfall,
$\hat{y}_{\text{stat}}$	Amplitude bei quasistatischer Anregung,
t	Zeit,
Q	Güte,
δ	Abklingkoeffizient $\left(\delta = \vartheta\omega_0 = \dfrac{d}{2m}\right)$,
ω_0, Ω	Kreisfrequenz des ungedämpften Systems, des Erregers,
γ	Phasenverschiebung zwischen schwingendem System und Erreger,
η	Frequenzverhältnis ($\eta = \Omega/\omega_0$; normierte Frequenz).

Phasenverschiebung hängt von der Kreisfrequenz des Erregers Ω, der Eigenfrequenz des Resonators ω_0 und der Dämpfung ϑ ab.

Folgende Fälle treten auf:

Quasistatische Anregung ($\eta \ll 1$)

Als Amplitude ergibt sich: $y_{\text{stat}} = \hat{F}_E/k$ (statische Auslenkung aufgrund der Federkraft). Zwischen Erreger und Resonator ist die Phasenverschiebung gleich null, weil die erregende Kraft sich so langsam ändert, dass der Schwinger folgen kann.

Resonanzfall ohne Dämpfung ($\eta = 1$; $\vartheta = 0$)

Es tritt ein Phasensprung von 0 auf π auf. Die Amplitude wird *unendlich* groß (Übersicht J-7).

Es kommt zur *Resonanzkatastrophe*. Sie kann verhindert werden durch:

– Vermeidung periodischer Kraftwirkungen,
– Einbau geeigneter Dämpfungsglieder,
– großen Unterschied zwischen der Eigenfrequenz des schwingungsfahigen Systems ω_0 und der Erregerfrequenz Ω.

Resonanzfall mit Dämpfung ($\eta < 1$; $\vartheta > 0$)

Mit steigendem Dämpfungsgrad nehmen die Amplituden bis zur *Grenzdämpfung* $\vartheta_{\text{Gr}} = 1/\sqrt{2}$ ab. Wird die Grenzdämpfung überschritten, dann tritt keine Resonanzüberhöhung mehr ein. Die *Güte Q* eines Schwingkreises wird näherungsweise durch das Verhältnis der Amplitude Resonanzfall

Tabelle J-7. Amplituden- und Phasenverlauf einer erzwungenen Schwingung für verschiedene Dämpfungsgrade und unterschiedliche Kreisfrequenzen.

Dämpfung ϑ / Kreisfrequenz-Verhältnis η	ohne Dämpfung $\vartheta = 0$	geringe Dämpfung $\vartheta \lesssim 0,1$	überkritische Dämpfung $\vartheta \geq \frac{1}{2}\sqrt{2}$
quasistatische Anregung $\eta \approx 0$ ($\Omega \ll \omega_0$)	Ampilitude $\hat{y} = \dfrac{\hat{F}_E}{k}$		
	bis $\eta \approx 1$ zunehmend		mit $\eta > 0$ abnehmend
	Phasenverschiebung $\gamma = 0$		
Resonanz $\eta \approx 1$ ($\Omega \approx \omega_0$)	Amplitude $\hat{y} \to \infty$	Amplitude $\hat{y} \to$ Maximum	Amplitude $\hat{y} < \dfrac{\hat{F}_E}{k}$
	Phasenverschiebung $\gamma = \dfrac{\pi}{2}$		
hochfrequente Anregung $\eta \gg 1$ ($\Omega \gg \omega_0$)	Amplitude $\hat{y} \to 0$		
	Phasenverschiebung $\gamma = \pi$	Phasenverschiebung $\gamma \to \pi$ (abhängig von ϑ)	

$\hat{y}_{\text{Res}}$ und der Amplitude im statischen Fall $\hat{y}_{\text{stat}}$ bestimmt ($Q = 1/(2\vartheta) = \hat{y}_{\text{Res}}/\hat{y}_{\text{stat}}$). Wichtige Anwendungsgebiete sind die (*mechanischen*) *Frequenzfilter* in der Nachrichtentechnik.

Hochfrequente Anregung ($\eta \gg 1$)

Der Erreger und der Resonator schwingen annähernd gegenphasig (für $\eta \to \infty$ ist $\gamma = \pi$), und zwar um so genauer, je geringer die Dämpfung ϑ ist. Unabhängig vom Dämpfungsgrad ϑ geht die Amplitude der erzwungenen Schwin-

gung gegen null ($\hat{y} \approx 0$). In der Praxis wird damit die *Übertragung von Eigenschwingungen* vermieden.

J.1.3.2 Erzwungene elektrische Schwingung

Der elektrische Reihenschwingkreis wird mit einer Wechselspannung $u_0 = \hat{u}_0 \cos(\Omega t)$ der Kreisfrequenz Ω angeregt (Übersicht J-8). Es ist für die Bauteile zu beachten: Bei Schwingkreisen mit hoher Güte Q liegt im Resonanzfall an Kondensator und Spule das Q-fache der Generatorspannung an.

Übersicht J-8. Erzwungene elektrische Schwingung.

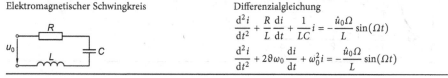

Elektromagnetischer Schwingkreis

u_0, R, L, C

Differenzialgleichung

$$\frac{d^2 i}{dt^2} + \frac{R}{L}\frac{di}{dt} + \frac{1}{LC}i = -\frac{\hat{u}_0 \Omega}{L}\sin(\Omega t)$$

$$\frac{d^2 i}{dt^2} + 2\vartheta\omega_0 \frac{di}{dt} + \omega_0^2 i = -\frac{\hat{u}_0 \Omega}{L}\sin(\Omega t)$$

Übersicht J-8. (Fortsetzung).

Stromamplitude

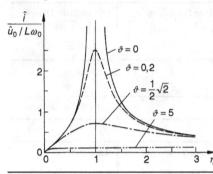

$$\hat{\imath} = \frac{\hat{u}_0}{\sqrt{R^2 + (\Omega L - 1/(\Omega C))^2}}$$

$$\hat{\imath} = \frac{\hat{u}_0 \eta}{\omega_0 L \sqrt{(2\vartheta\eta)^2 + (\eta^2 - 1)^2}}$$

$$\hat{\imath}_{Res} = \frac{\hat{u}_0}{R} = \frac{\hat{u}_0 \eta}{\omega_0 L \sqrt{(1 - \eta^2)^2 + (2\vartheta\eta)^2}}$$

Spannungsverlauf

Spannung am Widerstand: $u_R = iR = \hat{u}_R \cos(\Omega t - \gamma)$; $\hat{u}_R = \hat{\imath} R$

(wie Stromamplitude) $u_{R,\,Res} = \hat{u}_0$

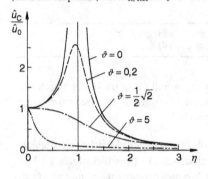

Spannung am Kondensator

$$\hat{u}_C = \frac{\hat{u}_0}{\sqrt{(2\vartheta\eta)^2 + (\eta^2 - 1)^2}} = \frac{\hat{u}_0}{\sqrt{(1 - \eta^2)^2 + (2\vartheta\eta)^2}}$$

$$\hat{u}_{C,\,Res} = \frac{\hat{u}_0}{2\vartheta\sqrt{1 - \vartheta^2}}$$

$$\vartheta = \frac{R}{2}\sqrt{\frac{C}{L}}$$

$$\frac{\hat{u}_{C,\,Res}}{\hat{u}_0} = \frac{1}{2\vartheta\sqrt{1 - \vartheta^2}} \approx \frac{1}{2\vartheta} = Q$$

Spannung an der Spule

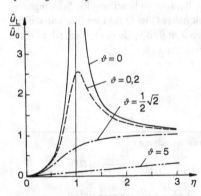

$$\hat{u}_L = \frac{\hat{u}_0 \eta^2}{\sqrt{(2\vartheta\eta)^2 + (\eta^2)^2 - 1}} = \frac{\hat{u}_0 \eta^2}{\sqrt{(1 - \eta^2)^2 + (2\vartheta\eta)^2}}$$

$$\hat{u}_{L,\,Res} = \frac{\hat{u}_0}{2\vartheta\sqrt{1 - \vartheta^2}}$$

$$\vartheta = \frac{R}{2}\sqrt{\frac{C}{L}}$$

Übersicht J-8. (Fortsetzung).

Phasenwinkel γ zwischen Erregerspannung und Strom

$$u_0(t) = \hat{u}_0 \cos \Omega t$$
$$i(t) = \hat{i} \cos(\Omega t - \gamma)$$

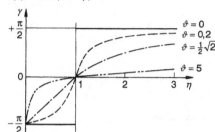

$$\tan \gamma = \frac{\Omega^2 - \omega_0^2}{\Omega \cdot R/L}$$

$$\tan \gamma = \frac{\eta^2 - 1}{2\vartheta\eta}$$

C	Kapazität,
ϑ	Dämpfungsgrad,
L	Induktivität,
i	elektrischer Strom,
R	Ohm'scher Widerstand,
$\hat{u}_R, \hat{u}_C, \hat{u}_L$	Amplitude der Spannung am Widerstand, am Kondensator, an der Spule,
$\hat{u}_0$	Amplitude der äußeren Wechselspannung,
γ	Phasenwinkel zwischen erregender Spannung und Strom im Schwingkreis,
Ω	Kreisfrequenz der erregenden Spannung,
ω_0	Eigen-Kreisfrequenz des Schwingkreises,
η	Verhältnis der Kreisfrequenzen ($\eta = \Omega/\omega_0$).

J.1.4 Überlagerung von Schwingungen

Schwingungen überlagern sich innerhalb des elastischen Bereichs ungestört (*Superpositionsprinzip*). Tabelle J-8 zeigt die verschiedenen Möglichkeiten, wenn sich die Frequenzen ändern und die Bewegimgsrichtungen parallel verlaufen oder aufeinander senkrecht stehen.

Tabelle J-8. Resultierende Schwingung bei Schwingungsüberlagerung.

Frequenzart	Bewegungsrichtungen parallel	Bewegungsrichtungen senkrecht
gleiche Frequenzen	Schwingung gleicher Frequenz, verschiedener Amplitude und/oder Phase	verschiedene Ellipsen, je nach Amplitude und Phasenlage
unterschiedliche Frequenzen	Schwebungen Fourier-Synthese	ganzzahlige Frequenz-Verhältnisse Lissajous-Figuren

J.1.4.1 Überlagerung in gleicher Raumrichtung und mit gleicher Frequenz

Übersicht J-9. Überlagerung von Schwingungen.

Ausgangsschwingungen

$y_1(t) = \hat{y}_1 \cos(\omega t + \varphi_{01}); \; y_2(t) = \hat{y}_2 \cos(\omega t + \varphi_{02})$

Neue Schwingung

$y_{neu} = y_1(t) + y_2(t) = \hat{y}_{neu} \cos(\omega t + \varphi_{neu})$

Phasenverschiebung $\Delta\varphi = \varphi_{01} - \varphi_{02}$

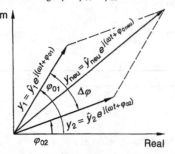

Zeiger-Darstellung

Neue Amplitude

$\hat{y}_{neu} = \sqrt{\hat{y}_1^2 + 2\hat{y}_1\hat{y}_2 \cos(\varphi_{01} - \varphi_{02}) + \hat{y}_2^2}$

$\tan\varphi_{neu} = \dfrac{\hat{y}_1 \sin\varphi_{01} + \hat{y}_2 \sin\varphi_{02}}{\hat{y}_1 \cos\varphi_{01} + \hat{y}_2 \cos\varphi_{02}}$

beliebige Überlagerung

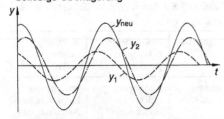

Für $\hat{y}_1 = \hat{y}_2 = \hat{y}$

$\hat{y}_{neu} = 2\hat{y} \cos\left(\dfrac{\varphi_{01} - \varphi_{02}}{2}\right)$

$\varphi_{neu} = \dfrac{\varphi_{01} - \varphi_{02}}{2}$

maximale Verstärkung

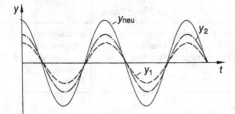

$\Delta\varphi = 0$

$\hat{y}_{neu} = \sqrt{\hat{y}_1^2 + 2\hat{y}_1\hat{y}_2 + \hat{y}_2^2}$

Für $\hat{y}_1 = \hat{y}_2 = \hat{y}$

$\hat{y}_{neu} = 2\hat{y}$

Übersicht J-9. (Fortsetzung).

Auslöschung	$\Delta\varphi = \pi$
	$\hat{y}_{neu} = 0$

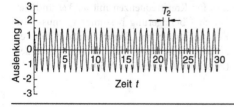

y_1, y_2	Schwingung 1, Schwingung 2,
$\hat{y}_{neu}$	Amplitude der neuen Schwingung,
$\varphi_{01}, \varphi_{02}$	Phasenverschiebung Schwingung 1, Schwingung 2,
φ_{neu}	Phasenverschiebung der neuen Schwingung,
ω	Kreisfrequenz.

J.1.4.2 Überlagerung in gleicher Raumrichtung und mit geringen Frequenzunterschieden (Schwebung)

Übersicht J-10. Schwebungen.

Für gleiche Phase ($\varphi_{01} = \varphi_{02}$) und gleiche Amplitude ($\hat{y}_1 = \hat{y}_2$) gilt:

$$y_{neu}(t) = y_1(t) + y_2(t) = \hat{y}\cos(\omega_1 t) + \hat{y}\cos(\omega_2 t)$$

$$y_{neu}(t) = 2\hat{y}\cos\left(\frac{\omega_1 - \omega_2}{2}t\right)\cos\left(\frac{\omega_1 + \omega_2}{2}t\right)$$

Für geringe Frequenzunterschiede: Schwebung

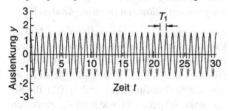

Schwebungsdauer

$$T_S = \frac{T_1 T_2}{T_2 - T_1}$$

Schwebungsfrequenz

$$f_S = f_1 - f_2$$

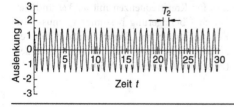

Übersicht J-10. (Fortsetzung).

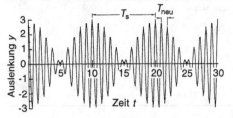

Neue Schwingung:

$$T_S = \frac{T_1 T_2}{T_2 - T_1}$$

$$f_{neu} = \frac{f_1 + f_2}{2}$$

f_1, f_2, f_{neu}	Frequenz 1. Schwingung, 2. Schwingung, neue Schwingung,
T_1, T_2, T_{neu}	Schwingungsdauer 1. Schwingung, 2. Schwingung, neue Schwingung,
ω_1, ω_2	Kreisfrequenz 1. Schwingung, 2. Schwingung,
y_1, y_2, y_{neu}	Auslenkung 1. Schwingung, 2. Schwingung, neue Schwingung,
T_S	Schwebungsdauer,
f_S	Schwebungsfrequenz.

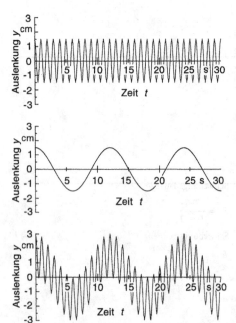

Bild J-1. Schwingungsüberlagerung bei großen Frequenzunterschieden.

J.1.4.3 Überlagerung in gleicher Raumrichtung und mit großen Frequenzunterschieden

Wie Bild J-1 zeigt, schwingt die schnellere Schwingung um die periodische Achse der langsameren Schwingung.

J.1.4.4 Überlagerung in gleicher Raumrichtung mit ganzzahligen Frequenzverhältnissen (Fourier-Analyse)

Ein periodisch wiederkehrendes Muster kann in eine Reihe von elementaren Sinus- und Kosinus-Schwingungen zerlegt werden (*Fourier-Analyse*). Die *Fourier-Koeffizienten* a_k (für die Kosinusfunktion) und b_k (für die Sinusfunktion) geben an, wie stark die einzelnen Anteile vertreten sind. Übersicht J-11 zeigt dies für Kreisfrequenzen mit ω, 3ω und 5ω. Durch Überlagerung bestimmter Sinus- und Kosinusfunktionen (*Fourier-Synthese*) können auch beliebige Kurvenformen erzeugt werden (Abschnitt A, Übersicht A-50).

Übersicht J-11. Fourier-Analyse.

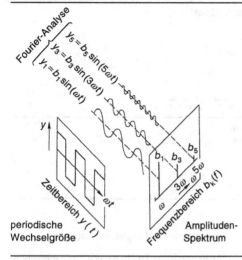

Periodische Wechselgröße

$$y(t) = \frac{a_0}{2} + \sum_{k=1}^{\infty} \left(a_k \cos(k\omega t) \right)$$
$$+ \sum_{k=1}^{\infty} \left(b_k \sin(k\omega t) \right)$$

Fourier-Koeffizienten

$$a_0 = \frac{2}{T} \int_0^T y(t)\,dt\,,$$

$$a_k = \frac{2}{T} \int_0^T y(t) \cos(k\omega t)\,dt\,,$$

$$b_k = \frac{2}{T} \int_0^T y(t) \sin(k\omega t)\,dt \text{ (für } k = 1, 2, 3, \ldots)$$

Fourier-Zerlegung am Beispiel

a) Ausgangsschwingung

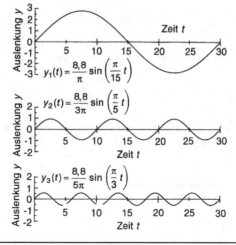

b) Zerlegung in Einzelschwingungen

$$y_1(t) = \frac{8{,}8}{\pi} \sin\left(\frac{\pi}{15}\,t\right)$$

$$y_2(t) = \frac{8{,}8}{3\pi} \sin\left(\frac{\pi}{5}\,t\right)$$

$$y_3(t) = \frac{8{,}8}{5\pi} \sin\left(\frac{\pi}{3}\,t\right)$$

Übersicht J-11. (Fortsetzung).

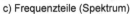

c) Frequenzteile (Spektrum)

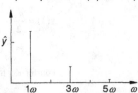

a_k	Fourier-Koeffizienten für die Cosinusfunktionen,	
b_k	Fourier-Koeffizienten für die Sinusfunktionen,	
$k-1$	Anzahl der Oberschwingungen,	
$y(t)$	periodische Wechselgröße,	
t	Zeit,	
ω	Kreisfrequenz der Schwingung.	

J.1.4.5 Überlagerung von Schwingungen mit ganzzahligen Frequenzverhältnissen, die senkrecht aufeinander stehen (Lissajous-Figuren)

Schwingungen mit gleicher Kreisfrequenz

Übersicht J-12. Senkrechte Überlagerung gleichfrequenter Schwingungen.

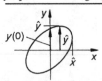

Ausgangsschwingungen
$x(t) = \hat{x} \sin(\omega t)$
$y(t) = \hat{y} \sin(\omega t + \varphi)$
Daraus wird Ellipsen-Gleichung
$$\frac{y^2}{\hat{y}^2} + \frac{x^2}{\hat{x}^2} - \frac{2yx}{\hat{y}\hat{x}} \cos \varphi = \sin^2 \varphi$$
Berechnung der Phasenverschiebung
$$\sin \varphi = \frac{y(0)}{\hat{y}} + \frac{x(0)}{\hat{x}}$$

Schwingungen mit ungleicher Frequenz

Für ganzzahlige Frequenzverhältnisse ergeben sich geschlossene Kurven. Aus der Anzahl k der senkrechten Maxima und der Anzahl l der waagrechten Maxima können die Frequenzverhältnisse festgestellt werden.

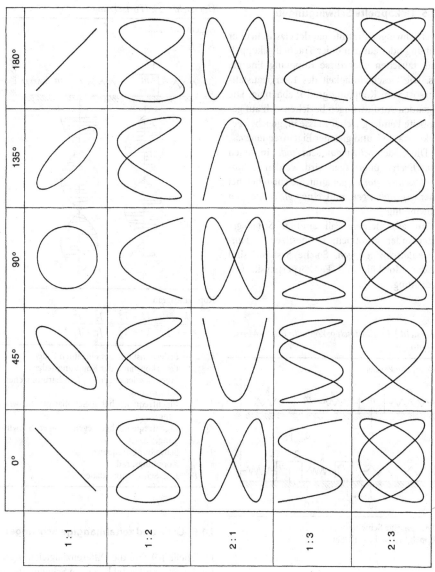

Bild J-2. Lissajous-Figuren.

J.1.5 Gekoppelte Schwingungen

Zwei Schwinger, die miteinander elastisch, über Reibung oder aufgrund der Trägheit gekoppelt sind, tauschen über diese Kopplung Energie aus. Die Geschwindigkeit des Energieaustausches ist vom Kopplungsgrad κ abhängig. Die folgenden Ausführungen beziehen sich auf gekoppelte Pendel gleicher Masse m, gleicher Federkonstante k und gleicher Eigenfrequenz ω_0.

Die beiden *Schwingungszustände,* in denen *keine Energie* übertragen wird, werden *Fundamentalschwingungen* genannt. Sie entstehen bei einer *gegenphasigen* und einer *gleichphasigen* Schwingung.

Im allgemeinen Fall sind *n* Schwinger miteinander gekoppelt; sie besitzen *n Fundamentalschwingungen.* Solche Systeme sind in der Molekül- und Festkörperphysik von Bedeutung.

Übersicht J-13. Elastisch gekoppelte Feder-Masse-Schwinger.

Gekoppelte Pendel

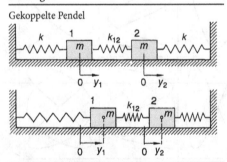

Gleichphasige Schwingung
Koppelglied nicht wirksam

$$f_1 = f_0 = \frac{1}{2\pi}\sqrt{\frac{k}{m}}$$

Gegenphasige Schwingung
Kopplungsfeder bleibt in der Mitte in Ruhe

$$k_{ges} = k + 2k_{12}$$

$$f_2 = \frac{1}{2\pi}\sqrt{\frac{k + 2k_{12}}{m}}$$

Übersicht J-13. (Fortsetzung).

Allgemeiner Fall
$f_S = f_2 - f_1$

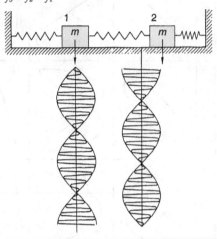

Kopplungsgrad

$$\kappa = \frac{k_{12}}{k + k_{12}} = \frac{T_1^2 - T_2^2}{T_1^2 + T_2^2} = \frac{f_2^2 - f_1^2}{f_1^2 + f_2^2}$$

k	Federkonstante der einzelnen Feder,
k_{12}	Federkonstante der Kopplungsfeder,
f_0	Frequenz der ungedämpften harmonischen Schwingung,
f_1	Eigenfrequenz bei gleichphasiger Schwingung,
f_2	Eigenfrequenz bei gegenphasiger Schwingung,
f_S	Schwebungsfrequenz,
κ	Kopplungsgrad,
T_1, T_2	1., 2. Schwingungsdauer.

J.1.6 Orts- und zeitabhängige Schwinger

In Tabelle J-9 sind die Differenzialgleichungen für die orts- und zeitabhängigen Schwingungen zusammengestellt.

Bei den *parametrischen Schwingungen* hängen die Systemparameter (z. B. die Eigenfrequenz) von der Zeit ab. Dem Schwinger kann *zusätzlich* Energie zugeführt werden, wenn dem Schwingungssystem während des

Tabelle J-9. Orts- und zeitabhängige Schwingungen.

ortsabhängig \ zeitabhängig	sklero- (nicht parametrisch)	rheo- (parametrisch)
linear	$\dfrac{\mathrm{d}^2 y}{\mathrm{d}t^2} + \omega_0^2 y = 0$	$\dfrac{\mathrm{d}^2 y}{\mathrm{d}t^2} + \omega_0^2(t) y = 0$
nichtlinear	$\dfrac{\mathrm{d}^2 y}{\mathrm{d}t^2} + \omega_0^2(y) y = 0$	$\dfrac{\mathrm{d}^2 y}{\mathrm{d}t^2} + \omega_0^2(y, t) y = 0$

Schwingens eine parametrische Erregung mit der doppelten Eigenfrequenz zugeführt wird (z. B. Pendel mit periodisch bewegtem Aufhängepunkt).

J.2 Wellen

Eine Welle ist ein sich räumlich ausbreitender Erregungszustand, bei dem Energie weitergeleitet wird. Zur Ausbreitung *elastischer* Wellen ist es erforderlich, dass schwingungsfähige Systeme gekoppelt sind. *Elektromagnetische* Wellen brauchen kein Übertragungsmedium, sie breiten sich auch im Vakuum aus (zur Einteilung der elektromagnetischen Wellen in verschiedene Spektralgebiete s. Tabelle L-1). Die Merkmale der fundamentalen Wellentypen sind in Tabelle J-10 zusammengestellt (weitere Details zur Polarisation s. Tabelle L-14).

Die Begriffsbestimmungen zur Beschreibung schwingender Kontinua und Wellen sind in DIN 1311, Blatt 4 definiert.

J.2.1 Harmonische Wellen

Bei harmonischen Wellen ist die räumliche und zeitliche Abhängigkeit der schwingenden Größe durch harmonische Funktionen gegeben (Tabelle J-11, Bild J-3).

J.2.2 Energietransport

In einem Medium, in dem eine Welle läuft, ist Energie gespeichert. Die wichtigsten Gleichungen zum Energietransport bringt Tabelle J-12.

Wellenamplitude

Während bei der ebenen Welle die Energiedichte w und damit die Amplitude in Ausbreitungs-

Tabelle J-10. Wellentypen.

Wellentyp	Merkmale	Beispiele
Transversal- oder Querwellen	Schwingungsrichtung steht senkrecht auf Ausbreitungsrichtung. Bei räumlich und zeitlich definierter Schwingungsrichtung ist die Welle *polarisiert*.	Elastische Wellen in Festkörpern (Torsions- und Biegewellen). Elektromagnetische Wellen. Oberflächenwellen an Grenzflächen (z. B.: Wasser–Luft: Wasserwellen).
Longitudinal- oder Längswellen	Schwingungsrichtung ist parallel zur Ausbreitungsrichtung.	Elastische Wellen in Gasen, Flüssigkeiten und Festkörpern (Schallwellen).

Tabelle J-11. Harmonische Wellen.

Größe	Funktion
In x-Richtung laufende Welle	$y(x,t) = \hat{y}\cos\left[2\pi\left(\dfrac{t}{T} - \dfrac{x}{\lambda}\right) + \varphi_0\right]$
	$y(x,t) = \hat{y}\cos(\omega t - kx + \varphi_0)$
Gegen die x-Richtung laufende Welle	$y(x,t) = \hat{y}\cos(\omega t + kx + \varphi_0)$
Phasengeschwindigkeit	$c = \lambda/T = \lambda f = \omega/k$
Wellenzahl	$k = 2\pi/\lambda$
Schnelle	$v = \dfrac{\partial y}{\partial t} = -\hat{y}\omega\sin(\omega t - kx + \varphi_0) = -\hat{v}\sin(\omega t - kx + \varphi_0)$

y	Auslenkung (Elongation),	f	Frequenz,
x	Ort,	λ	Wellenlänge,
t	Zeit,	φ_0	Nullphasenwinkel,
$\hat{y}$	Amplitude,	ω	Kreisfrequenz,
T	Periodendauer,	$\hat{v}$	Schnelleamplitude.

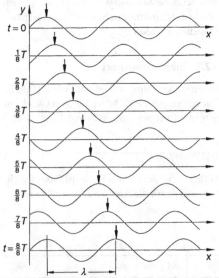

Bild J-3. Momentbilder einer laufenden Transversalwelle. Der Pfeil markiert einen Wellenberg.

muss sich bei anderen Wellenformen die Energie auf immer größere Flächen verteilen, wodurch die Amplitude abnimmt (Tabelle J-13).

Wellenwiderstand

Der *Wellenwiderstand,* charakterisiert die Übertragungseigenschaften eines Mediums. Bei elektromagnetischen Wellen werden Spannung (elektrische Feldstärke) und Strom (magnetische Feldstärke) in Analogie zum Ohm'schen Gesetz durch den Wellenwiderstand Z verknüpft. Tabelle J-14 gibt eine Übersicht.

Bei Schallwellen werden *Schallwechseldruck* (Abschnitt K.1.5) und Schallschnelle verknüpft:

$$Z = \frac{\hat{p}}{\hat{v}} = \varrho c \; ; \qquad\qquad (J–2)$$

$\hat{p}$	Amplitude des Schallwechseldrucks,
$\hat{v}$	Amplitude der Schallschnelle,
ϱ	Dichte des Übertragungsmediums,
c	Schallgeschwindigkeit.

richtung konstant bleibt (abgesehen von Absorptionsverlusten im Übertragungsmedium),

Tabelle J-12. Energietransport.

	Elastische Wellen	Elektromagnetische Wellen
Energiedichte	$w = \dfrac{dE}{dW} = \dfrac{1}{2}\varrho\hat{y}^2\omega^2 = \dfrac{1}{2}\varrho\hat{v}^2$	$w = \dfrac{1}{2}\varepsilon_r\varepsilon_0\hat{E}^2 = \dfrac{1}{2}\mu_r\mu_0\hat{H}^2$
Intensität oder Energiestromdichte	$I = wc = \dfrac{1}{2}\varrho\hat{v}^2 c$	$I = \dfrac{1}{2}\sqrt{\dfrac{\varepsilon_r\varepsilon_0}{\mu_r\mu_0}}\hat{E}^2 = \dfrac{1}{2}\sqrt{\dfrac{\mu_r\mu_0}{\varepsilon_r\varepsilon_0}}\hat{H}^2$

w	Energiedichte (Energie pro Volumen, J/m^3),	ε_r	relative Permittivität,
W	Energie der Welle,	ε_0	elektrische Feldkonstante,
I	Intensität (Leistung pro Fläche, W/m^2),		($\varepsilon_0 = 8{,}854 \cdot 10^{-12}$ As/Vm),
ϱ	Dichte des Übertragungsmediums,	μ_r	relative Permeabilität,
$\hat{y}$	Schwingungsamplitude,	μ_0	magnetische Feldkonstante
ω	Kreisfrequenz,		($\mu_0 = 4\pi \cdot 10^{-7}$ Vs/Am),
$\hat{v}$	Schnelleamplitude,	$\hat{E}$	Amplitude der elektrischen Feldstärke,
c	Phasengeschwindigkeit,	$\hat{H}$	Amplitude der magnetischen Feldstärke.

Tabelle J-13. Energiedichte und Amplitude verschiedener Wellen.

Wellenfläche	Energiedichte	Amplitude
eben	$w = $ konst.	$\hat{y} = $ konst.
Zylinder	$w \sim \dfrac{1}{r}$	$\hat{y} \sim \dfrac{1}{\sqrt{r}}$
Kugel	$w \sim \dfrac{1}{r^2}$	$\hat{y} \sim \dfrac{1}{r}$

r Abstand von der Quelle.

Übersicht J-14. Reflexion und Transmission von Wellen: Intensitäten.

Energieerhaltung	$I_e = I_r + I_t$	
Reflexionsgrad	$\varrho = \dfrac{I_r}{I_e} = \left(\dfrac{Z_1 - Z_2}{Z_1 + Z_2}\right)^2$	
Transmissionsgrad	$\tau = 1 - \varrho = \dfrac{I_t}{I_e} = \dfrac{4Z_1 Z_2}{(Z_1 + Z_2)^2}$	

I_e	einfallende Intensität,
I_r	reflektierte Intensität,
I_t	transmittierte Intensität,
Z_1	Wellenwiderstand im Medium 1,
Z_2	Wellenwiderstand im Medium 2.

Reflexion und Transmission

Wenn an der Grenzfläche zweier Medien oder Leitungen der Wellenwiderstand eine Änderung erfährt, dann wird ein Teil der Welle reflektiert. Reflexions- und Transmissionsgrad der Intensität bei senkrechtem Einfall zeigt Übersicht J-14, den Reflexions- und Transmissionsfaktor der Amplitude Tabelle J-15.

Tabelle J-14. Wellenwiderstand elektromagnetischer Wellen im freien Raum und auf Leitungen.

	Leitungen	freier Raum
Definition	$\underline{Z}_L = \dfrac{\underline{U}}{\underline{I}}$	$\underline{Z}_F = \dfrac{\underline{E}}{\underline{H}}$
verlustbehaftet	$\underline{Z}_L = \sqrt{\dfrac{R' + j\omega L'}{G' + j\omega C'}}$	$\underline{Z}_L = \sqrt{\dfrac{\mu_r \mu_0}{\varepsilon_r \varepsilon_0 - j\kappa/\omega}}$
verlustlos	$\underline{Z}_{L0} = \sqrt{\dfrac{L'}{C'}}$	$Z_{F0} = \sqrt{\dfrac{\mu_0}{\varepsilon_0}} = 376{,}7\ \Omega$

Z	Wellenwiderstand (reell),
$\underline{Z}$	Wellenwiderstand (komplex, frequenzabhängig),
$\underline{U}$	komplexe Spannung,
$\underline{I}$	komplexer Strom,
$R' = R/l$	Widerstand pro Länge,
$G' = G/l$	Ableitung (Querleitwert) pro Länge,
$L' = L/l$	Induktivität pro Länge,
$C' = C/l$	Kapazität pro Länge,
$\underline{E}$	komplexe elektrische Feldstärke,
$\underline{H}$	komplexe magnetische Feldstärke,
μ_r	relative Permeabilität,
μ_0	magnetische Feldkonstante,
ε_r	relative Permittivität,
ε_0	elektrische Feldkonstante,
κ	elektrische Leitfähigkeit,
ω	Kreisfrequenz.

R', G', L', C' } Beläge (Tabelle J-17)

Tabelle J-15. Reflexion und Transmission von Wellen: Amplituden.

Elastische Wellen	Elektromagnetische Wellen	
	elektrische Feldstärke	magnetische Feldstärke
$r = \dfrac{\hat{y}_r}{\hat{y}_e} = \dfrac{Z_1 - Z_2}{Z_1 + Z_2}$	$r_e = \dfrac{\hat{E}_r}{\hat{E}_e} = \dfrac{Z_2 - Z_1}{Z_1 + Z_2} = \dfrac{n_1 - n_2}{n_1 + n_2}$	$r_m = \dfrac{\hat{H}_r}{\hat{H}_e} = \dfrac{Z_1 - Z_2}{Z_1 + Z_2} = \dfrac{n_2 - n_1}{n_1 + n_2}$
$t = \dfrac{\hat{y}_t}{\hat{y}_e} = \dfrac{2Z_1}{Z_1 + Z_2}$	$t_e = \dfrac{\hat{E}_t}{\hat{E}_e} = \dfrac{2Z_2}{Z_1 + Z_2} = \dfrac{2n_1}{n_1 + n_2}$	$t_m = \dfrac{\hat{H}_t}{\hat{H}_e} = \dfrac{2Z_1}{Z_1 + Z_2} = \dfrac{2n_2}{n_1 + n_2}$

r	Reflexionsfaktor,
t	Transmissionsfaktor,
$\hat{y}_e, \hat{E}_e, \hat{H}_e$	Amplituden der einfallenden Wellen,
$\hat{y}_r, \hat{E}_r, \hat{H}_r$	Amplituden der reflektierten Wellen,
$\hat{y}_t, \hat{E}_t, \hat{H}_t$	Amplituden der transmittierten Wellen,
Z_1, Z_2	Wellenwiderstand im Medium 1 bzw. 2,
n_1, n_2	Brechungsindex im Medium 1 bzw. 2 (Abschnitt L.1.3).

J.2.3 Phasengeschwindigkeit

Die Phasengeschwindigkeit c ist die Geschwindigkeit, mit der sich ein Zustand konstanter Phase ($\omega t - kx + \varphi_0 = $ konst.) ausbreitet. Sie tritt als Konstante in der *Wellengleichung* auf, die für die Ausbreitung von Wellen charakteristisch ist:

$$\Delta y - \frac{1}{c^2}\frac{\partial^2 y}{\partial t^2} = 0 \; ; \qquad (\text{J--3})$$

$$\Delta = \frac{\partial^2}{\partial x^2} + \frac{\partial^2}{\partial y^2} + \frac{\partial^2}{\partial z^2} \quad \text{Laplace-Operator.}$$

Für eindimensionale Wellen gilt:

$$\frac{\partial^2 y}{\partial t^2} = c^2 \frac{\partial^2 y}{\partial x^2} \; . \qquad (\text{J--4})$$

In Tabelle J-16 sind Formeln für die Phasengeschwindigkeit verschiedener Wellen zusammengestellt.

Die *Beläge* C' und L' von Leitungen hängen von der Leitergeometrie ab. Tabelle J-17 zeigt zwei Beispiele.

Tabelle J-16. Phasengeschwindigkeiten verschiedener Wellentypen.

Wellentyp	Phasengeschwindigkeit
Longitudinalwellen in Gasen	$c = \sqrt{\dfrac{\varkappa p}{\varrho}}$
Longitudinalwellen in Flüssigkeiten	$c = \sqrt{\dfrac{K}{\varrho}}$
Longitudinalwellen in Stäben	$c = \sqrt{\dfrac{E}{\varrho}}$
Torsionswellen in Rundstäben	$c = \sqrt{\dfrac{G}{\varrho}}$
Transversalwellen auf Saiten	$c = \sqrt{\dfrac{F}{A\varrho}}$
Elektromagnetische Wellen im Vakuum	$c_0 = \dfrac{1}{\sqrt{\varepsilon_0 \mu_0}}$
Elektromagnetische Wellen in Materie	$c = \dfrac{1}{\sqrt{\varepsilon_r \varepsilon_0 \mu_r \mu_0}}$
Elektromagnetische Wellen auf Leitungen	$c = \dfrac{1}{\sqrt{C'L'}}$

$\varkappa$ Isentropenexponent,
p Druck,
ϱ Dichte,
K Kompressionsmodul,
E Elastizitätsmodul,
G Schubmodul,
F Spannkraft,
A Saitenquerschnitt,
ε_0 elektrische Feldkonstante
($\varepsilon_0 = 8{,}854 \cdot 10^{-12}$ As/(Vm)),
μ_0 magnetische Feldkonstante
($\mu_0 = 4\pi \cdot 10^{-7}$ Vs/(Am)),
ε_r relative Permittivität,
μ_r relative Permeabilität,
C' längenbezogene Kapazität,
L' längenbezogene Induktivität.

Tabelle J-17. Beläge für lange Leitungen.

Leitungstyp	Kapazität pro Länge	Induktivität pro Länge
Doppelleitung	$C' = \dfrac{\varepsilon_r \varepsilon_0 \pi}{\ln(a/r)}$	$L' = \dfrac{\mu_r \mu_0}{\pi}\ln(a/r)$
Koaxialleitung	$C' = \dfrac{2\varepsilon_r \varepsilon_0 \pi}{\ln(D/d)}$	$L' = \dfrac{\mu_r \mu_0}{2\pi}\ln(D/d)$

J.2.4 Gruppengeschwindigkeit

Als Gruppengeschwindigkeit wird die Geschwindigkeit bezeichnet, mit der die Einhüllende eines Wellenpaketes (Bild J-4) läuft und somit auch die Energie bzw. Information. Die Gruppengeschwindigkeit ist in Medien mit *Dispersion* nicht identisch mit der Phasengeschwindigkeit. Bild J-5 zeigt ein Beispiel.

Für die Gruppengeschwindigkeit gilt:

$$c_{gr} = \frac{d\omega}{dk} = c - \lambda \frac{dc}{d\lambda} \; ; \qquad (J-5)$$

c_{gr} Gruppengeschwindigkeit,
ω Kreisfrequenz,
k Wellenzahl,
c Phasengeschwindigkeit,
λ Wellenlänge.

Tabelle J-18. Dispersionsarten.

$\frac{dc}{d\lambda}$	Ausbreitungs-geschwindigkeit	Bezeichnung
> 0	$c_{gr} < c$	normale Dispersion
$= 0$	$c_{gr} = c$	keine Dispersion
< 0	$c_{gr} > c$	anomale Dispersion

Je nach Übertragungsmedium können die in Tabelle J-18 dargestellten Fälle unterschieden werden.

Zur Dispersion in der Optik und Definition des *Gruppenindex* s. Abschnitt L.1.3.1.

J.2.5 Doppler-Effekt

Schallwellen

Sind eine Schallquelle und/oder ein Beobachter in Bewegung (relativ zum Übertragungsmedium Luft), dann weicht die Frequenz f_B, die der Beobachter wahrnimmt, von der Frequenz f_Q der Quelle ab. Je nach Bewegungszustand sind verschiedene Fälle unterscheidbar, die in Tabelle J-19 zusammengestellt sind.

Bewegt sich die Quelle mit Überschallgeschwindigkeit, dann bilden alle von der Quelle ausgesandten Kugelwellen einen Kegel. Bild J-6 zeigt ein Momentbild dieses *Mach'schen Kegels*.

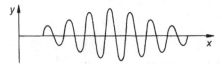

Bild J-4. Wellenpaket endlicher Länge.

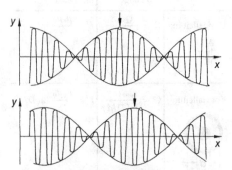

Bild J-5. Zustände einer Wellengruppe an zwei verschiedenen Zeitpunkten. Der Pfeil kennzeichnet das Maximum der Gruppe, der kleine Kreis einen Zustand konstanter Phase.

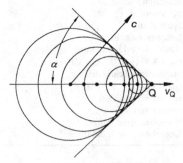

Bild J-6. Mach'scher Kegel beim Überschallflug.

Tabelle J-19. Doppler-Effekt. Die verschiedenen Bewegungsmöglichkeiten von Quelle und Beobachter sind durch Pfeile angedeutet.

Quelle	Beobachter	beobachtete Frequenz
•	← •	$f_B = f_Q \left(1 + \dfrac{v_B}{c}\right)$
•	• →	$f_B = f_Q \left(1 - \dfrac{v_B}{c}\right)$
• →	•	$f_B = \dfrac{f_Q}{1 - \dfrac{v_Q}{c}}$
← •	•	$f_B = \dfrac{f_Q}{1 + \dfrac{v_Q}{c}}$
• →	← •	$f_B = f_Q \dfrac{c + v_B}{c - v_Q}$
← •	• →	$f_B = f_Q \dfrac{c - v_B}{c + v_Q}$
← •	← •	$f_B = f_Q \dfrac{c + v_B}{c + v_Q}$
• →	• →	$f_B = f_Q \dfrac{c - v_B}{c - v_Q}$

f_B Frequenz beim Beobachter,
f_Q Frequenz der Quelle,
v_B Betrag der Beobachtergeschwindigkeit relativ zur Luft,
v_Q Betrag der Quellengeschwindigkeit relativ zur Luft,
c Schallgeschwindigkeit.

An der Spitze des Kegels befindet sich die Quelle Q, die sich mit $v_Q > c$ bewegt. Der halbe Öffnungswinkel des Kegels ist der Mach'sche Winkel. Er beträgt

$$\sin\alpha = \frac{c}{v_Q} = \frac{1}{Ma} \; ; \tag{J-6}$$

α Mach'scher Winkel,
c Schallgeschwindigkeit,
v_Q Geschwindigkeit der Quelle,
Ma Mach-Zahl.

Elektromagnetische Wellen

Für die Frequenzverschiebung von elektromagnetischen Wellen ist lediglich die Relativgeschwindigkeit zwischen Quelle (Sender) und Beobachter (Empfänger) maßgebend:

$$f_B = f_Q \sqrt{\frac{c+v}{c-v}} = f_Q \sqrt{\frac{1+\beta}{1-\beta}} \quad \begin{array}{l} \text{bei} \\ \text{Annäherung} \end{array}$$

$$\text{(J-7)}$$

$$f_B = f_Q \sqrt{\frac{c-v}{c+v}} = f_Q \sqrt{\frac{1-\beta}{1+\beta}} \quad \begin{array}{l} \text{bei} \\ \text{Entfernung;} \end{array}$$

f_B Frequenz beim Beobachter,
f_Q Frequenz der Quelle,
c Lichtgeschwindigkeit,
v Relativgeschwindigkeit zwischen Quelle und Beobachter,
$\beta = \dfrac{v}{c}$ bezogene Relativgeschwindigkeit.

J.2.6 Interferenz

Bei der Überlagerung von Wellen treten Interferenzerscheinungen auf. Im Allgemeinen ist das *Prinzip der ungestörten Superposition* gültig.

Wellen mit gleicher Frequenz und Wellenlänge

Gegeben seien zwei Wellen mit gleicher Amplitude, die in dieselbe Richtung laufen:

$$y_1 = \hat{y}\cos(\omega t - kx) \quad \text{und}$$
$$y_2 = \hat{y}\cos(\omega t - kx + \varphi)$$
$$= \hat{y}\cos\left(\omega t - kx + 2\pi\frac{\Delta}{\lambda}\right) .$$

Die zweite Welle weist gegenüber der ersten einen *Gangunterschied* Δ auf, der mit der Phasenverschiebung φ verknüpft ist:

$$\Delta = \frac{\varphi}{2\pi}\lambda \; . \tag{J-8}$$

Die Überlagerung ergibt:

$$y(x,t) = 2\hat{y}\cos\left(\frac{\varphi}{2}\right)$$
$$\cdot \cos\left(\omega t - kx + \frac{\varphi}{2}\right)$$
$$= 2\hat{y}\cos\left(\pi\frac{\Delta}{\lambda}\right)$$
$$\cdot \cos\left(\omega t - kx + \pi\frac{\Delta}{\lambda}\right) . \qquad (\text{J--9})$$

Die Summenwelle ist wieder eine Welle mit gleicher Frequenz und Wellenlänge, deren Amplitude je nach Gangunterschied Werte zwischen 0 und $2\hat{y}$ annehmen kann (Tabelle J-20).

Stehende Wellen

Gegeben seien zwei Wellen mit gleicher Frequenz, Wellenlänge und Amplitude, die sich entgegen laufen:

$$y_1 = \hat{y}\cos(\omega t - kx) \quad \text{und}$$
$$y_2 = \hat{y}\cos(\omega t + kx + \varphi)$$
$$= \hat{y}\cos\left(\omega t + kx + 2\pi\frac{\Delta}{\lambda}\right)$$

Bei der Überlagerung entsteht eine *stehende* Welle:

$$y(x, t) = 2\hat{y}\cos\left(\omega t + \frac{\varphi}{2}\right)$$
$$\cdot \cos\left(kx + \frac{\varphi}{2}\right)$$
$$= 2\hat{y}\cos\left(\omega t + \pi\frac{\Delta}{\lambda}\right)$$
$$\cdot \cos\left(kx + \pi\frac{\Delta}{\lambda}\right) . \qquad (\text{J--10})$$

Bild J-7 zeigt Momentbilder von stehenden Wellen. Jeweils im Abstand von $\lambda/2$ entstehen ortsfeste *Schwingungsknoten* und *-bäuche*. Bei einer Reflexion an einem dichteren

Tabelle J-20. Konstruktive und destruktive Interferenz (Ordnungszahl $m = 0, 1, 2, \ldots$).

Bedingung für	konstruktive Interferenz	destruktive Interferenz
Gangunterschied	$\Delta = m\lambda$	$\Delta = (2m+1)\frac{\lambda}{2}$
Phasenverschiebung	$\varphi = m2\pi$	$\varphi = (2m + 1)\pi$

a) Reflexion am dichten Medium

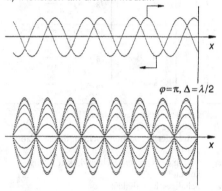

$\varphi = \pi, \Delta = \lambda/2$

b) Reflexion am dünnen Medium

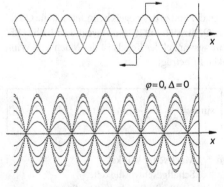

$\varphi = 0, \Delta = 0$

Bild J-7. Ausbildung einer stehenden Welle durch Reflexion am a) dichteren, b) dünneren Medium.

Medium (größerer Wellenwiderstand Z) tritt an der Grenzfläche ein Phasensprung ($\varphi = \pi$, $\Delta = \lambda/2$) auf, und es entsteht ein Schwingungsknoten (Bild J-7a, Tabelle J-15). Bei einer Reflexion an einem dünneren Medium tritt kein Phasensprung auf, es entsteht ein Schwingungsbauch (Bild J-7b, Tabelle J-15). Stehende Wellen können auch als *Eigenschwingungen* eines Kontinuums mit charakteristischen *Eigenfrequenzen* aufgefasst werden. Beispielsweise sind die möglichen Eigenfrequenzen einer schwingenden Saite

$$f_n = (n + 1)f_0 \, ,$$
$$\text{mit} \quad f_0 = c/2l \, , \quad n = 0, 1, 2, \ldots ; \quad (\text{J–11})$$

f_0 Frequenz der Grundschwingung,
f_n Frequenz der n-ten Oberschwingung,
c Phasengeschwindigkeit,
l Saitenlänge.

K Akustik

Übersicht K-1. Normen und Richtlinien.

DIN 1320	Akustik, Grundbegriffe
DIN 4109	Schallschutz im Hochbau
DIN 18 005	Schallschutz im Städtebau
DIN 18 041	Hörsamkeit in Räumen
DIN 45 630	Grundlagen der Schallmessung
DIN 45 635	Geräuschmessung an Maschinen
DIN 45 641	Beurteilungspegel zeitlich schwankender Schallvorgänge
DIN 45 642	Messung von Verkehrsgeräuschen
DIN 52 210-6	Bauakustische Prüfungen, Luft- und Trittschalldämmung
DIN 52 221	Körperschallmessungen bei haustechnischen Anlagen
DIN EN 61 260	Elektroakustik – Bandfilter für Oktaven und Oktavbruchteile
DIN EN 61 672	Elektroakustik – Schallpegelmesser
DIN EN ISO 354	Messung der Schallabsorption in Hallräumen
DIN EN ISO 1683	Bezugswerte für akustische Pegel
DIN EN ISO 3382	Messung von Parametern der Raumakustik
ARS 5 (RLS-90)	Richtlinien für den Lärmschutz an Straßen
TALärm	Technische Anleitung zum Schutz gegen Lärm
VDI 2058 Bl. 3	Beurteilung von Arbeitslärm
VDI 2569	Schallschutz und akustische Gestaltung im Büro

Die Akustik beschäftigt sich mit der Ausbreitung von longitudinalen Kompressions- und Dilatationswellen in Gasen, Flüssigkeiten und Festkörpern. Von besonderer Bedeutung sind dabei die *Schallausbreitung* in Luft, der *Schalldurchgang* durch Bauteile und die *Schallempfindung* des Menschen (Hörsamkeit und akustische Behaglichkeit).

K.1 Schallausbreitung

Schall ist die Ausbreitung lokaler Druckschwankungen in Medien. In der Akustik sind dabei die Dichteänderungen in den Ausbreitungsmedien und die Geschwindigkeiten der Molekülbewegungen nicht so hoch, dass nichtlineare Wechselwirkungen auftreten, wie sie bei Stoßwellenexperimenten beobachtet werden. Die folgenden Beziehungen der Akustik gelten für den Fall, dass sich die Schalldrücke verschiedener Schallquellen am Ort des Schallfeldes additiv überlagern (*Superpositionsprinzip*) und das zeitliche Produkt der verschiedenen Schallwechselamplituden verschwindet (*nichtkohärente Schallquellen*).

K.1.1 Schallfrequenz

Die Frequenz f der periodischen Erregung von Druckstörungen (z. B. durch eine Lautsprechermembran) bestimmt die Frequenz der lokalen Druckschwankung und damit die Schallfrequenz f. Entsprechend der Schallfrequenzempfindlichkeit des menschlichen Ohres werden verschiedene Schallbereiche definiert (Tabelle K-1).

K.1.2 Schallgeschwindigkeit

Die Schallgeschwindigkeit c ist die Ausbreitungsgeschwindigkeit (Phasengeschwindigkeit) der Druckstörungen in einem kompressiblen Medium.

Für die Schallgeschwindigkeit c in *Flüssigkeiten* und *Gasen* gilt:

$$c = \sqrt{\frac{K}{\varrho}} \; ; \qquad (K\text{--}1)$$

c Schallgeschwindigkeit,
K Kompressionsmodul,
ϱ Dichte.

© Springer-Verlag GmbH Deutschland 2017
E. Hering, R. Martin, M. Stohrer, *Taschenbuch der Mathematik und Physik*, DOI 10.1007/978-3-662-53419-9_10

Tabelle K-1. Schallbereiche.

Schallbereich	Infraschall	Hörbereich	Ultraschall	Hyperschall
Frequenzbereich	0 Hz bis 15 Hz	16 Hz bis 20 kHz	20 kHz bis 10 GHz	10 GHz bis 10 THz
Schallgeber	mechanische Rüttler (Shaker)	mechanisch: Pfeifen, Sirenen, Musikinstrumente; elektroakustisch: elektrodynamische und elektromagnetische Lautsprecher	mechanisch: Pfeifen, Sirenen, Pneumatik; elektroakustisch: elektrostriktive, piezoelektrische, elektrostatische Lautsprecher	Josephson-Kontakte, piezoelektrisch gekoppelte Mikrowellen-Resonatoren
Schallaufnehmer	piezoelektrische Aufnehmer, Dehnungsmessstreifen	Kondensatormikrofon, elektrodynamische, piezoelektrische, piezoresistive Mikrofone	Kondensatormikrofon, piezoelektrische Mikrofone	Josephson-Kontakte, piezoelektrisch gekoppelte Mikrowellen-Resonatoren
Anwendungspraxis	Lagerschwingungen, Körperschall, Bauwerksschwingungsanalyse, Erdbebenwellen	Phonotechnik, Schall- und Lärmschutz, Raumakustik, Schwingungsisolierung	Reinigung, Entgasen, Dispergieren, Emulgieren, Polymerisationssteuerung, Ultraschallbearbeitung (Bohren, Schneiden), Werkstoffprüfung, Ultraschalldiagnostik, Modellakustik	Grundlagenphysik, Photonenspektroskopie, Molekularkinetik

Tabelle K-2. Dichte, Schallgeschwindigkeit und Schallkennimpedanz einiger Stoffe beim Normdruck $p_n = 1013\,hPa$.

	Dichte $\varrho\ \dfrac{\text{kg}}{\text{m}^3}$	Schallgeschwindigkeit $c\ \dfrac{\text{m}}{\text{s}}$	Schallkennimpedanz $Z_0\ \dfrac{\text{kg}}{\text{m}^2 \cdot \text{s}}$
Luft −20 °C trocken	1,396	319	445
Luft 0 °C trocken	1,293	331	427
Luft 20 °C trocken	1,21	344	416
Luft 100 °C trocken	0,947	387	366
Wasserstoff 0 °C	0,090	1260	113
Wasserdampf 130 °C	0,54	450	243
Wasser 0 °C	1000	1400	$1,40 \cdot 10^6$
20 °C	998	1480	$1,48 \cdot 10^6$
Glyzerin	1260	1950	$2,46 \cdot 10^6$
Eis	920	3200	$2,94 \cdot 10^6$
Holz	600	4500	$2,70 \cdot 10^6$
Glas	2500	5300	$13,0\ \cdot 10^6$
Beton	2100	4000	$8,4\ \cdot 10^6$
Stahl	7700	5050	$39\ \cdot 10^6$

In *Gasen* ergibt sich bei *isentroper Schallausbreitung* die Schallgeschwindigkeit zu:

$$c = \sqrt{\kappa \frac{p}{\varrho}} = \sqrt{\frac{c_p}{c_V} \cdot \frac{p}{\varrho}} \; ; \qquad (K\text{-}2)$$

κ Isentropenexponent ($\kappa = c_p/c_V$),
c_p isobare spezifische Wärmekapazität,
c_V isochore spezifische Wärmekapazität,
ϱ Dichte des Gases,
p Gasdruck.

Die Schallgeschwindigkeit in *idealen Gasen* ist:

$$c = \sqrt{\kappa R_i T} = \sqrt{\frac{c_p}{c_V} \cdot R_i T} \; ; \qquad (K\text{-}3)$$

R_i individuelle Gaskonstante ($R_i = R_m/M$),
R_m universelle molare Gaskonstante
($R_m = 8{,}314\,\text{J}/(\text{mol} \cdot \text{K})$),
M Molmasse des Gases,
T absolute Gastemperatur.

Eine Näherung für die Schallgeschwindigkeit in *Luft* im meterologischen Temperaturbereich von $-20\,^\circ$C bis $+50\,^\circ$C ist:

$$c_L = 331{,}5\,\text{m/s} \sqrt{1 + \frac{\vartheta}{273{,}15\,^\circ\text{C}}} \qquad (K\text{-}4)$$
$$\approx (331{,}5 + 0{,}6\,\vartheta/^\circ\text{C})\,\text{m/s} \; ;$$

ϑ Lufttemperatur.

Für die Schallgeschwindigkeit in *dünnen, stabförmigen Festkörpern* gilt:

$$c = \sqrt{\frac{E}{\varrho}} \; ; \qquad (K\text{-}5)$$

E Elastizitätsmodul,
ϱ Dichte.

K.1.3 Schallwellenlänge

Die Schallwellenlänge λ ist der räumliche Abstand zweier benachbarter Stellen mit gleicher Druckphase (z. B. Druckmaximum, Druckminimum). Zwischen der Schallwellenlänge und der Schallfrequenz gilt die allgemeine Wellenbeziehung:

$$c = f\lambda \; ; \qquad (K\text{-}6)$$

c Schallgeschwindigkeit,
f Schallfrequenz,
λ Schallwellenlänge.

K.1.4 Schallwiderstand (Schallkennimpedanz)

Der Schallwiderstand Z ist ein Maß für die Geschwindigkeit, mit der die Moleküle eines Mediums auf eine Druckstörung reagieren; für ebene Wellen gilt:

$$Z = \frac{\hat{p}}{\hat{v}} = \varrho c \; ; \qquad (K\text{-}7)$$

Z Schallwiderstand,
$\hat{p}$ Schalldruckamplitude,
$\hat{v}$ Schallschnelleamplitude,
ϱ Dichte,
c Schallgeschwindigkeit im Medium.

Schallkennimpedanzen einiger Stoffe sind in Tabelle K-2 aufgeführt. Sie hängen über die Dichte ϱ und die Schallgeschwindigkeit c vom statischen Druck p_s und der Temperatur T des Mediums ab.

K.1.5 Schalldruck

Der Schalldruck p ist die Druckänderung in einem homogenen kompressiblen Medium durch Kompression oder Dilatation der Moleküle. Auf die Begrenzungsflächenbereiche des Wellenträ-

Tabelle K-3. Schallquellengeometrie.

	ebene Schallquelle	linienförmige Schallquelle	punktförmige, kugelförmige Schallquelle
Geometrie			
Schallwechseldruck-amplitude	$\hat{p} = \hat{p}_0$	$\hat{p} = \hat{p}(r_0)\sqrt{\dfrac{r_0}{r}}$	$\hat{p} = \hat{p}(r_0) \cdot \dfrac{r_0}{r}$
spezifische Schallleistung	P_A in $\dfrac{W}{m^2}$	P_l in $\dfrac{W}{m}$	P in W
Schallintensität	$I = P_A$	$I = \dfrac{P_l}{2\pi r}$	$I = \dfrac{P}{4\pi r^2}$
Schallpegeldifferenz	$L_1 - L_2 = 0$	$L_1 - L_2 = 10\lg\dfrac{r_2}{r_1}$	$L_1 - L_2 = 20\lg\dfrac{r_2}{r_1}$
Schallpegeldifferenz für $r_2 = 2r_1$	$\Delta L = 0$	$\Delta L = 3$ dB	$\Delta L = 6$ dB

gers übt der Schalldruck eine Normalkraft aus. Es gilt:

$$p = \frac{F_n}{S} \; ; \tag{K-8}$$

F_n Normalkraft auf die Begrenzungsfläche,
S Flächenelement der Begrenzungsfläche.

Die *Wellengleichung* der Schalldruckausbreitung an einem Ort r zum Zeitpunkt t unter der Annahme kleiner Dichtegradienten- und Schnelleänderungen für ein Medium mit der Schallgeschwindigkeit c ist:

$$\frac{\partial^2 p(r,t)}{\partial t^2} = c^2 \left(\frac{\partial^2}{\partial x^2} + \frac{\partial^2}{\partial y^2} + \frac{\partial^2}{\partial z^2} \right) p(r,t) . \tag{K-9}$$

Die *eindimensionale* Lösung der Wellengleichung bei *sinusförmiger Erregung* mit der Erregerfrequenz f ist:

$$p(x,t) = p_s + \hat{p}\cos\{2\pi f(t - x/c)\} \; ; \tag{K-10}$$

$p(x,t)$ Schallwechseldruck,
p_s statischer Gasdruck,
$\hat{p}$ Schalldruckamplitude,
f Schallfrequenz des Erregers (z. B. Lautsprecher),
c Schallgeschwindigkeit.

Lösungen für linienförmige und kugelförmige Schallwellen enthält Tabelle K-3.

Der *Effektivwert* p_{eff} des Schallwechseldrucks ist der Messwert des Schallwechseldrucks einer Schallaufnehmers, integriert über die Messgeräte-Integrationszeit τ:

$$p_{eff} = \sqrt{\frac{1}{\tau}\int_0^\tau p^2(r,t)\,dt} . \tag{K-11}$$

Daraus ergibt sich der *Effektivwert* des Schalldrucks *harmonischer Schallwellen* bei sinusförmiger Erregung:

$$p_{\text{eff}} = \frac{\hat{p}}{\sqrt{2}} \; ; \qquad \text{(K–12)}$$

$\hat{p}$ Schalldruckamplitude.

K.1.6 Schallschnelle

Die Schallschnelle v ist die Auslenkungsgeschwindigkeit der Moleküle unter der Wirkung der Kompressions- und Dilatationskräfte der Druckstörung ∂p.

Zwischen der Schallschnelle v und dem Schalldruck p gilt das *hydrodynamische Grundgesetz*:

$$\frac{\partial v(x,t)}{\partial t} = -\frac{1}{\varrho} \frac{\partial p(x,t)}{\partial x} \; ; \qquad \text{(K–13)}$$

ϱ Dichte des Mediums.

Die Schallschnelle v ist mit dem Schallwechseldruck p über den *Schallwiderstand* (Schallkennimpedanz) Z verknüpft:

$$v(x,t) = \frac{1}{Z} p(x,t) = \frac{1}{\varrho c} p(x,t) \; ; \qquad \text{(K–14)}$$

ϱ Dichte des Ausbreitungsmediums,
c Schallgeschwindigkeit im Ausbreitungsmedium.

Die Schallschnelle einer *ebenen, eindimensionalen, harmonischen Schallwelle* mit *sinusförmiger Schallerregung* ist:

$$v(x,t) = \frac{1}{\varrho c} \hat{p} \cos\left\{ 2\pi f \left(t - \frac{x}{c} \right) \right\} \; ; \qquad \text{(K–15)}$$

ϱ Dichte des Schallmediums,
c Schallgeschwindigkeit im Medium,

$\hat{p}$ Schalldruckamplitude,
f Schallfrequenz.

Der *Effektivwert* v_{eff} der Schallschnelle und der über die Integrationszeit τ gemittelte Wert der Schallschnelle einer ebenen harmonischen Schallwelle sind:

$$v_{\text{eff}} = \sqrt{\frac{1}{\tau} \int_0^\tau v^2(r,t)\,\mathrm{d}t} = \frac{\hat{v}}{\sqrt{2}} \; . \qquad \text{(K–16)}$$

K.1.7 Energiedichte

Für die Energiedichte w einer harmonischen Schallwelle gilt:

$$w = \mathrm{d}W/\mathrm{d}V = \frac{1}{2}\varrho(2\pi f \hat{y})^2 = \frac{1}{2}\varrho\hat{v}^2$$
$$= \frac{1}{2}\frac{\hat{p}^2}{\varrho c^2} \; ; \qquad \text{(K–17)}$$

w Energiedichte der Schallwelle,
W Energie in der Welle,
$\hat{y}$ Elongationsamplitude,
$\hat{p}$ Schalldruckamplitude,
$\hat{v}$ Schnelleamplitude,
f Schallfrequenz,
c Schallgeschwindigkeit.

K.1.8 Schallintensität

Die Schallintensität I einer harmonischen Schallwelle beträgt:

$$I = \frac{1}{A} \mathrm{d}W/\mathrm{d}t = wc$$
$$= \frac{1}{2}\hat{v}\hat{p} = v_{\text{eff}} p_{\text{eff}} = \frac{p_{\text{eff}}^2}{Z} \; ; \qquad \text{(K–18)}$$

I Schallintensität,
$\hat{v}$ Schnelleamplitude,
$\hat{p}$ Schalldruckamplitude,

Z Schallwiderstand,
w Energiedichte,
c Schallgeschwindigkeit.

K.1.9 Schallleistung

Die Schallleistung P einer Schallquelle ist, wenn auf ein Flächenelement dA die Schallintensität I einfällt,

$$P = \int_A I \, dA \; ; \tag{K-19}$$

P Schallleistung,
I Schallintensität,
dA Flächenelement senkrecht zum Schalleinfall.

K.1.10 Dämpfungskoeffizient der Schallabsorption

Durch innere Reibung und unvollständige isentrope Kompression (*Dissipation*) sowie über die Anregung innerer Molekülfreiheitsgrade (*Relaxation*) auf der Strecke zwischen den Orten r_0 und r wird Schallenergie absorbiert, die Schalldruckamplitude gedämpft und ein Schallintensitätsabfall von $I(r_0)$ auf $I(r)$ verursacht, für den gilt:

$$I(r) = I(r_0) \, e^{-\alpha(r-r_0)} \; ; \tag{K-20}$$

I Schallintensität,
r, r_0 Entfernungen von der Quelle,
α Dämpfungskoeffizient der Schallabsorption.

K.2 Schallwandler

Die Schalldrücke überspannen in der Technik einen Wertebereich von mehr als sechs Zehnerpotenzen. Schallempfänger oder *Mikrofone* und Schallgeber oder *Lautsprecher* müssen also in diesem großen Wertebereich den Schallwechseldruck oder die damit verknüpfte Schallschnelle über ein mechanisches Schwingungssystem (*Membran*) in eine elektrische Spannung bzw. Strom umwandeln. Die gebräuchlichen elektroakustischen Wandlerprinzipien zeigt Tabelle K-4.

K.2.1 Schallpegel

Um handliche Zahlenwerte für den großen Wertebereich der Schalldruckamplituden zu erhalten, werden diese in einem relativen logarithmischen Maßstab angegeben, dem *Schallpegel*. Entsprechend den verschiedenen physikalischen Größen der Schallwelle ergeben

Tabelle K-4. Elektroakustische Wandler.

Elektroakustische Wandler	technische Ausführungen	Anwendungsbereich
elektrostatisch	Kondensatormikrofon (mit äußerer Polarisationsspannung an der Mikrofonkapsel)	Schallpegelmesser Studiomikrofon Ansteckmikrofon Tieftonmikrofon Handmikrofon
	Elektretmikrofon (permanente elektrische Polarisation an der Mikrofonmembran)	Umhängemikrofon extrem breitbandige Kopfhörer
	Speziallautsprecher	

Tabelle K-4. (Fortsetzung).

Elektroakustische Wandler	technische Ausführungen	Anwendungsbereich
elektrodynamisch (Schwingspule) Topfmagnet Schwingspule mit Membran	Tauchspulenmikrofon Lautsprecher	Studiorichtmikrofon Handmikrofon Umhängemikrofon Normalschallquellen Beschallungsanlagen Kopfhörer
elektrodynamisch (Bändchen) Bändchen Magnet	Bändchenmikrofon	Studiomikrofon für höchste Lautstärkepegel Vokalmikrofon Blechbläsermikrofon
elektromagnetisch	Lautsprecher	Telefonhörer Hörgeräte
piezoelektrisch	Kristallmikrofon Keramikmikrofon Piezopolymer-Mikrofon	Körperschallmikrofon Wasserschallmikrofon Beschleunigungsaufnehmer
piezoresistiv F Kohlegrieß	Kohlemikrofon	Fernsehapparat

Tabelle K-5. Schallpegel.

Schallpegel	Definition	Bezugsgröße	Beziehungen
Schalldruckpegel	$L_p = 20\lg\dfrac{p_{\text{eff}}}{p_{\text{eff},0}}\,\text{dB}$	$p_{\text{eff},0} = 2\cdot 10^{-5}\,\text{Pa}$	$p_{\text{eff}} = Z v_{\text{eff}}$ $I = \dfrac{p_{\text{eff}}^2}{Z}$ $P = S\,\dfrac{p_{\text{eff}}^2}{Z}$
Schallschnellepegel	$L_v = 20\lg\dfrac{v_{\text{eff}}}{v_{\text{eff},0}}\,\text{dB}$	$v_{\text{eff},0} = 5\cdot 10^{-8}\,\dfrac{\text{m}}{\text{s}}$	
Schallintensitätspegel	$L_I = 10\lg\dfrac{I}{I_0}\,\text{dB}$	$I_0 = 10^{-12}\,\dfrac{\text{W}}{\text{m}^2}$	
Schallleistungspegel	$L_W = 10\lg\dfrac{P}{P_0}\,\text{dB}$	$P_0 = 10^{-12}\,\text{W}$	

sich über die Beziehungen zwischen den Größen unterschiedliche Schallpegel, die jeweils auf eigene Norm-Bezugsgrößen bezogen sind (Tabelle K-5).

K.2.2 Gesamtschallpegel

Der Gesamtschallpegel L_{ges} von n Schallquellen mit den Schallintensitätspegeln $L_{I,i}$ ergibt sich aus der energetischen *Addition der Schallintensitäten* zu:

$$L_{\text{ges}} = 10\lg\left(\sum_{i=1}^{n} 10^{0,1 L_{I,i}}\right)\text{dB}\,. \qquad\text{(K–21)}$$

In der Praxis führt man die Pegeladdition sukzessive für jeweils zwei Pegel mit Hilfe der Schallpegel-Additionstabelle K-6 aus; zum größeren Pegel L_1 wird der Pegelzuschlag L_z addiert, der entsprechend der Pegeldifferenz $\Delta L = L_1 - L_2$ der Tabelle K-6 entnommen wird.

K.2.3 Schallfrequenzspektrum, Bandfilter

Zur Bestimmung der Frequenzabhängigkeit des Schallpegels, des Schallfrequenzspektrums, wird das Spannungssignal des elektroakustischen Schallwandlers durch elektrische Filter nur in einem Frequenzintervall zwischen der *oberen* f_o und der *unteren Grenzfrequenz* f_u um die *Bandmittenfrequenz* f_m des Filters verstärkt.

$$f_m = \sqrt{f_o\cdot f_u}\,. \qquad\text{(K–22)}$$

Tabelle K-7 enthält die obere und die untere Grenzfrequenz sowie die Bandmittenfrequenzen des Terzfilter $f_o/f_u = 2^{1/3}$ und des Oktavfilters $f_o/f_u = 2$.

K.3 Schallwelle an Grenzflächen

An der Grenzfläche zweier Medien mit unterschiedlicher Schallkennimpedanz Z wird die einfallende Schallwelle (p_e, I_e) zum Teil reflektiert (p_r, I_r), zum Teil dringt sie als transmittierte Schallwelle (p_t, I_t) in das Medium II ein, (Bild K-1). Die folgenden Beziehungen basieren auf der Voraussetzung, dass für die Schallenergie an der Grenzfläche der Energieerhaltungs-

Tabelle K-6. Schallpegel-Additionstabelle (ΔL Pegeldifferenz, L_z Pegelzuschlag).

ΔL dB	L_z dB	ΔL dB	L_z dB	ΔL dB	L_z dB
0,0	3,0	4,0	1,5	8,0	0,6
0,5	2,8	4,5	1,3	9,0	0,5
1,0	2,5	5,0	1,2	10,0	0,4
1,5	2,3	5,5	1,1	12,0	0,3
2,0	2,1	6,0	1,0	14,0	0,2
2,5	1,9	6,5	0,9	16,0	0,1
3,0	1,8	7,0	0,8	$\geqq 20$	0,0
3,5	1,6	7,5	0,7		

Tabelle K-7. Terz und Oktavfilter (f_u, f_o untere bzw. obere Frequenzgrenze, Δ_A^* Schallpegelabschwächung bei A-Bewertung).

Oktave				Terz			
f_u Hz	f_o Hz	f_m Hz	Δ_A^* dB	f_u Hz	f_o Hz	f_m Hz	Δ_A^* dB
11	22	16	−56,7	14,1	17,8	16	−56,7
				17,8	22,4	20	−50,5
				22,4	28,2	25	−44,7
22	44	31,5	−39,2	28,2	35,5	31,5	−39,4
				35,5	44,7	40	−34,6
				44,7	56,2	50	−30,2
44	88	63	−26,2	56,2	70,7	63	−26,2
				70,7	89,1	80	−22,5
				89,1	112	100	−19,1
88	177	125	−16,1	112	141	125	−16,1
				141	178	160	−13,4
				178	224	200	−10,9
177	355	250	−8,6	224	282	250	−8,6
				282	355	315	−6,6
				355	447	400	−4,8
355	710	500	−3,2	447	562	500	−3,2
				562	708	630	−1,9
				708	891	800	−0,8
710	1420	1000	0	891	1122	1000	0
				1122	1413	1250	+0,6
				1413	1778	1600	+1,0
1420	2840	2000	+1,2	1778	2239	2000	+1,2
				239	2818	2500	+1,3
				2818	3548	3150	+1,2
2840	5680	4000	+1,0	3548	4467	4000	+1,0
				4467	5623	5000	+0,5
				5623	7079	6300	−0,1
5680	11 360	8000	−1,1	7079	8913	8000	−1,1
				8913	11 220	10 000	−2,5
				11 220	14 130	12 500	−4,3
11 360	22 720	16 000	−6,6	14 130	17 780	16 000	−6,6
				17 780	22 390	20 000	−9,3

satz gültig ist und die Schallenergieumwandlungen in den Medien stattfinden.

$$\varrho_S = \frac{I_r}{I_e} . \tag{K–23}$$

K.3.1 Schallreflexionsgrad

Durch den Bezug der reflektierten Schallintensität I_r auf die einfallende I_e ergibt sich eine dimensionslose Größe, der Schallreflexionsgrad ϱ_S mit dem Wertebereich zwischen 0 und 100%:

Für den Schallreflexionsgrad einer Grenzfläche zwischen einem Medium I mit der Schallkennimpedanz Z_1 und einem Medium II mit der Schallkennimpedanz Z_2 gilt bei senkrechtem Einfall:

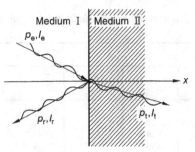

Bild K-1. Schall an einer Grenzfläche.

$$\varrho_S = \left(\frac{Z_2 - Z_1}{Z_2 + Z_1}\right)^2 . \qquad \text{(K–24)}$$

K.3.2 Schalltransmissionsgrad

Durch den Bezug der transmittierten Schallintensität I_t auf die einfallende Intensität I_e ergibt sich der Schalltransmissionsgrad τ_S:

$$\tau_S = \frac{I_t}{I_e} = \frac{4Z_1 Z_2}{(Z_1 + Z_2)^2} ; \qquad \text{(K–25)}$$

Z_1, Z_2 Schallkennimpedanzen der Medien I und II.

An der Grenzfläche gilt wegen des Energieerhaltungssatzes der folgende Zusammenhang zwischen dem Reflexions- und Transmissionsgrad, wenn die Schallabsorption vernachlässigbar ist:

$$\varrho_S + \tau_S = 1 . \qquad \text{(K–26)}$$

K.3.3 Schallabsorptionsgrad

Durch Bezug der Schallintensität I_a, die im Medium II absorbiert und in Wärme umgewandelt wird, auf die einfallende Schallintensität I_e ergibt sich der Schallabsorptionsgrad α_S:

$$\alpha_S = \frac{I_a}{I_e} . \qquad \text{(K–27)}$$

Wird die gesamte transmittierte Strahlungsleistung im Medium II absorbiert, so ergibt sich mit Gl. (K–26):

$$\alpha_S = \tau_S = 1 - \varrho_S ; \qquad \text{(K–28)}$$

α_S Schallabsorptionsgrad,
τ_S Schalltransmissionsgrad,
ϱ_S Schallreflexionsgrad.

Mit Gl. (K–24) folgt damit für den Schallabsorptionsgrad durch ein Medium II, das die transmittierte Schallwelle *vollständig* absorbiert:

$$\alpha_S = 1 - \left(\frac{Z_2 - Z_1}{Z_2 + Z_1}\right)^2 ; \qquad \text{(K–29)}$$

α_S Schallabsorptionsgrad,
Z_1 Schallkennimpedanz des Mediums I,
Z_2 Schallkennimpedanz des Mediums II.

Der Schallabsorptionsgrad von Schallabsorbern ist abhängig von der Schallfrequenz; in der Praxis absorbieren alle Schallabsorber-Konstruktionen nur in einem mehr oder minder breiten Schallfrequenzbereich die Schallenergie, weil sie als *Resonanzabsorber* nach dem Prinzip der erzwungenen Schwingung eines Masse-Feder-Systems aufgebaut sind, und daher nur im Bereich der Resonanzfrequenz große Schallenergien aufnehmen und absorbieren. Einen Überblick über die *Bauprinzipien* von Schallabsorbern gibt Tabelle K-8.

Tabelle K-8. Schallabsorber.

	Plattenschwinger	Helmholtz-Resonator	poröser Schallabsorber
Prinzip des Masse-Feder-Systems	ohne Zusatzdämpfung κ: Isentropenexponent	ohne Zusatzdämpfung	selbsttragendes Dämpfungsmaterial
	mit Zusatzdämpfung	mit Zusatzdämpfung	abgehängtes Dämpfungsmaterial
Richtgröße der „Feder" schwingende „Masse"	Befestigung + Luftschicht d Flächenmasse m''	Hohlraumvolumen V Halsvolumen $A_H l_{eff} \varrho_L$	Luftschicht d + Abhängung Abdeckung (vernachlässigbar)
Dissipation der Schallenergie	innere Reibung in Platte und Luftschicht, äußere Reibung an Befestigung, viskose Strömungsverluste in Zusatzdämpfungsmaterial	nicht adiabatische Kompression des Hohlraumvolumens, Reibungsverluste im Resonatorhals, viskose Strömungsverluste in Zusatzdämpfungsmaterial	viskose Strömungsverluste durch äußere Reibung an Dämpfungsmaterial, Energieverlust durch innere Reibung bei Faserdeformation
Resonator-charakteristik	schmalbandiger Resonanzabsorber	besonders schmalbandiger Resonanzabsorber	breitbandiger Absorber
charakteristische Absorberfrequenz	$f_0 = \dfrac{1}{2\pi} \sqrt{\dfrac{\kappa p_0}{d m''}}$	$f_0 = \dfrac{c}{2\pi} \sqrt{\dfrac{A_H}{V l_{eff}}}$	$f_0 \approx \dfrac{c}{4d}$
Einsatzbereiche	Tiefenschlucker in Raumakustik, Luftschalldämmung (leichte Vorsatzschale)	selektive Schallabsorption (Maschinenlärm, Raumakustik), Schalldämmung von Fugen (Tür, Fenster)	Schallpegelminderung, Änderung der Nachhallzeit

K.4 Schalldurchgang durch Trennwände

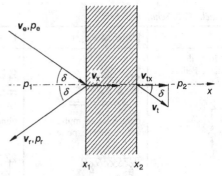

Die Schalltransmission durch Trennwände lässt sich berechnen, wenn

- das Resonanzverhalten nur durch die Massenträgheit der Trennwand bestimmt ist,
- der Einfluss der Elastizität und anderer nichtlinearer oder frequenzabhängiger Effekte sowie
- die Schallenergieverluste in der Trennwand vernachlässigbar sind und
- die Grenzfläche der Trennwand biegeweich ist.

Die Schallschnelle und der Schalldruck der auf der Wandrückseite abgestrahlten Schallwelle sind unter diesen Annahmen genauso groß wie bei der in die Trennwand eindringenden Schallwelle (Bild K-2).

Bild K-2. Schalldurchgang durch eine dünne Wand.

K.4.1 Schalltransmissionsgrad

Die *Winkelabhängigkeit* des Schalltransmissionsgrades $\tau_S(\delta)$ ist:

$$\tau_S(\delta) = \frac{1}{1 + \left(\dfrac{\pi m'' f \cos\delta}{Z}\right)^2} \ ; \qquad \text{(K–30)}$$

f Schallfrequenz,
m'' flächenbezogene Masse der Trennwand ($m'' = \varrho s$),
δ Einfallwinkel der Schallwelle,
s Dicke der Trennwand,
Z Schallkennimpedanz der Luft ($Z = 410\,\text{kg}/(\text{m}^2 \cdot \text{s})$).

Wenn durch Vielfachreflexion die Schalleinstrahlung gleichmäßig über alle Einfallswinkel verteilt, also diffus ist, gilt $(\cos^2\delta)_{\text{mittel}} = 0{,}5$. Für *senkrechten* Einfall $\delta = 0$ und mit der Näherung $(\pi m' f/Z) \gg 1$ ergibt sich dann für

Schallschutz-Trennwände der *räumlich gemittelte* Schalltransmissionsgrad aus:

$$\tau_{S,\text{mittel}} = 2\left(\frac{Z}{\pi m'' f}\right)^2 . \qquad \text{(K–31)}$$

K.4.2 Schalldämmmaß einer Trennwand

Der Schallschutz einer Trennwand wird durch das *logarithmische* Schalldämmmaß R definiert, das durch den Schalltransmissionsgrad $\tau_{S,\text{mittel}}$ nach Gl. (K–31) im diffusen Schallfeld bestimmt wird:

$$R = 10\lg\left(\frac{1}{\tau_{S,\text{mittel}}}\right)\,\text{dB} . \qquad \text{(K–32)}$$

Das *Massengesetz* für das Schalldämmmaß einer *biegeweichen* Trennwand im diffusen Schallfeld beträgt demnach:

$$R = 20\lg\left(\frac{\pi f m''}{Z}\right)\,\text{dB} - 3\,\text{dB} ; \qquad \text{(K–33)}$$

f Schallfrequenz,
m'' flächenbezogene Masse,
Z Schallkennimpedanz der Luft ($Z = 410\,\text{kg}/(\text{m}^2 \cdot \text{s})$).

K.4.3 Spuranpassungs-Schallwellenlänge

Die Ausbreitungsgeschwindigkeit von Biegewellen auf Platten ist *frequenzabhängig* (*anomale Dispersion*):

$$c_B = \left\{ \frac{4\pi^2 f^2 B}{m''} \right\}^{1/4} ; \qquad (K\text{-}34)$$

c_B Biegewellen-Ausbreitungsgeschwindigkeit,
f Schallfrequenz,
B Biegesteifigkeit ($B = E s^3 / [12(1 - \mu^2)]$),
s Dicke der Platte,
E Elastizitätsmodul der Platte,
μ Querkontraktionszahl der Platte,
m'' flächenbezogene Masse.

Biegewellen werden von einer auftreffenden Schallwelle der Wellenlänge λ_L resonant erregt, wenn die Wellenlängenkomponente der Schallwelle parallel zur Plattenebene $\lambda_S = \lambda_L / \sin \delta$ (Bild K-3) mit der Wellenlänge $\lambda_B = c_B / f$ der Biegewelle übereinstimmt (*Spuranpassung*). Daraus ergibt sich die Spuranpassungs-Schallwellenlänge zu:

$$\lambda_S = \frac{c_B}{f} = \left\{ \frac{4\pi^2 B}{f^2 m''} \right\}^{1/4} ; \qquad (K\text{-}35)$$

f Schallfrequenz,
B Biegesteifigkeit der Trennwand,
m'' flächenbezogene Masse der Trennwand,
c_B Biegewellen-Ausbreitungsgeschwindigkeit nach Gl. (K-34).

K.4.4 Spuranpassungsfrequenz

Bei einem Einfallswinkel δ tritt bei der Schallfrequenz $f_S = c_L / \lambda_L = c_L / (\lambda_S \sin \delta)$ Spuranpassung auf; die Spuranpassungsfrequenz f_S hat also den Wertebereich:

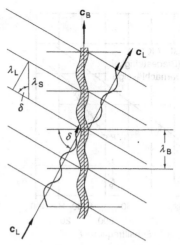

Bild K-3. Biegewellen durch Spuranpassung.

$$f_S = \frac{c_L^2}{2\pi \sin^2 \delta} \sqrt{\frac{m''}{B}} ; \qquad (K\text{-}36)$$

c_L Schallgeschwindigkeit,
B Biegesteifigkeit der Trennwand,
m'' flächenbezogene Masse der Trennwand,
δ Einfallswinkel der Schallwelle.

Demnach ist die *untere Grenzfrequenz $f_{S,g}$ der Spuranpassung*, wenn $\delta = 90°$ gilt. Im diffusen Schallfeld setzt bei Schallfrequenzen $f > f_{S,g}$ die erhöhte, durch den Spuranpassungseffekt verursachte Schalltransmission ein, und das Schalldämmmaß weicht vom theoretischen Massengesetz (Bild K-4) ab:

$$f_{S,g} = \frac{c_L^2}{2\pi} \sqrt{\frac{m''}{B}} ; \qquad (K\text{-}37)$$

c_L Schallgeschwindigkeit,
B Biegesteifigkeit der Trennwand,
m'' flächenbezogene Masse der Trennwand.

Die *Grenzfrequenz $f_{g,hom}$ der Spuranpassung homogener Platten* ist:

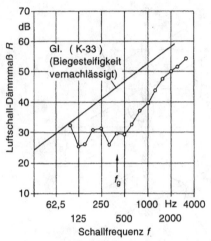

Bild K-4. *Luftschall-Dämmmaß R einer 70 mm dicken Gipsplattenwand, beidseitig verspachtelt.*
o—o—o   *Messkurve nach DIN 52 210;*
———   *Massengesetz nach Gl. (K–33) mit $m'' = 80\,kg/m^2$, $E = 6 \cdot 10^9\,N/m^2$, $Z = 2{,}6 \cdot 10^6\,kg(m^2 \cdot s)$; f_g Grenzfrequenz nach Gl. (K–37).*

$$f_{g,hom} = \frac{c_L^2}{2\pi s} \sqrt{\frac{12(1-\mu^2)\varrho}{E}} \; ; \qquad (K\text{--}38)$$

c_L Schallgeschwindigkeit in Luft,
s Dicke der Platte,
E Elastizitätsmodul der Platte,
ϱ Dichte der Platte,
μ Querkontraktionszahl des Plattenmaterials.

Bei *Luftschallanregung* $c_L = 340\,m/s$ und unter Vernachlässigung von μ gilt für homogene Platten folgende Zahlenwertgleichung für die *Spuranpassungs-Grenzfrequenz:*

$$f_{g,hom,Luft} = 6{,}4 \cdot 10^4 \;(m/s)^2\,\frac{1}{s}\sqrt{\frac{\varrho}{E}} \; ; \qquad (K\text{--}39)$$

s Dicke der Trennwand,
E Elastizitätsmodul des Trennwandmaterials,
ϱ Dichte des Trennwandmaterials.

K.5 Physiologische Akustik

Das menschliche Ohr löst erst dann im Bewusstsein eine Schallempfindung aus, wenn die Frequenz der Schallwelle im Bereich $f = 16\,Hz$ bis $20\,kHz$ und der Effektivwert des Schalldrucks über ca. $p_{eff} = 20\,\mu Pa$ liegt, wobei die obere Grenzfrequenz des Hörbereichs mit zunehmenden Alter erheblich sinkt. Bei Schalldrücken oberhalb $p_{eff} = 20\,Pa$ oder Schallpegeln höher als $L = 120\,dB$ empfindet der Mensch nur noch Schmerz (*akustische Schmerzgrenze*).

K.5.1 Lautstärke

Gleiche Schallpegel unterschiedlicher Schallfrequenz bewirken eine unterschiedliche Schallempfindung. Die *Lautstärke* L_S ist der *Maßstab für das Lautheitsempfinden* des Gehörorgans; sie wird in *phon* gemessen. Die Lautstärke L_S ist so definiert, dass bei der Schallfrequenz $f = 1\,kHz$ der Zahlenwert in Phon gleich dem Zahlenwert des Schalldruckpegels ist:

$$L_S(1000\,Hz) = 20\lg\frac{p_{eff}(1000\,Hz)}{20\,\mu Pa}\,phon\,; \qquad (K\text{--}40)$$

$p_{eff}(1000\,Hz)$ effektiver Schalldruck bei 1000 Hz.

Die Lautstärke $L_S(f)$ bei einer Schallfrequenz f wird durch einen Hörvergleich bestimmt. Der Lautstärkepegel wird subjektiv mit dem Standardschall verglichen, dem Schalldruckpegel $L_p^*(1000\,Hz)$ einer akustisch gleich laut empfundenen 1000-Hz-Vergleichsschallquelle. Der

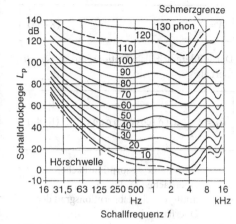

Bild K-5. Kurven gleicher Lautstärke L_S.

Zahlenwert des Schalldruckpegels in dB ist dann der phon-Wert für die Lautstärke $L_S(f)$.

Im Bild K-5 ist dargestellt, welcher Schalldruckpegel $L_P(f)$ bei einer Schallfrequenz f die gleiche Schallempfindung auslöst wie der Schalldruckpegel $L_P(1000\,Hz)$ des ebenen 1-kHz-Vergleichsschalls. Die Kurven gleicher Lautstärke L_S sind in 10-Phon-Stufen dargestellt. Die Wahrnehmungsauflösung des menschlichen Ohres liegt bei etwa $\Delta L_S = 1$ phon, die Hörschwelle bei einem Wert von $L_S = 4$ phon, die Schmerzgrenze bei $L_S = 120$ phon.

K.5.2 Lautheit

Die *Lautheit* S ist ein *Maßstab für die Schallempfindung* des menschlichen Ohres, der proportional zur Stärke der Schallempfindung ansteigt. Die Zahlenwerte der Lautheit werden durch den Zusatz *sone* gekennzeichnet.

$$S = 2^{0,1(L_S - 40\,\text{phon})} \text{ sone ;} \qquad (K\text{-}41)$$

L_S Lautstärke in phon.

Der Lautheit $S = 1$ sone entspricht also definitionsgemäß die Lautstärke $L_S = 40$ phon.

K.5.3 A-bewerteter Schallpegel

Der A-bewertete Schallpegel L_A ist eine *messtechnische Näherung für die Lautstärkeempfindung* des menschlichen Ohres, welche die komplizierte Phon-Messung vermeidet. Die Bewertungskurve A bildet die Frequenzabhängigkeit der Lautstärkeempfindlichkeit des menschlichen Ohres im Bereich unterhalb 90 phon nach; die Lärmempfindung über 100 phon wird mit der C-Kurve genähert. Mit Hilfe der Bewertungskurven der gemessenen Schallpegel L_P ist auch eine, der menschlichen Schallempfindung vergleichbare Messung von Schall mit einem Schallfrequenzspektrum möglich.

Die bewerteten Schallpegel L_A bzw. L_C werden berechnet, indem zu den terz- oder oktavweise gemessenen Schallpegeln L_i ein *frequenzabhängiger Bewertungsfaktor* Δ_i^* addiert wird. Die Bewertungskurven zeigt Bild K-6, die Zahlenwerte der A-Bewertungsfaktoren Δ_A^* sind in Tabelle K-7 aufgeführt.

Der A-bewertete Schallpegel L_A eines Schallfrequenzspektrums berechnet sich wie folgt:

$$L_A = 10 \lg \left\{ \sum_{i=1}^{n} 10^{0,1(L_i + \Delta_{A,i}^*)} \right\} \text{ dB (A) ;}$$
$$(K\text{-}42)$$

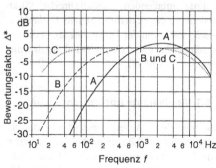

Bild K-6. Bewertungskurven A, B, C nach DIN EN 61 672.

L_i gemessener Schallpegel in Terzen oder
Oktaven,

$\Delta_{A,i}^*$ A-Bewertungsfaktor.

K.5.4 Äquivalenter Dauerschallpegel

Der äquivalente Dauerschallpegel L_{eq} ist das *Maß für die Belastung des Gehörs* durch die Schallenergie von Geräuschimmissionen in einem Bezugszeitraum t_B, beispielsweise $t_B = 8$ h für die Gehörbelastung an einem Arbeitstag,

$$L_{eq} = 10 \lg \left\{ \frac{1}{t_B} \sum_{i=1}^{n} \left[t_i \cdot 10^{0,1 L_{A,i}} \right] \right\} \, dB\,(A)\,;$$

(K–43)

t_i Zeitintervall i des Bezugszeitraums,
$L_{A,i}$ A-bewerteter Schallpegel im Zeitintervall t_i,
t_B Bezugszeitraum ($t_B = t_1 + t_2 + \ldots + t_n$).

K.6 Raumakustik

Die *akustische Behaglichkeit* in einem Raum wird zum einen vom *Schallleistungspegel* L_{diffus} des diffusen Schallfeldes und zum anderen von der *Hörsamkeit* im Raum bestimmt. Die Hörsamkeit hängt vom Verhältnis der Schallintensitäten und der Laufzeiten des geradlinig einfallenden Schalls (*Direktschall*) zu denjenigen des gestreuten Schalls (*indirektem Schall*) sowie von der Zeitspanne ab, in der die Schallenergie nach einem Schallpegelsprung abnimmt (*Nachhall*).

K.6.1 Äquivalente Absorptionsfläche

Die äquivalente Absorptionsfläche ist *charakteristisch für die Schallabsorptionseigenschaften eines Raumes*. Sie beeinflusst sowohl den Schallleistungspegel in einem Raum, als auch den Nachhallverlauf und ergibt sich aus

$$A = \sum S_i \tilde{\alpha}_i \,.$$

(K–44)

Der mittlere Schallabsorptionsgrad $\tilde{\alpha}_i$ ist definiert als:

$$\tilde{\alpha}_i = 2 \int_0^{\pi/2} \alpha_i(\delta) \cos \delta \sin \delta \, d\delta \,;$$

(K–45)

A äquivalente Absorptionsfläche,
S_i Oberfläche i im Raum,
$\tilde{\alpha}_i$ mittlerer Schallabsorptionsgrad der Oberfläche i,
$\alpha_i(\delta)$ Schallabsorptionsgrad unter dem Einfallswinkel δ,
δ Schalleinfallswinkel.

Die gesamte absorbierte Schallleistung P_{ges} hängt von der Schallintensität I_{diffus} des diffusen Schallfeldes im Raum ab:

$$P_{ges} = \frac{1}{4} I_{diffus} A \,;$$

(K–46)

I_{diffus} Schallintensität des diffusen Schallfeldes,
A äquivalente Absorptionsfläche.

K.6.2 Schallleistungspegel des diffusen Schallfeldes

Der Schallleistungspegel des diffusen Schallfeldes L_{diffus} wird durch den Schallleistungspegel der Schallquelle und die äquivalente Absorptionsfläche bestimmt.

$$L_{diffus} = L_W - 10 \lg \frac{A}{4 S_0} \, dB \,;$$

(K–47)

L_W Schallleistungspegel der Quelle,
A äquivalente Schallabsorptionsfläche,
S_0 Norm-Bezugsfläche der Luftschallabsorption ($S_0 = 1 \, m^2$).

K.6.3 Nachhallzeit

Wird eine Schallquelle in einem Raum mit dem Raumvolumen V und der äquivalenten Absorptionsfläche A ausgeschaltet, dann nimmt die Schallenergie $W(t)$ vom Ausgangswert $W(0)$ exponentiell ab:

$$W(t) = W(0)\,e^{-\frac{cA}{4V}t}\,; \qquad (K\text{--}48)$$

A äquivalente Schallabsorptionsfläche,
c Schallgeschwindigkeit,
V Raumvolumen.

Die Nachhallzeit T ist eine für den *Abfall der Schallenergie charakteristische Zeitkonstante* und durch die Zeitspanne definiert, in der der Schallpegel L_{diffus} des diffusen Schallfeldes um $\Delta L = 60$ dB abnimmt:

$$T = \frac{24\ln 10}{c}\frac{V}{A} = 0{,}163\,\frac{\text{s}}{\text{m}}\frac{V}{A}\,; \qquad (K\text{--}49)$$

A äquivalente Schallabsorptionsfläche,
c Schallgeschwindigkeit,
V Raumvolumen.

Die Zahlenwertgleichung ergibt sich, wenn für Luftschall die mittlere Schallgeschwindigkeit zu $c = 340$ m/s angesetzt wird.

K.6.4 Hallradius

Das Schallfeld punkt- oder kugelförmiger Schallquellen wird in Räumen durch die Vielfach-Schallreflexionen an den Wänden in ein diffuses Schallfeld umgewandelt. Nur im Nahfeld der Schallquelle überwiegt der Direktschall und damit der Schallintensitätsverlauf wie in einem freien Schallfeld, bei dem die Verdopplung des Abstands zur Schallquelle bei einer Kugel-Schallquelle eine Schallintensitätsabnahme von $\Delta L_1 = 6$ dB und bei einer Zylinder-Schallquelle von $\Delta L_1 = 3$ dB bewirkt. Der Hallradius R_H ist der Abstand von einer Schallquelle im Raum, innerhalb dessen die

Tabelle K-9. Hallradiusfaktor k_H von Rechteckräumen.

Aufstellungsort Schallquelle	Kugel-Schallquelle	Zylinder-Schallquelle
im Raumzentrum	1	$\sqrt{2}$
Wand-/Deckenmitte	$\sqrt{2}$	2
Wand-/Deckenkante	2	$2\sqrt{2}$
dreidim. Raumecke	$2\sqrt{2}$	–

Schallintensität wie bei der Ausbreitung im freien Schallfeld abnimmt und durch Vergrößerung des Abstands zur Lärmquelle eine Lärmminderung möglich ist. Der Hallradius R_H ist:

$$R_H = \frac{1}{4}k_H\sqrt{\frac{A}{\pi}}\,; \qquad (K\text{--}50)$$

A äquivalente Absorptionsoberfläche,
k_H Hallradiusfaktor.

Der Hallradiusfaktor k_H berücksichtigt den Einfluss der Symmetrie der Schallquelle, der Raumgeometrie und des Aufstellorts des Schallsenders im Raum. Für Rechteckräume sind k_H-Werte in Tabelle K-9 zusammengestellt.

K.7 Technische Akustik und Bauakustik

Zur akustischen Behaglichkeit von Räumen gehört es, dass die Räume gegen den Schall aus Nachbarräumen geschützt sind. Dabei wird zwischen der Anregung der Trennflächen über Luftschall (*Luftschalldämmung*) und derjenigen über direkte Bauteilanregung (*Trittschalldämmung*) unterschieden.

K.7.1 Luftschall-Dämmmaß

Das Luftschall-Dämmmaß R wird über den mittleren Luftschall-Transmissionsgrad τ_S, das ist das Verhältnis zwischen der Schallleistung P_2 im Empfangsraum und der Schallleistung P_1 im Senderaum, definiert:

$$R = 10 \lg \frac{1}{\tau_S} \, dB = 10 \lg \frac{P_1}{P_2} \, dB . \qquad \text{(K–51)}$$

Die Schallleistung P_2 und auch der Schallpegel L_2 im Empfangsraum hängen von der Trennfläche zwischen Sende- und Empfangsraum, von der äquivalenten Absorptionsfläche des Empfangsraums sowie vom Schallpegel im Senderaum ab (Bild K-7). Es gilt:

$$R = L_1 - L_2 + 10 \lg \frac{S}{A} \, dB ; \qquad \text{(K–52)}$$

A äquivalente Absorptionsfläche,
S Trennfläche zwischen Sende- und Empfangsraum,
L_1 Schallpegel im Senderaum,
L_2 Schallpegel im Empfangsraum.

Mit Gl. (K–52) kann in der Baupraxis das Schalldämmmaß einer Trennwand oder -decke gemessen werden.

K.7.2 Norm-Trittschallpegel

Begehen, Hüpfen, Stühlerücken u. ä. regen den Fußboden direkt zu Schwingungen an. Dieser

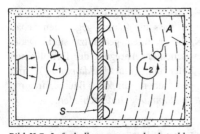

Bild K-7. Luftschallanregung und -abstrahlung einer Trennwand. S schallabstrahlende Oberfläche im Empfangsraum mit der äquivalenten Schallabsorptionsfläche A.

Trittschall wird über die Decke und mit der Decke verbundene Bauteile in andere, insbesondere in darunterliegende Räume geleitet. Die Trittschallübertragung wird nach DIN 52210 gemessen, indem ein Norm-Hammerwerk mit einer Schlagfrequenz von 10 Schlägen je Sekunde auf dem Fußboden aufgestellt wird und im Empfangsraum der Trittschallpegel L_{gem} terzweise registriert wird. Ein Korrekturglied berücksichtigt die aus einer Nachhallzeitmessung ermittelte Schallabsorption im Empfangsraum. Bauakustischen Anforderungen nach DIN 4109 unterliegt der so bestimmte Norm-Trittschallpegel L_n der Decke:

$$L_n = L_{gem} + 10 \lg \frac{A_E}{S_0} \, dB . \qquad \text{(K–53)}$$

L_{gem} gemessener Trittschallpegel im Empfangsraum,
A_E äquivalente Absorptionsfläche des Empfangsraums,
S_0 Norm-Bezugsfläche der Trittschallabsorption ($S_0 = 10 \, m^2$).   •

K.7.3 Körperschall-Isolierungswirkungsgrad

Körperschall ist die Ausbreitung von Schall im Inneren oder auf der Oberfläche von Festkörpern mit Schallfrequenzen im Hörbereich $f > 15$ Hz. Maßnahmen zur Körperschalldämmung führt Tabelle K-10 auf.

Die *elastische Lagerung* eines Schallgebers, also die Erzeugung eines schwingungsfähigen Masse-Feder-Systems aus der Körperschallgebermasse m und der Federkonstante k der Körperschall-Isolierschicht nach Bild K-8, vermindert die Amplitude der Körperschallwelle, wenn die Resonanz- oder Abstimm-Kreisfrequenz $\omega_0 = \sqrt{k/m}$ weit unterhalb der erregenden Körperschall-Kreisfrequenz Ω liegt. Der Körperschall-Isolierwirkungsgrad η ist ein Maß für die Verminderung der Kraftamplitude $\hat{F}_L$, die, in die Bodenplatte eingeleitet,

Tabelle K-10. Körperschalldämmung.

Effekt	Maßnahme
Körperschallreflexion	Grenzflächen mit hohen Schallkennimpedanzunterschieden: – Luftschichten in mehrschaligen Trennbauteilen – schwere Sperrmassen, Bleischicht – Federelemente – Gummiplatten
geometrische Körperschalldämmung	Verminderung der Körperschalldichte: – Vergrößerung der Laufstrecke zwischen Körperschallquelle und Empfangsraum – Verkleinerung der körperschallabstrahlenden Fläche
Körperschall-Dissipation	Vernichtung der Körperschallenergie durch innere Reibung und Stoßstellen-Dämmung: – Entdröhnmaterialien wie Sand oder Hochpolymere – Nagelverbindungen, viskoelastische Unterlagen
Abstrahlgrad-Reduktion	Verminderung der Luftschallabstrahlung körperschallangeregter Flächen durch Flächenverminderung und Schallinterferenz-Auslöschung – kleinflächige Unterteilung, Lochung, Aussteifung – gegenphasige Anregung benachbarter Abstrahlflächen

den Körperschall verursacht, bezogen auf die Amplitude $\hat{F}_E$ der erregenden Kraft des Schallgebers.

Für das in Bild K-9 gezeigte Einmassensystem mit dem viskoelastischen Dämpfungsgrad ϑ ist der Isolierwirkungsgrad

$$\eta = 1 - \frac{\sqrt{1 + 4\vartheta^2 \left(\frac{\Omega}{\omega_0}\right)^2}}{\sqrt{\left[1 - \left(\frac{\Omega}{\omega_0}\right)^2\right]^2 + 4\vartheta^2 \left(\frac{\Omega}{\omega_0}\right)^2}} \, . \tag{K–54}$$

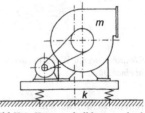

Bild K-8. *Körper schalldämmende elastische Maschinenlagerung.*

Bild K-10 zeigt die Resonanzkurven eines Einmassensystems für verschiedene Dämpfungsgrade. Eingezeichnet ist der *dämpfungsfreie Isolierwirkungsgrad*

$$\eta(\vartheta = 0) = \frac{\left(\frac{\Omega}{\omega_0}\right)^2 - 2}{\left(\frac{\Omega}{\omega_0}\right)^2 - 1} \, ; \tag{K–55}$$

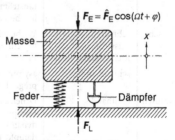

Bild K-9. *Viskoelastisches Einmassensystem.*

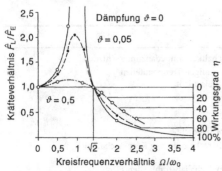

Bild K-10. Resonanzkurve eines Einmassensystems mit Verlauf des Isolierwirkungsgrades η (für ϑ = 0).

Ω Körperschall-Erregerkreisfrequenz,
ω_0 Resonanz-Kreisfrequenz des
    Masse-Feder-Systems.

Demnach werden bei der *einfachelastischen* Lagerung von Körperschallerregern Isolierwirkungsgrade über 90% nur erreicht, wenn die

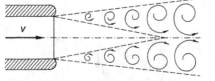

Bild K-11. Wechseldruckerzeugende Wirbel um den turbulenten Freistrahl einer Düse.

Resonanzfrequenz der Lagerung auf weniger als ein Viertel der Erregerfrequenz abgestimmt wird. Eine *doppelelastische* Maschinenaufstellung hat im Vergleich hierzu einen erheblich größeren Isolierungswirkungsgrad; sie ist technisch jedoch wesentlich aufwändiger.

K.7.4 Strömungsgeräusche

Strömungsgeräusche entstehen, wenn in Maschinen und Geräten Strömungsenergie in Schallenergie im Hörfrequenzbereich umgewandelt wird (Tabelle K-11).

Eine ausgeprägte Richtcharakteristik in Ausströmrichtung hat das *Freistrahlgeräusch*; es entsteht durch Wirbelablösung in der Mischzone zwischen dem hochbeschleunigten Freistrahl und dem ruhenden Gas, in das der Freistrahl einströmt (Bild K-11).

Wird die Strömungsgeschwindigkeit an umströmten Profilen oder Strömungskanten sehr hoch, sodass der statische Druck in der strömenden Flüssigkeit niedriger als der Sättigungsdampfdruck der Flüssigkeit wird, dann tritt in der Strömung *Kavitation* auf (Bild K-12). An Keimen entstehen Dampfblasen, die wieder schlagartig kondensieren, wenn der Druck nach der Strömungskante wieder ansteigt. Dabei entsteht das prasselnde, breitbandige *Kavitationsgeräusch*.

Tabelle K-11. Strömungsgeräuscharten.

Strömungsgeräusch	Frequenzspektrum	Ursache
Strömungsrauschen	breitbandig	Druckschwankungen im abströmseitigen Wirbelfeld eines umströmten Körpers (Zylinder, Ventil usw.) oder im Turbulenzbereich einer Rohrströmung
Freistrahlgeräusch	sehr breitbandig in Ausströmrichtung Richtcharakteristik	Wirbelbildung in der Reibungszone zwischen hochbeschleunigtem Freistrahl von Düsenöffnungen und dem ruhenden Gas, in das der Freistrahl ausströmt (Bild K-11)
Hiebtöne	schmalbandig	asymmetrische Wirbelablösung umströmter Körper, aufgeprägte Periodizität von Ventilatoren oder Propellern
Kavitationsgeräusch	breitbandig	Druckschwankungen durch die Implosion von Kavitations-Dampfblasen, entstanden an Strömungsengpässen, wo der dynamische Strömungsdruck niedriger als der Sättigungsdampfdruck der Flüssigkeit ist (Bild K-12)

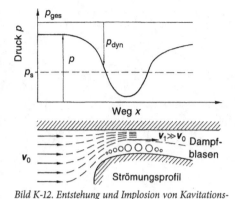

Bild K-12. Entstehung und Implosion von Kavitationsblasen, v Strömungsgeschwindigkeit.

K.8 Ultraschall

Ultraschall ist Schall mit Schallfrequenzen oberhalb des Hörbereichs von etwa 20 kHz bis 10 GHz. Die Erzeugungsmethoden führt Tabelle K-12 auf, die Eigenschaften und Anwendungen die Tabelle K-13. Zum Nachweis von Ultraschall werden piezoelektrische Mikrofone verwendet. Ultraschall lässt sich auch visuell mit phosphoreszierenden Leuchtschirmen nachweisen; die Ultraschallanregung bewirkt bei den mit Lichtenergie aufgeladenen Phosphoren eine beschleunigte Lichtaussendung, sodass die Stellen mit Ultraschalleinwirkung auf den Phosphor-Leuchtschirmen schneller dunkel erscheinen.

Tabelle K-12. Ultraschallerzeugung.

Ultraschallerzeugung	Frequenzbereich	physikalischer Effekt
mechanisch	bis 200 kHz	elastische Schwingungen, resonante Turbulenzwirbelabstrahlung an bewegten Löchern (Sirene), stehende Welle in Pfeifen
magneto-restriktiv	bis 50 kHz	resonante Längenänderung eines ferromagnetischen Stabs (Ni, Fe o. a.) im magnetischen Wechselfeld einer Hochfrequenzspule
elektro-restriktiv	bis 10 MHz	resonante Dickenschwingungen einer Quarzkristall- oder Bariumtitanat-Platte bei angelegter hochfrequenter Wechselspannung (inverser piezoelektrischer Effekt)
Mikrowellen-Resonatorankopplung	bis 10 GHz	resonante Ankopplung eines heliumgekühlten Quarzstabs an Mikrowellen-Koaxialresonatoren

Tabelle K-13. Ultraschalleigenschaften und -anwendungen.

Eigenschaften	Anwendungen
kurze Ultraschall-Wellenlänge in Luft ($\lambda < 1{,}5$ cm); geradlinige, geometrische Schallausbreitung mit vernachlässigbarer Beugung	Bündelung von Ultraschall-Richtstrahlen zur Ortung von Hindernissen (Ultraschall-Echolot-Verfahren); Reflexionen an Grenzschichten mit Änderung der Schallkennimpedanz, wie bei Luftschichten in Festkörper-Rissen, Lunkern in Gussteilen oder Blechaufdopplungen (Ultraschall-Werkstoffprüfung) und wie beim Übergang Muskelgewebe zu Gewebeflüssigkeit (Ultraschall-Diagnostik); Ultraschall-Kommunikation unter Wasser (SONAR-Prinzip)
hohe Ultraschall-Intensität wegen $I \sim \omega^2$ bei hohen Ultraschall-Kreisfrequenzen ($\omega > 100$ kHz)	Kavitation an Festkörper-Grenzflächen bewirken Materialabtrag (Ultraschall-Reinigung, Ultraschall-Bohren, Ultraschall-Schneiden); resonante Anregung von Zellen (Ultraschall-Massage), von Gasblasen (Entgasung von Schmelzen) und von Tröpfchen (Emulgieren von Öl in Wasser)

L Optik

Tabelle L-1. Frequenzen f und Wellenlängen λ elektromagnetischer Wellen.

f in Hz	λ in m	Wellenbereich	λ in m	IR- und UV-Wellenart
10^3	10^5		10^{-3}	
10^4	10^4	VLF	8	
10^5	10^3	LF	6	
10^6	10^2	MF	4	
10^7	10^1	HF	2	Fernes IR
10^8	10^0	VHF	10^{-4}	
10^9	10^{-1}	UHF ⎫	8	IR–C
10^{10}	10^{-2}	SHF ⎬ Mikro-	6	
10^{11}	10^{-3}	EHF ⎭ wellen	4	
10^{12}	10^{-4}	⎫	2	
10^{13}	10^{-5}	⎬ Infrarot (IR)	10^{-5}	Mittleres IR
10^{14}	10^{-6}	⎭	8	
10^{15}	10^{-7}	↓ sichtbares	6	
10^{16}	10^{-8}	↑ Licht (VIS)	4	
10^{17}	10^{-9}	Ultraviolett (UV)	2	⎫ Nahes IR IR–B
10^{18}	10^{-10}	Röntgenstrahlung	10^{-6}	IR–A
10^{19}	10^{-11}	γ-Strahlung	8	
10^{20}	10^{-12}		6	VIS Nahes UV UV–A
			4	Mittleres UV UV–B
			2	Fernes UV ⎫ UV–C
			10^{-7}	Vakuum–UV ⎭

In der Optik werden Phänomene untersucht, die mit der Ausbreitung des Lichts in Zusammenhang stehen. Licht ist eine transversale elektromagnetische Welle. Im gesamten Spektrum der elektromagnetischen Wellen ist das *sichtbare* Licht ein schmaler Bereich im Wellenlängenintervall von $\lambda = 380\,\text{nm}$ bis $780\,\text{nm}$, in dem das menschliche Auge empfindlich ist (Tabelle L).

L.1 Geometrische Optik

Sind die Dimensionen der Gegenstände groß gegen die Wellenlänge des Lichts, dann ist die Lichtausbreitung mit Hilfe von *Lichtstrahlen* beschreibbar. In der geometrischen Optik wurden Methoden entwickelt, mit denen der Lichtweg in optischen Systemen berechnet werden kann.

Übersicht L-1. DIN-Normen zur geometrischen Optik einschließlich optischer Instrumente.

DIN 1335	Geometrische Optik – Bezeichnungen und Definitionen
DIN 1349	Durchgang optischer Strahlung durch Medien
DIN 4522	Aufnahmeobjektive
DIN 58 140	Faseroptik
DIN 58 172	Prüfung von optischen Systemen
DIN 58 186	Qualitätsbewertung optischer Systeme – Bestimmung des Falschlichts
DIN ISO 9039	Optik und Photonik – Qualitätsbewertung optischer Systeme – Bestimmung der Verzeichnung
DIN 58 189	Grundnormen der Optik
DIN 58 208	Augenoptik – Begriffe und Zeichen bei Brillengläsern in Verbindung mit dem menschlichen Auge
DIN EN 60 793	Lichtwellenleiter

© Springer-Verlag GmbH Deutschland 2017
E. Hering, R. Martin, M. Stohrer, *Taschenbuch der Mathematik und Physik*, DOI 10.1007/978-3-662-53419-9_11

Übersicht L-1. (Fortsetzung).

DIN EN 60 794	Lichtwellenleiterkabel
DIN EN ISO 7944	Optik und optische Instrumente – Bezugswellenlängen
DIN ISO 10 110	Optik und optische Instrumente – Erstellung von Zeichnungen
DIN ISO 14 133	Optik und optische Instrumente – Anforderungen an Fernrohre
DIN ISO 14 135	Optik und optische Instrumente – Anforderungen an Zielfernrohre
DIN ISO 14 490	Optik und optische Instrumente – Prüfverfahren für Fernrohre
DIN ISO 15 795	Optik und Photonik – Beurteilung der Qualität optischer Systeme

L.1.1 Lichtstrahlen und Abbildung

Eine Lichtquelle sendet Strahlen aus, die sich in einem homogenen Medium geradlinig ausbreiten und senkrecht zu den Wellenflächen der elektromagnetischen Welle stehen. Lichtstrahlen, die sich durchkreuzen, beeinflussen sich gegenseitig nicht.

Wird ein von einem *Gegenstandspunkt* O ausgesandtes *homozentrisches* Strahlenbündel durch ein optisches System so verändert, dass sich alle Strahlen wieder in einem *Bildpunkt* O′ schneiden, entsteht also wieder ein homozentrisches Bündel, dann liegt eine *Abbildung* vor (Bild L-1).

L.1.2 Reflexion des Lichts

L.1.2.1 Reflexion an ebenen Flächen

Bei der Reflexion eines Lichtstrahls an einer spiegelnden Fläche (Bild L-2) gilt das *Reflexionsgesetz*:

> Einfallender Strahl, reflektierter Strahl und Einfallslot liegen in einer Ebene; der Einfallswinkel ε und der Reflexionswinkel ε_r sind gleich.

a) reelle Abbildung

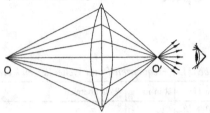

b) virtuelle Abbildung

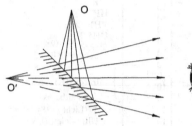

Bild L-1. Optische Abbildung.

Abbildung

Nach Bild L-1b scheint für einen Beobachter jeder Lichtstrahl, der von O aus in den Spiegel fällt, von dem Bildpunkt O′ herzukommen. Gegenstandspunkt O und Bildpunkt O′ liegen völlig symmetrisch zum Spiegel auf einer Normalen zur Spiegelfläche.

> Der ebene Spiegel erzeugt virtuelle Bilder; Gegenstand und Bild liegen symmetrisch zum Spiegel.

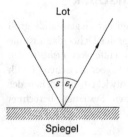

Bild L-2. Reflexion an ebener Fläche.

Übersicht L-2. Brennpunkt des Hohlspiegels.

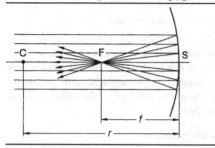

Brennweite $f = r/2$

C	Mittelpunkt der Kugel,
F	Brennpunkt,
S	Scheitel,
r	Kugelradius.

L.1.2.2 Reflexion an gekrümmten Flächen

Hohlspiegel

Der Hohl- oder *Konkavspiegel* ist eine innen verspiegelte Kugelkalotte. Parallel zur *optischen Achse* CS einfallende Strahlen, die nahe bei der optischen Achse verlaufen (*paraxiale* Strahlen), treffen sich im *Brennpunkt* (Übersicht L-2). Bei einem *Parabolspiegel* gehen alle achsenparallele Strahlen durch den Brennpunkt, unabhängig vom Abstand, den sie von der Symmetrieachse haben.

Abbildung beim Hohlspiegel

Übersicht L-3 zeigt die Abbildung eines Gegenstandes OP durch einen Hohlspiegel. Die Lage des Bildpunktes P' wird durch den Schnittpunkt zweier ausgezeichneter Strahlen festgelegt.

Übersicht L-3. Abbildung durch einen Hohlspiegel.

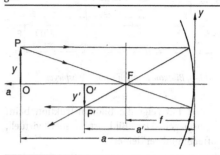

Abbildungsgleichung für paraxiale Strahlen	$\dfrac{1}{a} + \dfrac{1}{a'} = \dfrac{1}{f}$
Abbildungsmaßstab	$\beta' = \dfrac{y'}{y} = -\dfrac{a'}{a}$

a	Gegenstandsweite,
a'	Bildweite,
f	Brennweite.

Tabelle L-2 zeigt eine Zusammenstellung der Abbildungsverhältnisse beim Hohlspiegel für verschiedene Gegenstandsweiten a.

Wölbspiegel

Beim sphärischen Wölb- oder *Konvexspiegel* ist die Außenseite einer Kugelkalotte verspiegelt. Die Gleichungen in Übersicht L-3 gelten unverändert auch für den Wölbspiegel, lediglich die Brennweite ist negativ:

$$f = -r/2 \qquad\qquad (L-1)$$

Tabelle L-2. Abbildungsverhältnisse beim Hohlspiegel.

Gegenstandsweite	Bildweite	Abbildungsmaßstab	Bildart
$a > 2f$	$f < a' < 2f$	$-\beta' < 1$	umgekehrt, reell
$a = 2f$	$a' = 2f$	$-\beta' = 1$	umgekehrt, reell
$2f > a > f$	$a' > 2f$	$-\beta' > 1$	umgekehrt, reell
$a = f$	$a' = \infty$	$\beta' = \infty$	kein Bild im Endlichen
$a < f$	$a' < 0$	$\beta' > 1$	aufrecht, virtuell

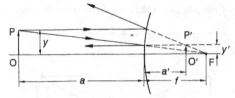

Bild L-3. Bildkonstruktion beim Wölbspiegel.

Bild L-3 zeigt die Bildkonstruktion beim Wölbspiegel. Das Bild ist immer virtuell, aufrecht und verkleinert.

Übersicht L-4. Lichtbrechung.

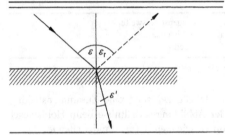

Snellius'sches Brechungsgesetz	$n \sin \varepsilon = n' \sin \varepsilon'$
Brechungsindex	$n = c_{\text{Luft}}/c \approx c_0/c$
Abbe-Zahlen als Maß für die Dispersion	$v_e = \dfrac{n_e - 1}{n_{F'} - n_{C'}}$ $v_d = \dfrac{n_d - 1}{n_F - n_C}$
Gruppenindex	$n_{\text{gr}} = c_0/c_{\text{gr}} = n - \lambda \dfrac{dn}{d\lambda}$

c	Lichtgeschwindigkeit im Material,
c_{Luft}	Lichtgeschwindigkeit in Luft,
c_0	Lichtgeschwindigkeit im Vakuum,
c_{gr}	Gruppengeschwindigkeit im Material,
λ	Wellenlänge

Wellenlängen einiger *Fraunhoferlinien*:
$\lambda_F = 486{,}1$ nm, $\lambda_{F'} = 480{,}0$ nm, $\lambda_e = 546{,}1$ nm,
$\lambda_d = 587{,}6$ nm, $\lambda_D = 589{,}3$ nm, $\lambda_{C'} = 643{,}8$ nm,
$\lambda_C = 656{,}3$ nm

L.1.3 Brechung des Lichts

L.1.3.1 Brechungsgesetz

Fällt ein Lichtstrahl auf eine Grenzfläche zwischen zwei verschiedenen Stoffen, so wird ein Teil des Strahls reflektiert, der andere Teil durchquert die Grenzfläche mit geänderter Richtung – er wird *gebrochen* (Übersicht L-4, Tabelle L-3).

Totalreflexion

Ein Strahl, der in einem optisch dichten Medium läuft, wird an der Grenzfläche zu einem optisch dünnen Medium *total* reflektiert, falls der Einfallswinkel größer ist als der *Grenzwinkel der Totalreflexion* (Übersicht L-5).

L.1.3.2 Lichtwellenleiter

Ein Lichtwellenleiter besteht aus einem *Kern*, der von einem *Mantel* mit kleinerem Brechungsindex umgeben ist (Übersicht L-6). Die Führung des Lichts in einem Lichtwellenleiter beruht auf der Totalreflexion.

Übersicht L-5. Totalreflexion.

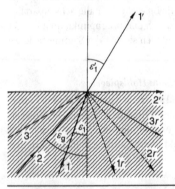

Grenzwinkel der Totalreflexion	$\sin \varepsilon_g = n'/n$
Grenzwinkel gegen Luft	$\sin \varepsilon_g = 1/n$

n'	Brechzahl des optisch dünneren Mediums,
n	Brechzahl des optisch dichteren Mediums.

Übersicht L-6. Lichtwellenleiter.

a) Stufenindexfaser

b) Gradientenfaser

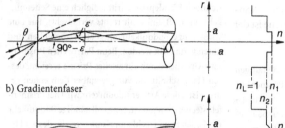

Numerische Apertur	$A_N = \sin\theta_{max} = \sqrt{n_1^2 - n_2^2}$

Bedingung für das
Auftreten
nur einer Mode

$$\frac{a}{\lambda} \leqq \frac{2{,}405}{2\pi A_N}$$

a	Kernradius,	λ	Wellenlänge,
n_1	Brechzahl des Kerns,	θ_{max}	Akzeptanzwinkel.
n_2	Brechzahl des Mantels,		

Tabelle L-3. Brechzahlen n und Abbezahlen ν einiger Stoffe.
Die Werte beziehen sich auf feuchte Normalluft von 20 °C und 1013 hPa.

Stoff	n_e	n_d	n_D	ν_e	ν_d
Festkörper					
Flussspat CaF$_2$	1,43496	1,433872	1,433830	94,7	95,4
Quarzglas SiO$_2$	1,4601	1,4585	1,4584	68,4	67,7
Plexiglas M 222			1,491	52	52
Borkronglas BK7	1,51872	1,51680	1,51673	64,2	64,0
Steinsalz NaCl	1,54740	1,54437	1,544258	42,5	43,2
Polystyrol			1,588	31	31
Flintglas F2	1,62408	1,62004	1,61989	36,1	36,4
Schwerflintglas SF 5,6	1,79180	1,78470	1,78444	25,9	26,1
Diamant C			2,4173		
Flüssigkeiten					
Wasser H$_2$O	1,334467	1,333041	1,332988	55,8	55,6
Ethylalkohol C$_2$H$_5$OH	1,3635	1,3618	1,3617	56,8	55,8
Benzol C$_6$H$_6$	1,50545	1,50155	1,50140	30,1	30,1
Schwefelkohlenstoff CS$_2$	1,63560	1,62804	1,62774	18,3	18,4

L.1.3.3 Brechung an Prismen

Ein Prisma ist ein meist dreikantiger Glaskörper (Übersicht L-7). Die zur brechenden Kante K senkrecht verlaufende Zeichenebene ist der *Hauptschnitt*.

Prismen sind optische Bauelemente mit vielfältigen Anwendungen. Tabelle L-4 zeigt einige Prismenformen. Bei den *Umlenkprismen* bleibt der Ablenkungswinkel beim Pentagonalprisma und beim Bauernfeind'schen Prisma konstant. Die *Umkehrprismen* die-nen zur Bildumkehr in optischen Systemen. Beim einfachen rechtwinkligen Prisma und beim geradsichtigen Wendeprisma tritt lediglich eine Seitenumkehr ein (z. B. links mit rechts vertauscht). Für eine vollständige Bildumkehr muss auch noch oben und unten vertauscht werden. Beim Porro'schen Prismensatz wird dies durch ein zweites Prisma erreicht, dessen Hauptschnitt um 90° gegenüber dem ersten gedreht ist. Diese Art der Bildumkehr wird bei Prismenfeldstechern eingesetzt. Eine vollständige Bildumkehr wird auch beim Dachkantprisma erreicht, dessen Hypothenusenfläche Dachform besitzt. Vollständige Bildumkehr ohne Strahlversatz bieten die Prismensysteme nach Schmidt-Pechan sowie Uppendahl. Beide benutzen je ein Dachkantprisma.

Übersicht L-7. Strahlenverlauf im Hauptschnitt eines Prismas.

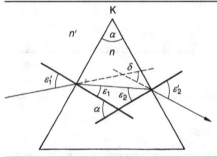

Ablenkungswinkel

$$\delta = \varepsilon_1' - \alpha + \arcsin\left[\sin\alpha\sqrt{\left(\frac{n}{n'}\right)^2 - \sin^2\varepsilon_1'}\right.$$
$$\left. - \cos\alpha\sin\varepsilon_1'\right]$$

minimaler Ablenkwinkel bei symmetrischem Durchgang

$$\delta_{\min} = 2\arcsin\left(\frac{n}{n'}\sin\frac{\alpha}{2}\right) - \alpha$$

Näherung für kleine brechende Winkel

$$\delta_{\min} \approx \alpha\left(\frac{n}{n'} - 1\right)$$

n Brechzahl des Prismas,
n' Brechzahl des umgebenden Mediums (meist Luft, $n' = 1$),
α brechender Winkel,
ε_1' Einfallswinkel.

L.1.3.4 Brechung an Kugelflächen

Vorzeichenkonvention

Zwei Medien mit den Brechzahlen n und n' sind nach Übersicht L-8 durch eine Kugelfläche voneinander getrennt. Im Folgenden werden für alle Strecken und Winkel Vorzeichen verwendet, wie sie in der technischen Optik gebräuchlich und durch DIN 1335 festgelegt

Übersicht L-8. Lichtbrechung an einer Kugelfläche.

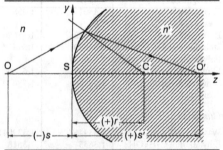

Schnittweitengleichung
(Abbe'sche Invariante)

$$n\left(\frac{1}{r} - \frac{1}{s}\right) = n'\left(\frac{1}{r} - \frac{1}{s'}\right)$$

n Brechzahl im Gegenstandsraum,
n' Brechzahl im Bildraum.

Tabelle L-4. Prismen und Prismensysteme.

Umlenkprismen	Umkehrprismen	
rechtwinkliges Umlenkprisma	rechtwinkliges Umkehrprisma	Dachkantprisma
Pentagonalprisma für konstante Ablenkung $\delta = 90°$ $\alpha = 45°$	geradsichtiges Wendeprisma (Amici) $90°$	Schmidt-Pechan-Prisma
Bauernfeind'sches Prisma für konstante Ablenkung $\delta = 90°$	Porro-Prismen	Uppendahl-Prisma

sind. Die Achse durch den Kugelmittelpunkt C ist die optische Achse und zugleich die z-Achse des Koordinatensystems. Die positive z-Richtung wird durch die Laufrichtung des Lichts bestimmt und geht im Allgemeinen von links nach rechts. Die y-Achse steht senkrecht auf der z-Achse und weist von unten nach oben. Der Durchstoßpunkt der optischen Achse durch die Kugelfläche ist der Scheitel S. Der Radius der Kugel ist positiv, wenn der Mittelpunkt C rechts vom Scheitel liegt und negativ, falls C links von S liegt. Sämtliche Strecken, die vom Bezugspunkt S aus nach links gemessen werden, erhalten ein negatives Vorzeichen. Strecken, die nach rechts gemessen werden sind positiv.

L.1.4 Abbildung durch Linsen

In den meisten optischen Geräten werden Linsen mit kugelförmigen Flächen verwendet.

L.1.4.1 Dünne Linsen

Tabelle L-5 zeigt verschiedene Linsenformen. *Konvexlinsen* (Sammellinsen) sind in der Mitte dicker als am Rand, bei *Konkavlinsen* (Zerstreuungslinsen) ist es umgekehrt. Alle achsennahen Strahlen eines parallel zur optischen Achse einfallenden Bündels treffen sich im *bildseitigen Brennpunkt* F′. Die relevanten Gleichungen für dünne Linsen, die beiderseits von Luft umgeben sind, sind in Übersicht L-9 zusammengestellt.

Bildkonstruktion

Bild L-4 erläutert die zeichnerische Konstruktion einer Abbildung mit einer dünnen Linse anhand von drei ausgezeichneten Strahlen:

Übersicht L-9. Linsen- und Abbildungsgleichungen für dünne Linsen.

bildseitige Brennweite	$\dfrac{1}{f'} = D' = (n_L - 1)\left(\dfrac{1}{r_1} - \dfrac{1}{r_2}\right)$
gegenstandseitige Brennweite	$f = -f'$
Abbildungsgleichung	$\dfrac{1}{a'} - \dfrac{1}{a} = \dfrac{1}{f'}$
Abbildungsmaßstab	$\beta' = \dfrac{y'}{y} = \dfrac{a'}{a}$
Newton'sche Abbildungsgleichung	$z'z = -f'^2$

D' Brechkraft, $[D'] = 1\ \mathrm{m}^{-1} = 1$ dpt (Dioptrie),
n_L Brechzahl der Linse,
r_1 Krümmungsradius der linken Fläche,
r_2 Krümmungsradius der rechten Fläche,
a Gegenstandsweite,
a' Bildweite,
y Gegenstandsgröße,
y' Bildgröße,
z Abstand Gegenstand – gegenseitiger Brennpunkt,
z' Abstand Bild – bildseitiger Brennpunkt (Bild L-4).

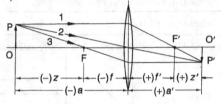

a) Sammellinse

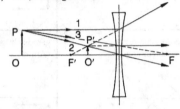

b) Zerstreuungslinse

Bild L-4. Bildkonstruktion bei dünnen Linsen.

Der achsenparallele Strahl 1 geht hinter der Linse durch den bildseitigen Brennpunkt F′. Der Mittelpunktstrahl 2 wird nicht gebrochen. Der Strahl 3 durch den gegenstandseitigen Brennpunkt F verlässt die Linse achsenparallel. Der Schnittpunkt der drei Strahlen definiert den Bildpunkt. Bei einer Zerstreuungslinse ist das Bild immer aufrecht, verkleinert und virtuell.

L.1.4.2 Dicke Linsen

Der Strahlengang ausgewählter Strahlen durch eine dicke Linse ist in Bild L-5 dargestellt. Die ausgezogenen Strahlen innerhalb der Linse können durch die gestrichelten ersetzt werden. So wird beispielsweise der von links kommende Strahl bis zum Schnittpunkt Q′ mit der *Hauptebene* H′ durchgezogen und geht von dort durch den Brennpunkt F′. Die charakteristischen Größen sind in Übersicht L-10 zusammengestellt.

Bild L-6 zeigt die Konstruktion der Abbildung eines Gegenstandes durch eine Sammellinse. Werden die Gegenstandsweite a und die Bildweite a' als Abstand vor der jeweils zugeordneten Hauptebene definiert, dann behalten

Tabelle L-5. Linsenformen.

Linsenform						
Bezeichnung	bi-konvex	plan-konvex	konkav-konvex	bi-konkav	plan-konkav	konvex-konkav
Radien	$r_1 > 0$ $r_2 < 0$	$r_1 = \infty$ $r_2 < 0$	$r_1 < r_2 < 0$	$r_1 < 0$ $r_2 > 0$	$r_1 = \infty$ $r_2 > 0$	$r_2 < r_1 < 0$
Brennweite	$f' > 0$	$f' > 0$	$f' > 0$	$f' < 0$	$f' < 0$	$f' < 0$

Sammellinsen

Zerstreuungslinsen

Übersicht L-10. Linsengleichungen für dicke Linsen.

Brennweite und Brechkraft	$\dfrac{1}{f'} = D' = (n_L - 1)\left(\dfrac{1}{r_1} - \dfrac{1}{r_2}\right)$ $+ \dfrac{(n_L - 1)^2}{n_L}\dfrac{d}{r_1 r_2}$
Abstände der Brennpunkte von den Scheiteln	$s'_{F'} = f'\left(1 - \dfrac{n_L - 1}{n_L}\dfrac{d}{r_1}\right)$ $s_F = -f'\left(1 + \dfrac{n_L - 1}{n_L}\dfrac{d}{r_2}\right)$
Abstände der Hauptebenen von den Scheiteln	$s'_{H'} = -f'\dfrac{n_L - 1}{n_L}\dfrac{d}{r_1}$ $s_H = -f'\dfrac{n_L - 1}{n_L}\dfrac{d}{r_2}$

D' Brechkraft,
d Linsendicke,
n_L Brechzahl der Linse,
r_1 Krümmungsradius der linken Fläche,
r_2 Krümmungsradius der rechten Fläche.

die Abbildungsgleichung und die Gleichung für den Abbildungsmaßstab aus Übersicht L-9 ihre Gültigkeit.

L.1.4.3 Linsensysteme

Systeme aus mehreren Linsen können wie eine dicke Einzellinse beschrieben werden, wenn die Lage der Hauptebenen sowie die Brennweite des Systems bekannt ist (Bild L-7, Übersicht L-11).

L.1.5 Blenden

In jedem optischen System gibt es Blenden, die den Querschnitt der das System durchlaufenden Strahlen begrenzen (Bild L-8). Die als *Eintrittspupille* EP bezeichnete Blende definiert den objektseitigen *Aperturwinkel* σ. Das Bild der Eintrittspupille ist die *Austrittspupille* AP. Lage und Größe der Austrittspupille bestimmt den bildseitigen Aperturwinkel σ'. Durch die Größe der Pupillen und der Aperturwinkel wird die Helligkeit der Abbildung bestimmt.

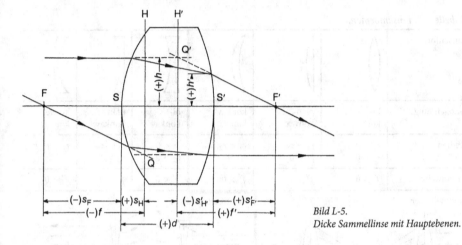

Bild L-5.
Dicke Sammellinse mit Hauptebenen.

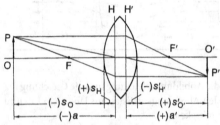

*Bild L-6. Bildkonstruktion bei einer dicken Sammel-
linse.*

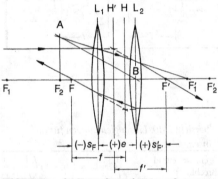

*Bild L-7. Lage der Hauptebenen bei einem System von
Sammellinsen.*

Übersicht L-11. Linsensysteme.

Abstände der Brennpunkte von den Scheiteln	$\dfrac{1}{s'_{F'}} = \dfrac{1}{f'_2} + \dfrac{1}{f'_1 - e}$
	$\dfrac{1}{s_F} = \dfrac{1}{f'_1} + \dfrac{1}{f'_2 - e}$
Brennweite	$f' = -f = \dfrac{f'_1 f'_2}{f'_1 + f'_2 - e}$
Brechkraft	$D' = D'_1 + D'_2 - e D'_1 D'_2$
Brechkraft bei geringem Abstand	$D' = D'_1 + D'_2$

e	Abstand der Linsen,
f'_1, f'_2	Brennweite von Linse L_1 bzw. L_2.

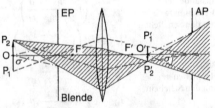

Bild L-8. Strahlbegrenzung durch eine Blende.

L.1.6 Abbildungsfehler

Sind bei einer optischen Abbildung nicht nur paraxiale Strahlen beteiligt, dann treten *Abbildungsfehler* auf, die nur mit großem Aufwand korrigiert werden können (Tabelle L-6).

L.1.7 Optische Instrumente

L.1.7.1 Das menschliche Auge

Bei einem *normalsichtigen Auge* wird ein paralleles Strahlenbündel, das von einem unendlich weit entfernten Gegenstandspunkt kommt, auf einen Punkt der lichtempfindlichen Netzhaut fokussiert. Die Fähigkeit des Auges, durch Veränderung der Krümmung der Augenlinse verschieden weit entfernte Gegenstände auf der Netzhaut scharf abzubilden, wird als *Akkomodation* bezeichnet. Der nächstgelegene Punkt, den man eben noch scharf sehen kann, ist der *Nahpunkt*. Er liegt bei Jugendlichen bei etwa 10 cm und nimmt mit dem Alter zu. Der *Fernpunkt* liegt beim normalsichtigen Auge im

Tabelle L-6. Abbildungsfehler.

Bezeichnung	Ursache und Auswirkung	Beseitigung
sphärische Abberration (Öffnungsfehler)	Ein Objektpunkt auf der optischen Achse wird, falls nur achsennahe Strahlen an der Abbildung beteiligt sind, weiter von einer Sammellinse entfernt abgebildet als bei der ausschließlichen Verwendung achsenferner Strahlen. Daher wird ein Punkt durch weit geöffnete Strahlenbündel nicht als Punkt, sondern als Zerstreuungsscheibchen abgebildet.	Kombinationen mehrerer Linsen verschiedener Brennweite (z. B. Sammellinse und Zerstreuungslinse); Variation der Linsenform. Ein korrigiertes System wird als Aplanat bezeichnet.
Astigmatismus und Bildfeldwölbung	Ausgedehnte ebene Objekte werden nicht in einer Ebene, sondern auf zwei gekrümmten Bildschalen, die sich auf der optischen Achse berühren, abgebildet. Deshalb entsteht bei der Abbildung eines Punktes, der außerhalb der optischen Achse liegt, auch bei der Verwendung schlanker Strahlenbündel kein Bildpunkt, sondern zwei zueinander senkrecht verlaufende Bildstriche auf den beiden Bildschalen in verschiedenen Abständen von der Linse.	Kombination mehrerer Linsen aus geeigneten Gläsern; Veränderung der Blendenlage. Ein korrigiertes System ist ein Anastigmat.
Koma	Strahlenbündel großer Öffnung bilden einen Punkt, der außerhalb der optischen Achse liegt, nicht als Punkt, sondern als ovale Figur mit kometenhaftem Schweif ab.	Abblenden; Fehler ist stark abhängig von der Blendenlage.
Verzeichnung	Bei falscher Blendenlage sind Bild und Objekt nicht geometrisch ähnlich. Liegt die Blende zu weit im Gegenstandsraum, wird ein Quadrat tonnenförmig verzeichnet, liegt sie zu weit im Bildraum, resultiert eine kissenförmige Verzeichnung.	Blende bzw. Pupille sollte in der Linsenebene liegen. Verwirklicht im orthoskopischen Objektiv.
chromatische Aberration	Farbfehler, der aufgrund der Dispersion des Linsenmaterials entsteht, wenn zur Abbildung kein monochromatisches Licht verwendet wird. Das Bild wird unscharf und erhält farbige Ränder.	Kombination von Sammellinse aus Kronglas und Zerstreuungslinse aus Flintglas; korrigiertes Objektiv ist ein Achromat.

Unendlichen. Als *Bezugsweite* oder *deutliche Sehweite* gilt der Abstand a_B = −25 cm, bei dem der normalsichtige Mensch Gegenstände ohne Anstrengung betrachten kann.

Sehfehler

Bei einem *kurzsichtigen* Auge vereinigen sich die Strahlen schon vor der Netzhaut. Der Kurzsichtige kann deshalb unendlich weit entfernte Gegenstände nicht scharf sehen; sein Fernpunkt liegt im Endlichen. Zur Korrektur wird eine Brille mit Zerstreuungslinse verwandt. Beim *übersichtigen* (*weitsichtigen*) Auge liegt der Brennpunkt hinter der Netzhaut. Zur Korrektur tragen Übersichtige eine Brille mit Sammellinsen.

L.1.7.2 Vergrößerungsinstrumente

Vergrößerung

Von einem ausgedehnten Gegenstand entsteht auf der Netzhaut des Auges ein umgekehrtes reelles Bild (Bild L-9). Die Größe des Netzhautbildes ist abhängig vom *Sehwinkel* σ, unter dem das Objekt erscheint. Die Aufgabe der optischen Instrumente Lupe, Mikroskop und Fernrohr ist es, diesen Sehwinkel und damit das Netzhautbild zu vergrößern. Als Vergrößerung Γ' eines optischen Instruments wird definiert:

$$\Gamma' = \frac{\tan \sigma'}{\tan \sigma} \approx \frac{\sigma'}{\sigma} \; ; \qquad (L-2)$$

σ' Sehwinkel mit Instrument,
σ Sehwinkel ohne Instrument.

Tabelle L-7 zeigt eine Zusammenstellung der optischen Instrumente, mit denen eine Vergrößerung erzielt wird.

Lupe

Für die *Normalvergrößerung* der Lupe wird festgelegt, dass der Gegenstand in der Brennebene der Lupe steht und das Auge auf Unendlich

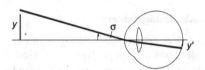

Bild L-9. *Definition des Sehwinkels* σ.

entspannt ist. Wird der Abstand zwischen Linse und Objekt verkleinert, entsteht ein vergrößertes virtuelles Bild, das mit dem akkomodierten Auge betrachtet werden kann. Für die *Lupenvergrößerung bei Akkomodation* wird angenommen, dass sich das Auge direkt hinter der Linse befindet und dass das virtuelle Bild in der Bezugssehweite a_B entsteht.

Mikroskop

Beim Mikroskop entwirft das *Objektiv* Ob vom Gegenstand G ein vergrößertes reelles *Zwischenbild* ZB, das mit Hilfe des *Okulars* betrachtet wird. Die Mikroskopvergrößerung lässt sich als Produkt des Abbildungsmaßstabs β'_{Ob} des Objektivs und der Lupenvergrößerung β'_{Ob} des Okulars darstellen. Sie ist abhängig von der *optischen Tubuslänge t* (meist 160 mm). Normwerte für Objektiv- und Okularvergrößerungen sind in DIN ISO 8039 festgelegt.

Das Objektiv ist die Eintrittspupille EP des Systems. An der Stelle der Austrittspupille AP sollte sich die Pupille des beobachtenden Auges befinden.

Fernrohr

Beim Fernrohr werden zwei Grundtypen unterschieden: Das *Kepler'sche* oder *astronomische* Fernrohr und das *Galilei'sche* oder *holländische* Fernrohr. Das Verhältnis der Neigungswinkel σ' und σ paralleler Strahlenbündel ergibt die Vergrößerung des Fernrohrs. Sie ist beim holländischen Fernrohr positiv, beim astronomischen negativ. Im *terrestrischen* Fernrohr wird das Kopf stehende Bild umgedreht. Dies

Tabelle L-7. Vergrößerungsinstrumente.

Strahlengang	Vergrößerung
a) Lupe	Normalvergrößerung $\Gamma_L' = -\dfrac{a_B}{f'}$ Vergrößerung bei Akkomodation: $\Gamma_{L,A}' = \Gamma_L' + 1$
b) Mikroskop	$\Gamma_M' = \beta_{Ob}' \Gamma_{Ok}'$ $\Gamma_M' = \dfrac{t}{f_{Ob}'} \cdot \dfrac{a_B}{\Gamma_{Ok}'}$

geschieht beispielsweise dadurch, dass das reelle Zwischenbild mit Hilfe einer Umkehrlinse umgedreht wird. Beim *Prismenfeldstecher* wird zur Bildumkehr der Porro'sche Prismensatz (Tabelle L-4) eingesetzt.

L.1.7.3 Fotoapparat

Beim Fotoapparat entwirft das Objektiv ein Bild eines Gegenstandes auf einem lichtempfindlichen Film oder einem CCD-Chip (Übersicht L-12). Der Lichtstrom wird mit einer Irisblende geregelt, die als Eintrittspupille EP wirkt. Ein Maß für den einfallenden Lichtstrom ist nach DIN ISO 517 die *relative Öffnung* D_{EP}/f' (Kehrwert der *Blendenzahl k*).

L.2 Fotometrie

Radiometrische oder *strahlungsphysikalische* Größen beschreiben die Eigenschaften eines Strahlungssenders bzw. -empfängers. Sie werden mit objektiven Messgeräten bestimmt; ihre Formelbuchstaben erhalten nach DIN 5031 den Index „e" (energetisch).

Wird der Eindruck einer Strahlung auf das menschliche Auge mit seiner charakteristischen wellenlängenabhängigen Empfindlichkeit beschrieben, dann spricht man von *fotometrischen* oder *lichttechnischen* Größen. Die Formelbuchstaben dieser Größen erhalten den Index „v" (visuell).

Tabelle L-7. (Fortsetzung).

Strahlengang	Vergrößerung
c) Fernrohr	$\Gamma'_F = -\dfrac{f'_{Ob}}{f'_{Ok}}$

L.2.1 Strahlungsphysikalische Größen

Die in DIN 5031 definierten radiometrischen Größen sind in Tabelle L-8 zusammengestellt. Einige der angegebenen Beziehungen gelten nur für den Fall, dass der Abstand zwischen Sender und Empfänger größer ist als die *fotometrische Grenzentfernung*. Ist diese Bedingung nicht erfüllt, müssen die Beziehungen differenziell formuliert und dann über Sender- und Empfängerfläche integriert werden.

Nach DIN 5032 gilt für einen kreisförmigen Lambert-Strahler und für einen kosinusgetreu bewerteten Empfänger als fotometrische Grenzentfernung ein Abstand, der 10-mal so groß ist wie die größte Ausdehnung von Sender bzw. Empfänger, wenn der Fehler kleiner als 0,25 % sein soll.

Übersicht L-14 enthält die wichtigsten Beziehungen zwischen strahlungsphysikalischen Größen.

Übersicht L-12. Fotoapparat.

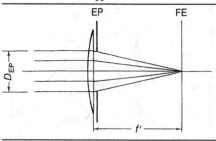

Blendenzahl $k = \dfrac{f'}{D_{EP}}$

Schärfentiefe
vordere und $a_v = \dfrac{a f'^2}{f'^2 - u' k (a + f')}$
hintere Gegenstands-
weite $a_h = \dfrac{a f'^2}{f'^2 + u' k (a + f')}$

zulässige Unschärfe $u' = \dfrac{\text{Formatdiagonale}}{1000}$

Auszug aus der Hauptreihe der Blendenzahlen
(DIN ISO 517):
1   1,4   2,8   4   5,6   8   11   16   22

a nominelle Gegenstandsweite,
f' Brennweite des Objektivs,
D_{EP} Durchmesser der Eintrittspupille.

Übersicht L-13. DIN-Normen zur Fotometrie.

DIN 5030	Spektrale Strahlungsmessung
DIN 5031	Strahlungsphysik im optischen Bereich und Lichttechnik
DIN 5032	Lichtmessung
DIN 5039	Licht, Lampen, Leuchten
DIN 5035	Innenraumbeleuchtung mit künstlichem Licht
DIN 5033	Farbmessung
DIN 6164	DIN-Farbenkarte

Spektrale Größen

Die Abhängigkeit der strahlungsphysikalischen Größen von der Wellenlänge wird durch *spektrale Größen* beschrieben. Für jede in Tabelle L-8 angegebene Größe X_e ist eine spektrale Größe $X_{e,\lambda}$ definiert:

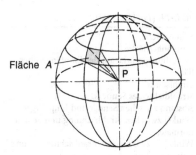

Fläche A

Bild L-10. Zur Definition des Raumwinkels.

Übersicht L-14. Beziehungen zwischen strahlungsphysikalischen Größen.

Fotometrisches Grundgesetz	$\Phi_e = L_e \dfrac{A_1 \cos \varepsilon_1 A_2 \cos \varepsilon_2}{r^2} \Omega_0$
Fotometrisches Entfernungsgesetz	$E_e = \dfrac{I_e(\varepsilon_1)}{r^2} \cos \varepsilon_2 \Omega_0$
Strahlstärke beim Lambert-Strahler	$I_e(\varepsilon_1) = I_e(0) \cos \varepsilon_1$
Definition des Raumwinkels (Bild L-10)	$\Omega = \dfrac{A}{r^2} \Omega_0$

$$X_{e,\lambda} = dX_e / d\lambda . \tag{L-3}$$

Beispiel: $L_{e,\lambda} = dL_e / d\lambda$ ist die spektrale Strahldichte mit der Maßeinheit $W/(m^2 \cdot sr \cdot nm)$.

Spektrale Größen werden experimentell mit Hilfe eines *Spektrometers* bestimmt. Aus dem gemessenen Verlauf der spektralen Größe $X_{e,\lambda}(\lambda)$ kann die zugeordnete Größe X_e durch Integration über den Wellenlängenbereich, in dem die Strahlung auftritt, berechnet werden:

$$X_e = \int_{\lambda_1}^{\lambda_2} X_{e,\lambda}(\lambda)\, d\lambda . \tag{L-4}$$

Übersicht L-14. (Fortsetzung).

A_1	Senderfläche,
A_2	Empfängerfläche,
E_e	Bestrahlungsstärke auf der Empfängeroberfläche,
I_e	Strahlstärke,
L_e	Strahldichte des Senders,
r	Abstand zwischen Sender und Empfänger,
ε_1	Winkel zwischen Strahlrichtung und Sendernormale,
ε_2	Winkel zwischen Strahlrichtung und Empfängernormale,
Φ_e	Strahlungsleistung, die vom Sender auf den Empfänger trifft (Bild L-11),
$\Omega_0 =$	1 sr (Steradiant).

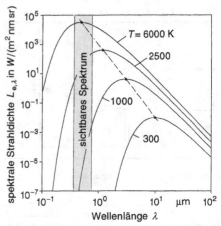

Bild L-12. Spektrale Strahldichte eines schwarzen Strahlers.

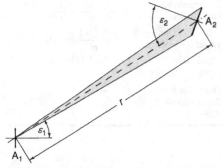

Bild L-11. Strahlenkegel, der vom Sender auf den Empfänger fällt.

obachters wurde von der Comission International d'Eclairage (CIE) aufgenommen und ist in DIN 5031 in Schritten von 1 nm tabelliert (Tabelle L-9, Bild L-13).

Der *Lichtstrom* Φ_v ist ein Maß für die Helligkeitsempfindung. Für monochromatisches Licht gilt bei Tagessehen:

$$\Phi_v = K_m \Phi_e V(\lambda) \,. \qquad (L-5)$$

Die Konstante K_m wird als Maximalwert des *fotometrischen Strahlungsäquivalents* bezeichnet. Sie ist eng verknüpft mit der SI-Basiseinheit für die *Lichtstärke*, der *Candela*, und beträgt $K_m = 683 \, \text{lm/W}$ (Lumen/Watt). Bei Nachtsehen gilt $K'_m = 1699 \, \text{lm/W}$.

Ist die Strahlung nicht monochromatisch, sondern spektral breitbandig, dann muss für die Berechnung des Lichtstromes über das sichtbare Spektrum integriert werden:

$$\Phi_v = K_m \int_{380 \, \text{nm}}^{780 \, \text{nm}} \Phi_{e,\lambda}(\lambda) V(\lambda) \, d\lambda \,. \qquad (L-6)$$

Temperaturstrahler

Jeder Körper sendet elektromagnetische Strahlung aus, deren Intensität und Farbe von der Temperatur des Körpers abhängt. Der spektrale Verlauf der Strahlung ist für den *schwarzen Strahler* berechenbar (Übersicht L-15, Bild L-12). Der schwarze Strahler besitzt kein Reflexionsvermögen und wird technisch durch den *Hohlraumstrahler* realisiert.

L.2.2 Lichttechnische Größen

Das menschliche Auge ist nicht für alle Lichtwellenlängen gleich empfindlich. Der *Hellempfindlichkeitsgrad* $V(\lambda)$ eines Standardbe-

Tabelle L-8. Definitionen der strahlungsphysikalischen Größen.

Größe	Symbol	Einheit	Beziehung	Erklärung
Strahlungsenergie bzw. -menge	Q_e	$W \cdot s = J$	$Q_e = \int \Phi_e \, dt$	durch elektromagnetische Strahlung übertragene Energie
Strahlungsleistung bzw. -fluss	Φ_e	W	$\Phi_e = dQ_e/dt$	mit der Strahlung übertragene Leistung
senderseitige Größen				
Spezifische Ausstrahlung	M_e	W/m^2	$M_e = \Phi_e/A_1$	auf die Senderfläche bezogene Strahlungsleistung des Senders
Strahlstärke	I_e	W/sr	$I_e = \Phi_e/\Omega$	Quotient aus dem in einer bestimmten Richtung vom Sender ausgehenden Strahlungsfluss und dem durchstrahlten Raumwinkel
Strahldichte	L_e	$W/(m^2 \cdot sr)$	$L_e = \dfrac{I_e}{A_1 \cos \varepsilon_1}$	Quotient aus Strahlstärke und Projektion der Senderfläche auf eine Ebene senkrecht zur betrachteten Richtung
empfängerseitige Größen				
Bestrahlungsstärke	E_e	W/m^2	$E_e = \Phi_e/A_2$	auf einen Empfänger fallende Strahlungsleistung bezogen auf die Empfängerfläche
Bestrahlung	H_e	$W \cdot s/m^2$	$H_e = \int E_e \, dt$	Quotient aus auftreffender Strahlungsenergie und Empfängerfläche

Übersicht L-15. Eigenschaften des schwarzen Strahlers.

spektrale Strahldichte (PLANCK)

$$L_{e,\lambda}(\lambda, T) = \frac{c_1}{\lambda^5} \frac{1}{e^{c_2/(\lambda T)} - 1} \frac{1}{\Omega_0}$$

Verschiebungsgesetz (WIEN)

$$\lambda_{max} T = \text{konstant} = 2998 \, \mu m \cdot K$$

spezifische Ausstrahlung (STEFAN-BOLTZMANN)

$$M_e(T) = \sigma T^4$$

c Vakuumlichtgeschwindigkeit,
h Planck'sches Wirkungsquantum,
k Boltzmann-Konstante,
T absolute Temperatur,
λ Wellenlänge,
λ_{max} Wellenlänge maximaler spektraler Strahldichte,
Ω_0 1 sr,
$c_1 = 2hc^2 = 1{,}191 \cdot 10^{-16} \, W \cdot m^2$,
$c_2 = hc/k = 1{,}439 \cdot 10^{-2} \, K \cdot m$,

$$\sigma = \frac{2\pi^5 k^4}{15 h^3 c^2} = 5{,}670 \cdot 10^{-8} \, W/(m^2 \cdot K^4).$$

Tabelle L-9. Spektraler Hellempfindlichkeitsgrad $V(\lambda)$ für Tagessehen.

Wellenlänge λ nm	$V(\lambda)$	Wellenlänge λ nm	$V(\lambda)$
380	$3{,}900 \cdot 10^{-5}$	580	0,870000
390	$1{,}200 \cdot 10^{-4}$	590	0,757000
400	$3{,}960 \cdot 10^{-4}$	600	0,631000
410	$1{,}210 \cdot 10^{-3}$	610	0,503000
420	$4{,}000 \cdot 10^{-3}$	620	0,381000
430	$1{,}160 \cdot 10^{-2}$	630	0,265000
440	$2{,}300 \cdot 10^{-2}$	640	0,175000
450	$3{,}800 \cdot 10^{-2}$	650	0,107000
460	$6{,}000 \cdot 10^{-2}$	660	$6{,}100 \cdot 10^{-2}$
470	$9{,}098 \cdot 10^{-2}$	670	$3{,}200 \cdot 10^{-2}$
480	0,139020	680	$1{,}700 \cdot 10^{-2}$
490	0,208020	690	$8{,}210 \cdot 10^{-3}$
500	0,323000	700	$4{,}102 \cdot 10^{-3}$
510	0,503000	710	$2{,}091 \cdot 10^{-3}$
520	0,710000	720	$1{,}047 \cdot 10^{-3}$
530	0,862000	730	$5{,}200 \cdot 10^{-4}$
540	0,954000	740	$2{,}492 \cdot 10^{-4}$
550	0,994950	750	$1{,}200 \cdot 10^{-4}$
555	1,000000	760	$6{,}000 \cdot 10^{-5}$
560	0,995000	770	$3{,}000 \cdot 10^{-5}$
570	0,952000	780	$1{,}499 \cdot 10^{-5}$

Nach dem Muster der Berechnung des Lichtstroms Φ_v aus dem Strahlungsfluss Φ_e kann für jede andere radiometrische Größe X_e, die in Tabelle L-8 definiert ist, die zugeordnete fotometrische Größe berechnet werden (Tabelle L-10).

Tabelle L-10. Lichttechnische Größen.

Benennung	Zeichen	Maßeinheit
Lichtmenge	Q_v	$lm \cdot s$
Lichtstrom	Φ_v	lm
spezifische Lichtausstrahlung	M_v	lm/m^2
Lichtstärke	I_v	$cd = lm/sr$
Leuchtdichte	L_v	cd/m^2
Beleuchtungsstärke	E_v	$lx = lm/m^2$
Belichtung	H_v	$lx \cdot s$

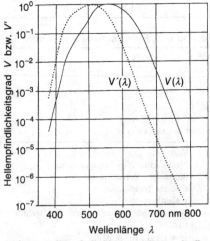

Bild L-13. Hellempfindlichkeitsgrad des Standardbeobachters.
$V(\lambda)$ *Tagessehen (2°-Gesichtsfeld);*
$V'(\lambda)$ *Nachtsehen (10°-Gesichtsfeld).*

L.3 Wellenoptik

L.3.1 Interferenz und Beugung

Bei der Überlagerung von Wellen gleicher Wellenlänge kommt es zur Auslöschung (destruktive Interferenz), falls der *Gangunterschied* Δ der Wellen ein ungeradzahliges Vielfaches der halben Wellenlänge λ beträgt (Abschnitt J.2.6):

$$\Delta = (2m + 1)\lambda/2 \,;\ m = 0, 1, 2 \ldots$$

Es kommt zur Verstärkung (konstruktive Interferenz) für

$$\Delta = m\lambda \,.$$

L.3.1.1 Kohärenz

Interferenz ist nur beobachtbar, wenn die Lichtwellen *kohärent* sind. Dazu muss eine feste Phasenbeziehung zwischen den überlagerten Wellen vorliegen. Der größte Gangunterschied zweier Wellen, bei denen Interferenz beobachtet wird, ist die *Kohärenzlänge l* (mittlere Länge der einzelnen Wellenzüge). Nach FOURIER gilt (Tabelle L-11):

$$l \approx c\tau \approx c/\Delta f \,; \qquad (\text{L--7})$$

c Lichtgeschwindigkeit,
τ Lebensdauer angeregter atomarer Zustände,
Δf spektrale Breite der Strahlung.

Wird Strahlung einer ausgedehnten Lichtquelle für Interferenzversuche verwendet, so muss die *Kohärenzbedingung* erfüllt sein:

$$2b \sin \sigma \ll \lambda \,; \qquad (\text{L--8})$$

b Größe der Strahlungsquelle,
σ halber Öffnungswinkel der Strahlung,
λ Wellenlänge.

Übersicht L-16. DIN-Normen zur Wellenoptik.

DIN 5030	Spektrale Strahlungsmessung
DIN 58 196	Dünne Schichten für die Optik
DIN 58 197	Dünne Schichten für die Optik; Mindestanforderungen für reflexionsmindernde Schichten und Spiegelschichten
DIN 58 960	Fotometer für analytische Untersuchungen
DIN EN 207	Filter und Augenschutz gegen Laserstrahlung
DIN EN 11 145	Optik und Photonik – Laser und Laseranlagen
DIN EN 60 825	Sicherheit von Lasereinrichtungen
DIN EN ISO 15 902	Optik und Photonik – Diffraktive Optik – Begriffe
VDE/VDI 2604	Oberflächen-Messverfahren; Rauigkeitsuntersuchungen mittels Interferenzmikroskopie

Tabelle L-11. Kohärenzeigenschaften verschiedener Lichtquellen.

Lichtquelle	Frequenzbandbreite Δf	Kohärenzlänge l
weißes Licht	$\approx 200\ \text{THz}$	$\approx 1{,}5\ \mu\text{m}$
Spektrallampe, Raumtemperatur	$1{,}5\ \text{GHz}$	$20\ \text{cm}$
Kr-Spektrallampe, auf $T = 77\ \text{K}$ gekühlt	$375\ \text{MHz}$	$80\ \text{cm}$
Halbleiterlaser GaAlAs	$2\ \text{MHz}$	$150\ \text{m}$
HeNe-Laser, frequenzstabilisiert	$150\ \text{kHz}$	$2\ \text{km}$

L.3.1.2 Interferenzen an dünnen Schichten

Interferenzen gleicher Neigung

Durch Vielfachreflexionen von Lichtwellen an planparallelen Platten kommt es zu Interferenzerscheinungen (Übersicht L-17).

Übersicht L-17. Interferenzen an planparalleler Platte.

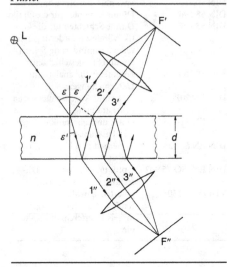

Bedingung für

Helligkeit in F′, Dunkelheit in F″	$2d\sqrt{n^2 - \sin^2 \varepsilon} = \left(m + \dfrac{1}{2}\right)\lambda$; $m = 0, 1, 2, \ldots$
Dunkelheit in F″, Helligkeit in F′	$2d\sqrt{n^2 - \sin^2 \varepsilon} = (m + 1)\lambda$; $m = 0, 1, 2, \ldots$

d	Plattendicke,
n	Brechungsindex der Platte,
ε	Einfallswinkel,
λ	Lichtwellenlänge.

Farben dünner Blättchen

Dünne Schichten, wie Seifenhäute, Ölfilme, Aufdampfschichten und Oxidschichten, zeigen *Interferenzfarben*. Diese entstehen bei Beleuchtung mit Weißlicht, wenn bestimmte Wellenlängen und damit Farben ausgelöscht werden.

Reflexmindernde Schichten und dielektrische Spiegel

Dielektrische Schichten können optische Bauteile entspiegeln oder zu Spiegeln machen (Übersicht L-18).

Übersicht L-18. Reflexionsvermindernde Schicht.

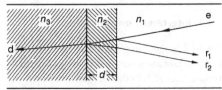

Bedingung für Reflexminderung	$d = \dfrac{\lambda}{4n_2}(2m - 1)$; $m = 1, 2, 3, \ldots$
Spiegelung	$d = \dfrac{\lambda}{2n_2}m$

d	Dicke der Vergütungsschicht,
$n_1 < n_2 < n_3$	Brechungsindizes,
λ	Wellenlänge.

Interferenzen gleicher Dicke

Fällt Licht nach Bild L-14 auf einen Keil, dann entstehen helle und dunkle Interferenzstreifen (*Fizeau-Streifen*) für verschiedene Dicken. Alle Orte mit gleicher Dicke d liegen auf einem Streifen, der hier parallel zur Keilkante liegt. Entsteht der Keil (Luftkeil) beispielsweise dadurch, dass eine kugelförmige Glasplatte auf einer ebenen Platte aufliegt, dann sind die Interferenzlinien gleicher Dicke Kreise, die als *Newton'sche Ringe* bezeichnet werden.

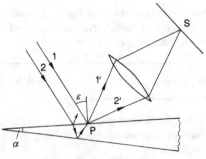

Bild L-14. Interferenzen an einem Keil.

Oberflächenprüfung

Wird ein Optikteil auf eine exakt ebene Platte gelegt, dann entstehen Fizeau-Streifen, sobald die Oberfläche des Optikteils von der ebenen Form abweicht. Unregelmäßigkeiten im System der Fizeau-Streifen lassen auf Oberflächenfehler (*Passfehler*) schließen. Da der Abstand zweier Streifen einer Höhendifferenz des Luftkeils von $\lambda/2$ entspricht, können Oberflächenfehler (Rauigkeiten) im Bereich von Bruchteilen der Lichtwellenlänge vermessen werden. In DIN ISO 10110-5, sind verschiedene Interferenzmuster, die bei der Oberflächenprüfung auftreten, zusammengestellt.

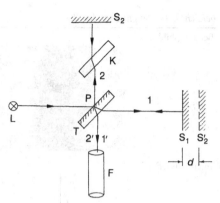

Bild L-15. Michelson-Interferometer.

L.3.1.3 Interferometer

Mit Interferometern können Längen, Winkel, Brechzahlen oder Wellenlängen sehr präzise gemessen werden. Der Grundtyp ist das *Michelson-Interferometer* (Bild L-15). Hier wird das Licht der Lichtquelle L durch den Strahlteiler T in zwei Teilstrahlen zerlegt und nach der Reflexion an den Spiegeln S_1 und S_2 wieder überlagert (Strahlen $1'$ und $2'$). S_2' ist das virtuelle Bild des Spiegels S_2. Mit dem Fernrohr F beobachtet man Interferenzen gleicher Neigung (Haidinger'sche Ringe) an der „Platte" $S_1 S_2'$ mit der Dicke d. Wird ein Spiegel leicht gekippt, entstehen Fizeau-Streifen am Keil. Bei der Verschiebung eines Spiegels um $\lambda/2$ wandert jeweils ein neuer Interferenzstreifen durch das Bild, sodass man Längenverschiebungen auf Bruchteile der Lichtwellenlänge genau messen kann.

Im *Interferenzmikroskop* wird die Oberfläche eines Prüflings mit Fizeau-Streifen überlagert, aus deren Form Unebenheiten im Bereich von Bruchteilen der Lichtwellenlänge bestimmt werden können.

L.3.1.4 Beugung am Spalt

Fällt eine ebene Welle auf einen engen Spalt, dann entstehen auf einer weit entfernten Wand (*Fraunhofer'sche* Betrachtungsweise) helle und

dunkle Streifen, die parallel zum Spalt verlaufen (Übersicht L-19).

Bei der Beugung an einer *Lochblende* entsteht eine rotationssymmetrische Figur. Das helle zentrale *Airy'sche Beugungsscheibchen* ist von dunklen und hellen Ringen umgeben. Die dunklen Ringe treten auf unter den Winkeln

$$\sin \alpha_m = k_m \frac{\lambda}{d} \; ; \qquad\qquad \text{(L-9)}$$

d Durchmesser der Lochblende,
$k_1 = 1{,}22$; $k_2 = 2{,}232$; $k_3 = 3{,}238$ usw.

Vom gesamten Lichtstrom, der durch die Lochblende geht, trifft 83,8% in das Airy-Scheibchen.

L.3.1.5 Auflösungsvermögen optischer Instrumente

Durch Beugungserscheinungen an Blenden und Linsenfassungen wird das Auflösungsvermögen optischer Instrumente begrenzt. Mit einem Fernrohr werden zwei strahlende Punkte dann getrennt, wenn die beiden Punkte

Übersicht L-19. Beugung am Spalt.

a) Beugungsbild

b) Intensitätsverlauf

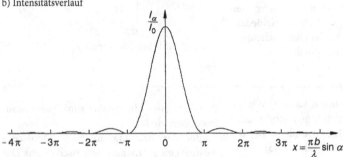

Intensität in Richtung α

$$I_\alpha = I_0 \frac{\sin^2\left(\dfrac{\pi b}{\lambda}\sin\alpha\right)}{\left(\dfrac{\pi b}{\lambda}\sin\alpha\right)^2}$$

Winkel der Nullstellen

$$\sin\alpha_m = \pm m\frac{\lambda}{b};\ m = 1, 2, 3, \ldots$$

b Spaltbreite,
I_0 Intensität in Vorwärtsrichtung ($\alpha = 0$),
m Ordnungszahl,
λ Wellenlänge.

unter dem Winkel δ erscheinen, für den gilt (*Rayleigh-Kriterium*):

$$\delta \geq 1{,}22\,\lambda/d\ ; \qquad\qquad (L\text{-}10)$$

λ Lichtwellenlänge,
d Objektivdurchmesser.

Beim Mikroskop werden zwei Objektpunkte getrennt, falls für ihren Abstand y gilt:

$$y \geq 0{,}61\,\lambda/A_N\ ; \qquad\qquad (L\text{-}11)$$

$A_N = n\sin\sigma$ numerische Apertur des Objektivs,
σ halber Öffnungswinkel.

Bei nicht selbstleuchtenden durchstrahlten Objekten ist nach einer Theorie von ABBE $y \geq \lambda/A_N$.

Durch die modernen Rastermikroskope (z. B. Rastertunnelmikroskop) lassen sich die oben angegebenen Grenzen des Auflösungsvermögens überwinden.

L.3.1.6 Beugung am Gitter

Wird ein Gitter mit parallelem Licht beleuchtet, so beobachtet man in großem Abstand helle und dunkle Streifen, die parallel zu den Spalten verlaufen (Übersicht L-20). Die Intensitätsmaxima sind umso schärfer, je größer die Zahl der interferierenden Lichtwellen (Spalte) ist.

L.3.1.7 Spektralapparate

Zur Bestimmung von Spektren wurden verschiedene Spektralapparate entwickelt (Tabelle L-12). Als dispersives Element dient entweder ein Gitter oder ein Prisma (Übersicht L-21).

L.3.1.8 Röntgenbeugung an Kristallgittern

An den regelmäßig angeordneten dreidimensionalen Kristallgittern werden Röntgenstrahlen gebeugt. Nach Bild L-16 kommt es zu konstruktiver Interferenz an den Netzebenen eines Kristalls (Abschnitt V) wenn die *Bragg'sche Bedingung* erfüllt ist:

$$2d \sin \theta = m\lambda; \quad m = 1, 2, 3, \ldots \quad \text{(L–12)}$$

d Netzebenenabstand,
θ Glanzwinkel,
λ Wellenlänge der Röntgenstrahlung.

L.3.1.9 Holografie

Zur Aufnahme eines *Hologramms* wird das Licht eines Lasers in einem Strahlteiler in zwei Teilstrahlen zerlegt (Bild L-17), von denen einer das Objekt O beleuchtet. Die vom Objekt reflektierten Wellen interferieren mit dem zweiten Teilstrahl des Lasers (Referenzstrahl)

Tabelle L-12. Spektralapparate.

Benennung	Anwendung
Spektroskop	Beobachtung eines Spektrums mit dem Auge. Häufig als Tascheninstrument in der analytischen Chemie eingesetzt.
Spektrograf	Komplettes Spektrum wird auf Fotoplatte registriert. Vergleich mit Eichspektrum bekannter Spektrallinien liefert die Wellenlänge. Schwärzung ist Maß für die Lichtintensität.
Spektrometer	Wellenlängenbestimmung einzelner Spektrallinien anhand einer geeichten Wellenlängenskala über Winkelmessung.
Monochromator	Ausblenden eines schmalbandigen Wellenlängenbereichs aus einem angebotenen Spektrum.
Spektralfotometer	Kombination von Monochromator und fotoelektrischem Empfänger (*Fotomultiplier*) zur Bestimmung spektraler Stoffdaten, z. B. Absorptionsgrad und Transmissionsgrad.

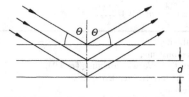

Bild L-16. Reflexion von Röntgenstrahlen an einer Netzebenenschar.

und bilden auf der Fotoplatte F ein Interferenzmuster, das alle Informationen über die Form des Objekts enthält. Zur Wiedergabe wird das Hologramm nur noch mit der Referenzwelle beleuchtet. Für das Auge A entsteht ein dreidi-

Übersicht L-20. Beugung am Gitter (Beugungsbild für g/b = 6, p = 10).

a) Beugungsbild

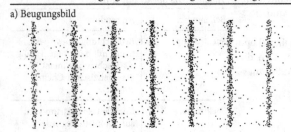

b) Intensitätsverlauf

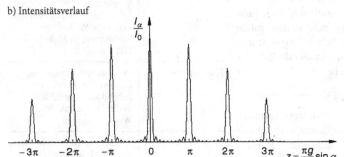

Intensität in Richtung α

$$\frac{I_\alpha}{I_0} = \frac{\sin^2\left(\dfrac{\pi b}{\lambda}\sin\alpha\right)}{\left(\dfrac{\pi b}{\lambda}\sin\alpha\right)^2} \cdot \frac{\sin^2\left(p\dfrac{\pi g}{\lambda}\sin\alpha\right)}{p^2\sin^2\left(\dfrac{\pi g}{\lambda}\sin\alpha\right)}$$

(Produkt aus Spaltbeugungsfunktion und Interferenzfunktion des Gitters)

Winkel für Intensitätsmaxima

$$\sin\alpha_m = \pm m\frac{\lambda}{g}; \quad m = 0, 1, 2, \ldots$$

b	Spaltbreite,
g	Gitterkonstante,
I_0	Intensität in Vorwärtsrichtung ($\alpha = 0$),
p	Zahl der interferierenden Spalte,
λ	Wellenlänge.

mensionales Bild B an der Stelle, wo vorher das Objekt stand.

Tabelle L-13 gibt einen Überblick über die wichtigsten technischen Anwendungen der Holografie.

Tabelle L-13. Technische Anwendung der Holografie.

Speicherung von Informationen	holografische Korrelation	Interferenzholografie	Herstellung optischer Bauteile
Archivierung von – dreidimensionalen Bildern, z. B. Werkstücke, Modelle, Kunstwerke, – zweidimensionalen Bildern, wie Ätzmasken für Halbleiterfertigung, digitale optische Datenspeicher	Vergleich eines Werkstückes mit einem holografisch fixierten Muster, automatische Formerkennung, Erkennung von Formfehlern an Werkstücken und Werkzeugen	Zerstörungsfreie Werkstoffprüfung, Vermessen von Bewegungen und Verformungen aufgrund mechanischer oder thermischer Belastung, Schwingungsanalyse	Ersatz von lichtbrechenden optischen Bauteilen, wie Linsen, Spiegel, Prismen, Strahlteiler, durch Hologramme. Holografische Herstellung von Beugungsgittern

Übersicht L-21. Spektrometer.

a) Gitterspektrometer

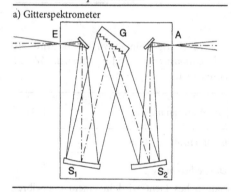

b) Prismenspektrometer

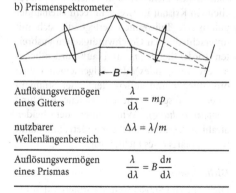

Auflösungsvermögen eines Gitters	$\dfrac{\lambda}{d\lambda} = mp$
nutzbarer Wellenlängenbereich	$\Delta\lambda = \lambda/m$
Auflösungsvermögen eines Prismas	$\dfrac{\lambda}{d\lambda} = B\dfrac{dn}{d\lambda}$

Übersicht L-21. (Fortsetzung).

B	durchstrahlte Basisbreite des Gitters,
m	Beugungsordnung,
p	Strichzahl des Gitters,
$d\lambda$	kleinstes trennbares Wellenlängenintervall,
$dn/d\lambda$	Dispersion des Prismenglases,
λ	Wellenlänge.

L.3.2 Polarisation des Lichts

L.3.2.1 Polarisationsformen

Bei Lichtwellen schwingen der elektrische und der magnetische Feldvektor transversal zur Ausbreitungsrichtung ($E \perp H$). Bei *natürlichem* Licht nehmen die Feldvektoren in einer Ebene senkrecht zur Ausbreitungsrichtung regellos jede Richtung ein. Wird eine bestimmte Schwingungsrichtung bevorzugt, so ist das Licht *polarisiert*. Tabelle L-14 zeigt die möglichen Fälle.

Linear polarisiertes Licht wird mit Hilfe eines *Polarisators* (Analysator), der nur eine bestimmte Schwingungsrichtung durchlässt, als solches erkannt. Ist die Analysatorrichtung um den Winkel φ gegen die Schwingungsrichtung des Lichts verdreht, dann ist die Intensität I des durchgelassenen Lichts durch das *Gesetz von Malus* gegeben:

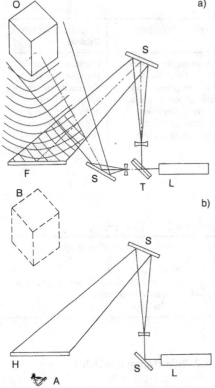

Bild L-17. Holografie-Apparatur für a) Aufnahme, b) Wiedergabe.
A: Auge, B: Bild, F: Fotoplatte, H: Hologramm, L: Laser, O: Objekt, S: Spiegel, T: Strahlteiler.

$$I = I_0 \cos^2 \varphi ; \qquad (L\text{–}13)$$

I_0 Intensität des auftreffenden Lichts.

L.3.2.2 Erzeugung von polarisiertem Licht

Reflexion und Brechung

Nach der Reflexion an einer Glasoberfläche schwingt der E-Vektor der Lichtwelle vorwiegend senkrecht zur Einfallsebene. Vollständige Polarisation wird erreicht, wenn der reflektierte Strahl senkrecht auf dem gebrochenen steht.

Tabelle L-14. Polarisationsformen des Lichts.

Polarisationsart	Merkmale
linear polarisiertes Licht	E-Vektor und Ausbreitungsrichtung spannen eine raumfeste Ebene auf (die *Schwingungsebene*)
zirkular (elliptisch) polarisiertes Licht	Der E-Vektor läuft auf einer Schraubenlinie um die Ausbreitungsachse. In einer Ebene senkrecht zur Ausbreitungsrichtung läuft der E-Vektor auf einem Kreis (Ellipse).
rechts (links) zirkular bzw. elliptisch	Bei Blickrichtung gegen die Strahlrichtung erfolgt der Umlauf im Uhrzeigersinn (Gegenuhrzeigersinn).

Der zugehörige Einfallswinkel α_P wird als *Polarisationswinkel* oder *Brewster-Winkel* bezeichnet:

$$\alpha_P = \arctan n ; \qquad (L\text{–}14)$$

n Brechzahl des Glases.

Doppelbrechung

Natürliches Licht wird in einem doppelbrechenden Kristall in zwei senkrecht zueinander polarisierte Teilstrahlen zerlegt, die sich mit unterschiedlichen Geschwindigkeiten ausbreiten (ordentlicher n_o und außerordentlicher n_e Brechungsindex). Im Allgemeinen haben ordentlicher und außerordentlicher Strahl in einem Kalkspat nicht die gleiche Richtung (*Doppelbrechung*). Wird einer der beiden Strahlen beseitigt, bleibt der andere, und damit linear polarisiertes Licht, übrig.

Dichroismus

Dichroitische Substanzen absorbieren den ordentlichen und den außerordentlichen Strahl, d. h. die zwei zueinander senkrecht stehenden Schwingungsrichtungen, verschieden stark.

Bei genügender Dicke ist das durchgehende Licht praktisch vollständig linear polarisiert. Moderne *Polarisationsfolien* werden aus Kunststoffen gefertigt, die mit dichroitischen Farbstoffen eingefärbt sind und deren Makromoleküle durch mechanisches Recken parallel ausgerichtet sind.

$\lambda/4$-*Platten*

Wird ein doppelbrechender Kristall so geschliffen, dass ordentlicher und außerordentlicher Strahl parallel verlaufen, dann besteht nach Durchlaufen des Kristalls zwischen den beiden senkrecht zueinander polarisierten Teilstrahlen der Gangunterschied $\Delta = d\,(n_o - n_e)$. Falls die Amplituden der elektrischen Feldvektoren gleich sind und der Gangunterscheid ein ungeradzahliges Vielfaches von $\lambda/4$ beträgt, entsteht hinter dem Kristall zirkular polarisiertes Licht. Ein $\lambda/4$-*Plättchen* hat also die Dicke

$$d = \frac{\lambda}{4\,(n_o - n_e)}(2k+1)\,; \quad k = 0, 1, 2 \ldots ;$$

$$\text{(L-15)}$$

λ Lichtwellenlänge,
n_o, n_e ordentlicher bzw. außerordentlicher Brechungsindex.

Ist der Gangunterschied $\Delta = \lambda/2$, so entsteht wieder linear polarisiertes Licht, dessen Schwingungsebene aber gegenüber der Ausgangsrichtung um 90° gedreht ist. Bei beliebigem Gangunterschied entsteht elliptisch polarisiertes Licht.

L.3.2.3 Technische Anwendungen der Doppelbrechung

Spannungsdoppelbrechung

Optisch isotrope Gläser und Kunststoffe werden unter mechanischer Spannung doppelbrechend. Bei Betrachtung solcher Bauteile zwischen gekreuzten Polarisationen wird das an sich schwarze Gesichtsfeld durch das entstehende elliptisch polarisierte Licht

aufgehellt. Punkte gleicher Hauptspannung liegen auf schwarzen Linien, den *Isoklinen*. Bei Verwendung von weißem Licht entstehen farbige *Isochromaten*, die alle Orte gleicher Hauptspannungsdifferenz $\sigma_1 - \sigma_2$ oder Hauptschubspannung τ_{max} verbinden.

Elektrische Lichtschalter

Elektrische Felder können in isotropen Substanzen Doppelbrechung hervorrufen. Ist eine solche Substanz zwischen gekreuzten Polarisatoren angeordnet, dann lässt sich mit Hilfe einer angelegten Spannung der Lichtdurchgang steuern. Im spannungslosen Fall wird kein Licht durchgelassen. Wird eine Spannung angelegt, sodass der Gangunterschied zwischen dem ordentlichen und dem außerordentlichen Strahl $\Delta = \lambda/2$ beträgt, dann wird die Polarisationsebene um 90° gedreht und das Licht vom zweiten Polarisator durchgelassen (Tabelle L-15).

L.3.2.4 Optische Aktivität

In einer *optisch aktiven* Substanz dreht sich die Schwingungsebene von linear polarisiertem Licht. Verschiedene Kristalle und Flüssigkeiten zeigen diesen Effekt, wobei es rechts- und linksdrehende Stoffe gibt. Bei Lösungen mit inaktiven Lösungsmitteln (z. B. Wasser) ist der Drehwinkel zur Konzentration des gelösten Stoffes proportional.

Flüssigkristallanzeigen

Die Drehung der Polarisationsebene von linear polarisiertem Licht wird auch bei der *Flüssigkristallanzeige* eingesetzt. Bei der Drehzelle nach *Schadt-Helfrich* befindet sich zwischen zwei verdrehten transparenten Elektroden ein nematischer Flüssigkristall (Bild L-18). In der verdrillten nematischen Phase (TN-Zelle: Twisted Nematic) dreht sich der E-Vektor um 90°, sodass Licht von der Zelle durchgelassen wird. Im Fall einer angelegten Spannung richten sich die Moleküle in Längsrichtung aus. Dadurch wird die Schwingungsebene des Lichts nicht

Tabelle L-15. Elektrooptische Effekte.

	Kerr-Effekt (J. KERR, 1875)	Pockels-Effekt (F. C. POCKELS, 1893)
Erklärung	optisch isotropes Material wird im transversalen elektrischen Feld doppelbrechend.	piezoelektrische Kristalle ohne Symmetriezentrum werden im elektrischen Feld doppelbrechend.
Feldabhängigkeit	$|n_0 - n_e| \sim E^2$	$|n_0 - n_e| \sim E$
Gangunterschied nach Durchlaufen der Länge l	$\Delta = \lambda l K E^2$; K Kerr-Konstante, z. B. $K = 2{,}48 \cdot 10^{-12}$ mV^{-2} für Nitrobenzol bei $\lambda = 589$ nm.	$\Delta = l n_0^3 r_{63} E$ für longitudinale Zelle; r_{63} elektrooptische Konstante, z. B. $r_{63} = 24 \cdot 10^{-12}$ mV^{-1}, $n_0 = 1{,}5$ für KD*P
Geometrie	elektrisches Feld senkrecht zur Ausbreitungsrichtung des Lichtes	Feld meist in longitudinaler Richtung, auch transversal möglich
Materialien	Nitrobenzol, Nitrotoluol, Schwefelkohlenstoff, Benzol; in Festkörpern um eine Zehnerpotenz, in Gasen um drei Zehnerpotenzen kleinerer Effekt	ADP (Ammoniumdihydrogenphosphat), KDP (Kaliumdihydrogenphosphat), KD*P (deuteriertes KDP), Lithiumniobat
typische Feldstärke für Gangunterschied $\Delta = \lambda/2$	$E \approx 10^6$ V/m	Halbwellenspannung bei longitudinaler Zelle mit KD*P, $U \approx 4$ kV
Modulationsfrequenz	modulierbar bis etwa 200 MHz	modulierbar über 1 GHz

mehr gedreht und die Zelle sperrt (Dunkelheit). Je nach Form der Elektroden lassen sich beliebige Symbole darstellen (z. B. Sieben-Segment-Anzeigen).

Faraday-Effekt

Eine Drehung der Polarisationsebene erfolgt auch, wenn eine Substanz in einem longitudinalen Magnetfeld durchstrahlt wird. Diese *Magnetorotation* wird als *Faraday-Effekt* bezeichnet. Der Drehwinkel α beträgt

$$\alpha = V d H ; \qquad (\text{L--16})$$

V Verdet'sche Konstante (Materialkonstante),
d Dicke der Substanz,
H Magnetfeldstärke.

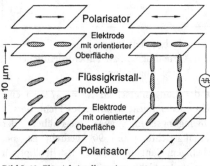

Bild L-18. Flüssigkristallanzeige.
a) spannungslos,
b) mit angelegter Spannung.

Modulatoren, die den Faraday-Effekt ausnutzen, lassen eine Modulation des Lichts mit Frequenzen von über 200 MHz zu.

L.4 Quantenoptik

L.4.1 Lichtquanten

Photonenenergie

Eine Lichtquelle transportiert Energie in wohldefinierten Energiepaketen. Von EINSTEIN wurde deshalb in seiner *Lichtquantenhypothese* Licht als ein Strom von *Lichtquanten* oder *Photonen* interpretiert (Übersicht L-22).

Dualismus Welle – Teilchen

Licht hat sowohl Wellen- als auch Teilcheneigenschaften. Die Übersichten L-19 und L-20 zeigen sowohl die statistische Schwärzung einer Fotoplatte durch auftreffende Photonen, als auch die klassische Beugungsfunktion, d. h. die Intensitätsverteilung des gebeugten Lichts an einer Wand. Der Vergleich zeigt:

> Die klassische Wellenfunktion ist proportional zur Photonendichte.

L.4.2 Laser

Photonen können mit Atomen auf drei verschiedene Arten in Wechselwirkung treten:

Absorption: Ein Photon der Energie $E_{ph} = E_2 - E_1$ wird vernichtet und dafür beispielsweise ein Elektron vom Energiezustand E_1 auf den höheren Wert E_2 gehoben.

Spontane Emission: Das Atom kehrt vom angeregten Zustand in den Grundzustand zurück unter Aussendung eines Photons der Energie $E_{ph} = E_2 - E_1$.

Stimulierte Emission: Nach EINSTEIN wird durch ein bereits vorhandenes Photon der Energie $E_{ph} = E_2 - E_1$ ein Übergang vom angeregten in das tiefer liegende Niveau induziert, wonach zwei Photonen mit jeweils derselben Energie vorliegen. Die auslösende Lichtwelle wird bei diesem Prozess phasenrichtig verstärkt; es entsteht eine *kohärente* Welle.

Die Lichtverstärkung durch stimulierte Emission von Strahlung führte zum Namen

Übersicht L-22. Photonen.

Photonenenergie	$E_{ph} = hf$
	$E_{ph} = \dfrac{hc}{\lambda} = \dfrac{1{,}24\ \mu m \cdot eV}{\lambda}$
Photonenimpuls	$p_{ph} = \dfrac{hf}{c} = \dfrac{h}{\lambda}$

h Planck-Konstante
 (*Planck'sches Wirkungsquantum*),
 $h = 6{,}626 \cdot 10^{-34}\ \mathrm{J \cdot s} = 4{,}136 \cdot 10^{-15}\ \mathrm{eV \cdot s}$,
f Frequenz der Welle,
c Lichtgeschwindigkeit,
λ Wellenlänge.

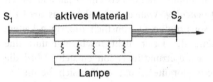

Bild L-19. Aufbau eines optisch gepumpten Lasers.

der Lichtquelle: LASER (**L**ight **A**mplification by **S**timulated **E**mission of **R**adiation).

Laserbedingung

In einem System aus vielen Atomen sind die relativen Besetzungszahlen N_1 und N_2 der Energieniveaus E_1 und E_2 gegeben durch den *Boltzmann-Faktor*:

$$\frac{N_2}{N_1} = e^{-\frac{E_2 - E_1}{kT}} \; ; \qquad (L\text{-}17)$$

k Boltzmann-Konstante,
T absolute Temperatur.

Es ist also stets $N_2 < N_1$. Um eine kräftige stimulierte Emission zu erhalten, muss aber $N_2 > N_1$ sein (*erste Laserbedingung*). Eine solche *Besetzungsinversion* wird bei den Festkörperlasern durch *optisches Pumpen* mit Hilfe einer Lampe bewirkt (Bild L-19). Bei Gaslasern läuft der Pumpmechanismus über Stöße in einer Gasentladung. Bei Halbleiterlasern wird in einem p,n-Übergang eine Besetzungsinversion erreicht.

Damit im Lasermedium eine Oszillation einsetzt, bedarf es der *Rückkopplung* (*zweite Laserbedingung*). Die erzeugten Photonen durchlaufen das gepumpte Gebiet mehrmals, wenn das aktive Material in einen optischen Resonator eingebaut wird (Spiegel S_1 und S_2 in Bild L-19). Die hin- und herlaufenden Wellen bilden stehende Wellen im Resonator. Einer der Spiegel ist nicht vollständig verspiegelt, sodass hier die Lichtwelle ausgekoppelt wird.

Q-switching

Laserimpulse hoher Leistung erhält man durch *Q-switching*. Während des Pumpens wird die Resonatorgüte Q künstlich niedrig gehalten, damit der Laser nicht anschwingt und eine hohe Besetzungsinversion entsteht. Wird die Resonatorgüte erhöht, entlädt sich die im Resonator gespeicherte Energie in einem kurzen leistungsstarken Lichtblitz. *Riesenimpulslaser* haben Pulse von etwa 1 ns Dauer bei einer Leistung von etwa 10 GW. Tabelle L-16 zeigt eine Zusammenstellung von Daten der wichtigsten Laser. Von der Vielzahl der Anwendungen des Lasers zeigt Tabelle L-17 eine Auswahl.

L.4.3 Materiewellen

So wie einer Lichtquelle nach EINSTEIN ein Strom von Photonen zugeordnet werden kann, wurde von DE BROGLIE einem Strom materieller Teilchen Welleneigenschaften zugeordnet (Übersicht L-23).

Die Welleneigenschaften materieller Teilchen treten bei Beugungsexperimenten zutage. Sämtliche mit Photonen durchführbaren Beugungsexperimente wurden auch mit Teilchen, wie Elektronen, Protonen und Neutronen, nachgewiesen.

Elektronenmikroskope benutzen zur Abbildung eines Objektes einen Elektronenstrahl. Sie zeigen ein wesentlich besseres Auflösungsvermögen als Lichtmikroskope, da die Wellenlänge der Elektronen, die das Auflösungsvermögen begrenzt, kleiner gemacht werden kann als die Lichtwellenlänge (Übersicht L-23).

Wellenfunktion

Alle Mikroteilchen besitzen Welleneigenschaften (*Welle-Teilchen-Dualismus*). Materiewellen werden durch eine *Wellenfunktion* $\Psi(x, y, z, t)$ beschrieben, deren Wellenlänge durch die *De-Broglie-Beziehung* (Übersicht L-23) gegeben ist.

Das Quadrat der Wellenfunktion $|\Psi(x, y, z, t)|^2 \, dV$ gibt die Wahrscheinlichkeit an, im Volumenelement dV am Ort (x, y, z) ein Teilchen anzutreffen.

Tabelle L-16. Anwendungen des Lasers.

Optische Messtechnik	Materialbearbeitung	Nachrichtentechnik	Medizin und Biologie
Interferometrie, Holografie, Spektroskopie, Entfernungsmessung über Laufzeit von Laserpulsen, Laser-Radar, Leitstrahl beim Tunnel-, Straßen- und Brückenbau.	Bohren, Schweißen, Schneiden, Aufdampfen; Auswuchten und Abgleichen von rotierenden und schwingenden Teilen; Trimmen von Widerständen.	optische Nachrichten-übertragung durch modulierte Lichtpulse. Signale von Halbleiterlasern werden in Glasfasern geführt. – Optische Datenspeicherung und -wiedergabe, Beispiel: Tonwiedergabe von digitaler Schallplatte, Compact-Disc.	Anheften der Netzhaut bei Ablösung; Durchbohren verschlossener Blutgefäße; Zerstörung von Krebszellen; Schneiden von Gewebe; Zahnbehandlung.

Tabelle L-17. Daten wichtiger LASER.
cw: Dauerstrichbetrieb (continuous wave), p: Pulsbetrieb.

Lasermedium		Wellenlänge	max. Leistung	Anwendungen
gas-förmig	Helium – Neon	543,5 ... **632,8** ... 3391 nm	cw: 50 mW	Messtechnik, Justierlaser Holografie
	Krypton	350,7 ... **647,1** ... 869,0 nm	cw: 10 W	Fotolithografie Spektroskopie Pumpen von Farbstofflasern
	Argon	457,9 ... **514,5** ... 1092 nm	cw: 100 W	Holografie, Spektroskopie Pumpen von Farbstofflasern
	Helium – Cadmium	325,0 ... 441,6 nm	cw: 50 mW	Fotolithografie Spektroskopie
	Kohlendioxid	10,6 μm	cw: 100 kW p: 1 TW	Materialbearbeitung Lidar
	Stickstoff	337,1 nm	p: 5 kW	Spektroskopie, Pumpen von Farbstofflasern
	Excimer	Ar*F: 193 nm Kr*F: 248 nm Xe*F: 350 nm	p: 20 MW	Fotochemie Spektroskopie Medizin
flüssig	Farbstoffe	360 ... 1300 nm	cw: 10 W p: 1 MW	Spektroskopie
fest	Rubin	694,3 nm	cw: 1 W p: 1 GW	Materialbearbeitung Lidar
	Nd-YAG	1,064 μm	cw: 100 W p: 1 GW	Materialbearbeitung Spektroskopie
	Halbleiter	600 nm ... 40 μm	cw: 100 mW p: 10 kW	optische Datenübertragung, optische Datenspeicher, Umweltmesstechnik

Übersicht L-23. Materiewellenlänge.

Materiewellenlänge (*De-Broglie-Beziehung*)	$\lambda = h/p$

beschleunigte Ladungsträger:

klassische Rechnung

$$\lambda = \frac{h}{\sqrt{2eUm_0}}$$

relativistische Rechnung

$$\lambda = \frac{\lambda_C}{\left(1 + \dfrac{eU}{m_0c^2}\right)^2 \sqrt{1 - \dfrac{1}{\left(1 + \dfrac{eU}{m_0c^2}\right)}}}$$

Grenzfall sehr großer Spannung $\lambda = hc/eU$

e Elementarladung,
c Lichtgeschwindigkeit,
h Planck-Konstante,
m_0 Masse der Ladungsträger,
p Impuls des Teilchens,
U Beschleunigungsspannung,

λ_C Compton-Wellenlänge, $\lambda_C = \dfrac{h}{m_0c} = 2{,}426 \cdot 10^{-12}$ m (für Elektron).

M Elektrizität und Magnetismus

Tabelle M-1. *Normen in der Elektrizitätslehre und im Magnetismus.*

Norm	Bezeichnung
DIN 1324	Elektromagnetisches Feld
DIN 5483	Zeitabhängige Größen
DIN 5487	Fourier-, Laplace- und Z-Transformation
DIN 13 322	Elektrische Netze; Berechnungsgrundlagen
DIN 40 108	Elektrische Energietechnik; Stromsysteme
DIN 40 110	Wechselstromgrößen
DIN 40 148	Übertragungssysteme und Zweitore
DIN 40 763	Nickel-Cadmium-Akkumulatoren
DIN 41 307	Kleintransformatoren, Übertrager und Drosseln
DIN 50 460	Magnetische Eigenschaften von weichmagnetischen Werkstoffen
DIN 50 472	Prüfung von Dauermagneten
DIN EN 10 330	Magnetische Werkstoffe – Verfahren zur Messung der Koerzivität
DIN EN 60 027	Formelzeichen für die Elektrotechnik
DIN EN 60 375	Vereinbarungen für Stromkreise und magnetische Kreise
DIN EN 60 404	Magnetische Werkstoffe
DIN EN 60 617	Grafische Symbole für Schaltungsunterlagen
DIN EN 61 082-1 * VDE 004-1	Schaltungsunterlagen; Regeln für Stromlaufpläne der Elektrotechnik
DIN EN 62 044	Kerne aus weichmagnetischen Werkstoffen
DIN EN 80 000-6	Größen und Einheiten – Elektromagnetismus

Für alle Erscheinungen der Elektrizität und des Magnetismus ist die *Ladung Q* maßgebend. Ihre Einheit ist Coulomb (C) oder Ampere mal Sekunde: $1\,C = 1\,A \cdot s$. Die Eigenschaften gehen aus Tabelle M-2 hervor.

Tabelle M-2. *Ladung und ihre Eigenschaften.*

Eigenschaft der Ladung	Bemerkungen
quantisiert	nur Vielfache der Elementarladung e ($e = 1{,}6022 \cdot 10^{19}\,A \cdot s$)
gebunden an Materie	Ladung kommt nicht für sich allein vor, sondern ist immer an Materie gebunden
Ladungserhaltungssatz	In einem abgeschlossenen System bleibt die Nettoladung (Differenz der positiven und negativen Ladungen) konstant
Ladungstransport	Elektronen oder Ionen (elektrisch geladene Atome oder Moleküle) tragen die Ladung

© Springer-Verlag GmbH Deutschland 2017
E. Hering, R. Martin, M. Stohrer, *Taschenbuch der Mathematik und Physik*, DOI 10.1007/978-3-662-53419-9_12

Bauteil	Schaltzeichen
Widerstand	
Widerstand, allgemein	
veränderbarer Widerstand	
spannungsabhängiger Widerstand (Varistor, VDR)	
Heißleiter (NTC-Widerstand)	
Kaltleiter (PTC-Widerstand)	
Fotowiderstand	
Potenziometer	
Induktivität	
Induktivität, allgemein	
Induktivität mit Magnetkern	
Induktivität mit Magnetkern, stetig veränderbar	
Transformator	
Kapazität	
Kondensator (allgemein)	
veränderbare Kapazität	
einstellbare Kapazität	
gepolter Kondensator (z.B. Elektrolytkondensator)	
Diode	
Dioden (allgemein)	
Kapazitätsdiode	
Fotodiode	
Leuchtdiode (LED)	

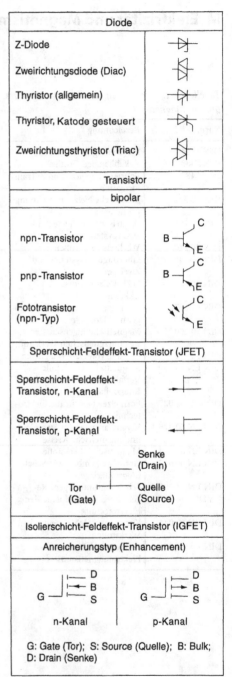

Diode	
Z-Diode	
Zweirichtungsdiode (Diac)	
Thyristor (allgemein)	
Thyristor, Katode gesteuert	
Zweirichtungsthyristor (Triac)	

Transistor

bipolar

npn-Transistor	B, C, E
pnp-Transistor	B, C, E
Fototransistor (npn-Typ)	C, E

Sperrschicht-Feldeffekt-Transistor (JFET)

Sperrschicht-Feldeffekt-Transistor, n-Kanal

Sperrschicht-Feldeffekt-Transistor, p-Kanal

Senke (Drain)

Tor (Gate)   Quelle (Source)

Isolierschicht-Feldeffekt-Transistor (IGFET)

Anreicherungstyp (Enhancement)

G — D B S   n-Kanal

G — D B S   p-Kanal

G: Gate (Tor); S: Source (Quelle); B: Bulk; D: Drain (Senke)

Bild M-1. Bildzeichen der ISO 7000 für die Elektrotechnik (DIN 40 101).

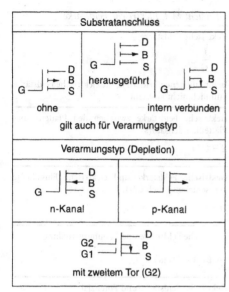

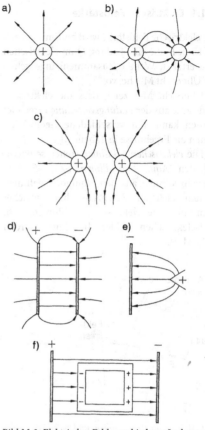

Bild M-1. (Fortsetzung).

M.1 Elektrisches Feld

Ladungen spannen ein elektrisches Feld auf, das durch *elektrische Feldlinien* veranschaulicht wird (Bild M-2).

Die elektrischen Feldlinien beschreiben die Kräfte, die auf eine positive Probeladung im Raum wirken. Je nach Verlauf der Feldlinien gibt es *homogene* (parallele Feldlinien, Bild M-2d) und *inhomogene* Felder. Ein besonders wichtiger Typ eines inhomogenen Feldes ist das *radiale* Feld einer *Punktladung*. Weitere Eigenschaften der Feldlinien sind, wie Bild M-2 zeigt:

Bild M-2. Elektrisches Feld verschiedener Ladungsgeometrien.

- Pfeilrichtung von positiver zu negativer Ladung.
- Auf Leitern stehen die Feldlinien immer senkrecht.
- Bei Leitern verschieben sich die Ladungen auf der Oberfläche, bis das Innere feldfrei ist (Faraday'scher Käfig, Bild M-2f).
- Feldlinien schneiden sich nicht.

M.1.1 Elektrische Feldstärke

Die elektrische Feldstärke wird bestimmt durch die Kraft F, die eine Ladung Q im elektrischen Feld erfährt. Weitere Zusammenhänge gehen aus Übersicht M-1 hervor.

Übersicht M-1 zeigt, dass die elektrische Feldstärke aus der *Ladungsverteilung* errechnet werden kann. Für verschiedene Geometrien stehen die Ergebnisse in Tabelle M-3.

Die *elektrischen Feldlinien* stehen *senkrecht* auf den *Äquipotenziallinien* bzw. *-flächen.* Deshalb können aus den Äquipotenziallinien (Linien gleichen Potenzials, bzw. gleicher Spannung) die elektrischen Feldlinien, d.h. die elektrischen Felder, bestimmt werden (Bild M-3).

Bild M-3. Äquipotenziallinien und elektrische Feldlinien.

Übersicht M-1. Elektrische Feldstärke.

elektrische Feldstärke

$$E = \frac{F}{Q}$$

In inhomogenen Feldern ist die elektrische Feldstärke räumlich nicht konstant.

elektrische Feldstärke zwischen den Platten eines Plattenkondensators

$$E = U/d$$

elektrische Feldstärke und elektrische Flussdichte (Verschiebungsdichte D)

$$D = \varepsilon E$$

elektrische Feldstärke und Ladungsverteilung

$$\oint E\,\mathrm{d}A = (1/\varepsilon_0)\sum Q_i$$

elektrische Feldstärke und Potenzial

$$E = -\mathrm{d}\varphi/\mathrm{d}s$$

$$E = -\mathbf{grad}\,\varphi$$

D	elektrische Flussdichte (Verschiebungsdichte)
d	Plattenabstand
E	elektrische Feldstärke
$\oint E\,\mathrm{d}A$	Oberflächenintegral über eine geschlossene Fläche
$\sum Q_i$	Summe aller Ladungen innerhalb der Fläche
$\mathrm{d}s$	Wegelement
grad	Gradient (∇) ($\mathbf{grad} = (\partial/\partial x)\mathbf{i} + (\partial/\partial y)\mathbf{j} + (\partial/\partial z)\mathbf{k}$; $\mathbf{i}, \mathbf{j}, \mathbf{k}$ Einheitsvektoren in x-, y- und z-Richtung)
U	Spannung
ε	Permittivität ($\varepsilon = \varepsilon_0 \varepsilon_r$); ε_0 elektrische Feldkonstante $\varepsilon_0 = 8{,}854 \cdot 10^{-12}\ \mathrm{C}^2/(\mathrm{N} \cdot \mathrm{m}^2)$ ε_r Permittivitätszahl
φ	elektrisches Potenzial

Tabelle M-3. Feldstärken unterschiedlicher geometrischer Ladungsverteilungen.

Körper	Geometrie	Ort r	elektrische Feldstärke
Massivkugel	R: Kugelradius	innen / außen	$E = \dfrac{1}{4\pi\varepsilon_0}\dfrac{Q}{r^3}r$ / $E = \dfrac{1}{4\pi\varepsilon_0}\dfrac{Q}{r^2}$
Hohlkugel		innen / außen	$E = 0$ / $E = \dfrac{1}{4\pi\varepsilon_0}\dfrac{Q}{r^2}$
Stab	λ : Ladung je Länge	außen	$E = \dfrac{1}{2\pi\varepsilon_0}\dfrac{\lambda}{r}$
Zylinder		innen	$E = \dfrac{1}{2\pi\varepsilon_0}\dfrac{\lambda}{R^2}r$
dünne Platte	σ : Flächenladungs-dichte	beide Seiten	$E = \dfrac{1}{2\varepsilon_0}\sigma$
zwei dünne Platten		zwischen den Platten	$E = \dfrac{1}{\varepsilon_0}\sigma$
dicke Platte	ρ : Raum-ladungs-dichte	Abstand x von der Mittellinie	$E = \dfrac{1}{\varepsilon_0}\varrho x$
Leiter		Oberfläche	$E = \dfrac{1}{\varepsilon_0}\sigma$

M.1.2　Elektrische Kraft

Übersicht M-2. Vergleich der Kraft im elektrischen und im magnetischen Feld.

Kraft im elektrischen Feld

Coulomb-Kraft

$F = Q \cdot E$

immer wirksam
Kraft in Richtung des elektrischen Feldes

Übersicht M-2. (Fortsetzung).

Kraft im magnetischen Feld

Lorentz-Kraft

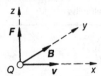

nur bei bewegter Ladung wirksam
Kraft senkrecht zur Geschwindigkeit v und zur magnetischen Flussdichte B

E　elektrische Feldstärke
F　Kraft
B　magnetische Flussdichte
Q　Ladung
v　Geschwindigkeit

Übersicht M-3. Elektrische Kräfte zwischen Punktladungen und Platten.

elektrische Kräfte zwischen Punktladungen (Coulomb'sches Gesetz)	elektrische Kräfte zwischen Platten

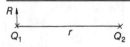

$$F = \frac{1}{4\pi\varepsilon} \cdot \frac{Q_1 Q_2}{r^2} \; ;$$

Q_1, Q_2　1. bzw. 2. Punktladung,
ε　Permittivität ($\varepsilon = \varepsilon_0 \varepsilon_r$)
ε_0　elektrische Feldkonstante
　　$\varepsilon_0 = 8{,}854 \cdot 10^{-12}$ C^2/(N · m^2)
ε_r　Permittivitätszahl, werkstoffabhängig,
$\dfrac{1}{4\pi\varepsilon_0} = 8{,}988 \cdot 10^9$ m/F,
r　Abstand der Punktladungen.

Hinweise:
– Gilt auch für Kugeln, wenn
　Abstand $r \gg$ Kugelradius R.
– Bei mehreren Ladungen:
　Kräfteaddition.

$$F = \frac{\varepsilon A U^2}{2d^2} \; ;$$

A　Plattenfläche,
U　Spannung zwischen den Platten,
d　Plattenabstand

oder

$$F = \frac{\varepsilon E^2 A}{d} \; ;$$

E　elektrische Feldstärke

oder

$$F = \frac{EDA}{2} = \frac{QE}{2} \; ;$$

D　elektrische Flussdichte,
Q　elektrische Ladung.

M.1.3 Elektrisches Potenzial

Übersicht M-4. Definition des elektrischen Potenzials.

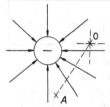

Wird eine Ladung Q im elektrischen Feld E von einem Punkt 0 zu einem Punkt A verschoben, dann ist dazu die Arbeit W_{0A} gegen die elektrische Kraft $F = QE$ erforderlich:

$$W_{0A} = \int_0^A F\,ds = -Q \int_0^A E\,ds \ .$$

Elektrisches Potenzial ist der Quotient aus der Verschiebungsarbeit W_{0A} und der verschobenen Ladung Q:

$$\varphi_A = \frac{W_{0A}}{Q} = - \int_0^A E\,ds \ .$$

– Bezugspunkt für Potenzial prinzipiell willkürlich, häufig aber unendlich ferner Punkt (positive Ladung erhält positives Potenzial) oder die Leiteroberfläche.

– Bei Bewegung der Ladung Q von A nach B ändert sich das Potenzial von φ_A auf φ_B

$$U_{AB} = \varphi_A - \varphi_B = \int_A^B E\,ds \ .$$

Die Potenzialdifferenz zwischen zwei Punkten ist eine Spannung.

E	elektrische Feldstärke
F	elektrische Kraft
Q	Ladung
ds	Wegelement
U_{AB}	Spannung zwischen den Punkten A und B
W_{0A}	Verschiebungsarbeit von 0 nach A
φ_A, φ_B	Potenzial am Punkt A bzw. B

M.1.4 Materie im elektrischen Feld

Befindet sich Materie im elektrischen Feld, dann wirkt auf alle Ladungen in dieser Materie eine elektrische Kraft. Im *Leiter* erfolgt eine *Ladungsverschiebung* (*Influenz*) der positiven und negativen Ladungen, während im *Nichtleiter* die Ladungen nur geringfügig verschoben werden können (*Polarisation*).

Flächenladungsdichte σ und elektrische Flussdichte D

In einem Leiter sind die Ladungen frei verschiebbar. Deshalb ist das *Leitungsinnere* immer *feldfrei*, und die nicht kompensierten Ladungen befinden sich auf der *Oberfläche* des Leiters. Die Flächenladungsdichte gibt an, wie viel Ladung Q je Fläche A vorhanden ist (Einheit C/m^2):

$$\sigma = Q/A \quad \text{bzw.} \quad \sigma = dQ/dA\,; \qquad \text{(M–1)}$$

Q Ladung auf der Oberfläche eines Leiters,
A Oberfläche des Leiters.

Tabelle M-4. Permittivitätszahl einiger Werkstoffe.

Werkstoffe	Permittivitätszahl ε_r
Paraffin	2,2
Polypropylen	2,2
Polystyrol	2,5
Polycarbonat	2,8
Polyester	3,3
Kondensatorpapier	4 bis 6
Zellulose	4,5
Al_2O_3	12
Ta_2O_5	27
Wasser	81
Keramik (NDK)	10 bis 200
Keramik (HDK)	10^3 bis 10^4

Die *elektrische Flussdichte* (*Verschiebungs-dichte*) D ist ein Vektor mit dem Betrag der Flächenladungsdichte σ und der Richtung der Flächennormalen (Richtung von der positiven zur negativen Ladung). Der Zusammenhang zwischen elektrischer Feldstärke E und elektrischer Flussdichte D lautet:

$$D = \varepsilon E \qquad\qquad\qquad (M–2)$$

ε Permittivität ($\varepsilon = \varepsilon_0 \varepsilon_r$)
   (ε_0 elektrische Feldkonstante, ε_r
   Permittivitätszahl oder relative
   Permittivität, werkstoffabhängige Größe
   (Tabelle M-4)),
E elektrische Feldstärke.

Permittivität ε

$$\varepsilon = D/E \qquad\qquad\qquad (M–3)$$
$$\varepsilon = \varepsilon_0 \varepsilon_r$$
$$\varepsilon_0 = 1/(\mu_0 c^2) = 8{,}854 \cdot 10^{-12}\ \mathrm{C}^2/(\mathrm{N} \cdot \mathrm{m}^2)$$

ε_0 elektrische Feldkonstante
ε_r Permittivitätszahl oder relative
   Permittivität, temperatur-, frequenz- und
   werkstoffabhängige Größe, (Tabelle M-4).

Je nachdem, ob die *wahren Ladungen konstant* sind (elektrische Flussdichte D invariant), oder ob die *Spannung konstant* ist (elektrische Feldstärke E invariant), ändert sich die elektrische

Tabelle M-5. Materie im elektrischen Feld.

Wahre Ladungen konstant → elektrische Flussdichte D invariant	Spannung konstant → elektrische Feldstärke E invariant
$D = \varepsilon_0 E_0$	$D_0 = \varepsilon_0 E$
$D_0 = \varepsilon_r \varepsilon_0 E = \varepsilon E$	$D_0 = \varepsilon_r \varepsilon_0 E$
Permittivitätszahl	Permittivitätszahl
$\varepsilon_r = E_0/E$	$\varepsilon_r = D/D_0$
elektrische Polarisation P	elektrische Polarisation P
$P/\varepsilon_0 = E_0 - E$	$P = D - D_0$
$P = \varepsilon_0 E_0 - \varepsilon_0 E$	$P = \underbrace{(\varepsilon_r - 1)}_{\chi_e}\varepsilon_0 E = \chi_e \varepsilon_0 E$
$\quad = \underbrace{(\varepsilon_r - 1)}_{\chi_e}\varepsilon_0 E = \chi_e \varepsilon_0 E$	
$P = D - \varepsilon_0 E$	$P = D - \varepsilon_0 E$
$D = \varepsilon_0 E + P = \varepsilon_0 (E + P/\varepsilon_0)$	$D = \varepsilon_0 E + P = \varepsilon_0 (E + P/\varepsilon_0)$

D, D_0 elektrische Flussdichte in Materie bzw. im Vakuum,
E, E_0 elektrische Feldstärke in Materie bzw. im Vakuum,
P elektrische Polarisation,
ε_0 elektrische Feldkonstante ($\varepsilon_0 = 8{,}854 \cdot 10^{-12}\ \mathrm{C}^2/(\mathrm{N} \cdot \mathrm{m}^2)$),
ε_r Permittivitätszahl,
χ_e elektrische Suszeptibilität ($\chi_e = \varepsilon_r - 1$)

Feldstärke E oder die elektrische Flussdichte D (Tabelle M-5).

Kristalle haben *anisotrope* Eigenschaften. Hier hat im Allgemeinen der E-Vektor eine *andere Richtung* als der D-Vektor. Besonders bemerkbar ist dieser Effekt bei höheren Frequenzen. In solchen Substanzen tritt anstelle einer Zahl ein *Tensor* (M–5).

$$D_{\underline{xyz}} = \varepsilon_r \varepsilon_0 E_{xyz} \qquad (M-4)$$

$$\varepsilon_r = \begin{pmatrix} \varepsilon_{x\underline{x}} & \varepsilon_{x\underline{y}} & \varepsilon_{x\underline{z}} \\ \varepsilon_{y\underline{x}} & \varepsilon_{y\underline{y}} & \varepsilon_{y\underline{z}} \\ \varepsilon_{z\underline{x}} & \varepsilon_{z\underline{y}} & \varepsilon_{z\underline{z}} \end{pmatrix} \qquad (M-5)$$

Kondensatoren und Kapazität

Kondensatoren sind Bauelemente, die zur Speicherung von elektrischer Energie und elektrischer Ladung dienen. Sie bestehen aus zwei Körpern mit verschiedenen Ladungen Q, zwischen denen eine Spannung herrscht (Übersicht M-5). Die Geometrie und der Abstand der Leiteroberflächen bestimmen die Ladungstrennarbeit und die Spannung.

Die Kapazität C gibt an, wie viel Ladung Q je Spannungseinheit 1 V gespeichert werden kann.

Übersicht M-5. Kapazität.

Schaltzeichen

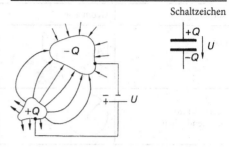

$$C = \frac{\oint D \, dA}{\int E \, ds} \qquad C = Q/U$$

Die Einheit der Kapazität C ist F (= A·s/V).
In der Praxis gebräuchlich:
mF = 10^{-3} F, μF = 10^{-6} F
nF = 10^{-9} F, pF = 10^{-12} F

D	elektrische Flussdichte
dA	Flächenelement
E	elektrische Feldstärke
Q	Ladung
ds	Wegelement
U	Spannung

Tabelle M-6. Kapazitäten verschiedener Leitergeometrien.

Körper	Geometrie	Kapazität
Platten		$C = \dfrac{\varepsilon A}{d}$
Kugel Gegenelektrode im Unendlichen		$C = 4\pi\varepsilon r$
zwei Hohlkugeln		$C = 4\pi\varepsilon \dfrac{r_1 r_2}{r_2 - r_1}$
zwei gleiche Kugeln		$C = 2\pi\varepsilon r \left[1 + \dfrac{r(a^2 - r^2)}{a(a^2 - ar - r^2)} \right]$
Zylinder		$C = \dfrac{2\pi\varepsilon l}{\ln(r_2/r_1)}$
Doppelleitung		$C = \dfrac{\pi\varepsilon l}{\ln(d/r)}$

Tabelle M-7. Parallel- und Reihenschaltung von Kondensatoren.

Schaltungsart	Parallelschaltung	Reihenschaltung
konstante Größe	Spannung U = konstant	Ladung Q = konstant
Anordnung		
Addition	Gesamtladung $Q_{Ges} = Q_1 + Q_2 + \ldots + Q_n$	Gesamtspannung $U_{Ges} = U_1 + U_2 + \ldots + U_n$
Ersatzkapazität	$C_{Ges}\,U = C_1\,U + C_2\,U + \ldots + C_n\,U$	$\dfrac{Q}{C_{Ges}} = \dfrac{Q}{C_1} + \dfrac{Q}{C_2} + \ldots + \dfrac{Q}{C_n}$
	$\boxed{\begin{aligned} C_{Ges} &= C_1 + C_2 + \ldots + C_n \\ C_{Ges} &= \sum_{i=1}^{n} C_i \end{aligned}}$	$\boxed{\begin{aligned} \dfrac{1}{C_{Ges}} &= \dfrac{1}{C_1} + \dfrac{1}{C_2} + \ldots + \dfrac{1}{C_n} \\ C_{Ges} &= \left(\sum_{i=1}^{n} \dfrac{1}{C_i} \right)^{-1} \end{aligned}}$

Übersicht M-6. Kondensatoren als elektronische Bauelemente.

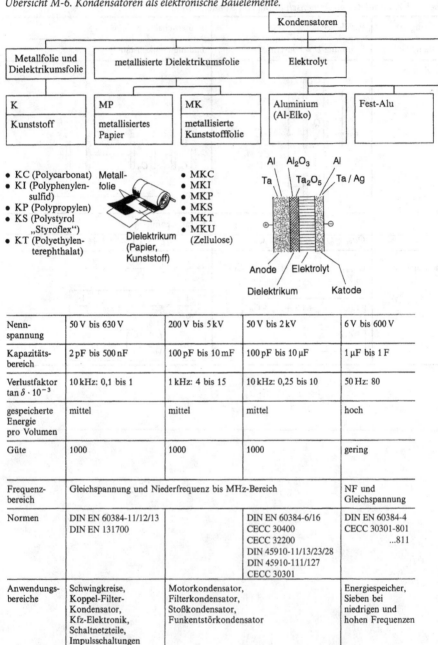

Nenn-spannung	50 V bis 630 V	200 V bis 5 kV	50 V bis 2 kV	6 V bis 600 V
Kapazitäts-bereich	2 pF bis 500 nF	100 pF bis 10 mF	100 pF bis 10 μF	1 μF bis 1 F
Verlustfaktor $\tan \delta \cdot 10^{-3}$	10 kHz: 0,1 bis 1	1 kHz: 4 bis 15	10 kHz: 0,25 bis 10	50 Hz: 80
gespeicherte Energie pro Volumen	mittel	mittel	mittel	hoch
Güte	1000	1000	1000	gering
Frequenz-bereich	Gleichspannung und Niederfrequenz bis MHz-Bereich			NF und Gleichspannung
Normen	DIN EN 60384-11/12/13 DIN EN 131700		DIN EN 60384-6/16 CECC 30400 CECC 32200 DIN 45910-11/13/23/28 DIN 45910-111/127 CECC 30301	DIN EN 60384-4 CECC 30301-801 ...811
Anwendungs-bereiche	Schwingkreise, Koppel-Filter-Kondensator, Kfz-Elektronik, Schaltnetzteile, Impulsschaltungen	Motorkondensator, Filterkondensator, Stoßkondensator, Funkentstörkondensator		Energiespeicher, Sieben bei niedrigen und hohen Frequenzen

Übersicht M-6. (Fortsetzung).

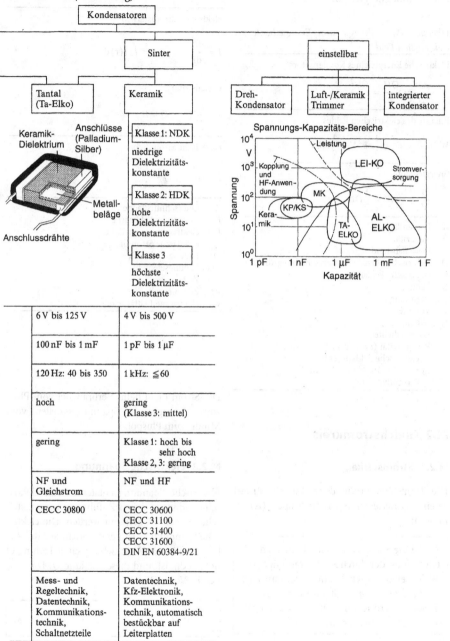

6 V bis 125 V	4 V bis 500 V
100 nF bis 1 mF	1 pF bis 1 µF
120 Hz: 40 bis 350	1 kHz: ≦ 60
hoch	gering (Klasse 3: mittel)
gering	Klasse 1: hoch bis sehr hoch Klasse 2, 3: gering
NF und Gleichstrom	NF und HF
CECC 30800	CECC 30600 CECC 31100 CECC 31400 CECC 31600 DIN EN 60384-9/21
Mess- und Regeltechnik, Datentechnik, Kommunikationstechnik, Schaltnetzteile	Datentechnik, Kfz-Elektronik, Kommunikationstechnik, automatisch bestückbar auf Leiterplatten

Energie und Energiedichte

Übersicht M-7. Energie und Energiedichte im elektrischen Feld.

Elektrische Energie eines Kondensators

$$W = \frac{Q^2}{2C} = \frac{QU}{2} = \frac{CU^2}{2}$$

Energie des elektrischen Feldes

$$W = \frac{1}{2}\varepsilon A d E^2 = \frac{1}{2}\varepsilon E^2 V = \frac{1}{2}DEV$$

Energiedichte

$$w = \frac{W}{V} = \frac{1}{2}\varepsilon E^2 = \frac{1}{2}DE$$

A   Plattenfläche
C   Kapazität
d   Plattenabstand
D   elektrische Flussdichte (Verschiebungsdichte)
E   elektrische Feldstärke
Q   Ladung
U   Spannung
V   Volumen
W   Arbeit
w   Energiedichte
ε   Permittivität ($\varepsilon = \varepsilon_0 \varepsilon_r$)
    ε_0 elektrische Feldkonstante
    $\varepsilon_0 = 8{,}854 \cdot 10^{-12}$ C^2/(N · m^2)
    ε_r Permittivitätszahl

M.2 Gleichstromkreis

M.2.1 Stromstärke

Die Stromstärke I (oder der elektrische Strom) ist eine *Basisgröße* und wird in Ampere (A) gemessen:

> 1 A ist die Stärke eines zeitlich unveränderten Stroms, der durch zwei geradlinige parallele Leiter (durch Vakuum getrennt) im Abstand von 1 m fließt und der zwischen diesen Leitern je 1 m Leiterlänge die Kraft $F = 2 \cdot 10^{-7}$ N hervorruft.

Übersicht M-8. Stromstärke und Stromdichte.

elektrische Stromstärke I

$$I = \frac{dQ}{dt} \; ; \qquad Q = \int_{t_1}^{t_2} I(t)\,dt$$

Gleichstrom

$$I = \frac{Q}{t} \; ; \qquad Q = It$$

elektrische Stromdichte j

$$j = \kappa E \; ; \qquad j = \frac{I}{A}$$

A   Querschnittsfläche
E   elektrische Feldstärke
I   elektrische Stromstärke
j   elektrische Stromdichte
Q   Ladung
dQ   Ladungselement
t   Zeit
dt   Zeitintervall
κ   elektrische Leitfähigkeit

Der Strom fließt beim Verbraucher vom Plus- zum Minuspol, in Spannungsquellen vom Minus- zum Pluspol.

M.2.2 Elektrische Spannung

Elektrische Spannung entsteht, wenn elektrische Ladungen durch Zuführung von elektrischer Arbeit W getrennt werden. Die elektrische Spannung U ist der Quotient aus der Arbeit W, die zur Verschiebung einer Ladung Q notwendig ist, und dieser Ladung Q. Die Einheit ist Volt (V).

$$U = W/Q \; . \tag{M-6}$$

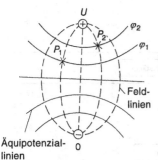

Äquipotenzial-
linien

Bild M-4. Zusammenhang zwischen elektrischem Potenzial und Spannung.

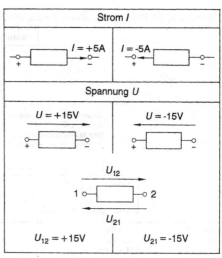

Bild M-5. Vor Zeichenregelung für Strom und Spannung nach DIN EN 60 375.

Zwischen der elektrischen Spannung und dem Potenzial besteht folgender Zusammenhang:

Die *Potenzialdifferenz* $\Delta\varphi$ zwischen zwei Punkten P_1 und P_2 entspricht der *Spannung* zwischen diesen beiden Punkten (Bild M-4).

$$U_{12} = \varphi_1 - \varphi_2 \, .$$

In der Technik sind *Spannungspfeile* üblich, die von Plus nach Minus weisen, d. h. von hohem Potenzial zu niedrigem Potenzial. Die Spannung zeigt von Plus nach Minus, wenn $\varphi_1 > \varphi_2$ ist. Bild M-5 zeigt die Vorzeichenregelung für Strom und Spannung.

M.2.3 Widerstand und Leitwert

Widerstand R

Der elektrische Widerstand ist ein Maß für die Hemmung des Ladungstransports und ist folgendermaßen definiert:

> Der elektrische Widerstand R beträgt 1 Ohm, wenn zwischen zwei Punkten eines Leiters bei einer Spannung von 1 V ein Strom von genau 1 A fließt.

Die Einheit ist 1 V/A = 1 Ω (Ohm).

Durch den von VON KLITZING entdeckten Quanten-Hall-Effekt lässt sich das Ohm *unabhängig von der Geometrie* und den *Werkstoffeigenschaften* festlegen.

Ein *Widerstandsnormal* beträgt 25 812,8 Ω. Dieser Wert errechnet sich folgendermaßen aus Naturkonstanten: h/e^2 = 25 812,8 Ω (h Planck'sches Wirkungsquantum: $h = 6,626176 \cdot 10^{-34}$ J $\cdot$ s; e Elementarladung: $e = 1,602 \cdot 10^{-19}$ C).

Leitwert G

Der elektrische Leitwert ist der Kehrwert des elektrischen Widerstandes:

$$G = 1/R \, . \tag{M-7}$$

Seine Einheit ist S (Siemens), Ω^{-1} oder mho ("Ohm rückwärts", im englischsprachigen Raum verwendet).

Übersicht M-10. Widerstände als elektronische Bauelemente.

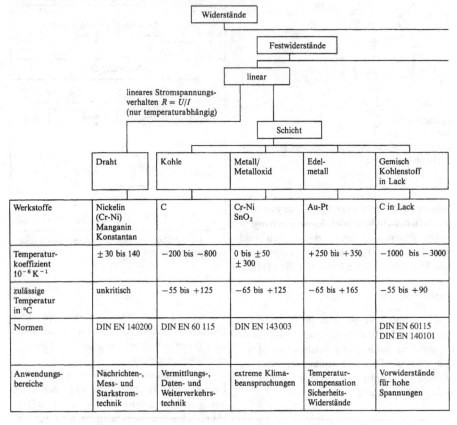

Werkstoffe	Nickelin (Cr-Ni) Manganin Konstantan	C	Cr-Ni SnO$_2$	Au-Pt	C in Lack
Temperaturkoeffizient 10^{-6} K^{-1}	± 30 bis 140	−200 bis −800	0 bis ±50 ±300	+250 bis +350	−1000 bis −3000
zulässige Temperatur in °C	unkritisch	−55 bis +125	−65 bis +125	−65 bis +165	−55 bis +90
Normen	DIN EN 140200	DIN EN 60 115	DIN EN 143003		DIN EN 60115 DIN EN 140101
Anwendungsbereiche	Nachrichten-, Mess- und Starkstromtechnik	Vermittlungs-, Daten- und Weiterverkehrstechnik	extreme Klimabeanspruchungen	Temperaturkompensation SicherheitsWiderstände	Vorwiderstände für hohe Spannungen

Widerstände → Festwiderstände → linear (lineares Stromspannungsverhalten $R = U/I$ (nur temperaturabhängig)) → Schicht → Draht / Kohle / Metall/Metalloxid / Edelmetall / Gemisch Kohlenstoff in Lack

Widerstand eines metallischen Leiters

Übersicht M-9. Widerstand, spezifischer Widerstand und elektrische Leitfähigkeit eines metallischen Leiters.

Widerstand R

$R = \varrho l / A$;   Einheit Ω

spezifischer elektrischer Widerstand ϱ (Resistivität)

$\varrho = (RA)/l$;   Einheit $(\Omega \cdot mm^2)/m = 10^{-6}\,\Omega \cdot m$

elektrische Leitfähigkeit κ

$\kappa = 1/\varrho = l/(RA)$

Temperaturabhängigkeit

– Temperaturkoeffizient α
$\alpha = \Delta R/(R\Delta T) = \Delta\varrho/(\varrho\Delta T)$

Übersicht M-9. (Fortsetzung).

– Temperaturabhängigkeit des Widerstandes bei Metallen
$R(\vartheta) \approx R_{20}[1 + \alpha(\vartheta - 20\,°C)]$
$\varrho(\vartheta) \approx \varrho_{20}[1 + \alpha(\vartheta - 20\,°C)]$
– für hohe Temperaturen
$R = R_{20}(1 + \alpha\Delta T + \beta\Delta T^2)$

A	Querschnittsfläche des Leiters
l	Länge des Leiters
R	Widerstand
ΔR	Widerstandsänderung
R_{20}	Widerstand bei 20 °C
ΔT	Temperaturdifferenz
α	Temperaturkoeffizient
β	zweiter Temperaturkoeffizient
ϑ	Temperatur in °C
κ	elektrische Leitfähigkeit
ϱ	spezifischer elektrischer Widerstand

Übersicht M-10. (Fortsetzung).

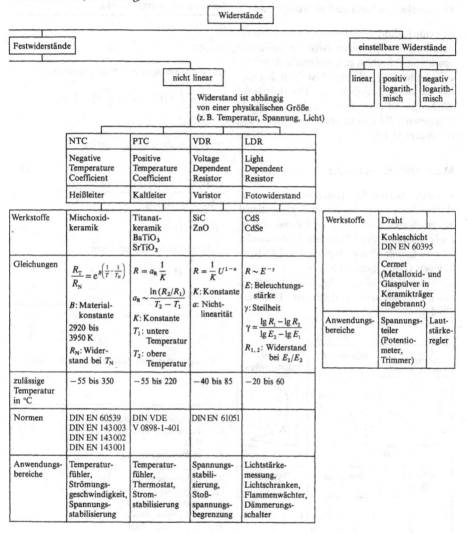

Widerstände				

Festwiderstände — **einstellbare Widerstände**

nicht linear — Widerstand ist abhängig von einer physikalischen Größe (z. B. Temperatur, Spannung, Licht)

linear | positiv logarithmisch | negativ logarithmisch

	NTC	PTC	VDR	LDR			
	Negative Temperature Coefficient	Positive Temperature Coefficient	Voltage Dependent Resistor	Light Dependent Resistor			
	Heißleiter	Kaltleiter	Varistor	Fotowiderstand			
Werkstoffe	Mischoxid-keramik	Titanat-keramik BaTiO$_3$ SrTiO$_3$	SiC ZnO	CdS CdSe	**Werkstoffe**	Draht	
						Kohleschicht DIN EN 60395	
Gleichungen	$\dfrac{R_\mathrm{T}}{R_\mathrm{N}} = e^{B\left(\frac{1}{T}-\frac{1}{T_\mathrm{N}}\right)}$ B: Material-konstante 2920 bis 3950 K R_N: Wider-stand bei T_N	$R = a_\mathrm{R}\,\dfrac{1}{K}$ $a_\mathrm{R} \sim \dfrac{\ln\,(R_2/R_1)}{T_2 - T_1}$ K: Konstante T_1: untere Temperatur T_2: obere Temperatur	$R = \dfrac{1}{K}\,U^{1-a}$ K: Konstante a: Nicht-linearität	$R \sim E^{-\gamma}$ E: Beleuchtungs-stärke γ: Steilheit $\gamma = \dfrac{\lg R_1 - \lg R_2}{\lg E_2 - \lg E_1}$ $R_{1,\,2}$: Widerstand bei E_1/E_2	**Anwendungs-bereiche**	Cermet (Metalloxid- und Glaspulver in Keramikträger eingebrannt)	
						Spannungs-teiler (Potentio-meter, Trimmer)	Laut-stärke-regler
zulässige Temperatur in °C	−55 bis 350	−55 bis 220	−40 bis 85	−20 bis 60			
Normen	DIN EN 60539 DIN EN 143003 DIN EN 143002 DIN EN 143001	DIN VDE V 0898-1-401	DIN EN 61051				
Anwendungs-bereiche	Temperatur-fühler, Strömungs-geschwindigkeit, Spannungs-stabilisierung	Temperatur-fühler, Thermostat, Strom-stabilisierung	Spannungs-stabili-sierung, Stoß-spannungs-begrenzung	Lichtstärke-messung, Lichtschranken, Flammenwächter, Dämmerungs-schalter			

M.2.4 Elektrische Arbeit, elektrische Leistung und Wirkungsgrad

Um eine Ladung Q von einem Punkt P_1 zu einem Punkt P_2 zu bewegen, zwischen denen eine Spannung U liegt, ist eine *elektrische Arbeit W* erforderlich. Die Leistung P ist die je Zeiteinheit dt erbrachte Arbeit dW. Der elektrische Wirkungsgrad η errechnet sich als Quotient aus abgegebener P_{ab} und zugeführten Leistung P_{zu} (Übersicht M-11).

M.2.5 Ohm'sches Gesetz

In einem metallischen Leiter nimmt bei konstanter Temperatur der Strom I proportional zur angelegten Spannung U zu. Die *charakteristische Kennlinie* des Ohm'schen Widerstandes ist eine *Gerade*, deren *Steigung* der elektrische Leitwert G ist (Übersicht M-12).

Viele elektronische Bauelemente zeigen einen *nichtlinearen* Verlauf der Kennlinie (Bild M-6).

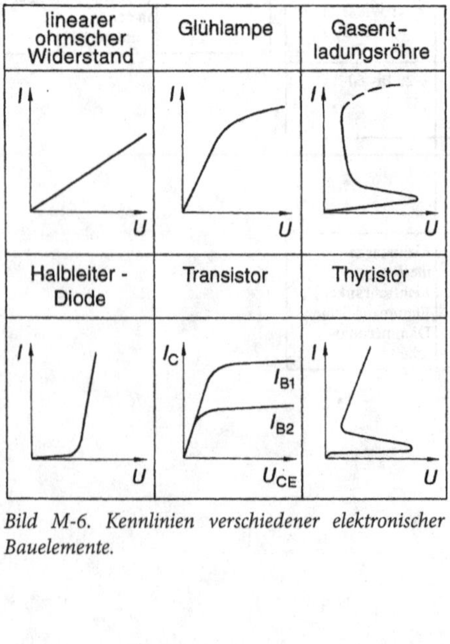

Übersicht M-11. Elektrische Arbeit, elektrische Leistung und Wirkungsgrad.

elektrische Arbeit W

$$W = QU$$

– für zeitabhängige Ströme und Spannungen

$$W = \int u(t)i(t)\,dt = \int P(t)\,dt$$

– für Gleichstrom

$$W = Pt = UIt = I^2 Rt = U^2 t/R$$

Einheit: W · s, J oder kWh, 1 kWh = 3,6 · 10^6 W · s

elektrische Leistung P

$$P(t) = dW/dt$$

– für zeitlich konstanten Strom

$$P = W/t = UI = U^2/R = I^2 R$$

Einheit: 1 W = 1 J/s

Wirkungsgrad η elektrischer Maschinen

$$\eta = P_{ab}/P_{zu} = W_{ab}/W_{zu}$$

Wirkungsgrad η eines elektrischen Verbrauchers

$$\eta = P_n/(P_n - P_v)$$

I	elektrische Stromstärke
R	elektrischer Widerstand
t	Zeit
P	elektrische Leistung
U	Spannung
W	elektrische Arbeit
P_{ab}	abgegebene Leistung
P_{zu}	zugeführte Leistung
W_{ab}	abgegebene Arbeit
W_{zu}	zugeführte Arbeit
P_n	Nutzleistung
P_v	Leistungsverlust

Bild M-6. Kennlinien verschiedener elektronischer Bauelemente.

Übersicht M-12. Ohm'sches Gesetz.

$$I = GU = U/R$$
$$I = P/U; \quad I = \sqrt{P/R}$$
$$U = R/I; \quad U = I/G; U = P/I;$$
$$R = U/I; \quad R = U^2/P; \quad R = P/I^2$$

G elektrischer Leitwert
I elektrischer Strom
R Widerstand
P Leistung
U Spannung

Differenzieller Widerstand

Sind die Kennlinien nicht linear, dann hat der Widerstand in jedem Punkt der Kennlinie einen anderen Wert. Es wird dann der *differenzielle Widerstand r* angegeben (Bild M-7).

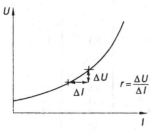

Bild M-7. Differenzieller Widerstand.

Richtungssinn

Das Ohm'sche Gesetz gilt nur, wenn die Spannung U und der Strom I *dieselbe Richtung* aufweisen (sonst müssen Minuszeichen verwendet werden). Die Regeln für die Vorzeichen und Richtungen des elektrischen Stroms I und der elektrischen Spannung U sind Übereinkünfte und in DIN EN 60 375 genormt (Bild M-5). Beim *positiven Strom* ist der *Minuspol* an der *Pfeilspitze*. Bei einer Indizierung wird dringend empfohlen, dass der Pfeil vom *Index* 1 auf den *Index* 2 zeigt. Doppelpfeile müssen unter allen Umständen vermieden werden, da in solchen Fällen das Vorzeichen der Spannung unbestimmt ist.

M.2.6 Elektrische Netze – Kirchhoff'sche Regeln

Ein *Netzwerk* ist aus Knoten und Maschen aufgebaut. Ein *Knoten* ist ein Punkt, an dem sich die *Ströme I* verzweigen, und eine *Masche* beschreibt einen *geschlossenen Umlauf* innerhalb des Netzwerkes (Bild M-8).

Knotenregel (1. Kirchhoff'sches Gesetz)

In einem Stromknoten kann keine Ladung entstehen oder verschwinden (*Ladungserhaltungssatz*). Deshalb gilt, wie Bild M-9 zeigt:

> Die Summe aller Ströme eines Stromknotens ist null: $\sum I_i = 0$.

Die *zuströmenden* Ströme sind *positiv*, die *abfließenden negativ* zu nehmen.

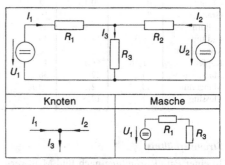

Bild M-8. Elektrisches Netz: Knoten und Maschen.

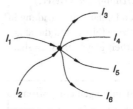

Bild M-9. Ströme im Stromknoten.

Tabelle M-8. Spezifischer elektrischer Widerstand, elektrische Leitfähigkeit und Temperaturkoeffizient ausgewählter Leiterwerkstoffe (bei 0 °C).

Werkstoff	Spezifischer Elektrischer Widerstand ϱ $10^{-2}\ \frac{\Omega\cdot mm^2}{m}$	Elektrische Leitfähigkeit κ $\frac{S\cdot m}{mm^2}$	Temperatur-koeffizient α $10^{-4}\ K^{-1}$	Werkstoff	Spezifischer elektrischer Widerstand ϱ $10^{-2}\ \frac{\Omega\cdot mm^2}{m}$	Elektrische Leitfähigkeit κ $\frac{S\cdot m}{mm^2}$	Temperatur-koeffizient α $10^{-4}\ K^{-1}$
Aluminium	2,65	37,7	42,9	Monel	42	2,8	2
AlMgSi	3	32	36	Neusilber	30	3,3	32
Al-Bronze	13	8	32	$Ni_{60}Cr_{15}Fe$	110	1	1,3
$(Cu_{90}Al_{10})$				Nickel	6,84	14,6	68
Blei	19	5,3	42	Nickelin	43	2,32	
Bronze	18	5,6	5	Palladium	10	10	38
CrAl 205	137	0,7	0,5	Platin	10	10,2	39,2
(Heizleiter-				Platin-	32	3,1	
legierung)				Iridium			
CrAl 305	144	0,7	0,1	Platin-	20	5	
(Heizleiter-				Rhodium			
legierung)				Quecksilber	95	1	1
Dynamoblech	13	8	45	Silber	1,51	66,2	41
Eisen	8,9	11,2	65	Stahl	13	7	45
Gold	2,04	49	40	(0,1% C;			
Grafit	800	0,13	−2	0,5% Mn)			
Grauguss	80	1,2	19	Stahl	18	5,5	45
Indium	8,4	11,9	49	(0,25%C;			
Iridium	5,3	18,9	39	0,3% Si)			
Konstantan	50	2	0,1	Tantal	16	6,2	35
Kupfer	1,56	64,1	43	Wismut	120	0,8	45
Magnesium	4,6	22	38	Wolfram	4,9	20,4	48
Manganin	43	2,3	0,1	Zink	5,5	18,2	42
Messing	7	14,3	13	Zinn	10,4	9,6	46

Stromverhältnis

In einer *Parallelschaltung* nach Bild M-10 verhalten sich die *Teilströme* wie die *Teilleitwerte* G und *umgekehrt* wie die *Teilwiderstände* R:

Maschenregel (2. Kirchhoff'sches Gesetz)

Bei einem kompletten Umlauf einer Ladung in einer *Masche* ist die zugeführte und die abgeführte elektrische Arbeit gleich groß. Deshalb gilt:

Der gewählte Umlaufsinn ist beliebig. Die in Zählrichtung zeigenden Spannungen werden *positiv*, die gegen die Zählrichtung laufenden werden *negativ* eingesetzt (Bild M-11).

Spannungsverhältnis

In einer *Reihenschaltung* nach Bild M-12 verhalten sich die *Teilspannungen* wie die *Teilwiderstände* R.

> Die Summe aller Spannungen eines Stromkreises (Masche) ist null: $\sum U_i = 0$.

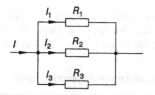

$$I : I_1 : I_2 : I_3 = G : G_1 : G_2 : G_3 = \frac{1}{R} : \frac{1}{R_1} : \frac{1}{R_2} : \frac{1}{R_3}$$

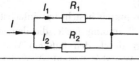

$$I_1 = I\,\frac{G_1}{G_1+G_2} \qquad I_1 = I\,\frac{R_2}{R_1+R_2}$$

Bild M-10. Stromverhältnisse bei Parallelschaltung.

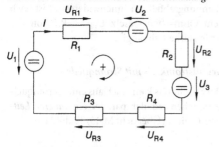

Bild M-11. Beispiel einer Masche.

$$U_1 = R_1\,I \qquad U_2 = R_2\,I \qquad U_3 = R_3\,I$$

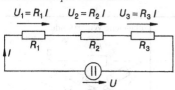

$$U_1 : U_2 : U_3 = R_1 : R_2 : R_3$$

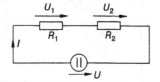

$$U_1 = U\,\frac{G_2}{G_1+G_2} = U\,\frac{R_1}{R_1+R_2}$$

Bild M-12. Spannungsverhältnisse bei Reihenschaltung.

Reihen- und Parallelschaltung von Widerständen

Übersicht M-13. Reihen- und Parallelschaltung von Widerständen.

a) Reihenschaltung

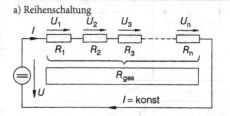

$$R_{ges} = R_1 + R_2 + R_3 + \ldots R_n = \sum_{i=1}^{n} R_i$$

Gesamtwiderstand = Summe Teilwiderstände

$$U_m/U_k = R_m/R_k \quad (m, k = 1, 2, 3 \ldots n)$$

Teilspannungen verhalten sich wie die Teilwiderstände

b) Parallelschaltung

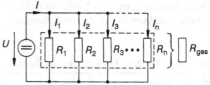

$$\frac{1}{R_{ges}} = \frac{1}{R_1} + \frac{1}{R_2} + \frac{1}{R_3} + \ldots \frac{1}{R_n}$$

$$G_{ges} = G_1 + G_2 + G_3 + \ldots G_n = \sum_{i=1}^{n} G_i$$

Gesamtleitwert = Summe Teilleitwerte

$$\frac{I_m}{I_k} = \frac{G_m}{G_k} + \frac{R_k}{R_m} \quad (m, k = 1, 2, 3 \ldots n)$$

Teilströme verhalten sich wie Teilleitwerte oder umgekehrt wie Teilwiderstände.

Übersicht M-13. (Fortsetzung).

Parallelschaltung von zwei Widerständen

Schaltung	Formeln
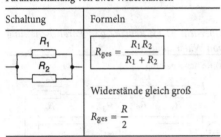	$R_{ges} = \dfrac{R_1 R_2}{R_1 + R_2}$ Widerstände gleich groß $R_{ges} = \dfrac{R}{2}$

Parallelschaltung von drei Widerständen

Schaltung	Formeln
	$R_{ges} = \dfrac{R_1 R_2 R_3}{R_1 R_2 + R_1 R_3 + R_2 R_3}$ Widerstände gleich groß $R_{ges} = \dfrac{R}{3}$

Dreieck-Stern-Umwandlung

In Widerstandsnetzen ist es häufig sinnvoll, eine *Dreieckschaltung* in eine *Sternschaltung* um-

zurechnen (oder umgekehrt). Die Widerstände zwischen den Anschlussklemmen 1, 2 und 3 bleiben dabei erhalten (Übersicht M-14).

Grundstromkreis mit Spannungsquelle

Übersicht M-15 zeigt den Grundstromkreis, dargestellt mit einer *realen Spannungsquelle* (Teilbild a) oder mit einer *realen Stromquelle* (Teilbild b).

Ein Stromkreis besteht im einfachsten Fall aus einer Spannungsquelle, die den Strom I liefert, der durch den äußeren Widerstand R_a fließt. Wie das Teilbild a) in der Übersicht M-15 zeigt, hat die Spannungsquelle selbst einen *inneren Widerstand R_i* (z. B. der Elektrolyt eines galvanischen Elements). Der Spannungsabfall am Innenwiderstand ist nach dem Ohm'schen Gesetz $U_i = R_i I$ von der Stromstärke I abhängig.

Grundstromkreis mit Stromquelle

Der Stromkreis kann auch aus einer Stromquelle bestehen, zu der parallel ein *innerer Leitwert G_i* liegt (Übersicht M-15, Teilbild b).

Übersicht M-14. Stern-Dreieck-Umwandlung.

a) Sternschaltung

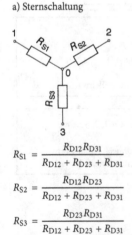

$R_{S1} = \dfrac{R_{D12} R_{D31}}{R_{D12} + R_{D23} + R_{D31}}$

$R_{S2} = \dfrac{R_{D12} R_{D23}}{R_{D12} + R_{D23} + R_{D31}}$

$R_{S3} = \dfrac{R_{D23} R_{D31}}{R_{D12} + R_{D23} + R_{D31}}$

b) Dreieckschaltung

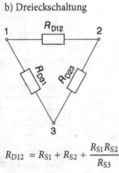
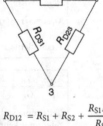

$R_{D12} = R_{S1} + R_{S2} + \dfrac{R_{S1} R_{S2}}{R_{S3}}$

$R_{D23} = R_{S2} + R_{S3} + \dfrac{R_{S2} R_{S3}}{R_{S1}}$

$R_{D31} = R_{S3} + R_{S1} + \dfrac{R_{S3} R_{S1}}{R_{S2}}$

c) gleiche Widerstände

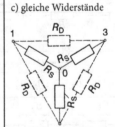

$R_S = \dfrac{R_D}{3}$

$R_D = 3 R_S$

Übersicht M-15. Grundstromkreis mit realer Spannungs- bzw. Stromquelle.

reale Spannungsquelle	reale Stromquelle
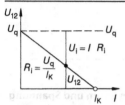 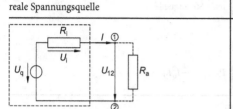	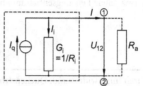 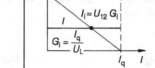

Strom im Außenkreis

$$I = \frac{U_q}{R_i + R_a}$$

$$I = I_q - I_i = I_q - \frac{U_{12}}{R_i} = I_q - U_{12}G_i$$

Klemmenspannung

$$U_{12} = IR_a = U_q - IR_i = U_q \frac{R_a}{R_i + R_a}$$

$$U_{12} = \frac{I_q}{\frac{1}{R_a} + \frac{1}{R_i}} = \frac{I_q}{G_a + G_i}$$

Leerlaufspannung (offene Klemmen)

$$U_L = U_q$$

$$U_L = I_q R_i = I_q/G_i$$

Kurzschlussstrom ($U_{12} = 0$)

$$I_K = \frac{U_q}{R_i} = \frac{U_L}{R_i}$$

$$I_K = I_q$$

Leistungen

$$P_e = P_i + P_a$$

$$P_e = P_i + P_a$$

$$P_a = \frac{R_a U_q^2}{(R_i + R_a)^2} = \frac{U_q^2}{R_i} \cdot \frac{v}{(1+v)^2}$$

$$P_a = \frac{G_a I_q^2}{(G_i + G_a)^2} = I_q^2 R_i \cdot \frac{v}{(1+v)^2}$$

Übersicht M-15. (Fortsetzung).

reale Spannungsquelle	reale Stromquelle
Leistungsanpassung (maximale Leistungsentnahme) bei	
$R_a = R_i, \qquad v = 1$	
$P_{a,max} = \dfrac{1}{4}\dfrac{U_q^2}{R_i}$	$P_{a,max} = \dfrac{1}{4}I_q^2 R_i$

I_i, I_q	Strom durch Innenwiderstand, Quellenstrom
R_a, R_i	Außen-, Innenwiderstand
G_a, G_i	Leitwert außen, innen
P_e, P_a, P_i	elektrische Leistung, äußere, innere Leistung
$U_{12} U_q$	Klemmenspannung zwischen 1 und 2, Quellenspannung
v	Widerstandsverhältnis, $v = R_a / R_i$

Lineare Überlagerung (Helmholtz'sches Superpositionsprinzip)

Es gilt der *Überlagerungssatz:*

> Jede Stromstärke I_m in einem Stromzweig m errechnet sich aus der Summe aller durch diesen Zweig fließenden Teilströme I_{m1} bis I_{mn}, die durch die einzelnen Quellenspannungen verursacht werden.

Bild M-13 zeigt die Berechnungen.

Der Strom I_2 soll berechnet werden. Er wird durch die beiden Quellenspannungen U_{01} und U_{02} erzeugt. Deshalb gilt $I_2 = k_1 U_{01} + k_3 U_{03}$. Zur Berechnung von $I_2^* = k_1 U_{01}$ wird die Spannungsquelle U_{03} kurzgeschlossen ($U_{01} = 0$), und zur Berechnung von $I_2^{**} = k_3 U_{03}$ wird die Spannungsquelle U_{01} kurzgeschlossen. Die Summe beider Beiträge ergibt die gesuchte Stromstärke.

Allgemein gilt für die Stromstärke I_m im Zweig m:

$$I_m = k_1 U_{01} + k_2 U_{02} + k_3 U_{03} + \ldots + k_n U_{0n};$$
$$I_m = I_{m1} + I_{m2} + I_{m3} + \ldots + I_{mn}.$$

M.2.7 Messung von Strom und Spannung

Strommessung

Der Strommesser muss *im Stromkreis* liegen (*Hauptschluss*).

Bei der Messbereichserweiterung muss der überschüssige Stromanteil durch einen *parallelen Widerstand* (Shunt) R_p am Messgerät vorbeigeleitet werden (Bild M-14).

Spannungsmessung

Der Spannungsmesser liegt *parallel* zum zu messenden Spannungsabfall (*Nebenschluss*). Sein Innenwiderstand R_i muss möglichst groß sein, damit der Strom möglichst ganz durch den Außenwiderstand fließt.

Bei einer *Messbereichserweiterung* muss der überschüssige Spannungsanteil an einem *Vorwiderstand* R_v abfallen (Bild M-15).

M.2.8 Ausgewählte Messverfahren

Spannungsteiler

Mit Hilfe dieser Schaltung ist eine Aufteilung einer Gesamtspannung in kleinere Einzelspannungen möglich. Bild M-16 zeigt den Unterschied zwischen einem *unbelasteten* und einem *belastetem* Spannungsteiler.

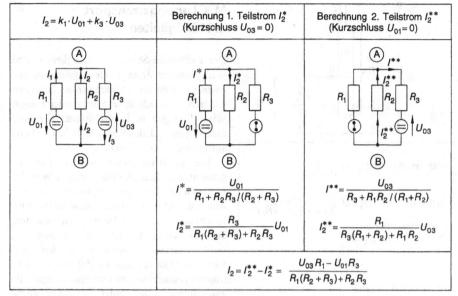

$I_2 = k_1 \cdot U_{01} + k_3 \cdot U_{03}$	Berechnung 1. Teilstrom I_2^* (Kurzschluss $U_{03}=0$)	Berechnung 2. Teilstrom I_2^{**} (Kurzschluss $U_{01}=0$)
	$I^* = \dfrac{U_{01}}{R_1 + R_2 R_3 / (R_2 + R_3)}$	$I^{**} = \dfrac{U_{03}}{R_3 + R_1 R_2 / (R_1 + R_2)}$
	$I_2^* = \dfrac{R_3}{R_1(R_2 + R_3) + R_2 R_3} U_{01}$	$I_2^{**} = \dfrac{R_1}{R_3(R_1 + R_2) + R_1 R_2} U_{03}$

$$I_2 = I_2^{**} - I_2^* = \frac{U_{03} R_1 - U_{01} R_3}{R_1(R_2 + R_3) + R_2 R_3}$$

Bild M-13. Berechnung der Teilströme mit dem Überlagerungssatz.

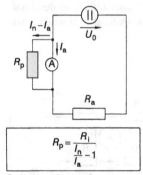

$$R_p = \frac{R_i}{\dfrac{I_n}{I_a} - 1}$$

R_i Innenwiderstand
I_n neue maximale Stromstärke
I_a alte maximale Stromstärke

Bild M-14. Messbereichserweiterung von Strommessern.

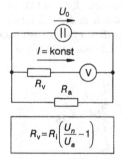

$$R_v = R_i \left(\frac{U_n}{U_a} - 1 \right)$$

R_i Innenwiderstand
U_n neue maximale Meßspannung
U_a alte maximale Meßspannung

Bild M-15. Messbereichserweiterung von Spannungsmessern.

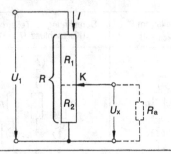

| unbelastet | $U_x = U_1 \dfrac{R_2}{R_1 + R_2}$ |
| belastet | $U_x' = U_1 \dfrac{R_2 R_a}{R_1 R_2 + R_a(R_1 + R_2)}$ |

Bild M-16. Spannungsteiler.

Brückenschaltungen

Brückenschaltungen dienen zum Messen von Widerständen. Üblicherweise verwendet man die *Wheatstone'sche Brücke* nach Bild M-17a. Bei sehr kleinen Widerständen ($R_x < 0,1\ \Omega$) machen sich die Widerstände in den Zuleitungen störend bemerkbar. In diesen Fällen misst man mit einer *Thomson-Brücke* nach Bild M-17b.

M.3 Ladungstransport in Flüssigkeiten

Der elektrische Strom in Flüssigkeiten wird von *geladenen Atomen* oder *Molekülen*, den *Ionen*, getragen. Diese Ladungsträger entstehen dadurch, dass sich Salze, Säuren oder Laugen beim Eintragen in Lösungsmittel in positiv und negativ geladene Moleküle bzw. Atome aufspalten, sie *dissoziieren*.

Die positiven Ionen werden *Kationen* genannt, weil sie zur Katode wandern (negative Elektrode) und die negativen Ionen nennt man *Anionen*, weil sie zur Anode wandern (positive Elektrode). Elektrisch leitende Flüssigkeiten, die aus Kationen und Anionen bestehen, werden *Elektrolyte* genannt. Werden zwei Elektroden (Katode und Anode) in einen Elektrolyten getaucht und an eine Spannungsquelle angeschlossen, dann findet eine *elektrolytische* Stromleitung statt, in der der Elektrolyt zersetzt wird. An der *Katode* (Minuspol) scheidet sich stets Metall oder Wasserstoff ab, an der *Anode* (Pluspol) der Molekülrest (Anionen), wie Bild M-18 zeigt.

a)

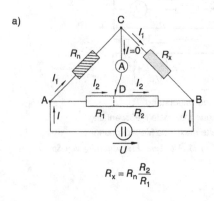

$$R_x = R_n \frac{R_2}{R_1}$$

b)

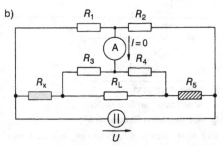

R_5 Normalwiderstand (etwa wie R_x)
R_L Leitungswiderstand
Voraussetzung: $R_1 / R_2 = R_3 / R_4$

$$R_x = \frac{R_1 R_5}{R_2}$$

Bild M-17. Wheatstone-Brücke (a) und Thomson-Brücke (b).

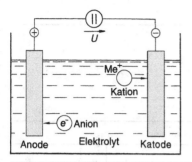

Bild M-18. Elektrolyse.

Elektrolyt	Anode (+)	Katode (−)
$CuSO_4$	O_2 (aus SO_4)	Cu
$ZnCl_2$	Cl_2	Zn
NaOH	O_2 (aus OH)	H_2
HCl	Cl_2	H_2
H_2SO_4	O_2 (aus SO_4)	H_2

Übersicht M-16. Faraday'sches Gesetz.

$$m = \nu M = \frac{M}{z N_A e} It = \frac{M}{zF} It = \ddot{A} I t = \ddot{A} Q$$

elektrochemisches Äquivalent $\ddot{A}$

$$\ddot{A} = \frac{M}{zF} = \frac{m}{Q}$$

Faraday-Konstante F

$$F = N_A e = 9{,}648 \cdot 10^4 \ A \cdot s/mol$$

e	Elementarladung ($e = 1{,}602 \cdot 10^{-19}$ A · s)
I	elektrischer Strom
M	Molmasse
m	abgeschiedene Masse
N_A	Avogadro-Konstante ($N_A = 6{,}022 \cdot 10^{23}$ mol^{-1})
ν	Stoffmenge (Molzahl)
Q	Ladung
t	Zeit
z	Wertigkeit

Die Elektrolyse spielt in der Technik vor allem beim Aufbringen von Metallüberzügen (*Galvanisieren*) eine wichtige Rolle. Die häufigsten Metallüberzüge bestehen aus Chrom, Nickel, Gold und Silber.

1. Faraday'sches Gesetz

Die Masse m des abgeschiedenen Stoffes ist nur der transportierten Ladungsmenge $Q = It$ proportional. Sie hängt weder von der Geometrie noch von der Konzentration des Elektrolyten ab.

Mit dem 1. Faraday'schen Gesetz ist es möglich, aus den *abgeschiedenen Massen* den *Strom* oder die *Ladung* zu messen, oder aus Strom und Ladung die abgeschiedenen Stoffmengen zu bestimmen.

Das *elektrochemische Äquivalent $\ddot{A}$* gibt an, wie viel Masse (in kg) eines Stoffes bei einer Stromstärke von 1 A in der Zeit von 1 s abgeschieden wird.

Das Produkt aus Avogadro-Konstante N_A und Elementarladung e wird *Faraday-Konstante F* genannt ($F = 9{,}648 \cdot 10^4$ (As · s)/mol).

2. Faraday'sches Gesetz

Die von gleichen Elektrizitätsmengen abgeschiedenen Massen (elektrochemische Äquivalente) verhalten sich wie die Molmassen je Wertigkeit.

Elektrochemische Spannungsreihe

Wird ein Metall in einen Elektrolyten getaucht, dann stellt sich gegen eine Vergleichselektrode eine Spannung ein, die vom Material abhängig ist. Wird das Potenzial gegen eine *Standardwasserstoff-Elektrode* gemessen, dann ergibt sich die elektrochemische Spannungsreihe (Tabelle M-9).

Übersicht M-17. 2. Faraday'sches Gesetz.

$$\frac{m_1}{m_2} = \frac{M_1}{z_1} : \frac{M_2}{z_2} = \frac{\ddot{A}_1}{\ddot{A}_2}$$

m_1, m_2	abgeschiedene Massen
M_1, M_2	Molmassen 1 und 2
z_1, z_2	Wertigkeit 1 und 2
$\ddot{A}_1, \ddot{A}_2$	elektrochemische Äquivalente 1 und 2

Elektrochemische Daten einiger Elemente

Element	Wertigkeit	Molmasse $\frac{g}{mol}$	$\frac{Molmasse}{Wertigkeit}$ $\frac{g}{mol}$	elektrochemisches Äquivalent $10^{-3} \frac{g}{A \cdot s}$	Faraday-Konstante $\frac{A \cdot s}{mol}$
Wasserstoff	1	1,00797	1,00797	0,01046	96 364
Sauerstoff	2	15,9994	7,9997	0,08291	96 486
Aluminium	3	26,9815	8,9938	0,09321	96 489
Eisen	3	55,847	18,616	0,19303	96 441
Nickel	2	58,71	29,355	0,30415	96 515
Kupfer	2	63,54	31,77	0,32945	96 433
Zink	2	65,37	32,685	0,33875	96 487
Silber	1	107,870	107,870	1,11817	96 470
Zinn	4	118,69	29,673	0,30755	96 482
Platin	4	195,09	48,773	0,50588	96 412

Tabelle M-9. Elektrochemische Spannungsreihe der Metalle.

Metall	Spannung U in V
Li/Li^+	$-3,02$
Cs/Cs^+	$-2,92$
K/K^+	$-2,92$
Ca/Ca^{2+}	$-2,84$
Na/Na^+	$-2,71$
Mg/Mg^{2+}	$-2,38$
Al/Al^{3+}	$-1,66$
Mn/Mn^{2+}	$-1,05$
Zn/Zn^{2+}	$-0,76$
Fe/Fe^{2+}	$-0,44$
Cd/Cd^{2+}	$-0,40$
Ni/Ni^{2+}	$-0,25$

Tabelle M-9. (Fortsetzung).

Metall	Spannung U in V
Sn/Sn^{2+}	$-0,136$
Pb/Pb^{2+}	$-0,126$
H/H^+	± 0
Cu/Cu^{2+}	$+0,34$
Cu/Cu^+	$+0,52$
Hg/Hg^{2+}	$+0,798$
Ag/Ag^+	$+0,80$
Hg/Hg^{2+}	$+0,854$
Pt/Pt^{2+}	$+1,2$
Au/Au^+	$+1,42$
Au/Au^{3+}	$+1,5$

Galvanische Elemente

Galvanische Elemente wandeln chemische Energie in elektrische Energie um. Findet keine Rückumwandlung statt, dann spricht man von *Primärelementen*. Kann die elektrische Energie wieder in chemische rückverwandelt werden (z. B. bei wieder aufladbaren Batterien), dann handelt es sich um *Sekundärelemente*.

M.4 Ladungstransport im Vakuum und in Gasen

M.4.1 Ladungstransport im Vakuum

Für einen Ladungsträgertransport im Vakuum müssen freie Ladungsträger erzeugt werden. Von großer Wichtigkeit ist die *Elektronenemission*. Elektronen sind im Metallverbund zwar leicht beweglich, doch werden sie an der Oberfläche wegen der Anziehungskräfte der zurückbleibenden Atomrümpfe am Verlassen gehindert. Es ist notwendig, Energie in Höhe der *Austrittsarbeit* W_A zuzuführen.

Thermische Emission

Durch Erwärmen der Glühkatode entsteht eine Stromdichte j, die der *Richardson'schen Gleichung* gehorcht:

$$j = AT^2 e^{-W_A/kT} ; \qquad (M\text{–}8)$$

A Richardson-Konstante [liegt zwischen 10^6 A/$(m^2 \cdot K^2)$ für Wolfram und 10^2 A/$(m^2 \cdot K^2)$ für Metalloxide],

T Temperatur der Katode,

W_A Austrittsarbeit des Katodenmaterials,

k Boltzmann-Konstante $(k = 1{,}380 \cdot 10^{-23}$ J/K $= 8{,}617 \cdot 10^{-5}$ eV/K$)$.

Hinweis: Die Austrittsarbeit W_A wird meist in eV angegeben. Für die Umrechnung in J gilt:

$$1 \text{ eV} = 1{,}602 \cdot 10^{-19} \text{ J} . \qquad (M\text{–}9)$$

Fotoemission

Treffen Lichtquanten (Abschn. L.4) mit der Energie $E = hf$ auf eine Metalloberfläche, dann lösen sich Elektronen aus dem Metallverbund, wenn die Energie der Photonen größer als die Austrittsarbeit W_A ist. Die kinetische Energie der freigesetzten Elektronen E_{kin} errechnet sich aus

$$E_{kin} = \frac{m_e v^2}{2} = hf - W_A ; \qquad (M\text{–}10)$$

m_e Masse des Elektrons $(m_e = 9{,}109 \cdot 10^{-31}$ kg$)$,

v Geschwindigkeit des freigesetzten Elektrons,

h Planck'sches Wirkungsquantum $(h = 6{,}626 \cdot 10^{-34}$ J $\cdot$ s$)$,

f Frequenz der auftreffenden Photonen,

W_A Austrittsarbeit.

Je höher die Lichtfrequenz f, um so höher ist die kinetische Energie der freigesetzten Elektronen.

Je höher die Lichtintensität (Photonenstrom), um so mehr Elektronen werden je Zeiteinheit freigesetzt.

Die *Mindestfrequenz* (Grenzfrequenz) f_g, bei der die Freisetzung erfolgen kann, ist

$$f_g = W_A/h . \qquad (M\text{–}11)$$

Daraus errechnet sich die *maximale Wellenlänge* λ_g des Lichts zu

$$\lambda_g = \frac{ch}{W_A} = \frac{1240}{W_A/\text{eV}} \text{ nm} ; \qquad (M\text{–}12)$$

c Vakuumlichtgeschwindigkeit $(c = 2{,}9979 \cdot 10^8$ m/s$)$,

h Planck'sches Wirkungsquantum $(h = 6{,}626 \cdot 10^{-34}$ J/s$)$.

Sekundärelektronenemission

Wird Materie mit schnellen Elektronen beschossen, so kann die kinetische Energie der Elektronen wiederum die Austrittsarbeit W_A überwinden und nochmals Elektronen freisetzen (*Sekundärelektronen*). Der *Sekundäremissionsfaktor* gibt an, wie viele Sekundärelektronen im Verhältnis zu den Primärelektronen emit-

338 M Elektrizität und Magnetismus

Tabelle M-10. Primärelemente.

Bezeichnung	Zink/Braunstein (Leclanché)	Zink/Braunstein (alkalisch)	Zink/Luft (alkalisch)	Zink/Luft (sauer)	Zink/ Silberoxid
positive Elektrode	$MnO_2 + e^- + NH_4^+$ $\longrightarrow$ $MnOOH + NH_3$	$MnO_2 + e^- + H_2O$ $\longrightarrow$ $MnOOH + OH^-$	$O_2 + 4e^- + 2H_2O$ $\longrightarrow$ $4OH^-$	$O_2 + e^- + H_4^+$ $\longrightarrow$ $2OH^- + NH_3$	$Ag_2O + 2e^- + H_2O$ $\longrightarrow$ $Ag + 2OH^-$
negative Elektrode	Zn $\longrightarrow$ $Zn^2 + 2e^-$	$Zn + 2OH^-$ $\longrightarrow$ $ZnO + H_2O + 2e^-$	$Zn + 2OH^-$ $\longrightarrow$ $ZnO + H_2O + 2e^-$	Zn $\longrightarrow$ $Zn^{2+} + 2e^-$	$Zn + 2OH^-$ $\longrightarrow$ $ZnO + H_2O + 2e^-$
Zellenreaktion	$Zn + 2MnO_2 + 2NH_4Cl$ $\longrightarrow$ $2MnOOH + Zn(NH_3)_2Cl_2$	$Zn + 2MnO_2 + H_2O$ $\longrightarrow$ $2MnOOH + ZnO$	$2Zn + O_2 + 2H_2O$ $\longrightarrow$ $2Zn(OH)_2$	$2Zn + O_2 + 4NH_4Cl$ $\longrightarrow$ $2H_2O + 2Zn(NH_3)Cl_2$	$Zn + Ag_2O$ $\longrightarrow$ $ZnO + 2Ag$
Energiedichte in Wh/l	120 bis 190	200 bis 300	650 bis 800	200 bis 300	350 bis 650
Energiedichte in Wh/kg	25 bis 70	80 bis 120	300 bis 380	130 bis 170	70 bis 100
Nennspannung in V	1,5	1,5	1,4	1,45	1,55
Strombelastung in mA/cm²	2	2	2	2	2
Einsatzgebiete	Konsumtechnik: Taschenlampen, Messgeräte, Spielzeug, Radio, Tonband, Haushalt	Hörgeräte, Nachrichtengeräte (Sender), Rechner, Großuhren, Messgeräte	Langzeitanwendungen, Hörgeräte	Langzeitanwendungen Fernmeldegeräte, Baustellenbeleuchtung, Weidezaun	Armbanduhren, Hörgeräte

Bezeichnung	Cadmium/ Quecksilber	Zink/ Quecksilber	Lithium/ Braunstein	Lithium Thionylchlorid
positive Elektrode	$HgO + 2e^- + H_2O$ $\longrightarrow$ $Hg + 2OH^-$	$HgO + 2e^- + H_2O$ $\longrightarrow$ $Hg + 2OH^-$	$MnO_2 + e^- + Li^+$ $\longrightarrow$ $MnO_2(Li^+)$	$2SOCl_2 + 4e^-$ $\longrightarrow$ $SO_2 + S + 4Cl^-$
negative Elektrode	$Cd + 2OH^-$ $\longrightarrow$ $CdO + H_2O + 2e^-$	$Zn + 2OH^-$ $\longrightarrow$ $ZnO + H_2O + 2e^-$	Li $\longrightarrow$ $Li^+ + e^-$	Li $\longrightarrow$ $Li^+ + e^-$
Zellenreaktion	$Cd + HgO$ $\longrightarrow$ $Hg + CdO$	$Zn + HgO$ $\longrightarrow$ $Hg + ZnO$	$Li + MnO_2$ $\longrightarrow$ $MnO_2(Li^+)$	$4Li + 2SOCl_2$ $\longrightarrow$ $4LiCl + SO_2 + S$
Energiedichte in Wh/l	250 bis 350	400 bis 520	500 bis 800	700 bis 900
Energiedichte in Wh/kg	50 bis 70	90 bis 120	300 bis 500	500 bis 700
Nennspannung in V	1,03	1,35	1,5 bis 3,8	3,7
Strombelastung in mA/cm²	2	2	0,5	0,5
Einsatzgebiete	militärische Anwendungen	Fotos, Blitzgeräte, Hörgeräte, Belichtungsmesser, Uhren	Konsumtechnik: Fotos, Blitzgeräte, Computer, Notstrom, Medizintechnik	Herzschrittmacher, Bojenbeleuchtung

Tabelle M-11. Sekundärelemente.

| | | Batterietypen | | | |
		Blei	Nickel/Cadmium	Nickel/Eisen	Lithium
Eigen-schaften	positive	PbO_2	NiOOH	NiOOH	$LiCoO_2$, $LiMN_2O_4$
	negative Elektrode	Pb	Cd	Fe	Li, in Grafit
	Elektrolyt	$H_2SO_4 + H_2O$	$KOH + H_2O$	–	organisch
	Reaktion	$2PbSO_4 + H_2O$ $\xrightarrow{\text{Laden}}$ $\xleftarrow{\text{Entladen}}$ $PbO_2 + 2H_2SO_4$ $+ Pb$	$Cd(OH)_2$ $+ 2Ni(OH)_2$ $\xrightarrow{\text{Laden}}$ $\xleftarrow{\text{Entladen}}$ $Cd + 2NiOOH$ $+ H_2O$	$Fe(OH)_2$ $+ 2Ni(OH)_2$ $\xrightarrow{\text{Laden}}$ $\xleftarrow{\text{Entladen}}$ $Fe + 2NiOOH$ $+ H_2O$	$LiC_6 + 2MnO_2$ $\xrightarrow{\text{Laden}}$ $\xleftarrow{\text{Entladen (vereinfacht)}}$ $6C + LiMn_2O_4$
	Kapazität in Ah	1 bis 63	10^{-2} bis 15	bis 100	0,1 bis 2
	Energiedichte in Wh/l	10 bis 100	30 bis 80	30 bis 70	250 bis 400
	Energiedichte in Wh/kg	25 bis 35	15 bis 45	10 bis 32	150 bis 250
	Zellspannung in V	2	1,20	1,20	3 bis 3,7
	Strombelastung in A	1 bis 20	$2 \cdot 10^{-3}$ bis 24	bis 300	bis 5
	Lade-/Entlade-zyklen	500 bis 1500	bis 8000	bis 4000	bis 1000
	Normen	DIN EN 60 254 DIN EN 60 896 DIN EN 61 056	DIN EN 61 951-1 DIN EN 61 959 DIN EN 62 133 DIN EN 62 259	DIN EN 61 951-2 DIN EN 61 959 DIN EN 62 133	DIN EN 61 960 DIN EN 61 233
	Einsatzbereiche	Notstrom Starter Antriebe	Konsumelektronik Hörgeräte Kameras Datensicherung	Schienenfahrzeuge Schiffe	Tragbare elektronische Geräte, Handy, Notebook, Personal Digital Assistant (PDA)

tiert werden. Er liegt bei reinen Metallen bei 1 und für Halbleiter zwischen 2 und 15. Im *Foto-Multiplier* (Sekundärelektronenvervielfacher, SEV) wird der Effekt zur Messung sehr kleiner Lichtintensitäten angewandt.

Feldemission

Die Kraft des elektrischen Feldes reicht ab einer elektrischen Feldstärke von $E = 10^9$ V/m aus, um Elektronen freizusetzen. Auf diesem Effekt beruht das *Feldelektronenmikroskop*, mit dem atomare Strukturen sichtbar gemacht werden können.

M.4.2 Stromleitung im Vakuum

Kinetische Energie und Geschwindigkeit

Ein elektrisch geladenes Teilchen wird im elektrischen Feld der Feldstärke E wegen der elektrischen Kraft $F_{el} = QE$ in Feldrichtung mit der Beschleunigung a beschleunigt (Übersicht M-18).

Übersicht M-18. Kinetische Energie und Geschwindigkeit geladener Teilchen im elektrischen Feld.

Beschleunigung a

$$a = \frac{Q}{m}E$$

kinetische Energie E_{kin}

$$E_{kin} = \frac{1}{2}mv^2 = QU$$

Energien werden in der Atom- und Kernphysik üblicherweise in Elektronenvolt (eV) gemessen. Das ist diejenige Energie, die ein Elektron mit der Elementarladung $e = 1{,}602 \cdot 10^{-19}$ A · s beim Durchlaufen der Spannung $U = 1$ V erhält.

1 eV $= 1{,}602 \cdot 10^{-19}$ J

1 J $= 6{,}2415 \cdot 10^{18}$ eV

Übersicht M-18. (Fortsetzung).

Geschwindigkeit v

$$v = \sqrt{\frac{2QU}{m}}$$

Für Elektronen ($m_e = 9{,}109 \cdot 10^{-31}$ kg; $e = 1{,}602 \cdot 10^{-19}$ A · s) ist

$$v = \sqrt{\frac{2eU}{m_e}} = 5{,}931 \cdot 10^5 \; \text{U/V m/s} \, .$$

Hinweis:
Für sehr schnelle Teilchen ($v > 10\%$ der Vakuumlichtgeschwindigkeit) muss der *relativistische Massenzuwachs* berücksichtigt werden:

$$m = \frac{m_0}{\sqrt{1 - \frac{v^2}{c^2}}}$$

Geschwindigkeit v

$$v = c \sqrt{1 - \frac{1}{\left(\frac{QU}{m_0 c^2} + 1\right)^2}}$$

Für Elektronen ist

$$v = 2{,}998 \cdot 10^8 \sqrt{1 - \frac{1}{(1 + 1{,}957 \cdot 10^{-6} \; \text{U/V})^2}} \; \text{m/s} \, .$$

a	Beschleunigung
c	Vakuumlichtgeschwindigkeit ($c = 2{,}9979 \cdot 10^8$ m/s)
E	elektrische Feldstärke
E_{kin}	kinetische Energie
e	Elementarladung ($e = 1{,}602 \cdot 10^{-19}$ A · s)
m, m_0	Masse, Ruhemasse
m_e	Masse eines Elektrons ($m_e = 9{,}109 \cdot 10^{-31}$ kg)
Q	Ladung
U	Spannung
v	Geschwindigkeit

Bewegung eines Elektrons senkrecht zum elektrischen Feld

Die Bewegung entspricht, wie Übersicht M-19 zeigt, einem *waagerechten Wurf*: In x-Richtung bewegt sich das Teilchen mit konstanter Geschwindigkeit v_{0x}, und in y-Richtung ist die Beschleunigung $a = eE/m$ wirksam.

Übersicht M-19. Flugbahn eines Elektrons quer zum elektrischen Feld.

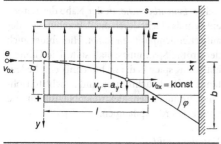

Bahngleichung $y = f(x)$

$$y = \frac{eE}{2m_e v_{0x}^2} x^2 = \frac{U_{Kond}}{4dU_a} x^2$$

Ablenkwinkel φ

$$\tan \varphi = \frac{v_y}{v_{0x}} = \frac{eE}{m_e v_{0x}} t = \frac{eEl}{m_e v_{0x}^2} = \frac{lU_{Kond}}{2dU_a}$$

Ablenkung b am Schirm

$$b = \frac{eEls}{m_e v_{0x}^2} = \frac{eU_{Kond}ls}{m_e dv_{0x}^2} = \frac{lsU_{Kond}}{2dU_a}$$

a_y	Beschleunigung in y-Richtung
b	Ablenkung am Schirm
d	Plattenabstand
e	Elementarladung ($e = 1{,}602 \cdot 10^{-19}$ A $\cdot$ s)
E	elektrische Feldstärke
l	Plattenlänge
m_e	Masse eines Elektrons ($m_e = 9{,}109 \cdot 10^{-31}$ kg)
s	Abstand Plattenmitte–Schirm
t	Zeit
U_{Kond}	Spannung zwischen den Kondensatorplatten
U_a	Anodenspannung (Beschleunigungsspannung)
v_{0x}	Anfangsgeschwindigkeit in x-Richtung
φ	Ablenkwinkel

Bewegung eines Ladungsträgers parallel zum elektrischen Feld

Ein geladenes Teilchen wird, wie Übersicht M-20 zeigt, parallel zum elektrischen Feld beschleunigt.

Übersicht M-20. Bewegung eines Ladungsträgers parallel zum elektrischen Feld.

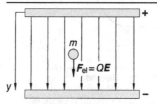

Geschwindigkeit v

$$v = \frac{QE}{m} t = \sqrt{\frac{2QE}{m} y}$$

Weg in y-Richtung

$$y = \frac{QE}{2m} t^2$$

Q	Ladung
E	elektrische Feldstärke
F_{el}	elektrische Kraft ($F_{el} = QE$)
m	Masse des Teilchens
v	Geschwindigkeit
y	y-Koordinate

M.4.3 Stromleitung in Gasen

Gase sind gewöhnlich *Nichtleiter*. Um sie elektrisch leitend zu machen, müssen entweder Ladungsträger eingebracht (*Ladungsträgerinjektion*) oder die Gase *ionisiert* werden.

Unselbständige Gasentladung

Hierbei befinden sich ionisierte Gase zwischen zwei Elektroden der Spannung U. Bild M-19 zeigt den Strom-Spannungs-Verlauf.

Im Bereich I gilt das Ohm'sche Gesetz: Die Gasionen stoßen auf dem Weg zur gegenpoligen Elektrode auf den Widerstand anderer Gasatome und *rekombinieren*, falls sie auf entgegengesetzte Ladungen treffen (*Rekombinationsbereich*). Steigt die Spannung weiter, dann fließen die Gasionen so schnell zur entgegengesetzten Elektrode ab, dass keine Rekombinationen stattfinden können. Es

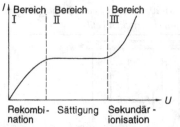

Bild M-19. *Strom-Spannung-Verlauf einer unselbstän-digen Gasentladung.*

stellt sich ein *Sättigungsstrom* ein. Werden die Elektronen so stark beschleunigt, dass ihre kinetische Energie neutrale Gasatome zu ionisieren vermag, kommt es zur Sekundär-ionisation. Diese *Sekundärionen* tragen zur weiteren Stromzunahme bei (Bereich III).

Selbständige Gasentladung

Diese Entladung heißt *selbständig*, weil sie ohne ständige Zufuhr von Ionen abläuft. Die kineti-sche Energie der Ionen ist so hoch, dass diese weitere neutrale Gasatome ionisieren können. Für die Ionisationsenergie gilt

$$W \sim \frac{eE}{p} \; ; \qquad \text{(M-13)}$$

e elektrische Elementarladung
   ($e = 1{,}602 \cdot 10^{-19} \, \text{A} \cdot \text{s}$),
E elektrische Feldstärke,
p Gasdruck.

Der *Ionisierungskoeffizient* s gibt an, wie viel Ionen je Wegstrecke zusätzlich erzeugt werden und ist eine Funktion von E/p, sodass gilt

$$s = f(E/p) \, . \qquad \text{(M-14)}$$

Mit der Zunahme des Stroms steigt die Anzahl der Ladungsträger. Deshalb müssen selbständi-ge Gasentladungen mit einem strombegrenzen-den Vorwiderstand (*Drossel*) betrieben werden.

Glimmentladung

Wird der Gasdruck stark verringert, dann ent-stehen *Leuchtbereiche*. In der Nähe der Katode entsteht das Licht durch die Rekombination der auftreffenden *positiven Ionen*. Hier findet auch der größte Spannungsabfall statt. Die Glimm-entladung spielt in der Lichttechnik eine bedeu-tende Rolle: Leuchtröhren und Leuchtstoffröh-ren, Glimmlampen, Elektronenblitzröhren und Quecksilberdampflampen.

Katodenstrahlen

Wird in einer Gasentladungsröhre der Druck auf 10 Pa bis 1 Pa verringert, so ist die Wahr-scheinlichkeit für Stoßprozesse gering. Deshalb können die Elektronen aus der Katode das Feld mit hoher und unverminderter Ge-schwindigkeit durchlaufen (*Katodenstrahlen*). Die Katodenstrahlen können fotografische Schichten *schwärzen* oder bestimmte Stoffe zum *Leuchten* bringen. Ferner werden sie durch magnetische und elektrische Felder abgelenkt. Sie werden zur Bilderzeugung in *Fernsehröhren* eingesetzt.

M.5 Magnetisches Feld

M.5.1 Beschreibung

Stromdurchflossene Leiter und *Werkstoffe* mit nicht gesättigten Spinmomenten bilden die *Ma-gnete*. Die Richtung der im Raum wirkenden *magnetischen Kräfte* (Unterschied zur elektri-schen Kraft, s. Übersicht M-2) lassen sich durch die Kraftwirkung auf einen kleinen Probema-gneten bestimmen. Das magnetische Feld ist ein *Vektorfeld*:

> Das magnetische Feld rührt von *elektrischen Strömen* her und beschreibt die *Wirkungsli-nien* der magnetischen Kräfte in Betrag und Richtung.

Bild M-20 zeigt das Magnetfeld eines Stabmagneten und eines geraden, stromdurchflossenen Leiters.

Allen Magneten ist Folgendes gemeinsam:

- Ein Magnet besitzt zwei Pole: den Nord- und den Südpol. Es gibt keine magnetischen Monopole.
- Gleichnamige Pole stoßen sich ab, ungleichnamige ziehen sich an.
- Außerhalb des Magneten verlaufen die magnetischen Feldlinien vom Nord- zum Südpol (positive Feldrichtung).
- Die magnetischen Feldlinien sind (im Gegensatz zu den elektrischen Feldlinien) *in sich geschlossen*, d. h., sie weisen weder eine Quelle noch eine Senke auf (Fortsetzung der Feldlinien im Innern des Magneten).
- Die Tangente an die magnetischen Feldlinien gibt die *Kraftrichtung* an. Die Richtung der Kraft ist eindeutig.

Erdmagnetfeld

Der *magnetische Südpol* der Erde liegt in der Nähe des geografischen Nordpols (74° nördlicher Breite und 100° westlicher Länge auf der Halbinsel Boothia im Norden Kanadas). Der *magnetische Nordpol* befindet sich in der Nähe des geografischen Südpols (72° südlicher Breite und 155° östlicher Länge in der Antarktis). Die Magnetpole der Erde sind nicht stabil; sie wandern geringfügig.

Deklination ist die Abweichung des Erdmagnetfeldes von der geografischen Nord-Süd-Richtung (für Deutschland etwa 2° westlich). *Inklination* ist die Abweichung von der Horizontalen.

Elektromagnetismus

Ein stromdurchflossener Leiter ist *immer* von einem Magnetfeld umgeben. Ein stromdurchflossener, gerader Leiter weist ein Magnetfeld auf, das aus konzentrischen Kreisen besteht (Bild M-20b).

M.5.2 Magnetische Feldstärke (magnetische Erregung)

Der elektrische Strom I und das Magnetfeld bilden ein Rechtssystem, das man sich gut mit der *Rechten Hand-Regel* merken kann: Der Daumen der rechten Hand zeigt in *Stromrichtung*, und die gekrümmten Finger weisen in *Feldrichtung*.

Das *Durchflutungsgesetz* beschreibt den Zusammenhang zwischen der Stromdichte j und der magnetischen Feldstärke (magnetischen Erregung) H:

$$\Theta = \oint H \, ds = \oint_A j \, dA = \sum I_i \,. \qquad \text{(M-15)}$$

Das Integral der magnetischen Feldstärke längs einer geschlossenen Umlauflinie ist gleich dem gesamten durch diese Fläche hindurchfließenden Strom I, der Durchflutung Θ.

Bild M-21 zeigt die Durchflutung als *Summe aller Ströme* (Vorzeichen beachten), die eine geschlossene Kurve (bzw. eine abgegrenzte Fläche) durchströmen.

Einheit der magnetischen Feldstärke H ist 1 A/m.

Analog zur elektrischen Spannung $\int E \, ds$ wird $\int H \, ds$ als *magnetische Spannung V* bezeichnet. Für eine Zylinderspule und eine Ringspule ergibt sich

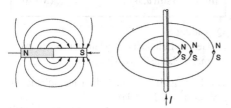

Bild M-20. Magnetfelder
a) Stabmagnet,
b) gerader, stromdurchflossener Leiter.

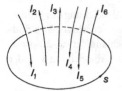

Bild M-21. Durchflutungsgesetz.

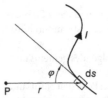

Bild M-22. Zum Biot-Savart'schen Gesetz.

$$V = Hl = IN \; ; \qquad (M\text{--}16)$$

H magnetische Feldstärke,
l Länge der Zylinderspule,
I Stromstärke,
N Windungszahl.

Ist die magnetische Feldstärke entlang des Weges *unterschiedlich groß*, dann werden die magnetischen Teilspannungen aufsummiert:

$$V = H_1 l_1 + H_2 l_2 + H_3 l_3 + \ldots + H_n l_n$$
$$= \sum H_i l_i = \int \boldsymbol{H} \, \mathrm{d}\boldsymbol{s} \; . \qquad (M\text{--}17)$$

Mit dem *Biot-Savart'schen Gesetz* können die magnetischen Feldstärken beliebiger Leitergeometrien berechnet werden. Ein kleines Leiterstück $\mathrm{d}s$ liefert in einem Punkt P in der Entfernung r einen Beitrag $\mathrm{d}H$ zum magnetischen Feld (Bild M-22):

$$\mathrm{d}H = \frac{I \, \mathrm{d}s}{4\pi r^2} \sin \varphi \; ; \qquad (M\text{--}18)$$

I elektrische Stromstärke,
r Abstand vom stromdurchflossenen Leiter,
φ Winkel zwischen Abstandsvektor zum Raumpunkt P und stromdurchflossenen Leiter.

M.5.3 Magnetische Flussdichte (Induktion)

Kraft auf bewegte Ladungsträger im Magnetfeld

Werden Kräfte im Magnetfeld betrachtet, dann wird dazu die magnetische Flussdichte $\boldsymbol{B}$ benötigt. Sie hängt mit der magnetischen Feldstärke $\boldsymbol{H}$ über die *magnetische Feldkonstante* μ_0 zusammen (gilt nur für Vakuum):

$$\boldsymbol{B} = \mu_0 \boldsymbol{H} \; ; \qquad (M\text{--}19)$$

μ_0 magnetische Feldkonstante
 $[\mu_0 = 4\pi \cdot 10^{-7} = 1{,}257 \cdot 10^{-6} \text{ V} \cdot \text{s}/(\text{A} \cdot \text{m})]$,
H magnetische Feldstärke.

Bewegt sich eine Ladung Q mit der Geschwindigkeit $\boldsymbol{v}$ durch ein Magnetfeld der magnetischen Flussdichte $\boldsymbol{B}$, so wirkt auf die Ladung die *Lorentz-Kraft* $\boldsymbol{F}$:

$$\boldsymbol{F} = Q(\boldsymbol{v} \times \boldsymbol{B}) \; ;$$
$$|\boldsymbol{F}| = QvB \sin(\boldsymbol{v}, \boldsymbol{B}) \; ; \qquad (M\text{--}20)$$

Q Ladung,
$\boldsymbol{v}$ Geschwindigkeit des geladenen Teilchens,
$\boldsymbol{B}$ magnetische Flussdichte.

Die Einheit der magnetischen Flussdichte ist $1 \text{ V} \cdot \text{s}/\text{m}^2 = 1 \text{ T}$ (Tesla).

Die Lorentz-Kraft wirkt senkrecht zur Fläche, die $\boldsymbol{v}$ und $\boldsymbol{B}$ aufspannen (Kreuzprodukt). Bei einer negativen Ladung wirkt die Kraft entgegengesetzt.

Tabelle M-12. Magnetische Feldstärke unterschiedlicher Leiteranordnungen.

Leitergeometrie	Bezugspunkt	Formel
kreisförmiger Leiter	Mittelpunkt	$H = \dfrac{I}{2r}$
langer, gerader Leiter	im Abstand r_0	$H = \dfrac{I}{2\pi r_0}$
Ringspule (Toroid)	im Abstand R	$H = \dfrac{NI}{2\pi R}$
Zylinderspule (Solenoid)	Achsmittelpunkt im Inneren (Länge l)	$H = \dfrac{IN}{\sqrt{l^2 + d^2}}$
	Mittelpunkt der Endflächen	$H = \dfrac{IN}{2\sqrt{l^2 + (d/2)^2}}$
	im Inneren (Spule sehr lang; $l \gg d$)	$H = \dfrac{IN}{l}$
voller zylindrischer Leiter	Abstand x von der Achse	$H = \dfrac{Ix}{2\pi r^2}$

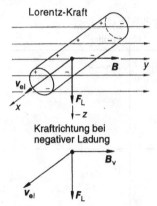

Bild M-23. Lorentz-Kraft.

Für die *spezifische Ladung* Q/m ergibt sich

$$\frac{Q}{m} = \frac{v}{rB} \, . \qquad (M\text{–}22)$$

Die spezifische Ladung eines Elektrons beträgt

$$\frac{-e}{m_{el}} = -1{,}76 \cdot 10^{11} \, \text{C/kg} \, ; \qquad (M\text{–}23)$$

e Elementarladung
      ($e = 1{,}602 \cdot 10^{-19}$ A · s),
m_{el} Masse des Elektrons
      ($m_{el} = 9{,}109 \cdot 10^{-31}$ kg).

Da die Lorentz-Kraft – analog zur Zentripetalkraft einer Kreisbewegung in der Mechanik – senkrecht zur Bahngeschwindigkeit v wirkt, führen die geladenen Teilchen im homogenen Magnetfeld eine *Kreisbewegung* aus. Für den Radius gilt

$$r = \frac{mv}{QB} \, ; \qquad (M\text{–}21)$$

m Masse des geladenen Teilchens,
v Geschwindigkeit des geladenen Teilchens,
Q Ladung des Teilchens,
B magnetische Flussdichte.

Kraft auf stromdurchflossenen Leiter im Magnetfeld

Auf einen stromdurchflossenen geraden Leiter wirkt im Magnetfeld folgende Kraft (Bild M-24):

$$\boldsymbol{F} = l(\boldsymbol{I} \times \boldsymbol{B}) \, , \quad F = IlB\sin(l, B) \, ; \quad (M\text{–}24)$$

I Strom,
l Länge des Drahtes.

Die Richtungen werden durch die *Rechte-Hand-Regel* veranschaulicht: Daumen in Stromrichtung, Zeigefinger in magnetischer Feldrichtung. Dann zeigt Mittelfinger in Kraftrichtung.

a) Kraftwirkung

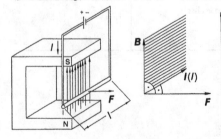

b) Überlagerung der Magnetfelder

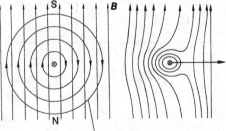

Magnetfeld des Leiters

Bild M-24. Kraftwirkung auf stromdurchflossenen Leiter.

Folgende Gleichung erklärt die magnetische Flussdichte B:

$$B = \frac{F}{Il} . \qquad \text{(M–25)}$$

Die magnetische Flussdichte B gibt an, wie groß die Kraft F ist, die auf einen mit dem Strom I durchflossenen Leiter der Länge l wirkt, der senkrecht zu den Feldlinien steht.

Kraft zwischen zwei parallelen, stromdurchflossenen Leitern

Befinden sich zwei stromdurchflossene Leiter im Abstand d voneinander, so spürt der Leiter 1 das Magnetfeld des Leiters 2 (und umgekehrt). Die magnetische Feldstärke des Leiters 2 am Ort des Leiters 1 ist nach Tabelle M-12:

$$H = \frac{I_2}{2\pi d} . \qquad \text{(M–26)}$$

Daraus lässt sich die magnetische Flussdichte B wegen $B = \mu_0 H$ errechnen. Man erhält für die Kraft F_{12} zwischen zwei parallelen, stromdurchflossenen Leitern:

$$F_{12} = \frac{\mu_0 I_1 I_2 l}{2\pi d} . \qquad \text{(M–27)}$$

Die Basiseinheit der elektrischen Stromstärke I, das Ampere, ist mit der Kraftwirkung festgelegt: Auf zwei parallele, stromfließende Leiter im Abstand von 1 m wirkt die Kraft $2 \cdot 10^{-7}$ N pro Meter Leiterlänge, wenn ein Strom von 1 A fließt.

Wie Bild M-25 zeigt, ziehen sich parallele Leiter mit *gleicher Stromrichtung an*, mit entgegengesetzter Stromrichtung stoßen sie sich ab.

Hall-Effekt

Befindet sich ein stromdurchflossener Leiter in einem Magnetfeld, dessen Feldrichtung senkrecht zur Stromrichtung steht, dann werden die

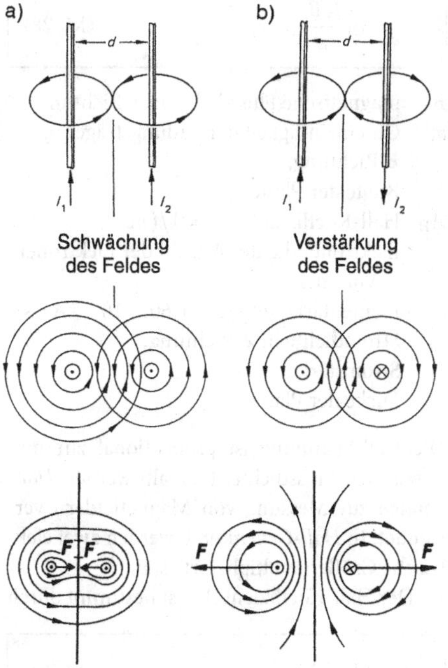

Gleiche Stromrichtung bewirkt Anziehung

Entgegengesetzte Stromrichtung bewirkt Abstoßung

Bild M-25. *Kraft zwischen parallelen, stromdarchflossenen Leitern.*

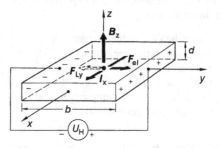

Bild M-26. *Hall-Effekt.*

Ladungen senkrecht zur Strom- und Magnetfeldrichtung abgelenkt. Dadurch entsteht in dieser Richtung ein elektrisches Feld und folglich auch eine Spannung, die *Hall-Spannung* U_H genannt wird (Bild M-26):

$$U_H = B_z v_x b = \frac{1}{ne} j_x B_z b = A_H j_x B_z b$$

$$= A_H \frac{I_x B_z}{d} \; ; \quad . \tag{M-28}$$

B_z magnetische Flussdichte in z-Richtung,

v_x Geschwindigkeit der Ladungsträger in x-Richtung,

b Breite der Platte,

A_H Hall-Koeffizient $[A_H = 1/(ne)]$,

n Elektronendichte (Anzahl der Elektronen je Volumen),

e Elementarladung ($e = 1{,}602 \cdot 10^{-19}$ A $\cdot$ s),

j_x Stromdichte in x-Richtung,

I_x Stromstärke,

d Dicke der Platte.

Die Hall-Spannung ist proportional zur magnetischen Flussdichte. Deshalb werden *Hall-Sonden* zur Messung von Magnetfeldern verwendet. In *Hall-Generatoren* werden zwei elektrische Größen multipliziert ($I_x B_z$).

Der Hall-Koeffizient A_H ist bestimmt durch

$$A_H = 1/(ne) \; . \tag{M-29}$$

Durch seine Messung können folgende Größen bestimmt werden:

- Vorzeichen der Ladungsträger,
- Ladungsträgerkonzentration n,
- räumliche Ladungsdichte
  $Q/V = ne = 1/A_H$,
- Beweglichkeit der Ladungsträger $\mu = \kappa A_H$
  (κ elektrische Leitfähigkeit).

Magnetisches Moment

Während das elektrische Feld E als Kraft F je Ladung Q definiert werden kann, wird (wegen des Fehlens von Monopolen, die der Ladung entsprechend würden) die magnetische Flussdichte B durch ein Drehmoment M beschrieben (Bild M-27a). Die stromdurchflossene Leiterschleife besitzt ein *magnetisches Mo-*

Tabelle M-13. Hall-Koeffizient verschiedener Werkstoffe.

Werkstoff		A_H 10^{-11} m^3/C
Elektronenleitung		
Kupfer	Cu	−5,5
Gold	Au	−7,5
Natrium	Na	−25
Caesium	Cs	−28
Löcherleitung		
Cadmium	Cd	+6
Zinn	Sn	+14
Beryllium	Be	+24,4
Halbleiter		
Wismut	Bi	$-5 \cdot 10^4$
Indium-Arsenid	InAs	-10^7

ment m, dessen Vektor senkrecht auf der Fläche der Leiterschleife steht.

Das magnetische Moment m kann analog zum elektrischen Feld (elektrisches Dipolmoment) als *magnetisches Dipolmoment* interpretiert werden (Bild M-27).

Man unterscheidet das *Ampère'sche* magnetische Moment m_A (äußeres Magnetfeld wird durch die magnetische Flussdichte B bestimmt) und das *Coulomb'sche* magnetische Moment m_C (äußeres Magnetfeld wird durch die magnetische Feldstärke H bestimmt).

Magnetische Flussdichte

Die magnetische Flussdichte B kann auch über den magnetischen Fluss definiert werden; denn beim Ändern des magnetischen Flusses Φ durch eine Leiterschleife entsteht ein Spannungsstoß $\int U(t)\,dt$:

$$\Delta\Phi = \frac{\int U(t)\,dt}{N} \; ; \tag{M-30}$$

a)
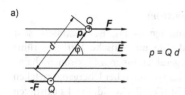

b)
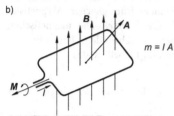

Bild M-27. Drehmoment eines elektrischen Dipols (a) und einer Leiterschleife (b)

$M = p \times E$ (elektrischer Dipol)
$M = m \times B$ (magnetischer Dipol)

A   Fläche der Leiterschleife
    (Vektor steht senkrecht auf der Fläche)
B   magnetische Flussdichte
E   elektrische Feldstärke
m   magnetisches Moment ($m = AI$)
P   elektrisches Dipolmoment ($p = Qd$)

$\int U(t)\,dt$ Spannungsstoß,
N Windungszahl der Schleife.

Einheit des Flusses ist $1\,V \cdot s = 1\,Wb$ (Weber).

Die magnetische Flussdichte (Induktion) *B* beschreibt den magnetischen Fluss *je Flächeneinheit*:

$$B = \frac{d\Phi}{dA} \,. \qquad (M\text{-}31)$$

Die Einheit ist $1\,V \cdot s/m^2 = 1\,T$ (Tesla).

Für den Spannungsstoß ist nur die Flussdichte senkrecht zur Fläche von Bedeutung. Sind die magnetischen Feldlinien im Winkel φ zur Flächennormalen geneigt, dann ergibt sich (Bild M-28).

$$\Phi = \int B\,dA = B\cos\varphi\,dA \,.$$

Streufluss

Bei Luftzwischenräumen im Magneten befindet sich ein Teil des Flusses Φ_S außerhalb der betrachteten Fläche. Er wird *Streufluss* Φ_S genannt. Der Nutzfluss Φ_N ergibt sich als Differenz des Gesamtflusses Φ_{ges} und des Streuflusses Φ_S:

$$\Phi_N = \Phi_{ges} - \Phi_S \,. \qquad (M\text{-}32)$$

Als *Streufaktor* σ bezeichnet man das Verhältnis von Streufluss Φ_S zum Nutzfluss Φ_N:

$$\sigma = \Phi_S/\Phi_N \,. \qquad (M\text{-}33)$$

M.5.4 Materie im Magnetfeld

Wird Materie in ein magnetisches Feld gebracht, so ändert sich die magnetische Flussdichte von B_0 (magnetische Flussdichte ohne Materie) auf B (magnetische Flussdich-

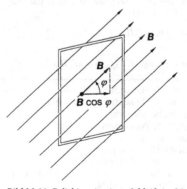

Bild M-28. Beliebig orientierte Schleife im Magnetfeld.

te mit Materie), während die magnetische Feldstärke H invariant ist, da der eingeprägte Strom konstant ist (Übersicht M-21). Durch die magnetische Polarisation J bzw. die Magnetisierung M ändert sich die magnetische Flussdichte B.

Werkstoffe werden entsprechend ihrem Verhalten im Magnetfeld nach Tabelle M-14 eingeordnet.

Ferromagnetismus

Der Ferromagnetismus ist technisch sehr bedeutend. Die magnetische Wirkung rührt von unaufgefüllten inneren Elektronenschalen her, wie dies vor allem bei Übergangsmetallen zu finden ist (Fe, Ni, Co, Gd, Er). Es existieren ganze Kristallbereiche gleicher Magnetisierung (*Weiß'sche Bezirke*). Die magnetischen Eigenschaften verschwinden oberhalb der *Curie-Temperatur* (Tabelle M-15).

Übersicht M-21. Materie im Magnetfeld.

eingeprägter Strom → magnetische Feldstärke H invariant

$B_0 = \mu_0 H$

$B = \mu_r \mu_0 H = \mu H$

relative Permeabilitätszahl μ_r

$$\mu_r = \frac{B}{B_0}$$

magnetische Polarisation J
(Änderung der Flussdichte)

$J = B - B_0 = B - \mu_0 H$

$J = \underbrace{(\mu_r - 1)}_{\chi_m} \mu_0 H = \chi_m \mu_0 H$

Magnetisierung M (scheinbare Änderung der magnetischen Feldstärke)

$M = J/\mu_0 = (\mu_r - 1)H = \chi_m H$

$M = B/\mu_0 - H$

$B = \mu_0 H + J = \mu_0(H + J/\mu_0) = \mu_0(H + M)$

B	magnetische Flussdichte in Materie
B_0	magnetische Flussdichte ohne Materie
H	magnetische Feldstärke
J	magnetische Polarisation
M	Magnetisierung
μ	Permeabilität ($\mu = \mu_0 \mu_r$)
μ_0	magnetische Feldkonstante
	[$\mu_0 = 4\pi \cdot 10^{-7} = 1{,}2566 \cdot 10^{-6}$ V · s/(A · m)]
μ_r	relative Permeabilitätszahl
χ_m	magnetische Suszeptibilität ($\chi_m \doteq \mu_r - 1$)

Tabelle M-14. Einteilung der magnetischen Werkstoffe.

$\mu_r(\chi_m)$	
$\mu_r > 1$ ($\chi_m > 0$) ↑	ferromagnetisch $\mu_r \gg 1$; $\chi_m \gg 0$ (Fe, Ni, Co)
$\mu_r = 1$ ($\chi_m = 0$)	paramagnetisch $10^{-6} < \chi_m < 10^{-2}$ (Al, Pt, Ta)
↓ $\mu_r < 1$ ($\chi_m < 0$)	diamagnetisch $-10^{-4} < \chi_m < 10^{-9}$ (Cu, Bi, Pb)

Werkstoff	magnetische Suszeptibilität χ_m
Ferromagnetika	
Mu-Metall (75 Ni-Fe)	bis $9 \cdot 10^4$
Fe (rein)	10^4
Fe-Si	$6 \cdot 10^3$
Ferrite (weich)	$1 \cdot 10^3$
AlNiCo	3
Ferrite (hart)	0,3
Paramagnetika	
O_2 (flüssig)	$3{,}6 \cdot 10^{-3}$
Pt	$2{,}5 \cdot 10^{-4}$
Al	$2{,}4 \cdot 10^{-5}$
O_2 (gasförmig)	$1{,}5 \cdot 10^{-6}$
Diamagnetika	
N_2 (gasförmig)	$-6{,}75 \cdot 10^{-9}$
Bi	$-1{,}5 \cdot 10^{-4}$
Au	$-2{,}9 \cdot 10^{-5}$
Cu	$-1 \cdot 10^{-5}$
H_2O	$-7 \cdot 10^{-6}$

Permeabilitätszahl in Abhängigkeit von der magnetischen Feldstärke H

Hysteresekurve

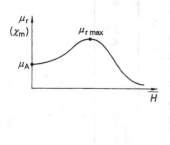

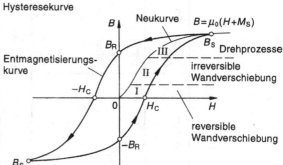

Bild M-29. Hystereseschleife.

*Tabelle M-15. Curie-Temperatur einiger ferroma-
gnetischer Werkstoffe.*

Werkstoff	ferromagnetische Curie-Temperatur T_C K
Dy	87
Gd	289
Cu_2MnAl	603
Ni	631
Fe	1042
Co	1400

Wie Bild M-29 zeigt, ist die Permeabilitätszahl μ_r bzw. die magnetische Suszeptibilität χ_m
eine komplizierte Funktion der magnetischen
Feldstärke H. Typisch ist auch der Hysterese-
verlauf, der die Abhängigkeit der magnetischen
Flussdichte B von der magnetischen Feldstärke H beschreibt.

Bei einem zylindrischen Probekörper wird
durch die entmagnetisierende Wirkung der Enden die magnetische Feldstärke H im Innern
geschwächt:

$$H = H_a - NM \qquad (M-34)$$

H_a außen anliegende Feldstärke,
N Entmagnetisierungsfaktor (Tabelle M-17),
M Magnetisierung ($M = \chi_m H = J/\mu_0$).

Wird bei einer Messung der Hysteresekurve
$B(H_a)$ aufgezeichnet, so entsteht eine *gescherte*
Kurve. Durch Anwendung von Gl. (M–34)
kann sie in die Form $B(H)$ übergeführt werden
(*Zurückscheren*).

Hysteresekurve

Die Hysteresekurve kommt folgendermaßen
zustande:

– *Neukurve*
  Sie wird bei völlig unmagnetischem Materi-
  al durchlaufen.
  Bereich I:
  Die magnetischen Wandverschiebungen
  (Vergrößerung von magnetischen Berei-
  chen in Feldrichtung) sind reversibel.
  Bereich II:
  Die magnetischen Wandverschiebungen
  sind nicht mehr reversibel.
  Bereich III:
  Hier finden Drehprozesse statt; die magneti-
  schen Bereiche werden vollends in die Rich-
  tung des äußeren Feldes gedreht.
– *Sättigungsmagnetisierung*
  Ab einer bestimmten äußeren Feldstärke
  kann die Magnetisierung nicht weiter
  gesteigert (Sättigungsmagnetisierung M_S)
  werden, da alle magnetischen Bereiche
  bereits in Vorzugsrichtung liegen.

Tabelle M-16. Technische Daten wichtiger Hartmagnetwerkstoffe.

	abschreckungs-gehärteter Stahl	ausscheidungs-gehärteter Stahl	kaltbearbeitete Legierung	Pulvermagnete	Legierungen mit Ordnungsstruktur	Seltene Erden (SE)
Werkstoffe	36% Co 64% Fe	AlNiCo (9Al 15Ni 23Co 4Cu) CuNiCo (35Cu 24Ni 41Co) CoFe (52Co 38Fe 10V) FeMo (68Fe 20Mo 12Co)	CuNiFe (60Cu 20Ni 20Fe) CoV (53Co 14V 33Fe)	Ba-Ferrit Sr-Ferrit	CoPt FePt	SECo5 (SE: Sm, Ce) NdFeB
B_R in T	0,9	1,3	1	0,38	0,6	0,9; 1,2
$-H_c$ in $\frac{\text{kA}}{\text{m}}$	20	56	42	132	360	700; 800
$(BH)_{max}$ in $10^6 \frac{\text{kJ}}{\text{m}^3}$	8	56	28	25	64	160; 280
Bemerkungen	gute Formbarkeit; teuer; kleines $(BH)_{max}$	gute magnetische Stabilität	Anwendung: Drähte zur Tonaufzeichnung	beliebig formbar; sehr hart	teuer; Spezialmagnete	teuer; Spezialmagnete

- *Entmagnetisierungskurve*
Remanenzflussdichte B_R
Beim Abschalten des Feldes ($H = 0$) ist das Material nicht wieder völlig unmagnetisch, sondern besitzt eine magnetische Restinduktion, die man als Remanenzflussdichte B_R bezeichnet.
Koerzitivfeldstärke H_C
Mit der Gegenfeldstärke H_C gelingt es, das Material wieder unmagnetisch zu machen ($B = 0$).

Berechnung von Dauermagnetsystemen

Ein Dauermagnetsystem nach Bild M-30 besteht aus einem Dauermagneten und zwei weichmagnetischen Polschuhen, die den magnetischen Fluss verlustarm zum Luftspalt leiten. Dort wird die magnetische Energie genutzt. Von Bedeutung ist deshalb der *2. Quadrant* der Hysteresekurve.
Die *maximal nutzbare Energie je Volumen* beträgt $(BH)_{max}$.

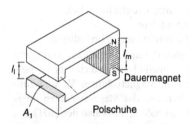

Bild M-30. Dauermagnetsystem.

Tabelle M-17. Entmagnetisierungsfaktoren.

Geometrie	Magnetisierung	Entmagnetisierungsfaktor N
dünne Platte	in Plattenebene senkrecht zur Plattenebene	0 1
sehr langer Stab	in Längsrichtung in Querrichtung	0 1/2
Kugel		1/3

Zur Berechnung eines Dauermagnetsystems sind folgende Gleichungen von Bedeutung:

- *Durchflutungsgesetz für $\Theta = 0$*
allgemein:

$$\oint H\,ds = 0 .$$

Magnetkreis (Bild M-30):

$$H_m l_m = -\gamma H_l l_l ; \qquad (M\text{–}35)$$

H_m, H_l magnetische Feldstärke im Magneten bzw. im Luftspalt,
l_m, l_l Länge des Magneten bzw. des Luftspalts,
γ Spannungsfaktor ($\gamma > 1$). Er berücksichtigt unmagnetische Bereiche, z. B. die unmagnetischen Zwischenräume von Klebeschichten (in der Praxis $\gamma = 1$ bis 1,3).

- *Erhaltung des magnetischen Flusses* (Flussgleichung)
allgemein:

$$\oint B\,dA = \text{konstant}$$

Magnetkreis (Bild M-30):

$$B_m A_m = \sigma B_l A_l ; \qquad (M\text{–}36)$$

$B_m B_l$ magnetische Flussdichte im Magneten bzw. im Luftspalt,
$A_m A_l$ Querschnittsfläche des Magneten bzw. des Luftspalts,
σ Streufaktor. Er berücksichtigt die magnetische Flussdichte, die nicht durch den Luftspalt geht (in der Praxis zwischen 1 und 10; 10 bedeutet, dass nur 10% des magnetischen Flusses des Dauermagneten als Nutzfluss im Luftspalt zur Verfügung steht).

Bild M-31 zeigt die Entmagnetisierungskurve (2. Quadrant) und den Arbeitspunkt A [maximaler Energiewert: $(BH)_{max}$]. Der Arbeitspunkt A hat die Koordinaten $(-H_m, B_m)$. Die Scherungsgerade ist die Gerade vom Nullpunkt (0) zum Arbeitspunkt A. Sie hat die Steigung s:

$$s = \frac{-B_m}{H_m} . \qquad (M-37)$$

Wird für $-B_m$ die Gleichung zur Flusserhaltung und für H_m das Durchflutungsgesetz eingesetzt, dann ergibt sich für die Gleichung der Scherungsgeraden:

$$-B_m = +sH_m = \mu_0 \frac{\sigma A_l l_m}{\gamma A_m l_l} H_m . \qquad (M-38)$$

Hieraus ist erkennbar, dass die Scherungsgerade *nur von der Geometrie* des Magneten, nicht aber vom Werkstoff abhängt.

Der Ausdruck

$$N = \frac{\gamma A_m l_l}{\sigma A_l l_m} \qquad (M-39)$$

wird als *Entmagnetisierungsfaktor* bezeichnet. Damit wird die Scherungsgerade

$$B_m = -\frac{\mu_0}{N} H_m .$$

Das Produkt (BH) stellt die gespeicherte magnetische Energie je Volumen dar. Zur Berechnung der im Luftspalt zur Verfügung stehenden

Energie wird (BH) mit dem Volumen des Luftspaltes multipliziert, und man erhält

$$(B_m H_m) V_m = B_l H_l V_l \gamma \sigma = \mu_0 \gamma \sigma H_l^2 V_l . \qquad (M-40)$$

Nach B_l aufgelöst, ergibt sich

$$B_l = \sqrt{\frac{\mu_0 V_m}{\gamma \delta V_l} (BH)_m} ; \qquad (M-41)$$

B_m, B_l magnetische Flussdichte im Magneten bzw. Luftspalt,
H_m, H_l magnetische Feldstärke im Magneten bzw. im Luftspalt,
V_m, V_l Volumen des Magneten bzw. des Luftspalts,
(BH) magnetische Energie je Volumen,
μ_0 magnetische Feldkonstante $[\mu_0 = 4\pi \cdot 10^{-7} \text{ V} \cdot \text{s}/(\text{A} \cdot \text{m})]$,
γ Spannungsfaktor (unmagnetische Bereiche),
σ Streufaktor (Verlustinduktion im Luftspalt).

Das bedeutet: Die im Luftspalt zur Verfügung stehende magnetische Flussdichte B_l ist proportional zum Magnetvolumen V_m und zum $(BH)_m$-Wert. Um das Magnetvolumen möglichst *klein* zu halten, muss also der $(BH)_{max}$-Wert eingestellt werden.

Energie des magnetischen Feldes

Im Magnetfeld ist die Arbeit W_{magn} gespeichert. Diese wird zum Aufbau des Magnetfeldes benötigt und beim Abbau des Feldes wieder frei.

Elektromagnetische Induktion

Das *Induktionsgesetz* zeigt den Zusammenhang zwischen elektrischem und magnetischem Feld. Es besagt, dass jede zeitliche Änderung des magnetischen Flusses $d\Phi/dt$ eine *elektrische Spannung* u_{ind} induziert:

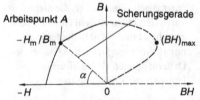

Bild M-31. Scherungsgerade und Arbeitspunkt eines Dauermagneten.

$$u_{\text{ind}} = -N \frac{\mathrm{d}\Phi}{\mathrm{d}t} = -N \left(\frac{\mathrm{d}B}{\mathrm{d}t} A_n + \frac{\mathrm{d}A_n}{\mathrm{d}t} B \right) ;$$

$$(M\text{--}42)$$

N	Windungszahl,
$\mathrm{d}\Phi$	Änderung des magnetischen Flusses,
$\mathrm{d}t$	Zeitintervall,
$\mathrm{d}B$	Änderung der magnetischen Flussdichte,
A_n	Fläche senkrecht zu den magnetischen Feldlinien.

Aus dieser Gleichung geht hervor, dass es gleichgültig ist, ob sich

- das Magnetfeld ändert ($\mathrm{d}B/\mathrm{d}t$) bei konstanter Fläche A_n (*Transformatorprinzip*) oder
- bei gleichbleibender magnetischer Flussdichte B sich die senkrecht zum Magnetfeld stehende Fläche ändert ($\mathrm{d}A_n/\mathrm{d}t$) (*Generatorprinzip*).

Wirbelströme

Werden leitende Körper in einem Magnetfeld bewegt oder sind sie ruhend wechselnden Magnetfeldern ausgesetzt, dann werden in dem Leiter *Ströme induziert*. Man nennt sie Wirbelströme, weil die *Induktionsstromlinien* wie Wirbel in sich geschlossen sind (Bild M-32).

Wirbelströme erzeugen wiederum Magnetfelder, die das ursprüngliche magnetische Feld *schwächen* (Gegenfeld nach der *Lenz'schen Regel*).

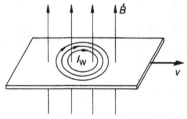

Bild M-32. Prinzip der Wirbelstromentstehung.

Übersicht M-22. Magnetische Energie, Energiedichte und Tragkraft eines Elektromagneten.

magnetische Energie allgemein

$$W_{\text{magn}} = \int_0^t u_{\text{ind}} i \, \mathrm{d}t = \frac{1}{2} L I^2$$

magnetische Energie eines inhomogenen Magnetfeldes

$$W_{\text{magn}} = \frac{1}{2} \int B H \, \mathrm{d}V = \frac{1}{2} \mu \int H^2 \, \mathrm{d}V$$

Feldenergie einer Spule

$$W_{\text{magn}} = \frac{1}{2} \mu H^2 A l = \frac{1}{2} L I^2 = \frac{1}{2} \mu H^2 V$$
$$= \frac{1}{2} B H V = \frac{1}{2} I N \Phi$$

Energiedichte (Energie je Volumen) w

$$w = \frac{W_{\text{magn}}}{V} = \frac{1}{2} B H$$

Tragkraft eines Magneten F_{magn}

$$F_{\text{magn}} = \frac{\mu H^2 A}{2} = \frac{B H A}{2} = \frac{B^2 A}{2\mu}$$

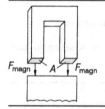

A	Fläche, durch die das Magnetfeld dringt
B	magnetische Flussdichte
H	magnetische Feldstärke
I, i	Stromstärke
L	Selbstinduktivität
F_{magn}	magnetische Kraft
l	Länge der Spule
N	Windungszahl
u_{ind}	induzierte Spannung
V	Volumen des Magnetfeldes
W_{magn}	magnetische Energie
w	Energiedichte
μ	Permeabilität ($\mu = \mu_0 \mu_r$)
μ_0	magnetische Feldkonstante [$\mu_0 = 4\pi \cdot 10^{-7}$ V $\cdot$ s/(A $\cdot$ m)]
μ_r	Permeabilitätszahl
Φ	magnetischer Fluss

Übersicht M-23. Induktionsgesetz für bewegte Leiter im Magnetfeld und Flächenrotation mit konstanter Drehzahl.

bewegter Leiter im Magnetfeld

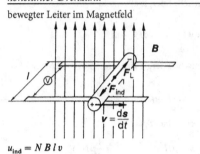

$$u_{ind} = N B l v$$

Flächenrotation mit konstanter Drehzahl

$$u_{ind} = N B A \omega \sin(\omega t)$$

A rotierende Fläche
B magnetische Flussdichte
l Länge des Leiters
N Windungszahl (in den Bildern ist $N = 1$)
u_{ind} induzierte Spannung
v Geschwindigkeit des Leiters, senkrecht zum Magnetfeld
ω Kreisfrequenz

Der Wirbelstrom I_w kann folgendermaßen abgeschätzt werden:

$$I_w \approx U/(2R) ; \qquad (M\text{-}43)$$

U induzierte Spannung,
R Widerstand des im Magnetfeld liegenden Leiters.

Beispiele für technische Anwendungen sind Drehzahlmesser, Wirbelstrombremsen oder Messgeräte für elektrische Energie (kWh-Zähler).

Skineffekt

In einem von Wechselstrom durchflossenen geraden Leiter treten Wirbelströme in der Weise auf, dass diese *im Innern entgegen dem Wechselstrom* und *im Äußeren in Stromrichtung* fließen. Bei hohen Frequenzen ($f > 10^7$ Hz) führt nur noch die Außenhaut des Leiters Strom (Skineffekt: Hauteffekt, Bild M-33). In der Hochfrequenztechnik werden deshalb entweder viele dünne Drähte zu einem Kabel verdrillt, oder es werden Hohlleiter verwendet.

Die *Eindringtiefe* δ beschreibt die Entfernung von der Leiteroberfläche bis zu der Stelle im Leiterinnern, bei welcher der elektrische Strom auf den e-ten Teil (37%) abgesunken ist. Sie berechnet sich nach

$$\delta = \sqrt{2/(\kappa\mu\omega)} ; \qquad (M\text{-}44)$$

κ elektrische Leitfähigkeit,
μ Permeabilität ($\mu = \mu_0\mu_r$),
ω Kreisfrequenz.

Selbstinduktion

Bei der Änderung des magnetischen Flusses wird nicht nur in räumlich getrennten Leitern eine Spannung induziert, sondern auch in der magnetfelderzeugenden Spule selbst. Diese Erscheinung nennt man *Selbstinduktion*. Der dann fließende Induktionsstrom

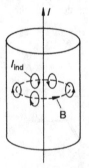

Bild M-33. Skin-Effekt.

Übersicht M-24. Selbstinduktion.

induzierte Spannung u_{ind}

$$u_{\text{ind}} = -NA_n\mu\frac{\mathrm{d}H}{\mathrm{d}t} = -\frac{N\Phi}{I}\frac{\mathrm{d}i}{\mathrm{d}t} = -L\frac{\mathrm{d}i}{\mathrm{d}t}$$

Induktivität L

$$L = \frac{N\Phi}{I} \qquad \text{Einheit } 1\,\text{H} = 1\,\text{V}\cdot\text{s/A}$$

Definition:
Wenn bei der Änderung der Stromstärke I um 1 A innerhalb von 1 s eine Spannung U von 1 V induziert wird, dann beträgt die Induktivität $L = 1$ H.

Reihenschaltung von Induktivitäten

$$L_{\text{R ges}} = L_1 + L_2 + L_3 + \ldots + L_n = \sum_{i=1}^{n} L_i$$

Parallelschaltung von Induktivitäten

$$\frac{1}{L_{\text{R ges}}} = \frac{1}{L_1} + \frac{1}{L_2} + \frac{1}{L_3} + \ldots + \frac{1}{L_n} = \sum_{i=1}^{n} \frac{1}{L_i}$$

A_n Fläche senkrecht zum Magnetfeld
f Spulenformfaktor, beschreibt die Streuverluste $(0 < f < 1)$
I, i Stromstärke
H magnetische Feldstärke
N Windungszahl
L Induktivität
l Spulenlänge
Φ magnetischer Fluss
μ Permeabilität $(\mu = \mu_0\mu_r)$
μ_0 magnetische Feldkonstante $[\mu_0 = 4\pi\cdot 10^{-7}\,\text{V}\cdot\text{s/(A}\cdot\text{m)}]$
μ_r Permeabilitätszahl

ist dem vorhandenen Strom entgegengesetzt gerichtet (Lenz'sche Regel; Übersicht M-24, Tabelle M-18).

Analogie elektrisches und magnetisches Feld

In Tabelle M-19 sind die entsprechenden Größen für das elektrische und das magnetische Feld zusammengestellt.

Übersicht M-25. Sinusförmiger Wechselstrom und sinusförmige Wechselspannung.

a) periodischer Verlauf

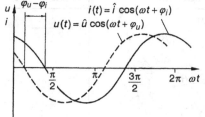

$$i(t) = \hat{i}\,\cos(\omega t + \varphi_i)$$
$$u(t) = \hat{u}\,\cos(\omega t + \varphi_u)$$

b) Zeigerdiagramm

$\varphi_u > \varphi_i$: Die Spannung eilt dem Strom voraus
$\varphi_u < \varphi_i$: Die Spannung eilt dem Strom nach

Die Phasenverschiebung hängt von der *Induktivität L* einer Spule und der *Kapazität C* eines Kondensators im Stromkreis ab.

c) Gleichungen

$$\underline{u}(t) = \hat{u}\,e^{j(\omega t + \varphi_u)} \qquad \underline{i}(t) = \hat{i}\,e^{j(\omega t + \varphi_i)}$$

f Frequenz
$\underline{i}$ komplexer Strom
$\hat{i}$ Amplitude des Stroms
T Periodendauer $(T = 1/f)$
t Zeit
$\hat{u}$ Amplitude der Spannung
$\underline{u}$ komplexe Spannung
j imaginäre Einheit $(j = \sqrt{-1})$
φ_i Nullphasenwinkel der Spannung
φ_u Nullphasenwinkel des Stroms
ω Kreisfrequenz $(\omega = 2\pi f = 2\pi/T)$

Tabelle M-18. Induktivitäten verschiedener Leitergeometrien (NF: Niederfrequenz; HF: Hochfrequenz).

Spulengeometrie	Formel	Bemerkung
Ringspule sehr lange Zylinderspule	$L = \dfrac{\mu A_\mathrm{n} N^2}{l}$	μ Permeabilität ($\mu = \mu_0 \mu_\mathrm{r}$) A_n Spulenfläche N Windungsanzahl l mittlerer Spulenumfang oder Spulenlänge
kurze Spule, einlagig	$L = f \dfrac{\mu A_\mathrm{n} N^2}{l}$	f Formfaktor $f \approx \dfrac{1}{1 + d/2l}$ für $l/d \geqq 0{,}3$ d Spulendurchmesser l Spulenlänge
kurze Spule, mehrlagig	$L = \dfrac{21 \mu N^2 R}{4\pi} \left(\dfrac{R}{l+h} \right)^n$ NF	R Spulenradius h Höhe der Wicklung $n = 0{,}75$, wenn $\left(\dfrac{R}{l+h} < 1 \right)$, $n = 0{,}5$, wenn $\left[1 < \left(\dfrac{R}{l+h} \right) \leqq 3 \right]$
einfacher Ring	$L = \mu R \left[\ln\left(\dfrac{R}{r} \right) + 0{,}25 \right]$ NF $L = \mu R \ln\left(\dfrac{R}{r} \right)$ HF	R Ringradius r Leiterradius
dünnwandiges Rohr	$L = \mu R \left[\ln\left(\dfrac{R}{l} \right) + 1{,}5 \right]$ NF $L = \mu R \ln\left(\dfrac{R}{l} \right)$ HF	R Rohrradius l Rohrlänge

Tabelle M-18. (Fortsetzung).

Spulengeometrie	Formel	Bemerkung
Einfachleitung	$L = \dfrac{\mu l}{2\pi}\left[\ln\left(\dfrac{2l}{r}\right) - 0{,}75\right]$ NF $\quad$ $L = \dfrac{\mu l}{2\pi}\ln\left(\dfrac{2l}{r}\right)$ HF	l Leiterlänge $\quad$ r Leiterradius
Doppelleitung	$L = \dfrac{\mu l}{\pi}\left[\ln\left(\dfrac{a}{r}\right) + 0{,}25\right]$ NF $\quad$ $L = \dfrac{\mu l}{\pi}\ln\left(\dfrac{a}{r}\right)$ HF	l Leiterlänge $\quad$ a Leiterabstand $\quad$ r Leiterradius
Koaxialkabel	$L = \dfrac{\mu l}{2\pi}\left[\ln\left(\dfrac{r_a}{r_i}\right) + 0{,}25\right]$ NF $\quad$ $L = \dfrac{\mu l}{2\pi}\ln\left(\dfrac{r_a}{r_i}\right)$ HF	l Leiterlänge $\quad$ r_a Radius des Außenleiters $\quad$ r_i Radius des Innenleiters

Tabelle M-19. Analogie des elektrischen und des magnetischen Feldes.

elektrisches Feld	Einheit	magnetisches Feld	Einheit
elektrische Urspannung U_0	V	magnetische Urspannung (Durchflutung) $\Theta = NI$	A
elektrische Feldstärke $E = -\dfrac{dU}{ds}$	$\dfrac{V}{m}$	magnetische Feldstärke $H = \dfrac{dI}{dl}$	$\dfrac{A}{m}$
elektrische Spannung $U = \int E(s)\,ds$	V	magnetische Spannung $\Theta = \int H(l)\,dl$	A
elektrische Stromstärke $I = \dfrac{dQ}{dt}$	A	induzierte Spannung $U = -N\dfrac{d\Phi}{dt}$	V
elektrische Ladung (Verschiebungsfluss) $Q = \int I(t)\,dt$	A · s	magnetischer Fluss $\Phi = BA$	V · s
Verschiebungsdichte $D = \varepsilon E$	$\dfrac{A \cdot s}{m^2}$	magnetische Flussdichte (Induktion) $B = \mu \cdot H$	$\dfrac{V \cdot s}{m^2}$
elektrische Feldkonstante $\varepsilon_0 = \dfrac{1}{\mu_0 c^2}$	$\dfrac{A \cdot s}{V \cdot m}$	magnetische Feldkonstante $\mu_0 = \dfrac{1}{\varepsilon_0 c^2}$	$\dfrac{V \cdot s}{A \cdot m}$
Dielektrizitätszahl ε_r Permittivität (Dielektrizitätskonstante) $\varepsilon = \varepsilon_0 \varepsilon_r$	$\dfrac{A \cdot s}{V \cdot m}$	Permeabilitätszahl μ_r Permeabilität $\mu = \mu_0 \mu_r$	$\dfrac{V \cdot s}{A \cdot m}$

Tabelle M-19. (Fortsetzung).

elektrisches Feld	Einheit	magnetisches Feld	Einheit
elektrischer Widerstand eines homogenen Drahtes $R_{el} = \dfrac{1}{\kappa}\dfrac{l}{A}$	Ω	magnetischer Widerstand eines homogenen Magnetkerns $R_m = \dfrac{1}{\mu}\dfrac{l}{A}$	$\dfrac{A}{Wb}$
elektrische Stromstärke $I = \dfrac{U_0}{R_{el}} = \dot{Q}$	A	magnetischer Fluss $\Phi = \dfrac{\Theta}{R_m}$	$V \cdot s$
elektrischer Spannungsabfall $U = RI$	V	magnetischer Spannungsabfall $\Theta = \Phi R_m = Hl$	A
Kapazität $C = \dfrac{Q}{U}$	F	Induktivität $L = \dfrac{\Phi}{I}$	H
Kapazität eines Plattenkondensators $C = \varepsilon \dfrac{A}{d}$	F	Induktivität einer Ringspule $L = \mu \dfrac{AN^2}{l}$	H
elektrische Kraft $\boldsymbol{F}_{el} = Q\boldsymbol{E}$	N	magnetische Kraft $\boldsymbol{F}_m = Q\boldsymbol{v} \times \boldsymbol{B}$	N
elektrisches Dipolmoment $p = \dfrac{M}{E} = Ql$	$A \cdot s \cdot m$	magnetisches Dipolmoment $m = \dfrac{M}{B} = AI$	$A \cdot m^2$
elektrische Energie des Kondensators $W_C = \dfrac{1}{2}CU^2$	$W \cdot s = J$	magnetische Energie einer Spule $W_L = \dfrac{1}{2}LI^2$	$W \cdot s = J$
elektrische Energiedichte $w_{el} = \dfrac{1}{2}\varepsilon E^2 = \dfrac{1}{2}DE$	$\dfrac{W \cdot s}{m^3} = \dfrac{J}{m^3}$	magnetische Energiedichte $w_m = \dfrac{1}{2}\mu H^2 = \dfrac{1}{2}BH$	$\dfrac{W \cdot s}{m^3} = \dfrac{J}{m^3}$

M.6 Wechselstromkreis

M.6.1 Wechselspannung und Wechselstrom

Im Wechselstromkreis findet ein *periodischer Verlauf* der Spannung $u(t)$ und des Stromes $i(t)$ statt. Die folgenden Bezeichnungen orientieren sich an DIN 40 110 (Wechselstromgrößen).

M.6.2 Wechselstromkreis

Zur Beschreibung der Verhältnisse in einem Wechselstromkreis mit sinus- bzw. cosinus-förmigen Wechselgrößen wird die komplexe Rechnung herangezogen (s. Abschnitt A, Übersicht A-4).

Zeigerdarstellung komplexer Größen und Ohm'sches Gesetz

Wechselgrößen gleicher Frequenz werden in der Gauß'schen Zahlenebene als *komplexe Zeiger $\underline{Z}$* dargestellt (Tabelle M-20).

Der Realteil ist der Wirkanteil, der Imaginärteil der Blindanteil der Wechselstromgröße. Beide zusammen ergeben als komplexen Zeiger die *Scheingröße $\underline{Z}$*.

Übersicht M-26. Kenngrößen des Wechselstromkreises.

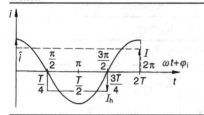

Effektivwert

Der *Effektivwert* ist diejenige Gleichstromgröße, die dieselbe Leistung erzeugt wie die Wechselstromgröße. Der Effektivwert ist der *zeitlich quadratische Mittelwert* der entsprechenden elektrischen Größe.

$$I = \sqrt{\frac{1}{T} \int_0^\tau i^2 \, dt}$$

Effektivwert für sinusförmigen Verlauf des Stroms

$$I = \frac{\hat{i}}{\sqrt{2}} \approx 0{,}707 \, \hat{i}$$

Spannung

$$U = \frac{\hat{u}}{\sqrt{2}} \approx 0{,}707 \, \hat{u}$$

Halbschwingungsmittelwert

Der arithmetische Mittelwert über einer ganzen Periode wird *Gleichwert* genannt; er ist bei einem reinen Wechselstrom gleich null. Deshalb wird häufig der größte Wert des arithmetischen Mittelwerts über einer halben Periode der Wechselgröße ermittelt, welcher *Halbschwingungsmittelwert* genannt wird. Er entspricht der Höhe eines Rechtecks, dessen Flächeninhalt gleich dem einer Halbwelle ist. Für sinusförmigen Verlauf gilt

$$I_h = \frac{1}{\pi} \int_{\pi/2}^{3\pi/2} \hat{i} \cos\varphi \, d\varphi = \frac{\hat{i}}{\pi} \left[\sin\varphi\right]_{\pi/2}^{3\pi/2}$$

$$= \frac{2\hat{i}}{\pi} \approx 0{,}637 \, \hat{i}$$

Übersicht M-26. (Fortsetzung).

Scheitelfaktor (Crestfaktor) k_s

$$k_s = \frac{\text{Scheitelwert der Wechselgröße}}{\text{Effektivwert der Wechselgröße}} = \frac{\hat{i}}{I}$$

für Sinus bzw. Cosinus $k_s = \sqrt{2} \approx 1{,}414$
für Dreieck $\qquad\qquad k_s = 1{,}73$

Formfaktor k_f

$$k_f = \frac{\text{Effektivwert}}{\text{Halbschwingungsmittelwert}}$$

$$= \frac{I}{I_h} (1 < k_f < \infty)$$

für Sinus bzw. Cosinus $k_f = \frac{\pi}{2\sqrt{2}} \approx 1{,}111\ldots$

I Effektivwert des Stroms
$\hat{i}$ Amplitude des Stroms
I_h Halbschwingungsmittelwert des Stroms
k_f Formfaktor
k_s Scheitelfaktor
T Periodendauer
U Effektivwert der Spannung
$\hat{u}$ Amplitude der Spannung
φ Phasenwinkel

Tabelle M-20. Komplexe Rechnung mit Effektivwerten im Wechselstromkreis.

	Komplexer Widerstand $\underline{Z}$	Komplexer Leitwert $\underline{Y}$
Wechselspannung	$\underline{U} = U\,e^{j(\omega t+\varphi_u)} = U\,e^{j\omega t}\,e^{j\varphi_u}$	
Wechselstrom	$\underline{I} = I\,e^{j(\omega t+\varphi_i)} = I\,e^{j\omega t}\,e^{j\varphi_i}$	
Ohm'sches Gesetz	$\underline{Z} = \dfrac{\underline{U}}{\underline{I}}$	$\underline{Y} = \dfrac{\underline{I}}{\underline{U}}$
	$\underline{Z} = \dfrac{U}{I}\,e^{j(\varphi_u-\varphi_i)} = \dfrac{U}{I}\,e^{j\varphi}$	$\underline{Y} = \dfrac{I}{U}\,e^{j(\varphi_i-\varphi_u)} = \dfrac{I}{U}\cdot e^{-j\varphi}$
Zeiger-Diagramm	 $\underline{Z} = R + jX = Z\,e^{j\varphi}$	 $\underline{Y} = G + jB = Y\,e^{-j\varphi}$ $\underline{Y} = \dfrac{1}{\underline{Z}}$
Scheinanteil	Scheinwiderstand $Z = Z\cos\varphi$ (Impedanz) $Z = \dfrac{U}{I}$	Scheinleitwert Y (Admittanz) $Y = \dfrac{1}{Z}$
Wirkanteil	Wirkwiderstand $R = Z\cos\varphi$ (Resistanz)	Wirkleitwert $G = Y\cos\varphi_y = \dfrac{R}{Z^2} = \dfrac{R}{R^2+X^2}$ (Konduktanz)
Blindanteil	Blindwiderstand $X = Z\sin\varphi$ (Reaktanz)	Blindleitwert $B = Y\sin(-\varphi) = -\dfrac{X}{R^2+X^2}$ (Suszeptanz)
Absolutbetrag	$Z = \sqrt{R^2+X^2}$	$Y = \sqrt{G^2+B^2}$
Phasenwinkel	$\varphi = \varphi_u - \varphi_i$ $\tan\varphi = \dfrac{X}{R}$	$\varphi = \varphi_u - \varphi_i$ $\tan\varphi = -\dfrac{B}{G}$

Verhalten der Bauelemente im Wechselstromkreis

Tabelle M-21. Bauelemente ohm'scher Widerstand R, Induktivität L und Kapazität C im Wechselstromkreis.

Bauelement und Symbol	Ohm'scher Widerstand	Induktivität (Spule)	Kapazität (Kondensator)
	R (Wirkwiderstand)	L (induktiver Blindwiderstand)	C (kapazitiver Blindwiderstand)
Ausgangsgröße	$\underline{I}_R = I_R\, e^{j(\omega t+\varphi)}$	$\underline{I}_L = I_L\, e^{j(\omega t+\varphi)}$	$\underline{I}_C = I_C\, e^{j(\omega t+\varphi)}$
Gesetz	Ohm'sches Gesetz $$\underline{U}_R = R\underline{I}_R$$	Induktionsgesetz $$\underline{U}_L = L\cdot\frac{d\underline{I}_L}{dt}$$ $$\underline{U}_L = j\omega L\underline{I}_L$$	$$\underline{U}_C = \frac{1}{C}\int \underline{I}_C\, dt$$ $$\underline{U}_C = -\frac{j}{\omega C}\underline{I}_C$$
Zeigerdiagramm	Spannung $\underline{U}_R$ und Strom $\underline{I}_R$ in Phase $(\varphi_u - \varphi_i = 0)$.	Spannung $\underline{U}_L$ eilt Strom $\underline{I}_L$ um $\pi/2$ voraus $(\varphi_u - \varphi_i = \pi/2)$.	Strom $\underline{I}_C$ eilt Spannung $\underline{U}_C$ um $\pi/2$ voraus $(\varphi_i - \varphi_u = \pi/2)$.
Zeitlicher Verlauf			
Komplexer Widerstand	$$\underline{Z}_R = \frac{\underline{U}_R}{\underline{I}_R} = R$$ (reelle Achse)	$$\underline{Z}_L = \frac{\underline{U}_L}{\underline{I}_L} = j\omega L = jX_L$$ (positive imaginäre Achse)	$$\underline{Z}_C = \frac{\underline{U}_C}{\underline{I}_C} = \frac{1}{j\omega C} = +jX_C$$ (negative imaginäre Achse)
Frequenzabhängigkeit	keine Frequenzabhängigkeit	$X_L \sim \omega$	$\lvert X_C\rvert \sim \dfrac{1}{\omega}$

Reihenschaltung der Bauelemente

Tabelle M-22. Reihenschaltung der Bauelemente.

Schaltung			
	U_R — U_L — I, R, L, U	U_R — U_C — I, R, C, U	U_R — U_L — U_C — I, R, L, C, U
Zeigerdiagramm			
Maschenregel	$\underline{U} = \underline{U}_R + \underline{U}_L$ $\underline{U} = \underline{I}(R + jX_L)$ $\underline{U} = \underline{I}(R + j\omega L)$	$\underline{U} = \underline{U}_R + \underline{U}_C$ $\underline{U} = \underline{I}(R + jX_C)$ $\underline{U} = \underline{I}\left(R - \dfrac{j}{\omega C}\right)$	$\underline{U} = \underline{U}_R + \underline{U}_L + \underline{U}_C$ $\underline{U} = \underline{I}[R + j(X_L + X_C)]$ $\underline{U} = \underline{I}\left[R + j\left(\omega L - \dfrac{1}{\omega C}\right)\right]$
Komplexer Widerstand	$\underline{Z} = Z\,e^{j\varphi}$; $\quad |\underline{Z}| = \sqrt{\mathrm{Real}(\underline{Z})^2 + \mathrm{Im}(\underline{Z})^2}$; $\quad \tan\varphi = \dfrac{\mathrm{Im}(\underline{Z})}{\mathrm{Real}(\underline{Z})}$		
Spezieller komplexer Widerstand	$\underline{Z} = \dfrac{\underline{U}}{\underline{I}} = R + jX_L$ $\underline{Z} = R + j\omega L$ $|\underline{Z}| = \sqrt{R^2 + (\omega L)^2}$ $\tan\varphi = \dfrac{\omega L}{R}$	$\underline{Z} = \dfrac{\underline{U}}{\underline{I}} = R + jX_C$ $\underline{Z} = R - j\dfrac{1}{\omega C}$ $|\underline{Z}| = \sqrt{R^2 + \left(-\dfrac{1}{\omega C}\right)^2}$ $\tan\varphi = -\dfrac{1}{R\omega C}$	$\underline{Z} = \dfrac{\underline{U}}{\underline{I}} = R + j(X_L + X_C)$ $\underline{Z} = R + j\left(\omega L - \dfrac{1}{\omega C}\right)$ $|\underline{Z}| = \sqrt{R^2 + \left(\omega L - \dfrac{1}{\omega C}\right)^2}$ $\tan\varphi = \dfrac{\omega L - \dfrac{1}{\omega C}}{R}$
Resonanz	–	–	$\omega L = \dfrac{1}{\omega C}$ $\omega_{\mathrm{res}} = \dfrac{1}{\sqrt{LC}}$ $f_{\mathrm{res}} = \dfrac{1}{2\pi\sqrt{LC}}$

Tabelle M-23. Parallelschaltung der Bauelemente.

Schaltung	(R ∥ L parallel)	(R ∥ C parallel)	(R ∥ L ∥ C parallel)
Zeigerdiagramm			
Knotenregel	$\underline{I}_{ges} = \underline{I}_R + \underline{I}_L$ $\underline{I}_{ges} = \dfrac{U}{R} + \dfrac{U}{jX_L}$ $\underline{I}_{ges} = \underline{U}(G + jB_L)$	$\underline{I}_{ges} = \underline{I}_R + \underline{I}_C$ $\underline{I}_{ges} = \underline{U}\left(\dfrac{1}{R} + \dfrac{1}{jX_C}\right)$ $\underline{I}_{ges} = \underline{U}(G + jB_C)$	$\underline{I}_{ges} = \underline{I}_R + \underline{I}_L + \underline{I}_C$ $\underline{I}_{ges} = \underline{U}\left(\dfrac{1}{R} + \dfrac{1}{jX_L} + \dfrac{1}{jX_C}\right)$ $\underline{I}_{ges} = \underline{U}[G + j(B_C + B_L)]$
Komplexer Leitwert	$\underline{Y} = Y e^{j\varphi}$; $\quad |\underline{Y}| = \sqrt{\text{Real}(\underline{Y})^2 + \text{Im}(\underline{Y})^2}$; $\quad \tan\varphi = \dfrac{\text{Im}(\underline{Y})}{\text{Real}(\underline{Y})}$		
spezieller komplexer Leitwert	$\underline{Y} = \dfrac{\underline{I}}{\underline{U}} = G + jB_L$ $\underline{Y} = G - j\dfrac{1}{\omega L}$ $|\underline{Y}| = \sqrt{G^2 + \left(-\dfrac{1}{\omega L}\right)^2}$ $\tan\varphi = \dfrac{B_L}{G} = -\dfrac{R}{\omega L}$	$\underline{Y} = \dfrac{\underline{I}}{\underline{U}} = G + jB_C$ $\underline{Y} = G + j\omega C$ $|\underline{Y}| = \sqrt{G^2 + (\omega C)^2}$ $\tan\varphi = \dfrac{B_C}{G} = \omega C R$	$\underline{Y} = \dfrac{\underline{I}}{\underline{U}} = G + j(B_C + B_L)$ $\underline{Y} = G + j\left(\omega C - \dfrac{1}{\omega L}\right)$ $|\underline{Y}| = \sqrt{G^2 + \left(\omega C - \dfrac{1}{\omega L}\right)^2}$ $\tan\varphi = \dfrac{B_C + B_L}{G} = R\left(\omega C - \dfrac{1}{\omega L}\right)$
Resonanz	—	—	$\omega L = \dfrac{1}{\omega C}$ $\omega_{res} = \dfrac{1}{\sqrt{LC}}$ $f_{res} = \dfrac{1}{2\pi\sqrt{LC}}$

Äquivalente Umwandlungen (Parallel- in Reihenschaltung und umgekehrt)

Bei gleicher Frequenz f (bzw. Kreisfrequenz ω) lässt sich jede Reihenschaltung von komplexen Widerständen in eine *äquivalente Parallelschaltung* verwandeln und umgekehrt (Übersicht M-27).

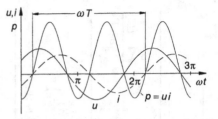

Bild M-34. Strom, Spannung und Momentanleistung.

Übersicht M-27. Äquivalente Umwandlungen.

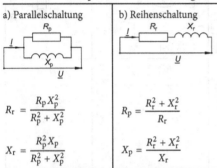

a) Parallelschaltung	b) Reihenschaltung
$R_r = \dfrac{R_p X_p^2}{R_p^2 + X_p^2}$	$R_p = \dfrac{R_r^2 + X_r^2}{R_r}$
$X_r = \dfrac{R_p^2 X_p}{R_p^2 + X_p^2}$	$X_p = \dfrac{R_r^2 + X_r^2}{X_r}$

R_r, R_p Ohm'scher Widerstand der Reihenschaltung bzw. Parallelschaltung
X_r, X_p Blindwiderstand der Reihenschaltung bzw. Parallelschaltung

M.6.3 Arbeit und Leistung

Momentanleistung

Die Momentanleistung $p(t)$ ist das Produkt aus Spannung $u(t)$ und Strom $i(t)$ zu jeder Zeit:

$$p(t) = u(t)i(t) . \qquad (\text{M–45})$$

Mit

$$u(t) = \hat{u}\cos(\omega t + \varphi_u)$$
$$= U\sqrt{2}\cos(\omega t + \varphi_u)$$

und

$$i(t) = \hat{i}\cos(\omega t + \varphi_i)$$
$$= I\sqrt{2}\cos(\omega t + \varphi_i)$$

ergibt sich

$$p(t) = UI\cos\varphi + UI\cos(2\omega t + \varphi_u + \varphi_i) ; \qquad (\text{M–46})$$

U Effektivwert der Spannung,
I Effektivwert des Stroms,
φ Phasenverschiebung zwischen Wechselspannung und Wechselstrom,
ω Kreisfrequenz des Stroms ($\omega = 2\pi f$),
φ_u Phasenwinkel der Spannung,
φ_i Phasenwinkel des Stroms.

Wie Bild M-34 zeigt, schwingt die Momentanleistung mit der doppelten Frequenz der Wechselspannung.

In der Übersicht M-28a ist zu erkennen, dass der Durchschnittswert, um den die Momentanleistung mit der doppelten Strom- bzw. Spannungsfrequenz schwingt, der Wirkleistung P entspricht. In Übersicht M-28b ist zu sehen, wie sich daraus die Blindleistung Q und die Scheinleistung S errechnen.

M.6.4 Transformation von Wechselströmen

Mit einem Transformator können *Spannungen* transformiert werden. Er besteht aus zwei induktiv gekoppelten Spulen, deren Windungszahlen unterschiedlich sind (Übersicht M-29).

Tabelle M-24. Ein- und Ausschalten eines Kondensators.

	Ladevorgang	Entladevorgang
Schaltung		
Differenzialgleichung	$\dfrac{dQ}{dt} + \dfrac{1}{RC}Q - \dfrac{U}{R} = 0$	$\dfrac{dQ}{dt} + \dfrac{1}{RC}Q = 0$
Lösungen	$Q_C = CU\left(1 - e^{-\frac{1}{RC}t}\right)$ $U_C = U\left(1 - e^{-\frac{1}{RC}t}\right)$ $I = \dfrac{U}{R}\,e^{-\frac{1}{RC}t}$	$Q_C = Q_0\,e^{-\frac{1}{RC}t}$ $U_C = U\,e^{-\frac{1}{RC}t}$ $I = \dfrac{U}{R}\,e^{-\frac{1}{RC}t}$
Verlauf der Spannung		
Verlauf der Stromstärke		

Übersicht M-28. Momentanleistung, Wirk-, Blind- und Scheinleistung sowie Wechselstromwiderstände und Wechselstromleitwerte.

a) Momentanleistung

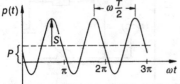

b) Schein-, Wirk- und Blindleistung E

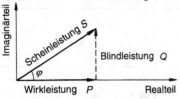

Wirkleistung P

$$P = UI \cos \varphi = S \cos \varphi = Q/\tan \varphi = \sqrt{S^2 - Q^2}$$

Blindleistung Q

$$Q = UI \sin \varphi = S \sin \varphi = P \tan \varphi = \sqrt{S^2 - P^2}$$

Scheinleistung S

$$S = UI = P/\cos \varphi = Q/\sin \varphi = \sqrt{P^2 + Q^2}$$

Leistungsfaktor $\cos \varphi$

$$\cos \varphi = \frac{\text{Wirkleistung}}{\text{Scheinleistung}} = \frac{P}{S}$$

Verlustfaktor $\tan \varphi$

$$\tan \varphi = \frac{\text{Blindleistung}}{\text{Wirkleistung}} = \frac{Q}{P}$$

Blindfaktor $\sin \varphi$

$$\sin \varphi = \frac{\text{Blindleistung}}{\text{Scheinleistung}} = \frac{Q}{S} = \sqrt{(1 - \cos^2 \varphi)}$$

Um den Wechselstrom möglichst vollständig nutzen zu können, sollte der *Verlustfaktor* $\tan \varphi$ möglichst *klein* gehalten werden und der *Leistungsfaktor* $\cos \varphi$ möglichst *groß* werden.

Übersicht M-28. (Fortsetzung).

Wechselstromwiderstände und Wechselstromleitwerte

	Widerstand	Leitwert
Wirkanteil	$R = P/I^2$ Resistanz	$G = P/U^2$ Konduktanz
Blindanteil	$X = Q/I^2$ Reaktanz	$B = Q/U^2$ Suszeptanz
Scheinanteil	$Z = U/I$ Impedanz	$Y = I/U$ Admittanz

B	Suszeptanz
I	Effektivwert des elektrischen Stroms
G	Konduktanz
P	Wirkleistung
Q	Blindleistung
R	Widerstand
S	Scheinleistung
U	Effektivwert der elektrischen Spannung
X	Reaktanz
Y	Admittanz
Z	Impedanz
$\cos \varphi$	Leistungsfaktor
$\sin \varphi$	Blindfaktor
$\tan \varphi$	Verlustfaktor

Übersicht M-29. Transformator.

a) Schaltzeichen

b) Aufbau

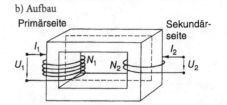

Übersicht M-29. (Fortsetzung).

idealer, unbelasteter Transformator

$$\frac{u_1}{u_2} = \frac{N_1}{N_2} = \ddot{u}$$

belasteter Transformator
(vernachlässigbare Verluste)

$$\frac{u_1}{u_2} = \frac{i_2}{i_1}\frac{N_1}{N_2} = \ddot{u}$$

i_1, i_2	Ströme in der Primär- bzw. Sekundärseite
N_1, N_2	Windungszahl der Primär- bzw. Sekundärspule
u_1, u_2	Spannung an der Primär- bzw. Sekundärspule
$\ddot{u}$	Übertragungsverhältnis (Verhältnis der Windungszahlen)

M.7 Elektrische Maschinen

In elektrischen Maschinen wird mechanische Energie in elektrische umgewandelt (*Generatoren*) oder elektrische Energie in mechanische (*Elektromotoren*).

Wechselstromgenerator

Bei einem Generator rotiert eine Leiterschleife mit einer konstanten Winkelgeschwindigkeit ω (Übersicht M-30).

Bei Wechselstromwiderständen kann eine Phasenverschiebung zwischen Spannung und Strom auftreten.

Der Wechselstromgenerator besteht aus einem *Rotor* oder Läufer (rotierendes Teil) und einem *Stator* (stehendes Teil). In Generatoren kleiner Leistung dient als Rotor eine Spule und als Stator ein Magnet (Elektromagnet oder Dauermagnet). Für Generatoren großer

M.6.5 Ein- und Ausschalten einer Spule

Tabelle M-25. Ein- und Ausschalten einer Spule.

	Einschaltvorgang	Ausschaltvorgang
Schaltung		
Differenzialgleichung	$\dfrac{dI}{dt} + \dfrac{R}{L}I - \dfrac{U}{L} = 0$	$\dfrac{dI}{dt} + \dfrac{R}{L}I = 0$
Lösung	$I = \dfrac{U}{R}\left(1 - e^{-\frac{R}{L}t}\right)$	$I = I_0\, e^{-\frac{R}{L}t}$
Verlauf der Stromstärke		

Übersicht M-30. Wechselstrom- und Gleichstromgenerator.

	Wechselstromgenerator	Gleichstromgenerator
Prinzip		
Spannung		
	$u_{\text{ind}} = NBA\omega \sin(\omega t)$ $u_{\text{ind}} = \hat{u} \sin(\omega t)$ $i(t) = \hat{i} \sin(\omega t)$	Durch zwei isolierte Halbringe wird die Spannung umgepolt. Es entsteht eine pulsierende Wechselspannung.

A rotierende Fläche
B magnetische Flussdichte
i elektrischer Strom
$\hat{i}$ Amplitude des elektrischen Stroms
N Windungszahl
u_{ind} induzierte Spannung
$\hat{u}$ Amplitude der Spannung ($\hat{u} = NBA\omega$)
ω Kreisfrequenz

Leistung (*Innenpolmaschine*) wird als Rotor ein Magnet und als Stator eine Spule verwendet. Über die Schleifringe wird dann nur die kleine Leistung des Feldmagneten übertragen.

Gleichstromgenerator

Der Gleichstromgenerator besitzt, wie die Übersicht M-30 zeigt, zwei isolierte Halbringe, die bei Richtungsänderung der Spannung diese umpolen. So entsteht eine *pulsierende Wechselspannung*, die durch entsprechende Beschaltungen geglättet werden kann.

Drehstromgenerator

Drehströme sind drei, um einen Phasenwinkel von 120° verschobene, sinusförmige

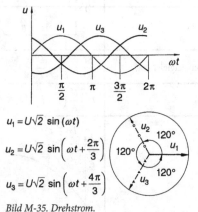

$$u_1 = U\sqrt{2} \, \sin(\omega t)$$

$$u_2 = U\sqrt{2} \, \sin\left(\omega t + \frac{2\pi}{3}\right)$$

$$u_3 = U\sqrt{2} \, \sin\left(\omega t + \frac{4\pi}{3}\right)$$

Bild M-35. Drehstrom.

Tabelle M-26. Dreieck- und Sternschaltung.

	Leiterstrom	Leiterspannung
Dreieckschaltung	$I_R = I_S = I_T = \sqrt{3} \cdot$ Strangstrom	$U_{RS} = U_{RT} = U_{ST} =$ Strangspannung
	$I = \sqrt{3} \cdot I_\Delta$	$U_\Delta = U$
Sternschaltung	$I_R = I_S = I_T =$ Strangstrom	$U_{RS} = U_{RT} = U_{ST}$
	$I = I_Y$	$= \sqrt{3} \cdot$ Strangspannung
		$U = \sqrt{3} \cdot U_Y$
	(Mittelpunktstrom = null)	Strangspannung
		$U_{RN} = U_{SN} = U_{TN}$

Wechselspannungen (Bild M-35). Die sechs Spulenendpunkte können durch eine *Dreieck-* bzw. *Sternschaltung* auf maximal drei begrenzt werden. Tabelle M-26 zeigt die entsprechenden Strangströme bzw. Strangspannungen (bei gleicher Belastung aller drei Stränge). Im öffentlichen Netz ist die Strangspannung 230 V und die Leiterspannung $\sqrt{3} \cdot 230$ V = 400 V.

M.8 Elektromagnetische Schwingungen

Bei elektromagnetischen Schwingungen werden im Wechselstromkreis zwischen Kondensator und Spule elektrische und magnetische Energie periodisch ausgetauscht. Fehlt im Stromkreis der Ohm'sche Widerstand, dann werden ungedämpfte Schwingungen ausgeführt (die Scheitelwerte von Strom und Spannung sind immer gleich groß). Bei Anwesenheit eines Ohm'schen Widerstandes werden gedämpfte Schwingungen ausgeführt (die Scheitelwerte von Strom und Spannung

nehmen ab). Die Schwingungen werden ausführlich im Abschnitt J.1 behandelt.

M.8.1 Ungedämpfte elektromagnetische Schwingung

Übersicht M-31 zeigt einen elektromagnetischen Schwingkreis, der eine *ungedämpfte* Schwingung hervorruft, wobei sich Spannung und Strom periodisch ändern.

M.8.2 Gedämpfte elektromagnetische Schwingung

Bei gedämpften Schwingungen ist ein Ohm'scher Widerstand vorhanden (Abschn. J.1.2, Übersicht J-6). Auch in diesem Fall müssen nach der Maschenregel die Summe aller Spannungen null ergeben:

$$u_L + u_C + u_R = 0 \,.$$

Übersicht M-31. Elektromagnetischer Schwingkreis.

Schaltung

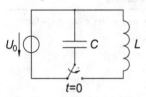

Strom- und Spannungsverlauf

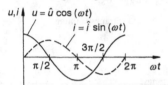

Differenzialgleichung und Lösungen

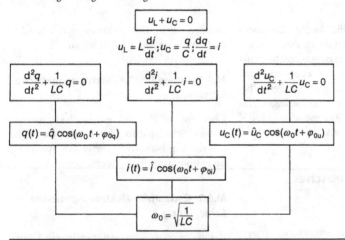

$$u_L + u_C = 0$$

$$u_L = L\frac{di}{dt} \; ; u_C = \frac{q}{C} \; ; \frac{dq}{dt} = i$$

$$\frac{d^2q}{dt^2} + \frac{1}{LC}q = 0 \qquad \frac{d^2i}{dt^2} + \frac{1}{LC}i = 0 \qquad \frac{d^2u_C}{dt^2} + \frac{1}{LC}u_C = 0$$

$$q(t) = \hat{q}\cos(\omega_0 t + \varphi_{0q}) \qquad u_C(t) = \hat{u}_C \cos(\omega_0 t + \varphi_{0u})$$

$$i(t) = \hat{i}\cos(\omega_0 t + \varphi_{0i})$$

$$\omega_0 = \sqrt{\frac{1}{LC}}$$

C	Kapazität
$i, \hat{i}$	Strom, Amplitude des Stroms
L	Induktivität
$q, \hat{q}$	Ladung, Amplitude der Ladung
u_C, u_L	Spannung am Kondensator, an der Spule
φ	Phasenwinkel
ω_0	Kreisfrequenz

N Nachrichtentechnik

Die Nachrichtentechnik befasst sich mit der *Übertragung, Vermittlung* und *Verarbeitung* von Nachrichten. Wichtige Normen sind in Tabelle N-1 zusammengestellt.

Tabelle N-1. Wichtige Normen der Nachrichtentechnik.

Norm	Bezeichnung
DIN 1324	Elektromagnetisches Feld
DIN 5483	Zeitabhängige Größen
DIN 5487	Fourier-, Laplace- und Z-Transformation
DIN 5493	Logarithmische Größen und Einheiten
DIN 40 110	Wechselstromgrößen
DIN 40 146	Begriffe der Nachrichtenübertragung
DIN 40 148	Übertragungssysteme und Zweitore
DIN 44 301	Informationstheorie
DIN EN 60 027-2	Formelzeichen für die Elektrotechnik – Teil 2: Telekommunikation und Elektronik
DIN EN 301 908	Elektromagnetische Verträglichkeit

N.1 Informationstheorie

Die wichtigsten Beziehungen der Informationstheorie sind in Tabelle N-2 (s. S. 375) zusammengestellt. Die verwendete Einheit für I, H, H_0 und R ist das Bit (Einheitensymbol: bit, binary digit). Der Logarithmus zur Basis 2 ($\mathrm{ld}\, x = \log_2 x$) hängt mit dem Zehnerlogarithmus $\lg x$ folgendermaßen zusammen:

$$\mathrm{ld}\, x = \frac{\lg x}{\mathrm{ld}\, 2} = \frac{\lg x}{0{,}301} . \qquad (\text{N–1})$$

N.2 Signale und Systeme

N.2.1 Zeit- und Frequenzbereich

Zeitlich periodische Signale mit der Grundfrequenz f_0 können nach FOURIER als Reihe von harmonischen Schwingungen dargestellt werden. Die Frequenzen der Oberschwingungen sind ganze Vielfache der Grundfrequenz. Bei *nicht periodischen* Vorgängen geht die Fourier-Reihe in das *Fourier-Integral* über und das diskrete Linienspektrum in ein *kontinuierliches Spektrum* (Bild N-1). Weitere Einzelheiten zur Fourier-Analyse bzw. Fourier-Transformation sind in den Abschnitten J.1.4.4 bzw. A.16 und A.17 dargestellt.

Bandbreite

Die Frequenzen, die im Spektrum eines Signals enthalten sind, bestimmen seine Bandbreite B. Sie ist das Frequenzintervall zwischen oberer und unterer Grenzfrequenz:

$$B = f_0 - f_u . \qquad (\text{N–2})$$

Die obere und untere Grenzfrequenz ist nicht eindeutig festgelegt. In der Praxis wird häufig davon ausgegangen, dass Frequenzanteile, deren Amplituden kleiner sind als 10% der Maximalamplitude, vernachlässigbar sind.

Für das Beispiel des Rechteckpulses im Bild N-1 gilt, wenn als obere Grenzfrequenz der Nulldurchgang der Spektraldichte $f_0 = 1/T_i$ festgelegt wird:

$$B = 1/T_i \quad \text{bzw.} \quad BT_i = 1 . \qquad (\text{N–3})$$

Zeitfunktion $s(t)$ und Spektralfunktion $\underline{S}(f)$ sind immer folgendermaßen korreliert:

© Springer-Verlag GmbH Deutschland 2017
E. Hering, R. Martin, M. Stohrer, *Taschenbuch der Mathematik und Physik*, DOI 10.1007/978-3-662-53419-9_13

periodische Signale	nicht periodische Signale
Zeitfunktion :	Zeitfunktion :

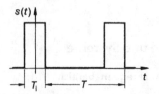

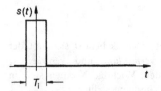

$s(t) = s(t + T)$, $f_0 = 1/T$

Fourier-Integral (-Transformation)

Fourier-Reihe

$$s(t) = \sum_{n=-\infty}^{+\infty} \underline{c}_n\, e^{jn\omega_0 t}$$

$$s(t) = \int_{-\infty}^{+\infty} \underline{S}(f)\, e^{j2\pi ft}\, df$$

$$\underline{c}_n = \frac{1}{T} \int_{-T/2}^{+T/2} \underline{s}(t)\, e^{-jn\omega_0 t}\, dt$$

$$\underline{S}(f) = \int_{-T/2}^{+T/2} s(t)\, e^{-j2\pi ft}\, dt$$

Spektrum :

Spektraldichte :

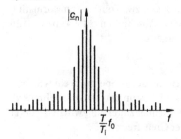

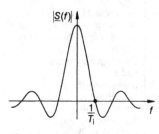

Bild N-1. Korrespondenz zwischen Zeit- und Frequenzbereich.

Die Zeitdauer eines Vorgangs und seine spektrale Breite stehen in einem reziproken Verhältnis.

Bei Netzwerken (Übertragungseinrichtungen) wird meist die *3-dB-Bandbreite* benutzt. Sie gibt den Frequenzbereich an, in dem die *Übertragungsfunktion H(f)*

$$H(f) = \frac{U_2(f)}{U_1(f)}\; ; \qquad (N\text{-}4)$$

$U_1(f)$ Eingangsspannung,
$U_2(f)$ Ausgangsspannung,

um weniger als den Faktor $1/\sqrt{2} = 0{,}707$ von ihrem Maximalwert abweicht.

Für das *Fernsprechen* wurde von CCITT (Comité Consultatif International Télégraphique et Téléfonique) das Frequenzband von $f_u = 300\,\text{Hz}$ bis $f_o = 3{,}4\,\text{kHz}$ ($B = 3{,}1\,\text{kHz}$, Tabelle N-3) festgelegt.

Die in Tabelle N-2 definierte Kanalkapazität C hängt von der Bandbreite B des Kanals, der Signalleistung P_s und der Rauschleistung P_n (Abschnitt N.2.6) ab (Tabelle N-3). Nach SHANNON gilt

$$C = B \,\text{ld}\left(1 + \frac{P_s}{P_n}\right) \approx \frac{B}{3} 10 \,\text{lg}\left(1 + \frac{P_s}{P_n}\right).$$
$$(N\text{-}5)$$

Tabelle N-2. Informationstheoretische Begriffe.
Die Beispiele der letzten Spalte beziehen sich auf ein System mit $n = 4$ Zeichen, die mit den Wahrscheinlichkeiten 40%, 30%, 20% und 10% auftreten.

Definitionen	Gleichungen	Beispiel
Wahrscheinlichkeit für das Auftreten der Nachricht x_i (Zeichen, Symbol)	$p(x_i)$	$p(x_1) = 0{,}4$ $p(x_2) = 0{,}3$ $p(x_3) = 0{,}2$ $p(x_4) = 0{,}1$
Informationsgehalt der Nachricht x_i	$I(x_i) = \mathrm{ld}\left[\dfrac{1}{p(x_i)}\right]$ bit	$I(x_1) = 1{,}32$ bit $I(x_2) = 1{,}74$ bit $I(x_3) = 2{,}32$ bit $I(x_4) = 3{,}32$ bit
Entropie: mittlerer Informationsgehalt einer Nachricht aus n Elementen $x_1 \ldots x_n$	$H = \sum\limits_{i=1}^{n} p(x_i)I(x_i)$ bit	$H = 1{,}85$ bit
Entscheidungsgehalt: maximaler Informationsgehalt einer Menge von n Zeichen	$H_0 = \mathrm{ld}\,n$ bit	$H_0 = 2$ bit
Redundanz: Differenz zwischen maximal möglichem Informationsgehalt und tatsächlich ausgenutztem	$R = (H_0 - H)$ bit	$R = 0{,}15$ bit
relative Redundanz	$r = \dfrac{H_0 - H}{H_0}$	$r = 0{,}077$
Informationsfluss (T_m ist die mittlere Zeit für die Übertragung eines Nachrichtenelements)	$F = H/T_m$ bit/s	
Kanalkapazität: maximaler Informationsfluss, der fehlerfrei über einen Kanal übertragen werden kann	$C = F_{max} = \left[\dfrac{H}{T_m}\right]_{max}$ bit/s	

Tabelle N-3. Kanalkapazitäten.

Kanal	B kHz	S dB	C bit/s
Fernsprechen	3,1	40	$4{,}1 \cdot 10^4$
UKW-Rundfunk	15	60	$3 \cdot 10^5$
Fernsehen	5000	45	$7{,}5 \cdot 10^7$

Häufig ist $P_s \gg P_n$, sodass gilt

$$C \approx \frac{B}{3} 10 \lg(P_s/P_n) = \frac{B}{3} S . \qquad \text{(N-6)}$$

S Störabstand in dB (Übersicht N-5).

N.2.2 Abtasttheorem

Zur Digitalübertragung müssen zeitkontinuierliche Signale durch Abtastung in diskrete Signale umgewandelt werden (Bild N-2). Nach SHANNON wird eine Zeitfunktion $s(t)$, deren Spektrum durch die Bandbreite B begrenzt ist, durch Abtasten eindeutig beschrieben, wenn gilt:

$$T_A \leqq \frac{1}{2B}; \quad f_A \geqq 2B; \qquad \text{(N-7)}$$

T_A Abtastintervall,
f_A Abtastfrequenz.

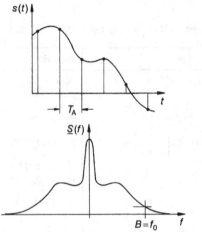

Bild N-2. Abzutastendes Signal s(t) und Spektraldichte
$\underline{S}(f)$.

N.2.3 Modulation

Nach NTG 0101 ist die Modulation die Veränderung von *Signalparametern eines Trägers* in
Abhängigkeit von einem *modulierenden* Signal
(Basisbandsignal). Nach Übertragung des modulierten Signals wird durch *Demodulation* das
Basisbandsignal wieder gewonnen (Bild N-3).
Von den in Tabelle N-4 dargestellten Modulationsverfahren sollen im Folgenden einige genauer dargestellt werden.

Amplitudenmodulation AM

Bei der AM wird die Amplitude eines Trägers
durch das Basisbandsignal moduliert. Nach den

Gleichungen in Übersicht N-1 entsteht symmetrisch zur Trägerfrequenz f_T eine obere und
eine untere Seitenbandfrequenz $f_T + f_M$ bzw.
$f_T - f_M$ (Bild N-4). Sind in einem Signal Fourier-
Koeffizienten im Frequenzbereich von f_1 bis f_2
enthalten, so entsteht ein oberes und ein unte-
res Seitenband mit Frequenzen von $f_T + f_1$ bis
$f_T + f_2$ bzw. $f_T - f_2$ bis $f_T - f_1$.

Mit einer einfachen Gleichrichterschaltung
lässt sich das AM-Signal demodulieren.

Einseitenbandmodulation EM

Da bei der AM jedes Seitenband die volle Information des modulierenden Signals trägt, ist
eine Übertragung mit nur einem Band (mit und
ohne Träger) möglich. In der Regel wird das
obere Seitenband übertragen. Die erforderliche
Bandbreite ist nur halb so groß wie bei der AM.

Frequenzmodulation FM

Bei der FM wird die Momentanfrequenz $\Omega(t)$
des Trägers durch das zu übertragende Signal
moduliert (Bild N-5, Übersicht N-2). Es entstehen symmetrisch zur Trägerfrequenz f_T Seiten-
banden im Abstand $\pm n f_M$ ($n = 1, 2, 3 \ldots$), deren Amplituden durch Besselfunktionen $J_n(\eta)$
bestimmt werden. Bei bestimmten Modulationsindizes (z. B. $\eta = 2{,}405; 3{,}832$ usw.) sind
Nullstellen der Bessel-Funktionen, was zur Folge hat, dass der Träger bzw. bestimmte Seiten-
bänder verschwinden (Bild N-5). Die FM benötigt bei großem Modulationsindex η eine wesentlich größere Bandbreite als die AM, wes-

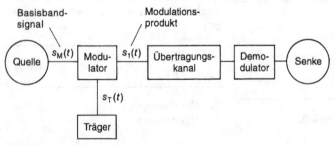

Bild N-3. Modulationsprinzip.

Tabelle N-4. Modulationsverfahren.

Sinusträger	modulierendes Signal			
	analog		digital	
	Amplitudenmodulation AM *amplitude modulation*	AM	Amplitudenumtastung *amplitude shift keying*	ASK
	Einseitenbandmodulation *single sideband modulation*	EM SSB		
	Restseitenbandmodulation *vestigial sideband modulation*	RM VSB		
	Frequenzmodulation *frequency modulation*	FM	Frequenzumtastung *frequency shift keying*	FSK
	Phasenmodulation *phase modulation*	PM	Phasenumtastung *phase shift keying*	PSK
Pulsträger	modulierendes Signal			
	unkodiert		kodiert	
	Pulsamplitudenmodulation *pulse amplitude modulation*	PAM	Pulskodemodulation *pulse code modulation*	PCM
	Pulsdauermodulation *pulse duration modulation*	PDM		
	Pulsfrequenzmodulation *pulse frequency modulation*	PFM		
	Pulsphasenmodulation *pulse phase modulation*	PPM		

Übersicht N-1. Amplitudenmodulation.

Träger	$s_T(t) = \hat{s}_T \cos \omega_T t$
modulierendes Basisbandsignal	$s_M(t) = \hat{s}_M \cos \omega_M t$
Zeitfunktion	$s_{AM}(t)$ $= (\hat{s}_T + \hat{s}_M \cos \omega_M t) \cos \omega_T t$ $= \hat{s}_T \,[\cos \omega_T t$ $\quad + \frac{m}{2} \cdot \cos(\omega_T + \omega_M)t$ $\quad + \frac{m}{2} \cdot \cos(\omega_T - \omega_M)t]$
Modulationsgrad	$m = \hat{s}_M / \hat{s}_T$
benötigte Band- breite	$B_{AM} \approx 2B_{NF}$

$\hat{s}_T, \omega_T$	Amplitude und Kreisfrequenz des Trägers
$\hat{s}_M, \omega_M$	Amplitude und Kreisfrequenz des modulierenden Signals
B_{NF}	Bandbreite des niederfrequenten Basisbandsignals

halb sie nur im UKW-Bereich und noch höheren Frequenzen angewendet wird.

Phasenmodulation PM

Bei der PM wird der Phasenwinkel des Trägers durch das Basisbandsignal moduliert. Bei einem nur mit einer Sinusschwingung modulierten Träger sind PM und FM identisch. Beide werden unter dem Begriff *Winkelmodulation* zusammengefasst.

Pulsmodulation

Bild N-6 verschafft einen Überblick über die verschiedenen Pulsmodulationsverfahren. Bei den gezeigten Methoden entstehen zwar *zeitdiskrete*, aber *wertkontinuierliche* Signale.

Pulskodemodulation PCM

Durch Quantisierung wertkontinuierlicher Signale (z. B. der PAM) entstehen *wertdiskrete* Si-

a) Zeitverlauf

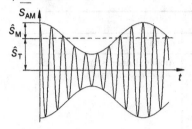

a) Zeitverlauf

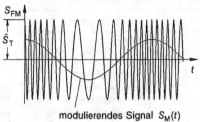

modulierendes Signal $S_M(t)$

b) Spektrum

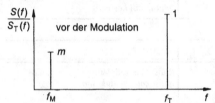

b) Spektren bei verschiedenen
   Modulationsindizes η

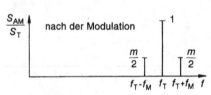

Bild N-4. Amplitudenmodulation.

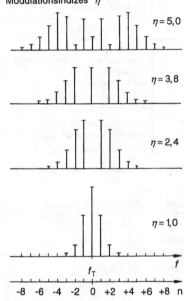

Bild N-5. Frequenzmodulation.

gnale. Bild N-7 zeigt ein Beispiel mit acht Amplitudenstufen (3-bit-Kode). Anstelle des gezeigten *Dualkodes* werden meist andere Kodes mit geringerer Störanfälligkeit zur Übertragung verwendet (z. B. *Gray-Kode*, Abschn. Y.1.2).

Dem Vorteil der hohen Störsicherheit bei der digitalen Übertragung steht der Nachteil gegenüber, dass eine große Bandbreite benötigt wird. In der Praxis rechnet man mit einer erforderlichen Bandbreite von

$$B \approx 0{,}75 f_A N ; \qquad (N-8)$$

f_A Abtastfrequenz, Schrittgeschwindigkeit,
N Anzahl der Quantisierungs-Bits.

So wird beispielsweise bei der PCM-Fernsprechübertragung mit f_A = 8 kHz (T_A = 125 µs) abgetastet und die Messwerte mit 8 bit quantisiert (256 Amplitudenstufen). Für die Übertragung dieses 64-kbit/s-Signals ist also eine Bandbreite von B = 48 kHz erforderlich, während die Analogübertragung mit nur 3,4 kHz auskommt.

Der große Vorteil der PCM besteht darin, dass in der Zeit zwischen den einzelnen Abtastpulsen andere Signale abgetastet und übertragen werden können (*Zeitmultiplex*). Bei dem in Europa eingeführten *PCM-Grundsystem* (PCM 30) werden innerhalb des Zeitrahmens von $T_A = 125\,\mu s$ 32 Kanäle übertragen, davon sind 30 für Sprache oder Daten ausnutz-

bar. Insgesamt werden also $32 \cdot 64\,\text{kbit/s} = 2,048\,\text{Mbit/s}$ übertragen.

N.2.4 Pegel und Dämpfungsmaß

In der Nachrichtentechnik treten Signalamplituden auf, die viele Größenordnungen überstreichen (z. B. Signalleistung am Anfang und Ende einer Leitung, Spannungsamplituden am Ein- und Ausgang eines Verstärkers). Deshalb werden Größenverhältnisse häufig logarithmiert und in dB angegeben (Tabelle N-5).

Neben dem in Tabelle N-5 definierten (absoluten) Pegel ist der *relative* Pegel gebräuchlich, bei dem der Bezugswert eines bestimmten Bezugspunkts (z. B. Eingang, Ausgang) zum Vergleich herangezogen wird. Der Bezugspunkt hat den relativen Pegel null. Die relativen Pegel werden mit dem Hinweiszeichen dBr angegeben.

Ist das Dämpfungsmaß *negativ*, dann liegt *Verstärkung* (Gewinn, gain) vor.

a) Pulsamplitudenmodulation, PAM

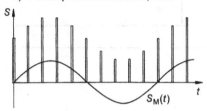

b) Pulsdauermodulation, PDM

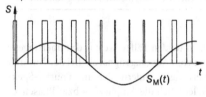

c) Pulsphasenmodulation, PPM

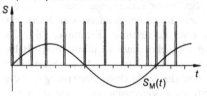

d) Pulsfrequenzmodulation, PFM

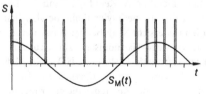

Bild N-6. Pulsmodulationsverfahren, $s_M(t)$ ist das modulierende Signal.

Übersicht N-2. Frequenzmodulation.

Augenblicksfrequenz des Trägers	$\Omega(t) = \omega_T + \Delta\Omega \cos\omega_M t$
modulierendes Basisbandsignal	$s_M(t) = \hat{s}_M \cos\omega_M t$
Zeitfunktion	$s_{FM}(t) = \hat{s}_T \cos(\omega_T t + \eta \sin\omega_M t)$
Modulationsindex	$\eta = \Delta\Omega/\omega_M = \Delta F/f_M$
Fourier-Reihe	$s_{FM}(t)$ $= \hat{s}_T \sum\limits_{n=-\infty}^{n=+\infty} J_n(\eta)\cos(\omega_T + n\omega_M)t$
benötigte Bandbreite	$B_{FM} \approx 2(\Delta F + B_{NF})$ $= 2(\eta f_M + B_{NF})$

$(\Delta\Omega)\Delta F$	(Kreis) Frequenzhub
ω_M	Modulationskreisfrequenz
ω_T	Trägerkreisfrequenz
$J_n(\eta)$	Besselfunktionen 1. Art, n-ter Ordnung
B_{NF}	Bandbreite des niederfrequenten Basisbandsignals

Tabelle N-5. Logarithmierte Größenverhältnisse.

Pegel (absoluter Pegel)
Bezugsgröße ist ein festgelegter Wert

Beispiel	Definition	Bezugsgröße	Einheitszeichen IEC	UIT
Leistungspegel	$L_P = 10 \lg \dfrac{P}{P_0} \, \mathrm{dB}$	$P_0 = 1 \, \mathrm{mW}$	dB(mW)	dBm
		$P_0 = 1 \, \mathrm{W}$	dB(W)	dBW
Spannungspegel	$L_U = 20 \lg \dfrac{U}{U_0} \, \mathrm{dB}$	$U_0 = 0{,}775 \, \mathrm{V}$	dB(0,775 V)*	–
		$U_0 = 1 \, \mathrm{V}$	dB(V)	dBV
Strompegel	$L_I = 20 \lg \dfrac{I}{I_0} \, \mathrm{dB}$	$I_0 = 1 \, \mathrm{mA}$	dB(mA)	–

Dämpfungsmaß

Leistungs-dämpfungsmaß	$a_P = 10 \lg \dfrac{P_1}{P_2} \, \mathrm{dB} = L_{P1} - L_{P2}$
Spannungs-dämpfungsmaß	$a_U = 20 \lg \dfrac{U_1}{U_2} \, \mathrm{dB} = L_{U1} - L_{U2}$

* 0,775 V entspricht am Bezugswiderstand 600 Ω von Fernsprecheinrichtungen einer Leistung von 1 mW

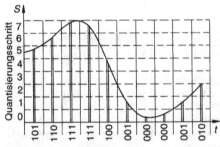

Bild N-7. Quantisierung und Kodierung.

N.2.5 Verzerrungen

Lineare Verzerrungen entstehen beispielsweise während einer Übertragung dadurch, dass die verschiedenen Fourier-Komponenten eines Signals verschieden stark gedämpft werden (*Amplitudenverzerrungen*) oder unterschiedliche Laufzeiten aufweisen (*Laufzeitverzerrun-*

gen). In beiden Fällen weicht das übertragene Signal vom Ausgangssignal ab. Bei den linearen Verzerrungen ändern sich im Fourier-Spektrum lediglich die Amplituden bzw. Phasen, es entstehen aber keine neuen Frequenzanteile.

Nichtlineare Verzerrungen entstehen bei der Aussteuerung eines Senders oder Netzwerks mit einer gekrümmten Kennlinie. Bild N-8 zeigt die gekrümmte Kennlinie eines Halbleiterlasers (Abschnitt X.1.3) als Sender für die optische Nachrichtenübertragung und die entstehende Verzerrung eines sinusförmigen Modulationssignals.

Eine nichtlineare Kennlinie kann mathematisch durch eine Taylor-Reihe beschrieben werden (Übersicht N-3). Bei der Aussteuerung entstehen neue Harmonische zur Grundfrequenz (**Harmonic Distortion**, HD). Ein Maß für die Verzerrung ist der *Klirrfaktor k* (Übersicht N-4). Bei der Aussteuerung einer nichtlinearen Kennlinie mit einem Frequenzgemisch

Übersicht N-3. Nichtlineare Verzerrungen.

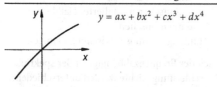

$$y = ax + bx^2 + cx^3 + dx^4$$

Modulation mit einem Signal: $x(t) = \hat{x}\cos\omega t$

$y(t) = \frac{1}{2}b\hat{x}^2 + \frac{3}{8}d\hat{x}^4$	Konstante
$+\left(a\hat{x} + \frac{3}{4}c\hat{x}^3\right)\cos\omega t$	Grundfrequenz
$+\left(\frac{1}{2}b\hat{x}^2 + \frac{1}{2}d\hat{x}^4\right)\cos 2\,\omega t$	zweite Harmonische (2 HD)
$+\frac{1}{4}c\hat{x}^3\cos 3\,\omega t$	dritte Harmonische (3 HD)
$\frac{1}{8}d\hat{x}^4\cos 4\,\omega t$	vierte Harmonische (4HD)

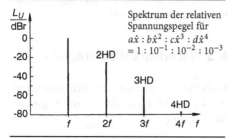

Spektrum der relativen Spannungspegel für
$a\hat{x} : b\hat{x}^2 : c\hat{x}^3 : d\hat{x}^4$
$= 1 : 10^{-1} : 10^{-2} : 10^{-3}$

Modulation mit zwei Signalen:
$x(t) = \hat{x}(\cos\omega_1 t + \cos\omega_2 t)$

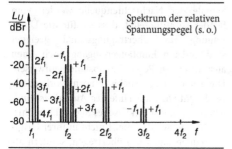

Spektrum der relativen Spannungspegel (s. o.)

Bild N-8. Aussteuerung einer nichtlinearen Laserkennlinie.

Übersicht N-4. Verzerrungsfaktoren.

Klirrfaktor (Gesamtklirrfaktor)	$k = \sqrt{\dfrac{\sum\limits_{n=2}^{\infty} U_n^2}{\sum\limits_{i=1}^{\infty} U_i^2}} = \sqrt{\sum\limits_{n=2}^{\infty} k_n^2}$
Klirrfaktor n-ter Ordnung (Teilklirrfaktor)	$k_n = \sqrt{\dfrac{U_n^2}{\sum\limits_{i=1}^{\infty} U_i^2}}\quad n = 2, 3, 4$
Klirrdämpfungsmaß	$a_k = 20\lg\dfrac{1}{k}\,\mathrm{dB}$
Klirrdämpfungsmaß n-ter Ordnung	$a_{k_n} = 20\lg\dfrac{1}{k_n}\,\mathrm{dB}$
Intermodulationsfaktor	$m = \dfrac{\sqrt{\sum\limits_{n=1}^{n_{max}}\left(U_{f_2-nf_1}+U_{f_2+nf_1}\right)^2}}{U_{f_2}}$
U_n	Effektivwert der Spannung der n-ten Harmonischen

entstehen Summen- und Differenzfrequenzen (*Intermodulation*). Übersicht N-3 zeigt die Intermodulationsprodukte von zwei Frequenzen f_1 und f_2. Zur Beurteilung der Intermodulati-

onsleistung gibt es verschiedene Definitionen (DIN 40 148, Blatt 3). Der in der Elektroakustik übliche *Intermodulationsfaktor m* ist in Übersicht N-4 angegeben. Der Intermodulationsfaktor und der Klirrfaktor werden durch Ausmessen eines Zweitonspektrums mit einem Spektrumanalysator bestimmt.

N.2.6 Rauschen

Die wichtigste *Störung* bei der Übertragung eines Nachrichtensignals ist das *Rauschen* (Noise). Folgende Rauscharten werden unterschieden:

- Widerstandsrauschen (thermisches Rauschen eines Widerstands),
- Generations-Rekombinationsrauschen (Schwankungen der Ladungsträgerdichte in einem Halbleiter),
- Schrotrauschen (statistisch regelloses Überqueren einer Sperrschicht durch Ladungsträger),

- Modulationsrauschen ($1/f$-Rauschen modulierter Halbleiter),
- Antennenrauschen (Einfangen atmosphärischer Störungen).

Nach der Frequenzabhängigkeit der spektralen Rauschleistungsdichte werden unterschieden:

- weißes Rauschen (frequenzunabhängige Leistungsdichte),
- breitbandiges Rauschen (Leistungsdichte ist frequenzunabhängig bis zu einer oberen (3-dB-)Grenzfrequenz),
- farbiges Rauschen (entsteht durch Filterung aus breitbandigem Rauschen),
- rosa Rauschen (Leistungsdichte ist umgekehrt proportional zur Frequenz).

In Übersicht N-5 sind die wichtigsten Beziehungen zusammengestellt.

Übersicht N-5. Rauschen.

effektive Rausch-spannung eines Wirk-widerstands R	$U_n = \sqrt{4kTRB}$
verfügbare Rauschleistung bei Anpassung	$P_n = kTB$
Rausch-temperatur	$T_n = P_n/(kB)$
Rauschzahl eines Vierpols	$F = \frac{(P_s/P_n)_e}{(P_s/P_n)_a} = 1 + \frac{P_{n,v}}{G_L P_{n,e}} = 1 + \frac{T_{n,v}}{T_{n,q}}$
Rauschmaß	$F^* = 10 \lg F$ dB
Störabstand	$S = 10 \lg(P_s/P_n)$ dB

B	Bandbreite
e, a	Eingang, Ausgang
G_L	Leistungsverstärkung
k	Boltzmann-Konstante
P_n, P_s	Rausch-, Signalleistung
$T_{n,q}, T_{n,v}$	Rauschtemperatur von Signalquelle und Vierpol

N.3 Nachrichtenübertragung

Nach DIN 40 146 besteht ein Nachrichtenübertragungssystem aus *Sender*, *Übertragungskanal* und *Empfänger*.

N.3.1 Sender

Signale der Nachrichtenquelle werden vom Sender so aufbereitet, dass sie für die Übertragung im Übertragungskanal geeignet sind und am Empfängereingang noch einen ausreichenden Pegel (Störabstand) aufweisen. Die zunächst in beliebiger Form vorliegende Nachricht wird mit Hilfe des *Aufnahmewandlers* in ein meist elektrisches Signal überführt. Die Signale werden meist nicht in ihrer Originalfrequenzlage (NF) übertragen, sondern als modulierte HF-Signale. Die Modulation (Abschnitt N.2.2) eines hochfrequenten Trägers gehört deshalb mit zu den Aufgaben des Senders.

Übersicht N-6. Leitungsgleichungen.

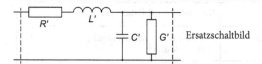

Ersatzschaltbild

Differenzialgleichung der ortsabhängigen komplexen Spannung	$\dfrac{\mathrm{d}^2\underline{U}(x)}{\mathrm{d}x^2} = (R' + \mathrm{j}\omega L')(G' + \mathrm{j}\omega C')\underline{U}(x)$
Ausbreitungskonstante	$\gamma = \alpha + \mathrm{j}\beta = \sqrt{(R' + \mathrm{j}\omega L')(G' + \mathrm{j}\omega C')}$
Für *verlustarme* Leitungen ($\omega L' \gg R'$ und $\omega C' \gg G'$) gilt: Dämpfungskonstante (längenbezogene Dämpfung von $\underline{U}$)	$\alpha = \dfrac{1}{2}\left(R'\sqrt{\dfrac{C'}{L'}} + G'\sqrt{\dfrac{L'}{C'}} \right)$
Phasenkonstante (längenbezogene Phasendrehung von $\underline{U}$)	$\beta = \omega\sqrt{L'C'}$

C' längenbezogene Kapazität
G' längenbezogener Querleitwert
L' längenbezogene Induktivität   } Beläge
R' längenbezogener Widerstand
ω Kreisfrequenz

N.3.2 Übertragungsmedium

Die wichtigsten Übertragungsmedien sind

- Leitungen (Drähte, Koaxialkabel),
- Hohlleiter,
- Lichtwellenleiter (Abschnitt L.1.3.2),
- freier Raum.

Die wichtigsten Leitungsgleichungen sind in Übersicht N-6 zusammengestellt. Informationen zum Wellenwiderstand sowie der Reflexion und Transmission von Wellen an Stoßstellen sind im Abschnitt J.2.2 zu finden.

Bei der Ausbreitung von elektromagnetischen Wellen im *freien* Raum treten verschiedene Wellentypen auf (Bild N-9). *Bodenwellen* sind vor allem für Wellenlängen über 100 m von Bedeutung (Tabelle N-6). *Raumwellen* sind bei hohen Frequenzen (ab UKW) praktisch nur innerhalb optischer Sichtverbindung einsetzbar. Im Bereich der Kurz-, Mittel- und Langwellen ist die an der Ionosphäre reflektierte Raumwelle von großer Bedeutung.

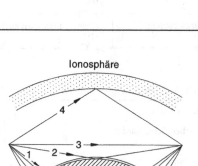

Ionosphäre

Bild N-9. Ausbreitungswege elektromagnetischer Wellen.
1. Bodenwelle, an Grenzfläche Erde–Luft geführt,
2. Raumwelle, an Erdoberfläche reflektiert,
3. Raumwelle, optische Sichtverbindung,
4. Raumwelle, an Ionosphäre reflektiert.

Bei Mittelwellen kann es zu Interferenzerscheinungen zwischen der Bodenwelle und der am Erdboden reflektierten Raum welle kommen. Durch zeitlich wechselnde Ausbreitungsbedingungen kommt es zu *Schwund* (Fading). Übersicht N-7 enthält Antennengleichungen für Freiraumübertragung ($\lambda < 3$ m).

Tabelle N-6. Elektromagnetische Wellen.

Wellenlänge	Frequenz	Bodenwelle	Raumwelle
⌐ 100 km ───────	⌐ 3 kHz ────		
Myriameterwellen	very low frequency	Reichweite	unbedeutend
Längstwellen	VLF	> 10 000 km	
⌐ 10 km ───────	30 kHz ────		
Kilometerwellen	low frequency	Reichweite	tagsüber gedämpft,
Langwellen LW	LF	> 1000 km	nachts große Reichweite durch
⌐ 1 km ───────	300 kHz ────		Reflexion an Ionosphäre
Hektometerwellen	medium frequency	Reichweite	
Mittelwellen MW	MF	> 100 km	
⌐ 100 m (1 hm) ──	3 MHz ────		
Dekameterwellen	high frequency	Reichweite	
Kurzwellen KW	HF	< 100 km	
⌐ 10 m (1 dam) ──	30 MHz ────		
Meterwellen	very high frequency	–	Ausbreitung im Bereich
Ultrakurzwellen UKW	VHF		der optischen Sichtverbindung,
⌐ 1 m ───────	300 MHz ────		Überreichweite durch Beugung
Dezimeterwellen	ultra high frequency	–	
	UHF		
⌐ 1 dm ───────	3 GHz ────		
Zentimeterwellen	super high frequency	–	
	SHF		
⌐ 1 cm ───────	30 GHz ────		
Millimeterwellen	extremely high frequency	–	
	EHF		
⌐ 1 mm ───────	300 GHz ────		

Übersicht N-7. Antennengleichungen.

wirksame Antennenfläche	
– Hertz'scher Elementardipol	$A_{\text{w, Hz}} = \dfrac{3\lambda^2}{8\pi}$
– Kugelstrahler	$A_{\text{w, K}} = \dfrac{\lambda^2}{4\pi}$
aufgenommene Leistung der Empfangsantenne	$P_e = P_s \left[\dfrac{\lambda}{4\pi r}\right]^2 G_e G_s$
Antennengewinn	$G = A_w / A_{\text{w, K}}$
Antennengewinnmaß	$a_G = 10 \lg G \quad \text{dB}$
Freiraumdämpfungsmaß	$a_0 = 10 \lg(P_s/P_e) \quad \text{dB}$
Reichweite (quasioptische Sichtweite)	$d = \sqrt{2R'} \left(\sqrt{h_s} + \sqrt{h_e}\right)$

A_w	wirksame Antennenfläche
G_e, G_s	Gewinn Empfangs-, Sendeantenne
h_e, h_s	Höhe Empfangs-, Sendeantenne
P_s	Sendeleistung
r	Abstand zwischen Sende- und Empfangsantenne
R'	effektiver Erdradius, 8470 km
λ	Wellenlänge

N.3.3 Empfänger

Der Empfänger nimmt das übertragene Signal auf und verstärkt es. Nach *Demodulation* wird die Nachricht über einen *Wiedergabewandler* der Senke zugeführt.

Erfolgt die Übertragung in der Originalfrequenzlage, wird zur Verstärkung ein *Geradeausempfänger* eingesetzt, der auf die Signalfrequenz abgestimmt ist. Bei der Übertragung mit Hilfe eines modulierten hochfrequenten Trägers wird meist ein *Überlagerungsempfänger* (Heterodyn-Empfang, Superhet) benutzt. Durch Mischung des HF-Signals mit der Schwingung eines lokalen Oszillators wird das Signal in eine niedrigere Zwischenfrequenz (ZF) umgesetzt und in der ZF-Lage weiter verarbeitet (Bild N-10).

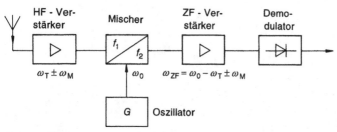

Bild N-10. *Überlagerungsempfänger.*

O Thermodynamik

Tabelle O-1. Wichtige Normen und Richtlinien.

Norm	Bezeichnung
DIN 1314	Druck; Grundbegriffe, Einheiten
DIN 1343	Referenzzustand, Normzustand, Normvolumen
DIN 1345	Thermodynamik; Grundbegriffe
DIN 5491	Stoffübertragung; Diffusion und Stoffübergang, Grundbegriffe, Größen, Formelzeichen, Kenngrößen
DIN 13 345	Thermodynamik und Kinetik chemischer Reaktionen
DIN EN ISO 7345	Wärmeschutz, Physikalische Größen und Definitionen
VDE/VDI 3511	Technische Temperaturmessungen

Die Thermodynamik befasst sich mit Energieumwandlungen unter besonderer Berücksichtigung von Wärmeerscheinungen. In der *phänomenologischen* Thermodynamik wird ein System durch makroskopische Variable beschrieben, während in der *statistischen* Thermodynamik eine mikroskopische Betrachtungsweise angewendet wird. Die wichtigsten Erkenntnisse der Thermodynamik sind in drei *Hauptsätzen* zusammengefasst.

O.1 Grundlagen

O.1.1 Thermodynamische Grundbegriffe

Systeme

Nach Art der Systemgrenzen werden verschiedenartige Systeme unterschieden (Tabelle O-2).

Zustand, Zustandsgrößen

Der Zustand eines Systems wird durch Zustandsgrößen beschrieben (Tabelle O-3).

Tabelle O-2. Thermodynamische Systeme.

Bezeichnung des Systems	Kennzeichen der Systemgrenzen	Beispiele
offen	durchlässig für Materie und Energie	Wärmeüberträger, Gasturbine
geschlossen	durchlässig für Energie, undurchlässig für Materie	geschlossener Kühlschrank, Warmwasserheizung, Heißluftmotor
abgeschlossen	undurchlässig für Energie und Materie	verschlossenes Thermosgefäß
adiabat	undurchlässig für Materie und Wärme, durchlässig für mechanische Arbeit	rasche Kompression in einem Gasmotor

Tabelle O-3. Beispiele für Zustandsgrößen.

thermische Zustandsgrößen		kalorische Zustandsgrößen	
Druck	p	innere Energie	U
Volumen	V	Enthalpie	H
Temperatur	T	Entropie	S

Befindet sich ein System in einem *Gleichgewichtszustand,* dann nehmen die Zustandsgrößen Z konstante Werte an. Wird von einem Ausgangszustand 1 das System in den neuen Zustand 2 überführt, dann ist die *Änderung* der Zustandsgröße

$$\Delta Z = \int_1^2 dZ = Z_2 - Z_1 \qquad (O-1)$$

© Springer-Verlag GmbH Deutschland 2017
E. Hering, R. Martin, M. Stohrer, *Taschenbuch der Mathematik und Physik*, DOI 10.1007/978-3-662-53419-9_14

unabhängig von der Art der Prozessführung; sie hängt nur vom Anfangs- und Endzustand ab. Wird ein *Kreisprozess* durchlaufen, sodass nach einer Folge von Zustandsänderungen der Anfangszustand wieder vorliegt, dann gilt

$$\oint \mathrm{d}Z = 0 \; ; \qquad\qquad (O\text{--}2)$$

$\mathrm{d}Z$ totales Differenzial der Zustandsgröße Z.

Prozessgrößen

Im Gegensatz zu den wegunabhängigen Zustandsgrößen sind Wärme und Arbeit wegabhängige, d. h. von der Art der Prozessführung abhängige *Prozessgrößen*. Differenziell kleine Größen von Prozessgrößen, die nicht als totales Differenzial schreibbar sind, werden im Folgenden mit δ gekennzeichnet, also z. B. δQ und δW.

Spezifische und molare Größen

Thermodynamische Größen, die von der Substanzmenge abhängen, werden als *extensive* Größen (Quantitätsgrößen) bezeichnet (z. B. Volumen, innere Energie). *Intensive* Größen (Qualitätsgrößen) hängen nicht von der Substanzmenge ab, behalten also bei einer Zerlegung des Systems in Teilsysteme ihren Wert bei (z. B. Druck, Temperatur). Wird eine

Tabelle O-4. Spezifische und molare Größen.

extensive Größe	intensive Größen molar	spezifisch
X	$X_\mathrm{m} = X/\nu$ (O–3)	$x = X/m$ (O–4)
	Zusammenhang: $X_\mathrm{m} = x(m/\nu) = xM$ (O–5)	

m Masse des Systems
ν Stoff- oder Teilchenmenge
M Molmasse

extensive Größe X durch die Substanzmenge dividiert, ergibt sich eine intensive Größe (Tabelle O-4).

Atom- und Molekülmassen

Die Masse eines Atoms m_A oder Moleküls m_M ist

$$m_\mathrm{A} = A_\mathrm{r} u \; , \quad m_\mathrm{M} = M_\mathrm{r} u \; ; \qquad (O\text{--}6)$$

A_r relative Atommasse (angegeben z. B. im Periodensystem),
M_r relative Molekülmasse (Summe der relativen Atommassen),
u atomare Masseneinheit,
$$1\,u = \frac{1}{12} m_\mathrm{A}(^{12}\mathrm{C}) = 1{,}66055 \cdot 10^{-27}\,\mathrm{kg}.$$

Für die Gesamtmasse m eines Einstoffsystems gilt

$$m = N m_\mathrm{M} = \nu M \; ; \qquad\qquad (O\text{--}7)$$

N Zahl der Teilchen (Moleküle, Atome) eines Systems,
ν Stoffmenge,
M Molmasse.

Die Stoffmenge (Teilchenmenge) ν wird gemessen in mol. Die SI-Basiseinheit 1 mol ist die Menge eines Stoffs, der genau so viel Teilchen enthält, wie Atome in 12,000 g ^{12}C enthalten sind. Diese Zahl ist die *Avogadro'sche Konstante* $N_\mathrm{A} = 6{,}022 \cdot 10^{23}\,\mathrm{mol}^{-1}$. Für die Stoffmenge ν gilt

$$\nu = N/N_\mathrm{A} = m/M \; ; \qquad\qquad (O\text{--}8)$$

N Teilchenzahl des Systems,
N_A Avogadro'sche Konstante,
m Masse des Systems,
M Molmasse, d. h. Masse von $\nu = 1$ mol des Stoffes.

Die Molmasse M bestimmt sich aus der relativen Atommasse A_r bzw. Molekülmasse M_r gemäß

$$M = A_r \text{ g/mol} \quad \text{bzw.} \quad M = M_r \text{ g/mol}. \tag{O-9}$$

O.1.2 Temperatur

Befinden sich zwei Körper auf verschiedenen Temperaturen, dann findet bei Kontakt der Körper ein Temperaturausgleich statt. Im *nullten Hauptsatz der Thermodynamik* wird formuliert:

Im thermodynamischen Gleichgewicht haben alle Bestandteile eines Systems dieselbe Temperatur.

Die physikalische Bedeutung der Temperatur wird im Abschnitt O.2.2 beschrieben; die exakte Definition der *thermodynamischen* Temperatur erfolgt im Abschnitt O.3.5.

Zur Definition einer Temperaturskala sind zwei Fixpunkte erforderlich. Ein Fixpunkt ist der *absolute Temperaturnullpunkt*, der nicht unterschritten werden kann. Als zweiter Fixpunkt wurde der *Tripelpunkt* (Abschnitt O.4.3.2) des Wassers zu 273,16 K festgelegt. Daraus folgt für die SI-Basiseinheit der Temperatur:

1 Kelvin (1 K) ist der 273,16te Teil der thermodynamischen Temperatur des Tripelpunkts von Wasser.

Die Kelvin-Skala hat dieselbe Teilung wie die ältere Celsius-Skala, deren Fixpunkte Schmelz- und Siedepunkte von Wasser (0 °C bzw. 100 °C) beim Normdruck p_n = 101 325 Pa sind. Es gilt folgender Zusammenhang:

$$\frac{\vartheta}{°C} = \frac{T}{K} - 273,15 \; ; \tag{O-10}$$

ϑ Celsius-Temperatur,
T Kelvin-Temperatur.

Für Temperaturdifferenzen gilt

$$\Delta\vartheta = \Delta T \, . \tag{O-11}$$

Hinweise zur Temperaturmessung sowie eine Zusammenstellung der relevanten DIN-Normen finden sich in der VDE/VDI-Richtlinie 3511.

O.1.3 Thermische Ausdehnung

Festkörper

Die meisten Festkörper dehnen sich bei Erwärmung aus (Übersicht O-1).

Der lineare Ausdehnungskoeffizient α ist nur näherungsweise konstant. Bei großen Temperaturdifferenzen werden Mittelwerte gebildet (Tabelle O-5).

Übersicht O-1. Thermische Ausdehnung.

relative Längen-änderung	$\dfrac{\Delta l}{l} = \alpha \Delta T$	(O-12)
absolute Länge	$l_2 = l_1[1 + \alpha(T_2 - T_1)]$	(O-13)
relative Volumen-änderung	$\dfrac{\Delta V}{V} = \gamma \Delta T$, mit $\gamma = 3\alpha$	(O-14)
absolutes Volumen	$V_2 = V_1[1 + \gamma(T_2 - T_1)]$	(O-15)
Dichte	$\varrho(\vartheta) = \dfrac{\varrho_0}{1 + \gamma\vartheta} \approx \varrho_0(1 - \gamma\vartheta)$	(O-16)

α Längenausdehnungskoeffizient
γ Raumausdehnungskoeffizient
ΔT Temperaturänderung
l_1, l_2 Länge bei der Temperatur T_1 bzw. T_2
V_1, V_2 Volumen bei der Temperatur T_1 bzw. T_2
$\varrho(\vartheta)$ Dichte bei der Temperatur ϑ
ϱ_0 Dichte bei der Temperatur $\vartheta_0 = 0$ °C

Tabelle O-5. Mittlerer linearer Längenausdehnungskoeffizient α einiger Festkörper in verschiedenen Temperaturbereichen.

Temperaturbereich	$10^6 \alpha$ K^{-1} $0\,°C \leqq \vartheta$ $\leqq 100\,°C$	$10^6 \alpha$ K^{-1} $0\,°C \leqq \vartheta$ $\leqq 500\,°C$
Aluminium	23,8	27,4
Kupfer	16,4	17,9
Stahl C60	11,1	13,9
rostfreier Stahl	16,4	18,2
Invarstahl	0,9	
Quarzglas	0,51	0,61
gewöhnliches Glas	9	10,2

Flüssigkeiten

Die Gln. (O-14) bis (O-16) in Übersicht O-1 gelten auch für Flüssigkeiten. Zahlenwerte des kubischen Ausdehnungskoeffizienten sind in Tabelle O-6 angegeben.

Gase

Bei einem Gas unter konstantem Druck existiert ein linearer Zusammenhang zwischen Volumen und Temperatur (*Gay-Lussac'sches Gesetz*):

$$V(\vartheta) = V_0(1 + \gamma\vartheta)\,; \qquad\qquad (O\text{–}17)$$

$V(\vartheta)$ Volumen bei der Temperatur ϑ,
V_0 Volumen bei der Temperatur $\vartheta_0 = 0\,°C$,
γ Raumausdehnungskoeffizient.

Für alle Gase ist der Volumenausdehnungskoeffizient bei kleinem Druck ($p \to 0$)

$$\gamma = 0{,}003661\ K^{-1} = \frac{1}{273{,}15\ K}\,.$$

Ein Gas in diesem Zustand wird als *ideales Gas* bezeichnet.

Tabelle O-6. Raumausdehnungskoeffizient γ einiger Flüssigkeiten bei der Temperatur $\vartheta = 20\,°C$.

Stoff	$10^3\gamma$ in K^{-1}
Wasser	0,208
Quecksilber	0,182
Pentan	1,58
Ethylalkohol	1,10
Heizöl	0,9 bis 1,0

Mit der absoluten Temperatur T gilt

$$V(T) = V_0\frac{T}{T_0}\ \text{bzw.}\ V/T = \text{konst.}\,,\quad (O\text{–}18)$$

$V(T)$ Volumen bei der absoluten Temperatur T,
V_0 Volumen bei der absoluten Temperatur $T_0 = 273{,}15\ K$.

O.1.4 Allgemeine Zustandsgleichung idealer Gase

Beim idealen Gas wird das Eigenvolumen der Gasmoleküle sowie deren Wechselwirkungen vernachlässigt. Die Zustandsgrößen p, V und T eines idealen Gases gehorchen der Beziehung

$$p\frac{V}{T} = \text{konst.}\,; \qquad\qquad (O\text{–}19)$$

p Druck,
T absolute Temperatur,
V Volumen des Gases.

Die Konstante auf der rechten Seite der Zustandsgleichung kann auf verschiedene Arten ausgedrückt werden (Übersicht O-2).

Die in Übersicht O-2 aufgeführten Konstanten sind:

– *individuelle* (spezifische, spezielle) Gaskonstante R_i

Übersicht O-2. Zustandsgleichung idealer Gase.

	Gasgleichung in Verbindung mit der Masse		Stoffmenge	
extensiv	$pV = mR_i T$	(O–20)	$pV = \nu R_m T$	(O–23)
			$pV = NkT$	(O–24)
intensiv	$pv = R_i T$	(O–21)	$pV_m = R_m T$	(O–25)
	$p = \varrho R_i T$	(O–22)	$p = nkT$	(O–26)

p	Gasdruck	m	Masse
V	Volumen	ϱ	Dichte ($\varrho = m/V$)
v	spezifisches Volumen ($v = V/m$)	ν	Stoffmenge
V_m	Molvolumen ($V_m = V/\nu$)	N	Teilchenzahl
R_i	individuelle Gaskonstante	n	Teilchenzahldichte ($n = N/V$)
R_m	allgemeine Gaskonstante	T	absolute Temperatur
k	Boltzmann-Konstante		

$$R_i = \frac{p_n}{T_n \varrho_n} \; ; \qquad (O–27)$$

p_n Normdruck ($p_n = 101\,325$ Pa),
T_n Normtemperatur ($T_n = 273,15$ K),
ϱ_n Dichte des Gases im Normzustand.

Jedes Gas hat eine individuelle Gaskonstante, die sich von der anderer Gase unterscheidet.

– *allgemeine* (molare, universelle) Gaskonstante R_m

$$R_m = \frac{p_n V_{mn}}{T_n} = 8,3145 \; \frac{J}{mol \cdot K} \; ; \qquad (O–28)$$

V_{mn} Molvolumen eines idealen Gases im Normzustand ($V_{mn} = 22,414 \, dm^3/mol$).

Die allgemeine Gaskonstante hat für alle idealen Gase denselben Wert.

– *Boltzmann-Konstante* k

$$k = \frac{R_m}{N_A} = 1,3807 \cdot 10^{-23} \, J/K \; ; \qquad (O–29)$$

N_A Avogadro'sche Konstante.

O.2 Kinetische Gastheorie

O.2.1 Gasdruck

Die Moleküle eines Gases sind in ständiger Bewegung. Bei jedem Stoß auf die Gefäßwände wird eine Kraft auf die Wand ausgeübt. Der dadurch entstehende Druck kann für ideale Gase berechnet werden (*Grundgleichung der kinetischen Gastheorie*):

$$p = \frac{1}{3}\frac{N}{V} m_M \overline{v^2} = \frac{1}{3} n m_M \overline{v^2} = \frac{1}{3} \varrho \overline{v^2} \; ; \qquad (O–30)$$

p Druck,
N Teilchenzahl,
n Teilchenzahldichte ($n = N/V$),
V Volumen,
m_M Masse eines Moleküls,
ϱ Dichte,
$\overline{v^2}$ Mittelwert der Geschwindigkeitsquadrate.

Für die *mittlere Geschwindigkeit* v_m gilt

$$v_M = \sqrt{\overline{v^2}} = \sqrt{3p/\varrho} \; . \qquad (O–31)$$

O.2.2 Thermische Energie und Temperatur

Für die Temperaturabhängigkeit der mittleren Geschwindigkeit v_m gilt

$$v_m = \sqrt{\overline{v^2}} = \sqrt{3kT/m_M} = \sqrt{3R_m T/M} \; ; \tag{O-32}$$

k Boltzmann-Konstante,
R_m allgemeine Gaskonstante,
m_M Masse eines Moleküls,
M Molmasse,
T absolute Temperatur.

Die mittlere kinetische Energie eines Moleküls ist

$$\overline{E}_{kin} = \frac{1}{2} m_M \overline{v^2} = \frac{3}{2} kT \; . \tag{O-33}$$

Diese Gleichung gilt für punktförmige Moleküle, bei denen die kinetische Energie gleichmäßig auf die drei Freiheitsgrade der *Translation* ($f = 3$) verteilt ist. Mit der mittleren Energie je Freiheitsgrad

$$\overline{E}_f = \frac{1}{2} kT \tag{O-34}$$

folgt für ein Gas, dessen Moleküle f Freiheitsgrade haben:

$$\overline{E}_{kin} = \frac{f}{2} kT \; ; \tag{O-35}$$

$\overline{E}_{kin}$ mittlere kinetische Energie eines Moleküls,
f Zahl der Freiheitsgrade,
k Boltzmann-Konstante,
T absolute Temperatur.

O.2.3 Geschwindigkeitsverteilung von Gasmolekülen

In einem Gas ändern sich infolge von Stößen ständig die Geschwindigkeiten der einzelnen Gasmoleküle. Dennoch wird im zeitlichen Mittel ein konstanter Bruchteil $f(v)\,dv$ der Gasmoleküle Geschwindigkeiten zwischen v und $v + dv$ annehmen. Die *Maxwell'sche Geschwindigkeitsverteilung* gibt dieses Verhältnis an:

$$f(v)\,dv = 4\pi v^2 \left(\frac{m_M}{2\pi kT} \right)^{3/2} e^{-\frac{m_M v^2}{2kT}} \, dv \; ; \tag{O-36}$$

$f(v)\,dv$ Wahrscheinlichkeit, mit der Geschwindigkeiten zwischen v und $v + dv$ auftreten,
m_M Masse eines Moleküls,
T absolute Temperatur,
k Boltzmann-Konstante.

Bild O-1 zeigt die Maxwell'sche Geschwindigkeitsverteilung bei verschiedenen Temperaturen. Das Maximum der Funktion definiert die *wahrscheinlichste* Geschwindigkeit v_w:

$$v_w = \sqrt{2kT/m_M} = \sqrt{2/3}\, v_m \; . \tag{O-37}$$

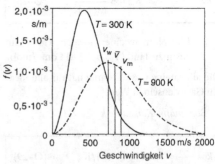

Bild O-1. Maxwell'sche Geschwindigkeitsverteilung für Stickstoffmoleküle.

Die *durchschnittliche* Geschwindigkeit $\bar{v}$ ist

$$\bar{v} = \sqrt{\frac{8kT}{\pi m_M}} = \sqrt{\frac{8}{3\pi}} v_m \, . \qquad (O-38)$$

O.3 Hauptsätze der Thermodynamik

O.3.1 Wärme

Die Temperatur eines Körpers (Systems) ist ein Maß für die kinetische Energie, die in der ungeordneten Bewegung seiner Moleküle steckt (Abschnitt O.2.2). Die Temperatur kann demnach nur dadurch erhöht werden, dass dem Körper Energie zugeführt wird. Die erforderliche Energie kann auf verschiedene Arten zugeführt werden, beispielsweise in Form mechanischer, elektrischer oder elektromagnetischer Arbeit. Eine spezielle Form der Energieübertragung tritt auf, wenn zwei Körper in Kontakt gebracht werden, die sich auf verschiedenen Temperaturen befinden:

Energie, die aufgrund eines Temperaturunterschieds zwischen zwei Systemen ausgetauscht wird, wird als *Wärme* bezeichnet.

Die Wärme fließt stets vom System mit der höheren zum System mit der niedrigeren Temperatur.

Falls keine Phasenübergänge (Absch. O.4) stattfinden, ist mit einer Wärmeübertragung stets auch eine Temperaturänderung verknüpft (Übersicht O-3).

Molare Wärmekapazitäten von Gasen sind in den Tabellen O-7 und O-8 zusammengestellt. Weitere Werte finden sich in Tabelle P-1.

Die spezifische bzw. molare Wärmekapazität von *Gasen* hängt von der Prozessführung ab. Für zwei spezielle Randbedingungen, die

leicht realisierbar sind, werden Wärmekapazitäten definiert:

- C_V, C_{mV}, c_V *isochore* Wärmekapazität für Wärmeumsatz bei konstantem Volumen,
- C_p, C_{mp}, c_p *isobare* Wärmekapazität für Wärmeumsatz bei konstantem Druck.

Wärmekapazitäten werden mit Kalorimetern gemessen. Beim *Mischungskalorimeter* befindet sich im Innern eines wärmeisolierten Dewar-Gefäßes eine Flüssigkeit (meist Wasser) der Masse m_1 und der spezifischen Wärmekapazität c_1 bei der Temperatur T_1. Wird ein Körper der Masse m_2 und der Temperatur T_2 eingetaucht, so kann aus der Mischungstemperatur T_m und der Wärmekapazität C_K des

Übersicht O-3. Wärmekapazitäten.

Wärme für infinitesimal kleine Temperaturänderung:

$$\delta Q = C \, dT \qquad (O-39)$$

spezifische Wärmekapazität

$$c = C/m \qquad (O-40)$$

molare Wärmekapazität

$$C_m = C/\nu \qquad (O-41)$$

Wärme für endliche Temperaturänderung:

$$Q_{12} = m \int_{T_1}^{T_2} c(T) \, dT = \nu \int_{T_1}^{T_2} C_m(T) \, dT \qquad (O-42)$$

$$Q_{12} = m\bar{c}(T_2 - T_1) = \nu \bar{C}_m(T_2 - T_1) \qquad (O-43)$$

C	Wärmekapazität, $[C] = 1$ J/K
c	spezifische Wärmekapazität, $[c] = 1$ J/(kg $\cdot$ K)
C_m	molare Wärmekapazität, $[C_m] = 1$ J/(mol $\cdot$ K)
$\bar{c}$	mittlere spezifische Wärmekapazität
$\bar{C}_m$	mittlere molare Wärmekapazität
m	Masse des Systems
ν	Stoffmenge des Systems
T	Temperatur

Übersicht O-4. Erster Hauptsatz der Thermodynamik.

differenziell:	$dU = \delta Q + \delta W$	(O–45)
integriert:	$\Delta U = U_2 - U_1 = Q_{12} + W_{12}$	(O–46)

$dU, \Delta U$	Änderung der inneren Energie
$\delta Q, Q_{12}$	umgesetzte Wärme
$\delta W, W_{12}$	übertragene Arbeit

Vorzeichenregel: Wärme und Arbeit, die dem System zugeführt werden, erhalten ein positives Vorzeichen. Vom System nach außen abgegebene Energie ist negativ.

Kalorimeters die spezifische Wärmekapazität c_2 des Körpers bestimmt werden:

$$c_2 = \frac{(m_1 c_1 + C_K)(T_m - T_1)}{m_2(T_2 - T_m)} . \qquad (O–44)$$

O.3.2 Erster Hauptsatz der Thermodynamik

Die kinetische Energie, die in der ungeordneten Bewegung der Moleküle eines Systems steckt, sowie die potenzielle Energie der gegenseitigen Wechselwirkungen der Teilchen wird zusammengefasst zur *inneren Energie* eines Systems.

In einem abgeschlossenen System bleibt die innere Energie eines Systems konstant; es gibt kein *perpetuum mobile* erster Art.

Die innere Energie U erfährt eine Änderung dU, wenn das System mit der Umgebung Energie austauscht; dabei ist es unerheblich, ob die Energie in Form von Wärme oder Arbeit übertragen wird. Der erste Hauptsatz bilanziert die Änderung der inneren Energie durch zu- oder abgeführte Wärme und Arbeit (Übersicht O-4).

Die innere Energie ist eine *Zustandsgröße* (Abschnitt O.1.1). Sie hängt nur vom augenblicklichen Zustand ab, nicht aber davon, wie das System in diesen Zustand gelangt ist.

Beim idealen Gas besteht die innere Energie nur in der kinetischen Energie der Molekülbewegung. Nach Abschnitt O.2.2 gilt

$$U = N\overline{E}_{kin} = N\frac{f}{2}kT = v\frac{f}{2}R_m T = m\frac{f}{2}R_i ; \qquad (O–47)$$

U	innere Energie eines idealen Gases,
N	Teilchenzahl,
v	Teilchenmenge,
m	Masse,
f	Zahl der Freiheitsgrade,
$\overline{E}_{kin}$	mittlere kinetische Energie je Molekül,
R_m	allgemeine Gaskonstante,
R_i	individuelle Gaskonstante,
k	Boltzmann-Konstante,
T	absolute Temperatur.

Für beliebige Zustandsänderungen ist die Änderung dU der inneren Energie U eines idealen Gases

$$dU = vC_{mV}\,dT = mc_V\,dT ; \qquad (O–48)$$

C_{mV}	isochore molare Wärmekapazität,
c_V	isochore spezifische Wärmekapazität,
dT	differenzielle Temperaturänderung.

Volumenänderungsarbeit

Wird in einem geschlossenen System das Volumen eines Gases verändert (Bild O-2), dann ist das Differenzial der Arbeit $dW = F\,ds$ ausdrückbar als

$$\delta W = -p\,dV . \qquad (O–49)$$

Bei einer Volumenänderung von V_1 auf V_2 gilt

$$W_{12} = -\int_{V_1}^{V_2} p(V)\,dV ; \qquad (O–50)$$

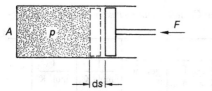

Bild O-2. Zur Bestimmung der Volumenänderungsarbeit. A Kolbenfläche; F Kraft; p Druck; ds Wegelement.

W_{12} Volumenänderungsarbeit,
$p(V)$ Druck in Abhängigkeit vom Volumen.

> Die Volumenänderungsarbeit entspricht der Fläche unter der Kurve der Zustandsänderung im p,V-Diagramm.

Enthalpie

Im Gegensatz zur inneren Energie benutzt man bei Vorgängen mit isobarer Zustandsänderung (z. B. bei offenen Systemen) die Enthalpie H.

$$H = U + pV ; \qquad (\text{O–51})$$

H Enthalpie,
U innere Energie,
p Druck,
V Volumen.

Bei einer isobaren Zustandsänderung (p = konst.) ist das totale Differenzial der Enthalpie $dH = dU + p\,dV$. Mit dem ersten Hauptsatz ergibt sich

$$dH|_{p=\text{konst.}} = \delta Q|_{p=\text{konst.}} = \nu C_{mp}\,dT$$
$$= m c_p\,dT ; \qquad (\text{O–52})$$

$dH|_{p=\text{konst.}}$ Enthalpieänderung bei konstantem Druck,
$\delta Q|_{p=\text{konst.}}$ Wärmeumsatz bei konstantem Druck,

C_{mp}, c_p isobare molare und spezifische Wärmekapazität,
ν Stoffmenge,
m Masse,
dT Temperaturänderung.

O.3.3 Wärmekapazität idealer Gase

Die Wärmekapazitäten idealer Gase gehorchen einfachen Gesetzmäßigkeiten (Übersicht O-5).

Tabelle O-7 zeigt eine Zusammenstellung der berechneten molaren Wärmekapazitäten sowie des Isentropenexponenten für verschiedene Molekülformen und mögliche Freiheitsgrade. Experimentelle Ergebnisse sind in Tabelle O-8 angegeben.

Hinweise zur Berechnung der Wärmekapazität idealer Gase mit komplizierten

Übersicht O-5. Wärmekapazitäten idealer Gase.

isobare und isochore Wärmekapazitäten	$C_{mp} - C_{mV} = R_m$ $\quad$ (O–53) $c_p - c_V = R_i$
isochore Wärmekapazitäten	$C_{mV} = \dfrac{1}{\nu}\dfrac{dU}{dT}$, $c_V = \dfrac{1}{m}\dfrac{dU}{dT}$ $\quad$ (O–54)
Einfluss der Freiheitsgrade der Gasmoleküle	$C_{mV} = \dfrac{f}{2}R_m$, $C_{mp} = \left(\dfrac{f}{2}+1\right)R_m$ $\quad$ (O–55) $c_V = \dfrac{f}{2}R_i$, $c_p = \left(\dfrac{f}{2}+1\right)R_i$ $\quad$ (O–56)
Isentropenexponent, Adiabatenexponent	$\varkappa = \dfrac{C_{mp}}{C_{mV}} = \dfrac{c_p}{c_V} = 1 + \dfrac{2}{f}$ $\quad$ (O–57)

R_m, R_i allgemeine bzw. individuelle Gaskonstante
ν Stoffmenge
m Masse
U innere Energie
f Zahl der Freiheitsgrade eines Moleküls

Tabelle O-7. Freiheitsgrade, molare Wärmekapazitäten C_m und Isentropenexponent $\varkappa$ für verschiedene Molekülformen.

Molekülform	Symbol	Freiheitsgrade				C_{mV} $\dfrac{J}{mol \cdot K}$	C_{mp} $\dfrac{J}{mol \cdot K}$	$\varkappa$
		Translation	Rotation	Oszillation	gesamt			
punktförmig	●	3	–	–	3	12,47	20,79	1,67
starre Hantel	●—●	3	2	–	5	20,79	29,10	1,40
schwingende Hantel	●∿∿∿●	3	2	2	7	29,10	37,41	1,29
mehratomig, starr	△	3	3	–	6	24,94	33,26	1,33

Tabelle O-8. Gemessene molare Wärmekapazitäten C_m einiger Gase beim Normdruck $p_n = 1013$ hPa und der Temperatur $\vartheta = 20\,°C$.

Gas		C_{mV} $\dfrac{J}{mol \cdot K}$	C_{mp} $\dfrac{J}{mol \cdot K}$	$\varkappa$
Helium	He	12,47	20,79	1,67
Argon	Ar	12,47	20,78	1,67
Wasserstoff	H_2	20,49	28,80	1,41
Sauerstoff	O_2	21,04	29,36	1,40
Stickstoff	N_2	20,79	29,10	1,40
Luft		20,76	29,08	1,40
Chlor	Cl_2	25,74	34,05	1,35
Kohlendioxid	CO_2	28,57	36,88	1,29
Schwefeldioxid	SO_2	31,37	39,69	1,27
Methan	CH_4	26,71	35,02	1,31
Ethan	C_2H_6	43,68	51,99	1,19
Ammoniak	NH_3	27,70	35,01	1,26

Molekülformen finden sich beispielsweise im VDI-Wärmeatlas, Abschnitt Da. 7.1.

Die Außenseiterrolle von Cl_2 bei den zweiatomigen Molekülen (Tabelle O-8) kommt daher, dass in Chlor bei 20 °C etwa die Hälfte der Moleküle sich wie starre Hanteln und die andere Hälfte wie schwingende Hanteln verhält. Während alle Moleküle die Freiheitsgrade der Translation ($f = 3$) besitzen, werden die Frei-

heitsgrade der Rotation und der Oszillation mit steigender Temperatur sukzessive angeregt.

In einem Festkörper schwingen die Atome um ihre Ruhelagen in drei Raumrichtungen. Mit $f = 6$ Schwingungsfreiheitsgraden je Atom folgt $C_{mV} = 3R_m = 24{,}9\,J/(mol \cdot K)$. Dieses Ergebnis, als *Dulong-Petit'sches Gesetz* bekannt, gilt bei hohen Temperaturen. Mit abnehmender Temperatur geht die Wärmekapazität gegen null. In der Nähe des absoluten Temperaturnullpunkts gilt $C_{mV} \sim T^3$ (DEBYE, Abschnitt V).

O.3.4 Spezielle Zustandsänderungen idealer Gase

Die wichtigsten Formeln für Zustandsänderungen idealer Gase sind in Tabelle O-9 zusammengestellt. Die Zustandsänderungen werden mit konstanter Stoffmenge ν bzw. Masse m durchgeführt (geschlossenes System). Das Gas ist in einem Zylinder mit reibungsfrei verschiebbarem Kolben eingeschlossen (Bild O-2). Zu jeder Zeit sollen Druck und Temperatur des Gases mit der Umgebung im Gleichgewicht sein. Derartig kontrollierte Prozesse sind *reversibel* (Abschnitt O.3.6).

Die in Tabelle O-9 angegebenen Beziehungen zwischen den thermischen Zustandsgrößen p, V und T bei der *polytropen* Zustandsänderung können als Verallgemeinerung der Be-

Tabelle O-9. Spezielle Zustandsänderungen idealer Gase.

Zustands-änderung	Bedingung	p,V-Diagramm	thermische Zustandsgrößen	erster Hauptsatz	Wärme	Volumen-änderungsarbeit
isotherm	$dT = 0$ $T = $ konstant		$pV = $ konstant BOYLE-MARIOTTE	$\delta Q + \delta W = 0$ $Q_{12} + W_{12} = 0$	$\delta Q = -\delta W$ $Q_{12} = vR_m T \ln \dfrac{V_2}{V_1}$ $= mR_i T \ln \dfrac{V_2}{V_1}$	$\delta W = -p\,dV$ $W_{12} = vR_m T \ln \dfrac{V_1}{V_2}$ $= mR_i T \ln \dfrac{V_1}{V_2}$
isochor	$dV = 0$ $V = $ konstant		$\dfrac{p}{T} = $ konstant CHARLES	$dU = \delta Q$ $U_2 - U_1 = Q_{12}$	$\delta Q = nC_{mv}\,dT$ $Q_{12} = nC_{mv}(T_2 - T_1)$ $= mc_v(T_2 - T_1)$	$\delta W = 0$ $W_{12} = 0$
isobar	$dp = 0$ $p = $ konstant		$\dfrac{V}{T} = $ konstant GAY-LUSSAC	$dU = \delta Q + \delta W$ $U_2 - U_1 = Q_{12} + W_{12}$	$\delta Q = nC_{mp}\,dT$ $Q_{12} = nC_{mp}(T_2 - T_1)$ $= mc_p(T_2 - T_1)$	$\delta W = -p\,dV$ $W_{12} = p(V_1 - V_2)$
isentrop	$dS = 0$ $\delta Q = 0$ $S = $ konstant		$pV^\varkappa = $ konstant $TV^{\varkappa-1} = $ konstant $p^{1-\varkappa}T^\varkappa = $ konstant	$dU = \delta W$ $U_2 - U_1 = W_{12}$	$\delta Q = 0$ $Q_{12} = 0$	$\delta W = vC_{mv}\,dT$ $W_{12} = vC_{mv}(T_2 - T_1)$ $= \dfrac{p_2 V_2 - p_1 V_1}{\varkappa - 1}$
polytrop			$pV^n = $ konstant $TV^{n-1} = $ konstant $p^{1-n}T^n = $ konstant	$dU = \delta Q + \delta W$ $U_2 - U_1 = Q_{12} + W_{12}$	$\delta Q = dU - \delta W$ $Q_{12} = vR_m(T_2 - T_1)$ $\cdot \left(\dfrac{1}{\varkappa - 1} - \dfrac{1}{n - 1} \right)$	$\delta W = -p\,dV$ $W_{12} = \dfrac{vR_m}{n - 1}(T_2 - T_1)$ $= \dfrac{p_2 V_2 - p_1 V_1}{n - 1}$

ziehungen bei den anderen Zustandsänderungen aufgefasst werden. Je nach Wahl des *Polytropenexponenten* n ergeben sich die Spezialfälle

- Isotherme $(n = 1)$,
- Isochore $(n = \infty)$,
- Isobare $(n = 0)$,
- Isentrope $(n = \varkappa)$.

O.3.5 Kreisprozesse

Durchläuft ein System eine Folge von Zustandsänderungen, sodass der Endzustand wieder mit dem Anfangszustand übereinstimmt, dann liegt ein *Kreisprozess* vor. Je nach Umlaufsinn im p, V-Diagramm unterscheidet man rechts- und linksläufige Kreisprozesse (Tabelle O-10).

Da die innere Energie U als Zustandsgröße bei einem vollständigen Umlauf keine Änderung erfährt, lautet der erste Hauptsatz bei Kreisprozessen:

$$\oint dU = 0 = \oint \delta W + \oint \delta Q = W + Q \; ;$$

$$(O\text{–}58)$$

W je Zyklus umgesetzte Arbeit,
Q je Zyklus umgesetzte Wärme.

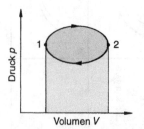

Bild O-3. *Rechtsläufiger Kreisprozess.*
helle Graufläche: zugeführte Volumenänderungsarbeit,
gesamte Graufläche: abgegebene Volumenänderungsarbeit, umfahrene Fläche: Nutzarbeit.

Tabelle O-10. Eigenschaften von Kreisprozessen.

Umlaufsinn	rechtsläufig	linksläufig
Bezeichnung	Kraftmaschinenprozess	Arbeitsmaschinenprozess
Wärmefluss	Wärme wird bei hoher Temperatur aufgenommen und bei tiefer Temperatur abgegeben.	Wärme wird bei tiefer Temperatur aufgenommen und bei hoher Temperatur abgegeben.
mechanische Arbeit	Differenz von zu- und abgeführter Wärme wird als mechanische Nutzarbeit abgegeben.	Differenz von ab- und zugeführter Wärme wird als mechanische Arbeit zugeführt.
Beispiele	Verbrennungsmotor, Wärmekraftmaschine	Kältemaschine, Wärmepumpe

Die umgesetzten Energiebeträge treten im p, V-Diagramm (Bild O-3) als Fläche der umfahrenen Figur auf.

Rechtsläufiger Carnot-Prozess

Der *Carnot'sche* Kreisprozess (Bild O-4) verläuft zwischen zwei Isothermen und zwei Isentropen. Er hat große theoretische Bedeutung, weil er den größten thermischen Wirkungsgrad besitzt, mit dem Wärme in mechanische Arbeit umgewandelt werden kann.

Die Energieumsätze auf den einzelnen Teilschritten sind in Tabelle O-11 zusammengestellt. Die auftretenden Energieströme sind im Bild O-5 anschaulich dargestellt. Dem System wird bei der hohen Temperatur T_3 Wärme zugeführt ($Q_{zu} = Q_{34}$); bei der tiefen Temperatur T_1 gibt das System Wärme an die Umgebung ab ($Q_{ab} = Q_{12}$). Je Umlauf wird die Nutzarbeit W abgegeben.

Das Verhältnis von betragsmäßig abgegebener Nutzarbeit $|W|$ und zugeführter Wärme Q_{zu}

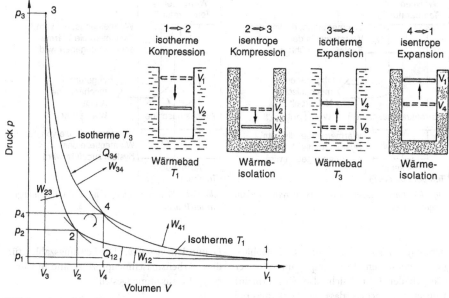

Bild O-4. Carnot'scher Kreisprozess.

Tabelle O-11. *Energieumsätze beim Carnot-Prozess.*

Prozessschritt	Arbeit	Wärme
1 → 2: isotherme Kompression	$W_{12} = \nu R_m T_1 \cdot \ln(V_1/V_2)$ zugeführt	$Q_{12} = -\nu R_m \cdot T_1 \ln(V_1/V_2)$ abgegeben
2 → 3: isentrope Kompression	$W_{23} = \nu C_{m V}(T_3 - T_1)$ zugeführt	–
3 → 4: isotherme Expansion	$W_{34} = -\nu R_m \cdot T_3 \ln(V_4/V_3)$ abgegeben	$Q_{34} = \nu R_m \cdot T_3 \ln(V_4/V_3)$ zugeführt
4 → 1: isentrope Expansion	$W_{41} = -\nu C_{m V} \cdot (T_3 - T_1)$ abgegeben	–

wird als *thermischer Wirkungsgrad* η_{th} einer Wärmekraftmaschine bezeichnet:

$$\eta_{th} = \frac{|W|}{Q_{zu}} . \qquad (O\text{–}59)$$

Mit den Gleichungen von Tabelle O-11 ergibt sich für die Nutzarbeit je Zyklus

$$W = W_{12} + W_{23} + W_{34} + W_{41}$$
$$= -\nu R_m \ln \frac{V_4}{V_3}(T_3 - T_1) .$$

Mit der Wärme $Q_{zu} = Q_{34}$ wird der thermische Wirkungsgrad des Carnot-Prozesses

$$\eta_{th, C} = \frac{T_3 - T_1}{T_3} = 1 - \frac{T_1}{T_3} ; \qquad (O\text{–}60)$$

T_3 Temperatur der Wärmequelle,
T_1 Temperatur der Wärmesenke.

Thermodynamische Temperatur

Der thermische Wirkungsgrad des Carnot-Prozesses hängt nur von den Temperaturen der beteiligten Wärmebäder ab, nicht aber vom Arbeitsmedium. Dadurch wird es möglich, die

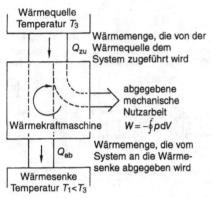

Bild O-5. Energieflussdiagramm beim rechtsläufigen Carnot-Prozess.

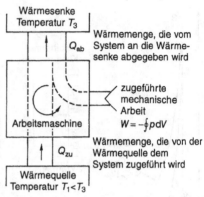

Bild O-6. Energieflussdiagramm beim linksläufigen Carnot-Prozess.

thermodynamische Temperatur stoffunabhängig zu definieren. Die Temperaturen zweier Wärmebäder lassen sich also (im Prinzip) dadurch vergleichen, dass der Wirkungsgrad eines Carnot-Prozesses bestimmt wird, der zwischen den Wärmebädern betrieben wird.

Linksläufiger Carnot-Prozess

Beim linksläufigen Kreisprozess treten Energieströme auf, die im Bild O-6 dargestellt sind. Es sind zwei Betriebsweisen möglich: *Kältemaschi-*

ne und *Wärmepumpe*. Die Leistungszahlen für diese Arbeitsmaschinenprozesse sind in Übersicht O-6 zusammengestellt.

Technische Kreisprozesse

Kreisprozesse, die in realen Maschinen ablaufen, können durch idealisierte *Vergleichsprozesse* angenähert werden (Tabelle O-12). Die Pfeile im p, V-Diagramm zeigen an, bei welchen Zustandsänderungen Wärme übertragen wird; die schraffierten Flächen stellen die Nutzarbeit dar.

Übersicht O-6. Leistungsziffer von Kältemaschine und Wärmepumpe.

	Kältemaschine		Wärmepumpe	
Definition der Leistungsziffer ε	$\varepsilon_K = \dfrac{Q_{zu}}{W} = \dfrac{\dot{Q}_{zu}}{P}$	(O–61)	$\varepsilon_W = \dfrac{|Q_{ab}|}{W} = \dfrac{|\dot{Q}_{ab}|}{P}$	(O–62)
Leistungsziffer des Carnot-Prozesses	$\varepsilon_{K,\,C} = \dfrac{T_1}{T_3 - T_1}$	(O–63)	$\varepsilon_{W,\,C} = \dfrac{T_3}{T_3 - T_1} = \dfrac{1}{\eta_{th,\,C}}$	(O–64)

$\dot{Q}_{zu}$ zugeführter Wärmestrom (dem kalten Wärmebad entzogen)
P zugeführte Leistung
$|\dot{Q}_{ab}|$ abgegebener Wärmestrom (an das Wärmebad hoher Temperatur)

Tabelle O-12. Technische Kreisprozesse.

		Bezeich-nung	p, V-Diagramm	Einzel-prozesse	thermischer Wirkungsgrad
Kolben-maschinen	Verbren-nungs-motoren	Seiliger-Prozess		2 Isentropen, 2 Isochoren, 1 Isobare	$\eta_{th} = 1 - \dfrac{T_5 - T_1}{T_3 - T_2 + \varkappa(T_4 - T_3)}$
		Otto-Prozess		2 Isentropen, 2 Isochoren	$\eta_{th} = 1 - \dfrac{1}{\left(\dfrac{V_1}{V_2}\right)^{\varkappa-1}}$
		Diesel-Prozess		2 Isentropen, 1 Isochoren, 1 Isobare	$\eta_{th} = 1 - \dfrac{\left(\dfrac{V_3}{V_2}\right)^{\varkappa} - 1}{\varkappa\left(\dfrac{V_3}{V_2} - 1\right)\left(\dfrac{V_1}{V_2}\right)^{\varkappa-1}}$
	Heißluft-motor	Stirling-Prozess		2 Isothermen, 2 Isochoren	$\eta_{th} = 1 - \dfrac{T_1}{T_3} = \eta_{th,\,C}$
Strömungs-maschinen	offene Gasturbine	Joule-Prozess		2 Isentropen, 2 Isobaren	$\eta_{th} = 1 - \dfrac{T_1}{T_2} = 1 - \left(\dfrac{p_1}{p_2}\right)^{\frac{\varkappa-1}{\varkappa}}$

Tabelle O-12. (Fortsetzung).

	Bezeichnung	p, V-Diagramm	Einzelprozesse	thermischer Wirkungsgrad
geschlossene Gasturbine	Ericsson-Prozess		2 Isothermen, 2 Isobaren	$\eta_{th} = 1 - \dfrac{T_1}{T_3} = \eta_{th,\,C}$
Dampfkraftanlagen	Clausius-Rankine-Prozess		2 Isentropen, 2 Isobaren	$\eta_{th} = \dfrac{h_3 - h_4}{h_3 - h_1} \approx 1 - \dfrac{h_4}{h_3}$

O.3.6 Zweiter Hauptsatz der Thermodynamik

Reversible und irreversible Prozesse

Zustandsänderungen eines Systems können *reversibel* (umkehrbar) oder *irreversibel* (nicht umkehrbar) sein.

> Ein Prozess ist reversibel, wenn bei seiner Umkehr der Ausgangszustand wieder erreicht werden kann, ohne dass eine Änderung in der Umgebung zurückbleibt; ist dies nicht möglich, dann ist der Prozess irreversibel.

Bei genauer Untersuchung zeigt es sich, dass alle natürlich ablaufenden Vorgänge irreversibel sind. Reversible Prozesse sind nur idealisierte Grenzfälle. Reversible Zustandsänderungen von Gasen (z. B. isotherme Expansion) sind denkbar, wenn die Prozessführung quasistatisch, d. h. über Gleichgewichtszustände, verläuft und wenn keine Reibung auftritt.

Beispiele für irreversible Zustandsänderungen sind

– Diffusion,
– Überströmprozesse (freie Expansion),
– Wärmeübergang,
– gedämpfte Schwingungen.

Formulierungen des zweiten Hauptsatzes

Es sind viele Prozesse in Übereinstimmung mit dem ersten Hauptsatz denkbar, die aber nicht realisierbar sind; sie verstoßen gegen den zweiten Hauptsatz. Eine klassische Formulierung lautet:

> Es gibt keine periodisch arbeitende Maschine, die Wärme aus einer Wärmequelle entnimmt und vollständig in mechanische Arbeit umwandelt.

Eine Maschine, die dies könnte, wird als *perpetuum mobile 2. Art* bezeichnet.

Die linksläufigen Kreisprozesse zeigen, dass es unter Arbeitsaufwand möglich ist, Wärme einem kalten Körper zu entziehen und bei einer höheren Temperatur wieder abzugeben (Wärmepumpe). Dagegen gilt:

Wärme geht nicht von selbst von einem kalten auf einen warmen Körper über.

Entropie

Mit Hilfe des Entropiebegriffs ist es möglich, den zweiten Hauptsatz mathematisch darzustellen. Für den reversibel geführten Carnot'-schen Kreisprozess lässt sich zeigen, dass die Summe von zu- und abgeführter Wärme, jeweils dividiert durch die Temperatur, bei der die Wärme umgesetzt wird, null ergibt:

$$\frac{Q_{12}}{T_1} + \frac{Q_{34}}{T_3} = 0 \, .$$

Diese Beziehung gilt etwas modifiziert für beliebige Kreisprozesse bei reversibler Führung:

$$\oint \frac{\delta Q_{rev}}{T} = 0 \, . \qquad (O\text{–}65)$$

Die Größe $\delta Q_{rev}/T$ ist nach Gl. O–2 das Differenzial einer Zustandsgröße, die als Entropie S bezeichnet wird (Übersicht O-7).

Der Nullpunkt der Entropie ist im Prinzip frei wählbar. Häufig wird in der Technik die Entropie eines Systems bei $\vartheta = 0\,°C$ null gesetzt. Der dritte Hauptsatz zeigt, dass die Entropie reiner Stoffe am absoluten Temperaturnullpunkt null ist.

In *adiabaten geschlossenen* Systemen sind nur solche Vorgänge möglich, bei denen die Entropie zunimmt:

$$dS \geqq 0 \, . \qquad (O\text{–}69)$$

Das Gleichheitszeichen gilt für reversible, das Größer-als-Zeichen für irreversible Prozesse. In

---

Übersicht O-7. Entropie.

Differenzial der Entropie	$$dS = \frac{\delta Q_{rev}}{T}$$	(O–66)
Entropie-differenz zwischen zwei Zuständen	$$\Delta S = S_2 - S_1 = \int\limits_1^2 \frac{\delta Q_{rev}}{T}$$	(O–67)
Entropie-differenz bei idealen Gasen	$$\Delta S = \nu \left[C_{mV} \ln \frac{T_2}{T_1} + R_m \ln \frac{V_2}{V_1} \right]$$ $$= \nu \left[C_{mp} \ln \frac{T_2}{T_1} + R_m \ln \frac{p_2}{p_1} \right]$$	(O–68)

S	Entropie, SI-Einheit $[S] = 1$ J/K
δQ_{rev}	reversibel umgesetzte Wärme
T_1, T_2	Temperatur ⎫
p_1, p_2	Druck ⎬ von Zustand 1 und 2
V_1, V_2	Volumen ⎭
ν	Stoffmenge
R_m	allgemeine Gaskonstante
C_{mp}, C_{mV}	isobare bzw. isochore molare Wärmekapazität

---

abgeschlossenen Systemen verlaufen alle Prozesse bei konstanter innerer Energie und ansteigender Entropie. Wenn die Entropie ein Maximum erreicht hat, liegt der Gleichgewichtszustand vor (Abschnitt O.4.3).

Aus der Definitionsgleichung für die Entropie folgt, dass in einem T, S-Diagramm die reversibel übertragene Wärme als Fläche unter der Kurve der Zustandsänderung abgelesen werden kann. Mit $\delta Q_{rev} = T\,dS$ ergibt sich

$$Q_{12,\,rev} = \int\limits_1^2 T\,dS \, . \qquad (O\text{–}70)$$

Bild O-7 zeigt das *Wärmeschaubild* des Carnot-Prozesses. Die zugeführte Wärme Q_{34} entspricht der Fläche unter der Geraden 3–4, die abgegebene Wärme Q_{12} ist die Fläche unter

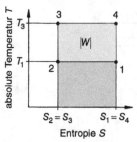

Bild O-7. *T, S-Diagramm des rechtsläufigen Carnot-Prozesses. W Arbeit; 1 bis 4 Zustandspunkte.*

der Geraden 1–2. Die Nutzarbeit entspricht wie beim p, V-Diagramm dem Flächeninhalt der umfahrenen Figur 1-2-3-4. Der thermische Wirkungsgrad ist das Verhältnis zwischen der umfahrenen Fläche und der Gesamtfläche.

Statistische Deutung der Entropie

Es besteht ein enger Zusammenhang zwischen der Entropie eines Systems in einem bestimmten Zustand und der Wahrscheinlichkeit der Realisierung dieses Zustandes. Nach BOLTZMANN gilt

$$S = k \ln W ; \qquad (O\text{-}71)$$

S　Entropie eines Systems,
k　Boltzmann-Konstante,
W　thermodynamische Wahrscheinlichkeit des Zustandes.

Der Entropieunterschied zweier Zustände 1 und 2 ist

$$\Delta S = S_2 - S_1 = k \ln(W_2/W_1) . \qquad (O\text{-}72)$$

Da in abgeschlossenen Systemen natürlich ablaufende Prozesse sowohl mit einem Anstieg der Entropie als auch einer Abnahme des Ordnungsgrades verknüpft sind (z. B. Mischung zweier vorher getrennter Gase), gilt:

> Die Entropie ist ein Maß für den Grad der Unordnung in einem System.

Exergie und Anergie

Die Erfahrung zeigt, dass nicht jede Energie in beliebige andere Energieformen umwandelbar ist. Während sich z. B. die mechanische Energie (kinetische und potenzielle) und die elektrische Energie praktisch unbeschränkt in andere Energieformen umwandeln lassen, ist die Umwandlung der inneren Energie oder der Wärme in andere Energieformen durch den zweiten Hauptsatz begrenzt. Der Anteil einer Energie, der unter Mitwirkung der Umgebung in jede andere Energieform umwandelbar ist, wird als *Exergie*, der nicht umwandelbare Anteil als *Anergie* bezeichnet. Es gilt folgende Beziehung:

> Energie = Exergie + Anergie .

Jede Energie lässt sich aufspalten in Exergie und Anergie, wobei ein Anteil auch null sein kann.

Als Beispiel soll die Exergie und Anergie der Wärme betrachtet werden. Die Exergie der Wärme ist jener Anteil, der sich in einem rechtsläufigen, reversibel geführten Kreisprozess mit der Umgebung als Wärmesenke in Nutzarbeit verwandeln lässt. Die Anergie ist die Abwärme des Kreisprozesses. Die Exergie E_Q einer bestimmten Wärmemenge Q bei der Temperatur T ergibt sich aus Nutzarbeit eines Carnot-Prozesses, der zwischen der Temperatur T und der Umgebungstemperatur T_u abläuft (Bild O-8):

$$E_Q = \eta_C Q . \qquad (O\text{-}73)$$

a)

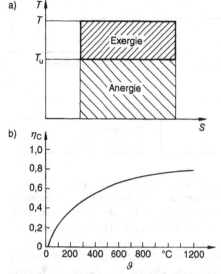

b)

Bild O-8. *Exergie und Anergie der Wärme Q(t) bei der Umgebungstemperatur T_u.*
a) Wärmeschaubild; b) Carnot-Faktor η_C für die Umgebungstemperatur $\vartheta_u = 20\,°C$.

η_C ist der als *Carnot-Faktor* bezeichnete thermische Wirkungsgrad des betrachteten Carnot-Prozesses:

$$\eta_C = 1 - T_u/T \,. \qquad (O–74)$$

Die Anergie A_Q der Wärme Q beträgt

$$A_Q = Q(1 - \eta_C) \,. \qquad (O–75)$$

Wie Bild O-8 zeigt, ist die Exergie der Wärme umso größer, je höher die Temperatur T und je niedriger die Umgebungstemperatur T_u ist.

Zur Abschätzung der sinnvollen Ausnutzung von Primärenergie ist der *exergetische Wirkungsgrad* besser geeignet als der thermische:

$$\zeta = |W|/E_{Q,\,zu} \,; \qquad (O–76)$$

ζ exergetischer Wirkungsgrad,
$|W|$ Betrag der abgegebenen Nutzarbeit,
$E_{Q,\,zu}$ Exergie der zugeführten Wärme Q_{zu}

Nach BAEHR lässt sich der zweite Hauptsatz folgendermaßen formulieren:

– Bei allen irreversiblen Prozessen verwandelt sich Exergie in Anergie.
– Nur bei reversiblen Prozessen bleibt die Exergie konstant.
– Es ist unmöglich, Anergie in Exergie zu verwandeln.

O.3.7 Thermodynamische Potenziale

Durch Kombination von bereits bekannten Zustandsgrößen lassen sich neue gewinnen. Von besonderer Bedeutung sind die *thermodynamischen Potenziale* (Tabelle O-13). Die Potenziale geben die Richtung an, in der spontane Prozesse (z. B. chemische Reaktionen) in isothermen Systemen verlaufen. Für das Gleichgewicht thermodynamischer Systeme sind die Minimalbedingungen entscheidend (Abschnitt O.4.3).

O.3.8 Dritter Hauptsatz der Thermodynamik

Entropieunterschiede verschiedener Phasen eines Stoffes verschwinden bei Annäherung an den absoluten Temperaturnullpunkt:

$$\lim_{T \to 0} \Delta S = 0 \,. \qquad (O–77)$$

Dieses *Nernst'sche Wärmetheorem* wurde von PLANCK erweitert:

Tabelle O-13. Thermodynamische Potenziale.

thermodynamisches Potenzial	$F = U - TS$ (O–76) freie Energie	$G = H - TS = U + pV - TS$ (O–77) freie Enthalpie
Richtung spontaner Prozesse	isotherm-isochores System: $\mathrm{d}F \overset{\mathrm{irr}}{\underset{\mathrm{rev}}{\leqq}} 0$	isotherm-isobares System: $\mathrm{d}G \overset{\mathrm{irr}}{\underset{\mathrm{rev}}{\leqq}} 0$
Gleichgewichtsbedingung	$F = \mathrm{Min}!$	$G = \mathrm{Min}!$
Differenzialquotienten	$p = -(\partial F/\partial V)_T$ $S = -(\partial F/\partial T)_V$	$V = (\partial G/\partial p)_T$ $S = -(\partial G/\partial T)_p$

$$\lim_{T \to 0} S = 0 . \qquad (O–78)$$

Die Entropie reiner Stoffe ist am absoluten Temperaturnullpunkt null.

Eine Konsequenz aus dieser Festlegung ist:

Der absolute Temperaturnullpunkt ist nicht erreichbar.

O.4 Reale Gase

Sind die Wechselwirkungen zwischen den Gasmolekülen nicht mehr zu vernachlässigen, so handelt es sich um *reale Gase*. Die spezifische Gaskonstante R_i wird mit dem *Realgasfaktor Z* korrigiert, um diese Wechselwirkungen zu beschreiben (Übersicht O-8).

O.4.1 Van-der-Waals'sche Zustandsgleichung

Die Zustandsgleichung $pV_m = R_m T$ (Übersicht O-2) ist bei *realen Gasen* um folgende zwei Korrekturglieder zu ergänzen:

– *Binnendruck* (a/V_m^2). Er trägt den Anziehungskräften (Kohäsion) zwischen den Gasmolekülen Rechnung.
– *Kovolumen* (b). Es beschreibt das Eigenvolumen der Gasmoleküle.

Übersicht O-9 zeigt den Verlauf von Isothermen der van-der-Waals'schen-Zustandsgleichung (für CO_2). Die schraffierten Teile sind nicht realistisch. Im ganzen grau unterlegten Gebiet (*Koexistenzgebiet*) sind die gasförmige und die flüssige Phase gleichzeitig vorhanden. Der höchste Punkt des Koexistenzgebietes ist der kritische Punkt mit der kritischen Temperatur T_k, dem kritischen Druck p_k und dem kritischen Volumen V_{mk}.

Gase lassen sich durch Druck nur *unterhalb der kritischen Temperatur T_k* verflüssigen (Tabelle O-14).

O.4.2 Gasverflüssigung (Joule-Thomson-Effekt)

Bei einem realen Gas ist wegen der zwischenmolekularen Wechselwirkungen (Kohäsionskräfte) und des Eigenvolumens der Moleküle die innere Energie U *volumen-* und *druckabhängig*. Wird deshalb ein reales Gas ohne Wärmeübertragung (adiabat) und ohne Arbeitsverrichtung (Drosselung) entspannt, dann *kühlt* es sich ab (*Joule-Thomson-Effekt*). Zur Überwindung der zwischenmolekularen Anziehungskräfte muss Energie aufgewendet werden, die aus dem Vorrat der inneren Energie genommen wird. Die druckbezogenen Temperaturdifferenzen betragen für Luft $\Delta T/\Delta p = 2{,}5$ K/MPa und für Kohlendioxid $\Delta T/\Delta p = 7{,}5$ K/MPa. Eine Abkühlung tritt nur ein, wenn die Anfangstemperatur *unterhalb der*

Übersicht O-8. Dichte realer Gase und Realgas-faktor.

Dichte idealer Gase	Dichte realer Gase
$\varrho = \dfrac{p}{R_i T}$	$\varrho = \dfrac{p}{Z R_i T}$

Verlauf des Realgasfaktors von Luft

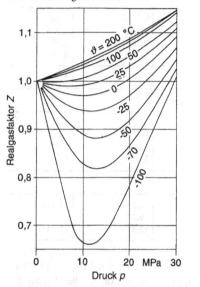

Dichte eines Gasgemisches

$$\varrho_G = \frac{\sum \varrho_i V_i}{V}$$

p	Druck
R_i	individuelle Gaskonstante
T	Temperatur
V	Volumen
V_i	Volumen des i-ten Gases
Z	Realgasfaktor
ϱ	Dichte
ϱ_G	Dichte eines Gasgemisches

Inversionstemperatur T_i ist (Luft: 490 °C, Wasserstoff: −80 °C). Die Inversionstemperatur lässt sich aus der van-der-Waals'schen Zustandsgleichung berechnen:

$$T_i \approx 2a/(R_m b).$$

Übersicht O-9. Van-der-Waals'sche Zustandsgleichung, Verlauf im p, V-Diagramm für CO₂.

van-der-Waals'sche Zustandsgleichung

$$\left(p + \frac{a}{V_m^2}\right)(V_m - b) = R_m T$$

Isothermen für CO_2 im p, V-Diagramm

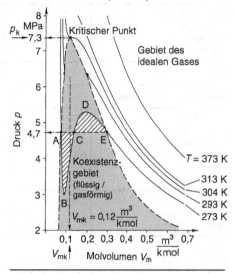

kritische Werte

$$V_{mk} = 3b \; ; \quad T_k = \frac{8a}{27 b R_m} \; ; \quad p_k = \frac{a}{27 b^2}$$

$$\frac{p_k V_{mk}}{T_k} = \frac{3}{8} R_m \; ; \quad Z_k = \frac{p_k V_{mk}}{R_m T_k} = \frac{3}{8}$$

$$a = 3 p_k V_{mk}^2 \; ; \quad b = \frac{V_{mk}}{3}$$

a, b	van-der-Waals'sche Konstante
p, p_k	Druck bzw. kritischer Druck
R_m	allgemeine Gaskonstante
T, T_k	Temperatur bzw. kritische Temperatur
V_m	molares Volumen
V_{mk}	kritisches molares Volumen
Z_k	Realgasfaktor am kritischen Punkt

Tabelle O-14. Kritische Temperatur T_k, kritischer Druck p_k sowie van-der-Waals'sche Kostanten a und b verschiedener Stoffe.

Stoff	T_k K	p_k MPa	a $10^5 \dfrac{N \cdot m^4}{kmol^2}$	b $10^{-2} \dfrac{m^3}{kmol}$
Elemente				
Wasserstoff (H_2)	33,240	1,296	0,2486	2,666
Helium (He)	5,2010	0,2275	0,0347	2,376
Stickstoff (N_2)	126,20	3,400	1,366	3,858
Sauerstoff (O_2)	154,576	5,043	1,382	3,186
Luft	132,507	3,766	1,360	3,657
anorganische Verbindungen				
Chlor (Cl_2)	417	7,70	6,59	5,63
Wasser (H_2O)	647,30	22,120	5,5242	3,041
Ammoniak (NH_3)	405,6	11,30	4,246	3,730
Kohlendioxid (CO_2)	304,2	7,3825	3,656	4,282
organische Verbindungen				
Methan (CH_4)	190,56	4,5950	2,3047	4,310
Propan (C_3H_8)	370	4,26	9,37	9,03
Butan (C_4H_{10})	425,18	3,796	13,89	11,64

In der Praxis wird in einer Kältemaschine nach dem *Linde-Verfahren* Luft mit 20 MPa über ein Drosselventil auf etwa 2 MPa entspannt. Dabei entsteht eine Abkühlung von (20 MPa – 2 MPa) · 2,5 K/MPa = 18 MPa · 2,5 K/MPa = 45 K. Anschließend wird die Luft in einem Kompressor wieder auf 20 MPa verdichtet, und der Prozess läuft erneut ab.

Übersicht O-10. Technisch bedeutsame Temperaturen.

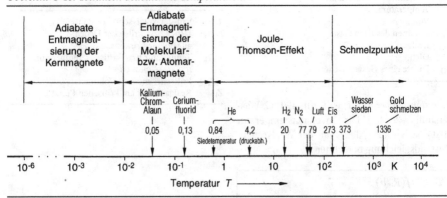

Übersicht O-11. Phasenübergänge und spezifische Enthalpie als Funktion der Temperatur.

Phasenübergänge und Enthalpien

von \ nach	fest	flüssig	gasförmig
fest	Modifikationsänderung (Modifikationsenthalpie ΔH_M)	Schmelzen (Schmelzenthalpie ΔH_S)	Sublimieren (Sublimationsenthalpie $\Delta H_{sub} = \Delta H_S + \Delta H_V$)
flüssig	Erstarren (Erstarrungsenthalpie $-\Delta H_S$)	–	Sieden (Verdampfungsenthalpie ΔH_V)
gasförmig	Desublimieren (Desublimationsenthalpie $-\Delta H_{Sub} = -\Delta H_S - \Delta H_V$)	Kondensieren (Kondensationsenthalpie $-\Delta H_V$)	–

Temperaturverlauf der spezifischen Enthalpie (Wasser)

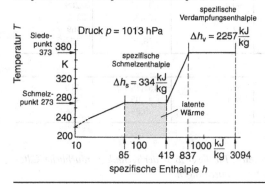

Um zu tieferen Temperaturen zu gelangen, als es der Joule-Thomson-Prozess ermöglicht, müssen *magnetische Effekte* herangezogen werden (adiabate Entmagnetisierung von Molekülen, Atomen oder Atomkernen). In ihnen werden geordnete Strukturen (magnetische Bereiche) in ungeordnete überführt. Dadurch wird dem Stoff Wärme entzogen.

O.4.3 Phasenumwandlungen

Eine Phase ist ein räumlich abgegrenztes Gebiet mit *gleichen physikalischen Eigenschaften*. Die Phasen fest, flüssig und gasförmig

werden auch *Aggregatzustände* genannt. Allen *Phasenübergängen* ist gemeinsam, dass Wärme zu- oder abgeführt werden muss (latente Wärme), ohne dass sich die Temperatur ändert (z. B. dient die Energiezufuhr bei der Umwandlung der festen in die flüssige Phase dazu, das Festkörpergitter aufzubrechen). Die bei konstantem Druck und konstanter Temperatur zugeführte Wärme erhöht die *Enthalpie* der Substanz: $H_{flüssig} = H_{fest} + \Delta H_S$. ΔH_S wird als *Schmelzenthalpie* bezeichnet.

Wird ein fester Körper in einer Flüssigkeit gelöst, dann wird die dazu benötigte Wärmemenge der Flüssigkeit entzogen; sie

Tabelle O-15. Schmelz- und Verdampfungstemperaturen sowie spezifische Schmelzenthalpie Δh_S und spezifische Verdampfungsenthalpie Δh_V verschiedener Stoffe beim Normdruck $p_n = 1013\,hPa$.

Stoff	Schmelzen		Verdampfen	
	ϑ °C	Δh_S kJ/kg	ϑ °C	Δh_V kJ/kg
Elemente				
Wasserstoff (H_2)	−259,15	58,6	−252,75	461
Helium (He)	−270,7	3,52	−268,94	20,9
Stickstoff (N_2)	−209,85	25,75	−195,75	201
Sauerstoff (O_2)	−218,75	13,82	−182,95	214
Luft	−213		−192,3	197
anorganische Verbindungen				
Chlor (Cl_2)	−100,95	90,4	−34,45	289
Wasser (H_2O)	0,00	335	100,00	2257
Ammoniak (NH_3)	−80	339	−33,45	1369
Kohlendioxid (CO_2)	−56,55	184	−78,45	574
organische Verbindungen				
Methan (CH_4)	−182,45	58,6	−161,45	510
Propan (C_3H_8)	−187,65	80,0	−42,05	426
Butan (C_4H_{10})	−138,35	77,5	−0,65	386

kühlt ab. Damit können tiefere Temperaturen (Kältemischungen) oder niedrigere Erstarrungspunkte (z. B. von Wasser) erreicht werden (Tabelle O-16).

O.4.3.1 Thermodynamisches Gleichgewicht

Gleichgewicht herrscht in einem System, wenn der physikalische Zustand des Systems gleichbleibt. Ein stabiles Gleichgewicht liegt vor, wenn die treibenden Kräfte verschwinden (z. B. Minimum der potenziellen Energie in der Mechanik). Je nach Systemzustand treten in der Thermodynamik fünf Gleichgewichtszustände auf (Tabelle O-17).

Bei den Übergängen gasförmig-flüssig und flüssig-fest sind die Drücke von der Temperatur abhängig. Sie werden durch *Dampfdruckkurven* bzw. *Schmelzdruckkurven* beschrieben (Übersicht O-12). Wie beispielsweise die

Tabelle O-16. In der Technik gebräuchliche Kältemischungen.

Kältemischung	Erstarrungs- temperatur ϑ °C
100 g Wasser + 23 g Ammoniumchlorid	−16
100 g Wasser + 143 g Calciumchlorid	−55
100 g Wasser + 84 g Magnesiumchlorid	−34
100 g Wasser + 31 g Natriumchlorid	−21

Dampfdruckkurve zeigt, steigt der Siedepunkt mit zunehmendem Druck.

Der Siedepunkt eines Lösungsmittels steigt um die Siedepunktserhöhung $\Delta\vartheta$ wenn in ihm ein Stoff gelöst wird.

Tabelle O-17. Gleichgewichtsbedingungen.

	isobar $dp = 0$	isochor $dV = 0$	isotherm $dT = 0$	$dU = 0$	adiabat $\delta Q = 0$
Maximum der Entropie $dS \geqq 0$					
Minimum der freien Enthalpie $dG \leqq 0$					
Minimum der freien Energie $dF \leqq 0$					
Minimum der Enthalpie $dH \leqq 0$					
Minimum der inneren Energie $dU \leqq 0$					

$$\text{freie Enthalpie} \longmapsto G = \overbrace{U + \underbrace{pV - TS}_{\text{freie Energie } F}}^{\text{Enthalpie } H}$$

F freie Energie $(F = U - TS)$
G freie Enthalpie $(G = U + pV - TS)$
H Enthalpie $(H = U + pV)$
p Druck

T Temperatur
S Entropie
U innere Energie
V Volumen

$$\Delta\vartheta = E\,\frac{m}{m_{fl}M_r}\;;$$

E ebullioskopische Konstante (Tabelle O-18),

m, m_{fl} Masse der gelösten Substanz bzw. des Lösungsmittels,

M_r relative Molekülmasse der gelösten Substanz.

Tabelle O-18. Ebullioskopische Konstanten.

Lösungsmittel	ebullioskopische Konstante E 10^3 K
Ammoniak	0,34
Wasser	0,52
Ethanol	1,07
Diethylether	1,83
Schwefelkohlenstoff	2,29
Benzol	2,64
Essigsäure	3,07
Chloroform	3,80
Tetrachlorkohlenstoff	4,88

Übersicht O-12. Dampfdruck- und Schmelz-druckkurve.

Gleichgewicht flüssig – gasförmig

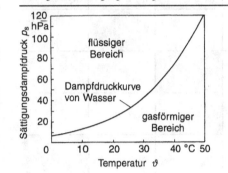

Steigung der Dampfdruckkurve

$$\frac{\mathrm{d}p_s}{\mathrm{d}T} = \frac{\Delta H_{mv}}{(V_m^D - V_m^{Fl})T}$$

$$\ln\left(\frac{p_s}{p_{s0}}\right) = -\frac{\Delta H_{mv}}{R_m T} + c$$

Dampfdruckkurve vieler Substanzen

$$\ln\left(\frac{p_s}{p_{s0}}\right) = -\frac{a}{T} - b\ln(T/T_0) + c$$

$$p_s \sim e^{-\frac{\Delta H_{ms}}{R_m T}}$$

Gleichgewicht fest – flüssig

Steigung der Schmelzdruckkurve

$$\frac{\mathrm{d}p_f}{\mathrm{d}T} = \frac{\Delta H_{ms}}{(V_m^{Fl} - V_m^{Fest})T}$$

Der Kurvenverlauf ist ähnlich dem bei flüssig-gasförmig, aber steiler, da Volumenänderung $V_m^{Fl} - V_m^{Fest}$ kleiner.

a, b, c	substanzabhängige Konstanten
ΔH_{ms}	molare Schmelzenthalpie
ΔH_{mv}	molare Verdampfungsenthalpie
p_f	Schmelzdruck
p_s	Sättigungsdampfdruck
p_{s0}	Sättigungsdampfdruck bei T_0
R_m	molare Gaskonstante $R_m = 8,314 \, \mathrm{J/(mol \cdot K)}$
T	Temperatur
V_m^D	molares Volumen Dampf
V_m^{Fl}	molares Volumen Flüssigkeit
V_m^{Fest}	molares Volumen fest

O.4.3.2 Koexistenz dreier Phasen

Die Phasengrenzen zwischen den Aggregat-zuständen fest, flüssig und gasförmig sind vom Druck p, der Temperatur T und vom Volumen V abhängig. Dies beschreibt ein Zustandsdiagramm, wie es Bild O-9 zeigt. Die grauen Gebiete sind Gleichgewichtsgebiete zwischen Festkörper und Flüssigkeit (1), Flüssigkeit und Gas (2) sowie Festkörper und Gas (3). Im *Tripelpunkt* T_{Tr} stehen die feste, die flüssige und die gasförmige Phase im Gleichgewicht. Der Tripelpunkt des Wassers dient zur Festlegung der Temperatureinheit Kelvin (T_{Tr} = 273,16 K; p_{Tr} = 612 Pa).

Die *Gibbs'sche* Phasenregel beschreibt die Anzahl der physikalischen Größen (z. B. Druck p und Temperatur T), die frei vari-ierbar sind, um einen bestimmten Zustand einzustellen:

$$f = k + 2 - P \, ;$$

f Anzahl der Freiheitsgrade,
k Anzahl der unabhängigen chemischen Komponenten,
P Anzahl der Phasen.

O.4.4 Dämpfe und Luftfeuchtigkeit

In der Klimatechnik werden vor allem *Luft-Wasserdampf-Gemische* berechnet und die Anlagen entsprechend ausgelegt. Dabei wer-den vor allem Luftmassen befeuchtet oder getrocknet (Übersicht O-13).

Für klimatechnische Berechnungen werden *Mollier-Diagramme* verwendet (Bild O-10).

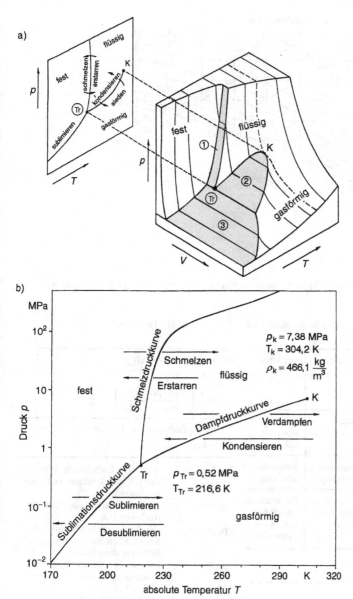

Bild O-9. *Zustandsdiagramm (a) und p, T-Diagramm (b) für CO₂.*

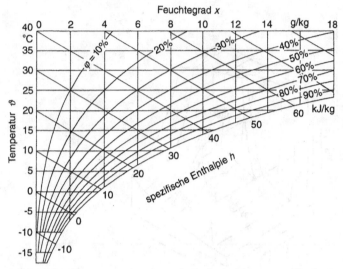

Bild O-10. *h, x-Diagramm nach* MOLLIER *für feuchte Luft bei* $p = 1013$ hPa *(VDI-Richtlinie 2067, Blatt 3).*

Übersicht O-13. Aufgaben der Klimatechnik und ihre physikalischen Größen.

Aufgaben / technische Lösung	Befeuchten	Trocknen
Mischung von Luftmassen	Zufuhr feuchter Luft	Zufuhr trockener Luft
Wärmezu- bzw. -abfuhr	Temperaturabsenkung	Temperaturerhöhung
Wasserzu- bzw. -abfuhr	Wasserzufuhr (durch Einsprühen)	Wasserentzug (durch Abkühlen unter Taupunkt)

Druck der feuchten Luft p_{Fl}
$p_{Fl} = p_{TL} + p_D$

absolute Luftfeuchtigkeit φ_a
$\varphi_a = m_D / V_{FL}$

relative Luftfeuchtigkeit φ
$\varphi = p_D / p_S$

Feuchtegrad x
$x = m_D / m_{TL}$

Übersicht O-13. (Fortsetzung).

Dichte der feuchten Luft ϱ_{FL}

$\varrho_{FL} = \varrho_{TL} + \varrho_D$

$$\varrho_{FL} = \frac{1}{T} \left(\frac{p_{FL} - p_D}{R_{iTL}} + \frac{p_D}{R_{iD}} \right)$$

spezifische Enthalpie feuchter Luft h_{FL}

$h_{FL} = h_{TL} + x h_D$

h_D, h_{FL}, h_{TL}	spezifische Enthalpie des Wasserdampfs, der feuchten Luft, der trockenen Luft
m_D, m_{TL}	Masse des Wasserdampfs bzw. der trockenen Luft
p_D, p_{FL}, p_{TL}	Druck des Wasserdampfs, der feuchten Luft, der trockenen Luft
p_S	Sättigungsdampfdruck
R_{iD}, R_{iTL}	individuelle Gaskonstante des Wasserdampfs bzw. der trockenen Luft
T	absolute Temperatur
V_{FL}	Volumen der feuchten Luft
x	Feuchtegrad
φ, φ_a	relative bzw. absolute Luftfeuchtigkeit
$\varrho_D, \varrho_{FL}, \varrho_{TL}$	Dichte des Wasserdampfs, der feuchten Luft, der trockenen Luft

P Wärme- und Stoffübertragung

Die *Wärmeübertragung* befasst sich mit dem *Übergang der Wärmeenergie* von Fluiden auf feste Trennbauteile oder zwischen unterschiedlichen Bereichen in Fluiden oder Festkörpern sowie dem Wärmetransport durch Festkörper, stehende Flüssigkeiten und Gase, wenn räumliche Temperaturunterschiede vorhanden sind. *Wärmeleitung, Konvektion* und *Wärmestrahlung* sind die Mechanismen der Wärmeübertragung (Übersicht P-1). Charakteristisch ist dabei der jeweilige *Wärmeübergangskoeffizient* für die Wärmeübertragungssituation; im Allgemeinen hängt dieser sowohl von der Zeit, aber auch von den äußeren Einflussgrößen, wie z. B. von Geometrie, Stoffwerten und Temperatur, ab.

Die *Stoffübertragung* umfasst das Gebiet des *Stofftransports* in Fluiden unter dem Einfluss von Dichteunterschieden oder Druckgradienten. Diffusion bezeichnet dabei den Stofftransport einer Stoffkomponente in einem Fluidgemisch, wenn örtliche Konzentrationsunterschiede vorhanden sind. Konvektion wiederum ist ein Stofftransport im Fluid, der mit einer gleichzeitigen Wärmeübertragung verknüpft ist.

P.1 Wärmeleitung

Das *Fourier'sche Grundgesetz des Wärmetransports* beschreibt den Zusammenhang zwischen der Ursache eines Wärmetransports, einem räumlichen Temperaturgefälle in einer Raumrichtung und dem dadurch bewirkten Wärmestrom durch eine Grenzfläche senkrecht zur Temperaturgradientenrichtung:

$$j_q = -\lambda \frac{\partial \vartheta}{\partial n} ; \qquad \text{(P-1)}$$

j_q Wärmestromdichte,
λ Wärmeleitfähigkeit,
n Raumrichtung,
$\partial \vartheta / \partial n$ Temperaturgradient in Raumrichtung n.

Übersicht P-1. Wärmeübertragungsmechanismen.

Wärmeübertragung		
Wärmeleitung	Konvektion	Wärmestrahlung
Energieübertragung gekoppelter Gitterschwingungen (Phononentransport) und durch bewegliche Ladungsträger (freie Elektronenbewegung)	Wärmeübertragung durch die freie oder erzwungene Strömung von Materie (Massentransport)	Wärmeübertragung durch elektromagnetische Strahlung (Photonentransport)

© Springer-Verlag GmbH Deutschland 2017
E. Hering, R. Martin, M. Stohrer, *Taschenbuch der Mathematik und Physik*, DOI 10.1007/978-3-662-53419-9_15

Tabelle P-1. Wärmetechnische Stoffwerte.

Stoff	ϑ $°C$	ϱ $10^3 \, \dfrac{kg}{m^3}$	c_p $\dfrac{J}{kg \cdot K}$	λ $\dfrac{W}{m \cdot K}$	a $10^6 \, \dfrac{m^2}{s}$
Festkörper					
Aluminium	20	2,70	920	221	88,89
Eisen	20	7,86	465	67	18,33
Grauguss	20	ca. 7,2	545	ca. 50	ca. 13
Stahl 0.6 C	20	7,84	460	46	12,78
Gold	20	19,30	125	314	130,57
Kupfer	20	8,90	390	393	113,34
Schamottestein	100	1,7	835	0,5	0,35
Normalbeton	10	2,4	880	$2,1^R$	1,0
Gasbeton	10	0,5	850	$0,22^R$	0,5
Ziegelstein	10	1,2	835	$0,5^R$	0,5
Eis	0	0,92	1930	2,2	1,25
Schnee	0	0,1	2090	0,11	0,53
Fichtenholz	10	0,6	2000	$0,13^R$	0,11
Polystyrol fest	20	1,05	1300	0,17	0,125
Glas	20	2,5	800	0,8	0,4
Schaumglas	10	0,1	800	$0,045^R$	0,6
Mineralfaser	10	0,2	800	$0,04^R$	0,3
Kies	20	1,8	840	0,64	0,42
Flüssigkeiten					
Wasser	20	0,998	4182	0,600	0,144
Wärmeträgeröl	20	0,87	1830	0,134	0,084
Kältemittel R12	−20	1,46	900	0,086	0,065
Ethanol	20	0,789	2400	0,173	0,091
Heizöl	20	0,92	1670	0,12	0,078
Quecksilber	0	13,55	138	0,143	5,62
Gase					
Luft	20	0,00119	1007	0,026	21,8
Kohlendioxid	0	0,00195	827	0,015	9,08
Wasserdampf	150	0,00255	2320	0,031	5,21
Helium	0	0,00018	5200	0,143	153
Wasserstoff	0	0,00009	14 050	0,171	135

ϑ Temperatur $\qquad\qquad$ λ Wärmeleitfähigkeit (*R*: Rechenwert DIN 4108-4)
ϱ Dichte $\qquad\qquad\qquad\;$ a Temperaturleitfähigkeit
c_p spezifische Wärmekapazität bei konstantem Druck

Die *Wärmeleitfähigkeit* ist eine Stoffkonstante des Wärmekontakts zwischen den Bereichen unterschiedlicher Temperatur. Die Werte der Wärmeleitfähigkeit sind sehr unterschiedlich; bei ruhenden Gasen besonders niedrig, bei elektrisch gut leitenden Metallen besonders hoch (Tabelle P-1). *Wärmedämmstoffe* sind porosierte, luft- oder schwergasgeschäumte sowie faserartige Stoffe mit einer Wärmeleitfähigkeit $\lambda < 0{,}1\,\text{W}/(\text{m} \cdot \text{K})$. Die Wärmeleitfähigkeit ist abhängig von der Dichte, der elektrischen Leitfähigkeit, der Temperatur und dem Feuchtegehalt des Materials. Zur Beurteilung des Wärmeschutzes im Hochbau dürfen daher nur *Rechenwerte der Wärmeleitfähigkeit* λ_R benutzt werden, welche entsprechende Zuschläge zu den experimentell im trockenen Zustand bei $10\,°\text{C}$ bestimmten Werten enthalten. Für einige Abhängigkeiten der Wärmeleitfähigkeit lassen sich Näherungsgleichungen angeben (Tabelle P-2).

Der Wärmetransport durch Wärmeleitung in Festkörpern, stehenden Flüssigkeiten und ruhenden Gasen beschreibt die *Fourier'sche*

Differenzialgleichung für die Wärmeleitung und das *Temperaturfeld im Wärmeleiter:*

Wärmestromdichte

$$c\varrho\frac{\partial\vartheta}{\partial t} = \dot{f} - \left(\frac{\partial j_{qx}}{\partial x} + \frac{\partial j_{qy}}{\partial y} + \frac{\partial j_{qz}}{\partial z}\right)$$

Temperaturfeld

$$c\varrho\frac{\partial\vartheta}{\partial t} = \dot{f} - \lambda\left(\frac{\partial^2\vartheta}{\partial x^2} + \frac{\partial^2\vartheta}{\partial y^2} + \frac{\partial^2\vartheta}{\partial z^2}\right)$$

stationär $\partial\vartheta/\partial t = 0$
wärmequellenfrei $\dot{f} = 0$
(Laplace-Gleichung)

$$\frac{\partial^2\vartheta}{\partial x^2} + \frac{\partial^2\vartheta}{\partial y^2} + \frac{\partial^2\vartheta}{\partial z^2} = 0 ; \qquad \text{(P–2)}$$

$\partial\vartheta/\partial t$ zeitliche Änderung der Temperatur,
$\partial^2\vartheta/\partial x^2, \partial^2\vartheta/\partial y^2, \partial^2\vartheta/\partial z^2$ räumlicher Differenzialquotient des Temperaturfeldes $\vartheta(x, y, z, t)$,
$\partial j_{qx}/\partial x, \partial j_{qy}/\partial y, \partial j_{qz}/\partial z$ räumliche Gradienten der Wärmestromdichte,
$\dot{f}$ Energiedichte der internen Wärmequellen und Wärmesenken,
c spezifische Wärmekapazität,
ϱ Dichte,
λ Wärmeleitfähigkeit.

Rand- und Anfangsbedingungen bestimmen die Lösungen dieser partiellen Differenzialgleichungen der Wärmeleitung. Lösungen der stationären, wärmequellenfreien *Laplace-Gleichung* sind für die einfachen Geometrien der Platte, des Zylinders und der Kugel geschlossen angebbar (Tabelle P-3). Für die wärmetechnische Planung von wärmegedämmten Bauteilen im Hochbau ist besonders der Spezialfall der ebenen ausgedehnten Platte von Bedeutung (Tabellen P-4 und P-5).

Die Lösungen der instationären Fourier-Differenzialgleichung sind selbst in geometrisch einfachen Fällen mathematisch kompliziert

Tabelle P-2. *Abhängigkeit der Wärmeleitfähigkeit.*

Stoffgruppe	Wärmeleitfähigkeitsabhängigkeit
Metalle	$\lambda = 2{,}45 \cdot 10^{-8}\,\dfrac{\text{V}^2}{\text{K}^2}\,T\varkappa$ Wiedemann-Franz'sches Gesetz
Isolatoren	$\lambda = \dfrac{1}{3}\varrho c c_s l_{\text{Ph}}$ $\lambda \sim T^{-3} \quad (T \ll T_D)$ $\lambda \sim T^{-1} \quad (T \gg T_D)$
lufttrockene porosierte Baustoffe $(400\,\text{kg/m}^3 \leqq \varrho \leqq 2500\,\text{kg/m}^3)$	$\lambda = a\,e^{b\varrho}$ $a = 0{,}072\,\text{W}/(\text{m} \cdot \text{K})$ $b = 1{,}16 \cdot 10^{-3}\,\text{m}^3/\text{kg}$

T	absolute Temperatur
$\varkappa$	elektrische Leitfähigkeit
ϱ	Dichte
c	spezifische Wärmekapazität
c_s	Schallgeschwindigkeit
l_{Ph}	freie Phonon-Weglänge
T_D	Debye-Temperatur

Tabelle P-3. Stationäre Wärmeübertragung durch Wärmeleitung.

Geometrie	planparallele Platte (eindimensionaler Fall)	zylindrisches Rohr (zweidimensionaler Fall)	Hohlkugel (dreidimensionaler Fall)
	j_{qx}, T_1, $T_2 < T_1$, s	r_2, r_1, T_1, j_{qr}, h, $T_2 < T_1$	r_1, T_1, r_2, $T_2 < T_1$
Fourier-Grundgleichung	$j_{qx} = -\lambda \dfrac{dT}{dx}$ $\dot{Q} = j_{qx} A$	$j_{qr} = -\lambda \dfrac{dT}{dr}$ $\dot{Q} = j_{qr} 2\pi r h$	$j_{qr} = -\lambda \dfrac{dT}{dr}$ $\dot{Q} = j_{qr} 4\pi r^2$
Temperaturprofil	$T = T_1 - \dfrac{T_1 - T_2}{s} x$	$T = \dfrac{T_1 \ln \dfrac{r}{r_2} - T_2 \ln \dfrac{r}{r_1}}{\ln \dfrac{r_1}{r_2}}$	$T = \dfrac{(r_2 T_2 - r_1 T_1)}{r_2 - r_1} + \dfrac{r_1 r_2 (T_2 - T_1)}{(r_2 - r_1)} \dfrac{1}{r}$
Wärmestrom, einschichtige Trennwand	$j_{qx} = \dfrac{\lambda}{s}(T_1 - T_2)$	$j_{qr} = \dfrac{\lambda}{r} \dfrac{1}{\ln \dfrac{r_2}{r_1}}(T_1 - T_2)$ $\dfrac{\dot{Q}}{h} = \dfrac{2\pi\lambda}{\ln \dfrac{r_2}{r_1}}(T_1 - T_2)$	$j_{qr} = \dfrac{\lambda}{r^2} \dfrac{r_1 r_2}{r_1 - r_2}(T_1 - T_2)$ $\dot{Q} = \dfrac{4\pi\lambda}{\dfrac{1}{r_1} - \dfrac{1}{r_2}}(T_1 - T_2)$
Wärmestrom mehrschichtige Trennwand	$j_{qx} = \dfrac{T_1 - T_2}{\dfrac{s_1}{\lambda_1} + \dfrac{s_2}{\lambda_2} + \dfrac{s_3}{\lambda_3}}$	$\dfrac{\dot{Q}}{h} = \dfrac{2\pi(T_1 - T_2)}{\dfrac{1}{\lambda_1}\ln\dfrac{r_2}{r_1} + \dfrac{1}{\lambda_2}\ln\dfrac{r_3}{r_2} + \dfrac{1}{\lambda_3}\ln\dfrac{r_4}{r_3}}$	$\dot{Q} = \dfrac{4\pi(T_1 - T_2)}{\dfrac{1}{\lambda_1}\left(\dfrac{1}{r_1} - \dfrac{1}{r_2}\right) + \dfrac{1}{\lambda_2}\left(\dfrac{1}{r_2} - \dfrac{1}{r_3}\right) + \dfrac{1}{\lambda_3}\left(\dfrac{1}{r_3} - \dfrac{1}{r_4}\right)}$

Tabelle P-4. Temperaturverlauf in einer mehrschichtigen Wand im Beharrungszustand.

Modell	

(Tabelle P-6). Charakteristische Kenngrößen für instationäre Wärmeleitungsvorgänge sind:

Kenngröße	Definition	Wärmeübertragungsart
Wärmeeindringkoeffizient	$b = \sqrt{\lambda c_p \varrho}$	Aufheizen, Abkühlen, Kontakttemperatur
Temperaturleitfähigkeit	$a = \dfrac{\lambda}{c_p \varrho}$	Temperaturzyklen, schnelle Änderungen

b Wärmeeindringkoeffizient,
a Temperaturleitfähigkeit,
c_p spezifische Wärmekapazität,
λ Wärmeleitfähigkeit,
ϱ Dichte.

Wärmestromdichte	$j_q = U(\vartheta_{Li} - \vartheta_{La})$
Wärmedurchgangswiderstand	$R_T = R_{si} + \dfrac{s_1}{\lambda_1} + \dfrac{s_2}{\lambda_2} + \dfrac{s_3}{\lambda_3} + \dfrac{s_4}{\lambda_4} + R_{se}$
Temperaturverlauf	$\vartheta_{si} = \vartheta_i - R_{si} j_q$ $\vartheta_1 = \vartheta_{si} - \dfrac{s_1}{\lambda_1} j_q$ $\vartheta_2 = \vartheta_1 - \dfrac{s_2}{\lambda_2} j_q$ $\vartheta_3 = \vartheta_2 - \dfrac{s_3}{\lambda_3} j_q$ $\vartheta_{se} = \vartheta_3 - \dfrac{s_4}{\lambda_4} j_q = \vartheta_e + R_{se} j_q$

U	Wärmedurchgangskoeffizient
s	Schichtdicke
λ	Wärmeleitfähigkeit
R_{si}	Wärmeübergangswiderstand, innen
R_{sa}	Wärmeübergangswiderstand, außen
ϑ_i	Innentemperatur
ϑ_e	Außentemperatur
ϑ_{se}	Oberflächentemperatur, außen
ϑ_{si}	Oberflächentemperatur, innen
$\vartheta_1, \vartheta_2, \vartheta_3$	Schichttemperaturen

Die Kontakttemperatur, die sich beim Berühren zweier Halbkörper mit unterschiedlicher Temperatur einstellt, hängt von den Wärmeein-

Tabelle P-5. Eindimensionaler Wärmetransport durch ein- und mehrschichtige Bauteile.

Größe	Beziehung
Wärmedurchlasswiderstand R	einschichtig $\dfrac{1}{\Lambda} = R = \dfrac{s}{\lambda}$ mehrschichtig $R = \dfrac{s_1}{\lambda_1} + \dfrac{s_2}{\lambda_2} + \dfrac{s_3}{\lambda_3} + \ldots$
Wärmedurchgangswiderstand R_T	$R_T = R_{si} + R + R_{se}$
Wärmedurchgangskoeffizient U	$U = \dfrac{1}{R_T}$

s	Schichtdicke
λ	Wärmeleitfähigkeit
R_{si}	Wärmeübergangswiderstand innen
R_{sa}	Wärmeübergangswiderstand außen

Tabelle P-6. Instationäre Wärmeleitungsvorgänge, Näherungen für kurze Aufheiz- oder Abkühlzeiten.

	ebene Platte	dünner Draht
Modellfall	q_0 ϑ_{si}	$2r$ Q_l ϑ_0
Aufheizverlauf	$\vartheta_{si}(t) = \vartheta_{si}(0) + \dfrac{2q_0}{b\sqrt{\pi}} \cdot \sqrt{t}$	$\vartheta_0(t) = \vartheta_0(0) + \dfrac{Q_1}{2\pi\lambda} \ln \dfrac{4at}{1{,}781r^2}$ $(t \gg 0)$

ϑ_{si}	Oberflächentemperatur	ϱ	Dichte
q_0	Wärmestromdichte	b	Wärmeeindringkoeffizient ($b = \sqrt{\lambda c_p \varrho}$)
Q_1	längenbezogene Heizleistung	r	Drahtradius
c_p	spezifische Wärmekapazität	a	Temperaturleitfähigkeit
λ	Wärmeleitfähigkeit	t	Zeit

dringkoeffizienten der sich berührenden Körper ab:

$$\vartheta_0 = \frac{b_1\vartheta_1 + b_2\vartheta_2}{b_1 + b_2}; \qquad \text{(P-3)}$$

ϑ_1, ϑ_2 Temperaturen der Körper 1 und 2,
ϑ_0 Kontakttemperatur der Berührungsfläche,
b_1, b_2 Wärmeeindringkoeffizienten der sich berührenden Körper 1 und 2.

Berührt die menschliche Haut einen anderen Körper, so ist die Kontakttemperatur die subjektiv empfundene Temperatur am Anfang der Berührung.

P.2 Konvektion

Für die konvektive Wärmeübertragung ist die Relativbewegung der beiden thermodynamischen Systeme mit unterschiedlichen

Temperaturen charakteristisch, wie es beispielsweise beim Wärmeübergang von einem Fluid, einer strömenden Flüssigkeit oder einem Gas, auf eine Wand der Fall ist (Bild P-1). Zwei Konvektionsarten werden unterschieden:

– *Freie Konvektion*
Die Strömung des Fluids wird durch ein temperaturabhängiges Dichtegefälle im

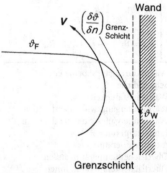

Bild P-1. Konvektiver Wärmeübergang mit Grenzschicht vor der wärmeübertragenden Wand.

Fluid und die daraus resultierenden Auftriebskräfte verursacht.

– *Erzwungene Konvektion*
Die gerichtete Zwangsströmung im Fluid wird durch äußere Kräfte, z. B. die Antriebskräfte von Pumpen und Ventilatoren, oder auch von Winddrücken erzwungen.

Die Wärmestromdichte zwischen Fluid und Wand ergibt sich aus folgenden Beziehungen:

Fourier'sches Gesetz
der Grenzschicht-
Wärmeleitung $\qquad j_{q,\mathrm{K}} = -\lambda \left(\dfrac{\partial \vartheta}{\partial n}\right)_{\mathrm{Gr}}$

Wärmeübergangs-
gleichung $\qquad j_{q,\mathrm{K}} = h_\mathrm{c}^{*}(\vartheta_\mathrm{F} - \vartheta_\mathrm{W})\,;$

$$(P\text{-}4)$$

$j_{q,\mathrm{K}}$	Wärmestromdichte der konvektiven Wärmeübertragung,
λ	Wärmeleitfähigkeit des ruhenden Fluids,
h_c^{*}	Wärmeübergangskoeffizient, konvektiv,
ϑ_F	Fluidtemperatur,
ϑ_W	Oberflächentemperatur der Wand,
$(\partial \vartheta/\partial n)_{\mathrm{Gr}}$	Temperaturgradient in der Fluid-Grenzschicht.

Der Zahlenwert für den *konvektiven Wärmeübergangskoeffizienten* h_c^{*} hängt entscheidend von der Festlegung der Fluidtemperatur ϑ_F ab. Diese ist bei inhomogenen Temperaturen im Fluid, besonders bei der freien Konvektion, nicht einfach und von der experimentellen Messanordnung im Modellversuch abhängig. Die Bestimmung des Temperaturgradienten in der Grenzschicht ist messtechnisch aufwändig.

Die Grundgleichungen der konvektiven Wärmeübertragung (Tabelle P-7) sind wegen der räumlichen Mitführung des Temperaturfeldes mit der Fluidbewegung extrem kompliziert.

Die Lösungsfamilien dieser gekoppelten partiellen Differenzialgleichungen liegen zwischen den Lösungsfamilien für die Grenzfälle:

– *Laminare Strömung*
Die Stromfäden der Fluidströmung verlaufen parallel zur Wand; keine konvektive Wärmeübertragung in Richtung auf die parallele Wand, sondern Wärmetransport durch Wärmeleitung senkrecht zu den Stromfäden. Strenge mathematische Lösungen für einfache laminare Strömungen sind vorhanden.
– *Turbulente Strömung*
Ungeordnete Querbewegungen durch sog. Turbulenzballen in der Fluidbewegung sorgen für ein gleichmäßiges Strömungsprofil in der turbulenten Kernströmung und beeinflussen durch ihr Eindringen in die laminare Grenzschichtströmung deren Strömungsform. Mathematische Lösungen für die turbulente Strömung fehlen; zur Beschreibung dienen Näherungsgleichungen für empirische Beobachtungen und Messungen.

Nahezu alle praktisch interessanten konvektiven Wärmeübergänge haben turbulente Strömungsprofile; laminare Strömungsformen schlagen durch Störungen (Anströmkanten, Rauigkeit, Temperaturinhomogenitäten usw.) leicht in turbulente Zustände um. Deshalb muss in der Praxis der konvektive Wärmeübergangskoeffizient aus Modellversuchen ermittelt werden. Die Versuchsergebnisse lassen sich auf andere konvektive Wärmeübertragungsverhältnisse anwenden, wenn diese *geometrisch und hydrodynamisch ähnlich* sind. Damit die Lösungen eines Modellfalls übertragen werden können, müssen die Maßstabsfaktoren, die *dimensionslosen Ähnlichkeitskenngrößen der Wärmeübertragung* (Tabelle P-8), des Anwendungs- und des Modellfalls übereinstimmen. Die in die Kenngrößen eingehenden Stoffwerte der Fluide sind z. T. stark temperaturabhängig (Tabelle P-9); zur Bildung der Ähnlichkeitskenngrößen sind die Stoffwerte der Mitteltemperatur des Fluids einzusetzen.

Die Kenngröße für die konvektive Wärmeübertragung ist die *Nußelt-Zahl Nu*. Aus der Nußelt-Zahl des zugeordneten Modellfalls lässt

Tabelle P-7. Grundgleichungen der konvektiven Wärmeübertragung.

	Beziehungen
Wärmeleitungsgleichung (Energiesatz)	$c_p\varrho\left[\dfrac{\partial\vartheta}{\partial t}+\left(v_x\dfrac{\partial\vartheta}{\partial x}+v_y\dfrac{\partial\vartheta}{\partial y}+v_z\dfrac{\partial\vartheta}{\partial z}\right)\right]=\lambda\left(\dfrac{\partial^2\vartheta}{\partial x^2}+\dfrac{\partial^2\vartheta}{\partial y^2}+\dfrac{\partial^2\vartheta}{\partial z^2}\right)$
$\lambda=$ konst.	Fourier-Gleichung
Bewegungsgleichung der Hydromechanik (Impulssatz)	$v_x\dfrac{\partial v_x}{\partial x}+v_y\dfrac{\partial v_y}{\partial y}+v_z\dfrac{\partial v_z}{\partial z}=-\dfrac{1}{\varrho}\dfrac{\partial p}{\partial x}+\nu\left(\dfrac{\partial^2 v_x}{\partial x^2}+\dfrac{\partial^2 v_x}{\partial y^2}+\dfrac{\partial^2 v_x}{\partial z^2}\right)$ $+\dfrac{\nu}{3}\dfrac{\partial}{\partial x}\left(\dfrac{\partial v_x}{\partial x}+\dfrac{\partial v_y}{\partial y}+\dfrac{\partial v_z}{\partial z}\right)+\gamma g\Delta T$ $(x\text{-Komponente})$
$\varrho=$ konst.	$v_x\dfrac{\partial v_x}{\partial x}+v_y\dfrac{\partial v_y}{\partial y}+v_z\dfrac{\partial v_z}{\partial z}=-\dfrac{1}{\varrho}\dfrac{\partial p}{\partial x}+\nu\left(\dfrac{\partial^2 v_x}{\partial x^2}+\dfrac{\partial^2 v_x}{\partial y^2}+\dfrac{\partial^2 v_x}{\partial z^2}\right)$ Navier-Stokes-Gleichung (x-Komponente)
$\varrho=$ konst. $\nu=0$ inkompressible Fluide	$v_x\dfrac{\partial v_x}{\partial x}+v_y\dfrac{\partial v_x}{\partial y}+v_z\dfrac{\partial v_x}{\partial z}=-\dfrac{1}{\varrho}\dfrac{\partial p}{\partial x}$ Euler-Gleichung für ideale Fluide (x-Komponente)
Kontinuitätsgleichung (Massenerhaltungssatz)	$\dfrac{\partial\varrho}{\partial t}+\varrho\left(\dfrac{\partial v_x}{\partial x}+\dfrac{\partial v_y}{\partial y}+\dfrac{\partial v_z}{\partial z}\right)+\left(v_x\dfrac{\partial\varrho}{\partial x}+v_y\dfrac{\partial\varrho}{\partial y}+v_z\dfrac{\partial\varrho}{\partial z}\right)=0$
$\varrho=$ konst.	$\dfrac{\partial v_x}{\partial x}+\dfrac{\partial v_y}{\partial y}+\dfrac{\partial v_z}{\partial z}=0$

c_p	spezifische Wärmekapazität bei konstantem Druck	ϑ	Temperatur
ϱ	Dichte	v_x, v_y, v_z	Komponenten der Strömungsgeschwindigkeit
λ	Wärmeleitfähigkeit	g	Fallbeschleunigung
ν	kinematische Viskosität	ΔT	Temperaturgefälle für den thermischen
γ	thermischer Ausdehnungskoeffizient		Auftrieb

Tabelle P-8. Dimensionslose Kenngrößen der Wärmeübertragung.

Zeichen	Kenngrößen	Definition	Problembereich
Bi	Biot-Zahl	$Bi=\dfrac{h_e L}{\lambda_i}$	Wärmeübertragung Festkörper/Fluid
Fo	Fourier-Zahl	$Fo=\dfrac{at}{L^2}$	instationäre Wärmeleitung
Fr	Froude-Zahl	$Fr=\dfrac{v^2}{gL}$	Strömungen unter Schwerkrafteinfluss

Tabelle P-8. (Fortsetzung).

Zeichen	Kenngrößen	Definition	Problembereich
Ga	Galilei-Zahl	$Ga = \dfrac{gL^3}{\nu^2} = \dfrac{Re^2}{Fr}$	Auftrieb in Fluiden
Gr	Grashof-Zahl	$Gr = \dfrac{g\beta\Delta TL^3}{\nu^2}$	freie Konvektion bei Temperaturgradient
Gz	Graetz-Zahl	$Gz = \dfrac{L^2}{at_v} = Fo^{-1}$	stationäre Strömungen mit konstanten Verweilzeiten in Rohrstücken
Ka	Kapitza-Zahl	$Ka = \dfrac{g\eta^4}{\varrho\sigma^3} = \dfrac{We^3}{Fr\,Re^4}$	Filmströmungen und Fluidfilm-Kondensation
Le	Lewis-Zahl	$Le = \dfrac{a}{\delta} = \dfrac{Sc}{Pr}$	Trocknung und Verdunstungskühlung
Nu	Nußelt-Zahl	$Nu = \dfrac{h_c^* L}{\lambda}$	stationärer konvektiver Wärmeübergang
Pe	Péclet-Zahl	$Pe = \dfrac{\nu L}{a} = Re\,Pr$	erzwungene instationäre Konvektion
Pr	Prandtl-Zahl	$Pr = \dfrac{\nu}{a} = \dfrac{\nu\varrho c_p}{\lambda}$	Wärmeübertragungskennwert des Fluids
Ra	Rayleigh-Zahl	$Ra = \dfrac{g\beta\Delta TL^3}{\nu a} = Re\,Pr$	freie Konvektion im Temperaturgradienten
Re	Reynolds-Zahl	$Re = \dfrac{\varrho\nu L}{\eta} = \dfrac{\nu L}{\nu}$	Strömungen unter Reibungseinfluss
Sc	Schmidt-Zahl	$Sc = \dfrac{\nu}{\delta} = Le\,Pr$	Kopplungskennwert Wärmetransport mit Diffusion
St	Stanton-Zahl	$St = \dfrac{h_c^*}{\varrho c_p \nu} = \dfrac{Nu}{Pe}$	Wärmeübergang bei erzwungener instationärer Konvektion
We	Weber-Zahl	$We = \dfrac{\nu^2 L\varrho}{\sigma} = (Ka\,Fr\,Re^4)^{(1/3)}$	Strömungsvorgänge mit freien Oberflächen, Zerstäubung von Flüssigkeiten

a	Temperaturleitfähigkeit	h_e	Wärmeübergangskoeffizient, außen
c_p	spezifische Wärmekapazität bei konstantem Druck	β	Wärmeausdehnungskoeffizient
g	Fallbeschleunigung	δ	Diffusionskoeffizient
L	charakteristische Länge	η	dynamische Viskosität
t	charakteristische Zeit	λ	Wärmeleitfähigkeit
t_V	Verweilzeit	λ_i	Wärmeleitfähigkeit des Innenkörpers
ΔT	Temperaturunterschied	ν	kinematische Zähigkeit
ν	Strömungsgeschwindigkeit	ϱ	Dichte
h_c^*	Wärmeübergangskoeffizient (convection)	σ	Oberflächenspannung

Tabelle P-9. Wärmetechnische Stoffwerte von Wasser und trockener Luft beim Druck p = 1 bar (aus VDI-Wärmeatlas, 6. Aufl. 1991).

ϑ °C	ϱ kg/m³	c_p kJ/(kg · K)	γ 10^{-3}/K	λ 10^{-3} W/(m · K)	η 10^{-6} kg/(m · s)	ν 10^{-6} m²/s	a 10^{-6} m²/s	Pr
Wasser								
0,01	999,8	4,217	− 0,0852	562	1791,4	1,792	0,1333	13,44
10	999,7	4,193	0,0821	582	1307,7	1,308	0,1388	9,42
20	998,3	4,182	0,2066	600	1002,7	1,004	0,1436	6,99
30	995,7	4,179	0,3056	615	797,7	0,801	0,1478	5,42
40	992,2	4,179	0,3890	629	653,1	0,658	0,1516	4,34
60	983,1	4,185	0,5288	651	466,8	0,475	0,1582	3,00
80	971,6	4,197	0,6473	667	355,0	0,365	0,1635	2,23
100	958,1	4,216	0,7547	677	282,2	0,294	0,1677	1,76
120	942,8	4,245	0,8590	683	232,1	0,246	0,1707	1,44
150	916,8	4,310	1,0237	684	181,9	0,198	0,1730	1,15
200	864,7	4,497	1,3721	663	133,6	0,154	0,1706	0,91
250	799,2	4,869	1,9552	618	105,8	0,132	0,1589	0,83
300	712,2	5,773	3,2932	545	85,8	0,120	0,1325	0,91
trockene Luft								
−100	2,019	1,011	5,852	16,02	11,77	5,829	7,851	0,7423
−40	1,495	1,007	4,313	21,04	15,16	10,14	13,97	0,7258
−20	1,377	1,007	3,968	22,63	16,22	11,78	16,33	0,7215
−10	1,324	1,006	3,815	23,41	16,74	12,64	17,57	0,7196
0	1,275	1,006	3,674	24,18	17,24	13,52	18,83	0,7179
10	1,230	1,007	3,543	24,94	17,74	14,42	20,14	0,7163
20	1,188	1,007	3,421	25,69	18,24	15,35	21,47	0,7148
30	1,149	1,007	3,307	26,43	18,72	16,30	22,84	0,7134
60	1,045	1,009	3,007	28,60	20,14	19,27	27,13	0,7100
100	0,9329	1,012	2,683	31,39	21,94	23,51	33,26	0,7070
140	0,8425	1,016	2,422	34,08	23,65	28,07	39,80	0,7054
200	0,7356	1,026	2,115	37,95	26,09	35,47	50,30	0,7051
300	0,6072	1,046	1,745	44,09	29,86	49,18	69,43	0,7083
500	0,4502	1,093	1,293	55,64	36,62	81,35	113,1	0,7194
1000	0,2734	1,185	0,7853	80,77	50,82	1859	249,2	0,7458

ϑ	Celsius-Temperatur	λ	Wärmeleitfähigkeit
ϱ	Dichte	η	dynamische Viskosität
c_p	spezifische Wärmekapazität bei konstantem Druck	ν	kinematische Viskosität
		a	Temperaturleitfähigkeit
γ	Wärmeausdehnungskoeffizient	Pr	Prandtl-Zahl

sich der konvektive Wärmeübergangskoeffizient für das Wärmeübertragungsproblem angeben:

$$h_c^* = \frac{Nu\,\lambda}{L} \; ; \qquad \text{(P-5)}$$

h_c^* Wärmeübergangskoeffizient,
Nu   Nußelt-Zahl,
λ Wärmeleitfähigkeit des Fluids,
L   charakteristische Länge.

Die charakteristische Länge ist entsprechend dem Modellfall anzusetzen (Tabelle P-10). Im

Tabelle P-10. Modellfälle konvektiver Wärmeübergänge (nach VDI-Wärmeatlas).

Strömungsmodell	laminarer Bereich	turbulenter Bereich	Hinweise
erzwungene Konvektion längs einer Platte	$\mathrm{Nu} = 0{,}664\,\mathrm{Re}^{1/2}\,\mathrm{Pr}^{1/3}$	$\mathrm{Nu} = \dfrac{0{,}037\,\mathrm{Re}^{0,8}\,\mathrm{Pr}}{1 + 2{,}443\,\mathrm{Re}^{-0,1}(\mathrm{Pr}^{2/3} - 1)}$	L Plattenlängen in Strömungsrichtung $\vartheta_\mathrm{m} = \frac{1}{2}(\vartheta_\mathrm{E} + \vartheta_\mathrm{A})$ ϑ_E Eintrittstemperatur ϑ_A Ausströmtemperatur
erzwungene Strömung im Rohrinneren	$\mathrm{Nu} = 0{,}664\left(\mathrm{Re}\dfrac{d_\mathrm{i}}{L}\right)^{1/2}\mathrm{Pr}^{1/3}$	$\mathrm{Nu} = \dfrac{0{,}125\xi(\mathrm{Re} - 1000)\mathrm{Pr}}{1 + 4{,}49\sqrt{\xi}(\mathrm{Pr}^{2/3} - 1)}\left[1 + \left(\dfrac{d_\mathrm{i}}{L}\right)^{2/3}\right]$ $\xi = (1{,}82\lg\mathrm{Re} - 1{,}64)^{-2}$	d_i Innendurchmesser Rohr L Rohrlänge $\vartheta_\mathrm{m} = \dfrac{1}{2}(\vartheta_\mathrm{E} + \vartheta_\mathrm{A})$
freie Konvektion an vertikaler Wand oder um ein senkrechtes Rohr	$\mathrm{Nu} = \left\{0{,}825 + \dfrac{0{,}387\mathrm{GrPr}}{\left[1 + \left(\dfrac{0{,}492}{\mathrm{Pr}}\right)^{9/16}\right]^{8/27}}\right\}^{2}$	$\mathrm{Nu} = 0{,}15\left\{\dfrac{\mathrm{GrPr}}{\left[1 + \left(\dfrac{0{,}322}{\mathrm{Pr}}\right)^{11/20}\right]^{20/11}}\right\}^{1/5}$	L Höhe der vertikalen Wand oder des Rohres bzw. kurze Seitenlänge der horizontalen Platte $\Delta T = (\vartheta_0 - \vartheta_\infty)$ ϑ_0 Oberflächentemperatur in Flächenmitte
freie Konvektion längs einer horizontalen Platte (nach oben)	$\mathrm{Nu} = 0{,}766\left\{\dfrac{\mathrm{GrPr}}{\left[1 + \left(\dfrac{0{,}322}{\mathrm{Pr}}\right)^{11/20}\right]^{20/11}}\right\}^{1/5}$	$\mathrm{Nu} = \left\{0{,}825 + \dfrac{0{,}387\mathrm{GrPr}}{\left[1 + \left(\dfrac{0{,}492}{\mathrm{Pr}}\right)^{9/16}\right]^{8/27}}\right\}^{2}$	ϑ_∞ Fluidtemperatur außerhalb Grenzschicht $\vartheta_\mathrm{m} = \frac{1}{2}(\vartheta_0 + \vartheta_\infty)$

Übergangsbereich von laminarer zu turbulenter Strömung gilt mit für technische Zwecke ausreichender Genauigkeit:

$$h_\mathrm{c}^* = \sqrt{h_{\mathrm{c,\,lam}}^{*2} + h_{\mathrm{c,\,turb}}^{*2}}\,. \qquad (\text{P–6})$$

P.3 Wärmestrahlung

Die Wärmeübertragung durch Wärmestrahlung ist im Vakuum der einzige Wärmetransportmechanismus; in Gasen kommt der Wärmeübergang durch Wärmestrahlung additiv zu demjenigen der Wärmekonvektion hinzu.

Die spezifische Ausstrahlung eines Temperaturstrahlers hängt nur von dessen absoluter

Tabelle P-11. Emissionsgrade für Gesamtstrahlung ε und in Richtung der Flächennormalen ε_n einiger Metalle und Nichtmetalle (nach VDI-Wärmeatlas).

Oberfläche	ϑ °C	ε_n	ε
Metalle			
Aluminium			
walzblank	20	0,04	0,05
oxidiert	20	0,20	
Chrom poliert	150	0,058	0,071
Gold poliert	230	0,018	
Eisen poliert	100	0,17	
angerostet	20	0,65	
verzinkt	25	0,25	
Messing			
nicht oxidiert	25	0,035	
oxidiert	200	0,61	
Nichtmetalle			
Beton	20		0,94
Dachpappe	20	0,91	
Glas	20	0,94	
Holz	25	0,94	0,90
Mauerwerk	20		0,93
Kunststoffe	20		0,90
Lacke, Farben	100	0,92 bis	0,97
Wasser	20	0,95	

Temperatur und seiner elektronischen Oberflächenstruktur ab. Die höchste Wärmestrahlungsdichte emittiert ein *schwarzer Körper;* dieser absorbiert andererseits auch die gesamte auffallende Strahlungsenergie. Auf den schwarzen Körper sind daher das Emissions- und Absorptionsvermögen der anderen *grauen Körper* bezogen (Tabelle P-11):

Emissionszahl	$\varepsilon = M_e / M_{e,s}$
Absorptionszahl	$\alpha = M_a / M_{a,s}$
Kirchhoff'sches Gesetz	$\varepsilon = \alpha$; (P-7)

M_e spezifische Abstrahlung des grauen Körpers,

$M_{e,s}$ spezifische Abstrahlung des schwarzen Körpers,

M_a absorbierte Strahlungsleistung des grauen Körpers,

$M_{a,s}$ absorbierte Strahlungsleistung des schwarzen Körpers.

Nach dem *Stefan-Boltzmann-Gesetz* ist die spezifische Abstrahlung eines grauen Körpers

$$M_e = \varepsilon \sigma T^4 ; \qquad (P-8)$$

T absolute Temperatur des Strahlers,

$M_e(T)$ spezifische Ausstrahlung,

ε Emissionszahl,

σ Stefan-Boltzmann-Konstante [$\sigma = 5,670 \cdot 10^{-8}$ W/(m$^2 \cdot$ K^4)]

Temperaturstrahler emittieren nicht nur Wärmestrahlung, sie empfangen auch vom kälteren Strahlungsleistung; für die Wärmestrahlungsübertragung vom wärmeren Körper 1 an den kälteren Körper 2 gilt

$$\dot{Q}_{12} = C_{12} A_1 \left(T_1^4 - T_2^4 \right)$$
$$C_{12} = \frac{\varepsilon_1 \varepsilon_2 \sigma \varphi_{12}}{1 - (1 - \varepsilon_1)(1 - \varepsilon_2) \dfrac{A_1}{A_2} \varphi_{12}^2} ,$$
für $\varepsilon \geqq 0,9$ ist $C_{12} = \varepsilon_1 \varepsilon_2 \sigma \varphi_{12}$
$$\varphi_{12} = \frac{1}{\pi A_1} \int\limits_{A_1} \int\limits_{A_2} \frac{\cos\beta_1 \cos\beta_2}{r^2} \, dA_1 \, dA_2 ;$$
$$\qquad (P-9)$$

$\dot{Q}_{12}$ Wärmestrom durch Wärmeübertragung durch Strahlung von Körper 1 nach Körper 2,

C_{12} Strahlungsaustauschkoeffizient,

φ_{12} Einstrahlzahl zwischen den Flächen A_1 und A_2,

A_1, A_2 abstrahlende Fläche der Körper 1 bzw. 2,

T_1, T_2 Oberflächentemperatur der Körper 1 bzw. 2,

$\varepsilon_1, \varepsilon_2$ Emissionszahl des Körpers 1 bzw. 2,

β_1, β_2 Richtungswinkel zwischen der Strahlungsrichtung und den Flächennormalen von A_1 und A_2,

σ Stefan-Boltzmann-Konstante
$[\sigma = 5{,}670 \cdot 10^{-8}\ \mathrm{W}/(\mathrm{m}^2 \cdot \mathrm{K}^4)]$.

Die Strahlungsaustauschkoeffizienten berücksichtigen die geometrische Situation der Wärmeübertragung durch Wärmestrahlung (Tabelle P-12).

Die Wärmestromdichte der Wärmeübertragung durch Wärmestrahlung der Oberfläche des Körpers 1 an den Körper 2 ist über den Wärmeübergangskoeffizienten h_r^* mit der Oberflächentemperaturdifferenz der beiden Körper verknüpft:

$$j_{q,\mathrm{S}} = \frac{\dot{Q}_{12}}{A_1} = h_r^*(\vartheta_1 - \vartheta_2) = h_r^*(T_1 - T_2)$$

$$h_r^* = C_{12}\left(T_1^2 + T_2^2\right)(T_1 + T_2);$$
$$\text{(P–10)}$$

$j_{q,\mathrm{S}}$ Wärmestromdichte der Wärmestrahlungsemission des Körpers 1,

$\dot{Q}_{12}$ Wärmestrom durch Wärmeübertragung durch Strahlung von Körper 1 nach Körper 2,

C_{12} Strahlungsaustauschkoeffizient,

A_1 abstrahlende Fläche des Körpers 1,

T_1, T_2 Oberflächentemperatur der Körper 1 bzw. 2 in K,

ϑ_1, ϑ_2 Oberflächentemperatur der Körper 1 bzw. 2 in °C,

h_r^* Wärmeübergangskoeffizient für Wärmestrahlung, (r = radiation).

P.4 Wärmedurchgang

Beim Wärmedurchgang wird durch konvektive Wärmeübertragung Wärme des Fluids 1 und durch Wärmestrahlungsabgabe Strahlungswärme der Umgebungsflächen 1 von der wärmeren

Tabelle P-12. Strahlungsaustauschkoeffizienten.

Geometrie	Strahlungsaustauschkoeffizienten
parallele Flächen	$C_{12} = \dfrac{\sigma}{\dfrac{1}{\varepsilon_1} + \dfrac{1}{\varepsilon_2} - 1}$
konvexe Fläche A_1 von konkaver Fläche A_2 umschlossen	$C_{12} = \dfrac{\sigma}{\dfrac{1}{\varepsilon_1} + \dfrac{A_1}{A_2}\left(\dfrac{1}{\varepsilon_2} - 1\right)}$
Halbraum A_2 über ebener Fläche A_1	$C_{12} = \dfrac{\varepsilon_1 \varepsilon_2 \sigma}{1 - \dfrac{1}{2}(1 - \varepsilon_1)(1 - \varepsilon_2)}$
Rechteckfläche parallel zum Flächenelement ΔA_1	$C_{12} = \sigma \varepsilon_1 \varepsilon_2 \dfrac{1}{2\pi}$ $\cdot\left(\dfrac{b}{\sqrt{a^2 + b^2}}\right.$ $\cdot \arctan \dfrac{c}{\sqrt{a^2 + b^2}}$ $+ \dfrac{c}{\sqrt{a^2 + c^2}}$ $\left.\cdot \arctan \dfrac{b}{\sqrt{a^2 + c^2}}\right)$
Rechteckfläche senkrecht zum Flächenelement ΔA_1	$C_{12} = \sigma \varepsilon_1 \varepsilon_2 \dfrac{1}{2\pi}\left(\arctan \dfrac{b}{a}\right.$ $- \dfrac{a}{\sqrt{a^2 + c^2}}$ $\left.\cdot \arctan \dfrac{b}{\sqrt{a^2 + c^2}}\right)$

Seite 1 auf eine Trennwand übertragen, durch Wärmeleitung an die Oberfläche der kalten Seite 2 transportiert und dort konvektiv an das kältere Fluid 2 und die kalten Umgebungsflächen 2 abgegeben (Bild P-2).

Im Beharrungszustand der Wärmeübertragung addieren sich die Wärmeströme der Konvektion und der Wärmestrahlung auf die Trennwand, und der Transmissionswärmestrom $\dot{Q}_T$ durch die Trennwand hängt vom *Wärmedurchgangskoeffizient U* der Trennwand ab:

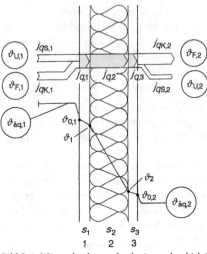

Bild P-2. *Wärmedurchgang durch eine mehrschichtige Trennwand.*

$$\dot{Q}_T = UA(\vartheta_{\text{äq},1} - \vartheta_{\text{äq},2})$$

$$\vartheta_{\text{äq},1} = \frac{h_{c,1}^* \vartheta_{F,1} + h_{r,1}^* \vartheta_{U,1}}{h_1^*}$$

$$\vartheta_{\text{äq},2} = \frac{h_{c,2}^* \vartheta_{F,2} + h_{r,2}^* \vartheta_{U,2}}{h_2^*}$$

$$h_1^* = h_{c,1}^* + h_{r,1}^*$$

$$h_2^* = h_{c,2}^* + h_{r,2}^* ; \qquad\qquad\text{(P–11)}$$

$\dot{Q}_T$	Transmissionswärmestrom durch die Trennwand,
A	Wärmedurchgangsfläche innen oder außen,
U	Wärmedurchgangskoeffizient,
$\vartheta_{\text{äq},1}, \vartheta_{\text{äq},2}$	äquivalente Temperatur der Seite 1 bzw. 2,
$\vartheta_{F,1}, \vartheta_{F,2}$	Fluidtemperatur auf der Seite 1 bzw. 2,
$\vartheta_{U,1}, \vartheta_{U,2}$	mittlere Oberflächentemperatur der Umgebungsflächen auf der Seite 1 bzw. 2,
h_1^*, h_2^*	Wärmeübergangskoeffizient auf den Fluidseiten 1 bzw. 2,
$h_{c,1}^*, h_{c,2}^*$	Wärmeübergangskoeffizient für Konvektion auf der Seite 1 bzw. 2,
$h_{r,1}^*, h_{r,2}^*$	Wärmeübergangskoeffizient für Wärmestrahlung auf der Seite 1 bzw. 2.

Bei gekrümmten wärmeübertragenden Trennwandflächen wird der Wärmedurchgangskoeffizient U auf die Innenoberfläche A_1 oder die Außenoberfläche A_2 bezogen. In der Praxis wird häufig angesetzt, dass die Umschließungsflächentemperaturen und die Fluidtemperaturen näherungsweise gleich sind und $\vartheta_{\text{äq}} = \vartheta_F$ ist.

Der Wärmedurchgangskoeffizient einer ebenen planparallelen Trennwand aus mehreren Schichten (Bild P-2) ist:

$$U = \frac{1}{R_{s1} + \dfrac{s_1}{\lambda_1} + \dfrac{s_2}{\lambda_2} + \dfrac{s_3}{\lambda_3} + R_{s2}} ; \qquad \text{(P–12)}$$

$s_1, s_2, \ldots$	Dicke der Bauteilschichten,
$\lambda_1, \lambda_2, \ldots$	Wärmeleitfähigkeit der Bauteilschichten,
$R_{s1} = \dfrac{1}{h_1^*}, R_{s2} = \dfrac{1}{h_2^*}$	Wärmeübergangswiderstand auf der Seite 1 bzw. 2.

P.5 Stoffübertragung

Die Grundgleichungen der Stoffübertragung sind die *Fick'schen Gesetze* (Tabelle P-13). Sie sind vom mathematischen Aufbau her identisch mit den Fourier'schen Gesetzen der Wärmeleitung. So lassen sich vergleichbare Modellergebnisse bei Wärmeleitungsvorgängen auch für vergleichbare Stoffübertragungen übernehmen.

Im Allgemeinen müssen bei Stoffübertragungen, genauso wie bei der Wärmeübertragung durch Konvektion, Versuchsergebnisse von Modellversuchen auf den Anwendungsfall übernommen werden, wobei im Fall der Stoffübertragung die dimensionslosen Kenngrößen der Stoffübertragung von Modellversuchen und Anwendungsfall übereinstimmen müssen. Die *Sherwood-Zahl Sh* ist, vergleichbar mit der Nußelt-Zahl, die Kenngröße für den *Stoffübergangskoeffizienten* β:

$$\beta = \frac{D\,Sh}{s} \qquad \text{(P-13)}$$

β Stoffübergangskoeffizient,
D Diffusionskoeffizient,
s charakteristische Diffusionslänge,
Sh Sherwood-Zahl.

Für einzelne Anwendungsfälle gibt es Beziehungen $Sh = Sh\,(Re, Sc, \ldots)$ zwischen der Sherwood-Zahl Sh und den anderen Kenngrößen der Stoffübertragung.

Ein Spezialfall der Stoffübertragung ist die *Dampfdiffusion,* insbesondere die Wasserdampfdiffusion, durch feste Bauteile. Für diesen Fall ist die Analogie zwischen der Dampfdiffusion und der Wärmeübertragung durch Wärmeleitung vollständig (Tabelle P-14). In der Regel sind dabei die Wasserdampfübergangswiderstände $1/\beta$ vernachlässigbar klein gegenüber dem Wasserdampfdurchlasswiderstand $1/\Delta$.

Tabelle P-13. Fick'sche Gesetze.

	allgemein	ideale Gase $\dfrac{p}{\varrho} = \dfrac{R_\mathrm{m} T}{M}$
1. Fick'sches Gesetz	$i = -D\left(\dfrac{\partial \varrho}{\partial n}\right)$	$i = -\dfrac{DM}{R_\mathrm{m} T}\left(\dfrac{\partial p}{\partial n}\right)$
2. Fick'sches Gesetz	$\dfrac{\partial \varrho}{\partial t} = -\left(\dfrac{\partial i_x}{\partial x} + \dfrac{\partial i_y}{\partial y} + \dfrac{\partial i_z}{\partial z}\right)$	$\dfrac{\partial p}{\partial t} = -\dfrac{R_\mathrm{m} T}{M}\left(\dfrac{\partial i_x}{\partial x} + \dfrac{\partial i_y}{\partial y} + \dfrac{\partial i_z}{\partial z}\right)$
ideales Fluid $\eta = 0$	$\dfrac{\partial \varrho}{\partial t} = -D\left(\dfrac{\partial^2 \varrho}{\partial x^2} + \dfrac{\partial^2 \varrho}{\partial y^2} + \dfrac{\partial^2 \varrho}{\partial z^2}\right)$	$\dfrac{\partial p}{\partial t} = -D\left(\dfrac{\partial^2 p}{\partial x^2} + \dfrac{\partial^2 p}{\partial y^2} + \dfrac{\partial^2 p}{\partial z^2}\right)$

ϱ	Dichte	R_m	universelle Gaskonstante
$(\partial\varrho/\partial n)$	Dichtegradient in n-Richtung		$[R = 8{,}3144\ \mathrm{J}/(\mathrm{mol}\cdot\mathrm{K})]$
p	Druck im Fluid	T	absolute Temperatur im Fluid
$(\partial p/\partial n)$	Druckgradient in n-Richtung	M	Molmasse
D	Diffusionskoeffizient, $[D] = 1\ \mathrm{m}^2/\mathrm{s}$	t	Zeit
i	Massenstromdichte	x, y, z	Ortskoordinaten
	$[i] = 1\ \mathrm{kg}/(\mathrm{m}^2\cdot\mathrm{s})$		

Tabelle P-14. Analogie von Wärmeübertragung und Dampfdiffusion.

	Wärmetransport	Dampfdiffusion
Modell	$\vartheta_1 \xrightarrow{\;j_q\;} \vartheta_2$	$p_1 \xrightarrow{\;i\;} p_2$
Ursache	Temperaturgefälle $\Delta T = \vartheta_1 - \vartheta_2$	Dampfdruckgefälle $\Delta p = p_1 - p_2$
Wirkung	Wärmestrom $j_q = U(\vartheta_1 - \vartheta_2)$	Diffusionsstrom $i = k_D(p_1 - p_2)$
Transportgrößen	$U = \dfrac{1}{\dfrac{1}{h_1} + \dfrac{1}{\Lambda} + \dfrac{1}{h_2}}$	$k_D = \dfrac{1}{\dfrac{1}{\beta_1} + \dfrac{1}{\Delta} + \dfrac{1}{\beta_2}}$
	$\dfrac{1}{\Lambda} = \dfrac{s_1}{\lambda_1} + \dfrac{s_2}{\lambda_2} + \dfrac{s_3}{\lambda_3}$	$\dfrac{1}{\Delta} = \dfrac{s_1}{\delta_1} + \dfrac{s_2}{\delta_2} + \dfrac{s_3}{\delta_3}$

ϑ	Temperatur	h	Wärmeübergangskoeffizient
j_q	Wärmestromdichte	Λ^{-1}	Wärmedurchlasswiderstand
p	Dampfdruck	k_D	Diffusionsdurchgangskoeffizient
i	Dampfdiffusionsstromdichte	δ	Dampfleitfähigkeit
U	Wärmedurchgangskoeffizient	β	Dampfübergangskoeffizient
λ	Wärmeleitfähigkeit	Δ^{-1}	Dampfdurchlasswiderstand
s	Schichtdicke		

Q Energietechnik

Die physikalischen Grundlagen der Energietechnik finden sich zum großen Teil in den Abschnitten M Elektrizität und Magnetismus, O Thermodynamik, P Energie- und Stoffübertragung, T Kernphysik und W Metall- und Halbleiterphysik. Die Energietechnik sichert durch ihre ingenieurmäßige Anwendung die Strom- und Wärmeversorgung zum Lebenserhalt und zum menschlichen Komfort. Das Gebiet der Energietechnik reicht von der Primärenergiegewinnung bis zur Energiedienstleistung und der Entsorgung des Energieabfalls (Übersicht Q-1).

Q.1 Energieträger

Die Energieträger werden eingeteilt in *Primärenergien*, also energetisch nutzbare Stoffe aus Lagerstätten, Natur- oder Sonnenenergie, und *Sekundärenergien*, also für die Energienutzung im Energiewandler im Allgemeinen verlustbehaftet aufbereitete und veredelte Energieträger und Brennstoffe (Übersicht Q-1). Der Verbrauch an Primärenergie steigt seit der Industrialisierung, insbesondere in den Industrieländern der nördlichen Hemisphäre, stark;

1990 betrug der Welt-Primärenergieverbrauch etwa 11 TWa, was $12 \cdot 10^9$ tSKE entspricht. Nach wie vor steigt der Weltenergieverbrauch, wobei die Verbrauchszunahme aufgrund des Bevölkerungswachstums die Ergebnisse von Anstrengungen zur Energieeinsparung bei weitem übertrifft (Bild Q-1).

Dem stehen die wirtschaftlich gewinnbaren fossilen Energiereserven (Tabelle Q-2) gegenüber; die Reichweite der fossilen Reserven würde bei einem auf den Wert von 2006 von 14 TWa eingefrorenem Primärenergieverbrauch noch 75 Jahre betragen. Angesichts dieser historisch kurzen Zeitspanne setzt man zum einen auf Energieeinsparung durch rationelle Energieverwendung und zum anderen auf die Nutzung der regenerativen Energieträger (Tabelle Q-3), die theoretisch

Tabelle Q-2. Wirtschaftlich gewinnbare fossile Energievorräte (Stand 2004).

Region	Kohle TWa	Erdöl TWa	Erdgas TWa	gesamt TWa	Anteil %
GUS	151,8	20,1	56,8	228,7	21,8
Nordamerika	204,2	9,3	7,4	220,9	21,1
Naher Osten	0,3	132,8	72,8	205,9	19,6
Afrika	38,2	19,4	14,2	71,8	6,8
Asien/ Australien	228,1	8,0	13,0	249,1	23,8
Europa	23,6	3,7	6,2	33,5	3,2
Mittel- und Südamerika	13,1	18,6	7,1	38,8	3,7
Welt absolut	659,3	211,9	177,5	1048,7	100,0
Welt anteilig in %	62,9	20,2	16,9	100,0	

Tabelle Q-1. Energieeinheiten.

Einheit	Umrechnung in SI-Einheit Joule
Kilowattstunde	$1 \text{ kWh} = 3{,}6 \cdot 10^6 \text{ J}$
Terawattjahr	$1 \text{ TWa} = 8{,}76 \cdot 10^{12} \text{ kWh}$
	$= 3{,}15 \cdot 10^{19} \text{ J}$
Tonne-Steinkohleeinheit	$1 \text{ tSKE} = 9{,}3 \cdot 10^{-10} \text{ TWa}$
	$= 29{,}3 \cdot 10^9 \text{ J}$
British thermal unit	$1 \text{ btu} = 1{,}055 \cdot 10^3 \text{ J}$

© Springer-Verlag GmbH Deutschland 2017
E. Hering, R. Martin, M. Stohrer, *Taschenbuch der Mathematik und Physik*, DOI 10.1007/978-3-662-53419-9_16

Übersicht Q-1. Energiefluss.

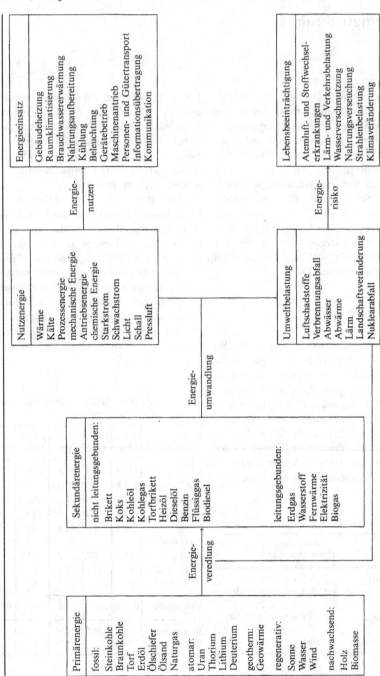

Jahr	1960	1980	2000	2020	2040	2060	
Weltbevölkerung	3,1	4,5	6,1	7,8	8,7	9,6	Milliarden
spezifischer Weltenergieverbrauch	1,5	2,2	2,4	2,6	2,8	2,9	kWa/Kopf

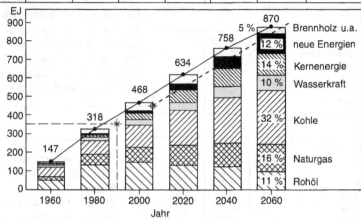

Bild Q-1. *Historischer und prognostizierter Weltenergieverbrauch, mittlere Entwicklung (– Prognose 1986, - - Prognose 2005), (× Verbrauchswert 1990 von 347 EJ, Verbrauchswert 2004 von 430 EJ).*

Tabelle Q-3. *Potenzial regenerativer Primärenergien.*

Energieart	geschätzte Primärenergie TWa/a	technisch nutzbares Potenzial TWa/a	Verhältnis von technisch nutzbarem Potenzial zum Weltprimärenergieverbrauch 2006 (14 TWa/a)
Solarstrahlung auf Kontinente	25 000	19	135 %
Windenergie	350	1,0	7 %
Biomasse	100	2,1	15 %
Wasserkraft	5	1,5	11 %
Geothermie	35	0,6	4 %
Meeresenergie	20	0,5	4 %
	25 510	24,7	176 %

um den Faktor 2 größer sind als 1990 der Primärenergieverbrauch in der Welt.

Der Energieinhalt der für die Energiebereitstellung wichtigen Sekundärenergieträger wird gekennzeichnet durch den *oberen Heizwert* H_s,

Tabelle Q-4. *Heizwerte von Sekundärenergieträgern.*

Brennstoffe	unterer Heizwert H_i	
	kJ/kg	kJ/m$_n^3$
fest		
Kohlenstoff (rein)	33 820	
Steinkohle	31 500	
Pechkohle	22 900	
Braunkohlenbrikett	19 000*)	
Braunkohle (roh)	9 600*)	
Torf	13 800*)	
Holz	14 600*)	

Tabelle Q-4. (Fortsetzung).

Brennstoffe	unterer Heizwert H_i	
	kJ/kg	kJ/m$_n^3$
flüssig		
Methanol	19 510	
Ethanol/Alkohol	29 960	
Benzol	40 230	
Benzin	42 500	
Heizöl EL	42 000	
Heizöl S	39 500	
gasförmig		
Wasserstoff	119 970	10 780
Methan	50 010	35 880
Propan	46 350	93 210
Butan	45 720	123 800
Erdgas L	39 600	32 800
Erdgas H	46 900	37 000
Stadtgas	24 800	16 120

*) stark schwankend je nach Lagerstätte und Wassergehalt

welcher die chemische Reaktionsenthalpie einschließlich der Verdampfungswärme der Verbrennungsgase darstellt, und den *unteren Heizwert* H_i (Tabelle Q-4). Beim unteren Heizwert ist von der Reaktionsenthalpie die Verdampfungswärme der Brenngase abgezogen, welche bis auf Ausnahmen (Kondensationskraftwerk, Brennwertkessel) in der Regel in der Energieumwandlung energetisch nicht nutzbar ist.

Q.2 Energiewandler

Die Sekundärenergien werden in Energiewandlern in Nutzenergien umgewandelt. Der Energieinhalt der Brennstoffe kann insbesondere bei thermischen Umwandlungsprozessen nicht vollständig umgewandelt werden. In der Energietechnik wird deshalb die Energie aufgeteilt in die *Exergie* und die *Anergie* (Tabelle Q-5, Abschnitt O.3.6)

$$E = Ex + An \qquad (Q\text{--}1)$$

Ex Exergie; dieser Energieanteil lässt sich vollständig in andere Energieformen umwandeln,

An Anergie, der in der Energieumwandlung nicht nutzbare Energieanteil.

Abhängig von der Art des verarbeiteten Primär- bzw. Sekundärenergieträgers sind die Energieumwandlungsprozesse und ihre technische Realisierung sehr unterschiedlich. Sie lassen sich durch *Gütegrade* des Umwandlungsprozesses und *Wirkungsgrade* für die Nutzenergieerzeugung charakterisieren. Beim Gütegrad beziehen sich die Umwandlungsverluste auf die eingesetzten Energien oder Exergien; der Wirkungsgrad bezieht sich auf die tatsächlich erwünschte Nutzenergie im Verhältnis zur eingesetzten Energie oder Exergie (Übersicht Q-2).

Die Unterschiede zwischen den energetischen und den exergetischen Wirkungsgraden

Tabelle Q-5. Energie, Exergie, Anergie.

Energieart	Energieinhalt	Exergie	Anergie
kinetische Energie	$E_{kin} = \dfrac{1}{2}m(v_1^2 - v_2^2)$	$Ex = E_{kin}$	$An = 0$
potenzielle Energie	$E_{pot} = \dfrac{1}{2}k(s_1^2 - s_2^2)$ $+ mg(h_1 - h_2)$	$Ex = E_{pot}$	$An = 0$

Tabelle Q-5. (Fortsetzung).

Energieart	Energieinhalt	Exergie	Anergie
elektrische Energie	$E_{el} = \int_{t_1}^{t_2} u\,i\,dt$	$Ex = E_{el}$	$An = 0$
Volumenänderungsarbeit	$W_{12} = -\int_{V_1}^{V_2} p\,dV$	$Ex = W_{12} - p_U(V_1 - V_2)$	$An = p_U(V_1 - V_2)$
innere Energie	$\Delta U = c_V m(T_1 - T_2)$	$Ex = \Delta U - c_V(T_U - T_2)$ $\quad - T_U(S_1 - S_U)$	$An = c_V(T_U - T_2)$ $\quad + T_U(S_1 - S_U)$
Wärme	$Q_1 = \int_{T_U}^{T_1} cm\,dT$	$Ex = Q_1 \dfrac{T_1 - T_U}{T_1}$	$An = Q_1 \dfrac{T_U}{T_1}$
Reaktionsenergie	$E_R = -(H_{R,1} - H_{R,2})$	$Ex = E_R - T_U(S_1 - S_U)$	$An = T_U(S_1 - S_2)$

c	spezifische Wärmekapazität	p_U	Umgebungsdruck
c_V	spezifische Wärmekapazität bei konstantem Volumen	s	Lage des elastischen Körpers
k	Federsteife des elastischen Körpers	S	Entropie
g	Fallbeschleunigung	S_U	Entropie bei Umgebungsbedingungen
h	Höhe	t	Zeit
H_R	Reaktionsenthalpie	T	Temperatur
i	elektrischer Strom	T_U	Umgebungstemperatur
m	Masse	u	elektrische Spannung
p	Druck	v	Geschwindigkeit
		V	Volumen

Übersicht Q-2. Güte- und Wirkungsgrade der Energieumwandlung.

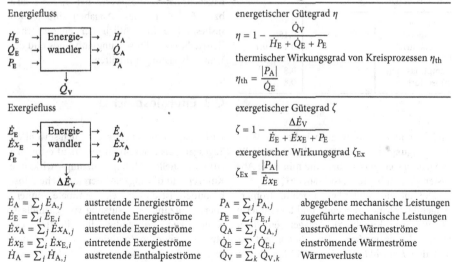

Energiefluss

energetischer Gütegrad η

$$\eta = 1 - \frac{\dot{Q}_V}{\dot{H}_E + \dot{Q}_E + P_E}$$

thermischer Wirkungsgrad von Kreisprozessen η_{th}

$$\eta_{th} = \frac{|P_A|}{\dot{Q}_E}$$

Exergiefluss

exergetischer Gütegrad ζ

$$\zeta = 1 - \frac{\Delta \dot{E}_V}{\dot{E}_E + \dot{E}x_E + P_E}$$

exergetischer Wirkungsgrad ζ_{Ex}

$$\zeta_{Ex} = \frac{|P_A|}{\dot{E}x_E}$$

$\dot{E}_A = \sum_j \dot{E}_{A,j}$	austretende Energieströme
$\dot{E}_E = \sum_i \dot{E}_{E,i}$	eintretende Energieströme
$\dot{E}x_A = \sum_j \dot{E}x_{A,j}$	austretende Exergieströme
$\dot{E}x_E = \sum_i \dot{E}x_{E,i}$	eintretende Exergieströme
$\dot{H}_A = \sum_j \dot{H}_{A,j}$	austretende Enthalpieströme
$\dot{H}_E = \sum_i \dot{H}_{E,i}$	eintretende Enthalpieströme

$P_A = \sum_j P_{A,j}$	abgegebene mechanische Leistungen
$P_E = \sum_i P_{E,i}$	zugeführte mechanische Leistungen
$\dot{Q}_A = \sum_j \dot{Q}_{A,j}$	ausströmende Wärmeströme
$\dot{Q}_E = \sum_i \dot{Q}_{E,i}$	einströmende Wärmeströme
$\dot{Q}_V = \sum_k \dot{Q}_{V,k}$	Wärmeverluste
$\Delta \dot{E}_V = \sum_k \Delta \dot{E}_{V,k}$	Energieumwandlungsverluste

Tabelle Q-6. Energiewandler-Wirkungsgrade.

Energiewandler	energetischer Wirkungsgrad η_{th}	exergetischer Wirkungsgrad ζ_{Ex}
Wärmeerzeugung		
Elektro-Heizung (Kraftwerk $\eta = 0{,}33$)	0,9	0,035
Öl/Gas-Heizung	0,6	0,07
Elektro-Wärme-pumpe	2 bis 3	0,1 bis 0,2
Elektro-Warmwasser-bereitung	0,75	0,016
Heizöl/Gas-Warmwasser-bereitung	0,50	0,032
Solar-Warmwasser-bereitung	0,6	0,04
Stromerzeugung		
Dampfkraftwerk		0,33
Wasserkraftwerk		0,8
Windenergie-kraftwerk		0,3
Antriebsenergieerzeugung		
Ottomotor		0,1
Dieselmotor		0,15
Elektroantrieb		0,1 bis 0,15
Elektromotor		0,6 bis 0,9
Dampfmaschine	0,5	0,8
Wasserturbine		0,8

Tabelle Q-7. Energetische Amortisationszeit, Erntefaktor.

Kenngröße	Definition
energetische Amortisationszeit	$\tau_E = \dfrac{E_{inv}}{\dot{E}_{a,el,N}} = \dfrac{E_{inv}}{P_{el,N}\,t_a}$
Energie-Erntefaktor	$f_E = \dfrac{\tau_L \cdot \dot{E}_{a,el,N}}{E_{inv} + \tau_L \dot{E}_{a,B}}$ $= \dfrac{\tau_L \cdot \dot{E}_{a,el,N}}{\tau_E \cdot \dot{E}_{a,el,N} + \tau_L \cdot \dot{E}_{a,B}}$

E_{inv} benötigte Energieinvestition zur Herstellung des Kraftwerks
$\dot{E}_{a,el,N}$ elektrische Nettoenergieerzeugung pro Jahr
$\dot{E}_{a,B}$ energetische Aufwendungen zum Kraftwerksbetrieb pro Jahr
$P_{el,N}$ elektrische Netto-Kraftwerksleistung
t_a Jahres-Betriebsstunden
τ_L Lebensdauer des Kraftwerks

Derzeit werden für Kernkraft-, Kohlekraft-, Wasser- und Windkraftanlagen zur Stromerzeugung Amortisationszeiten von weniger als einem Jahr und Erntefaktoren von deutlich über 10 angegeben, bei Photovoltaikanlagen dagegen liegen die Werte bei $\tau_E \approx 20\,a$ bzw. $f_E \approx 1$. Diese Angaben sind jedoch insbesondere hinsichtlich der energetischen Beurteilung des Entsorgungsaufwands und der Umweltbelastung umstritten.

Q.3 Energiespeicher

sind besonders groß, wenn, wie bei der Wärmeerzeugung, das Nutzwärmeniveau durch die Umgebungstemperatur bzw. die minimale Abgastemperatur begrenzt ist (Tabelle Q-6).

Die Energiewandler lassen sich in stromerzeugende, wärmeerzeugende und kombinierte (Kraft-Wärme-Kopplung) Anlagen einteilen. Durch die *energetische Amortisationszeit* τ_E und den *Erntefaktor* f_E kann die Energiebereitstellungsqualität der verschiedenen Kraftwerksarten beurteilt werden (Tabelle Q-7).

Diskrepanzen im Energieverbrauch sowohl im Tagesgang als auch im Jahresverlauf erfordern zur rationellen Energienutzung wirksame Kurzzeit- und Langzeit-Energiespeicher. Insbesondere ist dies für eine optimale Sonnenenergienutzung und Nutzung von Grundlast-Kraftwerken notwendig. Im Bereich der Stromspeicherung dominieren Pumpspeicher- und Staustufenspeicherwerke. Elektrochemische Batteriespeicher eignen sich nur für die niederenergetische Kurzzeitspeicherung. Unter

Tabelle Q-8. Möglichkeiten der Energiespeicherung.

Speicherprinzip	Speicherenergie	Energiespeicher
Reaktionswärme	$E_{Sp} = mH_u$ $E_{Sp} = \Delta mc^2$	Brennstoffspeicher, Bunker, Tanks, Druckgasspeicher, H_2-Hydritspeicher für Nuklearbrennstoff
innere Energie	$E_{Sp} = c_p m \Delta T$	Heißwasserspeicher, Stein-, Fels-, Erdspeicher, Aquiferspeicher
Phasenumwandlung Latente Wärme	$E_{Sp} = m\Lambda$	Eis-, Salz-Latentwärmespeicher, Ruths-Dampfspeicher
mechanische Energie	$E_{Sp} = mg\Delta h$ $= V\Delta p$ $= {}^1/_2 J(\Delta \omega)^2$	Pumpspeicher, Druckluftspeicher, Schwungradspeicher
elektrische Energie	$E_{Sp} = \Delta Q U$ $= {}^1/_2 C U^2$ $= {}^1/_2 L I^2$	Batterien, Kondensatoren, Magnetfeldspulen

c	Lichtgeschwindigkeit ($c = 3 \cdot 10^8$ m/s)	L	Induktivität
c_p	spezifische Wärmekapazität	m	Speichermasse
C	Kapazität	p	Gasdruck
E_{Sp}	Speicherenergie	Q	elektrische Ladung
g	Fallbeschleunigung	T	Temperatur
h	Höhe	U	elektrische Spannung
H_i	unterer Heizwert	V	Speichervolumen
I	elektrischer Strom	Λ	spezifische Phasenumwandlungswärme
J	Massenträgheitsmoment		

den verschiedenen Speicherprinzipien (Tabelle Q-8) dominieren sowohl im Heizwärme- und Strombereich als auch unangefochten im Verkehrsbereich die Brennstoffspeicher nach dem Reaktionswärmeprinzip.

Energiespeicher werden nach der *massenbezogenen* und der *volumenbezogenen Energiedichte* charakterisiert:

$$\sigma = E_{Sp}/m , \quad \sigma' = E_{Sp}/V ; \qquad (Q-2)$$

E_{Sp} gespeicherte Energie,
m Masse des Energiespeichers,
V Volumen des Energiespeichers,
σ massenbezogene Speicherdichte,
σ' volumenbezogene Speicherdichte.

Der Brennwert je 1 kg oder 1 m³ Brennstoff ist für die Praxis von untergeordneter Bedeutung. Zur Masse oder dem Volumen des Brennstoffs ist die Masse und das Raumvolumen der Speicherbehälter und Speichermaterialien

hinzuzurechnen. Unter diesen Gesichtspunkten ist die Energiespeicherung in Heizöl oder in den Kraftstoffen Benzin und Dieselöl unübertroffen (Tabelle Q-9). Deshalb haben bisher elektrische oder mit Wasserstoff angetriebene Fahrzeuge geringe Marktchancen; die geringe Energiedichte und der hohe Reinheitsgrad der Wasserstoffspeicherung sind neben

Tabelle Q-9. Speicherdichten von Fahrzeugspeichern.

Fahrzeugspeicher	Speicherdichte W h/kg
Benzintank	9700
Dieseltank	10 100
Methanoltank	4400
Flüssig-Wasserstoffspeicher	5000
TiFe-Hydritspeicher	400
Hochdruck-Wasserstoffspeicher	300
Silber-Zink-Batterie	120
Blei-Akku-Traktionsbatterie	35

technischen Problemen Haupthindernisse für die Einführung von Niedertemperatur-Brennstoffzellen-Antrieben. Günstiger ist die Situation im Heizwärmebereich, wo die kritische massenbezogene Speicherdichte keine Rolle spielt.

Q.4 Energieverbrauch

Die Sekundärenergie wird in der Industrie, im Verkehr, in den Haushalten und im Kleinverbrauch als Nutzenergie verbraucht (Bild Q-2). Letztendlich wird in einem hochentwickelten Land wie der Bundesrepublik Deutschland nur etwas mehr als ein Viertel der Primärenergie zu Nutzenergie. Ins Auge springt insbesondere der niedrige Nutzungsgrad im Verkehrsbereich; dies ist jedoch vor den im Vergleich zum stationären Einsatz hohen Anforderungen an den Energieeinsatz im Fahrzeug (minimale Energiespeicherdichte, Start- und Fahrdynamik, Unfall- und Tanksicherheit) zu verstehen.

Nachdem bisher die wirtschaftliche Bereitstellung von Nutzenergie zum Energieverbrauch dominierte und Erntefaktoren sowie Kapitalrückflusszeiten im Vordergrund der energietechnischen Anstrengungen standen, hat sich der Schwerpunkt energietechnischer Beurteilung spätestens seit Tschernobyl bei

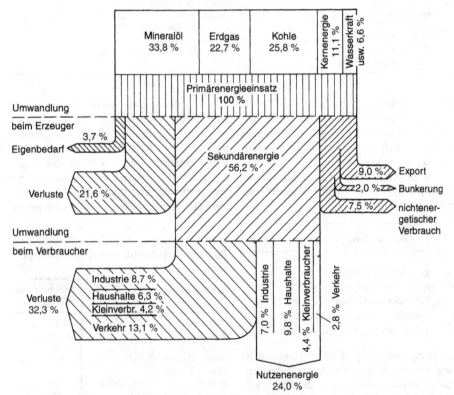

Bild Q-2. Energieumwandlung und Energieverbrauch in der Bundesrepublik Deutschland 2007 (Primärenergieverbrauch 0,439 TWa = 100%).

Tabelle Q-10. Umweltbelastungen.

Schadstoff	Verursacher	Belastung
Stäube, Ruß	Kraftwerke, Verkehr, industrielle Prozesse	Atemwegserkrankung, Korrosion, Verschmutzung
Abwässer, Aerosole	Rauchgaskondensation, Tankleckagen	Klärstörung, Trinkwasserverunreinigung, Hautallergie, Gewässerschaden
SO_2, NO_x, Kraftstoffadditive, Spurenstoffe	Verkehr, Kraftwerke, industrielle Prozesse	Atemwegserkrankung, Bodenversäuerung, Gewässerkippen, Waldschäden
Kohlendioxid CO_2	Kraftwerke, Haushalt, Verkehr, industrielle Prozesse	Klimaveränderung (Treibhauseffekt)
Methan CH_4	Tierhaltung, Erdölgewinnung, Reisanbau	Treibhauseffekt
Fluor-Chlor-Kohlenwasserstoffe (FCKW)	industrielle Herstellung, Entfettung, Privateinsatz	Störung der Erdatmosphäre (Ozonloch)
radioaktive Stoffe	Kernkraftwerke, fossile Kraftwerke	Genmutationen, Krebserkrankung

Tabelle Q-11. Energiekennzahlen.

Kennzahl	Beziehung flächenbezogen	Beziehung volumenbezogen
Wohngebäude:		
Spezifischer Primärenergiebedarf Gebäude	$Q_p'' = \dfrac{Q_p}{A_N}$	
Energie-Kennzahl Heizwärme	$EKZ_{W,\,F} = \dfrac{Q_h}{A_N}$	$EKZ_{W,\,V} = \dfrac{Q_h}{V}$
Energie-Kennzahl Elektrizität	$EKZ_{el} = \dfrac{Q_{el}}{A_N}$	
Nutzungsgrad Heizanlage	$\eta_h = \dfrac{Q_h + Q_{WW}}{E_W}$	
Industriebau:		
Energie-Kennzahl Produktivität	$EKZ_p = \dfrac{E_V}{PE}$	

A_N	Energiebezugsfläche (Stockwerksfläche, Putzfläche, Nutzfläche usw.)
E_W	Heizenergiebedarf Heizanlage
E_V	Energieverbrauch
PE	Produktionseinheit (z. B. je 1 kg Mehlverbrauch, je Pkw)
Q_p	Jahres-Primärenergiebedarf
Q_{el}	Elektroenergiebedarf
Q_h	Jahres-Heizwärmebedarf
Q_{WW}	Heizwärmebedarf Warmwasserbereitung
V	Gebäudevolumen (z. B. innerhalb der wärmeübertragenden Hüllfläche)

Tabelle Q-12. Berechnung des mittleren Heizungs-Wirkungsgrads bzw. der Energieaufwandszahl für die Heizwärme.

Größe	Beziehung
Heizungs-Wirkungsgrad η_{th}	$\eta_{th} = \dfrac{Q_h + Q_{WW} + Q_{t,h} + Q_{t,WW}}{Q_E}$
Heizwärme-Energieaufwandszahl e_h	$e_h = 1/\eta_{th}$
Warmwasser-Energiebedarf Q_{WW}	$Q_{WW} = c_W\, m_W\, P(\vartheta_W - \vartheta_K)\, t_d$
Techn. Energieverluste Raumheizung $Q_{t,h}$	$Q_{t,h} = Q_{g,B} + Q_{g,S} + Q_d + Q_{ce}$
Techn. Energieverluste Warmwasser $Q_{t,WW}$	$Q_{t,WW} = Q_{WW,s} + Q_{WW,d}$

c_W	spezifische Wärmekapazität von Wasser [$c_W = 1{,}16$ W h/(kg K)]
Q_E	Energiebedarf des Heizungssystems
m_W	Warmwasserverbrauch pro Person und Tag
P	Personenzahl der Warmwassernutzung
Q_h	Heizwärmebedarf
$Q_{t,gB}$	Technische Wärmeverluste des Wärmeerzeugers im Betrieb
$Q_{t,gS}$	Technische Wärmeverluste des Wärmeerzeugers im Stillstand
$Q_{t,d}$	Technische Wärmeverluste der Heizwärmeverteilung
$Q_{t,ce}$	Technische Wärmeverlust der Heizwärmeübergabe
$Q_{WW,s}$	Wärmeverlust des Warmwasserspeichers
$Q_{WW,d}$	Wärmeverlust der Warmwasser-Zirkulationsleitung und der Stichleitungs-Unterverteilung des Warmwassernetzes
t_d	Warmwasser-Bereitstellungszeit (i. Allg. $t_d = 365$ d)
ϑ_W	mittlere Warmwassertemperatur an der Entnahmestelle
ϑ_K	Kaltwassertemperatur

den Kernkraftwerken und der Weltenergie-konferenz 1989 in Montreal bei den fossilen Energieumwandlern zu den Belastungen der Umwelt (Tabelle Q-10) durch die Energiever-wendung und den ökologischen Wirkungen des Nutzenergieeinsatzes verlagert.

Die ökologisch-ökonomische Bilanzierung der Umweltbelastung der Energienutzung im Spannungsfeld Ökonomie – Energietechnik – Ökologie ist in Teilen gegeben. Derzeitiger Stand sind die rationelle Energieumwand-lung und -nutzung und die Förderung der Energiegewinnung aus regenerativen Ener-giequellen. Für die Beurteilung der Planung von energetischen Maßnahmen und der Sa-nierung von Energieumwandlern hinsichtlich ihres Energiebedarfs sind Energiekennzahlen (Tabelle Q-11) hilfreich.

Der Heizwärmebedarf von Gebäuden mit Abwärmenutzung wird nach DIN EN 832 und DIN 18599 unter Berücksichtigung der solaren Wärmegewinne durch die Ver-glasungen und der internen Wärmequellen (Personenwärme, Stromverbrauch) berech-net. Der Jahres-Energienutzungsgrad des Heizsystems berücksichtigt zusätzlich zum Heizwärmebedarf den Wärmebedarf der Warmwasserbereitung und die Anlagenverlus-te der Heizung und der Heizungsverteilung (Tabelle Q-12).

Als Zielwerte für eine energiesparende Bauplanung sind derzeit eine Heizwärme-Kennzahl von $EKZ_{W,F} \leqq 60\,\text{kWh}/(\text{m}^2 \cdot \text{a})$ und ein Jahresprimärenergiebedarf $Q_p'' = 70$ bis $120\,\text{kWh}/(\text{m}^2 \cdot \text{a})$ (Energieeinspar-Verordnung EnEV 2007).

R Umwelttechnik

Die Umwelttechnik ist die Anwendung technischer Lösungen zur Vermeidung der Bildung von Schadstoffen (*Primärmaßnahmen*) und zur Abreinigung gebildeter Schadstoffe (*Se-* *kundärmaßnahmen*). Emissionen entstehen durch nicht geschlossene Stoffströme; das Ziel umwelttechnischer Anwendungen ist deshalb die Bildung von *Stoffkreisläufen*.

Tabelle R-1. Gesetze, Verordnungen, Verwaltungsvorschriften, Normen.

Rechtswerk	Wichtige Inhalte
Wasserrecht	
Wasserhaushaltsgesetz (WHG, 2009, geändert 2016)	Stand der Technik (§§57, 58) Umgang mit wassergefährdenden Stoffen (§§62, 63) Gewässerschutzbeauftragte (§§ 64–66)
Abwasserverordnung und branchenspezifische Anhänge (2004, geändert 2016)	Stand der Technik-Pflichten in der Produktion, „Grenzwerte" der Abwasserableitung
Verordnung über Anlagen zum Umgang mit wassergefährdenden Stoffen, VAwS (landesspezifisch)	Detailpflichten für das Lagern, Abfüllen, Umschlagen, Herstellen, Behandeln und Verwenden wassergefährdender Stoffe
Landeswassergesetze, WG	Genehmigungspflichten und -durchführung
Indirekteinleiterverordnungen	Schwellenwerte für die Genehmigungspflicht, Abwasser in die Kanalisation einzuleiten
Immissionsschutzrecht	
Bundesimmissionsschutzgesetz (2013, geändert 2016)	Regelungen des anlagen-, produkt- und gebietsbezogenen Immissionsschutzes; Definition genehmigungsbedürftiger Anlagen (§§4–21)
1. BImschV	Kleine und mittlere Feuerungsanlagen
2. BImschV	Emissionsbegrenzung von leichtflüchtigen Halogenkohlenwasserstoffen
4. BImschV	Genehmigungsbedürftige Anlagen
5. BImschV	Immissionsschutz- und Störfallbeauftragte
7. BImschV	Auswurfbegrenzung von Holzstaub
9. BImschV	BImSch-Genehmigungsverfahren
10. BImSchV	Verordnung über die Beschaffenheit und die Auszeichnung der Qualitäten von Kraft- und Brennstoffen
11. BImschV	Emissionserklärungsverordnung
12. BImschV	Störfallverordnung
13. BImschV	Großfeuerungs-, Gasturbinen- und Verbrennungsmotoranlagen
14. BImschV	Anlagen der Landesverteidigung
16. BImschV	Verkehrslärmschutz
17. BImschV	Abfallverbrennungsanlagen
18. BImschV	Sportanlagen-Lärmschutz

© Springer-Verlag GmbH Deutschland 2017
E. Hering, R. Martin, M. Stohrer, *Taschenbuch der Mathematik und Physik*, DOI 10.1007/978-3-662-53419-9_17

Tabelle R-1. (Fortsetzung).

Rechtswerk	Wichtige Inhalte
Immissionsschutzrecht	
20. BImschV	Begrenzung der Emissionen flüchtiger organischer Verbindungen beim Umfüllen und Lagern von Ottokraftstoffen, Kraftstoffgemischen oder Rohbenzin
21. BImschV	Begrenzung der Kohlenwasserstoff-Emissionen bei der Betankung von Kraftfahrzeugen
24. BImschV	Verkehrswege-Schallschutzmaßnahmen
25. BImschV	Begrenzung von Emissionen der Titandioxid-Industrie
26. BImschV	Elektromagnetische Felder
27. BImschV	Verordnung über Anlagen zur Feuerbestattung
28. BImschV	Emissionsgrenzwerte für Verbrennungsmotoren
29. BImschV	Gebührenordnung für Maßnahmen bei Typprüfungen von Verbrennungsmotoren
30. BImschV	Anlagen zur biologischen Behandlung von Abfällen
31. BImschV	Verordnung zur Begrenzung der Emissionen flüchtiger organischer Verbindungen bei der Verwendung organischer Lösemittel in bestimmten Anlagen
32. BImschV	Geräte- und Maschinenlärmschutzverordnung
34. BImschV	Lärmkartierung
35. BImschV	Kennzeichnung der Kraftfahrzeuge mit geringem Beitrag zur Schadstoffbelastung
36. BImschV	Durchführung der Regelungen der Biokraftstoffquote
39. BImschV	Luftqualitätsstandards und Emissionshöchstmengen
41. BImschV	Bekanntgabeverordnung
1. Allgemeine Verwaltungsvorschrift zum BImSchG	Technische Anleitung zur Reinhaltung der Luft (TA Luft)
Abfallrecht	
Kreislaufwirtschaftsgesetz (2012, geändert 2016)	Grundsatz: Vermeidung vor Vorbereitung zur Wiederverwendung vor Recycling vor sonstiger Verwertung, insbesondere energetische Verwertung und Verfüllung vor Beseitigung. Grundpflichten der Kreislaufwirtschaft, Anlagenzulassung, Entsorgungsfachbetriebe, Betriebsorganisation.
Verordnung über das Europäische Abfallverzeichnis (AVV, 2001, geändert 2016)	Europäisch genormte Abfallschlüssel für Transport und Entsorgung
Verordnung über Deponien und Langzeitlager (DepV, 2009)	Errichtung, Betrieb, Stilllegung und Nachsorge von Deponien, Verwertung von Deponieersatzbaustoffen
Verordnung über die Entsorgung gebrauchter halogenierter Lösemittel (HKWAbfV, 1989, geändert 2007)	Getrennte Haltung, Vermischungsverbote, Rücknahmeverpflichtungen, Verwendungserklärung, Kennzeichnung
Verordnung über die Nachweisführung bei der Entsorgung von Abfällen (Nachweisverordnung, 2006, geändert 2015)	Nachweisführung über die Entsorgungswege; Begleitscheinverfahren
Verordnung über Deponien und Langzeitlager (Deponieverordnung – DepV, 2002, geändert 2006)	Betriebliche Pflicht, Abfälle des vergangenen Jahres zu bilanzieren und 5-Jahres-Pläne zur Verminderung des Abfallaufkommens zu erarbeiten

Tabelle R-1. (Fortsetzung).

Rechtswerk	Wichtige Inhalte
Abfallrecht	
Verordnung über Anforderungen an die Verwertung und Beseitigung von Altholz (Altholzverordnung – AltholzV, 2002, geändert 2015)	Stoffliche Verwertung, energetische Verwertung und Beseitigung von Altholz
(Landes-)Verordnung über die Entsorgung gefährlicher Abfälle zur Beseitigung (Sonderabfallverordnung – SAbfVO, 2008)	Andienungspflicht, Zuweisung von Abfällen

R.1 Abwassertechnik

R.1.1 Entstehung von schadstoffbelastetem Abwasser

Die Oberflächenbehandlung (z. B. Galvanik, Härterei, Lackierbetrieb, mechanische Fertigung) besteht in der Regel aus einer Abfolge von Wirkbädern (Wirkschritte, z. B. Entfetten, Beizen, Entrosten, Phosphatieren, Brünieren, Metallisieren), zwischen denen Spülschritte angeordnet sind. Abwasser- und Schadstoffemission finden statt, sobald der Wirkstoff (Elektrolyt) das Wirkbad verlässt.

> Abwasser- und Schadstoffemissionen entstehen durch Verwerfen und Ausschleppen des Wirkstoffes aus dem Wirkbad.

Das Wirkbad wird verworfen, weil Verunreinigungen seine Wirkung zu stark abgeschwächt haben. Ausgeschleppt wird der Elektrolyt durch Werkstücke und Werkstückträger. Die Ausschleppungen müssen anschließend von den Werkstücken abgespült werden.

> Verwerfen des Wirkbades:
> geringe Abwassermenge, hohe Schadstofffracht.
>
> Ausschleppen von Wirkstoff:
> hohe Abwassermenge, geringe Schadstoffmenge.

R.1.2 Verminderung der Ausschleppungen

Die Ausschleppungen werden von der Oberflächengeometrie der Werkstücke stark beeinflusst. Dennoch gibt es allgemein gültige Ansätze zur Ausschleppungsverminderung, die sich in chemische und mechanische Maßnahmen unterteilen (Tabelle R-2).

R.1.3 Standzeitverlängerung des Wirkbades

Je länger die Standzeit eines Wirkbades (weniger häufiges Verwerfen), desto geringer die emittierte Schadstofffracht.

> Standzeitverlängerung durch
> – Vorreinigung der Einschleppungen (Verunreinigung von außen);
> – Nachreinigung der prozessbedingten Verunreinigungen (Abbauprodukte).

Demzufolge untergliedern sich die Maßnahmen zur Standzeitverlängerung in Vorreinigung der Werkstücke und Nachreinigung der Wirkbadlösung (Tabelle R-3).

R.1.4 Spültechnik

Die Spültechnik hat die Aufgabe,

– ausgeschleppte Wirkstoffe vom Werkstück zu entfernen,

Tabelle R-2. *Maßnahmen zur Ausschleppungsverringerung.*

Maßnahme	Praxisbeispiel
a) chemisch	
Oberflächenhydrophobierung	wässrige Reinigung vor Härten, Lackieren, Prüfen
Verringerung der Wirkstoffkonzentration	Nachschärfen anstelle Wochenbedarfsansatz
	Senkung des Lösungsmittelanteils im Lacksystem
b) mechanisch	
Overspray vermindern	Drehscheibe hinter zu lackierendem Teil (Overspray-Recycling)
	Airless-Verfahren
	elektrostatisch lackieren
Anlagenbedienung und -steuerung	Abtropfzeiten, Warenbewegung, Teilepositionierung
Anlagentechnik	Abblasen, Abquetschen, Absprühen
	Kaskadenführung, Badkombinationen

– die Reaktion der Werkstückoberfläche mit dem Wirkstoff abzubrechen,
– Einschleppungen in das folgende Wirkbad zu unterbinden.

Gesetzesforderung ist die Einrichtung einer *mehrstufigen* Spültechnik (in der Regel drei Spülstufen), die als Voraussetzung für minimierten Abwasser- und Schadstoffanfall gilt. Als einzelne Spülstufe gilt auch eine Spritzeinrichtung über einem Spülbad (Spülbad + Spritzeinrichtung = zweistufiges System).

Unterschieden wird zwischen *Standspülen* (nicht durchflossen) und *Fließspülen* (kontinuierlicher Wasserdurchsatz $\dot{Q}$). Die Bilder R-1,

Tabelle R-3. *Maßnahmen zur Standzeitverlängerung.*

Vorreinigungsverfahren	mehrstufige Spültechnik vorgeschaltete Reinigungsstufen, z. B. Entölen, mechanisches Reinigen Wirkbadkaskade
Nachreinigungsverfahren	Entschlammung
	Ionenaustausch
	Dialyse/Elektrodialyse
	Elektrolyse
	thermische Behandlung (Kristallisation, Eindampfen)
	Membranabtrennung (Ultra- und Mikrofiltration, Umkehrosmose)

R-2 und R-3 zeigen Beispiele verschiedener dreifacher Spülstufen nach dem Wirkbad.

Die Effektivität des Spülvorgangs wird ausgedrückt durch das Spülkriterium Sk, das als Quotient der Wirkbadkonzentration in Gramm/Liter oder val/Liter und der Restkonzentration im letzten Spülbad n definiert ist:

$$Sk = c_0/c_n ; \qquad (R-1)$$

c_0 Elektrolytkonzentration im Wirkbad,
c_n Elektrolytkonzentration im n-ten Spülbad nach dem Wirkbad.

Spülkriterien liegen üblicherweise zwischen 10^3 und 10^7.

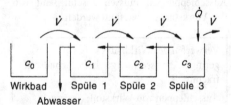

Bild R-1. *Dreistufige Spültechnik als Dreifachkaskade.*

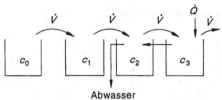

Bild R-2. *Dreistufige Spültechnik als Standspüle und Zweifachkaskade.*

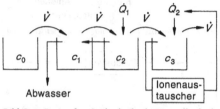

Bild R-3. *Dreistufige Spültechnik als Vorspülkaskade und Fließspüle.*

Die Konzentration eines Standspülbades nach der Betriebszeit t beträgt

$$c_t = c_0 \left[1 - \left(\frac{V_B}{V_B + V} \right)^t \right] ; \qquad (R\text{-}2)$$

t Betriebsdauer in Stunden,

c_0 Elektrolytkonzentration im Wirkbad,

c_t Elektrolytkonzentration im Standspülbad nach t Stunden Betriebszeit,

V Verschleppungsvolumen, normiert auf 1 h,

V_B Volumen des Spülbades.

Die Gleichgewichtskonzentrationen von Einzelfließspülen und Fließspülkaskaden betragen (Voraussetzung: $\dot{V} \ll \dot{Q}$)

$$c_n = c_0 (\dot{V}/\dot{Q})^n ; \qquad (R\text{-}3)$$

c_0 Elektrolytkonzentration im Wirkbad,

c_n Elektrolytkonzentration im n-ten Spülbad nach dem Wirkbad,

$\dot{V}$ Ausschleppungsvolumenstrom,

$\dot{Q}$ Spülwasserdurchsatz.

Tabelle R-4. *Vergleich benötigter Spülwassermengen in Liter je Stunde für $c_0 = 10$ val/l, $Sk = 10^4$, $\dot{V} = 10$ l/h, Standspülwechsel in 8 h, Badvolumen $V_B = 1000$ l.*

Spülsystem	benötigte Spülwassermenge l/h	erzeugte Abwassermenge l/h
1 Fließspüle	100 000	100 000
1 Standspüle und 1 Fließspüle	7777	7777
Zweifachkaskade	1000	1000
1 Standspüle und Zweifachkaskade	402	402
Dreifachkaskade*	215	215
Zweifachkaskade und 1 Fließspüle	50 + 4000	114
	100 + 1000	116
	200 + 250	204

* Bei direkter Rückführung ins Wirkbad ist die Dreifachkaskade vorteilhaft, bei Kreislaufführung des Spülwassers (Ionenaustauscher) das System Vorspülkaskade und Schlussspüle.

Mit Hilfe dieser Formeln lassen sich vergleichende Betrachtungen des notwendigen Wassereinsatzes unterschiedlicher Spülsysteme durchführen und lässt sich der jeweils resultierende Abwasseranfall berechnen (Tabelle R-4).

R.1.5 Kreislaufführung des Spülwassers (Ionenaustauscher)

Ionenaustauscher sind organische Polymerharze mit funktionellen Gruppen.

Die Vollentsalzung des Wassers geschieht in hintereinandergeschalteten Kationen- und Anionenaustauscherharzen (Tabelle R-5). Voraussetzung für den sinnvollen Einsatz von Ionenaustauschern ist ein geringer Salzgehalt (= Elektrolytgehalt) im kreislaufgeführten Wasser. Es gibt unterschiedliche verfahrenstechnische Schaltungsmöglichkeiten der Ionen-

Tabelle R-5. Ionenaustauscherharze.

Harztyp	funktionelle Austauscher-gruppe	Reaktion
stark saures Kationen-austauscher-harz	Sulfonsäure-gruppe $(-SO_3H)$	Kation $\leftrightarrow$ H$^+$
schwach saures Kationen-austauscher-harz	Carbonsäure-gruppe $(-COOH)$	Kation $\leftrightarrow$ H$^+$
schwach alkalisches Anionen-austauscher-harz	tertiäre Ammonium-gruppe $(-R_2NHOH)$	Anion $\leftrightarrow$ OH$^-$
stark alkalisches Anionen-austauscher-harz	quartäre Ammonium-gruppe $(-R_3NOH)$	Anion $\leftrightarrow$ OH$^-$

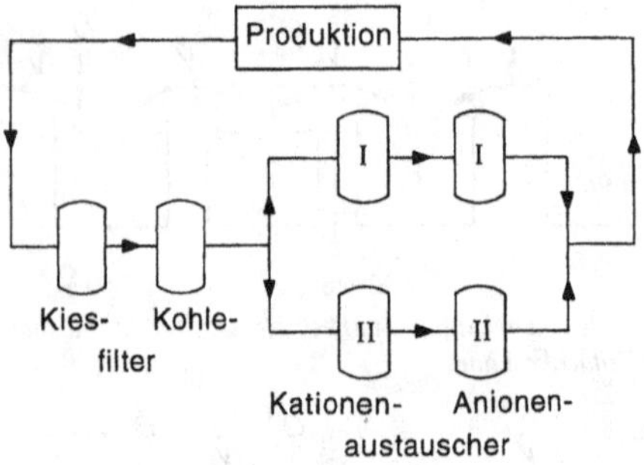

Bild R-4. Ionenaustauscheranlage in Straßenschaltung.

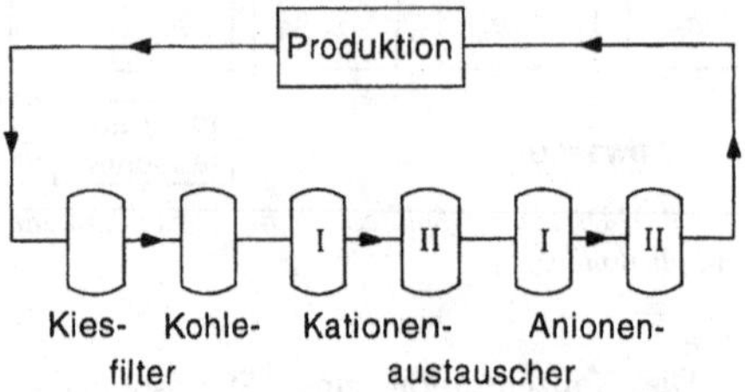

Bild R-5. Ionenaustauscheranlage in Reihenschaltung.

Tabelle R-6. Begriffserläuterungen.

Luftverun-reinigung	alle Stoffe, die die natürliche Zu-sammensetzung der Luft verändern
Emission	an die Umwelt abgegebene Luft-verunreinigung
Immission	die Einwirkung der Luftverun-reinigungen auf die Umwelt
Transmission	Ausbreitung der Luftverunreini-gung (zwischen Emissionsquelle und Immissionseinwirkung)
Smog	hohe Immissionskonzentrationen von Schadstoffen in Verbindung mit Nebel (Kombination von „smoke" und „fog")
Abgas	an die Umwelt abgegebenes Gas
Rauchgas	Abgas von Feuerungsanlagen
Abluft	Abgas, dessen Trägergas Luft ist

austauscheranlagen (Straßen- und Reihen-schaltung, Bilder R-4 und R-5).

Abwasser (Regenerat, Eluat) entsteht bei der Regeneration der beladenen Harze. Kationen-harze werden mit Säure (5%), Anionenharze mit Lauge (5%) regeneriert.

Je 1 val Salz Beladung auf die Austauscher-anlage entstehen etwa 14 l Abwasser bei der Regeneration.

R.1.6 Abwasseraufbereitung (-behandlung)

Der Grundsatz lautet: Unnötige Mischungen vermeiden.

Die Verfahrensstufen (Bild R-6) sind

– Cyanidoxidation,
– Nitritoxidation oder -reduktion,
– Chromatreduktion,
– Neutralisation,
– Flockung,
– Sedimentation,
– Schlammentwässerung,
– Schlussfiltration.

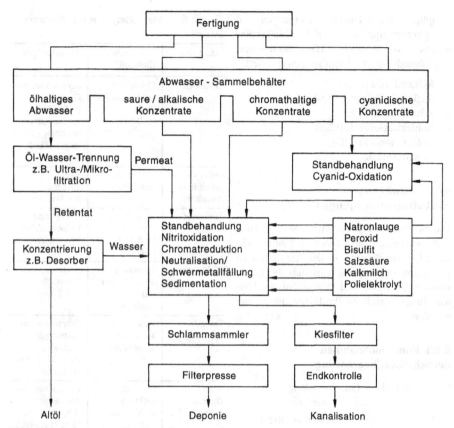

Bild R-6. Blockschema einer Abwasseraufbereitungsanlage.

Probleme entstehen

– durch Bildung von (an Aktivkohle adsorbierbaren) Halogenkohlenwasserstoffen [AOX] bei der Oxidation mit Bleichlauge (NaOCl),
– bei der Entsorgung des anfallenden schwermetallhaltigen Galvanikschlamms (Sondermüll, Abschnitt R.3).

R.2 Reinhaltung der Luft

R.2.1 Entstehung von Luftverunreinigungen

Die natürliche Zusammensetzung der Luft ist

– Stickstoff (N_2)   78,10%,
– Sauerstoff (O_2)   20,93%,
– Argon (Ar)   0,93%
– Kohlendioxid (CO_2)   0,035%,
– Spuren
  • andere Edelgase
  • Methan
  • Wasserstoff.

Hauptquellen der Luftverunreinigungen sind Energieerzeugung (Kraftwerke), Hausheizungen, Verkehr und Industrie. Hauptsächlich werden folgende Luftverunreinigungen emittiert:

- Kohlendioxid (CO_2),
- Stickoxide (NO und NO_2),
- Schwefeldioxid (SO_2),
- Kohlenwasserstoffe (C_mH_n),
- Kohlenmonoxid (CO),
- Ruß und Staub.

R.2.2 Auswirkungen von Luftverunreinigungen

Die hauptsächlichen Auswirkungen der Luftverunreinigungen sind Tabelle R-7 zu entnehmen. Bei der Beurteilung der Auswirkungen von Luftverunreinigungen ist stets die Transmission der Stoffe und ihre chemische Umwandlung zu anderen Produkten mit zu betrachten.

R.2.3 Primärmaßnahmen der Schadstoffbegrenzung

Schwefeldioxid → Entschwefelung der Brennstoffe

Stickoxide → mehrstufige Verbrennung
→ Abgasrückführung

Kohlenwasserstoffe, Ruß, Kohlenmonoxid
→ vollständige Verbrennung, dabei
- ausreichender Luftüberschuss ($\lambda > 1$),
- hohe Verbrennungstemperaturen,
- lange Verweilzeit des Brennstoffes in Zonen hoher Temperatur,
- gute Durchmischung von Luft und Brennstoff.

R.2.4 Sekundärmaßnahmen der Schadstoffbegrenzung

Unter Sekundärmaßnahmen sind Abreinigungsverfahren zu verstehen.

Tabelle R-7. Auswirkungen von Luftverunreinigungen.

Schadensart	Verursacher (Leitstoff)	Auswirkungen
Ozonloch	Fluorchlor-kohlenwasser-stoffe (FCKW)	Zerstörung der Ozonschicht in der Stratosphäre: härtere Strahlung gelangt auf Erdoberfläche
hoher Ozongehalt in der Atemluft	Stickoxide und Licht	Herz-/Kreislauf-beschwerden
Treibhaus-effekt	IR-aktive Gase (z. B. CO_2, CH_4)	Erwärmung der Erdoberfläche: Klimastörungen
Waldsterben	vermutete Synergie aller Luftverunreinigungen	Änderung von Klima, Flora und Fauna
Smog	Nebel und austauscharme Wetterlagen	Erkrankung von Atemwegen und -organen, Herz-/Kreislauf-Schwäche
fotochemischer Smog	Stickoxide, Licht und Kohlenwasserstoffe	Erkrankung von Atemwegen und -Organen, Herz-/Kreislauf-Schwäche
saurer Regen	Stickoxide, Schwefeldioxid	Schädigung der Pflanzenwurzeln, Korrosion an Metallen/Baustoffen

Ruß und Staub

→ Staubabscheidung
Maßgebend für die Abscheidefähigkeit eines Staubes ist die Sinkgeschwindigkeit v_s der Partikeln aus dem Gasstrom, die sich für das Modell kugelförmiger Partikeln wie folgt ergibt:

$$v_s = \frac{d^2(\varrho_P - \varrho_G)g}{18\eta_G} \; ; \qquad (R-4)$$

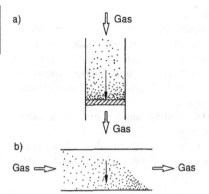

v_s Sinkgeschwindigkeit der Staubpartikeln,
d Staubpartikeldurchmesser,
ϱ_P Dichte der Staubpartikeln,
ϱ_G Dichte des Abgases,
g Erdbeschleunigung,
η_G Viskosität des Abgases.

Alle Faktoren, die die Sinkgeschwindigkeit erhöhen, tragen zur Verbesserung der Abscheideleistung bei:

- Vergrößerung von Dichte und Partikeldurchmesser im Nassabscheider

  • Wirbelwäscher,
  • Venturiwäscher,
  • Rotationswäscher;

- Erhöhung der Beschleunigung im

  • Elektrofilter,
  • Zyklon.

Elektrofilter und Zyklone sind typische Vertreter der *Querstromfiltration* (Partikeln werden quer zur Gasströmung abgeschieden); Tuchfilter und Filterkerzen, die eine Sekundärfilterschicht durch abgeschiedene Staubteilchen ausbilden, sind typische Beispiele für die *Hauptstromfiltration* (Partikeln- und Gasbewegung in gleicher Richtung, Bild R-7).

Schwefeldioxid

- (Rauchgas-)Entschwefelung
  Trockenes, halbtrockenes und nasses Verfahren. Unter Zugabe von Kalk (Kalkmilch) und mit Hilfe von Luftsauerstoff wird Gips gebildet ($CaSO_4 \cdot 2H_2O$; Abfallproblematik).

Stickoxide

- Oxidationsverfahren (selten angewendet)
  Oxidation der Stickoxide zu Stickstoffdi-

Bild R-7. *Hauptstromfiltration (a) und Querstromfiltration (b).*

oxid mit Hilfe von Ozon und Abreinigung durch Bildung von Salpetersäure.
- Reduktionsverfahren (katalytisch: SCR-Verfahren; nicht katalytisch: SNCR-Verfahren[1]).
  Durch Eindüsung von Ammoniak werden Stickoxide zu Stickstoff reduziert, was einer Rückbildung des Ausgangsstoffes (Luft-N_2) entspricht.

Kohlenwasserstoffe

- Nachverbrennung (thermisch: TNV; katalytisch: KNV).
  Nachgeschaltete Verbrennung bei hohen Temperaturen, Einsatz von Katalysatoren und allen Bedingungen vollständiger Verbrennung.
- Adsorption
  Aktivkohlefiltration. Probleme der anschließenden Regeneration der beladenen Aktivkohle: Dampf gelangt in das Abwasser, Heißgas erfordert Energieaufwand. Bei Verwerfen der beladenen Aktivkohle entsteht Abfallproblematik.

---

[1] SCR: selective catalytic reduction, SNCR: selective non catalytic reduction.

– Kondensation
„Ausfrieren" der Kohlenwasserstoffe in Kältefallen. Energieaufwändig, für einzuhaltende Grenzwerte nicht ausreichend, nur für schwerer flüchtige Kohlenwasserstoffe. Wird in der Regel als Abreinigungsvorstufe benutzt.
– Membrantrennung und biologische Abreinigung
Verfahren z. Zt. in der Markteinführung; Einzelfallbetrachtung des Einsatzes notwendig.

Kfz-Katalysator

> Der Dreiwege-Katalysator dient zur Umsetzung der drei Schadstoffe Kohlenmonoxid, Kohlenwasserstoffe und Stickoxide.

– Katalysatoraufbau
Platin (Oxidationsprozesse) und Rhodium (Reduktionsvorgänge) als Katalysatormetalle, die auf Träger Aluminiumoxid („washcoat", hohe Oberfläche) aufgebracht sind, das auf Keramikkörper oder Metallträger aufgetragen wird.
– Betriebsbedingungen
Der optimale Temperaturbereich liegt zwischen 300 und 850 °C. Luftregelung mittels Lambda-Sonde auf $\lambda \rightarrow 1$ (stöchiometrischer Lufteinsatz, kein Luftüberschuss).
– Reaktionen
• Kohlenwasserstoffe und Kohlenmonoxid oxidieren an Platin zu Kohlendioxid (= Endprodukt vollständiger Verbrennung).
• Stickoxide (überwiegend NO) werden an Rhodium zu Stickstoff reduziert.
• Unerwünschte Nebenreaktionen (Luftüberschuss, Luftmangel, ungünstige Temperaturen) führen zur Bildung von Schwefeltrioxid, Schwefelwasserstoff und Ammoniak.

Lambda-Sonde

Notwendiges Aggregat, um Luftüberschusszahl gegen 1 zu regeln (Voraussetzung für Funktion des Dreiwege-Katalysators).
– Aufbau
Fingerhutförmig angeordnete Zirkondioxid-Membran, auf deren Innenseite sich Luft befindet. An der Außenseite werden Abgase vorbeigeführt. Beide Seiten der Membran sind mit einem Platingitter versehen, das als Ableitungselektrode dient.
– Messprinzip
Potenziometrisches Messprinzip. In Abhängigkeit vom jeweiligen Sauertoffpartialdruck (Innen- und Außenseite der Membran) bilden sich – bedingt durch Diffusion von Sauerstoff-Ionen in Fehlstellen des Zirkondioxidgitters – unterschiedliche Potenziale aus. Die Potenzialdifferenz kann als Membranspannung U abgegriffen werden (Nernst'sches Gesetz). Zur Bildung der Sauerstoffionen werden Temperaturen >400 °C benötigt (Betriebstemperatur der Sonde).

$$U = \frac{R_m T}{z\,F} \ln \frac{p_{O_2(\text{Luft})}}{p_{O_2(\text{Abgas})}} \; ; \qquad (\text{R–5})$$

R_m molare Gaskonstante
($R_m = 8{,}3145$ J/(K $\cdot$ mol)),
T absolute Temperatur,
z Anzahl Elementarladungen,
F Faraday-Konstante
($F = 96\,486$ A $\cdot$ s/mol),
p_{O_2} Sauerstoffpartialdruck.

– Mess- und Regeltechnik
Je geringer der Sauerstoffanteil im Abgas, desto höher die abgegriffene Spannung. Die Sonde regelt die Begrenzung der Luftzufuhr so weit, bis steiler Spannungsanstieg eintritt. Die Regelung erfolgt also nicht durch exakte Sauerstoffmessung, sondern das Luft-Kraftstoff-Verhältnis wird so geregelt, dass der Sauerstoffanteil an

der Abgasseite der Sonde gegen null geht (steiler Spannungsanstieg).

R.3 Abfallwirtschaft

Tabelle R-8. Begriffserläuterungen.

Abfall	bewegliche Sache, derer sich der Besitzer entledigen will oder deren geordnete Entsorgung zur Wahrung des Wohls der Allgemeinheit geboten ist
Reststoff	bewegliche Sache, derer sich der Besitzer entledigen will und die einer stofflichen oder sonstigen Verwertung zugeführt wird
besonders überwachungs-bedürftiger Abfall/Rest-stoff („Sonder-abfall")	Abfälle/Reststoffe, die aufgrund ihrer Eigenschaften ein besonderes Gefahrenpotenzial aufweisen (z. B. giftig, erbgut-schädigend)
Entsorgungs-anlage	Anlage zum Verwerten, Be-handeln, Lagern und Entsorgen von Abfällen/Reststoffen

R.3.1 Entstehung von Abfällen

Abfälle entstehen durch Vermischung und dar-aus folgender Feinverteilung von Wertstoffen.

Abfalldeponie: Wertstoffe in feinverteilter Form.
Rohstofflager: Wertstoffe in konzentrierter Form.

R.3.2 Grundsatz der Abfallwirtschaft

Der Grundsatz des Umgangs mit Abfall ist all-gemein gültig im Abfallgesetz definiert:

Vermeiden vor Verwerten vor Entsorgen.

Voraussetzung ist die Einbindung dieses As-pekts in die Fertigungsplanung, durch Schaffen eines Versorgungs- und Entsorgungskonzeptes, das die notwendigen Vorbereitungen zur Ab-fallvermeidung und -verwertung enthält.

Abfallvermeidung kann durch gezielte Einwir-kung auf zwei Planungsbereiche unterstützt werden:

Abfallvermeidung durch
– Vermeidung des Entstehens von Rest-stoffen (*Primärmaßnahmen*),
– Schaffen von Stoffkreisläufen angefallener Reststoffe (Sekundärmaßnahmen).

R.3.3 Primärmaßnahmen der Abfallvermeidung

Ersatz abfallproblematischer Einsatzstoffe (Beispiele)

– Umstellung der CKW-Reinigung (Chlor-kohlenwasserstoffe) auf wässrige Reini-gungssysteme,
– Asbestersatz in der Baustoffindustrie,
– Ersatz cyanidischer Wirkbäder in der Ober-flächenbehandlung,
– Umstellung cadmium- und bleichromat-haltiger Lacke auf organische Pigmente,
– Ersatz von Quecksilber und Cadmium bei der Batterieherstellung.

Umstellung des Fertigungsverfahrens und der Produkte (Beispiele)

– Umstellung lösemittelhaltiger Lacke auf Wasserlacksysteme,
– Erhöhung des Auftragwirkungsgrades,
– Einsatz von NC-Bearbeitungsautomaten und CNC-Fertigungs-„poolcentern" mit optimierter Materialausnutzung,
– verringerter Materialeinsatz (Hausgeräte, Verpackung),
– längere Produktlebensdauer.

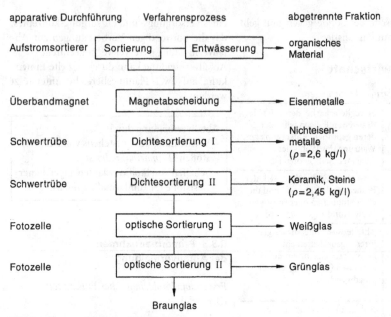

Bild R-8. Trennverfahren für Mischabfall.

R.3.4 Sekundärmaßnahmen der Abfallvermeidung

Die Weiterverwertung von Reststoffen (Schaffung von Stoffkreisläufen) setzt in der Regel unvermischte Reststoffe voraus.

Sortierung anfallender Abfallgemische

Das Sortieren des Mischabfalls dient der Auftrennung eines Stoffgemisches in Einzelfraktionen mit dem Ziel der weiteren stofflichen Nutzung. Die einzelnen Trennverfahren unterscheiden sich dabei weniger im Prinzip der Auftrennung als in der Reihenfolge der einzelnen Trennschritte. Bild R-8 zeigt den Aufbau eines Abfalltrennverfahrens.

Die finanziellen Aufwendungen für Investition und Betrieb der vorhandenen Anlagen sind bislang schwer zu amortisieren. Weitere Probleme der Abfallsortierung entstehen durch

fehlende Kapazitäten zur Aufnahme der abgetrennten Fraktionen.

> Nachträgliche Sortierung des angefallenen Mischabfalls ist die ungünstigere Alternative der Abfallverwertung.

Getrennte Sammlung und Verwertung von Abfällen

Die getrennte Erfassung der unvermischten Reststoffe ist Voraussetzung für ihre sinnvolle Verwertung.

Besonders effizient ist eine Rückführung der Fertigungsreststoffe in denselben Prozess (Abfallvermeidung und Einsparung von Reststoffen).

Recycling *während des Produktgebrauchs* wird vornehmlich im Maschinenbau praktiziert. Die Austauscherzeugnis-Fertigung setzt sich zusammen aus den Fertigungsschritten

- Demontage,
- Reinigung,
- Prüfung/Sortierung,
- Aufarbeitung und
- Wiedermontage.

Altstoffrecycling *nach Produktgebrauch* ist vor allem beim Schrottrecycling bekannt. So werden Kraftfahrzeuge in einer Hammermühle (Shredder) zerkleinert und anschließend einer Stofftrennung mit Hilfe von Magnetabscheidern, Windsichtern und anderen Dichtetrennanlagen unterzogen. Zurzeit wird allerdings nur der Metallanteil zurückgewonnen.

S Atomphysik

S.1 Atombau und Spektren

Die Untersuchung von optischen *Spektren* liefert Informationen über den Aufbau von Atomen und Molekülen. Diese Teilchen können mit elektromagnetischer Strahlung in Wechselwirkung treten (Emission und Absorption).

S.2 Systematik des Atombaus

S.2.1 Aufbau der Atome

Ein Atom besteht aus dem *Atomkern* und der *Atomhülle*. Die Atomhülle besteht meist aus *Elektronen* und der Atomkern, sehr einfach gesagt, aus den *Nukleonen: Protonen* und *Neutronen*. In Tabelle S-1 sind die entsprechenden Größen zusammengestellt.

Ein Atom wird folgendermaßen gekennzeichnet:

$$^A_Z X$$

X   Elementsymbol
A   Massenzahl (Anzahl der Protonen und Neutronen; $A = Z + N$)
Z   Ordnungszahl (Anzahl der Protonen im Kern = Anzahl der Elektronen in der Hülle = Kernladungszahl; $Z = A - N$)

Beispiele sind $^{14}_{7}$N; $^{238}_{92}$U, Z kann auch weggelassen werden.

Tabelle S-2 zeigt die Unterschiede verschiedener Kernarten (*Nuklide*).

Tabelle S-1. Eigenschaften des Atomkerns und der Atomhülle.

Atom	Atomkern		Atomhülle
	Proton p	Neutron n	Elektron e
Ladung Q	$1{,}6021 \cdot 10^{-19}$ C	0	$-1{,}6021 \cdot 10^{-19}$ C
Ruhemasse	$1{,}67 \cdot 10^{-27}$ kg $(1836\, m_{el})$	$1{,}675 \cdot 10^{-27}$ kg $(1839\, m_{el})$	$9{,}11 \cdot 10^{-31}$ kg (m_{el})
Radius	$r_A \approx 0{,}5 \sqrt[3]{\dfrac{m_A}{\varrho}}$; m_A Atommasse, ϱ Dichte	$r_K \approx 1{,}4 \cdot 10^{-15} \sqrt[3]{A}$ in m; A Massenzahl (Nukleonenzahl) des Atomkerns	$r_K \approx 1{,}4 \cdot 10^{-15} \sqrt[3]{A}$ in m; A Massenzahl (Nukleonenzahl) des Atomkerns	$r_e = \dfrac{e^2}{4\pi m_e \varepsilon_0 c^2}$ $= \dfrac{\mu_0 e^2}{4\pi m_e}$ $= 2{,}818 \cdot 10^{-15}$ m; $e = -1{,}6 \cdot 10^{-19}$ C, $m_e = 9{,}11 \cdot 10^{-31}$ kg, $\mu_0 = 1{,}257 \cdot 10^{-6}$ H/m, $\varepsilon_0 = 8{,}85 \cdot 10^{-12}$ F/m, $c = 2{,}998 \cdot 10^8$ m/s

© Springer-Verlag GmbH Deutschland 2017
E. Hering, R. Martin, M. Stohrer, *Taschenbuch der Mathematik und Physik*, DOI 10.1007/978-3-662-53419-9_18

Tabelle S-2. Isotope, Isobare und Isotone.

	isotopes Nuklid	isobares Nuklid	isotones Nuklid
Ordnungszahl Z (Protonenzahl; Zahl der Elektronen)	gleich	ungleich	ungleich
Massenzahl A (Anzahl der Nukleonen: Protonen und Neutronen; $A = Z + N$)	ungleich	gleich	ungleich
Neutronen-zahl N ($N = A - Z$)	ungleich	ungleich	gleich
Beispiele	^{234}U, ^{235}U, ^{238}U	^{204}Pb, ^{204}Hg	^{39}K, ^{40}Ca

S.2.2 Atommasse und Anzahl der Atome

Die Masse von Atomen und Molekülen wird in *atomaren Masseneinheiten u* gemessen. Die Definition lautet

> atomare Masseneinheit $u = 1/12$ der Masse des Kohlenstoffatoms $^{12}_{6}$C.

Es gelten folgende Zusammenhänge:

$$1u = 1(\text{g/mol})/N_A, \text{ wobei}$$
$$N_A = 6{,}0221 \cdot 10^{23}\,\text{mol}^{-1} \qquad \text{(S–1)}$$

$$1u = 1/12 m_{12_C} = 1{,}660 \cdot 10^{-27}\,\text{kg}. \qquad \text{(S–2)}$$

$$1\,\text{kg} = 6{,}0221 \cdot 10^{26} u. \qquad \text{(S–3)}$$

Für die Massen m_A eines Atoms (bzw. Moleküls) ergibt sich

$$m_A = A_r \cdot u = A_r \cdot 1{,}660 \cdot 10^{-27}\,\text{kg}; \qquad \text{(S–4)}$$

A_r relative Atommasse.

Die Anzahl der Atome eines Körpers der Masse m lässt sich aus der Masse eines Atoms m_A berechnen:

$$N = \frac{m}{m_A} = \frac{m}{A_r \cdot u} = \frac{m}{A_r \cdot 1{,}660 \cdot 10^{-27}\,\text{kg}};$$
$$\text{(S–5)}$$

A_r relative Atommasse eines Stoffes,
m Masse des Körpers,
m_A Masse eines Atoms.

Übersicht S-1. Gesetze der Quantentheorie.

Quantisierung der Energie $E = h\nu$; h Planck'sches Wirkungsquantum ν Frequenz der Strahlung	Masse als Energieform $E = mc^2$; m Masse, c Lichtgeschwindigkeit
Photon (Energiequant)	
Masse $m_{ph} = \dfrac{h\nu}{c^2} = \dfrac{h}{c\lambda}$	Impuls $p_{ph} = \dfrac{h\nu}{c} = \dfrac{h}{\lambda}$

Photonen bewegen sich mit Lichtgeschwindigkeit. Die Ruhemasse ist 0.

Übersicht S-1. (Fortsetzung).

Compton-Effect

Streuung eines Photons an einem Elektron

Energieerhaltungssatz

$$h\nu + m_0 c^2 = h\nu' + mc^2$$

Impulserhaltung

– x-Richtung

$$\frac{h\nu}{c} = \frac{h\nu'}{c}\cos\vartheta + m\upsilon\cos\varphi$$

– y-Richtung

$$0 = \frac{h\nu'}{c}\sin\vartheta - m\upsilon\sin\varphi$$

Verschiebung der Wellenlänge

$$\Delta\lambda = \lambda' - \lambda = \frac{h}{m_0 c}(1 - \cos\vartheta)$$

Compton-Wellenlänge

$$\lambda_c = \frac{h}{m_0 c} = 2{,}426 \cdot 10^{-12}\,\mathrm{m}$$

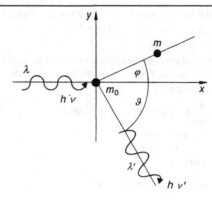

Dualismus Teilchen – Welle

Energiestrahlung hat Teilchen- und Wellencharakter.
Wellenlängen sind in Tabelle L-1 angegeben.

Unschärfe-Relation

Ort x und Impuls p eines Teilchens können
nicht beliebig genau ermittelt werden.
$$\Delta x \Delta p_x \geqq h$$

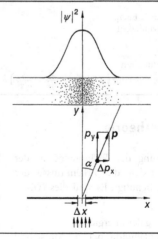

Übersicht S-1. (Fortsetzung).

Schrödinger-Gleichung

Ein Teilchen entspricht einer Welle Ψ mit dem Wellenvektor $\boldsymbol{k} = \boldsymbol{p}/\hbar$ und einer Kreisfrequenz ω:

$$\Psi(x,t) = a\,\mathrm{e}^{(\mathrm{j}k_x x - \mathrm{j}\omega t)} = a\,\mathrm{e}^{\frac{\mathrm{j}}{\hbar}(p_x x - Et)} \; ;$$

$E = \hbar\omega,\, p_x = \hbar k_x,\, \mathrm{j} = \sqrt{-1}\,.$

Die Aufenthaltswahrscheinlichkeiten des Teilchens am Ort (x,y,z) im Volumen $\mathrm{d}V$ ist $|\Psi(x,y,z)|^2\,\mathrm{d}V$.
Bestimmung von Ψ durch die Schrödinger-Gleichung

– zeitabhängig

$$\left[-\frac{\hbar^2}{2m}\Delta + V(\boldsymbol{r}) \right] \Psi(\boldsymbol{r},t) = \mathrm{j}\hbar\frac{\partial}{\partial t}\Psi(\boldsymbol{r},t) \; ;$$

$V(\boldsymbol{r})$ potenzielle Energie,
Δ Laplace-Operator

– zeitunabhängig

$$\left[-\frac{\hbar^2}{2m}\Delta + V(\boldsymbol{r}) \right] \Psi(\boldsymbol{r}) = E\Psi(\boldsymbol{r})$$

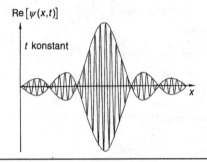

Re $[\psi(x,t)]$

t konstant

c	Lichtgeschwindigkeit ($c = 2{,}99792458 \cdot 10^8$ m/s)
h	Planck'sches Wirkungsquantum ($h = 6{,}6261 \cdot 10^{-34}$ J $\cdot$ s)
$\hbar$	$h/2\pi$
k	Wellenzahl
m	Masse
m_0	Ruhemasse
p	Impuls
$V(\boldsymbol{r})$	potenzielle Energie
v	Geschwindigkeit
Δx	Spaltbreite
λ	Wellenlänge
$\Psi(x,t)$	Wellenfunktion
Δ	Laplace-Operator $\left(\Delta = \frac{\partial^2}{\partial x^2} + \frac{\partial^2}{\partial y^2} + \frac{\partial}{\partial^2 z^2} \right)$

S.3 Quantentheorie

Für die Erklärung der Phänomene in der Mikrophysik werden die Erkenntnisse der Quantentheorie benötigt. Es sind dies (Übersicht S-1):

– Quantisierung der Energie,
– Energiequant (Photon) hat eine Masse und einen Impuls,
– Dualismus Teilchen – Welle (jedes Teilchen hat auch Wellencharakter, und jeder Welle kann ein Teilchen zugeordnet werden).

S.4 Atomhülle

S.4.1 Atommodelle

Zur Erklärung wurden folgende Modelle verwendet:

1. Rutherford

Die positive Ladung und fast die gesamte Masse des Atoms ist in einem Atomkern (Durchmesser etwa 10^{-15} m) konzentriert. Er ist von einer *Elektronenhülle* umgeben (Durchmesser et-

Übersicht S-2. Wasserstoff-Atommodell.

Bahnradius $\quad r_n = \dfrac{n^2 \hbar^2 4\pi\varepsilon_0}{e^2 m_0} = n^2 \cdot 5{,}29177 \cdot 10^{-11}$ m

Kreisfrequenz $\quad \omega_n = \dfrac{e^4 m_0}{(4\pi\varepsilon_0)^2 \hbar^3 n^3} = \dfrac{4{,}13413 \cdot 10^{16}}{n^3}$ s^{-1}

Bahngeschwindigkeit $\quad v_n = \dfrac{e^2}{2n\,h\,\varepsilon_0} = \dfrac{2{,}18769 \cdot 10^6}{n}$ m/s

	$n = 1$	$n = 2$	$n = 3$	$n = 4$	$n = 5$	$n = 6$
r_n 10^{-11} m	5,29177	21,16709	47,62595	84,66836	132,2943	190,5038
ω_n 10^{16} s^{-1}	4,13413	0,516766	0,153116	0,064596	0,033073	0,019139
v_n 10^6 m/s	2,18769	1,09385	0,72923	0,54692	0,43754	0,36462

Bohr'scher Radius $r_1 = 5{,}29177 \cdot 10^{-11}$ m

Gesamtenergie $\quad E = -\dfrac{Z^2 e^4 m_0}{32\pi^2 \varepsilon_0^2 \hbar^2} \cdot \dfrac{1}{n^2}$

Termschema:

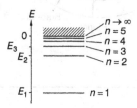

wa 10^{-10} m). Die Elektronen kreisen dabei um den Atomkern wie Planeten um die Sonne. Die Zentrifugalkraft der Kreisbewegung ist gleich der Coulomb'schen Anziehungskraft zwischen den positiven Protonen des Atomkerns und den negativen Elektronen der Hülle.

Dieses Modell kann aber den Atombau nicht erklären: Die um den Kern umlaufenden Elektronen stellen eine beschleunigte Ladung dar, die Energie abstrahlt. Damit verlieren die Elektronen Energie und müssten mit der Zeit in den Kern fallen.

2. Bohr'sche Postulate

Die drei Bohr'schen Postulate lauten:

1. Elektronen können nur auf ganz bestimmten (diskreten) Bahnen umlaufen.
2. Die diskreten Bahnen werden durch die Quantelung des Bahndrehimpulses des Elektrons bestimmt.
3. Die Bewegung auf diesen Bahnen erfolgt strahlungslos. Der Übergang von einer Bahn zur anderen erfolgt sprunghaft unter Aussendung eines Strahlungsquants. Die Übergangsfrequenzen sind typisch für die Atomart.

Übersicht S-2. (Fortsetzung).

Wellenzahl	$\tilde{v} = \dfrac{1}{\lambda} = \dfrac{E}{hc} = R_H \left(\dfrac{1}{n'^2} - \dfrac{1}{n^2} \right) \quad n' < n$

$$ \text{Frequenz} \quad f = \frac{c}{\lambda} = cR_H \left(\frac{1}{n'^2} - \frac{1}{n^2} \right) \qquad R_H \quad \text{Rydberg-Konstante} $$

Serien des Emissionsspektrums

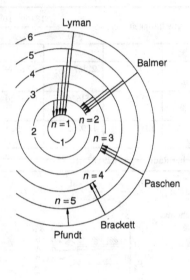

	n'	n	Wellenlänge λ nm
Lymann-Serie (ultraviolett)	1	2	122
		3	103
		4	97
		5	95
Balmer-Serie (sichtbar)	2	3	656
		4	486
		5	434
		6	410
		7	397
Paschen-Serie (infrarot)	3	4	1875
		5	1282
		6	1094
		7	1005
Brackett-Serie (infrarot)	4	5	4052
		6	2626
		7	2166
Pfundt-Serie (infrarot)	5	6	7460
		7	4654

Mit diesen Postulaten können Bahngeschwindigkeit, Kreisfrequenz, Bahnradius und Energieniveaus der Elektronen berechnet werden (Übersicht S-2).

S.4.2 Wasserstoff-Atommodell

Die Berechnungen aus dem Bohr'schen Atommodell sind für das Wasserstoffatom besonders einfach, weil nur ein Elektron den Kern umkreist. Die Ergebnisse sind in Übersicht S-2 zusammengestellt.

S.4.3 Quantenzahlen

Die Quantenzahlen gestatten, die umlaufenden Elektronen und die Eigenrotation des Kerns genau zu kennzeichnen. In Übersicht S-3 sind die Quantenzahlen und ihre Beziehungen untereinander zusammengestellt.

Für den Aufbau der Elektronenhülle sind folgende Quantenzahlen maßgebend:

– Hauptquantenzahl n (beschreibt die Zahl der Kreisbahn),
– Bahndrehimpulsquantenzahl $\ell = 0, 1, 2, \ldots, n - 1$,
– magnetische Quantenzahl $m_\ell = 0, \pm 1, \pm 2, \ldots, \pm \ell$
– magnetische Quantenzahl des Elektronenspins $m_s = \pm 1/2$.

Folgende zwei Gesetzmäßigkeiten sind dabei zu beachten:

1. Elektronen nehmen die geringstmögliche Energie ein.

Übersicht S-2. (Fortsetzung).

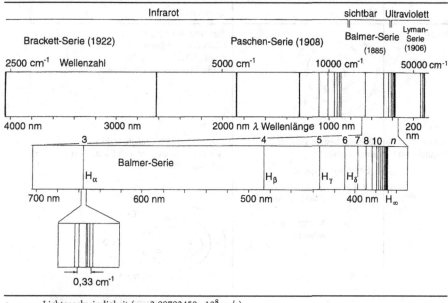

c	Lichtgeschwindigkeit ($c = 2{,}99792458 \cdot 10^8$ m/s)
e	Elementarladung ($e = 1{,}6022 \cdot 10^{-19}$ A $\cdot$ s)
h	Planck'sches Wirkungsquantum ($h = 6{,}6261 \cdot 10^{-34}$ J $\cdot$ s)
$\hbar$	Planck'sches Drehimpulsquantum ($\hbar = h/2\pi = 1{,}0546 \cdot 10^{-34}$ J $\cdot$ s)
m_0	Ruhemasse des Elektrons ($m_0 = 9{,}1094 \cdot 10^{-31}$ kg)
n	Hauptquantenzahl, Schalennummer
R_H	Rydberg-Konstante ($R_H = 1{,}0968 \cdot 10^7$ m^{-1})
r_n	Radius der n-ten Bahn
v_n	Geschwindigkeit des Elektrons auf der n-ten Bahn
Z	Kernladungszahl
ε_0	elektrische Feldkonstante [$\varepsilon_0 = 8{,}5419 \cdot 10^{-12}$ As/(Vm)]
λ	Wellenlänge
$\tilde{v}$	Wellenzahl ($\tilde{v} = 1/\lambda$)
ω_n	Kreisfrequenz des Elektrons auf der n-ten Bahn

2. Zwei Elektronen eines Atoms müssen sich in mindestens einer Quantenzahl unterscheiden (*Pauli-Prinzip*).

Für die Elektronenanordnung (*Elektronen-Konfiguration*) gilt folgende Symbolik:

(Hauptquantenzahl)
$\cdot$ (Bahndrehimpuls)$^{\text{(Anzahl der Elektronen)}}$.

Die maximal mögliche Anzahl z der Elektronen auf einer Schale beträgt

$$z = 2n^2 \qquad (S\text{--}6)$$

In Übersicht S-4 sind Elektronen-Konfiguration und das Energiediagramm zu sehen.

Übersicht S-3. Quantenzahlen und ihre Beziehungen.

	Modell	Quantenzahl
Bahn	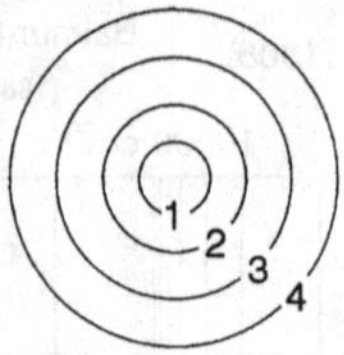	Hauptquantenzahl n (Zahl der Kreisbahn) $n = 1, 2, 3, \ldots$, maßgebend für die Energie E_n
Bahn-magnetismus	Elektron bewegt sich auf einer Kreisbahn 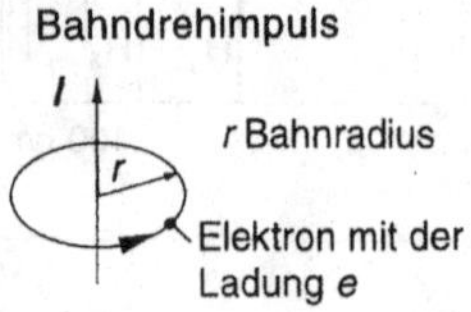 **Bahndrehimpuls** r Bahnradius Elektron mit der Ladung e	Bahndrehimpuls-Quantenzahl ℓ (auf Ellipsen bewegen sich Elektronen unterschiedlich schnell) 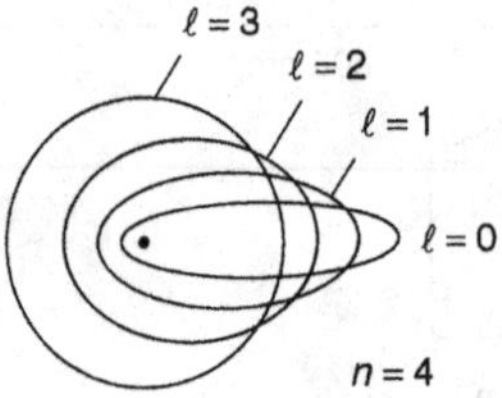 magnetische Quantenzahl m_ℓ (räumliche Lage der Ebene der Elektronenbahn) $$\cos \gamma = \frac{m_\ell}{\sqrt{\ell(\ell+1)}}$$ 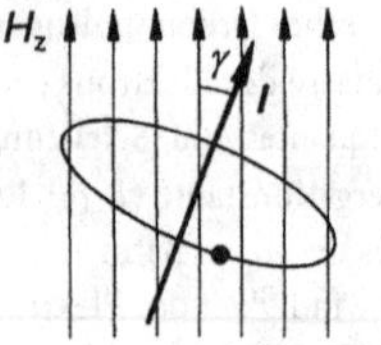 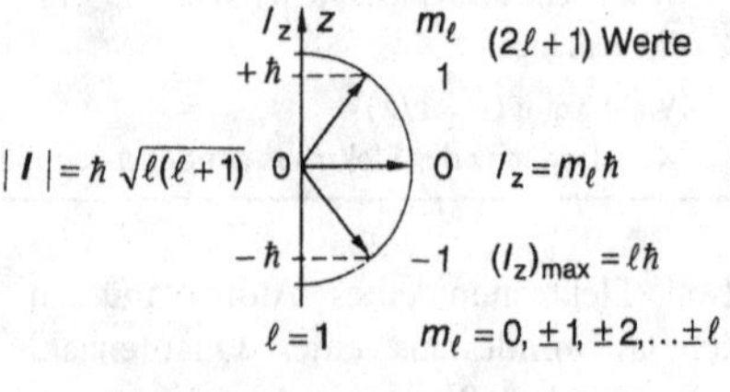 ℓ Bahndrehimpulsquantenzahl m_ℓ magnetische Quantenzahl (des Bahndrehimpulses) Nur solche Einstellungen von l sind erlaubt, für die die Projektion in z-Richtung ein ganzzahliges Vielfaches von $\hbar$ beträgt.

Übersicht S-3. (Fortsetzung).

	Modell	Quantenzahl
Spin-magnetismus	Elektron dreht sich um seine eigene Achse Eigendrehimpuls Spindrehimpuls (kurz Spin) Elektron	m_s (2s + 1) Werte $s_z = m_s \hbar$ $|s| = \hbar\sqrt{s(s+1)}$ $|s| = \hbar\sqrt{\frac{3}{4}}$ $(s_z)_{max} = s\hbar$ $s = \frac{1}{2}$ $m_s = +\frac{1}{2}, -\frac{1}{2}$ m_s magnetische Quantenzahl (des Spins) s Spinquantenzahl s kann sich nicht parallel zur z-Richtung einstellen und präzediert wie l um die z-Achse
Kernspin-magnetismus	Atomkern dreht sich um seine eigene Achse Eigendrehimpuls Spindrehimpuls (kurz Kernspin) Atomkern	m_I (2I + 1) Werte I_z m_I $I_z = m_I \hbar$ $|I| = \hbar\sqrt{I(I+1)}$ $I_{z\,max} = I\hbar$ $I = \frac{1}{2}$ $m_I = -I, -I+1, \dots +I$ $I = 2$ I Kernspinquantenzahl I kann ganz- und halbzahlige Werte annehmen m_I magnetische Quantenzahl des Kernspins

Übersicht S-4. Elektronen-Konfiguration und Energie-Termschema.

n	l	m_ℓ	m_s	Bezeichnung	Anzahl Elektronen Z	N
1	0	0	$\pm 1/2$	$1\,s^2$	2	**2**
2	0	0	$\pm 1/2$	$2\,s^2$	2	
	1	$1, 0, -1$	$\pm 1/2$	$2\,p^6$	6	**8**
3	0	0	$\pm 1/2$	$3\,s^2$	2	
	1	$1, 0, -1$	$\pm 1/2$	$3\,p^6$	6	**18**
	2	$2, 1, 0, -1, -2$	$\pm 1/2$	$3\,d^{10}$	10	
4	0	0	$\pm 1/2$	$4\,s^2$	2	
	1	$1, 0, -1$	$\pm 1/2$	$4\,p^6$	6	
	2	$2, 1, 0, -1, -2$	$\pm 1/2$	$4\,d^{10}$	10	**32**
	3	$3, 2, 1, 0, -1, -2, -3$	$\pm 1/2$	$4\,f^{14}$	14	

Übersicht S-4. (Fortsetzung).

Energiediagramm der besetzten Elektronenschalen

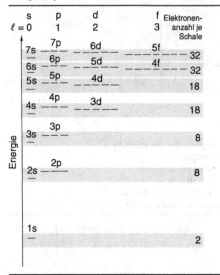

Übersicht S-5. Röntgenstrahlen.

Röntgenröhre

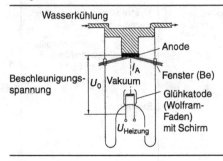

Röntgenspektren

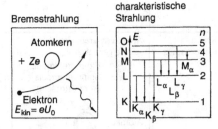

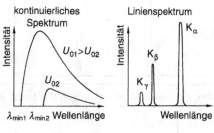

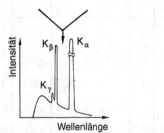

S.4.4 Röntgenstrahlung

Bei einer Röntgenröhre werden Elektronen aus einer beheizten Katode emittiert und durch Anlegen einer Spannung U_0 von etwa 20 kV bis 250 kV auf die Anode (Anti-Katode) beschleunigt (Übersicht S-5). Die in das Material eindringenden Elektronen werden durch das Feld der positiv geladenen Atomkerne abgelenkt und abgebremst, wodurch eine Strahlung entsteht, die *Röntgenbremsstrahlung* genannt wird. Diese Bremsstrahlung besitzt ein kontinuierliches Spektrum mit der oberen Grenzfrequenz f_{max}, (Übersicht S-5). Wenn die auftreffenden Elektronen Elektronen aus den inneren Schalen entfernen, dann füllen Elektronen aus den oberen Schalen die entstandenen Lücken auf, und es entsteht die *charakteristische* Röntgenstrahlung mit einem Linienspektrum (Übersicht S-5). Die Bezeichnung der Strahlung erfolgt durch folgende zwei Größen:

Übersicht S-5. (Fortsetzung).

Grenzfrequenz bzw. Grenzwellenlänge
der Bremsstrahlung

$$f_{max} = \frac{e\,U_0}{h}$$

$$\lambda_{min} = \frac{c\,h}{e\,U_0} = \frac{1{,}239842 \cdot 10^{-6}\,V \cdot m}{U_0}$$

e	Elementarladung
c	Lichtgeschwindigkeit
f_{max}	Grenzfrequenz
h	Planck'sches Wirkungsquantum
U_0	beschleunigende Spannung
λ_{min}	Grenzwellenlänge

Tabelle S-3. Ionisierungsenergien innerer Elektronen.

Element	Ordnungs-zahl	E_K keV	$E_{L_{III}}$ keV
Aluminium	13	1,560	0,073
Kupfer	29	8,979	0,931
Silber	47	25,514	3,351
Wolfram	74	69,525	12,207
Gold	79	80,725	11,919

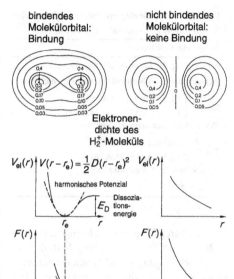

Bild S-1. Potenzialkurve eines bindenden und eines nicht bindenden Molekülorbitals.

1. Schalenbezeichnung des Endzustands des Elektrons (K, L, M, …),
2. Schalenbezeichnung des Anfangszustandes ($\alpha, \beta, \gamma, \dots$).

Beide Spektren, die kontinuierliche Bremsstrahlung und das diskrete Linienspektrum, überlagern sich (Übersicht S-5).

Wenn die inneren Elektronen entfernt werden, werden die Atome *ionisiert*. Tabelle S-3 zeigt die *Ionisierungsenergien* für das Elektron der K- und L-Schale E_K bzw. $E_{L_{III}}$.

S.5 Molekülspektren

Atome können *kovalente Bindungen* eingehen. Wird der Abstand r zwischen zwei Atomen A und B verringert, dann tritt eine Kraftwirkung $F_{AB}(r)$ auf. Diese kann, wie Bild S-1 am Beispiel des Moleküls H_2^+ zeigt, entweder *bindend* oder *abstoßend* sein. Im Fall der Bindung zeigt die Potenzialkurve beim Gleichgewichtsabstand r_e ein Minimum, d. h., eine weitere Annäherung beider Atome führt zu einer abstoßenden Coulomb-Kraft.

Das klassische Modell eines zweiatomigen Moleküls kann durch zwei Massen m_A und m_B beschrieben werden, die im Abstand r_e mit einer Feder verbunden sind. Übersicht S-6 zeigt die Schwingungsmöglichkeiten für ein n-atomiges Molekül mit f Freiheitsgraden und als Beispiel die Schwingungsmöglichkeiten eines dreiatomigen Moleküls, das linear (z. B. CO_2) bzw. nicht linear ist (z. B. H_2O).

S.5.1 Rotations-Schwingungs-Spektren

Die Schwingungs- und Rotationszustände sind *gequantelt*, d. h., das Molekül kann nur mit ganz bestimmten, mit der Schrödinger-Gleichung

Übersicht S-6. Bewegungsmöglichkeiten und Schwingungen eines dreiatomigen Moleküls.

Bewegungsmöglichkeiten
• *Schwingung der Kerne gegeneinander* (Schwerpunkt des Moleküls bewegt sich nicht) $$f_{schw} = \begin{cases} 3n-5 \text{ lineares Molekül} \\ 3n-6 \text{ nichtlineares Molekül} \end{cases}$$ • *Rotation um den Schwerpunkt* $$f_{rot} = \begin{cases} 2 \text{ lineares Molekül} \\ 3 \text{ nichtlineares Molekül} \end{cases}$$ • *Translation des Schwerpunktes* $$f_{trans} = 3 .$$

Übersicht S-6. (Fortsetzung).

Beispiel	
lineares Molekül	nichtlineares Molekül
CO_2 (Kohlendioxid) $f_{schw} = 3 \cdot 3 - 5 = 4$	H_2O (Wasser) $f_{schw} = 3 \cdot 3 - 6 = 3$
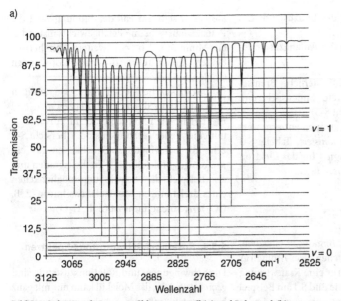	

berechenbaren Frequenzen schwingen. Werden Moleküle mit Infrarotstrahlung bestrahlt, so finden Schwingungs- und Rotationsübergänge gleichzeitig statt, die von den Auswahlregeln für die Schwingungsquantenzahl v und die Rotationsquantenzahl ℓ bestimmt wird. Bild S-2 zeigt das Infrarotspektrum von Chlorwasserstoff und Polystyrol.

S.5.2 Raman-Effekt

Bei den Rotations-Schwingungs-Spektren ändert sich das Dipolmoment. Bei *unpolaren* Molekülen (z. B. O_2) gibt es kein Dipolmoment und damit auch keine Schwingungen

Bild S-2. Infrarotspektrum von Chlorwasserstoff (a) und Polystyrol (b).

b)

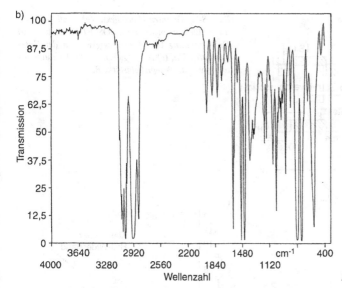

Bild S-2. b.

(IR-inaktiv). Durch Messung des gestreuten Lichtes (*Raman-Effekt*) können auch die nicht IR-aktiven Schwingungen untersucht werden.

S.6 Quanten-Hall-Effekt

Durch Anlegen einer Spannung U an den Leiter (dreidimensionales Elektronengas) fließt ein Strom I in x-Richtung, wie Bild S-3 zeigt. Durch die magnetische Induktion $\boldsymbol{B}$ in z-Richtung entsteht senkrecht zum Strom I und zum Magnetfeld $\boldsymbol{B}$ eine Spannung, die *Hall-Spannung*: $U_H = R_H I$. R_H wird analog zum Ohm'schen Gesetz ($U = RI$) als *Hall-Widerstand* bezeichnet, für den sich im klassischen Fall ergibt (Abschnitt M.5.3, Bild M-26):

$$R_H = B_z / (nde) \; ; \qquad (S\text{-}7)$$

B_z magnetische Induktion in z-Richtung,
n Anzahldichte der Ladungsträger,
e Elementarladung
   ($e = 1{,}6022 \cdot 10^{-19} \text{A} \cdot \text{s}$),
d Dicke des Plättchens.

Wird ein *zweidimensionales Elektronengas* (2DEG) verwendet, wie dies bei einem MOSFET-Transistor unterhalb der SiO_2-Schicht des Tores der Fall ist, dann ergeben sich die im Bild S-3 zusammengestellten Befunde. Es ist an der Abhängigkeit der Hall-Spannung U_H von der magnetischen Induktion B zu sehen, dass *Plateaus* auftreten, bei denen der Hall-Widerstand ϱ_H konstant wird (bzw. die Hall-Spannung U_H null ist). Der Hall-Widerstand R_H ist *quantisiert*, weil er nur folgende diskrete Werte annimmt:

$$R_H = \varrho_H = \frac{h}{ie^2} \approx \frac{25\,813}{i}\,\Omega\,(i = 1, 2, 3 \dots).$$
$$\qquad\qquad\qquad\qquad\qquad (S\text{-}8)$$

h Planck'sches Wirkungsquantum
   ($h = 6{,}6261 \cdot 10^{-34} \text{J} \cdot \text{s}$),
e Elementarladung
   ($e = 1{,}6022 \cdot 10^{-19} \text{A} \cdot \text{s}$),
i ganze Zahl.

Weil der Hall-Widerstand R_H sehr genau messbar (Genauigkeit 10^{-8}) und unabhängig vom

a)

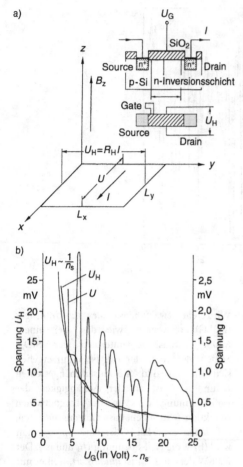

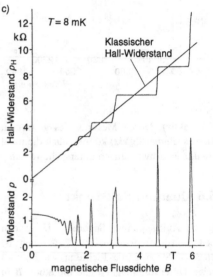

Bild S-3. Quanten-Hall-Effekt. (a) zweidimensionales Elektronengas im MOSFET-Transistor, (b) Hall-Spannung U_H in Abhängigkeit von der Gate-Spannung U_G, (c) Abhängigkeit der Widerstände ϱ_H und ϱ von der Magnetfeldstärke B.

Material und dessen Reinheit ist, eignet er sich hervorragend als *Widerstandsnormal*.

Zusätzlich ist der Hall-Widerstand mit der Lichtgeschwindigkeit c und der Sommerfeld'schen Feinstrukturkonstanten α verknüpft, und es gilt

$$R_{H(i=1)} = \frac{\mu_0 c}{2\alpha} \; ; \qquad\qquad (S-9)$$

c Vakuumlichtgeschwindigkeit
$(c = 2{,}99792458 \cdot 10^8 \text{ m/s})$,

α Sommerfeld'sche Feinstrukturkonstante
$(\alpha = 7{,}29735 \cdot 10^{-3})$,

μ_0 magnetische Feldkonstante
$(\mu_0 = 4\pi \cdot 10^7 (\text{A} \cdot \text{s})/(\text{V} \cdot \text{m}))$.

T Kernphysik

Im einfachen Kernmodell vereinigt der Atomkern den Hauptanteil der Masse eines Atoms; er besteht aus *Protonen* und *Neutronen*, die auch *Nukleonen* genannt werden. Die Nukleonen werden durch Kernkräfte kurzer Reichweite zusammengehalten.

Als Einheit für die Masse wird die *atomare Masseneinheit u* verwendet (Abschnitt S.2.2). Die Beziehungen und Werte für einige Teilchen- bzw. Nuklidmassen sind in Übersicht T-1 zusammengestellt.

Übersicht T-1. Beziehungen zwischen Teilchen- und Nuklidmassen.

atomare Masseneinheit m_u

$$m_u = 1u = \frac{1}{12}m_a(^{12}\text{C}) = \frac{1}{12} \cdot \frac{12 \cdot 10^{-3}\ \text{kg/mol}}{N_A} = 1{,}6605 \cdot 10^{-27}\ \text{kg}.$$

Für die relative Atommasse A_r bzw. Molekülmasse M_r gilt

$$A_r = \frac{m_a}{m_u}, \quad M_r = \frac{m_m}{m_u}.$$

Für die Molmasse M (Masse eines Mols von Atomen bzw. Molekülen) gilt

$$M = A_r N_A m_u = A_r \cdot 1\ \text{g/mol}, \quad M = M_r N_A m_u = M_r \cdot 1\text{g/mol}.$$

In der Kernphysik ist es üblich, die Masse über die Beziehung $m = E/c^2$ als *äquivalente Energie* anzugeben. Dann ist

$$m_u = 1u = 931{,}49\ \text{MeV}/c^2.$$

(Häufig wird c^2 weggelassen).

A_r	relative Atommasse ($A_r = m_a/m_u$),
M	Molmasse ($M = A_r N_A m_u$ bzw. $M_r N_A m_u$),
M_r	relative Molekülmasse ($M_r = m_m/m_u$),
m_A	Atommasse,
m_m	Molekülmasse,
m_u	atomare Masseneinheit ($m_u = u$)
	($u = 1{,}6605 \cdot 10^{-27}\ \text{kg} = 931{,}49\ \text{MeV}/c^2$)
N_A	Avogadro-Konstante (Anzahl der Teilchen je mol)
	($N_A = 6{,}0221 \cdot 10^{23}\ \text{mol}^{-1}$)

Teilchen bzw. Nuklid	Masse u	Teilchen bzw. Nuklid	Masse u
Elektron	$5{,}48580 \cdot 10^{-4}$	^{14}N	14,0067
Proton	1,00728	^{17}O	15,9994
Neutron	1,00866	^{27}Al	26,98154
^{1}H	1,00794	^{28}Si	28,085
^{2}H	2,01410	^{31}P	30,973376
^{4}He	4,00260	^{162}Dy	162,5001
^{9}Be	9,012182		
^{12}C	12,00000		

© Springer-Verlag GmbH Deutschland 2017
E. Hering, R. Martin, M. Stohrer, *Taschenbuch der Mathematik und Physik*, DOI 10.1007/978-3-662-53419-9_19

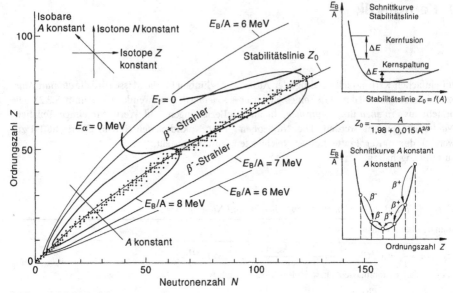

Bild T-1. Tal der β-Stabilität.

T.1 Radioaktiver Zerfall

T.1.1 Stabilität des Kerns

Für die Stabilität der Atomkerne gilt folgende Formel:

$$Z_0 = \frac{A}{1{,}98 + 0{,}015\,A^{2/3}} \; ;$$

A Massenzahl ($A = N + Z$),
N Neutronenzahl,
Z Ordnungszahl
    (Zahl der Protonen bzw. Elektronen),
Z_0 Stabilitätslinie.

Im Bild T-1 sind die Linien gleicher Bindungsenergie E_B je Nukleon (E_B/A) zu sehen. Man erhält eine Parabel, welche ein *Tal der β-Stabilität* beschreibt, das bei kleinen N,Z-Werten sehr stark abfällt (eng ist) und bei großen N,Z-Werten sich öffnet. Die im linken Parabelast liegenden Nuklide wandeln sich durch β^--Zerfall ($n \rightarrow p + e^- + \bar{\nu}_e$), die rechts liegenden durch

β^+-Zerfall ($p \rightarrow n + e^+ + \nu_e$) um. Ein Schnitt durch das Tal der β-Stabilität für konstante Nukleonenzahl A zeigt Bild T-1 rechts unten. Im Bild T-1 rechts oben ist die Stabilitätslinie Z_0 aufgetragen. Man erkennt, dass zur Energieerzeugung folgende beiden Kernprozesse herangezogen werden können:

- Kernspaltung
  (Energiegewinn etwa 200 MeV),
- Kernfusion (Kernverschmelzung: Energiegewinn etwa 24 MeV).

Besonders viele stabile Isotope (Nuklide mit gleicher Protonenzahl) gibt es bei den *magischen Zahlen* für Neutronen bzw. Protonen:

$$2, 8, 20, 28, 50, 82, 126.$$

Insgesamt sind 267 stabile Nuklide bekannt, und zwar

158 g,	g-Kerne	Z gerade	N gerade
53 g,	u-Kerne	Z gerade	N ungerade
50 u,	g-Kerne	Z ungerade	N gerade
6 u,	u-Kerne	Z ungerade	N ungerade.

Tabelle T-1. Radioaktive Zerfallsreaktionen.

Zerfalls-art	Zerfallsgleichung	ΔE-Wert Zerfallsschema	Energieverteilung	Bemerkungen
α-Zerfall α	$_{Z}^{A}\text{K} \rightarrow {}_{2}^{4}\alpha + {}_{Z-2}^{A-4}\text{K}'$ $_{84}^{210}\text{Po} \rightarrow {}_{2}^{4}\alpha + {}_{82}^{206}\text{Pb}$	$\dfrac{\Delta E}{c^2} = m_a(\text{K}) - m_a(\alpha)$ $- m_a(\text{K}')$ $T = 138{,}4$ d $\quad$ ^{210}Po $\alpha(5{,}305\text{ MeV})$ $\quad$ 100 % ^{206}Pb	diskontinuierlich $\dfrac{dN}{dE}$ E_1 $\quad$ E_2 $\quad$ E	Dieser Zerfall tritt nur bei Ordnungszahlen größer als 80 auf.
β⁻(e⁻) Elektronen	$_{Z}^{A}\text{K} \rightarrow {}_{-1}^{0}\beta^{-} + {}_{Z+1}^{A}\text{K}' + \bar{\nu}_e$ $_{0}^{1}\text{n} \rightarrow {}_{-1}^{0}\beta^{-} + {}_{1}^{1}\text{p} + \bar{\nu}_e$ $_{38}^{90}\text{Sr} \rightarrow {}_{-1}^{0}\beta^{-} + {}_{39}^{90}\text{Y} + \bar{\nu}_e$	$\dfrac{\Delta E}{c^2} = m_a(\text{K}) - m_a(\text{K}')$ ^{90}Sr $\quad$ $T = 28{,}6$ a β^{-} $E_{max} = 0{,}546$ MeV ^{90}Y	kontinuierlich $\dfrac{dN}{dE}$ E_{max} $\quad$ E	Nuklide mit relativem Neutronenüberschuss (unterhalb der Linie der β-Stabilität).
β-Zerfall β⁺(e⁺) Positronen	$_{Z}^{A}\text{K} \rightarrow {}_{1}^{0}\beta^{+} + {}_{Z-1}^{A}\text{K}' + \nu_e$ $_{1}^{1}\text{p} \rightarrow {}_{1}^{0}\beta^{+} + {}_{0}^{1}\text{n} + \nu_e$ $_{8}^{14}\text{O} \rightarrow {}_{1}^{0}\beta^{+} + {}_{7}^{14}\text{N} + \nu_e$	$\dfrac{\Delta E}{c^2} = m_a(\text{K}) - m_a(\text{K}')$ $-2m_e$ $T = 70{,}6$ s $\quad$ ^{14}O β^{-} 1,81 MeV 2,311 MeV γ 2,31 MeV $\quad$ β^{+} 4,12 MeV ^{14}N	kontinuierlich $\dfrac{dN}{dE}$ E_{max} $\quad$ E	Dieser Prozeß kommt natürlich aufgrund der kurzen Halbwertszeit nicht vor (oberhalb der Linie der β-Stabilität).
Elektroneneinfang (EC)	$_{Z}^{A}\text{K} + {}_{-1}^{0}\text{e} \rightarrow {}_{Z-1}^{A}\text{K}' + \nu_e$ $_{1}^{1}\text{p}_{(\text{Kern})} + {}_{-1}^{0}\text{e}^{-} \rightarrow {}_{0}^{1}\text{n} + \nu_e$ Hülle K-Schale $_{19}^{40}\text{K} + {}_{-1}^{0}\text{e} \rightarrow {}_{18}^{40}\text{Ar} + \nu_e$	$\dfrac{\Delta E}{c^2} = m_a(\text{K}) - m_a(\text{K}')$ ^{40}K EC γ $\quad$ 1,46 MeV ^{40}Ar	$\dfrac{dN}{dE}$ charakteristische Röntgenstrahlung von K' E_1 $\quad$ E_2 $\quad$ E	Der Zerfall tritt immer auf bei $m_a(\text{K})$ $> m_a(\text{K}')$.

Tabelle T-1. (Fortsetzung.)

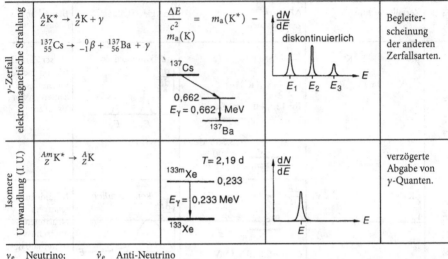

| γ-Zerfall elektromagnetische Strahlung | $^A_Z K^* \rightarrow \,^A_Z K + \gamma$ $^{137}_{55} Cs \rightarrow \,^{0}_{-1}\beta + \,^{137}_{56} Ba + \gamma$ | $\dfrac{\Delta E}{c^2} = m_a(K^*) - m_a(K)$ | $\dfrac{dN}{dE}$ diskontinuierlich | Begleiterscheinung der anderen Zerfallsarten. |
| Isomere Umwandlung (I.U.) | $^{Am}_{Z} K^* \rightarrow \,^A_Z K$ | $T = 2{,}19\ d$ $E_\gamma = 0{,}233\ MeV$ | $\dfrac{dN}{dE}$ | verzögerte Abgabe von γ-Quanten. |

ν_e Neutrino; $\bar\nu_e$ Anti-Neutrino

T.1.2 Zerfall

In Tabelle T-1 sind die Zerfallsarten und die Zerfallsreaktionen zusammengestellt, in Übersicht T-2 die wichtigsten Gleichungen. Tabelle T-2 sind die Werte der natürlichen Radioaktivität einiger Stoffe aus der Natur zu entnehmen.

Liegen mehrere Radionuklide vor, so muss man zwischen *unabhängigem* (genetisch nicht verknüpftem) und *abhängigem* (genetisch verknüpftem oder Mutter-Tochter-System) unterscheiden. Die Zerfallskurven und die Einzel- bzw. Gesamtaktivitäten sind in Tabelle T-3 zusammengestellt. Bild T-2 zeigt die drei natürlich vorkommenden Zerfallsreihen.

Radioaktive Stoffe werden, wie Tabelle T-4 zeigt, vor allem in der Medizin und in der Chemie eingesetzt.

Tabelle T-2. Natürliche Radioaktivität.

Gegenstand	Radionuklid	Konzentration mBq/l
Grundwasser	^3H ^{40}K ^{238}U	40 bis 400 4 bis 400 1 bis 200
Oberflächengewässer	^3H ^{40}K ^{238}U	20 bis 100 40 bis 2000 bis zu 40
Trinkwasser	^3H ^{40}K ^{238}U	20 bis 70 200 0,4
Milch Rindfleisch Hering	^{40}K	46 Bq/kg 116 Bq/kg 136 Bq/kg

Übersicht T-2. Radioaktiver Zerfall.

Radioaktive Zerfallskonstante *lambda* beschreibt das Verhältnis der im Moment zerfallenden Kerne $(-dN/dt)$ zur Gesamtzahl vorhandener instabiler Kerne N:

$$\lambda = \frac{-dN/dt}{N} \; ;$$

Aktivität A (Anzahl der Zerfälle je Zeiteinheit):

$$A = \frac{dN}{dt} = \lambda N = \frac{\ln 2 \cdot N}{T_{1/2}} = \lambda \frac{m_a N_A}{M} \text{ in Bq};$$

Zerfallsgesetz
(Integration der Formel für die Aktivität):

$$N = N_0 \, e^{-\lambda t} = N_0 \, e^{-\frac{\ln 2}{T_{1/2}} t} = \frac{N_0}{2^{t/T_{1/2}}} \; ;$$

spezifische Aktivität α (Aktivität A bezogen auf die Masse m):

$$\alpha = \frac{\text{Aktivität } A}{\text{Masse } m} \text{ in Bq/g};$$

Halbwertszeit $T_{1/2}$ (Zeit, in der die Hälfte aller Kerne zerfallen ist)

$$T_{1/2} = \frac{\ln 2}{\lambda} = \frac{0{,}69315}{\lambda} \; ;$$

mittlere Lebensdauer τ

$$\tau = \frac{1}{\lambda} = \frac{T_{1/2}}{\ln 2} = \frac{T_{1/2}}{0{,}69315} \; .$$

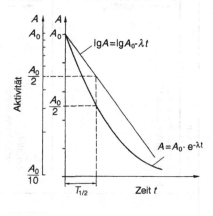

A	Aktivität zur Zeit t	N_A	Avogadro-Konstante
A_0	Aktivität am Beginn ($t = 0$)		($N_A = 6{,}0221367 \cdot 10^{23}$ mol^{-1})
m_a	Atommasse	dN/dt	Anzahl Zerfälle je Zeiteinheit
M	Molmasse	$T_{1/2}$	Halbwertszeit
N	Anzahl der zerfallsfähigen Kerne	t	Zeit
N_0	Anzahl der Kerne zu Beginn	α	spezifische Aktivität
		λ	Zerfallskonstante

Tabelle T-3. Radioaktiver Zerfall mehrerer Radionuklide.

	Zerfallsschema	Aktivitätsgleichung	Zerfallskurven
unabhängiger Zerfall, genetisch nicht verknüpft	a* → c b* → d (c, d stabile Kerne)	$A_a = \lambda_a N_a$ $A_b = \lambda_b N_b$ Gesamtaktivität $$A_G = A_a + A_b$$ allgemein $$A_G = \sum_i^n A_i$$	a Zerfallskurve von a* b Zerfallskurve von b* c Gesamtaktivität
abhängiger Zerfall, genetisch verknüpft	a* → b* → c c stabiler Kern Mutter-Tochter-System allgemein a* → b* → c* → ..., z	$$\frac{dN_b}{dt} = -\lambda_b N_b + \lambda_a N_a$$ Zerfall von b — Nachbildung von b aus a $N_a = N_{a,0}\, e^{-\lambda_a \cdot t}$ $$A_b = \frac{\lambda_b}{\lambda_b - \lambda_a} A_{a,0}\,(e^{-\lambda_a \cdot t} - e^{-\lambda_b \cdot t})$$ $$A_b = \frac{T_a A_{a,0}}{T_a - T_b}\left(e^{-\ln 2\,\frac{t}{T_a}} - e^{-\ln 2\,\frac{t}{T_b}}\right)$$ T_a, T_b Halbwertszeit von Kern a bzw. b Gleichgewichtseinstellung $$A_b = \frac{T_a}{T_a - T_b} A_a \left(1 - e^{-\ln 2\left(\frac{1}{T_b} - \frac{1}{T_a}\right)t}\right)$$ (kann nach einer gewissen Zeit vernachlässigt werden) $$\frac{A_a}{A_b} = 1 - \frac{T_b}{T_a}$$ im Gleichgewicht	$T_a < T_b$ a Zerfallskurve von a* b Zerfallskurve von b* c Gesamtaktivität d A_b Aktivität von b*, wenn anfänglich nur a*-Aktivität vorliegt $T_a \gg T_b$ a Zerfallskurve von a* b Zerfallskurve von b* c Gesamtaktivität d A_b Aktivität von b*, wenn anfänglich nur a*-Aktivität vorliegt $A_a = A_b$ Nachbildungsgleichung von b $$A_b = A_a\left(1 - e^{-\ln 2\,\frac{t}{T_b}}\right)$$

(Zerfallskurven: Aktivität aufgetragen gegen Zeit)

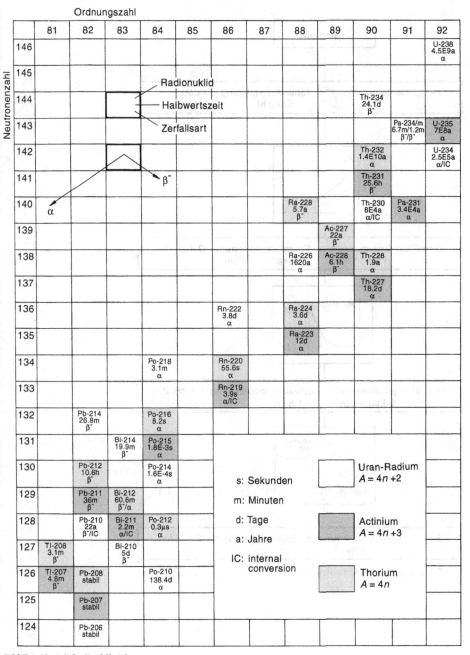

Bild T-2. Natürliche Zerfallsreihen.

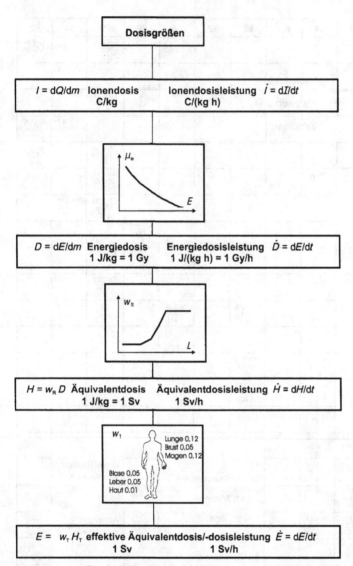

Bild T-3. *Dosisgrößen der Radioaktivität.*

Tabelle T-4. Anwendungsgebiete radioaktiver Nuklide.

Bereiche	Anwendungsfelder	Bereiche	Anwendungsfelder
umschlossene Strahlungsquellen		offene Strahlungsquellen	
Medizin	Strahlentherapie	Medizin	Organ-Funktionsdiagnostik (Leber- und Nierendiagnostik); Lokalisationsdiagnostik (Anreicherung im Gewebe); Szintigraphen
Strahlen-chemie	Sterilisierung medizinischer Produkte (z. B. Einwegspritzen); Konservierung von Nahrungsmitteln; Abwasserbehandlung		
chemische Analytik	Röntgenfluoreszenz-Analyse; Elektroneneinfangdetektor zum Spurennachweis halogenierter Kohlenwasserstoffe	chemische Analytik	Bestimmung des Schilddrüsenhormons
		Öko-toxikologie	Bestimmung der Anreicherung von Umweltchemikalien in Organen und Geweben von Tieren durch radioaktive Markierung
Messtechnik	Durchstrahl- und Rückstrahl-Verfahren mit β- und γ-Quellen (z. B. Messung der Füllhöhe, der Dichte und der Dicke)	Prozess-analyse	quantitative Verfolgung des Stoff-Transports in verfahrenstechnischen Anlagen durch Zusatz radioaktiver Indikatoren
Energie-umwandlung	Umwandlung der Zerfallsenergie in Wärme; weitere Umwandlung der Wärme (Seebeck-Effekt) in elektrische Energie; Radionuklid-Batterien	Verschleiß-messungen	Abriebmessung von 10^{-3} µm bis 10^{-4} µm

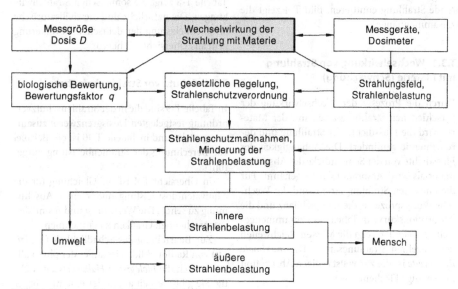

Bild T-4. Zusammenhänge im Strahlenschutz.

T.2 Dosisgrößen

Bild T-3 zeigt die Dosisgrößen, deren Einteilung und Zusammenhänge. Man unterscheidet grob zwischen

- *Ionendosis I* (erzeugte Ladung dQ je Masseneinheit dm: $I = dQ/dm$),
- *Energiedosis D* (absorbierter Energiebetrag dE je Masseneinheit dm: $D = dE/dm$),
- *Äquivalentdosis H* (Beurteilung der biologischen Wirkung einer Strahlung durch den Strahlungswichtungsfaktor W_R: $H = DW_R$).

T.3 Strahlenschutz

In vielen wissenschaftlichen und technischen Bereichen wird mit Substanzen und Apparaturen gearbeitet, die direkt oder indirekt ionisierende Strahlung emittieren. Bild T-4 zeigt die Zusammenhänge.

T.3.1 Wechselwirkung von Strahlung mit Materie (Schwächung)

Durch die Prozesse der Wechselwirkung der verschiedenen Strahlungsarten mit der Materie wird die Flussdichte der Strahlung und deren Energie gemindert. Die Abhängigkeit der Flussdichte von der Schichtdicke des Absorbermaterials wird *Absorptionskurve* genannt. Für die einzelnen Strahlungsarten sind die Wechselwirkungsprozesse, die Energiebilanz und die Absorptionskurve in Tabelle T-5 zusammengestellt. Tabelle T-6 zeigt die Massen-Reichweiten der einzelnen Strahlungsarten. Die *maximale Reichweite* ist die zur vollständigen Absorption notwendige Flächenmasse.

T.3.2 Dosismessverfahren

Tabelle T-7 zeigt die Dosismessverfahren.

T.3.3 Biologische Wirkung der Strahlung

Durch Ionisation und Anregung können sich chemisch sehr aktive Molekülbruchstücke (*Radikale*) bilden, die die chemischen Reaktionen stark beeinflussen. Besonders schwerwiegend wirken sich Veränderung der Erbanlagen der Zellen aus, insbesondere bei Keimzellen oder während des frühen Wachstums eines Organismus. Deshalb sind Gewebe mit hohen Zellteilungsraten (z. B. Knochenmark und Haut) stärker gefährdet als Zellen, die sich weniger häufig teilen (z. B. Nerven, Bindegewebe und Muskeln).

Hinsichtlich der Wirkung der Schädigung unterscheidet man

- *somatische* Strahlenschäden (Schäden in Körperzellen),
- *genetische* Strahlenschäden (Schäden am Erbgut).

Tabelle T-8 zeigt die somatischen Strahlenwirkungen. Die natürliche und die zivilisatorische Strahlenbelastung der deutschen Bevölkerung geht aus Übersicht T-3 hervor.

T.3.4 Schutz vor Strahlenbelastung

In Tabelle T-9 sind die in der Strahlenschutzverordnung festgelegten Dosisgrenzwerte zusammengestellt, und in Tabelle T-10 ist ein Beispiel zur Berechnung der Strahlenbelastung aufgeführt.

In Übersicht T-4 ist die Gleichung für die Äquivalentdosisleistung hinter einer Abschirmung zu sehen. Die Werte für μ und B sind den entsprechenden Grafiken zu entnehmen.

Zur Beurteilung der Schädlichkeit (*Toxizität*) von Radionukliden ist außer der physikalischen auch die *biologische Halbwertszeit* wichtig. Sie gibt die Zeit an, in der eine im Körper vorhandene Aktivität durch Ausscheidung auf die Hälfte vermindert wurde. Tabelle T-11 zeigt die Toxizität einiger Nuklide in den Toxizitätsklassen 1 bis 4.

Tabelle T-5. Verhalten der verschiedenen Strahlungsarten.

Strahlenart	Wechselwirkungsprozesse	Energiebilanz	Absorptionskurve
α	Ionisation, Anregung	E_B Bindungs-energie des Elektrons $E_\alpha = E_0 - E_e - E_B$ $E_S = E_M - E_N$	R_m mittlere Reichweite R_{ex} extrapolierte Reichweite
Protonen p	Ionisation, Anregung	$E_p = E_0 - E_e - E_B$ $E_S = E_M - E_N$	R_m mittlere Reichweite R_{ex} extrapolierte Reichweite
Elek-tronen e β^-, β^+	Anregung Ionisation Bremsstrahlung Vernichtungsstrahlung $e^+ + e^- \longrightarrow 2\gamma$	$E_\beta = E_0 - (E_K - E_M)$ $E_S = E_L - E_K$ $E_\beta = E_0 - E_B - E_e$ $E_\beta = E_0 - E_{Brems}$ $E_\gamma = m_e c^2$	μ_m Massenabsorptionskoeffizient ($\mu_m = \mu/\varrho$ in cm^2/mg) d Flächenmasse in mg/cm^2 ($d = x\varrho$) ϱ Dichte

(Spaltenbeschriftung links, vertikal: direkt ionisierende Strahlung)

Tabelle T-5. (Fortsetzung.)

Strahlenart	Wechselwirkungsprozesse	Energiebilanz	Absorptionskurve
γ	**Fotoeffekt** Atom Sekundärstrahlung	$E_e = E_\gamma - E_B$ $E_S = E_L - E_K$	relative Flussdichte Φ/Φ_0 vs. Schichtdicke x; ^{137}Cs, $E_\gamma = 0{,}662$ MeV; Kurven Cu, Pu
	Comptoneffekt **Paarbildungseffekt** Atomkern **Rayleigh-Streuung** Atom	$E_e = E_\gamma - E_\gamma'$ $E_\gamma' = \dfrac{E_\gamma}{1 + E_\gamma q}$ $q = \dfrac{1 - \cos\varphi}{m_e c^2}$ $E_e = E_\gamma - 2 m_e c^2$ $E_{\text{Röntgen}}$	μ vs. Photonen-Energie E (MeV), Blei; Gesamt, Compton, Foto, Paarbildung $\Phi = \Phi_0 e^{-\mu x}$ $\mu = \mu_{\text{Photo}} + \mu_c + \mu_{\text{Paar}}$
Neutronen n	**elastische Streuung (n, n)** Rückstoßkern Potentialstreuung **inelastische Streuung (n, n′)** **Absorption (n, γ)** Kern **weitere Reaktionen** (n, p); (n, α) (n, 2n); (n, np)	$E_n = E_0 - E_R$ $E_R = E_n \cos^2\varphi$ für Protonen	Flussdichte schneller Neutronen Φ in $1/(\text{cm}^2 \cdot \text{s})$ vs. Schichtdicke x_{Paraffin}; Neutronenquelle schnelle Neutronen Flussdichte thermischer Neutronen Φ in $1/(\text{cm}^2 \cdot \text{s})$ vs. Schichtdicke x_{Paraffin}; Neutronenquelle schnelle Neutronen

indirekt ionisierende Strahlung

Tabelle T-6. Wechselwirkungen der verschiedenen Strahlungsarten.

Strahlenart	Energie- und Materialabhängigkeit der Wechselwirkungprozesse

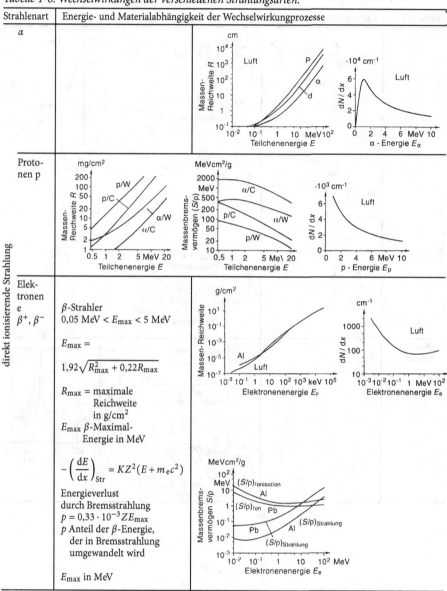

Tabelle T-6. (Fortsetzung.)

Strahlenart	Energie- und Materialabhängigkeit der Wechselwirkungprozesse

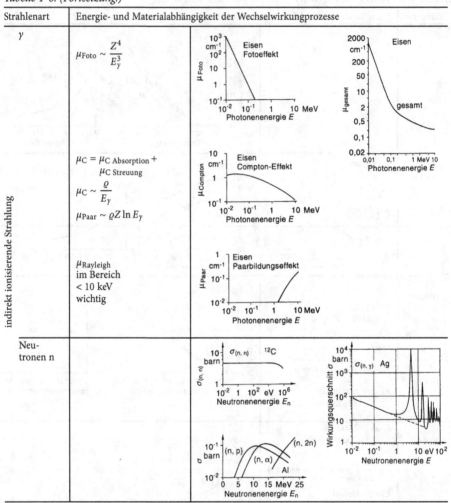

Für die γ-Strahlung:

$$\mu_{\text{Foto}} \sim \frac{Z^4}{E_\gamma^3}$$

$$\mu_C = \mu_{C\ \text{Absorption}} + \mu_{C\ \text{Streuung}}$$

$$\mu_C \sim \frac{\varrho}{E_\gamma}$$

$$\mu_{\text{Paar}} \sim \varrho Z \ln E_\gamma$$

μ_{Rayleigh} im Bereich < 10 keV wichtig

indirekt ionisierende Strahlung

Neutronen n

Tabelle T-7. Verfahren zur Dosismessung.

Messprinzip	Strahlung	Strahlung	Film, Strahlung, lichtdichte Umhüllung, Messung der Schwärzung	Strahlung, Glas, 600 nm UV 300 nm Glas	Strahlung Feststoff, Feststoff Heizung, Lichtmessung
	Ionisationskammer Gasverstärkung $A_g = 1$	Proportionalzählrohr $1 < A_g < 10^4$ (Geiger-Müller-Zählrohr)		Radiofotolumineszenz	Thermolumineszenz
Messbereich	0,1 µGy bis 10^3 Gy, 0,1 µGy h^{-1} bis 10^6 µGy h^{-1} je nach Gasvolumen 1 mm^3 bis 100 dm^3		0,1 mGy bis 100 kGy; Belichtungszeit: µs bis mehrere Monate; bestrahlte Fläche: 10 µm^2 bis 10 m^2	10^{-8} C kg^{-1} bis 10 C kg^{-1} (Photonen)	CaSO$_4$(Mn): 10^{-5} C kg^{-1} bis 10 C kg^{-1}; CaF$_2$: 10^{-6} C kg^{-1} bis 0,1 C kg^{-1} (Photonen)
Energieabhängigkeit	Ionisationskammer LB 6701 N — relative Dosisleistung (2; 1; 0,5; 0,2) über Photonenenergie E (0,03; 0,1 MeV; 0,5)	Geiger-Müller-Zählrohrsonde LB 6500-4 — relative Dosisleistung (1,4; 1,2; 1,0; 0,5) über Photonenenergie E (0,05; 0,1; 0,2 MeV; 1)	Filmempfindlichkeit (10; 5; 2; 1; 0,5; 0,2; 0,1) über Photonenenergie E (0,03; 0,1 MeV; 0,5)	Schulman-Glas „großes Z", Schulman-Glas „kleines Z" — relative Dosis (20; 15; 10; 5; 1) über Photonenenergie E (0,03; 0,1 MeV; 0,5)	CaF$_2$(Mn), CaSO$_4$, LiF — relative Dosis (13; 11; 9; 7; 5; 3) über Photonenenergie E (0,03; 0,1 MeV; 0,5)
Bemerkungen	Personendosimeter zur Bestimmung der Personendosis: schnelle und genaue Information	Ablesung sofort und jederzeit möglich; Warnmöglichkeiten bei Dosisüberschreitung; auch als Personendosimeter	Personendosimetrie: Auswertung durch amtliche Messstellen in vorgegebenen Zeiträumen; universell einsetzbar	Personendosimetrie: Messwertspeicherung, daher beliebig oft auswertbar	Personendosimetrie

Tabelle T-8. Strahlenwirkungen bei kurzzeitiger Ganzkörperbestrahlung mit γ-Strahlung.

Dosis	1. Woche	2. Woche	3. Woche	4. Woche
Schwellendosis 0,25 Sv	keine subjektiven Symptome, Absinken der Anzahl von Lymphozyten im Verlauf von zwei Tagen	Blutbild wird rasch wieder normal.		
subletale Dosis 1 Sv	Blutbild wird rasch wieder normal.	keine deutlichen subjektiven Symptome.	Unwohlsein, Mattigkeit, Appetitmangel; Haarausfall, wunder Rachen.	Spermienproduktion lässt vorübergehend nach. Kräfteverfall, Erholung wahrscheinlich.
mittlere letale Dosis 4Sv	am ersten Tag Erbrechen und Übelkeit, Absinken der Anzahl der Lymphozyten auf 1000/mm^3 innerhalb von zwei Tagen	keine deutlichen Symptome	Unwohlsein, Mattigkeit, Appetitlosigkeit; Haarausfall, Entzündungen im Rachenraum und Dünndarm	längere bis lebenslange Sterilität bei Männern; Kräfteverfall, 50% Todesfälle
letale Dosis 7Sv	nach 1 bis 2 h Erbrechen und Übelkeit. Nach zwei Tagen keine Lymphozyten mehr.	Mattigkeit, Appetitlosigkeit, Entzündungen im Mund- und Rachenraum, innere Blutungen, hohes Fieber.		

Übersicht T-3. Strahlenbelastung der Menschen in Deutschland.

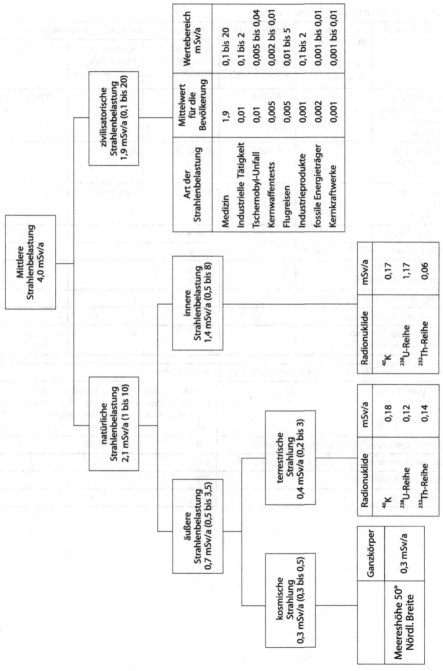

Tabelle T-9. Grenzwerte der Strahlendosis.

Körperbereich	allgemeines Staatsgebiet, natürliche Strahlen- belastung	Strahlenschutzbereiche, Dosisgrenzwerte an den Bereichsgrenzen			
		außerbetrieb- licher Überwa- chungsbereich	betrieblicher Überwachungs- bereich	Kontrollbereich (Aufenthalt 40 h/Woche)	Sperrbereich
Ganzkörper, Knochenmark, Gonaden, Uterus	2,2 mSv/a	0,3 mSv/a	5 mSv/a	15 mSv/a	3 mSv/h
Hände, Unter- arme, Füße, Knöchel		3,6 mSv/a	60 mSv/a	180 mSv/a	
Haut, Kno- chen, Schilddrüse		1,8mSv/a	30 mSv/a	90 mSv/a	
andere Organe		0,9 mSv/a	15 mSv/a	45 mSv/a	
Überwachungsmaßnahmen gemäß Strahlenschutzverordnung					
Messung der Ortsdosis und Ortsdosisleistung	•	•	•	•	•
Kontaminationsüberwachung		•	•	•	•
ärztliche Überwachung				•	•
Messung der Körperdosis bzw. Personendosis				•	•

Grenzwerte der Körperdosen für beruflich strahlenexponierte Personen		
Körperbereich	beruflich strahlen- exponierte Personen der Kategorie A mSv/a	beruflich strahlen- exponierte Personen der Kategorie B mSv/a
Ganzkörper, Knochenmark, Gonaden, Uterus	50	15
Hände, Unterarme, Füße, Unterschenkel, Knöchel	600	200
Knochen, Schilddrüse	300	100
andere Organe	150	50

Übersicht T-4. Absorption radioaktiver Strahlung.

$$\dot{H} = \underbrace{\Gamma_H \frac{A}{r^2}}_{\substack{\text{Dosis}\\\text{ohne}\\\text{Abschir-}\\\text{mung}}} \underbrace{e^{-\mu x}}_{\substack{\text{Schwä-}\\\text{chungs-}\\\text{faktor}}} \underbrace{B(x, E)}_{\substack{\text{Aufbau-}\\\text{faktor}}};$$

B	Dosisaufbaufaktor
x	Weglänge
μx	Relaxationslänge
A	Aktivität der Quelle
r	Abstand von der Quelle
Γ_H	Dosiskonstante
μ	Schwächungskoeffizient

Radionuklid	Dosiskonstante Γ_H Sv m^2 h^{-1} Bq^{-1}
^{24}Na	$4{,}72 \cdot 10^{-13}$
^{60}Co	$3{,}36 \cdot 10^{-13}$
^{131}I	$5{,}45 \cdot 10^{-14}$
^{137}Cs	$7{,}70 \cdot 10^{-14}$
^{226}Ra	$2{,}14 \cdot 10^{-13}$

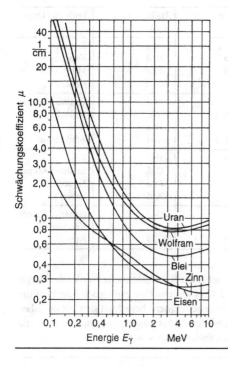

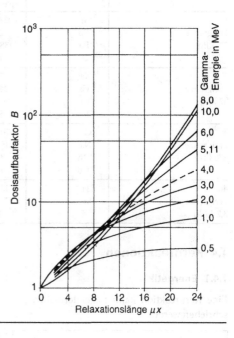

Tabelle T-10. Beispiel zur Strahlenbelastung.

radioaktives Präparat: ^{137}Cs Dosiskonstante: 0,077 µSv h^{-2} m^2 MBq^{-1} Aktivität: 10 MBq	Abstand r m	Äquivalentdosisleistung H µSv/h
direktes Greifen des radioaktiven Präparats, Armlänge 0,5 m	0,01 0,5	$7,7 \cdot 10^3$ Finger 3,1 Körper
Verwendung einer Zange zum Greifen (0,25 m)	0,25 0,75	12,3 Finger 1,4 Körper
	1,00	0,77
Abschirmung 5 cm Blei	1,00	0,004 $\mu = 1,2$ cm^{-1}; $B = 2$

Tabelle T-11. Toxizität von Radionukliden.

Radiotoxizitätsklasse	Nuklid	Halbwertszeit T_{phys}	Halbwertszeit T_{biol}	kritisches Organ
1 Freigrenze 3,7 kBq	^{90}Sr ^{210}Pb ^{210}Po ^{233}U	28,1 a 22 a 138 d $1,63 \cdot 10^5$ a	11 a 730 d 40 d 300 d	Knochen Knochen Milz Knochen
2 Freigrenze 37 kBq	^{22}Na ^{137}Cs ^{144}Ce ^{131}I	2,58 a 26,6 a 285 d 8,0 d	19 d 100 d 330 d 180 d	gesamter Körper Muskel Knochen Schilddrüse
3 Freigrenze 370 kBq	^{14}C ^{34}Na ^{105}Rh ^{109}Cd	5570 a 15 h 1,54 d 1,3 a	35 a 19 d 28 d 100 d	Fett gesamter Körper Nieren Leber
4 Freigrenze 3,7 MBq	^{3}H ^{85}Sr ^{238}U	12,6 a 70 min $4,5 \cdot 10^9$ a	19 d 11 a 300 d	gesamter Körper Knochen Nieren

T.4 Kernreaktionen

T.4.1 Energetik

Eine Kernreaktion kann folgendermaßen geschrieben werden:

$$A \quad + \quad a \quad = \quad B \quad + \quad b \quad + \quad \Delta E$$

Target   Projektil   Produktkern   Produkt-   Energie-
                                   teilchen   differenz

oder

$$A\,(a, b)\, B\,.$$

Die bei der Kernreaktion freiwerdende Energie ΔE (freiwerdend bzw. exoergisch oder benötigt bzw. endoergisch) berechnet sich aus der Massendifferenz des Ausgangszustandes (A+a) und des Endzustandes (B + b):

$$\Delta E = \{[m_a(A) + m_a(a)] - [m_a(B) + m_a(b)]\}\, c^2\,.$$

Übersicht T-5 zeigt das Energiediagramm einer Kernreaktion und eine mögliche Spaltkette von ^{235}U. Es ist ersichtlich, dass aus dem Target und dem Projektil (A + a) zunächst ein sehr kurzlebiger *Compoundkern* ($<10^{-16}$ s) entsteht, der in den neuen Zustand (B + b) zerfällt. Tabelle T-12 zeigt die möglichen Kernreaktionen. Es ist darauf hinzuweisen, dass verschiedene Spaltketten möglich sind. Bild T-5 zeigt die Häufigkeit der Spaltprodukte für ^{235}U. Es ist zu erkennen, dass bevorzugt eine *asymmetrische Spaltung* auftritt, d. h., das Atom spaltet sich in einen kleineren (Massenzahlen 90 bis 100) und einen größeren (Massenzahlen 133 bis 143) Kern auf.

Die bei der Spaltung freiwerdende Energie ΔE kann aus der Kurve rechts oben in Bild T-1 ermittelt werden. Sie beträgt für ^{235}U 0,86 MeV je Nukleon, d. h. 200 MeV je Spaltung. Bild T-6 zeigt die Verteilung der Spaltenergie. Aus den 85 % kinetischer Energie kann durch Umwandlung in Wärme mittels einer Dampfturbine elektrische Energie erzeugt werden (*Kernenergie*).

Übersicht T-5. Reaktionen der Kernspaltung.

a) Energiediagramm

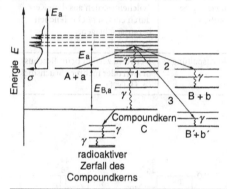

b) Verlauf einer Kernspaltung

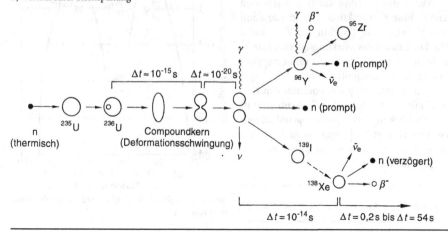

Übersicht T-5. (Fortsetzung.)

c) Spaltkette von ^{235}U

$$^{235}_{92}U + {}^{1}_{0}n \rightarrow {}^{90}_{36}Kr \quad + \quad {}^{143}_{56}Ba + 3\,{}^{1}_{0}n$$

β^- 32,3 s	β^- 20 s
$^{90}_{37}Rb$	$^{143}_{57}La$
β^- 2,2 m	β^- 14 m
$^{90}_{38}Sr$	$^{143}_{58}Ce$
β^- 28,6 a	β^- 33 h
$^{90}_{39}Y$	$^{143}_{59}Pr$
β^- 64,1 h	β^- 13,6 d
$\boxed{^{90}_{40}Zr}$	$\boxed{^{143}_{60}Nd}$ stabil

Tabelle T-12. Arten von Kernreaktionen.

Bezeichnung	Beschreibung
Austausch-reaktion	Ein Teilchen gelangt in den Kern, ein anderes wird dafür emittiert. (p, n); (d, p); (α, p)
Einfangs-reaktion	Das einfallende Teilchen verbleibt im Kern. Die Anregungsenergie wird durch Emission von γ-Quanten frei, (n, γ).
elastische Streuung	Das einfallende Teilchen wird, ohne den Kern anzuregen, wieder emittiert. (n, n)
inelastische Streuung	Das Teilchen gibt einen Teil seiner Energie als Anregungsenergie an den Kern. (n, n')
inelastische Stöße	Teilchen werden aus dem Kern durch energiereiche Teilchen herausgeschlagen. (n, 2n); (d, 2n)
Kernspaltung	Der Kern zerfällt beim Beschuss in zwei oder mehrere Bruchstücke. (n, f); (γ, f)

T.4.2 Wirkungsquerschnitt

Der Wirkungsquerschnitt σ gibt die *Wahrscheinlichkeit* an, mit der eine Kernreaktion stattfindet. Wie Übersicht T-6 zeigt, sind die Atomkerne kleine Zielscheiben mit bestimmter Fläche, die mit Projektilen a beschossen werden. Eine Kernreaktion wird immer dann ablaufen, wenn ein Projektil die Zielscheibe trifft. Die Einheit des Wirkungsquerschnitts ist das barn (1 barn $= 10^{-28}$ m^2) und entspricht etwa der Kernquerschnittsfläche.

Jedem Reaktionstyp eines bestimmten Kernes A mit einem Projektil (z. B. Neutronen n) muss ein Wirkungsquerschnitt zugeordnet werden. Der *Gesamt-Wirkungsquerschnitt* σ_{iA} ergibt sich durch Addition der *partiellen* Wirkungsquerschnitte:

$$\sigma_{iA} = \sigma_{(n,n)A} + \sigma_{(n,\gamma)A} + \sigma_{(n,2n)A} + \sigma_{(n,\alpha)} + \dots$$

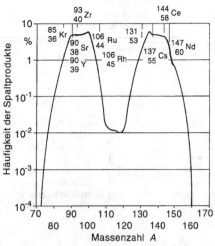

Bild T-5. Häufigkeit der Zerfallsprodukte bei der Spaltung von ^{235}U.

Übersicht T-6. Wirkungsquerschnitt.

Trefferzahl und Wirkungsquerschnitt

$$\frac{\text{Trefferzahl}}{\text{Zeit}} = \frac{\text{Projektilteilchen } a}{\text{Fläche} \cdot \text{Zeit}} \cdot \frac{\text{Wahrscheinlichkeit}}{\text{des Treffers}}$$

$$dN/dt = \Phi \cdot N_{\text{AT}}\sigma.$$

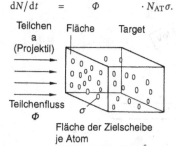

Teilchen a (Projektil)   Fläche   Target

Teilchenfluss Φ σ

Fläche der Zielscheibe je Atom (keine gegenseitige Überlappung)

Kernreaktionen bei der Bestrahlung von $^{27}_{13}\text{Al}$ mit Neutronen

$$^{27}_{13}\text{Al} + ^{1}_{0}\text{n} \rightarrow (^{28}_{13}\text{Al})$$

Compoundkern

$$\xrightarrow{\sigma(n,\gamma)} \ ^{28}_{13}\text{Al} + \gamma$$

$$\xrightarrow{\sigma(n,p)} \ ^{27}_{12}\text{Mg} + ^{1}_{1}\text{p}$$

$$\xrightarrow{\sigma(n,\alpha)} \ ^{24}_{11}\text{Na} + ^{4}_{2}\alpha$$

$$\xrightarrow{\sigma(n,2n)} \ ^{26}_{13}\text{Al} + 2^{1}_{0}\text{n}.$$

N_{AT}	Anzahl der Kerne A im Target
dN/dt	Trefferanzahl je Zeit
σ	Wirkungsquerschnitt
Φ	Projektilflussdichte

T.5 Kernfusion

Fusionsreaktionen, bei denen eine *Kernverschmelzung* stattfindet, können zu einem Energiegewinn führen (z. B. Fusion von Wasserstoff zu Helium, wie es in der Sonne stattfindet). In Übersicht T-7 sind der *Deuterium-* und der *Kohlenstoff-Stickstoff-Zyklus* mit den Reaktionsgleichungen zusammengestellt, ferner

Übersicht T-7. Mögliche Fusionsreaktionen.

Deuterium-Zyklus

$^{1}_{1}\text{p}$	$+ \ ^{1}_{1}\text{p}$	$\rightarrow \ ^{2}_{1}\text{D} + e^{+} + \nu_e$	(langsam)
$^{2}_{1}\text{D}$	$+ \ ^{1}_{1}\text{p}$	$\rightarrow \ ^{3}_{2}\text{He} + \gamma$	(rasch)
$^{3}_{2}\text{He}$	$+ \ ^{3}_{2}\text{He}$	$\rightarrow \ ^{4}_{2}\text{He} + 2\,^{1}_{1}\text{p}$	(rasch)

Bruttoreaktion $4^{1}_{1}\text{p} \rightarrow \ ^{4}_{2}\text{He} + 2\,e^{-} + 2\nu_e + \Delta E$
Kohlenstoffzyklus

$^{12}_{6}\text{C} + ^{1}_{1}\text{p}$	$\rightarrow \ ^{13}_{7}\text{N} \rightarrow \ ^{13}_{6}\text{C} + e^{+} + \nu_e$
$^{13}_{6}\text{C} + ^{1}_{1}\text{p}$	$\rightarrow \ ^{14}_{7}\text{N} + \gamma$
$^{14}_{7}\text{N} + ^{1}_{1}\text{p}$	$\rightarrow \ ^{15}_{8}\text{O} \rightarrow \ ^{15}_{7}\text{N} + e^{+} + \nu_e$
$^{15}_{7}\text{N} + ^{1}_{1}\text{p}$	$\rightarrow \ ^{12}_{6}\text{C} + ^{4}_{2}\text{H}$

Bruttoreaktion $4^{1}_{1}\text{p} \rightarrow \ ^{4}_{2}\text{He} + 2\,e^{-} + 2\nu_e + \Delta E$

$^{2}_{1}\text{D}$	$+ \ ^{3}_{1}\text{T}$	$\rightarrow \ ^{4}_{2}\text{He}$	$+ \ ^{1}_{0}\text{n}$	$+ 17{,}61 \text{ MeV}$
$^{2}_{1}\text{D}$	$+ \ ^{2}_{1}\text{D}$	$\rightarrow \ ^{3}_{2}\text{He}$	$+ \ ^{1}_{0}\text{n}$	$+ \ 3{,}27 \text{ MeV}$
$^{2}_{1}\text{D}$	$+ \ ^{2}_{1}\text{D}$	$\rightarrow \ ^{3}_{1}\text{T}$	$+ \ ^{1}_{1}\text{p}$	$+ \ 4{,}03 \text{ MeV}$
$^{2}_{1}\text{D}$	$+ \ ^{3}_{2}\text{He}$	$\rightarrow \ ^{4}_{2}\text{He}$	$+ \ ^{1}_{1}\text{p}$	$+ 18{,}35 \text{ MeV}$
$^{1}_{1}\text{p}$	$+ \ ^{11}_{5}\text{B}$	$\rightarrow 3\,^{4}_{2}\text{He}$		$+ \ 8{,}7 \text{ MeV}$

die Fusionsreaktionen, die für die technische Nutzung in Frage kommen konnten, und die Abhängigkeit des Wirkungsquerschnitts von der Deuteronenenergie.

Die Fusion ist nur möglich, wenn zwei Voraussetzungen gegeben sind:

1. *Temperatur* $T > 10^8$ K.
2. *Einschlussparameter* (Anzahl der Teilchen je Kubikzentimeter, multipliziert mit der Einschlusszeit t) von etwa 10^{14} s/cm^3.

Bild T-7 zeigt die derzeitigen Versuche zur Fusion.

T.6 Elementarteilchen

T.6.1 Fundamentale Wechselwirkungen

Es gibt vier fundamentale Wechselwirkungen, die durch bestimmte *Austauschteilchen* beschrieben werden (Tabelle T-13):

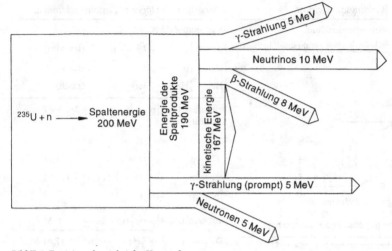

Bild T-6. Energieausbeute bei der Kernspaltung.

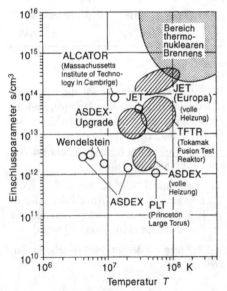

Bild T-7. Temperatur und Einschlussparameter einiger Kernfusionsprojekte.

1. die Kräfte zwischen den materiellen Körpern, denen das *Graviton* zugeordnet ist,
2. die Kräfte zwischen Ladungen, die vom *Photon* vermittelt werden,

3. starke Kernkraft, welche die Kernteile zusammenhält, deren Teilchen die *Hadronen* sind,
4. die schwache Kernkraft, die für die Radioaktivität zuständig ist mit den intermediären Vektorbosonen (Weakonen) als Austauschteilchen.

T.6.2 Erhaltungssätze

In Tabelle T-14 sind die für die Elementarteilchen wichtigen Erhaltungssätze zusammengestellt.

T.6.3 Einteilung

Bild T-8 zeigt die Einteilung der Elementarteilchen. Zu jedem Teilchen existiert ein *Antiteilchen* mit entgegengesetzter Ladung und entgegengesetzten Werten aller ladungsartigen Quantenzahlen (z. B. B, S, C, I_3). Wenn beide zusammentreffen, dann lösen sie sich auf, und es entsteht Strahlung.

Die kleinsten Elementarteilchen sind die *Quarks*. Sie haben sechs Unterscheidungsmerkmale (up, down, charm, strange, top, bottom).

Tabelle T-13. Vier fundamentale Wechselwirkungen.

	Gravitation	elektromagnetische Wechselwirkung	starke Wechselwirkung	schwache Wechselwirkung
Reichweite	∞	∞	10^{-15} m bis 10^{-16} m	$\ll 10^{-16}$ m
Beispiel	Kräfte zwischen Himmelskörpern	Kräfte zwischen Ladungen, z. B. Atom	Zusammenhalt der Atomkerne	Betazerfall der Atomkerne
Stärke (relative)	10^{-41}	10^{-2}	1	10^{-14}
betroffene Teilchen	alle	geladene Teilchen	Hadronen	Hadronen und Leptonen
Feynman-diagramm	p G p / p p (t↑ x→)	e⁻ γ e⁻ / e⁻ e⁻	n π⁺ p / p n ; q g q / q q	νₑ W⁻ e⁻ / e⁻ νₑ
Austauschteilchen	Graviton	Photon	Hadronen Gluon	Intermediäre Vektorbosonen
Masse	0	0	$0{,}14\,\dfrac{\text{GeV}}{c^2}$ π^+, π^-, π^0	$m_W = 82$ GeV$/c^2$ $m_Z = 93$ GeV$/c^2$ W^+, W^-, Z^0
Erhaltung				
Ladung Q	+	+	+	+
Baryonenzahl B	+	+	+	+
Leptonenzahl L	+	+	+	+
Spin J	+	+	+	+
Seltsamkeit S	−	+	+	−
Isospin I	−	−	+	−
I_3	−	+	+	−

Jede dieser Varianten kommt in drei Farben vor (dies sind keine sichtbaren Farben, sondern nur Bezeichnungen). So besteht beispielsweise ein Proton oder ein Neutron aus drei Quarks, eines von jeder Farbe (weitere Quantenzahlen sind in Tabelle T-15 zu finden).

Bei den Elementarteilchen unterscheidet man zwischen Teilchen mit *schwacher* Wechselwirkung (*Leptonen*) und solchen mit *starker* Wechselwirkung (*Hadronen*). Zu den Hadronen zählen die *Baryonen* (Spin J halbzahlig) und die *Mesonen* (Spin J ganzzahlig). Die Baryonen zerfallen stets in *Nukleonen* (Protonen oder Neutronen). Baryonen können, wie bereits in Tabelle T-14 bei den Erhaltungssätzen aufgestellt, weder erzeugt werden noch verschwinden. Die Mesonen zerfallen in Photonen, Elektronen und Neutrinos.

Tabelle T-14. Erhaltungssätze bei Elementarteilchen.

Erhaltungssatz	Beschreibung	Beispiel
Elektrische Ladung Q	Die elektrische Ladung eines abgeschlossenen Systems bleibt erhalten.	$\pi^- \rightarrow \mu^- + \bar{\nu}_\mu$ $Q: -1 = -1 + 0$ Das *Pion* π^- und das *Muon* μ^- müssen dieselbe Ladung haben, da *Neutrinos* $\bar{\nu}_\mu$ elektrisch neutral sind.
Leptonenzahl L	Insgesamt gibt es sechs Leptonen (Tabelle T-13) mit dem Spin 1/2 und einer elektromagnetisch schwachen Wechselwirkung. Die Leptonenzahl L bleibt bei einer Reaktion erhalten.	$\mu^+ \rightarrow e^+ + \bar{\nu}_\mu + \nu_e$ $L: -1 = (-1) + (-1) + (+1)$
Baryonenzahl B	Baryonen (Spin 1/2) zerfallen in ein Proton. Die Baryonenzahl bleibt erhalten.	$p + p \rightarrow p + n + \pi^+$ $B: 1 + 1 = 1 + 1 + 0$ (π^+: π^+-Meson)
Seltsamkeit S	Für Reaktionen mit starker und elektromagnetischer Wechselwirkung bleibt sie erhalten.	
Charme C, Bottom B^*	Bleiben bei elektromagnetischer und starker Wechselwirkung erhalten.	
Isospin I	Isospin ist ein Vektor mit drei Komponenten. Die dritte Komponente I_3 liefert eine Aussage über die Ladung (Proton $I_3 = +1/2$, Neutron $I_3 = -1/2$). Bei der starken Wechselwirkung bleibt der Isospin erhalten, bei der elektromagnetischen nur die dritte Komponente I_3.	
Spin J, Parität P	Der Spin ergibt sich durch Kombination der Quarkspins und des Bahndrehimpulses. Die Wellenfunktion Ψ darf nur ihr Vorzeichen ändern.	$\Psi(-x, -y, -z) = \Psi(x, y, z)$ Parität $P = 1$ (gerade) $\Psi(-x, -y, -z) = -\Psi(x, y, z)$ Parität $P = -1$ (ungerade)

Tabelle T-15. Quantenzahlen von Protonen und Neutronen.

	Proton p	Neutron n
Quarkkombination	u + u + d	u + d + d
Ladung Q	$2/3 + 2/3 - 1/3 = +1$	$2/3 - 1/3 - 1/3 = 0$
Baryonenzahl B	$1/3 + 1/3 + 1/3 = +1$	$1/3 + 1/3 + 1/3 = 1$
Isospin I_3	$1/2 + 1/2 - 1/2 = 1/2$	$1/2 - 1/2 - 1/2 = -1/2$

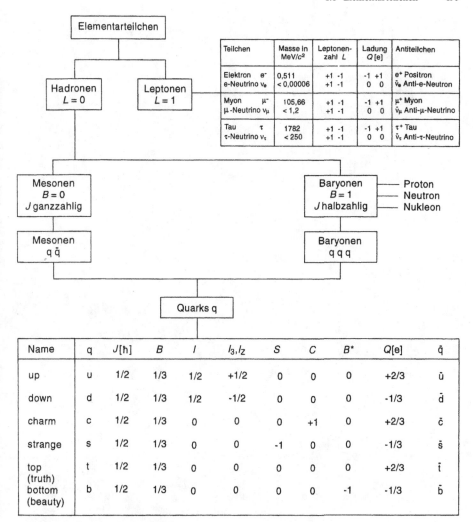

Elementarteilchen

Teilchen	Masse in MeV/c^2	Leptonen-zahl L	Ladung Q [e]	Antiteilchen
Elektron e⁻	0,511	+1 -1	-1 +1	e⁺ Positron
e-Neutrino ν_e	< 0,00006	+1 -1	0 0	$\bar{\nu}_e$ Anti-e-Neutron
Myon μ⁻	105,66	+1 -1	-1 +1	μ⁺ Myon
μ-Neutrino ν_μ	< 1,2	+1 -1	0 0	$\bar{\nu}_\mu$ Anti-μ-Neutrino
Tau τ	1782	+1 -1	-1 +1	τ⁺ Tau
τ-Neutrino ν_τ	< 250	+1 -1	0 0	$\bar{\nu}_\tau$ Anti-τ-Neutrino

Hadronen $L = 0$

Leptonen $L = 1$

Mesonen $B = 0$ J ganzzahlig

Baryonen $B = 1$ J halbzahlig
— Proton
— Neutron
— Nukleon

Mesonen $q\,\bar{q}$

Baryonen $q\,q\,q$

Quarks q

Name	q	J [ħ]	B	I	I_3, I_z	S	C	B*	Q[e]	$\bar{q}$
up	u	1/2	1/3	1/2	+1/2	0	0	0	+2/3	$\bar{u}$
down	d	1/2	1/3	1/2	-1/2	0	0	0	-1/3	$\bar{d}$
charm	c	1/2	1/3	0	0	0	+1	0	+2/3	$\bar{c}$
strange	s	1/2	1/3	0	0	-1	0	0	-1/3	$\bar{s}$
top (truth)	t	1/2	1/3	0	0	0	0	0	+2/3	$\bar{t}$
bottom (beauty)	b	1/2	1/3	0	0	0	0	-1	-1/3	$\bar{b}$

Bild T-8. Einteilung der Elementarteilchen.

U Relativitätstheorie

U.1 Relativität des Bezugssystems

Die Gesetze der klassischen Mechanik gelten in *Inertialsystemen*, die sich relativ zueinander mit konstanter Geschwindigkeit $v \ll c$ bewegen. Es gibt *kein bevorzugtes* Bezugssystem und keine Möglichkeit, eine Geschwindigkeit absolut zu messen.

In jedem Inertialsystem breitet sich Licht unabhängig von der Relativbewegung zwischen Lichtquelle und Beobachter nach allen Richtungen mit derselben Geschwindigkeit, der Vakuum-Lichtgeschwindigkeit c ($c = 2{,}99792458 \cdot 10^8$ m/s) aus.

U.2 Lorentz-Transformation

Weil die Lichtgeschwindigkeit konstant ist, müssen die Orts- und Zeitkoordinaten der zwei sich relativ zueinander bewegenden Systeme S und S′ umgerechnet werden (Lorentz-Transformation in Übersicht U-1).

Übersicht U-1. Lorentz-Transformation.

System S′ (x', y', z') bewegt sich mit Geschwindigkeit v in x-Richtung relativ zum System S (x, y, z)
Ls Lichtsekunden

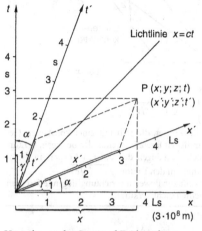

Umrechnung der Orts- und Zeitkoordinaten

System S	System S′
$x = \gamma(x' + vt')$	$x' = \gamma(x - vt)$
$y = y'$	$y' = y$
$z = z'$	$z' = z$
$t = \gamma\left(t' + \dfrac{v}{c^2}x'\right)$	$t' = \gamma\left(t - \dfrac{v}{c^2}x\right).$

relativistischer Faktor

$$\gamma = \frac{1}{\sqrt{1 - (v/c)^2}}$$

c	Lichtgeschwindigkeit
t	Zeit im System S
t'	Zeit im System S′
v	Relativgeschwindigkeit in x-Richtung zwischen S und S′
x, y, z	Ortskoordinaten des Systems S
x', y', z'	Ortskoordinaten des Systems S′
γ	relativistischer Faktor

© Springer-Verlag GmbH Deutschland 2017
E. Hering, R. Martin, M. Stohrer, *Taschenbuch der Mathematik und Physik*, DOI 10.1007/978-3-662-53419-9_20

Übersicht U-2. Relativistische Effekte.

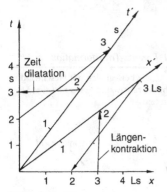

Längenkontraktion

$$l' = \frac{1}{\gamma}l = \sqrt{1 - (v/c)^2}\; l\,.$$

Für alle Körper, die sich mit einer konstanten Geschwindigkeit v relativ zueinander bewegen, verkürzen sich die Längen des anderen Körpers in dieser Richtung um den Faktor $\sqrt{1 - (v/c)^2}$.
Senkrecht zur Bewegungsrichtung liegende Strecken erscheinen nicht verkürzt.

Zeitdilatation

$$\Delta t' = \gamma \Delta t = \frac{\Delta t}{\sqrt{1 - (v/c)^2}}\,.$$

Bewegen sich zwei Beobachter mit einer konstanten Geschwindigkeit v relativ zueinander, dann erscheint das Zeitintervall $\Delta t'$ des Systems S' vom System S aus betrachtet größer zu sein und umgekehrt.

relativistische Addition der Geschwindigkeiten

System S	System S$'$
$u_x = \dfrac{u_x' + v}{1 + \dfrac{v}{c^2}u_x'}$	$u_x' = \dfrac{u_x - v}{1 - \dfrac{v}{c^2}u_x}$
$u_y = \dfrac{u_y'}{\gamma\left(1 + \dfrac{v}{c^2}u_x'\right)}$	$u_y' = \dfrac{u_y}{\gamma\left(1 - \dfrac{v}{c^2}u_x\right)}$
$u_z = \dfrac{u_z'}{\gamma\left(1 + \dfrac{v}{c^2}u_z'\right)}$	$u_z' = \dfrac{u_z}{\gamma\left(1 - \dfrac{v}{c^2}u_z\right)}$

Übersicht U-2. (Fortsetzung).

c	Lichtgeschwindigkeit $(c = 2{,}99792458 \cdot 10^8$ m/s)
u_x, u_y, u_z	Geschwindigkeiten im System S
u_x', u_y', u_z'	Geschwindigkeiten im System S$'$
v	Relativgeschwindigkeit
γ	relativistischer Faktor $\left(\gamma = 1/\sqrt{1 - (v/c)^2}\right)$

U.3 Relativistische Effekte

Es treten folgende Effekte auf (Übersicht U-2):

– *Längenkontraktion.*
 Ein relativ zu einem Beobachter sich bewegender Körper erscheint verkürzt.
– *Zeitdilatation.*
 Die Zeit läuft in einem System, das relativ zu einem Beobachter bewegt wird, langsamer.
– *Additionstheorem der Geschwindigkeiten.*
 Bei Geschwindigkeitsüberlagerungen darf die Lichtgeschwindigkeit nicht überschritten werden.

U.4 Relativistische Dynamik

In der relativistischen Dynamik nimmt die Masse mit steigender Relativgeschwindigkeit zu. Dies hat Auswirkungen auf den Impuls ($p = mv$) und die Kraft ($F = ma$), wie Übersicht U-3 zeigt.

Übersicht U-3. Relativistische Dynamik.

relativistische Massenzunahme

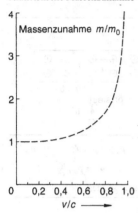

$$m(v) = \frac{m_0}{\sqrt{1-(v/c)^2}} = \gamma m_0.$$

Ein Körper mit der Ruhemasse m_0, der sich mit der Geschwindigkeit v relativ zu einem Inertialsystem bewegt, erfährt einen relativistischen Massenzuwachs.

relativistische Energie
$E = m c^2.$

Übersicht U-3. (Fortsetzung).

relativistischer Impuls

$$p = m(v)v = \frac{m_0}{\sqrt{1-(v/c)^2}}v = \gamma m_0 v.$$

$$p^2 = \frac{E^2}{c^2} - m_0^2 c^2$$

relativistische Kraft

$$F = \frac{\mathrm{d}}{\mathrm{d}t}\left[\frac{m_0 v}{\sqrt{1-(v/c)^2}}\right]$$

für Relativgeschwindigkeit in x-Richtung

$$F_x = \frac{m_0 a_x}{[1-(v/c)^2]^{3/2}} = m_0 \gamma^3 a_x$$

$$F_y = \frac{m_0 a_y}{\sqrt{1-(v/c)^2}} = m_0 \gamma a_y$$

$$F_z = \frac{m_0 a_z}{\sqrt{1-(v/c)^2}} = m_0 \gamma a_z$$

a_x, a_y, a_z	Beschleunigung in x-, y-, z-Richtung
c	Lichtgeschwindigkeit
	$(c = 2{,}99792458 \cdot 10^8$ m/s$)$
E	Energie
F	Kraft
m, m_0	Masse, Ruhemasse
p	Impuls
γ	relativistischer Faktor
	$\left(\gamma = 1/\sqrt{1-(v/c)^2}\right)$

U.5 Relativistische Elektrodynamik

Die Relativitätstheorie macht deutlich, dass ein *rein elektrisches Feld* durch Wechsel in ein bewegtes Koordinatensystem *zusätzlich* ein *magnetisches Feld* erhält und ein *rein magnetisches* Feld ein *elektrisches*. Das bedeutet: Elektrische und magnetische Kräfte sind verschiedene Ausprägungen desselben physikalischen Phänomens: der *elektromagnetischen Wechselwirkung*.

Übersicht U-4 links zeigt ein System S. In ihm ist der Draht in Ruhe, die Elektronen fließen mit der Geschwindigkeit u nach rechts (die konventionelle Stromrichtung geht nach links). Die Ladung Q bewegt sich ebenfalls mit der Geschwindigkeit u nach rechts. Der Draht ist insgesamt elektrisch neutral. Das Magnetfeld des Stroms erzeugt eine Lorentz-Kraft, welches die Ladung Q vom Draht abstößt.

In Übersicht U-4 rechts bewegt sich das System mit der Geschwindigkeit u nach rechts. Im System S' ruhen die Ladung Q und die Elektronen des Leiters. Die positiven Ionen laufen dafür nach links mit der Geschwindigkeit $u' = -u$. Das System S' ist aber nicht neutral: Wegen der *Längenkontraktion* ist der Abstand zwischen den positiven Ionen kleiner und der Abstand zwischen den Elektronen größer als im System S. Dadurch entsteht eine positive Ladungsdichte. Zusätzlich zum Magnetfeld entsteht so ein radial nach außen gerichtetes elektrisches Feld, das die ruhende Ladung Q abstößt.

Übersicht U-4. Elektrodynamische Kräfte.

	System S (Laborsystem)	System S′
Geometrie	ortsfest $u = 0$ $+Q$	$u′ = 0$ ortsfest $u′ = 0$ $+Q$
Ladungsdichte im Leiter	$\rho_+ = -\rho_-$ $\rho = \rho_+ + \rho_- = 0$ elektrisch neutral	$\rho'_+ = \rho_+\gamma > \rho_+, \rho'_- = \dfrac{\rho_-}{\gamma} < \rho_-$ $\rho' = \rho'_+ + \rho'_- = \rho_+\gamma\dfrac{u^2}{c^2}$ positiv geladen
Feld und Kraft auf Ladung Q	$\odot \ \boldsymbol{B}, \ B = \dfrac{\mu_0 I}{2\pi r}$ $\downarrow \boldsymbol{F}, \ \boldsymbol{F} = Q\boldsymbol{u}{\times}\boldsymbol{B}$ Lorentz-Kraft $F = Qu\,\dfrac{\mu_0 I}{2\pi r}$	$\odot \ \boldsymbol{B'}$ $\downarrow \boldsymbol{E'} \quad E' = \dfrac{\rho' A}{2\pi\varepsilon_0 r}$ $\boldsymbol{F'} = Q\boldsymbol{E'}$ elektrostatische Kraft $F' = \dfrac{u^2\rho_+ AQ\gamma}{c^2 2\pi\varepsilon_0 r}$

$F'_{\text{el}} = \gamma F_{\text{magn}}; \quad c^2 = \dfrac{1}{\varepsilon_0\mu_0}$.

A	Querschnittsfläche
B	magnetische Flussdichte
c	Lichtgeschwindigkeit $(c = 2{,}99792458 \cdot 10^8 \text{ m/s})$
E	elektrische Feldstärke
F_{el}	elektrische Kraft
F_{magn}	magnetische Kraft
Q	Ladung
r	Abstand der Ladung Q zur Leitermitte
v	Geschwindigkeit
γ	relativistischer Faktor $\left(\gamma = 1/\sqrt{1 - (v/c)^2}\right)$
ρ	Ladungsdichte
ε_0	elektrische Feldkonstante $(\varepsilon_0 = 8{,}854 \cdot 10^{-12} \text{ A} \cdot \text{s}/(\text{V} \cdot \text{m}))$
μ_0	magnetische Feldkonstante $(\mu_0 = 4\pi \cdot 10^{-7} \text{ A} \cdot \text{s}/(\text{V} \cdot \text{m}))$

Die mit ′ bezeichneten Größen gelten für das bewegte System.

U.6 Doppler-Effekt des Lichtes

Wenn Sender und Empfänger elektromagnetischer Wellen sich relativ zueinander mit der Geschwindigkeit v bewegen, ist die Frequenz der empfangenen Strahlung verschieden von der Senderfrequenz (Übersicht U-5).

Während beim Doppler-Effekt der Schallwellen (Abschnitt J.2.5) unterschieden werden muss, ob sich die Quelle oder der Beobachter relativ zum Übertragungsmedium Luft bewegen, ist beim Doppler-Effekt des Lichtes nur die Relativbewegung zwischen Quelle und Beobachter relevant (elektromagnetische Wellen benötigen kein Übertragungsmedium).

Übersicht U-5. Doppler-Effekt des Lichts.

longitudinaler Doppler-Effekt
(Beobachter bewegt sich längs der Lichtstrahlen)

Beobachter entfernt sich von der Quelle	Beobachter nähert sich der Quelle
$f' = f\sqrt{\dfrac{c-v}{c+v}}$	$f' = f\sqrt{\dfrac{c+v}{c-v}}$

transversaler Doppler-Effekt
(Beobachter bewegt sich senkrecht zum Lichtstrahl)
$$f' = f\sqrt{1-(v/c)^2} = f/\gamma$$

c	Lichtgeschwindigkeit ($c = 2{,}99792458 \cdot 10^8$ m/s)
f	Frequenz im ruhenden System
f'	Frequenz im bewegten System
v	Relativgeschwindigkeit
γ	relativistischer Faktor $\left(\gamma = 1/\sqrt{1-(v/c)^2}\right)$

V Festkörperphysik

V.1 Arten der Kristallbindung

Zwischen Atomen bzw. Molekülen fester Körper wirken ausschließlich elektrostatische Kräfte der Anziehung und Abstoßung. Dies führt zu verschiedenen Bindungsarten (Tabelle V-1).

Tabelle V-1. Bindungsarten.

Bindungsart	Kraftwirkungen	Bindungsenergie eV/Atom	Beispiele	Eigenschaften
van der Waals	Zwischen zwei isolierten Atomen mit permanentem oder induziertem Dipolmoment	$E_B \sim \dfrac{1}{r^6}$ 10^{-2} bis 10^{-1}	Edelgas-kristalle, H_2, O_2, Molekül-kristalle, Polymere	Isolator, leicht kom-primierbar, niedriger Schmelzpunkt, durchlässig für Licht im fernen UV
kovalent (homöopolar)	Elektronenpaarbindung	1 bis 7	viele organi-sche Stoffe, Elemente der Vierergruppe, C, Si, InSb	Isolator oder Halb-leiter, sehr schwer verformbar, hoher Schmelzpunkt
Ionen (heteropolar)	zwischen zwei verschieden geladenen Ionen	$E_B = \dfrac{Q^2 \cdot \alpha}{4\pi\varepsilon_0 r}$ ($\alpha \approx 1{,}75$) 6 bis 20	Salze (NaCl, KCl) BaF_2	Isolator bei niedrigen Temperaturen, Ionenleitung bei hohen Temperaturen, plastisch verformbar
metallisch	zwischen festen Atomrümpfen und frei beweglichen Elektronen	1 bis 5	Metalle, Legierungen	elektrischer Leiter, guter Wärmeleiter, plastisch verformbar, reflektiert im IR, reflektiert Licht (durchlässig im UV)

E_B	Bindungsenergie	r	Abstand der Atome
Q	Ladung	α	Madelung-Konstante
		ε_0	elektrische Feldkonstante $\left(\varepsilon_0 = 8{,}8542 \cdot 10^{-12}\ \text{A} \cdot \text{s}/(\text{V} \cdot \text{m})\right)$

© Springer-Verlag GmbH Deutschland 2017
E. Hering, R. Martin, M. Stohrer, *Taschenbuch der Mathematik und Physik*, DOI 10.1007/978-3-662-53419-9_21

V.2 Kristalline Strukturen

V.2.1 Kristallsysteme und dichteste Kugelpackungen

In einem Kristall befinden sich die Atome in jeder Raumrichtung in gleichmäßigen Abständen an den Kreuzungspunkten eines räumlichen Gitters, dessen kleinstes Element die *Elementarzelle* ist. Sie wird beschrieben durch die *Atomabstände* entlang den Koordinatenachsen (x-Achse: a; y-Achse: b; z-Achse: c) und den Winkeln α, β und γ zwischen den Kristallachsen. Die sieben Kristallsysteme mit ihren Varianten ergeben die 14 *Bravais-Gitter* (Tabelle V-2).

Die Atome liegen besonders dicht beieinander, wenn aufeinander folgende Kugelebenen die Lücken der Ausgangsebenen besetzen. Es gibt drei unterschiedliche Anordnungen *dichtester Kugelpackungen* (Tabelle V-4).

Tabelle V-2. Bravais-Gitter.

	primitiv	flächen-zentriert	basis-zentriert	raum-zentriert
kubisch $a = b = c$ $\alpha = \beta = \gamma = 90°$				
tetragonal $a = b \neq c$ $\alpha = \beta = \gamma = 90°$				
orthorhombisch $a \neq b \neq c$ $\alpha = \beta = \gamma = 90°$				
hexagonal $a = b \neq c$ $\alpha = \beta = 90°$ $\gamma = 120°$				
rhomboedrisch $a = b = c$ $\alpha = \beta = \gamma \neq 90°$				
monoklin $a \neq b \neq c$ $\alpha = \gamma = 90°$ $\beta \neq 90°$				
triklin $a \neq b \neq c$ $\alpha \neq \beta \neq \gamma \neq 90°$; $\neq 120°$				

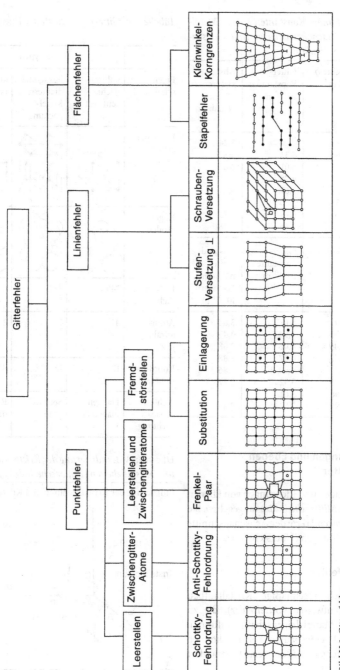

Bild V-1. Gitterfehler.

Tabelle V-3. Atomare Konstanten einiger Metalle mit kubisch-flächenzentrierter und kubischraumzentrierter Struktur.

kubisch-raum-zentriert	Dichte ϱ g/cm^3	Gitter-konstante a 10^{-10} m	Abstand zweier nächster Nachbarn 10^{-10} m
Cs	1,9	6,08	5,24
K	0,86	5,33	4,62
Ba	3,5	5,01	4,43
Na	0,97	4,28	3,71
Zr	6,5	3,61	3,16
Li	0,53	3,50	3,03
W	19,3	3,16	2,73
Fe	7,87	2,86	2,48

kubisch-flächen-zentriert	Dichte ϱ g/cm^3	Gitter-konstante a 10^{-10} m	Abstand zweier nächster Nachbarn 10^{-10} m
Ce	6,9	5,16	3,64
Pb	11,34	4,94	3,49
Ag	10,49	4,08	2,88
Au	19,32	4,07	2,88
Al	2,7	4,04	2,86
Pt	21,45	3,92	2,77
Cu	8,96	3,61	2,55
Ni	8,90	3,52	2,49

Tabelle V-4. Gittertypen dichtester Kugelpackungen.

Eigen-schaften	Gittertypen		
	kubisch-flächen-zentriert	hexagonal dichteste Kugel-packung	kubisch-raum-zentriert
Elementar-zelle			
Kugel-modell			
Packungs-dichte	74%	74%	68%
Atom-anzahl je Zelle	4	2	2
Koordina-tionszahl	12	12	8
dichtest gepackte Richtung	Flächen-diagonale	Sechseck-seite	Raum-diagonale

V.2.2 Richtungen und Ebenen im Kristallgitter

Kristallrichtungen und Richtungen von Ebenen werden durch *Miller'sche Indizes* angegeben. Sie sind die *reziproken Werte* der Achsenabschnitte der Kristallrichtungen (Übersicht V-1).

V.2.3 Gitterfehler

Der periodisch regelmäßige Kristallaufbau kann Fehler aufweisen (*Gitterfehler*), die zu veränderten Materialeigenschaften führen. Mit absichtlich eingebauten Fehlern können die Werkstoffeigenschaften gezielt verändert werden (Bild V-1).

Übersicht V-1. Indizierung der Kristallrichtungen und Kristallebenen (Miller'sche Indizes).

Indizierung der Kristallrichtung und Kristallebene

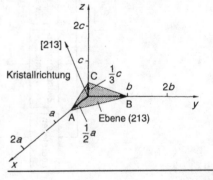

Übersicht V-1. (Fortsetzung).

Beispiele für Kristallrichtungen und Kristallebenen

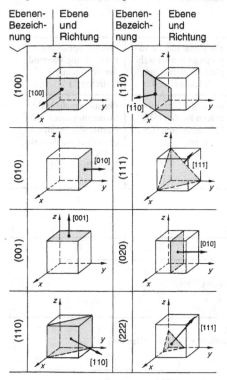

Ebenen-Bezeichnung	Ebene und Richtung	Ebenen-Bezeichnung	Ebene und Richtung
(100)	[100]	(1$\bar{1}$0)	[1$\bar{1}$0]
(010)	[010]	(111)	[111]
(001)	[001]	(020)	[010]
(110)	[110]	(222)	[111]

V.3 Makromolekulare Festkörper

Makromolekulare Festkörper sind aus sehr langen Molekülen aufgebaut. Sie bestehen entweder aus einem Riesenmolekül oder aus vielen kleinen Molekülen, die durch *homöopolare Elektronenpaarbindung* zusammengehalten werden. So entstehen Faden-, Schicht- und Raumnetzstrukturen.

Das Verformungsverhalten kann durch eine Kombination des elastischen Verhaltens (Federgesetz nach HOOKE) mit einem viskosen Verhalten (Dämpfungsglied nach NEWTON) erklärt werden. In der *Rheologie* wird die Verformung auch durch andere Modelle beschrieben (Tabelle V-6).

Tabelle V-5. Einteilung der Kunststoffe (Polymerwerkstoffe).

Charakteristik \ Polymer-Werkstoff	Thermoplaste	Elastomere	Duromere
Schmelzverhalten	schmelzbar	nicht schmelzbar	nicht schmelzbar
Quellverhalten	quellbar	quellbar	nicht quellbar
Löslichkeit	löslich	nicht löslich	nicht löslich
Struktur	Molekülknäuel, unvernetzt, amorph, teilkristallin	weitmaschig vernetzt, amorph, teilkristallin	engmaschig vernetzt
Umweltfreundlichkeit	wiederverwendbar (200 °C)	nicht wiederverwendbar (pyrolisierbar)	

Tabelle V-5. (Fortsetzung).

Charak- teristik	Polymer- Werkstoff Thermoplaste	Elastomere	Duromere
Verarbeitung	alle Verfahren	alle Verfahren, Form- gebung vor oder wäh- rend der Vernetzung („Vulkanisieren")	Pressen, Spritzgießen, Formgebung während der Vernetzung („Härtung")
Beispiele	Polyethylen (PE), Polyvinylchlorid (PVC), Polystyrol (PS), Polyamid (Nylon, Perlon), Polyester (Trevira), Polyacrylnitril (Dralon), Polycarbonat (Macrolon)	Buna, Kautschuk, Silicon Rubber (SIR), Polychloropren (CR), Neopren	Phenolformaldehyd, Melaminformaldehyd, Harnstoffformaldehyd, (ungesättigter Polyester) (UP), Epoxidharz (EP)

Tabelle V-6. Verformungsmodelle von Kunststoffen.

Modell	Verhalten
$E_0 \longrightarrow \varepsilon_{el}$	Feder: Elastisches Verhalten (Hooke) $\sigma = E_0 \varepsilon_{el}$
$\eta_0 \longrightarrow \varepsilon_v$	Dämpfungsglied: Viskoses oder plastisches Verhalten (Newton) $\sigma = \eta_0 \dot{\varepsilon}_v$
$E_0 \longrightarrow \varepsilon_{el}$ $\eta_0 \longrightarrow \varepsilon_v$	Maxwell-Modell: (Feder und Dämpfer in Reihe) Elastisch-viskoses (plastisches) Verhalten $\varepsilon = \varepsilon_{el} + \varepsilon_v \rightarrow \dot{\varepsilon} = \dot{\varepsilon}_{el} + \dot{\varepsilon}_v = \dfrac{\dot{\sigma}}{E_0} + \dfrac{\sigma}{\eta_0}$ $\varepsilon(t) = \left(1 + \dfrac{1}{\tau_0}\right) \dfrac{\sigma_0}{E_0} u(t) \qquad \tau_0 = \dfrac{\eta_0}{E_0}$
$E_r \qquad \eta_r \longrightarrow \varepsilon_r$	Voigt-Kelvin-Modell: (Feder und Dämpfer parallel) Viskoelastisches Verhalten (relaxierendes Verhalten) $\sigma = \sigma_1 + \sigma_2 = E_r \varepsilon_r + \eta_r \dot{\varepsilon}_r$ $\varepsilon_r(t) = \dfrac{1}{E_r}(1 - e^{-t/\tau}) \hat{\sigma} u(t) \qquad \dot{\varepsilon}_r + \dfrac{\varepsilon_r}{\tau_r} = \dfrac{\sigma}{\eta_r} \qquad \tau_r = \dfrac{\eta_r}{E_r}$

Tabelle V-6. (Fortsezung).

Modell	Verhalten
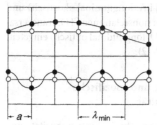	Burger-Modell: $\varepsilon = \varepsilon$ (Maxwell) + ε (Voigt-Kelvin) $\varepsilon(t) = \left[\dfrac{1}{E_0} + \dfrac{t}{\eta_0} + \dfrac{1}{E_r}(1 - e^{-t/\tau}) \right] \hat{\sigma} u(t)$

E	Elastizitätsmodul	ε_r	Relaxationsdehnung
t	Zeit	σ	Spannung
$u(t)$	Springfunktion	η_0	statische Viskosität
ε	Dehnung	η_r	dynamische Viskosität der Relaxation
ε_{el}	elastische Dehnung	τ	Relaxationszeit

V.4 Thermodynamik fester Körper

V.4.1 Schwingendes Gitter (Phononen)

Die regelmäßig angeordneten Atome eines Kristallgitters führen Schwingungen um ihre Ruhelagen aus, wenn sie von außen angeregt werden.

Diese Gitterschwingungen sind gequantelt; ihre Quanten heißen *Phononen* (Übersicht V-2).

Gitterschwingungen können demnach beschrieben werden, als ob Teilchen sich mit der Schallgeschwindigkeit c_s durch den Kristall bewegen, mit anderen Teilchen zusammenstoßen

Übersicht V-2. Transversale Gitterwellen und Phononen.

transversale Gitterwellen

$E_{Phonon} = hf = \hbar\omega$
$p_{Phonon} = h/\lambda = \hbar k$

a	Gitterkonstante (Atomabstand)
E	Energie
f	Frequenz
h	Planck'sches Wirkungsquantum ($h = 6{,}626 \cdot 10^{-34}$ J · s)
$\hbar$	Planck'sche Konstante ($\hbar = h/2\pi$)
k	Wellenzahl
p	Impuls
λ	Wellenlänge
ω	Kreisfrequenz

Übersicht V-3. Gitterwellen einer linearen Atomkette.

lineare Atomkette

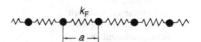

Dispersion

$$\omega \sqrt{\frac{2k_F}{m}(1 - \cos k a)} = \sqrt{\frac{4k_F}{m}} \sin \frac{k a}{2}$$

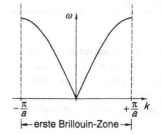

maximale Wellenzahl $k_{max} = \pi/a$
minimale Wellenzahl $\lambda_{min} = 2a$

Übersicht V-3. (Fortsetzung).

lineare Atomkette

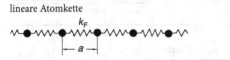

Gruppen- und Phasengeschwindigkeit

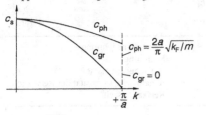

$$c_{gr} = a\sqrt{\frac{k_F}{2m}}\,\frac{\sin ka}{\sqrt{1 - \cos ka}}$$

$$c_{ph} = \sqrt{\frac{2k_F}{m}}\,\frac{\sqrt{1 - \cos ka}}{k}$$

maximale Schallgeschwindigkeit $c_{s,\,max}$

$$c_{s,\,max} = \sqrt{a^3 E/m} = \sqrt{E/\varrho}$$

$$\omega_{max} = 2\sqrt{k_F/m}$$

$$f_{max} = \frac{1}{\pi}\sqrt{aE/m}$$

a	Gitterkonstante
k_F	Federkonstante
c_{gr}	Gruppengeschwindigkeit
c_{ph}	Phasengeschwindigkeit
c_s	Schallgeschwindigkeit
E	Elastizitätsmodul
f	Frequenz
k	Wellenzahl ($k = 2\pi/\lambda$)
m	Masse
ϱ	Dichte
ω	Kreisfrequenz
λ	Wellenlänge

und Energie und Impuls austauschen. Eine lineare Atomkette zeigt als gekoppeltes Schwingungssystem die in Übersicht V-3 zusammengestellten Abhängigkeiten.

Wie Übersicht V-3 deutlich zeigt, ergibt sich ein *Phononenspektrum*, in dem die Frequenz f von der Wellenlänge λ bzw. von der Wellenzahl k abhängt (*Dispersion*). Alle vorkommen-

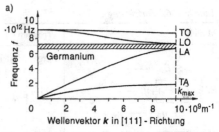

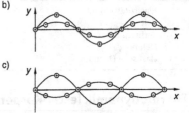

Bild V-2. Dispersion von Germanium (a), akustische (b) und optische Phononen (c).

den Wellenzahlen liegen innerhalb der ersten *Brillouin-Zone* ($-\frac{\pi}{a} \le k \le \frac{\pi}{a}$).

Sind zwei oder mehr Atome in einer Elementarzelle, dann ergeben sich je nach Schwingungstyp verschiedene Dispersionsrelationen, die in *akustische* (TA: transversal akustisch und LA: longitudinal akustisch) und *optische* Dispersionsrelationen (TO: transversal optisch und LO: longitudinal optisch) eingeteilt werden (Bild V-2).

V.4.2 Molare und spezifische Wärmekapazität

Ein schwingungsfähiges System besitzt eine Schwingungsenergie, die sich gleichmäßig auf die potenzielle und kinetische Energie aufteilt. Aufgrund der drei Freiheitsgrade eines Gitterbausteins gilt die *Dulong-Petit'sche Regel*. Die tatsächlich gemessenen molaren Wärmekapazitäten weichen, vor allem bei tiefen Temperaturen, festen Gitterbindungen und leichten Atomen, sehr stark von diesem Wert ab. Deshalb schlug EINSTEIN eine *Quantelung* der Schwingungsenergie vor, und

Übersicht V-4. Innere Energie und molare Wärmekapazität der Festkörper nach DULONG-PETIT, EINSTEIN *und* DEBYE.

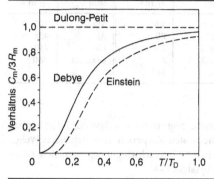

Boltzmann-Verteilung	Debye
$U = 3 \dfrac{Nhf}{e^{\frac{hf}{kT}} - 1}$	$U = 9NkT \dfrac{T^3}{T_D^3} \displaystyle\int_0^{z_D} \dfrac{z^3\,dz}{e^z - 1}$ $z = (hf)/(kT)$ und $z_D = T_D/T$

Einstein-Temperatur	Debye-Temperatur
$T_E = hf/k$	$T_D = hf_{gr}/k$

$T \gg T_E$ und $T \gg T_0$: $U \approx 3NkT = 3\nu R_m T$ und $C_m = 3R_m$ (Dulong-Petit)

$T \ll T_E$	$T \ll T_D$
$U = 3Nhf\,e^{-\frac{hf}{kT}}$	$U = \dfrac{3}{5}\pi^4 NkT \dfrac{T^3}{T_D^3}$
$C_m = 3R_m \left(\dfrac{hf}{kT}\right)^2 e^{-\frac{hf}{kT}}$	$C_m = \dfrac{12}{5}\pi^4 R_m \dfrac{T^3}{T_D^3}$

C_m	molare Wärmekapazität	N	Anzahl der schwingenden Punkte
f	Frequenz	R_m	molare Gaskonstante
f_{gr}	Grenzfrequenz	T	Temperatur
h	Planck'sches Wirkungsquantum	T_D	Debye-Temperatur
	($h = 6{,}626 \cdot 10^{-34}$ J $\cdot$ s)	T_E	Einstein-Temperatur
k	Wellenzahl	U	innere Energie
ν	Stoffmenge (Anzahl Mol)		

Übersicht V-5. Wärmeleitung im Isolator und im Metall.

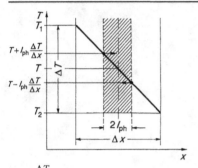

$$j_q = \lambda \frac{\Delta T}{\Delta x}$$

Isolator

$$j_q = \frac{1}{2} n_{ph} k c_s l_{ph} \frac{\Delta T}{\Delta x}$$

$$\lambda = \frac{1}{2} n_{ph} k c_s l_{ph}$$

$$\lambda = \frac{1}{3} \varrho c c_s l_{ph}$$

Metall

$$\lambda_{el} = \frac{1}{3} \pi^2 \frac{n}{m} k^2 \tau T$$

Bei konstanter Temperatur ist für alle Metalle die Wärmeleitfähigkeit λ proportional der elektrischen Leitfähigkeit $\varkappa$:

$$\lambda = L T \varkappa.$$

c	spezifische Wärmekapazität
c_s	Schallgeschwindigkeit der Phononen
j_q	Wärmestromdichte
k	Boltzmann-Konstante $(k = 1{,}38 \cdot 10^{-23}$ J/K$)$
L	Lorenz'sche Zahl $(L = 2{,}45 \cdot 10^{-8} \text{V}^2/\text{K}^2)$
l_{ph}	mittlere freie Phononenweglänge
m	Masse
n	Dichte der Elektronen
n_{ph}	Dichte der Phononen $(n_{ph} = N_{ph}/V; N_{ph}$ Anzahl der Phononen; V Volumen$)$
T	Temperatur
$\Delta T/\Delta x$	Temperaturgefälle in x-Richtung
λ	Wärmeleitfähigkeit
$\varkappa$	elektrische Leitfähigkeit
τ	Relaxationszeit

Tabelle V-7. Debye-Temperatur T_D einiger Stoffe.

Stoff	T_D in K	Stoff	T_D in K
Pb	88	Mg	405
Na	172	Al	428
Ag	226	LiF	740
NaCl	281	Diamant	1860
Cu	345		

DEBYE ging davon aus, dass der Energieinhalt eines festen Körpers in den stehenden Wellen der N Gitterschwingungen gespeichert ist (Übersicht V-4).

V.4.3 Wärmeleitfähigkeit

Zwar breiten sich die Phononen im Festkörper mit Schallgeschwindigkeit aus, doch der Wärmetransport ist bedeutend langsamer. Bei den Metallen wird Wärme nicht nur durch die Phononen, sondern auch durch die freien Elektronen übertragen (Übersicht V-5). Es gilt für Metalle, dass gute elektrische Leiter auch gute Wärmeleiter sind (und umgekehrt).

W Metalle und Halbleiter

Anhand des spezifischen elektrischen Widerstandes (Resistivität) ϱ wird eingeteilt in (Bild W-1):

- Leiter $\varrho < 10^{-5}\,\Omega \cdot \text{m}$,
- Halbleiter $10^{-5} < \varrho < 10^{7}\,\Omega \cdot \text{m}$,
- Isolatoren $\varrho > 10^{7}\,\Omega \cdot \text{m}$.

W.1 Energiebänder

Die scharfen Energieniveaus der Elektronen in einzelnen Atomen werden durch Wechselwirkung mit Nachbarn verbreitert, sodass in Festkörpern die Elektronen Energien innerhalb mehr oder weniger breiter Bänder annehmen können.

> Elektronen halten sich in Festkörpern innerhalb erlaubter Energiebänder auf, die durch verbotene Zonen voneinander getrennt sind.

Fließt in einem Festkörper ein elektrischer Strom, dann erhöht sich die Energie der Elektronen um die kinetische Energie der Driftbewegung. Sie werden dadurch auf höhere Energiezustände gehoben. Dies ist nur möglich, wenn das höchste mit Elektronen besetzte Band nicht voll besetzt ist. Dieses Band wird als *Leitungsband* (LB im Bild W-1) bezeichnet. Hat das oberste mit Elektronen besetzte Band *keine* freien Energiezustände, dann ist der Festkörper ein *Isolator* bzw. *Halbleiter*. Dieses Band wird als *Valenzband* (VB im Bild W-1) bezeichnet. Anhand der Breite E_{g} (energy gap)

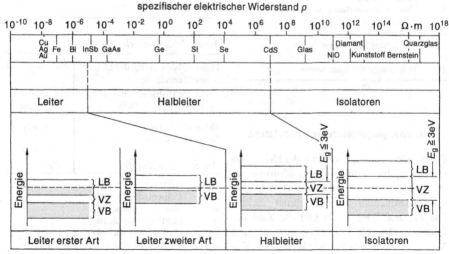

Bild W-1. Spezifischer elektrischer Widerstand (Resistivität) und Bändermodell von Festkörpern. Die mit Elektronen besetzten Zustände sind grau gekennzeichnet.

© Springer-Verlag GmbH Deutschland 2017
E. Hering, R. Martin, M. Stohrer, *Taschenbuch der Mathematik und Physik*, DOI 10.1007/978-3-662-53419-9_22

der verbotenen Zone (VZ) wird in Halbleiter und Isolatoren eingeteilt (Bild W-1).

W.2 Metalle

Im Modell des *freien Elektronengases* können sich die Leitungselektronen innerhalb des Kristalls frei bewegen (Tabelle W-1).

Tabelle W-1. Modell des freien Elektronengases.

kinetische Energie der Leitungselektronen	$E = \dfrac{p^2}{2m} = \dfrac{\hbar^2 k^2}{2m}$
Impuls und Materiewellenlänge der Elektronen	$p = h/\lambda = \hbar k$
Fermi-Energie; höchstes mit Elektronen gefülltes Energieniveau	$E_F = \dfrac{\hbar^2}{2m}(3\pi^2 n)^{2/3}$
Wellenzahl des Fermi-Niveaus	$k_F = (3\pi^2 n)^{1/3}$
Fermi-Geschwindigkeitw	$v_F = \dfrac{\hbar}{m}(3\pi^2 n)^{1/3}$

E	kinetische Energie
E_F	Fermi-Energie
$\hbar$	Planck'sche Konstante ($\hbar = h/2\pi$)
k	Wellenzahl ($k = 2\pi/\lambda$)
m	Elektronenmasse
n	Teilchenzahldichte ($n = N/V$)
p	Impuls
λ	Wellenlänge der Materiewelle

W.2.1 Energiezustände und Besetzung

Die möglichen Energiezustände der Elektronen im Leitungsband sind nicht gleichmäßig auf der Energieleiter angeordnet, sondern werden mit zunehmender Energie immer dichter. Die *Zustandsdichte* $D(E)$ gibt die Zahl der Energiezustände je Energieintervall dE und Volumeneinheit an (Übersicht W-1). Die Wahrscheinlichkeit, mit der ein bestimmter Energiezustand E besetzt ist, wird durch die *Fermi-*

Übersicht W-1. Zustandsdichte und Fermi-Dirac-Verteilungsfunktion.

Zustandsdichte $D(E)$

$$D(E) = \frac{1}{2\pi^2}\left(\frac{2m}{\hbar^2}\right)^{3/2} E^{1/2}$$

Fermi-Dirac-Verteilungsfunktion $f(E)$

$$f(E) = \frac{1}{e^{\frac{E-E_F}{kT}} + 1}$$

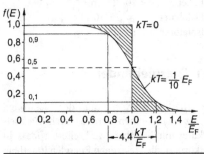

E_F	Fermi-Energie
E	Energie im Leitungsband
$D(E)$	Zustandsdichte (übliche Einheit eV^{-1}cm^{-3})
$\hbar$	Planck'sche Konstante ($\hbar = h/2\pi = 6,5821 \cdot 10^{-16}$ eV · s)
k	Boltzmann-Konstante ($k = 8,6173 \cdot 10^{-5}$ eV/K)
m	Masse der Elektronen
T	absolute Temperatur

Tabelle W-2. Ohm'sches Gesetz.

Differenzialgleichung der Elektronenbeschleunigung	$\dfrac{dv_d}{dt} = -\dfrac{eE}{m} - \dfrac{v_d}{\tau}$
stationäre Driftgeschwindigkeit bei konstanter Feldstärke	$v_{d,0} = -\dfrac{e}{m}\tau E_0$ $= -\mu E_0$
elektrische Stromdichte (Ohm'sches Gesetz)	$j = -env_{d,0}$ $= \dfrac{e^2}{m}n\tau E_0$
elektrische Leitfähigkeit	$\varkappa = en\mu$

E	elektrische Feldstärke
e	Elementarladung
m	Elektronenmasse
n	Elektronenzahldichte
v_d	Driftgeschwindigkeit
$\varkappa$	elektrische Leitfähigkeit
μ	Beweglichkeit
τ	Relaxationszeit

Dirac-Verteilungsfunktion $f(E)$ beschrieben (Übersicht W-1).

W.2.2 Elektrische Leitung

In einem elektrischen Feld werden die Elektronen beschleunigt und zugleich durch Stoßprozesse im Kristall abgebremst. Bei konstanter Feldstärke folgt das *Ohm'sche Gesetz* (Tabelle W-2).

Tabelle W-3. Halbleitende Verbindungen.

Gruppen des Periodensystems zur Kombination der Elemente	Beispiele
IV	Si, Ge, Sn (grau)
IV–IV	SiC
III–V	GaAs, InSb
II–VI	ZnTe, CdSe, HgS

W.3 Halbleiter

Halbleiter haben bei tiefen Temperaturen ein mit Elektronen gefülltes Valenzband, welches durch eine *verbotene Zone* (Energielücke; energy gap) vom leeren Leitungsband getrennt ist (Bild W-1). Tabelle W-3 zeigt einige halbleitende Substanzen; Daten von Ge, Si und GaAs sind in Tabelle W-4 enthalten.

W.3.1 Eigenleitung

Bei $T = 0$ K ist die Leitfähigkeit eines Halbleiters null. Mit steigender Temperatur werden durch die Gitterschwingungen Bindungen zwischen benachbarten Atomen aufgerissen, sodass frei bewegliche Elektronen erzeugt werden. Im Bändermodell entspricht dies einer Anhebung von Elektronen vom Valenzband

Tabelle W-4. Daten der Halbleiter Ge, Si und GaAs.
Die Zahlenwerte gelten für $T = 300$ K.

	Ge	Si	GaAs
Kristallstruktur	Diamant	Diamant	Zinkblende
Gitterkonstante a in 10^{-10} m	5,65771	5,43043	5,65325
linearer Ausdehnungskoeffizient α in 10^{-6} K^{-1}	5,90	2,56	6,86
spezifische Wärmekapazität c in kJ/(kg·K)	0,31	0,70	0,35
Wärmeleitfähigkeit λ in W/(m·K)	64	145	46
Schmelzpunkt ϑ_s in °C	937	1415	1238
Atomdichte N/V in 10^{22} cm^{-3}	4,42	5,0	4,42
Dichte ϱ in kg/m^3	5 326,7	2 328	5 320
Molmasse M in g/mol	72,60	28,09	144,63
Bandgap E_g in eV	0,660	1,11	1,43
intrinsische Trägerdichte n_i in cm^{-3}	$2,33 \cdot 10^{13}$	$1,02 \cdot 10^{10}$	$2,00 \cdot 10^{6}$
Effektive Zustandsdichte im Leitungsband N_L in cm^{-3} im Valenzband N_v in cm^{-3}	$1,24 \cdot 10^{19}$ $5,35 \cdot 10^{18}$	$2,85 \cdot 10^{19}$ $1,62 \cdot 10^{19}$	$4,55 \cdot 10^{17}$ $9,32 \cdot 10^{18}$
Beweglichkeit μ_n in cm^2/(V·s) μ_p in cm^2/(V·s)	3 900 1 900	1 350 480	8 500 435
relative Dielektrizitätszahl ε_r	16	11,8	12,9

Tabelle W-5. Leitungsmechanismen in Halbleitern.

| | Eigenleitung | Störstellenleitung | |
		n-dotiert (Elektronenleitung)	p-dotiert (Löcherleitung)
Elemente	Gruppe IV vier Valenzelektronen: C, Si, Ge, Sn	Gruppe V fünf Valenzelektronen: N, P, As, Sb (Donatoren)	Gruppe III drei Valenzelektronen: B, Al, Ga, In (Akzeptoren)
Kristallgitter			
Bänder-Modell			

Tabelle W-6. Gleichungen zur Eigenleitung.

elektrische Leitfähigkeit	$\varkappa = e(n\mu_n + p\mu_p)$
Eigenleitungsdichte (intrinsische Ladungsträgerdichte)	$n_i(T) = \sqrt{N_L N_V}\, e^{-\frac{E_g}{2kT}}$ $= n_{i0}\, T^{3/2}\, e^{-\frac{E_g}{2kT}}$
Produkt von Elektronen- und Löcherdichte (unabhängig von Dotierung)	$n \cdot p = n_i^2 = n_{i0}^2\, T^3\, e^{-\frac{E_g}{kT}}$
Beweglichkeit	$\mu(T) = \mu_0 (T/T_0)^{-3/2}$
Ohm'scher Widerstand eines Halbleiters	$R(T) \approx R_0\, e^{\frac{E_g}{2kT}}$

E_g	Energielücke (band gap)
e	Elementarladung
k	Boltzmann-Konstante
N_L	effektive Zustandsdichte des Leitungsbandes
N_V	effektive Zustandsdichte des Valenzbandes
n	Elektronendichte
p	Löcherdichte
T	absolute Temperatur
$\varkappa$	Leitfähigkeit
μ_n	Elektronenbeweglichkeit
μ_p	Löcherbeweglichkeit

N_L, N_V } Tabelle W-4

Tabelle W-7. Eigenschaften von Dotierstoffen.

| | Platz des Dotierstoffs im Periodensystem | |
	Gruppe III	Gruppe V
Bezeichnung	Akzeptor	Donator
Anzahl der Valenzelektronen	3	5
Majoritäten	Löcher	Elektronen
Minoritäten	Elektronen	Löcher
Leitungsmechanismus	Löcherleitung p-Typ	Elektronenleitung n-Typ

über die Energielücke ins Leitungsband (Tabelle W-5). Die im Valenzband zurückbleibenden Löcher verhalten sich wie positive Teilchen und tragen wie die Elektronen zum elektrischen Strom bei (Tabelle W-6).

Übersicht W-2. Dichte der freien Elektronen in n-Si in Abhängigkeit von der Temperatur.

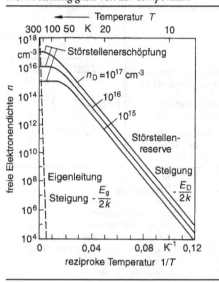

Störstellenreserve

Trägerdichte hängt exponentiell von der Temperatur ab (tiefe Temperaturen).

$$n(T) = \sqrt{\frac{n_D N_L}{2}}\, e^{-\frac{E_D}{2kT}}, \qquad n\text{-Typ}$$

$$p(T) = \sqrt{\frac{n_A N_V}{2}}\, e^{-\frac{E_A}{2kT}}, \qquad p\text{-Typ}$$

W.3.2 Störstellenleitung

Der spezifische Widerstand eines Halbleiters ändert sich drastisch bei *Dotierung* mit Fremdstoffen. Je nach Dotierstoff beruht die Leitung entweder auf Elektronen- oder Löcherleitung (Tabelle W-7).

Übersicht W-2 zeigt die Abhängigkeit der Elektronendichte eines *n*-Leiters von der Temperatur sowie die drei Bereiche Störstellenreserve, Störstellenerschöpfung und Eigenleitung.

Übersicht W-2. (Fortsetzung).

E_A	Akzeptorbindungsenergie
E_D	Donatorbindungsenergie
k	Boltzmann-Konstante
N_L	effektive Zustandsdichte im Leitungsband
N_V	effektive Zustandsdichte im Valenzband
n	Elektronendichte
n_A	Akzeptorendichte
n_D	Donatorendichte
p	Löcherdichte
T	absolute Temperatur

Störstellenerschöpfung

In der Nähe der Raumtemperatur sind alle Störstellen ionisiert.

	n-Typ	*p*-Typ
Majoritätsdichte	$n = n_D$	$p = n_A$
elektrische Leitfähigkeit	$\varkappa = e\, n_D \mu_n$	$\varkappa = e\, n_A \mu_p$

n_A, n_D	Akzeptoren- bzw. Donatorendichte
μ_n, μ_p	Elektronen- bzw. Löcherbeweglichkeit
e	Elementarladung

Eigenleitung

Bei hohen Temperaturen liegt Eigenleitung vor (Tabelle W-6).

W.3.3 pn-Übergang

Die meisten Halbleiterbauelemente besitzen einen oder mehrere pn-Übergänge. Bild W-2 zeigt Diagramme für einen *abrupten unsymmetrischen* pn-Übergang in Silicium.

Typische Werte des Sperrsättigungsstroms liegen im Bereich von pA bei Si und von µA bei Ge (Tabelle W-8).

W.3.4 Transistor

Transistoren dienen zum Verstärken von elektrischen Signalen und zählen deshalb zu den *aktiven Bauelementen* (Tabelle W-10).

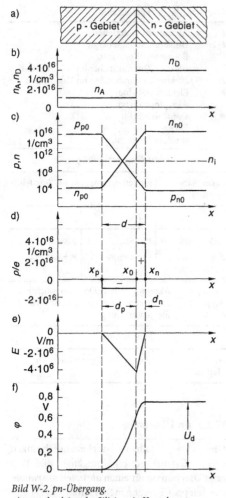

Diffusionsspannung	$U_d = \dfrac{kT}{e} \ln \dfrac{n_A n_D}{n_i^2}$
	$= U_T \ln \dfrac{n_A n_D}{n_i^2}$
Breite der Raum-ladungszone (RLZ)	$d = \sqrt{\dfrac{2\varepsilon_r\varepsilon_0 U_d}{e} \cdot \dfrac{n_A + n_D}{n_A n_D}}$
Diodenkennline nach SHOCKLEY	$I = I_S \left(e^{\frac{eU}{kT}} - 1 \right)$
Temperaturabhängig-keit des Sperrsätti-gungsstroms	$I_S \sim T^3 e^{-E_g/kT}$

E_g	Energielücke
e	Elementarladung
I	Strom
I_S	Sperrsättigungsstrom
k	Boltzmann-Konstante
n_A	Akzeptorenkonzentration im p-Gebiet
n_D	Donatorenkonzentration im n-Gebiet
n_i	intrinsische Trägerdichte
T	absolute Temperatur
U	Spannung
U_d	Diffusionsspannung
U_T	Temperaturspannung ($U_T = kT/e$)
ε_0	elektrische Feldkonstante
ε_r	Permittivitätszahl

Bild W-2. pn-Übergang.
a) p- und n-leitendes Silicium in Kontakt,
b) Störstellenkonzentrationen,
c) Konzentrationen der beweglichen Ladungsträger,
d) Raumladungsdichte,
e) elektrische Feldstärke,
f) Potenzialverlauf.

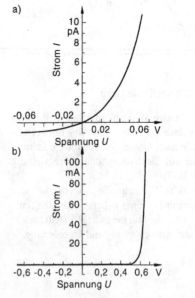

Bild W-3. Diodenkennlinie nach der Shockley-Gleichung.
a) Koordinatenursprung vergrößert,
b) Gleichrichterverhalten bei größeren Spannungen und Strömen.

Tabelle W-9. Übersicht über Dioden.

Diodentyp	Schaltdiode	Schottky-Diode	Gleichrichterdiode	Schottky-Leistungsdiode	Z-diode	Diac
Schaltzeichen						
Gleichstrom-kennlinie						
Nutzkennlinie, (schematisch)						
genutzter Effekt	Ventilwirkung	Ventilwirkung	Ventilwirkung	Ventilwirkung	Zener- oder Lawinen-durchbruch	kontrollierter Durchbruch
innerer Aufbau	pn Silicium (Germanium)	Metall-n Silicium	pn Silicium	Metall-n Silicium	pn Silicium	pnp Silicium
Frequenzbereich	Gleichstrom Niederfrequenz Hochfrequenz	Gleichstrom bis Höchstfrequenz	Gleichstrom Netzfrequenz Niederfrequenz	Gleichstrom bis mittlere Frequenzen	Gleichstrom Niederfrequenzen	Netzfrequenz
besondere Eigenschaften	schnell, klein, kleiner Sperrstrom, kleiner Durchlasswiderstand, preisgünstig	sehr schnell, klein, kleine Durchlassspannung	hohe Sperrspannung, hoher Durchlassstrom, niederohmig, preisgünstig	sehr schnell, kleine Sperrspannung, hoher Durchlassstrom, kleine Verluste	kontrollierter Durchbruch in Sperrrichtung	Kennlinie mit Bereichen negativen Widerstandes
Anwendungsbereich	Universaldiode zum Schalten, zum Begrenzen, zum Entkoppeln, für Logikschaltungen	Hochfrequenzgleichrichter, Gleichrichter mit kleiner Schleusenspannung, schnelle Logikschaltungen	Gleichrichter bei Netzfrequenz für kleine und große Spannungen und Ströme, auch für Schaltregler bei höheren Frequenzen	Gleichrichter bei hohen Frequenzen, hohen Strömen, aber kleinen Spannungen, Freilaufdiode	Spannungsstabilisierung, Spitzenspannungsbegrenzung	Triggerdiode zur sicheren Zündung bei einfachen Triacschaltungen zur Phasenanschnittsteuerung

Tabelle W-9. (Fortsetzung).

Diodentyp	Fotodiode	Kapazitätsdiode	pin-Diode	Step-Recovery-Diode	Tunneldiode	Backward-Diode
Schaltzeichen						
Gleichstromkennlinie						
Nutzkennlinie, schematisch						
genutzter Effekt	lichtstärkeabhängiger Sperrstrom	spannungsabhängige Sperrschichtkapazität	stromabhängiger Durchlasswiderstand	der Sperrstrom endet abrupt	Tunneleffekt	Ventilwirkung
innerer Aufbau	pn, pin Metall-n Silicium	pn Silicium Galliumarseid	pin Silicium	pn Silicium	pn Germanium hoch dotiert	pn Germanium hoch dotiert
Frequenzbereich	Gleichstrom bis Hochfrequenz		Hochfrequenz			
besondere Eigenschaften	Sperrstrom abhängig von der Beleuchtung der Sperrschicht Avalanche-Effekt bei APD	Sperrschichtkapazität ist spannungsabhängig, hohe Güte	Durchlasswiderstand ist stromabhängig, hohe Güte	abrupt endende Sperrverzögerung, Sperrverzögerungszeit, typenabhängig	Kennlinie mit negativem differenziellen Widerstandsbereich	keine Schleusenspannung, sehr kleine Sperrspannung
Anwendungsbereich	Messung der Lichtstärke in einem großen Dynamikbereich, Datenempfänger am Ende einer Glasfaserstrecke	spannungsgesteuerte Abstimmung von Schwingkreisen für Frequenzfilter, Synthesizer, Phasenschieber	stromgesteuerte analoge Dämpfungsglieder für Hochfrequenz, stromgesteuerte Schalter für Hochfrequenz	Frequenzvervielfacher bis in den GHz-Bereich mit sehr geringem Aufwand	sehr schnelle Triggerdiode, Entdämpfung von Schwingkreisen, Höchstfrequenzoszillator	Gleichrichter für sehr kleine Hochfrequenzspannungen

Tabelle W-10. Übersicht über die verschiedenen Transistoren.

Typ	Bipolare Transistoren		Unipolare Transistoren = Feld-Effekt-Transistoren					
			Sperrschicht FET (Junction FET)		Insulated Gate FET (MOSFET)			
					Verarmungstyp (Depletion)		Anreicherungstyp (Enhancment)	
	npn Transistor	pnp Transistor	n-Kanal FET	p-Kanal FET	n-Kanal MOSFET	p-Kanal MOSFET	n-Kanal MOSFET	p-Kanal MOSFET
prinzipieller Aufbau	C n-p-n E (B)	C p-n-p E (B)	D / S (G), n/p	D / S (G), p/n	D / S (G)	D / S (G)	D / S (G)	D / S (G)
Schaltzeichen	I_C C, B I_B, E	I_C C, B I_B, E	I_D D, G, S, U_{GS}	I_D D, G, S, U_{GS}	I_D D, S, U_{GS}	I_D D, S, U_{GS}	I_D D, S, U_{GS}	I_D D, S, U_{GS}
Kennlinie	I_C, I_B	I_C, I_B	I_D, U_{GS}	I_D, U_{GS}	I_D, U_{GS}	I_D, U_{GS}	I_D, U_{GS}	I_D, U_{GS}
Eigenschaften Bemerkungen	U_{CE} positiv stromgesteuert; lange genutzte Technologie für alle Anwendungsgebiete	U_{CE} negativ stromgesteuert	U_{DS} positiv spannungsgesteuert leitet bei $U_{GS}=0$, selbstleitend; lange genutzte Technologie für Kleinsignaltransistoren	U_{DS} negativ spannungsgesteuert leitet bei $U_{GS}=0$, selbstleitend	U_{DS} positiv spannungsgesteuert leitet bei $U_{GS}=0$, selbstleitend	U_{DS} negativ spannungsgesteuert	U_{DS} positiv spannungsgesteuert sperrt bei $U_{GS}=0$, selbstsperrend	U_{DS} negativ spannungsgesteuert; jüngere und sehr vielseitig anwendbare Technologie

Aufbau   Schema

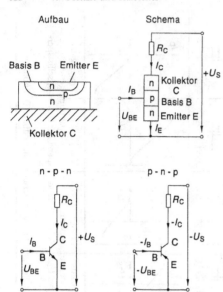

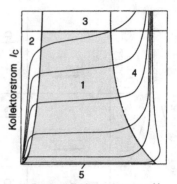

Kollektor - Emitterspannung U_{CE}

Bild W-5. Betriebsbereiche eines Transistors.
1. aktiver Bereich,
2. Übersteuerungsbereich,
3. Versagensbereich,
4. Durchbruchbereich,
5. Sperrbereich.

Bild W-4. Aufbau und Schaltung eines bipolaren Transistors mit Kollektorwiderstand R_C.

B   Basis
C   Kollektor
E   Emitter
I_{BE} Basis-Emitter-Strom
I_B Basisstrom
I_C Kollektorstrom
R_C Kollektorwiderstand
U_{BE} Basis-Emitter-Spannung
U_S Versorgungsspannung.

Die *bipolaren Transistoren* werden in der Schaltungstechnik eingesetzt. Die Bedeutung der *Feldeffekttransistoren* (FET) für diskrete und integrierte Schaltungen ist erheblich gewachsen.

W.3.4.1 Bipolarer Transistor

Der am häufigsten vorkommende npn-Transistor besteht aus drei Elektroden; dem negativ dotierten Emitter (n), der positiv dotierten Basiszone (p) und dem negativ dotierten Kollektor (n) (Bild W-4).

Die bipolaren Transistoren arbeiten folgendermaßen: Der Basisstrom I_B (abhängig von der Basis-Emitter-Spannung U_{BE} und

der Schichttemperatur T_j) bringt Ladungsträger in die in Sperrichtung betriebene und deshalb isolierende Basis-Kollektor-Diode (Basis-Kollektor-Übergang) und macht diese leitfähig. Der Basisstrom I_B erzeugt einen wesentlich größeren Kollektorstrom I_C, der von der Kollektor-Emitter-Spannung U_{CE} nur wenig abhängt. Dieser Kollektorstrom I_C fließt über die Basis zum Emitter.

Die Arbeitsbereiche eines Transistors werden deutlich, wenn man den Kollektorstrom I_C in Abhängigkeit von der Kollektorspannung U_C aufzeichnet (Bild W-5).

Die Transistoren werden für bestimmte Anwendungen in verschiedenen Grundschaltungen angeboten (Tabelle W-12).

W.3.4.2 Feldeffekt-Transistor (FET)

Im Unterschied zum bipolaren Transistor sind beim FET nur Ladungsträger einer Sorte (Elektronen oder Löcher) beteiligt. Beim *Sperrschicht-FET* (Bild W-6) liegt an einem n-leitenden Bereich eine Gleichspannung, sodass die Elektronen von der *Quelle* (source) zur *Senke* (drain) fließen. Die Breite des Kanals wird

Tabelle W-11. Wichtige Kennwerte von Transistoren.

Basisstrom I_B
$I_B = I_0 (e^{U_{BE}/U_{Tj}} - 1)$

Basis-Emitter in Durchlassrichtung geschaltet
$I_B = I_0 e^{U_{BE}/U_T}$

Temperaturspannung U_T
$U_T = k T/e$

differenzieller Eingangswiderstand r_{BE}
$r_{BE} = U_T/I_B$

Gleichstromverstärkung B
$B = I_C/I_B$

differenzielle Stromverstärkung β
$\beta = dI_C/dI_B$

differenzieller Ausgangsleitwert g_a
$g_a = dI_C/dU_{CE}$

Spannungsrückwirkung D
$D = dU_{CE}/dU_{BE}$

Rauschleistung P_R
$P_R = 4 k T \Delta f$

Rauschspannung U_R
$U_R = \sqrt{P_R R} = \sqrt{4 k T \Delta f R}$

Rauschzahl F und Rauschmaß F^*
$F = P_{RT}/P_R,\ F^* = 10 \lg(P_{RT}/P_R)\,dB$

B	Gleichstromverstärkung
D	Spannungsrückwirkung
F	Rauschzahl
F^*	Rauschmaß
g_a	Ausgangsleitwert
Δf	Frequenzbandbreite
I_B	Basisstrom
I_0	Reststrom
k	Boltzmann-Konstante $(k = 1{,}380658 \cdot 10^{-23}\ \text{J/K})$
P_R	Rauschleistung
P_{RT}	Rauschleistung im Transistor
R	Widerstand
U_{BE}	Basis-Emitter-Spannung
U_{CE}	Kollektor-Emitter-Spannung
U_R	Rauschspannung
U_T	Temperaturspannung
β	differenzielle Stromverstärkung

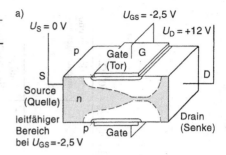

a)

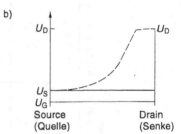

b)

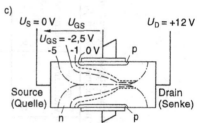

c)

Bild W-6. Aufbau und Arbeitsweise des Sperrschicht-FET.
a) Aufbau,
b) Potenzialverlauf entlang dem Kanal,
c) Querschnitt mit verschieden großen Raumladungszonen.

von den beiden oben und unten liegenden p-Zonen und der anliegenden sperrenden Steuerspannung (Gatespannung U_G) gesteuert. Wird die Steuerspannung erhöht, dann werden die Raumladungszonen breiter und verengen die Strombahn. Den FET kann man somit als *steuerbaren Widerstand* ansehen, dessen Wert von der Gate-Source-Spannung U_{GS} und von der Drain-Source-Spannung U_{DS} bestimmt wird.

Der Arbeitsbereich eines FET lässt sich nach Bild W-7 in vier Bereiche unterteilen:

– *Ohm'scher Bereich.* Bei kleinen Spannungen U_{DS} und kleinen Drainströmen I_D ver-

Tabelle W-12. Grundschaltungen von Transistoren und ihre wichtigsten Eigenschaften.
Die Zahlenwerte gelten für einen Kleinsignaltransistor mit folgenden Daten: $\beta_e = 100$, $f_T = 300$ MHz, $U_T = 40$ mV, $r_{BE} = 800\,\Omega$.

Grundschaltung	Stromverstärkung des Transistors V_i	Spannungsverstärkung des Transistors V_u	Eingangswiderstand R_e	Ausgangswiderstand R_a	Frequenzgang	Bemerkungen und Anwendungen
Emitterschaltung	$\beta_e = \dfrac{i_c}{i_b}$ $\beta_e = 100$	$\dfrac{U_a}{U_e} = \dfrac{R\beta}{r_{BE}}$ $\dfrac{U_a}{U_e} = \dfrac{R \cdot I_e}{U_T}$ $\dfrac{U_a}{U_e} = \dfrac{1\,k\Omega \cdot 5\,mA}{40\,mV}$ $V_u = \dfrac{U_a}{U_e} = 125$	$R_e = r_{BE}$ $R_e = \dfrac{U_T}{i_B}$ $R_e = \dfrac{40\,mV}{50\,\mu A}$ $R_e = 800\,\Omega$	$R_a = R \,\|\, \dfrac{1}{h_{22}}$ $R_a = \dfrac{R}{1 + R \cdot h_{22}}$ $R_a = \dfrac{1\,k\Omega}{1 + 1\,k\Omega \cdot 50\,\mu S}$ $R_a \approx 0{,}95\,k\Omega$		- häufigste Verstärkerschaltung - Strom- und Spannungsverstärkung gut - durch Gegenkopplung und Beschaltung gut variierbar

Tabelle W-12. (Fortsetzung).

Grundschaltung	Stromverstärkung des Transistors V_i	Spannungsverstärkung des Transistors V_u	Eingangswiderstand R_e	Ausgangswiderstand R_a	Frequenzgang	Bemerkungen und Anwendungen
Kollektorschaltung $R_G = 1\,k\Omega$	$\beta_c = \dfrac{i_c}{i_b}+1$ $\beta_c = 101$	$\dfrac{U_a}{U_e} = \dfrac{r_{BE}+(1+\beta)R}{(1+\beta)R}$ $\dfrac{U_a}{U_e} = 0{,}99$ $\dfrac{U_a}{U_e} \approx 1$	$R_e = \dfrac{U_T}{I_B}+(1+\beta_e)R$ $R_e = r_{BE}+(1+\beta_e)R$ $R_e \approx \beta_e R$ $R_e \approx 1000\,k\Omega$	$R_a = \dfrac{R_G+r_B \| R}{\beta}$ $R_a \approx \dfrac{R_G+r_{BE}}{\beta}$ $R_a \approx 18\,\Omega$		- Impedanzwandler von hochohmig auf niederohmig - Eingangsstufe für hochohmige Quellen - Ausgangstransistor in Leistungsverstärkern - Leistungstransistor in längsgeregelten Netzgeräten
Basisschaltung	$\alpha = \dfrac{i_c}{i_e}$ $\alpha = \dfrac{\beta_c}{1+\beta_c}$ $\alpha \approx 1$ $\dfrac{i_c}{i_e} \approx 1$	$\dfrac{U_a}{U_e} = \dfrac{R\cdot\beta}{r_{BE}}$ $\dfrac{U_a}{U_e} = \dfrac{1\,k\Omega\cdot 100}{800\,\Omega}$ $V_u = 125$	$R_e = \dfrac{U_T}{I_u\cdot\beta_e}$ $R_e = \dfrac{r_{BE}}{\beta_c}$ $R_e = 8\,\Omega$	$R_a = R_c \| \dfrac{1}{h_{22}}$ $R_a - R_c$ $R_a = 1\,k\Omega$		- Impedanzwandler von niederohmig auf hochohmig - Hochfrequenzverstärker mit gutem Frequenzgang - niedrige Bedämpfung des Ausgangskreises durch sehr kleinen Ausgangsleitwert h_{22}

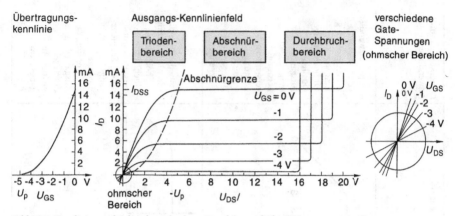

Bild W-7. *Kennlinien und Arbeitsbereiche des n-Kanal-Sperrschicht-FET.*

Tabelle W-13. *Grundschaltungen des FET.*

	Sourceschaltung	Drainschaltung	Gateschaltung
Grundschaltung			
Verstärkung	Spannungsverstärkung > 1	Spannungsverstärkung < 1	Spannungsverstärkung > 1 Stromverstärkung $V_i = 1$
Eingangswiderstand	sehr groß	sehr groß, mit der Bootstrapschaltung extrem groß	klein!
Anwendungsbereich	Gleichspannung, NF, HF	Gleichspannung, NF, HF	wenig benutzt, nur bei HF
Besondere Vorteile	gute Spannungsverstärkung hoher Eingangswiderstand <u>und</u> geringes Rauschen	hoher Eingangswiderstand und geringes Rauschen eigenstabile Schaltung	sehr geringe Spannungsrückwirkung vom Ausgang auf den Eingang
Entsprechende Schaltung bei bipolaren Transistoren siehe Tabelle W-12	Emitterschaltung	Kollektorschaltung	Basisschaltung

a) Prinzip

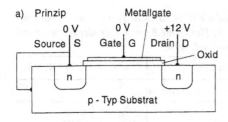

Positive Gate - Spannung

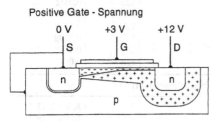

MOSFET - Verarmungstyp

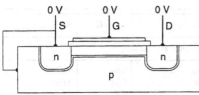

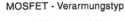

b)

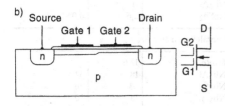

c)

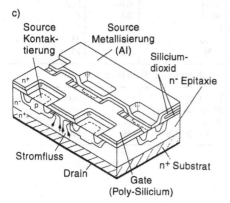

hält sich der FET wie ein Ohm'scher Widerstand.

- *Triodenbereich.* Die Steigung der Kennlinie geht vom Ohm'schen Bereich in eine flache Steigung über, die dem kleinen Ausgangsleitwert des Abschnürbereichs entspricht.
- *Abschnürbereich.* Hier liegt der meistgenutzte Arbeitsbereich. Die Gatespannung U_{GS} steuert den Drainstrom I_D.
- *Durchbruchbereich.* Dieser Bereich muss vermieden werden; denn ein Spannungsdurchbruch zwischen Gate und Drain zerstört den Transistor.

Ein besonders wichtiger Transistortyp ist der MOSFET (metal oxide semiconductor-FET), der Doppelgate-MOSFET und der MOSFET-Leistungstransistor für Schalter (Bild W-8).

Die MOSFETs eignen sich besonders für digitale integrierte und hochintegrierte Schaltungen, da sich sehr schnelle Schaltkreise mit geringem Stromverbrauch auf kleinster Fläche herstellen lassen.

Beim MOSFET beeinflusst die Steuerspannung die Leitfähigkeit einer dünnen Oberflächenschicht im Halbleiterkristall. Der Strom kann im Kanal verstärkt werden. Der Doppelgate-MOSFET besitzt zwei Gates. Er wird als regelbarer Verstärker häufig in Hochfrequenzschaltungen eingesetzt. Für hohe Ströme werden die MOSFET-Leistungstransistoren eingesetzt.

W.4 Supraleitung

Ein Supraleiter besitzt zwei Eigenschaften: Unterhalb der Sprungtemperatur T_c findet eine *widerstandslose Leitung* statt, und der Supraleiter verhält sich als *idealer Diamagnet* (Meißner-Ochsenfeld-Effekt: völlige

---

Bild W-8. MOSFET (a), Doppelgate-MOSFET (b) und MOSFET-Leistungstransistor (c).

a)
R

b)

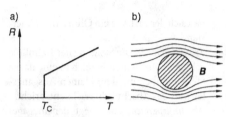

Bild W-9. Supraleiter.
a) widerstandsloser Leiter,
b) idealer Diamagnet.

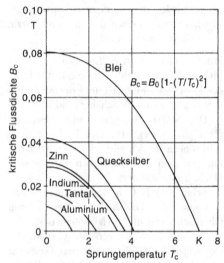

Bild W-10. Abhängigkeit der kritischen Flussdichte von der Sprungtemperatur.

B_0 kritische Flussdichte für $T = 0$ K
B_c kritische Flussdichte
T Temperatur
T_c kritische Temperatur.

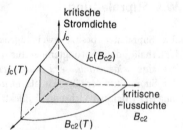

Bild W-11. Supraleitender Bereich.

Tabelle W-14. Kritische Temperatur T_C und kritische Flussdichte B_C supraleitender Elemente und Verbindungen.

Element	T_C in K	B_C (4,2 K) in T
Supraleiter erster Art		
Al	1,19	0,0099
Hg	4,15	0,0412
In	3,4	0,0293
Pb	7,2	0,0803
Sn	3,72	0,0309
Th	1,37	0,0162
Tl	2,39	0,0171
Supraleiter zweiter Art		
Nb	9,2	$B_{C2} = 0,27$ T
Ta	4,39	$B_{C2} = 0,18$ T
V	5,3	$B_{C2} = 0,34$ T
Zn	0,9	$B_{C2} = 0,0053$ T

Verbindung	T_C in K	B_{C2} (4,2 K) in T
Supraleiter zweiter Art		
Bi_3Ba	5,69	0,074
Bi_3Sr	5,62	0,053
Mo_3Re	9,8	0,053
Nb_3Au	11	–
$NbSn_2$	2,6	0,062
Supraleiter dritter Art		
MoRe	12,6	
Nb_3Al	18	32
Nb_3Ge	23	30
Nb_3Sn	18	20
NbTi	10,6	11,8
NbZr	10,8	11
$PbMo_6S_8$	15	60
V_3Ga	14,5	23
V_3Si	17,1	23
Hochtemperatur-Supraleiter		
$YBa_2Cu_3O_{7-x}$	93	110 bis 240
$Bi_2Sr_2CaCu_2O_{8+x}$	85	60 bis 250
$Bi_2Sr_2Ca_2Cu_3O_{10}$	110	40 bis 250
$Te_2Ca_2Ba_2Cu_3O_x$	135	100 bis 200

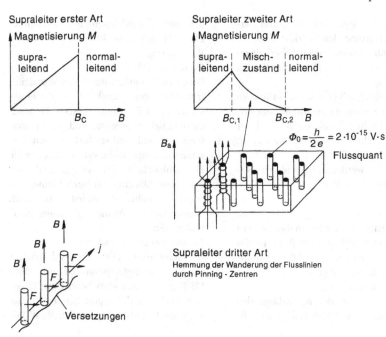

Supraleiter erster Art

Magnetisierung M

supra-leitend | normal-leitend

B_C B

Supraleiter zweiter Art

Magnetisierung M

supra-leitend | Misch-zustand | normal-leitend

$B_{C,1}$ $B_{C,2}$ B

$\Phi_0 = \dfrac{h}{2e} = 2 \cdot 10^{-15}$ V·s

Flussquant

B_a

Supraleiter dritter Art

Hemmung der Wanderung der Flusslinien durch Pinning - Zentren

B F j

B F

B F

Versetzungen

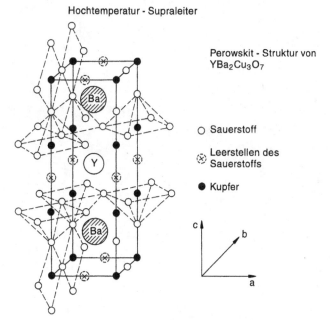

Hochtemperatur - Supraleiter

Perowskit - Struktur von $YBa_2Cu_3O_7$

○ Sauerstoff

⊗ Leerstellen des Sauerstoffs

● Kupfer

c b a

Bild W-12. Supraleiter erster, zweiter und dritter Art sowie Hochtemperatur-Supraleiter.

Verdrängung des Magnetfeldes aufgrund starker Oberflächenströme; Bild W-9).

Der supraleitende Zustand wird oberhalb einer *kritischen magnetischen Flussdichte* B_C zerstört (Bild W-10).

Die Supraleitung hängt von drei kritischen Größen ab: der Sprungtemperatur T_C, der kritischen magnetischen Induktion B_C und der Stromdichte j_C. Bild W-11 zeigt den Bereich, in dem Supraleitung möglich ist.

Die Supraleiter werden in folgende vier Kategorien eingeteilt (Bild W-12):

- *Supraleiter erster Art*
  Der Übergang von der Normalleitung zur Supraleitung erfolgt *sprunghaft*; sie ist nur bei Elementen zu finden, und ihre kritische Flussdichte B_C ist sehr gering.
- *Supraleiter zweiter Art*
  Der Übergang von der normalleitenden zur supraleitenden Phase erfolgt allmählich durch Eindringen normalleitender Flussschläuche. Die kritische Flussdichte B_C ist gering.
- *Supraleiter dritter Art*
  Bei einem Stromfluss durch den Supraleiter tritt eine Lorentz-Kraft auf, die die Flussschläuche in Bewegung versetzt. Dadurch entsteht Reibungswärme, und der supraleitende Zustand wird zerstört. Werden Versetzungen eingebracht, so hindern diese die Flussschläuche an der Bewegung (Pinnen der Flussschläuche). Dadurch können die Supraleiter höhere Ströme leiten. Technisch angewendet werden die Legierungen NbTi und Nb_3Sn.
- *Hochtemperatur-Supraleiter*
  Bei Keramiken mit Perowskit-Struktur wurden Sprungtemperaturen mit über 135 K gefunden, sodass bereits mit flüssigem Stickstoff die supraleitenden Effekte ausgenutzt werden können (Tabelle W-14).

X Optoelektronik

X.1 Halbleiter-Sender

Übersicht X-1. Wichtige Normen.

DIN 44 030	Leittechnik; Lichtschranken und Lichttaster
DIN 58 002	Integrierte Optik – Nahfeldmessverfahren für einmodige optische Chipkomponenten
DIN 67 527-1	Lichttechnische Eigenschaften von Signallichtern im Verkehr – Teil 1: Ortsfeste Signallichter im Straßenverkehr
DIN EN 114 000	Fachgrundspezifikation – Fotovervielfacherröhren
DIN EN 114 001	Vordruck für Bauartspezifikation – Fotovervielfacherröhren
DIN EN 120 001	Vordruck für Bauartspezifikation: Leuchtdioden, Leuchtdiodenzeilen und Leuchtdioden-Anzeigen (-Displays) ohne interne Logik und Widerstand
DIN EN 120 003	Vordruck für Bauartspezifikation – Fototransistoren, Foto-Darlington-Transistoren, Fototransistorzeilen
DIN EN 120 005	Vordruck für Bauartspezifikation – Fotodioden, Fotodioden-Zeilen
DIN EN 50 461 VDE 0126-17-1	Solarzellen – Datenblattangaben und Angaben zum Produkt für kristalline Silizium-Solarzellen
DIN EN 60 904 VDE 0126-4-1	Fotovoltaische Einrichtungen
DIN EN 61 315	Kalibrierung von Lichtwellenleiter-Leistungsmessern
DIN EN 61 751	Lasermodule für Telekommunikationsanwendungen – Zuverlässigkeitsbewertung
DIN EN ISO 11 807	Integrierte Optik – Begriffe
DIN EN 60 747-5 VDE 0884	Halbleiterbauelemente – Einzel-Halbleiterbauelemente – Optoelektronische Bauelemente
DIN EN 60 749	Halbleiterbauelemente – Mechanische und klimatische Prüfverfahren
DIN IEC 60 793 VDE 0888	Lichtwellenleiter, Mess- und Prüfverfahren
DIN EN 62 031 VDE 0715-5	LED-Module für Allgemeinbeleuchtung – Sicherheitsanforderungen
DIN EN 62 047	Halbleiterbauelemente – Bauelemente der Mikrosystemtechnik
DIN IEC 62 088	Strahlungsmessgeräte, Fotodioden für Szintillationsdetektoren
DIN IEC 62 341	Anzeigen mit organischen Leuchtdioden

© Springer-Verlag GmbH Deutschland 2017
E. Hering, R. Martin, M. Stohrer, *Taschenbuch der Mathematik und Physik*, DOI 10.1007/978-3-662-53419-9_23

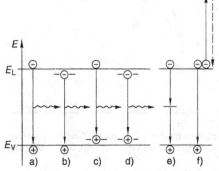

Bild X-1. Rekombinationsprozesse in Halbleitern. Strahlende Übergänge: a) Band – Band, b) Donator – Valenzband, c) Leitungsband – Akzeptor, d) Paar – Übergang; nicht strahlende Übergänge: e) über tiefe Störstellen, f) Auger-Effekt.

X.1.1 Strahlungsemission aus Halbleitern

Elektromagnetische Strahlung entsteht bei der *Rekombination* eines Elektrons aus dem Leitungsband (Abschnitt W) mit einem Loch aus dem Valenzband (Bild X-1). In allen Fällen der *strahlenden* Rekombination entspricht die Energie E_{ph} der ausgesandten Photonen näherungsweise der Breite E_g der verbotenen Zone:

$$E_{ph} \approx E_L - E_V = E_g . \qquad (X-1)$$

X.1.2 Lumineszenzdiode

Lumineszenz- oder Leuchtdioden (LED, Light Emitting Diode) emittieren Licht, wenn ihr pn-Übergang (Abschnitt W.3.3) in Flussrichtung betrieben wird (Bild X-2).

Die Farbe des Rekombinationslichts wird durch das Halbleitermaterial bestimmt. Von besonderem Interesse sind *Mischkristalle*, die durch die Wahl des Mischungsverhältnisses eine freie Einstellung des Energiegaps E_g und damit der Photonenenergie innerhalb gewisser Grenzen zulassen. Tabelle X-1 zeigt die Zusammensetzung gängiger LEDs.

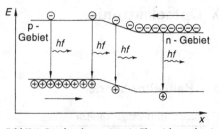

Bild X-2. Bänderschema einer in Flussrichtung betriebenen Leuchtdiode.

Tabelle X-1. Daten verschiedener Lumineszenzdioden.

Material: Dotierstoff	Farbe	Wellenlänge λ/nm	Flussspannung U_F/V
GaAs: Si	IR	930	1,3
GaP: Zn, 0	rot	690	1,6
GaAs$_{0,6}$P$_{0,4}$	rot	650	1,8
GaAs$_{0,35}$P$_{0,65}$: N	orange	630	2,0
GaAs$_{0,15}$P$_{0,85}$: N	gelb	590	2,2
GaP: N, InGaN	grün	570	2,4
InGaN/AlGaN	blau	470	3,5
InGaN + YAG: Ce	weiß	440	3,5

Typische Kennlinien der Strahlungsleistung Φ_e bzw. des Lichtstroms Φ_v in Abhängigkeit vom Flussstrom I_F sind im Bild X-3 dargestellt.

Bild X-4 zeigt LED-Spektren; die Linienbreite (auf halber Höhe gemessen) liegt bei $\Delta\lambda = 40\,\text{nm}$.

X.1.3 Laserdiode

Die Laserdiode ist ein hoch dotierter pn-Übergang. Bei einer bestimmten Flussspannung (Bild X-5) entsteht im Übergangsbereich zwischen p- und n-Material, der *aktiven Zone*, eine *Besetzungsinversion* (1. Laserbedingung, Abschnitt L.4.2). Die *Rückkopplung* (2. Laserbedingung) der Laserwelle mit dem aktiven Medium geschieht beim *Fabry-Perot-Laser* durch Reflexion an den spiegelnden Endflächen (Spaltflächen) des Kristalls (Bild X-6). Beim

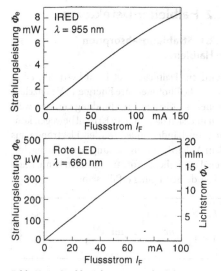

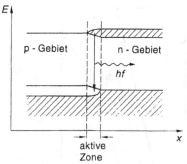

Bild X-5. Bänderschema einer Laserdiode bei Betrieb in Flussrichtung.
Die schraffierten Gebiete sind mit Elektronen besetzt.

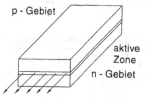

Bild X-6. Aufbau einer Laserdiode.

Bild X-3. Strahlungsleistung und Lichtstrom von Leuchtdioden in Abhängigkeit vom Flussstrom.

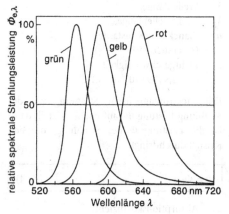

Bild X-4. Spektren verschiedener Lumineszenzdioden.

DFB-Laser (Distributed Feedback Laser) sorgt ein senkrecht zur Längsrichtung eingeätztes Gitter für verteilte Rückkopplung.

Die Kennlinie des Lasers (Bild X-7) zeigt, dass erst oberhalb eines Schwellenstroms I_{th} der Laserbetrieb einsetzt.

Die Wellenlänge der Laserstrahlung hängt wie bei der LED von der Größe des Bandgaps E_g

ab. Tabelle X-2 zeigt eine Zusammenstellung häufig verwendeter Lasermaterialien.

Das Spektrum eines Fabry-Perot-Lasers (Bild X-8) besteht aus mehreren sehr scharfen Linien, den longitudinalen Schwingungsmoden des Lasers. Im Laserresonator bauen sich stehende Wellen auf (Abschnitt J.2), für die gilt

$$nL = m\frac{\lambda}{2} ; \qquad (X-2)$$

n Brechungsindex des Kristalls,
L Länge des Resonators,
m Ordnungszahl, $m = 1, 2, 3, \ldots$,
λ Wellenlänge der Strahlung.

Spezielle Bauformen des Fabry-Perot-Lasers und insbesondere der DFB-Laser begünstigen Einmodenlaser (Single-Mode-Laser, Abschn. L.4.2). Die Linienbreite der einzelnen Moden ist typischerweise $\Delta f \approx 20\,\mathrm{MHz}$ bzw. $\Delta\lambda \approx 0{,}11\,\mathrm{pm}$.

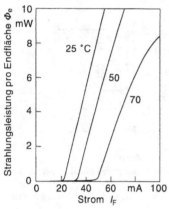

Bild X-7. Kennlinie eines Halbleiterlasers aus InGaAsP
(λ = 1,3 μm).

Tabelle X-2. Materialien für Halbleiter-Laser.

Material	Wellenlän-genbereich in μm	Anwendungen
ternäre Mischkristalle $Ga_xAl_{1-x}As$	0,69 bis 0,87	optische Daten-speicher, CD-Player, Materialbearbeitung
InGaN	0,4 bis 0,5	Blu-Ray-Player, HD-DVD
quaternäre Mischkristalle $In_xGa_{1-x}As_yP_{1-y}$	0,92 bis 1,65	optische Nach-richtentechnik
Bleisalze, z. B. $Pb_xSn_{1-x}Se$	4 bis 40	Umweltmesstechnik, Absorptionsmessun-gen im mittleren IR

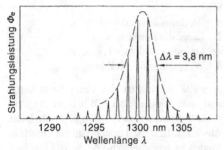

Bild X-8. Emissionsspektrum eines InGaAsP-Fabry-
Perot-Lasers.

X.2 Halbleiter-Detektoren

X.2.1 Strahlungsabsorption in Halbleitern

Wird ein Halbleiter mit Licht bestrahlt, dann geben die Photonen ihre Energie an Valenzelektronen ab, die aus ihrer Bindung gerissen werden und sich dann frei im Kristall bewegen können. Im Bändermodell werden Elektronen aus dem Valenzband ins Leitungsband hochgehoben. Damit dieser Vorgang ablaufen kann, muss folgende Bedingung erfüllt sein:

$$E_{ph} \geq E_g \quad \text{oder}$$
$$\lambda \leq \lambda_g = \frac{hc}{E_g} = \frac{1,24\,\mu m \cdot eV}{E_g} ; \quad (X–3)$$

E_{ph} Photonenenergie,
E_g Bandabstand,
λ Wellenlänge,
λ_g Grenzwellenlänge,
h Planck'sche Konstante
     ($h = 6,626 \cdot 10^{-34}$ J · s),
c Lichtgeschwindigkeit
     ($c = 2,9979 \cdot 10^{-8}$ m/s).

Fällt elektromagnetische Strahlung mit der Strahlungsleistung Φ_0 auf einen Kristall, dann ist die Leistung Φ der Strahlung, die den Kristall durchdringt,

$$\Phi = \Phi_0 e^{-\alpha d} ; \quad (X–4)$$

α Absorptionskoeffizient,
d Kristalldicke.

Bild X-9 zeigt die Absorptionskoeffizienten einiger Halbleiter in Abhängigkeit von der Wellenlänge der Strahlung.

X.2.2 Fotowiderstand

Der Fotowiderstand (Light Dependent Resistor, LDR) oder Fotoleiter ist ein passives Bauelement, dessen elektrischer Widerstand sich bei Bestrahlung verringert. Der Zusammenhang

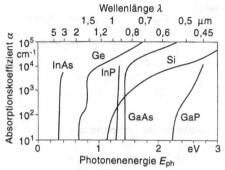

Bild X-9. Absorptionskoeffizienten verschiedener Halbleiter.

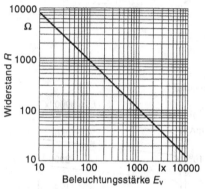

Bild X-10. Zusammenhang zwischen Widerstand und Beleuchtungsstärke (Lichtquelle mit Farbtemperatur $T_F = 2700\,K$) eines CdS-Fotowiderstands.

zwischen Widerstand und Beleuchtungsstärke kann näherungsweise durch ein Potenzgesetz beschrieben werden (Bild X-10):

$$R \sim E_v^{-\gamma}\,; \qquad\qquad\qquad \text{(X–5)}$$

R Widerstand,
E_v Beleuchtungsstärke,
γ Steilheit ($\gamma \approx 1$).

X.2.3 Fotodiode

Die Fotodiode ist ein *aktives* Bauelement, das bei Bestrahlung eine elektrische Spannung (*fo-*

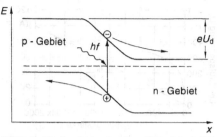

Bild X-11. Bänderschema einer Fotodiode ohne äußere Spannung.

Übersicht X-2. Fotodiode.

Fotostrom (Kurzschluss)	$I_{ph} = \dfrac{\Phi_e}{hf} e\eta(\lambda)$
Leerlaufspannung	$U_L = \dfrac{kT}{e} \ln\left(\dfrac{I_{ph}}{I_S} + 1\right)$
Kennlinie	$I = I_S\left(e^{eU/kT} - 1\right) - I_{ph}$

I_{ph} Fotostrom,
Φ_e absorbierte Strahlungsleistung,
h Planck'sche Konstante,
f Lichtfrequenz,
e Elementarladung,
$\eta(\lambda)$ Quantenausbeute ($\eta < 1$),
U_L Leerlaufspannung,
k Boltzmann-Konstante,
T absolute Temperatur,
I_S Sperrsättigungsstrom.

tovoltaischer Effekt*) bzw. einen Fotostrom abgibt. Durch die Absorption eines Photons in einem pn-Übergang (Bild X-11) wird ein freies Elektron-Loch-Paar erzeugt. Infolge des eingebauten elektrischen Feldes (*Diffusionsspannung* U_d) werden die beiden Ladungsträger getrennt.

Im Leerlaufbetrieb ist an den Enden die *Leerlaufspannung* abgreifbar. Im Kurzschlussbetrieb fließt im äußeren Stromkreis in Sperrichtung der *Fotostrom* (Kurzschlussstrom) (Übersicht X-2, Bild X-12).

X.2.4 Solarzelle

Die Solarzelle wandelt mit Hilfe eines großflächigen pn-Übergangs Sonnenenergie in elektrische Energie um. Bild X-13 zeigt eine

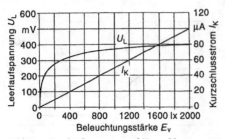

Bild X-12. Leerlaufspannung und Kurzschlussstrom einer Si-Fotodiode.

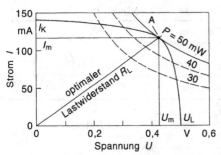

Bild X-13. Strom-Spannungs-Charakteristik einer Si-Solarzelle.

Übersicht X-3. Solarzelle.

Füllfaktor (typisch 70% bis 80%)	$F_F = \dfrac{I_m U_m}{I_K U_L} = \dfrac{P_m}{I_K U_L}$
Wirkungsgrad	$\eta = \dfrac{P_m}{\Phi_e} = \dfrac{I_K U_L F_F}{E_e A}$

F_F Füllfaktor (Kurvenfaktor),
I_m Strom bei maximaler Leistung,
U_m Spannung bei maximaler Leistung,
P_m maximale Leistung,
I_K Kurzschlussstrom,
U_L Leerlaufspannung,
E_e Bestrahlungsstärke,
A Fläche.

Strom-Spannungs-Kennlinie. Der Schnittpunkt der Widerstandsgeraden $I = U/R_L$ mit der Kennlinie bestimmt den Arbeitspunkt A. Der *optimale Lastwiderstand* liegt vor, wenn die Leistung $P_m = I_m U_m$, die der Zelle ent-

Aufbau

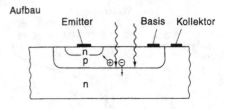

Schaltsymbol und Ersatzschaltbild

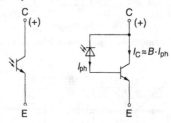

Kennlinien

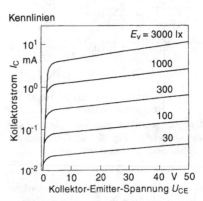

Bild X-14. Bipolarer Fototransistor.

nommen wird, den Maximalwert erreicht hat (Übersicht X-3).

X.2.5 Fototransistor

Der Fototransistor (Bild X-14) ist ein Detektor mit innerer Verstärkung. Durch Photonenabsorption erzeugte freie Elektron-Loch-Paare werden im elektrischen Feld der Basis-Kollektor-Diode getrennt. Für den Kollektorstrom ergibt sich

$$I_C = (B + 1)(I_{ph} + I_{CB,d}) \approx BI_{ph} \; ; \qquad (X\text{--}6)$$

I_c Kollektorstrom,
B Stromverstärkungsfaktor in Emitterschaltung,
I_{ph} Fotostrom,
$I_{CB,d}$ Dunkelstrom der Basis-Kollektor-Diode, Kollektorstrom.

Typische Werte für die Stromverstärkung liegen bei B = 100 bis 1000.

X.3 Optokoppler

Der Optokoppler oder Optoisolator verbindet zwei galvanisch vollständig getrennte Stromkreise miteinander. Die Kopplung erfolgt durch Infrarotstrahlung, die meist von einer GaAs-IRED ausgesandt und von einem Si-Detektor empfangen wird (Bild X-15).

Eine der wichtigsten Kenngrößen eines Optokopplers ist das *Stromübertragungsverhältnis CTR* (Current Transfer Ratio, auch *Koppelfaktor* genannt) zwischen Ausgangsstrom I_C und Eingangsstrom I_F (Tabelle X-3):

$$CTR = I_C/I_F \; . \qquad (X\text{--}7)$$

Tabelle X-3. Stromübertragungsverhältnis und Grenzfrequenz verschiedener Optokoppler.

Empfänger	CTR	f_{gr}
Fotodiode	0,001 bis 0,008	5 bis 30 Mhz
Diode und Transistor	0,05 bis 0,4	1 bis 9 MHz
Fototransistor	0,2 bis 1	20 bis 500 kHz
Fotodarlington	1 bis 10	1 bis 30 kHz

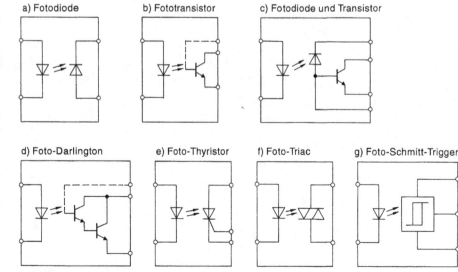

a) Fotodiode   b) Fototransistor   c) Fotodiode und Transistor

d) Foto-Darlington   e) Foto-Thyristor   f) Foto-Triac   g) Foto-Schmitt-Trigger

Bild X-15. Optokoppler mit verschiedenen Empfängern.

Y Informatik

Y.1 Digitaltechnik

Y.1.1 Zahlensysteme

Übersicht Y-1. Zahlensysteme.

Aufbau von Zahlensystemen

$Z = \sum X_i Y^i$ $(i \in \mathbb{Z}; 0 \leq X < Y)$ $Z = \ldots + X_3 Y^3 + X_2 Y^2 + X_1 Y^1 + X_0 Y^0 + X_{-1} Y^{-1}$ $\quad + \ldots$	Z Zahl, X Argument, $(0 \leq X \leq Y)$ Y Basis, i Stellenwert

Zahlensysteme

	Wertigkeit der Argumente X_i				Summengleichung
allgemeine Darstellung	Y^3	Y^2	Y^1	Y^0	$\sum_i X_i Y^i$
Zahlensysteme: Dezimalzahl	10^3	10^2	10^1	10^0	$\sum_i X_i 10^i$
Wert | dezimal	Wert |1000	Wert |100	Wert |10	Wert |1	
Dualzahl	2^3	2^2	2^1	2^0	$\sum_i X_i 2^i$
dual | dezimal	1000_D |8	100_D |4	10_D |2	1_D |1	
Oktalzahl	8^3	8^2	8^1	8^0	$\sum_i X_i 8^i$
oktal | dezimal	1000_O |512	100_O |64	10_O |8	1_O |1	
Hexadezimal	16^3	16^2	16^1	16^0	$\sum_i X_i 16^i$
hex. | dezimal	1000_H |4096	100_H |256	10_H |16	1_H |1	
für alle oben dargestellten Zahlen gilt: $X_i = 1$					

© Springer-Verlag GmbH Deutschland 2017
E. Hering, R. Martin, M. Stohrer, *Taschenbuch der Mathematik und Physik*, DOI 10.1007/978-3-662-53419-9_24

Y.1.2 Kodes

Unter Kodes versteht man die *Zuordnung zwischen zwei Zeichenvorräten* bzw. die Abbildung zwischen Mengen von Wörtern, die sich aus diesen Zeichenvorräten bilden lassen. Die *Kodierungsregeln* legen fest, wie diese Zuordnung stattfindet. *Nicht redundante Kodes* nutzen den ganzen Darstellungsbereich des Zahlensystems aus; *redundante Kodes* dagegen nicht. Deshalb gibt es bei redundanten Kodes Kodewörter, die *nicht benutzt* sind und zur *Fehlererkennung* dienen.

Für die Datenübertragung, zum Erstellen standardisierter Arbeitsdateien und zur Kopplung digitaler Geräte dient der *ASCII-Kode* (American Standard Code for Information Interchange).

Der *Gray-Kode* ist ein Zahlenkode, der zur Maschinensteuerung eingesetzt wird. Er ist ein *einschrittiger Kode*, da sich beim Übergang benachbarter Zahlen nur *ein Bit* ändert. Er vermeidet den Nachteil der Dualzahlen, dass sich beim Übergang benachbarter Zahlen mehrere Bits ändern können (z. B. ändern sich beim Übergang der Dualzahl 111 (Dezimal 7) auf 1000 (Dezimal 8) insgesamt 4 Bits).

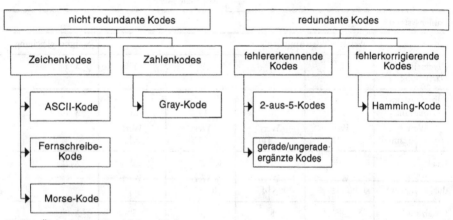

Bild Y-1. Übersicht über die wichtigsten Kodes.

Tabelle Y-1. ASCII-Tabelle (Standard von 0 bis 255; ASCII-Werte bis 1F werden in der Regel als Steuerzeichen genutzt).

Dez.	Hex.	Zeichen	Dez.	Hex.	Zeichen	Dez.	Hex.	Zeichen	Dez.	Hex.	Zeichen	Dez.	Hex.	Zeichen	Dez.	Hex.	Zeichen
0	00		43	2B	+	86	56	V	128	80	Ç	171	AB	½	214	D6	╓
1	01	☺	44	2C	,	87	57	w	129	81	ü	172	AC	¼	215	D7	╫
2	02	☻	45	2D	-	88	58	X	130	82	é	173	AD	¡	216	D8	╪
3	03	♥	46	2E	.	89	59	Y	131	83	â	174	AE	«	217	D9	┘
4	04	♦	47	2F	/	90	5A	z	132	84	ä	175	AF	»	218	DA	┌
5	05	♣	48	30	0	91	5B	[	133	85	à	176	B0	░	219	DB	█
6	06	♠	49	31	1	92	5C	\	134	86	å	177	B1	▒	220	DC	▄
7	07	•	50	32	2	93	5D	]	135	87	ç	178	B2	▓	221	DD	▌
8	08	◘	51	33	3	94	5E	^	136	88	ê	179	B3	│	222	DE	▐
9	09	○	52	34	4	95	5F	_	137	89	ë	180	B4	┤	223	DF	▀
10	0A	◙	53	35	5	96	60	`	138	8A	è	181	B5	╡	224	E0	α
11	0B	♂	54	36	6	97	61	a	139	8B	ï	182	B6	╢	225	E1	β
12	0C	♀	55	37	7	98	62	b	140	8C	î	183	B7	╖	226	E2	Γ
13	0D	♪	56	38	8	99	63	c	141	8D	ì	184	B8	╕	227	E3	π
14	0E	♫	57	39	9	100	64	d	142	8E	Ä	185	B9	╣	228	E4	Σ
15	0F	☼	58	3A	:	101	65	e	143	8F	Å	186	BA	║	229	E5	σ
16	10	►	59	3B	;	102	66	f	144	90	É	187	BB	╗	230	E6	µ
17	11	◄	60	3C	<	103	67	g	145	91	æ	188	BC	╝	231	E7	τ
18	12	↕	61	3D	=	104	68	h	146	92	Æ	189	BD	╜	232	E8	Φ
19	13	‼	62	3E	>	105	69	i	147	93	ô	190	BE	╛	233	E9	Θ
20	14	¶	63	3F	?	106	6A	j	148	94	ö	191	BF	┐	234	EA	Ω
21	15	§	64	40	@	107	6B	k	149	95	ò	192	C0	└	235	EB	δ
22	16	▬	65	41	A	108	6C	l	150	96	û	193	C1	┴	236	EC	∞
23	17	↨	66	42	B	109	6D	m	151	97	ù	194	C2	┬	237	ED	φ
24	18	↑	67	43	C	110	6E	n	152	98	ÿ	195	C3	├	238	EE	ε
25	19	↓	68	44	D	111	6F	o	153	99	Ö	196	C4	─	239	EF	∩
26	1A	→	69	45	E	112	70	p	154	9A	Ü	197	C5	┼	240	F0	≡
27	1B	←	70	46	F	113	71	q	155	9B	¢	198	C6	╞	241	F1	±
28	1C	∟	71	47	G	114	72	r	156	9C	£	199	C7	╟	242	F2	≥
29	1D	↔	72	48	H	115	73	s	157	9D	¥	200	C8	╚	243	F3	≤
30	1E	▲	73	49	I	116	74	t	158	9E	Pt	201	C9	╔	244	F4	⌠
31	1F	▼	74	4A	J	117	75	u	159	9F	ƒ	202	CA	╩	245	F5	⌡
32	20		75	4B	K	118	76	v	160	A0	á	203	CB	╦	246	F6	÷
33	21	!	76	4C	L	119	77	w	161	A1	í	204	CC	╠	247	F7	≈
34	22	"	77	4D	M	120	78	x	162	A2	ó	205	CD	═	248	F8	°
35	23	#	78	4E	N	121	79	y	163	A3	ú	206	CE	╬	249	F9	∙
36	24	$	79	4F	O	122	7A	z	164	A4	ñ	207	CF	╧	250	FA	·
37	25	%	80	50	P	123	7B	{	165	A5	Ñ	208	D0	╨	251	FB	√
38	26	&	81	51	Q	124	7C	|	166	A6	ª	209	D1	╤	252	FC	ⁿ
39	27	'	82	52	R	125	7D	}	167	A7	º	210	D2	╥	253	FD	²
40	28	(	83	53	S	126	7E	~	168	A8	¿	211	D3	╙	254	FE	■
41	29	)	84	54	T	127	7F	⌂	169	A9	⌐	212	D4	╘	255	FF	
42	2A	*	85	55	U				170	AA	¬	213	D5	╒			

Übersicht Y-2. Boole'sche Gesetze der Schaltalgebra.

Kommutativgesetz

Das Kommutativgesetz besagt, dass die Reihenfolge der Variablen vertauscht werden kann. Es gilt:

$$A + B = B + A \quad \text{und}$$
$$A \cdot B = B \cdot A \,.$$

Assoziativgesetz

Beim Assoziativgesetz führen die beiden möglichen Beklammerungen auf dasselbe Ergebnis:

$$A + B + C = (A + B) + C$$
$$= A + (B + C) \quad \text{und}$$
$$A \cdot B \cdot C = (A \cdot B) \cdot C$$
$$= A \cdot (B \cdot C) \,.$$

Distributivgesetz

Das Distributivgesetz ermöglicht das Ausmultiplizieren von Klammerausdrücken. Dabei ist auf die Rangfolge der Operatoren zu achten. Es gilt:

$$A \cdot (B + C) = A \cdot B + A \cdot C \quad \text{oder}$$
$$(A + B) \cdot C = A \cdot C + B \cdot C \,.$$

Übersicht Y-2. (Fortsetzung).

Absorptionsgesetze

Die Absorptionsgesetze sind das wichtigste Mittel bei der Vereinfachung von Gleichungen (siehe Distributivgesetz). Durch sie ist festgeschrieben, unter welchen Bedingungen Variable zu Konstanten werden, sich auslöschen oder sich selbst wiedergeben:

$$
\begin{aligned}
A + 0 &= A & A + A &= A \\
A + 1 &= 1 & A + \bar{A} &= 1 \\
A \cdot 0 &= 0 & A \cdot \bar{A} &= 0 \\
A \cdot 1 &= A & A + (A \cdot B) &= A \\
A \cdot A &= A & A \cdot (A + B) &= A \\
& & A + \bar{A} \cdot B &= A + B
\end{aligned}
$$

Doppelte Negierung

Wird eine Variable zweifach negiert, so heben sich die Negierungen auf. Somit gilt:

$$\bar{\bar{A}} = A \,.$$

Dies gilt auch dann, wenn die Variable mehrfach negiert ist. Beispielsweise reduziert sich eine dreifache Negierung der Variablen A auf eine einfache Negierung.

Y.1.3 Logische Verknüpfungen

Mit den beiden binären Elementarzuständen „1" (wahr) und „0" (nicht wahr) können nach Boole *logische Aussagen* und *logische Funktionen* beschrieben werden, wie sie in der digitalen Schaltungstechnik von Bedeutung sind. Die Boole'schen Gesetze beschreiben die *Verknüpfungen* logischer Strukturen und dienen zur Entwicklung elektronischer Schaltungen.

In den Gesetzen von De Morgan wird über die *Negation* eine Beziehung zwischen ODER- und UND-Funktion hergestellt. Mit den Gesetzen ist man in der Lage, logische Gleichungen mit *vielen Negationen* zu vereinfachen.

Übersicht Y-3. Gesetze von De Morgan.

Erstes Gesetz von De Morgan

Negiert man eine ODER-Verknüpfung, so ist dies einer UND-Verknüpfung gleich, bei der die einzelnen Elemente negiert sind.

$$\overline{A + B + C + \dots} = \bar{A} \cdot \bar{B} \cdot \bar{C} \dots \,.$$

Zweites Gesetz von De Morgan

Negiert man eine UND-Verknüpfung, so ist dies einer ODER-Verknüpfung gleich, bei der die einzelnen Elemente negiert sind.

$$\overline{A \cdot B \cdot C \dots} = \bar{A} + \bar{B} + \bar{C} + \dots \,.$$

Y.1.4 Digitale Bauelemente

Digitale Bauelemente sind Schaltkreise, die auf der Grundlage der Boole'schen Schaltungen entwickelt werden. Dazu bedient man sich sogenannter *Logikfamilien*.

Übersicht Y-4. Logikfamilien und ihre Eigenschaften.

Logikfamilie Eigenschaften	CMOS	TTL	LSTTL	HC(T)	STTL	FAST	ECL
Schaltzeit	35 ns	10 ns	8 ns	8 ns	4 ns	3 ns	1 ns
Flip-Flop-Taktfrequenz	7 MHz	15 MHz	30 MHz	50 MHz	75 MHz	100 MHz	500 MHz
Leistungsaufnahme	10 nW	10 mW	2 mW	25 nW	20 mW	4 mW	25 mW

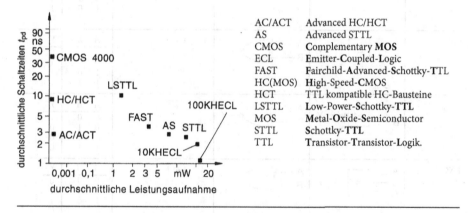

AC/ACT	Advanced HC/HCT
AS	Advanced STTL
CMOS	Complementary **MOS**
ECL	Emitter-Coupled-Logic
FAST	Fairchild-Advanced-Schottky-**TTL**
HC(MOS)	High-Speed-**CMOS**
HCT	TTL kompatible HC-Bausteine
LSTTL	Low-Power-Schottky-**TTL**
MOS	Metal-**O**xide-Semiconductor
STTL	Schottky-**TTL**
TTL	Transistor-Transistor-Logik.

Y.1.5 Schaltzeichen

Tabelle Y-2. Schaltzeichen der Gatterfunktionen.

Funktion	Schaltzeichen		logische Verknüpfung	Wahrheitstabelle
	DIN/IEC	amerikanisch		
Inverter	A —[1]o— Y	A —▷o— Y	$Y = \overline{A},\, A = \overline{Y}$	$A \mid Y$ $0 \mid 1$ $1 \mid 0$
AND	A,B —[&]— Y	A,B —⊐— Y	$Y = A \cdot B$	$A\ B \mid Y$ $0\ 0 \mid 0$ $0\ 1 \mid 0$ $1\ 0 \mid 0$ $1\ 1 \mid 1$
NAND	A,B —[&]o— Y	A,B —⊐o— Y	$Y = \overline{A \cdot B}$	$A\ B \mid Y$ $0\ 0 \mid 1$ $0\ 1 \mid 1$ $1\ 0 \mid 1$ $1\ 1 \mid 0$
OR	A,B —[≥1]— Y	A,B —⊃— Y	$Y = A + B$	$A\ B \mid Y$ $0\ 0 \mid 0$ $0\ 1 \mid 1$ $1\ 0 \mid 1$ $1\ 1 \mid 1$
NOR	A,B —[≥1]o— Y	A,B —⊃o— Y	$Y = \overline{A + B}$	$A\ B \mid Y$ $0\ 0 \mid 1$ $0\ 1 \mid 0$ $1\ 0 \mid 0$ $1\ 1 \mid 0$
EXOR	A,B,C —[=]— Y	A,B —⊐)— Y	$Y = A \oplus B$	$A\ B \mid Y$ $0\ 0 \mid 0$ $0\ 1 \mid 1$ $1\ 0 \mid 1$ $1\ 1 \mid 0$
3-fach AND	A,B,C —[&]— Y	A,B,C —⊐— Y	$Y = A \cdot B \cdot C$	$A\ B\ C \mid Y$ $0\ 0\ 0 \mid 0$ $0\ 0\ 1 \mid 0$ $0\ 1\ 0 \mid 0$ $0\ 1\ 1 \mid 0$ $1\ 0\ 0 \mid 0$ $1\ 0\ 1 \mid 0$ $1\ 1\ 0 \mid 0$ $1\ 1\ 1 \mid 1$
3-fach OR	A,B,C —[≥1]— Y	A,B,C —⊃— Y	$Y = A + B + C$	$A\ B\ C \mid Y$ $0\ 0\ 0 \mid 0$ $0\ 0\ 1 \mid 1$ $0\ 1\ 0 \mid 1$ $0\ 1\ 1 \mid 1$ $1\ 0\ 0 \mid 1$ $1\ 0\ 1 \mid 1$ $1\ 1\ 0 \mid 1$ $1\ 1\ 1 \mid 1$

Y.1.6 Speicherbauelemente

Flüchtige Speicherbauelemente *verlieren* ihren Inhalt, wenn die *Versorgungsspannung abge-* *schaltet* wird, *nicht flüchtige* behalten dagegen den gespeicherten Inhalt.

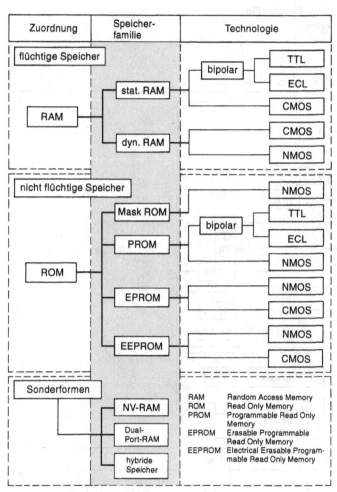

Bild Y-2. Speicherfamilien.

Y.1.7 Mikroprozessoren

Als Maß für die Beurteilung von Rechenleistungen dienen die Anzahl der pro Sekunde bearbeitbaren *Maschinenbefehle* in MIPS (Million Instructions Per Second) oder die Anzahl der *Gleitkommaoperationen* in FLOPS (Floatingpoint Operations Per Second).

Zur Optimierung der Rechenleistungen werden Transputer eingesetzt. Diese lassen sich nach bestimmten *Vernetzungs-Topologien* vernetzen (Bild Y-4).

Übersicht Y-5. Prozessrechner-Bausteine und Begriffe.

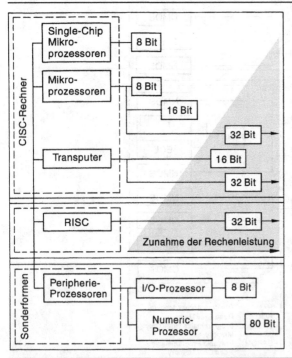

Größen für die Rechenleistung	Begriffe	
1 MIPS = 1 Million Befehle in der Sekunde	ALU	Arithmetik Logic Unit
1 GIPS = 1000 MIPS	CPU	Central Processing Unit
1 kFLOPS = 1000 FLOPS	DMA	Direct Memory Access
1 MegaFLOPS (MFLOPS) = 1 000 000 FLOPS	MIMD	Multiple Instruction Multiple Data
1 GigaFLOPS (GFLOPS) = 1000 MegaFLOPS	SIMD	Single Instruction Multiple Data
	I/O	Input/Output.

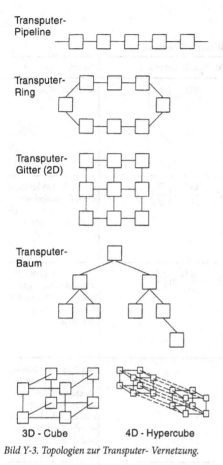

Transputer-Pipeline

Transputer-Ring

Transputer-Gitter (2D)

Transputer-Baum

3D - Cube   4D - Hypercube

Bild Y-3. Topologien zur Transputer- Vernetzung.

Tabelle Y-3. Bausteine der Rechner-Peripherie.

Speicher	RAM	dynamische Speicher
		statische Speicher
		bipolare Speicher
	ROM	EPROM
		EEPROM
		Mask-ROM
	Sonstige	Mehrtor-Speicher
		Non Volatile RAM
Standard-I/O	parallel	Centronics
	seriell	RS 232 C, RS 422 A
		Ethernet, LAN
Leistungs-I/O	direkt	parallele I/O-Ports
		Transistorausgangsstufen
	entkoppelt	Relais
		Optokoppler
Systembausteine	Prozess-unter-stützung	Numerik-Prozessor
		DMA-Controller
		Interrupt-Controller
		Timer-Bausteine
		Spannungswächter
		Watchdog
	Benutzer-schnittstellen	Grafik-Interface
		Keyboard-Controller
		Drucker-Interface

548   Y Informatik

Y.1.8 Leitungen digitaler Signale

Tabelle Y-4. Leitungen für digitale Signale und ihr Wellenwiderstand.

Leitung	Geometrie	Wellenwiderstand Z	Bemerkungen
frei verdrahtete Leitung über einer Massefläche ("Wire over Ground")	Leiter d h ε_r Masse	$Z = \dfrac{60\,\Omega}{\sqrt{\varepsilon_r}}\ln\left(\dfrac{4h}{d}\right)$	gilt für $h \gg d$
Koaxial-Kabel	ε_r D d Abschirmung Isolation Innenleiter	$Z = \dfrac{60\,\Omega}{\sqrt{\varepsilon_r}}\ln\left(\dfrac{D}{d}\right)$	Der Wellenwiderstand koaxialer Kabel wird meist von den Herstellern bereits festgelegt.
verdrillte Leitung (Twisted Pair-Leitung)	ε_r d D	$Z \approx \dfrac{120\,\Omega}{\sqrt{\varepsilon_r}}\ln\left(\dfrac{2D}{d}\right)$	neben den geometrischen Bedingungen hängt Z auch von der Anzahl Schleifen pro cm ab.
Flachbandkabel	Masse Signalleitung		Wechseln sich Masse- und Signalleitungen ab, existiert ein bestimmter Wellenwiderstand. Dieser ist von der Geometrie und dem Material abhängig.
Streifenleiter (Microstrip-Leitung)	w d h ε_r Epoxidharz FR-4 oder G-10	$Z = $ $\dfrac{87\,\Omega}{\sqrt{\varepsilon_r + 1{,}41}}\ln\left(\dfrac{5{,}98h}{0{,}8w + d}\right)$	Am meisten verwendete Technik. Gilt auch für Mehrlagen-Leiterplatten (Multi-Layer).
zweiseitig geschirmter Streifenleiter (Strip-Leitung oder Triplate-Streifenleiter)	w b d h h ε_r	$Z = $ $\dfrac{60\,\Omega}{\sqrt{\varepsilon_r}}\ln\left(\dfrac{4b}{0{,}67w\pi\left(0{,}8 + \frac{d}{w}\right)}\right)$	Wird nur in besonderen Fällen verwendet, wie beispielsweise in der HF-Technik.

Y.1.9 ASIC

ASIC (Application Specific Integrated Circuit) sind *kundenspezifische* Schaltkreise, die den Einsatz *individueller* Digital- und Analogbausteine ermöglichen. Bei *Halbkunden-ASIC* werden Bausteine mit vorgefertigter Struktur verwendet, die kundenspezifsch verknüpft werden. Hierzu zählen die *PAL* (Programmable Array Logic) und die *Gate-Array* (eine Matrix aus sehr vielen UND-Gattern). Bei den *Kunden-ASIC* wird der *ganze Chip* nach Kundenwunsch angefertigt. Bei den *Standardzellen* greift man auf *standardisierte* Schaltungen (Makros) zurück, während beim *Vollkunden-ASIC* alle Funktionen nach Kundenwunsch erstellt werden.

Y.2 Schnittstellen, Bussysteme und Netzwerke

Unter *Schnittstellen* versteht man die *Verbindungsstellen* zwischen zwei Systemen, die über *Schnittstellenleitungen* miteinander verbunden sind. *Busse* sind *Verbindungssysteme* zwischen Teilnehmern. Alle Datenleitungen gehen an alle Teilnehmer und werden von allen Teilnehmern gemeinsam benutzt. *Netze* sind ein gekoppeltes System, an dem *viele* einzelne, *räumlich getrennte Rechner* angeschlossen sind. Die Kommunikation erfolgt durch den Austausch von Informationen unter Beachtung bestimmter Regeln (Bild Y-4).

a) Schnittstelle

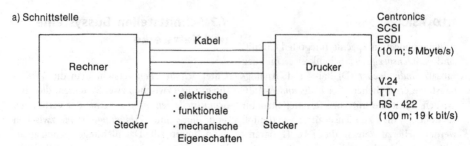

Centronics
SCSI
ESDI
(10 m; 5 Mbyte/s)

V.24
TTY
RS - 422
(100 m; 19 k bit/s)

b) Bus

parallel (wenige cm bis 20 m; 1 Mbyte/s bis 20 Mbyte/s) :

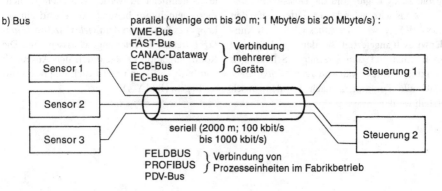

VME-Bus
FAST-Bus
CANAC-Dataway
ECB-Bus
IEC-Bus
} Verbindung mehrerer Geräte

seriell (2000 m; 100 kbit/s bis 1000 kbit/s)

FELDBUS
PROFIBUS
PDV-Bus
} Verbindung von Prozesseinheiten im Fabrikbetrieb

c) Netz

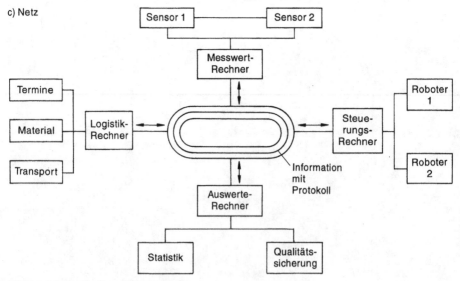

Bild Y-4. Schnittstelle, Bussystem und Netz.

Y.2.1 Schnittstellen

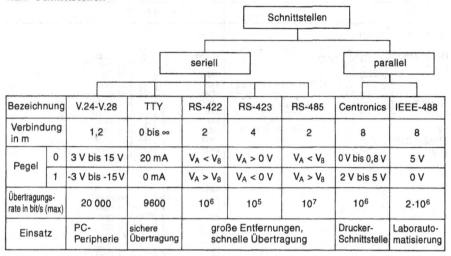

Bezeichnung		V.24-V.28	TTY	RS-422	RS-423	RS-485	Centronics	IEEE-488
Verbindung in m		1,2	0 bis ∞	2	4	2	8	8
Pegel	0	3 V bis 15 V	20 mA	$V_A < V_B$	$V_A > 0\,V$	$V_A < V_B$	0 V bis 0,8 V	5 V
	1	-3 V bis -15 V	0 mA	$V_A > V_B$	$V_A < 0\,V$	$V_A > V_B$	2 V bis 5 V	0 V
Übertragungsrate in bit/s (max)		20 000	9600	10^6	10^5	10^7	10^6	$2\cdot10^6$
Einsatz		PC-Peripherie	sichere Übertragung	große Entfernungen, schnelle Übertragung			Drucker-Schnittstelle	Laborauto-matisierung

Bild Y-5. Übersicht der Schnittstellen.

Übersicht Y-6. Schnittstellen-Belegungen.

Centronics				IEC-Bus nach IEEE-488		

Centronics

a) Amphenolstecker Typ 57-30360

b) Belegung

36-poliger Stecker		25-poliger Stecker (IBM-PC)	
Pin	Signal	Pin	Signal
1	−STROBE	1	−STROBE
2	DATA 1	2	DATA 0
3	DATA 2	3	DATA 1
4	DATA 3	4	DATA 2
5	DATA 4	5	DATA 3
6	DATA 5	6	DATA 4
7	DATA 6	7	DATA 5
8	DATA 7	8	DATA 6
9	DATA 8	9	DATA 7
10	−ACK	10	−ACK
11	BUSY	11	BUSY
12	PAPER END	12	PAPER END
13	+SELECT	13	+SELECT
14	−AUTO FEED	14	−AUTO FEED
32	−FAULT	15	−ERROR
31	−INIT(PRIME)	16	−INIT
36	−SELECT IN	17	−SELECT IN
15–17, 19–30	GND	18–25	GND

IEC-Bus nach IEEE-488

a) Belegung

Stift Nr.:	IEEE-488	IEC-625
1	D 1	D 1
2	D 2	D 2
3	D 3	D 3
4	D 4	D 4
5	EOI	REN
6	DAV	EOI
7	NRFD	DAV
8	NDAC	NRFD
9	IFC	NDAC
10	SRQ	IFC
11	ATN	SRQ
12	Abschirmung	ATN
13	D 5	Abschirmung
14	D 6	D 6
15	D 7	D 6
16	D 8	D 7
17	REN	D 8
	Gnd	Gnd
18	Gnd	Gnd
19	Gnd	Gnd
20	Gnd	Gnd
21	Gnd	Gnd
22	Gnd	Gnd
23	Gnd	Gnd
24	Gnd	Gnd
25	Gnd	Gnd

Übersicht Y-6. (Fortsetzung).

Centronics	IEC-Bus nach IEEE-488

c) Anschlussnummerierung

b) Stecker

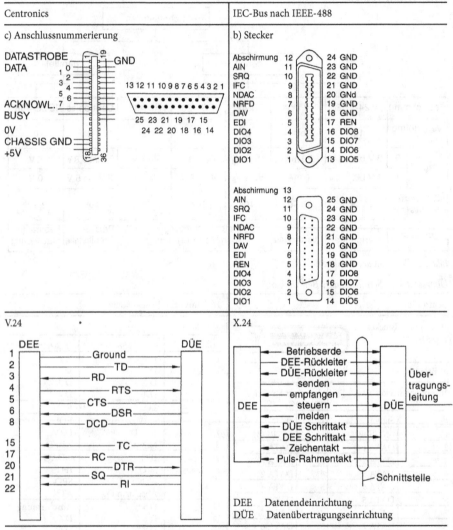

V.24

X.24

DEE Datenendeinrichtung
DÜE Datenübertragungseinrichtung

Y.2.2 Bussysteme

Über Busse werden Daten aus unterschiedlichen Systemen ausgetauscht.

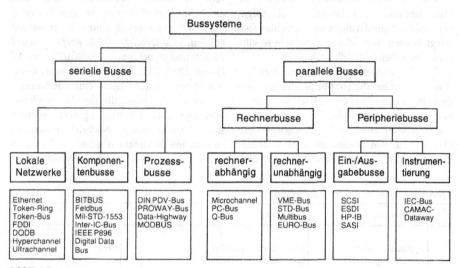

Bild Y-6. Bussysteme.

Y.2.3 Netze

Über Netze werden *unabhängige Rechnersysteme* miteinander verbunden.

Um über unterschiedliche Rechner digitale Daten austauschen zu können, sind die Aufgaben und die Anforderungen an 7 Schichten festgelegt worden. Von Schicht zu Schicht ist eine klare *Übergabeschnittstelle* vorhanden.

Die Kommunikation zwischen verschiedenen Stationen, die sowohl Sender als auch Empfänger darstellen, findet nach verschiedenen Prinzipien statt: Beim *Token-Passing-Verfahren* gibt es eine *Sendeberechtigungsmarke* (Token), die von Station zu Station weitergereicht wird. Beim *Token-Bus* liegt eine

Busstruktur vor. Die einzelnen Stationen sind nur logisch verkettet. Beim *Token-Ring* sind die Teilnehmer *physikalisch und logisch* in einem Ring verbunden. Beim *Slotted-Ring-Verfahren* laufen *Nachrichtencontainer* um, die beim Vorbeikommen an den Stationen mit Nachrichten gefüllt und entleert werden können. Das *QPSX/DQDB-Konzept* (Queued Packet and Synchronous Switch/Distributed Queue Dual Bus) benutzt zwei Bussysteme. Auf ihnen werden durch einen *Rahmengenerator* Pulse erzeugt, die für eine *synchrone* oder *asynchrone* Übertragung verantwortlich sind. Die umlaufenden Nachrichtencontainer können mit Nachrichten gefüllt und entleert werden. Beim Ausfall eines Teilsystems über-

Tabelle Y-5. OSI-Modell mit 7 Schichten.

	Bezeichnung	Bedeutung	Beispiel
anwendungsorientierte Schichten	7 Application layer Anwendungsschicht	Anwenderschnittstelle, Informationsverarbeitung	Chef
	6 Presentation layer Darstellungsschicht	Anpassung von Datenformaten	Übersetzer
	5 Session layer Kommunikationssteuerungsschicht	Darstellung der Verbindung als virtuelle Einheit	Sekretärin
transportorientierte Schichten	4 Transport layer Transportschicht	Umsetzen von Namen in Netzwerkadressen, Teilnehmerverbindungen	Telefonvermittlung
	3 Network layer Vermittlungsschicht	Wegfindung, Endsystemverbindungen	Nebenstellenanlage, Vermittlung
	2 Data Link Layer Sicherungsschicht	Zugriffssteuerung, Systemverbindungen, Prüfsummenbildung, Versenden und Empfangen von Datenpaketen	Telefonanlage, Satelliten-Richtfunkstation
	1 Physical Layer Bitübertragungsschicht	Erzeugen der elektrischen Signale	Modem, Akustikkoppler, Telefonapparat

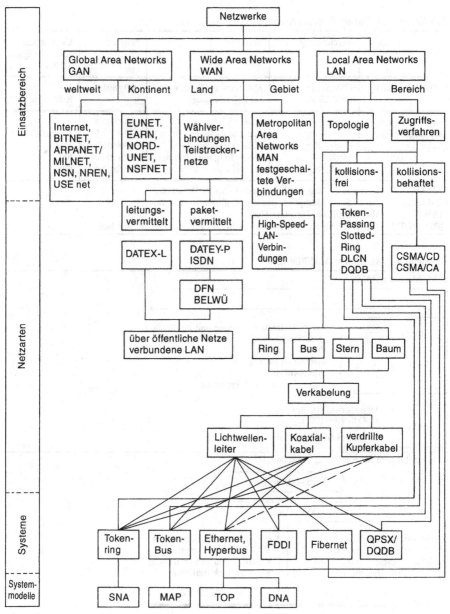

Bild Y-7. Netze.

Tabelle Y-6. Zugriffsverfahren bei Netzen.

	Bezeichnung	Verfahren	Normen	Übertragungs-geschwindigkeit Mbit/s
kollisionsbehaftet	CSMA/CD CSMA/CA	Mithören und Senden bei freier Leitung	ISO 8802/3 –	1 bis 10 10 bis 400
Sende-berechtigungs-marke	Token-Bus Token-Ring Slotted-Ring FDDI-I QPSX/DQDB	beide Richtungen nur eine Richtung Nachrichtencontainer Token-Ring mit Glasfaser Doppelbus	ISO 8802/4 ISO 8802/5 ISO 8802/7 ANSI x3T9 ISO 880216	1, 4 und 16 10, 43 100 150

CSMA/CD	Carrier Sense Multiple Access with Collision Detection,
CSMA/CA	Carrier Sense Multiple Access with Collision Avoidance,
FDDI	Fiber Distributed Data Interface,
QPSX/DQDB	Queued Packet and Synchronous Switch/Distributed Queue Dual Bus.

Übersicht Y-7. MAP- und MMS-Dienste.

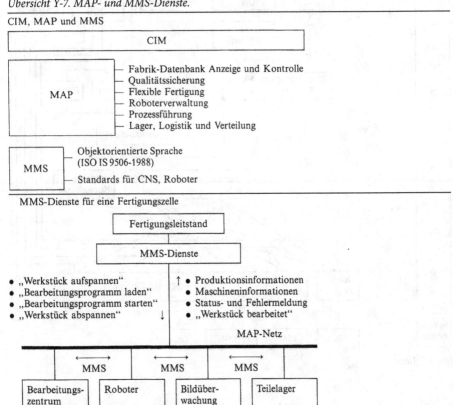

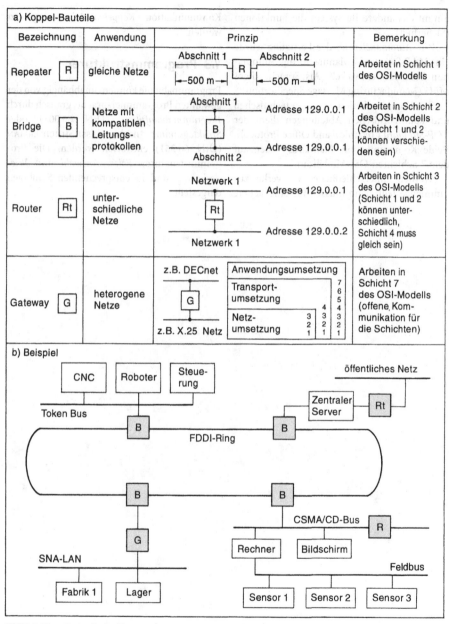

Bild Y-8. Koppelbauteile für Netze.

nimmt das andere Bussystem die Funktionen (Sicherheit).

Zur *Automatisierung* der Fertigung wurde ein *MAP-Standard* (Manufactoring Automation Protocol) entwickelt. Als Sprache dient *MMS* (Manufacturing Message Specification).

Zur Kommunikation zwischen technischen und kaufmännischen Abteilungen dient der *TOP-Standard* (Technical and Office Protocol). Beide Kommunikations-Standards bauen auf dem 7-Schichten-OSI-Modell auf.

Werden unterschiedliche Netzwerke zusammengestellt, dann müssen für eine sichere Kommunikation *Koppelbausteine* eingesetzt werden.

Y.3 Programmstrukturen

Programmabläufe können, unabhängig von der gewählten Programmiersprache, grafisch durch *Programmablaufpläne* (DIN 66 001) oder *Struktogramme* nach NASSI/SHNEIDERMAN (DIN 66 261) entworfen werden. Die Programmstrukturen *Folge*, *Auswahl* und *Wiederholung* sind in entsprechenden Symbolen dargestellt.

Tabelle Y-7. Programmstrukturen bei Programm-Ablaufplänen (DIN 66 001) und Struktogrammen (DIN 66 261) sowie deren sprachliche Umsetzung.

Programm-Ablaufplan	Struktogramm	PASCAL	BASIC	FORTRAN
		Folge-Struktur		
[Ablaufplan: 1. Strukturblock; 2. Strukturblock; letzter Strukturblock]	[Struktogramm: 1. Strukturblock; 2. Strukturblock; ...; letzter Strukturblock]	BEGIN Anweisung 1; Anweisung 2; END.	10 Anweisung 1 20 Anweisung 2 ⋮ 100 weitere Anweisungen	Anweisung 1 Anweisung 2 ⋮ weitere Anweisungen
		Auswahl-Struktur (IF Then ... ENDIF)		
		Bedingte Auswahl (IF Then ... ENDIF)		
[Ablaufplan: Bedingung erfüllt? Ja/Nein; Strukturblock 1]	[Struktogramm: Bedingung erfüllt? Ja/Nein; Strukturblock 1 / ./.]	IF Bedingung 1 THEN BEGIN Anweisung 1; ⋮ END;	10 IF Bed. erf. THEN 100 20 Anweisung 1 Nein-Teil ⋮ 100 weitere Anweisungen	IF (Bed. erf.) GO TO 1β Anweisung 1 Nein-Teil ⋮ 10 weitere Anweisungen
		Auswahl-Struktur		
		Alternative Auswahl (IF THEN ... ELSE ... ENDIF)		

[Ablaufplan: Bedingung erfüllt? Ja/Nein; Strukturblock 1 / Strukturblock 2]	[Struktogramm: Bedingung erfüllt? Ja/Nein; Strukturblock 1 / Strukturblock 2]	IF Bedingung
		THEN BEGIN
		Anweisung 1;
		Anweisung 2;
		ELSE
		Anweisung 4
		END;
			10 IF Bed. erf. THEN 100
			20 Anweisung(en)
			Nein-Teil
			⋮
			50 GO TO 200
			100 Anweisung(en)
			Ja-Teil
			⋮
			200 weitere Anweisungen
				IF (Bed. erf.) GO TO 10
				Anweisung(en) Nein-Teil
				GO TO 20
				10 Anweisung(en) Ja-Teil
				⋮
				20 weitere Anweisungen

Tabelle Y-7. (Fortsetzung).

Programm-Ablaufplan	Struktogramm	PASCAL	BASIC	FORTRAN

Fallunterscheidung (ohne Fehlerausgang) (CASE OF ...ENDCASE)

Programm-Ablaufplan	Struktogramm	PASCAL	BASIC	FORTRAN

Fallabfragen; Struktur-block 1; Struktur-block 2; Struktur-block n	Fallabfrage; Fall 1 / Fall 2 / Fall n; Struktur-block 1; Struktur-block 2; Struktur-block n	CASE Auswahl OF
		1: Fall 1;
		2: Fall 2;
		...
		n: Fall n;
		END;
			10 ON N GO TO 100,
			   200, 300
			100 Anweisung Fall 1
			...
			190 GO TO 400
			200 Anweisung Fall 2
			...
			290 GO TO 400
			300 Anweisung Fall 3
			...
			390
			400 weitere Anweisung
				GO TO (100, 200, 300), N
				100 Anweisung Fall 1
				   GO TO 400
				200 Anweisung Fall 2
				   GO TO 400
				300 Anweisung Fall 3
				400 weitere Anweisungen

Fallunterscheidung (mit Fehlerausgang) (CASE OF ...OTHERCASE...ENDCASE)

Programm-Ablaufplan	Struktogramm	PASCAL	BASIC	FORTRAN

Fall zulässig ? (Ja / Nein); Fallabfrage; Struktur-block 1; Struktur-block 2; Struktur-block n; Struktur-block Fehler	Fall zulässig ? (Nein); Fall 1 / Fall 2 / Fall n; Struktur-block 1; Struktur-block 2; Struktur-block n; Struktur-block Fehler	CASE Auswahl OF
		1: Fall 1;
		2: Fall 2;
		...
		n: Fall n;
		ELSE
		Anweisung k;
		END;
			10 IF N > 3 THEN 500
			20 ON N GO TO 100,
			   200,300
			100 Fall 1
			...
			190 GO TO 600
			200 Fall 2
			...
			290 GO TO 600
			300 Fall 3
			390 GO TO 600
			500 Fehlerbehandlung
			...
			600 weitere Anweisungen
				IF (N.GT. 3) GO TO 50
				GO TO (10, 20, 30), N
				10 FALL 1
				...
				   GO TO 60
				20 FALL 2
				...
				   GO TO 60
				30 Fall 3
				   GO TO 60
				50 Fehlerbehandlung
				...
				60 weitere Anweisungen

Tabelle Y-7. (Fortsetzung).

Programm-Ablaufplan	Struktogramm	PASCAL	BASIC	FORTRAN
		Wiederholungs-Struktur		
		Zählschleife		
I = 1 → Anweisung → I ≥ N? nein: I = I + 1; ja	von I = 1 bis N / Anweisungen	FOR I: = Startwert TO Endwert DO BEGIN Anweisung 1; Anweisung 2; END;	10 FOR I = Start TO END STEP S 20 Anweisung 1 ⋮ 90 NEXT I 100 weitere Anweisungen	DO 90 I = Start, N, S Anweisung 1 ⋮ 90 CONTINUE weitere Anweisungen
		abweisende Schleife (DO WHILE…ENDDO)		
Ausführungsbedingung erfüllt? Ja / Nein → Strukturblock	Wiederholung, solange Ausführungsbedingung erfüllt / Strukturblock	WHILE Bedingung DO BEGIN Anweisung 1; ⋮ END;	10 IF Bei nicht erfüllt THEN 100 erfüllt 20 Anweisung 1 ⋮ 90 GO TO 10 100 weitere Anweisungen	1 IF (Bed. nicht erfüllt) GO TO 2 Anweisung 1 ⋮ GO TO 1 2 weitere Anweisungen
		nicht abweisende Schleife (DO UNTIL…ENDDO)		
Strukturblock → Endbedingung erfüllt? Ja / Nein	Strukturblock / Wiederhole, bis Endbedingung erfüllt	REPEAT Anweisung 1; Anweisung 2; UNTIL Bedingung;	10 Anweisung 1 20 ⋮ 90 IF Abbruch der Bed. THEN 10 erfüllt 100 weitere Anweisungen	1 Anweisung 1 ⋮ IF (Abbruch der Bed. erf.) GO TO 1 weitere Anweisungen

Y.4 Datenstrukturen

Die Daten werden in Programmen verarbeitet. Eine *Datei* besteht aus einer Anzahl von *Datensätzen*. Diese bestehen aus einzelnen *Datenfeldern*, in denen bestimmte *Informationen* abgelegt sind. Alle Dateien zusammen sind die *Datenbasis* und können in einer *Datenbank* verwaltet werden.

Während des Programmlaufs ändern sich die Daten ständig. *Datenflusspläne* zeigen die *Bearbeitungsvorgänge* (z. B. Sortieren), die *Datenträger*, die zur Ausführung der Bearbeitungsvorgänge benutzt werden, und die *Stationen* und *Wege*, über die die Daten das Programm durchlaufen.

Daten können sich je nach Verlauf des Programmes verschieden verhalten (*dynamische Daten*) und werden dann unterschiedlich organisiert.

Tabelle Y-8. Sinnbilder für Datenflussplan (DIN 66 001).

Sinnbild	Benennung	Erläuterungen zur Anwendung
	Flusslinien	
	Flusslinie (*flow line*)	Am Ende der Flusslinie muss immer ein Pfeil sein. Vorzugsrichtungen: von oben nach unten, von links nach rechts.
	Transport der Datenträger	Zur besonderen Kennzeichnung eines Transportes der Datenträger unter Angabe des Absenders oder Empfängers.
	Datenübertragung (*communication line*)	Häufig verwendet bei Datenübertragung (z. B. über Telex, Fax oder Telefon).
	Bearbeitungsvorgänge	
	Bearbeiten, Operationen, allgemein (*process*)	Alle Bearbeitungsvorgänge sind mit diesem Sinnbild darzustellen, vor allem aber solche, die nicht weiter klassifiziert werden.
	Eingabe von Hand (*manual input*)	Darstellung der Dateneingabe von Hand (z. B. von Steuer-, Kontroll- oder Korrekturdaten über Tastatur).
	Mischen (*merge*)	
	Trennen (*extract*)	
	Mischen mit gleichzeitigem Trennen (*collate*)	
	Sortieren (*sort*)	

Tabelle Y-8. (Fortsetzung).

Sinnbild	Benennung	Erläuterungen zur Anwendung
	Datenträger	
	Datenträger allgemein (*input/output*)	Steht der Datenträger noch nicht fest oder ist er nicht durch die folgenden Sinnbilder darstellbar, wird dieses Sinnbild verwendet.
	Datenträger vom Leitwerk gesteuert (*online storage*)	Im Sinnbild ist die Speicherart (z. B. Magnetplatte) anzugeben.
	Schriftstück (*document*)	Darunter fallen u. a. maschinenlesbare Vordrucke oder Listenausdrucke.
	Lochkarte (*punched card*)	Es empfiehlt sich, die Kartenart anzugeben (z. B. Lagerentnahmekarte).
	Lochstreifen (*punched tape*)	
	Magnetband (*magnetic tape*)	Es ist sinnvoll, die Dateinummer mit anzugeben oder bei Ausgabeänderungen Sperrfristen einzutragen. Zugriffsart: sequenziell
	Plattenspeicher (*magnetic disk*)	Daten auf Speicher mit Direktzugriff
	Anzeige (*display*)	Die Anzeige erfolgt in optischer (z. B. Bildschirm oder Plotter) oder akustischer Form (z. B. Summer).
		Daten im Zentralspeicher

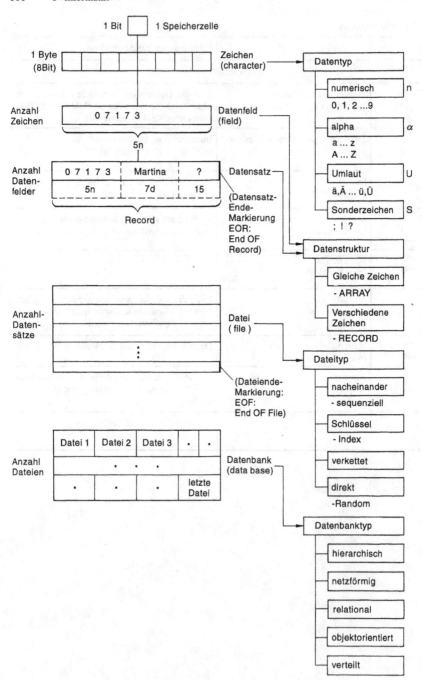

Bild Y-9. Daten, Dateien und Datenstrukturen.

Y.5 Sprachen

Übersicht Y-9. Einteilung der Programmiersprachen.

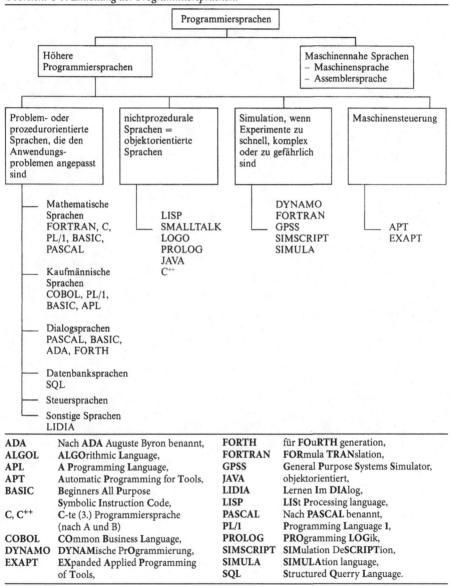

ADA	Nach ADA Auguste Byron benannt,	**FORTH**	für FOuRTH generation,
ALGOL	ALGOrithmic Language,	**FORTRAN**	FORmula TRANslation,
APL	A Programming Language,	**GPSS**	General Purpose Systems Simulator,
APT	Automatic Programming for Tools,	**JAVA**	objektorientiert,
BASIC	Beginners All Purpose	**LIDIA**	Lernen Im DIAlog,
	Symbolic Instruction Code,	**LISP**	LISt Processing language,
C, C⁺⁺	C-te (3.) Programmiersprache	**PASCAL**	Nach PASCAL benannt,
	(nach A und B)	**PL/1**	Programming Language 1,
COBOL	COmmon Business Language,	**PROLOG**	PROgramming LOGik,
DYNAMO	DYNAMische PrOgrammierung,	**SIMSCRIPT**	SIMulation DeSCRIPTion,
EXAPT	EXpanded Applied Programming	**SIMULA**	SIMULAtion language,
	of Tools,	**SQL**	Structured Querry Language.

Z Technische Chemie

Z.1 Atom und chemische Bindung

Z.1.1 Periodensystem der Elemente

Kurz nach 1800 wurde eine naturwissenschaftliche Atomtheorie aufgestellt (aus chemischen Experimenten abgeleitet), in der formuliert wurde:

Ein Element besteht aus gleichartigen Atomen.

Als man die Atomsorten (Elemente) untereinander verglich, stellte man sowohl große Ähnlichkeiten als auch starke Unterschiedlichkeiten fest. Wenn man eine Anordnung der Elemente nach ihrer Ordnungszahl, also ein ganz einfaches Durchnummerieren, vornimmt, so stellt man fest, dass sich gewisse Elementeigenschaften immer nach 8 Elementen wiederholen.

Man weiß heute, dass die sich ähnelnden Elemente in ihrer äußersten Schale dieselbe Elektronenkonfiguration besitzen, so gilt:

Nr. 9	(Fluor)	$1s^2\ 2s^2\ 2p^5$
Nr. 17	(Chlor)	$1s^2\ 2s^2\ 2p^6\ 3s^2\ 3p^5$
Nr. 10	(Neon)	$1s^2\ 2s^2\ 2p^6$
Nr. 18	(Argon)	$1s^2\ 2s^2\ 2p^6\ 3s^2\ 3p^6$
Nr. 11	(Natrium)	$1s^2\ 2s^2\ 2p^6\ 3s^1$
Nr. 19	(Kalium)	$1s^2\ 2s^2\ 2p^6\ 3s^2\ 3p^6 - \text{-}4s^1$

Die letzte Schale, erkennbar an der Hauptquantenzahl n, zeigt bei den sich ähnelnden Elementen dieselbe Elektronenbesetzung.

Sich ähnelnde Elemente haben dieselbe Anzahl von Außenelektronen (auch sog. „Valenzelektronen"). Ihre Elektronenkonfiguration unterscheidet sich nur in der Hauptquantenzahl n.

Somit bestimmen die Elektronen der äußersten Schale den Elementcharakter.

Das Periodensystem liefert also folgende Basisinformationen:

- Man erkennt, welche Elemente vergleichbare Reaktionen eingehen, weil das chemische Geschehen eine Art Wechselspiel der Außenelektronen ist. Im Periodensystem stehen diese Elemente untereinander, also z. B. Li, Na, K, Rb und Cs.

- An der Gruppennummer erkennt man die Anzahl der zur Verfügung stehenden Valenzelektronen.

Z.1.2 Basisgröße „Stoffmenge"

Es ist eine internationale Definition, als Bezugsmenge für chemisches Arbeiten so viele Teilchen zu betrachten, wie Atome in 12,00 g des Kohlenstoffisotops C(12) enthalten sind (Element Nr. 6). Diese Bezugsmenge ergibt sich, wenn man die 12 g durch die Masse eines einzelnen C-Atoms dividiert; sie wird Mol genannt und mit dem Einheitszeichen mol angegeben.

Unter 1 mol versteht man eine Menge von $6{,}02209 \cdot 10^{23}$ Teilchen, ganz gleich, welcher Art und wie groß diese Teilchen sind. Teilchen sind hierbei nicht nur Atome, sondern auch alle zusammenhaltenden Atomgruppierungen. Man nennt diese Menge international „Avogadro-Konstante N_A", in Deutschland allerdings häufig „Loschmidt'sche Zahl".

Nach DIN 1304-1 gibt man die Stoffmenge in der Form $n(X)$ oder $v(X)$ an, wobei X für die betrachteten Teilchen steht, also z. B.:

$$n(HCl) = 0{,}1 \text{ mol} \quad \text{oder} \quad n(Na) = 0{,}15 \text{ mol}.$$

© Springer-Verlag GmbH Deutschland 2017
E. Hering, R. Martin, M. Stohrer, *Taschenbuch der Mathematik und Physik*, DOI 10.1007/978-3-662-53419-9_25

Die Masse eines Mols (also von etwa $6 \cdot 10^{23}$ Teilchen) wird als „molare Masse" bezeichnet und in der Form $M(X)$ angegeben. Die Einheit lautet g/mol.

Andere Bezeichnungen wie etwa „Atommasse" oder „Atomgewicht" entsprechen nicht der Norm.

Z.1.3 Edelgaskonfiguration und Atombindung

Da die Edelgaskonfiguration s^2p^6 (also abgeschlossene s- und p-Orbitale) der Grund für große Stabilität ist, versteht man, dass auch andere Atome diese Konfiguration anstreben. Die Art und Weise, wie dieses zustande kommt, wird mit dem Begriff „Chemische Bindung" beschrieben; eine dieser Arten nennt man Atombindung.

Der einfachste Fall, der auftreten kann, ist die Bildung eines H_2-Moleküls aus zwei H-Atomen, da jedes H-Atom nur ein einziges Elektron in einem s-Orbital besitzt.

Dies lässt sich wie folgt wiedergeben:

$$H \cdot + \cdot H \rightarrow H \cdot\cdot H \quad \text{oder} \quad H\text{--}H$$

Man erkennt: Jedes H-Atom erhält auf diese Weise quasi zwei Elektronen, d. h. die abgeschlossene Schale des Heliums (hier nur s^2). Dass tatsächlich ein Bindeeffekt zustande gekommen ist, sieht man am kleinen Abstand zwischen den H-Atomen im H_2-Molekül. Er beträgt 74,14 pm (Picometer; 1 pm = 10^{-12} m), während für den Radius eines H-Atoms 52,8 pm gilt.

Um zur Edelgasschale s^2p^6 zu gelangen, muss man Elemente der 1. Achterperiode betrachten, also Atome, deren zweite Hauptquantenbahn im Aufbau ist. Das Fluor ist ein Beispiel, weil hier s^2p^5 vorliegt, d. h. eines der p-Orbitale nur halbbesetzt ist. Überträgt

man diese Vorstellungen auf die Bildung eines F_2-Moleküls, so gilt:

$$:\ddot{F}\cdot + \cdot\ddot{F}: \rightarrow :\ddot{F}\cdot\cdot\ddot{F}: \quad \text{oder} \quad |\overline{F} - \overline{F}|$$

Man stellt fest, dass man zweierlei Elektronenpaare unterscheiden muss:

Bindungselektronenpaare zwischen den Atomen. Diese gehören den Atomen gemeinsam.

So genannte „freie Elektronenpaare", die frei von Bindung sind und nur einem Atom angehören.

Die Strichformel, die dabei entstanden ist, wird Lewis-Strukturformel genannt. Sie sammelt um ein Atomsymbol alle vorhandenen Elektronen. Das Oktett ergibt sich aus der Summe von bindenden und freien Elektronenpaaren (also Strichen, wobei jeder Strich für 2 Elektronen steht).

Z.1.3.1 Hybridisierung

Für alle Hydrogenhalogenide HF, HCl, HBr und HI gilt dasselbe, aber auch für den elementaren Zustand der Halogene F_2, Cl_2, Br_2 und I_2.

Alle entstandenen Gebilde sind zweiatomige Moleküle. Geht man von der Gruppe 17 (Halogene) nach links, so kommt man zu s^2p^4 (Chalkogene), s^2p^3 (Stickstoff-Gruppe) und s^2p^2 (Kohlenstoff-Gruppe). Das Kästchen-Schema für Sauerstoff, Stickstoff und Kohlenstoff hat folgendes Aussehen:

Man erkennt:

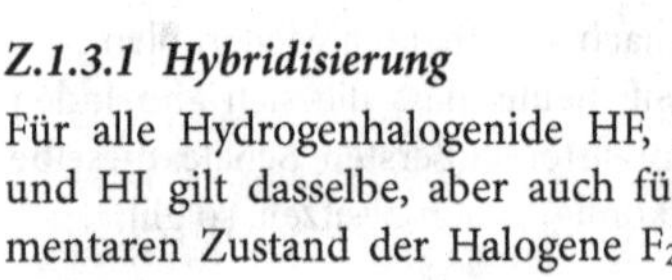

O-Atom: s^2p^4 N-Atom: s^2p^3

C-Atom: s^2p^2

Bild Z-1. Kästchen-Schema für Sauerstoff, Stickstoff und Kohlenstoff.

– Das O-Atom besitzt zwei einfach besetzte p-Orbitale, aber außerdem noch zwei voll besetzte Orbitale. Wenn O und H miteinander reagieren, sind für die Erreichung des Oktetts am Sauerstoff zwei H-Atome erforderlich, d. h., es resultiert die Formel des Wassers H_2O. Da p-Orbitale senkrecht zueinander stehen, ist ein gewinkeltes Molekül zu erwarten.

– Stickstoff benötigt drei H-Atome, um ein Oktett auszubilden; ein freies Elektronenpaar bleibt übrig. Die entstehende Verbindung hat die Formel NH_3 (Ammoniak). Die räumliche Anordnung des Moleküls ist pyramidal.

– Das C-Atom ist O-Atom ähnlich, weil zwei einfach besetzte p-Orbitale vorliegen. Man erwartet ein gewinkeltes Molekül CH_2, welches aber die wichtige Forderung des Oktetts am Kohlenstoff nicht erfüllt. Die Lewis-Strukturformeln für diese drei Fälle lauten:

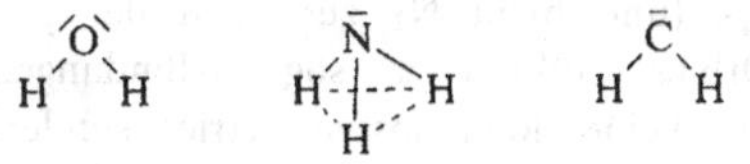

Bild Z-2. Die Lewis-Strukturformeln für Wasser, Ammoniak und Carben.

Z.1.3.2 Polare Atombindungen und Elektronegativität

Vergleicht man unter Zugrundelegung des Periodensystems die Eigenschaften der Elemente von s^1 (Alkalimetalle) bis s^2p^5 (Halogene), so fällt eine allmähliche Abnahme des metallischen Charakters auf. Die Gruppen 3 bis 12 (Übergangsmetalle) bleiben bei diesem Vergleich unberücksichtigt. Man findet, dass mit fortschreitender Besetzung der p-Orbitale die Elemente nichtmetallischer werden.

Das hat Auswirkungen auf das Bindungselektronenpaar einer Atombindung.

Je näher ein Element dem Schalenabschluss s^2p^6 ist, desto stärker zieht es das Bindungselektronenpaar zu sich herüber. Nur zwei identische Atomsorten besitzen in einer Atombindung ein symmetrisch angeordnetes Bindungselektronenpaar; in allen anderen Fällen ist das Bindungselektronenpaar zum nichtmetallischeren Partner hin verschoben.

Für die Tendenz, das Bindungselektronenpaar anzuziehen wurde der Begriff *Elektronegativität* eingeführt und auch eine Elektronegativitätsskala abgeleitet, in der den einzelnen Elementen Elektronegativitätswerte zugeordnet wurden.

Diese Elektronegativitätswerte wurden den einzelnen Elementen nicht ohne physikalisch-chemische Messmethoden zugeordnet, sondern die bekannten Bindungsenergien dienten als Grundlage für die Skala. Unter Bindungsenergie versteht man die bei der Verbindungsbildung aus Atomen frei werdende Energie.

Fluor erhielt den Wert 4,0; die niedrigsten Elektronegativitätswerte liegen knapp unter 1,0.

Im Periodensystem nimmt die Elektronegativität für Elemente, deren Valenzelektronen s-und p-Orbitale besetzen, ausgehend von Fluor (4,0) sowohl von oben nach unten, als auch von rechts nach links ab. Sie erreicht links unten beim Alkalimetall Cäsium den tiefsten Wert von etwa 0,8 bis 0,7.

Der Elektronegativitätswert lässt sich neben anderen Eigenschaften heranziehen, um Nichtmetalle von Metallen abzugrenzen.

Da die Übergänge im Periodensystem jedoch fließend sind, kommt man mit einer Einteilung in Nichtmetalle und Metalle nicht aus. Für die Gruppen 1, 2, 13, 14, 15, 16 und 17 (s^1 bis s^2p^5)

lassen sich die Elemente je nach Elektronegativität wie folgt unterscheiden:

> Nichtmetalle mit Werten von 4,0 bis etwa 2,5.
> Halbmetalle mit Werten von etwa 2,5 bis ca. 1,8.
> Metametalle mit Werten von etwa 1,8 bis ca. 1,6.
> Echte Metalle mit Werten von ca. 1,6 bis 0,7.

Da nach dieser Vorstellung das F-Atom im HF-Molekül mehr vom Bindungselektronenpaar erhält als das H-Atom, wird ersteres ein wenig negativer, letzteres um den gleichen Betrag positiver. Man spricht von Teilladung.

Z.1.3.3 Mehrfachbindungen

Die Atombindung (die auch als kovalente Bindung bezeichnet wird) ist noch nicht vollständig beschrieben, da auch mehr als ein Elektronenpaar für die Bindung zwischen zwei Atomen beitragen kann. Es gibt Doppelbindungen (2 Striche), Dreifachbindungen (3 Striche), aber auch alle Zwischenzustände. So besitzt das Stickstoff-Atom infolge der Elektronenkonfiguration $s^2 p^3$ drei einfach besetzte p-Orbitale:

N-Atom:

Bild Z-3. Elektronenkonfiguration des Stickstoffs.

Zur Erklärung der Bindung im N_2-Molekül, müssen die Modellvorstellungen erweitert werden. Es erfolgt nur eine einzige Überlappung zweier p-Orbitale in der Atomverbindungslinie (analog zur Bildung des F_2-Moleküls). Weitere Überlappungsbereiche der anderen p-Orbitale treten außerhalb der Atomverbindungslinie auf. Diese bestehen aus zwei Anteilen.

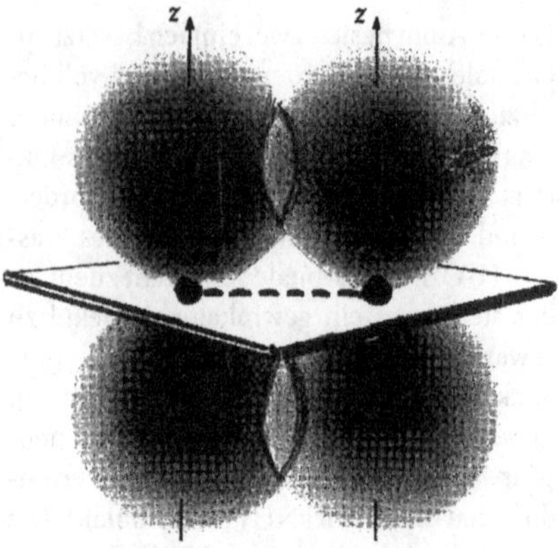

Bild Z-4. Überlappung zweier p_z-Orbitale außerhalb der Atomverbindungslinie (gestrichelt). Die Überlappungsbereiche oberhalb und unterhalb der Ebene sind hervorgehoben.

> Die rotationssymmetrische Bindung in der Atomverbindungslinie heißt σ-Bindung. Die beiden anderen Überlappungen der p_z- (und beim N_2 zusätzlich der p_y-) Orbitale führen zu sog. π-Bindungen, die keine Rotationssymmetrie, sondern Spiegelbildsymmetrie zeigen.

Insgesamt ergibt sich in diesem Modell eine Dreifachbindung für N_2, die aus einer σ-Bindung und zwei π-Bindungen besteht.

Bei einer Doppelbindung kommt die Bindung nur durch eine σ-Bindung und eine π-Bindung zustande.

Z.1.3.4 Komplexbindungen

Verbindungen, die gesättigt und in sich abgeschlossen sind, können noch weiter reagieren. Das ist mit der üblichen „Valenzlehre" (Valenz = Wertigkeit) nicht vereinbar, da diese einem bestimmten Atom eine maximale Anzahl von Bindungen (Valenzen) zuordnet. Entsprechend der Theorie ist nicht einzusehen, warum so stabile Verbindungen wie AlF_3 (Aluminiumfluorid) und KF (Kaliumfluorid) miteinander reagieren.

Die neuen Verbindungen bezeichnet man als Komplex oder Koordinationsverbindung. In der heutigen Schreibweise lauten entsprechende Reaktionsgleichungen:

$$AlF_3 + 3\,KF \rightarrow K_3[AlF_6]$$
$$COCl_3 + 6\,NH_3 \rightarrow [Co(NH_3)_6]Cl_3 \,.$$

Der eigentliche Komplex ist jeweils das in eckiger Klammer geschriebene Ion $[AlF_6]^{3-}$ und $[Co(NH_3)_6]^{3+}$.
Es lässt sich zusammenfassen:

Ein Komplex ist ein „kompliziert gebautes Gebilde", in dessen Zentrum das sog. Zentralatom sitzt.

Um dieses Zentralatom herum ordnen sich Ionen oder Moleküle an, die Liganden genannt werden.

Zwischen Zentralatom und Liganden bestehen Atombindungen. Die Anzahl der Bindungen, die das Zentralatom betätigt, nennt man Koordinationszahl (übliche Abkürzung: KZ).

Z.1.4 Die Ionenbindung

Edelgase sind deshalb so stabil und reaktionsträge, weil sie ihre s- und p-Orbitale voll besetzt haben. Atome wie H, F, Cl, N hatten nur eine einzige Möglichkeit, um auch zu dieser Besetzung zu gelangen: sie mussten Elektronen miteinander teilen (Lewis). Dies rührt dann zu einer „vorgetäuschten" Vollbesetzung, da in Wirklichkeit die Summe der Elektronen nicht zugenommen hat. Um wirklich eine vollbesetzte Außenschale zu erhalten, muss das Fluoratom ein Elektron einfangen. Da am Anfang des Periodensystems (Gruppe 1 und 2) Elemente stehen, die ein oder zwei Elektronen

Tabelle Z-1. Oxidation und Reduktion.

Oxidation = Elektronenabgabe	Reduktion = Elektronenaufnahme
Oxidationszahl positiv	Oxidationszahl negativ
Beispiel: $K \rightarrow K^+ + e^-$	Beispiel: $Br + e \rightarrow Br^-$
Das Ion heißt Kation	Das Ion heißt Anion

über einer abgeschlossenen Schale besitzen, wird ein Elektronenaustausch vorgenommen.

Alkali- und Erdalkalimetalle besitzen nur ein bzw. zwei Elektronen über einer vollbesetzten Schale. Wenn ein Elektronen aufnehmender Partner anwesend ist, können diese Elektronen abgespalten und übertragen werden.

$$Na \rightarrow Na^+ + e^-$$
$$Ca \rightarrow Ca^{2+} + 2\,e^-$$

Positive Ionen wie Na^+ und Ca^{2+} nennt man Kationen. Die zur Abspaltung erforderliche Energie heißt Ionisierungsenergie. Der Vorgang der Elektronenabgabe wird als Oxidation bezeichnet, die Anzahl der abgegebenen Elektronen als Oxidationszahl (hier +II, wobei römische Zahlenangabe üblich ist). Das Kation Ca^{2+} besitzt jetzt dieselbe Außenschale wie das Edelgas Argon (Nr. 18).

Reaktionspartner für Alkali- und Erdalkalimetalle findet man insbesondere unter den Halogenen und Chalkogenen, da diese durch Elektronenaufnahme von ein oder zwei Elektronen zur Vollbesetzung gelangen. Der Vorgang der Elektronenaufnahme heißt Reduktion. Auch hier wird die Anzahl der aufgenommenen Elektronen Oxidationszahl genannt, allerdings mit negativem Vorzeichen.

Die gebildeten Ionen ordnen sich räumlich zu „Ionengittern" an (s. Kapitel V).

Z.1.5 Metallische Bindung und Metallstrukturen

Wenn man die Möglichkeiten berücksichtigt, eine chemische Bindung einzugehen, so gilt:

Zwei „hinreichend" elektronegative Elemente (bzw. zwei Nichtmetalle) gehen eine Atombindung ein, die je nach Elektronegativitätsunterschied mehr oder weniger polar ist.

Zwei in Bezug auf die Elektronegativität unterschiedliche Elemente (bzw. ein Nichtmetall und ein Metall) gehen eine Ionenbindung ein.

Es fehlt noch der Fall, dass Metalle (also Elemente mit niedriger Elektronegativität) untereinander Bindungen eingehen. Metalle neigen nicht zur Elektronenaufnahme (Reduktion), sondern zur Elektronenabgabe (Oxidation).

Metallatome geben ihre Valenzelektronen an ein Elektronenreservoir ab, das allen gemeinsam ist. Es verbleiben positive Metallionen, die sich im „Meer von Elektronen" (auch Elektronengas genannt) nach räumlichen Gesichtspunkten anordnen.

Da sich die Metallatome als Kationen in diesem Elektronengas aufhalten und von diesem ganz umhüllt werden, entwickeln sich ungerichtete Anziehungskräfte wie bei einer Ionenbindung. Die Atome ordnen sich nach geometrischen Gesichtspunkten so dicht wie möglich an; man spricht von einer dichtesten Kugelpackung.

Z.2 Wässrige Lösungen

Z.2.1 Lösevorgänge und Konzentrationsangaben

Wasser ist ein ideales Lösungsmittel für Stoffe, die ebenfalls polare Bindungen oder ionogenen Aufbau zeigen, also etwa für Alkohole wie Methanol CH_3OH und Ethanol C_2H_5OH einerseits oder Salze wie NaCl (Natriumchlo-

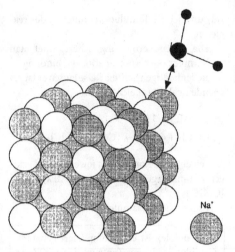

Bild Z-5. *Lösevorgang bei NaCl.*

rid), KNO_3 (Kaliumnitrat) oder Na_2SO_4 (Natriumsulfat) andererseits.

Die Ion-Dipol-Wechselwirkungen können zur Auflösung eines Kristalls führen, wenn die energetische Bilanz stimmt.

Für den Löseprozess (d. h. Überwindung der Gitterkräfte bzw. Gitterenergie) spielt außer der Temperatur die sog. Hydrationsenthalpie als Energiefaktor eine Rolle. Darunter versteht man die Energie, die frei wird, wenn sich 1 mol Ionen mit H_2O-Dipolen umgibt. Aufgrund der Ion-Dipol-Wechselwirkungen wird ein Kation H_2O-Dipole immer in der Weise um sich anordnen, dass das O-Atom des Wassers auf das Kation zuzeigt. Für Anionen ist es die andere Seite des H_2O-Moleküls.

Man kann das Auflösen von Kochsalz wie folgt in einer Gleichung wiedergeben:

$$NaCl + (x + y)H_2O$$
$$\rightarrow [Na(OH_2)_x]^+ + [Cl(H_2O)_y]^- .$$

In der Lösung befinden sich dann solvatisierte, in diesem Falle hydratisierte Ionen, d. h. Ionen, die von einer Hülle aus Lösungsmittelmolekülen umgeben sind.

Liegt dann eine Lösung vor, so ist es notwendig, diese zu charakterisieren. Hierzu dienen verschiedene Konzentrationsangaben, die auf unterschiedlichen Definitionen basieren.

Eine Lösung ist x%ig, wenn sie in 100 g Lösung x g des gelösten Stoffes enthält.

In der Chemie hat eine andere Konzentrationsangabe Vorrang, die sich auf die Teilchenzahl des gelösten Stoffes bezieht. Teilchenzahl bedeutet Stoffmenge; folglich spricht man von Stoffmengenkonzentration (englisch: amount-of-substance concentration). Hierzu gilt die Norm DIN 4896.

Eine Lösung hat die Stoffmengenkonzentration $c(X) = y$ mol/l, wenn sich in 1 l Lösung y mol des gelösten Stoffes befinden.

Da die Stoffmengenkonzentration auf das Volumen, die Prozentangabe jedoch auf die Masse der Lösung bezogen ist, lässt sich jede der Konzentrationsangaben nur dann in die andere umrechnen, wenn die Dichte bekannt ist.

Z.2.2 Ionenprodukt des Wassers

Reinstes Wasser zeigt eine geringe elektrische Leitfähigkeit von ca. $5,5 \cdot 10^{-8}$ S $\cdot$ cm^{-1} bei $25\,^{\circ}$C, d. h. Wasser verfügt auch im allerreinsten Zustand über Ladungsträger, ohne die eine elektrische Leitfähigkeit nicht möglich wäre. Diese Ladungsträger sind die Ionen H_3O^+ (Hydronium-Ion) und OH^- (Hydroxid-Ion). Sie entstehen durch sog. Eigendissoziation des Wassers (auch „Autoprotolyse"):

$$H_2O + H_2O \rightarrow H_3O^+ + OH^-$$

Wendet man auf dieses Gleichgewicht das MWG (Massenwirkungsgesetz) an, so ergibt sich mit den Aktivitäten a:

$$K = \frac{a(H_3O^+) \cdot a(OH^-)}{a(H_2O)}$$

Da durch Definition $a(H_2O) = 1,0$ ohne Einheit ist (reine Flüssigkeit), vereinfacht sich die Gleichung zu:

$$K = a(H_3O^+) \cdot a(OH^-) \quad \text{Einheit: } (\text{mol/l})^2$$

Diese MWG-Gleichung wird als „Ionenprodukt des Wassers" und die Konstante K als K_w bezeichnet. Der K_w-Wert ist eine temperaturabhängige Größe, die über Leitfähigkeitsmessungen zugänglich ist, z. B.

Bei 5 °C K_w = $0,1846 \cdot 10^{-14}$ (mol/l)^2
      10 °C   = $0,2920 \cdot 10^{-14}$ (mol/l)^2
      25 °C   = $1,008 \cdot 10^{-14}$ (mol/l)^2

Dem K_w-Wert bei 25 °C kommt eine besondere Bedeutung in der Chemie zu, da er praktisch $1,00 \cdot 10^{-14}$ (mol/l)^2 entspricht. Bei allen anderen Temperaturen kommt es zu mehr oder weniger starken Abweichungen, da die Eigendissoziation des Wassers mit der Temperatur zunimmt.

Da es nur sehr wenige Ionen sind, die in reinstem Wasser vorliegen, rechnet man wie folgt:

Es gilt, dass in dieser extrem verdünnten Lösung der Ionen H_3O^+ und OH^- in Wasser kaum interionische Wechselwirkungen vorliegen, sodass man $a(H_3O^+) = c(H_3O^+)$ setzen kann, d. h. bei 25 °C:

$$c(H_3O^+) \cdot c(OH^-) = 10^{-14} \, (\text{mol/l})^2$$

Nach der Dissoziationsgleichung entstehen die Ionen im Verhältnis 1:1, deshalb gilt (bei 25 °C):

$$c(H_3O^+) = c(OH^-) = 10^{-7} \, \text{mol/l}$$

Da 1 l Wasser bei 25 °C eine Masse von 997,1 g besitzt, liegen insgesamt pro Liter

997,1/18 = 55,394 mol H_2O vor. Die errechneten 10^{-7} mol/l sind hiervon nur ca. $1{,}8 \cdot 10^{-7}$%!

Z.2.3 Säuren und Basen

Nach Brönsted gelten folgende Bezeichnungen:

Brönsted-Säure:
Protonendonator,
d. h. $A–H \rightarrow H^+ + A$
                         (A steht für acid =
                         Säure, A ist dann das
                         Anion der Säure)
Brönsted-Base:
Protonenakzeptor,
d. h. $|B + H^+ \rightarrow [B–H]^+$
                         oder $B^- + H^+ \rightarrow$
                         $B–H$

Eine Verbindung kann sich als Säure verhalten, wenn sie auf eine Base trifft, die das Proton auch aufnimmt, andernfalls bleibt diese Verbindung eine Wasserstoffverbindung, die ein Proton abgeben könnte. Für eine Base gilt das entsprechende, sodass beides unzertrennliche Begriffe sind. Daher spricht man immer von Säure-Base-Reaktionen.

Da eine Base nach Brönsted ein freies Elektronenpaar zur Bindung des Protons mitbringen muss und alle Anionen über mindestens ein derartiges verfügen, sind alle Anionen Basen. Sie sind also als Protonenakzeptor oder aber als Elektronenpaardonator zu bezeichnen.

Dieses führt zu einer anderen Säure-Base-Definition, die von G.N. Lewis stammt.

Säuren sind als Elektronenpaarakzeptoren, Basen als Elektronenpaardonatoren zu betrachten.

Diese zweite Säure-Base-Definition setzt die erste nicht außer Kraft, sondern ergänzt sie. Nach Lewis ist es nicht mehr nötig, dass eine Säure eine Wasserstoffverbindung ist; sie muss

lediglich die Möglichkeit haben, mit einem Elektronenpaar einer Base reagieren zu können.

Die Säuren der Praxis gehören in erster Linie der anorganischen Chemie an. So ist Schwefelsäure in der Industrie mengenmäßig die am meisten hergestellte Verbindung überhaupt.

Anorganische Säuren nennt man auch Mineralsäuren, weil ihre Salze bisweilen sehr wichtige Minerale der Natur darstellen (Steinsalz NaCl, Gips $CaSO_4 \cdot 2\,H_2O$, Salpeter $NaNO_3$ oder die komplizierter aufgebauten Phosphate).

- *Salzsäure*: Die einfachste Mineralsäure ist die Salzsäure, eine wässrige Lösung von Hydrogenchlorid, das extrem gut wasserlöslich ist. Die gesättigte Lösung bei 20 °C ist ca. 40,4%ig und enthält etwa 485 g HCl pro Liter: $HCl_{(g)} + H_2O \rightarrow H_3O^+ + Cl^-$.
  Das Gleichgewicht der Säure-Base-Reaktion mit Wasser liegt praktisch vollkommen auf der rechten Seite der Reaktionsgleichung, sodass ein Pfeil von links nach rechts die Verhältnisse am besten beschreibt.

- *Salpetersäure*: Mit Salpeter bezeichnet man i. d. R. Natriumnitrat $NaNO_3$, daneben aber auch KNO_3, NH_4NO_3 oder $Ca(NO_3)_2$. Zur Unterscheidung spricht man deshalb von Natron-, Kali-, Ammon- oder Kalk-Salpeter.
  Reine HNO_3 ist kein Gas, sondern eine Flüssigkeit mit Kochpunkt (Kp.) 82,6 °C, die durch die Reaktion mit Wasser zur eigentlichen Salpetersäure wird:

  $$HNO_3 + H_2O \rightarrow H_3O^+ + NO_3^- \, .$$

  Die Verhältnisse sind mit Salzsäure vergleichbar, d. h., auch hier liegt eine starke Säure vor. Wie HCl-Gas, so dissoziiert auch HNO_3 in Wasser praktisch vollständig, sodass $c(HNO_3) = c(H_3O)$ gilt.

- *Schwefelsäure*: Reine H_2SO_4 ist ein farbloses Öl mit Kp. 280 °C. Die Reaktion mit Wasser ist dermaßen exotherm, dass die Mischung zum Sieden kommt. Es ist daher nicht ungefährlich, reine H_2SO_4 (oder auch konzentrierte H_2SO_4) zu verdünnen. Beim Verdünnen kommt es zur Säure-Base-Reaktion mit Wasser. Diesmal liegt eine zweiprotonige Säure vor, d. h., ein Molekül, das zwei Protonen abspalten kann. Man spricht von 2 Stufen, weil dies hintereinander geschieht. Allerdings ist nur die erste Dissoziationsstufe eine praktisch vollkommen nach rechts ablaufende Reaktion:

$$H_2SO_4 + H_2O \rightarrow H_3O^+ + HSO_4^- .$$

Es entsteht das Hydrogensulfat-Ion HSO_4^-, das ein Ampholyt ist. Die Weiterreaktion mit Wasser ist eine Gleichgewichtsreaktion mit der Konstanten $K = 1,3 \cdot 10^{-2}$ mol/l:

$$HSO_4^- + H_2O \rightarrow H_3O^+ + SO_4^{2-} .$$

Wasser ist als Base zu schwach, um das HSO_4^--Ion nennenswert dissoziieren zu lassen. Die wesentlich stärkere Base OH^- (Hydroxid-Ion), lässt folgende Reaktion ablaufen:

$$HSO_4^- + OH^- \rightarrow H_2O + SO_4^{2-} .$$

Eine Säure und ihr durch die Protonenabspaltung entstehendes Anion (das eine Base ist) nennt man „korrespondierendes Säure-Base-Paar". Für Schwefelsäure gibt es zwei derartige Paare:

$$H_2SO_4/HSO_4^- \quad \text{und} \quad HSO_4^-/SO_4^{2-} .$$

In Schwefelsäure-Lösungen, die stärker konzentriert als 10%ig sind, kann man die zweite Dissoziationsstufe fast vernachlässigen. In einer 10%igen H_2SO_4 sind nur etwa 1,3% der H_2SO_4-Moleküle bis zu Sulfat-Ionen SO_4^{2-} dissoziiert.

– *Phosphorsäure*: Phosphorsäure ist eine sehr wichtige Säure, da ihre Derivate (Abkömmlinge) im Tier- und Pflanzenreich eine bedeutende Rolle spielen. Spricht man von Phosphorsäure, so ist die Ortho-

phosphorsäure H_3PO_4, eine dreiprotonige Säure, gemeint. Unter einer „Orthosäure" (d. h. richtige Säure) versteht man die Verbindung mit der maximalen Zahl an OH-Gruppen. Säuren, die mehr als eine OH-Gruppe besitzen, können unter bestimmten Bedingungen H_2O abspalten und ohne Änderung der Oxidationszahl in eine andere Form übergehen. Diese neue Form heißt Metasäure. Eine Ortho-Salpetersäure H_3NO_4 kennt man nicht. Während HNO_3 ein kleines Molekül ist, liegt HPO_3 polymer vor (d. h. vervielfacht).

Alle drei H-Atome sind über Sauerstoffatome gebunden und können abgespalten werden. Aus diesem Grunde kennt man drei verschiedene Salze: Dihydrogenphosphate, Hydrogenphosphate und Phosphate. Man bezeichnet sie oft als primäres, sekundäres und tertiäres Phosphat.

1. Stufe:

$$H_3PO_4 + H_2O \rightarrow H_3O^+ + H_2PO_4^-$$
$$K_1 = 1,1 \cdot 10^{-2} \text{ mol/l}$$

2. Stufe:

$$H_2PO_4^- + H_2O \rightarrow H_3O^+ + HPO_4^{2-}$$
$$K_2 = 7,6 \cdot 10^{-8} \text{ mol/l}$$

3. Stufe:

$$HPO_4^{2-} + H_2O \rightarrow H_3O^+ + PO_4^{3-}$$
$$K_3 = 4,7 \cdot 10^{13} \text{ mol/l} .$$

Z.2.4 pH-Wert

Zur Charakterisierung der Säure-Base-Eigenschaften wässriger Lösungen wird eine Größe herangezogen, die im physikalischen Sinne gar keine Größe ist. Es handelt sich um die Benennung „pH-Wert"; definitionsgemäß ist dafür keine Einheit vorgesehen.

Der negative dekadische Logarithmus des Zahlenwerts der H_3O^+-Konzentration wird als pH bezeichnet. Dies bedeutet etwa „Menge an H_3O^+-Ionen".

Um mathematisch exakt zu sein (weil sich eine Einheit nicht logarithmieren lässt), muss man den pH-Wert wie folgt definieren:

$$pH = -\lg \frac{c(H_3O^+)}{1\,mol/l} .$$

Zur Definition des pH-Werts und der sog. pH-Skala gehört, dass das Ionenprodukt des Wassers (K_w) nicht nur für reinstes Wasser gilt, sondern auch für verdünnte wässrige Lösungen. Voraussetzung ist allerdings, dass diese einfach zusammengesetzt sind und die Konzentrationen $c(X) = 0,1\,mol/l$ nicht überschreiten. Für den Fall, dass diese Voraussetzungen nicht erfüllt sind, ist mit Abweichungen vom theoretischen K_w-Wert zu rechnen.

Somit erhält eine pH-Skala einen Anfang und ein Ende; denn die größte noch exakte Konzentration $c(H_3O^+)$ ist dann $10^{-1}\,mol/l$ (pH = 1), die kleinste $10^{-13}\,mol/l$ (pH = 13), weil dann $c(OH^-)$ den Grenzwert von $10^{-1}\,mol/l$ einnimmt. Es gilt also:

$$c(H_3O^+) \cdot c(OH^-) = 10^{-1} \cdot 10^{-13}\,(mol/l)^2$$

aber nicht mehr:

$$10^{+1} \cdot 10^{-15}\,(mol/l)^2 ,$$

obwohl die zweite Gleichung aus mathematischer Sicht gültig ist.

Die pH-Skala liegt zwischen pH = 1,0, d.h. $c(H_3O^+) = 10^{-1}\,mol/l$ und pH = 13,0, d.h. $c(H_3O^+) = 10^{-13}\,mol/l$.

In diesem Falle betrachtet man den theoretischen K_w-Wert als gültig. Man kann dies auch

wie folgt ausdrücken: die pH-Skala liegt zwischen 0 und 14.

Da neutrales Wasser die H_3O^+-Konzentration $c(H_3O^+) = \sqrt{K_w}$ hat, gilt bei 25 °C: pH = 7 (neutral), pH < 7 (sauer), pH > 7 (basisch).

Z.2.5 Redoxreaktionen in wässriger Lösung

- *Oxidation* (Elektronenabgabe): Bei jeder Oxidation steigt die Oxidationszahl. Den Unterschied der Oxidationszahlen zwischen rechts und links muss man als Elektronen auf die Seite der höheren Oxidationszahl schreiben: $SO_2 \rightarrow HSO_4^- + 2\,e^-$.

Für den nächsten Schritt benötigt man die wässrige Lösung, d.h., die immer vorhandenen H_3O^+-Ionen. Diese sind in die Reaktionsgleichung mit einzubeziehen, wobei man zur Vereinfachung nur H^+ schreibt. Es gilt:

Auf die Seite der Elektronen werden so viele H^+-Ionen zugefügt, bis dieselbe Gesamtladung (nicht Oxidationszahl) wie auf der gegenüberliegenden resultiert.

Die linke Seite der Reaktion (nur SO_2) enthält überhaupt keine Ladungen, die rechte dagegen drei negative. Folglich sind rechts 3 H^+ anzuschreiben, damit die Bilanz der Ladungen stimmt:

$$SO_2 \rightarrow HSO_4^- + 2\,e^- + 3\,H^+ .$$

Man erkennt, dass immer mit H_2O-Molekülen auf der den H^+-Ionen gegenüberliegenden Seite ausgeglichen werden kann. Es fehlen somit links 2 H_2O:

$$SO_2 + 2\,H_2O \rightarrow HSO_4^- + 2\,e^- + 3\,H^+ .$$

– *Reduktion* (Elektronenaufnahme)
Bei einer Reduktion wird die Oxidationszahl des beteiligten Elements erniedrigt. Das Permanganat-Ion MnO_4^- nimmt 5 Elektronen auf und geht von der Oxidationszahl +VII in +II über:

$$MnO_4^- + 5\,e^- \to Mn^{2+}.$$

Der Ausgleich mit H^+-Ionen fordert links (immer auf der Seite der Elektronen) 8 H^+. Rechts müssen 4 H_2O angeschrieben werden:

$$MnO_4^- + 5\,e^- + 8\,H^+ \to Mn^{2+} + 4\,H_2O.$$

Die Vereinigung beider Teilreaktionen erfolgt in der Weise, dass jeweils dieselbe Anzahl von Elektronen umgesetzt wird. Da die Oxidation nur 2 mol Elektronen liefert, die Reduktion jedoch 5 mol benötigt, wird erst addiert, wenn die Oxidation mit 5 und die Reduktion mit 2 multipliziert wurde, d. h.:

$$5\,SO_2 + 10\,H_2O \to 5\,HSO_4^- + 10\,e^- + 15\,H^+$$
$$2\,MnO_4^- + 10\,e^- + 16\,H^+$$
$$\to 2\,Mn^{2+} + 8\,H_2O.$$

Die Zahl der Elektronen entfällt bei der Addition der beiden linken und der beiden rechten Seiten:

$$5\,SO_2 + 10\,H_2O + 2\,MnO_4^- + 16\,H^+$$
$$\to 5\,HSO_4^- + 15\,H^+ + 2\,Mn^{2+} + 8\,H_2O.$$

Die Gleichung vereinfacht sich weiter zu:

$$5\,SO_2 + 2\,H_2O + 2\,MnO_4^- + H^+$$
$$\to 5\,HSO_4^- + 2\,Mn^{2+}.$$

> Spezialfälle von Redoxreaktionen, die mit ein und demselben Element ablaufen, werden als Komproportionierung oder Disproportionierung bezeichnet.

Das betreffende Element muss dann in mindestens drei verschiedenen Oxidationszahlen

vorliegen können, einer hohen, einer mittleren und einer niedrigen. Die mittlere Oxidationszahl muss nicht dem Mittelwert der anderen beiden Stufen entsprechen.

Z.3 Verbindungsklassen der organischen Chemie

Z.3.1 Alkane (gesättigte Kohlenwasserstoffe, Paraffine)

> Die einfachste Verbindungsklasse der Organischen Chemie besteht aus den Elementen C und H und baut auf die (sp^3)-Hybridisierung des Kohlenstoffs auf.

Die von der Summenformel her noch einfacher erscheinenden Oxide Kohlenmonoxid CO und Kohlendioxid CO_2 werden genauso wie das Element C (und seine Modifikationen) sowie die Carbonate (Anion CO_3^{2-}) der Anorganischen Chemie zugeordnet.

Methan CH_4 ist das Grundglied einer großen Zahl von Verbindungen, die entweder existieren oder aber zumindest vorstellbar sind. An die Stelle einer C–H-Bindung tritt eine C–C-Bindung, sodass nach Substitution (Ersatz) eines H-Atoms durch CH_3 immer mehr Verbindungen entstehen.

> Die Verbindungsklasse der Summenformel C_nH_{2n+2}, also CH_4 (Methan), C_2H_6 (Ethan), C_3H_8 (Propan), C_4H_{10} (Butan) usw., wird als Alkane bezeichnet.

Z.3.2 Erdöl

Ausgangsmaterial für Erdöl ist das Plankton das, einmal abgestorben, von Bakterien am Meeresboden unter Luftausschluss verarbeitet wurde. Somit enthält Erdöl Verbindungen, die all diejenigen Elemente aufweisen, die auch sonst im Tier- und Pflanzenreich gefunden werden, in erster Linie C, H, O, N und S.

Hauptbestandteil des Erdöls sind Kohlenwasserstoffe (KW), wobei man zwischen paraffinbasischen (reich an kettenförmigen Alkanen) und naphthenbasischen (reich an Cycloalkanen) unterscheidet.

Erdölanalysen erbringen folgende Durchschnittswerte: ca. 85% C, ca. 12% H, ca. 1% N, ca. 0,5% O, Rest Schwefel (da Eiweißstoffe S- und N-haltig sind) und einige Metallspuren.

Kerosin ist eine Sammelbezeichnung für KW im Bereich zwischen C_{10} und C_{16} mit Kp. zwischen 200 und 300 °C.

Es wird u. a. als Treibstoff für Düsenflugzeuge verwendet, wobei es verschiedene Qualitäten gibt.

Kraftstoffe für Otto- und Dieselmotoren genügen unterschiedlichen Anforderungen, welche durch unterschiedliche KW (Kohlenwasserstoffe) erfüllt werden:

- Kleinere und verzweigte Alkane, aber auch Aromaten eignen sich als Otto-Kraftstoff, wobei das sog. Isooctan (exakter: 2,2,4-Trimethylpentan) als besonders günstig und daher als Standard eingestuft wurde.
- Längere und unverzweigte Alkane sind gut als Diesel-Kraftstoff geeignet. Auch hier hat man eine Standardsubstanz im *n*-Hexadecan $C_{16}H_{34}$ gefunden, das allerdings als Cetan bezeichnet wird. Ein weiterer großer Verwendungsbereich nach Heizölen und Kraftstoffen ist der Einsatz für sog. petrochemische Produkte.

Unter der Bezeichnung Petrochemikalien werden alle Substanzen zusammengefasst, die man aus Erdöl oder Erdgas auf verschiedenste Weise herstellen kann.

Z.3.3 Ungesättigte Kohlenwasserstoffe

Kohlenwasserstoffe werden als ungesättigt bezeichnet, wenn sie nicht die maximal mögliche Anzahl von H-Atomen gebunden enthalten.

Das bedeutendste Alken ist das Ethen, das als Ethylen bezeichnet wird. Da innerhalb eines Moleküls mehrere Hybridisierungsarten vorkommen können, ist eine unüberschaubare Anzahl kettenförmiger oder cyclischer Verbindungen mit einer oder mehreren Doppelbindungen möglich. Bei der Benennung wird die Lage der Doppelbindung(en) durch eine Nummerierung der C-Atome angegeben, z. B.:

$H_2C=CH-CH_2-CH_3$	1-Buten
$H_3C-CH=CH-CH_3$	2-Buten
$H_2C=CH-CH=CH_2$	1,3 Butadien
$H_2C=CH-C(CH_3)=CH_2$	2-Methyl-1,3-butadien oder Isopren

Neben der IUPAC-Bezeichnung Alken findet man auch noch den historischen Namen Olefin, der Ölbildner bedeutet.

Das einfachste Alkin ist das Ethin mit dem traditionellen Namen Acetylen und der Summenformel C_2H_2.

Das geruchlose Gas ist im Gemisch mit Luft in weiten Bereichen (etwa von 3- bis 70% Volumenanteile) explosiv. Die Verbrennung, die mit reinem Sauerstoff Temperaturen oberhalb von 2500 °C erreicht, wird zum Schweißen genutzt.

Z.3.4 Benzol und Aromaten

Benzol ist eine farblose, charakteristisch riechende Flüssigkeit (Kp. 80,1 °C; F. 5,5 °C), die ein starkes Gift und eine krebserregende Substanz darstellt.

Benzol hat eine ebene Ringstruktur, in der sechs (sp^2)-hybridisierte C-Atome ein Sechseck bilden.

Jedes C-Ätom bindet über s-Bindungen ein H-Atom und zwei benachbarte C-Atome und besitzt weiterhin noch ein einfach besetztes p-Orbital. Über dieses können nach beiden Seiten hin π-Bindungen ausgebildet werden.

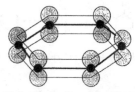

Bild Z-6. Links: s-Bindungen im Benzolring. Rechts: Veranschaulichung der n-Bindungen im Benzolring durch die hervorgehobenen (aber verkleinerten) p-Orbitale.

Benzol ist der Grundkörper der sog. aromatischen Verbindungen.

Das Benzolmolekül lässt sich auf zwei verschiedene Weisen erweitern, ohne dass das Gebiet der Kohlenwasserstoffe verlassen wird:

– Substitution von H-Atomen durch Alkyl- oder Alkenylgruppen
– Anreihung mehrerer Ringe zu aromatischen Polyclen (Anellierung).

Tabelle Z-2. Einfache Benzolderivate (Kohlenwasserstoffe).

Formel der Verbindung	Name	Eigenschaften
CH$_3$	Toluol (Methylbenzol)	Aromatisch riechende Flüssigkeit, Kp. 111 °C, FP. etwa 5 °C; Name vom Tolubaum, aus dessen Harz (Tolubalsam) es erstmals gewonnen wurde. Weniger giftig als Benzol; Lösungsmittel, Benzinbestandteil (hohe Octanzahl)
CH=CH$_2$	Styrol (Vinylbenzol)	Farblose Flüssigkeit, die aus dem Harz des Styraxbaumes gewonnen wurde; Kp. 146 °C, FP. 32 °C; Monomeres des Polystyrols (PS)
CH$_3$ CH$_3$	o-Xylol	Nach dem griechischen Wort für Holz (xylo) benannt. Die Orthoverbindung hat Kp. 144 °C. Technisches Xylol ist eine Mischung aus o-, m- und p-Xylol; Lösungsmittel
CH$_3$ CH$_3$	m-Xylol	Kp. 139 °C
CH$_3$ CH$_3$	p-Xylol	Kp. 138 °C Ausgangsstoff für Polyester
	Biphenyl	Farblose Blättchen, dient zur Behandlung der Schalen von Zitrusfrüchten (E 230, je kg ganzer Frucht maximal 70 mg)

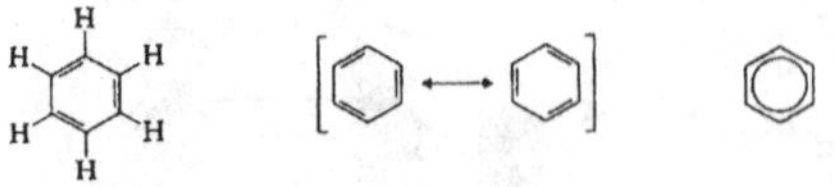

Bild Z-7. Mögliche Strukturformeln für Benzol.

Der erste Fall liegt vor bei Verbindungen wie Toluol und Styrol (ein einziger Substituent) oder bei den Xylolen (zwei Substituenten). Bei der Substitution von zwei H-Atomen können drei unterschiedliche Verbindungen entstehen, die mit ortho-, meta- und para- gekennzeichnet werden.

Polycyclische aromatische KW entstehen durch sog. Anellierung von Benzolringen, d. h. eine Aneinanderreihung über gemeinsame Kanten. Man spricht dann von kondensierten Ringsystemen.

Das einfachste System mit zwei Ringen ist Naphthalin (F. 80 °C). Da diese Substanz früher gegen Motten eingesetzt wurde, bringt man ihren Geruch mit „Mottenpulver", in Verbindung.

Z.3.5 Weitere Verbindungsklassen der organischen Chemie

Zahlreiche Verbindungen der organischen Chemie lassen sich zu charakteristischen Klassen zusammenfassen. Es werden nur die allerwichtigsten erwähnt.

– *Alkohole* (funktionelle Gruppe: –OH): Die einfachen Verbindungen haben die Formel R–OH wie Methanol CH_3OH oder Ethanol C_2H_5OH. Kompliziertere Alkohole besitzen an verschiedenen C-Atomen OH-Gruppen („mehrwertige Alkohole") wie etwa Glykol $HO-CH_2-CH_2-OH$ oder Glycerin $HO-CH_2-CH(OH)-CH_2-OH$. Mehr als eine OH-Gruppe lässt sich i. d. R. nicht

an ein C-Atom binden (sog. Erlenmeyer-Regel).

– *Ether* (funktionelle Gruppe: –O–): Der übliche Ether ist der Diethylether $C_2H_5-O-C_2H_5$, also R–O–R, wobei alle denkbaren Reste möglich sind. Cyclische Ether tragen die Gruppe im Ring.

– *Carbonsäuren* (organische Säuren): Die funktionelle Gruppe ist –CO–OH, wobei das H als H^+ abgespalten werden kann. Typische Beispiele sind Ameisensäure H–COOH und Essigsäure CH_3–COOH.

– *Ester* (funktionelle Gruppe: –CO–OR): Dieser Name für Verbindungen der Formel R–CO–OR wurde durch Zusammenziehen der Worte Essig und Ether gebildet, wobei das h entfiel.

– *Aldehyde* (funktionelle Gruppe: –CO–H): Auch dieser Name ist durch eine Zusammenziehung entstanden, und zwar aus „alcohol dehydrogenatus", d. h. oxidierter Alkohol. Die Verbindungsklasse R–CO–H erhält im Namen die Endung -al, z. B. Ethanal CH_3–CO–H.

– *Ketone* (funktionelle Gruppe: –CO–): Ein wichtiges Beispiel ist Aceton, nach dem die Gruppe benannt wurde: (A)-ceton. Es handelt sich um die feuergefährliche Flüssigkeit CH_3–CO–CH_3 (Kp. 56 °C).

– *Amine* (funktionelle Gruppe: –NH_2): Es handelt sich um Ammoniakderivate wie Methylamin CH_3–NH_2 (Gas, Kp. –6,3 °C).

– *Säureamide* R–CO–NH_2: Hierin ist die saure OH-Gruppe der Carbonsäuren durch –NH_2 ersetzt. Die ersten beiden Verbindungen sind Formamid H–CO–NH_2 und Acet-amid CH_3–CO–NH_2.

– *Aminosäuren* R–CH(NH_2)–COOH. Diese große Familie hat in den α-Aminosäuren ihre bedeutendsten Vertreter, weil sie am Aufbau der Proteine (Eiweißstoffe) beteiligt sind, α bedeutet, dass die NH_2-Gruppe am ersten C-Atom nach der COOH-Gruppe sitzt.

Z.4 Elektrochemie

Z.4.1 Elektrolyse

Als Elektrolyse wird ein chemischer Vorgang bezeichnet, der unter dem Einfluss einer elektrischen Spannung erfolgt, wenn diese von der Spannungsquelle in eine ionenhaltige Flüssigkeit übertragen wird.

Zu den wichtigsten Elektrolysen gehören diejenigen, die in wässriger Lösung ablaufen. Da Wasser schon von sich aus Ionen enthält (H_3O^+ und OH^-), stehen nach Auflösung eines Ionengitters A^+B^- der Kathode die Ionen H_3O^+ und A^+ für eine Reduktion, der Anode OH^- und B^- für eine Oxidation zur Verfügung. Es wird jeweils der energetisch günstigere Prozess ablaufen, wobei die Verhältnisse sowohl von thermodynamischen als auch kinetischen Gesichtspunkten entschieden werden. Vergleicht man wässrige Lösungen von NaCl, Na_2SO_4, H_2SO_4, $CuSO_4$ und $CuCl_2$ hinsichtlich der Elektrodenprodukte an Platin-Elektroden, so erhält man die in Tabelle Z-3 zusammengefassten Ergebnisse.

Es gilt:

– Aus wässriger Lösung werden keine Alkali- und Erdalkali-Ionen kathodisch reduziert
– Chlorid-, Bromid- und Iodid-Ionen lassen sich aus wässriger Lösung anodisch oxidieren

Tabelle Z-3. *Elektrodenprodukte bei Elektrolysen wässriger Lösungen (Platinelektroden).*

Elektrolyt (wässrige Lösung)	Kathodenreaktion	Anodenreaktion
NaCl	H_2-Entwicklung	Cl_2-Entwicklung
Na_2SO_4	H_2-Entwicklung	O_2-Entwicklung
H_2SO_4	H_2-Entwicklung	O_2-Entwicklung
$CuSO_4$	Cu-Abscheidung	O_2-Entwicklung
$CuCl_2$	Cu-Abscheidung	Cl_2-Entwicklung

– Sulfat-Ionen SO_4^{2-} reagieren i. d. R. an der Anode nicht, sondern nur in Ausnahmefällen.

Da Wasser ein extrem schwacher Elektrolyt mit einer äußerst niedrigen Leitfähigkeit ist, setzt man für eine Elektrolyse des Wassers eine geeignete Ionenverbindung zu, die nicht reagiert, aber den Strom leitet (z. B. Na_2SO_4). Die eingebrachten Ionen sind dann nur zur Erhöhung der Leitfähigkeit vorhanden, ohne dass die Elektrodenreaktionen verändert werden:

Anode: $2\,OH^- \rightarrow 1/2\,O_2 + H_2O + 2\,e^-$
Kathode: $H_3O^+ + 2\,e^- \rightarrow H_2 + H_2O$

Z.4.2 Galvanische Zellen

Jeder galvanischen Zelle liegt eine freiwillig ablaufende Redoxreaktion zugrunde.

Beim Eintauchen eines Zink- oder Eisenstabes in eine wässrige Lösung von Kupfersulfat $CuSO_4$ erfolgt eine Verkupferung des eingetauchten Stabes. Eine äquivalente Menge Zink geht dafür in Lösung. Es läuft folgende Reaktion freiwillig ab:

Reduktion:	$Cu^{2+} + 2\,e^-$	$\rightarrow Cu$
Oxidation:	Zn	$\rightarrow Zn^{2+} + 2\,e^-$
Summe:	$Cu^{2+} + Zn$	$\rightarrow Zn^{2+} + Cu$

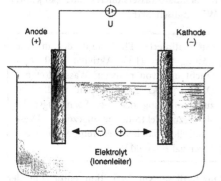

Anode (+)   U   Kathode (–)

⊖   ⊕

Elektrolyt (Ionenleiter)

Bild Z-8. Prinzip einer elektrolytischen Zelle. Über die Art des Elektrolyten sind keine näheren Aussagen gemacht.

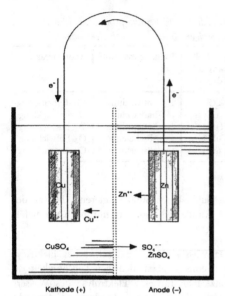

Kathode (+)   Anode (−)

Bild Z-9. Aufbau-Prinzip einer galvanischen Zelle am Beispiel der Daniell-Zelle.

Elementares Zink ist hierbei durch Abgabe von 2 mol Elektronen pro mol Zink ohne äußeren Einfluss in Zn^{2+} übergegangen. Die Cu^{2+}-Ionen haben pro mol 2 mol Elektronen aufgenommen und elementares Kupfer gebildet, das den Zinkstab überzieht.

Dieselbe Reaktion lässt sich in einer galvanischen Zelle durchführen, wobei verhindert wird, dass Elektronen vom Zink direkt zum Cu^{2+}-Ion übergehen, indem beide nicht in unmittelbarem Kontakt stehen.

> Jede galvanische Zelle besteht aus zwei sog. Halbzellen. In der Daniell-Zelle sind die Halbzellen Cu/Cu^{2+} und Zn/Zn^{2+} beteiligt.

Die Bezeichnung „Halbzelle" drückt aus, dass ein in seine Ionenlösung eintauchendes Metall (also M/M^+) nur eine halbe Anordnung darstellt. Erst durch die Kombination zweier Halbzellen entsteht die eigentliche Zelle.

> Wenn in einer galvanischen Zelle nur die Reaktion an einer der beiden Halbzellen interessiert, dann bezeichnet man die nicht interessierende zweite Halbzelle als „Bezugselektrode".

Das Messergebnis bezieht sich auf diese zusätzliche Halbzelle. Hätte man eine andere Bezugselektrode ausgewählt, so wäre auch eine andere Spannung gemessen worden.

> Die gemessene Spannung U einer galvanischen Zelle setzt sich immer aus der Differenz zweier Potenziale E zusammen. Es wurde festgelegt:
> Spannung $U = E(\text{Kathode}) - E(\text{Anode})$
> Einheit: V

Hierin haben die Halbzellen für die Spannung den Buchstaben E erhalten, die gesamte galvanische Zelle dagegen U.

Als geeignetste Bezugselektrode wurde die Wasserstoffelektrode gewählt, ein System, das von den üblichen abweicht, denn Wasserstoffgas H_2 übernimmt die Rolle des Metalls, d.h. der reduzierten Stufe. Es wurde international festgelegt, dass diese Halbzelle unter ganz bestimmten Konzentrations- und Druckbedingungen als „Standardbezugselektrode" für alle anderen Halbzellen dienen soll. Man spricht von Standardwasserstoffelektrode (abgekürzt: SWE, englisch: SHE).

> Ein platinierter Platindraht, der in eine Lösung der H_3O^+-Aktivität 1,00 eintaucht und von reinstem Wasserstoff mit Druck 1013,25 hPa umspült wird, wird zur Festlegung der sog. Spannungsreihe als Bezugselektrode herangezogen. Diese Halbzelle erhält bei allen Temperaturen das Potenzial $E = 0,00$ V.

Durch diese Null-Definition entfällt in der Gleichung $U = E(\text{Kathode}) - E(\text{Anode})$ eine

Halbzellenspannung, so dass das Messergebnis direkt E entspricht. Es ist ein „relatives E", bezogen auf die Standardwasserstoffelektrode (SWE) als Bezugselektrode. Außerdem muss nicht nur die SWE im Standardzustand (d. h. Aktivitäten 1,00) vorliegen, sondern auch das interessierende Redoxsystem Metall/Metall-Ion. Das Messergebnis wird Standardpotenzial E^0 genannt.

Z.4.2.1 Die Spannungsreihe

Wenn alle interessierenden Redoxsysteme (soweit sie einer Messung zugänglich sind) gegen die SWE vermessen werden, erhält man eine Liste von Standardpotenzialen, die von etwa -3 V bis ca. $+3$ V reicht. Diese Liste wird als Spannungsreihe bezeichnet (s. Tabelle Z-4).

Z.4.2.2 Die Nernst'sche Gleichung

Standardpotenziale beziehen sich immer nur auf den Standardzustand, d. h. auf die Aktivität $a(X) = 1,00$ mol/l. Sobald andere Konzentrationsverhältnisse vorliegen – und das ist gewöhnlich immer der Fall – ist dies auch zu berücksichtigen.

W.H. Nernst hat eine Gleichung abgeleitet, die für Abweichungen vom Standardzustand herangezogen werden muss. Sie lautet:

$$E = E^0(\text{red/ox}) + \frac{F_N}{n} \cdot \lg \frac{a(\text{ox})}{a(\text{red})}$$

Einheit: V

Das Standardpotenzial E^0 wird durch einen Summanden korrigiert, der die vorliegende Aktivität in logarithmischer Form enthält. Bei Vorliegen aller Aktivitäten von 1,00 resultiert $E = E^0$ (weil $\lg 1 = 0$). Es bedeuten:

F_N sog. Nernst-Faktor (auch Nernstspannung U_N). Da als Variable die Temperatur enthalten ist, muss bei Berechnungen auf die Temperatur geachtet werden (25 °C: 0,0591 V; 50 °C: 0,0641 V).

Tabelle Z-4. Einige Standardpotenziale $E^0(\text{red/ox})$ in V bei 25°C bezogen auf $E^0(H_2/H_3O^+) = 0,0$ V.

Negative Systeme	E^0 in V	Positive Systeme	E^0 in V
Li/Li$^+$	$-3,02$	SO$_2$/HSO$_4^-$	$+0,12$
Na/Na$^+$	$-2,71$	Cu/CuCl$_2^-$	$+0,19$
Mg/Mg^{2+}	$-2,34$	Cu/Cu^{2+}	$+0,34$
Al/Al^{3+}	$-1,67$	I$^-$/I$_2$	$+0,53$
Zn/Zn(OH)$_4^{2-}$	$-1,22$	Ag/Ag$^+$	$+0,80$
Mn/Mn^{2+}	$-1,10$	NO/HNO$_3$	$+0,96$
Zn/Zn^{2+}	$-0,76$	Br$^-$/Br$_2$	$+1,07$
Cr/Cr^{3+}	$-0,74$	Pt/Pt^{2+}	$+1,20$
Fe/Fe^{2+}	$-0,44$	Cl$^-$/Cl$_2$	$+1,36$
Cd/Cd^{2+}	$-0,40$	Au/Au^{3+}	$+1,42$
Pb/PbSO$_{4(s)}$	$-0,30$	Mn^{2+}/MnO$_4^-$	$+1,52$
Co/Co^{2+}	$-0,27$	PbSO$_{4(s)}$/PbO$_{2(s)}$	$+1,62$
Ni/Ni^{2+}	$-0,25$	SO$_4^{2-}$/S$_2$O$_8^{2-}$	$+2,06$
Pb/Pb^{2+}	$-0,12$	F$^-$/F$_2$	$+2,85$

n Änderung der Oxidationszahl bzw. Unterschied der Oxidationszahlen für red/ox.

$a(\text{ox})$ steht immer im Zähler und entspricht dem Produkt der Aktivitäten aller Partner der oxidierten Seite der Reaktionsgleichung.

$a(\text{red})$ steht immer im Nenner und entspricht analog zu $a(\text{ox})$ dem Produkt der Aktivitäten aller Partner der reduzierten Seite der Gleichung. Reine Metalle befinden sich im Standardzustand $a(M) = 1,00$ ohne Einheit.

Z.4.3 Elektrochemische pH-Messung

Die praktische pH-Skala beruht auf elektrochemisch gemessenen pH-Werten, wobei eine Wasserstoffelektrode als Indikatorelektrode eingesetzt wird. Die Wasserstoffelektrode stellt in ihrer Form als SWE (alle Aktivitäten $a(X) = 1,00$) eine Bezugselektrode dar. Sobald aber $a(H_3O^+)$ von 1,0 mol/l abweicht, beträgt der E-Wert nicht mehr 0,00 V, sondern wird durch die neue Aktivität bestimmt. Für einen

H_2-Druck von 1013 hPa nimmt die Nernst'sche Gleichung der Wasserstoffelektrode folgende Form an:

$$E = -F_N \cdot pH \quad \text{Einheit: V}.$$

Die Potenzialdifferenz E ist somit eine Funktion des pH-Wertes, so dass man aus E auf den pH-Wert rückschließen kann. Damit nimmt aber die Wasserstoffelektrode nicht mehr die Stelle einer Bezugselektrode ein.

> Eine Halbzelle, deren von der Aktivität abhängige Potenzialdifferenz für Aktivitätsermittlungen ausgenutzt wird, nennt man Indikatorelektrode.

Alle Halbzellen, die aus analytischen Gründen eingesetzt werden, sind derartige Indikatorelektroden, denn sie zeigen eine bestimmte Ionenaktivität $a(X)$ an.

Für den Aufbau einer galvanischen Zelle zur pH-Ermittlung ist eine zweite Halbzelle als Bezugselektrode erforderlich. Eine SWE wäre hierfür prinzipiell geeignet, aber die Handhabung einer SWE ist u. a. so umständlich und empfindlich, dass man in der Praxis immer auf andere Bezugselektroden ausweicht. Eine der geeignetsten Bezugselektroden der Praxis ist die Silber-Silberchlorid-Elektrode Ag/AgCl (hier liegt Ag^+ in Form des schwer löslichen AgCl vor).

Z.4.4 Elektrochemische Stromerzeugung (Batterien)

> Elektrochemische Stromquellen (Batterien) sind Energiespeicher, die in einer exergonischen Reaktion ihre Energie abgeben.

Sobald der Gleichgewichtszustand (Abschn. O.4.3.1) erreicht ist (ΔG = 0), hat eine derartige Stromquelle „ihr Lebensende" erreicht. In einigen Fällen ist allerdings eine Reaktionsumkehr möglich, ein sog. Auflade-prozess, der wieder Energie verbraucht. Daher unterscheidet man zwei Fälle:

– *Primärzellen* (Tabelle M-10), d. h. „Einmal-Zellen", die keine Wiederaufladung vertragen. Nach Reaktionsende werden sie zu Sondermüll.

– *Sekundärzellen oder Akkumulatoren* (Tabelle M-11). Das sind Zellen, die über längere Zeit hinweg einen Ladeprozess zulassen, der die Ausgangsstoffe wieder aufbaut. Hier kommt es zu einem ständigen Wechsel zwischen galvanischer und elektrolytischer Zelle. Aber auch diese Zellen werden eines Tages zu Sondermüll.

Z.4.4.1 Der Bleiakkumulator

Bei den im Bleiakkumulator ablaufenden Reaktionen handelt es sich um eine Komproportionierung zwischen elementarem Blei und Blei(IV)oxid PbO_2, wobei Schwefelsäure Elektrolyt ist. Die Dichte der H_2SO_4 liegt für einen vollgeladenen Akkumulator mindestens bei 1,27 g/cm^3; dies entspricht einer Konzentration von ca. 35 %, bzw. $c(H_2SO_4)$ = ca. 4,5 mol/l. In einer derartig hohen Konzentration spielt die 2. Dissoziationsstufe der H_2SO_4 praktisch keine Rolle, sondern nur:

$$H_2SO_4 + H_2O \rightarrow H_3O^+ + HSO_4^-.$$

Die ablaufenden Reaktionen sind daher mit Hydrogensulfat-Ionen wie folgt zu formulieren:

Anode: $Pb_{(s)} + HSO_4^-$
$$\rightarrow PbSO_{4(s)} + H^+ + 2\,e^-$$

Kathode: $PbO_{2(s)} + HSO_4^- + 3\,H^+ + 2\,e^-$
$$\rightarrow PbSO_{4(s)} + 2\,H_2O$$

Die Summierung ergibt folgende Gesamtgleichung:

$$Pb_{(s)} + PbO_{2(s)} + 2\,HSO_4^- + 2\,H^+$$
$$\rightarrow 2\,PbSO_{4(s)} + 2\,H_2O$$

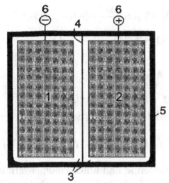

Bild Z-10. Aufbauprinzip einer Batterie.
Erläuterungen:

(1) *Anode*, d. h. Elektrode, an der die Oxidation stattfindet; hier die negative Elektrode. Es handelt sich um ein Metall (Zn, Pb, Li), das oxidiert wird (zu Zn^{2+}, Pb^{2+}, Li^+).

(2) *Kathode*, d. h. Elektrode, an der die Reduktion stattfindet; hier die positive Elektrode. Als Oxidationsmittel kommen z. B. MnO_2, PbO_2, Ag_2O u. a. in Frage.

(3) *Elektrolyt*, eine ionenhaltige wässrige oder nichtwässrige Lösung (eventuell eingedickt). Lithiumbatterien vertragen keine wässrigen Lösungen!

(4) *Separator* genannte *Trennschicht*, die als Diaphragma dient. Sie verhindert unerwünschte Berührungen und Vermischungen.

(5) *Behälter* oder *Gehäuse*.

(6) *Stromableitende Kontakte*.

oder (wenn statt $HSO_4{-} + H^+$ Schwefelsäure geschrieben wird):

$$Pb_{(s)} + PbO_{2(s)} + 2\,H_2SO_4$$

$$\xrightarrow[\text{Ladeprozess}]{\text{Entladung}} 2\,PbSO_{4(s)} + 2\,H_2O \ .$$

Da die Standardpotenziale sowohl der anodischen Oxidation als auch der kathodischen Reduktion bekannt sind, lässt sich die Urspannung der Zelle näherungsweise berechnen. Es gelten:

$$E^0(Pb/PbSO_4) = -0,303\,V \ ;$$
$$E^0(PbSO_4/PbO_2) = +1,627\,V \ .$$

Somit lauten die jeweiligen Ausdrücke für die Nernst'schen Gleichungen:

$$E(\text{Anode}) = -0,303\,V + \frac{F_N}{2} \cdot \lg \frac{a(H^+)}{a(HSO_4^-)}$$

$a(H^+)$ steht vereinfacht für $a(H_3O^+)$. Die Aktivitäten der reinen Festkörper betragen 1,0.

$$E(\text{Kathode}) =$$
$$+1,627\,V + \frac{F_N}{2} \cdot \lg \frac{a(HSO_4^-) \cdot a^3(H^+)}{a^2(H_2O)} \ .$$

Da eine 35%ige H_2SO_4 nicht als verdünnte wässrige Lösung angesehen werden kann, muss für eine exakte Berechnung die Aktivität des Wassers mit einbezogen werden.

Die Urspannung ergibt sich durch die Differenz

$$U = E(\text{Kathode}) - E(\text{Anode}), \quad \text{d. h.}$$
$$U = 1,627\,V - (-0,303\,V)$$
$$+ \frac{F_N}{2} \cdot \lg \frac{a(HSO_4^-) \cdot a^3(H^+) \cdot a(HSO_4^-)}{a^2(H_2O) \cdot a(H^+)}$$
$$= 1,93\,V + F_N \cdot \lg \frac{a(HSO_4^-) \cdot a(H^+)}{a(H_2O)} \ .$$

Da die Aktivitäten nicht bekannt sind, setzt man für eine Berechnung an:

– statt $a(X)$ die Konzentration $c(X)$
– für $a(H_2O) = 1,00$, als ob eine verdünnte wässrige Lösung vorliegen würde
– und vernachlässigt die 2. Dissoziationsstufe der Schwefelsäure; dann gilt $c(H^+) = c(HSO_4^-) = c(H_2SO_4)$.

Aus der Gleichung wird somit:

$$U = 1,93\,V + F_N \cdot \lg c^2(H_2SO_4) \ .$$

Für 25 °C und $c(H_2SO_4) = 4,5$ mol/l resultiert:

$$U = 1,93\,V + 2 \cdot 0,0591\,V \cdot \lg 4,5$$
$$U = 2,006\,V \ .$$

Z.5 Industrielle anorganische Chemie

Z.5.1 Schwefelsäure

Mit etwa 140 Millionen jato (d. h. Tonnen pro Jahr) ist H_2SO_4 mengenmäßig die wichtigste Chemikalie, von der der größte Anteil in der Düngemittelindustrie verbraucht wird. Sie wird durch katalytische Oxidation von SO_2 zu SO_3 und anschließende Umsetzung mit Wasser hergestellt.

Am Ende vieler Verfahren hat man daher eine verunreinigte und verdünnte Schwefelsäure vorliegen, die früher als „Abfall" betrachtet, mit Sonderschiffen aufs Meer transportiert und dort durch einfaches Ablassen (Verklappen) entsorgt wurde. Diese sog. „Dünnsäure" wird heute rezykliert, wobei die Verfahren hierzu immer mehr verbessert wurden. Man konzentriert die Dünnsäure auf ca. 65%ig und sprüht sie in eine 1000 °C heiße Flamme, wobei organische Verunreinigungen zerstört und die Schwefelsäure zersetzt werden (sog. Spaltverfahren):

$$H_2SO_4(H_2O) \xrightarrow{\text{bei } 1000\,°C} SO_2 + 1/2\,O_2 + H_2O .$$

Die Reaktionsgleichungen für das Herstellungsverfahren lauten:

$$S_{(1)} + O_2 \xrightarrow{\text{Verbrennung}} SO_2 \quad \Delta H_R = -297\,kJ/mol$$

$$2\,PbS + 3\,O_2 \xrightarrow{\text{Rösten}} 2\,PbO + 2\,SO_2$$

$$2\,H_2SO_4 \xrightarrow{1000\,°C} 2\,SO_2 + O_2 + 2\,H_2O$$

Schwefel kann zwar problemlos zu SO_2 verbrannt werden, aber nicht ohne weiteres zu SO_3. Hierzu ist eine katalytische Oxidation erforderlich.

Unter Einbeziehung des V_2O_5 lässt sich diese Reaktionsgleichung wie folgt schreiben:

$$SO_2 + V_2O_5 \xrightarrow{450\,°C} SO_3 + 2\,VO_2$$

$$2\,VO_2 + 1/2\,O_2 \xrightarrow{\text{zurück}} V_2O_5 .$$

Z.5.2 Ammoniak

Z.5.2.1 Ammoniak-Synthese

Die Reaktionsgleichung des Verfahrens lautet:

$$N_2 + 3\,H_2 \rightarrow 2\,NH_3 \quad \Delta H_R = -45,6\,kJ/mol .$$

Die exotherme und unter Volumenverminderung ablaufende Reaktion sollte bei möglichst tiefen Temperaturen und hohen Drücken durchgeführt werden, damit ein guter Umsatz erzielt wird.

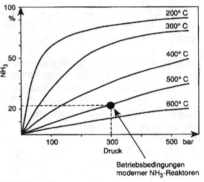

Bild Z-11. NH$_3$-Ausbeute in Abhängigkeit von Druck und Temperatur.

Bei tieferen Temperaturen ist der NH_3-Anteil im Gleichgewicht größer als bei höheren, weil die Reaktion exotherm abläuft; ebenso steigt der NH_3-Anteil mit dem Druck an, weil aus 4 mol Gas 2 mol werden. Da die Reaktionsgeschwindigkeit aber bei niedriger Temperatur zu gering ist, arbeitet man bei Temperaturen zwischen 400 und 500 °C (Druck zwischen 10^5 und $3 \cdot 10^5$ hPa). Außerdem wird die NH_3-Synthese an einem Katalysator durchgeführt, der in diesem Falle die Aktivierungsenergie auf etwa ein Drittel erniedrigt.

Z.5.2.2 Verwendung von Ammoniak

> Die größte Menge des Ammoniaks wird zu Düngemitteln verarbeitet. Die Ammoniaksynthese ist auch der Eingangsprozess zur Herstellung von Salpetersäure.

Durch Ammoniakverbrennung (Ostwald-Verfahren) wird in einem großtechnischen katalytischen Prozess NO gewonnen, aus dem durch weitere Oxidation und Umsetzung mit H_2O Salpetersäure hergestellt wird. Diese NH_3-Verbrennung an einem Pt-Rh-Netzkatalysator (ca. 10% Rh) mit sehr kurzen Verweilzeiten (nur ca. 10^{-5} s) bedarf ganz bestimmter Reaktionsbedingungen, da mehrere miteinander konkurrierende Reaktionen möglich sind. Erwünscht ist die Reaktion:

$$4\,NH_3 + 5\,O_2 \rightarrow 4\,NO + 6\,H_2O$$
$$\Delta H_R = -906 \text{ kJ/mol} .$$

Es schließen sich an:

$$2\,NO + O_2 \rightarrow 2\,NO_2$$
$$2\,NO_2 + H_2O + 1/2\,O_2 \rightarrow 2\,HNO_3 .$$

Die wichtigste Verwendung von NH_3 ist in folgender Übersicht enthalten:

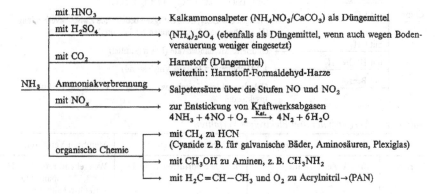

Z.5.3 Alkalichlorid-Elektrolyse – Erzeugung von Cl_2, NaOH und H_2

> Chlor und Natronlauge werden überwiegend durch Elektrolyse einer wässrigen NaCl-Lösung gewonnen.

Der dabei ebenfalls anfallende Wasserstoff (Verwendung als Heizgas, Synthesegas, Ballonfüllung) spielt mengenmäßig keine Rolle im Vergleich zur Wasserstoffproduktion aus Erdgas und Erdöl (partielle Oxidation, Steam-Reforming, Reforming).

Das Ausgangsmaterial der Elektrolyse (Steinsalz, Kochsalz) steht in ausreichender Menge zu Verfügung. Vor der Elektrolyse muss die Sole durch Ausfällen von Ionen wie SO_4^{2-}, Mg^{2+}, Ca^{2+} und Fe^{3+} gereinigt werden. Die Alkalichlorid-Elektrolyse kann nach drei Verfahren durchgeführt werden:

– Diaphragmaverfahren
– Amalgamverfahren
– Membranverfahren.

Die Verwendung von Natronlauge und Chlor wird durch die folgende Zusammenfassung verdeutlicht:

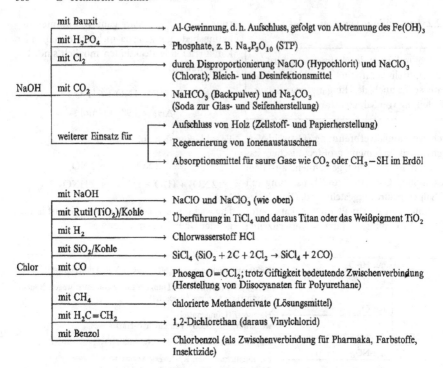

Tabelle Z-5. *Vergleich der drei Elektrolyse-Verfahren.*

	Diaphragma-Verfahren	Amalgam-Verfahren	Membran-Verfahren
Vorteile	Nur 3 V Zellspannung, kein Quecksilber	50%ige chloridfreie NaOH	Weitgehend reine NaOH, nur 3,15 V Spannung, kein Quecksilber
Nachteile	NaOH deutlich Cl⁻-haltig; Kosten für Eindampfen höher als bei Membranverfahren	4,2 V Spannung, d.h. 3300 kWh pro t Chlor; Hg-Emissionen, teurer Umweltschutz	NaOH nur ca. 35%ig, Membrankosten

Z.5.4 Gewinnung von Eisen und Stahl

Für die Gewinnung von Eisen werden die folgenden Eisenerze verwendet:
- Hämatit oder Roteisenstein Fe_2O_3,
- Limonit oder Brauneisenstein $Fe_2O_3 \cdot n\,H_2O$,
- Magnetit Fe_3O_4,
- Siderit $FeCO_3$.

Die Reduktion der Eisenoxide erfolgt in etwa 30–40 m hohen Hochöfen, die abwechselnd mit Koks und einer Mischung aus angereichertem Erz und sog. Zuschlägen beschickt werden. Aus Zuschlägen (Kalkstein, Dolomit) und Begleitmaterial des Erzes (insbesondere SiO_2) bildet sich eine Schlacke, die im Wesentlichen aus Calciumsilicat besteht. Die Schlackebildung lässt sich vereinfacht wie folgt zusammenfassen:

$$SiO_2 + CaCO_3 \rightarrow CaSiO_3 + CO_2 \,.$$

Die Beschickung des Hochofens erfolgt über Glockenverschlüsse, die verhindern, dass

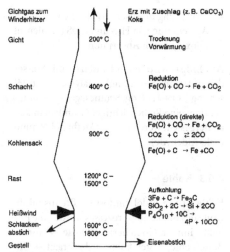

Bild Z-12. *Reaktionszonen und Temperaturverlauf im Hochofen (Höhe ca. 40 m, Gestelldurchmesser ca. 11 m).*

Gichtgas aus dem Hochofen entweicht (Gicht wird der obere Teil genannt). In den unteren Bereich des Hochofens bläst man über eine Ringleitung heiße Luft (Heißwind) von 900 bis 1300 °C, sodass der Koks verbrennt und die erforderliche Temperatur erzeugt wird. Die Reduktion der Eisenoxide erfolgt nur in den sehr heißen unteren Bereichen direkt durch Kohlenstoff, zum größeren Teil jedoch durch CO.

Da unterschiedliche Eisenoxide mit den Oxidationszahlen +2 und +3 beteiligt sind, schreibt man vereinfacht Fe(O) – ein 100%ig reines FeO ist nicht bekannt:

$$Fe(O) + CO \rightarrow Fe + CO_2 \ .$$

Das gebildete CO_2 reagiert mit Kohlenstoff in einer als Boudouard-Gleichgewicht bezeichneten Reaktion zu CO:

$$CO_2 + C \rightarrow 2\,CO \quad \Delta H_R = +172,4\,kJ \ .$$

Die Produkte des Hochofenprozesses sind:

- *Roheisen*; es enthält 3,2–4% C, 0,2–3% Si, 0,5–5% Mn, 0,08–2,5% P und weniger als 0,04% S

- *Schlacke*; sie setzt sich etwa zusammen aus 35% SiO_2, 40% CaO, 10% Al_2O_3, weiterhin MgO, FeO und CaS. Man verarbeitet sie für Produkte der Bauindustrie (Hochofenzement, Hüttensand).
- *Gichtgas*; das 150 bis 400 °C heiße Gas enthält noch etwa 30% CO. Es wird nach Reinigung zum Betrieb der Winderhitzer und der Gebläse für den Heißwind benutzt. Winderhitzer sind regenerative Wärmeaustauscher, die mit feuerfesten Steinen ausgekleidet sind. Sie werden durch Abgase (aus der Verbrennung von Gichtgas) erwärmt und geben die aufgenommene Wärme an den eingeblasenen Kaltwind ab, der dann als Heißwind dem Hochofen zugeführt wird.

Etwa 90% des Roheisens werden in Stahl übergeführt, der Rest wird zu Gusseisen verarbeitet. Härtender Bestandteil ist in erster Linie der Kohlenstoff, dessen Verhalten gegenüber Eisen die Vielfalt dieses Werkstoffs bewirkt. Die folgende Einteilung gibt einen Überblick:

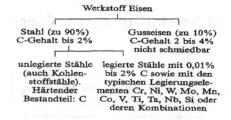

Zur Herstellung von Stahl muss der Kohlenstoffgehalt des Roheisens stark gesenkt (bei Baustählen z. B. auf 0,05 bis 0,25%), andere Begleitstoffe müssen weitgehend entfernt werden. Erst dann lässt sich die Eisenlegierung (also Stahl) schmieden und walzen.

Der Raffinationsprozess umfasst das Frischen, also das Oxidieren der gelösten Bestandteile (wie z. B. C, Si, Mn, P), die Entschwefelung (z. B. mit CaO) und eine als Desoxidation bezeichnete Nachbehandlung; das ist die Entfernung des in der Stahlschmelze gelösten Sauerstoffs durch Desoxidationsmittel, wie z. B. Ferrosilicium, CaSi oder Al.

Die überwiegende Menge des Stahls wird heute durch das Sauerstoffaufblasverfahren (LD-Verfahren) erzeugt, nach dem weit mehr als 100 Stahlwerke in der Welt arbeiten. Hierbei werden Roheisen, Stahlschrott und Kalk in einen Konverter eingebracht und über eine Lanze reiner Sauerstoff mit $5 \cdot 10^3$ bis 10^4 hPa auf die Schmelze geblasen.

> Legierte Stähle stellt man meistens durch das Elektrostahlverfahren her.

Hierbei erfolgt die Beheizung durch Lichtbogen, die zwischen Elektroden aus Graphit und der Schmelze brennen (heute mit Zusatzheizung). Die gewünschten Legierungszusätze werden als Ferrolegierung eingebracht (Legierung zwischen Eisen und dem Legierungsbestandteil, z. B. Ferrochrom, Ferromangan usw.) oder in Form reiner Legierungsmetalle.

Z.6 Industrielle organische Chemie

Z.6.1 Erdöl

> In den Raffinerien erfolgt eine Auftrennung des Rohöls in sog. Siedeschnitte.

Je nach Zielrichtung werden die Raffinerien in Heizöl-, Kraftstoff- und petrochemische Raffinerien unterschieden.

Z.6.2 Erdgas

Man unterscheidet „trockenes" und „nasses" Erdgas. Das trockene Erdgas enthält einen sehr hohen Anteil an CH_4 (ca. 80%) neben CO_2, H_2S und N_2, nasses Erdgas dagegen hat eine Zusammensetzung von ca. 60% CH_4, 15% C_2H_6, 10% C_3H_8. Vor der Einspeisung in Pipelines muss Erdgas aufbereitet werden:

– Trocknung in Absorberkolonnen
– Abtrennung von H_2S und COS (Kohlensulfidoxid) durch Absorption.

Aus Erdgas wird durch Umsetzen mit Wasserdampf (steam-reforming) katalytisch eine Mischung $CO + H_2$ (sog. Synthesegas) gewonnen, aus dem eine Reihe wichtiger Grundchemikalien hergestellt werden kann (Methanol, Ammoniak, Aldehyde).

Z.6.3 Kohle

Kohle ist wie Erdöl ein fossiler Brennstoff. Im Laufe des Inkohlungsprozesses wurden die Produkte immer C-reicher: Cellulose → Torf → Braunkohle → Steinkohle → Anthrazit → Graphit.

Kohle hat eine komplexe Struktur, die vom Inkohlungsgrad abhängt.

Aus Kohle lassen sich zahlreiche wichtige Verbindungen herstellen:

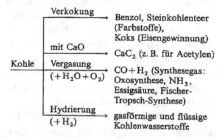

Die Kohlevergasung ist eine Reaktion der Kohle mit H_2O-Dampf und Luft (oder O_2) zu CO und H_2 (Synthesegas):

$$C + 1/2\,O_2 \rightarrow CO \qquad \Delta H_R = -111 \text{ kJ/mol}$$
$$C + H_2O \rightarrow CO + H_2 \qquad \Delta H_R = +118 \text{ kJ/mol}$$

Z.6.4 Biomasse

Während Erdöl und Kohle in Jahrmillionen gebildet wurden, ist Biomasse (die durch Assimilation von CO_2 entsteht) eine sich rasch erneuernde Rohstoffquelle. Die Industrie verwendet Biomasse folgender Art:

– Cellulose aus Holz in der Papier- und Textilindustrie (z. B. Viskoseseide)
– Naturkautschuk
– Fette und fette Öle (Fettsäureglycerinester) nicht nur als Nahrungsmittel, sondern auch für Biodiesel, Lacke und in der Tensid-Herstellung.

Z.6.5 Olefine

Ethen ist die zurzeit mengenmäßig wichtigste Grundchemikalie der industriellen organischen Chemie, gefolgt von Propen, den C_4-Alkenen, Benzol und Toluol. Schwefelsäure und Ammoniak werden jedoch in noch größeren Mengen produziert.

Über die Verwendung von Ethen, Propen und Buten informieren folgende Übersichten:

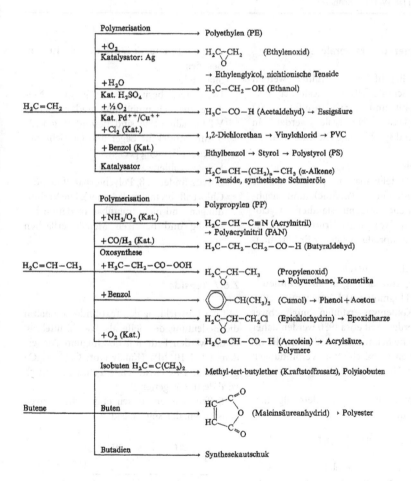

Tabelle Z-6. Substanzgruppen.

Gruppenname	Siedebereich	C-Anzahl
Gasförmige Verbindungen	bis ca. 0 °C	bis C_4 (Butan)
Otto-Kraftstoff (Rohbenzin)	bis 150–200 °C	bis etwa 12
Naphta (Chemiebenzin)	bis 200 °C	bis etwa 12
Düsentreibstoff oder Kerosin	200–250 °C	12 bis 16
Diesel-Kraftstoff und leichtes Heizöl (Mitteldestilat)	200–350 °C	12 bis 25
Schweres Heizöl	Oberhalb 350 °C	oberhalb 25
Schmieröle	350–550 °C	25 bis 40
Bitumen (Rückstand der Vakuumdestillation; abgeleitet vom lat. Wort für Erdharz)	Oberhalb 550 °C	40 bis 50

Z.6.6 Schmier- und Mineralöle

Unter dem Begriff „Schmiermittel" werden
Schmieröle, Schmierfette und feste Schmier-
stoffe (Graphit und Molybdänsulfid MoS_2)
zusammengefasst. Schmieröle werden in
Mineralöle und synthetische Öle unterteilt.

- Mineralöle
  Mineralöle teilt man in paraffinbasische
  (Hauptbestandteil: Paraffine) und naph-
  then-basische (Hauptbestandteil: Cyclo-
  alkane und Aromaten) Grundöle ein. Sie
  fallen als Rohprodukte bei der Erdölraffina-
  tion an.
- Synthetische Schmieröle
  Extreme Anforderungen an Schmieröle
  (z. B. in Flugmotoren) können mit natürlichen Kohlenwasserstoffen nur schwer
  erfüllt werden. Seit etwa 1930 werden daher
  synthetische Schmieröle produziert, die im
  allgemeinen Gemische von Verbindungen
  darstellen. Hierzu gehören:
- Polyether
  z. B. Polyethylenglykole mit dem allgemeinen Aufbau

$$H\text{-}[O\text{-}CH_2\text{-}CH_2\text{-}]_n\text{-}OH$$

- Carbonsäureester (Esteröle)
  Es handelt sich mengenmäßig um die wichtigsten Syntheseöle. Das Veresterungspro-
  dukt zwischen Adipinsäure (Hexandicar-

bonsäure) und 2-Ethylhexanol ist ein
Beispiel;
- Siliconöle
  Diese Öle besitzen eine geringe Nei-
  gung zur Schaumbildung und ein gutes
  VT-Verhalten. Sie sind besonders gut als
  Schmiermittel für Lager und Getriebe mit
  rollender Reibung geeignet.
- Halogenkohlenwasserstoffe
  Einsatz finden z. B. Polychlorparaffine oder
  Chlortrifluorethylen-Polymere. Die Verbin-
  dungen sind nicht brennbar, oxidationsbe-
  ständig und benetzen Metalloberflächen
  gut.

Z.6.7 Tenside

Mit der Entwicklung der Textilindustrie nahm
die Bedeutung der Seife als Waschmittel zu.
Heute werden Fette mit überhitztem Wasserdampf bei 10^5 hPa (Katalysator: CaO, MgO)
gespalten. Das entstehende Fettsäuregemisch
wird destillativ getrennt.

Seifen gehören zu den oberflächenaktiven
Substanzen, den sog. Tensiden.

hydrophober Kohlen-   hydrophile
wasserstoff-Rest   Carboxylat-Gruppe

Veranschaulichung: ⎯⎯○

Aufgrund dieser Struktur nehmen Tenside an der Wasseroberfläche eine Orientierung ein, in der die hydrophile Gruppierung ins Wasser taucht, der hydrophobe Rest aber in die Luft ragt:

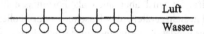

Diese Anordnung erniedrigt die hohe Oberflächenspannung des Wassers und erleichtert den BenetzungsVorgang (d. i. die Ausbreitung des Wassers auf der Faseroberfläche).

- Anionische Tenside
  Hierzu gehören die Seifen, Sulfate und Sulfonate. Es handelt sich um die bedeutendste Gruppe von Tensiden, deren wichtigste Untergruppe die Alkylbenzolsulfonate darstellen.
- Kationische Tenside
  Diese Gruppe spielt in Waschmitteln keine Rolle, da der hydrophile Charakter bei Anwesenheit von anionischen Tensiden verloren geht (es bilden sich schwer lösliche Salze). In sog. quartären Ammonium Verbindungen $NR_4^+X^-$ bewirkt die positive Ladung am N-Atom die hydrophile Eigenschaft. Derartige Tenside spielen in der Textilverarbeitung eine Rolle (sie verleihen den Textilien einen weichen Griff und verringern die elektrostatische Aufladung).
- Nichtionische Tenside
  Diese Tenside werden als Waschmittel für stark öl- und fetthaltige Substrate verwendet. Sie enthalten im hydrophilen Rest eine Hydroxylgruppe –OH und mehrere Ethersauerstoffatome.

Z.6.8 Polymere

Z.6.8.1 Allgemeines

Polymere können natürliche oder aber synthetisch hergestellte Makromoleküle sein. Zu den Polymeren der Natur zählen bei-

spielsweise Cellulose, Stärke, Eiweißkörper oder Kautschuk. Synthetische Polymere nennt man in der Regel Kunststoffe.

Der detaillierte Aufbau eines Polymeren kann sehr unterschiedlich ausfallen. Je nachdem, wie die beiden Monomereinheiten eines Copolymeren miteinander verbunden sind, unterscheidet man:

alternierende Polymere	X-Y-X-Y-X-Y-X-Y-X
statistische Polymere	X-Y-X-X-X-Y-X-Y-Y-X-Y
Blockpolymere	X-X-X-Y-Y-Y-Y-X-X-X
Pfropfpolymere	X-X-X-X-X-X-X-X-X-X

$$\begin{matrix} & | & & | & & | \\ & Y & & Y & & Y \\ & | & & | & & | \\ & Y & & Y & & Y \end{matrix}$$

Die Anordnung der Substituenten (Konfiguration) einer polymeren Kette charakterisiert man durch die sog. Taktizität.

Isotaktische und ataktische Polymere unterscheiden sich in physikalischen Eigenschaften.

Es erweicht beispielsweise ataktisches Polystyrol bereit bei 100 °C, während isotaktisches bis ca. 230 °C stabil bleibt.

Alle Aufbaureaktionen für Polymere nennt man zusammenfassend Polymerisationen wobei in Additionspolymerisationen und Kondensationspolymerisationen unterteilt wird.

Die klassische Unterteilung in Polymerisation, Polykondensation und Polyaddition entspricht nicht mehr der heutigen IUPAC-Nomenklatur. Zur prägnanten Charakterisierung eines Kunststoffes wurden Kurzzeichen eingeführt, die in der Norm DIN 7728 zusammengestellt sind. Eine Vielzahl von Kurzbezeichnungen be-

isotaktisch

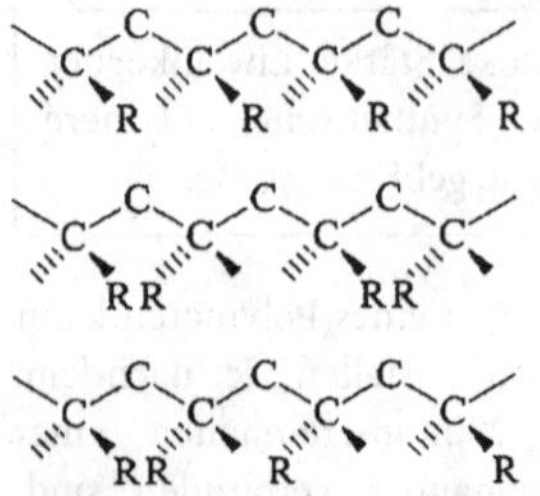

syndiotaktisch

ataktisch

Bild Z-13. Isotaktische, syndiotaktische und ataktische Polymere (H-Atome nicht gezeichnet).

ginnt mit dem Buchstaben P für „Poly" und bezieht sich immer auf Homopolymerisate, z. B.:

PE	Polyethylen	PAN	Poly(acrylnitril)
PA	Polyamid	PVC	Poly(vinylchlorid)
PC	Polycarbonat	PVAC	Poly(vinylacetat)
PB	Polybuten-1		

Z.6.8.2 Lineare Polyester

Zu den bedeutendsten Kunststoffen dieser Art gehört Poly(ethylenterephthalat) PETP, bekannt als Kunstfaser für Kleidungsstücke unter Bezeichnungen wie Diolen oder Trevira. Er wird aber auch als Formmasse für Haushaltsgeräte, für Flaschen oder Folien verwendet. Die Ausgangssubstanzen sind:

– Ethylenglykol $HO-CH_2-CH_2-OH$
– Terephthalsäure (1,4-Benzoldicarbonsäure)

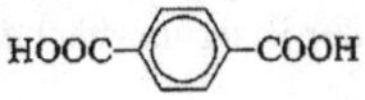

$$HOOC-\langle O \rangle-COOH$$

Durch Veresterung (H_2O-Abspaltung nach beiden Seiten) erhält man das lineare Polymere

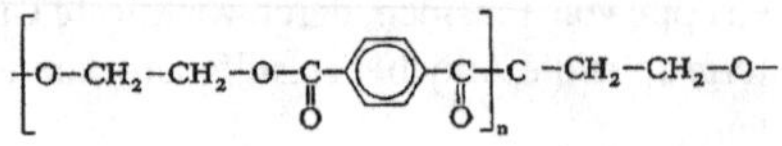

Z.7 Chemische Elemente und ihre Eigenschaften

Im folgenden Abschnitt werden die chemischen und physikalischen Eigenschaften der chemischen Elemente zusammengestellt. Die alphabetische Reihenfolge der Elemente ermöglicht einen schnellen Zugriff auf diese Informationen. Die Eigenschaften sind umfangreicher und vollständiger als in der gewöhnlichen Übersicht im Periodensystem der Elemente. Diese tabellarische Zusammenstellung erlaubt, auf einen Blick die für technische Prozesse und Ingenieuranwendungen benötigten Werte und Informationen zu entnehmen.

Symbol des Elements	Ac	Al
Element	Actinium	Aluminium
chemische Eigenschaften		
Ordnungszahl	89	13
relative Atommasse	(227,0)	26,982
Elektronenkonfiguration	[Rn] 6 d^1 7 s^2	[Ne] 3 s^2 3 p^1
Wertigkeit(en)	3	3
Ionisierungsenergien in eV (I, II, III)	6,9–12,1	5,96–18,74–28,31
Atom- bzw. Ionenradius in pm (Ladung des Ions)	188 118 (3+)	143 51 (3+)
Elektronegativität	1,1	1,61
Häufigkeit in der Erdkruste in %	6,1 · e^{-14}	7,57
Säure-Base-Verhalten des Oxids	–	sauer/basisch
Struktur/Dichte	kubisch	kubisch
	flächenzentriert 10,1	flächenzentriert 2,702
physikalische Eigenschaften		
Isotope/Häufigkeit der Isotope in %	227 228	27/100
Schmelztemperatur in °C	1050	660,4
Siedetemperatur in °C	3200	2467
molare Schmelzwärme in kJ · mol^{-1}	14	10
molare Verdampfungswärme in kJ · mol^{-1}	–	291
spezifische Wärmekapazität in J · K^{-1} · g^{-1}	0,12	0,9
Wärmeleitfähigkeit bei 20 °C in W · m^{-1} · K^{-1}	–	273
linearer Ausdehnungskoeffizient in 10^{-6} K^{-1}	–	23,9
spezifischer elektrischer Widerstand in 10^{-6} Ω · cm	–	2,655 (0)
Temperaturkoeffizient des elektrischen Widerstandes in 10^{-4} K^{-1} (0 °C bis 100 °C)	–	42,9 (0)
magnetische Suszeptibilität 10^{-6}	–	+16,5 RT
Supraleiter-Übergangstemperatur in K		1,175
(p: unter Druck)		

Symbol des Elements	At	Ba
Element	Astat	Barium
chemische Eigenschaften		
Ordnungszahl	85	56
relative Atommasse	(210)	137,33
Elektronenkonfiguration	[Xe] 4 f^{14} 5 d^{10} 6 s^2 6 p^5	[Xe] 6 s^2
Wertigkeit(en)	7, 5, 3, 1	2
Ionisierungsenergien in eV (I, II, III)	–	5,2–10,0
Atom- bzw. Ionenradius in pm (Ladung des Ions)	62 (7+)	217 134 (2+)
Elektronegativität	2,2	0,89
Häufigkeit in der Erdkruste in %	3 · e^{-24}	0,026
Säure-Base-Verhalten des Oxids	–	stark basisch
Struktur/Dichte	–	kubisch
		raumzentriert 3,51
physikalische Eigenschaften		
Isotope/Häufigkeit der Isotope in %	215 218 219	132/0,1 134/2,4 135/6,6 136/7,8 137/11,3 138/71,7
Schmelztemperatur in °C	302	725
Siedetemperatur in °C	335	1640
molare Schmelzwärme in kJ · mol^{-1}	–	7,7
molare Verdampfungswärme in kJ · mol^{-1}	33	151
spezifische Wärmekapazität in J · K^{-1} · g^{-1}	0,14	0,19
Wärmeleitfähigkeit bei 20 °C in W · m^{-1} · K^{-1}	–	–
linearer Ausdehnungskoeffizient in 10^{-6} K^{-1}	–	–
spezifischer elektrischer Widerstand in 10^{-6} Ω · cm	–	36 (0)
Temperaturkoeffizient des elektrischen Widerstandes in 10^{-4} K^{-1} (0 °C bis 100 °C)	–	61 (0)
magnetische Suszeptibilität 10^{-6}	–	+20,6 RT
Supraleiter-Übergangstemperatur in K	–	p 1 … 5,4
(p: unter Druck)		

Am Americum	Sb Antimon	Ar Argon	As Arsen
95	51	18	33
(243,1)	121,75	39,948	74,9222
[Rn] 5 f^7 6 d^0 7 s^2	[Kr] 4 d^{10} 5 s^2 5 p^3	[Ne] 3 s^2 3 p^6	[Ar] 3 d^{10} 4 s^2 4 p^3
6, 5, 4, 3	5, 3	–	5, 3
6	8,5–18–24,7	15,8–27,6–40,9	10,5–20,1–28,0
182 107 (3+) 92 (4+)	145 76 (3+) 62 (5+)	98	125 58 (3+) 46 (5+)
1,3	2,05	–	2,18
–	0,000065	0,00036	0,00055
–	schwach sauer	–	schwach sauer
hexagonal 11,7	rhomboedrisch 6,68	kubisch flächenzentriert 1,40 (1)	kubisch raumzentriert 5,72/2,03
242 243 244	121/57,2 123/42,8	36/0,3 38/0,1 40/99,2	75/100
994	630,7	−189,2	817
2607	1750	−185,7	613
10	19,8	1,2	28
216	83	6,5	–
0,14	0,21	0,52	0,33
–	22	0,02	–
–	10,8	–	5,6
–	39,0 (0)	–	33,3 (20)
–	51 (0)	–	–
+100 RT	−99,0 (293)	−19,6 RT	−23,7 (293)
1	p 3,6	–	p 0,31 … 0,5

Bk Berkelium	Be Beryllium	Bi Bismut	Pb Blei
97	4	83	82
(247,1)	9,0122	208,98	207,19
[Rn] 5 f9 6 d0 7 s2	1 s^2 2 s^2	[Xe] 4 f^{14} 5 d^{10} 6 s^2 6 p3	[Xe] 4 f^{14} 5 d^{10} 6 s^2 6 p^2
4, 3	2	5, 3	4, 2
–	9,32–18,2–154	8,0–16,6–25,42	7,38–14,96–31,9
96 (3+)	112 35 (2+)	155 96 (3+) 74 (5+)	175 120 (2+) 84 (4+)
1,3	1,57	2,02	2,33
–	0,0005	0,00002	0,0018
–	sauer/basisch	schwach sauer	sauer/basisch
–	hexagonal 1,85	rhomboedrisch 9,8	kubisch flächenzentriert 11,4
–	9/100	209/100	204/1,5 206/23,6 207/22,6 208/52,3
–	1280	271,3	327,5
–	2970	1560	1740
–	12	11	4,8
–	309	179	178
–	1,9	0,12	0,13
–	210	9	37
–	12	13,3	29,1
–	4,2 (20)	106,8 (0)	19,0 (0)
–	250 (20)	46 (0)	42 (0)
–	−9,0 RT	−280,1 RT	−23,0 (289)
–	0,026	p 4 … 8	7,19

Symbol des Elements	B	Br
Element	Bor	Brom
chemische Eigenschaften		
Ordnungszahl	5	35
relative Atommasse	10,81	79,904
Elektronenkonfiguration	$1 s^2 2 s^2 2 p^1$	[Ar] $3 d^{10} 4 s^2 4 p^5$
Wertigkeit(en)	3	5, 1
Ionisierungsenergien in eV (I, II, III)	8,3–25,1–37,9	11,8–21,8–36
Atom- bzw. Ionenradius in pm (Ladung des Ions)	79 23 (3+)	114 195 (1–)
Elektronegativität	2,04	2,96
Häufigkeit in der Erdkruste in %	0,0014	0,0006
Säure-Base-Verhalten des Oxids	schwach sauer	stark sauer
Struktur/Dichte	rhomboedrisch 2,34	orthorhombisch 3,12
physikalische Eigenschaften		
Isotope/Häufigkeit der Isotope in %	10/19,6 11/80,4	79/50,5 81/49,5
Schmelztemperatur in °C	2080	−7,2
Siedetemperatur in °C	2550	58,78
molare Schmelzwärme in kJ · mol⁻¹	22	5,3
molare Verdampfungswärme in kJ · mol⁻¹	510	15
spezifische Wärmekapazität in J · K⁻¹ · g⁻¹	1,03	0,45
Wärmeleitfähigkeit bei 20 °C in W · m⁻¹ · K⁻¹	29	–
linearer Ausdehnungskoeffizient in 10⁻⁶ K⁻¹	8,3	–
spezifischer elektrischer Widerstand in 10⁻⁶ Ω · cm	$1,8 \cdot 10^{12}$	–
Temperaturkoeffizient des elektrischen Widerstandes in 10⁻⁴ K⁻¹ (0 °C bis 100 °C)	–	–
magnetische Suszeptibilität 10⁻⁶	−6,7 RT	−56,4
Supraleiter-Übergangstemperatur in K (p: unter Druck)	–	–

Symbol des Elements	Ce	Cl
Element	Cer	Chlor
chemische Eigenschaften		
Ordnungszahl	58	17
relative Atommasse	140,12	35,453
Elektronenkonfiguration	[Xe] $4 f^5 5 d^5 0 6 s^5 2$	[Ne] $3 s^2 3 p^5$
Wertigkeit(en)	4, 3	7, 5, 3, 1
Ionisierungsenergien in eV (I, II, III)	5,6–12,3–20	13,0–23,8–39,9
Atom- bzw. Ionenradius in pm (Ladung des Ions)	183 107 (3+) 94 (4+)	99 181 (1–)
Elektronegativität	1,12	3,16
Häufigkeit in der Erdkruste in %	0,0043	0,19
Säure-Base-Verhalten des Oxids	schwach basisch	stark sauer
Struktur/Dichte	kubisch flächenzentriert 6,75	orthorhombisch 1,56 (1)
physikalische Eigenschaften		
Isotope/Häufigkeit der Isotope in %	136/0,2 138/0,2 140/88,5 142/11,1	35/75,5 37/24,5
Schmelztemperatur in °C	798	−101
Siedetemperatur in °C	3426	−34,6
molare Schmelzwärme in kJ · mol⁻¹	9	3,2
molare Verdampfungswärme in kJ · mol⁻¹	314	10,2
spezifische Wärmekapazität in J · K⁻¹ · g⁻¹	0,18	0,49
Wärmeleitfähigkeit bei 20 °C in W · m⁻¹ · K⁻¹	11	0,0072
linearer Ausdehnungskoeffizient in 10⁻⁶ K⁻¹	8,5	–
spezifischer elektrischer Widerstand in 10⁻⁶ Ω · cm	78 (20)	–
Temperaturkoeffizient des elektrischen Widerstandes in 10⁻⁴ K⁻¹ (0 °C bis 100 °C)	87 (20)	–
magnetische Suszeptibilität 10⁻⁶	+2450 (293)	−40,5 (1)
Supraleiter-Übergangstemperatur in K (p: unter Druck)	p 1,3 … 1,9	–

| Cd | Ca | Cf | Cs |
Cadmium	Calcium	Californium	Cäsium
48	20	98	55
112,41	40,08	(251,1)	132,91
[Kr] 4 d^{10} 5 s^2	[Ar] 4 s^2	[Rn] 5 f^{10} 6 d^0 7 s^2	[Xe] 6 s^1
2	2	3	1
8,96–16,8–38,0	6,1–11,9–50,9	–	3,9–25,1
149 97 (2+)	197 99 (2+)	95 (3+)	265 167 (1+)
1,69	1	1,3	0,79
0,00003	3,39	–	0,00065
schwach basisch	stark basisch	–	stark basisch
hexagonal 8,65	kubisch	–	kubisch
	flächenzentriert 1,55	–	raumzentriert 1,87
110/12,4 111/12,7	40/97,0 42/0,6 43/0,1	–	133/100
112/24,1 113/12,3	44/2,1 46/0,003 48/0,2		
114/28,8 116/7,6			
320,9	839	–	28,4
765	1484	–	669,3
6,4	8	–	2,1
100	151	–	66
0,23	0,66	–	0,22
100	130	–	–
29,8	25,2	–	97
6,83 (0)	3,91 (0)	–	20 (20)
43 (0)	42 (0)	–	50 (20)
–19,8 RT	+40,0 RT	–	+29,0 RT
0,52	–	–	p 1,5

| Cr | Co | Cm | Dy |
Chrom	Cobalt	Curium	Dysprosium
24	27	96	66
51,996	58,933	(247,1)	162,5
[Ar] 3 d^5 4 s^1	[Ar] 3 d^7 4 s^2	[Rn] 5 f^7 6 d^1 7 s^2	[Xe] 4 f^{10} 5 d^0 6 s^2
6, 3, 2	3, 2	3	3
6,74–16,6–31	7,81–17,3–33,5	–	6,8–11,6
125 63 (3+) 52 (6+)	125 72 (2+) 63 (3+)	98 (3+)	175 92 (3+)
1,66	1,88	1,3	1,22
0,019	0,0037	–	0,00042
stark sauer	sauer/basisch	–	schwach basisch
kubisch	hexagonal 8,90	– 13,51	hexagonal 8,54
raumzentriert 7,2			
50/4,3 52/83,8 53/9,5	59/100	–	158/0,1 160/2,3 161/18,9
54/2,4			162/25,5 163/25,0 164/28,2
1857	1495	1340	1409
2672	2870	–	2562
15	15,5	–	17
347	381	–	251
0,46	0,42	–	0,17
87	96	–	10
6,6	12,36	–	8,6
12,7 (0)	5,6 (0)	–	57 (25)
21,4 (0)	65,8 (0)	–	11,9 (25)
+180 (293)	ferro 1404	–	ferro 85
–	–	–	–

Symbol des Elements	Es	Fe
Element	Einsteinium	Eisen
chemische Eigenschaften		
Ordnungszahl	99	26
relative Atommasse	(254,1)	55,847
Elektronenkonfiguration	[Rn] 5 f^{11} 6 d^0 7 s^2	[Ar] 3 d^6 4 s^2
Wertigkeit(en)	–	3,2
Ionisierungsenergien in eV (I, II, III)	–	7,83–16,16–30,6
Atom- bzw. Ionenradius in pm (Ladung des Ions)	–	124 74 (2+) 64 (3+)
Elektronegativität	1,3	1,83
Häufigkeit in der Erdkruste in %	–	4,7
Säure-Base-Verhalten des Oxids	–	sauer/basisch
Struktur/Dichte	– –	kubisch raumzentriert 7,86
physikalische Eigenschaften		
Isotope/Häufigkeit der Isotope in %	–	54/5,8 56/91,7 57/2,2 58/0,3
Schmelztemperatur in °C	–	1535
Siedetemperatur in °C	–	2750
molare Schmelzwärme in kJ · mol^{-1}	–	14
molare Verdampfungswärme in kJ · mol^{-1}	–	351
spezifische Wärmekapazität in J · K^{-1} · g^{-1}	–	0,45
Wärmeleitfähigkeit bei 20 °C in W · m^{-1} · K^{-1}	–	78
linearer Ausdehnungskoeffizient in 10^{-6} K^{-1}	–	11,7
spezifischer elektrischer Widerstand in 10^{-6} Ω · cm	–	8,9 (0)
Temperaturkoeffizient des elektrischen Widerstandes in 10^{-4} K^{-1} (0 °C bis 100 °C)	–	65 (0)
magnetische Suszeptibilität 10^{-6}	–	ferro 1043
Supraleiter-Übergangstemperatur in K (p: unter Druck)	–	–

Symbol des Elements	Fr	Gd
Element	Francium	Gadolinium
chemische Eigenschaften		
Ordnungszahl	87	64
relative Atommasse	(223,0)	157,25
Elektronenkonfiguration	[Rn] 7 s^1	[Xe] 4 f^7 5 d^1 6 s^2
Wertigkeit(en)	1	3
Ionisierungsenergien in eV (I, II, III)	–	6,16–12
Atom- bzw. Ionenradius in pm (Ladung des Ions)	180 (1+)	179 97 (3+)
Elektronegativität	0,7	1,2
Häufigkeit in der Erdkruste in %	1,3 · e^{-21}	0,00059
Säure-Base-Verhalten des Oxids	stark basisch	schwach basisch
Struktur/Dichte	kubisch raumzentriert	hexagonal 7,90
physikalische Eigenschaften		
Isotope/Häufigkeit der Isotope in %	223	154/2,1 155/14,7 156/20,5 157/15,7 158/24,9 160/21,9
Schmelztemperatur in °C	(27)	1313
Siedetemperatur in °C	(677)	3266
molare Schmelzwärme in kJ · mol^{-1}	2	15,5
molare Verdampfungswärme in kJ · mol^{-1}	64	312
spezifische Wärmekapazität in J · K^{-1} · g^{-1}	0,14	0,23
Wärmeleitfähigkeit bei 20 °C in W · m^{-1} · K^{-1}	–	9
linearer Ausdehnungskoeffizient in 10^{-6} K^{-1}	–	6,4
spezifischer elektrischer Widerstand in 10^{-6} Ω · cm	–	134,0 (25)
Temperaturkoeffizient des elektrischen Widerstandes in 10^{-4} K^{-1} (0 °C bis 100 °C)	–	17,6 (25)
magnetische Suszeptibilität 10^{-6}	–	ferro 289
Supraleiter-Übergangstemperatur in K (p: unter Druck)	–	–

Er Erbium	Eu Europium	Fm Fermium	F Fluor
68	63	100	9
167,26	151,96	(257,1)	18,998
[Xe] 4 f^{12} 5 d^0 6 s^2	[Xe] 4 f^7 5 d^0 6 s^2	[Rn] 5 f^{12} 6 d^0 7 s^2	1 s^2 2 s^2 2 p^5
3	3, 2	–	1
6,08–11,93	5,67–11,25	–	17,4–35,0–62,6
173 89 (3+)	199 117 (2+) 98 (3+)	–	71 136 (1–)
1,24	1,2	1,3	3,98
0,00023	0,0000099	–	0,027
schwach basisch	schwach basisch	–	–
hexagonal 9,07	kubisch raumzentriert 5,24	–	kubisch 1,51 (1)
162/0,1 164/1,6 166/33,4 167/22,9 168/17,1 170/14,9	151/47,8 153/52,2	–	19/100
1529	822	–	–220
2863	1597	–	–188,1
17	10,5	–	0,25
278s	176	–	3,3
0,17	0,17	–	0,83
10	–	–	–
9,2	–	–	–
107 (25)	90 (25)	–	–
20,1 (25)	–	–	–
ferro ≈ 20	+34 000 (293)	–	–
–	–	–	–

Ga Gallium	Ge Germanium	Au Gold	Hf Hafnium
31	32	79	72
69,72	72,59	196,97	178,49
[Ar] 3 d^{10} 4 s^2 4 p^1	[Ar] 3 d^{10} 4 s^2 4 p^2	[Xe] 4 f^{14} 5 d^{10} 6 s^1	[Xe] 4 f^{14} 5 d^2 6 s^2
3	4	3, 1	4
6–20,5–30,7	8,09–15,86–34,07	9,18–19,95	7–14,9–23,2
122 62 (3+)	121 73 (2+) 53 (4+)	144 137 (1+) 68 (3+)	156 78 (4+)
1,81	2,01	2,54	1,3
0,0014	0,00056	0,0000005	0,00042
sauer/basisch	sauer/basisch	sauer/basisch	sauer/basisch
orthorhombisch 5,91	Diamant 5,32	kubisch flächenzentriert 18,88	hexagonal 13,1
69/60,4 71/39,6	70/20,5 72/27,4 73/7,8 74/36,5 76/7,8	197/100	174/0,2 176/5,2 177/18,5 178/27,1 179/13,8 180/35,2
29,78	937,4	1064	2227
2403	2830	3080	4602
5,6	32	12,8	22
270	328	343	571
0,37	0,31	0,13	0,14
40	61	310	22
18	5,75	14,2	6,6
17,4 (20)	45 · e^6 (25)	2,04 (0)	30,6 (20)
–	–	40 (0)	41,9 (20)
–21,6 (290)	–76,84 (293)	–28,0 (296)	+75,0 (298)
1,09	p 5,4	–	0,13

Symbol des Elements	Ha	He
Element	Hahnium	Helium
chemische Eigenschaften		
Ordnungszahl	105	2
relative Atommasse	(262)	4,0026
Elektronenkonfiguration	[Rn] 5 f^{14} 6 d^3 7 s^2	1 s^2
Wertigkeit(en)	–	–
Ionisierungsenergien in eV (I, II, III)	–	24,6–54,4
Atom- bzw. Ionenradius in pm (Ladung des Ions)	–	93
Elektronegativität	–	–
Häufigkeit in der Erdkruste in %	–	0,00000042
Säure-Base-Verhalten des Oxids	–	–
Struktur/Dichte	– –	hexagonal 0,15 (1)
physikalische Eigenschaften		
Isotope/Häufigkeit der Isotope in %	–	3 4/100
Schmelztemperatur in °C	–	–272,2
Siedetemperatur in °C	–	–268,9
molare Schmelzwärme in kJ · mol^{-1}	–	0,02
molare Verdampfungswärme in kJ · mol^{-1}	–	0,08
spezifische Wärmekapazität in J · K^{-1} · g^{-1}	–	5,21
Wärmeleitfähigkeit bei 20 °C in W · m^{-1} · K^{-1}	–	0,15
linearer Ausdehnungskoeffizient in 10^{-6} K^{-1}	–	–
spezifischer elektrischer Widerstand in 10^{-6} Ω · cm	–	–
Temperaturkoeffizient des elektrischen Widerstandes in 10^{-4} K^{-1} (0 °C bis 100 °C)	–	–
magnetische Suszeptibilität 10^{-6}	–	–1,88 RT
Supraleiter-Übergangstemperatur in K (p: unter Druck)	–	–

Symbol des Elements	K	C
Element	Kalium	Kohlenstoff
chemische Eigenschaften		
Ordnungszahl	19	6
relative Atommasse	39,098	12,011
Elektronenkonfiguration	[Ar] 4 s^1	1 s^2 2 s^2 2 p^2
Wertigkeit(en)	1	4, 2
Ionisierungsenergien in eV (I, II, III)	4,3–31,8–46,0	11,26–24,4–47,9
Atom- bzw. Ionenradius in pm (Ladung des Ions)	227 133 (1+)	71 16 (4+)
Elektronegativität	0,82	2,55
Häufigkeit in der Erdkruste in %	2,4	0,087
Säure-Base-Verhalten des Oxids	stark basisch	schwach sauer
Struktur/Dichte	kubisch raumzentriert 0,86	hexagonal/Diamant 2,26/3,51
physikalische Eigenschaften		
Isotope/Häufigkeit der Isotope in %	39/93,1 40/0,01 41/6,9	12/98,9 13/1,1 14
Schmelztemperatur in °C	63,25	3550
Siedetemperatur in °C	760	4827
molare Schmelzwärme in kJ · mol^{-1}	2,4	–
molare Verdampfungswärme in kJ · mol^{-1}	79	–
spezifische Wärmekapazität in J · K^{-1} · g^{-1}	0,75	0,719
Wärmeleitfähigkeit bei 20 °C in W · m^{-1} · K^{-1}	100	45 G
linearer Ausdehnungskoeffizient in 10^{-6} K^{-1}	84	0,6–4,3
spezifischer elektrischer Widerstand in 10^{-6} Ω · cm	6,3(0)	1375(0)
Temperaturkoeffizient des elektrischen Widerstandes in 10^{-4} K^{-1} (0 °C bis 100 °C)	54(0)	–
magnetische Suszeptibilität 10^{-6}	+20,8 RT	–6,09 RT
Supraleiter-Übergangstemperatur in K (p: unter Druck)	–	–

Ho Holmium	In Indium	I Iod	Ir Iridium
67	49	53	77
164,93	114,82	126,9	192,22
[Xe] 4 f^{11} 5 d^0 6 s^2	[Kr] 4 d^{10} 5 s^2 5 p^1	[Kr] 4 d^{10} 5 s^2 5 p^5	[Xe] 4 f^{14} 5 d^7 6 s^2
3	3	7, 5, 1	6, 4, 3, 2
6,02–11,80	5,76–18,79–27,9	10,45–19,13–33	9,1
174 91 (3+)	163 81 (3+)	133 216 (1–)	136 68 (4+)
1,23	1,78	2,66	2,2
0,00011	0,00001	0,000006	0,0000001
schwach basisch	sauer/basisch	stark sauer	schwach basisch
hexagonal 8,80	tetragonal 7,31	orthorhombisch 4,94	kubisch flächenzentriert
165/100	113/4,3 115/95,7	127/100	191/37,3 193/62,7
1470	156,6	113,5	2410
2695	2080	184,4	4130
17	3,3	7,9	28
251	232	21	611
0,16	0,24	0,43	0,13
–	86	0,4	147
9,5	30	83	6,5
94 (25)	8,4 (0)	1,03 · e15 (20)	5,3 (0)
17,1 (25)	49 (0)	–	39 (0)
ferro ≈ 20	–64,0 RT	–88,7 RT	+25,6 (298)
–	3,4	–	0,11

Kr Krypton	Cu Kupfer	Ku/Rf Kurchatovium/ Rutherfordium	La Lanthan
36	29	104	57
83,8	63,546	(261)	138,91
[Ar] 3 d^{10} 4 s^2 4 p^6	[Ar] 3 d^{10} 4 s^1	[Rn] 5 f^{14} 6 d^2 7 s^2	[Xe] 5 d^1 6 s^2
–	2, 1	–	3
14–24,4–37	7,68–20,34–29,5	–	5,61–1,43–19,2
112	128 96 (1+) 72 (2+)	–	187 114 (3+)
–	1,9	–	1,1
1,9 · e^{-8}	0,01	–	0,0017
–	schwach/basisch	–	stark basisch
kubisch flächen- zentriert 2,16 (1)	kubisch flächenzentriert 8,96	– –	hexagonal 6,75
78/0,3 80/2,3 82/11,6 83/11,5 84/56,9 86/17,4	63/69,1 65/30,9	–	138/0,1 139/99,9
–156,6	1083	–	920
–152,3	2567	–	3454
1,6	13	–	8
9	305	–	402
0,25	0,39	–	0,19
0,0093	390	–	14
–	16,6	–	4,9
–	1,56 (0)	–	57 (25)
–	43 (0)	–	21,8 (25)
–28,8	–5,46 (296)	–	+118,0 RT
–	–	–	4,9α 6,06β

Symbol des Elements	Lr	Li
Element	Lawrencium	Lithum
chemische Eigenschaften		
Ordnungszahl	103	3
relative Atommasse	(260)	6,941
Elektronenkonfiguration	[Rn] 5 f^{14} 6 d^1 7 s^2	1 s^2 2 s^1
Wertigkeit(en)	–	1
Ionisierungsenergien in eV (I, II, III)	–	5,39–75,6–122
Atom- bzw. Ionenradius in pm (Ladung des Ions)	–	152 68 (+1)
Elektronegativität	–	0,98
Häufigkeit in der Erdkruste in %	–	0,006
Säure-Base-Verhalten des Oxids	–	stark basisch
Struktur/Dichte		kubisch
		raumzentriert 0,53
physikalische Eigenschaften		
Isotope/Häufigkeit der Isotope in %	–	6/7,4 7/92,6
Schmelztemperatur in °C	–	180,5
Siedetemperatur in °C	–	1342
molare Schmelzwärme in kJ · mol^{-1}	–	2,9
molare Verdampfungswärme in kJ · mol^{-1}	–	148
spezifische Wärmekapazität in J · K^{-1} · g^{-1}	–	3,4
Wärmeleitfähigkeit bei 20 °C in W · m^{-1} · K^{-1}	–	70
linearer Ausdehnungskoeffizient in 10^{-6} K^{-1}	–	56
spezifischer elektrischer Widerstand in 10^{-6} Ω · cm	–	8,55 (0)
Temperaturkoeffizient des elektrischen Widerstandes in 10^{-4} K^{-1} (0 °C bis 100 °C)		47,5 (0)
magnetische Suszeptibilität 10^{-6}	–	+14,2 RT
Supraleiter-Übergangstemperatur in K (p: unter Druck)	–	–

Symbol des Elements	Mo	Na
Element	Molybdän	Natrium
chemische Eigenschaften		
Ordnungszahl	42	11
relative Atommasse	95,94	22,99
Elektronenkonfiguration	[Kr] 4 d^5 5 s^1	[Ne] 3 s^1
Wertigkeit(en)	6, 5, 4, 3, 2	1
Ionisierungsenergien in eV (I, II, III)	7,35–16,2–27,1	5,1–47,3–71,6
Atom- bzw. Ionenradius in pm (Ladung des Ions)	136 70 (4+) 62 (6+)	186 97 (1+)
Elektronegativität	2,16	0,93
Häufigkeit in der Erdkruste in %	0,0014	2,64
Säure-Base-Verhalten des Oxids	stark sauer	stark basisch
Struktur/Dichte	kubisch	kubisch
	raumzentriert 10,2	raumzentriert 0,97
physikalische Eigenschaften		
Isotope/Häufigkeit der Isotope in %	92/15,9 95/15,7 96/16,5 97/9,5 98/23,8 100/9,6	23/100
Schmelztemperatur in °C	2610	97,81
Siedetemperatur in °C	5560	882,9
molare Schmelzwärme in kJ · mol^{-1}	28	2,6
molare Verdampfungswärme in kJ · mol^{-1}	590	99
spezifische Wärmekapazität in J · K^{-1} · g^{-1}	0,25	1,23
Wärmeleitfähigkeit bei 20 °C in W · m^{-1} · K^{-1}	141	135
linearer Ausdehnungskoeffizient in 10^{-6} K^{-1}	5,44	71
spezifischer elektrischer Widerstand in 10^{-6} Ω · cm	5,2 (0)	4,2 (0)
Temperaturkoeffizient des elektrischen Widerstandes in 10^{-4} K^{-1} (0 °C bis 100 °C)	43,5 (0)	55 (0)
magnetische Suszeptibilität 10^{-6}	+89,0 (298)	+16,0 RT
Supraleiter-Übergangstemperatur in K (p: unter Druck)	0,92	–

Lu Lutetium	Mg Magnesium	Mn Mangan	Md Mendelevium
71	12	25	101
174,97	24,305	54,938	(258)
[Xe] 4 f^{14} 5 d^1 6 s^2	[Ne] 3 s^2	[Ar] 3 d^5 4 s^2	[Rn] 5 f^{13} 6 d^0 7 s^2
3	2	7, 6, 4, 3, 2	–
5,43–14,7	7,61–14,96–79,72	7,41–15,70–33,7	–
172 85 (3+)	160 66 (2+)	137 80 (2+) 46 (7+)	–
1,27	1,31	1,55	1,3
0,00007	1,94	0,085	–
schwach basisch	stark basisch	stark sauer	–
hexagonal 9,84	hexagonal 1,74	kubisch raumzentriert 7,43	– –
175/97,4 176/2,6	24/78,7 25/10,1 26/11,2	55/100	–
1663	648,8	1244	–
3395	1090	1962	–
19	9	15	–
247	128	220	–
0,15	1,03	0,48	–
–	160	7,8	–
12,5	25,8	22	–
68 (25)	3,9 (0)	144α (20)	–
24,0 (25)	42,5 (0)	4 (20)	–
>0 RT	+13,1 RT	+529α (293)	–
0,1 … 0,7	–	–	–

Nd Neodym	Ne Neon	Np Neptunium	Ni Nickel
60	10	93	28
144,24	20,179	(237,0)	58,7
[Xe] 4 f^4 5 d^0 6 s^2	1 s^2 2 s^2 2 p^6	[Rn] 5 f^4 6 d^1 7 s^2	[Ar] 3 d^8 4 s^2
3	–	6, 5, 4, 3	3, 2
5,51–10,7	21,6–41,0–64,0	–	7,61–18,2–35,2
181 104 (3+)	71	130 110 (3+) 95 (4+)	125 69 (2+)
1,14	–	1,36	1,91
0,0022	0,0000005	$4 \cdot e^{-17}$	0,015
schwach basisch	–	sauer/basisch	schwach basisch
hexagonal 7,00	kubisch flächenzentriert 1,20 (1)	orthorhombisch 20,4	kubisch flächenzentriert 8,90
142/27,1 143/12,2 144/23,9 145/8,3 146/17,2 148/5,7	20/90,9 21/0,3 22/8,8	236 237 238 239	58/67,9 60/26,2 61/1,2 62/3,6 64/1,1
1021	–248,7	640	1453
3068	–246	3902	2732
11	0,33	393	18
284	1,8	–	372
0,19	1,03	–	0,44
13	0,049	–	89
6, 7	–	–	13,3
64 (25)	–	–	6,84 (0)
16,4 (25)	–	–	68 (0)
+5628 (288)	–6,74 RT	–	ferro 631
–	–	–	

Symbol des Elements Element	Nb Niob	No Nobelium
chemische Eigenschaften		
Ordnungszahl	41	102
relative Atommasse	92,906	(259)
Elektronenkonfiguration	[Kr] 4 d^4 5 s^1	[Rn] 5 f^{14} 6 d^0 7 s^2
Wertigkeit(en)	5, 3	–
Ionisierungsenergien in eV (I, II, III)	6,88–14,3–25,0	–
Atom- bzw. Ionenradius in pm (Ladung des Ions)	143 69 (5+)	110 (2+)
Elektronegativität	1,6	1,3
Häufigkeit in der Erdkruste in %	0,0019	–
Säure-Base-Verhalten des Oxids	schwach sauer	–
Struktur/Dichte	kubisch raumzentriert 8,55	–
physikalische Eigenschaften		
Isotope/Häufigkeit der Isotope in %	93/100	–
Schmelztemperatur in °C	2468	–
Siedetemperatur in °C	4742	–
molare Schmelzwärme in kJ · mol^{-1}	27	–
molare Verdampfungswärme in kJ · mol^{-1}	695	–
spezifische Wärmekapazität in J · K^{-1} · g^{-1}	0,27	–
Wärmeleitfähigkeit bei 20 °C in W · m^{-1} · K^{-1}	52	–
linearer Ausdehnungskoeffizient in 10^{-6} K^{-1}	7,1	–
spezifischer elektrischer Widerstand in 10^{-6} Ω · cm	13,9 (0)	–
Temperaturkoeffizient des elektrischen Widerstandes in 10^{-4} K^{-1} (0 °C bis 100 °C)	39,5 (0)	–
magnetische Suszeptibilität 10^{-6}	+195,0 (298)	–
Supraleiter-Übergangstemperatur in K (p: unter Druck)	9,25	–

Symbol des Elements Element	Pu Plutonium	Po Polonium
chemische Eigenschaften		
Ordnungszahl	94	84
relative Atommasse	(244,1)	(209)
Elektronenkonfiguration	[Rn] 5 f^6 6 d^0 7 s^2	[Xe] 4 f^{14} 5 d^{10} 6 s^2 6 p^4
Wertigkeit(en)	6, 5, 4, 3	4, 2
Ionisierungsenergien in eV (I, II, III)	5,8	8,42
Atom- bzw. Ionenradius in pm (Ladung des Ions)	151 108 (3+) 93 (4+)	167 67 (6+)
Elektronegativität	1,28	2
Häufigkeit in der Erdkruste in %	2 · e^{-19}	2,1 · e^{-14}
Säure-Base-Verhalten des Oxids	sauer/basisch	sauer/basisch
Struktur/Dichte	monoklin 19,8	monoklin 9,4
physikalische Eigenschaften		
Isotope/Häufigkeit der Isotope in %	236 238 239 240 242 244	210 211 212 214 215 216
Schmelztemperatur in °C	641	254
Siedetemperatur in °C	3232	962
molare Schmelzwärme in kJ · mol^{-1}	–	13
molare Verdampfungswärme in kJ · mol^{-1}	–	101
spezifische Wärmekapazität in J · K^{-1} · g^{-1}	–	0,13
Wärmeleitfähigkeit bei 20 °C in W · m^{-1} · K^{-1}	9	–
linearer Ausdehnungskoeffizient in 10^{-6} K^{-1}	54	–
spezifischer elektrischer Widerstand in 10^{-6} Ω · cm	160 (0)	–
Temperaturkoeffizient des elektrischen Widerstandes in 10^{-4} K^{-1} (0 °C bis 100 °C)	−29 (0)	–
magnetische Suszeptibilität 10^{-6}	+610 RT	–
Supraleiter-Übergangstemperatur in K (p: unter Druck)	–	–

Os Osmium	Pd Palladium	P Phosphor	Pt Platin
76	46	15	78
190,2	106,4	30,974	195,09
[Xe] 4 f^{14} 5 d^6 6 s^2	[Kr] 4 d^{10} 5 s^0	[Ne] 3 s^2 3 p^3	[Xe] 4 f^{14} 5 d^9 6 s^1
8, 6, 4, 3, 2	4, 2	5, 4, 3	4, 2
8,7	8,3–19,8–32,9	11,0–19,7–30,1	8,88–18,6
134 69 (4+)	138 80 (2+)	110 44 (3+) 35 (5+)	139 80 (2+)
2,2	2,2	2,19	2,28
0,000001	0,000001	0,09	0,0000005
schwach sauer	schwach basisch	schwach sauer	schwach basisch
hexagonal 22,6	kubisch flächenzentriert 12,0	kubisch 1,82 w/2,35 r	kubisch flächenzentriert 21,4
186/1,6 187/1,6 188/13,3 189/16,1 190/26,4 192/41,0	102/1,0 104/11,0 105/22,2 106/27,3 108/26,7 110/11,8	31/100	190/0,01 192/0,8 194/32,9 195/33,8 196/25,3 198/7,2
3050	1554	44,1 w	1772
5000	2970	280 w	3827
29	18	0,6	20
678	377	13	510
0,13	0,23	0,77 w	0,13
87	75	–	73
6,6	11,67	124	8,9
9,5 (20)	10,0 (0)	1 · e^{17} w (11)	9,81 (0)
42 (20)	38 (0)	–	39,2 (0)
+9,9 RT	+567,4 (288)	–20,0 r	+201,9 (290)
0,65	–	p 5,8	–

Pr Praseodym	Pm Promethium	Pa Protactinium	Hg Quecksilber
59	61	91	80
140,91	146,9	231,04	200,59
[Xe] 4 f^3 5 d^0 6 s^2	[Xe] 4 f^5 5 d^0 6 s^2	[Rn] 5 f^2 6 d^1 7 s^2	[Xe] 4 f^{14} 5 d^{10} 6 s^2
4, 3	3	5, 4	2, 1
5,46–10,55–20,2	5,55–10,90	–	10,44–18,76–34,2
132 106 (3+) 92 (4+)	106 (3+)	161 113 (3+) 98 (4+)	150 110 (1+) 96 (2+)
1,13	1,2	1,5	2
0,00052	1 · e^{-19}	9,0 · e^{-11}	0,00004
schwach basisch	schwach basisch	schwach basisch	schwach sauer
hexagonal 6,77	hexagonal 7,2	orthorhombisch 15,4	rhomboedrisch 13,53
141/100	144 145 146 147	231 234	198/10,0 199/16,8 200/23,1 201/13,2 202/29,8 204/6,9
931	1170	<1600	–38,87
3512	2460	–	356,6
10	13	15	2,3
333	293	460	59
0,19	0,19	0,12	0,14
12	–	–	8,4
4,8	–	–	–
68 (25)	–	–	98,4 (50)
17,1 (25)	–	–	–
+5010 (293)	–	–	–33,4 (293)
–	–	1,3	4,15 3,95

Symbol des Elements Element	Ra Radium	Rn Radon
chemische Eigenschaften		
Ordnungszahl	88	86
relative Atommasse	(226,0)	(222,0)
Elektronenkonfiguration	[Rn] 7 s^2	[Xe] 4 f^{14} 5 d^{10} 6 s^2 6 p^6
Wertigkeit(en)	2	–
Ionisierungsenergien in eV (I, II, III)	5,28–10,15	10,75
Atom- bzw. Ionenradius in pm (Ladung des Ions)	143 (2+)	–
Elektronegativität	0,9	–
Häufigkeit in der Erdkruste in %	9,5·e^{-11}	6,2·e^{-16}
Säure-Base-Verhalten des Oxids	stark basisch	–
Struktur/Dichte	kubisch raumzentriert 5	kubisch flächenzentriert 4,4 (1)
physikalische Eigenschaften		
Isotope/Häufigkeit der Isotope in %	223 224 226 228	218 219 220 222
Schmelztemperatur in °C	700	−71
Siedetemperatur in °C	1140	−61,8
molare Schmelzwärme in kJ · mol^{-1}	10	2,9
molare Verdampfungswärme in kJ · mol^{-1}	115	16
spezifische Wärmekapazität in J · K^{-1} · g^{-1}	0,12	0,09
Wärmeleitfähigkeit bei 20 °C in W · m^{-1} · K^{-1}	–	–
linearer Ausdehnungskoeffizient in 10^{-6} K^{-1}	–	–
spezifischer elektrischer Widerstand in 10^{-6} Ω · cm	–	–
Temperaturkoeffizient des elektrischen Widerstandes in 10^{-4} K^{-1} (0 °C bis 100 °C)	–	–
magnetische Suszeptibilität 10^{-6}	–	–
Supraleiter-Übergangstemperatur in K (p: unter Druck)	–	–

Symbol des Elements Element	Sm Samarium	O Sauerstoff
chemische Eigenschaften		
Ordnungszahl	62	8
relative Atommasse	150,35	15,999
Elektronenkonfiguration	[Xe] 4 f^6 5 d^0 6 s^2	1 s^2 2 s^2 2 p^4
Wertigkeit(en)	3, 2	2
Ionisierungsenergien in eV (I, II, III)	5,6–11,2	13,6–35,2–54,9
Atom- bzw. Ionenradius in pm (Ladung des Ions)	179 100 (3+)	63 140 (2−)
Elektronegativität	1,17	3,44
Häufigkeit in der Erdkruste in %	0,0006	49,4
Säure-Base-Verhalten des Oxids	schwach basisch	–
Struktur/Dichte	rhomboedrisch 7,52	kubisch 1,15 (1)
physikalische Eigenschaften		
Isotope/Häufigkeit der Isotope in %	147/15,0 148/11,3 149/13,8 150/7,4 152/26,7 154/22,7	16/99,8 17/0,04 18/0,2
Schmelztemperatur in °C	1077	−218,4
Siedetemperatur in °C	1791	−183
molare Schmelzwärme in kJ · mol^{-1}	8,9	0,22
molare Verdampfungswärme in kJ · mol^{-1}	165	3,4
spezifische Wärmekapazität in J · K^{-1} · g^{-1}	0,2	0,92
Wärmeleitfähigkeit bei 20 °C in W · m^{-1} · K^{-1}	–	0,026
linearer Ausdehnungskoeffizient in 10^{-6} K^{-1}	–	–
spezifischer elektrischer Widerstand in 10^{-6} Ω · cm	92 (25)	–
Temperaturkoeffizient des elektrischen Widerstandes in 10^{-4} K^{-1} (0 °C bis 100 °C)	14,8 (25)	–
magnetische Suszeptibilität 10^{-6}	+1860 (291)	+3449 (293)
Supraleiter-Übergangstemperatur in K (p: unter Druck)	–	–

Re Rhenium	Rh Rhodium	Rb Rubidium	Ru Ruthenium
75	45	37	44
186,21	102,91	85,468	101,07
[Xe] 4 f^{14} 5 d^5 6 s^2	[Kr] 4 d^8 5 s^1	[Kr] 5 s^1	[Kr] 4 d^7 5 s^1
7, 6, 4, 2, 1	4, 3, 2	1	8, 6, 4, 3, 2
7,87-16,6	7,7-18,1-31,1	4,2-27,3-40	7,36-16,8-28,5
137 72 (4+) 56 (7+)	134 68 (3+)	248 147 (1+)	133 67 (4+)
1,9	2,28	0,82	2,2
0,0000001	0,0000001	0,0029	0,000002
schwach sauer	sauer/basisch	stark basisch	schwach sauer
hexagonal 21,0	kubisch	kubisch	hexagonal 12,4
	flächenzentriert 12,4	raumzentriert 1,53	
185/37,1 187/62,9	103/100	85/72,2 87/27,8	96/5,5 99/12,7 100/12,6
			101/17,1 102/31,6 104/18,6
3180	1966	38,89	2310
5627	3700	686	3900
33,5	22	2,2	25
707	494	76	619
0,15	0,24	0,34	0,25
48	150	60	117
6,6	8,5	90	9,6
18,6 (0)	4,3 (0)	12,5 (20)	7,3 (0)
31 (0)	44 (0)	53 (20)	42 (20)
+67,6 (293)	+111,0 (298)	+17,0 (303)	+43,2 (298)
1,698	–	–	0,49

Sc Scandium	S Schwefel	Se Selen	Ag Silber
21	16	34	47
44,956	32,06	78,96	107,87
[Ar] 3 d^1 4 s^2	[Ne] 3 s^2 3 p^4	[Ar] 3 d^{10} 4 s^2 4 p^4	[Kr] 4 d^{10} 5 s^1
3	6, 4, 2	6, 4,2	1
6,54-12,8-24,8	10,4-23,4-35,0	9,70-21,3-33,9	7,544-21,4-35,9
161 81 (3+)	102 184 (2-) 12 (6+)	116 198 (2-) 42 (6+)	144 126 (1+)
1,36	2,58	2,55	1,93
0,00051	0,048	0,00008	0,00001
schwach basisch	stark sauer	stark sauer	sauer/basisch
hexagonal 3,0	orthorhombisch/	hexagonal [Se8]	kubisch
	monoklin 2,07 r/1,96 m	4,80 g/4,50 r	flächenzentriert 10,5
45/100	32/95,0 33/0,8 34/4,2	74/0,9 76/9,0 77/7,6	107/51,4 109/48,6
	36/0,02	78/23,5 80/49,8 82/9,2	
1541	113r	217	961,9
2832	444,7	685	2212
16	1,2	5,2	11
305	9,6	21	258
0,56	0,7 r	0,329	0,23
63	0,28 r	0,2 g	418
12	–	37	19,68
66 (25)	2·e^{23} (20)	12 (0)	1,51 (0)
28,2 (25)	–	–	41 (0)
+315 (292)	-15,5r RT	-25,0 RT	-19,5 (296)
–	–	p 6,9	–

Symbol des Elements	Si	N
Element	Silicium	Stickstoff
chemische Eigenschaften		
Ordnungszahl	14	7
relative Atommasse	28,086	14,007
Elektronenkonfiguration	[Ne] $3\,s^2\,3\,p^2$	$1\,s^2\,2\,s^2\,2\,p^3$
Wertigkeit(en)	4	5, 4, 3, 2
Ionisierungsenergien in eV (I, II, III)	8,15–16,3–33,5	14,5–29,6–47,4
Atom- bzw. Ionenradius in pm (Ladung des Ions)	118 42 (4+)	73 171 (3–) 13 (5+)
Elektronegativität	1,9	3,04
Häufigkeit in der Erdkruste in %	25,8	0,03
Säure-Base-Verhalten des Oxids	sauer/basisch	stark sauer
Struktur/Dichte	Diamant 2,33	hexagonal 0,81 (1)
physikalische Eigenschaften		
Isotope/Häufigkeit der Isotope in %	28/92,2 29/4,7 30/3,1	14/99,6 15/0,4
Schmelztemperatur in °C	1410	−209,9
Siedetemperatur in °C	2355	−195,8
molare Schmelzwärme in kJ · mol^{-1}	46	0,36
molare Verdampfungswärme in kJ · mol^{-1}	383	2,8
spezifische Wärmekapazität in J · K^{-1} · g^{-1}	0,71	1,04
Wärmeleitfähigkeit bei 20 °C in W · m^{-1} · K^{-1}	153	0,026
linearer Ausdehnungskoeffizient in 10^{-6} K^{-1}	7,6	–
spezifischer elektrischer Widerstand in 10^{-6} Ω · cm	$32 \cdot e^{-10}$(20)	–
Temperaturkoeffizient des elektrischen Widerstandes in 10^{-4} K^{-1} (0 °C bis 100 °C)	–	–
magnetische Suszeptibilität 10^{-6}	−3,9 RT	−12,0 RT
Supraleiter-Übergangstemperatur in K (p: unter Druck)	p 6,7 … 7,1	–

Symbol des Elements	Tb	Tl
Element	Terbium	Thallium
chemische Eigenschaften		
Ordnungszahl	65	81
relative Atommasse	158,93	204,38
Elektronenkonfiguration	[Xe] $4\,f^9\,5\,d^0\,6\,s^2$	[Xe] $4\,f^{14}\,5\,d^{10}\,6\,s^2\,6\,p^1$
Wertigkeit(en)	4, 3	3, 1
Ionisierungsenergien in eV (I, II, III)	5,98–11,52	6,11–20,4–29,8
Atom- bzw. Ionenradius in pm (Ladung des Ions)	176 93(3+)	170 147(1+) 95(3+)
Elektronegativität	1,2	2,04
Häufigkeit in der Erdkruste in %	0,000085	0,00003
Säure-Base-Verhalten des Oxids	schwach basisch	schwach basisch
Struktur/Dichte	hexagonal 8,23	hexagonal 11,85
physikalische Eigenschaften		
Isotope/Häufigkeit der Isotope in %	159/100	203/29,5 205/70,5
Schmelztemperatur in °C	1360	303,5
Siedetemperatur in °C	3123	1457
molare Schmelzwärme in kJ · mol^{-1}	16	4,3
molare Verdampfungswärme in kJ · mol^{-1}	293	166
spezifische Wärmekapazität in J · K^{-1} · g^{-1}	0,18	0,13
Wärmeleitfähigkeit bei 20 °C in W · m^{-1} · K^{-1}	–	49
linearer Ausdehnungskoeffizient in 10^{-6} K^{-1}	7	29,4
spezifischer elektrischer Widerstand in 10^{-6} Ω · cm	116(25)	16,6(20)
Temperaturkoeffizient des elektrischen Widerstandes in 10^{-4} K^{-1} (0 °C bis 100 °C)	–	52(20)
magnetische Suszeptibilität 10^{-6}	ferro 219	−50,9 RT
Supraleiter-Übergangstemperatur in K (p: unter Druck)	–	2,39

Sr Strontium	Ta Tantal	Tc Technetium	Te Tellur
38	73	43	52
87,62	180,95	98,91	127,6
[Kr] 5 s^2	[Xe] 4 f^{14} 5 d^3 6 s^2	[Kr] 4 d^5 5 s^2	[Kr] 4 d^{10} 5 s^2 5 p^4
2	5	7	6, 4, 2
5,7–11,0–43,6	7,88–16,2	7,3–15,3–29,5	8,96–18,6–30,5
215 112(2+)	143 68(5+)	135	143 221(2–) 56(6+)
0,95	1,5	1,9	2,1
0,014	0,0008	–	0,000001
stark basisch	schwach sauer	stark sauer	schwach sauer
kubisch	kubisch	hexagonal 11,5	hexagonal 6,24
flächenzentriert 2,54	raumzentriert 16,6		
84/0,6 86/9,9 87/7,0	180/0,01 181/99,99	97 98 99	122/2,4 124/4,6 125/7,0
88/82,5			127/18,7 128/31,8 130/34,5
769	2996	2172	449,5
1384	5425	4877	990
9	28	23	18
139	753	577	52
0,29	0,15	0,25	0,2
–	58	–	4,8
–	6,6	–	17,2
23 (20)	12,6 (0)	–	4,36 · e5 (23)
50 (20)	35 (0)	–	–
+92,0 RT	+154 (298)	+270,0 (298)	–39,5 RT
	4,48	7,8	p 2,4 … 5,1

Th Thorium	Tm Thulium	Ti Titan	U Uran
90	69	22	92
232,04	168,93	47,9	238,03
[Rn] 5 f^0 6 d^2 7 s^2	[Xe] 4 f^{13} 5 d^0 6 s^2	[Ar] 3 d^2 4 s^2	[Rn] 5 f^3 6 d^1 7 s^2
4	3	4, 3	6, 5, 4, 3
6,95–11,5–20,0	5,81–12,05–23,71	6,81–13,6–27,6	6,08
180 102 (4+)	172 87(3+)	145 94(2+) 68(4+)	139 97(4+) 80(6+)
1,3	1,25	1,54	1,38
0,0011	0,000019	0,41	0,00032
schwach basisch	schwach basisch	sauer/basisch	sauer/basisch
kubisch	hexagonal 9,33	hexagonal 4,54	orthorhombisch 18,95
flächenzentriert 11,7			
232/100	169/100	46/7,9 47/7,3 48/74,0	234/0,01 235/0,7 238/99,3
		49/5,5 50/5,3	
1750	1545	1660	1132
≈4790	1947	3287	3818
15	18	15,5	13
64	213	429	417
0,14	0,16	0,53	0,12
41	–	23	28
10,5	11,6	8,4	15,3
18,62(20)	90 (25)	50(0)	29α (0)
38 (20)	20 (25)	38 (0)	34 (0)
+132,0 (293)	+25 500 (291)	+153 (293)	+409α (298)
1,37	–	0,39	p 0,4 … 2,4

| Symbol des Elements | V | H |
Element	Vanadium	Wasserstoff
chemische Eigenschaften		
Ordnungszahl	23	1
relative Atommasse	50,942	1,008
Elektronenkonfiguration	[Ar] 3 d^3 4 s^2	1 s^1
Wertigkeit(en)	5, 4, 3, 2	1
Ionisierungsenergien in eV (I, II, III)	6,71–14,6–29,3	13,6
Atom- bzw. Ionenradius in pm (Ladung des Ions)	131 88 (2+) 59 (5+)	37 208 (1–)
Elektronegativität	1,63	2,2
Häufigkeit in der Erdkruste in %	0,014	0,88
Säure-Base-Verhalten des Oxids	sauer/basisch	sauer/basisch
Struktur/Dichte	kubisch	hexagonal 0,07 (1)
	raumzentriert 6,12	
physikalische Eigenschaften		
Isotope/Häufigkeit der Isotope in %	50/0,2 51/99,8	1/99,98 2/0,02
Schmelztemperatur in °C	1890	−259,1
Siedetemperatur in °C	3380	−252,9
molare Schmelzwärme in kJ · mol^{-1}	18	0,06
molare Verdampfungswärme in kJ · mol^{-1}	459	0,45
spezifische Wärmekapazität in J · K^{-1} · g^{-1}	0,48	14,3
Wärmeleitfähigkeit bei 20 °C in W · m^{-1} · K^{-1}	30	0,18
linearer Ausdehnungskoeffizient in 10^{-6} K^{-1}	18,2(0)	–
spezifischer elektrischer Widerstand in 10^{-6} Ω · cm	39 (0)	–
Temperaturkoeffizient des elektrischen Widerstandes in 10^{-4} K^{-1} (0 °C bis 100 °C)	+255 (298)	–
magnetische Suszeptibilität 10^{-6}	5,3	−3,98
Supraleiter-Übergangstemperatur in K (p: unter Druck)	–	–

| Symbol des Elements | Zn | Sn |
Element	Zink	Zinn
chemische Eigenschaften		
Ordnungszahl	30	50
relative Atommasse	65,38	118,69
Elektronenkonfiguration	[Ar] 3 d^{10} 4 s^2	[Kr]4 d^{10} 5 s^2 5 p^2
Wertigkeit(en)	2	4, 2
Ionisierungsenergien in eV (I, II, III)	9,36–17,89–40,0	7,30–14,5–30,5
Atom- bzw. Ionenradius in pm (Ladung des Ions)	130 74 (2+)	151 93 (2+) 69 (4+)
Elektronegativität	1,65	1,96
Häufigkeit in der Erdkruste in %	0,012	0,0035
Säure-Base-Verhalten des Oxids	sauer/basisch	sauer/basisch
Struktur/Dichte	hexagonal 7,14	tetragonal/Diamant
		7,30w/5,76g
physikalische Eigenschaften		
Isotope/Häufigkeit der Isotope in %	64/48,9 66/27,8 67/4,1 68/18,6 70/0,6	116/14,3 117/7,6 118/24,0 119/8,6 120/32,8 124/5,9
Schmelztemperatur in °C	419,6	232
Siedetemperatur in °C	907	2270
molare Schmelzwärme in kJ · mol^{-1}	7,4	7,1
molare Verdampfungswärme in kJ · mol^{-1}	115	296
spezifische Wärmekapazität in J · K^{-1} · g^{-1}	0,39	0,23 w
Wärmeleitfähigkeit bei 20 °C in W · m^{-1} · K^{-1}	121	63 w
linearer Ausdehnungskoeffizient in 10^{-6} K^{-1}	26,3	27
spezifischer elektrischer Widerstand in 10^{-6} Ω · cm	5,5 (0)	10,4 (0)
Temperaturkoeffizient des elektrischen Widerstandes in 10^{-4} K^{-1} (0 °C bis 100 °C)	42 (0)	46 (0)
magnetische Suszeptibilität 10^{-6}	−11,4 RT	+3,1 w RT
Supraleiter-Übergangstemperatur in K (p: unter Druck)	0,85	3,722

W Wolfram	Xe Xenon	Yb Ytterbium	Y Yttrium	
74	54	70	39	
183,85	131,3	173,04	88,907	
[Xe] 4 f^{14} 5 d^4 6 s^2	[Kr] 4 d^{10} 5 s^2 5 p^6	[Xe] 4 f^{14} 5 d^0 6 s^2	[Kr] 4 d^1 5 s^2	
6, 5, 4, 3, 2	–	3, 2	3	
7,98	12,13–21,2–32,1	6,25–12,17–25,2	6,38–12,2–20,5	
137 70 (4+) 62 (6+)	131	194 86 (3+)	178 92 (3+)	
2,36	–	1,1	1,22	
0,0064	2,4 · e^{-9}	0,00025	0,0026	
schwach sauer	–	schwach basisch	schwach basisch	
kubisch	kubisch	kubisch	hexagonal 4,5	
raumzentriert 19,35	flächenzentriert 3,5 (1)	flächenzentriert 6,96		
180/0,1 182/26,4	129/26,4 130/4,1	170/3,0 171/14,3	89/100	
183/14,4 184/30,7	131/21,2 132/26,9	172/21,8 173/16,1		
186/28,4	134/10,4 136/8,9	174/31,9 176/12,7		
3410	–111,9	819	1523	
5660	–107,1	1193	3337	
35	2,3	9	11	
824	12,6	155	367	
0,14	0,16	0,14	0,29	
167	0,006	–	15	
4,45	–	–	10,8	
4,9	–	29 (25)	65 (25)	
48 (0)	–	13 (25)	27,1 (25)	
+59,0 (298)	–43,9 RT	+249 (292)	+2,15 (292)	
0,015	–	–	p 1,7 … 2,5	

Zr Zirkonium	Sg Seaborgium	Ns Nielsbohrium	Hs Hassium	Mt Meitnerium
40	106	107	108	109
91,22	(263)	(262)	(265)	(266)
[Kr] 4 d^2 5 s^2	[Rn] 5 f^{14} 6 d^4 7 s^2	–	–	–
4	–	–	–	–
6,92–13,97–24,00	–	–	–	–
159 79 (4+)	–	–	–	–
1,33	–	–	–	–
0,021	–	–	–	–
sauer/basisch	–	–	–	–
hexagonal 6,49	– –	– –	– –	– –
90/51,5 91/11,2	–	–	–	–
92/17,1 94/17,4 96/2,8	–	–	–	–
1852	–	–	–	–
4377	–	–	–	–
17	–	–	–	–
582	–	–	–	–
0,28	–	–	–	–
22	–	–	–	–
5,89	–	–	–	–
40 (0)	–	–	–	–
44 (0)	–	–	–	–
+122,0 (293)	–	–	–	–
0,65	–	–	–	–

Sachverzeichnis

A

Abbe-Zahl 280
Abbildung 278
Abbildungsfehler 287
Aberration, chromatische 287
Aberration, sphärische 287
Abfallwirtschaft 451
Abgas 446
Abklingkoeffizient 229, 231
Abkühlzeit 420
Ableitung 56–61
Abluft 446
Abreinigungsverfahren 448
Abschnürbereich 527
Absorption 305
Absorptionsfläche
  äquivalente 270
Absorptionsgesetz 542
Absorptionsgrad
  Schall- 264
Absorptionskoeffizient 534
Absorptionskurve 478, 487
Absorptionszahl 426
Abtasttheorem, Shannon'sches 374, 375
Abwassertechnik 443, 446
Ac 596
AC/ACT 543
Acetylen 578
Actinium 596
ADA 565
Adhäsion 202
adiabat 387
adiabatische Strömung 219
Admittanz 368
aerodynamisches Paradoxon 212
Aeromechanik 197 ff.
Aerostatik 197, 198
Ag 609
Aggregatzustand 409
Ähnlichkeit 421
Ähnlichkeitsgesetz 197, 198, 217
Airy'sche Beugungsscheibchen 297
Akkomodation 287
Akkumulator 584
Aktionsgesetz 146
Aktivität 473, 474
  optische 303
Akustik 255 ff.

Bau- 271
Raum- 270
technische 271
Akzeptanzwinkel 281
Al 596
Aldehyd 580
algebraische Gleichung 44
ALGOL 565
Alkalichlorid-Elektrolyse 587
Alkalimetall 569, 571
Alkane 577
Alken 578
Alkohol 580
allgemeine Gaskonstante 391
allgemeine Zustandsgleichung 390, 391
ALU 546
Aluminium 596
AM 376, 377
Am 597
Amalgam-Verfahren 588
Americum 597
Amine 580
Aminosäuren 580
Ammoniak 586
Amortisationszeit, energetische 436
Ampere 322
Amplitude 224
  Wellen- 245
Amplituden-Resonanzfunktion 233
Amplitudenmodulation 376, 377
Amplitudenumtastung 377
Amplitudenverhältnis 228, 229
AND 544
Änderung
  Form- 183
  Gestalt- 183
Anergie 404, 434
Anion 334, 571
Anode 334, 585
Anregung
  hochfrequente 235
  Luftschall- 268
  quasistatische 234, 235
Antennengleichung 384
Antimon 597
aperiodischer Grenzfall 230
Apertur, numerische 281
APL 565
APT 565

© Springer-Verlag GmbH Deutschland 2017
E. Hering, R. Martin, M. Stohrer, *Taschenbuch der Mathematik und Physik*, DOI 10.1007/978-3-662-53419-9

Äquipotenzialfläche   177
Äquipotenziallinie   312
Äquivalent
    elektrochemisches   335
Äquivalentdosis   476, 478
äquivalente Absorptionsfläche   270
äquivalenter Dauerschallpegel   270
Ar   597
Arbeit   79, 153, 166
    Beschleunigungs-   167
    elektrische   326
    Gravitations-   177
    Rotations-   166
    Torsions-   167
    Verschiebungs-   315
    Volumenänderungs-   394
Arcusfunktion   35
Areafunktion   36, 37
Argon   597
arithmetische Reihe   88
arithmetischer Mittelwert   112
Aromate   578
ARRAY   549, 564
Arsen   597
AS   543
As   597
ASCII-Kode   540, 541
ASIC   549
ASK   377
Assembler   565
Assoziativgesetz   542
Astat   596
Astigmatismus   287
At   596
Atomabstand   504
atomare Masseneinheit   456, 469
Atombau   455
Atombindung   568
Atomhülle   455, 458
Atomkern   455
Atommasse   388, 456
    relative   456, Kap. Z.7
Atommodell   458, 460
Atomphysik   455 ff.
Atomradius   455, Kap. Z.7
Au   601
Aufbereitung, Abwasser   446
Aufenthaltswahrscheinlichkeit   458
Aufheizzeit   420
Auflösungsvermögen   297
Aufnehmer
    Schall-   256
Auftrieb   197, 198, 200, 218
Auge   287
Augenblickswert   224

Ausbreitung
    Schall-   255
Ausbreitungskonstante   383
Ausdehnung
    thermische   389
Ausdruck unbestimmter   64
Ausfließen   211
Ausgleichsgerade   122
Ausschaltvorgang   367, 369
Ausschleppen   443
äußere Kraft   157
Austauschteilchen   493
Austrittsarbeit   337
Austrittspupille   285
Avogadro-Konstante   335, 391, 567
Axiom, Newton's sches   145 ff.

B

B   598
Ba   596
Backward-Diode   520
Bahnbeschleunigung   139
Bahndrehimpulsquantenzahl   460
Bahngeschwindigkeit   138
Bahnkurve   140
Bahnmagnetismus   462
Balmer-Serie   460
Bandbreite   373, 378
Bändermodell   516
Bandfilter   262
Bandmittenfrequenz   262
Barium   596
barometrische Höhenformel   204, 205
Baryon   493, 495
Basen   574, Kap. Z.7
BASIC   559–561, 565
Basisgröße   125, 126
Basisschaltung   525
Batterie   338, 339, 584
Bauakustik   271
Bauch
    Schwingungs-   253
Bauelement
    digitales   543
    Wechselstromkreis   363–365
Bauelemente, Bildzeichen elektrischer   310
Bauernfeind's sches Prisma   283
Be   597
Bedingung
    Gleichgewichts-   170
Begrenzung
    Schadstoff-   448
Belag   249
Belastung

Strahlen-   478, 485, 488
Belastungsfall   187
Beleuchtungsstärke   294
Belichtung   294
Benzol   578
Beobachtungsfehler   115
Berkelium   597
Bernoulli-Gleichung   198, 206–208, 214, 219
Beryllium   597
Beschleunigung   137
    Bahn-   139
    Schwerpunkts-   158
    Schwingung   226
    Winkel-   139
Beschleunigungsarbeit   167
Beschleunigungsvektor   140
Besetzungsinversion   532
bestimmtes Integral   65, 68
Bestrahlungsstärke   293
Beugung   295, 297, 299, 300
Bewertung
    biologische   478
Bewertungsfaktor   269, 478
Bewertungskurve
    Schall-   269
Bezugselektrode   582
Bezugssystem
    bewegtes   150
Bezugsweite   288
Bi   597
Biegemoment   189
Biegung   188, 189
Bilanz
    ökologische   440
Bild   278
Bildpunkt   278
Bildzeichen elektrischer Bauelemente   310
Bindung, kovalente   465
Bindungsarten   503
Bindungselektronenpaar   568, 569
Binnendruck   406
binomische Reihe   91
biologische Bewertung   478
biologische Halbwertszeit   478
Biot-Savart'sches Gesetz   344
Biot-Zahl   422
Biphenyl   579
bipolarer Transistor   521, 522
Bismut   597
Bitumen   592
Bk   597
Blatt
    Cartesisches   42
Blei   597
Bleiakkumulator   584

Blende   285
Blendenzahl   291
Blindanteil   362
Blindfaktor   368
Blindleistung   368
Bodenwelle   383
Bohr'sches Postulat   459
Boltzmann-Konstante   391
Boole'sches Gesetz   542
Bor   598
Bottom   494
Boyle-Mariotte'sches Gesetz   197, 198, 204, 397
Br   598
Brackett-Serie   460
Bravais-Gitter   504
Brechung   280
Brechungsgesetz, Snellius'sches   280
Brechungsindex   248
Brechzahl   281
Bremsstrahlung   464
Brennpunkt   279
Brennwert   437
Brewster-Winkel   302
Bridge   557
Brillouin-Zone   509, 510
Brinell-Härteprüfung   195
Brom   598
Brönsted-Base   574
Brönsted-Säure   574
Bruchdehnung   186
Bruchmechanik   192
Brücke
    Thomson-   334
    Wheatstone-   334
Brückenschaltung   334
Burger-Modell   508
Bussystem   549, 550, 553

C

C   565, 602
Ca   599
Cadmium   599
Calcium   599
Californium   599
Candela   292
Carbonsäureester   592
Carbonsäuren   580
Carnot-Faktor   405
Carnot-Prozess   398, 400
Cartesisches Blatt   42
Cäsium   599
Cassini'sche Kurve   43
Cd   599
Ce   598

Celsius   389
Centronics-Schnittstelle   551, 552
Cer   598
Cf   599
Charakteristik, Resonator-   265
Charles-Gesetz   397
Charme   494
chemisches Element   595 ff.
Chlor   598
Chrom   599
chromatische Aberration   287
CIM   556
CISC-Rechner   546
Cl   598
Clausius-Rankine-Prozess   402
Cm   599
CMOS   543
Co   599
Cobalt   599
COBOL   565
Compoundkern   489
Coriolis-Kraft   152
Coulombkraft   314
CPU   546
Cr   599
Cramer'sche Regel   48, 49
Crestfaktor   361
Cs   599
CSMA/CA   555, 556
CSMA/CD   555, 556
CTR (Current Transfer Ratio)   537
Cu   603
Curie-Temperatur   350
Curium   599
cyclischer Verbindung   578

D

d'Alembert'sches Prinzip   151
Dachkantprisma   283
Dämmmaß
   Luftschall-   271
Dampf   413, 414
Dampfdiffusion   429
Dampfdruckkurve   410, 412, 413
Dampfkraftanlage   402
Dampfübergangswiderstand   429
Dämpfungsfrequenz   231
Dämpfungsgrad   229, 231
Dämpfungskoeffizient
   Schallabsorption   260
Dämpfungsmaß   379, 380, 384
Daniell-Zelle   582
database   564
Datei   564

Dateityp   564
Daten
   Mond-   182
   Planeten-   180
   Satelliten-   181
Datenbanktyp   564
Datenfeld   564
Datenflussplan   562
Datenstruktur   562, 564
Datenträger   562, 563
Datentyp   564
DATEX-L   555
DATEX-P   555
Dauer
   Einschwing-   233
Dauermagnetsystem   353
Dauerschallpegel
   äquivalenter   270
Dauerschwingfestigkeit   193
de-Broglie-Wellenlänge   306, 308
de-Morgan-Gesetz   542
Debye-Temperatur   417, 511, 512
Dehnung   184, 188
Deklination   343
Dekrement, logarithmisches   229
Demodulation   376
Deponie
   Abfall-   451
desublimieren   409
Detektor
   Halbleiter-   534
Determinante   50–52, 54, 55
Deuterium-Zyklus   491
Dezimalzahl   539
Diac   519
diamagnetisch   350
Diaphragma-Verfahren   588
Dichroismus   302
Dichte   145, 146
   Strahl-   293
dichteste Kugelpackung   504, 506
dicke Linse   284
Diesel-Kraftstoff   592
Diesel-Prozess   401
Differenzialgleichung   99 ff.
   exakte   103
   gewöhnliche   99 ff.
   lineare   100, 104
   separierbare   101
   ungedämpfte harmonische Schwingung   241, 243
Differenzialquotient   56
Differenzialrechnung   56 ff.
Differenziation mehrere Variable   61
Differenziationsregel   56–59

differenzieller Widerstand   327
Diffusion   220, 402
Diffusionsspannung   535
digitales Bauelement   543
Digitaltechnik   539 ff.
Diode   519, 520
  Laser-   532
  Lumineszenz-   532
Diodenkennlinie   518
Dipolmoment, magnetisches   348
Dispersion   250, 510
Disproportionierung   577
Dissipation   260
Dissoziationsgleichung   573
Distributivgesetz   542
DMA   546
Doppelbrechung   302
  Spannungs-   303
doppelelastische Lagerung   274
Doppelintegral   84, 85
Doppler-Effekt   250
Doppler-Effekt des Lichtes   501
Dosisgröße   478 ff.
Dosiskonstante   487
Dosismessverfahren   478, 483
Dotierstoffe   516
Drain   523
Drainschaltung   526
Drehbewegung   163 ff.
Drehfederkonstante   167
Drehimpuls   163, 171
Drehimpulserhaltungssatz   166
Drehmoment   163
Drehmomentenstoß   166
Dreieck-Sternschaltung   371
Dreieck-Stern-Umwandlung   330
Drosselgerät   210
Druck   187, 199
  Binnen-   406
  dynamischer   208, 209
  Gas-   391
  geodätischer   208, 209
  hydrostatischer   200
  Kolben-   197, 198, 200
  kritischer   408
  osmotischer   220
  Schall-   257
  Schwere-   197, 198, 200, 204
  statischer   208, 209
Druckeinheit   134
Druckenergie   208
Drucksonde   209
Dual-Port-RAM   545
Dualismus Teilchen–Welle   305, 457
Dualkode   378

Dualzahl   539
Dulong-Petit'sche Regel   510, 511
Dulong-Petit'sches Gesetz   396
dünne Linse   284
Durchbruchbereich   527
Durchflusszahl   210
Durchflutungsgesetz   343, 353
Durchgang
  Schall-   255
Duromer   507
Dy   599
Dynamik   145 ff.
dynamische Viskosität   213
dynamischer Druck   208, 209
dynamisches Kräftegleichgewicht   151
DYNAMO   565
Dysprosium   599

E

E-Reihen   3
Ebene   13 ff.
ebullioskopische Konstante   411
ECL   543
Edelgaskonfiguration   568
EEPROM   545
Effekt
  elektrooptischer   304
  Faraday-   304
  Kerr-   304
  Pockels-   304
  Skin-   356
effektive Leistung   155
Effektivwert   361
Eigenfrequenz   253
Eigenleitung   515
Eigenschwingung   253
Eindringtiefe   356
einfachelastische Lagerung   274
Einlagerung   505
Einmal-Zelle   584
Einmassensystem
  viskoelastisches   273
Einmoden-Laser   533
Einsatz
  Energie-   432
Einschaltvorgang   367, 369
Einschlussparameter   491
Einschwingdauer   233
Einseitenbandmodulation   376, 377
Einstein-Temperatur   510, 511
Einsteinium   600
Einstrahlzahl   426
Eintrittspupille   285
Eisen   588, 600

elastische Energie   194
elastische Kraft   148
elastische Lagerung   272
elastische Welle   245, 247
elastischer Stoß   158, 160, 161
Elastizitätsmodul   184
Elastomer   507
elektrische Arbeit   326
elektrische Energiedichte   322
elektrische Feldkonstante   316
elektrische Feldlinien   311
elektrische Feldstärke   246, 312
elektrische Flussdichte   312, 316
elektrische Kraft   314
elektrische Leistung   326
elektrische Momentanleistung   366
elektrische Polarisation   315
elektrische Spannung   333
elektrische Stromstärke, Definition   126
elektrischer Widerstand, spezifischer   324, 328
elektrisches Feld   311
elektrisches Netzwerk   327
elektrisches Potenzial   312, 315
Elektro-Stahlverfahren   590
elektroakustische Wandler   260
Elektrochemie   581
elektrochemische pH-Messung   583
elektrochemische Spannungsreihe   335, 336
elektrochemisches Äquivalent   335
Elektrode, Standardwasserstoff-   335
Elektrodynamik, relativistische   499, 500
Elektrofilter   449
Elektrolyse   335, 581
Elektrolyt   334, 585
Elektrolytkonzentration   444
Elektromagnet, Tragkraft   355
elektromagnetische Schwingung   227, 235, 371
elektromagnetische Welle   247, 251, 384
elektromagnetischer Schwingkreis   372
Elektromagnetismus   343
Elektromotor   369
Elektron   455
Elektronegativität   569, 572, Kap. Z.7
Elektronen-Konfiguration   461, 463
Elektronenabgabe   576
Elektronenaufnahme   577
Elektroneneinfang (EC)   471
Elektronenemission   337
Elektronengas   572
   freies   514
   zweidimensionales   467
Elektronenkonfiguration   567
Elektronenmikroskop   306
Elektronenpaar-Akzeptor   574
Elektronenpaar-Donator   574

elektrooptischer Effekt   304
Elementarteilchen   491 ff.
Elementarzelle   504
Ellipse   20
Eluat   446
EM   376, 377
Emission   446
   Feld-   340
   Foto-   337
   Sekundärelektronen-   337
   spontane   305
   stimulierte   305
   Strahlungs-   532
   thermische   337
Emissionsgrad   426
Emissionszahl   426
Emitterschaltung   524
Empfang
   Heterodyn-   385
Empfänger   382, 385
   Geradeaus-   385
   Überlagerungs-   385
Empfindung
   Schall-   255, 269
energetische Amortisationszeit   436
Energie   155, 434
   Druck-   208
   elastische   194
   Fermi-   514
   fossile   431
   innere   394
   Ionisations-   342, 465
   Kern-   489
   Nutz-   432
   Oberflächen-   203
   Photonen-   305
   plastische Verformungs-   194
   potenzielle   167, 170, 177
   Primär-   431
   regenerative   433
   Rotations-, kinetische   167, 171
   Schwingungs-   247
   Sekundär-   431
   Strahlungs-   293
   thermische   392
Energieband   513
Energiediagramm   461–464
Energiedichte   247, 437
   elektrische   322
   magnetische   355
   Schallwelle   259
Energiedosis   476, 478
Energieeinheit   134
Energieeinsatz   432
Energiefluss   432

Energiekennzahlen   439
Energiequant   458
Energierisiko   432
Energiesatz der Mechanik   155 ff., 167
Energiespeicher   436, 437
Energietechnik   431 ff.
Energieträger   431
Energieumwandlung   387
Energieverbrauch   431, 433, 438
Energieveredlung   432
Energievorrat   431
Energiewandler   434
Enthalpie   395, 409, 410
Entmagnetisierungsfaktor   351, 354
Entmagnetisierungskurve   353
Entropie   403, 404
    Nachricht   375
Entsorgen   451
EOR   564
Epizykloide   39
EPROM   545
Er   601
Erbium   601
Erdalkalimetall   571
Erdbeschleunigung   176
Erdgas   590
Erdmagnetfeld   343
Erdöl   577, 590
Erhaltungssatz
    Drehimpuls-   166, 168
    Elementarteilchen   492
    Energie-   156, 168
    Impuls-   158, 168
    Massen-   422
Ericsson-Prozess   402
Erntefaktor   436
Erreger   232
Erregung, magnetische   343 ff.
erstarren   409
Erwartungswert   110, 112
erzwungene elektrische Schwingung   235
Es   600
Ester   580
Ether   580
Ethernet   555
Eu   601
Euler-Gleichung   422
Europium   601
eV   337
Evolvente
    Kreis-   38
EXAPT   565
exergetischer Wirkungsgrad   405
Exergie   404, 434
EXOR   544

Expansionszahl   210
Exponentialfunktion   33
extensive Größe   388
Extremwert Funktion   63

F

F   601
Fabry-Perot-Interferometer   532
Fading   383
Faktor
    Bewertungs-   269
    Hallradius-   271
    relativistischer   497
Fallbeschleunigung   176
Faraday-Effekt   304
Faraday'sches Gesetz   335
Farben dünner Plättchen   296
FAST   543
FDD   555, 556
Fe   600
Feder-Masse-System   227
Federkonstante   150
Federkraft   148, 154
Fehler
    Abbildungs-   287
    Größt-   114
Fehlerfortpflanzung   114
Fehlerrechnung   111 ff.
Fehlersumme   112
Feld
    elektrisches   311
    magnetisches   342 ff.
Feldeffekt-Transistor   522
Feldemission   340
Feldkonstante
    elektrische   316
    magnetische   344
Feldlinien, elektrische   311, 312
Feldstärke
    Gravitations-   175
    magnetische   248
    Transport-   207
Feldstecher   289
Fermi-Dirac-Verteilung   515
Fermi-Energie   514
Fermi-Geschwindigkeit   514
Fermium   601
Fernpunkt   288
Fernrohr   288
Fernsehröhre   342
Fernsprechen   374
ferromagnetisch   350
Ferromagnetismus   350
Festigkeit

Wechsel-   193
Festkörper
    makromolekularer   507
Festkörperphysik   503 ff.
Festkörperreibung   149
FET-Transistor   521
Feuchtegrad   414
Fibernet   555
Fick'sches Gesetz   429
file   564
Filter, Elektro-   449
Filtration   449
Fizeau-Streifen   296
Flachbandkabel   548
Flächeneinheit   132
Flächenfehler   505
Flächengeschwindigkeit   178
Flächeninhalt   24
Flächenpressung   186
Flächenträgheitsmoment   82, 83, 189–191
Fließspülen   444
FLOPS   546
Fluor   601
Flussdichte
    elektrische   312, 316
    magnetische   344
    Transport-   207
Flussgleichung   353
Flüssigkeitspendel   227
Flüssigkeitsreibung   149
Flüssigkristall   303
FM   376, 377
Fm   601
Formänderung   183
Formfaktor   361
Formzahl   193
FORTH   565
FORTRAN   559–561, 565
fossile Energie   431
Foto-Darlington   537
Foto-Diode   520, 535
Foto-Multiplier   340
Foto-Schmitt-Trigger   537
Foto-Thyristor   537
Foto-Transistor   536
Foto-Triac   537
Fotoapparat   289
Fotoemission   337
Fotometrie   289 ff.
Fotostrom   535
Fotowiderstand   325, 534
Fourier-Analyse   240, 241
Fourier-Gesetz des Wärmetransports   415, 417, 422
Fourier-Integral   373
Fourier-Koeffizienten   240, 242

Fourier-Reihe   93 ff.
Fourier-Synthese   240
Fourier-Transformation   96 ff., 373
Fourier-Zahl   422
Fr   600
Francium   600
Fraunhoferlinie   280
freie Knicklänge   192
freies Elektronengas   514
freies Elektronenpaar   568
Freiheitsgrad   137, 168, 392, 396
Freimachen von Körpern   170
Freiraumdämpfungsmaß   384
Freistrahlgeräusch   274
Fremdstörstellen   505
Frenkel-Paar   505
Frequenz   224
    Bandmitten-   262
    Dämpfungs-   231
    Eigen-   253
    Grenz-   262, 373
    Schall-   255
    Spuranpassungs-   267
Frequenzfunktion   96 ff.
Frequenzmodulation   376, 377
Frequenzumtastung   377
Froude-Zahl   218, 422
FSK   377
FTAM   560
Fundamentalschwingung   244
Funktion
    3. Grades   30
    Arcus-   35
    Area-   36, 37
    Exponential-   33
    Extremwert   63
    Frequenz-   96 ff.
    ganze rationale   63
    gebrochen rationale   63
    Hyperbel-   32
    implizite   59
    lineare   29
    Logarithmus-   34
    Parameterform   60
    Polarkoordinaten   60
    Potenz-   31, 32
    quadratische   30
    trigonometrische   10 ff., 11
    Übertragungs-   374
    Verteilungs-   109
    Wurzel-   32, 33
    Zeit   96 ff.
    zyklometrische   92
Fusion   491

G

Ga   601
Gadolinium   600 •
Galilei-Transformation   150
Galilei-Zahl   423
Gallium   601
galvanische Elemente   336
galvanische Zelle   581
Galvanisieren   335
GAN   555
Gangunterschied   251, 295
ganze rationale Funktion   63
ganze Zahl   4
Gas
   ideales   219
   reales   406 ff.
Gasdruck   391
Gasentladung   341
Gaskonstante   390
Gastheorie, kinetische   391 ff.
Gasturbine   401, 402
Gasverflüssigung   406
Gate-Array   549
Gateschaltung   526
Gateway   557
Gauß'sches Verfahren   49
Gauß-Verteilung   111
Gay-Lussac'sches Gesetz   390, 397
Gd   600
Ge   601
gebrochen rationale Funktion   63
gedämpfte elektromagnetische Schwingung   371
Gegenstandspunkt   278
gekoppelte Schwingung   244
Generator   369
geodätischer Druck   208, 209
geometrische Reihe   88
Gerade   16, 17
Geradeausempfänger   385
Geräusch, Strömungs-   274
Germanium   601
gesättigte Kohlenwasserstoffe   577
Geschwindigkeit   137
   Bahn-   138
   Gruppen-   250
   kosmische   179
   Phasen-   249
   Schall-   255, 257
   Schwerpunkts-   158
   Schwingung   226
   Winkel-   138
Geschwindigkeitseinheit   135
Geschwindigkeitsvektor   140
Geschwindigkeitsverteilung, Maxwell'sche   392

Gesetz
   Ähnlichkeits-   197, 198, 217
   Biot-Savart'sches   344
   Boole'sches   542
   Boyle-Mariotte   197, 198, 204, 397
   Charles-   397
   de Morgan   542
   Dulong-Petit'sches   396
   Durchflutungs-   343, 353
   Faraday'sches   335
   Fick'sches   429
   Fourier'sches des Wärmetransports   415, 417, 422
   Gay-Lussac'sches   390, 397
   Gravitations-   175
   Hooke'sches   184
   Induktions-   354
   Kepler'sches   176, 179
   Kirchhoff'sches   426
   Ohm'sches   326
   Stefan-Boltzmann-   426
   Wiedemann-Franz'sches   417
Gesetz von actio und reactio   146
Gesetz von Malus   301
Gestaltänderung   183
Gewichtskraft   147, 154
Gibbs'sche Phasenregel   412
Gichtgas   589
GIPS   546
Gitter   504
Gitterfehler   505, 506
Gitterwelle   509
Gleichgewicht, thermodynamisches   389, 410
Gleichgewichtsbedingung   170
Gleichgewichtsfall   171
Gleichgewichtszustand   387
Gleichrichter-Diode   519
Gleichstromkreis   322 ff.
Gleichung
   algebraische   44
   Bernoulli   198, 206–208, 214, 219
   Kontinuitäts-   206–208
   kubische   44
   Navier-Stokes   197, 198
   quadratische   44
   Richardson'sche   337
Gleichung n-ten Grades   45
Gleichungssystem, lineares   47–49
Gleichwert   361
Gleitreibung   149
Glimmentladung   342
Gluon   493
Gold   601
GPSS   565
Gradient   207

Gradientenfaser 281
Graetz-Zahl 423
Grashof-Zahl 423
grauer Körper 426
Gravitation 175 ff.
Gravitationsgesetz 175
Graviton 493
Gray 476
Gray-Kode 378, 540
Grenzfall, aperiodischer 230
Grenzfrequenz 262, 373, 537
   Spuranpassungs- 268
Grenzschicht 215
Grenzspannung 193
Grenzwinkel der Totalreflexion 280
Größe
   extensive 388
   intensive 388
   molare 388
   physikalische 127 ff.
   spektrale 291
   spezifische 388
   strahlungsphysikalische 290
Größtfehler 114
Grundgesetz der Mechanik
   Rotation 166
   Translation 146
Grundgesetz, hydrodynamisches 259
Grundintegral 67 ff.
Grundstromkreis 330, 331
Gruppengeschwindigkeit 250, 510
Gruppenindex 250
Güte 229, 231
Gütegrad 434

H

H 612
Hadron 493, 495
Hadruon 493
Hafnium 601
Haftreibung 149
Hagen-Poiseuille'sches Gesetz 214
Hahnium/Nielsborium 602
Halbleiter 513 ff.
Halbleiter-Detektor 534
Halbleiter-Laser 534
Halbleiter-Sender 531 ff.
Halbmetall 570
Halbschwingungsmittelwert 361
Halbwertsbreite 112
Halbwertszeit 473
   biologische 478
Halbzelle 582
Hall-Effekt 347

Quanten- 323
Hall-Generator 348
Hall-Koeffizient 348
Hall-Sonde 348
Hall-Spannung 347, 467
Hall-Widerstand 467
Hallradius, Schall- 271
Hallradiusfaktor 271
Halogen 569
Halogenwasserstoff 592
Hangabtriebskraft 147
HaNs 602
harmonische Welle 245
Härteprüfung 195
Häufigkeit
   relative 111
Hauptebene 284
Hauptquantenzahl 460
Hauptsatz der Thermodynamik 389, 393
Hauptschluss 332
Hauptstromfiltration 449
HC(T) 543
He 602
Heißleiter 325
Heißluftmotor 401
Heizungs-Wirkungsgrad 440
Heizwärme 439
Heizwärmebedarf 440
Heizwert 434
Helium 602
Hellempfindlichkeitsgrad 292
Helmholtz-Resonator 265
Heterodyn-Empfang 385
heteropolare Bindung 503
Hexadezimalzahl 539
hexagonales Gitter 504
Hf 601
Hg 607
Hiebton 274
Histogramm 111
Ho 603
hochfrequente Anregung 235
Hochofen 589
Höhenformel
   barometrische 204, 205
Höhensatz 22
Hohlraumstrahler 292
Hohlspiegel 279
Holmium 603
Holografie 299, 300
Hooke'sches Gesetz 148, 184
Hörbereich 256
hybrider Speicher 545
Hybridisierung 568
hydraulische Presse 200

hydrodynamisches Grundgesetz   259
Hydromechanik   197 ff.
Hydrostatik   197, 198
hydrostatische Waage   202
hydrostatischer Druck   200
Hyperbel   20, 35, 36
Hyperschall   256
Hypozykloide   40
Hysterese
   magnetische   351
   mechanische   194

I

I   603
I/O   546
ideale Gase   219
IEC-Bus   551, 552
IEEE-488   551
imaginäre Zahl   2, 6
Immission   446
Impedanz   368
implizite Funktion   59
Impuls   156 ff.
   Dreh-   163, 171
Impulserhaltungssatz   158, 168
Impulssatz   157
In   603
indifferentes Gleichgewicht   171
Indikatorelektrode   584
Indium   603
individuelle Gaskonstante   390
Induktion
   magnetische   344, 348
   Sättigungs-   351
Induktionsgesetz   354
Induktivität   357
industrielle Chemie anorganisch   586
industrielle Chemie organisch   590
inelastischer Stoß   159–161
Inertialsystem   497
Influenz   315
Informatik   539 ff.
Informationsfluss   375
Informationstheorie   373
Infrarotspektrum   466
Infraschall   256
Inklination   343
Innenpolmaschine   370
innere Energie   394
innere Kraft   157
innerer Leitwert   330
innerer Widerstand   330
Integral, bestimmtes   65
-, Partialbruchzerlegung   70

-, Substitution   69
Doppel-   84, 85
Grund-   67–69
Linien-   83
uneigentliches   68
Integralrechnung   64 ff.
Integration, Produkt-   69
Integrationsregel   69 ff.
Intensität   247
   Schall-   258, 259
Intensitätsverlauf   298
intensive Größe   388
Interferenz   251, 295
Interferenzen gleicher Dicke   296
Interferenzmikroskop   297
Interferometer   297
Intermodulation   381
Inverse   52
Inversionstemperatur   407
Inverter   544
Iod   603
Ion   571
Ionenaustauscher   445
Ionenbindung   503, 571
Ionendosis   476, 478
Ionengitter   571
Ionisationsenergie   342, 465, Kap. Z.7
Ionisierungskoeffizient   342
Ir   603
Iridium   603
irrationale Zahl   5
irreversibler Prozess   402
Isentrope   398
isentrope Schallausbreitung   257
Isentropenexponent   257, 396
Isobare   398, 456
isobare Wärmekapazität   393
Isochore   398
isochore Wärmekapazität   393
Isokline   303
Isolator   513
Isolierwirkungsgrad   273
isomere Umwandlung   472
Isospin   493, 494
Isotherme   398
Isoton   456
Isotop   456, Kap. Z.7
Iterationsverfahren (Nullstelle)   45

J

Jackson Strukturierte Programmierung   565
Joule-Prozess   401
Joule-Thomson-Effekt   406

K

K   602
K_W-Wert   573
Kabel
  Flachband-   548
  Koaxial-   548
Kalium   602
Kältemaschine   400
Kältemischung   410
Kaltleiter   325
Kanalkapazität   375
Kapazität   317 ff.
Kapazitätsdiode   520
Kapillarwirkung   203, 204
Kapitza-Zahl   423
Kaskadenspülung   445
Katalysator   450
Kathetensatz   22
Kathode   585
Kation   334, 571
Katode   334
Katodenstrahlen   342
Kavitation   274
Kegel
  Mach'scher   251
Kegelschnitt, Polargleichung   178
Kelvin   389
Kennzahlen, Energie-   439
Kepler'sches Gesetz   176, 179
Kernart   455
Kernenergie   489
Kernfusion   491
Kernphysik   469 ff.
Kernreaktion   488, 490
Kernspaltung   489, 490
Kernspinmagnetismus   463
Kerosin   578, 592
Kerr-Effekt   304
Keton   580
kettenförmige Verbindung   578
Kettenlinie   41
Kettenregel   57
Kinematik   137 ff.
kinematische Viskosität   213
kinetische Gastheorie   391 ff.
kinetische Rotationsenergie   167, 171
Kirchhoff'sche Regel   327 ff.
Kirchhoff'sches Gesetz   426
klassische Mechanik   145 ff.
Klimatechnik   414
Klirrfaktor   380
Knicklänge
  freie   192
Knickspannung   191, 192

Knickung   191
Knoten
  Schwingungs-   252
Knotenregel   327
Koaxialkabel   548
Kode   540 ff.
  Dual-   378
  Gray-   378
Koeffizient
  Fourier-   240, 242
  Hall-   348
  Ionisierungs-   342
  Längenausdehnungs-   389
  Raumausdehnungs-   390
  Volumenausdehnungs-   199
  Wärmeeindring-   419
Koexistenzgebiet   406, 407, 413
Kohärenz   295
Kohärenzlänge   295
Kohäsion   202
Kohlenstoff   602
Kohlenstoff-Stickstoff-Zyklus   491
Kohlenwasserstoff   448, 449, 577
Kohlevergasung   590
Kohleverkokung   590
Kolbendruck   197, 198, 200
Kollektorschaltung   525
Koma   287
Kombinatorik   107 ff.
Kommutativgesetz   542
Komplexbindung   570
komplexe Spannung   357
  Zahl   6 ff.
komplexer Leitwert   362
komplexer Strom   357
komplexer Widerstand   362
komplexer Zeiger   360
Kompressibilität   185, 199
Kompression   185
Kompressionsmodul   185
Kompressionsverlust   210
Komproportionierung   577
Konchoide des Nikomedes   43
Kondensation   450
Kondensator   317 ff.
kondensieren   409
Konduktanz   368
Konkavlinse   284
Konkavspiegel   279
Konstante
  Boltzmann-   391
  ebullioskopische   411
  Richardson-   337
  Verdet'sche   304
Kontakttemperatur   419

Kontinuitätsgleichung   206–208, 422
Konvektion   415, 420 ff.
konvergente Reihe   89
Konvexlinse   284
Konvexspiegel   279
Konzentration
  Elektrolyt-   444
Koordinaten
  Schwerpunkts-   170
Koordinatensystem   13, 14
Koordinationsverbindung   571
Koordinationszahl   571
Koppelbaustein   558
Korngrenze   505
Körper
  freimachen   170
  starrer   158, 168 ff.
Körperschall   272
Körperschall-Isolierwirkungsgrad   272
Korrelationsanalyse   122, 123
Kosinussatz   23
kosmische Geschwindigkeit   179
kovalente Bindung   465, 503
Kovolumen   406
Kr   603
Kraft   145
  äußere   157
  Coriolis-   152
  Coulomb-   314
  elastische   148
  elektrische   314
  Feder-   148, 154
  Gewichts-   147, 154
  Gravitations-   175
  Hangabtriebs-   147
  innere   157
  Lorentz-   314, 344
  magnetische   314, 342
  Normal-   148
  Reibungs-   150, 154, 228
  Schwer-   147, 154
  Trägheits-   150
  Zentrifugal-   152
  Zentripetal-   148
Kraft-Wärme-Kopplung   436
Kraftdichte   206
Kräftediagramm   147
Kräftegleichgewicht   147, 151
Krafteinheit   133
Kräftepaar   169
Kräftezerlegung   147
Kraftstoff   578
Kreis   19
Kreisbewegung   141
Kreisel   172

Kreiselpräzession   174
Kreisevolvente   38
Kreisfrequenz   224
Kreisprozess   388, 398 ff.
Kriechen   194
Kriechfall   230
Kristallbindung   503
Kristallrichtung   506
Kristallstrukturen   504
Kristallsystem   504
kritische magnetische Flussdichte   530
kritische Stromdichte   530
kritische Temperatur   408, 528
kritischer Druck   408
kritischer Punkt   407
Krypton   603
Kubatur   78
kubische Gleichung   44
kubisches Gitter   504
Kugelkoordinaten   14
Kugelpackung, dichteste   504, 506
Kunststoff   507
Kupfer   603
Kurchatovium/Rutherfordium   603
KuRf   603
Kurvenanpassung   114 ff.
kurzsichtig   288

L

La   603
labiles Gleichgewicht   171
Ladeprozess   584
Ladung   309
  spezifische   346
Ladungsträgerinjektion   341
Ladungstransport
  im Vakuum   337 ff.
  in Gasen   337, 341 ff.
Ladungsverschiebung   315
Lageplan   169
Lagerung, elastische   272, 274
Lambda-Sonde   450
Lambert-Strahler   290
laminare Grenzschicht   216
laminare Strömung   213, 421
LAN   555
Länge, Definition   126
Längenausdehnungskoeffizient   389
Längeneinheit   131
Längenkontraktion   498, 499
Längswelle   245
Lanthan   603
Laplace-Gleichung   207, 417
Laser   305, 532 ff.

Laserbedingung 305
Laserdiode 532
Lautheit 269
Lautsprecher 260
Lautstärke 268
Lawrencium 604
LDR 325, 534
Lebensdauer, mittlere 473
LED 532
Leerlaufspannung 535
Leerstellen 505
Leistung 153, 155, 167
  Blind- 368
  effektive 155
  elektrische 326
  Nenn- 155
  Rausch- 374, 382
  Schall- 258, 260
  Schein- 368
  Signal- 374
  Strahlungs- 293
  Strömungs- 197, 198
  Wirk- 368
Leistungseinheit 134
Leistungsfaktor 368
Leistungspegel 380
Leistungsziffer 400
Leitungsband 513
Leitungsgleichung 383
Leitwert 323
  innerer 330
  komplexer 362
Lepton 493, 495
Leuchtbereich 342
Leuchtdichte 294
Lewis-Strukturformel 569
Lewis-Zahl 423
Li 604
Lichtausstrahlung, spezifische 294
Lichtmenge 294
Lichtquant 305, 337
Lichtstärke 292, 294
  Definition 126
Lichtstrahl 277, 278
Lichtstrom 292, 294
Lichtwellenleiter 280
LIDIA 565
Ligand 571
Linde-Verfahren 408
lineare Funktion 29
lineare Polyester 594
Linienfehler 505
Linienintegral 83
Linse 284
Linsensystem 285

LISP 565
Lissajous-Figur 242, 243
Lithium 604
Lochblende 297
logarithmisches Dekrement 229
Logarithmus 9, 10
Logarithmusfunktion 34
Logik, mathematische 2 ff.
Logikfamilie 543
logische Verknüpfung 542
logischer Operator 542
logisches Schaltzeichen 544
Longitudinalwelle 245
Lorentz-Kraft 314, 344
Lorentz-Transformation 497
Loschmidt'sche Zahl 567
Löseprozess 572
Lösevorgänge 572
Lösung 220
Lr 604
LSTTL 543
Lu 605
Luft, Reinhaltung 447, 448
Luftfeuchtigkeit 412, 414
Luftreibung 149
Luftschall-Dämmmaß 271
Luftschallanregung 268
Lumineszenzdiode 532
Lutetium 605
Lyman-Serie 460

M

Mach'scher Kegel 251
MacLaurin'sche Reihe 91
magische Zahl 470
Magnesium 605
Magnetfeld
  Erd- 343
magnetische Energiedichte 355
magnetische Erregung 343 ff.
magnetische Feldkonstante 344
magnetische Feldstärke 248, 343 ff.
magnetische Flussdichte 344, 348
  kritische 530
magnetische Hysterese 351
magnetische Induktion 344, 348
magnetische Kraft 314, 342
magnetische Polarisation 350
magnetische Polstärke 349
magnetische Quantenzahl 460
magnetische Spannung 343
magnetische Suszeptibilität 351
magnetischer Nordpol 343
magnetisches Dipolmoment 348

magnetisches Feld   342 ff.
magnetisches Moment   348
Magnetisierung   350
Magnetismus
  Bahn-   462
  Elektro-   343
  Kernspin-   463
  Spin-   463
Magnetorotation   304
Magnetwerkstoff   352
Magnus-Effekt   212
makromolekularer Festkörper   507
Mangan   605
MAP   556, 558
Maschenregel   328
Maschine
  Innenpol-   370
Masse
  Atom-   388, 456
  Definition   126
  Molekül-   388
Masseneinheit, atomare   456, 469
Massenerhaltungssatz   422
Massenmittelpunkt   157
Massenstrom   208
Massenträgheitsmoment   81, 82, 171, 172, 225
Massentransport   415
Massenwirkungsgesetz   573
Massenzahl   455
Massenzuwachs, relativistischer   499
Materiewelle   306
mathematisches Pendel   225, 227
  Zeichen   1, 2
Matrix   50
Matrizenrechnung   50 ff.
maximale Reichweite   478
Maxwell'sche Geschwindigkeitsverteilung   392
Maxwell-Modell   508
Md   605
Mechanik
  Bruch-   192
  klassische   145 ff.
  Strömungs-   206
mechanische Hysterese   194
mehrere Variable, Differenziation   61
Mehrfachbindung   570
Meißner-Ochsenfeld-Effekt   527
Membran-Verfahren   588
Membrantrennung   450
Mendelevium   605
Meson   493, 495
Messbereichserweiterung   332, 333
Messung
  Spannungs-   332, 333
  Strom-   332, 333

Messunsicherheit   113
Metall   513 ff., 570
metallische Bindung   503, 571
Metametall   570
Methan   577
Mg   605
Microstrip-Leitung   548
Mikrofon   260
Mikroprozessor   546
Mikroskop   288
  Elektronen-   306
  Interferenz-   297
Miller'scher Index   506
MIMD   546
Mindestfrequenz   337
Mineralöl   592
Mineralsäure   574
MIPS   546
Mittelwertsatz   62
mittlere Lebensdauer   473
MMS   556, 558
Mn   605
Mo   604
Mode   281
Modulation   376, 377
Mohr'scher Spannungskreis   184
Mol   567
molare Größe   388
molare Wärmekapazität   396, 510
Molekülmasse   388
Molekülspektrum   465
Mollier-Diagramm   412, 414
Molmasse   389
Molybdän   604
Moment
  Dreh-   163
  magnetisches   348
  statisches   80
Momentanleistung   153, 167, 366
Monddaten   182
Monochromator   299
monoklines Gitter   504
Monotonie   62
MOSFET-Transistor   467, 521
Multiplex, Zeit-   379

N

N   610
Na   604
Nachhallzeit   271
Nachrichtentechnik   373 ff.
Nahpunkt   287
NAND   544
Naphta   592

Naphthalin   580
Natrium   604
Naturkonstante   135
natürliche Radioaktivität   472
Navier-Stokes-Gleichung   197, 198, 422
Nb   606
Nd   605
Ne   605
Negation   542
Negierung   542
Neil'sche Parabel   41
Nennleistung   155
Neodym   605
Neon   605
Neptunium   605
Nernst'sche Gleichung   583
Nernst'sches Wärmetheorem   405
Nernst-Faktor   583
Netz   557
Netzwerk   549, 550, 555
    elektrisches   327
Neukurve   351
Neutron   455, 469
Newton'scher Ring   296
Newton'sches Axiom   145 ff.
Newton'sches Verfahren   45
Ni   605
nichtkohärente Schallquelle   255
Nichtmetall   570
Nickel   605
Niob   606
No   606
Nobelium   606
NOR   544
Nordpol
    magnetischer   343
Norm-Trittschallpegel   272
Normalgleichung   115–117
Normalkraft   148
Normalspannung   183, 187
Normalverteilung   111
Normzahl   3
Np   605
NTC   325
Nukleon   455, 469
Nuklid   455, 469, 477
Nullphasenwinkel   224
    Spannung   357
    Strom   357
Nullstelle   45
numerische Apertur   281
    Reihe   88 ff.
Nußelt-Zahl   423
Nützenergie   432
NV-RAM   545

O

O   608
Oberflächenenergie   203
Oberflächenprüfung   297
Oberflächenspannung   202
Öffnung, relative   289
Ohm'sches Gesetz   326, 515
ökologische Bilanz   440
Oktalzahl   539
Olefin   578, 591
Operator, logischer   542
Optik   277 ff.
    Quanten-   305
optische Aktivität   303
Optoelektronik   531
Optokoppler   537
OR   544
Ordnungszahl   455
orthorhombisches Gitter   504
orts- und zeitabhängige Schwingung   245
Ortsvektor   140
Os   607
OSI-Modell   554
Osmium   607
Osmose   220
osmotischer Druck   220
Otto-Kraftstoff   592
Otto-Prozess   401
Oxidation   572, 576
Ozonloch   448

P

P   607
Pa   607
Paar
    Kräfte-   169
Palladium   607
PAM   377
Parabel   21
    Neil'sche   41
    semikubische   41
Parabolspiegel   279
Paradoxon
    aerodynamisches   212
Paraffine   577
Parallelschaltung   328, 329
    Wechselstrom   365
paramagnetisch   350
Parameterform
    Funktion   60
parametrische Schwingung   244
Parität   494
Partialbruchzerlegung Integral   70

PASCAL   559–561, 565
Paschen-Serie   460
Passfehler   297
Pauli-Prinzip   461
Pb   597
PCM   377
Pd   607
PDM   377
Péclet-Zahl   423
Pegel   379
    Leistungs-   380
    Schall-   260
    Spannungs-   380
    Strom-   380
Pendel
    Flüssigkeits-   227
    mathematisches   225, 227
    physikalisches   227
    Torsions-   225, 227
Pentagonalprisma   283
Periodendauer   224
Periodensystem   567, 595 ff.
Periodizität   223, 224
Permeabilität   350
Permeabilitätszahl   351
Permittivität   316
Permittivitätszahl   316
Permutation   107 ff.
perpetuum mobile
    erster Art   156
    zweiter Art   402
Petrochemikalie   578
PFM   377
Pfundt-Serie   460
pH-Wert   575
Phase   224
Phasen-Resonanzfunktion   234
Phasengeschwindigkeit   249, 510
Phasenmodulation   377
Phasenübergang   409
Phasenumtastung   377
Phasenumwandlung   409
Phasenverschiebung   251
Phasenwinkel   224, 237
phon   268
Phonon   509
Phononentransport   415
Phosphor   607
Phosphorsäure   575
Photon   458, 493
Photonenenergie   305
Photonentransport   415
physikalische Größe   127 ff.
physikalisches Pendel   227
Pi-Bindung   570

pin-Diode   520
Pitot-Rohr   209
PL/1   565
Planetenbewegung   178
Planetendaten   180
plastische Verformungsenergie   194
Plateau   467
Platin   607
Platin-Elektrode   581
$\lambda/4$-Platte   303
Plattenschwinger   265
Plutonium   606
PM   377
Pm   607
pn-Übergang   517, 518
Po   606
Pockels-Effekt   304
Poisson-Zahl   185
polare Atombindung   569
Polargleichung der Kegelschnitte   178
Polarisation   301
    elektrische   315
    magnetische   350
Polarisationsfolie   303
Polarisationswinkel   302
Polarisator   301
Polarkoordinaten   178
    Funktion   60
Polonium   606
Polstärke, magnetische   349
Polstrahl   169
polycyclische aromatische Kohlenwasserstoffe   580
Polyether   592
Polymere   593
Polymerisation   593
Polymerwerkstoff   507
Polytrope   398
Polytropenexponent   398
poröser Schallabsorber   265
Porro'sches Prisma   282
Potenzfunktion   31, 32
Potenzial
    elektrisches   312, 315
    Gravitations-   177
    thermodynamisches   405
potenzielle Energie   167, 170, 177
Potenzregel   56
PPM   377
Pr   607
Prandtl'sches Staurohr   209
Prandtl-Zahl   423
Praseodym   607
Präzession
    Kreisel-   174
Presse

hydraulische 200
Primärelement 338
Primärenergie 431
Primärzelle 584
Prinzip von d'Alembert 151
Prisma 282
  Bauernfeind'sches 283
  Dachkant- 283
  Pentagonal- 283
  Schmidt-Pechan 283
  Umkehr- 283
  Uppendahl- 283
  Wende- 283
Prismensystem 283
Produktintegration 69
Produktregel 56
Programm 562 ff.
Programmablaufplan 558–561
Programmiersprache 565
PROLOG 565
PROM 545
Promethium 607
Protactinium 607
Proton 455, 469
Prozess
  irreversibler 402
  reversibler 402
Prozessgröße 388
PSK 377
Pt 607
PTC 325
Pu 606
Pulsamplitudenmodulation 377
Pulsdauermodulation 377
Pulsfrequenzmodulation 377
Pulskodemodulation 377
Pulsphasenmodulation 377
Pumpe 219
Punktfehler 505
Pupille
  Eintritts- 285
Pythagoras, Satz des 22

Q

Q-switching 306
QPSX/DQDB-Verfahren 554–556
quadratische Funktion 30
quadratische Gleichung 44
Quanten-Hall-Effekt 323, 467, 468
Quantenoptik 305
Quantentheorie 458 ff.
Quantenzahl 460
Quark 492
quasistatische Anregung 234, 235

Quecksilber 607
Quelle 522
Querdehnung 185
Querstromfiltration 449
Querwelle 245
Quotientenregel 57

R

Ra 608
Rad 476
Radikal 478
radioaktiver Zerfall 470, 473
Radioaktivität
  natürliche 472
Radium 608
Radkurve 39
Radon 608
Raketengleichung 162
RAM 545, 547
Raman-Effekt 466, 467
rationale Zahl 2
Rauchgas 446
Raum 14
Raumakustik 270
Raumausdehnungskoeffizient 390
Rauminhalt 25
räumlicher Spannungszustand 186
Raumwelle 383
Raumwinkel 291
Rauschen 382
Rauschleistung 374, 382
Rauschmaß 382
Rauschspannung 382
Rauschzahl 382
Rayleigh-Kriterium 298
Rayleigh-Zahl 423
Rb 609
Re 609
Reaktanz 368
reale Spannungsquelle 331
reale Stromquelle 331
reales Gas 406 ff.
Realgasfaktor 406, 407
RECORD 564
Recycling 453
Redoxreaktion 576
Reduktion 572, 577
Redundanz
  Nachricht 375
Reflexion 247, 248, 253, 278
  Total- 280
Reflexionsgrad
  Schall- 263
reflexvermindernde Schichten 296

Regen, saurer   448
Regenerat   446
regenerative Energie   433
Regression   114 ff.
Regressionsparameter   115–117
Reibung
    äußere   149
    Festkörper   149
    Flüssigkeit   149
    Gleit-   149
    Haft-   149
    innere   149
    Luft-   149
    Roll-   149
    turbulente   149
Reibungskraft   150, 154, 228
Reichweite   384
    maximale   478
Reihe
    arithmetische   88
    binomische   91
    Fourier-   93 ff.
    geometrische   88
    konvergente   89
    MacLaurin'sche   91
    Taylor'sche   91
Reihenentwicklung   88 ff.
Reihenschaltung   329
    Wechselstrom   364
Reinhaltung, Luft   447, 448
Rekombination   532
Rekombinationsbereich   341
Rektifikation   77
relative Atommasse   456
relative Häufigkeit   111
relative Öffnung   289
relativistische Elektrodynamik   499, 500
relativistischer Faktor   497
relativistischer Massenzuwachs   499
Relativitätstheorie   497
Relaxation   194, 260
Rem   476
Repeater   557
Resistanz   368
Resistivität   324
Resonanz   225
Resonanzabsorber   264
Resonanzfall   234, 235
Resonanzfunktion
    Amplituden-   233
    Phasen-   234
Resonanzkatastrophe   225
Resonator   232
    Helmholtz-   265
Resonator-Charakteristik   265

Reststoff   451
reversibler Prozess   402
Reynolds-Zahl   197, 198, 217, 423
Rh   609
Rhenium   609
Rheologie   507
Rhodium   609
rhomboedrisches Gitter   504
Richardson-Konstante   337
Richardson'sche Gleichung   337
Richtgröße   150
Richtmoment   167
Riesenimpulslaser   306
RISC   546
Risiko, Energie   432
Rn   608
Rockwell-Härteprüfung   195
Roheisen   589
Rohr
    Pitot-   209
    Venturi-   210
Rohrreibungszahl   217
Rohstofflager   451
Rollreibung   149
ROM   547
Röntgen   476
Röntgenbeugung   299
Röntgenstrahlung   464
Rotations-Schwingungs-Spektrum   465
Rotationsarbeit   166
Rotationsenergie, kinetische   167, 171
Router   557
RS   464, 465, 551
Ru   609
Rubidium   609
Rückkopplung   532
Ruß   448
Ruthenium   609
Rutherford   458

S

S   609
Salpetersäure   574
Salzsäure   574
Samarium   608
Sammellinse   284
Sarrus'sche Regel   54
Satellitendaten   181
Sättigungsmagnetisierung   351
Sättigungsstrom   342
Satz des Pythagoras   22
Satz von Rolle   62
Sauerstoff   608
Sauerstoff-Aufblasverfahren   590

634   Sachverzeichnis

Saugeffekt   212
Säure-Base-Reaktion   574
Säureamide   580
Säuren   574, Kap. Z.7
saurer Regen   448
Sb   597
Sc   609
Scandium   609
Schaden, Strahlen-   478
Schädlichkeit, Strahlen-   478
Schadstoff   443
Schadstoffbegrenzung   448
Schadstoffbelastung   439
Schadt-Helfrich-Drehzelle   303
Schall
   Hyper-   256
   Infra-   256
   Körper-   272
   Luft-   271
   Tritt-   271
   Ultra-   256, 275
Schallabsorber   265
Schallabsorption, Dämpfungskoeffizient   260
Schallabsorptionsgrad   264
Schallaufnehmer   256
Schallausbreitung   255
   isentrope   257
Schallbewertungskurve   269
Schalldämmmaß   266
Schalldruck   257
Schalldruckpegel   262, 268
Schalldurchgang   255
Schallempfindung   255, 269
Schallfrequenz   255
Schallfrequenzspektrum   262
Schallgeber   256
Schallgeschwindigkeit   255, 257
Schallintensität   258, 259
Schallintensitätspegel   262
Schallkennimpedanz   257
Schallleistung   258, 260
Schallleistungspegel   262
Schallpegel   260
Schallpegeldifferenz   258
Schallquelle, nichtkohärente   255
Schallreflexionsgrad   263
Schallschnelle   246, 259
Schallschnellepegel   262
Schalltransmissionsgrad   264, 266
Schallwandler   260
Schallwechseldruck   246
Schallwelle   230
Schallwellenlänge   257
Schallwiderstand   257
Schaltdiode   519

Schaltzeichen, logisches   544
Schärfentiefe   291
Schätzwert   112
Scheinanteil   362
Scheingröße   360
Scheinleistung   368
Scheitelfaktor   361
Scherung   185, 188
Scherungsgerade   354
Schichten, reflexvermindernde   296
Schiebung   188
schiefer Wurf   143, 144
Schlacke   589
Schlankheitsgrad   192
Schleppkurve   42
Schmelzdruckkurve   410, 412, 413
schmelzen   409
Schmelzenthalpie   409
Schmelzpunkt   408
Schmerzgrenze   268
Schmidt-Pechan-Prisma   283
Schmidt-Zahl   423
Schmieröl   592
Schnelle
   Schall-   259
Schnittstelle   549–551
Schottky-Diode   519
Schottky-Fehlordnung   505
Schranke   5
Schrödinger-Gleichung   458
Schubmodul   185
Schubspannung   183, 188
Schwächung der Strahlung   478
schwarzer Körper   426
schwarzer Strahler   292
Schweben   201
Schwebung   239
Schwefel   609
Schwefeldioxid   448, 449
Schwefelsäure   574, 586
Schweredruck   197, 198, 200, 204
Schwerkraft   147, 154
Schwerpunkt   80, 81, 157, 170
Schwerpunkt eines Messwerts   122
Schwerpunktsbeschleunigung   158
Schwerpunktsgeschwindigkeit   158
Schwerpunktskoordinaten   170
Schwerpunktssatz   158
Schwimmen   201
Schwinger
   Platten-   265
Schwingfall   230
Schwingfestigkeit
   Dauer-   193
Schwingkreis, elektromagnetischer   235, 372

Schwingung   223, 224 ff., 226
  Eigen-   253
  elektromagnetische   227
    gedämpfte   231, 371
    freie   224
  Fundamental-   244
  gekoppelte   244
  orts- und zeitabhängig   245
  parametrische   244
  Überlagerung   237
Schwingungsbauch   253
Schwingungsdauer   223, 224
Schwingungsknoten   252
Schwingungsmode   533
Schwingungssystem   225, 227
Schwund   383
SCR (selective catalytic reduction)   449
Se   609
Sehfehler   288
Sehnen-Halbsehnen-Satz   23
Sehweite   288
Sehwinkel   288
Seileckverfahren   169
Seiliger-Prozess   401
Sekanten-Tangenten-Satz   23
Sekundärelektronenemission   337
Sekundärelement   339
Sekundärenergie   431
Sekundärion   342
Sekundärzelle   584
Selbstinduktion   356
Selen   609
Seltsamkeit   493, 494
semikubische Parabel   41
Sender   382
  Halbleiter-   531
Senke   522
senkrechter Wurf   143, 144
Separator   585
Shannon'sches Abtasttheorem   374, 375
Sherwood-Zahl   429
Shredder   453
Si   610
SI-Maßsystem   126
Sicherheit
  statistische   113
Siedepunkt   409
Sievert   476
Sigma-Bindung   570
Signal   373
Signalleistung   374
Silber   609
Silicium   610
Siliconöl   592
SIMD   546

SIMSCRIPT   565
SIMULA   565
Single-Mode-Laser   533
Sinken   201
Sinkgeschwindigkeit   449
Sinussatz   23
skalares Produkt   27–29
Skineffekt   356
Slotted-Ring-Verfahren   554–556
Sm   608
Smog   446, 448
Sn   612
SNCR (selective non catalytic reduction)   449
Snellius'sches Brechungsgesetz   280
Solarzelle   535, 536
Sommerfeld'sche Feinstrukturkonstante   468
Sortierung, Abfall-   452
Source   523
Sourceschaltung   526
Spannung   183, 357
  elektrische   322
  Grenz-   193
  Hall-   347, 467
  Knick-   191, 192
  komplexe   357
  magnetische   343
  Normal-   183, 188
  Oberflächen-   203
  Rausch-   382
  Schub-   183, 188
  Wechsel-   360
Spannungsdoppelbrechung   303
Spannungsfaktor   354
Spannungskreis, Mohr'scher   184
Spannungsmessung   332, 333
Spannungspegel   380
Spannungspfeil   323, 327
Spannungsquelle
  reale   331
Spannungsreihe   583
Spannungsreihe, elektrochemische   335, 336
Spannungsteiler   332, 334
Spannungsverhältnis   328
Spannungszustand   183, 184
Speicher
  Energie-   436, 437
  hybrider   545
Speicherbaustein   545
Spektralapparat   299
spektrale Größe   291
  Strahldichte   292
Spektralfotometer   299
Spektralfunktion   373
Spektrograf   299
Spektrometer   291, 299

Spektroskop   299
Spektrum   373, 455
  Schallfrequenz-   262
Sperrschicht-FET   522, 523
spezifische Aktivität   473
spezifische Ausstrahlung   293
spezifische Enthalpie   409
spezifische Größe   388
spezifische Ladung   346
spezifische Lichtausstrahlung   294
spezifische Wärmekapazität   510
spezifischer elektrischer Widerstand   324, 328
sphärische Aberration   287
Spiegel   279
Spin   493, 494
Spinmagnetismus   463
Spirale   41
spontane Emission   305
Sprungtemperatur   528
Spültechnik   443
Spuranpassung   267
Spuranpassungsfrequenz   267
SQL   565
Sr   611
stabiles Gleichgewicht   171
Stabilität   470
Stahl   588
Standard-Bezugselektrode   582
Standard-Wasserstoffelektrode   335, 582
Standardabweichung   110, 112, 114
Standsicherheit   170
Standspülen   444
Standzeitverlängerung   443
Stanton-Zahl   423
Stapelfehler   505
starrer Körper   158, 168 ff.
statischer Druck   208, 209
statisches Moment   80
statistische Sicherheit   113
Staub   448
Staudruck   209
Staurohr, Prandtl'sches   209
Stefan-Boltzmann-Gesetz   426
stehende Welle   252
Steinkohleeinheit   431
Step-Recovery-Diode   520
Stern-Dreieck-Umwandlung   330
steuerbarer Widerstand   523
Stickoxid   448, 449
Stickstoff   610
stimulierte Emission   305
Stirling-Prozess   401
Stoffmenge   388, 567
  Definition   126
Stoffmengenkonzentration   573

Stoffübergangskoeffizient   429
Stoffübertragung   415, 429 ff.
Störabstand   382
Störstellenleitung   517
Störstellenreserve   517
Stoß
  elastischer   158, 160, 161
  inelastischer   159–161
Stoßprozess   158
Strahldichte   293
  spektrale   292
Strahlenbelastung   478, 485, 488
Strahlendosis   486
Strahlenkegel   292
Strahlensatz   22
Strahlenschaden   478
Strahlenschädlichkeit   478
Strahlenschutz   478 ff.
Strahler   292
Strahlstärke   293
Strahlung, Schwächung   478
Strahlungsäquivalent   292
Strahlungsart   479 ff.
Strahlungsaustauschkoeffizient   427
Strahlungsemission   532
Strahlungsenergie   293
Strahlungsfluss   294
Strahlungsleistung   293
strahlungsphysikalische Größe   290
Streckgrenze   186
Streifenleiter   548
Streufaktor   349, 354
Streufluss   349
Strip-Leitung   548
Strom   357
  komplexer   357
  Licht-   294
  Sättigungs-   342
  Wechsel-   360
Stromdichte   337
  kritische   530
Strommessung   332
Strompegel   3, 380
Strompfeil   323, 327
Stromquelle
  reale   331
Stromstärke   322
  Definition   126
Stromübertragungsverhältnis   537
Strömung   421
  adiabatische   219
  laminare   213
  turbulente   215
Strömungsgeräusch   274
Strömungsleistung   197, 198

Strömungsmaschine   401, 402
Strömungsmechanik   206
Strömungswiderstand   197, 198
Stromverhältnis   328
Strontium   611
Strophoide   42
Struktogramm   558 ff.
STTL   543
Student-Faktor   113
Stufenindexfaser   281
Styrol   579
sublimieren   409, 413
Substitution   505
    Integral   69
Summenregel   56
Superhet   385
Superpositionsprinzip   237, 255, 332
Supraleitung   527 ff.
    kritische Temperatur   528, Kap. Z.7
Supremum   6
Suszeptanz   368
Suszeptibilität
    magnetische   351
System
    Dauermagnet-   353
    Feder-Masse   227
    Linsen-   285
    Schwingungs-   225, 228
    thermodynamisches   387

T

Ta   611
Taktizität   593
Tantal   611
Taylor'sche Reihe   91
Tb   610
Tc   611
Te   611
Technetium   611
Technische Akustik   271
Tellur   611
Temperatur   389 ff.
    Debye-   417, 511, 512
    Definition   126
    Einstein-   510, 511
    Kontakt-   419
    kritische   408, 528
    thermodynamische   399
Temperaturkoeffizient, elektrischer Widerstand
    324, Kap. Z.7
Temperaturstrahler   292, 426
Tenside   592
Tensor der Permittivitätszahl   317
Terbium   610

Tesla   344
tetragonales Gitter   504
Th   611
Thallium   610
Theorieparameter   114
thermische Ausdehnung   389
thermische Emission   337
thermische Energie   392
thermischer Wirkungsgrad   399
Thermodynamik   387 ff.
thermodynamische Temperatur   399
thermodynamisches Gleichgewicht   410
thermodynamisches Potenzial   405
thermodynamisches System   387
Thermoplast   507
Thomson-Brücke   334
Thorium   611
Thulium   611
Ti   611
Titan   611
Tl   610
Tm   611
Token-Bus   554
Token-Passing-Verfahren   554, 556
Token-Ring-Verfahren   554–556
Toluol   579
Ton
    Hieb-   274
TOP   558
Topologie, Vernetzungs-   546, 547
Torsion   188, 192
Torsionsarbeit   167
Torsionsmodul   185
Torsionspendel   225, 227
Totalreflexion   280
Toxizität   478, 488
Trägheitsgesetz   146
Trägheitskraft   150
Trägheitsmoment
    Flächen-   82, 83, 189–191
    Massen-   81, 82
Tragkraft eines Elektromagneten   355
Transformation
    Fourier-   96 ff.
    Galilei-   150
Transformator   366
Transistor   517, 521
Transmission   247, 248, 446
Transmissionsgrad
    Schall-   264, 266
Transmissionswärmestrom   428
transponierte Matrix   54
Transportfeldstärke   207
Transportflussdichte   207
Transportgröße   207

Transputer   546, 547
Transversalwelle   245
transzendente Zahl   2
Treibhauseffekt   448
Trennung, Membran-   450
Trennverfahren   452
trigonometrische Funktion   10 ff., 11, 12, 34, 58
triklines Gitter   504
Triodenbereich   527
Tripelpunkt   412, 413
Trittschallpegel
   Norm-   272
TTL   543
TTY   551
Tunnel-Diode   520
turbulente Grenzschicht   216
turbulente Strömung   215, 421

U

U   611
Überdruck   204
Übergangsmetall   569
Überlagerung von Schwingungen   237
Überlagerungsempfänger   385
Überströmprozess   402
Übertragung   373
Übertragungskanal   382
Übertragungsmedium   383
Übertragungsverhältnis, Strom-   537
Ultraschall   256, 275
Umkehrprisma   283
Umwandlung
   Energie   432
   isomere   472
Umwelttechnik   441 ff.
unbestimmter Ausdruck   64, 65
uneigentliches Integral   68, 69
ungedämpfter elektromagnetischer Schwingkreis   371
ungesättigte Kohlenwasserstoffe   578
unipolarer Transistor   521
Unschärfe   291
Unschärfe-Relation   457
Unterdeterminante   55
Uppendahl-Prisma   283
Uran   611
Urspannung   585

V

V   612
V.24   551, 552
Valenz   570
Valenzband   513

Valenzelektron   567
van-der-Waals'sche Bindung   503
van-der-Waals'sche Zustandsgleichung   406
Vanadium   612
Varianz   110, 112
Varistor   325
VDR   325
Vektor, Geschwindigkeit   140
Vektorboson   493
Vektorrechnung   26 ff.
Venturi-Rohr   210
Verarbeitung   373
Verbindungsklassen   577
verbotene Zone   515
Verbrauch, Energie   431, 433, 438
Verbrennungsmotoren   401
Verdampfungsenthalpie   409
Verdet'sche Konstante   304
Veredlung, Energie   432
Verfahren
   Abreinigungs-   448
   Gauß'sches   49
Verformungsart   184, 185
Vergrößerung   288
Verknüpfung, logische   542
Verlängerung, Standzeit   443
Verlust
   Kompressions-   210
Verlustdichte   194
Verlustfaktor   229
Vermittlung   373
Vernetzungstopologie   546, 547
Verschiebung, Ladungs-   315
Verschiebungsarbeit   315
Verschiebungsdichte   312, 316
Verschiebungsgesetz, Wien'sches   293
Versetzung   505
Verstärker   379
Verteilungsfunktion   109
Vertrauensbereich   113
Verwerfen   443
Verzeichnung   287
Verzerrung   380
Verzerrungsfaktor   381
Vickers-Härteprüfung   195
viskoelastisches Einmassensystem   273
viskoses Verhalten   508
Viskosität   213
Voigt-Kelvin-Modell   508
Volumen   25
   Zylinder-   86
Volumenänderungsarbeit   394
Volumenausdehnungskoeffizient   199
Volumeneinheit   133
Volumenstrom   208

Vorgang
  Ausschalt-   367, 369
  Einschalt-   367, 369
Vorrat, Energie   431
Vorwiderstand   332

W

W   613
Waage
  hydrostatische   202
waagerechter Wurf   143, 144
Wahrheitswert   2
Wahrscheinlichkeit
  Theorie   107 ff.
Wahrscheinlichkeit, Aufenthalts-   458
Waldsterben   448
WAN   555
Wandler
  elektroakustischer   260
  Energie-   434
  Schall-   260
  Wiedergabe-   385
Wärme   393
Wärmedämmstoff   417
Wärmedurchgang   427
Wärmeeindringkoeffizient   419
Wärmekapazität   393, 510
Wärmeleitfähigkeit   415, 416, 512
Wärmeleitung   415, 512
Wärmeleitungsgleichung   422
Wärmepumpe   400
Wärmeschaubild   403
Wärmestrahlung   415, 425 ff.
Wärmestromdichte   415, 417, 427
Wärmetheorem, Nernst'sches   405
Wärmetransport, Fourier-Gesetz   415, 417, 422
Wärmeübergang   402, 420
Wärmeübergangskoeffizient   421
Wärmeübertragung   415 ff.
Wasserdampfdurchlasswiderstand   429
Wasserdampfübergangswiderstand   429
Wasserstoff   612
Wasserstoff-Atommodell   460
Wasserstrahlpumpe   212
Wässrige Lösungen   572
Weber-Zahl   423
Wechselfestigkeit   193
Wechselspannung   360
Wechselstrom   360
Wechselstromkreis   360 ff.
Wechselstromkreis, Bauelemente   363–365
Wechselwirkung   455
  fundamentale   493
Wechselwirkung zwischen Körpern   147

Weiß'scher Bezirk   350
weitsichtig   288
Welle   223, 245 ff.
  Boden-   383
  elastische   245, 247
  elektromagnetische   247, 251, 384
  harmonische   245
  Longitudinal-   245
  Materie-   306
  Raum-   383
  Schall-   250
  stehende   252
  Transversal-   245
Wellenamplitude   245
Wellenfunktion   306
Wellengleichung   258
Wellenlänge
  Materie-   308
  Schall-   257
Wellenoptik   295 ff.
Wellenwiderstand   246–248
Wellenzahl   248
Wendeprisma   283
Wertigkeit   Kap. Z.7
Wheatstone'sche Brücke   334
Widerstand   323–325
  Dampfübergangs-   429
  differenzieller   327
  Foto-   534
  Hall-   467
  innerer   330
  komplexer   362
  Schall-   257
  spezifischer elektrischer   324, 328
  steuerbarer   523
  Strömungs-   197, 198
  Wasserdampfdurchlass   429
  Wasserdampfübergangs-   429
  Wellen-   246–248
Widerstandsbeiwert   216, 217
Widerstandsmoment   189–191
Widerstandsnormal   323, 467
Wiedemann-Franz'sches Gesetz   417
Wiedergabewandler   385
Wien'sches Verschiebungsgesetz   293
Winkelbeschleunigung   139
Winkelbeziehung   12, 13
Winkelgeschwindigkeit   138
Wirbelstrom   355
Wirkanteil   362
Wirkbad   443
Wirkleistung   368
Wirkungsgrad   155, 434
  elektrischer Maschinen   326
  exergetischer   405

Heizungs-   440
thermischer   399
Wirkungslinie   169
Wirkungsquerschnitt   490
Wölbspiegel   279
Wolfram   613
Wurfbewegung   141, 143, 144
Wurzel, Bestimmung einer   45
Wurzelfunktion   32, 33

X

Xe   613
Xenon   613
Xylol   579

Y

Y   613
Yb   613
Ytterbium   613
Yttrium   613

Z

Zahl
  ganze   2
  imaginäre   6
  irrationale   2
  komplexe   6
  magische   470
  rationale   2
  transzendente   2
Zahlensystem   539
Zeiger, komplexer   360
Zeiger-Diagramm   362
Zeit
  Definition   126
Zeitdilatation   498
Zeiteinheit   135

Zeitfunktion   373
Zeitmultiplex   379
Zeitstandverhalten   194
Zener-Diode   519
Zentrifugalkraft   152
Zentripetalkraft   148
Zerfall, radioaktiver   470, 473
α-Zerfall   471
β-Zerfall   471
γ-Zerfall   471
Zerfallskurve   472, 474
Zerfallsprodukt   490
Zerfallsreaktion   471
Zerfallsreihe   475
Zerfallsschema   474
Zerstäuber   212
Zerstreuungslinse   284
Zink   612
Zinn   612
Ziolkowski'sche Raketengleichung   162
Zirkonium   613
Zissoide   42
Zn   612
Zr   613
Zugversuch   186
Zustand   387
  Gleichgewichts-   387
  Spannungs-   183, 184
Zustandsdiagramm   412
Zustandsdichte   514
Zustandsgleichung
  allgemeine   390, 391
  van-der-Waals'sche   406
Zustandsgröße   387, 394
zweidimensionales Elektronengas   467
Zwischengitteratom   505
Zykloide   39
zyklometrische Funktion   92
Zyklon   449
Zylinderkoordinaten   14
Zylindervolumen   86

Printed in the United States
By Bookmasters